공통수학 개념공식부터 필수문제까지

3주만에 완전정복하기

KB213692

이 책을 매일 1시간 30분 동안 공부할 때, 51개의 필수개념을 3주에 모두 끝낼 수 있도록 계획을 짠 Study Plan입니다.

	1일차	2일차	3일차	4일차	5일차	6일차	7일차
1주차	I. 다항식			II. 방정식과 부등식			
	☐ 001 ☐ 002 ☐ 003	☐ 004 ☐ 005 ☐ SL1	☐ 006 ☐ 007 ☐ SL2	☐ 008 ☐ 009 ☐ 010	☐ 011 ☐ SL3 ☐ SL4	☐ 012 ☐ 013 ☐ 014	☐ 015 ☐ SL5 ☐ 016
공부한 날	월 일	월 일	월 일	월 일	월 일	월 일	월 일

	8일차	9일차	10일차	11일차	12일차	13일차	14일차
2주차	II. 방정식과 부등식		III. 순열과 조합	IV. 행렬	V. 도형의 방정식		
	☐ SL6 ☐ 017 ☐ 018 ☐ 019	☐ 020 ☐ SL7 ☐ 021 ☐ SL8	☐ 022 ☐ 023 ☐ 024	☐ 025 ☐ 026	☐ SL9 ☐ 027 ☐ 028	☐ 029 ☐ 030 ☐ 031 ☐ 032	☐ 033 ☐ 034 ☐ 035
공부한 날	월 일	월 일	월 일	월 일	월 일	월 일	월 일

	15일차	16일차	17일차	18일차	19일차	20일차	21일차
3주차	VI. 도형의 방정식				VII. 함수		
	☐ SL10 ☐ 036 ☐ 037	☐ 038 ☐ 039 ☐ 040	☐ 041 ☐ 042 ☐ SL11	☐ 043 ☐ SL12 ☐ 044	☐ 045 ☐ SL13 ☐ 046	☐ SL14 ☐ 047 ☐ 048	☐ 049 ☐ 050 ☐ 051
공부한 날	월 일	월 일	월 일	월 일	월 일	월 일	월 일

*SL은 'Special Lecture'를 의미합니다.

1 **계획적인 '꾸준한' 공부** 이 책에 실려있는 51개의 테마를 3주에 모두 끝내려면 하루에 3~4개의 필수개념을 꼬박꼬박 공부해야 합니다. 가능하면 매일 정해진 학습 분량에 맞춰 꾸준히 공부하세요. 만약 이 계획이 너무 느슨하다고 느낀다면 하루에 공부해야 할 테마를 더 늘려 각자의 상황에 맞게 자신만의 계획을 세워 공부하세요.

2 **학습수준에 맞는 공부** 이 책은 {PART Ⓐ : 필수개념 + 교과서문제 CHECK}와 {PART Ⓑ : 점프力 + 1등급 시크릿 + 필수유형 CHECK}로 구성되어 있습니다. 필수개념만 빠르게 정리하고 싶다면 PART Ⓐ를, 좀 더 수준을 높여 공부하고 싶다면 PART Ⓑ를 집중적으로 공부하세요.

3 **하루 공부량 꼭 체크** 테마를 공부한 후에 ☐에 꼭 ✓체크를 하고, 공부한 날짜도 적으세요.

공통수학 필수개념 BEST 33

고1 공통수학에서 배운 수학개념 중에는 고등학교 2, 3학년 수학에서 매우 빈번하게 쓰이므로 정확히 알아야 하는 수학개념이 있는 반면, 자주 쓰이지 않는 수학개념도 꽤 많이 있다. 물론 공통수학에서 배운 모든 수학개념을 정확히 이해하는 것이 바람직하지만 쉽지 않은 일이므로 고등수학에서 자주 쓰이는 개념만큼이라도 정확히 이해하는 것이 좋다.

다음 [공통수학 필수개념 BEST 33]은 고등학생이 꼭 알아야 하는 중요한 공통수학 개념을 선정한 것이다.

단원	필수개념	페이지	고 2·3 수학에서 중요도
I. 다항식	002 다항식의 곱셈공식	22	★★★★★
	003 다항식의 나눗셈과 조립제법	26	★★★★☆
	005 나머지정리와 인수정리	34	★★★★★
	006 인수분해	40	★★★★★
	007 복잡한 식의 인수분해	44	★★★★☆
II. 방정식과 부등식	011 일차방정식과 이차방정식의 풀이	64	★★★★☆
	012 이차방정식의 판별식, 근과 계수의 관계	72	★★★★★
	013 이차함수와 이차방정식의 관계	76	★★★★★
	014 이차함수의 최대, 최소	80	★★★★★
	015 삼차방정식과 사차방정식의 풀이	84	★★★★☆
	016 삼차방정식의 근과 계수의 관계	92	★★★★☆
	017 연립일차방정식과 연립이차방정식	100	★★★★☆
	019 부등식의 성질과 풀이	108	★★★★☆
	020 이차부등식	112	★★★★★
III. 순열과 조합	022 경우의 수	126	★★★★☆
	023 순열	130	★★★★★
	024 조합	134	★★★★★
V. 도형의 방정식	027 두 점 사이의 거리	150	★★★★★
	028 선분의 내분	154	★★★★★
	029 직선의 방정식	158	★★★★★
	031 점과 직선 사이의 거리	166	★★★★★
	034 원과 직선의 위치 관계	178	★★★★☆
	035 평행이동과 대칭이동	182	★★★★★
VI. 집합과 명제	040 유한집합의 원소의 개수	204	★★★★☆
	042 명제의 역과 대우, 귀류법	212	★★★★★
	043 필요조건과 충분조건	220	★★★★☆
	044 절대부등식	226	★★★★★
VII. 함수	045 함수	230	★★★★★
	046 합성함수	236	★★★★☆
	047 역함수	242	★★★★☆
	049 부분분수와 가비의 리	250	★★★★☆
	050 유리함수	254	★★★★☆
	051 무리함수	258	★★★★☆

고1 공통수학 총정리

한권으로 끝내기

고1 공통수학
총정리

한권으로 끝내기

2판 1쇄 2025년 4월 30일

지은이 고희권·이규영·한성필
펴낸이 유인생
마케팅 박성하·김기진
디자인 NAMIJIN DESIGN
편집·조판 진기획
펴낸곳 (주) 쏠티북스
주소 (04037) 서울시 마포구 양화로 7길 20 (서교동, 남경빌딩 2층)
대표전화 070-8615-7800
팩스 02-322-7732
이메일 saltybooks@naver.com
출판등록 제313-2009-140호

ISBN 979-11-92967-26-4

고1 공통수학 총정리

한권으로 끝내기

개념공식집+필수문제집

고희권·이규영·한성필 | 지음

쏠티북스

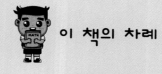

이 책의 차례

공통수학1

I 다항식

001 다항식의 덧셈, 뺄셈, 곱셈 … 18
002 다항식의 곱셈공식 … 22
003 다항식의 나눗셈과 조립제법 … 26
004 항등식과 미정계수법 … 30
005 나머지정리와 인수정리 … 34
Special Lecture 1 나머지정리 … 38
006 인수분해 … 40
007 복잡한 식의 인수분해 … 44
Special Lecture 2 인수분해 방법 분석 … 48

II 방정식과 부등식

008 복소수 … 52
009 켤레복소수 … 56
010 복소수의 거듭제곱과 음수의 제곱근 … 60
011 일차방정식과 이차방정식의 풀이 … 64
Special Lecture 3 절댓값 기호는 벗겨야 한다. … 68
Special Lecture 4 절댓값 함수의 그래프, 이제는 그릴 수 있다 … 70
012 이차방정식의 판별식, 근과 계수의 관계 … 72
013 이차함수와 이차방정식의 관계 … 76
014 이차함수의 최대, 최소 … 80
015 삼차방정식과 사차방정식의 풀이 … 84
Special Lecture 5 다항함수의 그래프를 그리는 방법 … 88
016 삼차방정식의 근과 계수의 관계 … 92
Special Lecture 6 삼차방정식 $x^3=1$의 허근 ω … 96
017 연립일차방정식과 연립이차방정식 … 100
018 공통근과 부정방정식 … 104
019 부등식의 성질과 풀이 … 108
020 이차부등식 … 112
Special Lecture 7 이차함수의 그래프와 방정식, 부등식 … 116
021 연립이차부등식 … 118
Special Lecture 8 가우스 기호는 벗겨야 한다 … 122

III 순열과 조합

022 경우의 수 … 126
023 순열 … 130
024 조합 … 134

IV 행렬

025 행렬과 그 연산 … 138
026 행렬 연산의 성질 … 142

공통수학2

V 도형의 방정식

Special Lecture 9 필수 기본도형 정리 — 146
027 두 점 사이의 거리 — 150
028 선분의 내분 — 154
029 직선의 방정식 — 158
030 두 직선의 위치 관계 — 162
031 점과 직선 사이의 거리 — 166
032 원의 방정식 — 170
033 두 원의 위치 관계 — 174
034 원과 직선의 위치 관계 — 178
035 평행이동과 대칭이동 — 182
Special Lecture 10 평행이동과 대칭이동 — 186

VI 집합과 명제

036 집합과 원소 — 188
037 부분집합 — 192
038 집합의 연산 — 196
039 집합의 연산법칙 — 200
040 유한집합의 원소의 개수 — 204
041 명제와 조건 — 208
042 명제의 역과 대우, 귀류법 — 212
Special Lecture 11 수학의 꽃, 증명 — 216
043 필요조건과 충분조건 — 220
Special Lecture 12 필요, 충분조건의 명쾌 이해 — 224
044 절대부등식 — 226

VII 함수

045 함수 — 230
Special Lecture 13 미팅에서 일대일 대응을 만나다 — 234
046 합성함수 — 236
Special Lecture 14 합성함수의 그래프를 그리는 방법 — 240
047 역함수 — 242
048 유리식과 번분수식 — 246
049 부분분수와 가비의 리 — 250
050 유리함수 — 254
051 무리함수 — 258

개념이라는 것은 애매한 개념이다

writer. 이규영

> **"개념이라는 것은 애매한 개념이다."** (feat. 루트비히 비트겐슈타인, 언어철학자)

혹시 '몇 어찌'라는 말을 들어본 적이 있나요?
몇 기(幾), 어찌 하(何)
기하(幾何)를 우리말로 풀어쓴 말입니다.

사실 기하(중국 발음으로는 지허)라는 말 자체도 지오메트리(geometry, 기하학)의 지오(geo)를 소리 나는 대로 쓴 것이기 때문에 아무런 뜻도 없는 그야말로 비유입니다. 그와는 달리 영어의 geometry는 'geo(땅)+metry(측량)'이라는 뜻을 분명히 가지고 있습니다. 대한민국 학생들이 수학 자체가 아니라 수학 용어 때문에 수학이 어렵게 느껴질 수 있다는데 대해서 전혀 이견이 없습니다.

'몇 어찌'는 국문학자인 故 양주동 선생님의 수필 제목이기도 합니다. 이 글에는 여러분 대부분이 알만한 '맞꼭지각'에 대한 일화가 나옵니다. 맞꼭지각이 같다는 것을 증명해보라는 수학 선생님의 말씀에 학생 양주동은 당연한 것을 무엇 때문에 증명하느냐고 손을 번쩍 들고 반문합니다.
"두 곧은 막대기를 가위 모양으로 교차, 고정시켜 놓고 벌렸다 닫았다 하면, 아래위의 각이 서로 같은 것은 정한 이치인데 무슨 다른 '증명'이 필요하겠습니까?"

"그것은 비유이지 증명이 아니다." (→ 그것은 감각과 경험이지 논리가 아니다.)
수학 선생님은 허허 웃으시고는 이 말과 함께 다음과 같은 증명을 칠판에 씁니다.
$b+a=180° → d+a=180° → b+a=d+a → b=d$

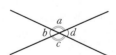

1920년 양주동 선생님이 겪은 실화입니다. 거의 100년 전의 일이죠. 맞꼭지각이 같다는 것을 증명하기 위해서 두 각을 직접 재보지 않고 문제 그 자체만으로 증명한다는 것에 학생 양주동은 깊은 감명을 받았고 어른이 되어 수필로도 쓰게 된 것입니다. 저는 이 일화에 수학 공부의 본질이 담겨 있다고 생각합니다. 맞꼭지각이 같다는 것은 분명 초등학생들에게조차 설명이 필요 없을 만큼 자명한 개념입니다. 하지만 수학은 이 자명한 개념에도 '증명'이라는 잣대를 들이댑니다. '왜?'를 묻는 겁니다.

"그냥이요.", "당연한 것 아녜요.", "대충 그럴 것 같아서요."

'왜?'를 묻는 질문에 이렇게 대답하는 학생들은 대부분 수학을 잘 하는 학생은 아닐 겁니다. 수학은 남이 아니라 자기 자신에게 끊임없이 '왜?'를 따져 묻는 학생에게 문을 열어주는 과목이기 때문입니다. 하지만 모든 '왜?'에 문이 있는 것은 아닙니다. '왜?'를 거듭하다 보면 두 가지 막다른 길을 마주하게 되는데 여기까지 오면 거의 다 온 겁니다. 하나는 '정의(definition)'의 길이고 다른 하나는 '공리(axiom)'의 길입니다. '정의'는 일종의 약속이므로 증명의 대상이 아닙니다. 정삼각형의 정의는 세 변의 길이가 같은 삼각형입니다. 이것은 세 변의 길이가 같은 삼각형에 '정삼각형'이라는 이름을 붙여준 것에 불과합니다. 정삼각형이 아닌 다른 이름을 붙여주어도 상관없습니다. 정의가 증명의 대상이 아닌 것과는 달리 '공리'는 증명이 불가능한 대상이라고 보면 됩니다. 더 이상 '왜?'

라는 잣대를 들이댈 수 없을 만큼 자명한 개념이 공리입니다. 평면에서 '서로 다른 두 평행선이 만나지 않는다.', '서로 다른 두 점을 지나는 직선은 오직 하나뿐이다.' 등이 공리입니다.

> 수학이 '왜?'를 묻는 학문이라면 개념은 '왜?'란 질문에 대한 답변입니다. 모든 질문의 끝에서 만나게 되는 것이 결국 '개념' 그 자체입니다. 따라서 문제 해결은 문제를 해체하고 해석하여 문제 속에 숨겨져 있던 개념을 찾아내는 과정인 겁니다.

(1) 개념과 문제는 다르다?

많은 사람들이 개념과 문제를 분리해서 생각하는 경향이 있습니다. 개념이 중요하다고 말하는 사람도 있고 문제를 많이 푸는 것이 중요하다고 생각하는 사람도 있습니다. 하지만 개념과 문제 해결은 따로 존재하는 것이 아닙니다. 여러분이 엔지니어라면 공구의 이름과 사용법만이 개념이 아니라 실전에서 능숙하게 사용하는 것까지 포함해서 개념입니다. 더 나아가 어떤 상황에서 어떤 개념을 사용할지 올바르게 판단하는 것도 개

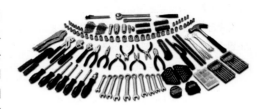

념에 포함됩니다. 사실 실전에 들어가면 수많은 공구 중에서 어떤 공구를 선택해야 할지부터 헷갈릴 때가 많습니다. 공구가 많을수록 더욱 그렇습니다. 그래서 학년이 올라가면 수학이 더 어렵게 느껴지기도 하는 것입니다. 공구함에 공구의 수는 늘어 가는데 그 중에서 능숙하게 사용할 수 있는 것이 많지 않기 때문입니다. 더 현실적으로 말하면 공구함에 공구도 별로 없을 듯합니다. 있을 것이라는 착각만 있는 것이죠.

> 결국, 어떤 개념을 안다는 것은 그 개념이 필요한 상황에서 그것을 꺼내들어 능숙하게 사용하는 것까지를 포함합니다.

(2) 개념은 용어나 공식이다?

개념을 문제 해결까지 포함하는 과정으로 확대하면 개념을 한두 마디로 정의하기가 거의 불가능해집니다. 그래서 저는 수학의 개념을 일곱 가지로 나눠서 설명해 보려고 합니다. 그리고 각각의 개념마다 효과적인 학습법과 주의할 사항을 다룰 것입니다. 물론 이 분류법은 저만의 기준일 뿐이니 참고만 하시면 됩니다.

❶ 정의형 개념 – 오히려 실수를 많이 한다.

정의형 개념은 뜻만 알면 끝인 개념을 말합니다. 정의만으로 구성된 가장 단순한 개념입니다. 예를 들어 10 이하의 자연수 중에서 소수를 구하라는 문제를 풀려면, '자연수'와 '소수'의 뜻만 알면 됩니다. '자연수'는 대부분의 학생들이 정확히 알고 있지만, '소수'는 그 뜻을 착각하여 1을 소수에 포함시키는 학생들이 적지 않습니다. '소수'는 1보다 큰 자연수 중에서 그 약수가 1과 자기 자신뿐인 수를 뜻하므로 1을 포함하지 않는데도 말이죠. 참 '이하'라는 뜻도 알아야 하겠네요. 10 이하는 10과 같거나 10보다 작은 수를 말합니다. '이상'과 '이하'는 기준점을 포함합니다.

$2^3 \times 3^5 \times 5^2$의 소인수를 구하라는 문제를 풀려면, '소인수'의 뜻만 알면 됩니다. '소인수'는 인수 중에서 소수인 수를 의미합니다. 이 때 '인수'는 자연수 a, b, c에 대하여 $a = b \times c$일 때, b와 c를 a의 인수라고 정의하므로 $2^3 \times 3^5 \times 5^2$의 인수 중에서 소수는 2, 3, 5밖에 없습니다. 소수끼리 곱한 수는 소수의 정의에 의해 소수가 되지 않기 때문이죠.

학년이 올라갈수록 정의형 개념이 많아집니다. 출제자가 직접 개념을 정의한 문제도 많아집니다. 이때는 그럴 것이라고 막연히 추측하지 말고 조금이라도 불확실하면 개념을 반드시 찾아서 확인하는 습관을 길러야 합니다.

❷ 프로세스(process)형 개념 - 정확한 연습이 중요하다.

짧게는 두세 단계에, 많게는 십여 단계에 이르는 과정을 모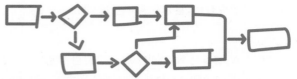
두 거쳐야 도달하는 개념을 프로세스형 개념이라고 합니다.
이런 개념의 특징은 남이 할 때는 쉬워 보이지만 막상 본인
이 직접 하면 잘 안 된다는 데 있습니다. 특히 단계가 많아질
수록 오류의 패턴도 다양해집니다. 놀라운 것은 매번 같은 단계에서 같은 오류를 범하는 학생들이 많다는 겁니다. 자신의 오류를
완벽히 수정하지 않고 이해만 하고 대충 넘어가기 때문입니다. 프로세스형 개념은 각 단계, 특히 오류를 범하는 단계를 씹어 먹듯
이 철저하고 정확하게 여러 번 풀어보아야 비로소 자신의 것으로 만들 수 있습니다.

이차함수에서 꼭짓점을 구하는 것도 대표적인 프로세스형 개념입니다. 이차함수 $y=ax^2+bx+c$를 표준형인 $y=a(x-p)^2+q$
꼴로 변형할 때, 다음과 같이 몇 가지 단계를 밟아야 합니다. 이 프로세스를 완전하게 익히지 못한 학생들은 시간이 지나면 마치 서
로 짠 듯이 우변을 인수분해하더군요.

$y=2x^2-8x+6 \Rightarrow y=2(x^2-4x+3)=2(x-1)(x-3) \Rightarrow$ "나는 여기 왜 있나?"

(1단계) $y=2(x^2-4x)+6$ ← 상수항을 제외한 나머지 항들을 이차항의 계수로 묶어줍니다.

(2단계) $y=2(x^2-4x+4-4)+6$ ← (　) 안의 식이 완전제곱식이 될 수 있도록 상수항을 더하고 빼줍니다. 이 과정을 암산하지
                         마세요. 귀차니즘이 실수를 유발합니다.

(3단계) $y=2(x-2)^2-8+6$ ← (　) 안의 식을 완전제곱식으로 변형하고 남은 상수항에 이차항의 계수를 곱하여 (　) 밖
                         으로 빼줍니다.

(4단계) $y=2(x-2)^2-2$ ← 계산을 마무리합니다.

(5단계) 꼭짓점의 좌표는 $(2, -2)$이고, $x=2$일 때 최솟값은 -2입니다.

❸ 공식형 개념 - 위험한 지름길

공식, 법칙, 정리 등은 주로 프로세스형 개념의 지름길입니다. 특히 단계가 많은 프로세스형 개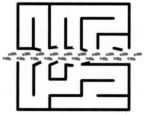
념을 하나의 공식이나 법칙, 정리로 만들어서 한두 줄로 풀 수 있게 만든 것입니다. 처음에는
공식이 만들어지는 과정을 이해하고 직접 유도할 수도 있지만 시간이 지나면 공식만 남게 됩
니다. 공식을 정확하게 외우고 있으면 그나마 다행이지만 공식을 잘못 외우고 있으면 지름길
이 아니라 지옥길로 가게 됩니다.

$(2^2)^3$을 지수법칙을 사용하지 않고 풀면 $(2^2)^3=(2\times2)(2\times2)(2\times2)=2^6$이 됩니다.
풀기가 그리 어렵지 않습니다. 그러나 지수법칙 중의 하나인 $(a^m)^n=a^{mn}$을 알고 있었다면
$(2^2)^3=2^6$이라고 곧바로 구했겠죠. 지름길입니다. 물론 $(2^2)^3=2^{2+3}=2^5$이라고 착각할 가능성은 덤입니다.

이차방정식 $2x^2-5x+1=0$의 근을 완전제곱식을 이용하여 구하는 것은 프로세스형 개념입니다. 예닐곱 단계의 계산을 실수 없이

해내야만 근을 제대로 구할 수 있죠. 하지만 근의 공식 $x=\dfrac{-b\pm\sqrt{b^2-4ac}}{2a}$를 정확히 기억하고 있으면

$x=\dfrac{-(-5)\pm\sqrt{(-5)^2-4\cdot2\cdot1}}{2\cdot2}=\dfrac{5\pm\sqrt{17}}{4}$과 같이 근을 곧바로 구할 수 있습니다. 정말 빠른 지름길입니다. 하지만 근의 공식

과 근의 짝수 공식인 $x=\dfrac{-b'\pm\sqrt{b'^2-ac}}{a}$와 섞어서 근의 공식을 $x=\dfrac{-b\pm\sqrt{b^2-ac}}{a}$로 착각하는 경우도 많습니다.

$(a+b)^2$을 전개하면 $(a+b)^2=(a+b)(a+b)=a^2+ab+ba+b^2=a^2+2ab+b^2$이 됩니다. 분배법칙을 이해하면 어렵지 않게
해낼 수 있지만, $(a+b)^2=a^2+2ab+b^2$이라는 공식을 사용하면 두 단계를 절약해 줍니다. 그러나 $(a+b)^2=a^2+b^2$으로 착각할
위험도 존재하죠. 심지어 $(a-b)^2=a^2-b^2$이라는 놀라운 신공을 보여주기도 합니다. 설마 이 식이 맞다고 생각하는 것은 아니겠
죠? $(a-b)^2=a^2-2ab+b^2$이 맞습니다.

❹ what if형 개념 – 모든 개념은 'A이면 B이다.'로 바꿀 수 있다.

엇각이나 동위각은 정의형 개념입니다. 평행선이 주어졌을 때, 동위각과 엇각이 같다는 개념을 이용하면 끝입니다. 하지만 동위각과 엇각을 구하는 것이 다른 문제를 해결하기 위한 과정의 일부이면 'what if형 개념'으로 바뀝니다. 한 쌍의 대변이 평행한 등변사다리꼴이나 두 쌍의 대변이 평행한 평행사변형 문제에서 동위각과 엇각은 문제를 해결하는 중요한 단서가 됩니다. 이런 'what if형 개념'은 대부분의 개념에 적용될 수 있습니다. 몇 가지 예를 들어 보겠습니다.

평행선이 주어지면 엇각이나 동위각을 이용하라.
접었다는 말이 나오면 합동의 성질을 이용하라.
내심 문제는 직각삼각형과 각의 이등분선을 이용하라.
외심 문제는 이등변삼각형과 수직이등분선을 이용하라.
직각삼각형이 주어지면 피타고라스 정리를 이용하라.

심지어 용도가 바뀌는 개념도 있습니다. 판별식은 중학교 과정에서 근의 존재 여부를 판단하는 도구로 사용합니다. 근의 공식 안에 있는 판별식 $D=b^2-4ac$가 0보다 크거나 같으면 근이 존재하고 0보다 작으면 근이 존재하지 않는다고 판단하는 것이죠. 그런데 이 판별식이 고등학교 과정에서는 이차함수의 그래프가 x축과 만나는지 여부까지 판단해 줍니다. 판별식이 0보다 크거나 같으면 x축과 만나고 0보다 작으면 x축과 만나지 않습니다.

이차방정식에서 근의 존재 여부를 판단하려면 판별식을 이용하라.　　　　　　　(중학교 과정)
이차방정식에서 실근이 존재하는지 허근이 존재하는지 판단하려면 판별식을 이용하라.　(수학 I)
이차함수의 그래프가 x축과 만나는지 만나지 않는지 판단하려면 판별식을 이용하라.　(수학 I)

고등학교 과정에서는 특정한 상황에서 선택할 수 있는 개념이 많아집니다. 도구 자체에 대한 사용법을 알아도 어떤 도구를 사용해야 할지 판단하기 어려울 수도 있다는 겁니다. 최댓값이나 최솟값을 구하는 방법은 다음과 같이 선택할 수 있는 개념이 점점 많아집니다.

최댓값이나 최솟값을 구하려면 이차함수의 꼭짓점을 구하라.　　　　　　(중학교 과정)
최댓값이나 최솟값을 구하려면 부등식의 영역을 이용하라.　　　　　　　　　(수학 I)
최댓값이나 최솟값을 구하려면 산술평균과 기하평균의 부등식을 이용하라.　　(수학 II)
최댓값이나 최솟값을 구하려면 미분하라.　　　　　　　　　　　　　　　　(미적분 I)

❺ 숨바꼭질형 개념 – 자주 숨는 곳이 정해져 있다.

숨바꼭질형 개념은 보통 개념의 활용으로 간주하기도 합니다. 하지만 숨겨져 있는 개념을 바로 찾아내는 것은 쉽지 않습니다. 이것을 개념으로 생각하지 않기 때문에 반복해서 틀리는 경향이 있습니다. 숨바꼭질형 개념은 모르는 것이 아니라 찾지 못하는 쪽에 가깝습니다. 등잔 밑이 어두운 것처럼요. 닮음 개념에 숨바꼭질 개념이 많이 들어 있습니다. 닮음에 SSS닮음, SAS닮음, AA닮음이 있다는 것은 잘 아실 겁니다. 하지만 실제 닮음 문제로 들어가면 닮은 도형을 찾는 것이 쉽지 않습니다. 두 개의 삼각형을 포개어 놓은 것도 그중의 하나입니다. 이때는 서로 같은 각을 기준으로 공통인 각을 찾으면 됩니다. 오른쪽 그림에서는 각 A가 공통인 각입니다. 닮음을 찾았으면 닮은 두 삼각형 중에서 작은 삼각형을 밖으로 빼내면 문제를 풀기가 훨씬 수월해집니다.

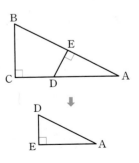

합 · 차공식 $(a+b)(a-b)=a^2-b^2$에도 숨바꼭질 개념이 있습니다. 다음은 합 · 차공식의 개념을 문제 속에 숨겨놓은 것이라고 봐야 합니다.
$$(2+1)(2^2+1)(2^4+1)(2^8+1)(2^{16}+1) \Rightarrow \underline{(2-1)}(2+1)(2^2+1)(2^4+1)(2^8+1)(2^{16}+1)$$

❻ 갈림길형 개념 – 갈림길에서는 반드시 멈춰라.

$\sqrt{A^2}$의 값을 구하라는 질문에 숨도 쉬지 않고 A라고 말하는 학생을 많이 봐왔습니다. 이런 학생들은 $\sqrt{A^2}$ 안에 갈림길이 숨겨져 있다는 것을 기억하지 못하는 것입니다. $\sqrt{A^2}$은 A의 부호에 따라가야 할 길이 다릅니다. A의 부호가 양수인지 음수인지 판단하기 어려울 때도 있습니다. 하지만 정답을 맞히는 것보다 더 중요한 것은 이것이 갈림길형 개념이라는 것을 알아보는 것입니다.

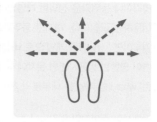

$$\sqrt{A^2}=\begin{cases} A & (A \geq 0) \\ -A & (A < 0) \end{cases}$$

수학에서 이와 같은 갈림길형 개념은 많이 있습니다. 절댓값, 가우스 기호, 부등식도 그중의 하나입니다.

$$|x-a|=\begin{cases} x-a & (x \geq a) \\ -(x-a) & (x < a) \end{cases}$$

❼ 변신형 개념 – 많이 할수록 변신을 잘한다.

함수의 뜻을 설명하라고 하면 '짝짓기 프로그램', '자판기', 'x, y' 등 수많은 비유와 기호가 튀어나옵니다. 사실 함수의 뜻은 두 변수의 관계 또는 관계식이라고 이해하는 것만으로 충분합니다. 함수라는 개념의 본질은 '수식'을 '그림(그래프)'로 변신시키는 것입니다. 수식과 그래프를 같은 것으로 인식하는 것은 외국어를 새로 배우는 것만큼 쉽지 않습니다. 철학자이자 수학자인 데카르트가 좌표의 개념을 만들기 전까지 수식은 그래프로 변신할 엄두도 내지 못했습니다. 함수를 처음 배울 때, 함수가 변신형 개념이라는 것을 모르고 정의형 개념으로 학습하기 때문에 학년이 올라갈수록 함수가 점점 어려워지는 겁니다. 실제로 함수를

어느 정도 배운 학생들조차 점 A(2, 1)을 좌표에 나타내라는 질문에 다음과 같이 두 개의 점을 찍곤 합니다. 점 A(2, 1)이 한 개의 점이라는 가장 기본적인 개념조차 흔들리고 있는 거죠.

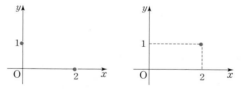

순서쌍 (a, b)를 보면 좌표평면 위의 한 점이 곧바로 떠올라야 합니다. 마찬가지로 함수의 식과 그래프의 개형이 핫라인으로 연결되어 있어야 합니다. 2+2를 4라고 대답하는 수준으로 식과 그래프가 붙어 있어야 합니다.

$y=x$라는 식을 보는 즉시 직선 /이 떠오르나요?
$y=-x$라는 식을 보자마자 직선 \이 생각나나요?
$y=x^2$이라는 식과 포물선 ∪이 같게 보입니까?

변신형 개념은 이질적인 두 개념을 하나로 연결 짓는 것이기 때문에 익숙해지는데 시간이 꽤 오래 걸립니다. 학생들이 가장 싫어하는 개념 중에 함수가 늘 1, 2위를 다투는 것도 그런 이유일 겁니다. 방법은 오직 하나뿐입니다. 많이 그려봐야 합니다. 그래프를 그리지 않고 풀 수 있어도 함수의 식이 보이면 '굳이' 그래프를 그려서 풀기 바랍니다. 많이 봐야 익숙해지고 익숙해져야 저절로 떠오릅니다.

한국은 소고기를 세계적으로 가장 세밀하게 정형하고 각 부위별로 다양한 요리 방법을 가진 나라입니다. 여러분은 믿기 어렵겠지만 불과 수십 년 전만 해도 서민들에게 소고기는 일 년에 한두 번 먹을까 말까 한 음식이었습니다. 그만큼 귀한 재료라서 다른 나라에서는 버리는 부위조차 허투루 여기지 않고 다양한 요리법을 개발한 것입니다. 수학이라는 과목 역시 우리의 입시 환경에서는

절대로 포기하거나 버려서는 안 될 과목이지만 학년이 올라갈수록 수포자가 점점 늘어나는 것이 현실입니다. 처음부터 포기하는 것이 아니라 열심히 해도 안돼서 포기하는 것이라서 더 안타깝습니다.

수학 공부 시간 가장 많은데
수험생 731명 최다 투자 과목 설문
자료: 유웨이중앙교육

국어 10%
영어 28%
수학 50%

수능 수학 포기자 넘쳐
수능 표준점수를 100점으로
환산해 30점 미만 학생 비율 (2014학년도)
자료: 학교알리미·하늘교육

국어 4.6%
영어 7.1%
수학 34.1%

지금까지 저는 수학에서 다루는 개념의 종류를 일곱 가지 부위로 나눠서 각 부위의 특징과 요리 방법을 설명했습니다. 물론 많이 부족하고 비어 있는 부분이 많지만 이런 방식으로 수학의 개념을 바라보면 수학의 맛을 조금이나마 느낄 수 있지 않을까 기대합니다. 이제 앞서 설명한 일곱 가지 개념을 표로 정리하면서 마무리하겠습니다.

개념의 종류	개념의 뜻	접근 또는 마무리 방법
정의형 개념	뜻만 알면 되는 개념	영어 단어 외우듯 외워야 한다.
프로세스형 개념	단계가 있는 개념	운동과 비슷하다. 몸이 기억해야 한다.
공식형 개념	프로세스형을 줄인 개념	공식은 양날의 칼이다. 공식 좋아하다가 큰 코 다친다.
what if형 개념	'A이면 B이다.'꼴로 바꿀 수 있는 개념	B(공식)보다 A(상황)에 초점을 맞춰야 한다. 어떤 상황에서 쓰는지 모르는 공식을 외운들 무슨 소용이 있을까!
숨바꼭질형 개념	문제 속에 숨겨져 있는 개념	자주 숨는 곳을 메모해 두고 시험 보기 전에 반드시 확인하라.
갈림길형 개념	조건에 따라 여러 가지 길로 갈라지는 개념	갈림길인지 눈치채지 못하고 무조건 직진하는 것이 문제다.
변신형 개념	다른 개념으로 변신하는 개념	두 개념이 하나처럼 느껴질 때까지 함수 문제를 풀 때 그래프를 그려라.

이해가 중요하다, 그래도 암기

writer. 이규영

수학을 잘 하려면 이해가 중요할까요, 아니면 암기가 중요할까요?

이 문제를 풀기 위해서는 먼저 '대우'라는 말의 뜻부터 알아야 합니다. 답을 얻기 위해서 새로운 개념을 배워야 하는 여러분께 심심한 위로의 뜻을 전합니다.

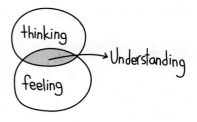

'A이면 B이다.'의 대우는 'B가 아니면 A가 아니다.'입니다. 예컨대 '정삼각형이면 이등변삼각형이다.'의 대우는 '이등변삼각형이 아니면 정삼각형이 아니다.'입니다. 서로 대우인 두 문장은 참과 거짓을 함께 합니다. 즉, 하나가 참이면 다른 하나도 참이고 하나가 거짓이면 다른 하나도 거짓입니다. (p. 202, 042 명제의 역과 대우, 귀류법 참고)

저는 이십 년 넘게 수학을 가르치고도 수학을 잘 하는 학생들의 공통점을 딱 한 가지밖에 모릅니다. 그것은 '수학을 잘 하는 학생은 잘 기억한다.'는 것입니다. 하지만 이 말이 '잘 기억하는 학생이 수학을 잘 한다.'는 뜻은 아닙니다. '정삼각형은 이등변삼각형이다.'는 말은 참이지만 '이등변삼각형은 정삼각형이다.'는 말은 참이 아닌 것과 같은 이유입니다.

'수학을 잘 하는 학생은 잘 기억한다.'의 대우인 '잘 기억하지 못하는 학생은 수학을 잘하지 못한다.'라는 말은 참입니다. 암기를 잘 한다고 해서 수학을 잘 하는 것은 아니지만, 암기를 잘 하지 않고서는 수학을 잘 할 수 없다는 뜻입니다. 그림으로 보면 이해가 쉬울 것입니다.

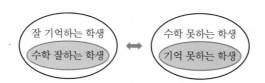

이제 암기와 이해의 논쟁은 끝났습니다. 암기가 우선입니다. 따라서 암기를 잘하는 방법과 암기를 잘했는데도 수학 성적이 잘 안 나오는 이유만 분석하면 됩니다. 먼저 암기를 잘 하는 유형부터 살펴보겠습니다. 여러분은 어떤 유형인가요?

❶ 한 번만 봐도 거의 다 기억하는 유형(암기력 천재형)
　– 개념이나 공식뿐만 아니라 예제와 연습문제까지도 모두 기억하는 것을 전제로 합니다.
　– 구슬도 꿰어야 보배입니다. 중학수학과는 달리 고등수학은 제대로 한 번 보는데도 시간과 노력을 많이 투자해야 합니다.

❷ 같은 교재를 여러 번 반복해서 공부하는 유형(지독한 노력형)
　– 여러 교재를 한 번씩 대충 보는 것보다 같은 교재를 종이가 닳도록 여러 번 보는 것을 전제로 합니다.
　– 수십 번 본다고 시간도 수십 배 걸리는 것은 아닙니다. 한두 번 볼 때는 시간이 많이 걸리지만 세 번 이상 볼 때부터는 시간이 현저하게 줄어듭니다.
　– 대부분 학생들에게 권하고 싶은 방법입니다. 많이 보면 저절로 외워집니다. 저절로 외워진 것들은 저절로 떠오릅니다.

❸ 기억 잘하는 기술을 가진 유형(꾀돌이형)
- 이들은 쓸 데 없는 것을 외우는데 시간을 허비하지 않습니다. 시험에 잘 나올만한 개념과 문제를 영리하게 선별하여 외우기 때문입니다.
- 공부 자체보다 어떻게 공부해야 효율적인지 고민하는 유형입니다.

이렇게 암기를 잘했는데도 수학 성적이 잘 나오는 것은 아닙니다. 다음은 세 가지 이유와 해법입니다.

❶ 개념 적용을 못하는 경우
개념과 예제를 붙여서 외울 것을 권합니다. 개념을 보면 예제가 떠오르고 예제를 보면 개념이 떠오르도록 공부해야 합니다. 외국어를 공부할 때 단어의 뜻만 외우는 것보다 단어가 들어간 문장을 함께 외우는 것이 효과적인 것과 같은 맥락입니다.

❷ 개념과 개념을 잘 연결하지 못하는 경우
실전문제를 많이 풀어봐야 합니다. 특히, 학교 내신과 수능 기출문제를 반드시 직접 풀어봐야 합니다. 이런 유형의 학생은 개념과 유형을 잘 기억하고 있기 때문에 본인이 문제를 풀지는 못해도 남이 설명하는 것을 잘 이해하는 특성이 있습니다. 너무 잘 이해하기 때문에 주변 사람들까지 기대하게 만듭니다. 하지만 남이 하는 것을 보기만 하면 이해 중독자가 될 뿐입니다. 시간이 많이 걸려도 혼자서 해결하는 습관을 들여야 합니다. 이런 성공 경험이 충분히 쌓여야 진짜 실력이 됩니다.

❸ 계산 실수가 많은 경우
계산 실수와 문제 착각으로 많게는 30~40점 정도 차이가 나는 경우도 있습니다. 실력이 비슷한데도 누구는 90점대를 맞고 누구는 50점대를 맞을 수 있다는 뜻입니다. 믿기지 않겠지만 사실입니다. 물론 계산을 실수 없이 하고 문제를 꼼꼼히 읽는 것 또한 실력이라고 주장하면 그 말도 맞는 말입니다만 가르치는 사람의 눈에는 두 사람의 차이가 미미한 것도 사실입니다. 이들에게는 두 가지 방법을 권합니다. 첫 번째는 문제에 □, △, ○ 등의 표시를 하는 것입니다. 주어진 조건과 구하고자 하는 것을 구분하여 표시하고 답을 쓰는 과정에서 반드시 표시한 것을 확인하는 습관을 들여야 합니다. 두 번째는 지수법칙, 곱셈공식, 제곱근, 인수분해 등과 같은 기초 연산을 빠르고 정확하게 계산하는 연습을 반복적으로 해야 합니다.

그렇다면 이해하지 않고 무조건 암기하는 것은 어떨까요?
이해하지 않는 것이 아니라 이해하지 못하는 것이라면 상관없습니다. 사실 일부러 이해하지 않는 경우가 거의 없다고 보면 대부분의 학생들은 이해하지 못하고 암기하는 쪽일 것입니다. 괜찮습니다. 이해되지 않는다고 포기하는 것이 문제이지 그럼에도 불구하고 개념과 공식, 문제 풀이 방법을 외우는 것이 잘못된 것은 아닙니다. 더욱이 수학 공부의 기본이 되는 개념과 공식의 암기는 강조해도 지나치지 않습니다. 물론 충분한 이해를 바탕으로 개념 공부가 이루어져야 하지만, 짧은 기간 내에 그 개념이 담고 있는 깊이 있는 내용까지 완벽하게 이해하기는 사실상 쉽지 않습니다. 이런 이유로 이 책에 실려 있는 개념과 공식 정도는 달달달 외워 언제라도 머릿속에서 꺼내어 쓸 수 있도록 준비가 되어 있어야 합니다.

많은 친구들이 기본적인 개념과 공식조차 암기하지 못하면서 '난 개념은 잘 아는데 문제가 안 풀린다.'고 하소연하는 경우가 많습니다. 이 글을 읽는 순간 하얀 종이를 꺼내서 근의 공식을 유도하는 과정이나 기본적인 공식을 아는 대로 써보길 바랍니다. 자신이 얼마만큼 개념에 대한 공부가 이루어졌는지 곧바로 깨달을 수 있습니다. 수학은 분명 이해의 학문이지만, 기억의 학문이기도 합니다. 또한 기억하고 있으면 언젠가 이해가 손을 내밀어 줍니다. 제 이름을 걸고 약속합니다.

\<특집 100줄 토론\>
개념 vs. 문제, 문제 vs. 개념

writer. 한성필

사회자 한성필 : 오늘은 개념 vs. 문제, 문제 vs. 개념 뭣이 중헌디?라는 주제를 놓고 '개념만이해군'과 '문제만풀어군' 두 분을 모셔놓고 과감하고 진솔한 토론의 장을 마련하고자 합니다. 토론에 앞서 개념과 문제가 무엇인지 간단히 소개해 드리겠습니다.

개념을 묻는 질문

푸른색이란 무엇입니까?

개념은 여러 가지로 표현이 가능하겠지만, 수학에서 개념은 정의를 기본으로 하여 공식, 법칙, 성질, 정리 등으로 표현할 수 있습니다.

개념이 적용된 문제

다음 중 푸른 고양이는 몇 번째입니까?

일반적으로 문제는 해답을 요구하는 물음으로, 수학에서 문제는 크게 주어진 조건과 구하고자 하는 것으로 구성되어 있습니다.

사회자 한성필 : 먼저 수학 공부 방법에 대해 어떻게 생각하시는지 두 분의 의견 들어보겠습니다.

개념만이해군 : 개념 없이는 한 발자국도 나갈 수 없습니다. 수학에서 개념은 처음이자 끝입니다. 수학뿐만 아니라 다른 과목에서도 개념을 알지 못하면 문제를 풀 수 없습니다. 보다 더 근본적으로 개념을 모르면 문제 자체를 이해할 수 없을 만큼 수학에서 개념은 매우 중요합니다. 개념만 바르게 잡혀 있다면 문제풀이는 식은 죽 먹기입니다. 제대로 개념이 잡혀있지 않기 때문에 문제풀이가 안 되는 것이지요.

문제만풀어군 : 개념? 대한민국 수학에 아직도 그런 달달한 것이 남아있기는 한가요? 그럼 시간이 날 때마다 교과서만 달달달 외우면 되겠네요. 저는 그 소중한 시간에 한 문제라도 더 풀겠습니다. 문제를 통한 실전 감각을 쌓는 것이 수학 공부를 하는 데 가장 중요한 요소가 아닐까요? 아무리 개념을 강조해도 결국 실전에서 통하는 것은 문제를 얼마나 많이 풀어 봤는가, 즉 문제풀이의 경험이 수학 공부를 하는 데 가장 실전적인 도움이 됩니다. 그래서 개념 공부를 하고 그것에 대한 적용을 위해 항상 문제를 풀어보는 거 아닙니까?

사회자 한성필 : 그럼 이번에는 고난도 문제풀이에 대한 두 분의 의견 들어보겠습니다.

개념만이해군 : 고난도 문제풀이가 안 되는 것은 아직 개념이 부족하기 때문입니다. 더욱더 심화된 개념을 쌓아야 고난도 문제를 풀 수 있습니다. 구슬이 서 말이라도 꿰어야 보배라고 했습니다. 허구한 날 문제만 많이 푼들 그것이 쓸모 있게 정리되지 않으면 아무 의미가 없는 거 아닙니까?

문제만풀어군 : 심화된 개념이요? 그럼 심화된 개념이란 것은 언제까지 그리고 어디까지 공부해야 하는 겁니까? 고난도 문제풀이는 그것과 유사한 문제를 풀어 본 경험을 바탕으로 해결하는 겁니다. 따라서 고난도 문제풀이가 안 되는 것은 결국 문제풀이 경험이 부족한 겁니다. 더 많은 문제를 풀어본 후 고난도 문제에 도전하면 충분히 해결할 수 있습니다.

사회자 한성필 : 개념만이해군과 문제만풀어군이 한 치의 물러섬 없이 대립각을 세우고 있는데요. 그럼 여기서 잠시 독자 여러분의 궁금증을 들어보는 시간을 가져보도록 하겠습니다.

"개념 정리 그냥 눈으로 읽고 이해하고 왜 이렇게 나왔나 정도만 알면 되는 거죠? 개념노트는 꼭 필요하나요?"

"개념 공부라는 게 단순히 개념 암기가 아니라 문제를 보면 이건 이렇게 풀어야 된다는 생각이 들게끔 공부하는 건가요?"

"정말 개념이 뭔지 궁금해서 미치겠습니다. 다들 개념만 제대로 알아도 80점은 나온다는 말을 하는데 도대체 이해가 안 됩니다. 교과서나 시중에 나온 기본서는 거의 다 사서 열심히 읽어 다 이해했다고 생각했는데 문제는 잘 안 풀리고 점수는 바닥이고, 제가 개념을 공부한 건 맞죠? 그런데 왠지 개념이 없는 것 같거든요? 개념을 잡으려면 뭐로 공부하는 게 좋죠? 개념을 묻는 ㄱ, ㄴ, ㄷ 문제만 나오면 식은땀이 나요. 제발 도와주세요."

"인터넷에서 수학 공부법에 대한 글을 보면 안 풀리는 문제는 한 시간 정도 투자하라는 말이 종종 나오는데 이렇게 되면 진도도 못 빼고 결국 시간 낭비 아닌가요?"

"무조건 많은 문제를 푸는 게 좋나요. 아니면 똑같은 문제를 여러 번 반복해서 푸는 게 좋나요."

"우선 개념을 잡고 그 옆에 딸려 있는 문제(예제, 유제) 좀 풀고 기출문제 풀이로 들어갔는데 와~ 안 풀려서 미치겠더라고요."

"수학을 젤루 못 하거든여. 특히 그중에 문제 푸는 방법을 찾기가 제일 어려워요. 문제 푸는 방법을 잘할 수 있는 방법 좀 갈켜주세여."

사회자 한성필 : 독자들의 궁금증을 살펴보면 개념만으로 또는 문제만으로는 해결되지 않는다는 것을 다시 한 번 알게 되는데요. 어쩌면 처음부터 잘못 접근한 건 아닐까요? 마치 인간의 정신과 육체가 서로 상호작용하듯이 개념과 문제 역시 상호보완의 관계인데 그것을 따로 떨어뜨려 그 대상을 교집합이 없는 서로소 관계로 인식했기 때문에 자신의 주장만을 내세웠던 것은 아닐까 하는 생각을 해봅니다. 조선 세종 때 황희 정승의 이야기로 오늘 토론을 마무리하겠습니다.

두 계집종이 싸우자 한 명씩 만나본 황희는 각각 "네 얘기가 옳다."라고 했다. 곁에서 듣던 부인이 "왜 시비를 가려주지 않느냐."라고 타박하자 황희는 "당신 얘기도 옳소!"라고 했다.

개념 VS. 문제, 문제 VS. 개념이 아니라 개념 & 문제, 문제 & 개념이다.
우리가 시험장에서 풀어야 하는 것은 문제다. 그리고 그것을 가능하게 하는 힘의 원천은 개념이다. 이 개념은 그 자체에 머물러 정지해 있는 것이 아니다. 문제를 만나면 거세게 꿈틀거린다. 문제와의 만남을 통해 기존의 개념은 더욱 확장되고 그 확장된 개념은 난이도가 높아진 문제를 풀 수 있는 새로운 힘이 된다. 이처럼 개념과 문제는 뗄레야 뗄 수 없는 관계이며 서로에게 자신의 몸을 의지할 때, 더욱 확장되고 견고해진다.

개념 정리 → **문제 적용** & 문제 이해 → **개념 정리**

개념을 문제에 적용하고 문제를 통해 개념을 완성하는 오른쪽 그림과 같이 주기가 4인 개념 & 문제, 문제 & 개념이다. 지금부터 살아 움직이는 나만의 개념을 만들어라. 그리고 그것을 문제에 적용하라. 그리고 또 움직여라. 그것이 변화의 시작이다.

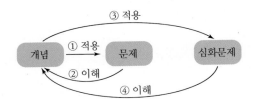

∴

therefore

결론을 제시할 때, 사용하는 수학 기호다.

∵

because

이유나 원인, 근거를 제시할 때, 사용하는 수학 기호다.

상대방을 설득할 때, 테크닉이 필요하다.
결론을 먼저 제시하고 그 이유를 설명하는 '왜냐하면' 기법과
전제부터 차례차례 하나씩 풀어나가는 '그러므로' 기법이 있다.

여러분은 어떤 기법을 더 많이 사용하는가?

Ⅰ 다항식 _18
Ⅱ 방정식과 부등식 _52
Ⅲ 순열과 조합 _126
Ⅳ 행렬 _138
Ⅴ 도형의 방정식 _146
Ⅵ 집합과 명제 _188
Ⅵ 함수 _230

Special Lecture
1 나머지정리 _38
2 인수분해 방법 분석 _48
3 절댓값 기호는 벗겨야 한다 _68
4 절댓값 함수의 그래프, 이제는 그릴 수 있다 _70
5 다항함수의 그래프를 그리는 방법 _88
6 삼차방정식 $x^3=1$의 허근 ω _96
7 이차함수의 그래프와 방정식, 부등식 _116
8 가우스 기호는 벗겨야 한다 _122
9 필수 기본도형 정리 _146
10 평행이동과 대칭이동 _187
11 수학의 꽃, 증명 _216
12 필요, 충분조건의 명쾌 이해 _224
13 미팅에서 일대일 대응을 만나다 _234
14 합성함수의 그래프를 그리는 방법 _240

001 다항식의 덧셈, 뺄셈, 곱셈

❶ 다항식

- ☐ **단항식** : 수와 문자 또는 문자와 문자의 곱으로만 이루어진 식
- ☐ **다항식** : 단항식 또는 몇 개의 단항식의 합으로 이루어진 식

  예 x, $2x+y$, y^2, $3x+2y-1$은 모두 다항식이다.
- ☐ **항** : 다항식을 이루고 있는 각각의 식
- ☐ **계수** : 항에서 특정한 문자를 제외한 나머지 부분
- ☐ **동류항** : 문자와 차수가 각각 같은 항 ← 계수는 고려하지 않는다.

  예 x와 $2x$는 동류항이지만 x와 $2x^2$은 차수가 다르기 때문에 동류항이 아니다.
- ☐ **항의 차수** : 항에서 특정한 문자가 곱해진 개수

  예 $2x^2$은 $x \times x$이므로 2차식, $2y^3$은 $y \times y \times y$이므로 3차식이고 $3xy^2$은 x에 대한 1차식, y에 대한 2차식, x, y에 대한 3차식이다.
- ☐ **다항식의 차수** : 다항식에서 특정한 문자에 대하여 차수가 가장 큰 항의 차수

  예 $2x^2+3x-4$에서 x^2의 차수가 2로 가장 크므로 이 다항식은 이차식이다.

$$2x+(-5y)+3$$

x의 계수 y의 계수   상수항

동류항
$$5x+3y-2x+6y-1$$
동류항

❷ 다항식의 정리

- ☐ **내림차순** : 특정한 문자에 대하여 차수가 높은 항부터 낮은 항의 순서로 나열하는 것 → $(\ )x^2+(\ )x+(\ )$
  대부분 내림차순을 사용한다. x에 대한 내림차순
- ☐ **오름차순** : 특정한 문자에 대하여 차수가 낮은 항부터 높은 항의 순서로 나열하는 것 → $(\ )+(\ )y+(\ )y^2$
              y에 대한 오름차순

  예 $2x^2y-x+x^2+3xy^2+y$를 x에 대하여 내림차순으로 정리 → $(2y+1)x^2+(3y^2-1)x+y$ (x가 아닌 문자는 상수로 생각한다.)

  y에 대하여 오름차순으로 정리 → $(x^2-x)+(2x^2+1)y+3xy^2$ (y가 아닌 문자는 상수로 생각한다.)

❸ 다항식의 덧셈과 뺄셈

- ☐ 다음 성질을 이용하여 괄호를 푼다.

  → $A+(B-C)=A+B-C$ 예 $(x+3y)+(2x-y)=x+3y+2x-y$

  → $A-(B-C)=A-B+C$ 예 $(x+3y)-(2x-y)=x+3y-2x+y$
- ☐ 동류항끼리 모아서 간단히 정리한다.

  예 $x^2y+2xy^2+2x^2y-xy^2=(x^2y+2x^2y)+(2xy^2-xy^2)=3x^2y+xy^2$

❹ 다항식의 곱셈

- ☐ 분배법칙과 지수법칙을 이용하여 전개한다.
- ☐ 동류항끼리 모아서 간단히 정리한다.

  예 $(2x+3y)(4x+2y)=8x^2+(4xy+12xy)+6y^2$
  $$=8x^2+16xy+6y^2$$

$(x+y)(a+b+c)$ ①②③ ④⑤⑥

$=\underset{①}{ax}+\underset{②}{bx}+\underset{③}{cx}+\underset{④}{ay}+\underset{⑤}{by}+\underset{⑥}{cy}$ ⇦ 분배법칙

$=(a+b+c)x+(a+b+c)y$ ⇦ 동류항끼리 계산

❺ 다항식의 덧셈과 곱셈에 대한 연산법칙

- ☐ **교환법칙** : $A+B=B+A$, $AB=BA$
  서로 바꿈
- ☐ **결합법칙** : $(A+B)+C=A+(B+C)$, $(AB)C=A(BC)$
  묶음 $=A+B+C$ $=ABC$
- ☐ **분배법칙** : $A(B+C)=AB+AC$, $(A+B)C=AC+BC$

⊙ $4x^3 - 3xy^2 + 2y + 1$이 있다. 다음을 구하시오.

001 항의 개수 _____

002 문자 x에 대한 차수 _____

003 문자 y에 대한 차수 _____

004 y^2의 계수 _____

005 문자 x에 대한 상수항 _____

006 문자 y에 대한 상수항 _____

⊙ x에 대한 내림차순으로 정리하시오.

007 $3 + x^2 - 2x$ _____

008 $y^2 + 2xy + x^2$ _____

009 $y + 2 + 3x + x^2y - x^2$ _____

010 $x^2 + xy + y^2 - x - y + 1$ _____

011 $x^2 - 3xy + 2y^2 - 2x + y - 3$ _____

⊙ 계산하시오.

012 $(x^2 + x - 2) + (2x^2 - 3x + 1)$ _____

013 $(x^2 - x + 1) - (-x^2 + 2x - 3)$ _____

014 $(x^3 + 2x^2 + 3x) + (-x^2 - 2x + 1)$ _____

015 $(2x^3 + x^2 - 2x + 1) - (x^3 - x - 1)$ _____

⊙ $A = x^3 + 2x^2 + x$, $B = x^2 - 2x + 3$, $C = x^3 + 1$이다. 다음을 계산하시오.

016 $A + (B - C)$ _____

017 $A - (B - 2C)$ _____

018 $2(A + B) - (C - B)$ _____

⊙ 전개하시오.

019 $(x + 2)(x^2 + x + 1)$ _____

020 $(x + y + 2)(3x - 2y)$ _____

021 $(2x^3 - 3xy + 4y^2)(x - 2y)$ _____

022 $(x + 1)(x - 1)(x + 2)$ _____

⊙ $A = x - 1$, $B = x^2 + x + 1$, $C = x^2 + 2x + 3$이다. 다음을 계산하시오.

023 AB _____

024 BA _____

025 $AB + CA$ _____

026 $A(C - B) + (A + C)B$ _____

● **문자에 대한 단항식의 차수**

❶ 항의 차수는 특정한 문자가 곱해진 개수이고 항의 계수는 특정한 문자를 제외한 나머지 부분이다.

❷ 상수항은 특정한 문자를 포함하지 않는 항이고 상수항의 차수는 0으로 정의한다.

	문자 x를 기준으로 하는 경우	문자 y를 기준으로 하는 경우	문자 x, y를 기준으로 하는 경우
$2x^2y$	x에 대한 2차항, 계수는 $2y$	y에 대한 1차항, 계수는 $2x^2$	x, y에 대한 3차항, 계수는 2
$3xy^3$	x에 대한 1차항, 계수는 $3y^3$	y에 대한 3차항, 계수는 $3x$	x, y에 대한 4차항, 계수는 3
$-2x$	x에 대한 1차항, 계수는 -2	y에 대한 상수항	
5	x에 대한 상수항	y에 대한 상수항	x, y에 대한 상수항

● **다항식 $x^3-2x^2y^2+3y-4$에 대한 이해**

❶ 항은 x^3, $-2x^2y^2$, $3y$, -4로 4개이다.

❷ x에 대한 삼차 다항식이고 상수항은 $3y-4$이다.
$\underset{x^3}{}$

❸ y에 대한 이차 다항식이고 상수항은 x^3-4이다.
$\underset{-2x^3y^2}{}$

❹ x, y에 대한 사차 다항식이고 상수항은 -4이다.
$\underset{-2x^3y^2}{}$

● **지수법칙**

❶ a, b는 실수, m, n이 자연수일 때

$$a^m \times a^n = a^{m+n}, \ (a^m)^n = a^{mn}, \ a^m \div a^n = \begin{cases} a^{m-n} & (m>n) \\ 1 & (m=n) \\ \dfrac{1}{a^{n-m}} & (m<n) \end{cases} (a \neq 0), \ (ab)^n = a^n b^n, \ \left(\dfrac{b}{a}\right)^n = \dfrac{b^n}{a^n} \ (a \neq 0)$$

❷ 지수법칙을 이용할 때 주의할 점

	$a^2 \times a^3$	$a^6 \div a^2$	$(a^2)^3$	$(2a)^3$
틀린 계산	$a^{2\times3}$	$a^{6\div2}$	a^{2^3}	$2 \times 3 \times a^3$
⬇ 옳은 계산	a^{2+3}	a^{6-2}	$a^{2\times3}$	$2^3 \times a^3$

● **다항식의 전개식에서 계수 구하는 법**

❶ 다항식 $(3x^2+2x+1)(2+3x+4x^2+5x^3+6x^4)$의 전개식에서 모든 항의 계수의 합은 $x=1$을 대입한 값이다.
즉, $(3+2+1)(2+3+4+5+6)=6\times20=120$이다.

❷ 다항식의 전개식에서 특정한 항의 계수를 구할 때, 구하는 항이 나오는 부분만 찾아 계산해도 된다.

  예 다항식 $(2x-1)(3x^2+4x+5)$의 전개식에서 x^2의 계수는
  ($2x-1$의 일차항의 계수)$\times$($3x^2+4x+5$의 일차항의 계수)$+$($2x-1$의 상수항)$\times$($3x^2+4x+5$의 이차항의 계수)이다.
  $\therefore \ 2\times4+(-1)\times3=8-3=5$

❸ $(x^3+2x^2+3x+4)(2x+3)$의 전개식에서 x의 계수를 구하는 문제는
x의 차수보다 큰 삼차항 x^3과 이차항 $2x^2$은 일차항의 계수에 영향을 주지 않으므로 미리 제거하고 푸는 것이 좋다. 즉, x^3과 $2x^2$을 제거한 $(3x+4)(2x+3)$의 전개식에서 x의 계수를 구하면
$(3x\times3)+(4\times2x)=17x$에서 17이다.

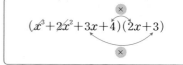

001 두 다항식 $A=3x^2+2x-1$, $B=x^2-x+1$에 대하여 $A+B$를 계산하면?

① $4x^2+x$ ② $4x^2-x$ ③ $-4x^2+x$

④ $-4x^2-x$ ⑤ $4x^2$

002 두 다항식 $A=x^3+2x^2-x+2$, $B=x^2+x+1$에 대하여 $2A-(A-B)$를 계산하면?

① x^3+3x^2+3 ② x^3+x^2-2x+1

③ $-x^3-x^2+2x-1$ ④ $-x^3-3x^2-3$

⑤ $2x^3+3x^2-3x+3$

003 두 다항식 A, B에 대하여 $A=x^2-x+1$, $B=-x^2+2x+2$에 대하여 $A \odot B = A+B$, $A \star B = A-B$로 정의할 때, $A \star (B \odot A)$를 계산하면?

① x^2+3x+2 ② x^2-2x-2

③ $-x^2-3x+2$ ④ x^2+2x+2

⑤ $-x^2+3x-2$

004 두 다항식 A, B에 대하여 $2A+B=x^2+3x+2$, $A-B=2x^2+3x+4$, $A+B=ax+b$일 때, $a+b$의 값은?

(단, a, b는 상수이다.)

① 1 ② 3 ③ 5

④ 7 ⑤ 9

005 $(2x-1)(x^2+2x)$를 전개하면?

① $2x^3+2x^2-3x$ ② $2x^3-3x^2+2x$

③ $2x^3+3x^2-2x$ ④ $2x^3-3x^2-2x$

⑤ $-2x^3-3x^2-2x$

006 다항식 $(x^2+2x+3)(x^2+3x+5)$의 전개식에서 x^2의 계수는?

① 6 ② 8 ③ 10

④ 12 ⑤ 14

007 다항식 $(1+x+2x^2+3x^3+\cdots+100x^{100})^2$의 전개식에서 x^3의 계수는?

① 1 ② 4 ③ 10

④ 20 ⑤ 31

008 $(1+x+x^2+x^3+x^5)(x+2x^2+3x^3)$의 전개식에서 모든 항의 계수의 합은?

① 24 ② 26 ③ 28

④ 30 ⑤ 32

002 다항식의 곱셈공식

❶ 곱셈공식 `암기`

☐ $m(a+b)=ma+mb,\ m(a-b)=ma-mb$

☐ $(a+b)^2=a^2+2ab+b^2$

☐ $(a-b)^2=a^2-2ab+b^2$

☐ $(a+b)(a-b)=a^2-b^2$

예 $(2+1)(2^2+1)(2^4+1)(2^8+1)(2^{16}+1)$
$=(2-1)(2+1)(2^2+1)(2^4+1)(2^8+1)(2^{16}+1)=2^{32}-1$

$$(A+B)^2=(-A-B)^2$$
$$(A-B)^2=(-A+B)^2$$

$$(-A+B)(-A-B)=(-A)^2-B^2$$
$$(A-B)(-A-B)=(-B)^2-A^2$$

☐ $(x+a)(x+b)=x^2+(a+b)x+ab$

☐ $(ax+b)(cx+d)=acx^2+(ad+bc)x+bd$

☐ $(a+b)^3=a^3+3a^2b+3ab^2+b^3=a^3+b^3+3ab(a+b)$

☐ $(a-b)^3=a^3-3a^2b+3ab^2-b^3=a^3-b^3-3ab(a-b)$

☐ $(a+b+c)^2=a^2+b^2+c^2+2(ab+bc+ca)$

☐ $(a+b)(a^2-ab+b^2)=a^3+b^3$ 예 $(x+1)(x^2-x+1)=x^3+1$

☐ $(a-b)(a^2+ab+b^2)=a^3-b^3$ 예 $(x-1)(x^2+x+1)=x^3-1$

☐ $(x+a)(x+b)(x+c)=x^3+(a+b+c)x^2+(ab+bc+ca)x+abc$

☐ $(x-a)(x-b)(x-c)=x^3-(a+b+c)x^2+(ab+bc+ca)x-abc$

☐ $(a+b+c)(a^2+b^2+c^2-ab-bc-ca)=a^3+b^3+c^3-3abc$

☐ $(a^2+ab+b^2)(a^2-ab+b^2)=a^4+a^2b^2+b^4$ 예 $(x^2+x+1)(x^2-x+1)=x^4+x^2+1$

❷ 곱셈공식의 변형 `암기`

☐ $a^2+b^2=(a+b)^2-2ab$ ← $(a+b)^2=a^2+2ab+b^2$

☐ $a^2+b^2=(a-b)^2+2ab$ ← $(a-b)^2=a^2-2ab+b^2$

☐ $(a-b)^2=(a+b)^2-4ab$ ← $(a+b)^2=(a-b)^2+4ab$

☐ $a^3+b^3=(a+b)^3-3ab(a+b)$ ← $(a+b)^3=a^3+3a^2b+3ab^2+b^3=a^3+b^3+3ab(a+b)$

☐ $a^3-b^3=(a-b)^3+3ab(a-b)$ ← $(a-b)^3=a^3-3a^2b+3ab^2-b^3=a^3-b^3-3ab(a-b)$

☐ $a^2+b^2+c^2=(a+b+c)^2-2(ab+bc+ca)$ ← $(a+b+c)^2=a^2+b^2+c^2+2(ab+bc+ca)$

☐ $a^2+b^2+c^2-ab-bc-ca=\dfrac{1}{2}(2a^2+2b^2+2c^2-2ab-2bc-2ca)$

$$=\dfrac{1}{2}\{(a^2-2ab+b^2)+(b^2-2bc+c^2)+(c^2-2ca+a^2)\}$$

$$=\dfrac{1}{2}\{(a-b)^2+(b-c)^2+(c-a)^2\}$$

☐ $a^2+b^2+c^2+ab+bc+ca=\dfrac{1}{2}\{(a+b)^2+(b+c)^2+(c+a)^2\}$

☐ $a^3+b^3+c^3=(a+b+c)(a^2+b^2+c^2-ab-bc-ca)+3abc$

$$=\dfrac{1}{2}(a+b+c)\{(a-b)^2+(b-c)^2+(c-a)^2\}+3abc$$

◎ 전개하시오.

001 $(x+3)^2$ _____

002 $(2p+q)^2$ _____

003 $(2a-3b)^2$ _____

004 $(-p+5q)^2$ _____

005 $(2x-1)(2x+1)$ _____

006 $(3+4x)(3-4x)$ _____

007 $(-3a+2)(-3a-2)$ _____

008 $(-3a+2b)(3a+2b)$ _____

009 $(x+1)(x+2)$ _____

010 $(a-3)(a+1)$ _____

011 $(2x+3)(x-2)$ _____

012 $(2a-3)(3a+1)$ _____

013 $(x+2)^3$ _____

014 $(3x-2)^3$ _____

015 $(2a+3b)^3$ _____

016 $(3a-2b)^3$ _____

017 $\left(x+\dfrac{1}{x}\right)^3$ _____

018 $\left(x-\dfrac{1}{x}\right)^3$ _____

019 $(x+2y+3z)^2$ _____

020 $(2x-y+2z)^2$ _____

021 $(a-b-1)^2$ _____

022 $(a+2b-c)^2$ _____

023 $(x+1)(x^2-x+1)$ _____

024 $(a-1)(a^2+a+1)$ _____

025 $(x-2)(x^2+2x+4)$ _____

026 $(a+2b)(a^2-2ab+4b^2)$ _____

027 $(2x+y)(4x^2-2xy+y^2)$ _____

028 $(3a-2b)(9a^2+6ab+4b^2)$ _____

029 $(x+1)(x+2)(x+3)$ _____

030 $(a-1)(a-2)(a-3)$ _____

031 $(x+y-1)(x^2+y^2+1-xy+x+y)$ _____

032 $(x^2+2xy+4y^2)(x^2-2xy+4y^2)$ _____

◎ 다음을 구하시오.

033 $x+y=2$, $xy=1$일 때 x^2+y^2 _____

034 $x+y=3$, $xy=1$일 때 x^3+y^3 _____

035 $x+\dfrac{1}{x}=4$일 때 $x^3+\dfrac{1}{x^3}$ _____

036 $x-y=4$, $xy=-1$일 때 x^3-y^3 _____

037 $a+b=2$, $a^2+b^2=10$일 때 a^3+b^3 _____

038 $a=2+\sqrt{3}$, $b=2-\sqrt{3}$일 때 a^3+b^3 _____

039 $a+b+c=4$, $ab+bc+ca=3$일 때 $a^2+b^2+c^2$ _____

040 $a+b+c=3$, $a^2+b^2+c^2=7$, $abc=2$일 때 $a^3+b^3+c^3$ _____

- **곱셈공식의 변형**
  - 세 실수 A, B, C에 대하여 $A^2+B^2+C^2=0$이면 $A^2 \geq 0$, $B^2 \geq 0$, $C^2 \geq 0$이므로 $A=0$, $B=0$, $C=0$이다.

  ❶ 세 실수 a, b, c에 대하여 $a^2+b^2+c^2-ab-bc-ca=0$이면 $a=b=c$이다.

    증명 $a^2+b^2+c^2-ab-bc-ca=\frac{1}{2}\{(a-b)^2+(b-c)^2+(c-a)^2\}=0$에서

    $a-b=0$, $b-c=0$, $c-a=0$이므로 $a=b$, $b=c$, $c=a$, 즉 $a=b=c$이다. (a, b, c가 모두 같다.)

  ❷ 세 실수 a, b, c에 대하여 $a^2+b^2+c^2+ab+bc+ca=0$이면 $a=b=c=0$이다.

    증명 $a^2+b^2+c^2+ab+bc+ca=\frac{1}{2}\{(a+b)^2+(b+c)^2+(c+a)^2\}=0$에서

    $a+b=0$, $b+c=0$, $c+a=0$이므로 $a=b=c=0$이다. (a, b, c가 모두 0이다.)

- **직육면체의 길이, 겉넓이, 부피**
  - 가로의 길이, 세로의 길이, 높이가 각각 a, b, c인 직육면체에 대하여

  ❶ 모든 모서리의 길이의 합 $\Rightarrow 4(a+b+c)$

  ❷ 직육면체의 겉넓이 $\Rightarrow 2(ab+bc+ca)$

  ❸ 직육면체의 부피 $\Rightarrow abc$

  ❹ 직육면체의 대각선의 길이(l) $\Rightarrow \sqrt{a^2+b^2+c^2}$

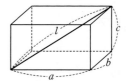

- $\overset{\text{역수}}{x \times \frac{1}{x}}=1$을 이용한 $x^n+\frac{1}{x^n}$의 값 구하기 **암기**

  ❶ $x^2+\frac{1}{x^2}=\left(x+\frac{1}{x}\right)^2-2$ ← $a^2+b^2=(a+b)^2-2ab$

  예 $x^2-5x+1=0$일 때, $x^2-5x+1=0$의 양변을 $x(x \neq 0)$로 나누면 $x-5+\frac{1}{x}=0 \rightarrow x+\frac{1}{x}=5$

   (방법 1) $x^2+\frac{1}{x^2}=\left(x+\frac{1}{x}\right)^2-2=5^2-2=23$

   (방법 2) $x+\frac{1}{x}=5$의 양변을 제곱하면 $x^2+2+\frac{1}{x^2}=25 \rightarrow x^2+\frac{1}{x^2}=23$

  ❷ $x^2+\frac{1}{x^2}=\left(x-\frac{1}{x}\right)^2+2$ ← $a^2+b^2=(a-b)^2+2ab$

  ❸ $\left(x-\frac{1}{x}\right)^2=\left(x+\frac{1}{x}\right)^2-4$ ← $(a-b)^2=(a+b)^2-4ab$

  ❹ $x^3+\frac{1}{x^3}=\left(x+\frac{1}{x}\right)^3-3\left(x+\frac{1}{x}\right)$ ← $a^3+b^3=(a+b)^3-3ab(a+b)$

  ❺ $x^3-\frac{1}{x^3}=\left(x-\frac{1}{x}\right)^3+3\left(x-\frac{1}{x}\right)$ ← $a^3-b^3=(a-b)^3+3ab(a-b)$

  ❻ $x^4+\frac{1}{x^4}=\left(x^2+\frac{1}{x^2}\right)^2-2$

  ❼ $x^5+\frac{1}{x^5}=\left(x^2+\frac{1}{x^2}\right)\left(x^3+\frac{1}{x^3}\right)-\left(x+\frac{1}{x}\right)$

- $x^2+x+1=0$과 $x^2-x+1=0$의 변형 **암기**

  ❶ $x^2+x+1=0 \rightarrow (x-1)(x^2+x+1)=0 \rightarrow x^3-1=0 \rightarrow x^3=1$

  ❷ $x^2-x+1=0 \rightarrow (x+1)(x^2-x+1)=0 \rightarrow x^3+1=0 \rightarrow x^3=-1 \rightarrow x^6=1$

001 $x=2\sqrt{3}$, $y=\sqrt{5}$일 때, $(x+y)(x-y)$의 값은?

① 5   ② 7   ③ 9

④ 11   ⑤ 13

002 $(2+1)(2^2+1)(2^4+1)(2^8+1)(2^{16}+1)$을 간단히 하면?

① 2^8+1 ② $2^{16}-1$ ③ $2^{16}+1$

④ $2^{32}-1$ ⑤ $2^{32}+1$

003 $x=2+\sqrt{3}$, $y=2-\sqrt{3}$일 때, $\dfrac{y}{x}+\dfrac{x}{y}$의 값은?

① 12   ② 13   ③ 14

④ 15   ⑤ 16

004 $x+y=2$, $xy=1$일 때, $x^2+x^3+y^2+y^3$의 값은?

① 2   ② 4   ③ 6

④ 8   ⑤ 10

005 $x^2-3x+1=0$일 때, $x^3+\dfrac{1}{x^3}$의 값은?

① 12   ② 14   ③ 16

④ 18   ⑤ 20

006 $a-b=2+\sqrt{3}$, $b-c=2-\sqrt{3}$일 때, $a^2+b^2+c^2-ab-bc-ca$의 값은?

① 12   ② 13   ③ 14

④ 15   ⑤ 16

007 $x^2+\dfrac{1}{x^2}=3$일 때, $x^3+\dfrac{1}{x^3}$의 값은? (단, $x>0$)

① 2   ② $2\sqrt{2}$ ③ $2\sqrt{3}$

④ 4   ⑤ $2\sqrt{5}$

008 $a+b+c=3$, $a^2+b^2+c^2=5$, $a^3+b^3+c^3=12$일 때, abc의 값은?

① -3 ② -1 ③ 1

④ 2   ⑤ 4

003 다항식의 나눗셈과 조립제법

중요도 ★★★★☆

❶ 다항식의 나눗셈

☐ 다항식의 나눗셈은 내림차순으로 정리한 후 자연수의 나눗셈과 같은 방법으로 한다.

☐ 다항식 A를 다항식 B로 나눈 몫을 Q, 나머지를 R라 하면 $A=BQ+R$인 관계가 성립한다.

　　　　　　　　　　　　　　　　　자연수와 달리 다항식의 나머지는 음수도 가능하다.

→ $R=0$이면 $A=BQ$이므로 A는 B로 나누어떨어진다고 한다.

→ $(R$의 차수$)<(B$의 차수$)$　· 나머지의 차수는 반드시 나누는 식의 차수보다 낮아야 한다.
　　　　　　　　　　　　　　　· 나머지의 차수가 나누는 식의 차수보다 낮을 때까지 나눈다.

→ $(B$의 차수$)+(Q$의 차수$)=(A$의 차수$)$

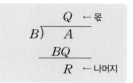

$$A=BQ+R$$

예 ・ 자연수의 나눗셈

$$\begin{array}{r} 21 \quad \leftarrow \text{몫} \\ 13\overline{)278} \\ \underline{26} \quad \leftarrow 13\times2 \\ 18 \\ \underline{13} \quad \leftarrow 13\times1 \\ 5 \quad \leftarrow \text{나머지} \end{array}$$

→ $278=13\times21+5$

・ 다항식의 나눗셈

$$\begin{array}{r} x+2 \quad \leftarrow \text{몫} \\ x-2\overline{)x^2+0x+2} \quad \leftarrow \text{항이 없는 차수는 그 계수를 '0'으로 놓고 계산한다.} \\ \underline{x^2-2x} \quad \leftarrow (x-2)\times x \\ 2x+2 \\ \underline{2x-4} \quad \leftarrow (x-2)\times 2 \\ 6 \quad \leftarrow \text{나머지} \end{array}$$

→ $x^2+2=(x-2)(x+2)+6$

❷ 조립제법 [암기]

☐ **조립제법** : 다항식을 일차항의 계수가 1인 일차식으로 나눌 때, 직접 나눗셈을 하지 않고, 계수만을 이용하여 몫과 나머지를 구하는 방법 [정의]

☐ 다항식 ax^3+bx^2+cx+d를 일차식 $x-ⓐ$로 나눌 때의 조립제법은 다음과 같다.

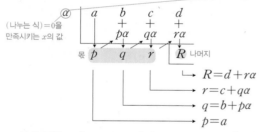

ⓐ 항이 없는 차수는 그 계수를 '0'으로 놓고 계산한다.

ⓑ (나누는 식)$=0$을 만족시키는 x의 값으로 조립제법한다.
　즉, $x-a=0$을 만족시키는 a로 조립제법한다.

ⓒ p, q, r는 몫의 계수이다. 뒤에서부터 차례로 상수항(r), 일차항의 계수(q), 이차항의 계수(p)이다. → px^2+qx+r

이때 몫은 px^2+qx+r, 나머지는 R이므로 $ax^3+bx^2+cx+d=(x-a)(px^2+qx+r)+R$이다.
　　　　　　　　　　　　　　　　　　　　　　　　　　　　　　　　　　　　　상수

→ 다항식을 일차식 $x-a$로 나누었으므로 나머지는 반드시 상수이다.

예 다항식 $3x^3-6x+2$를 일차식 $x-2$로 나눌 때, 몫과 나머지는 다음과 같이 조립제법으로 구한다.
　　이때 $3x^3-6x+2=3x^3+0x^2-6x+2$이므로 이차항의 계수 0을 반드시 써야 한다.

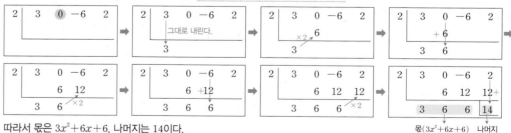

따라서 몫은 $3x^2+6x+6$, 나머지는 14이다.

⊙ 다음 문장을 등식으로 나타내시오.

001 6을 2로 나누면 몫이 3, 나머지는 0이다. _____

002 7을 3으로 나누면 몫이 2, 나머지는 1이다. _____

⊙ A를 B로 나누었을 때의 몫 Q, 나머지 R를 구하고, $A=BQ+R$로 나타내시오.

003 $A=x^3-2x^2+3x+1,\ B=x-1$ _____

004 $A=2x^3-x^2+3x-1,\ B=2x+1$ _____

005 $A=4x^3-3x+2,\ B=2x^2-x-1$ _____

⊙ 다항식 A를 구하시오.

006 A를 $x-2$로 나누면 몫이 x^2+2x+3, 나머지가 4이다. _____

007 A를 x^2+1로 나누면 몫이 $x+3$, 나머지가 $-2x+1$이다. _____

008 A를 x^2+x-1로 나누면 몫이 $2x+1$, 나머지가 $3x+2$이다. _____

⊙ 조립제법을 이용하여, A를 B로 나누었을 때의 몫과 나머지를 구하시오.

009 $A=x^3+x^2+x-2,\ B=x-1$

 _____

010 $A=x^3+3x^2+x-2,\ B=x+2$

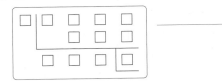 _____

011 $A=x^3-2x+3,\ B=x+2$

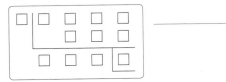 _____

012 $A=x^3-2x^2+1,\ B=x-1$

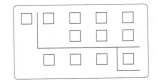 _____

013 $A=2x^3+3x^2-4x-5,\ B=x-\dfrac{1}{2}$

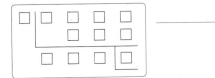 _____

014 $A=2x^3+3x^2-4x-5,\ B=2x-1$

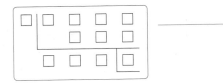 _____

015 $A=2x^3-3x^2+2x+4,\ B=x+\dfrac{1}{2}$

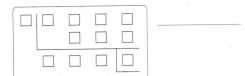 _____

016 $A=2x^3-3x^2+2x+4,\ B=2x+1$

 _____

● 나머지의 차수 〔암기〕

- 다항식 $f(x)$를 다항식 $g(x)$로 나눈 몫을 $Q(x)$, 나머지를 $R(x)$라 하면

$$f(x)=g(x)Q(x)+R(x)$$

(단, 나머지 $R(x)$의 차수는 나누는 $g(x)$의 차수보다 낮다.)

$$\underset{n차}{f(x)}=\underset{m차}{g(x)}\underset{(n-m)차}{Q(x)}+\underset{(m-1)차\ 이하}{R(x)}$$

❶ 상수항은 0차 다항식으로 생각한다.

❷ n차 다항식 $f(x)$를 m차 다항식 $g(x)$로 나누면 몫 $Q(x)$는 $(n-m)$차 다항식이고 나머지는 $(m-1)$차 이하의 다항식이다.
(단, m, n은 $1\le m\le n$인 자연수이다.)

❶ 일차식 $g(x)$로 나누면 나머지 $R(x)$는 상수이다. ⇨ $R(x)=a$(상수)로 놓는다.

〔예〕 삼차식을 일차식으로 나누면 몫은 이차식, 나머지는 상수이다.
⇨ (삼차식) = (일차식) × (이차식) + (상수)

❷ 이차식 $g(x)$로 나누면 나머지 $R(x)$는 일차식 이하이다. ⇨ $R(x)=ax+b$로 놓는다.

〔증명〕 다항식을 이차식으로 나누었을 때, 나머지는 상수 또는 일차식이다. 즉, 일차식 이하이다.

일차식 $ax+b$에서 (ⅰ) $a=0$이면 나머지는 b가 되어 상수가 된다. 〔예〕 $x^3+1=x^2\cdot x+1$ 〔상수〕

(ⅱ) $a\ne 0$이면 나머지는 $ax+b$가 되어 일차식이 된다. 〔예〕 $x^3+1=(x^2-1)\cdot x+(x+1)$ 〔일차식〕

❸ 삼차식 $g(x)$로 나누면 나머지 $R(x)$는 이차식 이하이다. ⇨ $R(x)=ax^2+bx+c$로 놓는다.

● 나눗셈을 이용하여 고차식의 값을 구하는 법

- $x^2-x-1=0$일 때, x^3-2x^2+5의 값을 구하는 방법은 2가지가 있다.

❶ (직접 나누기) 오른쪽 그림과 같이 다항식 x^3-2x^2+5를 x^2-x-1로 직접 나누면 $x^3-2x^2+5=(x^2-x-1)(x-1)+4$이다.

그런데 $x^2-x-1=0$이므로 $x^3-2x^2+5=4$이다.

❷ (차수 낮추기) $x^2-x-1=0 \to x^2=x+1$이고

$x^3=x^2+x=(x+1)+x=2x+1$이므로

$x^3-2x^2+5=(2x+1)-2(x+1)+5=4$이다.

$$\begin{array}{r} x-1 \\ x^2-x-1\overline{)x^3-2x^2+0x+5} \\ \underline{x^3-x^2-x} \\ -x^2+x+5 \\ \underline{-x^2+x+1} \\ 4 \end{array}$$

항이 없는 차수는 그 계수를 '0'으로 놓고 계산한다.

● 일차항의 계수가 1이 아닐 때의 조립제법

- 다항식 $f(x)$를 $x-\dfrac{b}{a}$로 나눈 몫이 $Q(x)$, 나머지가 R일 때, $f(x)$를 $ax-b$로 나눈 몫은 $\dfrac{1}{a}Q(x)$, 나머지는 R이다.

$$f(x)=\left(x-\frac{b}{a}\right)\cdot Q(x)+R \qquad ⇨ \ 몫 : Q(x), \ 나머지 : R$$

$$=a\underset{ax-b}{\underline{\left(x-\frac{b}{a}\right)}}\cdot\frac{1}{a}Q(x)+R \qquad ⇨ \ 몫 : \frac{1}{a}Q(x), \ 나머지 : R$$

❶ $f(x)$를 $\underset{\frac{1}{a}Q(x)}{\underline{ax-b로\ 나눈\ 몫}}$은 $\underset{Q(x)}{\underline{x-\frac{b}{a}로\ 나눈\ 몫}}$을 a로 나누면 된다.

❷ $f(x)$를 $ax-b$로 나눈 나머지는 $x-\dfrac{b}{a}$로 나눈 나머지와 같다.

〔예〕 다항식 $2x^3+5x^2-x+1$을 $2x-1$로 나눈 몫과 나머지는

$2x^3+5x^2-x+1$

$=\left(x-\dfrac{1}{2}\right)(2x^2+6x+2)+2 \qquad ⇨ \ x-\dfrac{1}{2}로\ 나눈\ 몫 : 2x^2+6x+2, \ 나머지 : 2$

$=2\left(x-\dfrac{1}{2}\right)\cdot\dfrac{1}{2}(2x^2+6x+2)+2$

$=(2x-1)(x^2+3x+1)+2 \qquad ⇨ \ 2x-1로\ 나눈\ 몫 : x^2+3x+1, \ 나머지 : 2$

$2x-1=0$을 만족하는 x의 값

$$\begin{array}{r|rrrr} \frac{1}{2} & 2 & 5 & -1 & 1 \\ & & 1 & 3 & 1 \\ \hline & 2 & 6 & 2 & 2 \\ & \multicolumn{3}{c}{\scriptstyle 2x^2+6x+2} \end{array}$$

001 다항식 $2x^3+x^2+3x$를 x^2+1로 나누었을 때의 나머지는?

① $x-1$ ② x ③ 1
④ $x+2$ ⑤ $2x-1$

002 다항식 $f(x)$를 $x+2$로 나누었을 때의 몫이 x^2+1, 나머지가 2일 때, $f(1)$의 값은?

① 5 ② 6 ③ 7
④ 8 ⑤ 9

003 다항식 A를 x^2+x+1로 나누었을 때의 몫이 $2x-1$, 나머지가 $x+2$이다. 다항식 A를 다항식 x^2+1로 나누었을 때의 나머지는?

① 0 ② $x-1$ ③ $-x+1$
④ $x+2$ ⑤ x^2+x+2

004 $x^2+x-1=0$일 때, $x^4-3x^3-8x^2+x+10$의 값은?

① 3 ② 5 ③ 7
④ 9 ⑤ 11

005 다항식 $f(x)$를 $x-\dfrac{3}{2}$으로 나누었을 때의 몫을 $Q(x)$, 나머지를 R라 하자. 이때 $f(x)$를 $2x-3$으로 나누었을 때의 몫과 나머지를 순서대로 적으면?

① $Q(x),\ 2R$ ② $2Q(x),\ 2R$ ③ $2Q(x),\ R$
④ $\dfrac{1}{2}Q(x),\ R$ ⑤ $\dfrac{1}{2}Q(x),\ \dfrac{1}{2}R$

006 다항식 $2x^3+x^2-5x+3$을 $2x-1$로 나누었을 때의 몫과 나머지의 합은?

① x^2+x+1 ② x^2-x+1 ③ x^2+x-1
④ x^2-x-1 ⑤ x^2-x+2

007 다음은 삼차다항식 $f(x)$를 조립제법한 결과이다. 이때, $f(x)$를 $x+1$로 나누었을 때의 나머지는?

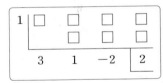

① 1 ② 2 ③ 3
④ 4 ⑤ 5

008 임의의 실수 x에 대하여
$$x^3-2x^2+3x-4$$
$$=a(x-1)^3+b(x-1)^2+c(x-1)+d$$
가 항상 성립할 때, 상수 $a,\ b,\ c,\ d$의 합 $a+b+c+d$의 값은?

① -3 ② -2 ③ 0
④ 2 ⑤ 4

❶ 항등식

☐ 특정한 문자에 어떤 값을 대입하더라도 항상 성립하는 등식을 그 특정한 문자에 대한

항등식이라 한다. 참의

'~에 대한 항등식'에서
'~'가 특정한 문자이다.

등식 ─┬─ 방정식
     └─ 항등식

> 예 $2x+x=3x$는 x에 어떤 값을 대입하더라도 항상 성립하므로 x에 대한 항등식이다.

> 예 $2x+x=0$은 $x=0$을 대입할 때만 성립하므로 항등식이 아니다.

> → 다항식의 곱셈공식은 모두 항등식이다.

> 예 $(x+1)^2=x^2+2x+1$의 좌변과 우변이 서로 다른 모습이지만 사실상 같은 식이므로 항등식이다.

❷ 'x에 대한 항등식'과 같은 표현

☐ 모든 x에 대하여 항상 성립하는 등식
x에 어떤 값을 대입하더라도 항상 성립하는 등식
☐ 임의의 x에 대하여 항상 성립하는 등식

☐ x의 값에 관계없이 항상 성립하는 등식

> 예 '등식 $2x^2+x-2=a(x+1)^2+b(x+1)+c$가 x의 값에 관계없이 항상 성립할 때, 상수 a, b, c의 곱 abc의 값을 구하시오.'

☐ 어떤 x의 값에 대해서도 항상 성립하는 등식

❸ 항등식의 성질 암기

• 항등식에서 양변의 문자와 동류항의 계수는 각각 서로 같다.
문자와 차수가 각각 같은 항

☐ $ax+b=0$이 x에 대한 항등식이다.   ⟺ $a=0$, $b=0$
$ax+b=0 \rightarrow 0 \cdot x+0=0$

☐ $ax+b=a'x+b'$이 x에 대한 항등식이다.   ⟺ $a=a'$, $b=b'$
$(a-a')x+(b-b')=0$
> 예 $ax+b=2x+3$이 x에 대한 항등식이다.   → $a=2$, $b=3$

☐ $ax^2+bx+c=0$이 x에 대한 항등식이다.   ⟺ $a=0$, $b=0$, $c=0$
$ax^2+bx+c=0 \rightarrow 0 \cdot x^2+0 \cdot x+0=0$
> 예 $(a-1)x^2+(b-2)x+(c-3)=0$이 x에 대한 항등식이다. → $a=1$, $b=2$, $c=3$

☐ $ax^2+bx+c=a'x^2+b'x+c'$이 x에 대한 항등식이다.   ⟺ $a=a'$, $b=b'$, $c=c'$
$(a-a')x^2+(b-b')x+(c-c')=0$

❹ 미정계수법

☐ **미정계수법** : 항등식의 성질을 이용하여 등식에 있는 미지의
정해지지 않은   아직 알지 못함
계수를 정하는 방법 참의

항등식 → 미정계수법 ─┬─ 계수비교법
                    └─ 수치대입법

☐ **계수비교법** : 항등식에서 양변의 동류항의 계수를 비교하여

미지의 계수를 정하는 방법

> → 항등식은 좌변과 우변이 같은 식이다.

☐ **수치대입법** : 항등식의 문자에 적당한 수를 대입하여 미지의 계수를 정하는 방법

> → 항등식은 양변에 어떤 수를 대입하더라도 항상 성립한다.

> 예 $a(x-1)+b(x+1)=2x$가 x에 대한 항등식일 때
> (계수비교법) $ax-a+bx+b=2x \rightarrow (a+b)x+(-a+b)=2x$이므로 $a+b=2$, $-a+b=0$이다.
> 두 식을 연립하여 풀면 $a=1$, $b=1$
> (수치대입법) $x=1$을 대입하면 $2b=2 \rightarrow b=1$
> $x=-1$을 대입하면 $-2a=-2 \rightarrow a=1$

◉ 항등식이면 ○, 아니면 ×

001 $3x+2x=5$ _____

002 $3x+2x=5x$ _____

003 $(x+2)^2=x^2+4x+4$ _____

004 $(x+1)^2-x^2=2x$ _____

◉ x에 대한 항등식이다. a, b, c의 값을 구하시오.

005 $ax+1=2x+b$ _____

006 $(a-1)x+(2-b)=0$ _____

007 $(a-1)x^2+(b-2)x+c-3=3x^2+2x+1$ _____

008 $(2a-b)x^2+(2-b)x+c+3=0$ _____

009 $x^2-1=a(x+1)^2+b(x+1)+c$ _____

010 $2x^2-3x+4=a(x-1)^2+b(x-1)+c$ _____

011 $x^2-5x+3=a(x-2)^2+b(x-2)+c$ _____

012 $ax^2+bx+c=2(x+1)^2+(x-1)^2$ _____

013 $2x^2+3x-1=ax(x+1)+b(x+1)(x-1)+cx(x-1)$ _____

014 $2x^2-ax-2=x(x-2)+bx(x-1)+c(x-1)(x-2)$ _____

◉ k에 대한 항등식이다. x, y의 값을 구하시오.

015 $(x-1)k+(y-2)=0$ _____

016 $(2x-y)k+(x+y-3)=0$ _____

017 $(k+2)x-(k+1)y+k-3=0$ _____

◉ x, y에 대한 항등식이다. a, b, c의 값을 구하시오.

018 $2x+(a-1)y+3=bx+y+c$ _____

019 $(a-1)x+(b-2)y+c-3=0$ _____

020 $a(x+y)-b(x-y)-2y=0$ _____

◉ $(x+1)^5=ax^5+bx^4+cx^3+dx^2+ex+f$는 x에 대한 항등식이다. 다음 값을 구하시오.

021 $a+b+c+d+e+f$ _____

022 $a-b+c-d+e-f$ _____

023 $a+c+e$ _____

024 f _____

025 a _____

● **다항식의 나눗셈과 항등식**

- 다항식 $f(x)$를 다항식 $g(x)$로 나눈 몫을 $Q(x)$, 나머지를 $R(x)$라 하면 $f(x)=g(x)Q(x)+R(x)$가 성립한다. 이때 이 등식은 x에 대한 항등식이므로 x에 어떤 값을 대입하더라도 항상 성립한다.

● **등식 $ax+ky+b=0$이**

❶ x에 대한 항등식이다. ⇨ ( )$x+$( )$=0$ 꼴로 정리한다. → $ax+(ky+b)=0$ → $a=0$, $ky+b=0$

❷ y에 대한 항등식이다. ⇨ ( )$y+$( )$=0$ 꼴로 정리한다. → $ky+(ax+b)=0$ → $k=0$, $ax+b=0$

❸ k에 대한 항등식이다. ⇨ ( )$k+$( )$=0$ 꼴로 정리한다. → $yk+(ax+b)=0$ → $y=0$, $ax+b=0$

● **두 문자 x, y에 대한 항등식일 때**

❶ $ax+by+c=0$이 x, y에 대한 항등식이다. ⇨ ( )$x+$( )$y+$( )$=0$ 꼴로 정리한다. ⇔ $a=0$, $b=0$, $c=0$

즉, $a=0$, $b=0$, $c=0$이면 이 등식은 x, y에 어떤 값을 대입하더라도 항상 성립한다.

　예 $2x+ax+y-by+c=0$이 x, y에 대한 항등식이다. → $(2+a)x+(1-b)y+c=0$

$\qquad\qquad\qquad\qquad\qquad\qquad\qquad\qquad\qquad\qquad\qquad → 2+a=0, 1-b=0, c=0 → a=-2, b=1, c=0$

❷ $ax+by+c=a'x+b'y+c'$이 x, y에 대한 항등식이다. ⇔ $a=a'$, $b=b'$, $c=c'$

$\underset{(a-a')x+(b-b')y+(c-c')=0}{}$

즉, $a=a'$, $b=b'$, $c=c'$이면 이 등식은 x, y에 어떤 값을 대입하더라도 항상 성립한다.

● **항등식의 성질을 이용한 계수의 합 구하기(1)**

- $(x-1)^{10}=a_0+a_1x+a_2x^2+a_3x^3+\cdots+a_{10}x^{10}$이 x에 대한 항등식일 때

❶ 모든 항의 계수의 합 $a_0+a_1+a_2+a_3+\cdots+a_{10}$의 값은

⇨ $x=1$을 대입하면 $a_0+a_1+a_2+a_3+\cdots+a_{10}=0$　　$\cdots\cdots$ ☺

❷ $a_0-a_1+a_2-a_3+\cdots+a_{10}$의 값은

⇨ $x=-1$을 대입하면 $a_0-a_1+a_2-a_3+\cdots+a_{10}=2^{10}$　$\cdots\cdots$ ☻

❸ $a_0+a_2+a_4+a_6+a_8+a_{10}$의 값은

⇨ ☺+☻을 하면 $2(a_0+a_2+a_4+a_6+a_8+a_{10})=2^{10}$

$\therefore a_0+a_2+a_4+a_6+a_8+a_{10}=2^9$　　　　$\cdots\cdots$ ◆

❹ $a_1+a_3+a_5+a_7+a_9$의 값은

⇨ ☺−◆을 하면 $a_1+a_3+a_5+a_7+a_9=-2^9$

● **항등식의 성질을 이용한 계수의 합 구하기(2)**

- 항등식의 성질을 이용하면 곱으로 이루어진 다항식을 일일이 전개하지 않고도 전개식에서 계수의 합을 쉽게 구할 수 있다.

❶ $(x+y)^5(2x+y)^3$의 전개식에서 모든 항의 계수의 합은

⇨ $x=1$, $y=1$을 대입하면 $(1+1)^5(2+1)^3=2^5\cdot3^3=864$

즉, 5개의 문자 x, y, z, u, v로 이루어진 다항식 $f(x, y, z, u, v)$에서 모든 항의 계수의 합은 $\underset{x\;\;y\;\;z\;\;u\;\;v}{f(1, 1, 1, 1, 1)}$이다.

❷ $(1+x+y)^{10}$의 전개식에서 y를 포함하지 않는 항들의 계수의 합은

⇨ $x=1$, $y=0$을 대입하면 $(1+1+0)^{10}=2^{10}=1024$

즉, 5개의 문자 x, y, z, u, v로 이루어진 다항식 $f(x, y, z, u, v)$에서 문자 z를 포함하지 않는 항들의 계수의 합은 $\underset{x\;\;y\;\;z\;\;u\;\;v}{f(1, 1, 0, 1, 1)}$이다.

001 등식 $(a+b-3)x+ab-2=0$이 x의 값에 관계없이 항상 성립할 때, 상수 a, b에 대하여 a^2+b^2의 값은?

① 3 ② 4 ③ 5
④ 6 ⑤ 7

002 임의의 실수 x에 대하여
$$x^3-3x-2=(x-2)(ax^2+bx+c)$$
가 항상 성립할 때, 상수 a, b, c의 곱 abc의 값은?

① 0 ② 1 ③ 2
④ 3 ⑤ 4

003 다항식 $x^4+ax^3+bx^2+5$를 다항식 $(x-1)(x+1)$로 나누었을 때의 나머지가 $x+3$일 때, 상수 a, b의 곱 ab의 값은?

① -3 ② -1 ③ 0
④ 1 ⑤ 3

004 다항식 x^3+ax^2-x+b가 다항식 x^2-x-2로 나누어떨어질 때, 상수 a, b의 차 $a-b$의 값은?

① -10 ② -8 ③ -6
④ -4 ⑤ -2

005 다항식 $P(x)$에 대하여 x의 값에 관계없이 등식
$$(x^2-1)P(x)+ax+b=x^3+x^2+x+1$$
이 항상 성립한다. 이때, 상수 a, b에 대하여 a^2+b^2의 값은?

① 2 ② 4 ③ 6
④ 8 ⑤ 10

006 $x+2y=1$을 만족시키는 모든 실수 x, y에 대하여 $3ax+by=6$이 항상 성립할 때, 상수 a, b의 합 $a+b$의 값은?

① 11 ② 12 ③ 13
④ 14 ⑤ 15

007 등식 $(2x+y-1)k+x-y-2=0$이 k의 값에 관계없이 항상 성립할 때, x^2+y^2의 값은?

① 1 ② 2 ③ 3
④ 4 ⑤ 5

008 상수 a_0, a_1, a_2, $\cdots$, a_{10}에 대하여 등식
$$(x^2-2x-1)^5=a_0+a_1x+a_2x^2+\cdots+a_{10}x^{10}$$
이 x에 대한 항등식일 때, $a_1+a_3+a_5+a_7+a_9$의 값은?

① 8 ② 16 ③ -16
④ 32 ⑤ -32

005 나머지정리와 인수정리

중요도 ★★★★★

① 나머지정리 암기

☐ **나머지정리** : 다항식을 일차식으로 나눌 때, 항등식의 성질을 이용하여 나머지를 구하는 원리 정보
  나머지만 구하는 정리이다.   나머지정리와 조립제법은 나누는 식이 일차식일 때만 이용한다.

☐ 다항식 $f(x)$를 일차식 $x-\alpha$로 나눈 나머지를 R라 하면 $R=f(\alpha)$이다.

➡ $f(x)=(x-\alpha)Q(x)+R$ (R는 상수이다.)

➡ 이 등식은 x에 대한 항등식이다.

➡ 이 등식은 x에 어떤 값을 대입하더라도 항상 성립한다. (수치대입법)

  이 등식의 양변에 $x=\alpha$를 대입한다. 즉, $f(\alpha)=R$

➡ 이때 α는 $x-\alpha=0$을 만족하는 x의 값이다.

예 $f(x)=x^2+2x+3$을 일차식 $x-1$로 나눈 나머지는 $f(1)=1+2+3=6$이다.

☐ 다항식 $f(x)$를 일차식 $ax+b$로 나눈 나머지를 R라 하면 $R=f\left(-\dfrac{b}{a}\right)$이다.

➡ 항등식 $f(x)=(ax+b)Q(x)+R$에 $x=-\dfrac{b}{a}$를 대입하면 $R=f\left(-\dfrac{b}{a}\right)$이다.

➡ 이때 $-\dfrac{b}{a}$는 $ax+b=0$을 만족하는 x의 값이다.

예 $f(x)=x^2+2x+3$을 일차식 $2x-1$로 나눈 나머지는 $f\left(\dfrac{1}{2}\right)=\dfrac{1}{4}+1+3=\dfrac{17}{4}$이다.

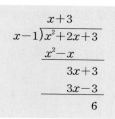

$$\begin{array}{r} x+3 \\ x-1{\overline{\smash{\big)}\,x^2+2x+3}} \\ \underline{x^2-x} \\ 3x+3 \\ \underline{3x-3} \\ 6 \end{array}$$

② 인수정리 암기

☐ 인수정리는 나머지정리에서 나머지가 0인 경우이다.

• 다항식 $f(x)$를 일차식 $x-\alpha$로 나눈 나머지는 나머지정리에 의해 $f(\alpha)$이므로

☐ $f(x)$가 $x-\alpha$로 나누어 떨어지면 $f(\alpha)=0$이다.

☐ $f(\alpha)=0$이면 $f(x)$는 $x-\alpha$로 나누어 떨어진다.

예 $f(x)=(x-1)(x-2)$는 $x-1$로 나누어 떨어진다. 이때 $f(1)=0$이다.

③ '다항식 $f(x)$가 일차식 $x-\alpha$로 나누어 떨어진다'와 같은 표현 암기

☐ 다항식 $f(x)$를 일차식 $x-\alpha$로 나누었을 때 나머지가 0이다.

☐ 다항식 $f(x)$는 일차식 $x-\alpha$를 인수로 갖는다.

☐ 다항식 $f(x)$는 일차식 $x-\alpha$와 다른 다항식으로 인수분해된다.

☐ $f(x)=(x-\alpha)Q(x)$ ($Q(x)$는 x에 대한 다항식이다.)

☐ $f(\alpha)=0$

⊙ $P(x)=x^3-x^2+x-1$을 다음 일차식으로 나누었을 때의 나머지를 구하시오.

001 $x-1$ _____   **002** $x+1$ _____

003 $x-2$ _____   **004** $x+2$ _____

⊙ $P(x)=4x^3-3x+1$을 다음 일차식으로 나누었을 때의 나머지를 구하시오.

005 $x-\dfrac{1}{2}$ _____   **006** $2x-1$ _____

007 $x+\dfrac{1}{2}$ _____   **008** $2x+1$ _____

⊙ a, b의 값을 구하시오.

009 $P(x)=x^3+ax^2+a+2$를 $x-2$로 나누면 나머지는 15이다. _____

010 $P(x)=2x^3+ax^2-2x-1$을 $2x-1$로 나누면 나머지는 1이다. _____

011 $P(x)=2x^3-ax^2+bx+1$을 $x-1$, $x+1$로 나누면 나머지는 각각 1, -5이다. _____

⊙ 빈칸을 채우시오.

012 $x+1$로 나누면 나머지가 1인 $P(x)=x^3+ax^2+2x+3$을 $x-1$로 나누면 나머지는 _____이다.

013 $P(x)=x^3-ax+2$를 $x-1$과 $x-2$로 나누었을 때, 나머지가 서로 같으면 $a=$_____이다.

⊙ 다항식 $P(x)$를 $x+1$로 나누면 나머지는 1, $x-1$로 나누면 나머지는 3이다.
다음은 $P(x)$를 $(x+1)(x-1)$로 나누었을 때의 나머지를 구하는 과정이다. 빈칸을 채우시오.

014 $P(x)$를 $(x+1)(x-1)$로 나누었을 때의 몫을 $Q(x)$, 나머지를 _____로 놓는다.

015 나머지정리에 의해 $P(-1)=$_____, $P(1)=$_____이다.

016 나머지는 _____이다.

⊙ 다항식 $P(x)$를 $x-1$로 나누면 나머지는 1이다. 빈칸을 채우시오.

017 $P(2x-1)$을 $x-1$로 나누면 나머지는 _____이다.

018 $xP(x-1)$을 $x-2$로 나누면 나머지는 _____이다.

019 $(x-2)P(x)$를 $x-1$로 나누면 나머지는 _____이다.

⊙ x^3-2x^2-x+2의 인수이면 ○, 아니면 ×

020 $x+1$ _____   **021** $x-1$ _____

022 $x-2$ _____   **023** $x+2$ _____

⊙ a, b의 값을 구하시오.

024 $P(x)=x^3-3x+a$가 $x-2$로 나누어떨어진다. _____

025 $P(x)=8x^3+ax^2-5x-1$은 $2x-1$을 인수로 갖는다. _____

026 $P(x)=x^3+ax^2+bx+2$가 $(x-1)(x+2)$로 나누어떨어진다. _____

● **이차식, 삼차식으로 나눈 나머지**

· 다항식 $f(x)$를 이차식 $(x-\alpha)(x-\beta)$로 나눈 몫을 $Q(x)$라 하면 나머지는 일차식 이하이므로

❶ $f(x)=(x-\alpha)(x-\beta)Q(x)+(ax+b)$로 놓는다.

　　　　　 이차식　　　　　　　　　일차식 이하

❷ 이 등식은 x에 대한 항등식이다.

❸ 이 등식은 x에 어떤 값을 대입하더라도 항상 성립한다. (수치대입법)

　　▷ 이 등식의 양변에 $x=\alpha$, $x=\beta$를 대입한다.

　　▷ $f(\alpha)=a\alpha+b$, $f(\beta)=a\beta+b$ → 두 식을 연립하여 풀어 a, b의 값을 구한다.

　　◙ 다항식 $f(x)$를 $x-1$, $x-2$로 나눈 나머지가 각각 2, 5일 때, $f(x)$를 $(x-1)(x-2)$로 나눈 나머지 $R(x)$는

　　　 일차식 이하이다.　　　　　　　　　　　　　　　　　　　 → $f(x)=(x-1)(x-2)Q(x)+(ax+b)$

　　　 $f(x)=(x-1)Q_1(x)+2$, $f(x)=(x-2)Q_2(x)+5$　　　　 → $f(1)=2$, $f(2)=5$ (나머지정리)　　$\overset{=R(x)}{}$

　　　 $f(x)=(x-1)(x-2)Q(x)+(ax+b)$에 $x=1$, $x=2$를 대입한다. → $f(1)=a+b=2$, $f(2)=2a+b=5$

　　　 $a+b=2$, $2a+b=5$를 연립하여 풀면 $a=3$, $b=-1$이다.　　　　 → $R(x)=3x-1$

· 다항식 $f(x)$를 삼차식 $(x-\alpha)(x-\beta)(x-\gamma)$로 나눈 몫을 $Q(x)$라 하면 나머지는 이차식 이하이므로

　　$f(x)=(x-\alpha)(x-\beta)(x-\gamma)Q(x)+(ax^2+bx+c)$로 놓는다.

　　　　 삼차식　　　　　　　　　　　　 이차식 이하

● **나머지정리 → 인수정리로의 변형** 〔암기〕

· 다항식 A를 다항식 B로 나눈 나머지가 R이다. (나머지정리)

⇔ $A=B\times Q+R$ → $A-R=B\times Q$

⇔ 다항식 $A-R$를 다항식 B로 나눈 나머지가 0이다.

⇔ 다항식 $A-R$는 다항식 B로 나누어 떨어진다. (인수정리)

　　◙ 다항식 x^3-4x^2+7x+4를 이차항의 계수가 1인 서로 다른 두 이차식 $f(x)$, $g(x)$로 나눈 나머지가 모두 $2x+6$이다.

　　⇔ $(x^3-4x^2+7x+4)-(2x+6)$은 $f(x)$, $g(x)$로 나누어 떨어진다.

　　⇔ $x^3-4x^2+5x-2=(x-1)^2(x-2)$

　　⇔ $f(x)=(x-1)^2$, $g(x)=(x-1)(x-2)$ 또는 $f(x)=(x-1)(x-2)$, $g(x)=(x-1)^2$

● **나머지정리를 이용한 수의 나눗셈**

　♠ 49^{100}을 50으로 나눈 나머지를 구하시오. 〔정답〕 1

　〔풀이〕 50$=x$로 놓으면 이 문제는 '$(x-1)^{100}$을 x로 나눈 나머지를 구하시오.'로 바뀐다.　　　　　← $49=x$로 놓으면

　　　　 $(x-1)^{100}$을 x로 나눈 몫을 $Q(x)$, 나머지를 R라 하면 $(x-1)^{100}=x\cdot Q(x)+R$이다.　← $x^{100}=(x+1)\cdot Q(x)+R$

　　　　 $x=0$을 대입하면 나머지정리에 의해 $R=1$이다.　　　　　　　　　　　　　　　　　 ← $x=-1$을 대입하면 $R=1$

　♠ 3^{99}을 4로 나눈 나머지를 구하시오. 〔정답〕 3

　〔풀이〕 4$=x$로 놓으면 이 문제는 '$(x-1)^{99}$을 x로 나눈 나머지를 구하시오.'로 바뀐다.　　　　　← $3=x$로 놓으면

　　　　 $(x-1)^{99}$을 x로 나눈 몫을 $Q(x)$, 나머지를 R라 하면 $(x-1)^{99}=x\cdot Q(x)+R$ ……☺　← $x^{99}=(x+1)\cdot Q(x)+R$

　　　　 $x=0$을 대입하면 나머지정리에 의해 $R=-1$이다.　　　　　　　　　　　　　　　　 ← $x=-1$을 대입하면 $R=-1$

　　　　 $x=4$, $R=-1$을 ☺에 대입하면 $3^{99}=4\cdot Q(4)-1$이다. 이때 $0\leq$(나머지)<4이어야 한다. 〔주의〕 ← $R=-1+4=3$

　　　　 $3^{99}=4\cdot Q(4)-1+4-4$ → $3^{99}=4\{Q(4)-1\}-1+4$이므로 구하는 나머지는 $-1+4=3$

　　　　　　　 나누는 수를 더하고 뺀다.

001 다항식 x^3-ax+2를 $x-1$로 나누었을 때의 나머지와 $x-2$로 나누었을 때의 나머지가 서로 같을 때, 상수 a의 값은?

① 5 　　　　② 6 　　　　③ 7
④ 8 　　　　⑤ 9

002 다항식 $P(x)$를 $x+1$로 나누었을 때의 몫은 $x-2$이고 나머지는 4이다. 다항식 $P(x)$를 $x-3$으로 나누었을 때의 나머지는?

① 7 　　　　② 8 　　　　③ 9
④ 10 　　　　⑤ 11

003 다항식 x^3+ax^2+bx+2를 $x-1$로 나누었을 때의 나머지는 10이고, $x-2$로 나누었을 때의 나머지는 20이다. 이 다항식을 $x-3$으로 나누었을 때의 나머지는? (단, a, b는 상수이다.)

① 3 　　　　② 5 　　　　③ 7
④ 9 　　　　⑤ 11

004 다항식 $P(x)$를 $x+1$로 나누었을 때의 나머지는 -2이고, $x-2$로 나누었을 때의 나머지는 1이다. 다항식 $P(x)$를 x^2-x-2로 나누었을 때의 나머지는?

① $x-1$ 　　　　② $x+1$ 　　　　③ $x-2$
④ $x+2$ 　　　　⑤ $2x-1$

005 다항식 x^4-2x+1을 $x+1$로 나누었을 때의 몫이 $Q(x)$일 때, $Q(x)$를 $x-1$로 나누었을 때의 나머지는?

① -3 　　　　② -2 　　　　③ -1
④ 0 　　　　⑤ 1

006 다항식 x^3+ax+b가 x^2+x-2로 나누어떨어질 때, 이 다항식을 $x-3$으로 나누었을 때의 나머지는?
(단, a, b는 상수이다.)

① 11 　　　　② 14 　　　　③ 17
④ 20 　　　　⑤ 23

007 다항식 x^3+ax^2-7x+b가 $(x-1)^2$으로 나누어떨어질 때, 상수 a, b의 곱 ab의 값은?

① 2 　　　　② 4 　　　　③ 6
④ 8 　　　　⑤ 10

008 삼차항의 계수가 1인 삼차식 $f(x)$에 대하여 $f(-1)=f(1)=f(2)=3$일 때, $f(3)$의 값은?

① 5 　　　　② 7 　　　　③ 9
④ 11 　　　　⑤ 13

Special Lecture

나머지정리

1

나머지정리는 다항식을 일차식으로 나눈 나머지만을 빠르게 구하는 도구다

다항식 $f(x)$를 일차식 $x-\alpha$로 나눈 몫을 $Q(x)$, 나머지를 R라 하면 $f(x)=(x-\alpha)Q(x)+R$이다.

이때 이 등식은 x에 대한 항등식이므로 양변에 $x=\alpha$를 대입하면 $f(\alpha)=R$가 성립한다.

> **나머지정리** ➡ 다항식 $f(x)$를 일차식 $x-\alpha$로 나눈 나머지는 $f(\alpha)$이다.

❶ x^3+2x^2-x+3을 $x+1$로 나눈 나머지는?

➔ $x^3+2x^2-x+3=(x+1)Q(x)+R$ → ($x=-1$ 대입) $R=-1+2+1+3=5$

❷ 다항식 $f(x)$를 $x-2$로 나눈 나머지가 3일 때, 다항식 $xf(x-1)$을 $x-3$으로 나눈 나머지는?

➔ $xf(x-1)=(x-3)Q(x)+R$ → ($x=3$ 대입) $3f(2)=R$

➔ $f(x)=(x-2)Q_1(x)+3$ → ($x=2$ 대입) $f(2)=3$

➔ $R=3f(2)=3\cdot3=9$

❸ 다항식 $f(x)$를 $x-3$으로 나눈 몫이 $Q(x)$, 나머지가 2이고 다항식 $Q(x)$를 $x-2$로 나눈 나머지가 1일 때, 다항식 $(x-5)f(x)$를 $x-2$로 나눈 나머지는?

➔ $(x-5)f(x)=(x-2)P(x)+R$ → ($x=2$ 대입) $R=-3f(2)$

➔ $f(x)=(x-3)Q(x)+2$ → ($x=2$ 대입) $f(2)=-Q(2)+2$

➔ $Q(x)=(x-2)T(x)+1$ → ($x=2$ 대입) $Q(2)=1$

➔ $R=-3f(2)=(-3)\cdot\{-Q(2)+2\}=(-3)\cdot(-1+2)=-3$

❹ 다항식 $f(x)$를 $x-2$로 나눈 나머지가 3이고 $f(x)$를 $x-3$으로 나눈 나머지가 5일 때, $f(x)$를 $(x-2)(x-3)$으로 나눈 나머지 $R(x)$는?

➔ $f(x)=(x-2)(x-3)Q(x)+(ax+b)$ → ($x=2, 3$ 대입) $f(2)=2a+b, f(3)=3a+b$

➔ $f(x)=(x-2)Q_1(x)+3$ → ($x=2$ 대입) $f(2)=3$

➔ $f(x)=(x-3)Q_2(x)+5$ → ($x=3$ 대입) $f(3)=5$

➔ $2a+b=3, 3a+b=5$를 연립하여 풀면   → $a=2, b=-1$ → $R(x)=ax+b=2x-1$

❺ 다항식 $f(x)$를 $x-1$로 나눈 나머지가 3이고 $f(x)$를 x^2+1로 나눈 나머지가 $2x+3$일 때, $f(x)$를 $(x-1)(x^2+1)$로 나눈 나머지 $R(x)$는?

➔ $f(x)=(x-1)Q_1(x)+3$ → ($x=1$ 대입) $f(1)=3$

➔ $f(x)=(x^2+1)Q_2(x)+(2x+3)$ ‥‥‥‥ ☺

➔ $f(x)=(x-1)(x^2+1)Q(x)+(ax^2+bx+c)$ → ($x=1$ 대입) $f(1)=a+b+c=3$ ‥‥‥‥ ●

     $=(x-1)(x^2+1)Q(x)+\{a(x^2+1)+bx+c-a\}$ ← $(ax^2+bx+c)\div(x^2+1)=a\cdots bx+c-a$

     $=(x^2+1)\{(x-1)Q(x)+a\}+(bx+c-a)$ ‥‥‥‥ ◆

➔ ☺과 ◆이 같으므로   → $b=2, c-a=3$

➔ ●과 연립하여 풀면   → $a=-1, c=2$ → $R(x)=ax^2+bx+c=-x^2+2x+2$

1 다항식 $x^{10}-2x^9+2x+1$을 $x-1$로 나눈 나머지를 구하시오.

2 다항식 $f(x)$를 $x+2$로 나눈 나머지가 1일 때, 다항식 $x^2f(x+1)$을 $x+3$으로 나눈 나머지를 구하시오.

3 다항식 $f(x)$를 $x-2$로 나눈 몫이 $Q(x)$, 나머지가 2이고 다항식 $Q(x)$를 $x-3$으로 나눈 나머지가 1일 때, 다항식 $(x-5)f(x)$를 $x-3$으로 나눈 나머지를 구하시오.

4 다항식 $f(x)$를 $x+1$로 나눈 나머지가 2이고 $f(x)$를 $x+3$으로 나눈 나머지가 4일 때, $f(x)$를 $(x+1)(x+3)$으로 나눈 나머지 $R(x)$를 구하시오.

5 다항식 $f(x)$가 $x-2$로 나누어 떨어지고 $f(x)$를 x^2+x+1로 나눈 나머지가 $2x+3$일 때, $f(x)$를 $(x-2)(x^2+x+1)$로 나눈 나머지 $R(x)$를 구하시오.

정답 1 2   2 9   3 -6 4 $-x+1$ 5 $-x^2+x+2$

풀이

1 $x^{10}-2x^9+2x+1=(x-1)Q(x)+R$ → ($x=1$ 대입) $R=1-2+2+1=2$

2 $x^2f(x+1)=(x+3)Q(x)+R$ → ($x=-3$ 대입) $R=9f(-2)$
→ $f(x)=(x+2)Q_1(x)+1$ → ($x=-2$ 대입) $f(-2)=1$
→ $R=9f(-2)=9\cdot1=9$

3 $(x-5)f(x)=(x-3)P(x)+R$ → ($x=3$ 대입) $R=-2f(3)$
→ $f(x)=(x-2)Q(x)+2$ → ($x=3$ 대입) $f(3)=Q(3)+2$
→ $Q(x)=(x-3)T(x)+1$ → ($x=3$ 대입) $Q(3)=1$
→ $R=-2f(3)=(-2)\cdot\{Q(3)+2\}=(-2)\cdot(1+2)=-6$

4 $f(x)=(x+1)(x+3)Q(x)+(ax+b)$ → ($x=-1$, -3 대입) $f(-1)=-a+b, f(-3)=-3a+b$
→ $f(x)=(x+1)Q_1(x)+2$ → ($x=-1$ 대입) $f(-1)=2$
→ $f(x)=(x+3)Q_2(x)+4$ → ($x=-3$ 대입) $f(-3)=4$
→ $-a+b=2$, $-3a+b=4$를 연립하여 풀면 → $a=-1, b=1$ → $R(x)=ax+b=-x+1$

5 $f(x)=(x-2)Q_1(x)$ → ($x=2$ 대입) $f(2)=0$ ……☺
→ $f(x)=(x^2+x+1)Q_2(x)+(2x+3)$
→ $f(x)=(x-2)(x^2+x+1)Q(x)+(ax^2+bx+c)$ → ($x=2$ 대입) $f(2)=4a+2b+c=0$ ……☻
$=(x-2)(x^2+x+1)Q(x)+\{a(x^2+x+1)+bx+c-ax-a\}$
← $(ax^2+bx+c)\div(x^2+x+1)=a \cdots bx+c-ax-a$
$=(x^2+x+1)\{(x-2)Q(x)+a\}+(b-a)x+(c-a)$ ……◆
→ ☺과 ◆이 같으므로 → $b-a=2$, $c-a=3$
→ ☻과 연립하여 풀면 → $a=-1, b=1, c=2$ → $R(x)=ax^2+bx+c=-x^2+x+2$

006 인수분해

중요도 ★★★★★

❶ 인수분해

☐ **인수** : 1개의 다항식을 2개 이상의 다항식의 곱으로 나타낼 때, 이들 각각의 식 〔정의〕

☐ **인수분해** : 1개의 다항식을 2개 이상의 다항식의 곱으로 나타내는 것 〔정의〕
<small>다항식의 인수분해에서 수인수는 생각하지 않는다.</small>

☐ $AB+AC=A(B+C)$ ← 인수분해는 공통인수를 모두 찾아 묶는 일이다.
　　　　　공통인수
　　예 $am+bm+cm=m(a+b+c)$에서 공통인수는 m이다.

☐ 인수분해는 전개(곱셈공식)와 서로 반대의 과정이다.
<small>인수분해가 제대로 되었는지 확인해보려면 전개해보면 된다.</small>

(소인수분해) : (인수분해)
= (자연수의 분해) : (다항식의 분해)

❷ 인수분해 공식 〔암기〕

☐ $ma+mb=m(a+b),\ ma-mb=m(a-b)$

☐ $a^2+2ab+b^2=(a+b)^2$ ← 완전제곱　예 $4x^2+12xy+9y^2=(2x)^2+2\cdot2x\cdot3y+(3y)^2=(2x+3y)^2$

☐ $a^2-2ab+b^2=(a-b)^2$ ← 완전제곱　예 $9x^2-24xy+16y^2=(3x)^2-2\cdot3x\cdot4y+(4y)^2=(3x-4y)^2$

☐ $a^2-b^2=(a+b)(a-b)$ ← 합·차 공식　예 $4x^2-9y^2=(2x)^2-(3y)^2=(2x+3y)(2x-3y)$

☐ $x^2+(a+b)x+ab=(x+a)(x+b)$

☐ $acx^2+(ad+bc)x+bd=(ax+b)(cx+d)$

☐ $a^3+3a^2b+3ab^2+b^3=(a+b)^3$

　　예 $8x^3+36x^2y+54xy^2+27y^3=(2x)^3+3\cdot(2x)^2\cdot3y+3\cdot2x\cdot(3y)^2+(3y)^3=(2x+3y)^3$

☐ $a^3-3a^2b+3ab^2-b^3=(a-b)^3$

　　예 $x^3-6x^2y+12xy^2-8y^3=x^3-3\cdot x^2\cdot2y+3\cdot x\cdot(2y)^2-(2y)^3=(x-2y)^3$

☐ $a^2+b^2+c^2+2ab+2bc+2ca=(a+b+c)^2$

　　예 $x^2+4y^2+1+4xy-4y-2x=x^2+(2y)^2+(-1)^2+2\cdot x\cdot2y+2\cdot2y\cdot(-1)+2\cdot(-1)\cdot x=(x+2y-1)^2$

☐ $a^3+b^3=(a+b)(a^2-ab+b^2)$　　예 $8x^3+y^3=(2x)^3+y^3=(2x+y)(4x^2-2xy+y^2)$

☐ $a^3-b^3=(a-b)(a^2+ab+b^2)$　　예 $8x^3-27y^3=(2x)^3-(3y)^3=(2x-3y)(4x^2+6xy+9y^2)$

☐ $x^3+(a+b+c)x^2+(ab+bc+ca)x+abc=(x+a)(x+b)(x+c)$

☐ $x^3-(a+b+c)x^2+(ab+bc+ca)x-abc=(x-a)(x-b)(x-c)$

☐ $a^3+b^3+c^3-3abc=(a+b+c)(a^2+b^2+c^2-ab-bc-ca)=\dfrac{1}{2}(a+b+c)\{(a-b)^2+(b-c)^2+(c-a)^2\}$

☐ $a^4+a^2b^2+b^4=(a^2+ab+b^2)(a^2-ab+b^2)$　　예 $x^4+x^2+1=x^4+x^2\cdot1^2+1^4=(x^2+x+1)(x^2-x+1)$

❸ 인수정리와 조립제법을 이용한 인수분해

· 고차식 $f(x)$의 인수분해는 인수정리와 조립제법을 이용한다.
<small>3차 이상의 식</small>

☐ **인수정리** : $f(\alpha)=0$이 되는 α를 찾는다. 이때 $f(x)$는 일차식 $x-\alpha$를 인수로 갖는다.
<small>다항식 $f(x)$가 $x-\alpha$로 나누어떨어지면 $f(\alpha)=0$이다.</small>
　　예 $f(x)=x^4-3x^3+x^2+3x-2$에서 $f(1)=1-3+1+3-2=0$이므로 $f(x)$는 일차식 $x-1$을 인수로 갖는다.

☐ **조립제법** : 조립제법을 이용하여 $f(x)=(x-\alpha)Q(x)$가 되는 $Q(x)$를 구한다.
<small>다항식의 계수만을 나열하여 다항식을 일차식으로 나눈 몫과 나머지를 구하는 방법</small>
　　예 $f(x)=x^4-3x^3+x^2+3x-2$에서 $f(1)=f(2)=0$이므로

오른쪽 그림과 같이 조립제법하면

$$f(x)=(x-1)(x^3-2x^2-x+2)=(x-1)(x-2)(x^2-1)$$
$$=(x-1)(x-2)(x+1)(x-1)=(x-1)^2(x-2)(x+1)$$

☐ $Q(x)$가 더 이상 인수분해되지 않을 때까지 위의 과정을 반복한다.

	1	-3	1	3	-2
$\overset{1}{\underset{x-1}{}}$		1	-2	-1	2
$\overset{2}{\underset{x-2}{}}$	1	-2	-1	2	0
		2	0	-2	
	1	0	-1	0	

<small>x^3-2x^2-x+2</small>　<small>x^2-1</small>

조립제법으로 인수분해할 때는 나머지가 반드시 '0'이 되어야 한다.

◉ 인수분해하시오.

001 $3x+12$ _____

002 $2a^2-4ab$ _____

003 $x(x-y)+4(x-y)$ _____

004 $a(2x-y)-b(2x-y)$ _____

005 x^2+2x+1 _____

006 x^2-4x+4 _____

007 $4p^2+4p+1$ _____

008 $9p^2-6p+1$ _____

009 $a^2+10ab+25b^2$ _____

010 $4a^2-12ab+9b^2$ _____

011 x^2-4 _____

012 $9-4x^2$ _____

013 $25a^2-4b^2$ _____

014 a^2b^2-1 _____

015 x^2+4x+3 _____

016 x^2+5x+6 _____

017 x^2-3x+2 _____

018 x^2-6x+8 _____

019 p^2+p-20 _____

020 $p^2-4p-12$ _____

021 $x^2-xy-6y^2$ _____

022 $x^2+2xy-15y^2$ _____

023 $2x^2+5x+2$ _____

024 $5x^2-7x+2$ _____

025 $2p^2-p-1$ _____

026 $4p^2+4p-3$ _____

027 $2x^2+xy-6y^2$ _____

028 $2x^2-11xy+15y^2$ _____

029 $a^3+6a^2b+12ab^2+8b^3$ _____

030 $8x^3+12x^2+6x+1$ _____

031 a^3-3a^2+3a-1 _____

032 $8x^3-12x^2+6x-1$ _____

033 $8a^3+27b^3$ _____

034 x^3-27y^3 _____

035 a^3+1 _____

036 x^3-8 _____

037 $x^2+y^2+1+2xy+2x+2y$ _____

038 $x^2+4y^2+z^2+4xy+4yz+2zx$ _____

039 $a^2+b^2+c^2-2ab+2bc-2ca$ _____

040 $a^2+4b^2+c^2-4ab-4bc+2ca$ _____

041 $a^3+8b^3+27c^3-18abc$ _____

042 $x^3+y^3+3xy-1$ _____

043 $16a^4+4a^2+1$ _____

044 $x^4+4x^2y^2+16y^4$ _____

◉ 인수정리와 조립제법을 이용하여, 인수분해하시오.

045 x^3-2x^2-x+2 _____

046 x^3-2x^2-5x+6 _____

047 $x^3+x^2-8x-12$ _____

048 x^3-3x+2 _____

049 $x^4-x^3-7x^2+x+6$ _____

050 x^4-2x^2+3x-2 _____

● **인수정리를 이용한 인수분해에서 인수를 빠르게 찾는 방법**

• 다항식 $f(x)$에서 $f(\alpha)=0$이면 $f(x)$는 일차식 $x-\alpha$로 나누어떨어진다. 즉, $f(x)=(x-\alpha)Q(x)$로 인수분해된다. 이때 $f(\alpha)=0$이 되는 α의 값은 다음과 같은 순서로 찾으면 빨리 구할 수 있다.

$$\pm 1 \rightarrow \underset{\pm 1\text{을 제외한}}{\pm(\text{상수항의 양의 약수})} \rightarrow \pm\frac{(\text{상수항의 양의 약수})}{(\text{최고차항의 계수의 양의 약수})}$$

예 $x^3+\square x^2+\square x-2$와 같은 경우 : $1 \rightarrow -1 \rightarrow 2 \rightarrow -2$

예 $3x^3+\square x^2+\square x+2$와 같은 경우 : $1 \rightarrow -1 \rightarrow 2 \rightarrow -2 \rightarrow \frac{1}{3} \rightarrow -\frac{1}{3} \rightarrow \frac{2}{3} \rightarrow -\frac{2}{3}$

예 x^3-2x^2-5x+6을 인수분해하기

$f(x)=x^3-2x^2-5x+6$으로 놓으면 $f(1)=1-2-5+6=0$이다.

즉, $f(x)$는 일차식 $x-1$을 인수로 가지므로 $f(x)=(x-1)Q(x)$로 인수분해된다.

이때 $Q(x)$를 구하기 위해 조립제법을 하면 $Q(x)=x^2-x-6$이므로

$f(x)=(x-1)(x^2-x-6)=(x-1)(x+2)(x-3)$

$$\begin{array}{r|rrrr}
1 & 1 & -2 & -5 & 6 \\
x-1 & & 1 & -1 & -6 \\
\hline
& 1 & -1 & -6 & \boxed{0} \\
& & & x^2-x-6 &
\end{array}$$

여기서 $f(1)=f(-2)=f(3)=0$임을 알 수 있는데 $1, -2, 3$은 x^3-2x^2-5x+6의 상수항인 6의 약수 $\pm 1, \pm 2, \pm 3, \pm 6$ 중의 하나임을 알 수 있다. 또한 $1, -2, 3$ 중 어느 것을 먼저 이용하여 조립제법하더라도 그 결과는 같다.

● **인수분해 공식이 쉽게 눈에 띄지 않는 여러 가지 예** 〔암기〕

• $1=1^2=1^3=1^4=\cdots$은 인수분해에서 많이 이용된다.

❶ $x^3-1=x^3-1^3=(x-1)(x^2+x\cdot 1+1^2)=(x-1)(x^2+x+1)$

❷ $a^2+b^2+1-2ab+2a-2b=a^2+(-b)^2+1^2+2\cdot a\cdot(-b)+2\cdot(-b)\cdot 1+2\cdot 1\cdot a$

$\qquad\qquad\qquad\qquad\qquad = \{a+(-b)+1\}^2=(a-b+1)^2$

❸ $x^3+y^3-3xy+1=x^3+y^3+1^3-3\cdot x\cdot y\cdot 1$

$\qquad\qquad\qquad\quad = (x+y+1)(x^2+y^2+1^2-x\cdot y-y\cdot 1-1\cdot x)$

$\qquad\qquad\qquad\quad = (x+y+1)(x^2+y^2+1-xy-x-y)$

❹ $a^3+3a^2+3a+1=a^3+3\cdot a^2\cdot 1+3\cdot a\cdot 1^2+1^3=(a+1)^3$

❺ $a^6-b^6=(a^3)^2-(b^3)^2=(a^3+b^3)(a^3-b^3)=(a+b)(a^2-ab+b^2)(a-b)(a^2+ab+b^2)$

● **특별한 경우의 인수 찾기**

• 삼차다항식 $f(x)=ax^3+bx^2+cx+d$에 대하여

❶ $a+b+c+d=0$이면, 즉 (모든 계수의 합)$=0$이면 $f(x)$는 $x-1$을 인수로 갖는다.

왜냐하면 $f(1)=a+b+c+d=0$이므로 인수정리에 의해 $x-1$은 $f(x)$의 인수이기 때문이다.

예 $x^3-6x^2+11x-6$은 모든 계수의 합이 $1+(-6)+11+(-6)=0$이므로 $x-1$을 인수로 갖는다.

❷ $a+c=b+d$이면, 즉 (홀수 차수 항의 계수의 합)$=$(짝수 차수 항의 계수의 합)이면 $f(x)$는 $x+1$을 인수로 갖는다.

왜냐하면 $f(-1)=-a+b-c+d=\underset{a+c=b+d}{-(a+c)+(b+d)}=0$이므로 인수정리에 의해 $x+1$은 $f(x)$의 인수이기 때문이다. 〔상수항은 짝수 차수의 항으로 간주한다.〕

예 x^3+2x^2-5x-6은 (홀수 차수 항의 계수의 합)$=$(짝수 차수 항의 계수의 합), 즉 $1+(-5)=2+(-6)$이므로 $x+1$을 인수로 갖는다.

001 $a+b=2$, $ab=3$일 때, $a^3+b^3+a^2b+ab^2$의 값은?

① -4 　　② -2 　　③ 1

④ 2 　　⑤ 3

002 인수분해를 이용하여 $\dfrac{2018^3+1}{2017\times2018+1}$의 값을 구하면?

① 2017 　　② 2018 　　③ 2019

④ 2020 　　⑤ 2021

003 다음 중 x^2+4x-y^2+4의 인수인 것은?

① $x+y+1$ 　　② $x-y+1$ 　　③ $x+y-2$

④ $x-y+2$ 　　⑤ $x-y-2$

004 다음 중 인수분해가 옳은 것은?

① $xy-x-y+1=(x+1)(y-1)$

② $6x^2-5x-6=(2x+3)(3x-2)$

③ $x^3+8=(x-2)(x^2+2x+4)$

④ $x^3+6x^2+12x+8=(x+2)^3$

⑤ $x^4-16=(x+2)(x-2)(x^2-4)$

005 다음 중 x^6-y^6의 인수가 <u>아닌</u> 것은?

① $x+y$ 　　② $x-y$ 　　③ x^2+y^2

④ x^2+xy+y^2 　　⑤ x^3+y^3

006 양의 실수 a, b, c가 $a^3+b^3+c^3=3abc$를 만족할 때, $\dfrac{b}{a}+\dfrac{c}{b}+\dfrac{a}{c}$의 값은?

① -3 　　② -1 　　③ 0

④ 1 　　⑤ 3

007 다항식 $2x^3-3x^2+ax+3$을 인수분해하였더니 $(x-1)(x+1)(2x+b)$이었다. 이때, 상수 a, b의 합 $a+b$의 값은?

① -5 　　② -4 　　③ -3

④ -2 　　⑤ -1

008 다항식 $x^4+x^3-3x^2-x+2$를 인수분해하면 $(x+a)^2(x+b)(x+c)$이다. 이때, 상수 a, b, c의 곱 abc의 값은?

① -3 　　② -2 　　③ -1

④ 1 　　⑤ 2

007 복잡한 식의 인수분해

❶ 치환을 이용한 인수분해

☐ 공통부분이 있으면 치환한다.

어떤 부분이 반복되면 ⟶ 바꾸어 놓음

예 $(x^2-3x)^2-2(x^2-3x)-8=A^2-2A-8$　　　　← 치환
$$=(A-4)(A+2)=(x^2-3x-4)(x^2-3x+2)$$　← 인수분해, 역치환
$$=(x-4)(x+1)(x-1)(x-2)$$　← 인수분해

예 $\dfrac{23^4+23^2+1}{23^2+23+1}=\dfrac{x^4+x^2+1}{x^2+x+1}=\dfrac{(x^2+x+1)(x^2-x+1)}{x^2+x+1}=x^2-x+1=23^2-23+1=507$

☐ 공통부분이 나오도록 식을 변형하여 치환한다.

예 $(x+1)(x+2)(x+3)(x+4)-24$
$$=\{(x+1)(x+4)\}\{(x+2)(x+3)\}-24$$　　　　← 변형
$$=(x^2+5x+4)(x^2+5x+6)-24$$
$$=(A+4)(A+6)-24=A^2+10A$$　　　　← 치환
$$=A(A+10)=(x^2+5x)(x^2+5x+10)=x(x+5)(x^2+5x+10)$$　← 인수분해, 역치환

❷ 복이차식의 인수분해

☐ **복이차식** : ax^4+bx^2+c와 같이 사차항, 이차항, 상수항으로만 이루어진 식

$a(x^2)^2+bx^2+c$　　짝수 차수의 항으로만 이루어진 식. 상수항은 짝수 차수의 항으로 간주한다.

☐ $x^2=A$로 치환하여 aA^2+bA+c를 인수분해한다.

예 $x^4-5x^2+4=(x^2)^2-5x^2+4=A^2-5A+4$　　　　← 치환
$$=(A-1)(A-4)=(x^2-1)(x^2-4)$$　← 인수분해, 역치환
$$=(x+1)(x-1)(x+2)(x-2)$$　← 인수분해

☐ $x^2=A$로 치환한 aA^2+bA+c가 인수분해되지 않는 경우

➡ ax^4+bx^2+c의 이차항 bx^2을 적당히 분리하여 X^2-Y^2 꼴로 변형하여 인수분해한다.

예 $x^4+2x^2+9=(x^4+6x^2+9)-4x^2$　　　　← 이차항 $2x^2$의 분리
$$=(x^2+3)^2-(2x)^2=X^2-Y^2$$　← 치환
$$=(X+Y)(X-Y)=(x^2+2x+3)(x^2-2x+3)$$　← 인수분해, 역치환

❸ 여러 문자를 포함한 식의 인수분해

☐ 문자의 차수가 모두 다를 때

➡ 차수가 가장 낮은 한 문자에 대하여 내림차순으로 정리하여 인수분해한다.

예 $x^2+xy-3x-2y+2$는 x에 대한 2차식, y에 대한 1차식이므로 x, y에 대한 차수가 다르다. 이때는 차수가 낮은 문자 y에 대하여 내림차순으로 정리한다.
$$(x-2)y+(x^2-3x+2)=(x-2)y+(x-1)(x-2)=(x-2)(y+x-1)$$

☐ 문자의 차수가 모두 같을 때

➡ 어느 한 문자에 대하여 내림차순으로 정리하여 인수분해한다.

보통 x, y, z가 있을 때는 x에 대하여 정리한다.

예 $x^2+y^2+2xy+5x+5y+6$은 x에 대한 2차식, y에 대한 2차식이므로 x, y에 대한 차수가 같다. 이때는 어느 문자에 대하여 정리해도 그 결과는 같다.

x에 대하여 내림차순으로 정리하면
$$x^2+(2y+5)x+(y^2+5y+6)=x^2+(2y+5)x+(y+2)(y+3)$$
$$=(x+y+2)(x+y+3)$$

y에 대하여 내림차순으로 정리하면
$$y^2+(2x+5)y+(x^2+5x+6)=y^2+(2x+5)y+(x+2)(x+3)$$
$$=(y+x+2)(y+x+3)$$

> 항이 여러 개일 때
>
> 차수가 가장 낮은 한 문자에 대하여 내림차순으로 정리한다.

$$\begin{array}{ccc} 1 & \searrow & (y+2) \rightarrow y+2 \\ 1 & \nearrow & (y+3) \rightarrow \underline{y+3} \ (+ \\ & & 2y+5 \end{array}$$

$$acx^2+(ad+bc)x+bd=(ax+b)(cx+d)$$

⊙ **인수분해하시오.**

001 $xy-xz-y+z$

002 $ab-a-b+1$

003 $x-xy-y+y^2$

004 $a^2-b^2+2a+2b$

005 $x^2+2x+1-y^2$

006 a^2-9b^2+6b-1

007 $4-x^2+2xy-y^2$

008 a^2-b^2-4a+4

⊙ **치환하여, 인수분해하시오.**

009 $(x+1)^2+3(x+1)+2$

010 $(a+b)^2-2(a+b)+1$

011 $(x+y+2)(x+y)-3$

012 $(a-b)(a-b-4)+3$

013 $(x+2)^2-(y-1)^2$

014 $(2a+b)^2-(a-b)^2$

015 x^4-2x^2+1

016 x^4+2x^2-3

017 x^4-5x^2+4

018 x^4-3x^2-4

019 x^4+x^2+1

020 x^4+2x^2+9

021 $x^4+x^2y^2+y^4$

022 $x^4-5x^2y^2+4y^4$

023 $(x^2-2x)^2-(x^2-2x)-6$

024 $(x^2+x)(x^2+x-5)-6$

025 $(x^2-x)^2-8(x^2-x)+12$

026 $(x^2+2x)(x^2+2x+4)+4$

027 $(x-1)(x-2)(x+3)(x+4)-6$

028 $(x-1)^4+4(x-1)^2-5$

⊙ **[ ] 안의 문자에 대하여 내림차순으로 정리한 후, 인수분해하시오.**

029 $x^2+xy-5x-3y+6$ $[y]$

030 $y^2+xy-x-3y+2$ $[x]$

031 $x^2+2xy+y^2+x+y-2$ $[y]$

032 $x^2+3xy+2y^2-3x-5y+2$ $[x]$

033 $2x^2-xy-y^2+3x+1$ $[x]$

034 $2x^2-5xy-3y^2+x+4y-1$ $[x]$

⊙ **a, b, c는 삼각형의 세 변의 길이이다. 다음 식을 만족하는 삼각형은 어떤 삼각형인지 구하시오.**

035 $a^2-b^2-ac+bc=0$

036 $a(b^2-c^2)+b(c^2-a^2)+c(a^2-b^2)=0$

037 $a^2(b+c)-b^2(a+c)+c^2(a-b)=0$

- **항이 4개일 때의 인수분해**

  ❶ (2항)+(2항)으로 묶기

    ⇨ 공통인수가 생기도록 묶는다.

    예 $ab+a+b+1=(ab+a)+(b+1)=a(b+1)+(b+1)=(a+1)(b+1)$

  ❷ (1항)+(3항) 또는 (3항)+(1항)으로 묶기

    ⇨ 3개의 항이 완전제곱식이면 A^2-B^2 꼴이 생기도록 묶는다.

    $(a+b)^2, k(x-2y)^2$과 같이 다항식의 제곱으로 된 식이나 다항식의 제곱에 상수를 곱한 식

    예 $x^2-y^2-2y-1=x^2-(y^2+2y+1)=x^2-(y+1)^2=(x+y+1)(x-y-1)$ ← (1항)+(3항)으로 묶기

    예 $x^2-y^2+4x+4=(x^2+4x+4)-y^2=(x+2)^2-y^2=(x+2+y)(x+2-y)$ ← (3항)+(1항)으로 묶기
    $\underbrace{\qquad\qquad}_{A^2-B^2 \text{ 꼴}}$

  $\overbrace{A+B}+\overbrace{C+D}$
  $\overbrace{A}+\underbrace{B+C}+\overbrace{D}$ ＝ '일차항의 계수가 서로 같도록'
  $\overbrace{A}+\underbrace{B+C}+\overbrace{D}$
  (2항)+(2항)으로 묶는 방법

- **공통부분을 치환하는 인수분해**

  · 일차식의 곱으로 이루어진 다항식 $(x+a)(x+b)(x+c)(x+d)+e$ 꼴은 상수항의 합이 서로 같도록 2개씩 짝을
  '일차항의 계수가 서로 같도록'
  지어 전개한 후 공통부분을 치환한다. 만약 $a<b<c<d$이면 a와 d를 한 짝으로, b와 c를 다른 한 짝으로 묶는다.

    예 $x(x+1)(x+2)(x+3)+1=\{x(x+3)\}\{(x+1)(x+2)\}+1$ ← 상수항의 합이 서로 같도록 2개씩 짝을 짓는다.
    바꾸어 놓음
    $(0+3=1+2)$

    $\qquad\qquad =(x^2+3x)(x^2+3x+2)+1$ ← x^2+3x가 공통이므로 치환$(x^2+3x=A)$

    $\qquad\qquad =A(A+2)+1=A^2+2A+1$

    $\qquad\qquad =(A+1)^2=(x^2+3x+1)^2$ ← 인수분해, 역치환

- **인수분해를 이용한 삼각형의 모양 결정**

  · 삼각형의 세 변의 길이를 $a, b, c (a>0, b>0, c>0)$라 할 때

  ❶ $a^3+b^3+c^3-3abc=0$

    $\Leftrightarrow \underbrace{\dfrac{1}{2}(a+b+c)}_{a+b+c>0}\underbrace{\{(a-b)^2+(b-c)^2+(c-a)^2\}}_{(a-b)^2\geq 0,\ (b-c)^2\geq 0,\ (c-a)^2\geq 0 \to a-b=0,\ b-c=0,\ c-a=0 \to a=b,\ b=c,\ c=a}=0 \Rightarrow a=b=c$인 정삼각형

  ❷ $(a-b)(b-c)(c-a)=0$ ⇨ $a=b$ 또는 $b=c$ 또는 $c=a$인 이등변삼각형

  ❸ $(a-b)(a^2+b^2-c^2)=0$ ⇨ $a=b$인 이등변삼각형 또는 빗변의 길이가 c인 직각삼각형
    $\underset{a-b=0}{\qquad}\qquad\qquad\qquad\qquad\qquad\qquad\quad \underset{a^2+b^2-c^2=0 \to a^2+b^2=c^2(\text{피타고라스 정리})}{\qquad}$

  ❹ $\underset{a+b>0}{(a+b)}\underset{a+c>0}{(a+c)}(b-c)=0$ ⇨ $b=c$인 이등변삼각형

- **계수가 좌우 대칭인 사차식의 인수분해**

  · 사차식 $ax^4+bx^3+cx^2+bx+a$와 같이 계수가 좌우 대칭인 경우는 다음과 같이 인수분해한다.
  cx^2을 기준으로

  ⇨ 각 항을 x^2으로 묶는다. → $x+\dfrac{1}{x}=A$로 치환한 후 인수분해한다. → $A=x+\dfrac{1}{x}$로 역치환한다.

    예 $x^4-4x^3+5x^2-4x+1=x^2\left(x^2-4x+5-\dfrac{4}{x}+\dfrac{1}{x^2}\right)$ ← 각 항을 x^2으로 묶는다.

    $\qquad\qquad\qquad\qquad\qquad =x^2\left\{\left(x^2+\dfrac{1}{x^2}\right)-4\left(x+\dfrac{1}{x}\right)+5\right\}$

    $\qquad\qquad\qquad\qquad\qquad =x^2\left\{\left(x+\dfrac{1}{x}\right)^2-4\left(x+\dfrac{1}{x}\right)+3\right\}$ ← $x^2+\dfrac{1}{x^2}=\left(x+\dfrac{1}{x}\right)^2-2$ ← $a^2+b^2=(a+b)^2-2ab$

    $\qquad\qquad\qquad\qquad\qquad =x^2(A^2-4A+3)$ ← $x+\dfrac{1}{x}=A$로 치환한다.

    $\qquad\qquad\qquad\qquad\qquad =x^2(A-1)(A-3)$

    $\qquad\qquad\qquad\qquad\qquad =x^2\left(x+\dfrac{1}{x}-1\right)\left(x+\dfrac{1}{x}-3\right)$ ← $A=x+\dfrac{1}{x}$로 역치환한다.

    $\qquad\qquad\qquad\qquad\qquad =x\left(x+\dfrac{1}{x}-1\right)x\left(x+\dfrac{1}{x}-3\right)=(x^2+1-x)(x^2+1-3x)=(x^2-x+1)(x^2-3x+1)$

001 다음 중 다항식 x^2-y^2-x+y의 인수인 것은?

① $x+y$ ② $x+y+1$ ③ $x-y+1$

④ $x+y-1$ ⑤ $x-y-1$

002 다음 중 다항식 $(x^2-x)(x^2-x-1)-2$의 인수인 것은?

① $x-2$ ② $x-1$ ③ x

④ x^2+1 ⑤ x^2+x+1

003 다음 중 다항식 $x(x+1)(x+2)(x+3)-24$의 인수인 것은?

① $x-2$ ② $x+1$ ③ $x+2$

④ $x+3$ ⑤ $x+4$

004 다항식 x^4-4x^2+3의 인수 중에서 계수가 정수인 일차식의 개수는?

① 0   ② 1   ③ 2

④ 3   ⑤ 4

005 다항식 $x^4-3x^2y^2+y^4$을 인수분해하면?

① $(x^2+xy-y^2)(x^2-xy-y^2)$

② $(x^2+xy+y^2)(x^2-xy-y^2)$

③ $(x^2+xy+y^2)(x^2+xy-y^2)$

④ $(x^2-xy+y^2)(x^2-xy-y^2)$

⑤ $(x^2-xy+y^2)^2$

006 다항식 $x^2+y^2-2xy-3x+3y+2$를 인수분해하면?

① $(x+y+1)(x-y+2)$

② $(x-y+1)(x-y+2)$

③ $(x-y-1)(x-y-2)$

④ $(x+y-1)(x-y-2)$

⑤ $(x+y+1)(x-y-2)$

007 △ABC의 세 변의 길이 a, b, c 사이에

$$a^3-ab^2-b^2c+a^2c=0$$

인 관계가 성립할 때, △ABC는 어떤 삼각형인가?

① $a=b$인 이등변삼각형

② $b=c$인 이등변삼각형

③ $c=a$인 이등변삼각형

④ ∠A=90°인 직각삼각형

⑤ ∠B=90°인 직각삼각형

008 다음 중 다항식 $x^4+3x^3-2x^2+3x+1$의 인수인 것은?

① x^2-3x-1 ② x^2-x-1

③ x^2+x-1 ④ x^2+3x-1

⑤ x^2+4x+1

Special Lecture
인수분해 방법 분석

2

다시 묶어라

어느 날 한 제자가 스승에게 기뻐하며 자신의 성과를 전했다.

"스승님 드디어 제가 곱셈공식을 모두 섭렵하여 어떠한 것도 전개할 수 있게 되었습니다."

그러자 스승은 제자에게 말했다.

"그렇다면 다시 묶어라."

곱셈공식을 배우면서 힘들게 전개해 놓았던 것을 다시 묶는 것에 대해 '도대체 뭐 하는 짓인가'라는 생각이 들 수 있다. 하지만 의미가 있는 짓이다. 마치 산을 올라갔다가 내려오는 등산이 의미가 있는 것처럼.

자동차분해

인수분해란 다항식을 더 이상 간단히 할 수 없는 식들의 곱으로 나타내는 것으로 주어진 다항식을 그보다 차수가 낮으면서 더 이상 분해되지 않는 식들의 곱으로 나타내는 것이다. 이때 더 이상 간단히 할 수 없는 식들을 '인수'(factor)라 한다. 예컨대 $3xy$의 인수는 1, 3, x, y, $3x$, $3y$, xy, $3xy$ 이고 $(x+1)(x+2)$의 인수는 1, $x+1$, $x+2$, $(x+1)(x+2)$이다.

참고로 자연수를 소수인 인수들의 곱으로 분해하는 것을 소인수분해라 한다. 예컨대 $12=2^2 \times 3$으로 인수분해할 수 있으므로 2, 3은 12의 소인수이다. 인수분해는 이차 이상의 방정식 또는 부등식의 해를 구하거나 유리식의 약분 등을 할 때와 같이 두루 쓰이고 있다. 곱셈공식을 이용하면 아무리 복잡한 식이라도 결국 모두 전개되는데 비해 모든 식이 반드시 인수분해된다는 보장은 없다.

소인수	: 소수인 인수
수인수	: 숫자인 인수
문자인수	: 문자인 인수

수 $\xrightarrow{\text{분해}}$ 소인수분해

식 $\xrightarrow{\text{분해}}$ 인수분해

인수분해도 순서가 있다. 다음에 소개하는 3가지의 큰 줄기를 잘 따라가면 고등수학에서 다루는 모든 다항식을 인수분해할 수 있다.

❶ 공통인수 묶기	Ⓐ 전체가 하나의 공통인수로 묶이는 경우	
	Ⓑ 부분적으로 공통인수로 묶이는 경우	

↓

❷ 인수분해 공식		

↓

❸ 복잡한 식의 인수분해	Ⓐ 치환이 가능한 식	· 공통부분이 눈에 띄는 경우
		· 공통부분이 눈에 띄지 않는 경우
	Ⓑ 복이차식	· 치환 후 인수분해가 되는 경우
		· 치환 후 인수분해가 되지 않는 경우
	Ⓒ 여러 문자를 포함한 식	· 항이 4개인 식
		· 항이 5개 이상인 식
	Ⓓ 고차식(인수정리, 조립제법)	
	Ⓔ 계수가 좌우 대칭인 다항식	

❶ 공통인수 묶기

공통인수 묶기는 인수분해의 기본 중의 기본이다. 공통인수 묶기는 다음과 같이 2가지 경우가 있다.

Ⓐ 전체가 하나의 공통인수로 묶이는 경우

> 예 $ma+mb+mc=m(a+b+c)$

> 예 $x^2y+3xy-2xy^2=xy(x+3-2y)$

Ⓑ 부분적으로 공통인수로 묶이는 경우

> 예 $ma+mb+na+nb=m(a+b)+n(a+b)=(m+n)(a+b)$

> 예 $ax+3a-xy-3y=a(x+3)-y(x+3)=(a-y)(x+3)$

공통인수를 묶었다고 해서 인수분해가 모두 끝난 것은 아니다. 공통인수를 묶은 후에도 계속 인수분해를 해야 하는 경우도 있기 때문이다. 즉, 인수분해는 끝날 때까지 끝난 것이 아니다.

❷ 인수분해 공식

곱셈공식의 역과정이 인수분해 공식이다. 결국, 인수분해 공식을 정확하게 암기하는 방법은 곱셈공식을 잘 외우는 것이다. 또한 인수분해가 제대로 되었는지 확인해보려면 전개해보면 된다.

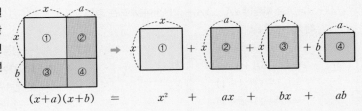

$a^2+2ab+b^2=(a+b)^2$

$a^2-2ab+b^2=(a-b)^2$

$a^2-b^2=(a+b)(a-b)$

$x^2+(a+b)x+ab=(x+a)(x+b)$

$acx^2+(ad+bc)x+bd=(ax+b)(cx+d)$

$a^3+3a^2b+3ab^2+b^3=(a+b)^3$

$a^3-3a^2b+3ab^2-b^3=(a-b)^3$

$a^2+b^2+c^2+2ab+2bc+2ca=(a+b+c)^2$

$a^3+b^3=(a+b)(a^2-ab+b^2)$

$a^3-b^3=(a-b)(a^2+ab+b^2)$

$x^3+(a+b+c)x^2+(ab+bc+ca)x+abc=(x+a)(x+b)(x+c)$

$x^3-(a+b+c)x^2+(ab+bc+ca)x-abc=(x-a)(x-b)(x-c)$

$a^3+b^3+c^3-3abc=(a+b+c)(a^2+b^2+c^2-ab-bc-ca)$

$$=\frac{1}{2}(a+b+c)\{(a-b)^2+(b-c)^2+(c-a)^2\}$$

$a^4+a^2b^2+b^4=(a^2+ab+b^2)(a^2-ab+b^2)$

❸ 복잡한 식의 인수분해

공통인수 묶기나 인수분해 공식의 경우 그 방법이 쉽게 눈에 들어온다. 그러나 그 방법이 쉽게 눈에 띄지 않을 때는 복잡한 식의 인수분해로 판단하고 다음과 같은 방법으로 인수분해한다.

Ⓐ 치환이 가능한 식

치환은 복잡하거나 공통부분이 있을 때 주로 이용한다. 공통부분이 바로 눈에 띄지 않는 경우에는 공통부분이 나올 수 있는 식인지 확인하여 공통부분이 나오면 치환하여 푼다.

• 공통부분이 눈에 띄는 경우

> 예 $(x^2-3x)^2-2(x^2-3x)-8$
>
> $=A^2-2A-8$ ← $x^2-3x=A$로 치환
>
> $=(A-4)(A+2)$ ← 인수분해
>
> $=(x^2-3x-4)(x^2-3x+2)$ ← $A=x^2-3x$로 역치환
>
> $=(x-4)(x+1)(x-1)(x-2)$ ← 인수분해

• 공통부분이 눈에 띄지 않는 경우

예 $(x+1)(x+2)(x+3)(x+4)-24$

$=\{(x+1)(x+4)\}\{(x+2)(x+3)\}-24$ ← 상수항의 합이 같은 항끼리 묶기

$=(x^2+5x+4)(x^2+5x+6)-24$ ← 전개

$=(A+4)(A+6)-24$ ← $x^2+5x=A$로 치환

$=A^2+10A$ ← 전개

$=A(A+10)$ ← 인수분해

$=(x^2+5x)(x^2+5x+10)$ ← $A=x^2+5x$로 역치환

$=x(x+5)(x^2+5x+10)$ ← 인수분해

❸ 복이차식

ax^4+bx^2+c, 즉 $a(x^2)^2+bx^2+c$와 같이 사차항, 이차항, 상수항으로만 이루어진 식을 복이차식이라 한다. 보통 $x^2=A$로 치환한 aA^2+bA+c가 인수분해되는 경우와 인수분해되지 않는 2가지 경우가 있다.

• $x^2=A$로 치환한 aA^2+bA+c가 인수분해되는 경우

예 x^4-5x^2+4

$=(x^2)^2-5x^2+4$ ← 공통부분 찾기

$=A^2-5A+4$ ← $x^2=A$로 치환

$=(A-1)(A-4)$ ← 인수분해

$=(x^2-1)(x^2-4)$ ← $A=x^2$으로 역치환

$=(x+1)(x-1)(x+2)(x-2)$ ← 인수분해

• $x^2=A$로 치환한 aA^2+bA+c가 인수분해되지 않는 경우

⇨ ax^4+bx^2+c의 이차항 bx^2을 적당히 분리하여 X^2-Y^2 꼴로 변형하여 인수분해한다.

예 x^4+2x^2+9

$=(x^4+6x^2+9)-4x^2$ ← 이차항 $2x^2$의 분리

$=(x^2+3)^2-(2x)^2$

$=X^2-Y^2$ ← $x^2+3=X$, $2x=Y$로 치환

$=(X+Y)(X-Y)$ ← 인수분해

$=(x^2+2x+3)(x^2-2x+3)$ ← $X=x^2+3$, $Y=2x$로 역치환

예 x^4+x^2+1 → $(x^4+2x^2+1)-x^2$ → $(x^2+1)^2-x^2$

예 x^4+4 → $(x^4+4x^2+4)-4x^2$ → $(x^2+2)^2-(2x)^2$

예 x^4-7x^2+9 → $(x^4-6x^2+9)-x^2$ → $(x^2-3)^2-x^2$

❹ 여러 문자를 포함한 식

• 항이 4개인 식

ⓐ (2항)+(2항)으로 묶기   ⇨ 공통인수가 생기도록 묶는다.

예 $ab+a+b+1=(ab+a)+(b+1)=a(b+1)+(b+1)=(a+1)(b+1)$

ⓑ (1항)+(3항) 또는 (3항)+(1항) ⇨ 3개의 항이 완전제곱식이면 A^2-B^2 꼴이 생기도록 묶는다.

예 $x^2-y^2-2y-1=x^2-(y^2+2y+1)=x^2-(y+1)^2=(x+y+1)(x-y-1)$

예 $x^2-y^2+4x+4=(x^2+4x+4)-y^2=(x+2)^2-y^2=(x+y+2)(x-y+2)$

• 항이 5개 이상인 식 (여러 문자를 포함한 식)

ⓐ 문자의 차수가 모두 다를 때   ⇨ 차수가 가장 낮은 한 문자에 대하여 내림차순으로 정리하여 인수분해한다.

예 $a^3+a^2c+ac^2-b^3-b^2c-bc^2$

$=(a-b)c^2+(a^2-b^2)c+(a^3-b^3)$ ← 차수가 가장 낮은 문자 c에 대하여 내림차순으로 정리

$=(a-b)c^2+(a-b)(a+b)c+(a-b)(a^2+ab+b^2)$ ← 인수분해

$=(a-b)(a^2+b^2+c^2+ab+bc+ca)$ ← 공통인수 묶기

ⓑ 문자의 차수가 모두 같을 때   ⇨ 어느 한 문자에 대하여 내림차순으로 정리하여 인수분해한다.

보통 x, y, z가 있을 때는 x에 대하여, a, b, c가 있을 때는 a에 대하여 정리한다.

$$\text{예 } a^2(b-c)+b^2(c-a)+c^2(a-b)$$
$$=(b-c)a^2-(b^2-c^2)a+bc(b-c) \qquad \leftarrow a\text{에 대하여 내림차순으로 정리}$$
$$=(b-c)a^2-(b-c)(b+c)a+bc(b-c) \qquad \leftarrow \text{인수분해}$$
$$=(b-c)\{a^2-(b+c)a+bc\} \qquad \leftarrow \text{공통인수 묶기}$$
$$=(b-c)(a-b)(a-c) \qquad \leftarrow \text{인수분해}$$
$$=-(a-b)(b-c)(c-a) \qquad \leftarrow a \to b \to c \to a \text{ 순서로 정리}$$

ⓓ 고차식(인수정리, 조립제법)

ⓐ 인수정리 : $f(a)=0$이 되는 a를 찾는다. 이때 $f(x)$는 일차식 $x-a$를 인수로 갖는다.

ⓑ 조립제법 : 조립제법을 이용하여 $f(x)=(x-a)Q(x)$가 되는 $Q(x)$를 구한다.

ⓒ $Q(x)$가 더 이상 인수분해되지 않을 때까지 위의 과정을 반복한다.

예 $f(x)=x^4-3x^3+x^2+3x-2$에서 $f(1)=f(2)=0$이므로
오른쪽과 같이 조립제법하면
$$f(x)=(x-1)(x^3-2x^2-x+2)$$
$$=(x-1)(x-2)(x^2-1)$$
$$=(x-1)(x-2)(x+1)(x-1)$$
$$=(x-1)^2(x-2)(x+1)$$

1	1	-3	1	3	-2
		1	-2	-1	2
2	1	-2	-1	2	0
		2	0	-2	
	1	0	-1	0	

조립제법으로 인수분해할 때는 나머지가 반드시 '0'이 되어야 한다.

ⓔ 계수가 좌우 대칭인 다항식

사차식 $ax^4+bx^3+cx^2+bx+a$와 같이 cx^2을 기준으로 좌우가 대칭인 경우는 다음과 같이 인수분해한다.

ⓐ 각 항을 x^2으로 묶는다.

ⓑ $x+\dfrac{1}{x}=A$로 치환한 후 인수분해한다.

ⓒ $A=x+\dfrac{1}{x}$로 역치환한다.

예 $x^4-4x^3+5x^2-4x+1=x^2\left(x^2-4x+5-\dfrac{4}{x}+\dfrac{1}{x^2}\right) \qquad \leftarrow x^2\text{으로 묶기}$
$$=x^2\left\{\left(x^2+\dfrac{1}{x^2}\right)-4\left(x+\dfrac{1}{x}\right)+5\right\}$$
$$=x^2\left\{\left(x+\dfrac{1}{x}\right)^2-4\left(x+\dfrac{1}{x}\right)+3\right\} \qquad \leftarrow x^2+\dfrac{1}{x^2}=\left(x+\dfrac{1}{x}\right)^2-2$$
$$=x^2(A^2-4A+3) \qquad \leftarrow x+\dfrac{1}{x}=A\text{로 치환}$$
$$=x^2(A-1)(A-3) \qquad \leftarrow \text{인수분해}$$
$$=x^2\left(x+\dfrac{1}{x}-1\right)\left(x+\dfrac{1}{x}-3\right) \qquad \leftarrow A=x+\dfrac{1}{x}\text{로 역치환}$$
$$=x\left(x+\dfrac{1}{x}-1\right)x\left(x+\dfrac{1}{x}-3\right)$$
$$=(x^2-x+1)(x^2-3x+1)$$

참고 **계수의 범위에 따른 인수분해**

다항식 x^4-4를 계수의 범위에 따라 인수분해하면 다음과 같다.

ⓐ 유리수의 범위 $\Rightarrow (x^2+2)(x^2-2)$

ⓑ 실수의 범위 $\Rightarrow (x^2+2)(x+\sqrt{2})(x-\sqrt{2})$

ⓒ 복소수의 범위 $\Rightarrow (x+\sqrt{2}i)(x-\sqrt{2}i)(x+\sqrt{2})(x-\sqrt{2}) \qquad \leftarrow x^2+2=x^2-(-2)=x^2-(\sqrt{2}i)^2$

008 **복소수**　　　중요도 ★★☆☆☆

❶ 허수단위

☐ 제곱하여 -1이 되는 수는 $\pm\sqrt{-1}$이다.

→ 이때 $\sqrt{-1}$을 i로 나타내고 **허수단위**라 한다. 〔정의〕

i는 '허수'를 뜻하는 imaginary number의 첫 글자이다.

☐ $i=\sqrt{-1}$이므로 $i^2=-1$이다.　←　$a>0$일 때, $\sqrt{-a}=\sqrt{a}\sqrt{-1}=\sqrt{a}\,i$이다.

〔예〕 $(2i)^2=4i^2=-4$, $(-3i)^2=9i^2=-9$

$$i=\sqrt{-1}\ \Rightarrow\ i^2=-1$$

❷ 복소수와 허수

복소수는 크기가 없으므로 대소 비교를 하지 않는다.

☐ 두 실수 a, b에 대하여 $a+bi$꼴로 나타내어지는 수를 **복소수**라 한다. 〔정의〕

→ 이때 a를 **실수부분**, b를 **허수부분**이라 한다.

☐ 복소수 z가 순허수이다. ⇔ $z^2<0$
$\underset{bi\,(b\neq 0)}{}$　$\underset{z^2=(bi)^2=b^2i^2=-b^2<0\,(b\neq 0)}{}$

〔예〕 $(4i)^2=16i^2=-16<0$

☐ 복소수 z가 실수이다. ⇔ $z^2\geq 0$
$\underset{a}{}$　$\underset{z^2=a^2\geq 0,\ 실수를 제곱하면 항상 0 또는 양수가 된다.}{}$

복소수 $a+bi$
　　↓$b=0$　　　　↓$b\neq 0$
실수 a　　　　허수 $a+bi$

$a=0,\ b\neq 0$ ┘　　　└ $a\neq 0,\ b\neq 0$

순허수 bi　　　순허수가 아닌 허수 $a+bi$

❸ 복소수가 서로 같을 조건

☐ $a+bi=0$　⇔　$a=0$, $b=0$

☐ $a+bi=c+di$ ⇔ $a=c$, $b=d$
$\underset{(a-c)+(b-d)i=0}{}$

☐ 실수부분은 실수부분끼리, 허수부분은 허수부분끼리 같아야 한다.

〔예〕 a, b가 실수일 때, $4+3i=a+bi$가 성립할 조건은 $a=4$, $b=3$이다.

허수부분도 실수이다.

❹ 복소수의 사칙연산

☐ 복소수의 사칙연산은 허수단위 i를 문자처럼 생각하고 계산한다.
(실수부분)＋(허수부분)i로 정리한다.

☐ 덧셈 : $(a+bi)+(c+di)=(a+c)+(b+d)i$

☐ 뺄셈 : $(a+bi)-(c+di)=(a-c)+(b-d)i$

〔예〕 $(1+i)+(2+3i)=3+4i$, $(2+3i)-(1+2i)=1+i$

☐ 곱셈 : $(a+bi)\times(c+di)=ac+adi+bci+bdi^2=(ac-bd)+(ad+bc)i$

〔예〕 $(3+i)(2-3i)=6-9i+2i-3i^2=9-7i$

☐ 나눗셈 : $\dfrac{a+bi}{c+di}=\dfrac{(a+bi)(c-di)}{(c+di)(c-di)}=\dfrac{ac-adi+bci-bdi^2}{c^2-d^2i^2}$
$\underset{(a+b)(a-b)=a^2-b^2을 이용한 분모의 실수화}{}$

$\qquad=\dfrac{ac+bd}{c^2+d^2}+\dfrac{bc-ad}{c^2+d^2}i$

〔예〕 $\dfrac{2+i}{1-i}=\dfrac{(2+i)(1+i)}{(1-i)(1+i)}=\dfrac{2+2i+i+i^2}{1-i^2}=\dfrac{1}{2}+\dfrac{3}{2}i$

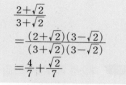

분모의 유리화

❺ 복소수의 덧셈과 곱셈에 대한 연산법칙

☐ 교환법칙 : $z_1+z_2=z_2+z_1$, $z_1z_2=z_2z_1$
서로 바꿈

☐ 결합법칙 : $(z_1+z_2)+z_3=z_1+(z_2+z_3)$, $(z_1z_2)z_3=z_1(z_2z_3)$
묶음　$\underset{=z_1+z_2+z_3}{}$　　　　　　$\underset{=z_1z_2z_3}{}$

☐ 분배법칙 : $z_1(z_2+z_3)=z_1z_2+z_1z_3$, $(z_1+z_2)z_3=z_1z_3+z_2z_3$

◉ 순허수 i를 이용하여 나타내시오.

001 $\sqrt{-1}$ _____

002 $\sqrt{-2}$ _____

003 $\sqrt{-4}$ _____

004 $\sqrt{-8}$ _____

◉ 실수부분과 허수부분을 구하시오.

005 $2+3i$ _____

006 $\sqrt{2}-i$ _____

007 $2+\sqrt{3}$ _____

008 $-2i$ _____

◉ 실수 x, y의 값을 구하시오.

009 $x+(y-1)i=0$ _____

010 $(x-3)+(2-y)i=0$ _____

011 $(x-1)+(y+2)i=2-i$ _____

012 $3+i=(2-x)+(y-1)i$ _____

013 $(2x+1)+4i=5+(x+2y)i$ _____

◉ 계산하시오.

014 $(2+3i)+(1-2i)$ _____

015 $3i+(2-i)$ _____

016 $(3+2i)-(2-i)$ _____

017 $-i-(-2+3i)$ _____

018 $i(2+3i)$ _____

019 $(4-3i)(2+i)$ _____

020 $(3+2i)(3-2i)$ _____

021 $(1-i)^2$ _____

◉ $a+bi$ (a, b는 실수) 꼴로 나타내시오.

022 $\dfrac{1}{i}$ _____

023 $\dfrac{2}{1+i}$ _____

024 $\dfrac{1+i}{1-i}$ _____

025 $\dfrac{2+i}{3-i}$ _____

026 $\dfrac{3-4i}{1+2i}$ _____

027 $\dfrac{2+3i}{1-2i}$ _____

028 $\dfrac{3}{\sqrt{2}-i}$ _____

029 $\dfrac{11}{\sqrt{2}i+3}$ _____

◉ 실수 a, b의 값을 구하시오.

030 $(1+i)(a-bi)=3+i$ _____

031 $(3-i)(1+ai)=5+bi$ _____

032 $\dfrac{2+ai}{1-i}=b+4i$ _____

033 $\dfrac{a}{1+i}-\dfrac{b}{1-i}=2-i$ _____

● 음수의 제곱근과 허수의 등장

- 실수를 제곱하면 0 또는 양수가 된다. 따라서 제곱하면 음수가 되는 실수는 존재하지 않는다.

  > x는 $a(a \geq 0)$의 제곱근이다.
  > ➡ x를 제곱하면 a가 된다.
  > ➡ x는 $x^2 = a$를 만족한다.

  ❶ 어떤 실수 x를 제곱하면 $a(a \geq 0)$가 될 때, x를 a의 제곱근이라 한다.

  _{0 또는 양수}

  ❷ 양수의 제곱근은 양수와 음수 2개가 있고, 그 절댓값은 서로 같다. 또한 0의 제곱근은 0 하나 뿐이다.

  ❸ 제곱하면 음수가 되는 실수는 존재하지 않으므로 음수의 제곱근은 생각하지 않는다.

- 고등학교에서는 방정식 $x^2 = -1$처럼 '제곱하면 음수가 되는 수가 존재한다.'는 가정하에 음수의 제곱근까지 고려한다. 그런데 $x^2 = -1$은 실수의 범위에서 해가 존재하지 않으므로 이 방정식이 해를 갖도록 실수의 범위를 넘어선 새로운 수를 생각하게 되었는데, 그 수를 위해 $i = \sqrt{-1}$을 정의하였다.

  중학교 과정

  $x^2 = 0$의 근 : $x = 0$
  $x^2 = 1$의 근 : $x = \pm 1$
  $x^2 = 2$의 근 : $x = \pm\sqrt{2}$

  ⬇ 허수의 등장 ─ ─ ─ ─ ─ ─ ─ ─

  고등학교 과정

  $x^2 = -1$의 근 : $x = \pm\sqrt{-1} = \pm i$
  $x^2 = -2$의 근 : $x = \pm\sqrt{-2} = \pm\sqrt{2}i$

  □의 제곱근은 $\pm\sqrt{□}$이다.

● $a = 0$, $b = 0$임을 나타내는 여러 가지 표현 〔암기〕

  ❶ 실수 a, b에 대하여 $a^2 + b^2 = 0$ ← 실수의 성질 ($\because a^2 \geq 0$, $b^2 \geq 0$)

  ❷ 실수 a, b에 대하여 $|a| + |b| = 0$ ← 절댓값의 성질 ($\because |a| \geq 0$, $|b| \geq 0$)

  ❸ 실수 a, b에 대하여 $a + bi = 0 (i = \sqrt{-1})$ ← 복소수가 서로 같을 조건

  ❹ 모든 실수 x에 대하여 $ax + b = 0$ ← 항등식의 성질

  ❺ 유리수 a, b에 대하여 $a + b\sqrt{m} = 0 (\sqrt{m}$은 무리수)   ← 무리수가 서로 같을 조건

● 복소수 $z = a + bi$가

_{실수는 i가 없는 수, 허수는 i가 있는 수, 순허수는 bi꼴의 허수이다.}

  ❶ 실수가 되려면   ⇨ $b = 0$

  ❷ 순허수가 되려면   ⇨ $a = 0$이고 $b \neq 0$

  ❸ 실수가 아닌 복소수가 되려면   ⇨ $b \neq 0$

● 복소수 $z = a + bi(a, b$는 실수)일 때, $z^2 = (a + bi)^2 = (a^2 - b^2) + 2abi$가

- z^2이 실수나 순허수가 되는 조건은 굳이 z^2을 구하지 않고도 z만으로 구할 수 있다.

  ❶ 0이 되려면 z의 실수부분과 허수부분이 모두 0이어야 한다.   ⇨ $a = 0$이고 $b = 0$

  > (실수)$^2 \geq 0$
  > ↕
  > (순허수)$^2 < 0$

  ❷ 실수가 되려면 z의 실수부분과 허수부분 중 하나만 살아 남아야 한다.

      ⇨ z가 실수 또는 순허수이어야 한다.   ⇨ $ab = 0 \Leftrightarrow a = 0$ 또는 $b = 0$

  ❸ 양의 실수가 되려면 z의 실수부분만 살아 남아야 한다.

      ⇨ z가 실수이어야 한다.   ⇨ $a \neq 0$이고 $b = 0$

  ❹ 음의 실수가 되려면 z의 허수부분만 살아 남아야 한다.

      ⇨ z가 순허수이어야 한다.   ⇨ $a = 0$이고 $b \neq 0$

  ❺ 순허수가 되려면 $z^2 = (a^2 - b^2) + 2abi$의 허수부분만 살아 남아야 한다.   ⇨ $a^2 - b^2 = 0$이고 $ab \neq 0$

001 $(2+\sqrt{-3})^2+(2-\sqrt{-3})^2$의 값은?

① 1   ② 2   ③ 3

④ 4   ⑤ 5

002 복소수 $(x+1)(x-1)+(x+1)i$가 순허수가 되도록 하는 실수 x의 값은?

① −1   ② 0   ③ 1

④ 2   ⑤ 3

003 등식 $x(1+2i)+y(i-1)=1+5i$를 만족시키는 실수 $x,\,y$에 대하여 x^2+y^2의 값은?

① 1   ② 3   ③ 5

④ 7   ⑤ 9

004 등식 $\dfrac{x}{1+i}+\dfrac{y}{1-i}=1-2i$를 만족시키는 두 실수 $x,\,y$에 대하여 x^2+y^2의 값은?

① 2   ② 4   ③ 6

④ 8   ⑤ 10

005 $\left(\dfrac{1+i}{1-i}\right)^2$의 값은?

① −1   ② 0   ③ 1

④ 2   ⑤ 3

006 $\alpha=\dfrac{1+i}{1-i},\ \beta=\dfrac{1-i}{1+i}$일 때, $\dfrac{1}{\alpha}+\dfrac{1}{\beta}$의 값은?

① −1   ② 0   ③ 1

④ 2   ⑤ 3

007 $x=\dfrac{-1+\sqrt{3}i}{2}$일 때, $2x^2+2x+4$의 값은?

① −1   ② 0   ③ 1

④ 2   ⑤ 3

008 복소수 $z=(1+i)x^2-(2-i)x-3$에 대하여 z^2이 양수가 되도록 하는 실수 x의 값은?

① −1   ② 0   ③ 1

④ 2   ⑤ 3

❶ 켤레복소수

☐ 복소수 $z=a+bi$ (a, b는 실수)에서 허수부분의 부호를 바꾼 $a-bi$를
z의 **켤레복소수**라 하고, $\bar{z}(=\overline{a+bi})$로 나타낸다. 참고
한 켤레의 신발과 같이 서로 짝이 되는 복소수
예 $\overline{1+2i}=1-2i$, $\overline{5}=\overline{5+0i}=5-0i=5$, $\overline{3i}=\overline{0+3i}=-3i$

☐ 실수부분은 서로 같고 허수부분의 부호만 다른 두 복소수는 서로 켤레복소수이다.

$$\overline{a+bi}=a-bi$$
$$\downarrow$$
$$\overline{3i-2}=-3i-2\,(\bigcirc)$$
$$\overline{3i-2}=3i+2\quad(\times)$$

켤레복소수는 무조건 i 앞의 부호
만 바꾸면 된다.

❷ 켤레복소수의 성질 암기

• $z=a+bi$ (a, b는 실수)에 대하여

☐ $\overline{(\bar{z})}=\overline{(\overline{a+bi})}=\overline{a-bi}=a+bi=z$ → 켤레의 켤레는 자기 자신

　예 $\overline{\overline{2+i}}=\overline{2-i}=2+i$

☐ $z+\bar{z}=(a+bi)+(a-bi)=2a$ → 켤레의 합은 실수

　예 $z=2-i$이면 $z+\bar{z}=(2-i)+(2+i)=4$

☐ $z\bar{z}=(a+bi)(a-bi)=a^2-b^2i^2=a^2+b^2$ → 켤레의 곱은 실수
$(a+b)(a-b)=a^2-b^2$
　예 $z=4+3i$이면 $z\bar{z}=(4+3i)(4-3i)=16-9i^2=16+9=25$

☐ $z=\bar{z}$ ⟺ z는 실수이다. → 허수부분이 0일 때

　→ $a+bi=a-bi \Leftrightarrow 2bi=0 \Leftrightarrow b=0$

　예 $3+0i=3-0i \Leftrightarrow 3$은 실수이다.

☐ $z+\bar{z}=0$ ⟺ z는 순허수 또는 0이다. → 실수부분이 0일 때

　→ $(a+bi)+(a-bi)=0 \Leftrightarrow 2a=0 \Leftrightarrow a=0$

　예 $2i+(-2i)=0$, $0i+(-0i)=0$

❸ 켤레복소수의 사칙연산 → 전체의 켤레는 각각의 켤레

• $z_1=a+bi$, $z_2=c+di$ (a, b, c, d는 실수)에 대하여

☐ $\overline{z_1+z_2}=\overline{z_1}+\overline{z_2}$

　→ $\overline{z_1+z_2}=\overline{(a+bi)+(c+di)}=\overline{(a+c)+(b+d)i}=(a+c)-(b+d)i$
　　$\overline{z_1}+\overline{z_2}=\overline{a+bi}+\overline{c+di}=(a-bi)+(c-di)=(a+c)-(b+d)i$

　예 $\overline{(1+2i)+(1-2i)}=\overline{2}=2$, $\overline{1+2i}+\overline{1-2i}=(1-2i)+(1+2i)=2$

　예 두 복소수 α, β에 대하여 $\alpha+\beta=i$이면 $\bar{\alpha}+\bar{\beta}=\overline{\alpha+\beta}=-i$이다.

☐ $\overline{z_1-z_2}=\overline{z_1}-\overline{z_2}$

☐ $\overline{z_1\times z_2}=\overline{z_1}\times\overline{z_2}$

　→ $\overline{z_1\times z_2}=\overline{(a+bi)\times(c+di)}=\overline{(ac-bd)+(ad+bc)i}=(ac-bd)-(ad+bc)i$
　　$\overline{z_1}\times\overline{z_2}=\overline{a+bi}\times\overline{c+di}=(a-bi)(c-di)=(ac-bd)-(ad+bc)i$

　예 $\overline{(1+i)\times(1-i)}=\overline{2}=2$, $\overline{1+i}\times\overline{1-i}=(1-i)(1+i)=2$

　예 두 복소수 α, β에 대하여 $\alpha\times\beta=2+3i$이면 $\bar{\alpha}\times\bar{\beta}=\overline{\alpha}\times\overline{\beta}=\overline{\alpha\times\beta}=2-3i$이다.

☐ $\overline{z^n}=(\bar{z})^n$ (n은 자연수), $\overline{z^2}=(\bar{z})^2$
(거듭)제곱의 켤레복소수는 켤레복소수의 (거듭)제곱이다.

☐ $\overline{\left(\dfrac{z_2}{z_1}\right)}=\dfrac{\overline{z_2}}{\overline{z_1}}$ ($z_1\neq0$)

　예 $\dfrac{1+2i}{i-2}$의 켤레복소수는 허수부분의 부호만 바꾸면 되므로 $\overline{\left(\dfrac{1+2i}{i-2}\right)}=\dfrac{1-2i}{-i-2}$이다.

◉ 켤레복소수를 구하시오.

001 $3-2i$ _____

002 $-1+2i$ _____

003 $1+\sqrt{2}\,i$ _____

004 $3i-2$ _____

005 $3i$ _____

006 -5 _____

◉ $z=2+i$이다. 다음을 구하시오.

007 $z+\bar{z}$ _____

008 $z-\overline{2z}$ _____

009 $z\times\bar{z}$ _____

010 $\dfrac{\overline{5z}}{z}$ _____

◉ 실수 x, y의 값을 구하시오.

011 $\overline{2+i}=x+yi$ _____

012 $1-2i=\overline{x+yi}$ _____

013 $x+3i=\overline{2-yi}$ _____

014 $\overline{2x-3i}=4+(x+y)i$ _____

◉ $\alpha=1+2i$, $\beta=2-i$이다. 다음을 구하시오.

015 $\overline{\alpha+\beta}$ _____

016 $\overline{2\alpha-\beta}$ _____

017 $\overline{\alpha\beta}$ _____

018 $\overline{\left(\dfrac{2\alpha}{\beta}\right)}$ _____

◉ 간단히 하시오.

019 $\overline{(\bar{\alpha})}$ _____

020 $\overline{\bar{\alpha}+\bar{\beta}}$ _____

021 $\overline{\bar{\alpha}\times\beta}$ _____

022 $\overline{\left(\dfrac{\alpha}{\beta}\right)}$ _____

◉ 복소수 z를 구하시오.

023 $zi=2-i$ _____

024 $(1+i)z=5-i$ _____

025 $(1+i)z+2\bar{z}=5+i$ _____

- **계수가 실수인 이차방정식의 서로 다른 두 허근은 서로 켤레복소수이다.**

  ❶ 이차방정식 $ax^2+bx+c=0$의 근의 공식은 $x=\dfrac{-b\pm\sqrt{b^2-4ac}}{2a}$이다.

  ❷ $D=b^2-4ac<0$이면 이차방정식은 서로 다른 두 허근을 갖는다. 이때 두 근은 서로 켤레복소수이다.
  _{이차방정식의 판별식}

  ❸ 계수가 실수인 이차방정식 $ax^2+bx+c=0$의 한 허근이 α이면 다른 한 허근은 $\overline{\alpha}$이다.

  예 이차방정식 $x^2+x+1=0$의 두 근은 $x=\dfrac{-1\pm\sqrt{3}i}{2}$이다. 이때 $\alpha=\dfrac{-1+\sqrt{3}i}{2}$, $\overline{\alpha}=\dfrac{-1-\sqrt{3}i}{2}$이다.

- **분모의 유리화, 실수화**

  - 분모에 무리수가 있으면 다루기가 번거롭듯이, 분모에 복소수가 있을 때 역시 다루기가 번거롭다. 이때는 분모의 유리화처럼 분모의 켤레복소수를 분모와 분자에 모두 곱하여 분모를 실수로 바꾸는 것이 좋다. 또한 분모의 유리화나 실수화를 할 때는 합·차 공식 $(a+b)(a-b)=a^2-b^2$이 이용된다.

    > $(a+b)(a-b)=a^2-b^2$
    >
    > 분모의 유리화, 실수화를
    > 할 때 필요한 합·차 공식

  ❶ 분모의 유리화 : $\dfrac{1}{2-\sqrt{3}}=\dfrac{2+\sqrt{3}}{(2-\sqrt{3})(2+\sqrt{3})}=2+\sqrt{3}$

  ❷ 분모의 실수화 : $\dfrac{1}{2-3i}=\dfrac{2+3i}{(2-3i)(2+3i)}=\dfrac{2}{13}+\dfrac{3}{13}i$

- **켤레복소수의 성질**

  - α, β가 복소수일 때

  ❶ $\alpha=\overline{\beta}$이면 $\alpha+\beta$, $\alpha\beta$는 모두 실수이다.

    ⇨ $\beta=a+bi$(a, b는 실수)라 하면

    $\alpha+\beta=(a-bi)+(a+bi)=2a$(실수)

    $\alpha\beta=(a-bi)(a+bi)=a^2+b^2$(실수)

  ❷ $\alpha=\overline{\beta}$이고 $\alpha\beta=0$이면 $\alpha=0$이다.

    ⇨ $\beta=a+bi$(a, b는 실수)라 하면

    $\alpha\beta=(a-bi)(a+bi)=a^2+b^2=0$에서 $a=0$, $b=0$이므로 $\alpha=0$이다.

- **켤레복소수의 성질을 이용한 연산**

  > ♠ $\alpha=1+i$, $\beta=3-2i$일 때, $\alpha\overline{\alpha}+\beta\overline{\beta}+\overline{\alpha}\beta+\alpha\overline{\beta}$의 값을 구하시오. (단, $\overline{\alpha}$, $\overline{\beta}$는 각각 α, β의 켤레복소수이다.) **정답** 17

  풀이 $\alpha\overline{\alpha}+\beta\overline{\beta}+\overline{\alpha}\beta+\alpha\overline{\beta}$

  $=\alpha\overline{\alpha}+\overline{\alpha}\beta+\beta\overline{\beta}+\alpha\overline{\beta}$

  $=\overline{\alpha}(\alpha+\beta)+\overline{\beta}(\alpha+\beta)$

  $=(\alpha+\beta)(\overline{\alpha}+\overline{\beta})$

  $=(\alpha+\beta)(\overline{\alpha+\beta})$ ← $\alpha+\beta=(1+i)+(3-2i)=4-i$, $\overline{\alpha+\beta}=\overline{4-i}=4+i$

  $=(4-i)(4+i)$

  $=16-i^2$ ← $i^2=-1$

  $=17$

001 복소수 z와 그 켤레복소수 $\bar{z}$에 대하여 다음 중 옳은 것을 <u>모두</u> 고르면?

① $z + \bar{z} = 0$

② $z \times \bar{z}$는 실수이다.

③ $z = \bar{z}$이면 z는 순허수이다.

④ $z = -\bar{z}$이면 z는 실수이다.

⑤ $\overline{(\bar{z})} = z$

002 두 복소수 α, β에 대하여 $\bar{\alpha} + \bar{\beta} = 2 + 3i$일 때, $\bar{\alpha} + \beta$의 값은?

(단, $\bar{\alpha}$, $\bar{\beta}$는 각각 α, β의 켤레복소수이다.)

① $3 + 4i$ ② $-2 + 3i$ ③ $-2 - 3i$

④ $2 + 3i$ ⑤ $2 - 3i$

003 두 복소수 α, β에 대하여 $\bar{\alpha} + \bar{\beta} = 1 - 2i$, $\bar{\alpha} \times \bar{\beta} = 2$일 때, $(\alpha + 2)(\beta + 2)$의 값은?

(단, $\bar{\alpha}$, $\bar{\beta}$는 각각 α, β의 켤레복소수이다.)

① $-5 - 7i$ ② $8 + 4i$ ③ $-3 - 5i$

④ $3 + 4i$ ⑤ $2 - 3i$

004 두 복소수 α, β에 대하여 $\alpha + \beta = 2 - i$일 때, $\alpha\bar{\alpha} + \bar{\alpha}\beta + \alpha\bar{\beta} + \beta\bar{\beta}$의 값은?

(단, $\bar{\alpha}$, $\bar{\beta}$는 각각 α, β의 켤레복소수이다.)

① 1 ② 2 ③ 3

④ 4 ⑤ 5

005 두 복소수 α, β가 $\bar{\alpha} + \beta = i$, $\bar{\alpha}\beta = -1$을 만족시킬 때, $\dfrac{1}{\alpha} + \dfrac{1}{\beta}$의 값은?

(단, $\bar{\alpha}$, $\bar{\beta}$는 각각 α, β의 켤레복소수이다.)

① $-i$ ② -1 ③ 0

④ i ⑤ $2i$

006 두 등식 $z + \bar{z} = 2$, $z\bar{z} = 1$을 모두 만족시키는 복소수 z는? (단, $\bar{z}$는 z의 켤레복소수이다.)

① 1 ② 2 ③ i

④ $1 - i$ ⑤ $1 + i$

007 두 복소수 α, β에 대하여 $\alpha + \beta = -2 + 3i$, $\alpha \times \bar{\alpha} = 1$, $\beta \times \bar{\beta} = 1$일 때, $\dfrac{1}{\alpha} + \dfrac{1}{\beta}$의 값은?

(단, $\bar{\alpha}$, $\bar{\beta}$는 각각 α, β의 켤레복소수이다.)

① $-5 - 7i$ ② $8 + 4i$ ③ $-3 - 5i$

④ $3 + 4i$ ⑤ $-2 - 3i$

008 복소수 z와 그 켤레복소수 $\bar{z}$에 대하여 $iz + (1 + i)\bar{z} = 3 + 2i$를 만족시키는 복소수 z는?

① $1 + 2i$ ② $2 - 3i$ ③ $2 + 3i$

④ $3 - 4i$ ⑤ $3 + 4i$

010 복소수의 거듭제곱과 음수의 제곱근

중요도 ★★★☆☆

❶ i의 거듭제곱

☐ 허수 i를 거듭제곱하면 i, -1, $-i$, 1의 4개의 값이 차례로 반복되어 나타난다.

i의 거듭제곱은 4의 배수마다 같은 수가 반복된다.

→ $i^2=-1$, $i^4=1$

→ $i^{n+4}=i^n$ (n은 자연수)이므로 i^n의 값은 n을 4로 나눈 나머지를 이용하여 구한다.

$$\overbrace{(i \to i^2 \to i^3 \to i^4)} \to \overbrace{(i^5 \to i^6 \to i^7 \to i^8)} \to i^9 \to \cdots$$

나머지가 0이면 → 1
나머지가 1이면 → i
나머지가 2이면 → -1
나머지가 3이면 → $-i$

$$\begin{array}{ccccccc} \| & \| & \| & \| & \| & \| & \| \\ -1 & -i & 1 & i & -1 & -i & 1 & i \end{array}$$

예 $i^{2015}=i^{4\times503+3}=(i^4)^{503}\times i^3=i^3=-i$, $i^{100}=i^{4\times25}=(i^4)^{25}=1$

허수 i를 거듭제곱하면 주기를 4로 계속 반복된다.

❷ 양수의 제곱근의 계산

☐ $a>0$, $b>0$일 때 $\sqrt{a}\sqrt{b}=\sqrt{ab}$ 예 $\sqrt{2}\sqrt{3}=\sqrt{6}$

☐ $a>0$, $b>0$일 때 $\dfrac{\sqrt{a}}{\sqrt{b}}=\sqrt{\dfrac{a}{b}}$ 예 $\dfrac{\sqrt{2}}{\sqrt{3}}=\sqrt{\dfrac{2}{3}}$

❸ 음수의 제곱근

☐ $a>0$일 때 $\sqrt{-a}=\sqrt{a\times(-1)}=\sqrt{a}\sqrt{-1}=\sqrt{a}\,i$ ← $\sqrt{-1}=i$

☐ $a>0$일 때 $-a$의 제곱근은 $\pm\sqrt{a}\,i$이다. ← $x^2=-a$
 $\underset{\pm\sqrt{-a}}{}$

☐ 음수의 제곱근은 i를 이용하여 양수의 제곱근으로 바꾼 후에 계산한다.

예 $\sqrt{-2}\sqrt{3}=\sqrt{2}\,i\sqrt{3}=\sqrt{6}\,i$, $\dfrac{\sqrt{-2}}{\sqrt{-3}}=\dfrac{\sqrt{2}\,i}{\sqrt{3}\,i}=\dfrac{\sqrt{2}}{\sqrt{3}}=\sqrt{\dfrac{2}{3}}$

❹ 음수의 제곱근의 성질 [암기]

• 다음 두 가지 경우를 제외하면 모두 $\sqrt{a}\sqrt{b}=\sqrt{ab}$, $\dfrac{\sqrt{a}}{\sqrt{b}}=\sqrt{\dfrac{a}{b}}$이다.
$ b \neq 0$

☐ $a<0$, $b<0$일 때 $\sqrt{a}\sqrt{b}=-\sqrt{ab}$ ← 두 수가 모두 음수일 때
$\phantom{a<0, b<0}$ $a=0$, $b=0$일 때도 성립한다.

예 $\sqrt{-2}\sqrt{-3}=\sqrt{(-2)\cdot(-3)}=\sqrt{6}$ (×)

 $\sqrt{-2}\sqrt{-3}=\sqrt{2}\,i\sqrt{3}\,i=\sqrt{6}\,i^2=-\sqrt{6}$ (○)

예 $1=\sqrt{1}=\sqrt{(-1)\cdot(-1)}\neq\sqrt{-1}\sqrt{-1}=i\cdot i=-1$

☐ $a>0$, $b<0$일 때 $\dfrac{\sqrt{a}}{\sqrt{b}}=-\sqrt{\dfrac{a}{b}}$ ← 분모가 음수, 분자가 양수일 때
$\phantom{a>0, b<0}$ $a=0$, $b\neq0$일 때도 성립한다.

예 $\dfrac{\sqrt{2}}{\sqrt{-3}}=\sqrt{\dfrac{2}{-3}}=\sqrt{-\dfrac{2}{3}}=\sqrt{\dfrac{2}{3}}\,i$ (×)

 $\dfrac{\sqrt{2}}{\sqrt{-3}}=\dfrac{\sqrt{2}}{\sqrt{3}\,i}=\dfrac{\sqrt{2}\,i}{\sqrt{3}\,i^2}=-\dfrac{\sqrt{2}}{\sqrt{3}}\,i=-\sqrt{\dfrac{2}{3}}\,i$ (○)

예 $i=\sqrt{-1}=\sqrt{\dfrac{1}{-1}}\neq\dfrac{\sqrt{1}}{\sqrt{-1}}=\dfrac{1}{i}=\dfrac{i}{i^2}=-i$

⊙ 계산하시오.

001 i^{10} _____

002 $i^{100}+i^{101}$ _____

003 $(1+i)^8$ _____

004 $(1-i)^9$ _____

005 $\left(\dfrac{1-i}{\sqrt{2}}\right)^{100}$ _____

006 $\left(\dfrac{\sqrt{2}}{1+i}\right)^{100}$ _____

007 $\left(\dfrac{1-i}{1+i}\right)^{2002}$ _____

008 $\left(\dfrac{1+i}{1-i}\right)^{2002}$ _____

009 $i+i^2+i^3+i^4$ _____

010 $1+i+i^2+i^3$ _____

011 $i^{11}+i^{12}+i^{13}+i^{14}$ _____

012 $i^{100}+i^{101}+i^{102}+i^{103}$ _____

013 $i+i^2+i^3+\cdots+i^{100}$ _____

014 $1+i+i^2+i^3+\cdots+i^{99}$ _____

015 $i+i^3+i^5+i^7+i^9$ _____

016 $i^2+i^4+i^6+i^8+i^{10}$ _____

017 $\dfrac{1}{i}+\dfrac{1}{i^2}+\dfrac{1}{i^3}+\dfrac{1}{i^4}$ _____

018 $1+\dfrac{1}{i}+\dfrac{1}{i^2}+\dfrac{1}{i^3}$ _____

019 $\dfrac{1}{i^{10}}+\dfrac{1}{i^{11}}+\dfrac{1}{i^{12}}+\dfrac{1}{i^{13}}$ _____

020 $\dfrac{1}{i^{99}}+\dfrac{1}{i^{100}}+\dfrac{1}{i^{101}}+\dfrac{1}{i^{102}}$ _____

021 $\dfrac{1}{i}+\dfrac{1}{i^2}+\dfrac{1}{i^3}+\cdots+\dfrac{1}{i^{11}}$ _____

022 $1+\dfrac{1}{i}+\dfrac{1}{i^2}+\dfrac{1}{i^3}+\cdots+\dfrac{1}{i^{100}}$ _____

023 $1+2i+3i^2+4i^3+\cdots+9i^8$ _____

024 $\dfrac{1}{i}+\dfrac{2}{i^2}+\dfrac{3}{i^3}+\dfrac{4}{i^4}+\cdots+\dfrac{9}{i^9}$ _____

025 $z=\dfrac{1+i}{\sqrt{2}}$ 일 때 $z^{30}+\dfrac{1}{z^{30}}$ _____

026 $z=\dfrac{\sqrt{2}}{1-i}$ 일 때 $z^{30}+\dfrac{1}{z^{30}}$ _____

027 $z=\dfrac{1+i}{1-i}$ 일 때 $1+z+z^2+z^3+\cdots+z^{100}$ _____

028 $z=\dfrac{1-i}{1+i}$ 일 때 $1+z+z^2+z^3+\cdots+z^{100}$ _____

⊙ 다음 수의 제곱근을 구하시오.

029 4 _____

030 2 _____

031 0 _____

032 -3 _____

033 -4 _____

034 -12 _____

035 $-\dfrac{1}{4}$ _____

036 $-\dfrac{2}{3}$ _____

⊙ 계산하시오.

037 $\sqrt{3}\sqrt{12}$ _____

038 $\sqrt{2}\sqrt{-8}$ _____

039 $\sqrt{-3}\sqrt{-12}$ _____

040 $\dfrac{\sqrt{-8}}{\sqrt{2}}$ _____

041 $\dfrac{\sqrt{12}}{\sqrt{-3}}$ _____

042 $\dfrac{\sqrt{-8}}{\sqrt{-2}}$ _____

● i의 거듭제곱의 주기성 _{암기}

❶ i의 거듭제곱은 주기가 4이다.
_{같은 현상이나 특징이 한 번 나타나고부터 다음번 되풀이되기까지의 기간}

$\Rightarrow i^4=1$, $(i^4)^n=i^{4n}=1$, $i^{n+4}=i^n$ (n은 자연수)

$\Rightarrow \underset{i^{4n+1}=i^{4n}\times i}{i^{4n+1}=i}$, $i^{4n+2}=-1$, $i^{4n+3}=-i$, $i^{4n+4}=1$ ($n=0, 1, 2, \cdots$)

❷ $1+i+i^2+i^3=0$, $i+i^2+i^3+i^4=0$

예 $i+i^2+i^3+\cdots+i^{100}=(i+i^2+i^3+i^4)+i^4(i+i^2+i^3+i^4)+\cdots+i^{96}(i+i^2+i^3+i^4)=0$

❸ $1+\dfrac{1}{i}+\dfrac{1}{i^2}+\dfrac{1}{i^3}=0$, $\dfrac{1}{i}+\dfrac{1}{i^2}+\dfrac{1}{i^3}+\dfrac{1}{i^4}=0$

❹ $i^n+i^{n+1}+i^{n+2}+i^{n+3}=0$, $\dfrac{1}{i^n}+\dfrac{1}{i^{n+1}}+\dfrac{1}{i^{n+2}}+\dfrac{1}{i^{n+3}}=0$ (n은 자연수)

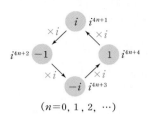

$(n=0, 1, 2, \cdots)$

● 복소수의 거듭제곱 주기성 문제 유형 총정리 _{암기}

❶ $\left(\dfrac{-1\pm\sqrt{3}i}{2}\right)^n=1$을 만족하는 자연수 n의 최솟값은 3이다. $\Rightarrow$ 주기 : 3

$\Rightarrow z=\dfrac{-1\pm\sqrt{3}i}{2}$에서 $2z+1=\pm\sqrt{3}i$의 양변을 제곱하면 $4z^2+4z+1=-3$, $z^2+z+1=0$이다.
_{이차방정식 $z^2+z+1=0$의 근이다.}

$\Rightarrow (z-1)(z^2+z+1)=0$, $z^3-1=0$, $z^3=1$
_{주기가 3이다.}

예 복소수 $z=\dfrac{-1+\sqrt{3}i}{2}$일 때, $z^3=1$이므로 $z^{2019}+\dfrac{1}{z^{2019}}=(z^3)^{673}+\dfrac{1}{(z^3)^{673}}=1+1=2$이다.

❷ $\left(\dfrac{1\pm\sqrt{3}i}{2}\right)^n=1$을 만족하는 자연수 n의 최솟값은 6이다. $\Rightarrow$ 주기 : 6

$\Rightarrow z=\dfrac{1\pm\sqrt{3}i}{2}$에서 $2z-1=\pm\sqrt{3}i$의 양변을 제곱하면 $4z^2-4z+1=-3$, $z^2-z+1=0$이다.
_{이차방정식 $z^2-z+1=0$의 근이다.}

$\Rightarrow (z+1)(z^2-z+1)=0$, $z^3+1=0$, $z^3=-1$, $z^6=1$
_{주기가 6이다.}

❸ $\left(\dfrac{1+i}{1-i}\right)^n=1$, $\left(\dfrac{1-i}{1+i}\right)^n=1$을 만족하는 자연수 n의 최솟값은 모두 4이다. $\Rightarrow$ 주기 : 4

$\Rightarrow \boxed{\dfrac{1+i}{1-i}=\dfrac{(1+i)^2}{(1-i)(1+i)}=\dfrac{2i}{2}=i,\ \dfrac{1-i}{1+i}=\dfrac{(1-i)^2}{(1+i)(1-i)}=\dfrac{-2i}{2}=-i}$ 제곱하면 모두 -1이므로 4제곱하면 1이다.

❹ $\left(\dfrac{\sqrt{2}}{1+i}\right)^n=1$, $\left(\dfrac{\sqrt{2}}{1-i}\right)^n=1$, $\left(\dfrac{1+i}{\sqrt{2}}\right)^n=1$, $\left(\dfrac{1-i}{\sqrt{2}}\right)^n=1$을 만족하는 자연수 n의 최솟값은 모두 8이다. $\Rightarrow$ 주기 : 8

$\Rightarrow \boxed{\left(\dfrac{\sqrt{2}}{1+i}\right)^2=-i,\ \left(\dfrac{\sqrt{2}}{1-i}\right)^2=i,\ \left(\dfrac{1+i}{\sqrt{2}}\right)^2=i,\ \left(\dfrac{1-i}{\sqrt{2}}\right)^2=-i}$ 한 번 더 제곱하면 모두 -1이므로 8제곱하면 1이다.

● 음수의 제곱근의 성질

	$\sqrt{a}\sqrt{b}=-\sqrt{ab}$	$\dfrac{\sqrt{a}}{\sqrt{b}}=-\sqrt{\dfrac{a}{b}}$	$\sqrt{a}\sqrt{b}\neq\sqrt{ab}$	$\dfrac{\sqrt{a}}{\sqrt{b}}\neq\sqrt{\dfrac{a}{b}}$
성립 조건	$a\leq0$, $b\leq0$	$a\geq0$, $b<0$ _{(분모)$\neq0$}	$a<0$, $b<0$	$a>0$, $b<0$

♠ $\sqrt{-2-x}\sqrt{x-2}\neq\sqrt{(-2-x)(x-2)}$를 만족하는 정수 x의 개수를 구하시오. 정답 3개

풀이 $\sqrt{-2-x}\sqrt{x-2}\neq\sqrt{(-2-x)(x-2)}$에서 $-2-x<0$, $x-2<0 \to -2<x<2 \to x=-1, 0, 1$

001 $\dfrac{1}{i^3}+\dfrac{1}{i^4}+\dfrac{1}{i^5}+\dfrac{1}{i^6}+\cdots+\dfrac{1}{i^{100}}$의 값은?

① -1 ② 0 ③ i

④ $1+i$ ⑤ $-1+i$

002 $z=\dfrac{1+i}{\sqrt{2}}$일 때, $z^2+z^4+z^6+\cdots+z^{100}$의 값은?

① -1 ② 0 ③ i

④ $1+i$ ⑤ $-1+i$

003 $\left(\dfrac{1+i}{1-i}\right)^{99}+\left(\dfrac{1-i}{1+i}\right)^{99}$의 값은?

① -1 ② 0 ③ i

④ $1+i$ ⑤ $-1+i$

004 $\left(\dfrac{\sqrt{2}}{1+i}\right)^n=1$을 만족하는 자연수 n의 최솟값은?

① 2 ② 4 ③ 6

④ 8 ⑤ 10

005 n이 홀수일 때, $\left(\dfrac{1-i}{\sqrt{2}}\right)^{4n}+\left(\dfrac{1+i}{\sqrt{2}}\right)^{4n}$의 값은?

① -2 ② -1 ③ 0

④ 1 ⑤ 2

006 $i+2i^2+3i^3+\cdots+100i^{100}=a+bi$일 때, 실수 a, b에 대하여 $a-b$의 값은?

① 50 ② -50 ③ 100

④ -100 ⑤ 150

007 $\sqrt{-1}\sqrt{-1}+\dfrac{\sqrt{2}}{\sqrt{-2}}+\sqrt{3}\sqrt{-3}+\dfrac{\sqrt{-4}}{\sqrt{4}}$를 간단히 하면?

① $-2i$ ② $-1+3i$ ③ 1

④ $2i$ ⑤ $2i+1$

008 두 실수 a, b에 대하여 $\dfrac{\sqrt{a}}{\sqrt{b}}=-\sqrt{\dfrac{a}{b}}$일 때, $\sqrt{(a-b)^2}-\sqrt{b^2}+|a|$를 간단히 하면??

① 0 ② $2a$ ③ $-2a$

④ $-2b$ ⑤ $2a-2b$

011 ## 일차방정식과 이차방정식의 풀이

❶ 일차방정식의 풀이

☐ **방정식** : 미지수의 값에 따라 참이 되기도 하고 거짓이 되기도 하는 등식 〔정의〕

☐ **방정식의 근(해)** : 방정식을 참이 되게 하는 미지수의 값 〔정의〕

> **예** 일차방정식 $x+1=2$는 $x=1$일 때만 등식이 성립하므로 해는 $x=1$이다.

• 방정식 $ax=b$의 해는

☐ $a \neq 0$일 때 → 해는 $x=\dfrac{b}{a}$ (오직 하나)

☐ $a=0$, $b=0$일 때, $0 \cdot x=0$ 꼴 → 해가 무수히 많다. (부정)
  항등식이다. 즉, x에 어떤 값을 대입하더라도 항상 성립한다.
☐ $a=0$, $b \neq 0$일 때, $0 \cdot x=b$ 꼴 → 해가 없다. (불능)
  x에 어떤 값을 대입하더라도 등식이 성립하지 않는다.

> **예** x에 대한 방정식 $(a+1)(a-1)x=a+1$의 해는
>
> ⓐ $a \neq -1$, $a \neq 1$일 때 → $x=\dfrac{a+1}{(a+1)(a-1)}=\dfrac{1}{a-1}$
>
> ⓑ $a=-1$일 때 $0 \cdot x=0$ 꼴 → 해가 무수히 많다. (x에 대한 항등식)
>
> ⓒ $a=1$일 때 $0 \cdot x=2$ 꼴 → 해가 없다.

> $0 \cdot x=0$ (x에 대한 항등식)
> → 해가 무수히 많다. (부정)
> $0 \cdot x=$ (0이 아닌 상수)
> → 해가 없다. (불능)
>
> 부정과 불능에 대한 이해

❷ 이차방정식의 풀이

☐ **인수분해를 이용한 풀이**
  먼저 인수분해를 시도한다. 실패하면 곧바로 근의 공식을 쓴다.
$$(ax-b)(cx-d)=0 \Leftrightarrow ax-b=0 \text{ 또는 } cx-d=0$$
$$\Leftrightarrow x=\frac{b}{a} \text{ 또는 } x=\frac{d}{c}$$

> **예** $x^2-3x+2=0 \rightarrow (x-1)(x-2)=0 \rightarrow x=1$ 또는 $x=2$

> **예** $6x^2+x-2=0 \rightarrow (3x+2)(2x-1)=0 \rightarrow x=-\dfrac{2}{3}$ 또는 $x=\dfrac{1}{2}$

☐ 이차방정식 $ax^2+bx+c=0$의 근 → $x=\dfrac{-b \pm \sqrt{b^2-4ac}}{2a}$ (근의 공식)

> **예** $x^2+3x+1=0$의 근은 $x=\dfrac{-3 \pm \sqrt{3^2-4 \cdot 1 \cdot 1}}{2}=\dfrac{-3 \pm \sqrt{5}}{2}$

☐ 이차방정식 $ax^2+2b'x+c=0$의 근 → $x=\dfrac{-b' \pm \sqrt{b'^2-ac}}{a}$ (짝수 근의 공식)
  짝수

> **예** $x^2+2x+3=0$의 근은 $b'=1$이므로 $x=\dfrac{-1 \pm \sqrt{1^2-1 \cdot 3}}{1}=-1 \pm \sqrt{-2}=-1 \pm \sqrt{2}i$

> $AB=0$
> $\Leftrightarrow A=0$ 또는 $B=0$
> $\Leftrightarrow \begin{cases} A=0 \text{이고 } B \neq 0 \\ A \neq 0 \text{이고 } B=0 \\ A=0 \text{이고 } B=0 \end{cases}$
>
> $AB=0$에 대한 정확한 이해

❸ 절댓값을 포함한 방정식의 풀이

☐ $|A| \geq 0$ → 절댓값은 항상 0보다 크거나 같다.
  거리 개념이므로

☐ $|A|=\begin{cases} A \ (A \geq 0) \\ -A \ (A < 0) \end{cases}$ 을 이용하여 푼다. → A가 0 또는 양수이면 그대로, 음수이면 '$-$'를 붙이고 나온다.

> **예** 방정식 $x^2+2|x|-3=0$의 해는
>
> ⓐ $x \geq 0$일 때, $x^2+2x-3=0 \rightarrow (x+3)(x-1)=0 \rightarrow x=-3$ 또는 $x=1 \rightarrow x=1$ ($\because x \geq 0$)
> $x \geq 0$을 만족하지 못한다.
> ⓑ $x < 0$일 때, $x^2-2x-3=0 \rightarrow (x-3)(x+1)=0 \rightarrow x=3$ 또는 $x=-1 \rightarrow x=-1$ ($\because x < 0$)
> $x < 0$을 만족하지 못한다.
> 따라서 방정식의 해는 $x=1$ 또는 $x=-1$이다.

⊙ 인수분해를 이용하여, 이차방정식을 푸시오.

001 $x^2-3x+2=0$ _____

002 $x^2-6x+8=0$ _____

003 $x^2+4x+3=0$ _____

004 $x^2+5x+6=0$ _____

005 $x^2+x-20=0$ _____

006 $x^2-4x-12=0$ _____

007 $2x^2+3x-2=0$ _____

008 $2x^2-x-3=0$ _____

009 $x^2-1=0$ _____

010 $x^2-9=0$ _____

011 $x^2+2x+1=0$ _____

012 $x^2-4x+4=0$ _____

013 $x^2+x+\dfrac{1}{4}=0$ _____

014 $9x^2-6x+1=0$ _____

015 $4x^2+12x+9=0$ _____

016 $16x^2-24x+9=0$ _____

⊙ 근의 공식을 이용하여, 이차방정식을 푸시오.

017 $x^2-5x+6=0$ _____

018 $x^2-4x+3=0$ _____

019 $x^2-x-1=0$ _____

020 $x^2+3x+1=0$ _____

021 $x^2-2x-1=0$ _____

022 $x^2+4x+1=0$ _____

023 $2x^2-x+1=0$ _____

024 $3x^2+2x+1=0$ _____

025 $x^2-4x+5=0$ _____

026 $x^2+2x+3=0$ _____

⊙ m의 값과 다른 한 근을 구하시오.

027 $x^2+4x+m=0$의 한 근이 1이다. _____

028 $x^2+(m-1)x-2=0$의 한 근이 1이다. _____

029 $x^2-(m+2)x+3m-1=0$의 한 근이 1이다. _____

⊙ 이차방정식을 푸시오.

030 $2x^2-3\sqrt{2}x+2=0$ _____

031 $x^2+(2\sqrt{2}+1)x+\sqrt{2}+2=0$ _____

032 $\sqrt{2}x^2-(1+\sqrt{2})x-(1+\sqrt{2})=0$ _____

033 $ix^2+(2-i)x-1-i=0$ _____

034 $(1+i)x^2-2(1-i)x-(1+i)=0$ _____

⊙ 방정식을 푸시오.

035 $|x-1|=2$ _____

036 $|x+2|+|x-3|=7$ _____

037 $x^2-|x-2|-4=0$ _____

038 $x^2-2|x|-3=0$ _____

039 $|x-1|^2-2|x-1|-3=0$ _____

● 방정식의 최고차항의 계수

❶ '방정식 $ax=b$'나 '방정식 $ax^2+bx+c=0$'처럼 방정식의 차수에 대한 언급이 없다면 $a=0$인 경우와 $a \neq 0$인 경우로 나누어 해를 구해야 한다.

❷ '일차방정식 $ax=b$'나 '이차방정식 $ax^2+bx+c=0$'처럼 방정식의 차수에 대한 언급이 있다면 $a \neq 0$이다.

> 일차방정식 $ax+b=0$에 대하여
> → $a \neq 0$
> 이차방정식 $ax^2+bx+c=0$에 대하여
> → $a \neq 0$

● 완전제곱식과 근의 공식 [암기]

· 완전제곱식으로 변형하여 푸는 방법을 일반화한 것이 근의 공식이다.

❶ $\underset{\text{완전제곱식}}{(x-a)^2}=b \to x-a=\pm\sqrt{b} \to x=a\pm\sqrt{b}$

$(a+b)^2$, $k(x-2y)^2$과 같이 다항식의 제곱으로 된 식이나 다항식의 제곱에 상수를 곱한 식

❷ $ax^2+bx+c=0 \to x^2+\dfrac{b}{a}x+\dfrac{c}{a}=0 \to \underset{\text{완전제곱식}}{\left(x+\dfrac{b}{2a}\right)^2}=\dfrac{b^2-4ac}{4a^2} \to x+\dfrac{b}{2a}=\pm\dfrac{\sqrt{b^2-4ac}}{2a} \to x=\dfrac{-b\pm\sqrt{b^2-4ac}}{2a}$

● 절댓값 기호를 없애는 방법

❶ 절댓값 기호 안의 식이 0이 되는 값을 기준으로 구간을 나누어 절댓값 기호를 없앤다.

⇨ $|x|=\begin{cases} x & (x \geq 0) \\ -x & (x < 0) \end{cases}$ 을 이용한다. 이때 $|x| \geq 0$이다.

x가 0 또는 양수이면 그대로, 음수이면 '$-$'를 붙이고 나온다.

❷ $|x|^2=x^2$을 이용한다. 이때 $|x|^2 \geq 0$, $x^2 \geq 0$이다.

예 $x^2-|x|-6=0 \to |x|^2-|x|-6=0 \to (|x|+2)(|x|-3)=0 \to |x|=3 \ (\because |x|+2>0) \to x=\pm3$

❸ $|x|=a \Leftrightarrow x=\pm a \ (a>0)$

예 $|x-1|=2 \to x-1=\pm2 \to x-1=2$ 또는 $x-1=-2 \to x=3$ 또는 $x=-1$

❹ $|x|=|y| \Leftrightarrow x=\pm y$

$|f(x)|=|g(x)| \Leftrightarrow f(x)=\pm g(x)$

예 $|x-4|=|3x| \to x-4=\pm3x \to x-4=3x$ 또는 $x-4=-3x \to x=-2$ 또는 $x=1$

● 절댓값 기호를 없애기 위한 구간 분할 [암기]

❶ $|x-a|=b$ 꼴

→ 절댓값 기호 안의 식 $x-a$가 0이 되는 x의 값, 즉 a를 기준으로 구간을 $x<a$, $x \geq a$인 경우로 나누어 절댓값 기호를 없앤다.

예 방정식 $|x-1|=2$는 $x=1$을 기준으로 구간을 $x<1$, $x \geq 1$로 나눈 다음 절댓값 기호를 없앤 후 푼다.

ⓐ $x<1$일 때 : $-(x-1)=2$ → $x=-1$
　　　　　　　　　　　　　　　$x<1$을 만족한다.

ⓑ $x \geq 1$일 때 : $x-1=2$ → $x=3$
　　　　　　　　　　　　　　　$x \geq 1$을 만족한다.

따라서 구하는 해는 $x=-1$ 또는 $x=3$이다.

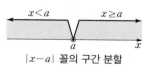

$|x-a|$ 꼴의 구간 분할

❷ $|x-a|+|x-b|=c \ (a<b)$ 꼴

→ 절댓값 기호 안의 식 $x-a$, $x-b$가 0이 되는 x의 값, 즉 a, b를 기준으로 구간을 $x<a$, $a \leq x < b$, $x \geq b$인 경우로 나누어 절댓값 기호를 없앤다.

예 방정식 $|x-1|+|x-3|=6$은 $x=1$, 3을 기준으로 구간을 $x<1$, $1 \leq x < 3$, $x \geq 3$으로 나눈 다음 절댓값 기호를 없앤 후 푼다.

ⓐ $x<1$일 때 　　　 : $-(x-1)-(x-3)=6 \to x=-1$
　　　　　　　　　　　　　　　　　　　　　　　$x<1$을 만족한다.

ⓑ $1 \leq x < 3$일 때 : $(x-1)-(x-3)=6 \to 0 \cdot x=4$이므로 해가 없다.

ⓒ $x \geq 3$일 때 　　 : $(x-1)+(x-3)=6 \to x=5$
　　　　　　　　　　　　　　　　　　　　　　　$x \geq 3$을 만족한다.

따라서 구하는 해는 $x=-1$ 또는 $x=5$이다.

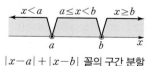

$|x-a|+|x-b|$ 꼴의 구간 분할

001 x에 대한 방정식 $a^2x+(x+1)a+1=0$의 해가 없을 때, 상수 a의 값은?

① -1 ② 0 ③ 1
④ 2 ⑤ 4

002 이차방정식 $x^2-2x-24=0$의 해는?

① $x=2$ 또는 $x=-12$
② $x=-2$ 또는 $x=12$
③ $x=-3$ 또는 $x=8$
④ $x=-4$ 또는 $x=6$
⑤ $x=4$ 또는 $x=-6$

003 이차방정식 $2x^2-4x+3=0$의 두 근이 $x=\dfrac{a\pm\sqrt{b}\,i}{2}$일 때, 두 유리수 a, b의 합 $a+b$의 값은?

① -1 ② 0 ③ 1
④ 2 ⑤ 4

004 이차방정식 $x^2-(3k+2)x+k+5=0$의 한 근이 2일 때, 다른 한 근은?

① -1 ② 0 ③ 2
④ 3 ⑤ 4

005 이차방정식 $(x+2)^2-4(x+2)+3=0$의 두 근을 α, β라 할 때, $|\alpha|+|\beta|$의 값은?

① 1 ② 2 ③ 3
④ 4 ⑤ 5

006 이차방정식 $ix^2+3x-2i=0$의 두 근을 α, β라 할 때, $\alpha^2+\beta^2$의 값은?

① -5 ② -3 ③ 1
④ 3 ⑤ 5

007 방정식 $x^2-|x|-2=0$의 모든 근의 합은?

① -1 ② 0 ③ 2
④ 3 ⑤ 4

008 방정식 $(x-3)^2+3|x-3|-4=0$의 모든 근의 합은?

① 2 ② 3 ③ 4
④ 5 ⑤ 6

Special Lecture
절댓값 기호는 벗겨야 한다

3

절댓값 기호는 '마이너스' 부호를 제거하는 장치이다

❶ 절댓값은 수직선 위에서 원점으로부터 어떤 수에 대응하는 점까지의 거리이다.

➜ 절댓값 기호를 보면 '거리'를 떠올려야 한다.

➜ 거리는 음이 아닌 값이다. 즉, 0 또는 양수이다.

➜ 절댓값이 클수록 원점에서 멀리 떨어져 있다.

❷ $|a|$는 수직선에서 원점과 점 $A(a)$ 사이의 거리이다.

➜ $|a| \geq 0$

예 $|2| = 2$, $|-3.2| = 3.2$, $|0| = 0$

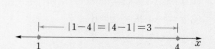

❸ 수직선 위의 두 점 $A(a)$, $B(b)$ 사이의 거리는

➜ $\overline{AB} = |a-b| = |b-a|$

➜ 수직선 위의 두 점 사이의 거리는 보통 오른쪽의 수에서 왼쪽의 수를 빼면 항상 양수가 나와 편리하다.

예 두 점 $A(1)$, $B(3)$ 사이의 거리는 $\overline{AB} = |3-1| = |1-3| = 2$이다.

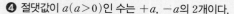

❹ 절댓값이 $a(a>0)$인 수는 $+a$, $-a$의 2개이다.

➜ $+a$와 $-a$는 원점에서 같은 거리에 있다.

➜ $|x| = a \Longleftrightarrow x = \pm a \ (a>0)$

예 $|a| = 2.5$를 만족하는 a는 $+2.5$, -2.50이다.

예 $|x-1| = 2 \to x-1 = \pm 2$

  $\to x-1 = 2$ 또는 $x-1 = -2$

  $\to x = 3$ 또는 $x = -1$

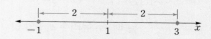

절댓값 기호를 없애는 방법

❶ 절댓값 기호 안의 식이 0이 되는 값을 기준으로 구간을 나누어 절댓값 기호를 없앤다.

➜ $|x| = \begin{cases} x & (x \geq 0) \\ -x & (x < 0) \end{cases}$ 을 이용한다. 이때 $|x| \geq 0$이다.

➜ x가 0 또는 양수이면 그대로, 음수이면 '$-$'를 붙이고 나온다.

예 $|2| = 2$, $|-3| = -(-3) = 3$

함수 $y = |x|$의 그래프

❷ $|x|^2 = x^2$을 이용한다. 이때 $|x|^2 \geq 0$, $x^2 \geq 0$이다.

예 $x^2 - |x| - 6 = 0 \to |x|^2 - |x| - 6 = 0 \to (|x|+2)(|x|-3) = 0$

  $\to |x| = 3 \ (\because |x|+2 > 0) \to x = \pm 3$

$x \geq 0$일 때 $x^2 - |x| - 6 = 0 \to x^2 - x - 6 = 0$으로, $x < 0$일 때 $x^2 - |x| - 6 = 0 \to x^2 + x - 6 = 0$으로 풀어도 똑같은 결과를 얻는다.

  ⓐ $x^2 - x - 6 = 0 \to (x-3)(x+2) = 0 \to x = 3 \quad (\because x \geq 0)$

  ⓑ $x^2 + x - 6 = 0 \to (x+3)(x-2) = 0 \to x = -3 \ (\because x < 0)$

❸ $|x| = |y| \Longleftrightarrow x = \pm y$

➜ $|f(x)| = |g(x)| \Longleftrightarrow f(x) = \pm g(x)$

예 $|x-4| = |3x| \to x-4 = \pm 3x \to x-4 = 3x$ 또는 $x-4 = -3x \to x = -2$ 또는 $x = 1$

❹ $\sqrt{x^2}=|x|$, $\sqrt{(x-a)^2}=|x-a|$

　　예 $\sqrt{3^2}=|3|=3$, $\sqrt{(-4)^2}=|-4|=-(-4)=4$

　　예 $-2<x<3$일 때 $\sqrt{(x+2)^2}+\sqrt{(x-3)^2}=|x+2|+|x-3|=(x+2)-(x-3)=5$

등식·부등식과 절댓값

・$k>0$일 때

❶ $|x|=k \Longleftrightarrow x=-k$ 또는 $x=k$　　　예 $|x|=2$ → $x=-2$ 또는 $x=2$

❷ $|x|<k \Longleftrightarrow -k<x<k$　　　　　　　예 $|x|<3$ → $-3<x<3$

❸ $|x|\leq k \Longleftrightarrow -k\leq x\leq k$　　　　　　예 $|x|\leq 3$ → $-3\leq x\leq 3$

❹ $|x|>k \Longleftrightarrow x<-k$ 또는 $x>k$　　　예 $|x|>4$ → $x<-4$ 또는 $x>4$

❺ $|x|\geq k \Longleftrightarrow x\leq -k$ 또는 $x\geq k$　　예 $|x|\geq 4$ → $x\leq -4$ 또는 $x\geq 4$

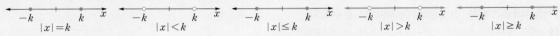

절댓값 기호를 포함한 방정식과 부등식의 풀이

❶ 절댓값 기호를 포함한 방정식과 부등식은 다음 순서로 푼다.

　→ 절댓값 기호 안의 식이 0이 되는 값을 기준으로 구간을 나눈다. ……☺

　→ $|x|=\begin{cases} x & (x\geq 0) \\ -x & (x<0) \end{cases}$, $|x-a|=\begin{cases} x-a & (x\geq a) \\ -(x-a) & (x<a) \end{cases}$ 를 이용하여 절댓값 기호를 없앤다.

　→ 절댓값 기호를 없앤 방정식과 부등식을 푼 다음, ☺에서 나눈 구간을 만족하는 값과 범위만 선택한다.

❷ $|x-a|=b$ 꼴

　→ 절댓값 기호 안의 식 $x-a$가 0이 되는 x의 값, 즉 a를 기준으로 구간을 $x<a$, $x\geq a$인 경우로 나누어 절댓값 기호를 없앤다.

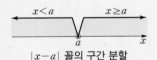

$|x-a|$ 꼴의 구간 분할

　예 방정식 $|x-1|=2$는 $x=1$을 기준으로 구간을 $x<1$, $x\geq 1$로 나눈 다음 절댓값 기호를 없앤 후 푼다.

　　ⓐ $x<1$일 때 : $-(x-1)=2$　　　　　　→ $x=-1$ ($x<1$을 만족한다.)

　　ⓑ $x\geq 1$일 때 : $x-1=2$　　　　　　　→ $x=3$　($x\geq 1$을 만족한다.)

　　따라서 구하는 해는 $x=-1$ 또는 $x=3$이다.

❸ $|x-a|+|x-b|=c$, $|x-a|+|x-b|>c$ $(a<b)$ 꼴

　→ 절댓값 기호 안의 식 $x-a$, $x-b$가 0이 되는 x의 값, 즉 a, b를 기준으로 구간을 $x<a$, $a\leq x<b$, $x\geq b$인 경우로 나누어 절댓값 기호를 없앤다.

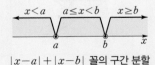

$|x-a|+|x-b|$ 꼴의 구간 분할

　예 방정식 $|x-1|+|x-3|=6$은 $x=1$, 3을 기준으로 구간을 $x<1$, $1\leq x<3$, $x\geq 3$으로 나눈 다음 절댓값 기호를 없앤 후 푼다.

　　ⓐ $x<1$일 때　　　: $-(x-1)-(x-3)=6$　→ $x=-1$ ($x<1$을 만족한다.)

　　ⓑ $1\leq x<3$일 때 : $(x-1)-(x-3)=6$　→ $0\cdot x=4$이므로 해가 없다.

　　ⓒ $x\geq 3$일 때　　: $(x-1)+(x-3)=6$　→ $x=5$　($x\geq 3$을 만족한다.)

　　따라서 구하는 해는 $x=-1$ 또는 $x=5$이다.

　예 부등식 $|x|+|x-1|>3$은 $x=0$, 1을 기준으로 구간을 $x<0$, $0\leq x<1$, $x\geq 1$로 나눈 다음 절댓값 기호를 없앤 후 푼다.

　　ⓐ $x<0$일 때　　　: $-x-(x-1)>3$　　→ $x<-1$ ($x<0$을 만족한다.)

　　ⓑ $0\leq x<1$일 때 : $x-(x-1)>3$　　　→ $0\cdot x>2$이므로 해가 없다.

　　ⓒ $x\geq 1$일 때　　: $x+(x-1)>3$　　　→ $x>2$　($x\geq 1$을 만족한다.)

　　따라서 구하는 해는 $x<-1$ 또는 $x>2$이다.

Special Lecture
절댓값 함수의 그래프, 이제는 그릴 수 있다

4

절댓값은 대칭 개념이다

수직선에서, 원점으로부터 거리가 같은 두 점은 원점에 대하여 대칭이다.
즉, 절댓값은 대칭이라는 수학적 개념까지 포함하고 있다. 예컨대 1차원 수
직선에서 원점으로부터 거리가 같은 -3과 3은 원점에 대하여 대칭이다.
2차원 좌표평면에서는 이 원점을 다음처럼 해석할 수 있다.

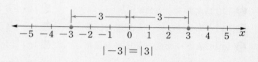

❶ x축에서 부호가 반대인 x와 $-x$는 원점 $(0, 0)$에 대하여 대칭이다.
　여기서 원점은 y축으로 해석할 수 있다. 즉, 점 (x, y)와 점 $(-x, y)$는 y축에 대하여 대칭이다.

❷ y축에서 부호가 반대인 y와 $-y$ 역시 원점 $(0, 0)$에 대하여 대칭이다.
　여기서 원점은 x축으로 해석할 수 있다. 즉, 점 (x, y)와 점 $(x, -y)$는 x축에 대하여 대칭이다.

$$|A| = \begin{cases} A & (A \geq 0) \\ -A & (A < 0) \end{cases}$$

다음은 함수의 대칭이동에 대한 설명이다. 이 개념과 절댓값의 정의로부터 절댓값 기호를 벗겨낼 수만 있다면 여러 형태의 절댓값
기호가 있는 함수의 그래프를 그릴 수 있다.

처음 그래프	x축 대칭 (y부호를 바꾼다.)	y축 대칭 (x부호를 바꾼다.)	원점 대칭 (x, y부호를 모두 바꾼다.)
$y = f(x)$	$-y = f(x) \rightarrow y = -f(x)$	$y = f(-x)$	$-y = f(-x) \rightarrow y = -f(-x)$

절댓값 함수의 그래프 그리기

다음 표에서 알 수 있듯이 y에 절댓값 기호가 있으면 x축 대칭을, x에 절댓값 기호가 있으면 y축 대칭을, x와 y 모두에 절댓값 기
호가 있으면 원점 대칭을 생각하면 된다. 그리고 마지막 특별한 경우는 절댓값을 취하면 항상 0 이상의 값을 갖게 되고 이것을 기
하학적으로 해석하면 x축 위에서만 그래프가 존재한다는 생각으로 이 그래프를 어떻게 그려야 하는지 알 수 있다.

$y = f(x)$	$|y| = f(x)$	$y = f(|x|)$	$|y| = f(|x|)$	$y = |f(x)|$
$y = x - 1$	$|y| = x - 1$	$y = |x| - 1$	$|y| = |x| - 1$	$y = |x - 1|$
처음 그래프	x축 대칭	y축 대칭	원점 대칭	특별한 경우

$|y| = f(x) \iff \begin{cases} y > 0 \to y = +f(x) \\ y < 0 \to y = -f(x) \end{cases}$

❶ $y = f(x)$의 그래프를 그린다.

❷ x축 아랫부분의 그래프를 지운다.

❸ x축 윗부분에 있는 그래프를 x축에 대하여 대칭이동한다.

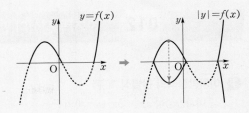

$y = f(|x|) \iff \begin{cases} x > 0 \to y = f(+x) \\ x < 0 \to y = f(-x) \end{cases}$

❶ $y = f(x)$의 그래프를 그린다.

❷ y축 왼쪽 부분의 그래프를 지운다.

❸ y축 오른쪽 부분에 있는 그래프를 y축에 대하여 대칭이동한다.

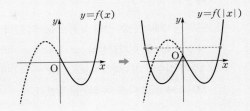

$|y| = f(|x|) \iff \begin{cases} x > 0, \ y > 0 \to y = +f(+x) \\ x > 0, \ y < 0 \to y = -f(+x) \\ x < 0, \ y > 0 \to y = +f(-x) \\ x < 0, \ y < 0 \to y = -f(-x) \end{cases}$

❶ $y = f(x)$의 그래프를 그린다.

❷ 제1사분면을 제외한 나머지 부분의 그래프를 지운다.

❸ 제1사분면 위에 있는 그래프를 x축, y축, 원점에 대하여 대칭이동한다.

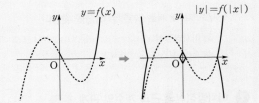

$y = |f(x)| \iff \begin{cases} f(x) > 0 \to y = +f(x) \\ f(x) < 0 \to y = -f(x) \end{cases}$

특별한 경우로, 수학 문제에서 가장 많이 등장하는 유형이다.

❶ $y = f(x)$의 그래프를 그린다.

❷ x축 아랫 부분에 있는 그래프를 x축에 대하여 대칭이동한다. 즉, x축 아랫부분에 있는 그래프를 x축을 기준으로 위로 꺾어 올린다고 생각하 면 된다.

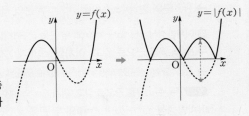

함수 $y = f(x)$의 그래프에 대하여 네 함수 $|y| = f(x)$, $y = f(|x|)$, $|y| = f(|x|)$, $y = |f(x)|$의 그래프는 다음 그림과 같다.

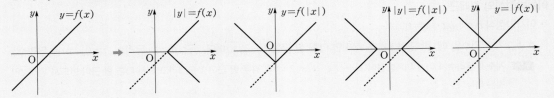

직선 $y = x + 1$에 대하여 네 함수 $|y| = x + 1$, $y = |x| + 1$, $|y| = |x| + 1$, $y = |x + 1|$의 그래프는 다음 그림과 같다.

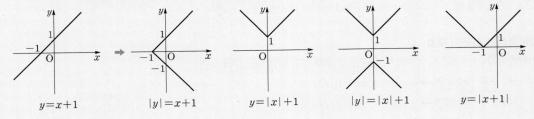

012 이차방정식의 판별식, 근과 계수의 관계

❶ 이차방정식의 판별식 암기

□ 이차방정식 $ax^2+bx+c=0$의 근은   _{근이 서로 다른 두 실근, 중근 서로 다른 두 허근인지를 판별하는 기능만 있을 뿐 근을 구하는 식은 아니다.}

→ $x=\dfrac{-b\pm\sqrt{b^2-4ac}}{2a}$ (근의 공식)

□ 근의 공식에서 근호 안의 식 b^2-4ac의 값의 부호로 실근인지 허근인지 판단할 수 있다.

→ b^2-4ac를 이차방정식 $ax^2+bx+c=0$의 **판별식**이라 하고 D로 나타낸다. 정의

이차방정식의 두 근을 직접 구하지 않고도
'판별'을 뜻하는 Discriminant의 첫 글자 D를 의미한다.

• 계수가 실수인 이차방정식 $ax^2+bx+c=0$에서 $D=b^2-4ac$라 하면
_{계수가 허수일 때는 판별식을 사용할 수 없다. 단, 중근은 판별할 수 있다.}

□ $D>0$ → 서로 다른 두 실근을 갖는다.   _{b^2-4ac에서 $b^2\geq0$이므로 $ac<0$이면 $b^2-4ac>0$이다.}
                                          _{즉, $ac<0$이면 이차방정식은 서로 다른 두 실근을 갖는다.}

□ $D=0$ → 중근(서로 같은 두 실근)을 갖는다. → 이때 중근은 $x=-\dfrac{b}{2a}$이다.
              _{='이차식 ax^2+bx+c가 완전제곱식이다.'}   _{이차함수 $y=ax^2+bx+c$의 그래프에서 대칭축의 방정식과 같은 표현이다.}

□ $D<0$ → 서로 다른 두 허근을 갖는다.

예 이차방정식 $x^2+2x+3=0$은 $D=2^2-4\cdot1\cdot3<0$이므로 서로 다른 두 허근을 갖는다.

□ $D\geq0$ → 실근을 갖는다.
        _{서로 다른 두 실근을 갖는다.($D>0$)+ 중근을 갖는다.($D=0$)}

❷ 이차방정식의 근과 계수의 관계 암기

□ 이차방정식 $ax^2+bx+c=0$의 두 근을 α, β라 하면   _{$\alpha=\frac{-b+\sqrt{b^2-4ac}}{2a}$, $\beta=\frac{-b-\sqrt{b^2-4ac}}{2a}$}

→ (두 근의 합)$=\alpha+\beta=-\dfrac{b}{a}$, (두 근의 곱)$=\alpha\beta=\dfrac{c}{a}$

예 이차방정식 $x^2-3x+2=0$의 두 근을 α, β라 할 때, $\alpha+\beta=3$, $\alpha\beta=2$이므로 $\alpha^2+\beta^2=(\alpha+\beta)^2-2\alpha\beta=3^2-2\cdot2=5$이다.

□ 두 수 α, β를 근으로 갖고, 이차항 x^2의 계수가 1인 이차방정식은

→ $(x-\alpha)(x-\beta)=0 \Leftrightarrow x^2-(\alpha+\beta)x+\alpha\beta=0$
                            _{두 근의 합   두 근의 곱}

참고 두 수 α, β를 근으로 갖고, 이차항 x^2의 계수가 a인 이차방정식은 $a\{x^2-(\alpha+\beta)x+\alpha\beta\}=0$이다.

□ 이차방정식 $ax^2+bx+c=0$의 두 근을 α, β라 하면

→ $ax^2+bx+c=a(x-\alpha)(x-\beta)$

❸ 이차방정식의 켤레근

• 이차방정식 $ax^2+bx+c=0$에서

□ a, b, c가 유리수일 때, 한 근이 $p+q\sqrt{m}$이면 다른 한 근은 $p-q\sqrt{m}$이다. (단, p, q는 유리수, $q\neq0$, $\sqrt{m}$은 무리수)
   _{계수가 유리수일 때}   _{$p+q\sqrt{m}$의 켤레무리수}

주의 계수가 유리수가 아닌 이차방정식 $x^2+\sqrt{2}x-1+\sqrt{2}=0$의 경우 한 근이 $1-\sqrt{2}$라고 해서 다른 한 근이 반드시 $1+\sqrt{2}$인 것은 아니다.

        $x^2+\sqrt{2}x-1+\sqrt{2}=0 \rightarrow (x-1+\sqrt{2})(x+1)=0 \rightarrow x=1-\sqrt{2}$ 또는 $x=-1$

□ a, b, c가 실수일 때, 한 근이 $p+qi$이면 다른 한 근은 $p-qi$이다. (단, p, q는 실수, $q\neq0$, $i=\sqrt{-1}$)
   _{계수가 실수일 때}   _{$p+qi$의 켤레복소수}

예 a, b가 실수일 때, $x^2-ax+b=0$의 한 근이 $1+i$이면 다른 한 근은 $1-i$이다.

❹ 이차방정식의 실근의 부호

• 이차방정식 $ax^2+bx+c=0$의 두 실근을 α, β라 하고 판별식을 D라 하면

□ 두 근이 모두 양수이면 → $\alpha+\beta>0$, $\alpha\beta>0$, $D\geq0$
   _{두 근이 모두 0보다 크다.}

□ 두 근이 모두 음수이면 → $\alpha+\beta<0$, $\alpha\beta>0$, $D\geq0$
   _{두 근이 모두 0보다 작다.}

□ 두 근의 부호가 다르면 → $\alpha\beta<0$
   _{두 근이 사이에 0이 있다.}

◉ 판별식을 이용하여, 근을 판별하시오.

001 $2x^2+4x+1=0$ _____

002 $x^2+2x+5=0$ _____

003 $2x^2+x-3=0$ _____

004 $x^2-2\sqrt{2}x+2=0$ _____

◉ k의 값 또는 범위를 구하시오.

005 $x^2+4x+k+1=0$이 서로 다른 두 실근을 가진다. _____

006 $x^2+(k+1)x+k=0$이 중근을 가진다. _____

007 $x^2-2(k+2)x+k^2=0$이 서로 다른 두 허근을 가진다. _____

◉ 두 근을 α, β라 할 때, $\alpha+\beta$, $\alpha\beta$의 값을 구하시오.

008 $x^2-x+2=0$ _____

009 $2x^2+3x-1=0$ _____

010 $2x^2-4x-3=0$ _____

◉ $x^2-3x+1=0$의 두 근이 α, β이다. 다음 값을 구하시오.

011 $(\alpha+1)(\beta+1)$ _____

012 $(\alpha-2)(\beta-2)$ _____

013 $\alpha^2\beta+\alpha\beta^2$ _____

014 $(\alpha-\beta)^2$ _____

015 $\alpha^2+\beta^2$ _____

016 $\alpha^3+\beta^3$ _____

017 $\dfrac{1}{\alpha}+\dfrac{1}{\beta}$ _____

018 $\dfrac{\beta}{\alpha}+\dfrac{\alpha}{\beta}$ _____

◉ k의 값을 구하시오.

019 $x^2-5kx+6=0$의 두 근의 비가 $2:3$이다. _____

020 $x^2+2x+k=0$의 두 근의 차가 2이다. _____

◉ 두 수를 근으로 하는 이차방정식을 구하시오. (단, x^2의 계수는 1이다.)

021 $2, -3$ _____

022 $\sqrt{2}+1, \sqrt{2}-1$ _____

023 $-2-i, -2+i$ _____

024 $2+\sqrt{3}i, 2-\sqrt{3}i$ _____

◉ 유리수 a, b와 실수 l, m의 값을 구하시오.

025 $x^2+ax+b=0$의 한 근이 $1-\sqrt{2}$이다. _____

026 $x^2-lx+m=0$의 한 근이 $1+i$이다. _____

◉ $x^2-2x+3=0$의 두 근을 α, β라 할 때, 두 수를 근으로 하는 이차방정식을 구하시오. (단, x^2의 계수는 1이다.)

027 $\alpha+\beta, \alpha\beta$ _____

028 $\alpha+1, \beta+1$ _____

029 $\dfrac{1}{\alpha}, \dfrac{1}{\beta}$ _____

030 $\dfrac{1}{\alpha^2}, \dfrac{1}{\beta^2}$ _____

◉ 두 근이 모두 양수이면 ○, 모두 음수이면 □, 두 근의 부호가 서로 다르면 △

031 $2x^2+4x+1=0$ _____

032 $x^2-3x+1=0$ _____

033 $4x^2-2x-1=0$ _____

- **이차방정식의 근과 계수의 관계**

  ① 이차방정식의 해를 직접 구하지 않고도 두 근의 합과 곱을 구할 수 있는데, 그것을 가능하게 하는 것이 '이차방정식의 근과 계수의 관계'이다. 즉, 두 근의 합과 곱을 계수로부터 구할 수 있다. _{인수분해와 근의 공식을 이용하지 않고도}

  ② '이차방정식의 두 근을 α, β라 할 때'라는 표현이 나오면 '이차방정식의 근과 계수의 관계'를 곧바로 떠올려야 한다.

  ③ 이차방정식의 근과 계수의 관계에서 자주 쓰이는 공식 ▶암기

  $$\Rightarrow \alpha^2+\beta^2=(\alpha+\beta)^2-2\alpha\beta$$

  $$\Rightarrow (\alpha-\beta)^2=|\alpha-\beta|^2=(\alpha+\beta)^2-4\alpha\beta \rightarrow \alpha-\beta=\pm\sqrt{(\alpha+\beta)^2-4\alpha\beta} \rightarrow |\alpha-\beta|=\underbrace{\sqrt{(\alpha+\beta)^2-4\alpha\beta}}_{|A|\geq0\text{이므로}}$$

  $$\Rightarrow \alpha^3+\beta^3=(\alpha+\beta)^3-3\alpha\beta(\alpha+\beta), \ \alpha^3-\beta^3=(\alpha-\beta)^3+3\alpha\beta(\alpha-\beta)$$

  $$\Rightarrow \frac{1}{\alpha}+\frac{1}{\beta}=\frac{\alpha+\beta}{\alpha\beta}, \ \frac{\beta}{\alpha}+\frac{\alpha}{\beta}=\frac{\alpha^2+\beta^2}{\alpha\beta}=\frac{(\alpha+\beta)^2-2\alpha\beta}{\alpha\beta}$$

- **이차방정식의 두 근의 표현**

  ① 두 근의 비가 $m:n$일 때 ⇨ $m\alpha,\ n\alpha$ $\left(\alpha,\ \dfrac{n}{m}\alpha\text{로 놓아도 되지만 분수가 나와 불편하다.}\right)$

  ② 두 근의 차가 k일 때 ⇨ $\alpha,\ \alpha+k$ $(\alpha-k,\ \alpha\text{로 놓아도 되지만 '}-\text{' 부호가 나와 불편하다.})$

  ③ 한 근이 다른 근의 k배일 때 ⇨ $\alpha,\ k\alpha$ $\left(\dfrac{1}{k}\alpha,\ \alpha\text{로 놓아도 되지만 분수가 나와 불편하다.}\right)$

  ④ 두 근이 연속인 정수일 때 ⇨ $\alpha,\ \alpha+1$ $(\alpha-1,\ \alpha\text{로 놓아도 되지만 '}-\text{' 부호가 나와 불편하다.})$

  ⑤ 두 근이 연속인 홀수(짝수)일 때 ⇨ $\alpha,\ \alpha+2$ $(\alpha-2,\ \alpha\text{로 놓아도 되지만 '}-\text{' 부호가 나와 불편하다.})$

- **이차방정식의 실근의 부호(1)**

  ① 두 근 α, β가 모두 양수이면 ⇨ $\alpha+\beta>0$, $\alpha\beta>0$, $D\geq0$

  $D\geq0$이어야 하는 이유 : 대소 비교는 실수에서만 가능하므로 이차방정식이 반드시 실근을 가져야 한다.

  ② 두 근의 부호가 다르면 ⇨ $\alpha\beta<0$

  $\alpha+\beta$의 부호를 조사하지 않는 이유 : 두 근의 부호가 다르다는 조건만으로 (두 근의 합)$=\alpha+\beta$의 부호를 알 수 없다.

  D의 부호를 조사하지 않는 이유 :

  두 근의 부호가 다르므로 (두 근의 곱)$=\alpha\beta=\underset{\text{이차방정식의 근과 계수의 관계}}{\dfrac{c}{a}<0} \rightarrow ac<0 \rightarrow D=b^2-\underset{\text{양수}}{4ac}>0$이다.

  즉, 두 근의 부호가 다르면 항상 $D>0$이므로 판별식 D의 부호를 조사할 필요가 없다.

- **이차방정식의 실근의 부호(2)**

  • 이차방정식의 두 근의 부호가 다르고

  ① 음수인 근의 절댓값이 양수인 근보다 크면 ⇨ $\alpha\beta<0$, $\alpha+\beta<0$ 예 $-3, 2 \rightarrow |($양수인 근$)|<|($음수인 근$)|$

  ② 양수인 근이 음수인 근의 절댓값보다 크면 ⇨ $\alpha\beta<0$, $\alpha+\beta>0$ 예 $3, -2 \rightarrow |($양수인 근$)|>|($음수인 근$)|$

  ③ 두 근의 절댓값이 같으면 ⇨ $\alpha\beta<0$, $\alpha+\beta=0$ 예 $-2, 2 \rightarrow |($양수인 근$)|=|($음수인 근$)|$

001 이차방정식 $x^2+2x+m=0$이 실근을 갖도록 하고, 이차방정식 $x^2-mx+4=0$이 중근을 갖도록 하는 정수 m의 값은?

① -4 ② -2 ③ 1
④ 2 ⑤ 4

002 이차방정식 $x^2-4x+2=0$의 두 근을 α, β라 할 때, $|\alpha^2-\beta^2|$의 값은?

① 0 ② $2\sqrt{3}$ ③ $4\sqrt{2}$
④ $8\sqrt{2}$ ⑤ $8\sqrt{3}$

003 이차방정식 $x^2+x+1=0$의 두 근을 α, β라 할 때, $\alpha^3+\beta^3$의 값은?

① 0 ② 2 ③ 4
④ 6 ⑤ 8

004 이차방정식 $x^2-4(k+1)x-3k=0$의 두 근의 비가 $1:3$일 때, 모든 실수 k의 값의 곱은?

① 0 ② 1 ③ 2
④ 3 ⑤ 4

005 이차방정식 $x^2+ax+b=0$이 한 근이 $\dfrac{2}{1+i}$일 때, 실수 a, b의 합 $a+b$의 값은?

① -4 ② -2 ③ 0
④ 2 ⑤ 4

006 이차방정식 $x^2-3x+1=0$의 두 근을 α, β라 할 때, $\alpha+\dfrac{1}{\beta}$, $\beta+\dfrac{1}{\alpha}$을 두 근으로 하고 x^2의 계수가 1인 이차방정식은?

① $x^2-6x-4=0$ ② $x^2+6x-4=0$
③ $x^2-6x+4=0$ ④ $x^2+6x+4=0$
⑤ $x^2+6x+2=0$

007 이차식 x^2+2x+3을 근의 공식을 이용하여 인수분해하면?

① $(x-1+\sqrt{2}i)(x+1-\sqrt{2}i)$
② $(x-1+\sqrt{2}i)(x-1-\sqrt{2}i)$
③ $(x+1+\sqrt{2}i)(x-1-\sqrt{2}i)$
④ $(x+1+\sqrt{2}i)(x+1-\sqrt{2}i)$
⑤ $(x+1+\sqrt{2}i)^2$

008 이차방정식 $x^2-4x+k+1=0$의 두 근이 모두 양수가 되도록 하는 모든 정수 k의 값의 합은?

① 2 ② 3 ③ 4
④ 5 ⑤ 6

❶ 이차함수의 그래프와 x축의 위치 관계 암기

□ 이차함수 $y=ax^2+bx+c$의 그래프와 x축$(y=0)$의 교점의 x좌표는 이차방정식 $ax^2+bx+c=0$의 실근이다.

<small>y의 값이 0일 때의 x의 값</small> <small>실수인 근</small>

예 이차함수 $y=x^2+x-2$의 그래프와 x축의 교점은 $(-2, 0)$, $(1, 0)$이다.

⟺ 이차방정식 $x^2+x-2=0$의 실근은 $x=-2$ 또는 $x=1$이다.

➔ 이차방정식 $ax^2+bx+c=0$의 실근의 개수는 이차함수 $y=ax^2+bx+c$의 그래프와 x축$(y=0)$의 교점의 개수와 같다.

• 이차함수 $y=ax^2+bx+c(a>0)$의 그래프와 x축$(y=0)$의 위치 관계는 이차방정식 $ax^2+bx+c=0$의 판별식 D의 값의 부호에 따라 결정된다.

<small>$D=b^2-4ac$</small>

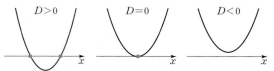

□ $D>0$ ➔ 서로 다른 두 실근 ➔ x축과 서로 다른 두 점에서 만난다. → 교점 2개
<small>방정식의 실근이 존재한다.</small>

□ $D=0$ ➔ 하나의 실근, 중근 ➔ x축과 한 점에서 만난다. (접한다.) → 교점 1개
<small>이때 x축은 접선이 된다.</small>

□ $D<0$ ➔ 서로 다른 두 허근 ➔ x축과 만나지 않는다. → 교점 0개
<small>방정식의 실근이 존재하지 않는다.</small>

❷ 이차함수의 그래프와 직선의 위치 관계

□ 이차함수 $y=ax^2+bx+c$의 그래프와 직선 $y=mx+n$의 교점의 x좌표는 이차방정식 $ax^2+bx+c=mx+n$의 실근이다.

예 이차함수 $y=x^2$의 그래프와 직선 $y=-x+2$의 교점은 $(-2, 4)$, $(1, 1)$이다.

⟺ 이차방정식 $x^2=-x+2$, 즉 $x^2+x-2=0$의 실근은 $x=-2$ 또는 $x=1$이다.

• 이차함수 $y=ax^2+bx+c(a>0)$의 그래프와 직선 $y=mx+n$의 위치 관계는 이차방정식 $ax^2+bx+c=mx+n → ax^2+(b-m)x+c-n=0$의 판별식 D의 값의 부호에 따라 결정된다.

<small>$D=(b-m)^2-4a(c-n)$</small>

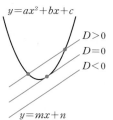

□ $D>0$ ➔ 서로 다른 두 실근 ➔ 직선과 서로 다른 두 점에서 만난다. → 교점 2개

□ $D=0$ ➔ 하나의 실근, 중근 ➔ 직선과 한 점에서 만난다. (접한다.) → 교점 1개

□ $D<0$ ➔ 서로 다른 두 허근 ➔ 직선과 만나지 않는다. → 교점 0개
<small>허근은 그래프에서 표현되지 않는다.</small>

❸ 이차방정식의 실근의 위치 암기

• 이차방정식 $ax^2+bx+c=0(a>0)$의 판별식을 D, $f(x)=ax^2+bx+c$라 하면

□ 두 근이 모두 p보다 클 때 ➔ $D\geq0$, $p<-\dfrac{b}{2a}$, $f(p)>0$
<small>이차함수 $y=ax^2+bx+c$의 그래프의 대칭축의 방정식은 $x=-\dfrac{b}{2a}$이다.</small>

□ 두 근이 모두 p보다 작을 때 ➔ $D\geq0$, $-\dfrac{b}{2a}<p$, $f(p)>0$
<small>대칭축</small>

□ 두 근 사이에 p가 있을 때 ➔ $f(p)<0$

□ 두 근이 p, $q(p<q)$ 사이에 있을 때 ➔ $D\geq0$, $p<-\dfrac{b}{2a}<q$, $f(p)>0$, $f(q)>0$
<small>대칭축</small>

  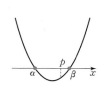

⊙ 이차함수의 그래프와 x축의 교점의 x좌표를 모두 구하시오.

001 $y=x^2-3x+2$ _____

002 $y=6x^2-5x+1$ _____

003 $y=-2x^2+5x-3$ _____

004 $y=-2x^2+3x+2$ _____

005 $y=x^2-4$ _____

006 $y=-x^2+6x-9$ _____

⊙ 이차함수의 그래프와 x축의 교점의 개수를 구하시오.

007 $y=x^2-4x+1$ _____

008 $y=2x^2-3x+2$ _____

009 $y=-4x^2+4x-1$ _____

010 $y=-2x^2+x+2$ _____

011 $y=-x^2+x-1$ _____

012 $y=x^2-8x+16$ _____

⊙ 이차함수의 그래프가 x축과 다음과 같이 만날 때, k의 값 또는 범위를 구하시오.

013 $y=x^2-4x+k$　　(서로 다른 두 점에서 만난다.) _____

014 $y=x^2+2x+k-1$　　(서로 다른 두 점에서 만난다.) _____

015 $y=x^2-2x+2k+3$　　(한 점에서 만난다.) _____

016 $y=-2x^2+8x+k-2$　　(한 점에서 만난다.) _____

017 $y=-2x^2+4x+k$　　(만나지 않는다.) _____

018 $y=x^2+2x+2k-1$　　(만나지 않는다.) _____

⊙ 두 함수의 그래프의 교점의 좌표를 모두 구하시오.

019 $y=x^2-2x+3$, $y=x+1$ _____

020 $y=-x^2+2x+1$, $y=3x-1$ _____

021 $y=x^2-4x+8$, $y=2x-1$ _____

⊙ 이차함수 $y=x^2-2x+3$의 그래프와 다음 직선의 위치 관계를 구하시오.

022 $y=x+1$ _____

023 $y=2x-1$ _____

024 $y=-x+2$ _____

⊙ k의 값 또는 범위를 구하시오.

025 $y=x^2-2x+k$의 그래프와 직선 $y=2x+1$이 서로 다른 두 점에서 만난다. _____

026 $y=x^2+3x-2$의 그래프와 직선 $y=x+k$가 한 점에서 만난다. _____

027 $y=x^2+x+k$의 그래프와 직선 $y=3x+1$이 만나지 않는다. _____

● (함수의 그래프) : (그래프의 교점) = (방정식) : (방정식의 실근)

❶ 두 곡선 $y=f(x)$, $y=g(x)$의 교점의 x좌표는 방정식 $f(x)=g(x)$의 실근이다.
넓은 의미에서 곡선은 직선을 포함한다.

❷ 두 곡선 $y=f(x)$, $y=g(x)$의 교점의 개수는 방정식 $f(x)=g(x)$의 실근의 개수와 같다.

❸ 두 곡선 $y=f(x)$, $y=g(x)$가 만나지 않으면 방정식 $f(x)=g(x)$는 실근을 갖지 않는다.

❹ 이차함수 $y=f(x)$의 그래프와 직선 $y=g(x)$의 교점의 x좌표가 α, β이면 이차방정식 $f(x)=g(x)$의 두 실근은 α, β이다.

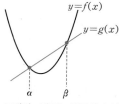

교점의 x좌표는 방정식의 실근이다.

● **함수와 방정식의 관계**

· 방정식 $f(x)=0$의 실근은 곡선 $y=f(x)$와 $y=0$(x축)의 교점의 x좌표이다.

⇨ $f(x)=g(x)-h(x)$라 하면

⇨ $f(x)=0 \rightarrow g(x)-h(x)=0 \rightarrow g(x)=h(x)$

⇨ 방정식 $g(x)=h(x)$의 실근은 두 곡선 $y=g(x)$, $y=h(x)$의 교점의 x좌표이다.

예 $x^2-3x+2=0$의 실근은 ⇨ 이차함수 $y=x^2-3x+2$의 그래프와 $y=0$(x축)의 교점의 x좌표이다.

$x^2-3x=-2$ ⇨ 이차함수 $y=x^2-3x$의 그래프와 직선 $y=-2$의 교점의 x좌표이다.

$x^2=3x-2$ ⇨ 이차함수 $y=x^2$의 그래프와 직선 $y=3x-2$의 교점의 x좌표이다.

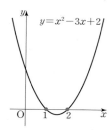 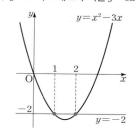 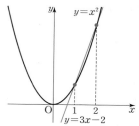

세 가지 경우 모두 교점의 x좌표는 1, 2이다.

● **이차방정식의 실근의 위치**

❶ 이차방정식의 실근의 위치는 **판별식의 부호**, **대칭축의 위치**, **기준점에서의 함숫값의 부호**를 따져 보아야 한다.
'판대기'로 외우면 좋다.

❷ 두 근 사이에 p가 있을 때, $f(p)<0$만 조사하면 되는 이유

ⓐ 두 근 사이에 p가 있으면 이차함수 $y=f(x)$의 그래프는 $x=p$의 좌우에서 x축과 항상 서로 다른 두 점에서 만난다.
항상 $D>0$이다.

⇨ 판별식 D의 부호를 조사할 필요가 없다.

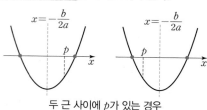

두 근 사이에 p가 있는 경우

ⓑ p의 위치가 대칭축의 왼쪽에 있든 오른쪽에 있든 상관없이 두 근 사이에 p가 있다는 조건을 만족한다.

⇨ 대칭축의 위치를 따질 필요가 없다.

예 이차방정식 $x^2+2mx-3m=0$의 두 근 사이에 1이 있으면

$f(x)=x^2+2mx-3m$이라 하면 $f(1)=1+2m-3m<0$이므로 $m>1$이다.

001 이차함수 $y=x^2+ax+b$의 그래프가 x축과 두 점 $(1, 0)$, $(4, 0)$에서 만날 때, 상수 a, b의 합 $a+b$의 값은?

① -1　　　　② 0　　　　③ 1
④ 2　　　　⑤ 4

002 이차함수 $y=x^2-x+k-2$의 그래프가 x축과 만나지 않을 때, 정수 k의 최솟값은?

① -1　　　　② 0　　　　③ 2
④ 3　　　　⑤ 4

003 이차함수 $y=x^2-6x+2k+1$의 그래프가 x축과 접할 때, 접점의 x좌표는?

① -1　　　　② 1　　　　③ 2
④ 3　　　　⑤ 4

004 이차함수 $y=x^2+x-1$의 그래프와 직선 $y=3x-k$가 서로 다른 두 점에서 만나도록 하는 정수 k의 최댓값은?

① -1　　　　② 1　　　　③ 2
④ 3　　　　⑤ 4

005 이차함수 $y=x^2-2x+3$의 그래프에 접하고 직선 $y=2x+1$과 평행한 직선 $y=ax+b$에 대하여 상수 a, b의 합 $a+b$의 값은?

① -1　　　　② 1　　　　③ 2
④ 3　　　　⑤ 4

006 모든 실수 x에 대하여 이차함수 $y=x^2-x+2$의 그래프가 직선 $y=x+a$보다 항상 위쪽에 있도록 하는 상수 a의 값의 범위는?

① $a<1$　　　　② $0<a<1$　　　　③ $0 \leq a<1$
④ $a \geq 1$　　　　⑤ $a>2$

007 이차함수 $y=x^2-(k+1)x+k$의 그래프가 x축과 만나는 두 점 사이의 거리가 3이 되도록 하는 모든 k의 값의 합은?

① -1　　　　② 0　　　　③ 2
④ 3　　　　⑤ 4

008 이차방정식 $x^2-3x+k+1=0$의 두 근이 모두 1보다 크도록 하는 상수 k의 값의 범위는 $a<k \leq b$이다. 실수 a, b에 대하여 $4b-3a$의 값은?

① -1　　　　② 0　　　　③ 1
④ 2　　　　⑤ 3

❶ 제한범위가 없는 경우의 이차함수의 최대, 최소

- x값의 범위가 실수 전체일 때, $f(x)=ax^2+bx+c$를 $f(x)=a(x-m)^2+n$ 꼴로 변형하여 구한다.
  _{꼭짓점만 구하면 된다.}　일반형　　　　　표준형
  ➡ 이때 이차함수의 최댓값 또는 최솟값은 꼭짓점의 y좌표이다.
  　　　　　　　　　　　　　　대칭축에서의 함숫값
  ☐ $\boxed{a>0}$ ➡ $x=m$일 때 최솟값은 n, 최댓값은 없다. (∪ 형의 그래프)
  ☐ $\boxed{a<0}$ ➡ $x=m$일 때 최댓값은 n, 최솟값은 없다. (∩ 형의 그래프)
  _{x값의 범위가 실수 전체이면 이차항의 계수의 부호에 따라 최댓값과 최솟값 중 하나만 갖는다.}

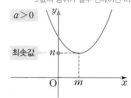 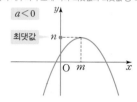

　　📘 이차함수 $y=x^2-2x+3$, 즉 $y=(x-1)^2+2$의 꼭짓점의 좌표는 $(1, 2)$이고 최댓값은 꼭짓점의 y좌표 2이다.

❷ 제한범위가 있는 경우의 이차함수의 최대, 최소 〔암기〕

- x값의 범위가 $\alpha \le x \le \beta$로 제한될 때, 이차함수 $f(x)=a(x-m)^2+n$의 최댓값과 최솟값은 다음과 같다.
  _{그래프를 그려서 생각한다.}
  ☐ 꼭짓점의 x좌표 m이 $\alpha \le x \le \beta$에 포함되는 경우

  ➡ $f(m)$, $f(\alpha)$, $f(\beta)$ 중에서 가장 큰 값이 최댓값, 가장 작은 값이 최솟값이다.
  _{이차함수의 그래프는 대칭축에 대하여 대칭임을 기억한다.}

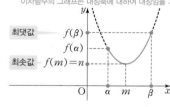 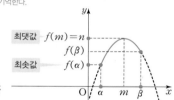

  ☐ 꼭짓점의 x좌표 m이 $\alpha \le x \le \beta$에 포함되지 않는 경우

  ➡ $f(\alpha)$, $f(\beta)$ 중에서 큰 값이 최댓값, 작은 값이 최솟값이다.
  _{꼭짓점이 범위 안에 없으면 끝점에서 최대, 최소이다.}

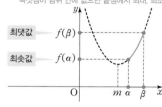 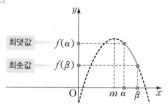

❸ 치환을 이용한 이차함수의 최대, 최소

☐ $y=a(px^2+qx+r)^2+b(px^2+qx+r)+c$의 최댓값과 최솟값을 구하는 방법은 다음과 같다.
_{공통부분이 있으면 한 문자로 치환한다.}
　➡ $px^2+qx+r=t$로 치환하고 t값의 범위를 구한다.
_{치환할 때는 항상 범위에 주의해야 한다.}
　➡ $y=at^2+bt+c$를 $y=a(t-m)^2+n$ 꼴로 변형한다.
_{표준형}
　➡ t값의 범위에서 y의 최댓값과 최솟값을 구한다.

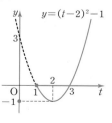

　📘 x가 실수일 때 $y=(x^2+1)^2-4(x^2+1)+3$에서
　　$x^2+1=t$로 치환하면 t값의 범위는 $t=x^2+1\ge 1$이다.
　　$y=t^2-4t+3$을 표준형으로 고치면 $y=(t-2)^2-1$이다.
　　꼭짓점 $(2, -1)$의 t좌표 2가 $t\ge 1$에 포함되므로 최솟값은 꼭짓점의 y좌표 -1이다.

◉ **꼭짓점의 좌표를 구하시오.**

001 $y=x^2-2x+1$ ＿＿＿＿＿＿

002 $y=-x^2-4x-4$ ＿＿＿＿＿＿

003 $y=x^2-4x+3$ ＿＿＿＿＿＿

004 $y=-x^2+6x-5$ ＿＿＿＿＿＿

005 $y=-2x^2+4x+1$ ＿＿＿＿＿＿

006 $y=3x^2+6x+2$ ＿＿＿＿＿＿

007 $y=\dfrac{1}{2}x^2-2x-1$ ＿＿＿＿＿＿

008 $y=-\dfrac{1}{3}x^2-2x+1$ ＿＿＿＿＿＿

◉ **최솟값을 구하시오.**

009 $y=x^2-2x-1$ ＿＿＿＿＿＿

010 $y=x^2+4x+5$ ＿＿＿＿＿＿

011 $y=2x^2+4x-1$ ＿＿＿＿＿＿

012 $y=3x^2-6x+3$ ＿＿＿＿＿＿

013 $y=\dfrac{1}{3}x^2-2x$ ＿＿＿＿＿＿

014 $y=\dfrac{1}{2}x^2+x+1$ ＿＿＿＿＿＿

◉ **최댓값을 구하시오.**

015 $y=-x^2+4x-2$ ＿＿＿＿＿＿

016 $y=-x^2-6x-5$ ＿＿＿＿＿＿

017 $y=-3x^2-6x+2$ ＿＿＿＿＿＿

018 $y=-2x^2+8x-9$ ＿＿＿＿＿＿

019 $y=-\dfrac{1}{2}x^2+x$ ＿＿＿＿＿＿

020 $y=-\dfrac{1}{3}x^2-2x-1$ ＿＿＿＿＿＿

◉ **a, b의 값을 구하시오.**

021 $f(x)=x^2+ax+b$는 $x=1$일 때, 최솟값 -2를 갖는다. ＿＿＿＿＿＿

022 $f(x)=x^2-2x+a$는 $x=b$일 때, 최솟값 1을 갖는다. ＿＿＿＿＿＿

023 $f(x)=2x^2+ax-1$은 $x=-1$일 때, 최솟값 b를 갖는다. ＿＿＿＿＿＿

024 $f(x)=-x^2+ax+b$는 $x=1$일 때, 최댓값 3을 갖는다. ＿＿＿＿＿＿

025 $f(x)=-x^2+ax+2$는 $x=-1$일 때, 최댓값 b를 갖는다. ＿＿＿＿＿＿

026 $f(x)=-2x^2+4x+a$는 $x=b$일 때, 최댓값 3을 갖는다. ＿＿＿＿＿＿

◉ **$f(x)=x^2-2x-1$의 최댓값과 최솟값을 구하시오.**

027 $-2\leq x\leq 0$일 때 ＿＿＿＿＿＿

028 $0\leq x\leq 3$일 때 ＿＿＿＿＿＿

029 $2\leq x\leq 4$일 때 ＿＿＿＿＿＿

◉ **$f(x)=-x^2+4x-1$의 최댓값과 최솟값을 구하시오.**

030 $-1\leq x\leq 1$일 때 ＿＿＿＿＿＿

031 $2\leq x\leq 4$일 때 ＿＿＿＿＿＿

032 $3\leq x\leq 5$일 때 ＿＿＿＿＿＿

● 이차함수의 일반형을 표준형으로 바꾸는 방법 암기

• 이차함수의 최댓값과 최솟값을 구할 때는 반드시 표준형으로 바꾸어 대칭축의 방정식과 꼭짓점의 좌표를 구해야 한다.

$$y=ax^2+bx+c$$

$$=a\left(x^2+\frac{b}{a}x\right)+c \qquad\qquad \Rightarrow \text{이차항의 계수로 묶는다.}$$

$$=a\left\{x^2+\frac{b}{a}x+\left(\frac{b}{2a}\right)^2-\left(\frac{b}{2a}\right)^2\right\}+c \qquad \Rightarrow \text{일차항의 계수의 } \frac{1}{2}\text{의 제곱을 더하고 뺀다.} \left(\frac{b}{a}\to\frac{b}{2a}\to\left(\frac{b}{2a}\right)^2\right)$$

$$\underset{\text{절반의 제곱을 더하고 뺀다.}}{} \qquad\qquad \underset{\text{절반의 제곱}}{} \qquad \underset{\text{절반}}{} \quad \underset{\text{제곱}}{}$$

$$=a\left(x+\frac{b}{2a}\right)^2-\frac{b^2-4ac}{4a}$$

❶ 이차함수 $y=ax^2+bx+c$의 그래프의 대칭축의 방정식은 $x=-\dfrac{b}{2a}$이다.

❷ 꼭짓점의 좌표는 $\left(-\dfrac{b}{2a},\ -\dfrac{b^2-4ac}{4a}\right)$이다.

● 실수 x, y에 대한 이차식의 최대, 최소

• 실수 x, y에 대한 이차식 $ax^2+by^2+cx+dy+e$(a와 b는 같은 부호)는 완전제곱꼴 $a(x-l)^2+b(y-m)^2+n$으로 변형한 후 (실수)$^2\geq0$임을 이용한다.
완전제곱식 : $(a+b)^2$, $k(x-2y)^2$과 같이
다항식의 제곱으로 된 식이나 다항식의 제곱에
상수를 곱한 식

❶ $a>0$, $b>0$이면 $\Rightarrow x=l$, $y=m$일 때 최솟값 n을 가진다.

예 $2x^2+y^2-4x+2y+7=2(x^2-2x+1-1)+(y^2+2y+1-1)+7=2(x-1)^2+(y+1)^2+4$
이때 $(x-1)^2\geq0$, $(y+1)^2\geq0$이므로 $x=1$, $y=-1$일 때 최솟값 4를 가진다.

❷ $a<0$, $b<0$이면 $\Rightarrow x=l$, $y=m$일 때 최댓값 n을 가진다.

예 $-x^2-2y^2+4x-4y+1=-(x^2-4x+4-4)-2(y^2+2y+1-1)+1=-(x-2)^2-2(y+1)^2+7$
이때 $-(x-2)^2\leq0$, $-(y+1)^2\leq0$이므로 $x=2$, $y=-1$일 때 최댓값 7을 가진다.

● 실수 조건이 있는 경우의 최대, 최소 암기

❶ x, y가 실수이다. $\Rightarrow$ 이차방정식이 실근을 갖는다. $\Rightarrow$ 판별식 $D\geq0$이다.
서로 다른 두 실근을 갖는다.($D>0$)+중근을 갖는다.($D=0$)

♠ $x^2+y^2=2$를 만족하는 두 실수 x, y에 대하여 $x+y$의 최댓값과 최솟값의 합은 얼마인가? 정답 0

풀이 $x+y=k$라 하면 $y=-x+k$이다.

$y=-x+k$를 $x^2+y^2=2$에 대입하면 $x^2+(-x+k)^2=2 \to 2x^2-2kx+k^2-2=0$

이때 x가 실수이므로, 즉 이 이차방정식이 실근을 가지므로 판별식 $D\geq0$이다.

$D=(-2k)^2-4\cdot2\cdot(k^2-2)\geq0 \to k^2-4\leq0 \to (k+2)(k-2)\leq0 \to -2\leq k\leq2$

따라서 $x+y=k$의 최댓값은 2, 최솟값은 -2이므로 그 합은 $2+(-2)=0$이다.

❷ x, y가 실수이다. $\Rightarrow x^2\geq0$, $y^2\geq0$이다.

♠ 실수 x, y가 $x^2+y^2=4$를 만족할 때, $2x+y^2$의 최댓값과 최솟값의 합은 얼마인가? 정답 1

풀이 $x^2+y^2=4$에서 $y^2=4-x^2$이다.

이때 y가 실수이므로 $y^2=4-x^2\geq0 \to x^2-4\leq0 \to (x+2)(x-2)\leq0 \to -2\leq x\leq2$

$y^2=4-x^2$을 $2x+y^2$에 대입하면 이 문제는 '$-2\leq x\leq2$일 때, $2x+(4-x^2)$의 최댓값과 최솟값은 얼마인가?'로 바뀐다.

$2x+(4-x^2)=-(x-1)^2+5$이고 오른쪽 그림과 같이 $-2\leq x\leq2$의 범위에서 최댓값은 5, 최솟값은 -4이므로 그 합은 $5+(-4)=1$이다.

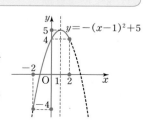

001 이차함수 $y=x^2+ax+b$가 $x=2$에서 최솟값 1을 가질 때, 상수 a, b의 합 $a+b$의 값은?

① -1 ② 1   ③ 2
④ 3   ⑤ 4

002 이차함수 $y=x^2-2kx+4k-1$의 최솟값이 m일 때, m의 최댓값은?

① -1 ② 1   ③ 2
④ 3   ⑤ 4

003 $-3 \le x \le 0$에서 이차함수 $f(x)=-2x^2-4x+1$의 최댓값과 최솟값의 합은?

① -3 ② -2 ③ 1
④ 3   ⑤ 5

004 $0 \le x \le 3$에서 이차함수 $f(x)=2x^2-4x+k$의 최댓값이 10일 때, 최솟값은?

① -1 ② 1   ③ 2
④ 3   ⑤ 4

005 x, y가 실수일 때, $x^2+y^2+2x-4y+7$은 $x=a$, $y=b$일 때, 최솟값 c를 갖는다. $a+b+c$의 값은?

① -1 ② 1   ③ 2
④ 3   ⑤ 4

006 $x+y+1=0$을 만족시키는 실수 x, y에 대하여 x^2+y^2+2x는 $x=a$, $y=b$일 때, 최솟값 c를 갖는다. abc의 값은?

① -1 ② 0   ③ 1
④ 2   ⑤ 3

007 직선 $y=-2x+4$의 제1사분면 위의 점을 P라 하자. 점 P에서 x축, y축에 내린 수선의 발을 각각 Q, R라 할 때, 직사각형 OQPR의 넓이의 최댓값은?

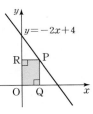

① 1   ② 2   ③ 3
④ 4   ⑤ 5

008 $0 \le x \le 2$일 때, 함수
$$y=(x^2-2x+2)^2-2(x^2-2x+2)+2$$
의 최댓값은?

① 1   ② 2   ③ 3
④ 4   ⑤ 5

015 삼차방정식과 사차방정식의 풀이

중요도 ★★★★☆

❶ 삼차방정식과 사차방정식

☐ 방정식 $f(x)=0$에서 $f(x)$가 삼차식일 때는 **삼차방정식**, 사차식일 때는 **사차방정식**이라 한다. 정의

→ 삼차 이상의 방정식을 통틀어 **고차방정식**이라 한다. 정의
특별한 언급이 없으면 고차방정식의 해는 복소수의 범위에서 구한다.

❷ 인수분해를 이용한 삼차방정식과 사차방정식의 풀이

☐ $ABC=0 \Leftrightarrow A=0$ 또는 $B=0$ 또는 $C=0$

☐ $ABCD=0 \Leftrightarrow A=0$ 또는 $B=0$ 또는 $C=0$ 또는 $D=0$

예 $x^4-16=0 \to (x^2+4)(x^2-4)=0$
$\to (x+2i)(x-2i)(x+2)(x-2)=0$
$\to x=\pm 2i$ 또는 $x=\pm 2$

$$x^3+3ax^2+3a^2x+a^3=(x+a)^3$$
$$x^3-3ax^2+3a^2x-a^3=(x-a)^3$$
$$x^3+a^3=(x+a)(x^2-ax+a^2)$$
$$x^3-a^3=(x-a)(x^2+ax+a^2)$$
$$x^4-a^4=(x-a)(x+a)(x^2+a^2)$$

자주 사용되는 인수분해 공식

☐ 고차식 $f(x)$의 인수분해는 인수정리와 조립제법을 이용한다.

→ 인수정리 : $f(a)=0$이 되는 a를 찾는다. 이때 $f(x)$는 일차식 $x-a$를 인수로 갖는다.
다항식 $f(x)$가 $x-a$로 나누어떨어지면 $f(a)=0$이다.

→ 조립제법 : 조립제법을 이용하여 $f(x)=(x-a)Q(x)$가 되는 $Q(x)$를 구한다.
다항식의 계수만을 나열하여 다항식을 일차식으로 나눈 몫과 나머지를 구하는 방법

예 $x^3-3x+2=0$에서 $f(x)=x^3-3x+2$라 하면 $f(1)=0$이다.

$f(x)=(x-1)(x^2+x-2)$ ← 인수정리, 조립제법
$\quad =(x-1)(x+2)(x-1)$
$\quad =(x-1)^2(x+2)=0$ → $x=-2$ 또는 $x=1$(중근)

$$\begin{array}{c|cccc}
1 & 1 & 0 & -3 & 2 \\
x-1 & & 1 & 1 & -2 \\
\hline
& 1 & 1 & -2 & 0 \\
& & \multicolumn{2}{c}{x^2+x-2}
\end{array}$$

❸ 복이차방정식의 풀이

☐ **복이차방정식** : $ax^4+bx^2+c=0$과 같이 사차항, 이차항, 상수항으로만 이루어진 방정식 정의
$a(x^2)^2+bx^2+c$
짝수 차수의 항과 상수항으로만 이루어진 방정식

☐ $x^2=A$로 치환하여 aA^2+bA+c를 인수분해한다.
바꾸어 놓음

예 $x^4-5x^2+4=(x^2)^2-5x^2+4=A^2-5A+4$ ← 치환
$\quad =(A-1)(A-4)=(x^2-1)(x^2-4)$ ← 인수분해, 역치환
$\quad =(x+1)(x-1)(x+2)(x-2)=0$ → $x=\pm 1$ 또는 $x=\pm 2$ ← 인수분해

☐ $x^2=A$로 치환한 aA^2+bA+c가 인수분해되지 않는 경우

→ ax^4+bx^2+c의 이차항 bx^2을 적당히 분리하여 X^2-Y^2 꼴로 변형하여 인수분해한다.

예 $x^4+2x^2+9=(x^4+6x^2+9)-4x^2$ ← 이차항 $2x^2$의 분리
$\quad =(x^2+3)^2-(2x)^2=X^2-Y^2=(X+Y)(X-Y)$ ← 치환, 인수분해
$\quad =(x^2+2x+3)(x^2-2x+3)=0$ → $x=-1\pm\sqrt{2}i$ 또는 $x=1\pm\sqrt{2}i$ ← 인수분해, 역치환

❹ 계수가 좌우 대칭인 사차방정식의 풀이

☐ $ax^4+bx^3+cx^2+bx+a=0$과 같이 계수가 좌우 대칭인 사차방정식은
cx^2을 기준으로

→ 각 항을 x^2으로 나눈다. → $x+\dfrac{1}{x}=A$로 치환한다.

$$x^2+\frac{1}{x^2}=\left(x+\frac{1}{x}\right)^2-2$$
$$a^2+b^2=(a+b)^2-2ab$$

→ A에 대한 이차방정식을 푼다. → $A=x+\dfrac{1}{x}$로 역치환한다.

예 $x^4+2x^3+3x^2+2x+1=0 \to (x^2$으로 나누기$) \to x^2+2x+3+\dfrac{2}{x}+\dfrac{1}{x^2}=0 \to \left(x^2+\dfrac{1}{x^2}\right)+2\left(x+\dfrac{1}{x}\right)+3=0$
$x\ne 0$이므로

$\to \left(x+\dfrac{1}{x}\right)^2-2+2\left(x+\dfrac{1}{x}\right)+3=0 \to \left(x+\dfrac{1}{x}=A$로 치환$\right) \to A^2+2A+1=0 \to (A+1)^2=0 \to A=-1$

$\to \left(A=x+\dfrac{1}{x}$로 역치환$\right) \to x+\dfrac{1}{x}=-1 \to ($양변에 x 곱하기$) \to x^2+1=-x \to x^2+x+1=0 \to x=\dfrac{-1\pm\sqrt{3}i}{2}$

◉ 인수분해를 이용하여, 삼차방정식을 푸시오.

001 $x^3-1=0$ _____

002 $x^3+8=0$ _____

003 $8x^3+27=0$ _____

004 $\dfrac{1}{3}x^3-9=0$ _____

005 $x^3+3x^2+3x+1=0$ _____

006 $8x^3-12x^2+6x-1=0$ _____

◉ 삼차방정식을 푸시오.

007 $x^3-x^2-x+1=0$ _____

008 $x^3+x^2-6x=0$ _____

009 $x^3-6x^2+11x-6=0$ _____

010 $x^3-2x^2-5x+6=0$ _____

011 $x^3-3x+2=0$ _____

012 $x^3-3x-2=0$ _____

013 $x^3-3x^2+x+1=0$ _____

014 $x^3+3x^2-2=0$ _____

015 $x^3-3x^2+4x-2=0$ _____

016 $x^3+2x^2+3x+2=0$ _____

◉ 사차방정식을 푸시오.

017 $x^4-x^3-2x^2=0$ _____

018 $x^4+x=0$ _____

019 $x^4-4x^3-x^2+16x-12=0$ _____

020 $x^4-3x^3-x^2+9x-6=0$ _____

021 $x^4-x^3-2x^2+6x-4=0$ _____

022 $x^4-2x^3+2x^2+2x-3=0$ _____

023 $x^4-5x^2+4=0$ _____

024 $x^4-2x^2-8=0$ _____

025 $x^4-6x^2+1=0$ _____

026 $x^4+x^2+1=0$ _____

◉ 치환을 이용하여, 고차방정식을 푸시오.

027 $(x^2+1)^2-3(x^2+1)+2=0$ _____

028 $(x^2-x)^2-8(x^2-x)+12=0$ _____

029 $x(x-1)(x-2)(x-3)-24=0$ _____

◉ 실수 a의 값과 나머지 두 근을 구하시오.

030 $x^3+ax^2-x-2=0$의 한 근이 -2이다. _____

031 $x^3-3x^2+ax-2=0$의 한 근이 1이다. _____

032 $x^3-4x^2+x+a=0$의 한 근이 i이다. _____

● **방정식의 근과 다항식의 인수의 관계**

❶ 방정식 $f(x)=0$의 한 근이 α이다. ⇔ $f(\alpha)=0$

             $f(x)$의 x에 α를 대입한다.

            ⇔ $f(x)=(x-\alpha)Q(x)$ (단, $Q(x)$는 x에 대한 다항식이다.)

            ⇔ 다항식 $f(x)$는 일차식 $x-\alpha$를 인수로 갖는다. (인수정리)

                        다항식 $f(x)$가 $x-\alpha$로 나누어떨어지면 $f(\alpha)=0$이다.

            ⇔ 다항식 $f(x)$를 일차식 $x-\alpha$로 나누었을 때 나머지가 0이다.

                        나누어떨어진다.

            ⇔ 다항식 $f(x)$는 일차식 $x-\alpha$와 다른 다항식으로 인수분해된다.

❷ $f(x)$가 다항식일 때, 방정식 $f(x)=0$의 상수항을 포함한 계수의 총합이 0이면 $f(x)$는 $x-1$로 나누어 떨어진다.

            $f(1)=0$이면

● **삼차방정식의 근의 조건과 이차방정식의 근의 관계**

  • 삼차방정식 $(x-\alpha)(ax^2+bx+c)=0$(α, a, b, c는 실수)이

❶ 한 실근과 서로 다른 두 허근을 가지려면

    ⇨ $ax^2+bx+c=0$이 서로 다른 두 허근을 가져야 한다.   → $D=b^2-4ac<0$

    예 $(x+1)(x^2-2x+a)=0$(a는 실수)이 서로 다른 두 허근을 가지려면

      $x^2-2x+a=0$이 서로 다른 두 허근을 가져야 한다.   → $D=(-2)^2-4\cdot1\cdot a<0 → a>1$

❷ 한 중근을 가지려면   ← ⓐ, ⓑ 둘 중에서 어느 하나를 만족해야 한다.

    ⇨ ⓐ $ax^2+bx+c=0$이 α를 근으로 가져야 한다.   → $a\alpha^2+b\alpha+c=0$

       ⓑ $ax^2+bx+c=0$이 α가 아닌 중근을 가져야 한다.   → $a\alpha^2+b\alpha+c\neq0$, $D=b^2-4ac=0$

    예 $(x+1)(x^2-2x+a)=0$(a는 실수)이 중근을 가지려면

      ⓐ $x^2-2x+a=0$이 -1을 근으로 가져야 한다.   → $1+2+a=0 → a=-3$

      ⓑ $x^2-2x+a=0$이 -1이 아닌 중근을 가져야 한다.   → $a\neq-3$, $D=(-2)^2-4\cdot1\cdot a=0 → a=1$

❸ 서로 다른 세 실근을 가지려면   ← ⓐ와 ⓑ를 동시에 만족해야 한다.

    ⇨ ⓐ $ax^2+bx+c=0$이 α를 근으로 갖지 않아야 한다.   → $a\alpha^2+b\alpha+c\neq0$

       ⓑ $ax^2+bx+c=0$이 서로 다른 두 실근을 가져야 한다.   → $D=b^2-4ac>0$

● **복이차방정식의 근의 조건**

  • $ax^4+bx^2+c=0$에서 $x^2=A$로 치환한 이차방정식 $aA^2+bA+c=0$의 한 근을 α라 할 때

    $a(x^2)^2+bx^2+c$

    $\alpha=x^2>0$이면 x는 서로 다른 두 실근을 갖고, $\alpha=x^2<0$이면 x는 서로 다른 두 허근을 갖는다.

❶ $aA^2+bA+c=0$의 근이 서로 다른 두 양수이다. → $D>0$, (두 근의 합)$=-\dfrac{b}{a}>0$, (두 근의 곱)$=\dfrac{c}{a}>0$

                                       이차방정식의 근과 계수의 관계

    ⇨ 사차방정식 $ax^4+bx^2+c=0$은 x는 서로 다른 네 실근을 갖는다.

    예 사차방정식 $x^4-3x^2+k+2=0$이 서로 다른 네 실근을 가지려면

      $x^2=A$로 치환한 이차방정식 $A^2-3A+(k+2)=0$의 근이 서로 다른 두 양수이어야 하므로

      $D=(-3)^2-4\cdot1\cdot(k+2)=-4k+1>0$, (두 근의 합)$=3>0$, (두 근의 곱)$=k+2>0$ → $-2<k<\dfrac{1}{4}$

❷ $aA^2+bA+c=0$의 근의 하나는 양수이고 다른 하나는 음수이다. → (두 근의 곱)$=\dfrac{c}{a}<0$

                  두 근의 부호가 다르다.

    ⇨ 사차방정식 $ax^4+bx^2+c=0$은 서로 다른 두 실근과 서로 다른 두 허근을 갖는다.

    예 $x^4-x^2-2=0$ → ($x^2=A$로 치환) → $A^2-A-2=0$ → $(A-2)(A+1)=0$ → $A=2$ 또는 $A=-1$

      $A=2$(양수)일 때 $x^2=2$ → $x=\pm\sqrt{2}$ → 서로 다른 두 실근을 갖는다.

      $A=-1$(음수)일 때 $x^2=-1$ → $x=\pm i$ → 서로 다른 두 허근을 갖는다.

001 삼차방정식 $x^3-2x^2+2x-1=0$의 두 허근을 α, β라 할 때, $\alpha+\beta$의 값은?

① 0   ② 1   ③ 2

④ 3   ⑤ 4

002 삼차방정식 $x^3-kx-3=0$의 한 근이 1일 때, 나머지 다른 두 근의 곱은? (단, k는 상수이다.)

① 0   ② 1   ③ 2

④ 3   ⑤ 4

003 사차방정식 $x^4-x^2-2=0$은 서로 다른 두 실근과 서로 다른 두 허근을 갖는다. 이때, 서로 다른 두 허근의 곱은?

① 0   ② 1   ③ 2

④ 3   ⑤ 4

004 사차방정식 $x^4+ax^2+bx+2=0$의 네 근이 1, 2, α, β일 때, $(\alpha-\beta)^2$의 값은? (단, a, b는 상수이다.)

① 1   ② 2   ③ 3

④ 4   ⑤ 5

005 삼차방정식 $x^3-5x^2+(k+4)x-k=0$이 중근을 갖도록 하는 상수 k의 값 중에서 가장 큰 값은?

① 0   ② 1   ③ 2

④ 3   ⑤ 4

006 사차방정식 $x^4+3x^2+4=0$의 좌변을 인수분해하면 $(x^2+ax+b)(x^2+cx+d)=0$ 꼴이 된다. 이때, $a+b+c+d$의 값은? (단, a, b, c, d는 정수이다.)

① 0   ② 1   ③ 2

④ 3   ⑤ 4

007 사차방정식 $x^4-x^2+k=0$이 서로 다른 네 개의 실근을 가질 때, 상수 k의 값의 범위는?

① $0<k\leq\dfrac{1}{2}$ ② $\dfrac{1}{4}\leq k<\dfrac{1}{2}$ ③ $0<k<\dfrac{1}{2}$

④ $\dfrac{1}{4}\leq k\leq\dfrac{1}{2}$ ⑤ $0<k<\dfrac{1}{4}$

008 사차방정식 $x^4-3x^3-2x^2-3x+1=0$은 서로 다른 두 실근과 서로 다른 두 허근을 갖는다. 두 실근의 합을 a, 두 허근의 합은 b라 할 때, $a-b$의 값은?

① 1   ② 2   ③ 3

④ 4   ⑤ 5

Special Lecture
다항함수의 그래프를 그리는 방법

5

다항함수의 그래프의 개형

다항함수의 그래프의 큰 골격은 다항함수의 차수와 최고차항의 계수에 의해 결정된다. 그 차수가 홀수이면 x축의 윗부분과 아랫부분에 모두 그려져 x축과 반드시 만난다. 그러나 그 차수가 짝수이면 x축의 윗부분과 아랫부분 중 한 부분에서만 그려지는 경우가 있어 x축과 만나지 않을 수도 있다.

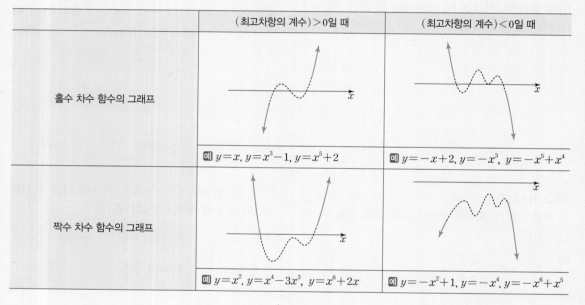

	(최고차항의 계수)>0일 때	(최고차항의 계수)<0일 때
홀수 차수 함수의 그래프		
	예 $y=x,\ y=x^3-1,\ y=x^5+2$	예 $y=-x+2,\ y=-x^3,\ y=-x^5+x^4$
짝수 차수 함수의 그래프		
	예 $y=x^2,\ y=x^4-3x^3,\ y=x^6+2x$	예 $y=-x^2+1,\ y=-x^4,\ y=-x^6+x^5$

최고차항의 계수의 부호가 '+'인 다항함수의 그래프는 오른쪽 끝이 위로 향한다. 여기서 눈여겨볼 것은 일차함수는 1번(증가), 이차함수는 2번(감소 → 증가), 삼차함수는 최대 3번(증가 → 감소 → 증가), 사차함수는 최대 4번(감소 → 증가 → 감소 → 증가)의 방향 전환, 즉 증가와 감소의 전환이 이루어진다는 것이다.

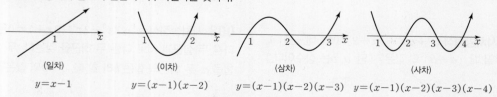

(일차)	(이차)	(삼차)	(사차)
$y=x-1$	$y=(x-1)(x-2)$	$y=(x-1)(x-2)(x-3)$	$y=(x-1)(x-2)(x-3)(x-4)$

최고차항의 계수의 부호가 '−'인 다항함수의 그래프는 오른쪽 끝이 아래로 향한다.

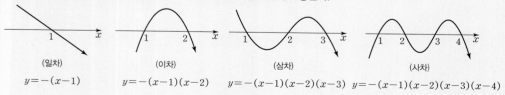

(일차)	(이차)	(삼차)	(사차)
$y=-(x-1)$	$y=-(x-1)(x-2)$	$y=-(x-1)(x-2)(x-3)$	$y=-(x-1)(x-2)(x-3)(x-4)$

$y=x^n$ (n은 자연수)의 그래프

다음은 최고차항의 계수가 '$+$'인 다항함수 $y=x$, $y=x^2$, $y=x^3$, $y=x^4$, $y=x^5$의 그래프이다.

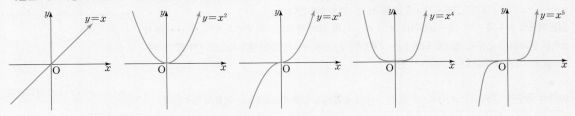

최고차항의 계수가 '$+$'인 짝수차 함수의 그래프, 즉 $y=x^2$, $y=x^4$, $y=x^6$, $\cdots$의 그래프는 모두 아래로 볼록인 모양이다. 짝수차 함수의 그래프는 최고차항의 계수가 양수이면 아래로 볼록하고 최고차항의 계수가 음수이면 위로 볼록하다는 것을 알 수 있다. 또한 최고차항의 계수가 '$+$'인 홀수차 함수의 그래프, 즉 $y=x$, $y=x^3$, $y=x^5$, $\cdots$의 그래프는 왼쪽 아래에서 시작하여 오른쪽 위로 향하는 모양이다. 홀수차 함수의 그래프는 최고차항의 계수가 음수이면 왼쪽 위에서 시작하여 오른쪽 아래로 향하는 모양이다. 만약 함수 $y=x^3$의 그래프의 개형이 생각나지 않는다면 홀수차 함수의 그래프 중에서 가장 간단한 직선 $y=x$의 모양을 떠올리면 된다.

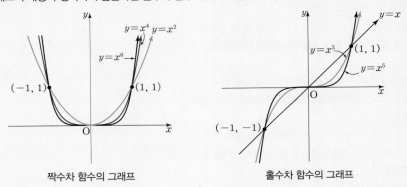

짝수차 함수의 그래프   홀수차 함수의 그래프

일차식 또는 일차식의 거듭제곱으로 인수분해되는 다항함수의 그래프

다항함수의 그래프를 그릴 때, 함수를 방정식으로 바꾸어 이해하면 그래프를 그리는데 많은 도움이 된다.

> 함수 $y=f(x)$의 그래프와 x축이 만나는 점의 x좌표는 방정식 $f(x)=0$의 실근이다.

삼차함수 $f(x)=(x-1)(x-2)(x-3)$의 그래프는 최고차항의 계수가 양수이므로 오른쪽 끝이 위로 향하고 삼차방정식 $(x-1)(x-2)(x-3)=0$의 근이 $x=1$, 2, 3이므로 그래프와 x축이 만나는 점의 x좌표는 1, 2, 3이다.

사차함수 $f(x)=-(x-2)(x-3)(x-4)^2$의 그래프는 최고차항의 계수가 음수이므로 오른쪽 끝이 아래로 향하고 사차방정식 $-(x-2)(x-3)(x-4)^2=0$의 근이 $x=2$, 3, 4이므로 그래프와 x축이 만나는 점의 x좌표는 2, 3, 4이다. 이때 $x=4$가 중근이므로 이 함수의 그래프는 $x=4$인 점에서 x축과 접한다.

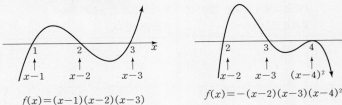

$$f(x)=(x-1)(x-2)(x-3)$$
$$f(x)=-(x-2)(x-3)(x-4)^2$$

방정식 $(x-\alpha)^2(x-\beta)=0$은 중근 $x=\alpha$와 한 실근 $x=\beta$를 갖는데 중근 $x=\alpha$는 함수 $y=(x-\alpha)^2(x-\beta)$의 그래프가 x축과 접하는 점을 의미하고 실근 $x=\beta$는 함수 $y=(x-\alpha)^2(x-\beta)$의 그래프가 x축을 통과하는 점을 의미한다.

일반적으로 함수의 식에 $(x-\alpha)^n(n=2, 4, 6, \cdots)$과 같이 짝수차항의 인수가 있다면 $x=\alpha$에서 x축을 통과하지 못하고 접하게 되며 $(x-\beta)^n(n=1, 3, 5, \cdots)$와 같이 홀수차항의 인수가 있다면 $x=\beta$에서 x축을 통과하는 그래프가 된다.

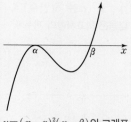

$y=(x-\alpha)^2(x-\beta)$의 그래프

따라서 함수의 식에 $(x-\alpha)^n(n=1, 2, 3, \cdots)$이 포함되어 있을 때 그래프는 이렇게 움직인다.

> ⓐ n이 짝수일 때 ➡ 그래프는 $x=\alpha$에서 x축을 통과하지 못하고 접한다.
> ⓑ n이 홀수일 때 ➡ 그래프는 $x=\alpha$에서 x축을 통과한다.

삼차함수의 그래프를 그리는 방법

❶ 삼차함수 $y=ax^3+bx^2+cx+d$에서 $a>0$이면 왼쪽 아래에서 오른쪽 위로(╱), $a<0$이면 왼쪽 위에서 오른쪽 아래로(╲) 그래프를 그린다.

이것은 일차함수 $y=ax+b$에서 $a>0$이면 왼쪽 아래에서 오른쪽 위로(╱), $a<0$이면 왼쪽 위에서 오른쪽 아래로(╲) 그래프를 그리는 것과 같다.

❷ 인수 $(x-\alpha)^n$의 차수(n)가 홀수이면 x절편(α)을 통과하고, 인수 $(x-\alpha)^n$의 차수(n)가 짝수이면 x절편(α)에서 x축을 통과하지 못하고 접한다.

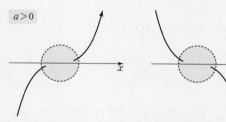

최고차항의 계수가 양수일 때   최고차항의 계수가 음수일 때

$y=(x-1)(x-2)(x-3)$	$y=(x-1)(x-2)^2$	$y=(x-1)^2(x-2)$	$y=(x-1)^3$
x절편 1, 2, 3에서 x축을 통과한다.	x절편 1에서 x축을 통과하고, x절편 2에서 x축을 통과하지 못하고 접한다.	x절편 1에서 x축을 통과하지 못하고 접하고, x절편 2에서 x축을 통과한다.	x절편 1에서 x축을 통과한다.

$y=-(x+1)x(x-1)$	$y=-x(x-1)^2$	$y=-x^2(x-1)$	$y=-x^3$
x절편 -1, 0, 1에서 x축을 통과한다.	x절편 0에서 x축을 통과하고, x절편 1에서 x축을 통과하지 못하고 접한다.	x절편 0에서 x축을 통과하지 못하고 접하고, x절편 1에서 x축을 통과한다.	x절편 0에서 x축을 통과한다.

사차함수의 그래프를 그리는 방법

❶ 사차함수 $y=ax^4+bx^3+cx^2+dx+e$에서 $a>0$이면 아래로 볼록($\cup$)하게, $a<0$이면 위로 볼록($\cap$)하게 그래프를 그린다. 이것은 이차함수 $y=ax^2+bx+c$에서 $a>0$이면 아래로 볼록($\cup$)하게, $a<0$이면 위로 볼록($\cap$)하게 그리는 것과 같다.

❷ 인수 $(x-\alpha)^n$의 차수(n)가 홀수이면 x절편(α)을 통과하고, 인수의 차수(n)가 짝수이면 x절편(α)에서 x축을 통과하지 못하고 접한다.

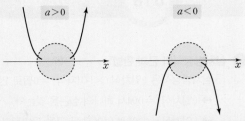

최고차항의 계수가 양수일 때   최고차항의 계수가 음수일 때

$y=x(x-1)(x-2)(x-3)$	$y=x^2(x-1)^2$	$y=-x^4$	$y=-x(x-2)^3$
x절편 0, 1, 2, 3에서 x축을 통과한다.	x절편 0, 1에서 x축과 접한다.	x절편 0에서 x축과 접한다.	x절편 0, 2에서 x축을 통과한다.

❶ 삼차방정식의 근의 판별

☐ 삼차방정식은 (일차식)×(이차식)=0꼴로 인수분해된다.

계수가 실수인
➡ (일차식)=0에서 하나의 실근을 갖는다.

➡ (이차식)=0에서 나머지 두 근을 판별한다.

예 삼차방정식 $x^3-1=0$은 $(x-1)(x^2+x+1)=0$이므로 일차방정식 $x-1=0$에서 한 실근 $x=1$을,

이차방정식 $x^2+x+1=0$에서 서로 다른 두 허근 $x=\dfrac{-1\pm\sqrt{3}i}{2}$ 를 갖는다.

❷ 삼차방정식의 근과 계수의 관계 `암기`

☐ 삼차방정식 $ax^3+bx^2+cx+d=0$의 세 근을 α, β, γ라 하면

➡ $\alpha+\beta+\gamma=-\dfrac{b}{a}$, $\alpha\beta+\beta\gamma+\gamma\alpha=\dfrac{c}{a}$, $\alpha\beta\gamma=-\dfrac{d}{a}$

예 삼차방정식 $x^3-3x^2+2x-1=0$의 세 근을 α, β, γ라 하면
$\alpha+\beta+\gamma=3$, $\alpha\beta+\beta\gamma+\gamma\alpha=2$, $\alpha\beta\gamma=1$이므로
$\alpha^2+\beta^2+\gamma^2=(\alpha+\beta+\gamma)^2-2(\alpha\beta+\beta\gamma+\gamma\alpha)=3^2-2\cdot2=5$

> • 이차방정식 $ax^2+bx+c=0$
> 의 두 근을 α, β라 하면
> $\alpha+\beta=-\dfrac{b}{a}$, $\alpha\beta=\dfrac{c}{a}$
>
> 이차방정식의 근과 계수의 관계

❸ 삼차방정식의 작성 `암기`

☐ 세 수 α, β, γ를 근으로 갖고, 삼차항 x^3의 계수가 1인 삼차방정식은

➡ $(x-\alpha)(x-\beta)(x-\gamma)=0 \Leftrightarrow x^3-(\alpha+\beta+\gamma)x^2+(\alpha\beta+\beta\gamma+\gamma\alpha)x-\alpha\beta\gamma=0$

세 근의 합   두 근끼리의 곱의 합   세 근의 곱

참고 세 수 α, β, γ를 근으로 갖고, 삼차항 x^3의 계수가 a인 삼차방정식은
$a\{x^3-(\alpha+\beta+\gamma)x^2+(\alpha\beta+\beta\gamma+\gamma\alpha)x-\alpha\beta\gamma\}=0$이다.

예 세 수 0, 1, 2를 근으로 갖고, x^3의 계수가 1인 삼차방정식은
$x^3-(0+1+2)x^2+(0\cdot1+1\cdot2+2\cdot0)x-0\cdot1\cdot2=0 \rightarrow x^3-3x^2+2x=0$

☐ 삼차방정식 $ax^3+bx^2+cx+d=0$의 세 근을 α, β, γ라 하면

➡ $ax^3+bx^2+cx+d=a(x-\alpha)(x-\beta)(x-\gamma)$

❹ 삼차방정식의 켤레근

• 삼차방정식 $ax^3+bx^2+cx+d=0$에서

☐ a, b, c, d가 유리수일 때, 한 근이 $p+q\sqrt{m}$이면 다른 한 근은 $p-q\sqrt{m}$이다.

계수가 유리수일 때 $p+q\sqrt{m}$의 켤레무리수
(단, p, q는 유리수, $q\neq0$, $\sqrt{m}$은 무리수)

예 a, b, c가 유리수인 삼차방정식 $x^3+ax^2+bx+c=0$의 한 근이 $2-\sqrt{3}$이면 다른 한 근은 $2+\sqrt{3}$이다.

☐ a, b, c, d가 실수일 때, 한 근이 $p+qi$이면 다른 한 근은 $p-qi$이다.

계수가 실수일 때 $p+qi$의 켤레복소수
(단, p, q는 실수, $q\neq0$, $i=\sqrt{-1}$)

예 a, b, c가 실수인 삼차방정식 $x^3+ax^2+bx+c=0$의 한 근이 $1+i$이면 다른 한 근은 $1-i$이다.

⊙ $x^3-2x^2+3x+4=0$의 세 근이 α, β, γ이다. 다음 값을 구하시오.

001 $\alpha+\beta+\gamma$ _____

002 $\alpha\beta+\beta\gamma+\gamma\alpha$ _____

003 $\alpha\beta\gamma$ _____

⊙ $x^3-x^2+2x-3=0$의 세 근이 α, β, γ이다. 다음 값을 구하시오.

004 $\alpha+\beta+\gamma$ _____

005 $\alpha\beta+\beta\gamma+\gamma\alpha$ _____

006 $\alpha\beta\gamma$ _____

007 $\dfrac{1}{\alpha}+\dfrac{1}{\beta}+\dfrac{1}{\gamma}$ _____

008 $\dfrac{\beta+\gamma}{\alpha}+\dfrac{\gamma+\alpha}{\beta}+\dfrac{\alpha+\beta}{\gamma}$ _____

009 $(\alpha-1)(\beta-1)(\gamma-1)$ _____

010 $(\alpha+\beta)(\beta+\gamma)(\gamma+\alpha)$ _____

011 $\alpha^2+\beta^2+\gamma^2$ _____

012 $\dfrac{\gamma}{\alpha\beta}+\dfrac{\alpha}{\beta\gamma}+\dfrac{\beta}{\gamma\alpha}$ _____

013 $\alpha^2\beta^2+\beta^2\gamma^2+\gamma^2\alpha^2$ _____

014 $\dfrac{1}{\alpha^2}+\dfrac{1}{\beta^2}+\dfrac{1}{\gamma^2}$ _____

015 $\alpha^3+\beta^3+\gamma^3$ _____

⊙ 세 수를 근으로 하는 삼차방정식을 구하시오. (단, x^3의 계수는 1이다.)

016 $1, 2, 3$ _____

017 $-1, 0, 2$ _____

018 $1, 2+\sqrt{3}, 2-\sqrt{3}$ _____

019 $2, 1+i, 1-i$ _____

⊙ 유리수 a, b와 실수 l, m의 값을 구하시오.

020 $x^3+ax^2+bx+1=0$의 한 근이 $1+\sqrt{2}$이다. _____

021 $x^3-5x^2+ax+b=0$의 한 근이 $3-2\sqrt{2}$이다. _____

022 $x^3-3x^2+lx+m=0$의 한 근이 $1+i$이다. _____

023 $x^3+lx^2+mx+5=0$의 한 근이 $1-2i$이다. _____

⊙ $x^3-x^2+2x+3=0$의 세 근이 α, β, γ이다. 세 수를 근으로 하는 삼차방정식을 구하시오.

024 $\alpha+1$, $\beta+1$, $\gamma+1$ (단, x^3의 계수는 1이다.) _____

025 $\dfrac{1}{\alpha}$, $\dfrac{1}{\beta}$, $\dfrac{1}{\gamma}$ (단, x^3의 계수는 3이다.) _____

● **삼차방정식과 삼차함수의 관계**

- a, b, c, d가 실수일 때, 삼차방정식 $ax^3+bx^2+cx+d=0$
  의 실근은 삼차함수 $f(x)=ax^3+bx^2+cx+d$의 그래프
  와 $y=0(x축)$의 교점의 x좌표이다.

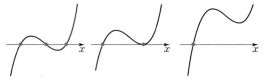

서로 다른 세 실근   한 중근과   한 실근과
       다른 한 실근   서로 다른 두 허근

❶ 오른쪽 그림과 같이 삼차함수의 그래프는 x축과 적어도
  한 점에서 만나므로 삼차방정식은 항상 1개 이상의 실근
  _{많으면 3개의 점에서 만나므로}
  을 갖는다.

❷ $ax^3+bx^2+cx+d=a(x-\alpha)(x^2+px+q)$, 즉 (일차식)×(이차식)꼴로 인수분해된다. (단, α, p, q는 실수)
  이때 삼차방정식 $ax^3+bx^2+cx+d=0$의 한 허근이 ω이면 다른 한 허근 $\overline{\omega}$를 갖는데, 이 두 허근 $\omega, \overline{\omega}$는 이차방정
  식 $x^2+px+q=0$의 근이기 때문이다. _{켤레복소수}

● **삼차방정식의 근과 계수의 관계에서 자주 쓰이는 공식** 암기

❶ $\alpha^2+\beta^2+\gamma^2=(\alpha+\beta+\gamma)^2-2(\alpha\beta+\beta\gamma+\gamma\alpha)$

❷ $\alpha^3+\beta^3+\gamma^3=(\alpha+\beta+\gamma)(\alpha^2+\beta^2+\gamma^2-\alpha\beta-\beta\gamma-\gamma\alpha)+3\alpha\beta\gamma$

❸ $\dfrac{1}{\alpha}+\dfrac{1}{\beta}+\dfrac{1}{\gamma}=\dfrac{\alpha\beta+\beta\gamma+\gamma\alpha}{\alpha\beta\gamma}$

❹ $(\alpha-1)(\beta-1)(\gamma-1)=\alpha\beta\gamma-(\alpha\beta+\beta\gamma+\gamma\alpha)+(\alpha+\beta+\gamma)-1$
  _{$(x-a)(x-b)(x-c)=x^3-(a+b+c)x^2+(ab+bc+ca)x-abc$}

♠ 삼차방정식 $x^3-x^2-2x+3=0$의 세 근을 α, β, γ라 할 때, $(\alpha+\beta)(\beta+\gamma)(\gamma+\alpha)$의 값을 구하시오. 정답 1

풀이 삼차방정식의 근과 계수의 관계에 의해 $\alpha+\beta+\gamma=1, \alpha\beta+\beta\gamma+\gamma\alpha=-2, \alpha\beta\gamma=-3$

$\alpha+\beta+\gamma=1$이므로 $\alpha+\beta=1-\gamma, \beta+\gamma=1-\alpha, \gamma+\alpha=1-\beta$이다.

$\therefore (\alpha+\beta)(\beta+\gamma)(\gamma+\alpha)=(1-\alpha)(1-\beta)(1-\gamma)$
  _{$(x-a)(x-b)(x-c)=x^3-(a+b+c)x^2+(ab+bc+ca)x-abc$}
$=1-(\alpha+\beta+\gamma)+(\alpha\beta+\beta\gamma+\gamma\alpha)-\alpha\beta\gamma=1-1-2+3=1$

● **최고차항의 계수가 1인 삼차식 $f(x)$에 대하여**

❶ $f(\alpha)=f(\beta)=f(\gamma)=0$이면 세 수 α, β, γ는 삼차방정식 $f(x)=0$의 근이다.

⇨ 인수정리에 의해 다항식 $f(x)$는 세 일차식 $x-\alpha, x-\beta, x-\gamma$를 인수로 갖는다.
  _{다항식 $f(x)$가 $x-a$로 나누어떨어지면 $f(a)=0$이다.}
⇨ $f(x)=(x-\alpha)(x-\beta)(x-\gamma)$

❷ $f(\alpha)=f(\beta)=f(\gamma)=k$이면 $f(\alpha)-k=0, f(\beta)-k=0, f(\gamma)-k=0$이다.

⇨ 세 수 α, β, γ는 삼차방정식 $f(x)-k=0$의 근이다.

⇨ 인수정리에 의해 다항식 $f(x)-k$는 세 일차식 $x-\alpha, x-\beta, x-\gamma$를 인수로 갖는다.

⇨ $f(x)-k=(x-\alpha)(x-\beta)(x-\gamma) \rightarrow f(x)=(x-\alpha)(x-\beta)(x-\gamma)+k$

♠ 삼차항의 계수가 1인 다항식 $f(x)$에 대하여 $f(1)=f(2)=f(3)=4$가 성립할 때, $f(5)$의 값을 구하시오. 정답 28

풀이 $f(1)-4=0, f(2)-4=0, f(3)-4=0$이므로 삼차방정식 $f(x)-4=0$의 근은 1, 2, 3이다.

다항식 $f(x)$의 삼차항의 계수가 1이므로 삼차방정식 $f(x)-4=0$의 계수도 1이다.

인수정리에 의해 $f(x)-4=(x-1)(x-2)(x-3) \rightarrow f(x)=(x-1)(x-2)(x-3)+4 \qquad \therefore f(5)=4 \cdot 3 \cdot 2+4=28$

001 삼차방정식 $x^3-12x^2-ax-b=0$의 세 근의 비가 $1:2:3$일 때, 상수 a, b의 합 $a+b$의 값은?

① -6 ② -4 ③ -2

④ 2 ⑤ 4

002 삼차방정식 $x^3+ax^2+bx-30=0$의 세 근이 모두 소수일 때, 상수 a, b에 대하여 $3a+b$의 값은?

① -1 ② 1 ③ 3

④ 5 ⑤ 7

003 삼차방정식 $x^3-4x^2+5x-19=0$의 세 근을 α, β, γ라 할 때, $(\alpha+\beta)(\beta+\gamma)(\gamma+\alpha)$의 값은?

① 1 ② 2 ③ 3

④ 4 ⑤ 5

004 삼차방정식 $x^3-4x^2+5x+1=0$의 세 근을 α, β, γ라 할 때, $\alpha^3+\beta^3+\gamma^3$의 값은?

① 0 ② 1 ③ 2

④ 3 ⑤ 4

005 계수가 유리수인 삼차방정식 $x^3+ax+b=0$의 한 근이 $2-\sqrt{2}$일 때, 상수 a, b의 합 $a+b$의 값은?

① -14 ② -6 ③ 2

④ 8 ⑤ 10

006 삼차방정식 $ax^3+bx^2+cx-8=0$의 두 근이 $\dfrac{2}{1+i}$와 2일 때, $a+b+c$의 값은?

(단, a, b, c는 실수이고 $i=\sqrt{-1}$이다.)

① 2 ② 4 ③ 6

④ 8 ⑤ 10

007 삼차방정식 $x^3-2x^2+3x-1=0$의 세 근을 α, β, γ라 할 때, $\dfrac{1}{\alpha}$, $\dfrac{1}{\beta}$, $\dfrac{1}{\gamma}$을 세 근으로 하고 x^3의 계수가 1인 삼차방정식은?

① $x^3-2x^2+3x-1=0$

② $x^3-3x^2+2x-1=0$

③ $x^3-3x^2-x+2=0$

④ $x^3-x^2+2x-3=0$

⑤ $x^3-x^2+3x-2=0$

008 x^3의 계수가 2인 삼차식 $f(x)$에 대하여 $f(1)=f(2)=f(3)=4$가 성립할 때, 삼차방정식 $f(x)=0$의 세 근의 곱은?

① -1 ② 1 ③ 2

④ 3 ⑤ 4

Special Lecture
삼차방정식 $x^3=1$의 허근 ω

$x^3=1$, $x^3=-1$ 뒤비기

6

❶ 삼차방정식 $x^3=1$은 복소수의 성질을 확인할 수 있는 매우 중요한 방정식이다.

$$x^3=1 \rightarrow x^3-1=0 \rightarrow (x-1)(x^2+x+1)=0$$
$$\rightarrow x-1=0 \text{ 또는 } x^2+x+1=0$$
$$\rightarrow x=1 \text{ 또는 } x=\frac{-1\pm\sqrt{3}i}{2} \text{ (근의 공식)}$$

☐ 삼차방정식 $x^3=1$의 한 허근이 ω이면 다른 한 허근은 $\overline{\omega}$이다.

➡ $\omega^3=1 \xrightarrow{\div\omega} \omega^2=\frac{1}{\omega} \xrightarrow{\div\omega} \omega=\frac{1}{\omega^2}$

➡ $\overline{\omega}^3=1 \xrightarrow{\div\overline{\omega}} \overline{\omega}^2=\frac{1}{\overline{\omega}} \xrightarrow{\div\overline{\omega}} \overline{\omega}=\frac{1}{\overline{\omega}^2}$

☐ 이차방정식 $x^2+x+1=0$의 한 허근이 ω이면 다른 한 허근은 $\overline{\omega}$이다.

➡ $\omega^2+\omega+1=0 \xrightarrow{\div\omega} \omega+1+\frac{1}{\omega}=0 \rightarrow \omega+\frac{1}{\omega}=-1 \quad \rightarrow \left(\omega+\frac{1}{\omega}\right)^2=\omega^2+2+\frac{1}{\omega^2} \quad \rightarrow \omega^2+\frac{1}{\omega^2}=-1$

➡ $\overline{\omega}^2+\overline{\omega}+1=0 \xrightarrow{\div\overline{\omega}} \overline{\omega}+1+\frac{1}{\overline{\omega}}=0 \rightarrow \overline{\omega}+\frac{1}{\overline{\omega}}=-1 \quad \rightarrow \left(\overline{\omega}+\frac{1}{\overline{\omega}}\right)^2=\overline{\omega}^2+2+\frac{1}{\overline{\omega}^2} \quad \rightarrow \overline{\omega}^2+\frac{1}{\overline{\omega}^2}=-1$

☐ 이차방정식 $x^2+x+1=0$의 두 근이 ω, $\overline{\omega}$이면 근과 계수의 관계에 의해 다음이 성립한다.

➡ $\omega+\overline{\omega}=-1$

➡ $\omega\overline{\omega}=1 \rightarrow \omega=\frac{1}{\overline{\omega}} \rightarrow \overline{\omega}=\frac{1}{\omega}$ $\Big] \rightarrow \omega+\frac{1}{\omega}=-1, \overline{\omega}+\frac{1}{\omega}=-1$

☐ $\omega=\frac{-1+\sqrt{3}i}{2}$ 라 하면 $\overline{\omega}=\frac{-1-\sqrt{3}i}{2}$ 이다.

➡ $\omega+\overline{\omega}=-1, \omega\overline{\omega}=1$

☐ $\omega^2=\left(\frac{-1+\sqrt{3}i}{2}\right)^2=\frac{1-2\sqrt{3}i-3}{4}=\frac{-1-\sqrt{3}i}{2}=\overline{\omega}$

➡ $\omega^2=\overline{\omega} \rightarrow \overline{\omega}^2=\omega$

❷ 삼차방정식 $x^3=1$의 한 허근 ω에 대한 다양한 계산 문제

☐ $\omega^{100}+\omega^{50}+1=(\omega^3)^{33}\omega+(\omega^3)^{16}\omega^2+1=\omega+\omega^2+1=0$

☐ $1+\omega+\omega^2+\cdots+\omega^{99}=(1+\omega+\omega^2)+\omega^3(1+\omega+\omega^2)+\omega^6(1+\omega+\omega^2)+\cdots+\omega^{96}(1+\omega+\omega^2)+(\omega^3)^{33}=1$

☐ $\omega^2+\overline{\omega}^2=(\omega+\overline{\omega})^2-2\omega\overline{\omega}=(-1)^2-2\cdot1=-1$

☐ $\omega^{100}+\frac{1}{\omega^{100}}=(\omega^{33})^3\omega+\frac{1}{(\omega^{33})^3\omega}=\omega+\frac{1}{\omega}=-1$

☐ $\frac{\omega^2}{1+\omega}+\frac{\omega}{1+\omega^2}=\frac{\omega^2}{-\omega^2}+\frac{\omega}{-\omega}=-2$

❸ 모두 같은 표현
☐ 삼차방정식 $x^3=1$의 한 허근을 ω라 할 때
☐ 이차방정식 $x^2+x+1=0$의 한 허근을 ω라 할 때

☐ 방정식 $x^2+x+1=0$을 만족시키는 ω에 대하여

☐ 삼차방정식의 한 허근이 $\omega = \dfrac{-1+\sqrt{3}i}{2}$일 때

☐ 삼차방정식의 한 허근이 $\omega = \dfrac{-1-\sqrt{3}i}{2}$일 때

❹ 삼차방정식 $x^3=-1$의 허근도 $x^3=1$의 허근과 비슷한 성질을 갖는다.

$$x^3=-1 \rightarrow x^3+1=0 \rightarrow (x+1)(x^2-x+1)=0$$
$$\rightarrow x+1=0 \text{ 또는 } x^2-x+1=0$$
$$\rightarrow x=-1 \text{ 또는 } x=\frac{1\pm\sqrt{3}i}{2} \text{ (근의 공식)}$$

☐ 삼차방정식 $x^3=-1$의 한 허근이 ω이면 다른 한 허근은 $\overline{\omega}$이다.

→ $\omega^3=-1 \xrightarrow{\div\,\omega} \omega^2=-\dfrac{1}{\omega} \xrightarrow{\div\,\omega} \omega=-\dfrac{1}{\omega^2}$

→ $\overline{\omega}^3=-1 \xrightarrow{\div\,\overline{\omega}} \overline{\omega}^2=-\dfrac{1}{\overline{\omega}} \xrightarrow{\div\,\overline{\omega}} \overline{\omega}=-\dfrac{1}{\overline{\omega}^2}$

→ $\omega^6=1,\ \overline{\omega}^6=1$

☐ 이차방정식 $x^2-x+1=0$의 한 허근이 ω이면 다른 한 허근은 $\overline{\omega}$이다.

→ $\omega^2-\omega+1=0 \xrightarrow{\div\,\omega} \omega-1+\dfrac{1}{\omega}=0 \rightarrow \omega+\dfrac{1}{\omega}=1 \quad \rightarrow \left(\omega+\dfrac{1}{\omega}\right)^2=\omega^2+2+\dfrac{1}{\omega^2} \quad \rightarrow \omega^2+\dfrac{1}{\omega^2}=-1$

→ $\overline{\omega}^2-\overline{\omega}+1=0 \xrightarrow{\div\,\overline{\omega}} \overline{\omega}-1+\dfrac{1}{\overline{\omega}}=0 \rightarrow \overline{\omega}+\dfrac{1}{\overline{\omega}}=1 \quad \rightarrow \left(\overline{\omega}+\dfrac{1}{\overline{\omega}}\right)^2=\overline{\omega}^2+2+\dfrac{1}{\overline{\omega}^2} \quad \rightarrow \overline{\omega}^2+\dfrac{1}{\overline{\omega}^2}=-1$

☐ 이차방정식 $x^2-x+1=0$의 두 근이 $\omega,\ \overline{\omega}$이면 근과 계수의 관계에 의해 다음이 성립한다.

→ $\omega+\overline{\omega}=1$

→ $\omega\overline{\omega}=1 \rightarrow \omega=\dfrac{1}{\overline{\omega}} \rightarrow \overline{\omega}=\dfrac{1}{\omega}$ $\left.\right\} \rightarrow \omega+\dfrac{1}{\omega}=1,\ \overline{\omega}+\dfrac{1}{\overline{\omega}}=1$

☐ $\omega=\dfrac{1+\sqrt{3}i}{2}$ 라 하면 $\overline{\omega}=\dfrac{1-\sqrt{3}i}{2}$이다.

→ $\omega+\overline{\omega}=1,\ \omega\overline{\omega}=1$

☐ $\omega^2=\left(\dfrac{1+\sqrt{3}i}{2}\right)^2=\dfrac{1+2\sqrt{3}i-3}{4}=\dfrac{-1+\sqrt{3}i}{2}=-\left(\dfrac{1-\sqrt{3}i}{2}\right)=-\overline{\omega}$

→ $\omega^2=-\overline{\omega} \rightarrow \overline{\omega}^2=-\omega$

EXERCISE

삼차방정식 $x^3=-1$의 한 허근을 ω라 할 때, $1+\omega+\omega^2+\cdots+\omega^{95}$의 값을 구하시오. **정답** 0

풀이 $x^3=-1$의 한 허근이 ω이므로 $\omega^3=-1$이다.

$x^3=-1 \rightarrow x^3+1=0 \rightarrow (x+1)(x^2-x+1)=0 \rightarrow x+1=0 \text{ 또는 } x^2-x+1=0$

이때 ω는 이차방정식 $x^2-x+1=0$의 한 근이므로 $\omega^2-\omega+1=0$이다.

$1+\omega+\omega^2+\omega^3+\omega^4+\omega^5=1+\omega+\omega^2-1-\omega-\omega^2\ (\because \omega^3=-1)$
$\qquad\qquad\qquad\qquad\qquad\quad =0$

$\therefore\ 1+\omega+\omega^2+\cdots+\omega^{95}$
$=(1+\omega+\omega^2+\omega^3+\omega^4+\omega^5)+(\omega^6+\omega^7+\omega^8+\omega^9+\omega^{10}+\omega^{11})+\cdots+(\omega^{90}+\omega^{91}+\omega^{92}+\omega^{93}+\omega^{94}+\omega^{95})$
$=(1+\omega+\omega^2+\omega^3+\omega^4+\omega^5)+\omega^6(1+\omega+\omega^2+\omega^3+\omega^4+\omega^5)+\cdots+(\omega^6)^{15}(1+\omega+\omega^2+\omega^3+\omega^4+\omega^5)$
$=0+0+\cdots+0$
$=0$

⊙ $x^3=1$의 한 허근이 ω이다. 다음 값을 구하시오.

001 ω^3 **002** $\omega^2+\omega+1$

003 $\omega+\omega^2+\omega^3$ **004** $\omega^{100}+\omega^{101}+\omega^{102}$

005 $\dfrac{1+\omega}{\omega^2}+\dfrac{\omega}{1+\omega^2}$ **006** $\dfrac{\omega^8}{1+\omega^7}+\dfrac{\omega^7}{1+\omega^8}$

007 $\omega+\dfrac{1}{\omega}$ **008** $\omega^4+\dfrac{1}{\omega^4}$

009 $1+\omega+\omega^2+\cdots+\omega^{99}$ **010** $1+\dfrac{1}{\omega}+\dfrac{1}{\omega^2}+\cdots+\dfrac{1}{\omega^{99}}$

⊙ $x^3=-1$의 한 허근이 ω이다. 다음 값을 구하시오.

011 ω^3 **012** $\omega^2-\omega+1$

013 $\omega^{10}-\omega^5+1$ **014** $\omega^{101}+\omega^{102}+\omega^{103}$

015 $\dfrac{\omega^2}{1-\omega}+\dfrac{\omega}{1+\omega^2}$ **016** $\omega^{98}+\dfrac{1}{\omega^{98}}$

017 $1-\omega+\omega^2-\omega^3+\omega^4-\omega^5+\cdots+\omega^{32}-\omega^{33}$

⊙ $x^2+x+1=0$의 한 허근이 ω이다. 다음 값을 구하시오. (단, $\overline{\omega}$는 ω의 켤레복소수이다.)

018 $\overline{\omega}^2+\overline{\omega}+1$ **019** $\overline{\omega}^3$

020 $\omega+\overline{\omega}$ **021** $\omega\overline{\omega}$

022 $\omega^{100}+\overline{\omega}^{100}$ **023** $\dfrac{\omega}{\overline{\omega}}+\dfrac{\overline{\omega}}{\omega}$

⊙ $x^2-x+1=0$의 한 허근이 ω이다. 다음 값을 구하시오. (단, $\overline{\omega}$는 ω의 켤레복소수이다.)

024 $\overline{\omega}^2-\overline{\omega}+1$ **025** $\overline{\omega}^3$

026 $\omega+\overline{\omega}$ **027** $\omega\overline{\omega}$

028 $\omega+\dfrac{1}{\omega}+\overline{\omega}+\dfrac{1}{\overline{\omega}}$ **029** $\dfrac{1}{\omega-1}+\dfrac{1}{\overline{\omega}-1}$

⊙ $x^2+x+1=0$의 두 근이 α, β이다. 다음 값을 구하시오.

030 $\alpha^{10}+\alpha^{11}$

031 $\alpha^{100}+\beta^{100}$

001 삼차방정식 $x^3=1$의 한 허근을 ω라 할 때, 다음 중 옳지 <u>않은</u> 것은? (단, $\overline{\omega}$는 ω의 켤레복소수이다.)

① $\omega^3=1$

② $\overline{\omega}$는 $x^3=1$의 근이다.

③ $\omega+\overline{\omega}=-1$

④ $\overline{\omega}^2+\overline{\omega}=-1$

⑤ $\omega^2=-\overline{\omega}$

002 삼차방정식 $x^3=-1$의 한 허근을 ω라 할 때, 다음 중 옳지 <u>않은</u> 것은? (단, $\overline{\omega}$는 ω의 켤레복소수이다.)

① $\omega^3=-1$　② $\omega+\overline{\omega}=1$　③ $\omega\overline{\omega}=1$

④ $\omega+\dfrac{1}{\omega}=-1$　⑤ $\omega^2=-\overline{\omega}$

003 삼차방정식 $x^3=-1$의 한 허근을 ω라 할 때, $\omega^{101}+\dfrac{1}{\omega^{101}}$의 값은?

① -1　　② 0　　　③ 1

④ 2　　　⑤ 3

004 이차방정식 $x^2+x+1=0$의 한 근을 ω라 할 때, $\omega^{11}+\overline{\omega}^{11}$의 값은? (단, $\overline{\omega}$는 ω의 켤레복소수이다.)

① -1　　② 0　　　③ 1

④ 2　　　⑤ 3

005 $x=\dfrac{1+\sqrt{3}\,i}{2}$일 때, $x^{100}-x^{101}$의 값은?

① -1　　② 0　　　③ 1

④ 2　　　⑤ 3

006 삼차방정식 $x^3=1$의 한 허근을 ω라 할 때, $1+\dfrac{1}{\omega}+\dfrac{1}{\omega^2}+\cdots+\dfrac{1}{\omega^{101}}$의 값은?

① -1　　② 0　　　③ 1

④ 2　　　⑤ 3

007 삼차방정식 $x^3-x^2-x-2=0$의 한 허근을 ω라 할 때, $1+\omega+\omega^2+\cdots+\omega^{30}$의 값은?

① 1　　　② 2　　　③ 3

④ 4　　　⑤ 5

008 이차방정식 $x^2+2x+4=0$의 한 근을 ω라 할 때, $\omega^3+\omega^2+2\omega$의 값은?

① 1　　　② 2　　　③ 3

④ 4　　　⑤ 5

017 연립일차방정식과 연립이차방정식

중요도 ★★★★☆

❶ 미지수가 2개인 연립일차방정식

☐ 가감법이나 대입법을 이용하여 미지수 2개 중에서 1개를 소거하여 푼다.

각 방정식에 적절한 상수를 곱한 다음 더하거나 빼(가감하여) 미지수를 소거해 연립방정식의 해를 구하는 방법

예 가감법 : $\begin{cases} x+y=3 & ☺ \\ x-y=1 & ● \end{cases}$

→ 변끼리 ☺+●를 하면 y가 소거된다. → $2x=4 \to x=2$

→ $x=2$를 ☺와 ● 중에서 하나를 선택하여 대입한다. → $y=1$

예 대입법 : $\begin{cases} x+y=3 & ☺ \\ x-y=1 & ● \end{cases}$

→ ●를 정리한 일차식 $y=x-1$을 ☺에 대입한다.

→ $x+(x-1)=3 \to 2x=4 \to x=2$

→ $x=2$를 ☺와 ● 중에서 하나를 선택하여 대입한다. → $y=1$

❷ 미지수가 3개인 연립일차방정식 (교육과정 외)

☐ 미지수 3개 중에서 1개를 소거하여 미지수가 2개인 연립일차방정식을 만든다.

가감법, 대입법을 이용하여

예 $\begin{cases} x+y+z=0 & ☺ \\ x+2y-z=8 & ● \\ 2x+3y+z=5 & ♡ \end{cases}$ → z가 소거하기 쉽다. $\begin{cases} 2x+3y=8 & ☺+● \\ 3x+5y=13 & ●+♡ \end{cases}$ → $x=1, y=2, z=-3$

❸ 연립이차방정식의 4가지 유형

☐ **연립이차방정식** : 연립방정식에서 차수가 가장 높은 것이 이차방정식인 경우 [참고]

☐ $\begin{cases} \text{일차방정식} \\ \text{이차방정식} \end{cases}$ → 일차식을 한 문자에 대하여 정리한 후, 이차식에 대입한다. → 대입형

예 $\begin{cases} x-y=1 & ☺ \\ x^2+y^2=5 & ● \end{cases}$

→ ☺를 정리한 일차식 $y=x-1$을 ●에 대입한다.

→ $x^2+(x-1)^2=5 \to x=2$ 또는 $x=-1$

→ $y=x-1$에 대입한다. → $(x=2, y=1)$ 또는 $(x=-1, y=-2)$

☐ $\begin{cases} \text{이차방정식} \\ \text{이차방정식} \end{cases}$ → 두 이차식 중 어느 한 이차식이 두 일차식의 곱으로 인수분해가 가능한 경우 → 인수분해형

두 이차식 중 하나가 상수항이 없는 ( )=0꼴이며 ( )가 두 일차식의 곱으로 인수분해된다.

예 $\begin{cases} x^2-3xy+2y^2=0 & ☺ \\ x^2+y^2=10 & \end{cases}$

→ ☺를 인수분해하여 일차식을 만든다. → $(x-y)(x-2y)=0 \to x=y$ 또는 $x=2y$

☐ $\begin{cases} \text{이차방정식} \\ \text{이차방정식} \end{cases}$ → 인수분해(×), 이차항 또는 xy항 소거가 가능한 경우 → 이차항 소거형

이차항 또는 xy항의 계수를 같게 할 수 있을 때

xy항 소거형

예 $\begin{cases} 3x^2+2y-5x=4 & ☺ \\ 2x^2-5y+3x=9 & ● \end{cases}$

→ (☺×2)−(●×3)으로 이차항을 소거하여 일차식을 만든다. → $y=x-1$

예 $\begin{cases} 3xy+8x+y=1 & ☺ \\ xy+2x+y=1 & ● \end{cases}$

→ ☺−(●×3)으로 xy항을 소거하여 일차식을 만든다. → $y=x+1$

☐ $\begin{cases} \text{이차방정식} \\ \text{이차방정식} \end{cases}$ → 인수분해(×), 이차항 또는 xy항 소거(×), 상수항 소거가 가능한 경우 → 상수항 소거형

이차항의 계수를 같게 할 수 없을 때

(교육과정 외)

예 $\begin{cases} 2x^2+3xy+y^2=3 & ☺ \\ x^2-2xy-3y^2=5 & ● \end{cases}$

→ (☺×5)−(●×3)으로 상수항을 소거하여 일차식을 만든다.

→ $x^2+3xy+2y^2=0 \to (x+y)(x+2y)=0 \to x=-y$ 또는 $x=-2y$

◉ 연립일차방정식을 푸시오.

001 $\begin{cases} x+y=4 \\ 2x-y=5 \end{cases}$ ＿＿＿＿＿＿

002 $\begin{cases} x-y=5 \\ x+2y=-1 \end{cases}$ ＿＿＿＿＿＿

003 $\begin{cases} x+2y=4 \\ 3x+y=7 \end{cases}$ ＿＿＿＿＿＿

004 $\begin{cases} 2x-3y=-5 \\ x+2y=1 \end{cases}$ ＿＿＿＿＿＿

005 $\begin{cases} y=x+1 \\ 2x+y=4 \end{cases}$ ＿＿＿＿＿＿

006 $\begin{cases} x=y-1 \\ x+2y=2 \end{cases}$ ＿＿＿＿＿＿

007 $\begin{cases} x+3y=3 \\ 2x+y=-4 \end{cases}$ ＿＿＿＿＿＿

008 $\begin{cases} x-2y=1 \\ 3x+y=10 \end{cases}$ ＿＿＿＿＿＿

009 $\begin{cases} x+y+z=6 \\ 2x+y-z=3 \\ x-y+2z=2 \end{cases}$ ＿＿＿＿＿＿

010 $\begin{cases} x+y=7 \\ y+z=8 \\ z+x=9 \end{cases}$ ＿＿＿＿＿＿

◉ 대입법을 이용하여, 연립이차방정식을 푸시오.

011 $\begin{cases} y=x+3 \\ xy=10 \end{cases}$ ＿＿＿＿＿＿

012 $\begin{cases} y=x+1 \\ x^2+y=3 \end{cases}$ ＿＿＿＿＿＿

013 $\begin{cases} x+y=1 \\ x^2+y^2=1 \end{cases}$ ＿＿＿＿＿＿

014 $\begin{cases} x-y=1 \\ x^2+y^2=5 \end{cases}$ ＿＿＿＿＿＿

015 $\begin{cases} x-y=2 \\ x^2-2y^2=7 \end{cases}$ ＿＿＿＿＿＿

016 $\begin{cases} x-y=-4 \\ x^2+xy+y^2=7 \end{cases}$ ＿＿＿＿＿＿

◉ 인수분해를 이용하여, 연립이차방정식을 푸시오.

017 $\begin{cases} (x+y)(x-y)=0 \\ x^2-xy+y^2=9 \end{cases}$ ＿＿＿＿＿＿

018 $\begin{cases} (x+y)(x-2y)=0 \\ 2x^2+y^2=9 \end{cases}$ ＿＿＿＿＿＿

019 $\begin{cases} x^2+2xy-3y^2=0 \\ x^2+xy-6=0 \end{cases}$ ＿＿＿＿＿＿

020 $\begin{cases} x^2-3xy+2y^2=0 \\ x^2+y^2=10 \end{cases}$ ＿＿＿＿＿＿

021 $\begin{cases} 2x^2+3xy-2y^2=0 \\ x^2+y^2=5 \end{cases}$ ＿＿＿＿＿＿

022 $\begin{cases} 2x^2-5xy+2y^2=0 \\ x^2+xy-12=0 \end{cases}$ ＿＿＿＿＿＿

◉ 이차항, xy항, 상수항을 소거하여, 연립이차방정식을 푸시오.

023 $\begin{cases} x^2+y^2+x=1 \\ x^2+y^2+y=3 \end{cases}$ ＿＿＿＿＿＿

024 $\begin{cases} xy+x=3 \\ 3xy+y=8 \end{cases}$ ＿＿＿＿＿＿

025 $\begin{cases} 2x^2+3xy+y^2=3 \\ x^2-2xy-3y^2=5 \end{cases}$ ＿＿＿＿＿＿

- **특수한 형태의 미지수가 3개인 연립일차방정식의 풀이**(교육과정 외)

  ❶ $(x, y) \rightarrow (y, z) \rightarrow (z, x)$나 $(2x, y, z) \rightarrow (x, 2y, z) \rightarrow (x, y, 2z)$처럼 각 방정식에 포함된 2개 또는 3개의 미지수의 계수가 순환하듯이 같은 수로 바뀌는 연립방정식을 **순환형 연립방정식**이라 한다.

  ⇨ 순환형 연립방정식은 세 방정식을 모두 변끼리 더하거나 곱하여 얻어진 새로운 방정식을 이용한다.

  예 $\begin{cases} x+y=3 \\ y+z=4 \\ z+x=5 \end{cases}$ → 좌변은 좌변끼리, 우변은 우변끼리 더한다. → $2(x+y+z)=12 \rightarrow x+y+z=6 \rightarrow z=3,\ x=2,\ y=1$

  예 $\begin{cases} xy=2\ (단, x>0, y>0, z>0) \\ yz=3 \\ zx=6 \end{cases}$ → 좌변은 좌변끼리, 우변은 우변끼리 곱한다. → $(xyz)^2=36 \rightarrow xyz=6(\because xyz>0) \rightarrow z=3,\ x=2,\ y=1$

  ❷ $A=B=C=k$(k는 상수)꼴은 연립방정식 $\begin{cases} A=k \\ B=k \\ C=k \end{cases}$를 푸는 것과 같다.

- **두 이차방정식으로 이루어진 연립이차방정식의 풀이**

  ❶ 연립이차방정식의 풀이의 기본은 일차식을 이차식에 대입하는 것이다.

  ⓐ 일차식, 이차식꼴 ⇨ 일차식을 이차식에 대입한다.

  ⓑ 이차식, 이차식꼴 ⇨ 일차식을 만들어 이차식에 대입한다.

  ❷ 두 이차방정식 중 어느 한 이차방정식이 2개의 일차식의 곱으로 인수분해가 가능한 경우

  ⇨ 인수분해하여 얻은 2개의 (일차식)=0을 다른 이차방정식에 대입하여 푼다.

  $\begin{cases} (이차방정식\ A) \\ (이차방정식\ B) \end{cases}$ → $\begin{cases} (일차식\ C) \times (일차식\ D)=0 \\ (이차방정식\ B) \end{cases}$ → $\begin{cases} (일차식\ C)=0 \\ (이차방정식\ B) \end{cases}$ 또는 $\begin{cases} (일차식\ D)=0 \\ (이차방정식\ B) \end{cases}$

  ❸ 두 이차방정식이 모두 인수분해가 가능하지 않은 경우(교육과정 외)

  ⇨ 이차항을 소거하여 (일차식)=0을 만든 후 두 이차방정식 중 어느 한 이차방정식에 대입하여 푼다. _{이차항 또는 xy항의 계수를 같게 할 수 있을 때}

  ⇨ 상수항을 소거한 이차방정식을 인수분해하여 얻은 2개의 (일차식)=0을 두 이차방정식 중 어느 한 이차방정식 _{이차항의 계수를 같게 할 수 없을 때} 에 대입하여 푼다.

- **대칭식인 연립이차방정식의 풀이**

  ❶ $x+y,\ xy,\ x^2+y^2$과 같이 x와 y를 서로 바꾸어도 같은 결과인 식을 **대칭식**이라 한다.

  ❷ 대칭식으로 이루어진 연립방정식은 $x+y,\ xy$의 값을 구하여 이차방정식의 근과 계수의 관계를 이용한다. _{$y+x,\ yx,\ y^2+x^2$}

  ⇨ $x+y=a,\ xy=b$라 하면 $x,\ y$는 이차방정식 $t^2-at+b=0$의 두 근이다. _{이차방정식 $ax^2+bx+c=0$의 두 근을 $\alpha,\ \beta$라 할 때 $\alpha+\beta=-\dfrac{b}{a},\ \alpha\beta=\dfrac{c}{a}$}

  예 $\begin{cases} x^2+y^2=5 \\ xy=2 \end{cases}$ → $\begin{cases} (x+y)^2-2xy=5 \\ xy=2 \end{cases}$ → $x+y=a,\ xy=b$로 치환한다. → $\begin{cases} a^2-2b=5 \\ b=2 \end{cases}$

  > $x^2+y^2=(x+y)^2-2xy$를 이용하여 $x+y,\ xy$로 이루어진 식으로 변형한다.

  → 연립이차방정식을 푼다. $\begin{cases} a=3 \\ b=2 \end{cases}$ 또는 $\begin{cases} a=-3 \\ b=2 \end{cases}$

  > $x+y=a,\ xy=b$로 치환하여 $a,\ b$의 값을 구한다.

  ⓐ $a=3,\ b=2$, 즉 $x+y=3,\ xy=2$일 때 → $x,\ y$는 이차방정식 $t^2-3t+2=0$의 두 근이다.

  $(t-1)(t-2)=0 \rightarrow t=1$ 또는 $t=2 \rightarrow \begin{cases} x=1 \\ y=2 \end{cases}$ 또는 $\begin{cases} x=2 \\ y=1 \end{cases}$

  > $x+y=a,\ xy=b$를 이용하여 $x,\ y$의 값을 구한다.

  ⓑ $a=-3,\ b=2$, 즉 $x+y=-3,\ xy=2$일 때 → $x,\ y$는 이차방정식 $t^2+3t+2=0$의 두 근이다.

  $(t+1)(t+2)=0 \rightarrow t=-1$ 또는 $t=-2 \rightarrow \begin{cases} x=-1 \\ y=-2 \end{cases}$ 또는 $\begin{cases} x=-2 \\ y=-1 \end{cases}$

001 연립이차방정식 $\begin{cases} y=2x+1 \\ x^2+y=4 \end{cases}$ 를 만족시키는 실수 x, y에 대하여 $x+y$의 최댓값은?

① 1   ② 2   ③ 3
④ 4   ⑤ 5

002 연립이차방정식 $\begin{cases} xy=-1 \\ x+y=3 \end{cases}$ 을 만족시키는 실수 x, y에 대하여 모든 x의 값의 합은?

① 0   ② 1   ③ 2
④ 3   ⑤ 4

003 연립이차방정식 $\begin{cases} x^2-xy-2y^2=0 \\ x^2+xy+y^2=7 \end{cases}$ 을 만족시키는 실수 x, y에 대하여 xy의 최솟값은?

① -7 ② -3 ③ 2
④ 3   ⑤ 5

004 연립이차방정식 $\begin{cases} y=x+k \\ x^2+2y=1 \end{cases}$ 이 실근을 갖도록 하는 실수 k의 최댓값은?

① 0   ② 1   ③ 2
④ 3   ⑤ 4

005 대각선의 길이가 $\sqrt{13}$이고 가로의 길이가 세로의 길이보다 긴 직사각형이 있다. 가로의 길이와 세로의 길이를 모두 1만큼 늘이면 대각선의 길이가 5가 된다. 처음 직사각형의 세로의 길이는?

① 1   ② 2   ③ 3
④ 4   ⑤ 5

006 연립방정식 $\begin{cases} x+y=7 \\ x-y=a \end{cases}$ 의 해가 $\begin{cases} x^2+y^2=25 \\ bx-y=5 \end{cases}$ 를 만족할 때, 상수 a, b에 대하여 $a-b$의 값은? (단, $a>0$)

① -3 ② -2 ③ -1
④ 2   ⑤ 4

007 연립이차방정식 $\begin{cases} x^2+y^2=6 \\ x+y+xy=-3 \end{cases}$ 을 만족시키는 실수 x, y에 대하여 $x+y$의 최솟값은?

① 0   ② -1 ③ -2
④ -3 ⑤ -4

008 연립이차방정식 $\begin{cases} x^2+2xy-y^2=2 \\ x^2+xy-5y^2=1 \end{cases}$ 을 만족시키는 정수 x, y에 대하여 xy의 값은?

① 0   ② -1 ③ -2
④ -3 ⑤ -4

❶ 공통근

☐ **공통근** : 두 개 이상의 방정식을 동시에 만족하는 미지수의 값 〔정의〕

• 두 방정식 $f(x)=0$, $g(x)=0$에 대하여

☐ 두 방정식이 인수분해되면 인수분해하여 공통근을 찾는다.

> 두 이차방정식의 공통근은 최대 2개가 나올 수 있다.

예 두 방정식 $(x-1)(x-2)=0$, $(x-1)(x-3)=0$의 공통근은 $x=1$이다.

☐ 공통근을 α로 놓고 $f(x)=0$, $g(x)=0$에 $x=\alpha$를 대입한 연립방정식 $\begin{cases} f(\alpha)=0 \\ g(\alpha)=0 \end{cases}$을 푼다.

→ 이차항 또는 상수항을 소거하여 공통근 α를 구한다.

→ 구한 근이 공통근인지 반드시 확인한다.

예 두 방정식 $x^2+3x+2=0$, $x^2-x-2=0$의 공통근을 α라 하면 $\alpha^2+3\alpha+2=0$, $\alpha^2-\alpha-2=0$

두 식의 양변을 각각 빼면 $4\alpha+4=0 \rightarrow \alpha=-1$

두 식의 양변을 각각 더하면 $2\alpha^2+2\alpha=0 \rightarrow \alpha(\alpha+1)=0 \rightarrow \alpha=-1$ ($\alpha=0$은 공통근이 아니다.)

❷ 부정방정식

☐ **부정방정식** : 방정식의 개수가 미지수의 개수보다 적어 그 해가 무수히 많아 해를 정할 수 없는 방정식 〔정의〕

> '不定'은 '정할 수 없다'는 뜻이다.

예 x, y가 실수일 때, 방정식 $xy=2$의 해는 무수히 많다. 즉, 이 방정식은 부정방정식이다.

☐ 부정방정식이라도 미지수의 범위를 실수 → 정수 → 자연수로 제한하면 해의 개수는 점점 줄어든다.

예 방정식 $xy=2$의 해는 x, y가 실수일 때   → 무수히 많다.

⬇

x, y가 정수일 때   → $(x, y)=(1, 2)$, $(2, 1)$, $(-1, -2)$, $(-2, -1)$로 4개이다.

⬇

x, y가 자연수일 때   → $(x, y)=(1, 2)$, $(2, 1)$로 2개이다.

☐ 정수 조건이 주어진 경우

→ (일차식)×(일차식)$=k$(k는 정수)꼴로 변형한 후, 곱하면 k가 되는 두 정수를 찾는다.

예 x, y가 정수일 때, $xy-x+2y=1 \rightarrow x(y-1)+2(y-1)+2=1 \rightarrow (x+2)(y-1)=-1$

$\rightarrow (x+2=1, y-1=-1)$ 또는 $(x+2=-1, y-1=1)$

$x+2$	$y-1$		x	y
1	-1	→	-1	0
-1	1		-3	2

$\rightarrow (x=-1, y=0)$ 또는 $(x=-3, y=2)$

☐ 실수 조건이 주어진 경우, 완전제곱식으로 변형할 수 있을 때

> $(a+b)^2$, $k(x-2y)^2$과 같이 다항식의 제곱으로 된 식이나 다항식의 제곱에 상수를 곱한 식

→ 실수 A, B에 대하여 $A^2+B^2=0$이면 $A=0$, $B=0$이다.

> $A^2 \geq 0$, $B^2 \geq 0$

예 x, y가 실수일 때, $x^2+y^2+2x-4y+5=0 \rightarrow (x+1)^2+(y-2)^2=0 \rightarrow x=-1, y=2$

☐ 실수 조건이 주어진 경우, 완전제곱식으로 변형하기 힘들 때

→ 이차방정식이 실근을 가질 조건은 $D \geq 0$이다.

> 서로 다른 두 실근을 갖는다.($D>0$) + 중근을 갖는다.($D=0$)

예 x, y가 실수일 때, $x^2+y^2+2x-4y+5=0$을 x에 대하여 내림차순으로 정리하면

$\rightarrow x^2+2x+(y^2-4y+5)=0 \rightarrow$ 이 이차방정식이 실근을 갖는다.

$\rightarrow D=2^2-4 \cdot 1 \cdot (y^2-4y+5) \geq 0 \rightarrow (y-2)^2 \leq 0 \rightarrow y=2$ ($\because (y-2)^2 \geq 0$)

> 판별식 $D \geq 0$

$\rightarrow y=2$를 $x^2+y^2+2x-4y+5=0$에 대입하면 $(x+1)^2=0 \rightarrow x=-1$

⊙ 두 방정식의 공통근을 구하시오.

001 $x^2-3x+2=0$, $x^2-4x+3=0$ ─────────

002 $x^2-2x=0$, $x^2+4x-12=0$ ─────────

003 $x^2-x-2=0$, $x^3-2x-1=0$ ─────────

004 $x^3+1=0$, $x^4+x^2+1=0$ ─────────

⊙ 방정식 $xy=1$의 해를 구하시오.

005 x, y가 모두 자연수일 때 ─────────

006 x, y가 모두 정수일 때 ─────────

007 x, y가 모두 실수일 때 ─────────

⊙ 정수 x, y의 값을 구하시오.

008 $xy=5$ ─────────

009 $(x-2)(y+3)=-1$ ─────────

010 $xy-x-y=0$ ─────────

011 $xy-x+y+1=0$ ─────────

012 $xy+x+2y+5=0$ ─────────

013 $xy-2x-3y+4=0$ ─────────

⊙ 실수 x, y의 값을 구하시오.

014 $(x+1)^2+(y-2)^2=0$ ─────────

015 $(x+y+2)^2+(2x-y-5)^2=0$ ─────────

016 $x^2+y^2+2x+1=0$ ─────────

017 $2x^2+y^2+4y+4=0$ ─────────

018 $x^2+y^2-2x+2y+2=0$ ─────────

019 $x^2+y^2+6x-4y+13=0$ ─────────

- $axy+bx+cy+d=0$꼴을 (일차식)$\times$(일차식)$=$(정수)꼴로 고치는 방법

❶ $xy-x+y+1=0$ $\rightarrow x(y-1)+y+1=0$

                          $\rightarrow x(y-1)+(y-1)+1+1=0$

                          $\rightarrow (x+1)(y-1)=-2$

❷ $xy+4x-2y-9=0$ $\rightarrow x(y+4)-2y-9=0$

                          $\rightarrow x(y+4)-2(y+4)+8-9=0$

                          $\rightarrow (x-2)(y+4)=1$

❸ $\alpha+\beta=2m$ ······☺, $\alpha\beta=2m-3$ ······😎일 때, 😎$-$☺를 하면

    $\alpha\beta-\alpha-\beta=-3$ $\rightarrow \alpha(\beta-1)-\beta=-3$

                      $\rightarrow \alpha(\beta-1)-(\beta-1)-1=-3$

                      $\rightarrow (\alpha-1)(\beta-1)=-2$

- **부정방정식과 실수 조건**

  - 방정식 $(x-2)^2+(y-1)^2=0$의 해 x, y의 순서쌍 (x, y)는 $(2, 1)$, $(2+i, 0)$, $(3, 1+i)$, $(2+2i, 3)$, $\cdots$과 같이 하나로 결정되지 않는다. 이처럼 방정식의 개수가 미지수의 개수보다 적은 경우 그 근이 무수히 많거나 하나로 결정되지 않아 근을 확정할 수 없는데 이러한 부정방정식은 근에 대한 추가 조건(정수근, 자연수근, 실수근)을 제시하여 그 근을 확정한다.

  ❶ 이때 x, y를 실수로 제한하면 해는 $(2, 1)$ 하나로 결정된다.

  ❷ 자주 사용되는 실수의 성질(실수 A, B에 대하여) 암기

      ⓐ $A^2+B^2=0$이면 $\Rightarrow A=0$이고 $B=0$

      ⓑ $|A|+|B|=0$이면 $\Rightarrow A=0$이고 $B=0$

      ⓒ $A+Bi=0$이면 $\Rightarrow A=0$이고 $B=0$ ($i=\sqrt{-1}$)

- **이차방정식의 두 근이 모두 정수인 조건** 암기

  ❶ 문제에서 정수나 자연수 조건이 주어지면 부정방정식과 연관지어 생각할 필요가 있다.

  ❷ 이차방정식의 근과 계수의 관계를 이용하여 부정방정식을 세운다.

  이차방정식 $ax^2+bx+c=0$의 두 근을 α, β라 할 때, $\alpha+\beta=-\dfrac{b}{a}$, $\alpha\beta=\dfrac{c}{a}$

  ♠ 이차방정식 $x^2-ax+a+2=0$의 두 근이 모두 정수일 때, 상수 a의 값을 구하시오. 정답 $-2, 6$

  풀이 두 정수근을 α, β라 하면 이차방정식의 근과 계수의 관계에 의해 $\alpha+\beta=a$, $\alpha\beta=a+2$이다.

      $\alpha\beta=a+2$에서 $\alpha+\beta=a$를 변끼리 빼면 a를 제거할 수 있다.

      $\rightarrow \alpha\beta-\alpha-\beta=2 \rightarrow \alpha(\beta-1)-(\beta-1)-1=2 \rightarrow (\alpha-1)(\beta-1)=3$

$\alpha-1$(정수)	$\beta-1$(정수)		α(정수)	β(정수)		$a(=\alpha+\beta)$
1	3		2	4		6
3	1	$\rightarrow$	4	2	$\rightarrow$	6
-1	-3		0	-2		-2
-3	-1		-2	0		-2

  참고 이때 문제의 조건을 '두 근이 모두 정수일 때'에서 '두 근이 모두 자연수일 때'로 바꾸면 상수 a의 값은 6 하나뿐이다.

001 두 이차방정식 $x^2-2x-3=0$, $x^2-kx+2k-1=0$이 공통근을 갖도록 하는 상수 k의 값의 합은?

① 0   ② 2   ③ 4

④ 6   ⑤ 8

002 두 이차방정식 $x^2+2ax-2a-1=0$, $x^2-(a+2)x+2a=0$이 공통근을 가질 때, 모든 a의 값의 합은?

① $-\dfrac{5}{6}$ ② $-\dfrac{1}{2}$ ③ $-\dfrac{1}{3}$

④ $\dfrac{1}{2}$ ⑤ $\dfrac{5}{6}$

003 방정식 $xy-x-2y-1=0$을 만족시키는 두 자연수 x, y의 합 $x+y$의 값은?

① 1   ② 3   ③ 5

④ 7   ⑤ 9

004 이차방정식 $x^2-kx+k=0$의 두 근이 모두 정수가 되도록 하는 상수 k의 값의 합은?

① 0   ② 2   ③ 4

④ 6   ⑤ 8

005 자연수 n에 대하여 $n^2+2n+14$가 어떤 자연수 m의 제곱이 될 때, $m-n$의 값은?

① 1   ② 2   ③ 3

④ 4   ⑤ 5

006 두 실수 x, y가 $x^2+y^2-2x+4y+5=0$을 만족시킬 때, $x+y$의 값은?

① 0   ② -1 ③ -2

④ -3 ⑤ -4

007 방정식 $|x-y|+(2x-y+1)^2=0$을 만족시키는 실수 x, y에 대하여 x^2+y^2의 값은?

① 1   ② 2   ③ 3

④ 4   ⑤ 5

008 두 실수 x, y가 $x^2+2y^2-2xy-2y+1=0$을 만족시킬 때, $x+y$의 값은?

① 0   ② 1   ③ 2

④ 3   ⑤ 4

❶ 부등식의 성질

- 실수 a, b, c에 대하여
  허수에 대해서는 대소 관계를 생각할 수 없으므로 부등식에 포함된 문자는 모두 실수를 나타낸다.

$$a>b \Leftrightarrow a-b>0$$
$$a=b \Leftrightarrow a-b=0$$
$$a<b \Leftrightarrow a-b<0$$

□ $a<b$, $b<c$이면　→ $a<c$

□ $a>b$이면　→ $a+c>b+c$, $a-c>b-c$

□ $a>b$, $c>0$이면　→ $ac>bc$, $\dfrac{a}{c}>\dfrac{b}{c}$ (부등호 방향 그대로)　**예** $3>2$이면 $3\cdot2>2\cdot2$, $\dfrac{3}{2}>\dfrac{2}{2}$

□ $a>b$, $c<0$이면　→ $ac<bc$, $\dfrac{a}{c}<\dfrac{b}{c}$ (부등호 방향 반대로)　**예** $3>2$이면 $3\cdot(-2)<2\cdot(-2)$, $\dfrac{3}{-2}<\dfrac{2}{-2}$
　　　　　　　　　　　　　　양변에 음수를 곱하거나 양변을 음수로
　　　　　　　　　　　　　　나누면 부등호 방향이 반대로 바뀐다.

❷ 부등식 $ax>b$
'일차부등식'이라는 조건이 있다면 $a\neq0$이다.

□ $a>0$일 때　→ $x>\dfrac{b}{a}$ (부등호 방향 그대로)

□ $a<0$일 때　→ $x<\dfrac{b}{a}$ (부등호 방향 반대로)
양변을 음수로 나누면 부등호 방향이 반대로 바뀐다.

□ $a=0$일 때 $\begin{cases} b\geq0일 \ 때 \ → \ 해가 \ 없다. \\ b<0일 \ 때 \ → \ 해가 \ 모든 \ 실수이므로 \ 무수히 \ 많다. \end{cases}$
　　　　　　　　　불능
　　　　　　　　　　　　　　　　　　부정

$0>1$ → $0\cdot x>$(양수)	→ 해가 없다.
$0\geq1$ → $0\cdot x\geq$(양수)	→ 해가 없다.
$0>0$ → $0\cdot x>0$	→ 해가 없다.
$0\geq0$ → $0\cdot x\geq0$	→ 해가 무수히 많다.
$0>-1$ → $0\cdot x>$(음수)	→ 해가 무수히 많다.
$0\geq-1$ → $0\cdot x\geq$(음수)	→ 해가 무수히 많다.

예 부등식 $(a-1)x>1$의 해는 $a>1$일 때 $x>\dfrac{1}{a-1}$, $a<1$일 때 $x<\dfrac{1}{a-1}$, $a=1$일 때 $0\cdot x>1$이므로 해가 없다.

❸ 절댓값 기호를 포함한 부등식

- $0<a<b$일 때

□ $|x|<a$　$\Leftrightarrow$ $-a<x<a$　**예** $|2x-1|<3 \Leftrightarrow -3<2x-1<3$
　$|x|<a$의 해는 원점으로부터의 거리가 a보다 작은 x값의 범위이다.

□ $|x|>a$　$\Leftrightarrow$ $x<-a$ 또는 $x>a$　**예** $|x+3|\geq5 \Leftrightarrow x+3\leq-5$ 또는 $x+3\geq5$
　$|x|>a$의 해는 원점으로부터의 거리가 a보다 큰 x값의 범위이다.

□ $a<|x|<b$　$\Leftrightarrow$ $-b<x<-a$ 또는 $a<x<b$

□ $|A|=\begin{cases} A \ (A\geq0) \\ -A \ (A<0) \end{cases}$ → $|x-a|=\begin{cases} x-a \ (x\geq a) \\ -(x-a) \ (x<a) \end{cases}$

예 $|x-1|$은 절댓값 기호 안의 식 $x-1$이 0이 되는 x의 값, 즉 1을 기준으로 구간을
$x<1$, $x\geq1$인 경우로 나누어 절댓값 기호를 없앤다.

□ $|x-a|+|x-b|\leq c$ 꼴 → 절댓값 기호 안의 식 $x-a$, $x-b$가 0이 되는 x의 값,
즉 a, b를 기준으로 구간을 $x<a$, $a\leq x<b$, $x\geq b$인 경우로 나누어 절댓값 기호
를 없앤다.

예 부등식 $|x+1|+|x-1|\leq2$의 해는 절댓값 기호 안의 식 $x+1$, $x-1$이 0이 되는 x의 값, 즉
-1, 1을 기준으로 구간을 $x<-1$, $-1\leq x<1$, $x\geq1$인 경우로 나누어 절댓값 기호를 없앤다.

　ⓐ $x<-1$일 때 $-(x+1)-(x-1)\leq2$

　　$-2x\leq2 → x\geq-1$ → $x<-1$과 $x\geq-1$의 공통 범위가 없다. → 해가 없다.

　ⓑ $-1\leq x<1$일 때 $(x+1)-(x-1)\leq2$

　　$0\cdot x\leq0$ → 모든 실수 → $-1\leq x<1$과 모든 실수의 공통 범위 → $-1\leq x<1$

　ⓒ $x\geq1$일 때 $(x+1)+(x-1)\leq2$

　　$2x\leq2 → x\leq1$　→ $x\geq1$과 $x\leq1$의 공통 범위　→ $x=1$

　ⓐ, ⓑ, ⓒ에서 구하는 해는 $-1\leq x\leq1$

◉ $-1 < x \leq 2$일 때, 다음 식의 값의 범위를 구하시오.

001 $2x$ _____

002 $3x-2$ _____

003 $-2x$ _____

004 $-x+3$ _____

◉ 다음 조건을 만족시키는 부등식의 해를 구하시오.

005 $a>0$일 때, $ax>a$ _____

006 $a<0$일 때, $ax>a$ _____

007 $a=0$, $b<0$일 때, $ax>b$ _____

008 $a=0$, $b \geq 0$일 때, $ax>b$ _____

◉ 다음 조건을 만족시키는 부등식 $(a^2-1)x \leq a$의 해를 구하시오.

009 $a=1$ _____

010 $a=-1$ _____

011 $a^2>1$ _____

012 $a^2<1$ _____

◉ 부등식을 푸시오.

013 $x+2>6$ _____

014 $2x \leq x-3$ _____

015 $3x-4 \leq x$ _____

016 $x+2>-x+4$ _____

017 $x-1 \geq 2x+3$ _____

018 $7x-3 \leq 11x+9$ _____

019 $2(x-3)>-x$ _____

020 $2(x-4)<4x-2$ _____

021 $4x-(5-x) \leq -10$ _____

022 $3(1-x)+4x \leq 5$ _____

023 $4(x+2) \geq 2(x+3)$ _____

024 $-2(2x+1)+5>3(x-6)$ _____

◉ 해가 무수히 많으면 ○, 없으면 △

025 $x-(x-1)>0$ _____

026 $2x-2(x+1)<0$ _____

027 $2x-(x+2) \geq x$ _____

028 $2x-(x-1) \leq x$ _____

◉ 부등식을 푸시오.

029 $|x-3|<1$ _____

030 $|x+1|>2$ _____

031 $|2x-1| \geq 5$ _____

032 $|2x+1| \leq 3$ _____

033 $2|x+2|>1-x$ _____

034 $|x-1| \leq 2x+1$ _____

035 $1<|x-2|<3$ _____

036 $2 \leq |x-1| \leq 5$ _____

037 $|x|+|x-1| \leq 3$ _____

038 $|x-1|+|x-3|<4$ _____

039 $|x+1|+|x-1|<6$ _____

040 $|x-2|+|x+3| \leq 9$ _____

041 $|x|+|x-3| \geq 5$ _____

042 $|x+1|+|3-x|>6$ _____

043 $2|x-3|+|x+5| \leq 11$ _____

044 $|x-1|+|x+2| \leq 4-x$ _____

045 $|x-2|+|x+4| \leq 4$ _____

046 $|x-4|-2|x+1| \leq 6$ _____

● **절댓값의 성질**

· a, b가 실수일 때

❶ $|a| \geq 0$, $|-a| = |a|$, $|a-b| = |b-a|$
수직선에서 원점과 점 $A(a)$ 사이의 거리이다.

❷ $|a|^2 = a^2$, $|ab| = |a||b|$

❸ $\left|\dfrac{b}{a}\right| = \dfrac{|b|}{|a|}\ (a \neq 0)$

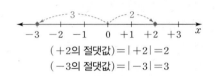

($+2$의 절댓값) $= |+2| = 2$
(-3의 절댓값) $= |-3| = 3$

● **부등식의 사칙연산**

❶ 덧셈은 큰 수끼리 더해야 큰 수가 되고, 작은 수끼리 더해야 작은 수가 된다.

빽셈은 큰 수에서 작은 수를 빼야 큰 수가 되고, 작은 수에서 큰 수를 빼야 작은 수가 된다.

$a < x < b$, $c < y < d$일 때 $\ \Rightarrow\ a+c < x+y < b+d$, $a-d < x-y < b-c$

덧셈
$$\begin{array}{r} a < x < b \\ +)\ c < y < d \\ \hline a+c < x+y < b+d \end{array}$$

빽셈
$$\begin{array}{r} a < x < b \\ -)\ c < y < d \\ \hline a-d < x-y < b-c \end{array}$$

← $c < y < d$에서 $-d < -y < -c$를 구한 후 덧셈처럼 계산해도 된다.

❷ 곱셈과 나눗셈은 x, y의 끝값끼리 계산한 네 수 중에서 최솟값과 최댓값을 찾는다.

곱셈
$$\begin{array}{r} a < x < b \\ \times)\ c < y < d \\ \hline \end{array}$$
(최솟값) $< xy <$ (최댓값)

$\lfloor ac, ad, bc, bd$ 중 $\rfloor$

나눗셈
$$\begin{array}{r} a < x < b \\ \div)\ c < y < d \\ \hline \end{array}$$
(최솟값) $< \dfrac{x}{y} <$ (최댓값)

$\lfloor \dfrac{a}{c}, \dfrac{a}{d}, \dfrac{b}{c}, \dfrac{b}{d}$ 중 $\rfloor$

$\Rightarrow a < x < b$, $c < y < d$일 때

$\Rightarrow ac, ad, bc, bd$ 중에서 최솟값과 최댓값을 구하여 부등식의 양쪽에 넣으면 된다. 즉, (최솟값) $< xy <$ (최댓값)

$\Rightarrow \dfrac{a}{c}, \dfrac{a}{d}, \dfrac{b}{c}, \dfrac{b}{d}$ 중에서 최솟값과 최댓값을 구하여 부등식의 양쪽에 넣으면 된다. 즉, (최솟값) $< \dfrac{x}{y} <$ (최댓값)

예 $-1 < x < 3$, $-2 < y < 5$일 때, $(-1) \cdot (-2) = 2$, $(-1) \cdot 5 = -5$, $3 \cdot (-2) = -6$, $3 \cdot 5 = 15$이다.
이때 최솟값은 -6, 최댓값은 15이므로 $-6 < xy < 15$이다.

● **해가 무수히 많거나 해가 없는 특별한 부등식**

· 해가 무수히 많거나 해가 없는 특별한 부등식은 x의 계수가 0일 때이다.

	$ax > b$	$ax \geq b$	$ax < b$	$ax \leq b$
해가 무수히 많음 (항상 옳다.)	$a=0, b<0$ 예 $0 \cdot x > -2$	$a=0, b \leq 0$ 예 $0 \cdot x \geq -2$ $0 \cdot x \geq 0$	$a=0, b>0$ 예 $0 \cdot x < 2$	$a=0, b \geq 0$ 예 $0 \cdot x \leq 2$ $0 \cdot x \leq 0$
해가 없음 (항상 틀리다.)	$a=0, b \geq 0$ 예 $0 \cdot x > 2$ $0 \cdot x > 0$	$a=0, b>0$ 예 $0 \cdot x \geq 2$	$a=0, b \leq 0$ 예 $0 \cdot x < 0$ $0 \cdot x < -2$	$a=0, b<0$ 예 $0 \cdot x \leq -2$

$\Rightarrow$ 항상 성립하는 등식을 항등식이라 한다. 그렇다면 항상 성립하는 부등식을 항부등식이라고 할 수 있다. 예컨대 부
$_{=\text{'절대부등식'}}$
등식 $0 \cdot x > -2$는 x에 어떤 값을 대입하더라도 항상 성립하므로 항부등식이다.

001 부등식 $1 \leq x < a$를 만족시키는 정수 x가 3개일 때, 실수 a의 값의 범위는?

① $3 < a < 4$ ② $3 < a \leq 4$ ③ $3 \leq a < 4$
④ $3 \leq a \leq 4$ ⑤ $3 < a < 5$

002 x에 대한 일차부등식 $ax + 2 > x + b$의 해가 존재하지 않을 때, 다음 중 실수 a, b의 조건은?

① $a = 1$, $b \geq 2$ ② $a = -1$, $b > 2$
③ $a = 1$, $b = 2$ ④ $a = -1$, $b \leq 2$
⑤ $a = 1$, $b < 2$

003 x에 대한 일차부등식 $a^2 x + 1 > x + a$의 해가 모든 실수가 되도록 하는 상수 a의 값은?

① -1 ② 0 ③ 1
④ 2 ⑤ 3

004 x에 대한 일차부등식 $(a - b)x > 2a + 4b$의 해가 $x < 3$일 때, $(a - 8b)x < 2a - 10b$의 해는?

① $x > -4$ ② $x < -4$ ③ $x > -2$
④ $x < -2$ ⑤ $x > 0$

005 부등식 $|x + 3| \leq \dfrac{1}{3}a - 2$의 해가 존재하지 않도록 하는 자연수 a의 개수는?

① 1 ② 2 ③ 3
④ 4 ⑤ 5

006 부등식 $|x - a| \leq 2$의 해가 $-1 \leq x \leq b$일 때, $a + b$의 값은? (단, a는 상수이다.)

① 2 ② 4 ③ 6
④ 6 ⑤ 10

007 부등식 $2|x - 3| \leq x$를 만족시키는 정수 x의 개수는?

① 1 ② 2 ③ 3
④ 4 ⑤ 5

008 부등식 $|x + 1| + \sqrt{x^2 - 2x + 1} \leq 2$를 만족시키는 정수 x의 개수는?

① 1 ② 2 ③ 3
④ 4 ⑤ 5

❶ 이차부등식

☐ $ax^2+bx+c>0$, $ax^2+bx+c\geq0$, $ax^2+bx+c<0$, $ax^2+bx+c\leq0$ $(a\neq0)$

과 같이 좌변이 x에 대한 <u>이차식</u>으로 나타내어지는 부등식을 x에 대한 **이차부등식**이라 한다. 정의

❷ 이차함수의 그래프와 이차부등식의 관계 암기

• 이차함수 $y=f(x)$에 대하여

☐ 방정식 $f(x)=0$의 해는　➡ $y=f(x)$의 그래프가 직선 $y=0$과 만나는 점의 x좌표

☐ 부등식 $f(x)>0$의 해는　➡ $y=f(x)$의 그래프가 직선 $y=0$보다 위쪽에 있는 x값의 범위

☐ 부등식 $f(x)\geq0$의 해는　➡ $y=f(x)$의 그래프가 직선 $y=0$과 만나거나

➡ $y=f(x)$의 그래프가 직선 $y=0$보다 위쪽에 있는 x값의 범위

☐ 부등식 $f(x)<0$의 해는　➡ $y=f(x)$의 그래프가 직선 $y=0$보다 아래쪽에 있는 x값의 범위

예 $(x-1)(x-3)=0$　$(x-1)(x-3)>0$　$(x-1)(x-3)\geq0$　$(x-1)(x-3)<0$　$(x-1)(x-3)\leq0$

$x=1$ 또는 $x=3$　$x<1$ 또는 $x>3$　$x\leq1$ 또는 $x\geq3$　$1<x<3$　$1\leq x\leq3$

❸ 이차부등식의 해 암기

$a<0$일 때는 부등식의 양변에 -1을 곱해 이차항의 계수를 양수로 바꾼다.

• 이차방정식 $ax^2+bx+c=0$ $(a>0)$의 판별식 $D=b^2-4ac$의 부호에 따라 이차함수 $y=ax^2+bx+c$의 그래프와 이차부등식의 해 사이에는 다음과 같은 관계가 있다.

판별식	$D>0$ $(x-\alpha)(x-\beta)$꼴이다.	$D=0$ $(x-\alpha)^2$꼴이다.	$D<0$ $(x-\alpha)^2+($양수$)$꼴이다.
이차함수 $y=ax^2+bx+c(a>0)$ 의 그래프	(그래프)	(그래프)	(그래프)
x축과의 관계	서로 다른 두 점에서 만난다.	한 점에서 만난다. (접한다.)	만나지 않는다.
$ax^2+bx+c=0$의 해	서로 다른 두 실근 α, β	중근 α	서로 다른 두 허근
$ax^2+bx+c>0$의 해	$x<\alpha$ 또는 $x>\beta$	$x\neq\alpha$인 모든 실수	모든 실수
$ax^2+bx+c\geq0$의 해	$x\leq\alpha$ 또는 $x\geq\beta$	모든 실수	모든 실수
$ax^2+bx+c<0$의 해	$\alpha<x<\beta$	해는 없다.	해는 없다.
$ax^2+bx+c\leq0$의 해	$\alpha\leq x\leq\beta$	$x=\alpha$	해는 없다.

예 이차부등식 $x^2-2x+2<0$의 해는 $(x-1)^2+1<0$이므로 해는 없다.
$(x-\alpha)^2+($양수$)$꼴이다.

❸ 이차부등식의 작성

☐ 해가 $\alpha<x<\beta$ $(\alpha<\beta)$이고, 이차항 x^2의 계수가 1인 이차부등식은

➡ $(x-\alpha)(x-\beta)<0 \Leftrightarrow x^2-(\alpha+\beta)x+\alpha\beta<0$

예 해가 $1<x<4$이고, x^2의 계수가 1인 이차부등식은 $x^2-(1+4)x+1\cdot4<0 \to x^2-5x+4<0$

☐ 해가 $x<\alpha$ 또는 $x>\beta$ $(\alpha<\beta)$이고, 이차항 x^2의 계수가 1인 이차부등식은

➡ $(x-\alpha)(x-\beta)>0 \Leftrightarrow x^2-(\alpha+\beta)x+\alpha\beta>0$

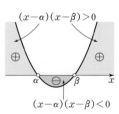

◉ 인수분해를 이용하여, 이차부등식을 푸시오.

001 $x^2-3x+2<0$ _____

002 $x^2-x-2\geq0$ _____

003 $2x^2+3x-2>0$ _____

004 $6x^2+5x+1\leq0$ _____

005 $-x^2-5x-6<0$ _____

006 $-x^2-2x+3>0$ _____

007 $-2x^2+5x+3\geq0$ _____

008 $-3x^2+4x-1\leq0$ _____

◉ 그래프를 그려, 이차부등식을 푸시오.

009 $x^2+x-2>0$ _____

010 $x^2-x-6\geq0$ _____

011 $-2x^2-x+1>0$ _____

012 $-6x^2+5x-1\geq0$ _____

013 $x^2-4x+4>0$ _____

014 $x^2+6x+9\geq0$ _____

015 $4x^2+12x+9<0$ _____

016 $-9x^2+6x-1\geq0$ _____

017 $x^2-2x+3>0$ _____

018 $x^2+4x+5\geq0$ _____

019 $-2x^2+4x-3>0$ _____

020 $-3x^2-6x-4\geq0$ _____

◉ k의 값 또는 범위를 구하시오.

021 $x^2+kx+1>0$의 해가 모든 실수이다. _____

022 $x^2+(k+1)x+k\geq0$의 해가 모든 실수이다. _____

023 $-x^2-kx+k\leq0$의 해가 모든 실수이다. _____

024 $x^2+2kx-3k<0$의 해가 없다. _____

◉ 해가 다음과 같은 이차부등식을 작성하시오. (단, x^2의 계수는 1이다.)

025 $1<x<2$ _____

026 $x\leq-1$ 또는 $x\geq2$ _____

027 $-2\leq x\leq1$ _____

028 $x<0$ 또는 $x>3$ _____

029 $x=1$ _____

030 $x\neq2$인 모든 실수 _____

◉ a, b의 값을 구하시오.

031 $x^2+ax+b<0$의 해가 $2<x<3$이다. _____

032 $x^2+3x+a\geq0$의 해가 $x\leq-2$ 또는 $x\geq b$이다. _____

033 $ax^2+x+b\geq0$의 해가 $-1\leq x\leq2$이다. _____

034 $-x^2+ax+b<0$의 해가 $x<-2$ 또는 $x>1$이다. _____

◉ x의 값의 범위를 구하시오.

035 이차함수 $y=x^2-2x+2$의 그래프가 직선 $y=x$보다 위쪽에 있다. _____

036 직선 $y=x$가 이차함수 $y=x^2-2x+2$의 그래프보다 위쪽에 있다. _____

● **이차부등식이 오직 하나의 해를 가질 조건** 암기

❶ 이차부등식 $ax^2+bx+c \geq 0$이 오직 하나의 해 $x=\alpha$를 가지려면

$\Rightarrow \underline{a(x-\alpha)^2 \geq 0}, \underline{a<0}$이어야 한다.
  x축과 접한다. ／ 위로 볼록($\cap$)

❷ 이차부등식 $ax^2+bx+c \leq 0$이 오직 하나의 해 $x=\alpha$를 가지려면

$\Rightarrow \underline{a(x-\alpha)^2 \leq 0}, \underline{a>0}$이어야 한다.
  x축과 접한다. ／ 아래로 볼록($\cup$)

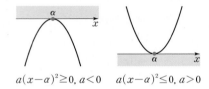

$a(x-\alpha)^2 \geq 0, a<0$ $a(x-\alpha)^2 \leq 0, a>0$

● **이차부등식이 항상 성립할 조건** 암기

❶ 모든 실수 x에 대하여 부등식 $f(x)>0$이 항상 성립한다. $\Leftrightarrow$ x의 값에 관계없이 부등식 $f(x)>0$이 항상 성립한다.

$\Leftrightarrow$ 부등식 $f(x)>0$의 해는 모든 실수이다.

❷ 이차부등식이 '모든 실수 x에 대하여 항상 성립할 때'의 조건을 정리하면 다음과 같다.

$ax^2+bx+c>0$	$ax^2+bx+c \geq 0$	$ax^2+bx+c<0$	$ax^2+bx+c \leq 0$
아래로 볼록($\cup$) $\rightarrow a>0$	아래로 볼록($\cup$) $\rightarrow a>0$	위로 볼록($\cap$) $\rightarrow a<0$	위로 볼록($\cap$) $\rightarrow a<0$
x축 위쪽에 $\rightarrow D<0$ (x축과 만나지 않는다.)	x축과 접하거나 $\rightarrow D=0$ x축 위쪽에 $\rightarrow D<0$ $\Big\} D \leq 0$	x축 아래쪽에 $\rightarrow D<0$ (x축과 만나지 않는다.)	x축과 접하거나 $\rightarrow D=0$ x축 아래쪽에 $\rightarrow D<0$ $\Big\} D \leq 0$

❸ 만약 '이차부등식'이 아닌 '부등식'이라는 표현이 있다면 주의해야 한다. 주의

$\Rightarrow$ x의 값에 관계없이 '이차부등식' $ax^2+bx+c>0$이 항상 성립할 조건은 $\Rightarrow a>0, D<0$

$\Rightarrow$ x의 값에 관계없이 '부등식' $ax^2+bx+c>0$이 항상 성립할 조건은 $\Rightarrow a>0, D<0$ 또는 $a=b=0, c>0$
  c가 양수인 상수함수 $y=c$

❹ '이차부등식의 해가 없을' 조건이 주어진 경우에는 다음과 같이 '이차부등식이 항상 성립할' 조건으로 바꾸어 생각한다.
  명제 $p \rightarrow q$와 그 대우 $\sim q \rightarrow \sim p$의 참, 거짓은 항상 일치한다.

이차부등식 $ax^2+bx+c>0(ax^2+bx+c \geq 0)$을 만족하는 실수 x의 값이 존재하지 않는다.
  ='해가 없다.'

$\Leftrightarrow$ 이차부등식 $ax^2+bx+c \leq 0(ax^2+bx+c<0)$이 모든 실수 x에 대하여 항상 성립한다.
  ='해가 모든 실수이다.'

1등급 시크릿

● **이차부등식과 이차함수 그래프의 관계**

❶ 부등식 $f(x) \leq g(x)$의 해는

$\Rightarrow$ 곡선 $y=f(x)$가 곡선 $y=g(x)$와 만나거나($x=\alpha$ 또는 $x=\beta$)
  넓은 의미에서 곡선은 직선을 포함한다.
곡선 $y=f(x)$가 곡선 $y=g(x)$보다 아래쪽에 있는 x값의 범위이다.($\alpha<x<\beta$)

$\Leftrightarrow \alpha \leq x \leq \beta$

예 곡선 $f(x)=x^2+2x$가 직선 $g(x)=3x+2$보다 위쪽에 있는 x값의 범위는

$x^2+2x>3x+2 \rightarrow x^2-x-2>0 \rightarrow (x+1)(x-2)>0 \rightarrow x<-1$ 또는 $x>2$

❷ $f(x) \leq g(x)$는 $f(x)-g(x) \leq 0$이므로 부등식 $f(x)-g(x) \leq 0$의 해는

$\Rightarrow$ 곡선 $y=f(x)-g(x)$가 직선 $y=0(x$축)과 만나거나($x=\alpha$ 또는 $x=\beta$)
곡선 $y=f(x)-g(x)$가 직선 $y=0(x$축)보다 아래쪽에 있는 x값의 범위이다.

$(\alpha<x<\beta)$

$\Leftrightarrow \alpha \leq x \leq \beta$

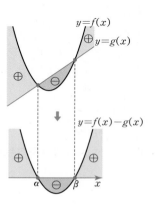

$y=f(x)$
$y=g(x)$

$y=f(x)-g(x)$

참고 이차부등식 $ax^2+bx+c>mx+n$의 해는 이차함수 $y=ax^2+bx+c$의 그래프가 직선 $y=mx+n$보다 위쪽에 있는 x값의 범위이다.

001 이차부등식 $x^2+ax+b>0$의 해가 $x<1$ 또는 $x>4$일 때, 실수 a, b에 대하여 $a+2b$의 값은?

① 1   ② 2   ③ 3
④ 4   ⑤ 5

002 이차부등식 $x^2-3x+1<0$의 해가 $\alpha<x<\beta$일 때, $(\alpha-\beta)^2$의 값은?

① 1   ② 2   ③ 3
④ 4   ⑤ 5

003 이차부등식 $ax^2+bx+1>0$의 해가 $-\dfrac{1}{2}<x<\dfrac{1}{3}$일 때, 이차부등식 $x^2+bx+a\le0$의 해는? (단, a, b는 상수이다.)

① $-2\le x\le-3$ ② $-2\le x\le2$
③ $-2\le x\le3$ ④ $-1\le x\le2$
⑤ $1\le x\le2$

004 이차부등식 $2x^2-4x+k>0$의 해가 모든 실수가 되도록 하는 정수 k의 최솟값은?

① 1   ② 2   ③ 3
④ 4   ⑤ 5

005 이차부등식 $x^2-2kx+k+2<0$의 해가 존재하지 않도록 하는 실수 k의 최댓값과 최솟값의 합은?

① 1   ② 2   ③ 3
④ 4   ⑤ 5

006 이차부등식 $3x^2-6x+k\le0$의 해가 오직 하나의 실근을 갖도록 하는 실수 k의 값은?

① 1   ② 2   ③ 3
④ 4   ⑤ 5

007 이차함수 $y=x^2-x$의 그래프가 직선 $y=2x-2$보다 아래쪽에 있는 x의 값의 범위는 $\alpha<x<\beta$이다. 이때, $\beta-\alpha$의 값은?

① 1   ② 2   ③ 3
④ 4   ⑤ 5

008 이차함수 $y=x^2$의 그래프가 직선 $y=3x-k$보다 항상 위쪽에 있도록 하는 정수 k의 최솟값은?

① 1   ② 2   ③ 3
④ 4   ⑤ 5

Special Lecture
이차함수의 그래프와 방정식, 부등식

7

이차함수의 그래프와 이차방정식의 관계

그래프의 개형	(그래프)	(그래프)	(그래프)
x축과의 관계	서로 다른 두 점에서 만난다.	한 점에서 만난다. (접한다.)	만나지 않는다.
근의 종류	서로 다른 두 실근	한 중근	서로 다른 두 허근
함수식	$y=a(x-\alpha)(x-\beta)$	$y=a(x-\alpha)^2$	$y=a(x-\alpha)^2+b\,(a, b$는 같은 부호$)$
방정식	$a(x-\alpha)(x-\beta)=0$	$a(x-\alpha)^2=0$	$a(x-\alpha)^2+b=0\,(a, b$는 같은 부호$)$
방정식의 근	$x=\alpha$ 또는 $x=\beta$	$x=\alpha$	(실근이) 존재하지 않는다.
식의 형태	인수분해 꼴	완전제곱식 꼴	절대부등식 꼴
판별식	$D=b^2-4ac>0$	$D=b^2-4ac=0$	$D=b^2-4ac<0$

그래프의 개형	(그래프)	(그래프)	(그래프)
근의 종류	서로 다른 두 실근	한 중근	서로 다른 두 허근
함수식	$y=(x-1)(x-2)$	$y=(x-1)^2$	$y=(x-1)^2+3$
방정식	$(x-1)(x-2)=0 \rightarrow x^2-3x+2=0$	$(x-1)^2=0 \rightarrow x^2-2x+1=0$	$(x-1)^2+3=0 \rightarrow x^2-2x+4=0$
방정식의 근	$x=1$ 또는 $x=2$	$x=1$	(실근이) 존재하지 않는다.
식의 형태	인수분해 꼴	완전제곱식 꼴	절대부등식 꼴
판별식	$D=(-3)^2-4 \cdot 1 \cdot 2>0$	$D=(-2)^2-4 \cdot 1 \cdot 1=0$	$D=(-2)^2-4 \cdot 1 \cdot 4<0$

그래프의 개형	(그래프)	(그래프)	(그래프)
근의 종류	서로 다른 두 실근	한 중근	서로 다른 두 허근
함수식	$y=-(x-1)(x-2)$	$y=-(x-1)^2$	$y=-(x-1)^2-3$
방정식	$-(x-1)(x-2)=0$ $\rightarrow -x^2+3x-2=0$	$-(x-1)^2=0$ $\rightarrow -x^2+2x-1=0$	$-(x-1)^2-3=0$ $\rightarrow -x^2+2x-4=0$
방정식의 근	$x=1$ 또는 $x=2$	$x=1$	(실근이) 존재하지 않는다.
식의 형태	인수분해 꼴	완전제곱식 꼴	절대부등식 꼴
판별식	$D=3^2-4 \cdot (-1) \cdot (-2)>0$	$D=2^2-4 \cdot (-1) \cdot (-1)=0$	$D=2^2-4 \cdot (-1) \cdot (-4)<0$

116 Ⅱ 방정식과 부등식

이차방정식이 실근을 갖는 경우 → $D>0$ → 인수분해 꼴 → 그래프가 x축과 서로 다른 두 점에서 만난다.

그래프의 개형		
식의 형태	$y=a(x-\alpha)(x-\beta)\ (a>0,\ \alpha<\beta)$	$y=a(x-\alpha)(x-\beta)\ (a<0,\ \alpha<\beta)$
$a(x-\alpha)(x-\beta)>0$의 해	$x<\alpha$ 또는 $x>\beta$	$\alpha<x<\beta$
$a(x-\alpha)(x-\beta)\geq0$의 해	$x\leq\alpha$ 또는 $x\geq\beta$	$\alpha\leq x\leq\beta$
$a(x-\alpha)(x-\beta)<0$의 해	$\alpha<x<\beta$	$x<\alpha$ 또는 $x>\beta$
$a(x-\alpha)(x-\beta)\leq0$의 해	$\alpha\leq x\leq\beta$	$x\leq\alpha$ 또는 $x\geq\beta$

이차방정식이 중근을 갖는 경우 → $D=0$ → 완전제곱식 꼴 → 그래프가 x축과 한 점에서 만난다. (x축과 접한다.)

그래프의 개형		
식의 형태	$y=a(x-\alpha)^2\ (a>0)$	$y=a(x-\alpha)^2\ (a<0)$
$a(x-\alpha)^2>0$의 해	$x\neq\alpha$인 모든 실수	(실수)해는 없다.
$a(x-\alpha)^2\geq0$의 해	모든 실수 ❶	$x=\alpha$
$a(x-\alpha)^2<0$의 해	(실수)해는 없다.	$x\neq\alpha$인 모든 실수
$a(x-\alpha)^2\leq0$의 해	$x=\alpha$	모든 실수 ❷

이차방정식이 허근을 갖는 경우 → $D<0$ → 절대부등식 꼴 → 그래프가 x축과 만나지 않는다. (x축 위쪽에 또는 아래쪽에 있다.)

그래프의 개형		
식의 형태	$y=a(x-\alpha)^2+b\ (a>0,\ b>0)$	$y=a(x-\alpha)^2+b\ (a<0,\ b<0)$
$a(x-\alpha)^2+b>0$의 해	모든 실수 ❸	(실수)해는 없다.
$a(x-\alpha)^2+b\geq0$의 해	모든 실수 ❶	(실수)해는 없다.
$a(x-\alpha)^2+b<0$의 해	(실수)해는 없다.	모든 실수 ❹
$a(x-\alpha)^2+b\leq0$의 해	(실수)해는 없다.	모든 실수 ❷

❶ 모든 실수 x에 대하여 이차부등식 $ax^2+bx+c\geq0$이 항상 성립한다. → $D\leq0,\ a>0$

❷ 모든 실수 x에 대하여 이차부등식 $ax^2+bx+c\leq0$이 항상 성립한다. → $D\leq0,\ a<0$

❸ 모든 실수 x에 대하여 이차부등식 $ax^2+bx+c>0$이 항상 성립한다. → $D<0,\ a>0$

❹ 모든 실수 x에 대하여 이차부등식 $ax^2+bx+c<0$이 항상 성립한다. → $D<0,\ a<0$

021 연립이차부등식

❶ 연립이차부등식

☐ **연립이차부등식** : 연립부등식에서 차수가 가장 높은 부등식이 이차부등식인 연립부등식 〔정의〕
여럿이 어울려 섬 또는 그렇게 서서 하나의 형태로 만듦

☐ 연립이차부등식의 해는 연립하는 여러 부등식의 해의 공통범위를 구하는 것이다.
겹치는 부분, 교집합

☐ 연립부등식 $\begin{cases} f(x) > 0 \\ g(x) > 0 \end{cases}$ 의 해는

➔ 두 부등식 $f(x) > 0$, $g(x) > 0$의 해를 구한다.

➔ 두 부등식의 해를 수직선 위에 나타내고, 공통범위를 구한다.
공통범위는 수직선을 이용하여 구해야 실수를 줄일 수 있다.

예 $\begin{cases} x^2 - 5x + 4 \le 0 \\ x^2 - x - 2 > 0 \end{cases}$ 의 해는 $\begin{cases} (x-1)(x-4) \le 0 \\ (x+1)(x-2) > 0 \end{cases}$ → $\begin{cases} 1 \le x \le 4 \\ x < -1 \text{ 또는 } x > 2 \end{cases}$ → $2 < x \le 4$

공통범위에 색칠한다.

☐ $f(x) < g(x) < h(x)$꼴은 $\begin{cases} f(x) < g(x) \\ g(x) < h(x) \end{cases}$ 꼴로 바꾸어 푼다.

주의 $\begin{cases} f(x) < g(x) \\ f(x) < h(x) \end{cases}$ 또는 $\begin{cases} f(x) < h(x) \\ g(x) < h(x) \end{cases}$ 꼴로 바꾸지 않도록 해야 한다.

예 부등식 $5x - 6 \le x^2 < 6x - 5$는 $\begin{cases} 5x - 6 \le x^2 \\ x^2 < 6x - 5 \end{cases}$ 로 바꾸어 푼다.

정답과 해설 P. 102

◉ 연립일차부등식을 푸시오.

001 $\begin{cases} 2x-5<3 \\ 3x+2\geq5 \end{cases}$ _____

002 $\begin{cases} 2x-3>x \\ 5-x\leq2x-1 \end{cases}$ _____

003 $\begin{cases} \dfrac{x+1}{2}\leq\dfrac{x+2}{3} \\ 3x-2\leq2x+1 \end{cases}$ _____

004 $\begin{cases} \dfrac{x+1}{3}\geq2 \\ 2(x-1)\leq x+3 \end{cases}$ _____

005 $\begin{cases} 3x-1\geq x+5 \\ 2x+6>4x \end{cases}$ _____

006 $\begin{cases} x-10\leq5x+2 \\ 2x+3<x-2 \end{cases}$ _____

007 $x-2\leq2-3x<8$ _____

008 $2x-1\leq3x+1<x+7$ _____

◉ 연립이차부등식을 푸시오.

009 $\begin{cases} x+1>2 \\ x^2-2x\leq3 \end{cases}$ _____

010 $\begin{cases} 2x-3<x-1 \\ x^2-5x+4\leq0 \end{cases}$ _____

011 $\begin{cases} x^2-4x-5<0 \\ 2x^2-5x+2>0 \end{cases}$ _____

012 $\begin{cases} x^2-5x\geq0 \\ x^2-4x+3<0 \end{cases}$ _____

013 $\begin{cases} x^2+2x+2>0 \\ x^2-2x-8\leq0 \end{cases}$ _____

014 $\begin{cases} x^2+2x+1\leq0 \\ x^2-3x+2>0 \end{cases}$ _____

015 $2x<x^2\leq4x-3$ _____

016 $-x+4\leq x^2+2<x+4$ _____

017 $x-1\leq x^2-x<2x+4$ _____

018 $x^2-1<2x^2+x<x^2-x+8$ _____

◉ 연립부등식을 푸시오.

019 $\begin{cases} |x|\leq4 \\ x^2+2x-15<0 \end{cases}$ _____

020 $|x^2-2x-4|<4$ _____

021 $|x^2-x+3|<3$ _____

◉ k의 값의 범위를 구하시오.

022 $\begin{cases} x^2-3x-4<0 \\ x^2-(k+1)x+k\geq0 \end{cases}$ 의 해가 $-1<x\leq1$이다. _____

023 $\begin{cases} x^2-5x+6\geq0 \\ x^2-(2k+1)x+2k<0 \end{cases}$ 의 해가 $1<x\leq2$이다. _____

● **삼각형과 연립이차부등식**

❶ 삼각형의 변의 길이는 모두 양수이다.

❷ 삼각형의 한 변의 길이는 나머지 두 변의 길이의 합보다 작다.

  ⇨ (한 변의 길이) < (나머지 두 변의 길이의 합)

❸ 삼각형에서 가장 긴 변의 길이는 나머지 두 변의 길이의 합보다 작다.

  ⇨ (가장 긴 변의 길이) < (나머지 두 변의 길이의 합)

❹ 세 수 a, b, c가 삼각형의 세 변의 길이가 되려면

  ⇨ $\underset{\text{(변의 길이)}>0}{a>0,\ b>0,\ c>0}$과 연립부등식 $\begin{cases} \underset{\text{(나머지 두 변의 길이의 합)}>\text{(한 변의 길이)}}{a+b>c} \\ b+c>a \\ c+a>b \end{cases}$를 만족해야 한다.

  예 세 수 $x+4$, $8-2x$, x^2이 삼각형의 세 변의 길이가 되려면

    $x+4>0$, $8-2x>0$, $x^2>0$과 연립부등식 $\begin{cases} (x+4)+(8-2x)>x^2 \\ (8-2x)+x^2>x+4 \\ x^2+(x+4)>8-2x \end{cases}$ 를 만족해야 한다.

❺ 삼각형 ABC의 세 변의 길이가 a, b, c이고 가장 긴 변의 길이가 c일 때

  ⇨ $c^2=a^2+b^2$이면 $\underset{\text{직각이 마주 보는 변}}{\angle C=90°}$인(빗변의 길이가 c인) $\underset{\text{한 각이 직각}(90°)\text{인 삼각형}}{\text{직각삼각형}}$이다.

  ⇨ $c^2<a^2+b^2$이면 $\underset{\text{세 각이 모두 예각}(0°보다 크고 90°보다 작은 각)인 삼각형}{\angle C<90°인 \text{ 예각삼각형}}$이다.

  ⇨ $c^2>a^2+b^2$이면 $\underset{\text{한 각이 둔각}(90°보다 크고 180°보다 작은 각)인 삼각형}{\angle C>90°인 \text{ 둔각삼각형}}$이다.

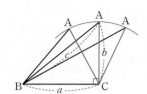

  예 세 변의 길이가 $x-1$, x, $x+1$인 삼각형이 둔각삼각형이 되려면 다음 연립부등식을 만족해야

    한다.

    $\begin{cases} x-1>0,\ x>0,\ x+1>0 & \leftarrow \text{(변의 길이)}>0 \\ x+1<(x-1)+x & \leftarrow \text{(가장 긴 변의 길이)}<\text{(나머지 두 변의 길이의 합)} \\ (x+1)^2>(x-1)^2+x^2 & \leftarrow \text{(가장 긴 변의 길이의 제곱)}>\text{(나머지 두 변의 길이의 제곱의 합)} \end{cases}$

001 연립부등식 $\begin{cases} \dfrac{1}{2}x^2+x-4\leq 0 \\ -x^2+4x+5>0 \end{cases}$ 을 만족하는 정수 x의 개수는?

① 1   ② 2   ③ 3

④ 4   ⑤ 5

002 연립부등식 $\begin{cases} x^2+x+1>0 \\ x^2-4x+4\leq 0 \end{cases}$의 해를 구하면?

① 해가 없다.   ② $x=2$ ③ $x=4$

④ $2\leq x<4$ ⑤ 해는 모든 실수

003 부등식 $|x^2-3x-2|<2$를 만족하는 정수 x의 개수는?

① 0   ② 2   ③ 4

④ 4   ⑤ 6

004 연립부등식 $\begin{cases} x^2-4x+a\leq 0 \\ x^2+bx+8>0 \end{cases}$의 해가 $1\leq x<2$일 때, 실수 a, b에 대하여 $2a+b$의 값은?

① 0   ② 2   ③ 4

④ 4   ⑤ 6

005 연립부등식 $\begin{cases} x^2-5x\leq 0 \\ x^2-(a+1)x+a>0 \end{cases}$을 만족시키는 정수가 3개일 때, 실수 a의 값의 범위는?

① $3<a<4$ ② $3<a\leq 4$ ③ $3\leq a<4$

④ $3\leq a\leq 4$ ⑤ $3<a<5$

006 세 변의 길이가 각각 $2x-1$, x, $2x+1$인 삼각형이 둔각삼각형이 되도록 하는 자연수 x의 개수는?

① 1   ② 2   ③ 3

④ 4   ⑤ 5

007 이차방정식 $x^2+(a-1)x+a+2=0$은 허근을, 이차방정식 $x^2-2ax+a+2=0$은 실근을 갖도록 하는 정수 a의 개수는?

① 1   ② 2   ③ 3

④ 4   ⑤ 5

008 이차방정식 $x^2-2(k-2)x+k+4=0$의 두 근이 모두 음수일 때, 정수 k의 개수는?

① 1   ② 2   ③ 3

④ 4   ⑤ 5

Special Lecture
가우스 기호는 벗겨야 한다

8

가우스 기호 [ ]는 (0 또는) 양의 소수를 제거하는 수학적 도구이다

원점과 어느 한 점 또는 어느 두 점 사이의 거리를 나타내기 위해 사용되는 절댓값 기호는 땅콩처럼 껍질을 벗겨야만 그 맛을 느낄 수 있다. 가우스 기호 역시 그러하다. 그렇다면 어떻게 가우스 기호를 벗겨내는가?

> 임의의 실수 x에 대하여 x보다 크지 않은 정수 중에서 최댓값을 가우스 기호 $[x]$로 나타낸다.

❶ $[x]$는 x보다 크지 않은 최대의 정수이다.
→ $[x]$는 x 이하의 최대 정수이다.
→ $[x]$는 x보다 작거나 같은 정수 중에서 가장 큰 정수이다.
→ x가 정수가 아닌 경우 $[x]$는 수직선에서 x의 값 바로 왼쪽에 있는 정수이다.
예 3.4보다 크지 않은 정수는 ⋯, 1, 2, 3이다. 이 중에서 최대의 정수는 3이므로 $[3.4]=3$이다.
예 -2.3 이하의 정수는 ⋯, -5, -4, -3이다. 이 중에서 최대 정수는 -3이므로 $[-2.3]=-3$이다.
예 2보다 작거나 같은 정수는 ⋯, 0, 1, 2이다. 이 중에서 가장 큰 정수는 2이므로 $[2]=2$이다.
예 다음 그림에서 알 수 있듯이 $[-3]=-3$, $[-1.8]=-2$, $[0.5]=0$, $[1.6]=1$이다.

❷ x가 양수일 때 $[x]=(x$의 정수 부분$)$이고, x가 정수일 때 $[x]=x$이다.
예 $[2.7]=[2+0.7]=2$, $[3]=3$, $[0]=0$, $[-4]=-4$

❸ 모든 실수 x는 $x=n+\alpha(n$은 정수, $0\le\alpha<1)$로 나타낼 수 있는데, 이때 $[x]=n$이다.
이것은 $0\le\alpha<1$의 범위에 있는 값, 즉 (0 또는) 양의 소수 부분을 x에서 버리는 것과 같다.
예 $[2.7]=[2+0.7]=2$이다. 즉, 2.7에서 양의 소수 0.7을 버리는 것이다.
예 $[-1.4]=[-2+0.6]=-2$이다. 즉, -1.4에서 양의 소수 0.6을 버리는 것이다.

❹ n이 정수일 때 $[x+n]=[x]+n$이다.
예 $[2.4+3]=[2.4]+3=2+3=5$, $[-1.3+2]=[-1.3]+2=(-2)+2=0$

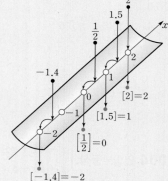

가우스 기호의 네이버 검색어는 바닥함수 또는 floor function이다

네이버(Naver)나 구글(Google)에서 '가우스 함수(gaussian function)'를 검색하면 우리가 기대했던 것과 달리 가우스 기호에 대한 자료가 나오지 않는다. 가우스 기호에 대한 올바른 검색어는 '바닥함수'나 'floor function'이다. 그렇다면 바닥함수와 반대의 뜻을 가진 함수는 무엇인가? 천정함수(ceil function)이다. floor(마루, 바닥), ceil(천장)의 뜻을 알면 이해가 자연스럽다. 바닥함수와 천정함수를 좀 더 명확히 구분하기 위하여 바닥함수를 $\lfloor x\rfloor$, 천정함수를 $\lceil x\rceil$로 나타내기도 한다. 임의의 실수 x에 대하여 x보다 작지 않은(또는 x보다 크거나 같은) 정수 중에서 최솟값을 $\text{ceil}(x)$로 나타낸다. 예컨대 3.14보다 크거나 같은 정수는 4, 5, 6, ⋯이고 이 중에서 최솟값은 4이므로 $\text{ceil}(3.14)=4$이다. 또한 -3.14보다 크거나 같은 정수는 -3, -2, -1, ⋯이고 이 중에서 최솟값은 -3이므로 $\text{ceil}(-3.14)=-3$이다.

바닥함수, 천정함수와 같은 정수화 함수는 실수형 데이터에서 정수 부분만을 취하므로 각각을 최대정수함수, 최소정수함수로 불리기도 한다.

바닥함수(floor function)	최대정수함수	x보다 크지 않은 정수 중에서 최댓값	$\text{floor}(3.14)=3$ $\text{floor}(-3.14)=-4$
천정함수(ceil function)	최소정수함수	x보다 작지 않은 정수 중에서 최솟값	$\text{ceil}(3.14)=4$ $\text{ceil}(-3.14)=-3$

수직선 위에서 이 함수들의 동작을 살펴보면 x가 정수가 아닐 때, $\text{floor}(x)$는 x의 바로 왼쪽 정수값을, $\text{ceil}(x)$는 x의 바로 오른쪽 정수값을 취한다.

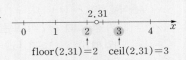

$$\text{floor}(2.31)=2 \quad \text{ceil}(2.31)=3$$

가우스 기호는 부등식과 방정식으로 바꾸어 다룬다

$[3]=3$, $[3.4]=3$이다. 그렇다면 $[x]=3$을 만족하는 x값의 범위는 얼마인가? $3\leq x<4$의 범위에 있는 값이다. 이것은 $[x]=n(n$은 정수$) \Longleftrightarrow n\leq x<n+1$로 정리할 수 있다. 가우스 기호가 포함된 식을 만났을 때는 절댓값 기호를 벗겨냈을 때처럼 기호 [ ]를 벗겨냈을 때 비로소 계산에 참여시킬 수 있다. 그렇다면 어떤 방법으로 기호를 벗겨낼 수 있는가? 방정식이나 부등식으로의 표현이 바로 그 방법이다. $[x]=n(n$은 정수$)$는 부등식 $n\leq x<n+1$로, 부등식을 포함한 방정식 $x=n+\alpha(0\leq\alpha<1)$로 바꾸어 계산하는 것이다.

$$\boxed{\begin{aligned}&[x]=n\,(n\text{은 정수})\\ &\Longleftrightarrow n\leq x<n+1\\ &\Longleftrightarrow x=n+\alpha\,(0\leq\alpha<1)\end{aligned}}$$

$x=n+\alpha(n$은 정수, $0\leq\alpha<1) \Longleftrightarrow [x]=n$이므로
$$\begin{aligned}[x]=3 &\Longleftrightarrow x=3 \text{ 또는 } 3.\times\times\times\\ &\Longleftrightarrow 3\leq x<4\\ &\Longleftrightarrow x=3+\alpha\,(0\leq\alpha<1)\end{aligned}$$

$$\boxed{\begin{aligned}&[\bullet]=\blacksquare \ (\blacksquare\text{는 정수})\\ &\Longleftrightarrow \blacksquare\leq\bullet<\blacksquare+1 \qquad \leftarrow \text{부등식으로의 표현}\\ &\Longleftrightarrow \bullet=\blacksquare+\alpha\,(0\leq\alpha<1) \qquad \leftarrow \text{부등식을 포함한 방정식으로의 표현}\end{aligned}}$$

가우스 기호가 포함된 방정식·부등식

방정식이나 부등식, 함수를 다룰 때 자주 사용하는 수학적 도구가 있다. (복잡, 불편, 생소) → (단순, 편리, 익숙)이 가능하게 하는 치환이다. 특히, 반복되는 식이 있을 때, 치환은 꼭 필요하다. 예컨대 $[x]^2-[x]-2=0$처럼 $[x]$가 반복되어 있을 때 $[x]=t$로의 치환은 우리가 흔히 다루는 이차방정식의 모습을 보게 한다. 이러한 치환은 $[x]$에 대한 이차방정식을 t에 대한 이차방정식 $t^2-t-2=0$으로 바꾼다. 한마디로 간단하다. 이때 주의할 점은 $[x]=t$로 치환하였을 때, t는 정수값을 취한다는 것이다.

치환으로 가우스 기호가 포함된 방정식이나 부등식 문제를 해결할 때는 다음 순서를 따르면 된다.
이때 제한 조건이 없으면 $[x]$가 포함된 방정식과 부등식의 해는 x값의 범위를 보여주는 부등식이다.

$$\boxed{\begin{aligned}&\text{ⓐ } [x]=t\text{로 치환한다.}\\ &\text{ⓑ 방정식이나 부등식을 풀어 }t\text{의 값 또는 범위를 구한다. 이때 정수가 아닌 }t\text{는 버린다.}\\ &\text{ⓒ 이젠 거꾸로 }t\text{를 }[x]\text{로 바꾸어 놓는다.}\\ &\text{ⓓ } [x]=n\text{일 때, }n\leq x<n+1\text{임을 이용하여 }x\text{값의 범위를 구한다.}\end{aligned}}$$

❶ 방정식 $[x]^2-[x]-2=0$의 해는

→ $[x]=t$로 치환한다. → $t^2-t-2=0$

→ 방정식을 푼다. → $(t+1)(t-2)=0$ → $t=-1$ 또는 $t=2$

→ $[x]=-1$일 때 $-1\leq x<0$이고, $[x]=2$일 때 $2\leq x<3$이다.

→ $-1\leq x<0$ 또는 $2\leq x<3$

❷ 부등식 $[x]^2-[x]-2<0$의 해는

→ $[x]=t$로 치환한다. → $t^2-t-2<0$

→ 부등식을 푼다. → $(t+1)(t-2)<0$ → $-1<t<2$

→ $t=[x]$가 정수이다. → $t=0$ 또는 $t=1$

→ $[x]=0$일 때 $0\leq x<1$이고, $[x]=1$일 때 $1\leq x<2$이다.

→ $0\leq x<2$

❸ 부등식 $[x+1]^2-4[x]-1<0$의 해는

→ $[x+1]=[x]+1$이므로 $[x+1]^2=([x]+1)^2=[x]^2+2[x]+1$이다.

→ $[x+1]^2-4[x]-1<0$ → $[x]^2-2[x]<0$

→ $[x]=t$로 치환한다. → $t^2-2t<0$ → $t(t-2)<0$ → $0<t<2$

→ $t=[x]$가 정수이다. → $t=1$ → $[x]=1$일 때 $1\leq x<2$이다.

가우스 기호가 포함된 방정식·부등식 문제는 구간에 대한 싸움이다

방정식 $x-[x]=0(0<x<3)$을 풀 때는 제한 조건으로 주어진 $0<x<3$을 정수 단위인 1의 간격, 즉 $0<x<1$, $1\leq x<2$, $2\leq x<3$으로 구간을 분할하여 생각해야 한다. 각 구간에 대하여 $[x]$의 값을 정수로 바꾸어 가우스 기호를 제거하는 것이다. 여기서 정수 단위인 1의 간격으로 구간을 나누는 이유는 가우스 기호가 정수 단위 속에서 그 역할이 이루어지기 때문이다.

x의 구간 분할	$[x]$	$x-[x]=0$	해의 판별
$0<x<1$	$[x]=0$	$x-0=0$	$x=0(\times)$
$1\leq x<2$	$[x]=1$	$x-1=0$	$x=1(\bigcirc)$
$2\leq x<3$	$[x]=2$	$x-2=0$	$x=2(\bigcirc)$

따라서 방정식 $x-[x]=0(0<x<3)$의 해는 $x=1$ 또는 $x=2$이다.

EXERCISE

$-2\leq x<0$일 때, 방정식 $2x^2+3[x]-x=0$의 해를 구하시오. **정답** $x=-\dfrac{3}{2}$, -1

풀이 제한 조건으로 주어진 $-2\leq x<0$을 정수 단위인 1의 간격, 즉 $-2\leq x<-1$, $-1\leq x<0$으로 분할하여 생각한다.

ⓐ $-2\leq x<-1$일 때

→ $[x]=-2$ → $2x^2+3[x]-x=2x^2-x-6=0$

→ $(2x+3)(x-2)=0$ → $x=-\dfrac{3}{2}$ 또는 $x=2$ → $x=-\dfrac{3}{2}$ $(\because -2\leq x<-1)$

ⓑ $-1\leq x<0$일 때

→ $[x]=-1$ → $2x^2+3[x]-x=2x^2-x-3=0$

→ $(x+1)(2x-3)=0$ → $x=-1$ 또는 $x=\dfrac{3}{2}$ → $x=-1$ $(\because -1\leq x<0)$

따라서 구하는 해는 $x=-\dfrac{3}{2}$ 또는 $x=-1$이다.

바닥함수 $y=[x]$의 그래프는 길이가 1이고 x축에 평행한 수많은 선분으로 이루어져 있다

함수 $y=[x]$의 그래프는 먼저 정의역인 실수 전체의 집합을 정수 단위인 1의 간격으로 구간을 분할하고 그 분할된 구간별로 $[x]$의 값을 구하여 그린다. 즉, $\cdots$, $-2\le x<-1$, $-1\le x<0$, $0\le x<1$, $1\le x<2$, $\cdots$처럼 구간을 분할하여 그래프를 그린다. 이때 정수 n에 대하여 $n\le x<n+1 \Longleftrightarrow [x]=n$을 이용한다.

x	$\cdots$	$-2\le x<-1$	$-1\le x<0$	$0\le x<1$	$1\le x<2$	$\cdots$
$[x]$	$\cdots$	-2	-1	0	1	$\cdots$

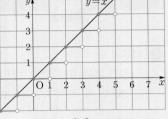

함수 $y=[x]$의 그래프

함수 $y=[x]$와 그 그래프는 다음과 같은 특징을 갖는다.
❶ 정의역은 실수 전체의 집합이고, 치역은 정수 전체의 집합이다.
❷ 길이가 1이고 x축에 평행한 수많은 선분으로 이루어져 있다.
❸ 감소하지 않는 함수이다. 즉, 임의의 실수 x_1, x_2에 대하여 $x_1\le x_2$일 때, $[x_1]\le[x_2]$이다.

다음은 함수 $f(x)=x-[x]$의 그래프이다. 이 함수는 주기함수라는 특징을 갖고 있기 때문에 문제에서 그 모습을 자주 드러낸다. 즉, $f(x+1)=f(x)$를 만족하는 주기가 1인 함수이다. 더욱이 치역은 $\{y\,|\,0\le y<1\}$이다.

x	$\cdots$	$-2\le x<-1$	$-1\le x<0$	$0\le x<1$	$1\le x<2$	$\cdots$
$[x]$	$\cdots$	-2	-1	0	1	$\cdots$
$x-[x]$	$\cdots$	$x+2$	$x+1$	x	$x-1$	$\cdots$

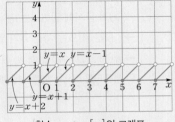

함수 $y=x-[x]$의 그래프

일상생활에서 만나는 바닥함수의 새로운 모습, 버림함수

$[2.4]=2$처럼 가우스 기호는 (0 또는) 양의 소수를 버리는 특징을 가지고 있다. 이러한 의미에서 바닥함수를 **버림함수**라고도 하는데 일상생활 곳곳에서 그 흔적들을 찾을 수 있다. 시간을 분 단위까지 숫자로 나타내는 디지털시계의 경우 오후 6시 30분과 오후 6시 31분 사이에 그 시계는 계속 같은 시각 6시 30분을 표시한다. 즉, 초 단위의 시간을 버리고 분 단위의 시간만을 보여주는 것이다. 이런 방법으로 생각하면 오늘이 1월 25일인 것도 시 단위의 시간을 버린 결과이고 2018년인 것도 월 단위의 시간을 버린 결과이다. 또한 택시의 미터기나 주유소의 주유량, 전화기의 요금 등에도 버림함수가 숨겨져 있다.

버림함수의 예

EXERCISE

1 $\left[\dfrac{10}{3}\right]+\left[-\dfrac{10}{3}\right]$의 값은 얼마인가? (단, $[x]$는 x보다 크지 않은 최대의 정수이다.)

다음을 만족하는 x의 값 또는 범위는 얼마인가?
2 $[x]=2$
3 $[x]=-3$
4 $2x-[x]=1$ (단, $0\le x<3$)
5 $[x]^2+[x]-2=0$

<정답> 1 -1 2 $2\le x<3$ 3 $-3\le x<-2$ 4 $x=\dfrac{1}{2}$ 또는 $x=1$ 5 $-2\le x<-1$ 또는 $1\le x<2$

022 경우의 수

❶ 경우의 수

☐ **사건** : 반복할 수 있는 어떤 실험이나 관찰에 의해 나타나는 결과

☐ **경우의 수** : 어떤 사건이 일어날 수 있는 모든 경우의 가짓수
조건에 적합한 것을 '빠짐없이', '중복되지 않게' 헤아린다.

❷ 합의 법칙

• 두 사건 A, B가 일어나는 경우의 수가 각각 m, n이면

☐ A, B가 동시에 일어나지 않을 때
사건 A가 일어나면 사건 B가 절대로 일어날 수 없다는 뜻이다.

➔ (사건 A 또는 사건 B가 일어나는 경우의 수)$=m+n$

➔ $n(A \cap B)=0$일 때 $n(A \cup B)=n(A)+n(B)$

᎑ 주사위 1개를 던질 때, 3의 배수 또는 5의 배수의 눈이 나오는 경우의 수는 2+1=3가지이다.
　　　　　　　　　　　3, 6　　　　5

☐ A, B가 동시에 일어나는 경우의 수가 l이면

➔ (사건 A 또는 사건 B가 일어나는 경우의 수)$=m+n-l$

➔ $n(A \cap B) \neq 0$일 때 $n(A \cup B)=n(A)+n(B)-n(A \cap B)$

᎑ 서로 다른 주사위 2개를 던질 때, 2의 배수 또는 3의 배수의 눈이 나오는 경우의 수는
(2의 배수인 경우의 수)$+$(3의 배수인 경우의 수)$-$(6의 배수인 경우의 수)$=3+2-1=4$
　 2, 4, 6　　　　　　　　　3, 6　　　　　　　　　　6

❸ 곱의 법칙

☐ 사건 A가 일어나는 경우의 수가 m이고 그 각각에 대하여 사건 B가 일어나는 경우의 수가 n일 때

➔ (두 사건 A, B가 동시에 일어나는 경우의 수)$=m \times n$
두 사건이 같은 시각에 일어난다는 것이 아니라 사건 A 각각의 경우에 대하여 사건 B가 일어난다는 뜻이다.

᎑ 주사위 1개와 동전 1개를 동시에 던질 때, 일어나는 모든 경우의 수는 $6 \times 2=12$(가지)이다.
(앞면, 1), (앞면, 2), (앞면, 3), (앞면, 4), (앞면, 5), (앞면, 6)
(뒷면, 1), (뒷면, 2), (뒷면, 3), (뒷면, 4), (뒷면, 5), (뒷면, 6)

❹ 동전, 주사위를 던지는 경우의 수

☐ 동전 n개를 동시에 던질 때, 일어나는 모든 경우의 수　　　　　➔ 2^n(가지)

☐ 주사위 n개를 동시에 던질 때, 일어나는 모든 경우의 수　　　　➔ 6^n(가지)

☐ 동전 m개와 주사위 n개를 동시에 던질 때, 일어나는 모든 경우의 수　➔ $2^m \times 6^n$(가지)

᎑ 동전 3개와 주사위 2개를 동시에 던질 때, 일어나는 모든 경우의 수는 $2^3 \times 6^2=288$(가지)이다.

❺ 여사건을 이용한 경우의 수

☐ 어떤 사건 A에 대하여 사건 A가 일어나지 않는 사건을 A의 **여사건**이라 한다.

☐ (사건 A가 일어나지 않는 경우의 수)$=$(모든 경우의 수)$-$(사건 A가 일어나는 경우의 수)

☐ '적어도 ~일' 문제는 여사건을 이용하여 푸는 것이 효과적이다.
'~가 아닐', '~하지 못할'과 같은 부정어가 있을 때도 사용한다.

᎑ 동전 3개를 동시에 던질 때

(적어도 1개는 뒷면이 나오는 경우의 수)

$=$(모든 경우의 수)$-$(3개 모두 앞면이 나오는 경우의 수)$=2^3-1$(가지)

᎑ 주사위 2개를 동시에 던질 때

(적어도 1개는 짝수의 눈이 나오는 경우의 수)

$=$(모든 경우의 수)$-$(2개 모두 홀수의 눈이 나오는 경우의 수)$=6^2-3^2$(가지)

정답과 해설 P. 108

◉ 서로 다른 주사위 2개를 동시에 던질 때, 다음 경우의 수를 구하시오.

001 두 눈의 수의 합이 10 이상이다. _____

002 두 눈의 수의 합이 5의 배수이다. _____

003 두 눈의 수의 차가 3 또는 4이다. _____

004 두 눈의 수의 합이 4의 배수 또는 6의 배수이다. _____

◉ 다음을 만족하는 순서쌍 (x, y) 또는 (x, y, z)의 개수를 구하시오.

005 $xy \leq 3$ (x, y는 자연수이다.) _____

006 $x+y \leq 4$ (x, y는 음이 아닌 정수이다.) _____

007 $x+2y \leq 6$ (x, y는 자연수이다.) _____

008 $x+2y+3z=10$ (x, y, z는 자연수이다.) _____

◉ 두 자리의 자연수 중에서 다음 수의 개수를 구하시오.

009 십의 자리의 숫자는 짝수, 일의 자리의 숫자는 홀수 _____

010 십의 자리의 숫자와 일의 자리의 숫자가 모두 홀수 _____

011 십의 자리의 숫자는 3의 배수, 일의 자리의 숫자는 소수 _____

◉ 그림과 같은 도로망에서 A지점에서 B지점까지 가는 길이 다음과 같을 때, 그 경우의 수를 구하시오. (단, 같은 지점은 두 번 이상 지나지 않는다.)

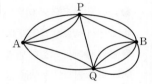

012 A $\longrightarrow$ P $\longrightarrow$ B _____

013 A $\longrightarrow$ Q $\longrightarrow$ B _____

014 A $\longrightarrow$ P $\longrightarrow$ Q $\longrightarrow$ B _____

015 A $\longrightarrow$ B _____

◉ 다음 수의 개수를 구하시오.

016 72의 약수 _____

017 60와 84의 공약수 _____

018 2250의 약수 중에서 홀수 _____

019 300의 약수 중에서 5의 배수 _____

◉ 다항식을 전개했을 때, 항의 개수를 구하시오.

020 $(x+y)(a+b+c)$ _____   **021** $(a+b)(c-d)(e+f-g)$ _____

022 $(a+1)(b^2+b+1)$ _____   **023** $(x+y)^2(a+2b+3c)$ _____

◉ 서로 다른 주사위 2개를 던질 때, 다음을 구하시오.

024 두 눈의 수의 합이 4가 아닌 경우의 수 _____

025 두 눈의 수가 서로 다른 경우의 수 _____

026 적어도 1개는 짝수의 눈이 나오는 경우의 수 _____

● 배수의 개수

(A의 배수 또는 B의 배수의 개수)=(A의 배수의 개수)+(B의 배수의 개수)−(A와 B의 공배수의 개수)

예 100 이하의 자연수 중에서 2의 배수 또는 3의 배수의 개수는

2의 배수는 50개, 3의 배수는 33개, 2와 3의 최소공배수인 6의 배수는 16개이므로

(2의 배수 또는 3의 배수의 개수)=(2의 배수의 개수)+(3의 배수의 개수)−(6의 배수의 개수)=50+33−16=67

● 자연수의 양의 약수의 개수

· 자연수 $N=a^l b^m c^n$(a, b, c는 서로 다른 소수, l, m, n은 자연수) 꼴로 소인수분해될 때, N의 양의 약수의 개수는

➡ $(l+1)(m+1)(n+1)$

❶ a^l의 양의 약수 : 1, a, a^2, $\cdots$, a^l ➡ $(l+1)$개

❷ b^m의 양의 약수 : 1, b, b^2, $\cdots$, b^m ➡ $(m+1)$개

❸ c^n의 양의 약수 : 1, c, c^2, $\cdots$, c^n ➡ $(n+1)$개

따라서 a^l, a^m, a^n의 약수를 동시에 선택할 수 있으므로 N의 양의 약수의 개수는 곱의 법칙에 의해

$(l+1)(m+1)(n+1)$이다.

● 도형에 색칠하는 방법의 수

· 오른쪽 그림과 같은 도형에 서로 다른 n개의 색을 칠하는데 색을 중복하여 사용할 수는 있지만 이웃하는 영역은 서로 다른 색을 칠하는 방법의 수는 다음과 같이 구한다.

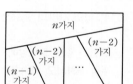

❶ 가장 많은 영역과 이웃하는 영역에 먼저 색을 칠한다. ➡ n가지

❷ ❶에서 색칠한 영역과 이웃하는 영역에 색을 칠한다. ➡ $(n-1)$가지

❸ ❶과 ❷에서 색칠한 영역과 이웃하는 영역에 색을 칠한다. ➡ $(n-2)$가지

이와 같은 방법으로 색을 칠하는 방법의 수는 $n \times (n-1) \times (n-2) \times \cdots \times (n-2)$이다.

예 오른쪽 그림에 서로 다른 4개의 색으로 칠하는 방법의 수는

$4 \times (4-1) \times (4-2) \times (4-2)=48$

● 지불하는 방법의 수와 지불하는 금액의 수

· 서로 다른 화폐가 l개, m개, n개 있을 때

❶ 지불방법의 수 : $(l+1)(m+1)(n+1)-1$ (단, 0원을 지불하는 경우는 제외한다.)

❷ 지불금액의 수 :

⑴ 화폐 액면이 중복되지 않으면 지불방법의 수와 같다.

⑵ 화폐 액면이 중복되고 작은 단위의 화폐 몇 개의 합이 큰 단위의 화폐와 일치하면

➡ 큰 단위의 화폐를 작은 단위의 화폐로 바꾸어 계산한다.

♠ 500원짜리 동전 4개, 100원짜리 동전 3개, 50원짜리 동전 2개로 지불하는 방법의 수와 금액의 수를 구하시오. (단, 0원을 지불하는 것은 제외한다.)

정답 59, 44

풀이 지불하는 방법의 수 : $(4+1) \times (3+1) \times (2+1)-1=59$

지불하는 금액의 수 : 50원짜리 동전 2개와 100원짜리 동전 1개로 지불하는 금액이 같으므로 100원짜리 동전 3개를 50원짜리 동전 6개로 바꾼다. 따라서 500원짜리 동전 4개, 50원짜리 동전 8개로 지불하는 금액의 수는 $(4+1) \times (8+1)-1=44$이다.

001 1부터 100까지의 자연수 중에서 2의 배수도 5의 배수도 아닌 수의 개수는?

① 38 　　　　　② 40 　　　　　③ 42

④ 44 　　　　　⑤ 46

002 다항식 $(a+b)(x+y-z)(l+m)$을 전개했을 때, 항의 개수는?

① 8 　　　　　② 9 　　　　　③ 10

④ 11 　　　　　⑤ 12

003 오른쪽 그림은 4 개의 도시 A, B, C, D 를 연결하는 도로망이다. A도시에서 출발하여 D 도시로 갔다가 다시 A 도시로 돌아올 때, 같은 지점을 한 번만 지나는 방법의 수는?

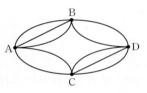

① 24 　　　　　② 36 　　　　　③ 48

④ 72 　　　　　⑤ 96

004 1000원짜리, 2000원짜리 2종류의 과자를 합하여 12000원어치 사는 방법의 수는? (단, 2종류의 과자가 적어도 하나씩은 포함되어야 한다.)

① 2 　　　　　② 3 　　　　　③ 4

④ 5 　　　　　⑤ 6

005 540의 약수 중에서 3의 배수의 개수는?

① 16 　　　　　② 18 　　　　　③ 20

④ 22 　　　　　⑤ 24

006 1부터 100까지의 숫자가 각각 적힌 100장의 카드 중에서 임의로 한 장의 카드를 뽑을 때, 12와 서로소인 수가 적힌 카드가 나오는 경우의 수는?

① 16 　　　　　② 33 　　　　　③ 50

④ 67 　　　　　⑤ 84

007 1000원짜리 지폐 2장, 500원짜리 동전 3개, 100원짜리 동전 4개로 지불할 수 있는 방법의 수를 a, 지불할 수 있는 금액의 수를 b라 할 때, $a-b$의 값은? (단, 0원을 지불하는 것은 제외한다.)

① 10 　　　　　② 20 　　　　　③ 30

④ 40 　　　　　⑤ 50

008 오른쪽 그림과 같은 A, B, C, D 4개의 영역을 서로 다른 4가지 색으로 칠하려고 한다. 같은 색을 중복하여 사용해도 좋으나 인접하는 영역은 서로 다른 색을 칠할 때, 칠하는 방법의 수는?

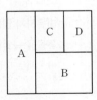

① 48 　　　　　② 60 　　　　　③ 72

④ 96 　　　　　⑤ 120

023 순열

❶ 순열

☐ 서로 다른 n개에서 $r(0<r\leq n)$개를 선택하여 일렬로 나열하는 것을
순서가 있다. 즉, 순서가 바뀌면 다른 경우로 본다.
n개에서 r개를 선택하는 **순열**이라 하고, 기호로 $_n\mathrm{P}_r$과 같이 나타낸다.
P는 순열을 뜻하는 permutation의 첫 글자이다.

$$\rightarrow {}_n\mathrm{P}_r=n(n-1)(n-2)\times\cdots\times(n-r+1)$$

> $_n\mathrm{P}_r$: n부터 시작해서 하나씩 작아지는 수를 r개 곱한다.

예 $_5\mathrm{P}_4=5\times4\times3\times2$, $_3\mathrm{P}_3=3\times2\times1$, $_n\mathrm{P}_2=n(n-1)$, $_4\mathrm{P}_1=4$

❷ $n!$을 이용한 순열의 수

☐ 1부터 n까지의 자연수를 차례대로 곱한 것을 n의 **계승**이라 한다.

$$\rightarrow n!=n(n-1)(n-2)\times\cdots\times3\times2\times1$$
'n 팩토리얼'이라고 읽는다.
예 $5!=5\times4\times3\times2\times1=120$

☐ $_n\mathrm{P}_r=\dfrac{n!}{(n-r)!}$

$$\rightarrow {}_n\mathrm{P}_r=n(n-1)(n-2)\times\cdots\times(n-r+1)$$
$$=\frac{n(n-1)(n-2)\times\cdots\times(n-r+1)(n-r)\times\cdots\times3\times2\times1}{(n-r)\times\cdots\times3\times2\times1}=\frac{n!}{(n-r)!}$$

예 $_5\mathrm{P}_3=\dfrac{5!}{(5-3)!}=\dfrac{5\times4\times3\times2\times1}{2\times1}=5\times4\times3$

☐ $_n\mathrm{P}_n=n!$, $0!=1$, $_n\mathrm{P}_0=1$

❸ 이웃하거나 이웃하지 않는 순열의 수

☐ **이웃하는 경우** : 이웃하는 대상을 한 묶음으로 생각하여 나머지와 함께 먼저 일렬로 나열하고, 그 묶음을 다시 일렬로 나열한다.

$\rightarrow$ (서로 다른 n개를 일렬로 나열할 때, m개가 서로 이웃하는 경우의 수)

= (m개를 1개로 묶어 $(n-m+1)$개를 일렬로 나열하는 경우의 수)×(m개를 일렬로 나열하는 경우의 수)

= $(n-m+1)!\times m!$

예 (남자 4명과 여자 3명이 일렬로 설 때, 여자끼리 서로 이웃하도록 서는 경우의 수)

= (여자 3명을 한 묶음으로 하여 일렬로 서는 경우의 수)×(여자 3명이 일렬로 서는 경우의 수)=$5!\times3!$

☐ **이웃하지 않는 경우** : 서로 이웃해도 좋은 것을 먼저 나열하고, 그 사이사이와 양 끝에 서로 이웃하지 않아야 하는
끼워넣기 전략
것들을 나열한다.

$\rightarrow$ (서로 다른 n개를 일렬로 나열할 때, m개가 서로 이웃하지 않는 경우의 수)

= (($n-m$)개를 일렬로 나열하는 경우의 수)×(그 사이사이와 양 끝에 m개를 일렬로 나열하는 경우의 수)

= $(n-m)!\times {}_{n-m+1}\mathrm{P}_m$

예 (남자 4명과 여자 3명이 일렬로 설 때, 여자끼리 서로 이웃하지 않도록 서는 경우의 수)

= (남자 4명이 일렬로 서는 경우의 수)×(남자 4명 사이의 3곳과 양 끝 2곳에 여자 3명이 일렬로 서는 경우의 수)=$4!\times {}_5\mathrm{P}_3$

☐ **2명(또는 2개)가 이웃하지 않는 경우** : (전체 경우의 수)−(서로 이웃하는 경우의 수)를 이용하여 구한다.

$\rightarrow$ 이 방법은 '2명이 서로 이웃하지 않는 경우'에만 해당된다.
어느 2개도 이웃하지 않아야 하는 개체가 3개 이상일 때는 끼워넣기 전략을 이용한다.
예 (남자 4명과 여자 2명이 일렬로 설 때, 여자끼리 서로 이웃하지 않도록 서는 경우의 수)

= (6명이 일렬로 서는 경우의 수)−(여자 2명이 이웃하여 서는 경우의 수)=$6!-5!\times2!$

정답과 해설 P. 113

◉ 다음 값을 구하시오.

001 $_6P_3$ _____

002 $_5P_2$ _____

003 $_3P_0$ _____

004 $_5P_5$ _____

005 $2!+3!+4!$ _____

006 $4! \times 0!$ _____

007 $\dfrac{4!+5!}{3!}$ _____

008 $\dfrac{_6P_3}{3!}$ _____

◉ 등식을 만족하는 자연수 n 또는 r의 값을 구하시오.

009 $_nP_2=20$ _____

010 $_5P_r=60$ _____

011 $_6P_4=\dfrac{6!}{n!}$ _____

012 $_8P_r=\dfrac{8!}{5!}$ _____

013 $_nP_3=4 \times {}_nP_2$ _____

014 $_{2n}P_3=60 \times {}_nP_2$ _____

◉ 경우의 수를 구하시오.

015 남자 5명 중에서 3명을 뽑아 한 줄로 세우는 방법의 수 _____

016 10명의 회원 중에서 대표와 부대표를 각각 한 명씩 뽑는 방법의 수 _____

017 축구 승부차기에서 선수 5명의 순서를 정하는 방법의 수 _____

018 문자 a, b, c와 숫자 1, 2를 일렬로 나열한다. 숫자가 서로 이웃하는 경우 _____

019 문자 f, r, i, e, n, d를 일렬로 나열한다. 모음이 서로 이웃하는 경우 _____

020 남자 4명과 여자 3명을 일렬로 세운다. 여자가 서로 이웃하는 경우 _____

021 남자 3명과 여자 2명을 일렬로 세운다. 여자끼리 서로 이웃하지 않는 경우 _____

022 문자 A, B, C, D, E, F, G를 일렬로 나열한다. A, B, C가 서로 이웃하지 않는 경우 _____

023 문자 B, U, N, K, E, R를 일렬로 나열한다. 모음이 양 끝에 오는 경우 _____

024 남자 3명과 여자 4명을 일렬로 세운다. 남자 3명이 양 끝에 오는 경우 _____

025 문자 M, U, S, I, C를 일렬로 나열한다. 적어도 한쪽 끝에 모음이 오는 경우 _____

026 문자 a, b, c, d, e를 일렬로 나열한다. a, b, c 중에서 적어도 2개가 이웃하는 경우 _____

027 남자 3명과 여자 4명을 일렬로 세운다. 남녀가 교대로 서는 경우 _____

028 남자 3명과 여자 3명을 일렬로 세운다. 남녀가 교대로 서는 경우 _____

029 문자 a, b, c와 숫자 1, 2를 일렬로 나열한다. 문자와 숫자가 교대로 있는 경우 _____

◉ 5개의 숫자 0, 1, 2, 3, 4 중에서 서로 다른 4개의 숫자를 뽑아 다음 수를 만들 때, 그 개수를 구하시오.

030 네 자리의 자연수 _____

031 짝수 _____

032 3의 배수 _____

033 2100보다 큰 자연수 _____

● **배수 판정법**

❶ 2의 배수(짝수) : 일의 자리의 수가 0 또는 2의 배수

❷ 3의 배수 : 모든 자리의 수의 합이 3의 배수

⇨ $abc=100a+10b+c=3\underset{\text{3의 배수}}{(33a+3b)}+(a+b+c)$에서 $a+b+c$가 3의 배수이면 abc는 3의 배수가 된다.

❸ 4의 배수 : 마지막 두 자리의 수가 00 또는 4의 배수

⇨ $abc=100a+10b+c=4\underset{\text{4의 배수}}{(25a)}+(10b+c)$에서 $10b+c$가 4의 배수이면 abc는 4의 배수가 된다.

❹ 5의 배수 : 일의 자리의 수가 0 또는 5

❺ 6의 배수 : 2의 배수이면서 3의 배수

❻ 8의 배수 : 마지막 세 자리의 수가 000 또는 8의 배수

❼ 9의 배수 : 모든 자리의 수의 합이 9의 배수

⇨ $abc=100a+10b+c=9\underset{\text{9의 배수}}{(11a+b)}+(a+b+c)$에서 $a+b+c$가 9의 배수이면 abc는 9의 배수가 된다.

예 숫자 카드 ①, ②, ③, ④, ⑤ 중에서 3장을 선택하여 세 자리의 자연수를 만들 때

ⓐ 홀수 : □□1, □□3, □□5 → $_4P_2=4\times3$이므로 홀수는 $3\times(4\times3)$개이다.

ⓑ 3의 배수 : ■+■+■=(3의 배수) → 각 자리의 수가 $(1, 2, 3)$, $(1, 3, 5)$, $(2, 3, 4)$, $(3, 4, 5)$일 때이다.

각각 $3!=3\times2\times1$가지 경우가 있으므로 3의 배수는 $4\times(3\times2\times1)$개이다.

ⓒ 4의 배수 : □12, □24, □32, □52 → $_3P_1=3$이므로 4의 배수는 4×3개이다.

ⓓ 5의 배수 : □□5 → $_4P_2=4\times3$이므로 5의 배수는 $1\times(4\times3)$개이다.

ⓔ 9의 배수 : ■+■+■=(9의 배수) → 각 자리의 수가 $(1, 3, 5)$, $(2, 3, 4)$일 때이다.

각각 $3!=3\times2\times1$가지 경우가 있으므로 9의 배수는 $2\times(3\times2\times1)$개이다.

$(1, 3, 5)$일 때 $(1, 3, 5)$, $(1, 5, 3)$, $(3, 5, 1)$, $(3, 1, 5)$, $(5, 1, 3)$, $(5, 3, 1)$의 $3\times2\times1=6$가지의 경우가 있다.

● **'적어도'라는 단어가 나오면 여사건을 이용한다**

• '적어도'라는 단어가 나오면 (모든 경우의 수) − (반대되는 경우의 수)를 이용한다.

❶ victory의 7개의 문자를 배열한다. 적어도 한쪽 끝에 자음이 온다.

⇨ '많으면' 양쪽 끝에 자음이 온다. → (반대되는 경우) 양쪽 끝에 모음이 온다.

❷ A와 B를 포함하여 6명을 일렬로 세운다. A와 B 중에 적어도 한 명이 양 끝에 선다.

⇨ '많으면' A, B가 양쪽 끝에 선다. → (반대되는 경우) 양쪽 끝에 A, B가 서지 않는다.

❸ smile의 5개의 문자를 배열한다. 모음 i, e 사이에 적어도 하나의 자음이 온다.

⇨ '많으면' 모음 사이에 자음이 모두 온다. → (반대되는 경우) 모음 사이에 자음이 오지 않는다. 즉, i, e가 이웃한다.

● **일대일함수와 순열**

• 정의역에 속하는 임의의 두 원소 x_1, x_2에 대하여 $x_1\neq x_2$이면 $f(x_1)\neq f(x_2)$를 만족할 때, 함수 f를 **일대일함수**라 한다.

⇨ 일대일함수가 되려면 정의역에 속하는 각 원소에 대하여 공역의 서로 다른 원소가 하나씩 대응되어야 하므로 공역의 원소를 중복하여 선택해서는 안 된다.

⇨ 두 집합 X, Y의 원소의 개수가 각각 m, n일 때, X에서 Y로의 일대일함수의 개수는 $_nP_m$이다.

예 집합 $X=\{1, 2, 3\}$에서 집합 $Y=\{a, b, c, d, e\}$로의 일대일함수의 개수는 공역 Y의 원소 a, b, c, d, e에서 3개를 선택하여 $1\to\square$, $2\to\square$, $3\to\square$의 □ 안에 늘어놓는 방법의 수와 같다. 이때 선택한 3개의 원소는 모두 달라야 한다. 즉, 1에 대응되는 원소를 선택하는 방법은 5가지, 2에 대응되는 원소를 선택하는 방법은 1에 대응되는 원소를 제외해야 하므로 4가지, 3에 대응되는 원소를 선택하는 방법은 1과 2에 대응되는 원소를 제외해야 하므로 3가지이다.

따라서 일대일함수의 개수는 $_5P_3=5\times4\times3=60$이다.

001 등식 $_5P_r \times 3! = 360$을 만족시키는 r의 값은?

① 2   ② 3   ③ 4

④ 5   ⑤ 6

002 서로 다른 소설책 3권과 시집 2권을 책장에 일렬로 꽂을 때, 소설책 3권이 서로 이웃하도록 꽂는 방법의 수는?

① 24   ② 32   ③ 36

④ 45   ⑤ 48

003 어느 산악 동호회에서 남자 4명, 여자 3명이 일렬로 서서 한라산을 등반하려고 한다. 이때, 여자끼리 이웃하지 않게 세우는 방법의 수는?

① 1380   ② 1400   ③ 1420

④ 1440   ⑤ 1460

004 남학생 3명과 여학생 2명을 일렬로 세우려고 한다. 이때, 남학생을 양 끝에 세우는 방법의 수는?

① 20   ② 24   ③ 28

④ 32   ⑤ 36

005 7개의 문자 c, a, p, t, u, r, e를 일렬로 나열할 때, 적어도 한쪽 끝에 모음이 오는 경우의 수는?

① 3560   ② 3600   ③ 3640

④ 3680   ⑤ 3720

006 6개의 문자 f, l, o, w, e, r를 일렬로 나열할 때, o와 r 사이에 2개의 문자가 들어 있는 경우의 수는?

① 136   ② 140   ③ 144

④ 148   ⑤ 152

007 5개의 숫자 1, 2, 3, 4, 5를 한 번씩 사용하여 다섯 자리의 자연수를 만들 때, 32000보다 작은 수의 개수는?

① 48   ② 50   ③ 52

④ 54   ⑤ 56

008 집합 $X = \{1, 2, 3\}$, $Y = \{a, b, c, d\}$에 대하여 함수 $X \longrightarrow Y$ 중에서 $f(1) \neq a$이고 일대일함수인 f의 개수는?

① 16   ② 18   ③ 20

④ 22   ⑤ 24

① **조합**

☐ 서로 다른 n개에서 $r(0 < r \leq n)$개를 <u>순서를 고려하지 않고</u> 선택하는 것을 n개에서 r개를 선택하는 **조합**이라 하
　　　　　　　　　　　　　　　순서를 고려하면 순열이다.
고, 기호로 $_nC_r$과 같이 나타낸다.
　　　　　　　C는 조합을 뜻하는 Combination의 첫 글자이다.

　예 회장 1명, 부회장 1명을 뽑는 경우의 수를 순열, 대표 2명을 뽑는 경우의 수를 조합이라 한다.

　예 뽑았을 때 순서가 정해져 있는 경우의 수를 순열, 뽑았을 때 순서가 정해져 있지 않는 경우의 수를 조합이라 한다.

　예 뽑힌 것끼리 서로 자리를 바꿀 때 차이가 있으면 순열, 차이가 없으면 조합이다.

☐ 서로 다른 n개에서 순서를 생각하지 않고 r개를 선택하는 방법의 수는 $_nC_r$이다.

서로 다른 n개에서 r개를 선택하여 순서있게 일렬로 배열한다.	$=$	서로 다른 n개에서 r개를 순서없이 선택한다.	$\times$	선택한 r개를 순서있게 일렬로 배열한다.
$_nP_r$(순열)		$_nC_r$(조합 : 선택한다)		$r!$(배열한다)

➡ $_nP_r = {}_nC_r \times r!$

➡ $_nC_r = \dfrac{_nP_r}{r!} = \dfrac{n!}{(n-r)!} \times \dfrac{1}{r!} = \dfrac{n!}{r!(n-r)!}$

　예 $_5C_4 = \dfrac{_5P_4}{4!} = \dfrac{5 \times 4 \times 3 \times 2}{4 \times 3 \times 2 \times 1} = 5$, $_nC_2 = \dfrac{_nP_2}{2!} = \dfrac{n(n-1)}{2 \times 1} = \dfrac{n(n-1)}{2}$, $_4C_1 = \dfrac{_4P_1}{1!} = \dfrac{4}{1} = 4$

② **조합의 성질**

☐ $_nC_n = 1$, $_nC_0 = 1$　예 $_3C_3 = \dfrac{3!}{3!(3-3)!} = \dfrac{3 \times 2 \times 1}{(3 \times 2 \times 1) \times 1} = 1$, $_2C_0 = \dfrac{2!}{0!(2-0)!} = \dfrac{2 \times 1}{1 \times (2 \times 1)} = 1$

☐ $_nC_r = {}_nC_{n-r}$

➡ 서로 다른 n개에서 (r개를 선택하는 경우의 수) $=$ ($n-r$개를 선택하는 경우의 수)

　예 $_{10}C_7$(7개를 뽑는다.) $= {}_{10}C_{10-7}$($10-7$개를 뽑는다.)

☐ $_nC_r = {}_{n-1}C_{r-1} + {}_{n-1}C_r$

➡ 서로 다른 n개에서 r개를 선택하는 조합의 수는

　(<u>특정한 1개를 포함하는</u> 경우의 수) $+$ (특정한 1개를 제외하는 경우의 수)
　　미리 뽑아 놓는다.
　$=$ ($n-1$개에서 $r-1$개를 선택하는 경우의 수) $+$ ($n-1$개에서 r개를 선택하는 경우의 수)

　예 $_5C_3 = {}_4C_2 + {}_4C_3$

5명 중에서 3명을 뽑는다.	$=$	A선수가 뽑힌 경우(포함)	$+$	A선수가 뽑히지 않은 경우(제외)
		나머지 4명 중에서 2명을 뽑는다.		나머지 4명 중에서 3명을 뽑는다.
$_5C_3(=10)$		$_4C_2(=6)$		$_4C_3(=4)$

③ **선분, 직선, 삼각형의 개수**

n개의 점 중에서	r개가 일직선 위에 있지 않을 때	r개가 일직선 위에 있을 때
선분의 개수	$_nC_2$	$_nC_2$
직선의 개수	$_nC_2$	$_nC_2 - {}_rC_2 + 1$
삼각형의 개수	$_nC_3$	$_nC_3 - {}_rC_3$

　예 일직선 위에 있지 않는 서로 다른 5개의 점으로 만들 수 있는 직선과 삼각형의 개수는 각각 $_5C_2$, $_5C_3$이다.

◉ 다음 값을 구하시오.

001 $_6C_2$ _____

002 $_5C_4$ _____

003 $_7C_5$ _____

004 $_7C_2$ _____

005 $_8C_8$ _____

006 $_6C_0$ _____

◉ 등식을 만족하는 자연수 n 또는 r의 값을 구하시오.

007 $_nC_3 = 20$ _____

008 $_{10}C_4 = _{10}C_r$ _____

009 $_nC_3 = _7C_4$ _____

010 $_6C_r = _6C_{r+2}$ _____

011 $_nC_3 = 2 \times _nP_2$ _____

012 $_8C_3 \times n! = _8P_5$ _____

◉ 경우의 수를 구하시오.

013 책 9권 중에서 2권을 선택하는 방법의 수 _____

014 서로 다른 도넛 9개 중에서 서로 다른 도넛 4개를 선택하는 방법의 수 _____

015 여학생 8명 중에서 5명의 단체 줄넘기 선수를 뽑는 방법의 수 _____

◉ 남학생 6명, 여학생 4명이 있을 때, 다음 경우의 수를 구하시오.

016 대표 3명을 뽑는다. _____

017 남학생 대표 2명, 여학생 대표 1명을 뽑는다. _____

018 대표 3명을 뽑을 때, 특정한 2명이 포함되도록 한다. _____

019 대표 3명을 뽑을 때, 여학생이 적어도 1명 포함된다. _____

020 대표 3명을 뽑을 때, 남학생과 여학생이 적어도 1명씩 포함된다. _____

021 남학생 2명, 여학생 2명을 뽑아 일렬로 세운다. _____

022 남학생 3명, 여학생 2명을 뽑아 일렬로 세울 때, 남학생 3명이 서로 이웃한다. _____

◉ 그림과 같이 삼각형 위에 9개 점이 있을 때, 다음 도형의 개수를 구하시오.

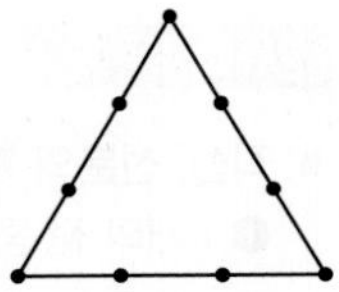

023 서로 다른 두 점을 연결하여 만들 수 있는 선분 _____

024 서로 다른 두 점을 연결하여 만들 수 있는 직선 _____

025 서로 다른 세 점을 연결하여 만들 수 있는 삼각형 _____

◉ 그림과 같이 5개의 평행선과 4개의 평행선이 서로 수직으로 만날 때, 다음 도형의 개수를 구하시오. (단, 평행선 사이의 간격은 일정하다.)

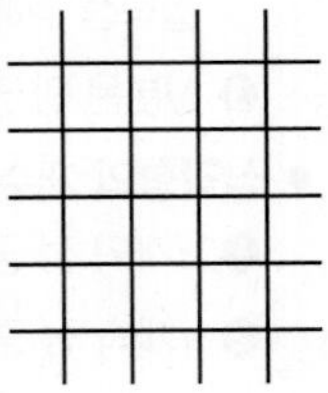

026 평행선으로 만들어지는 직사각형 _____

027 평행선으로 만들어지는 정사각형 _____

028 정사각형이 아닌 직사각형 _____

● 순열과 조합의 차이점

	순열	조합
순서 여부	순서가 있다.	순서가 없다.
위치 순서	위치와 순서가 중요하다	위치와 순서가 중요하지 않다
표현 방법	배열한다. (선택＋배열)	뽑는다. (선택)
동일 판단	$\{a, b\} \neq \{b, a\}$	$\{a, b\} = \{b, a\}$
계산 방법	$_nP_r = {}_nC_r \times r!$	$_nC_r$
배열 방법	배열하는 방법이 정해지지 않을 때	배열하는 방법이 한 가지로 정해져 있을 때
자격 조건	자격 조건이 다르다	자격 조건이 같다

● 포함과 제외를 이용한 조합의 수 계산

· A, B, C, D를 포함한 9명 중에서 6명을 다음과 같이 뽑을 때, 그 방법의 수는

❶ A, B 모두 뽑는다. ⇨ $_7C_4$ (A, B를 미리 뽑았다고 생각하면 A, B를 제외한 나머지 7명 중에서 4명만 더 뽑으면 된다.)

❷ A, B 중에서 1명만 뽑는다. ⇨ $_7C_5 \times 2$ (A, B를 제외한 나머지 7명 중에서 5명을 뽑고 A를 포함시키거나 B를 포함시키면 된다.)

❸ A, B 모두 뽑지 않는다. ⇨ $_7C_6$ (A, B를 모두 뽑지 않으려면 A, B를 제외한 나머지 7명 중에서 6명을 뽑으면 된다.)

❹ A, B를 뽑고, C, D는 뽑지 않는다. ⇨ $_5C_4$ (A, B를 미리 뽑았다고 생각하면 A, B를 제외한 나머지 7명 중에서 4명만 더 뽑으면 된다. 그런데 C, D를 뽑지 않으려면 C, D를 제외한 나머지 5명 중에서 4명을 뽑으면 된다.)

● 직선, 선분의 개수 : 서로 다른 두 점은 단 하나의 직선을 결정한다.

❶ n개의 점 중에서 서로 다른 두 점을 선택하여 이으면 하나의 직선이 된다.　　⇨ $_nC_2$

❷ n개의 점 중에서 r개가 일직선 위에 있다.　　⇨ $_nC_2 - {}_rC_2 + 1$

　일직선 위에 놓여 있는 점들은 1개의 직선 밖에 만들지 못한다.

❸ 선분은 양 끝점이 달라지면 다른 선분이 되므로 n개의 점 중에서 r개가 일직선 위에 있더라도 선분의 개수는 $_nC_2$이다.

● 삼각형의 개수 : 일직선 위에 놓여 있지 않은 서로 다른 세 점은 단 하나의 삼각형을 결정한다.

❶ n개의 점 중에서 서로 다른 세 점을 선택하여 이으면 하나의 삼각형이 된다.　　⇨ $_nC_3$

❷ n개의 점 중에서 r개가 일직선 위에 있다.　　⇨ $_nC_3 - {}_rC_3$

❸ 일직선 위에 놓여 있는 세 점으로는 삼각형을 만들지 못한다.

● 평행사변형의 개수

❶ 가로방향의 m개의 평행선과 세로방향의 n개의 평행선이 서로 만난다.　　⇨ $_mC_2 \times {}_nC_2$

❷ (마름모가 아닌 평행사변형의 개수)＝(평행사변형의 개수)－(마름모의 개수)

　(정사각형이 아닌 직사각형의 개수)＝(직사각형의 개수)－(정사각형의 개수)

001 등식 $_nC_4 = _nC_5$를 만족시키는 자연수 n의 값은?

① 5   ② 7   ③ 9
④ 11   ⑤ 13

002 회원 10명 중에서 대표 1명, 부대표 2명을 뽑는 방법의 수는?

① 240   ② 280   ③ 320
④ 360   ⑤ 400

003 철수와 영희를 포함한 10명의 학생 중에서 3명을 뽑을 때, 철수와 영희 중에서 한 명만 포함되는 경우의 수는?

① 28   ② 56   ③ 72
④ 90   ⑤ 108

004 1부터 9까지의 숫자가 각각 적힌 숫자 카드에서 서로 다른 2장의 카드를 뽑을 때, 2장의 카드에 적힌 숫자의 곱이 짝수가 되는 경우의 수는?

① 22   ② 24   ③ 26
④ 28   ⑤ 30

005 오른쪽 그림과 같이 좌표평면 위에 9개의 점이 있다. 이 9개의 점 중에서 3개를 선택하여 만들 수 있는 삼각형의 개수를 a, 2개를 선택하여 만들 수 있는 직선의 개수를 b라 할 때, $a-b$의 값은?

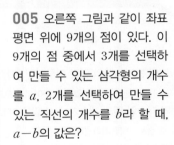

① 20   ② 24   ③ 36
④ 56   ⑤ 64

006 두 집합 $X=\{1, 2, 3\}$, $Y=\{1, 2, 3, 4, 5\}$에 대하여 $f(1)<f(2)<f(3)$을 만족하는 함수 $f : X \longrightarrow Y$의 개수는?

① 5   ② 10   ③ 24
④ 60   ⑤ 125

007 세 자리의 자연수 abc가 있다. $a>b>c$인 경우의 수를 x, $a<b<c$인 경우의 수를 y라 할 때, $x-y$의 값은?

① 0   ② 18   ③ 36
④ 60   ⑤ 84

008 오른쪽 그림은 정사각형 16개로 이루어진 도형이다. 이 도형의 선으로 만들 수 있는 정사각형이 아닌 직사각형의 개수는?

① 24   ② 36   ③ 55
④ 70   ⑤ 100

025 행렬과 그 연산

❶ 행렬

☐ **$m \times n$행렬** : m개의 행과 n개의 열로 이루어진 행렬
   ‘m by n 행렬’이라고 읽는다.
   예 행렬 $(-2\ \ 3)$은 1개의 행과 2개의 열로 이루어져 있으므로 1×2행렬이다.

☐ **정사각행렬** : 행의 개수와 열의 개수가 서로 같은 행렬

   예 $n \times n$행렬을 n차 정사각행렬이라 한다.

☐ **행렬의 (i, j)성분** : 행렬의 i행과 j열이 만나는 위치의 성분

   예 행렬 $A = (a_{ij})$의 $(2, 3)$성분은 a_{23}이다.

☐ $A = \begin{pmatrix} a_{11} & a_{12} \\ a_{21} & a_{22} \end{pmatrix}$, $B = \begin{pmatrix} b_{11} & b_{12} \\ b_{21} & b_{22} \end{pmatrix}$이고 $A = B$이면 $\begin{cases} a_{11} = b_{11},\ a_{12} = b_{12} \\ a_{21} = b_{21},\ a_{22} = b_{22} \end{cases}$이다.

   → 두 행렬 A, B가 같은 꼴이고 대응하는 성분이 각각 같을 때 두 행렬 A, B는 **서로 같다**고 한다.
   행의 개수와 열의 개수가 각각 같다.
☐ 세 행렬 A, B, C에 대하여 $A = B$이고 $B = C$이면 $A = C$이다.

1열 2열 3열

$\begin{pmatrix} 2 & 3 & 4 \\ 5 & 6 & 7 \end{pmatrix}$ 1행 / 2행

2×3행렬

$A = \begin{pmatrix} a_{11} & a_{12} & a_{13} \\ a_{21} & a_{22} & a_{23} \end{pmatrix}$ 3열, 2행

❷ 행렬의 덧셈과 뺄셈, 실수배

· $A = \begin{pmatrix} a_{11} & a_{12} \\ a_{21} & a_{22} \end{pmatrix}$, $B = \begin{pmatrix} b_{11} & b_{12} \\ b_{21} & b_{22} \end{pmatrix}$일 때

☐ $A + B = \begin{pmatrix} a_{11}+b_{11} & a_{12}+b_{12} \\ a_{21}+b_{21} & a_{22}+b_{22} \end{pmatrix}$, $A - B = \begin{pmatrix} a_{11}-b_{11} & a_{12}-b_{12} \\ a_{21}-b_{21} & a_{22}-b_{22} \end{pmatrix}$, $kA = \begin{pmatrix} ka_{11} & ka_{12} \\ ka_{21} & ka_{22} \end{pmatrix}$

☐ $A + B = B + A$ (교환법칙), $(A+B) + C = A + (B+C)$ (결합법칙)

☐ $(kl)A = k(lA) = l(kA)$(단, k, l은 실수) (결합법칙)
   $(k+l)A = kA + lA$, $k(A+B) = kA + kB$ (분배법칙)

❸ 행렬의 곱셈

☐ A가 $m \times n$행렬, B가 $n \times l$행렬일 때, AB는 $m \times l$행렬이다.

☐ $A = \begin{pmatrix} a_{11} & a_{12} \\ a_{21} & a_{22} \end{pmatrix}$, $B = \begin{pmatrix} b_{11} & b_{12} \\ b_{21} & b_{22} \end{pmatrix}$일 때

☐ $AB = \begin{pmatrix} a_{11}b_{11}+a_{12}b_{21} & a_{11}b_{12}+a_{12}b_{22} \\ a_{21}b_{11}+a_{22}b_{21} & a_{21}b_{12}+a_{22}b_{22} \end{pmatrix}$ ← $(2 \times 2$행렬$) \times (2 \times 2$행렬$) = (2 \times 2$행렬$)$

☐ $(a\ \ b)\begin{pmatrix} x \\ y \end{pmatrix} = (ax+by)$ ← $(1 \times 2$행렬$) \times (2 \times 1$행렬$) = (1 \times 1$행렬$)$

☐ $(a\ \ b)\begin{pmatrix} x & v \\ y & w \end{pmatrix} = (ax+by\ \ av+bw)$ ← $(1 \times 2$행렬$) \times (2 \times 2$행렬$) = (1 \times 2$행렬$)$

☐ $\begin{pmatrix} a \\ b \end{pmatrix}(x\ \ y) = \begin{pmatrix} ax & ay \\ bx & by \end{pmatrix}$ ← $(2 \times 1$행렬$) \times (1 \times 2$행렬$) = (2 \times 2$행렬$)$

☐ $\begin{pmatrix} a & b \\ c & d \end{pmatrix}\begin{pmatrix} x \\ y \end{pmatrix} = \begin{pmatrix} ax+by \\ cx+dy \end{pmatrix}$ ← $(2 \times 2$행렬$) \times (2 \times 1$행렬$) = (2 \times 1$행렬$)$

⊙ 행렬 A의 (i, j) 성분 a_{ij}가 다음과 같을 때, 행렬 A를 구하시오.

001 $a_{ij}=i-j\,(i=1, 2, 3,\ j=1)$ _____

002 $a_{ij}=i^2+j-1\,(i=1, 2,\ j=1, 2)$ _____

003 $a_{ij}=\begin{cases} i\ (i\leq j) \\ -j\ (i>j) \end{cases}(i=1, 2,\ j=1, 2, 3)$ _____

⊙ 다음 등식을 만족시키는 실수 a, b의 값을 구하시오.

004 $\begin{pmatrix} 2a & 0 \\ 1 & a+b \end{pmatrix}=\begin{pmatrix} 4 & 0 \\ 1 & 3 \end{pmatrix}$ _____

005 $\begin{pmatrix} 1 & a+1 \\ 5 & 2 \end{pmatrix}=\begin{pmatrix} 1 & b+2 \\ a+b & 2 \end{pmatrix}$ _____

006 $\begin{pmatrix} 3a & 0 \\ 2 & a+b \end{pmatrix}=\begin{pmatrix} b+1 & 0 \\ 2 & 3 \end{pmatrix}$ _____

007 $\begin{pmatrix} a^2-6 & 3 \\ 8 & a+2 \end{pmatrix}=\begin{pmatrix} -a & 3 \\ a^2-1 & b \end{pmatrix}$ _____

⊙ 두 행렬 $A=\begin{pmatrix} 3 & 2 \\ 1 & 4 \end{pmatrix}$, $B=\begin{pmatrix} -1 & 0 \\ 3 & -2 \end{pmatrix}$에 대하여 다음 행렬을 구하시오..

008 $A+B$ _____

009 $A-2B$ _____

010 $2A-3(A+B)$ _____

011 $-2(A+B)+4B$ _____

⊙ 다음을 만족하는 행렬 A의 모든 성분의 합을 구하시오.

012 $A+B=\begin{pmatrix} 1 & -2 \\ 4 & -3 \end{pmatrix}$, $A-B=\begin{pmatrix} -3 & 4 \\ -2 & 1 \end{pmatrix}$ _____

013 $2A-B=\begin{pmatrix} 0 & 5 \\ -2 & 4 \end{pmatrix}$, $A+B=\begin{pmatrix} 6 & -2 \\ -1 & 5 \end{pmatrix}$ _____

014 $A+2B=\begin{pmatrix} 3 & -1 \\ 0 & 5 \end{pmatrix}$, $2A-B=\begin{pmatrix} 1 & 3 \\ -5 & 5 \end{pmatrix}$ _____

⊙ 다음을 계산하시오.

015 $(-1\ \ 2\ \ -3)\begin{pmatrix} 2 \\ 1 \\ 3 \end{pmatrix}$ _____

016 $\begin{pmatrix} 1 & -1 \\ -2 & 3 \end{pmatrix}\begin{pmatrix} 2 \\ 1 \end{pmatrix}$ _____

017 $\begin{pmatrix} 3 & 0 \\ 1 & -2 \end{pmatrix}\begin{pmatrix} 1 & 0 \\ 3 & -2 \end{pmatrix}$ _____

018 $\begin{pmatrix} 2 & 0 \\ -1 & 1 \end{pmatrix}\begin{pmatrix} -1 & 2 \\ 2 & 0 \end{pmatrix}$ _____

019 $\begin{pmatrix} 1 & 2 \\ 3 & -1 \end{pmatrix}\begin{pmatrix} 1 & -1 \\ -2 & 3 \end{pmatrix}$ _____

020 $\begin{pmatrix} -1 & 2 \\ 3 & 1 \end{pmatrix}\begin{pmatrix} -2 & -1 \\ 1 & -3 \end{pmatrix}$ _____

● **행렬의 곱셈**

❶ 행렬의 곱셈은 짝을 이루는 두 수를 곱하고($\times$) 그 결과를 더하는($+$)일이다.

❷ A가 $m \times n$행렬, B가 $n \times l$행렬일 때, AB는 $m \times l$행렬이다. 암기

❸ 두 행렬 A, B의 곱 AB가 정의되기 위해서는 A의 열의 개수와 B의 행의 개수가 서로 같아야 한다.

> 예 1×3행렬 $(a \ b \ c)$와 2×1행렬 $\begin{pmatrix} x \\ y \end{pmatrix}$의 곱 $(a \ b \ c)\begin{pmatrix} x \\ y \end{pmatrix}$를 생각할 때 c에 대응하는 성분이 없으므로 행렬의 곱이 정의되지 않는다.

❹ 이차정사각행렬의 곱셈

$$\begin{array}{c} \spadesuit \\ \clubsuit \end{array}\begin{pmatrix} a_1 & a_2 \\ b_1 & b_2 \end{pmatrix}\begin{pmatrix} c_1 & c_2 \\ d_1 & d_2 \end{pmatrix} = \begin{pmatrix} \spadesuit \times \heartsuit & \spadesuit \times \diamondsuit \\ \clubsuit \times \heartsuit & \clubsuit \times \diamondsuit \end{pmatrix}$$ 암기

$$\begin{array}{cc} \heartsuit & \diamondsuit \end{array}$$

행⑨×행⑨

행렬의 곱이 정의되기 위해서는 앞 행렬의 열의 개수와 뒤 행렬의 행의 개수가 서로 같아야 한다.

● **행렬의 곱셈에서는 교환법칙이 성립하지 않는다.**

❶ $AB \neq BA$ 암기

> 예 $A = \begin{pmatrix} 1 & 2 \\ 3 & 3 \end{pmatrix}$, $B = \begin{pmatrix} 1 & 0 \\ 2 & -1 \end{pmatrix}$일 때 다음과 같이 $AB \neq BA$이다.
>
> $AB = \begin{pmatrix} 1 & 2 \\ 3 & 3 \end{pmatrix}\begin{pmatrix} 1 & 0 \\ 2 & -1 \end{pmatrix} = \begin{pmatrix} 5 & -2 \\ 8 & -3 \end{pmatrix}$, $BA = \begin{pmatrix} 1 & 0 \\ 2 & -1 \end{pmatrix}\begin{pmatrix} 1 & 2 \\ 3 & 3 \end{pmatrix} = \begin{pmatrix} 1 & 2 \\ 0 & 1 \end{pmatrix}$

❷ $AB \neq BA$이므로 행렬을 일반적인 실수처럼 연산할 수 없다.

실수의 곱셈	행렬의 곱셈	
$ab = ba$	$AB \neq BA$	그러나 $BA = AB$이면
$(a+b)^2 = a^2 + 2ab + b^2$	$(A+B)^2 \neq A^2 + 2AB + B^2$	➡ $(A+B)^2 = A^2 + 2AB + B^2$
$(a+b)(a-b) = a^2 - b^2$	$(A+B)(A-B) \neq A^2 - B^2$	➡ $(A+B)(A-B) = A^2 - B^2$

❸ $AB \neq BA$이므로 지수법칙, 곱셈 공식(인수분해 공식) 등이 성립하지 않는다.

ⓐ $(AB)^2 \neq A^2 B^2$, $(AB)^n \neq A^n B^n$

ⓑ $(A+B)(A-B) \neq A^2 - B^2$

ⓒ $(A+B)^2 \neq A^2 + 2AB + B^2$, $(A-B)^2 \neq A^2 - 2AB + B^2$

ⓓ $(A+mB)(A+nB) \neq A^2 + (m+n)AB + mnB^2$

ⓔ $(A+B)^3 \neq A^3 + 3A^2B + 3AB^2 + B^3$, $(A-B)^3 \neq A^3 - 3A^2B + 3AB^2 - B^3$

❹ 문제에서 조건으로 $(A-B)(A+B) = A^2 - B^2$, $(A \pm B)^2 = A^2 \pm 2AB + B^2$이 주어진다면 그것은 $AB = BA$가 성립한다는 의미이다.

001 행렬 A의 (i, j) 성분 a_{ij}가
$$a_{ij}=i^2+j^2-1 \ (i=1, 2, \ j=1, 2)$$
일 때, 행렬 A의 모든 성분의 합은?

① 12　　　　② 13　　　　③ 14

④ 15　　　　⑤ 16

002 두 행렬
$$A=\begin{pmatrix} a & x-y \\ 2x+y & b \end{pmatrix}, \ B=\begin{pmatrix} x-3y & 1 \\ 5 & x+y \end{pmatrix}$$
에 대하여 $A=B$이다. 이때 상수 a, b, x, y에 대하여 $ax+by$의 값은?

① -3　　　② -1　　　③ 1

④ 3　　　　⑤ 5

003 두 행렬
$$A=\begin{pmatrix} 2 & 4 \\ 4 & -2 \end{pmatrix}, \ B=\begin{pmatrix} -3 & 2 \\ 1 & 4 \end{pmatrix}$$
에 대하여 $3X-A=X-2B$를 만족하는 행렬 X의 모든 성분의 합은?

① -4　　　② 0　　　③ 4

④ 5　　　　⑤ 10

004 이차방정식 $x^2-3x-2=0$의 두 근을 α, β라 할 때, 행렬 $\begin{pmatrix} -\alpha & 0 \\ \beta & \alpha \end{pmatrix}\begin{pmatrix} \beta & 0 \\ \alpha & -\beta \end{pmatrix}$의 모든 성분의 합은?

① 9　　　　② 11　　　　③ 13

④ 15　　　　⑤ 17

005 $x+y=2$일 때,
$$F=\begin{pmatrix} x & y \end{pmatrix}\begin{pmatrix} 1 & 2 \\ -1 & 1 \end{pmatrix}\begin{pmatrix} x \\ y \end{pmatrix}$$의 최솟값은?

① 3　　　　② 4　　　　③ 5

④ 6　　　　⑤ 7

006 두 이차정사각행렬 A, B에 대하여
$$A+B=\begin{pmatrix} 2 & a \\ a & 2 \end{pmatrix}, \ A-B=\begin{pmatrix} 0 & a \\ -a & 0 \end{pmatrix}$$
일 때, A^2-B^2의 모든 성분의 합은?
　　　　　　　　　　　(단, a는 0이 아닌 상수이다.)

① -3　　　② -1　　　③ 0

④ 2　　　　⑤ 4

007 두 행렬
$$A=\begin{pmatrix} 3 & 1 \\ 2 & 4 \end{pmatrix}, \ B=\begin{pmatrix} -2 & -1 \\ -2 & -3 \end{pmatrix}$$
에 대하여 $(A^2-B^2)+(AB-BA)$의 모든 성분의 합은?

① 12　　　　② 14　　　　③ 16

④ 18　　　　⑤ 20

008 두 행렬
$$A=\begin{pmatrix} x^2 & 1 \\ 1 & 2x \end{pmatrix}, \ B=\begin{pmatrix} 3 & 1 \\ 1 & y^2 \end{pmatrix}$$
이 $(A+B)^2=A^2+2AB+B^2$을 만족할 때, 점 (x, y)가 나타내는 도형의 넓이는?

① 4π　　　② 8π　　　③ 12π

④ 16π　　　⑤ 18π

❶ 행렬의 거듭제곱

행렬의 거듭제곱은 정사각행렬일 때에만 가능하다.

• 정사각행렬 A와 두 자연수 m, n에 대하여

☐ $A^2=AA$, $A^3=A^2A$, $\cdots$, $A^{n+1}=A^nA$

☐ $A^mA^n=A^{m+n}$, $(A^m)^n=A^{mn}$

☐ $\begin{pmatrix} 1 & a \\ 0 & 1 \end{pmatrix}^n=\begin{pmatrix} 1 & na \\ 0 & 1 \end{pmatrix}$, $\begin{pmatrix} 1 & 0 \\ b & 1 \end{pmatrix}^n=\begin{pmatrix} 1 & 0 \\ nb & 1 \end{pmatrix}$ **암기**

☐ $\begin{pmatrix} a & 0 \\ 0 & 1 \end{pmatrix}^n=\begin{pmatrix} a^n & 0 \\ 0 & 1 \end{pmatrix}$, $\begin{pmatrix} 1 & 0 \\ 0 & d \end{pmatrix}^n=\begin{pmatrix} 1 & 0 \\ 0 & d^n \end{pmatrix}$ **암기**

☐ $\begin{pmatrix} a & 0 \\ 0 & d \end{pmatrix}^n=\begin{pmatrix} a^n & 0 \\ 0 & d^n \end{pmatrix}$ **암기**

예 $A=\begin{pmatrix} 2 & 0 \\ 0 & 3 \end{pmatrix}$일 때 $A^4=\begin{pmatrix} 2^4 & 0 \\ 0 & 3^4 \end{pmatrix}$이다.

❷ 행렬의 곱셈의 성질

☐ $(AB)C=A(BC)$ (결합법칙)

☐ $A(B+C)=AB+AC$, $(A+B)C=AC+BC$ (분배법칙)

☐ $k(AB)=(kA)B=A(kB)$ (단, k는 실수)

☐ $AO=OA=O$ (단, O는 영행렬)

☐ $AB=O$라고 해서 반드시 $A=O$ 또는 $B=O$인 것은 아니다. **주의**

예 $A=\begin{pmatrix} 0 & 1 \\ 0 & 0 \end{pmatrix}$, $B=\begin{pmatrix} 1 & 0 \\ 0 & 0 \end{pmatrix}$일 때 $AB=\begin{pmatrix} 0 & 1 \\ 0 & 0 \end{pmatrix}\begin{pmatrix} 1 & 0 \\ 0 & 0 \end{pmatrix}=O$이지만 $A\neq O$, $B\neq O$이다.

☐ $A\neq O$, $AB=AC$라고 해서 반드시 $B=C$인 것은 아니다. **주의**

예 $A=\begin{pmatrix} 1 & 0 \\ 0 & 0 \end{pmatrix}$, $B=\begin{pmatrix} 0 & 0 \\ 1 & 0 \end{pmatrix}$, $C=\begin{pmatrix} 0 & 0 \\ 0 & 0 \end{pmatrix}$일 때 $A\neq O$, $AB=AC$이지만 $B\neq C$이다.

❸ 단위행렬 E

단위행렬은 정사각행렬에 대해서만 정의한다.

☐ $AE=EA=A$

☐ $E^2=E$, $E^3=E$, $\cdots$, $E^n=E$ (단, n은 자연수)

☐ $(A+E)^2=A^2+2A+E$, $(A-E)^2=A^2-2A+E$

☐ $(A+E)(A-E)=A^2-E$

☐ $(A+E)(A^2-A+E)=A^3+E$

　 $(A-E)(A^2+A+E)=A^3-E$

2차 단위행렬 : $\begin{pmatrix} 1 & 0 \\ 0 & 1 \end{pmatrix}$ (○)　　$\begin{pmatrix} 1 & 1 \\ 1 & 1 \end{pmatrix}$ (×)

3차 단위행렬 : $\begin{pmatrix} 1 & 0 & 0 \\ 0 & 1 & 0 \\ 0 & 0 & 1 \end{pmatrix}$ (○)　$\begin{pmatrix} 1 & 1 & 1 \\ 1 & 1 & 1 \\ 1 & 1 & 1 \end{pmatrix}$ (×)

⊙ 행렬 A에 대하여 A^{10}을 구하시오.

001 $A = \begin{pmatrix} 1 & 2 \\ 0 & 1 \end{pmatrix}$ _____

002 $A = \begin{pmatrix} 1 & 0 \\ -3 & 1 \end{pmatrix}$ _____

003 $A = \begin{pmatrix} 2 & 0 \\ 0 & 1 \end{pmatrix}$ _____

004 $A = \begin{pmatrix} 1 & 0 \\ 0 & -3 \end{pmatrix}$ _____

005 $A = \begin{pmatrix} 2 & 0 \\ 0 & -3 \end{pmatrix}$ _____

⊙ 행렬 $A = \begin{pmatrix} 0 & 1 \\ -1 & 1 \end{pmatrix}$에 대하여 다음을 구하시오.

006 A^2 _____

007 A^3 _____

008 A^6 _____

009 A^{101} _____

⊙ 단위행렬 $E = \begin{pmatrix} 1 & 0 \\ 0 & 1 \end{pmatrix}$에 대하여 다음 행렬을 구하시오.

010 $3E$ _____

011 E^9 _____

012 $(-E)^{12}$ _____

013 $E^{100} + (-E)^{99}$ _____

⊙ 두 행렬 A, B에 대하여 다음 식이 옳으면 ○, 옳지 않으면 ×표 하시오.

014 $A^2(AB)^3 = A^5B^3$ _____

015 $(A+2B)^2 = A^2 + 4AB + 4B^2$ _____

016 $(A+2B)(A-B) = A^2 + AB - 2B^2$ _____

017 $(A+2E)^2 = A^2 + 4A + 4E$ _____

018 $(2A-3E)^2 = 4A^2 - 12A + 9E$ _____

- 행렬의 곱셈에서 교환법칙이 성립하지 않으므로 다음이 성립하지 않는다.
  - ❶ $A^2=B^2$이면 $A=B$ 또는 $A=-B$이다. (거짓) 암기

    예 $A=\begin{pmatrix} 0 & 1 \\ 0 & 0 \end{pmatrix}$, $B=\begin{pmatrix} 0 & 2 \\ 0 & 0 \end{pmatrix}$일 때 $A^2=B^2=O$이지만 $A\neq B$ 또는 $A\neq-B$이다.

  - ❷ $A^2-2AB+B^2=O$이면 $A=B$이다. (거짓) 암기

    $A^2+2AB+B^2=O$이면 $A=-B$이다. (거짓) 암기

    예 $A=\begin{pmatrix} 0 & 1 \\ 0 & 0 \end{pmatrix}$, $B=\begin{pmatrix} 0 & 2 \\ 0 & 0 \end{pmatrix}$일 때 $A^2-2AB+B^2=O$이지만 $A\neq B$이다.

  - ❸ $A^2=O$이면 $A=O$이다. (거짓) 암기

    $AB=O$이면 $A=O$ 또는 $B=O$이다. (거짓) 암기

    예 $A=\begin{pmatrix} 0 & 1 \\ 0 & 0 \end{pmatrix}$일 때 $A^2=O$이지만 $A\neq O$이다.

  - ❹ $AB=O$이면 $BA=O$이다. (거짓) 암기

    예 $A=\begin{pmatrix} 0 & 1 \\ 0 & 0 \end{pmatrix}$, $B=\begin{pmatrix} 1 & 0 \\ 0 & 0 \end{pmatrix}$일 때 $AB=O$이지만 $BA\neq O$이다.

  - ❺ $A\neq O$, $AB=O$이면 $B=O$이다. (거짓) 암기

    예 $A=\begin{pmatrix} 0 & 1 \\ 0 & 0 \end{pmatrix}$, $B=\begin{pmatrix} 1 & 0 \\ 0 & 0 \end{pmatrix}$일 때 $A\neq O$, $AB=O$이지만 $B\neq O$이다.

- **거듭제곱의 주기성**
  - $A^n=E$이면 주기를 n으로 하여 A, A^2, A^3, $\cdots$, A^{n-1}, E가 계속 반복된다. 암기
  - ❶ $A^2=E$이면 $A^3=A$, $A^4=E$, $A^5=A$, $\cdots$이므로 $A^{2n+1}=A$, $A^{2n}=E$이다.
    → 주기가 2이다.
  - ❷ $A^3=E$이면 $A^4=A$, $A^5=A^2$, $A^6=E$, $\cdots$이므로 $A^{3n+1}=A$, $A^{3n+2}=A^2$, $A^{3n}=E$이다.
    → 주기가 3이다.

- **케일리－해밀턴의 정리**
  - ❶ 이차정사각행렬 $A=\begin{pmatrix} a & b \\ c & d \end{pmatrix}$에 대하여 $A^2-(a+d)A+(ad-bc)E=O$가 항상 성립한다. 암기

    이때 $a+d=m$, $ad-bc=n$이면 $A^2-mA+nE=O$이다.
  - ❷ 케일리 해밀턴 정리는 A^n(n은 2 이상의 자연수)처럼 차수가 높은 행렬방정식이 주어질 때 일차식 $pA+qE$꼴로 행렬방정식의 차수를 낮추는데 매우 유용한 도구이다.

    $$A^n=\{A^2-(a+d)A+(ad-bc)E\}\cdot Q(A)+(pA+qE)$$
    $$=pA+qE \; (\because A^2-(a+d)A+(ad-bc)E=O)$$

    예 $A=\begin{pmatrix} 1 & 1 \\ 1 & 1 \end{pmatrix}$일 때, 케일리 해밀턴 정리에 의해 $A^2-(1+1)A+(1\cdot1-1\cdot1)E=O$가 성립한다.

    $\therefore A^2-2A=O$, $A^2=2A$

    $A^3=2A^2=2^2A$, $A^4=2^2A^2=2^3A$, $\cdots$이므로 $A^n=2^{n-1}A$ (n은 자연수)이다.

    $\therefore A^{10}=2^9A$

001 행렬 $A=\begin{pmatrix} 1 & 2 \\ 0 & 1 \end{pmatrix}$에 대하여 $A^n=\begin{pmatrix} 1 & 64 \\ 0 & 1 \end{pmatrix}$을 만족하는 자연수 n의 값은?

① 31　　　　　② 32　　　　　③ 33
④ 34　　　　　⑤ 35

002 행렬 $A=\begin{pmatrix} 0 & 1 \\ 1 & 0 \end{pmatrix}$에 대하여

행렬 $A+A^2+A^3+\cdots+A^{100}$을 간단히 하면?

① $100A$　　　　② $100E$　　　　③ $100A+100E$
④ $50A+50E$　⑤ $50A$

003 두 행렬 $A=\begin{pmatrix} 1 & 0 \\ 0 & -1 \end{pmatrix}$, $B=\begin{pmatrix} -1 & 4 \\ 3 & -2 \end{pmatrix}$에 대하여 행렬 $A^2+AB-BA-B^2$의 모든 성분의 합은?

① -4　　　　② -1　　　　③ 3
④ 5　　　　　⑤ 12

004 행렬 $A=\begin{pmatrix} -2 & 1 \\ -1 & 1 \end{pmatrix}$에 대하여

행렬 $(A+E)(A^2-A+E)$의 모든 성분의 합은?

① -4　　　　② -2　　　　③ 1
④ 3　　　　　⑤ 5

005 두 이차정사각행렬 A, B에 대하여

$A+B=\begin{pmatrix} 2 & 3 \\ 0 & -1 \end{pmatrix}$, $AB+BA=\begin{pmatrix} 0 & 2 \\ -2 & 1 \end{pmatrix}$일 때,

행렬 A^2+B^2의 모든 성분의 합은?

① -1　　　　② 1　　　　　③ 3
④ 5　　　　　⑤ 7

006 이차정사각행렬 A가 $A^2+2A+4E=O$를 만족시킬 때, 행렬 A^9의 $(1, 1)$의 성분은?

① 8^3　　　　② 4^9　　　　③ 0
④ -4^9　　　⑤ -8^3

007 세 이차정사각행렬 A, B, C에 대하여 다음 중 옳지 <u>않은</u> 것은? (단, E는 단위행렬, O는 영행렬이다.)

① $A(BC)=(AB)C$
② $(A+E)(A-2E)=A^2-A-2E$
③ $A^2=-E$인 행렬 A가 존재한다.
④ $A^2=A$이면 $A=O$ 또는 $A=E$이다.
⑤ $A=B$이면 $AC=BC$이다.

008 행렬 $A=\begin{pmatrix} 1 & 1 \\ 2 & 1 \end{pmatrix}$에 대하여 다음 중 행렬

A^3-A^2+A-E와 같은 것은?

① $3A+E$　　　② $4A-E$　　　③ $4A$
④ $3A+2E$　　⑤ $4A-3E$

Special Lecture
필수 기본도형 정리

⑨

보조선을 긋는 데는 왕도가 없다

도형을 다룰 때, '보조선 긋기'는 매우 중요하다. 보조선은 도형 문제를 풀 때, 주어진 도형에는 없지만 문제 해결을 위하여 편의상 새로 긋는 직선이나 원을 말하는데 보통 직선 또는 선분이며 수선, 중선, 각의 이등분선, 수직이등분선, 접선, 평행선 등이 있다. 수선이라는 보조선은 평각($180°$)을 이등분하고 (직각으로 만들고) 중선이라는 보조선은 선분을 이등분한다. 대부분의 도형 문제에서 보조선을 이용하는데 이 보조선 하나로 문제가 쉽게 해결되는 경우가 많다. 하나의 도형의 내부나 외부에 적당한 보조선을 그어 2개의 도형으로 쪼개거나 2개의 도형에 적당한 보조선을 그어 하나로 붙이면 도형이 다소 복잡하게 되지만 구하고자 하는

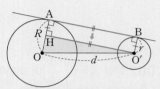

공통접선의 길이를 구하기 위해 사용된 보조선들(접선, 수선)

것의 본질적인 부분이 여실히 드러나 문제를 해결하는 실마리를 찾을 수 있다. 사실 적절한 보조선을 긋는 통찰력과 기술은 대부분 경험에서 나오므로 도형 문제를 만날 때는 되도록 보조선을 긋는 훈련을 끊임없이 하는 것이 좋다.

> '기하학에는 왕도가 없다.'는 말처럼 보조선을 긋는 데도 왕도가 없다. (feat. 순수이성비판)

❶ **수선** : 삼각형의 한 꼭짓점에서 그 대변에 수직으로 내린 직선이나 선분
  → 보통 평면에서 두 직선이 서로 수직으로 만날 때, 한 직선을 다른 직선의 수선이라 한다.

❷ **중선** : 삼각형에서 한 꼭짓점과 그 대변의 중점을 연결한 직선이나 선분
  → 중선은 삼각형의 넓이를 이등분한다. 특히 세 중선의 교점은 무게중심이고 정삼각형에서 수선과 중선은 일치한다.

❸ **각의 이등분선** : 삼각형에서 대변과 관계없이 꼭지각을 이등분하는 직선이나 선분

❹ **수직이등분선** : 한 선분의 중점을 지나면서 그 선분에 수직인 직선이나 선분
  → 마름모나 정사각형의 한 대각선은 다른 대각선의 수직이등분선이다.

❺ **접선** : 원과 같은 곡선에 접하는 직선이나 선분

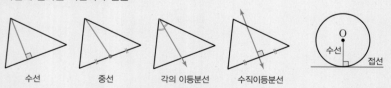

직각의 발견

수직과 직각은 수학에서 매우 중요한 요소이다. 수선은 한마디로 수직인 직선으로, 어떤 직선이나 평면과 직각($90°$)을 이루는 직선이다. 이러한 수선이 사용되는 곳은 아주 다양한데, 점과 직선, 점과 평면 사이의 거리를 측정할 때 기본적으로 사용된다. 이때 측정된 거리가 여러 가지 도형의 높이가 된다.

다음은 직각이 발생하는 여러 가지 상황들이다.

❶ 수선, 즉 수직인 직선은 직각을 만든다. 정삼각형, 이등변삼각형에서 꼭지각의 이등분선은 밑변을 수직이등분한다.

❷ 원의 중심과 접점을 이은 반지름은 접선에 수직이다.

❸ 원의 지름에 대한 원주각의 크기는 $90°$이다.

➜ 지름을 한 변으로 하고 원에 내접하는 삼각형은 직각삼각형이다.

➜ 원의 둘레 위의 한 점과 지름의 양 끝점을 잇는 두 선분으로 이루어지는 각은 직각이다.

❹ 원의 중심에서 현에 내린 수선은 현을 수직이등분한다. 역으로 현의 수직이등분선은 원의 중심을 지난다.

❺ 마름모와 정사각형의 두 대각선은 서로 다른 것을 수직이등분한다.

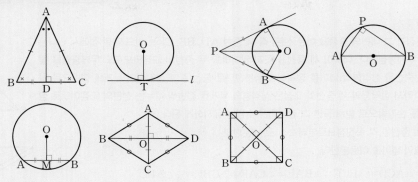

삼각형

삼각형의 넓이가 문제에 가장 많이 등장한다. 그렇다면 삼각형의 넓이는 어떻게 구하는가? 먼저 삼각형의 세 변 중에서 밑변을 결정한다. 이때 밑변을 잘못 결정하면 밑변의 연장선을 그어야 하는 상황이 발생하므로 오른쪽 첫 번째 그림과 같

은 모양의 높이가 나올 수 있도록 밑변을 신중하게 결정해야 한다. 밑변이 결정되면 마주 보는 대각에서 밑변에 수직인 수선을 내리면 그게 바로 높이가 된다. 이때 밑변과 높이는 항상 수직이라는 것을 잊어서는 안 된다.

❶ (삼각형의 넓이)$=\dfrac{1}{2}\times$(밑변의 길이)$\times$(높이)

❷ 밑변과 높이가 각각 같은 삼각형의 넓이는 서로 같다.

➜ $\triangle BCA=\triangle BCD=\triangle BCE=\dfrac{1}{2}ah$

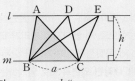 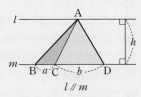

❸ 높이가 같은 두 삼각형의 넓이의 비는 밑변의 길이의 비와 같다.

➜ $\triangle ABC:\triangle ADC=\dfrac{1}{2}ah:\dfrac{1}{2}bh=a:b$

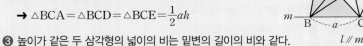

정삼각형

정삼각형은 한 내각의 크기가 $60°$라는 점, 한 꼭짓점과 그 대변의 중점을 연결한 '보조선(중선)'을 그으면 직각삼각형이 만들어진다는 것만 알면 된다.

❶ (정삼각형의 높이)$=\dfrac{\sqrt{3}}{2}\times$(한 변의 길이) ➜ $h=\dfrac{\sqrt{3}}{2}a$

❷ (정삼각형의 넓이)$=\dfrac{\sqrt{3}}{4}\times$(한 변의 길이)^2 ➜ $S=\dfrac{\sqrt{3}}{4}a^2$

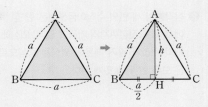

직각삼각형과 피타고라스 정리

문제에서 직각을 가진 삼각형과 사각형을 만나면 가장 먼저 떠올려야 하는 것은 피타고라스 정리이다. 이때 직각을 만드는 보조선은 삼각형의 한 꼭짓점에서 그 대변에 수직으로 내린 수선이 으뜸이다.

❶ 직각삼각형에서 직각을 낀 두 변의 길이가 a, b, 빗변의 길이가 c일 때, $a^2+b^2=c^2$이 성립한다.

❷ $a^2+b^2=c^2$을 만족하는 $1^2+1^2=(\sqrt{2})^2$, $1^2+(\sqrt{3})^2=2^2$, $3^2+4^2=5^2$, $6^2+8^2=10^2$, $5^2+12^2=13^2$은 기본으로 기억해 두어야 한다.

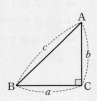

❸ 세 변의 길이의 비가 $1:1:\sqrt{2}$이면 세 각이 45°, 45°, 90°인 직각이등변삼각형이다.

❹ 세 변의 길이의 비가 $1:\sqrt{3}:2$이면 세 각이 30°, 60°, 90°인 직각삼각형이다.

삼각형의 무게중심

삼각형의 한 꼭짓점과 그 대변의 중점을 이은 선분, 즉 세 중선 AD, BE, CF는 반드시 한 점에서 만나는데 그 점이 바로 무게중심이다. 더욱이 세 중선을 긋지 않더라도 두 중선의 교점만으로도 무게중심을 찾을 수 있다. 이때 중선은 삼각형의 넓이를 정확히 이등분하므로 중선은 그 삼각형의 무게를 절반으로 나누는 선분이다. 따라서 삼각형의 세 중선의 교점은 삼각형의 무게를 절반씩 나누는 선분의 교점이므로 삼각형의 무게중심을 손가락으로 받쳐 들면 그 삼각형은 수평을 유지하게 된다.

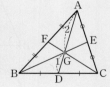

❶ 무게중심은 세 중선을 각 꼭짓점으로부터 2 : 1로 내분한다.

❷ 중선은 삼각형의 넓이를 이등분한다.

→ $\triangle ABD=\triangle ACD=\triangle BCE=\triangle BAE=\triangle CAF=\triangle CBF=\dfrac{1}{2}\triangle ABC$

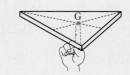

❸ 중선은 삼각형을 6개로 나누고 그 6개의 삼각형의 넓이는 모두 같다.

→ $\triangle AGF=\triangle BGF=\triangle BGD=\triangle CGD=\triangle CGE=\triangle AGE=\dfrac{1}{6}\triangle ABC$

❹ 무게중심과 세 꼭짓점을 이으면 삼각형은 3등분된다.

→ $\triangle ABG=\triangle BCG=\triangle CAG=\dfrac{1}{3}\triangle ABC$

삼각형의 내심과 외심

삼각형의 내심과 외심은 그 정의와 성질이 매우 유사하여 혼란을 피하기가 쉽지 않다. **내심**은 삼각형의 세 내**각**의 이등분선이 만나는 점으로 세 **변**까지의 거리가 모두 같으며, **외심**은 삼각형의 세 **변**의 수직이등분선이 만나는 점으로 세 **꼭짓점**까지의 거리가 모두 같다. 따라서 내심과 외심의 정의와 성질에 대한 혼란을 피하기 위해 '**내각변 외변꼭**'으로 암기하는 것도 하나의 방법이다.

내 각 변	외 변 꼭
내 각 변 심	외 변 꼭 심 짓 점

❶ 삼각형의 세 내각의 이등분선은 한 점, 즉 내심에서 만나고 이 점에서 세 변까지의 거리가 같다. 내심에서 삼각형의 세 변까지의 거리가 같기 때문에 내심을 중심으로 원을 그리면 세 변에 접하게 된다.

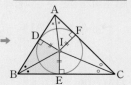

❷ 삼각형의 세 변의 수직이등분선은 한 점, 즉 외심에서 만나고 이 점에서 세 꼭짓점까지의 거리가 같다. 외심에서 삼각형의 세 꼭짓점까지의 거리가 같기 때문에 외심을 중심으로 원을 그리면 세 꼭짓점은 모두 원 위에 있게 된다.

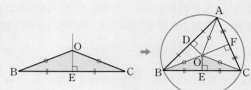

❸ 직각삼각형의 외심은 빗변의 중점과 일치한다.

→ 원의 지름에 대한 원주각의 크기는 90°이다.

→ 지름을 한 변으로 하고 원에 내접하는 삼각형은 직각삼각형이다.

→ 원의 둘레 위의 한 점과 지름의 양 끝점을 잇는 두 선분으로 이루어지는 각은 직각이다.

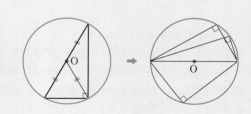

삼각형의 닮음

닮음이란 2개의 도형이 주어졌을 때, 한 도형을 일정한 비율로 확대하거나 축소하여 다른 도형과 합동이 되었을 때를 말한다. 닮음인 도형은 변의 길이가 일정한 비율로 변하지만 대응하는 각의 크기는 같다.

❶ 다음은 삼각형의 닮음조건이다. 단, S는 변(Side)을, A는 각(Angle)을 의미한다.
ⓐ SSS닮음 ➔ 대응하는 세 변의 길이의 비가 같다.
ⓑ SAS닮음 ➔ 대응하는 두 변의 길이의 비가 같고 그 끼인각의 크기가 같다.
ⓒ AA닮음 ➔ 대응하는 두 각의 크기가 같다.

❷ 두 도형의 닮음비(길이의 비)가 $m:n$이면
ⓐ 넓이의 비는 $m^2:n^2$이다. (닮음비의 제곱과 같다.)
ⓑ 부피의 비는 $m^3:n^3$이다. (닮음비의 세제곱과 같다.)

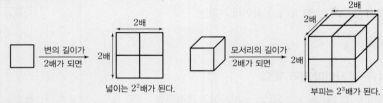

(닮음비)$=1:2$ ➔ (넓이의 비)$=1^2:2^2$　(닮음비)$=1:2$ ➔ (부피의 비)$=1^3:2^3$

여러 가지 사각형

❶ (평행사변형의 넓이)$=$(밑변의 길이)$\times$(높이)

❷ (사다리꼴의 넓이)$=\dfrac{1}{2}\times\{$(아랫변의 길이)$+$(윗변의 길이)$\}\times$(높이)

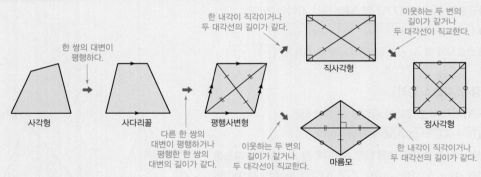

원의 여러 가지 성질

❶ 원의 중심을 지나는 직선은 원의 넓이를 이등분한다.

❷ 원 밖의 한 점에서 그 원에 그은 두 접선의 접점까지의 길이는 서로 같다.
➔ 이 점과 접선이 이루는 각의 이등분선은 원의 중심을 지난다.

❸ 두 원이 서로 다른 두 점 A, B에서 만날 때, 선분 AB를 두 원의 공통현이라 한다.
➔ 공통현의 수직이등분선은 두 원의 중심을 지난다.

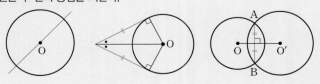

027 두 점 사이의 거리

중요도 ★★★★★

❶ 수직선 위의 두 점 사이의 거리

□ 수직선 위의 두 점 $A(x_1)$, $B(x_2)$ 사이의 거리는

$$\rightarrow \overline{AB}=|x_2-x_1|=\begin{cases} x_2-x_1 & (x_2 \geq x_1) \\ -(x_2-x_1) & (x_2 < x_1) \end{cases}$$

$$\rightarrow \overline{AB}=|x_2-x_1|=|x_1-x_2|$$

$\overline{AB}$는 '선분 AB'와 '선분 AB의 길이' 2가지 의미로 사용된다.

예 두 점 $A(2)$, $B(5)$ 사이의 거리는 $\overline{AB}=|5-2|=3$

□ 수직선 위의 원점 O와 한 점 $A(x_1)$ 사이의 거리는

$$\rightarrow \overline{OA}=|x_1-0|=|x_1|$$

점 A가 원점으로부터 떨어진 거리를 의미한다.

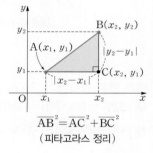

$$|x_2-x_1|=|x_1-x_2|$$

$$|x_1-0|=|0-x_1|=|x_1|$$

❷ 좌표평면 위의 두 점 사이의 거리 〔암기〕

□ 좌표평면 위의 두 점 $A(x_1, y_1)$, $B(x_2, y_2)$ 사이의 거리는

$$\rightarrow \overline{AB}^2=\overline{AC}^2+\overline{BC}^2$$

$$=|x_2-x_1|^2+|y_2-y_1|^2$$

$$\underset{|x|^2=x^2}{=}(x_2-x_1)^2+(y_2-y_1)^2$$

$$\rightarrow \overline{AB}=\sqrt{(x_2-x_1)^2+(y_2-y_1)^2}$$

$$=\sqrt{(x_1-x_2)^2+(y_1-y_2)^2}$$

예 두 점 $A(1, 2)$, $B(4, 6)$ 사이의 거리는 $\overline{AB}=\sqrt{(4-1)^2+(6-2)^2}=5$

□ 좌표평면 위의 원점 O와 점 $A(x_1, y_1)$ 사이의 거리는

$$\rightarrow \overline{OA}=\sqrt{(x_1-0)^2+(y_1-0)^2}=\sqrt{x_1^2+y_1^2}$$

예 원점 O와 점 $A(-2, 1)$ 사이의 거리는 $\overline{OA}=\sqrt{(-2)^2+1^2}=\sqrt{5}$

$$\overline{AB}^2=\overline{AC}^2+\overline{BC}^2$$
(피타고라스 정리)

❸ 중선정리(파포스 정리)

➡ $\triangle ABC$에서 변 BC의 중점을 M이라 하면
$\overline{AB}^2+\overline{AC}^2=2(\overline{AM}^2+\overline{BM}^2)$이다.
$_{=\overline{CM}}$

➡ 선분 BC의 중점을 원점 O로 하고 세 점 A, B, C의 좌표를
각각 $A(a, b)$, $B(-c, 0)$, $C(c, 0)$으로 하여 두 점 사이의
거리 공식을 이용하면 중선정리를 증명할 수 있다.

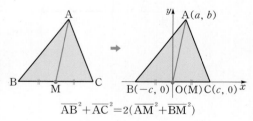

$$\overline{AB}^2+\overline{AC}^2=2(\overline{AM}^2+\overline{BM}^2)$$

증명
$$\overline{AB}^2+\overline{AC}^2=\{(a+c)^2+b^2\}+\{(a-c)^2+b^2\}$$
$$=(a^2+2ac+c^2+b^2)+(a^2-2ac+c^2+b^2)$$
$$=2(a^2+b^2+c^2)$$

$$\overline{AM}^2+\overline{BM}^2=(a^2+b^2)+c^2=a^2+b^2+c^2$$

$$\therefore \overline{AB}^2+\overline{AC}^2=2(\overline{AM}^2+\overline{BM}^2)$$

◉ 두 점 A, B 사이의 거리를 구하시오.

001 A(0), B(1) _____   **002** A(-2), B(0) _____

003 A(1), B(4) _____   **004** A(-3), B(1) _____

005 A(-1), B(4) _____   **006** A(-5), B(-3) _____

◉ 두 점 A, B 사이의 거리를 구하시오.

007 A$(4, 1)$, B$(2, 1)$ _____

008 A$(-2, 3)$, B$(1, 3)$ _____

009 A$(1, 3)$, B$(3, 2)$ _____

010 A$(-4, -1)$, B$(2, -3)$ _____

011 A$(0, 0)$, B$(-3, 4)$ _____

012 A$(2, \sqrt{2})$, B$(1+\sqrt{2}, 1)$ _____

013 A(a, b), B$(a+3, b+4)$ _____

014 A$(a+1, b-2)$, B$(a-1, b+1)$ _____

◉ 두 점 A, B 사이의 거리가 [ ] 안의 수일 때, x의 값을 구하시오.

015 A(3), B(x) $[2]$ _____

016 A$(2x-1)$, B$(3x)$ $[3]$ _____

017 A$(-3, 4)$, B$(2, x)$ $[5]$ _____

018 A$(x, 1)$, B$(2, x-1)$ $[\sqrt{2}]$ _____

◉ 세 점 A, B, C를 꼭짓점으로 하는 삼각형 ABC는 어떤 삼각형인지 구하시오.

019 A$(2, -2)$, B$(3, 1)$, C$(6, 2)$ _____

020 A$(2, 3)$, B$(-2, -1)$, C$(4, 1)$ _____

021 A$(1, 1)$, B$(2, -2)$, C$(4, 2)$ _____

022 A$(2, 0)$, B$(-1, \sqrt{3})$, C$(-1, -\sqrt{3})$ _____

◉ 점 P의 좌표를 구하시오.

023 두 점 A$(2, 4)$, B$(-1, 1)$로부터 같은 거리에 있는 x축 위의 점 P _____

024 두 점 A$(1, 2)$, B$(4, -1)$로부터 같은 거리에 있는 y축 위의 점 P _____

025 두 점 A$(2, -5)$, B$(-1, 4)$로부터 같은 거리에 있는 직선 $y=x$ 위의 점 P _____

◉ 선분 AM의 길이를 구하시오.

026 _____   **027** _____   **028** _____

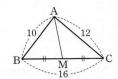

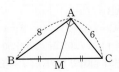

● **수직선 위의 두 점 사이의 거리**
  • 수직선 위에 있는 두 점 사이의 거리를 구할 때는 오른쪽에 있는 수에서 왼쪽에 있는 수를 빼면 항상 양수가 나와 편리하다. 그러나 $|b-a|=|a-b|$이므로 사실 두 점의 좌표를 빼는 순서는 상관없다.

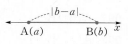

● **피타고라스 정리**
  ❶ 직각삼각형에서 직각을 낀 두 변의 길이가 a, b, 빗변의 길이가 c일 때, $a^2+b^2=c^2$이 성립한다.
  ❷ 직각삼각형에서 두 변의 길이를 알면 피타고라스 정리로 나머지 한 변의 길이를 구할 수 있다.
  $$\Rightarrow a^2=c^2-b^2 \rightarrow a=\sqrt{c^2-b^2} \quad \text{(변의 길이)>0이므로 } -\sqrt{c^2-b^2}\text{은 버린다.}$$
  $$\Rightarrow b^2=c^2-a^2 \rightarrow b=\sqrt{c^2-a^2}$$
  $$\Rightarrow c^2=a^2+b^2 \rightarrow c=\sqrt{a^2+b^2}$$

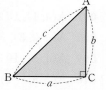

직각삼각형을 보면 곧바로 피타고라스 정리를 떠올려야 한다.

● **같은 거리에 있는 점** [암기]
  ❶ 좌표평면 위의 점의 좌표를 설정하는 방법

x축 위의 점	→ $(a, 0)$
y축 위의 점	→ $(0, b)$
좌표평면 위의 점	→ (a, b)
직선 $y=x$ 위의 점	→ (a, a)
직선 $y=mx+n$ 위의 점	→ $(a, ma+n)$
포물선 $y=x^2$ 위의 점	→ (a, a^2)
곡선 $y=f(x)$ 위의 점	→ $(a, f(a))$

  ❷ 삼각형의 외심은 세 꼭짓점에서 같은 거리에 있다.
    ='외접원의 중심'
  ❸ 직각삼각형의 외심은 빗변의 중점과 일치한다.
    원의 지름에 대한 원주각의 크기는 90°이다.
    지름을 한 변으로 하고 원에 내접하는 삼각형은 직각삼각형이다.

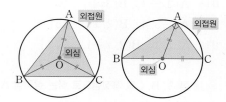

● **삼각형의 결정**
  • 삼각형의 세 변의 길이가 a, b, c일 때
  ❶ $a=b=c$이면 정삼각형이다.
    세 변의 길이가 모두 같으면
  ❷ $a=b$ 또는 $b=c$ 또는 $c=a$이면 이등변삼각형이다.
    두 변의 길이가 같으면
  ❸ 가장 긴 변의 길이가 c일 때
    ⓐ $c^2=a^2+b^2$이면 직각삼각형, $c^2>a^2+b^2$이면 둔각삼각형, $c^2<a^2+b^2$이면 예각삼각형이다.
      한 각이 둔각인 삼각형   세 각이 모두 예각인 삼각형
    ⓑ $c^2=a^2+b^2$이고 $a=b$이면 직각이등변삼각형이다.
  ❹ 세 변의 길이의 비가 $1:1:\sqrt{2}$이면 세 각이 45°, 45°, 90°인 직각이등변삼각형이다.

    예 세 점 A$(1, 1)$, B$(3, 2)$, C$(0, 3)$을 꼭짓점으로 하는 삼각형 ABC는
    $\overline{AB}=\sqrt{(3-1)^2+(2-1)^2}=\sqrt{5}$, $\overline{AC}=\sqrt{(0-1)^2+(3-1)^2}=\sqrt{5}$
    $\overline{BC}=\sqrt{(0-3)^2+(3-2)^2}=\sqrt{10}$에서 세 변의 길이가 $\sqrt{5}:\sqrt{5}:\sqrt{10}$,
    즉 $1:1:\sqrt{2}$이므로 ∠A가 90°인 직각이등변삼각형이다.
  ❺ 세 변의 길이의 비가 $1:\sqrt{3}:2$이면 세 각이 30°, 60°, 90°인 직각삼각형이다.

001 두 점 $A(2, \sqrt{2})$, $B(1-\sqrt{2}, 1)$ 사이의 거리는?

① $\sqrt{5}$ ② $\sqrt{6}$ ③ $\sqrt{7}$

④ $2\sqrt{2}$ ⑤ 3

002 두 점 $A(1, 2)$, $B(-2, a)$ 사이의 거리가 $3\sqrt{2}$ 일 때, 모든 실수 a의 값의 합은?

① 4 ② 5 ③ 6

④ 7 ⑤ 8

003 세 점 $A(1, 0)$, $B(3, 4)$, $C(x, 5)$에 대하여 $\overline{AC} = \overline{BC}$일 때, x의 값은?

① -4 ② -2 ③ 0

④ 2 ⑤ 4

004 두 점 $A(-1, 1)$, $B(3, 5)$로부터 같은 거리에 있고 x축 위에 있는 점 P의 좌표는?

① $(-1, 0)$ ② $(0, 0)$ ③ $(2, 0)$

④ $(4, 0)$ ⑤ $(5, 0)$

005 두 점 $A(1, 2)$, $B(3, 4)$에 대하여 $\overline{PA}^2 + \overline{PB}^2$ 의 값이 최소일 때, 점 P의 좌표는?

① $(0, 2)$ ② $(0, 3)$ ③ $(3, 0)$

④ $(2, 3)$ ⑤ $(3, 2)$

006 두 점 $A(1, 1)$, $B(4, 2)$로부터 같은 거리에 있는 직선 $y = x+1$ 위의 점의 좌표가 $P(a, b)$일 때, $a+b$의 값은?

① -8 ② -5 ③ 2

④ 5 ⑤ 8

007 세 점 $A(1, -1)$, $B(6, -2)$, $C(3, -4)$를 꼭짓점으로 하는 삼각형 ABC에 대하여 $\angle ABC$의 크기는?

① $30°$ ② $45°$ ③ $60°$

④ $90°$ ⑤ $120°$

008 세 점 $A(-1, 2)$, $B(0, 3)$, $C(2, -1)$을 꼭짓점으로 하는 삼각형 ABC의 외심 O의 좌표를 $O(a, b)$라 할 때, ab의 값은?

① -2 ② -1 ③ 0

④ 1 ⑤ 2

028 선분의 내분

❶ 수직선 위의 선분의 내분

• 수직선 위의 두 점 $A(x_1)$, $B(x_2)$에 대하여 선분 AB를 $m:n(m>0, n>0)$으로

☐ 내분하는 점 P는 ➡ $P\left(\dfrac{mx_2+nx_1}{m+n}\right)$ ← $\overline{AP}:\overline{BP}=m:n$
　　선분 AB 위의 점이다.

　　예 두 점 $A(3)$, $B(6)$을 이은 선분 AB를 $2:1$로 내분하는 점은

　　　$P\left(\dfrac{2\cdot6+1\cdot3}{2+1}\right)=P(5)$

☐ 선분 AB의 중점 M은 ➡ $M\left(\dfrac{x_1+x_2}{2}\right)$ ← 선분 AB를 $1:1$로 내분하는 점

　　예 두 점 $A(4)$, $B(6)$을 이은 선분 AB의 중점은

　　　$M\left(\dfrac{4+6}{2}\right)=M\left(\dfrac{1\cdot6+1\cdot4}{1+1}\right)=M(5)$

❷ 좌표평면 위의 선분의 내분과 외분 `암기`

• 좌표평면 위의 두 점 $A(x_1, y_1)$, $B(x_2, y_2)$에 대하여 선분 AB를
$m:n(m>0, n>0)$으로

☐ 내분하는 점 P는 ➡ $P\left(\dfrac{mx_2+nx_1}{m+n}, \dfrac{my_2+ny_1}{m+n}\right)$

　　예 두 점 $A(-3, 3)$, $B(3, 6)$을 이은 선분 AB를 $2:1$로 내분하는 점은

　　　$P\left(\dfrac{2\cdot3+1\cdot(-3)}{2+1}, \dfrac{2\cdot6+1\cdot3}{2+1}\right)=P(1, 5)$

☐ 선분 AB의 중점 M은 ➡ $M\left(\dfrac{x_1+x_2}{2}, \dfrac{y_1+y_2}{2}\right)$
　　　　　　　　　　　　선분 AB를 $1:1$로
　　　　　　　　　　　　내분하는 점

점의 좌표와 내분하는 비 $m:n$을 대각선
방향으로 곱한 후 더한다.

❸ 무게중심 `암기`

중선은 삼각형의 넓이를 이등분한다.

☐ $\triangle ABC$의 세 중선 AD, BE, CF는 반드시 한 점에서 만나는데 그 점이
삼각형에서 한 꼭짓점과 그 대변의 중점을 연결한 직선이나 선분
바로 **무게중심**이다.

➡ 두 중선의 교점 역시 무게중심이다.

☐ $\triangle ABC$의 무게중심 G는 세 중선 AD, BE, CF를 각 꼭짓점으로부터
$2:1$로 내분한다.
$\overline{AG}:\overline{GD}=\overline{BG}:\overline{GE}=\overline{CG}:\overline{GF}=2:1$

☐ $\triangle AGF=\triangle BGF=\triangle BGD=\triangle CGD=\triangle CGE=\triangle AGE=\dfrac{1}{6}\triangle ABC$

$\triangle ABG=\triangle BCG=\triangle CAG=\dfrac{1}{3}\triangle ABC$

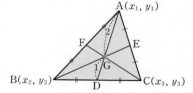

☐ 세 점 $A(x_1, y_1)$, $B(x_2, y_2)$, $C(x_3, y_3)$를 꼭짓점으로 하는 $\triangle ABC$의 무게중심 G는

➡ $G\left(\dfrac{x_1+x_2+x_3}{3}, \dfrac{y_1+y_2+y_3}{3}\right)$

　　예 세 점 $A(3, 2)$, $B(0, 3)$, $C(6, -2)$를 꼭짓점으로 하는 $\triangle ABC$의 무게중심은

　　　$G\left(\dfrac{3+0+6}{3}, \dfrac{2+3+(-2)}{3}\right)=G(3, 1)$

⊙ 두 점 $A(2)$, $B(6)$을 이은 선분 AB가 있다. 다음 점의 좌표를 구하시오.

001 $1:1$로 내분하는 점 _____

002 $1:2$로 내분하는 점 _____

003 $1:3$으로 내분하는 점 _____

004 $3:1$로 내분하는 점 _____

⊙ 두 점 $A(1, 2)$, $B(-2, 5)$를 이은 선분 AB가 있다. 다음 점의 좌표를 구하시오.

005 $2:1$로 내분하는 점 _____

006 $1:2$로 내분하는 점 _____

007 $1:1$로 내분하는 점 _____

008 $3:1$로 내분하는 점 _____

⊙ 점의 좌표를 구하시오.

009 두 점 $A(2, 7)$, $B(-3, 2)$를 이은 선분 AB를 $3:2$로 내분하는 점 _____

010 두 점 $A(-3, 1)$, $B(3, 4)$를 이은 선분 AB를 $2:1$로 내분하는 점 _____

011 두 점 $A(3, 4)$, $B(-2, -1)$을 이은 선분 AB를 $1:4$로 내분하는 점 _____

012 두 점 $A(-2, 1)$, $B(2, -3)$을 이은 선분 AB를 $1:3$으로 내분하는 점 _____

013 두 점 $A(1, -2)$, $B(5, -4)$를 이은 선분 AB의 중점 _____

⊙ 세 점 $A(-2, 2)$, $B(2, 5)$, $C(3, -1)$을 꼭짓점으로 하는 삼각형 ABC가 있다. 다음 점의 좌표를 구하시오.

014 $\overline{BC}$의 중점 D _____

015 $\overline{AD}$를 $2:1$로 내분하는 점 G_1 _____

016 $\overline{AC}$의 중점 E _____

017 $\overline{BE}$를 $2:1$로 내분하는 점 G_2 _____

018 삼각형 ABC의 무게중심 G _____

⊙ 삼각형 ABC의 무게중심이 G일 때 x, y의 값을 구하시오.

019 $A(1, 2)$, $B(x, 3)$, $C(-1, y)$, $G(1, 3)$ _____

020 $A(4, -5)$, $B(-5, 2)$, $C(x, y)$, $G(-3, 0)$ _____

⊙ 세 점 $A(2, 2)$, $B(-2, 4)$, $C(6, -6)$을 꼭짓점으로 하는 삼각형 ABC가 있다. 다음 무게중심의 좌표를 구하시오.

021 삼각형 ABC의 무게중심 _____

022 삼각형 ABC의 각 변의 중점을 꼭짓점으로 하는 삼각형의 무게중심 _____

- **선분의 내분점과 외분점**

  ❶ x좌표는 x좌표끼리, y좌표는 y좌표끼리 내분한다.

  ❷ 선분의 내분점의 위치는 그 선분의 내부에 있다.

- **삼각형의 무게중심** 〔암기〕

  ❶ $\triangle ABC$ 내부의 점 P에 대하여 $\overline{PA}^2 + \overline{PB}^2 + \overline{PC}^2$의 최솟값은 점 P가 $\triangle ABC$의 무게중심일 때이다.

  ⇨ 이차식 $a(x-m)^2 + n\,(a>0)$은 $x=m$일 때, 최솟값 n을 가진다.

  ⇨ 이차식 $a(x-l)^2 + b(y-m)^2 + n\,(a>0, b>0)$은 $x=l$, $y=m$일 때, 최솟값 n을 가진다.

  예 세 점 $A(0, 0)$, $B(1, 0)$, $C(2, 3)$에 대하여 $\overline{PA}^2 + \overline{PB}^2 + \overline{PC}^2$의 최솟값은

  → $P(a, b)$로 놓으면 $\overline{PA}^2 + \overline{PB}^2 + \overline{PC}^2 = 3(a-1)^2 + 3(b-1)^2 + 8$이므로 $a=1$, $b=1$일 때, 최솟값 8을 갖는다.

  → 이때 점 $P(1, 1)$은 $\triangle ABC$의 무게중심 $G\left(\dfrac{0+1+2}{3}, \dfrac{0+0+3}{3}\right) = G(1, 1)$과 같다.

  ❷ $\triangle ABC$의 무게중심과 세 변의 중점을 연결하여 만든 $\triangle DEF$와 세 변을 $m:n$으로 내분하는 점을 연결하여 만든 $\triangle HIJ$의 무게중심은 서로 일치한다.

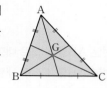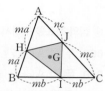

($\triangle ABC$의 무게중심) = ($\triangle DEF$의 무게중심) = ($\triangle HIJ$의 무게중심)

- **도형에서의 내분점, 외분점 활용**

  ❶ 평행사변형, 직사각형 ⇨ 두 대각선은 서로 다른 것을 이등분한다.   → 두 대각선의 중점이 일치한다.

  ❷ 마름모, 정사각형   ⇨ 두 대각선은 서로 다른 것을 수직이등분한다. → 두 대각선의 중점이 일치한다.

  수직+이등분

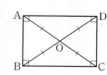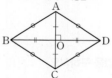

  ❸ 각의 이등분선

  ⇨ (내각의 이등분선) $\triangle ABC$에서 $\angle A$의 이등분선이 $\overline{BC}$와 만나는 점을 D라 하면 $\overline{AB} : \overline{AC} = \overline{BD} : \overline{CD} = m:n$이다. 이때 점 D는 $\overline{BC}$를 $m:n$로 내분하는 점이다.

  ⇨ (외각의 이등분선) $\triangle ABC$에서 $\angle A$의 외각의 이등분선이 $\overline{BC}$의 연장선과 만나는 점을 D라 하면 $\overline{AB} : \overline{AC} = \overline{BD} : \overline{CD} = m:n$이다. 이때 점 D는 $\overline{BC}$를 $m:n$로 외분하는 점이다.

  점 C는 $\overline{BD}$를 $(m-n):n$으로 내분하는 점이다.

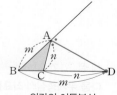

내각의 이등분선   외각의 이등분선

001 두 점 $A(a, 1)$, $B(-3, 2)$에 대하여 선분 AB를 $1 : 3$으로 내분하는 점이 y축 위에 있을 때, a의 값은?

① -2 ② -1 ③ 0
④ 1 ⑤ 2

002 두 점 $A(-1, 3)$, $B(4, -2)$에 대하여 직선 $y=2x+k$가 선분 AB를 $2 : 3$으로 나눌 때, 상수 k의 값은?

① -2 ② -1 ③ 1
④ 2 ⑤ 3

003 두 점 $A(3, -2)$, $B(0, 1)$을 이은 선분 AB의 연장선 위에 $\overline{AB}=3\overline{BP}$를 만족시키는 점 P를 잡는다. 이때, 점 P의 좌표는?

① $(-1, 2)$ ② $(2, -1)$ ③ $(0, 3)$
④ $(3, 0)$ ⑤ $(1, 4)$

004 삼각형 ABC에서 변 BC의 중점이 $M(3, 1)$이고 무게중심의 좌표가 $(2, 2)$일 때, 꼭짓점 A의 좌표는?

① $(0, 3)$ ② $(0, 4)$ ③ $(1, 3)$
④ $(1, 4)$ ⑤ $(2, 3)$

005 좌표평면 위의 세 점 $A(0, 0)$, $B(1, 0)$, $C(2, 3)$에 대하여 $\overline{PA}^2+\overline{PB}^2+\overline{PC}^2$의 값이 최소가 되도록 하는 점 P의 좌표를 $P(a, b)$라 할 때, $a+b$의 값은?

① -1 ② 0 ③ 1
④ 2 ⑤ 3

006 삼각형 ABC의 세 변 AB, BC, CA를 $2 : 1$로 내분하는 점이 각각 $D(1, 0)$, $E(0, 4)$, $F(2, 2)$일 때, 삼각형 ABC의 무게중심의 좌표는?

① $(1, 2)$ ② $(2, 1)$ ③ $(2, 3)$
④ $(3, 2)$ ⑤ $(3, 4)$

007 평행사변형 ABCD의 네 꼭짓점의 좌표가 $A(5, a)$, $B(b, 3)$, $C(1, 5)$, $D(1, 2)$일 때, $a+b$의 값은?

① 1 ② 3 ③ 5
④ 7 ⑤ 9

008 세 점 $O(0, 0)$, $A(8, 0)$, $B(8, 6)$을 꼭짓점으로 하는 삼각형 OAB에서 $\angle$B의 이등분선이 선분 OA와 만나는 점을 D라 할 때, 점 D의 좌표는?

① $(1, 0)$ ② $(2, 0)$ ③ $(3, 0)$
④ $(4, 0)$ ⑤ $(5, 0)$

❶ 직선의 기울기와 절편

☐ 직선의 결정조건 : 서로 다른 두 점은 오직 하나의 직선을 결정한다.

　→ 서로 다른 두 점을 지나는 직선은 오직 하나뿐이다.

☐ 두 점 $A(x_1, y_1)$, $B(x_2, y_2)$를 지나는 직선의 기울기는 $\dfrac{y_2-y_1}{x_2-x_1}$이다.

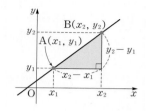

　→ (기울기) $=\dfrac{(y\text{의 값의 증가량})}{(x\text{의 값의 증가량})}$

　예 두 점 $A(1, 1)$, $B(3, 5)$를 지나는 직선의 기울기는 $\dfrac{5-1}{3-1}=2$이다.

☐ 기울기에 따른 직선의 모양

$(\text{기울기})=\dfrac{+}{+}>0$　$(\text{기울기})=\dfrac{-}{+}<0$　$(\text{기울기})=\dfrac{0}{+}=0$　기울기는 없다.

$\dfrac{y_2-y_1}{x_1-x_2},\ \dfrac{y_1-y_2}{x_1-x_2},\ \dfrac{y_1-y_2}{x_2-x_1},\ \dfrac{y_2-y_1}{x_2-x_1}$

기울기를 구하는 방법

☐ x절편 : x축과 만나는 점의 x좌표 → $y=0$일 때의 x의 값을 구한다.

　예 $y=2x+4$의 x절편은 $0=2x+4 \rightarrow x=-2$

☐ y절편 : y축과 만나는 점의 y좌표 → $x=0$일 때의 y의 값을 구한다.

　　　　　　　　　　　　　　→ $y=mx+n$에서 상수항 n이 y절편이다.

　예 $y=2x+4$의 y절편은 $y=2\cdot0+4 \rightarrow y=4$

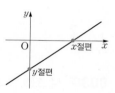

❷ 여러 가지 직선의 방정식 〔암기〕

☐ x축의 방정식은
　x축 위의 모든 점은 x좌표에 관계없이 y좌표가 0이므로 $y=0$이다.　→ $y=0$

☐ y축의 방정식은
　y축 위의 모든 점은 y좌표에 관계없이 x좌표가 0이므로 $x=0$이다.　→ $x=0$

☐ x절편이 a, y축에 평행한 직선의 방정식은
　　　　x축에 수직인　　　　　　　　　→ $x=a$

☐ y절편이 b, x축에 평행한 직선의 방정식은
　　　　y축에 수직인　　　　　　　　　→ $y=b$

☐ 기울기가 m, y절편이 n인 직선의 방정식은　→ $y=mx+n$

　예 기울기가 3, y절편이 -2인 직선의 방정식은 $y=3x-2$이다.

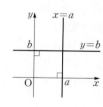

☐ 기울기가 m, 한 점 $A(x_1, y_1)$을 지나는 직선의 방정식은　→ $y-y_1=m(x-x_1) \rightarrow y=m(x-x_1)+y_1$

　예 기울기가 2, 한 점 $(1, 3)$을 지나는 직선의 방정식은 $y-3=2(x-1) \rightarrow y=2(x-1)+3$

☐ 두 점 $A(x_1, y_1)$, $B(x_2, y_2)$를 지나는 직선의 방정식은　→ $y-y_1=\underset{\text{기울기}}{\dfrac{y_2-y_1}{x_2-x_1}}(x-x_1) \leftarrow x_1\neq x_2$

　예 두 점 $(2, 1)$, $(3, 4)$를 지나는 직선의 방정식은 $y-1=\dfrac{4-1}{3-2}(x-2)$ 또는 $y-4=\dfrac{4-1}{3-2}(x-3)$이다.
　　　　　　　　　　　　　　　　　　　지나는 한 점을 $(2, 1)$로　　　　　지나는 한 점을 $(3, 4)$로

☐ x절편이 a, y절편이 b인 직선의 방정식은　→ $\dfrac{x}{a}+\dfrac{y}{b}=1$

　→ 두 점 $(a, 0)$, $(0, b)$를 지나는 방정식이다.
　　y값에 0을 대입하면 $x=a$, x값에 0을 대입하면 $y=b$이다.

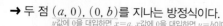

　→ $y-0=\dfrac{b-0}{0-a}(x-a) \rightarrow y=-\dfrac{b}{a}(x-a) \rightarrow bx+ay=ab \rightarrow (\div ab) \rightarrow \dfrac{x}{a}+\dfrac{y}{b}=1$
　　지나는 한 점을 $(a, 0)$으로

　예 x절편이 2, y절편이 3인 직선의 방정식은 $\dfrac{x}{2}+\dfrac{y}{3}=1$이다.

◉ 두 점 A, B를 지나는 직선의 기울기를 구하시오.

001 A$(0, 0)$, B$(1, 3)$ _____

002 A$(1, 3)$, B$(2, 5)$ _____

003 A$(-1, 4)$, B$(1, -2)$ _____

004 A$(-2, 1)$, B$(2, -3)$ _____

005 A$(-2, 1)$, B$(3, 1)$ _____

006 A$(2, -1)$, B$(2, 3)$ _____

007 A$(2, 0)$, B$(0, 2)$ _____

008 A$(-4, 0)$, B$(0, -2)$ _____

◉ 직선의 기울기, x절편, y절편을 구하시오.

009 $y = 2x + 4$ _____

010 $2x + y - 6 = 0$ _____

011 $\dfrac{x}{2} + \dfrac{y}{3} = 1$ _____

◉ 직선의 방정식을 구하시오.

012 점 $(1, 2)$를 지나고 x축에 평행한 직선 _____

013 점 $(-2, 1)$을 지나고 y축에 평행한 직선 _____

014 점 $(2, -3)$을 지나고 x축에 수직인 직선 _____

015 점 $(-3, 1)$을 지나고 기울기가 0인 직선 _____

016 기울기가 2이고 y절편이 3인 직선 _____

017 기울기가 -1이고 점 $(0, 2)$를 지나는 직선 _____

018 기울기가 3이고 x절편이 1인 직선 _____

019 기울기가 -2이고 직선 $y = x + 1$과 x축 위에서 만나는 직선 _____

020 기울기가 2이고 점 $(2, 3)$을 지나는 직선 _____

021 점 $(1, 2)$를 지나고 x축의 양의 방향과 이루는 각의 크기가 $45°$인 직선 _____

022 직선 $y = 2x + 1$과 기울기가 같고 점 $(-1, 2)$를 지나는 직선 _____

023 점 $(2, -1)$을 지나고 x가 1만큼 증가할 때, y가 2만큼 감소하는 직선 _____

◉ 두 점 A, B를 지나는 직선의 방정식을 구하시오.

024 A$(1, 4)$, B$(3, 2)$ _____

025 A$(1, -1)$, B$(3, 3)$ _____

026 A$(1, 0)$, B$(2, -2)$ _____

027 A$(-2, -4)$, B$(1, 5)$ _____

028 A$(-2, 0)$, B$(-2, 3)$ _____

029 A$(-3, 1)$, B$(4, 1)$ _____

◉ 직선의 방정식을 구하시오.

030 x절편이 2이고 y절편이 4인 직선 _____

031 x절편이 -2이고 y절편이 1인 직선 _____

032 x절편이 -3이고 y절편이 -2인 직선 _____

● 직선과 x축의 양의 방향이 이루는 각의 크기

❶ 직선과 x축의 양의 방향이 이루는 각의 크기가 θ일 때, 기울기는 $\tan\theta$이다. $\dfrac{(높이)}{(밑변의 길이)}$
　　y축의 오른쪽 부분

❷ 기울기가 m인 직선과 x축의 양의 방향이 이루는 각의 크기가 θ일 때, $m = \tan\theta$이다.

　　예 기울기가 1인 직선 $y = x$와 x축의 양의 방향이 이루는 각의 크기는 45°이다. → $1 = \tan 45°$

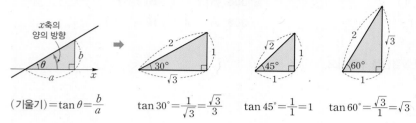

$$(기울기) = \tan\theta = \frac{b}{a} \qquad \tan 30° = \frac{1}{\sqrt{3}} = \frac{\sqrt{3}}{3} \qquad \tan 45° = \frac{1}{1} = 1 \qquad \tan 60° = \frac{\sqrt{3}}{1} = \sqrt{3}$$

● m의 값에 관계없이 지나는 정점 암기

❶ 서로 다른 두 점을 지나는 직선은 오직 하나뿐이지만 한 점을 지나는 직선은 무수히 많다.
　　서로 다른 두 점은 오직 하나의 직선을 결정한다.

❷ 직선 $y - y_1 = m(x - x_1)$은 m의 값에 관계없이 항상 점 (x_1, y_1)을 지난다.
　　$x = x_1$, $y = y_1$을 대입하면 $0 = m \cdot 0$이 되어 등식은 m의 값에 관계없이 항상 성립한다.

　　⇨ $y - y_1 = m(x - x_1)$은 m에 대한 항등식이다.
　　　　　　　　　　　　　　항상 성립하는 등식

　　⇨ 이 식에 점 (x_1, y_1)을 대입하면 $0 = m \cdot 0$이 되어 m의 값에 관계없이 항상 성립한다.
　　　　　　　　　　　　　　　　　　　　m에 어떤 값을 대입하더라도

　　예 직선 $y = mx - m + 2$ → $y - 2 = m(x - 1)$은 m의 값에 관계없이 항상 점 $(1, 2)$를 지난다.

● 도형의 넓이를 이등분하는 직선

❶ 삼각형의 한 꼭짓점과 그 대변의 중점을 연결한 직선(중선)은 삼각형의 넓이를 이등분한다.

　　⇨ 삼각형의 한 꼭짓점에서 그 대변에 직선을 그어 2개의 삼각형으로 나누었을 때, 나누어진 두 삼각형의 높이가 같으므로 두 삼각형의 넓이는 나누어진 대변의 길이의 비와 같다.

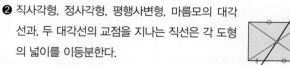

△ABD = △ADC　　△ABD : △ADC = $m : n$

❷ 직사각형, 정사각형, 평행사변형, 마름모의 대각선과, 두 대각선의 교점을 지나는 직선은 각 도형의 넓이를 이등분한다.

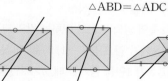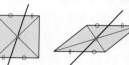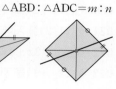

❸ 원의 중심을 지나는 직선은 원의 넓이를 이등분한다.

❹ 직사각형의 두 대각선의 교점과 원의 중점을 지나는 직선은 직사각형과 원의 넓이를 동시에 이등분한다.

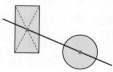

● 서로 다른 세 점 A, B, C가 한 직선(일직선) 위에 있다. 암기

　⇨ 한 직선 위에 있는 임의의 두 점을 연결한 직선의 기울기는 항상 같다.

　⇨ (직선 AB의 기울기) = (직선 BC의 기울기) = (직선 AC의 기울기)

　⇨ 두 점 A, B를 지나는 직선 위에 점 C가 있다.
　　　직선이 점 C를 지난다.

　　예 세 점 $A(3, a)$, $B(6, 4)$, $C(a-2, 0)$이 한 직선 위에 있으면

　　　$(\overline{AB}$의 기울기$) = (\overline{BC}$의 기울기$)$이므로 $\dfrac{4-a}{6-3} = \dfrac{0-4}{(a-2)-6}$

　　　→ $a^2 - 12a + 20 = 0$ → $(a-2)(a-10) = 0$ → $a = 2$ 또는 $a = 10$

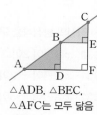

△ADB, △BEC,
△AFC는 모두 닮음이다.

001 두 점 $(-1, 2)$, $(3, 4)$를 이은 선분의 중점을 지나고 기울기가 2인 직선의 방정식을 $y=ax+b$라 할 때, 상수 a, b에 대하여 $a-b$의 값은?

① -3 ② -1 ③ 1
④ 3 ⑤ 5

002 점 $(\sqrt{3}, 1)$을 지나고 x축의 양의 방향과 이루는 각의 크기가 $60°$인 직선이 점 $(a, 4)$를 지난다. 이때, 상수 a의 값은?

① -2 ② $-\sqrt{3}$ ③ $\sqrt{3}$
④ 3 ⑤ $2\sqrt{3}$

003 점 $(2, 2)$를 지나고 기울기가 -2인 직선과 x축, y축으로 둘러싸인 삼각형의 넓이는?

① 1 ② 3 ③ 5
④ 7 ⑤ 9

004 x절편이 4이고 y절편이 6인 직선이 점 $(2k, 2-k)$를 지날 때, k의 값은?

① 1 ② 2 ③ 3
④ 4 ⑤ 5

005 직선 $(k+1)x+(1-k)y+k-3=0$은 실수 k의 값에 관계없이 항상 일정한 점 (a, b)를 지난다. 이때, a^2+b^2의 값은?

① 1 ② 3 ③ 5
④ 7 ⑤ 9

006 세 점 A$(2, 3)$, B$(-2, 2)$, C$(4, 0)$을 꼭짓점으로 하는 삼각형 ABC가 있다. 점 A를 지나면서 삼각형 ABC의 넓이를 이등분하는 직선의 방정식은?

① $y=-2x+3$ ② $y=-x+2$
③ $y=x$ ④ $y=2x-1$
⑤ $y=3x-2$

007 그림과 같이 좌표평면 위에 놓인 두 직사각형의 넓이를 동시에 이등분하는 직선의 기울기는 $\dfrac{a}{b}$이다. 이때, $a+b$의 값은? (단, a, b는 서로소인 두 자연수이다.)

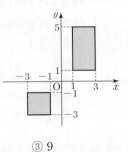

① 5 ② 7 ③ 9
④ 11 ⑤ 13

008 세 점 $(1, a)$, $(a, 7)$, $(5, 11)$이 한 직선 위에 있도록 하는 모든 실수 a의 값의 합은?

① 13 ② 14 ③ 15
④ 16 ⑤ 17

1 두 직선의 위치 관계 [암기]

- 두 직선 $y=mx+n$, $y=m'x+n'$의 위치 관계는

□ 한 점에서 만난다.　　　　　→ $m \neq m'$　　　← 기울기가 다르다.
　교차한다.
□ 평행하다.　　　　　　　　→ $m=m'$, $n \neq n'$　← 기울기가 같고 y절편이 다르다.
　만나지 않는다.　　　　　　　　 기울기　　 y절편
□ 일치한다.　　　　　　　　→ $m=m'$, $n=n'$　← 기울기가 같고 y절편도 같다.
　겹친다.
□ 수직이다.　　　　　　　　→ $mm'=-1$　　← 기울기의 곱이 -1이다.
　직각으로 만난다.

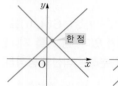 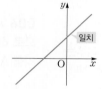

한 점　　　　평행　　　　일치　　　　수직

예 두 직선 $y=2x+1$, $y=ax+1$이 수직이면 $2 \cdot a=-1$이므로 $a=-\frac{1}{2}$이다.

2 서로 다른 세 직선과 삼각형

□ 세 직선이 삼각형을 이룰 때는 어느 두 직선도 평행하지 않고 세 직선이 한 점에서 만나지도 않을 때이다.

　→ 교점이 3개이고 좌표평면을 7개 영역으로 분할한다.

□ 세 직선이 삼각형을 이루지 않을 때는 적어도 두 직선이 평행하거나 세 직선이 한 점에서 만날 때이다.
　　　　　　　　　　　　　　　많으면 세 직선이

　예 세 직선 $y=x+2$, $y=2x+1$, $y=ax-1$이 삼각형을 이루지 않으려면
　　ⓐ $y=x+2$와 $y=ax-1$이 평행할 때　　　　　　　→ $a=1$
　　ⓑ $y=2x+1$과 $y=ax-1$이 평행할 때　　　　　　→ $a=2$
　　ⓒ $y=x+2$와 $y=2x+1$의 교점 $(1, 3)$이 $y=ax-1$을 지날 때 → $a=4$

3 두 직선의 교점을 지나는 직선 [암기]

□ 직선 $(ax+by+c)+k(a'x+b'y+c')=0$은 실수 k의 값에 관계없이 항상 두 직선
　　　　　　　　　　　　　　　　　　모든 실수 k에 대하여, k에 대한 항등식 $(\ )+k(\ )=0$
　$ax+by+c=0$, $a'x+b'y+c'=0$의 교점을 지난다.

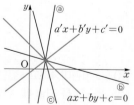

$a'x+b'y+c'=0$

　예 직선 $x+ky-1-2k=0$ → $(x-1)+k(y-2)=0$이므로 k의 값에 관계없이 두 직선
　　$x-1=0$, $y-2=0$의 교점 $(1, 2)$를 지난다.

□ 두 직선 $ax+by+c=0$, $a'x+b'y+c'=0$의 교점을 지나는 직선의 방정식은
　　　　　　　　　　　　　　　　　　　　무수히 많다.
　→ $(ax+by+c)+k(a'x+b'y+c')=0$

$ax+by+c=0$

　예 두 직선 $x+y+2=0$, $2x+y=0$의 교점과 점 $(1, -1)$을 지나는 직선의 방정식은
　　두 직선의 교점을 지나는 직선은 $(x+y+2)+k(2x+y)=0$이다.
　　이 직선이 점 $(1, -1)$을 지나므로 $x=1$, $y=-1$을 대입하면 $2+k=0$ → $k=-2$
　　$k=-2$를 $(x+y+2)+k(2x+y)=0$에 대입하면 $-3x-y+2=0$ → $3x+y-2=0$

세 직선 ⓐ, ⓑ, ⓒ는 모두
$(ax+by+c)+k(a'x+b'y+c')=0$
으로 나타낼 수 있다.

◉ 두 직선이 평행할 때, k의 값을 구하시오.

001 $y=x+2$, $y=(k+1)x+3$

002 $y=(-2k-1)x+3$, $y=(-k+1)x+2$

003 $2x-y+1=0$, $kx+2y+3=0$

004 $kx-2y-2=0$, $x+(1-k)y+2=0$

◉ 두 직선이 수직일 때, k의 값을 구하시오.

005 $y=x+3$, $y=(k+1)x+2$

006 $y=\dfrac{k}{2}x-1$, $y=(1-k)x+1$

007 $x-2y+3=0$, $kx+3y+1=0$

008 $kx+y+1=0$, $(k-2)x+y-3=0$

◉ 점 $(3, 1)$을 지나고 다음 직선에 평행한 직선의 방정식을 구하시오.

009 $y=2x+3$

010 $2x+y-1=0$

011 $x=1$

012 $y=-2$

◉ 점 $(2, -3)$을 지나고 다음 직선에 수직인 직선의 방정식을 구하시오.

013 $y=-2x+1$

014 $x-2y+4=0$

015 $x=-1$

016 $y=4$

◉ 두 점 A, B를 이은 선분 AB의 수직이등분선의 방정식을 구하시오.

017 $A(2, 3)$, $B(4, 5)$

018 $A(1, 0)$, $B(3, -2)$

019 $A(-2, 5)$, $B(4, 3)$

◉ 세 직선이 삼각형을 이루지 않도록 하는 모든 실수 k의 값의 합을 구하시오.

020 $y=-x$, $y=x-2$, $y=kx+1$

021 $x+2y=0$, $x-y+3=0$, $kx+y+k+1=0$

◉ 다음 직선은 실수 k의 값에 관계없이 항상 점 P를 지난다. 점 P의 좌표를 구하시오.

022 $(x-2)k+(y+1)=0$

023 $(x-2)k+(-x+y-1)=0$

024 $kx+y+2k-3=0$

025 $(k+1)x+(1-k)y+k-3=0$

◉ 두 직선의 교점과 점 P를 지나는 직선의 방정식을 구하시오.

026 $x+y-2=0$, $x-y+1=0$ $P(0, 0)$

027 $x+y+1=0$, $-2x+y=0$ $P(1, 0)$

028 $x+2y-3=0$, $2x-y+1=0$ $P(-1, 1)$

● **두 직선의 위치 관계와 연립방정식의 해의 개수** 암기

❶ 두 직선의 방정식을 연립한 연립방정식의 해의 개수는 두 직선의 교점의 개수와 같다.

❷ $ax+by+c=0$에서 $y=-\dfrac{a}{b}x-\dfrac{c}{b}$, $a'x+b'y+c'=0$에서 $y=-\dfrac{a'}{b'}x-\dfrac{c'}{b'}$이다.

　　직선의 방정식의 일반형　　직선의 방정식의 표준형

　⇨ $\dfrac{a}{a'}$와 $\dfrac{b}{b'}$는 두 직선의 기울기의 관계를, $\dfrac{b}{b'}$와 $\dfrac{c}{c'}$는 y절편의 관계를 나타낸다.

두 직선의 위치 관계	연립방정식의 해	$y=mx+n$, $y=m'x+n'$	$ax+by+c=0$, $a'x+b'y+c'=0$
한 점에서 만난다. (교점 1개)	한 쌍의 해	$m\neq m'$ (기울기가 다르다.)	$-\dfrac{a}{b}\neq-\dfrac{a'}{b'}$　$\rightarrow\dfrac{a}{a'}\neq\dfrac{b}{b'}$
평행하다. (교점이 없다.)	해가 없다.	$m=m'$, $n\neq n'$ (기울기가 같고 y절편이 다르다.)	$-\dfrac{a}{b}=-\dfrac{a'}{b'}$, $-\dfrac{c}{b}\neq-\dfrac{c'}{b'}$　$\rightarrow\dfrac{a}{a'}=\dfrac{b}{b'}\neq\dfrac{c}{c'}$
일치한다. (교점이 무수히 많다.)	해가 무수히 많다.	$m=m'$, $n=n'$ (기울기가 같고 y절편도 같다.)	$-\dfrac{a}{b}=-\dfrac{a'}{b'}$, $-\dfrac{c}{b}=-\dfrac{c'}{b'}$　$\rightarrow\dfrac{a}{a'}=\dfrac{b}{b'}=\dfrac{c}{c'}$
수직이다. (교점 1개)	한 쌍의 해	$mm'=-1$ (기울기의 곱이 -1이다.)	$\left(-\dfrac{a}{b}\right)\times\left(-\dfrac{a'}{b'}\right)=-1\rightarrow aa'+bb'=0$

● **서로 다른 세 직선이 삼각형을 이루지 않는 경우**

세 직선의 위치 관계	세 직선이 모두 평행할 때	두 직선이 평행할 때	세 직선이 한 점에서 만날 때
	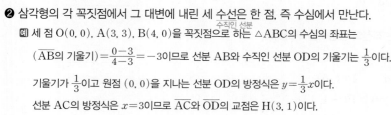		
교점의 개수	교점이 없다.	2개	1개
좌표평면의 분할 개수	4개	6개	6개

● **수직이등분선의 활용**

❶ 선분 AB의 수직이등분선의 방정식은

　⇨ (수직)　 : 선분 AB와 수직이등분선의 기울기의 곱은 -1이다.

　⇨ (이등분) : 수직이등분선은 선분 AB의 중점을 지난다.

　예 두 점 $A(1, 2)$, $B(3, 6)$을 연결한 선분 AB의 수직이등분선의 방정식은

　　$(\overline{AB}$의 기울기$)=\dfrac{6-2}{3-1}=2$이므로 수직이등분선의 기울기는 $-\dfrac{1}{2}$이다.

　　$\overline{AB}$의 중점은 $\left(\dfrac{1+3}{2}, \dfrac{2+6}{2}\right)=(2, 4)$이다.

　　따라서 수직이등분선의 방정식은 $y-4=-\dfrac{1}{2}(x-2)$이다.

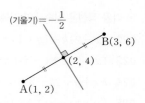

❷ 삼각형의 각 꼭짓점에서 그 대변에 내린 세 수선은 한 점, 즉 수심에서 만난다.

　　　　　　　　　　　수직인 선분

　예 세 점 $O(0, 0)$, $A(3, 3)$, $B(4, 0)$을 꼭짓점으로 하는 △ABC의 수심의 좌표는

　　$(\overline{AB}$의 기울기$)=\dfrac{0-3}{4-3}=-3$이므로 선분 AB와 수직인 선분 OD의 기울기는 $\dfrac{1}{3}$이다.

　　기울기가 $\dfrac{1}{3}$이고 원점 $(0, 0)$을 지나는 선분 OD의 방정식은 $y=\dfrac{1}{3}x$이다.

　　선분 AC의 방정식은 $x=3$이므로 $\overline{AC}$와 $\overline{OD}$의 교점은 $H(3, 1)$이다.

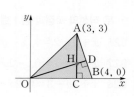

001 두 직선 $x+ay-1=0$, $(a+1)x+2y-2=0$ 이 한 점에서 만나도록 하는 상수 a의 조건은 $a \neq \alpha$, $a \neq \beta$이다. 이때, $\alpha+\beta$의 값은?

① -2 ② -1 ③ 0
④ 1 ⑤ 2

002 직선 $x+ay+2=0$은 직선 $3x-by+4=0$과 서로 수직이고, 직선 $x-(b-3)y-2=0$과 서로 평행하다. 이때, 상수 a, b에 대하여 a^2+b^2의 값은?

① 1 ② 2 ③ 3
④ 4 ⑤ 5

003 점 $A(3, 2)$에서 직선 $y=x+1$에 내린 수선의 발의 좌표는?

① $(2, 2)$ ② $(2, 3)$ ③ $(3, 2)$
④ $(3, 3)$ ⑤ $(3, 4)$

004 두 점 $A(1, 3)$, $B(-3, 7)$을 이은 선분 AB를 $3:1$로 내분하는 점 C를 지나고 직선 AB와 수직인 직선의 방정식은 $y=ax+b$이다. 상수 a, b의 합 $a+b$의 값은?

① 7 ② 8 ③ 9
④ 10 ⑤ 11

005 두 점 $A(-4, 3)$, $B(2, -1)$을 이은 선분 AB의 수직이등분선의 방정식이 $ax+by+5=0$일 때, 상수 a, b의 합 $a+b$의 값은?

① 1 ② 2 ③ 3
④ 4 ⑤ 5

006 두 직선 $y=-3x+5$, $y=x+1$의 교점과 점 $(1, 1)$을 지나는 직선의 방정식이 $ax+by=1$일 때, 상수 a, b의 합 $a+b$의 값은?

① 1 ② 2 ③ 3
④ 4 ⑤ 5

007 세 직선 $x+2y-5=0$, $2x-3y+4=0$, $ax+y=0$이 삼각형을 이루지 않도록 하는 모든 실수 a의 값의 곱은?

① $\dfrac{1}{3}$ ② $\dfrac{2}{3}$ ③ 1
④ $\dfrac{4}{3}$ ⑤ $\dfrac{5}{3}$

008 삼각형의 세 꼭짓점에서 각각의 대변에 내린 세 수선의 교점을 삼각형의 수심이라고 한다. 세 점 $A(3, 0)$, $B(1, 4)$, $C(-1, 0)$을 꼭짓점으로 하는 삼각형 ABC의 수심 H의 좌표는?

① $\left(1, \dfrac{1}{2}\right)$ ② $\left(\dfrac{1}{2}, 1\right)$ ③ $(1, 1)$
④ $(1, 2)$ ⑤ $(2, 1)$

031 점과 직선 사이의 거리

① 점과 직선 사이의 거리 〔암기〕

□ 점 $P(x_1, y_1)$과 직선 $ax+by+c=0$ 사이의 거리 d는
_{직선의 방정식의 일반형}　_{수학에서 다루는 거리는 모두 최단거리이다.}

$$\rightarrow d=\frac{|ax_1+by_1+c|}{\sqrt{a^2+b^2}}$$

예 점 $A(1, -4)$와 직선 $3x+4y-2=0$ 사이의 거리는

$$d=\frac{|3\cdot1+4\cdot(-4)-2|}{\sqrt{3^2+4^2}}=\frac{|-15|}{5}=3$$

□ 원점 $O(0, 0)$과 직선 $ax+by+c=0$ 사이의 거리 d는

$$\rightarrow d=\frac{|c|}{\sqrt{a^2+b^2}}$$

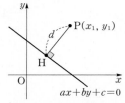

점 H는 점 P에서 직선에 내린 수선의 발이다.

② 평행한 두 직선 사이의 거리

□ 평행한 두 직선 $ax+by+c=0$, $ax+by+c'=0$ 사이의 거리는
_{기울기가 모두 $-\frac{a}{b}$로 같다.}

$$\rightarrow d=\frac{|c-c'|}{\sqrt{a^2+b^2}}$$

예 평행한 두 직선 $x+2y+1=0$, $x+2y+2=0$ 사이의 거리는 $\frac{|1-2|}{\sqrt{1^2+2^2}}=\frac{1}{\sqrt5}=\frac{\sqrt5}{5}$이다.

□ 평행한 두 직선 사이의 거리는 한 직선 위의 임의의 점과 다른 직선 사이의 거리와 같다.

→ 이때 임의의 점은 보통 x축과의 교점 또는 y축과의 교점으로 잡는 것이 편리하다.

예 평행한 두 직선 $x+2y+1=0$, $x+2y+2=0$ 사이의 거리는

ⓐ 직선 $x+2y+1=0$ 위의 점 $(-1, 0)$과 직선 $x+2y+2=0$ 사이의 거리를 구한다.

$$\rightarrow d=\frac{|-1+2\cdot0+2|}{\sqrt{1^2+2^2}}=\frac{1}{\sqrt5}=\frac{\sqrt5}{5}$$
_{x축과의 교점}

ⓑ 직선 $x+2y+2=0$ 위의 점 $(0, -1)$과 직선 $x+2y+1=0$ 사이의 거리를 구한다.

$$\rightarrow d=\frac{|0+2\cdot(-1)+1|}{\sqrt{1^2+2^2}}=\frac{1}{\sqrt5}=\frac{\sqrt5}{5}$$
_{y축과의 교점}

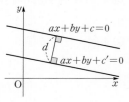

③ 삼각형의 넓이 〔암기〕

· 세 점 A, B, C를 꼭짓점으로 하는 △ABC의 넓이는 다음 순서로 구한다.

□ 두 점 A, B 사이의 거리 a를 구한다.　← 두 점 사이의 거리
_{밑변의 길이}

□ 직선 AB의 방정식을 구한다.　← 두 점을 지나는 직선의 방정식

□ 점 C와 직선 AB 사이의 거리 d를 구한다.　← 점과 직선 사이의 거리
_{높이}

□ (삼각형의 넓이)$=\frac{1}{2}\times$(밑변의 길이)$\times$(높이)$=\frac{1}{2}ad$

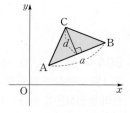

예 세 점 $A(2, 2)$, $B(6, 1)$, $C(4, 5)$를 꼭짓점으로 하는 △ABC의 넓이는

$$\rightarrow \overline{BC}=\sqrt{(4-6)^2+(5-1)^2}=2\sqrt5$$

→ 직선 BC의 방정식은 $y-1=\frac{5-1}{4-6}(x-6)\rightarrow y=-2x+13\rightarrow 2x+y-13=0$
_{지나는 한 점을 $B(6, 1)$로}

→ 점 $A(2, 2)$와 직선 $2x+y-13=0$ 사이의 거리 $\overline{AH}$는

$$\rightarrow \overline{AH}=\frac{|2\cdot2+2-13|}{\sqrt{2^2+1^2}}=\frac{7}{\sqrt5}$$

$$\rightarrow △ABC=\frac{1}{2}\overline{BC}\cdot\overline{AH}=\frac{1}{2}\cdot2\sqrt5\cdot\frac{7}{\sqrt5}=7$$

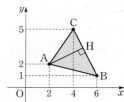

⊙ 점과 직선 사이의 거리를 구하시오.

001 $(0, 0)$, $x-y+2=0$ _____

002 $(4, 5)$, $2x+y-3=0$ _____

003 $(2, -3)$, $4x-3y-2=0$ _____

004 $(-2, 3)$, $5x+12y-13=0$ _____

005 $(3, -1)$, $y=2x+3$ _____

006 $(3, 2)$, $y=\dfrac{3}{4}x+1$ _____

007 $(4, 3)$, $x=-1$ _____

008 $(1, -2)$, $y=4$ _____

⊙ 두 직선 사이의 거리를 구하시오.

009 $x+2y+6=0$, $x+2y+1=0$ _____

010 $3x-4y+2=0$, $3x-4y-1=0$ _____

011 $x-2y=0$, $2x-4y-5=0$ _____

012 $y=x-2$, $y=x+4$ _____

013 $y=\dfrac{3}{4}x+1$, $3x-4y-4=0$ _____

014 $y=\dfrac{5}{12}x-1$, $5x-12y+1=0$ _____

⊙ 직선의 방정식을 구하시오.

015 직선 $3x+4y+2=0$에 평행하고 원점에서의 거리가 1인 직선 _____

016 직선 $x-y+1=0$에 평행하고 점 $(1, -2)$에서의 거리가 $\sqrt{2}$인 직선 _____

017 직선 $2x+y+1=0$에 수직이고 원점에서의 거리가 $\sqrt{5}$인 직선 _____

018 원점을 지나고 점 $(2, 1)$에서의 거리가 1인 직선 _____

019 점 $(1, 1)$을 지나고 원점에서의 거리가 $\sqrt{2}$인 직선 _____

⊙ 다음을 구하시오.

020 세 점 $A(0, 0)$, $B(2, 4)$, $C(5, 1)$이 있다.

　($\overline{BC}$의 길이) _____

　(직선 BC의 방정식) _____

　(점 A와 직선 BC 사이의 거리) _____

　(삼각형 ABC의 넓이) _____

021 세 점 $A(4, 3)$, $B(-2, 1)$, $C(2, -3)$이 있다.

　($\overline{CA}$의 길이) _____

　(직선 CA의 방정식) _____

　(점 B와 직선 CA 사이의 거리) _____

　(삼각형 ABC의 넓이) _____

● 점과 직선 사이의 거리 공식 사용법

- 점과 직선 사이의 거리를 구할 때, 직선의 방정식이 $y=mx+n$으로 주어지면 일반형 $ax+by+c=0$ 꼴인
  $mx-y+n=0$으로 변형하여 구한다. 이때 $-mx+y-n=0$으로 변형하여 구해도 된다.
  최단거리 _{직선의 방정식의 표준형}
  왜냐하면 절댓값이 이 둘의 차이점을 제거해주기 때문이다.

  예 원점 $O(0, 0)$과 직선 $y=x+1$ 사이의 거리는

  ⓐ $x-y+1=0$ 꼴로 변형했을 때 $\rightarrow d=\dfrac{|0-0+1|}{\sqrt{1^2+(-1)^2}}=\dfrac{1}{\sqrt{2}}$

  ⓑ $-x+y-1=0$ 꼴로 변형했을 때 $\rightarrow d=\dfrac{|0+0-1|}{\sqrt{(-1)^2+1^2}}=\dfrac{1}{\sqrt{2}}$

● 세 점을 꼭짓점으로 하는 삼각형의 넓이

- 세 점 $A(4, 2)$, $B(2, 4)$, $C(1, 1)$을 꼭짓점으로 하는 △ABC의 넓이를 구하는 방법은 다음과 같다.

❶ 세 점 $A(x_1, y_1)$, $B(x_2, y_2)$, $C(x_3, y_3)$를 꼭짓점으로 하는 △ABC의 넓이는

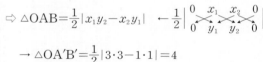

$\Rightarrow \triangle ABC = \dfrac{1}{2}\left|\begin{matrix}x_1\\y_1\end{matrix}\times\begin{matrix}x_2\\y_2\end{matrix}\times\begin{matrix}x_3\\y_3\end{matrix}\times\begin{matrix}x_1\\y_1\end{matrix}\right| = \dfrac{1}{2}|(x_1y_2+x_2y_3+x_3y_1)-(x_2y_1+x_3y_2+x_1y_3)|$ ← 사선 공식
_{한 번 더 써준다.} _{신발끈 공식}

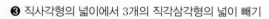

$\rightarrow \triangle ABC = \dfrac{1}{2}\left|\begin{matrix}4\\2\end{matrix}\times\begin{matrix}2\\4\end{matrix}\times\begin{matrix}1\\1\end{matrix}\times\begin{matrix}4\\2\end{matrix}\right| = \dfrac{1}{2}|(4\cdot4+2\cdot1+1\cdot2)-(2\cdot2+1\cdot4+4\cdot1)|=4$

❷ 삼각형을 평행이동하면 그 모양과 크기는 변하지 않는다. 따라서 삼각형의 세 꼭짓점 중 원점이 없을 때는 한 꼭짓점이 원점에 오도록 삼각형을 평행이동한 후 넓이를 구하는 것이 좋다.

세 점 $O(0, 0)$, $A(x_1, y_1)$, $B(x_2, y_2)$를 꼭짓점으로 하는 △OAB의 넓이는

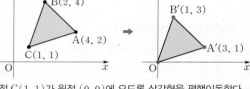

점 $C(1, 1)$가 원점 $(0, 0)$에 오도록 삼각형을 평행이동한다.

➡ $C(1, 1) \rightarrow (1-1, 1-1) \rightarrow O(0, 0)$
$A(4, 2) \rightarrow (4-1, 2-1) \rightarrow A'(3, 1)$
$B(2, 4) \rightarrow (2-1, 4-1) \rightarrow B'(1, 3)$

$\Rightarrow \triangle OAB = \dfrac{1}{2}|x_1y_2-x_2y_1|$ ← $\dfrac{1}{2}\left|\begin{matrix}0\\0\end{matrix}\times\begin{matrix}x_1\\y_1\end{matrix}\times\begin{matrix}x_2\\y_2\end{matrix}\times\begin{matrix}0\\0\end{matrix}\right|$

$\rightarrow \triangle OA'B' = \dfrac{1}{2}|3\cdot3-1\cdot1|=4$

❸ 직사각형의 넓이에서 3개의 직각삼각형의 넓이 빼기

$\Rightarrow \triangle OA'B' = \square ODEF - (\triangle ODA'+\triangle OB'F+\triangle A'EB')$

$= 3\cdot3 - \left(\dfrac{1}{2}\cdot3\cdot1+\dfrac{1}{2}\cdot1\cdot3+\dfrac{1}{2}\cdot2\cdot2\right)=4$

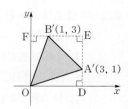

● 두 직선이 이루는 각의 이등분선

❶ 두 직선으로부터 같은 거리에 있는 점의 자취는 두 직선이 이루는 각의 이등분선이다.
_{어떤 일정한 성질을 가진 점들의 집합으로 이루어진 도형}

❷ 두 직선이 한 점에서 만날 때, 두 쌍의 맞꼭지각이 생긴다.
_{서로 마주 보는 두 각}
따라서 두 직선이 이루는 각의 이등분선은 항상 2개가 존재하며 서로 수직이다.

❸ 각의 이등분선 위의 임의의 점의 좌표를 $P(x, y)$로 놓고 점 P와 두 직선
$ax+by+c=0$, $a'x+b'y+c'=0$ 사이의 거리가 같음을 이용한다.

$\Rightarrow \dfrac{|ax+by+c|}{\sqrt{a^2+b^2}} = \dfrac{|a'x+b'y+c'|}{\sqrt{a'^2+b'^2}}$ ← $|A|=|B|$는 $A=\pm B$임을 이용한다.

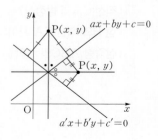

001 점 A$(-3, 2)$에서 직선 $3x-4y+2=0$에 내린 수선의 발을 H라 할 때, 선분 AH의 길이는?

① 1   ② 2   ③ 3

④ 4   ⑤ 5

005 원점과 직선 $(k+1)x+(1-k)y-2=0$ 사이의 거리의 최댓값은? (단, k는 실수이다.)

① 1   ② $\sqrt{2}$ ③ 3

④ 2   ⑤ $\sqrt{5}$

002 두 직선 $y=3x+2$, $y=3x+k$ 사이의 거리가 $\sqrt{10}$일 때, 모든 상수 k의 값의 합은?

① 1   ② 2   ③ 3

④ 4   ⑤ 5

006 세 점 A$(2, 7)$, B$(-2, -1)$, C$(4, -3)$을 꼭짓점으로 하는 삼각형 ABC의 넓이는?

① 16   ② $8\sqrt{5}$ ③ 28

④ 32   ⑤ $16\sqrt{5}$

003 두 직선 $mx-2y+1=0$, $x+(1-m)y-1=0$이 서로 평행할 때, 이 두 직선 사이의 거리는?

① $\dfrac{3\sqrt{2}}{4}$ ② $\dfrac{5\sqrt{2}}{4}$ ③ $\dfrac{7\sqrt{2}}{4}$

④ $\dfrac{9\sqrt{2}}{4}$ ⑤ $\dfrac{9\sqrt{5}}{4}$

007 세 점 A$(4, 0)$, B$(0, -3)$, C$(a, a-2)$를 꼭짓점으로 하는 삼각형 ABC의 넓이가 3일 때, 양수 a의 값은?

① 1   ② 2   ③ 3

④ 4   ⑤ 5

008 두 직선 $x+3y-2=0$, $3x+y+2=0$이 이루는 각의 이등분선 중 기울기가 양수인 직선의 방정식은?

① $x-y+1=0$ ② $x-y-2=0$

③ $x-y+2=0$ ④ $x-y-3=0$

⑤ $x-y+3=0$

004 직선 $4x-3y+2=0$에 수직이고 점 $(1, -1)$에서 거리가 1인 직선의 y절편은? (단, y절편은 양수이다.)

① 1   ② 2   ③ 3

④ 4   ⑤ 5

032 원의 방정식

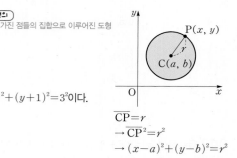

$\overline{CP}=r$
$\rightarrow \overline{CP}^2=r^2$
$\rightarrow (x-a)^2+(y-b)^2=r^2$

❶ 원의 방정식

☐ **원** : 평면에서 한 정점으로부터 일정한 거리에 있는 점의 자취 〔정의〕
움직이지 않는 점 ← 동점　　　어떤 일정한 성질을 가진 점들의 집합으로 이루어진 도형
→ '정점'='원의 중심', '일정한 거리'='원의 반지름의 길이'

☐ 중심이 점 C(a, b), 반지름의 길이가 r인 원의 방정식은

→ $(x-a)^2+(y-b)^2=r^2$ ← 원의 방정식의 표준형

예 중심의 좌표가 $(2, -1)$, 반지름의 길이가 3인 원의 방정식은 $(x-2)^2+(y+1)^2=3^2$이다.

☐ 중심이 원점 O$(0, 0)$, 반지름의 길이가 r인 원의 방정식은

→ $x^2+y^2=r^2$

❷ 이차방정식 $x^2+y^2+Ax+By+C=0$이 나타내는 도형

☐ x, y에 대한 이차방정식 $x^2+y^2+Ax+By+C=0$은 ← 원의 방정식의 일반형
x^2의 계수와 y^2의 계수가 같고 xy항이 없다.

예 세 점 O$(0, 0)$, A$(2, 0)$, B$(4, 2)$를 지나는 원의 방정식은

$x^2+y^2+Ax+By+C=0$에 세 점 O, A, B를 차례로 대입하면 $C=0$, $4+2A=0$, $16+4+4A+2B=0$

두 식을 연립하여 풀면 $A=-2$, $B=-6$이므로 $x^2+y^2-2x-6y=0 \rightarrow (x-1)^2+(y-3)^2=10$

→ $\left(x+\dfrac{A}{2}\right)^2+\left(y+\dfrac{B}{2}\right)^2=\dfrac{A^2+B^2-4C}{4}$ (단, $A^2+B^2-4C>0$)
(반지름의 길이)$^2>0$이어야 한다. → 원이 되기 위한 조건

예 $x^2+y^2+2x+4y+6=0 \rightarrow (x+1)^2+(y+2)^2=-1$에서 $r^2=-1<0$이므로 원이 아니다.

→ 중심이 점 $\left(-\dfrac{A}{2}, -\dfrac{B}{2}\right)$, 반지름의 길이가 $\dfrac{\sqrt{A^2+B^2-4C}}{2}$인 원의 방정식이다.

❸ 축에 접하는 원

☐ 중심이 점 (a, b), x축에 접하는 원의 방정식은　　　　☐ 중심이 점 (a, b), y축에 접하는 원의 방정식은

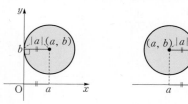

→ (반지름의 길이)=|(중심의 y좌표)|=|b|　　　→ (반지름의 길이)=|(중심의 x좌표)|=|a|

→ $(x-a)^2+(y-b)^2=b^2$　　　　　　　　　　→ $(x-a)^2+(y-b)^2=a^2$
$\quad\quad\quad\quad\quad\quad |b|^2=b^2$　　　　　　　　　　　　　　　　　　$|a|^2=a^2$

예 중심이 점 $(3, -2)$, x축에 접하는 원은 반지름의 길이가 |(중심의 y좌표)|=|-2|=2이므로 $(x-3)^2+(y+2)^2=2^2$

• 반지름의 길이가 $r(r>0)$이고 x축과 y축에 동시에 접하는 원의 방정식은

→ (반지름의 길이)=|(중심의 x좌표)|=|(중심의 y좌표)|=|r|

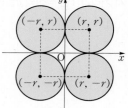

☐ 중심인 점 (r, r)가　　제1사분면에 있을 때　　→ $(x-r)^2+(y-r)^2=r^2$
　　　　　　　　　　(+, +)　　　　　　　　　　　　　　　　　　　　　　　$|r|^2=r^2$
☐ 중심인 점 $(-r, r)$가　　제2사분면에 있을 때　→ $(x+r)^2+(y-r)^2=r^2$
　　　　　　　　　　(-, +)
☐ 중심인 점 $(-r, -r)$가　제3사분면에 있을 때　→ $(x+r)^2+(y+r)^2=r^2$
　　　　　　　　　　(-, -)
☐ 중심인 점 $(r, -r)$가　　제4사분면에 있을 때　→ $(x-r)^2+(y+r)^2=r^2$
　　　　　　　　　　(+, -)

x축과 y축에 동시에 접하는 원

예 중심이 점 $(-3, 3)$, x축과 y축에 동시에 접하는 원은

반지름의 길이가 |(중심의 x좌표)|=|(중심의 y좌표)|=|-3|=|3|=3이므로 $(x+3)^2+(y-3)^2=3^2$

◉ 원의 중심의 좌표와 반지름의 길이를 구하시오.

001 $x^2+y^2=2^2$ _____

002 $x^2+y^2=5$ _____

003 $(x-1)^2+(y-2)^2=3^2$ _____

004 $(x-2)^2+(y+3)^2=12$ _____

005 $(x+2)^2+y^2=5^2$ _____

006 $x^2+(y-1)^2=121$ _____

◉ 원의 방정식을 구하시오.

007 중심이 원점이고 반지름의 길이가 1인 원 _____

008 중심이 점 $(2,-3)$, 반지름의 길이가 $\sqrt{5}$인 원 _____

009 중심이 원점이고 점 $(3,-4)$를 지나는 원 _____

010 중심이 점 $(3,0)$이고 점 $(1,1)$을 지나는 원 _____

◉ 원의 중심의 좌표와 반지름의 길이를 구하시오.

011 $x^2+y^2-2x-3=0$ _____

012 $x^2+y^2+6y+7=0$ _____

013 $x^2+y^2+2x-4y-4=0$ _____

◉ 방정식이 나타내는 도형이 원일 때, k의 값의 범위를 구하시오.

014 $x^2+y^2-4x+2y+k=0$ _____

015 $x^2+y^2+2kx-4y+k+10=0$ _____

◉ 두 점 A, B를 지름의 양 끝점으로 하는 원의 방정식을 구하시오.

016 $A(1,2)$, $B(3,4)$ _____

017 $A(2,-1)$, $B(-2,3)$ _____

◉ 세 점을 지나는 원의 방정식을 구하시오.

018 $(0,0)$, $(1,1)$, $(0,2)$ _____

019 $(0,1)$, $(1,0)$, $(2,1)$ _____

020 $(1,2)$, $(2,1)$, $(3,1)$ _____

◉ 원의 방정식을 구하시오.

021 중심이 점 $(1,2)$이고 x축에 접하는 원 _____

022 중심이 점 $(2,-3)$이고 x축에 접하는 원 _____

023 중심이 점 $(-3,2)$이고 y축에 접하는 원 _____

024 중심이 점 $(-2,-1)$이고 y축에 접하는 원 _____

025 중심이 점 $(1,1)$이고 x축과 y축에 동시에 접하는 원 _____

026 중심이 점 $(-2,2)$이고 x축과 y축에 동시에 접하는 원 _____

027 중심이 점 $(-3,-3)$이고 x축과 y축에 동시에 접하는 원 _____

028 중심이 점 $(4,-4)$이고 x축과 y축에 동시에 접하는 원 _____

● 원의 여러 가지 성질 ^{암기}

❶ 원의 중심에서 현에 내린 수선은 현
원 위의 두 점을 이은 선분　　　수직인 직선
을 수직이등분한다. 역으로 현의 수

직이등분선은 원의 중심을 지난다.
수직+이등분

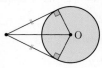

❷ 원의 중심과 접점을 이은 반지름은

접선에 수직이다.

❸ 원 밖의 한 점에서 그 원에 그은 두 접선의 접점까지의 길이는 서로 같다.

❹ 원의 지름에 대한 원주각의 크기는 90°이다. 즉, 원의 둘레 위의 한 점과 지름의 양 끝점을 잇는 두 선분으로 이루어
지름을 한 변으로 하고 원에 내접하는 삼각형은 직각삼각형이다.
지는 각은 직각이다.

● 두 점을 지름의 양 끝점으로 하는 원의 방정식

· 두 점 $A(x_1, y_1)$, $B(x_2, y_2)$를 지름의 양 끝점으로 하는 원의 방정식은

❶ $\overline{AB}$가 원의 지름이면 원의 중심은 $\overline{AB}$의 중점이고, 반지름의 길이는 $\dfrac{1}{2}\overline{AB}$이다.
1:1로 내분하는 점

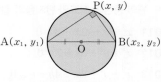

원의 지름에 대한 원주각의 크기는 90°
이다.

⇨ (원의 중심의 좌표) $= \left(\dfrac{x_1+x_2}{2}, \dfrac{y_1+y_2}{2}\right)$

⇨ (반지름의 길이) $= \dfrac{1}{2}\overline{AB} = \dfrac{1}{2}\sqrt{(x_2-x_1)^2+(y_2-y_1)^2}$

❷ 원의 둘레 위의 한 점 P와 지름 $\overline{AB}$의 양 끝점을 잇는 두 선분 AP, BP로 이루어지는 각은 직각이다.
두 점 A, B를 제외한

⇨ $\angle APB = 90°$이므로 ($\overline{AP}$의 기울기)×($\overline{BP}$의 기울기) $=-1$이므로 $\dfrac{y-y_1}{x-x_1} \times \dfrac{y-y_2}{x-x_2} = -1$이다.

따라서 구하는 원의 방정식은 $(x-x_1)(x-x_2)+(y-y_1)(y-y_2)=0$이다.

예 두 점 $A(1, 2)$, $B(3, 4)$에 대하여 $\overline{AP}\perp\overline{BP}$를 만족하는 점 P가 만드는 도형의 방정식은

ⓐ 두 점 $A(1, 2)$, $B(3, 4)$를 지름의 양 끝점으로 하는 원의 방정식과 같다.

　원의 중심은 $\overline{AB}$의 중점 $\left(\dfrac{1+3}{2}, \dfrac{2+4}{2}\right) = (2, 3)$, 반지름의 길이는 $\dfrac{1}{2}\overline{AB} = \dfrac{1}{2}\sqrt{(3-1)^2+(4-2)^2} = \sqrt{2}$이므로

　원의 방정식은 $(x-2)^2+(y-3)^2=2$

ⓑ 공식 $(x-x_1)(x-x_2)+(y-y_1)(y-y_2)=0$을 이용하면

　$(x-1)(x-3)+(y-2)(y-4)=0 \rightarrow (x-2)^2+(y-3)^2=2$

● 아폴로니오스의 원

· 두 점 A, B에 대하여 $\overline{AP} : \overline{BP} = m : n$ $(m>0, n>0, m\neq n)$을 만족하는 점 P의 자
$m=n$이면 점 P의 자취는 $\overline{AB}$의 수직이등분선이다.
취는 선분 AB를 $m : n$으로 내분하는 점과 외분하는 점을 지름의 양 끝점으로 하는 원이

다. 이때 이 원을 **아폴로니오스의 원**이라 한다.

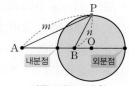

아폴로니오스의 원

예 두 점 $A(2, 0)$, $B(5, 0)$에 대하여 $\overline{AP} : \overline{BP} = 2 : 1$을 만족하는 점 P의 자취의 방정식은

ⓐ $P(x, y)$라 하면 $\overline{AP} : \overline{BP} = 2 : 1 \rightarrow \overline{AP} = 2\overline{BP} \rightarrow \overline{AP}^2 = 4\overline{BP}^2$

　$\rightarrow (x-2)^2+y^2 = 4\{(x-5)^2+y^2\} \rightarrow (x-6)^2+y^2 = 4$

ⓑ $\overline{AB}$를 2 : 1로 내분하는 점 $S\left(\dfrac{2\cdot5+1\cdot2}{2+1}, \dfrac{2\cdot0+1\cdot0}{2+1}\right) = (4, 0)$과

　외분하는 점 $T\left(\dfrac{2\cdot5-1\cdot2}{2-1}, \dfrac{2\cdot0-1\cdot0}{2-1}\right) = (8, 0)$을 지름의 양 끝점으로 하는 원이다.

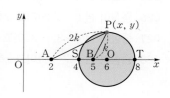

　원의 중심은 $\overline{ST}$의 중점 $\left(\dfrac{4+8}{2}, \dfrac{0+0}{2}\right) = (6, 0)$, 반지름의 길이는 $\dfrac{1}{2}\overline{ST} = 2$이다.

　따라서 점 P의 자취의 방정식은 $(x-6)^2+y^2 = 4$이다.

001 방정식 $x^2+y^2+4x-6y+k+9=0$이 원을 나타내도록 하는 정수 k의 최댓값은?

① 0   ② 1   ③ 2

④ 3   ⑤ 4

002 두 점 $A(-3, 2)$, $B(5, -4)$를 지름의 양 끝점으로 하는 원의 방정식을 $(x-a)^2+(y-b)^2=c^2$이라 할 때, 상수 a, b, c의 합 $a+b+c$의 값은? (단, $c>0$)

① 2   ② 3   ③ 4

④ 5   ⑤ 6

003 세 점 $(0, 1)$, $(2, 1)$, $(3, 0)$을 지나는 원의 중심의 좌표는?

① $(1, -1)$ ② $(-1, 1)$ ③ $(1, 1)$

④ $(-1, -1)$ ⑤ $(0, -1)$

004 원 $x^2+y^2+2ax+2y-4=0$의 중심의 좌표가 $(2, b)$이고, 반지름의 길이가 r일 때, abr의 값은?

① -2 ② -1 ③ 0

④ 4   ⑤ 6

005 직선 $y=-3x+k$가 원 $x^2+y^2-2x+4y-10=0$의 넓이를 이등분할 때, 상수 k의 값은?

① -5 ② -3 ③ -1

④ 1   ⑤ 3

006 중심이 직선 $y=x+1$ 위에 있고, 두 점 $(0, -1)$, $(4, 1)$을 지나는 원의 반지름의 길이는?

① $\sqrt{5}$ ② $\sqrt{6}$ ③ $2\sqrt{2}$

④ 3   ⑤ $\sqrt{10}$

007 중심이 직선 $2x-3y+3=0$ 위에 있고, 제1사분면에서 x축과 y축에 동시에 접하는 원의 반지름의 길이는?

① $\sqrt{6}$ ② $\sqrt{7}$ ③ $2\sqrt{2}$

④ 3   ⑤ $\sqrt{10}$

008 두 점 $A(1, 0)$, $B(4, 0)$에 대하여 $\overline{AP}:\overline{BP}=1:2$를 만족시키는 점 P가 그리는 도형의 넓이는?

① π ② 2π ③ 3π

④ 4π ⑤ 5π

❶ 두 원의 위치 관계

- 두 원 O, O'의 반지름의 길이를 각각 R, $r(R>r)$, 두 원의 중심 사이의 거리를 d라 할 때, 두 원의 위치 관계에 따른 R, r, d 사이의 관계는 다음과 같다.

☐ $R+r<d$이면　　　　　➔ 한 원이 다른 원의 외부에 있다.

☐ $R+r=d$이면　　　　　➔ 두 원이 외접한다.　　　　　　　(교점 1개)
　　　　　　　　　　　　　　바깥쪽에서 접한다.

☐ $R-r<d<R+r$이면　➔ 두 원이 서로 다른 두 점에서 만난다. (교점 2개)

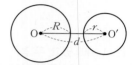 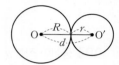

　📘 두 원 $(x-2)^2+(y-a)^2=4$, $(x-a)^2+(y-3)^2=9$가 외접하려면
　　두 원의 중심의 좌표가 각각 $(2, a)$, $(a, 3)$이므로 중심 사이의 거리는 $\sqrt{(a-2)^2+(3-a)^2}$이다.
　　두 원의 반지름의 길이가 2, 3이므로 두 원이 외접하려면 $\sqrt{(a-2)^2+(3-a)^2}=2+3=5$이어야 한다.
　　$a^2-5a-6=0 \to (a+1)(a-6)=0 \to a=-1$ 또는 $a=6$

☐ $R-r=d$이면　　　　　➔ 두 원이 내접한다. (교점 1개)
　　　　　　　　　　　　　　안쪽에서 접한다.

☐ $R-r>d$이면　　　　　➔ 한 원이 다른 원의 내부에 있다.

☐ $d=0$이면　　　　　　➔ 두 원의 중심이 같다. (동심원)

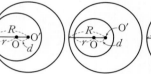 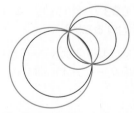

❷ 두 원의 교점을 지나는 원 〔암기〕

☐ 두 원이 서로 다른 두 점에서 만날 때, 그 두 점을 지나는 원은 무수히 많다.
　　　　　　　　　　　원을 하나로 결정하려면 서로 다른 세 점이 필요하다.
☐ 서로 다른 두 점에서 만나는 두 원 $x^2+y^2+Ax+By+C=0$,
　$x^2+y^2+A'x+B'y+C'=0$의 교점을 지나는 원의 방정식은
　➔ $(x^2+y^2+Ax+By+C)+k(x^2+y^2+A'x+B'y+C')=0$ (단, $k\neq-1$)
　　　　　　　　　　　　　　　　$k=-1$이면 이차항이 소거되어 원이 아닌 직선이 된다.
　📘 두 원 $x^2+y^2-1=0$, $x^2+y^2-2x-2y+1=0$의 교점과 원점을 지나는 원의 방정식은
　　$(x^2+y^2-1)+k(x^2+y^2-2x-2y+1)=0$ ……★에 원점 $O(0, 0)$의 좌표를 대입하면
　　$-1+k=0 \to k=1$
　　$k=1$을 ★에 대입하여 정리하면 $x^2+y^2-x-y=0$이다.

두 원의 두 교점을 지나는 원
은 무수히 많다.

❸ 두 원의 교점을 지나는 직선 〔암기〕

☐ 두 원이 서로 다른 두 점에서 만날 때, 그 두 점을 지나는 직선은 오직 하나뿐이다.
☐ 서로 다른 두 점에서 만나는 두 원 $x^2+y^2+Ax+By+C=0$,
　$x^2+y^2+A'x+B'y+C'=0$의 교점을 지나는 직선(공통현)의 방정식은
　➔ $(x^2+y^2+Ax+By+C)-(x^2+y^2+A'x+B'y+C')=0$
　　　　　　　　　　　　　이차항을 소거한다.
　➔ $(A-A')x+(B-B')y+(C-C')=0$
　📘 두 원 $x^2+y^2-2=0$, $x^2+y^2+2x-y+1=0$의 교점을 지나는 직선의 방정식은
　　$(x^2+y^2-2)-(x^2+y^2+2x-y+1)=0 \to -2x+y-3=0 \to y=2x+3$

공통현

두 원의 두 교점을 지나
는 직선은 오직 하나뿐
이다.

정답과 해설 P. 151

◉ 반지름의 길이가 각각 5, 3인 두 원의 위치 관계가 다음과 같을 때, 두 원의 중심 사이의 거리 d의 값 또는 범위를 구하시오.

001 한 원이 다른 원의 외부에 있다. _____

002 두 원이 외접한다. _____

003 두 원이 서로 다른 두 점에서 만난다. _____

004 두 원이 내접한다. _____

005 한 원이 다른 원의 내부에 있다. _____

006 두 원의 중심이 같다. _____

◉ 한 원이 다른 원의 외부에 있을 때, 반지름의 길이 a의 값의 범위를 구하시오.

007 $x^2+y^2=4$, $(x-1)^2+(y-2)^2=a^2$ _____

008 $(x-1)^2+y^2=4$, $(x-4)^2+(y-4)^2=a^2$ _____

◉ 두 원이 서로 다른 두 점에서 만날 때, a의 값의 범위를 구하시오.

009 $(x-3)^2+y^2=a^2$, $x^2+y^2=1$ (단, $a>1$) _____

010 $x^2+(y-2)^2=4$, $(x-a)^2+y^2=1$ _____

◉ 두 원의 위치 관계를 구하시오.

011 $x^2+y^2=2$, $(x-2)^2+(y-2)^2=1$ _____

012 $x^2+(y+1)^2=2$, $(x-3)^2+(y-2)^2=8$ _____

013 $x^2+(y-2)^2=4$, $(x-1)^2+y^2=4$ _____

014 $x^2+y^2=20$, $(x-1)^2+(y+2)^2=5$ _____

015 $x^2+y^2=16$, $(x-1)^2+(y+1)^2=1$ _____

◉ 두 원의 교점과 점 P를 지나는 원의 방정식을 구하시오.

016 $x^2+y^2-1=0$, $x^2+y^2-2x+1=0$ P$(0, 0)$ _____

017 $x^2+y^2=1$, $x^2+y^2-2y=0$ P$(\sqrt{2}, 0)$ _____

018 $x^2+y^2=1$, $(x-1)^2+(y-1)^2=1$ P$(1, 1)$ _____

◉ 두 원의 교점을 지나는 직선의 방정식을 구하시오.

019 $x^2+y^2+x=0$, $x^2+y^2-2x+y=0$ _____

020 $x^2+y^2=1$, $(x-1)^2+(y-1)^2=1$ _____

021 $x^2+y^2-2x=0$, $x^2+y^2-4x+2y+4=0$ _____

- **방정식 (도형 A)$+k$(도형 B)$=0$이 나타내는 도형은 k의 값에 관계없이 항상 두 도형 A, B의 교점을 지난다.**
  ❶ (직선의 방정식 A)$+k$(직선의 방정식 B)$=0$ ⇨ 두 직선의 한 교점을 지나는 직선이다.
  ❷ (원의 방정식 A)$+k$(원의 방정식 B)$=0$ ⇨ 두 원의 두 교점을 지나는 원이다. (단, 이차항이 소거되면 직선)
  ❸ (원의 방정식)$+k$(직선의 방정식)$=0$ ⇨ 원과 직선의 두 교점을 지나는 원이다.
  ❹ 두 도형 $f(x, y)=0$, $g(x, y)=0$의 교점을 지나는 도형의 방정식은 $f(x, y)+k \cdot g(x, y)=0$이다.

  > **예** 원 $x^2+y^2+x+3y-2=0$과 직선 $x-y+2=0$의 두 교점과 한 점 A$(1, 1)$을 지나는 원의 방정식은
  > $(x^2+y^2+x+3y-2)+k(x-y+2)=0$ ⋯⋯★에 점 A$(1, 1)$의 좌표를 대입하면 $4+2k=0 \rightarrow k=-2$
  > $k=-2$를 ★에 대입하여 정리하면 $x^2+y^2-x+5y-6=0$이다.

- **공통현의 길이** 암기
  ❶ 두 원 O, O'이 서로 다른 두 점 A, B에서 만날 때, 선분 AB를 두 원의 **공통현**이라 한다.
  ❷ 공통현의 수직이등분선은 두 원의 중심을 지난다.
  _{수직+이등분}
  한 원의 중심 O에서 공통현 $\overline{AB}$에 내린 수선의 발을 H라 하면 공통현의 수직이등분선은 원의 중심을 지나므로 $\overline{AB} \perp \overline{OH}$, $\overline{AH}=\overline{BH}$이다. 이때 △AOH는 직각삼각형이므로 피타고라스 정리에 의해 $\overline{AB}=2\overline{AH}=2\sqrt{\overline{OA}^2-\overline{OH}^2}$이다.

  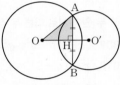
  △AOH는 직각삼각형이다.

  ⇨ 공통현 $\overline{AB}$의 길이는 다음 순서로 구한다.
    ⓐ 공통현 $\overline{AB}$의 방정식 구하기
    ⓑ 점과 직선 사이의 거리를 이용해 $\overline{OH}$ 구하기
    ⓒ 원의 반지름의 길이 $\overline{OA}$ 구하기
    ⓓ 직각삼각형 AOH에서 피타고라스 정리를 이용해 $\overline{AH}$ 구하기
    ⓔ $\overline{AB}=2\overline{AH}$

> ♠ 두 원 $x^2+y^2=25$, $x^2+y^2+8x-6y+5=0$의 공통현의 길이를 구하시오. 정답 8

  > **풀이** ⓐ $(x^2+y^2-25)-(x^2+y^2+8x-6y+5)=0 \rightarrow 4x-3y+15=0$
  > ⓑ $x^2+y^2=25$의 중심 O$(0, 0)$과 공통현 $4x-3y+15=0$ 사이의 거리는
  > $$\overline{OH}=\frac{|4 \cdot 0-3 \cdot 0+15|}{\sqrt{4^2+(-3)^2}}=3$$이다.
  > ⓒ $x^2+y^2=25$의 반지름의 길이는 $\overline{OA}=5$이다.
  > ⓓ 직각삼각형 AOH에서 피타고라스 정리에 의해 $\overline{AH}=\sqrt{\overline{OA}^2-\overline{OH}^2}=\sqrt{5^2-3^2}=4$이다.
  > ⓔ $\overline{AB}=2\overline{AH}=2 \cdot 4=8$

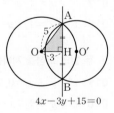
$4x-3y+15=0$

- **공통현의 성질**
  ❶ 원 O가 원 O'의 둘레의 길이를 이등분하려면
    _{넓이를 이등분하려면}
    ⇨ 두 원의 공통현이 원 O'의 중심을 지나야 한다.
  ❷ 두 원의 교점을 지나는 원 중에서 그 넓이가 최소가 되려면, 즉 반지름의 길이가 가장 작은 원이 되려면
    ⇨ 두 원의 공통현을 지름으로 해야 한다. 이때 이 원의 중심은 공통현과 두 원 O, O'의 중심을 이은 직선의 교점이다.

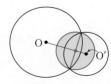

001 원 $x^2+(y-3)^2=4$가 원 $(x-4)^2+y^2=a^2$의 외부에 있을 때, 양의 정수 a의 개수는?

① 1   ② 2   ③ 3
④ 4   ⑤ 5

002 두 원 $(x-a)^2+(y-1)^2=9$, $x^2+(y-a)^2=4$가 외접하도록 하는 모든 상수 a의 값의 합은?

① 1   ② 2   ③ 3
④ 4   ⑤ 5

003 두 원 $x^2+y^2+2x+4y-1=0$, $x^2+y^2+2x+2y-2=0$의 교점과 점 $(1, 0)$을 지나는 원의 넓이는?

① π ② 2π ③ 3π
④ 4π ⑤ 5π

004 두 원 $(x+1)^2+(y+1)^2=5$, $(x-1)^2+(y+2)^2=2$의 공통현의 방정식이 $ax+by-3=0$일 때, 상수 a, b의 합 $a+b$의 값은?

① -2 ② -1 ③ 0
④ 1   ⑤ 2

005 원점 $(0, 0)$과 두 원 $x^2+y^2=8$, $x^2+y^2+3x+4y+2=0$의 교점을 지나는 직선 사이의 거리는?

① 1   ② 2   ③ 3
④ 4   ⑤ 5

006 두 원 $x^2+y^2=20$, $(x-3)^2+(y-4)^2=25$의 공통현의 길이는?

① 4   ② $2\sqrt{5}$ ③ 6
④ 8   ⑤ $4\sqrt{5}$

007 오른쪽 그림과 같이 원 $x^2+y^2=9$를 접어 점 $P(1, 0)$에서 x축에 접하도록 하였을 때, 직선 AB의 방정식은 $ax+by-5=0$이다. 이때, $a+b$의 값은? (단, a, b는 상수이다.)

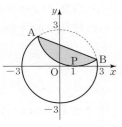

① -2 ② -1 ③ 2
④ 3   ⑤ 4

008 원 $x^2+y^2=4$가 원 $x^2+y^2-2x+2y+a=0$의 둘레를 이등분할 때, 상수 a의 값은?

① -2 ② -1 ③ 0
④ 1   ⑤ 2

❶ 원과 직선의 위치 관계

- 원 $x^2+y^2=r^2$과 직선 $y=mx+n$에 대하여 이차방정식 $x^2+(mx+n)^2=r^2$
  $x^2+y^2=r^2$의 y에 $y=mx+n$을 대입한 것이다.
  의 판별식을 D, 원의 중심과 직선 사이의 거리를 d라 하면
  이차방정식 $ax^2+bx+c=0$의 판별식은 $D=b^2-4ac$이다.

원과 직선의 위치 관계	판별식 D의 부호	d와 r 사이의 관계
☐ 서로 다른 두 점에서 만난다.	$D>0$ (서로 다른 두 실근)	$d<r$
☐ 한 점에서 만난다. (접한다.)	$D=0$ (중근)	$d=r$
☐ 만나지 않는다.	$D<0$ (서로 다른 두 허근)	$d>r$

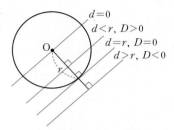

$d=0$이면 직선이 원의 중심을 지나며, 원의 넓이를 이등분한다.

❷ 접선의 방정식 [암기]

☐ 원 $x^2+y^2=r^2$에 접하고 기울기가 m인 접선의 방정식은
  → $y=mx\pm r\sqrt{m^2+1}$
    기울기가 같은 접선 2개가 존재하며 두 접선 사이의 거리는 원의 지름과 같다.

☐ 원 $(x-a)^2+(y-b)^2=r^2$에 접하고 기울기가 m인 접선의 방정식은
  원 $x^2+y^2=r^2$을 x축, y축의 방향으로 각각 a, b만큼 평행이동한 것이다.
  → $y-b=m(x-a)\pm r\sqrt{m^2+1}$
    직선 $y=mx\pm r\sqrt{m^2+1}$을 x축, y축의 방향으로 각각 a, b만큼 평행이동한 것이다.

☐ 원 $x^2+y^2=r^2$ 위의 점 (x_1, y_1)에서의 접선의 방정식은
  → $x_1x+y_1y=r^2$
    ← $(x^2\to x_1x, y^2\to y_1y)$

  예 원 $x^2+y^2=25$ 위의 점 $(3, 4)$에서의 접선의 방정식은 $3x+4y=25$이다.

(기울기)$=m$

기울기가 주어졌을 때 ➡ 접선 2개

☐ 원 $(x-a)^2+(y-b)^2=r^2$ 위의 점 (x_1, y_1)에서의 접선의 방정식은
  → $(x_1-a)(x-a)+(y_1-b)(y-b)=r^2$ ← $\begin{cases}(x-a)^2\to(x_1-a)(x-a)\\(y-b)^2\to(y_1-b)(y-b)\end{cases}$

☐ 원 $x^2+y^2+Ax+By+C=0$ 위의 점 (x_1, y_1)에서의 접선의 방정식은
  → $x_1x+y_1y+A\cdot\dfrac{x_1+x}{2}+B\cdot\dfrac{y_1+y}{2}+C=0$ ← $\left(x^2\to x_1x, y^2\to y_1y, x\to\dfrac{x_1+x}{2}, y\to\dfrac{y_1+y}{2}\right)$

(x_1, y_1)

원 위의 점이 주어졌을 때 ➡ 접선 1개

☐ 원 밖의 한 점 (x_1, y_1)에서 그 원에 그은 접선의 방정식은
  → 접선의 기울기를 m이라 하고 접선의 방정식을 $y=m(x-x_1)+y_1$으로 놓는다.
  → (원의 중심과 접선 사이의 거리) $=$ (원의 반지름의 길이)를 이용하여 m의 값을 구한다.
    $d=r$

  예 점 $(2, 0)$에서 원 $x^2+y^2=2$에 그은 접선의 방정식은
    접선의 기울기를 m이라 하면 접선의 방정식은 $y-0=m(x-2)\to mx-y-2m=0$
    원의 중심 $(0, 0)$과 접선 $mx-y-2m=0$ 사이의 거리 d가 원의 반지름의 길이 $r=\sqrt{2}$와 같아야 한다.
    $\dfrac{|m\cdot0-0-2m|}{\sqrt{m^2+(-1)^2}}=\sqrt{2}\to|2m|=\sqrt{2m^2+2}\to|2m|^2=(\sqrt{2m^2+2})^2\to m^2=1\to m=\pm1\to y=x-2, y=-x+2$

❸ 공통접선의 길이

- 공통접선을 한 원의 중심을 지나도록 평행이동하면 두 원의 중심을 포함한 직각삼각형이 만들어진다.
  피타고라스 정리를 적용한다.

☐ 공통외접선의 길이 : $\overline{AB}=\overline{HO'}=\sqrt{d^2-(R-r)^2}$
  공통접선에 대하여 두 원이 같은 쪽에 있다.

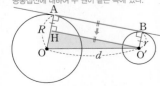

☐ 공통내접선의 길이 : $\overline{CD}=\overline{OH}=\sqrt{d^2-(R+r)^2}$
  공통접선에 대하여 두 원이 반대쪽에 있다.

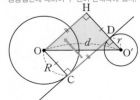

◉ 이차방정식의 판별식을 이용하여, 원과 직선의 위치 관계를 구하시오.

001 $x^2+y^2=2$, $y=x-1$ _____

002 $x^2+y^2=2$, $y=-x+2$ _____

003 $x^2+y^2=2$, $y=x+3$ _____

◉ 점과 직선 사이의 거리를 이용하여, 원과 직선의 교점의 개수를 구하시오.

004 $(x-3)^2+y^2=9$, $2x-y-1=0$ _____

005 $x^2+y^2+4y-1=0$, $2x+y-3=0$ _____

006 $x^2+y^2-4x+2y+1=0$, $y=2x$ _____

◉ k의 값 또는 범위를 구하시오.

007 원 $x^2+y^2=2$와 직선 $y=x+k$가 서로 다른 두 점에서 만난다. _____

008 원 $x^2+y^2=3$과 직선 $y=-x+k$가 한 점에서 만난다. _____

009 원 $x^2+y^2=5$와 직선 $y=2x+k$가 만나지 않는다. _____

◉ 원과 직선이 만나서 생기는 현의 길이를 구하시오.

010 $x^2+y^2=4$, $x-y+\sqrt{2}=0$ _____

011 $(x-1)^2+(y-1)^2=4$, $x-y+2=0$ _____

◉ 직선의 방정식을 구하시오.

012 원 $x^2+y^2=5$에 접하고 기울기가 2인 직선 _____

013 원 $x^2+y^2=2$에 접하고 직선 $y=-x+2$에 평행한 직선 _____

014 원 $x^2+y^2=4$에 접하고 직선 $x+2y-4=0$에 수직인 직선 _____

◉ 원 위의 점에서 그은 접선의 방정식을 구하시오.

015 $x^2+y^2=25$ $(4,-3)$ _____

016 $x^2+y^2=4$ $(2,0)$ _____

017 $x^2+y^2=9$ $(0,3)$ _____

◉ 접선의 방정식을 구하시오.

018 점 $(2,0)$에서 원 $x^2+y^2=2$에 그은 접선 _____

019 점 $(3,1)$에서 원 $x^2+y^2=5$에 그은 접선 _____

020 점 $(2,2)$에서 원 $x^2+y^2=4$에 그은 접선 _____

● 현과 접선의 길이

❶ 원의 중심과 직선 사이의 거리를 d, 원의 반지름의 길이를 r라 하면 현 AB의 길이는

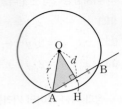

⇨ 직각삼각형 OAH에서 피타고라스 정리에 의해 $\overline{OA}^2 = \overline{AH}^2 + \overline{OH}^2$이다.

⇨ $\overline{AB} = 2\overline{AH} = 2\sqrt{\overline{OA}^2 - \overline{OH}^2} = 2\sqrt{r^2 - d^2}$

예 원 $x^2 + y^2 = 25$와 직선 $2x - y + 5 = 0$이 만나는 두 점을 A, B라 할 때, $\overline{AB}$의 길이는

원의 중심 $(0, 0)$과 직선 $2x - y + 5 = 0$ 사이의 거리 d는 $d = \dfrac{|2 \cdot 0 - 0 + 5|}{\sqrt{2^2 + (-1)^2}} = \sqrt{5}$

원의 반지름의 길이가 $r = 5$이므로 $\overline{AB} = 2\overline{AH} = 2\sqrt{5^2 - (\sqrt{5})^2} = 4\sqrt{5}$이다.

❷ 원 밖의 한 점에서 그 원에 그은 두 접선의 접점까지의 길이는 서로 같다. ⇨ $\overline{AP} = \overline{AQ}$

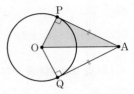

❸ 원의 중심과 접점을 이은 반지름은 접선에 수직이다.

⇨ 직각삼각형 OAP에서 피타고라스 정리에 의해 $\overline{OA}^2 = \overline{OP}^2 + \overline{AP}^2$이다.

⇨ $\overline{AP} = \sqrt{\overline{OA}^2 - \overline{OP}^2}$

● 접선의 방정식 구하는 방법

❶ (원의 중심과 접선 사이의 거리) = (원의 반지름의 길이), 즉 $d = r$임을 이용한다.

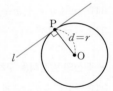

ⓐ 접점 (x_1, y_1)이 주어지면 ⇨ 접선의 방정식을 $y - y_1 = m(x - x_1)$으로 놓는다.
$\underset{m\text{의 값을 구한다.}}{}$

ⓑ 기울기 m이 주어지면 ⇨ 접선의 방정식을 $y = mx + n$으로 놓는다.
$\underset{n\text{의 값을 구한다.}}{}$

❷ (반지름 $\overline{OP}$) ⊥ (접선 l)이므로 수직인 두 직선의 기울기의 곱이 -1임을 이용한다.

❸ 접선의 기울기가 주어졌을 때 접선의 방정식을 구하는 3가지 방법

♠ 원 $x^2 + y^2 = 5$에 접하고 기울기가 2인 접선의 방정식을 구하시오. **정답** $y = 2x \pm 5$

풀이 기울기가 2이므로 접선의 방정식을 $y = 2x + n$으로 놓는다.

ⓐ (원의 중심과 접선 사이의 거리) = (원의 반지름의 길이)를 이용한다.

원의 중심 $(0, 0)$과 직선 $y = 2x + n$, 즉 $2x - y + n = 0$ 사이의 거리는 원의 반지름의 길이 $\sqrt{5}$와 같다.

→ $\dfrac{|2 \cdot 0 - 0 + n|}{\sqrt{2^2 + (-1)^2}} = \sqrt{5}$ ∴ $n = \pm 5 \rightarrow y = 2x \pm 5$

ⓑ (이차방정식의 판별식) = 0임을 이용한다.

$y = 2x + n$을 $x^2 + y^2 = 5$에 대입하면 $x^2 + (2x + n)^2 = 5$, $5x^2 + 4nx + n^2 - 5 = 0$이다.

→ $\dfrac{D}{4} = (2n)^2 - 5 \cdot (n^2 - 5) = 0$, $n^2 - 25 = 0$, $(n + 5)(n - 5) = 0$ ∴ $n = \pm 5 \rightarrow y = 2x \pm 5$

ⓒ 공식 $y = mx \pm r\sqrt{m^2 + 1}$을 이용한다. → $y = 2x \pm \sqrt{5} \cdot \sqrt{2^2 + 1}$ ∴ $y = 2x \pm 5$

● 원 위의 점과 점(직선) 사이의 거리의 최댓값과 최솟값 **암기**

• 핵심 원리는 '길이가 가장 긴 현은 원의 중심을 지난다'이다.

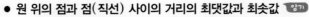
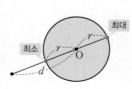
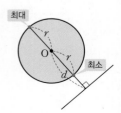

❶ 반지름의 길이가 r인 원의 중심과 원 밖의 한 점 사이의 거리를 d라 할 때, 원 위의 점과 원 밖의 한 점 사이의 거리의 최 댓값은 $d + r$, 최솟값은 $d - r$이다.

❷ 반지름의 길이가 r인 원의 중심과 직선 사이의 거리를 d라 할 때, 원 위의 점과 직선 사이의 거리의 최댓값은 $d + r$, 최솟값은 $d - r$이다.

001 원 $x^2+y^2-2x-1=0$과 직선 $y=x+k$가 서로 다른 두 점에서 만나도록 하는 정수 k의 개수는?

① 1   ② 2   ③ 3

④ 4   ⑤ 5

002 원 $x^2+y^2=2$와 직선 $y=x+k$가 한 점에서 만날 때, 모든 상수 k의 값의 합은?

① -2 ② -1 ③ 0

④ 1   ⑤ 2

003 원 $(x-1)^2+(y-3)^2=6$과 직선 $x-y+m=0$이 만나서 생기는 현의 길이가 4일 때, 모든 상수 m의 값은 합은?

① 2   ② 3   ③ 4

④ 5   ⑤ 6

004 원 $x^2+y^2=5$에 접하고 직선 $x+2y+3=0$과 수직인 직선의 방정식은 $y=mx\pm n$이다. 이때, 상수 m, n의 합 $m+n$의 값은? (단, $n>0$)

① 6   ② 7   ③ 8

④ 9   ⑤ 10

005 원 $x^2+(y-2)^2=5$ 위의 점 $(2, 3)$에서의 접선의 방정식은?

① $x+2y-3=0$ ② $x-2y+5=0$

③ $x+2y-5=0$ ④ $2x-y+7=0$

⑤ $2x+y-7=0$

006 점 $P(a, 0)$에서 원 $x^2+y^2=2$에 그은 두 접선이 서로 수직일 때, a^2의 값은?

① 4   ② 5   ③ 6

④ 7   ⑤ 8

007 두 원 $x^2+y^2=1$, $x^2+(y-2)^2=4$의 공통외접선의 길이는?

① 1   ② $\sqrt{2}$ ③ $\sqrt{3}$

④ 2   ⑤ $\sqrt{5}$

008 원 $(x+1)^2+(y-3)^2=4$ 위의 점 P에서 직선 $x+y+2=0$에 내린 수선의 발을 H라 할 때, 선분 PH의 길이의 최댓값과 최솟값의 곱은?

① 1   ② 2   ③ 3

④ 4   ⑤ 5

035 평행이동과 대칭이동

중요도 ★★★★★

❶ 점과 도형의 평행이동 〔암기〕

• 좌표평면 위에서 x축의 방향으로 m만큼, y축의 방향으로 n만큼 평행이동할 때

☐ 점은 x좌표에 m을, y좌표에 n을 더한다.

　➡ $\mathrm{P}(x, y) \to \mathrm{P}'(x+m, y+n)$

　〔예〕 점 $\mathrm{P}(1, 1)$을 x축, y축의 방향으로 각각 2만큼, 3만큼 평행이동하면 $\mathrm{P}'(1+2, 1+3)$이다.

☐ 도형은 x 대신에 $x-m$을, y 대신에 $y-n$을 대입한다.

　➡ $f(x, y)=0 \to f(x-m, y-n)=0$
　　　　　　부호를 반대로　　　　부호를 반대로

　〔예〕 원 $x^2+y^2=4$를 x축, y축의 방향으로 각각 2만큼, 3만큼 평행이동하면
　　　$(x-2)^2+(y-3)^2=4$이다.

☐ 평행이동 $(x, y) \to (x+m, y+n)$은 x축의 방향으로 m만큼, y축의 방향으로 n만큼 평행이동한 것이다.

☐ 평행이동 $(x_1, y_1) \to (x_2, y_2)$는 x축의 방향으로 x_2-x_1만큼, y축의 방향으로 y_2-y_1만큼 평행이동한 것이다.
　　　　　　$x_1+(x_2-x_1)=x_2, y_1+(y_2-y_1)=y_2$

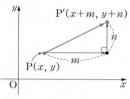

점의 평행이동

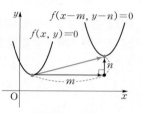

도형의 평행이동

❷ 점과 도형의 대칭이동 〔암기〕

☐ 점 (x, y)를 x축, y축, 원점, 직선 $y=x$, 직선 $y=-x$에 대하여 대칭이동하면 다음과 같다.
　　　　　점대칭은 대칭점을 중심으로 180°만큼 회전이동한 것과 같다.

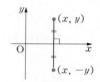

x축 대칭

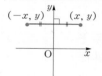

y축 대칭

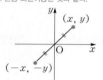

원점 대칭

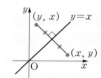

$y=x$ 대칭

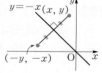

$y=-x$ 대칭

대칭이동	점 (x, y)	도형 $y=f(x)$	도형 $f(x, y)=0$
☐ x축	$(x, -y)$	$-y=f(x)$	$f(x, -y)=0$
☐ y축	$(-x, y)$	$y=f(-x)$	$f(-x, y)=0$
☐ 원점	$(-x, -y)$	$-y=f(-x)$	$f(-x, -y)=0$
☐ 직선 $y=x$	(y, x)	$x=f(y)$	$f(y, x)=0$
☐ 직선 $y=-x$	$(-y, -x)$	$-x=f(-y)$	$f(-y, -x)=0$
☐ 직선 $x=a$	$(2a-x, y)$	$y=f(2a-x)$	$f(2a-x, y)=0$
☐ 직선 $y=b$	$(x, 2b-y)$	$2b-y=f(x)$	$f(x, 2b-y)=0$
☐ 점 (a, b)	$(2a-x, 2b-y)$	$2b-y=f(2a-x)$	$f(2a-x, 2b-y)=0$

〔예〕 직선 $y=3x-1$을 x축에 대하여 대칭이동하면　　　　　 $-y=3x-1$　　　　　　　 $\to y=-3x+1$

〔예〕 포물선 $y=(x+1)^2+2$를 y축에 대하여 대칭이동하면　　 $y=(-x+1)^2+2$　　　　 $\to y=(x-1)^2+2$

〔예〕 원 $(x-2)^2+(y+3)^2=4$를 원점에 대하여 대칭이동하면　 $(-x-2)^2+(-y+3)^2=4$　 $\to (x+2)^2+(y-3)^2=4$

〔예〕 원 $(x-3)^2+y^2=1$을 $y=x$에 대하여 대칭이동하면　　　 $(y-3)^2+x^2=1$　　　　　 $\to x^2+(y-3)^2=1$

〔예〕 직선 $y=-x+2$를 $y=-x$에 대하여 대칭이동하면　　　 $-x=-(-y)+2$　　　　　 $\to y=-x-2$

〔예〕 직선 $y=3x+1$을 $x=1$에 대하여 대칭이동하면　　　　 $y=3(2\cdot1-x)+1$　　　 $\to y=-3x+7$

〔예〕 원 $(x-1)^2+(y-1)^2=2$를 $y=3$에 대하여 대칭이동하면 $(x-1)^2+(2\cdot3-y-1)^2=2$ $\to (x-1)^2+(y-5)^2=2$

〔예〕 직선 $y=2x+1$을 점 $(3, 1)$에 대하여 대칭이동하면　　 $(2\cdot1-y)=2(2\cdot3-x)+1$ $\to y=2x-11$

☐ 점 (a, b)에 대한 대칭이동은 직선 $x=a$에 대한 대칭이동과 직선 $y=b$에 대한 대칭이동을 모두 한 것과 같다.

◉ 평행이동 $(x, y) \longrightarrow (x+2, y-3)$에 의하여 다음 점이 옮겨지는 점의 좌표를 구하시오.

001 $(0, 0)$　　　　　　　　　　　_____

002 $(3, 1)$　　　　　　　　　　　_____

003 $(-1, 4)$　　　　　　　　　　_____

004 $(2, -2)$　　　　　　　　　　_____

◉ x축의 방향으로 a만큼, y축의 방향으로 b만큼 평행이동한 것을 $[a, b]$로 나타내자.
　다음 도형을 $[a, b]$만큼 평행이동한 도형의 방정식을 구하시오.

005 $2x-3y+4=0$　　　　$[1, 2]$　　　_____

006 $y=x+2$　　　　　　　$[3, -2]$　　_____

007 $y=x^2+x+1$　　　　$[-1, 1]$　　_____

008 $x^2+y^2=1$　　　　　$[-2, -3]$　_____

009 $(x-1)^2+(y+2)^2=4$　$[2, -1]$　_____

◉ 점 $(3, 4)$를 다음에 대하여 대칭이동한 점의 좌표를 구하시오.

010 x축　　　_____　　**011** y축　　　_____

012 원점　　　_____　　**013** 직선 $y=x$　_____

014 직선 $y=-x$　_____　　**015** 직선 $x=2$　_____

016 직선 $y=3$　_____　　**017** 점 $(2, 3)$　_____

◉ 직선 $x-2y+3=0$을 다음에 대하여 대칭이동한 도형의 방정식을 구하시오.

018 x축　　　_____　　**019** y축　　　_____

020 원점　　　_____　　**021** 직선 $y=x$　_____

022 직선 $y=-x$　_____　　**023** 직선 $x=2$　_____

024 직선 $y=3$　_____　　**025** 점 $(2, 3)$　_____

◉ 원 $(x-1)^2+(y+2)^2=4$를 다음에 대하여 대칭이동한 도형의 방정식을 구하시오.

026 x축　　　　　　　　　　　_____

027 y축　　　　　　　　　　　_____

028 원점　　　　　　　　　　　_____

029 직선 $y=x$　　　　　　　　_____

030 직선 $y=-x$　　　　　　　_____

◉ 다음 도형을 점 $(2, 3)$에 대하여 대칭이동한 도형의 방정식을 구하시오.

031 $y=(x-1)^2+2$

032 $y=2x^2+4x+3$

033 $(x-1)^2+(y-2)^2=9$　　　　_____

034 $x^2+y^2-4x+2y+2=0$　　　_____

● 점과 직선에 대한 대칭이동 〔암기〕

❶ 점 $P(x, y)$를 점 (a, b)에 대하여 대칭이동한 점을 $P'(x', y')$이라 하면 점 (a, b)

는 선분 PP'의 중점이다. $\Rightarrow \left(\dfrac{x+x'}{2}, \dfrac{y+y'}{2}\right) = (a, b)$

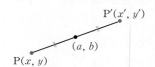

❷ 점 $P(x, y)$를 직선 $ax+by+c=0$에 대하여 대칭이동한 점을 $P'(x', y')$이라

두 점 $P(x, y), P'(x', y')$을 이은 선분 PP'의 수직이등분선이 직선 $ax+by+c=0$이다.

하면

ⓐ 중점 조건 : 선분 PP'의 중점 $\left(\dfrac{x+x'}{2}, \dfrac{y+y'}{2}\right)$은 직선 $ax+by+c=0$ 위

에 있다. $\Rightarrow a\left(\dfrac{x+x'}{2}\right) + b\left(\dfrac{y+y'}{2}\right) + c = 0$

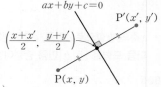

ⓑ 수직 조건 : 선분 PP'과 직선 $ax+by+c=0$은 수직이다. $\Rightarrow \dfrac{y'-y}{x'-x} \times \left(-\dfrac{a}{b}\right) = -1$

수직인 두 직선의 기울기의 곱은 -1이다.　　　　　　　두 점 $P(x, y), P'(x', y')$을 지나는 직선의 기울기

〔예〕 점 $P(2, -1)$을 직선 $x+y+1=0$에 대하여 대칭이동한 점 $P'(a, b)$의 좌표는

ⓐ 선분 PP'의 중점 $\left(\dfrac{2+a}{2}, \dfrac{-1+b}{2}\right)$가 직선 $x+y+1=0$ 위에 있으므로 $\left(\dfrac{2+a}{2}\right) + \left(\dfrac{-1+b}{2}\right) + 1 = 0 \rightarrow a+b = -3$

ⓑ 선분 PP'과 직선 $x+y+1=0$이 수직이므로 $\dfrac{b-(-1)}{a-2} \times (-1) = -1 \rightarrow a-b = 3$

따라서 $a+b = -3$, $a-b = 3$을 연립하여 풀면 $a=0$, $b=-3$　　∴ $P'(0, -3)$

● 대칭이동과 최단거리

❶ x축 위쪽에(또는 아래쪽에) 두 점 A, B가 모두 있을 때, x축 위
를 움직이는 점 P에 대하여 $\overline{AP} + \overline{BP}$의 최솟값은 두 점 중 어느
하나를 x축에 대하여 대칭이동한다. 예컨대 점 B를 x축에 대하
여 대칭이동한 점을 B'이라 하면 $\overline{AP} + \overline{BP}$의 최솟값은 선분
AB'의 길이이다. 이때 점 P는 선분 AB'과 x축의 교점이다.

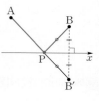

$\overline{BP} = \overline{B'P}$

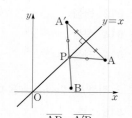

$\overline{AP} = \overline{A'P}$

❷ 직선 $y=x$의 위쪽에(또는 아래쪽에) 두 점 A, B가 모두 있을
때, 직선 $y=x$ 위를 움직이는 점 P에 대하여 $\overline{AP} + \overline{BP}$의 최솟값은 두 점 중 어느 하나를 직선 $y=x$에 대하여 대칭
이동한다. 예컨대 점 A를 직선 $y=x$에 대하여 대칭이동한 점을 A'이라 하면 $\overline{AP} + \overline{BP}$의 최솟값은 선분 $A'B$의 길
이이다. 이때 점 P는 선분 $A'B$와 직선 $y=x$의 교점이다.

● 도형의 평행이동과 대칭이동

· 평행이동과 대칭이동의 순서가 바뀌면 다른 도형이 된다. 〔주의〕

❶ $f(x, y-1) = 0 \Rightarrow f(x, y) = 0$을 y축의 방향으로 1만큼 평행이동한다.
　　　　　　　　　　$y \rightarrow y-1$

❷ $f(x+3, -y) = 0 \Rightarrow f(x, y) = 0$을 x축에 대하여 대칭이동하면 $f(x, -y) = 0$이 된다.
　　　　　　　　　　　$y \rightarrow -y$

　　　　　　　　　$f(x, -y) = 0$을 x축의 방향으로 -3만큼 평행이동한다.
　　　　　　　　　　　$x \rightarrow x-(-3)$, 즉 $x+3$

❸ $f(y, x+1) = 0 \Rightarrow f(x, y) = 0$을 직선 $y=x$에 대하여 대칭이동하면 $f(y, x) = 0$이 된다.
　　　　　　　　　　　$x \rightarrow y, y \rightarrow x$

　　　　　　　　　$f(y, x) = 0$을 x축의 방향으로 -1만큼 평행이동한다.
　　　　　　　　　　　$x \rightarrow x-(-1)$, 즉 $x+1$

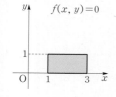

$f(x, y) = 0$

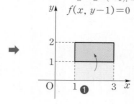

$f(x, y-1) = 0$ **❶**

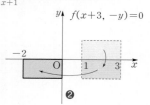

$f(x+3, -y) = 0$ **❷**

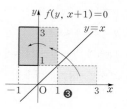

$f(y, x+1) = 0$ **❸**

001 평행이동 $f:(x, y) \longrightarrow (x+a, y+b)$에 의하여 점 $(1, 2)$가 점 $(-2, 4)$로 옮겨질 때, 평행이동 f에 의하여 원점으로 옮겨지는 점은?

① $(-3, -2)$ ② $(-3, 2)$ ③ $(2, -3)$
④ $(2, 3)$ ⑤ $(3, -2)$

002 직선 $x-y+2=0$을 x축의 방향으로 a만큼, y축의 방향으로 $1-a$만큼 평행이동하였더니 원 $(x-1)^2+(y+2)^2=4$의 넓이를 이등분하였다. 이때, a의 값은?

① 2 ② 3 ③ 4
④ 5 ⑤ 6

003 원 $(x+2)^2+(y-5)^2=4$를 점 $(1, 2)$에 대하여 대칭이동한 원의 방정식은?

① $x^2+(y-4)^2=4$
② $(x+3)^2+(y-1)^2=4$
③ $(x+1)^2+(y-4)^2=4$
④ $(x+1)^2+(y-3)^2=4$
⑤ $(x-4)^2+(y+1)^2=4$

004 두 원 $(x+2)^2+(y-1)^2=1$, $(x-2)^2+(y-5)^2=1$이 직선 $y=ax+b$에 대하여 서로 대칭일 때, 상수 a, b의 합 $a+b$의 값은?

① -3 ② -1 ③ 2
④ 3 ⑤ 5

005 포물선 $y=x^2+b$를 x축의 방향으로 2만큼, y축의 방향으로 3만큼 평행이동한 다음 x축에 대하여 대칭이동하면 포물선 $y=-x^2+4x-3$과 일치한다. 이때, 상수 b의 값은?

① -4 ② -2 ③ 0
④ 2 ⑤ 4

006 원 $x^2+y^2=4$를 y축의 방향으로 a만큼 평행이동한 후, 다시 직선 $y=x$에 대하여 대칭이동하면 직선 $4x+3y+2=0$에 접한다고 한다. 이때, 모든 실수 a의 값의 합은?

① -2 ② -1 ③ 2
④ 3 ⑤ 4

007 두 점 $A(0, 6)$, $B(4, 6)$과 직선 $y=x$ 위를 움직이는 점 P에 대하여 $\overline{AP}+\overline{BP}$의 최솟값은?

① $2\sqrt{5}$ ② $2\sqrt{7}$ ③ $4\sqrt{2}$
④ 6 ⑤ $2\sqrt{10}$

008 방정식 $f(x, y)=0$이 나타내는 도형이 오른쪽 그림과 같을 때, 다음 중 방정식 $f(y+1, x)=0$이 나타내는 도형은?

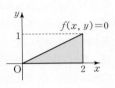

①
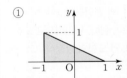

②
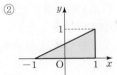

③
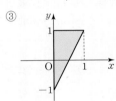

④
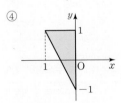

⑤
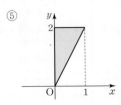

Special Lecture
평행이동과 대칭이동

10

평행이동

우리 주위에서 자주 보고 느끼는 변환 중에는 모양과 크기가 변하지 않고 처음 그대로인 것이 있는데 평행이동, 대칭이동, 회전이동이 그러하다. 그 중에서 평행이동은 도형 위의 모든 점들이 같은 방향을 향해 같은 거리만큼 움직이는 일로 도형의 모양이 그대로 보존된다. 다음은 평행이동을 정리한 것이다.

평행이동	점 (x, y)에의 적용	함수 $y=f(x)$에의 적용	함수 $f(x, y)=0$에의 적용
x축의 방향으로 m만큼	$(x+m, y)$	$y=f(x-m)$	$f(x-m, 0)=0$
y축의 방향으로 n만큼	$(x, y+n)$	$y-n=f(x)$	$f(0, y-n)=0$
x축, y축의 방향으로 각각 m, n만큼	$(x+m, y+n)$	$y-n=f(x-m)$	$f(x-m, y-n)=0$

도형 $f(x, y)=0$을 x축의 방향으로 m만큼, y축의 방향으로 n만큼 평행이동하는 것은 도형 $f(x, y)=0$ 위의 모든 점을 x축의 방향으로 m만큼, y축의 방향으로 n만큼 평행이동하는 것과 같다. 도형 $f(x, y)=0$ 위의 임의의 한 점 $\mathrm{P}(x, y)$를 x축의 방향으로 m만큼, y축의 방향으로 n만큼 평행이동한 점을 $\mathrm{Q}(X, Y)$라 하면 $\mathrm{Q}(x+m, y+n)$이므로 다음과 같은 식이 성립한다.

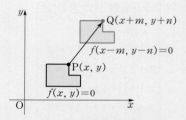

점과 도형의 평행이동 차이

$$X=x+m,\ Y=y+n \ (점의 평행이동) \to x=X-m,\ y=Y-n$$

이때 $\mathrm{P}(x, y)$는 도형 $f(x, y)=0$ 위의 점이므로 $x=X-m$, $y=Y-n$을 $f(x, y)=0$에 대입하면 $f(X-m, Y-n)=0$이 된다. 일반적으로 도형의 방정식은 x, y로 나타내므로 X, Y를 각각 x, y로 바꾸어 쓰면 도형의 방정식 $f(x-m, y-n)=0$이 된다.

> 도형 $y=f(x)$를 x축의 방향으로 m만큼, y축의 방향으로 n만큼 평행이동한 도형의 방정식은
> $y-n=f(x-m)$, 즉, $y=f(x-m)+n$이다.

도형 $y=f(x)$를 우좌상하($右左上下$)로 평행이동하는 방법은 다음과 같다. 여기서 m은 양의 상수이다.

	m만큼 오른쪽으로($\to$)	m만큼 왼쪽으로($\leftarrow$)	m만큼 위로($\uparrow$)	m만큼 아래로($\downarrow$)
방법	x에서 m을 뺀다. → x에 $x-m$을 대입한다.	x에 m을 더한다. → x에 $x+m$을 대입한다.	y에서 m을 뺀다. → $f(x)$에 m을 더한다.	y에 m을 더한다. → $f(x)$에서 m을 뺀다.
함수식	$y=f(x-m)$	$y=f(x+m)$	$y-m=f(x)$ → $y=f(x)+m$	$y+m=f(x)$ → $y=f(x)-m$
예	$y=x^2$, $y=(x-2)^2$	$y=(x+2)^2$, $y=x^2$	$y=x^2+2$, $y=x^2$	$y=x^2$, $y=x^2-2$

평행이동할 때, 주의할 점

> 직선 $y=2x+3$을 x축의 방향으로 1만큼 평행이동한 직선의 방정식은 $y=2(x-1)+3$,
> $y=2(x+1)+3$ 중에서 어느 것인가?

종종 헷갈릴 때가 있다. 물론 정답은 $y=2(x-1)+3$이다. 반대로 직선 $y=2(x-1)+3$이 직선 $y=2x+3$을 x축의 방향으로 1만큼 평행이동한 것인지 -1만큼 평행이동한 것인지 역시 헷갈리는데 1만큼 평행이동한게 맞다. 앞의 표에서도 알 수 있듯이, 도형의 방정식에 $x-\bullet$가 있다면 x축의 오른쪽으로 $\bullet$만큼 평행이동한 것이다. 예컨대 직선 $y=2(x+1)+3$은 직선 $y=2x+3$을 x축의 오른쪽으로 -1만큼(왼쪽으로 1만큼) 평행이동한 것이다.

이때 'x축의 방향으로 -1만큼'은 'x축의 음의 방향으로 1만큼'으로 바꾸어 표현할 수 있는데 일반적으로 잘 쓰지 않는다.
그러나 다음 3가지 표현은 모두 같다는 것을 알고 있어야 한다.
'x축의 방향으로 -1만큼'='x축의 양의 방향(오른쪽)으로 -1만큼'='x축의 음의 방향(왼쪽)으로 1만큼'

> 도형의 방정식에 $x-\bullet$, $y-\blacksquare$가 있다는 것은 처음 도형을 각각 x축의 방향(오른쪽)으로 $\bullet$만큼,
> y축의 방향(위쪽)으로 $\blacksquare$만큼 평행이동했다는 뜻이다.

대칭이동
다음은 대칭이동을 정리한 것이다.

대칭이동	점 (x, y)에의 적용	함수 $y=f(x)$에의 적용	함수 $f(x, y)=0$에의 적용
x축	$(x, -y)$	$-y=f(x)$	$f(x, -y)=0$
y축	$(-x, y)$	$y=f(-x)$	$f(-x, y)=0$
원점	$(-x, -y)$	$-y=f(-x)$	$f(-x, -y)=0$
직선 $y=x$	(y, x)	$x=f(y)$	$f(y, x)=0$
직선 $y=-x$	$(-y, -x)$	$-x=f(-y)$	$f(-y, -x)=0$
직선 $x=a$	$(2a-x, y)$	$y=f(2a-x)$	$f(2a-x, y)=0$
직선 $y=b$	$(x, 2b-y)$	$2b-y=f(x)$	$f(x, 2b-y)=0$
점 (a, b)	$(2a-x, 2b-y)$	$2b-y=f(2a-x)$	$f(2a-x, 2b-y)=0$
점 $(a, 0)$	$(2a-x, -y)$	$-y=(2a-x)$	$f(2a-x, -y)=0$
점 $(0, b)$	$(-x, 2b-y)$	$2b-y=f(-x)$	$f(-x, 2b-y)=0$

❶ 그래프가 y축에 대하여 대칭인 함수는 우함수이다. 즉, $f(-x)=f(x)$를 만족하는 $f(x)$는 우함수이다. 우함수의 '우'는 짝수를 의미하며, 짝수 차수만으로 이루어진 다항함수는 모두 우함수이다. 예컨대 $y=x^2$, $y=3x^2+2$는 모두 우함수이다.

❷ 그래프가 원점에 대하여 대칭인 함수는 기함수이다. 즉, $f(-x)=-f(x)$를 만족하는 $f(x)$는 기함수이다. 기함수의 '기'는 홀수를 의미하며, 홀수 차수만으로 이루어진 다항함수는 모두 기함수이며, 반드시 원점을 지난다. 예컨대 $y=x^3$, $y=2x^3+x$는 모두 기함수이다.

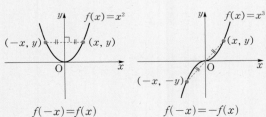

$$f(-x)=f(x) \qquad f(-x)=-f(x)$$

036 집합과 원소

❶ 집합과 원소

☐ **집합** : 어떤 조건에 의해 그 대상을 <u>분명하게</u> 정할 수 있는 것들의 모임 〔정의〕
　　　　　　　　　　　　　　　명확하고 객관적인 기준
　　　예 신라면을 좋아하는 사람들의 모임 (집합 ×), 우리 반에서 코가 큰 친구들의 모임 (집합 ×)
　　　　　2보다 작은 소수의 모임 (집합 ○), 'blue ocean'에 들어 있는 알파벳의 모임 (집합 ○)

☐ **원소** : 집합을 이루는 대상 하나하나 〔정의〕
　　　예 4보다 작은 자연수의 모임은 집합이며, 이 집합의 원소는 1, 2, 3이다.

❷ 집합과 원소 사이의 관계

☐ a가 집합 A의 원소일 때
　　집합은 대문자 $A, B, C, \cdots$로, 원소는 소문자 $a, b, c, \cdots$로 나타낸다.
　➡ $a \in A$ (a는 집합 A에 속한다.)
　　　$\in$는 '원소'를 뜻하는 Element의 첫 글자 E를 기호화한 것이다.
☐ b가 집합 A의 원소가 아닐 때
　➡ $b \notin A$ (b는 집합 A에 속하지 않는다.)
　　예 4의 양의 약수의 집합을 A라 하면
　　　　1은 A의 원소이므로 $1 \in A$, 3은 A의 원소가 아니므로 $3 \notin A$이다.

$a \in A, \ b \notin A$

❸ 집합의 표현

☐ **원소나열법** : { 　 } 안에 집합의 모든 원소를 나열하는 방법 〔정의〕
☐ **조건제시법** : 집합의 원소들이 갖는 공통 성질을 조건으로 제시하는 방법 〔정의〕
☐ **벤 다이어그램**(Venn diagram) : 집합을 나타낸 그림

> $\{ x \mid f(x) \}$
> x 　 : 원소를 대표하는 문자
> $f(x)$: x가 만족해야 할 조건
>
> 조건제시법의 표현

　　예 10보다 작은 홀수의 집합을 A라 하면
　　　ⓐ 원소나열법 　 : $A = \{ 1, 3, 5, 7, 9 \}$
　　　ⓑ 조건제시법 　 : $A = \{ x \mid x$는 10보다 작은 홀수$\} = \{ y \mid y = 2n - 1, \ n$은 5 이하의 자연수$\}$
　　　　　　　　　　　$\{ x \mid x$의 조건$\}$에서 $\mid$는 '바(bar)'로 읽는다.
　　　ⓒ 벤 다이어그램 :

❹ 유한집합과 무한집합, 원소의 개수

☐ **유한집합**은 원소가 유한개인 집합, **무한집합**은 원소가 무한개인 집합이다. 〔정의〕
　　　　　　　한계가 있는, 셀 수 있는　　　　　　　　　　　　한계가 없는, 무수히 많은, 셀 수 없는
☐ 유한집합 A의 원소의 개수를 $n(A)$로 나타낸다.
　　　　　　　　　　　　n은 '개수'를 뜻하는 number의 첫 글자이다.
　　예 $A = \{ 1, 3, 5 \}$이면 $n(A) = 3$이다.
☐ 원소가 하나도 없는 집합을 **공집합**이라 하고, $\varnothing$로 나타낸다. 〔정의〕
　　　　　　　　　　　　　유한집합　　　　　　'파이'로 읽는다.
　　예 $A = \varnothing$이면 $n(A) = 0$이다. 또한 $n(A) = 0$이면 $A = \varnothing$이다.

⊙ 집합이면 ○, 아니면 X

001 맛있는 과일의 모임

002 우리 반에서 3월에 태어난 친구의 모임

003 아름다운 꽃의 모임

004 우리 반에서 인기가 많은 친구의 모임

005 1보다 작은 자연수의 모임　　　　**006** 큰 실수의 모임

007 7보다 작은 자연수의 모임　　　　**008** 7보다 큰 실수의 모임

009 $\sqrt{2}$에 가장 가까운 정수의 모임　　　**010** $\sqrt{2}$에 가장 가까운 실수의 모임

⊙ 6의 양의 약수의 집합을 A, 유리수 전체의 집합을 Q라 할 때, _____ 안에 $\in$, $\notin$ 중에서 알맞은 것을 써넣으시오.

011 1 _____ A　　　　　　　**012** 4 _____ A

013 5 _____ A　　　　　　　**014** 6 _____ A

015 -1 _____ Q　　　　　　**016** $\dfrac{2}{3}$ _____ Q

017 $\sqrt{5}$ _____ Q　　　　　　**018** π _____ Q

⊙ 원소나열법으로 나타내시오.

019 $\{x \,|\, x$는 8의 양의 약수$\}$　　　　**020** $\{x \,|\, x$는 10 이하의 소수$\}$

021 $\{x \,|\, x^2 - 3x + 2 = 0\}$　　　　**022** $\{x \,|\, |x-1| = 2\}$

⊙ 유한집합이면 ○, 무한집합이면 X

023 $\{2, 5, 8, \cdots\}$

024 $\{1, 3, 5, \cdots, 99\}$

025 $\{x \,|\, x^2 - 1 < 0, x$는 실수$\}$

026 $\{x \,|\, (x^2+1)(x+1) = 0, x$는 실수$\}$

027 $\{x \,|\, x$는 1과 2 사이의 정수$\}$

028 $\{x \,|\, x$는 1과 2 사이의 무리수$\}$

⊙ $n(A)$의 값을 구하시오.

029 $A = \{2, 3\}$　　　　　　　**030** $A = \{1, 2, 4\}$

031 $A = \varnothing$　　　　　　　**032** $A = \{0, \{0\}\}$

033 $A = \{\varnothing, \{0\}\}$　　　　　**034** $A = \{0, \varnothing, \{\varnothing\}\}$

035 $A = \{3, 6, 9, \cdots, 18\}$　　　　**036** $A = \{x \,|\, 2 < x < 3$인 자연수$\}$

037 $A = \{x \,|\, x$는 짝수인 소수$\}$　　　**038** $A = \{x \,|\, x^2 - 2x + 1 = 0\}$

039 $A = \{x \,|\, |x| < 3$인 정수$\}$　　　**040** $A = \{x \,|\, x^2 + 1 = 0, x$는 실수$\}$

● **객관적인 기준이 명확할 때 집합이 된다.**

  • '좋아하는', '높은', '아름다운', '가까운', '큰', '잘 어울리는' 등은 조건이 명확하지 않아 그 대상을 분명하게 정할 수 없다.
  결국, 집합이 되려면 객관적인 기준이 명확해야 하며 주관적인 판단이 개입될 수 없어야 한다.

    예 작은 수의 모임, 아름다운 꽃들의 모임, 7에 가까운 수의 모임 등은 집합이 아니다.

● **원소나열법에서 주의할 점**

  ❶ 원소를 나열하는 순서는 상관없다.   **예** $\{2, 4, 6\} = \{6, 2, 4\}$

  ❷ 같은 원소는 중복하여 쓰지 않는다.   **예** $\{2, 4, 6, 6\}\ (\times) \rightarrow \{2, 4, 6\}\ (\bigcirc)$

  ❸ 원소가 많고 원소 사이에 일정한 규칙이 있으면 '⋯'을 사용하여 원소의 일부를 생략할 수 있다.

    예 100보다 작은 짝수의 집합은 $\{2, 4, 6, \cdots, 98\}$이다.
        규칙을 알 수 있도록 보통 3개를 나열하는 것이 좋다.

● **집합도 원소가 될 수 있다.**

  ❶ $A = \{\varnothing\}$ $\Rightarrow \varnothing \in A$, $n(A) = 1$

  ❷ $A = \{\varnothing, \{\varnothing\}\}$ $\Rightarrow \varnothing \in A$, $\{\varnothing\} \in A$, $n(A) = 2$

  ❸ $A = \{1, \{1\}\}$ $\Rightarrow 1 \in A$, $\{1\} \in A$, $n(A) = 2$

  ❹ $n(\varnothing) = 0$ $\Rightarrow$ 공집합의 원소는 0개이다.

  ❺ $n(\{\varnothing\}) = 1$, $n(\{0\}) = 1$ $\Rightarrow$ 집합 $\{\varnothing\}$의 원소는 $\varnothing$의 1개이고, 집합 $\{0\}$의 원소는 0의 1개이다.

  ❻ $A = B$이면 $n(A) = n(B)$이다. $(\bigcirc)$

  ❼ $n(A) = n(B)$이면 $A = B$이다. $(\times)$

    예 $A = \{1, 2, 3\}$, $B = \{2, 3, 5\}$이면 $n(A) = n(B)$이지만 $A \neq B$이다.
      $n(A) = n(B)$는 두 집합 A, B의 원소의 개수가 같다는 뜻일 뿐 원소 자체까지 같다는 뜻은 아니다.

● **집합 $A = \{1, 2, 3\}$일 때**

  ❶ $X = \{a+b \mid a \in A, b \in A\} \Rightarrow$ 집합 X는 집합 A의 두 원소들의 합을 원소로 가진다.

    $Y = \{a \times b \mid a \in A, b \in A\} \Rightarrow$ 집합 Y는 집합 A의 두 원소들의 곱을 원소로 가진다.

            $\Rightarrow$ 다음처럼 표를 만들어 가로축의 수와 세로축의 수를 더하거나 곱하여 빈 칸을 채운다.

$a+b$	1	2	3
1	2	3	4
2	3	4	5
3	4	5	6

$a \times b$	1	2	3
1	1	2	3
2	2	4	6
3	3	6	9

      $\Rightarrow X = \{2, 3, 4, 5, 6\}$ $Y = \{1, 2, 3, 4, 6, 9\}$

  ❷ $Z = \{a-b \mid a \in A, b \in A\} \Rightarrow$ 집합 Z는 집합 A의 원소에서 집합 A의 원소를 뺀 값을 원소로 가진다.

            $\Rightarrow$ 다음처럼 표를 만들어 세로축의 수에서 가로축의 수를 빼 빈 칸을 채운다.

$a-b$	1	2	3
1	0	-1	-2
2	1	0	-1
3	2	1	0

    $\Rightarrow Z = \{-2, -1, 0, 1, 2\}$

001 다음 중 집합인 것은?

① 영규를 사랑하는 사람들의 모임
② 수학을 좋아하는 사람들의 모임
③ 채소를 싫어하는 사람들의 모임
④ 게임을 잘하는 사람들의 모임
⑤ 혈액형이 O형인 사람들의 모임

002 다음 집합 중 나머지 넷과 <u>다른</u> 하나는?

① $\{2, 3, 5, 7\}$
② $\{x \mid x \leq 7, x$는 소수$\}$
③ $\{y \mid y \leq 8, y$는 홀수$\}$
④ $\{z \mid z < 9, z$는 소수$\}$
⑤ $\{w \mid w < 10, w$는 약수가 2개인 자연수$\}$

003 다음 중 유한집합인 것은?

① $\{x \mid x = 2n - 1, n$은 소수$\}$
② $\{x \mid x$는 가장 작은 자연수$\}$
③ $\{x \mid x$는 $x^2 < 2$인 무리수$\}$
④ $\{x \mid x$는 일의 자리의 숫자가 5인 자연수$\}$
⑤ $\{x + y \mid 0 < x < 1, 0 < y < 1, x, y$는 실수$\}$

004 다음 중 공집합이 <u>아닌</u> 것은?

① $\{\varnothing\}$
② $\{x \mid x$는 1보다 작은 자연수$\}$
③ $\{x \mid 0 \times x < 0, x$는 실수$\}$
④ $\{x \mid x^2 < 0, x$는 실수$\}$
⑤ $\{x \mid x^2 + x + 1 = 0, x$는 실수$\}$

005 집합 $A = \{x \mid x < k$인 소수$\}$에 대하여 $n(A) = 3$이 되도록 하는 모든 정수 k의 값의 합은?

① 5   ② 7   ③ 9
④ 11   ⑤ 13

006 다음 중 옳은 것은?

① $n(\varnothing) = 1$
② $n(\{1\}) < n(\{2\})$
③ $n(\{0, \varnothing, \{\varnothing\}\}) - n(\{\varnothing, \{\varnothing\}\}) = 1$
④ $A = \{\varnothing\}$이면 $n(A) = 0$이다.
⑤ $n(A) = n(B)$이면 $A = B$이다.

007 두 집합 $A = \{1, 2, 3\}$, $B = \{x \mid x$는 $x < 5$인 소수$\}$에 대하여 $C = \{x + y \mid x \in A, y \in B\}$일 때, $n(C)$의 값은?

① 2   ② 3   ③ 4
④ 5   ⑤ 6

008 두 집합 A, B에 대하여 $A = \{x \mid x$는 정수$\}$, $B = \{(a, b) \mid a^2 + b^2 = 5, a \in A, b \in A\}$일 때, $n(B)$의 값은?

① 2   ② 4   ③ 6
④ 8   ⑤ 10

037 부분집합

❶ 부분집합

☐ 집합 A의 모든 원소가 집합 B에 속할 때, A를 B의 **부분집합**이라 한다. 정의

☐ A가 B의 부분집합일 때

→ $A \subset B$ ('A는 B에 포함된다' 또는 'B는 A를 포함한다')
 ⊂는 '포함하다'를 뜻하는 contain의 첫 글자 c를 기호화한 것이다.

☐ A가 B의 부분집합이 아닐 때 → $A \not\subset B$
 $A \not\subset B$이면 A의 원소 중에서 B에 속하지 않는 것이 적어도 하나 있다.

 예 $A = \{1, 2\}$, $B = \{1, 2, 4\}$에서 A의 모든 원소가 B에 속하므로 $A \subset B$, 즉 A는 B의 부분집합이다.

 예 $A = \{1, 2\}$, $B = \{1, 3, 4\}$에서 A의 원소 2가 B에 속하지 않으므로 $A \not\subset B$이다.

❷ 부분집합의 성질

☐ $\varnothing \subset A$ → 공집합은 모든 집합의 부분집합이다.

☐ $A \subset A$ → 모든 집합은 자기 자신의 부분집합이다.

☐ $A \subset B$, $B \subset C$이면 $A \subset C$이다.

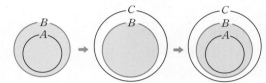

$A \subset B$, $B \subset C$이면 $A \subset C$이다.

❸ 서로 같은 집합

☐ 두 집합 A, B에 대하여 $A \subset B$, $B \subset A$일 때, A와 B는 **서로 같다**고 한다. 정의
 두 집합이 서로를 포함하는 경우는 두 집합이 서로 같을 때이다.

☐ 두 집합이 서로 같으면 두 집합의 모든 원소가 같다.

☐ A와 B가 서로 같은 집합일 때 → $A = B$

☐ A와 B가 서로 같은 집합이 아닐 때 → $A \neq B$

$A = B$

❹ 진부분집합

☐ 두 집합 A, B에 대하여 $A \subset B$이지만 $A \neq B$일 때,
 자기 자신을 제외시킨다.
 $A \subset B$인 경우는 $A = B$이거나 A가 B의 진부분집합인 2가지 경우가 있다.
 A를 B의 **진부분집합**이라 한다. 정의
 眞 ; 참, 진짜
 예 집합 $\{1, 2\}$의 진부분집합은 $\varnothing$, $\{1\}$, $\{2\}$이다.

☐ 진부분집합은 부분집합 중에서 자기 자신을 제외한 모든 집합이다.

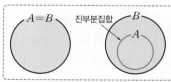

$A \subset B$인 2가지 경우

❺ 부분집합의 개수 암기

• 집합 $A = \{a_1, a_2, a_3, \cdots, a_n\}$에 대하여

☐ A의 부분집합의 개수 → 2^n

 예 $A = \{1, 2, 3, 4, 5\}$의 부분집합의 개수 : $2^5 = 32$

☐ A의 진부분집합의 개수 → $2^n - 1$

 예 $A = \{1, 2, 3, 4, 5\}$의 진부분집합의 개수 : $2^5 - 1 = 31$

☐ A의 특정한 원소 r개를 반드시 포함하는 A의 부분집합의 개수 → 2^{n-r} $(r \leq n)$
 나중에 포함시키기 위해 먼저 뽑아 놓는다.
 예 $A = \{1, 2, 3, 4, 5\}$의 부분집합 중에서 1, 2를 반드시 원소로 갖는 집합의 개수 : $2^{5-2} = 8$

☐ A의 특정한 원소 k개를 포함하지 않는 A의 부분집합의 개수 → 2^{n-k} $(k \leq n)$
 제외시킨다.
 예 $A = \{1, 2, 3, 4, 5\}$의 부분집합 중에서 1, 2, 3을 원소로 갖지 않는 집합의 개수 : $2^{5-3} = 4$

☐ A의 특정한 원소 r개는 반드시 포함하고, k개는 포함하지 않는 A의 부분집합의 개수 → 2^{n-r-k} $(r + k \leq n)$

 예 $A = \{1, 2, 3, 4, 5\}$의 부분집합 중에서 1을 반드시 원소로 갖고 2, 3을 원소로 갖지 않는 집합의 개수 : $2^{5-1-2} = 4$

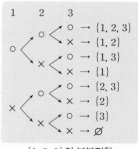

$\{1, 2, 3\}$의 부분집합

⊚ _____ 안에 기호 ⊂, ⊃ 중에서 알맞은 것을 써넣으시오.

001 $\{1, 2\}$ _____ $\{1, 2, 3\}$

002 $\{x \mid x$는 2의 배수$\}$ _____ $\{x \mid x$는 4의 배수$\}$

003 $\{x \mid x$는 8의 양의 약수$\}$ _____ $\{x \mid x$는 24의 양의 약수$\}$

004 $\{x \mid |x| < 2$인 정수$\}$ _____ $\{x \mid |x| = 1\}$

005 $\{x \mid x$는 4의 제곱근$\}$ _____ $\{x \mid x$는 제곱근 4$\}$

006 $\{x \mid x$는 마름모$\}$ _____ $\{x \mid x$는 정사각형$\}$

⊚ _____ 안에 기호 =, ≠ 중에서 알맞은 것을 써넣으시오.

007 $\{2, 3, 5\}$ _____ $\{x \mid x$는 7 미만의 소수$\}$

008 $\{-\sqrt{2}, 0, \sqrt{2}\}$ _____ $\{x \mid x^2 - 2 = 0\}$

009 $\{-1, 0, 1\}$ _____ $\{x \mid x^3 - x = 0\}$

010 $\{-i, i\}$ _____ $\{x \mid x^2 + 1 = 0, x$는 실수$\}$ (단, $i = \sqrt{-1}$)

⊚ $A = B$일 때, a, b의 값을 구하시오.

011 $A = \{2, a, 4\}$, $B = \{a-1, 3, b\}$

012 $A = \{1, 4, a\}$, $B = \{1, a^2, 2a-2\}$

013 $A = \{2, a^2-1\}$, $B = \{3, a^2-a\}$

⊚ 다음 조건을 만족시키는 집합 $A = \{1, 2, 4, 8\}$의 부분집합을 모두 구하시오.

014 원소가 2개 _____

015 원소가 3개 _____

016 원소 1을 포함하지 않는다. _____

017 원소 4를 반드시 포함한다. _____

018 원소 1을 반드시 포함하고 원소 4를 포함하지 않는다. _____

⊚ 집합 $S = \{a, b, c, d, e\}$이다. 다음을 구하시오.

019 집합 S의 부분집합의 개수 _____

020 $A \subset S$이고 $A \neq S$인 집합 A의 개수 _____

021 집합 S의 부분집합 중 d, e를 포함하지 않는 집합 A의 개수 _____

022 $\{c, d, e\} \subset A \subset S$를 만족시키는 집합 A의 개수 _____

023 집합 S의 부분집합 중 $c \in A, d \in A, e \notin A$를 모두 만족시키는 집합 A의 개수 _____

⊚ 집합 $A = \{\varnothing, 0, 1, \{0\}, \{0, 1\}\}$에 대하여 옳으면 ○, 틀리면 ✕

024 $\{\varnothing\} \in A$ _____ 　　**025** $\{0\} \subset A$ _____

026 $\{0, 1\} \subset A$ _____ 　　**027** $\{\varnothing, 0, 1\} \subset A$ _____

- **집합 $A=\{a_1, a_2, a_3, \cdots, a_n\}$에 대하여**

❶ A의 부분집합의 개수 ⇨ 2^n

부분집합을 만든다는 것은 원래의 집합에서 몇 개의 원소를 선택하여 새로운 집합을 만든다는 의미이다. 즉, A의 부분집합은 A의 원소 $a_1, a_2, a_3, \cdots, a_n$의 n개 중에서 어느 것을 선택하여 $\{\ \ \}\subset A$의 $\{\ \ \}$ 안에 집어 넣어 만들 수 있다.

⇨ (A의 부분집합의 개수)$=$(a_1의 선택, 비선택을 결정하는 방법의 수)$\times$(a_2의 선택, 비선택을 결정하는 방법의 수)
$$\underbrace{\qquad}_{2가지} \qquad\qquad\qquad \underbrace{\qquad}_{2가지}$$
$$\times \cdots \times (a_n의\ 선택,\ 비선택을\ 결정하는\ 방법의\ 수)$$
$$\underbrace{\qquad\qquad\qquad\qquad}_{2가지}$$
$$=\underbrace{2\times 2\times \cdots \times 2}_{n개}=2^n$$

❷ A의 특정한 원소 r개를 반드시 포함하는 A의 부분집합의 개수 ⇨ 2^{n-r}

| A의 원소 중에서 특정한 r개를 먼저 뽑아 놓는다. | ➡ | 남은 $(n-r)$개의 원소로 부분집합을 만든다. → 2^{n-r} | ➡ | 만든 모든 부분집합에 먼저 뽑아 놓은 원소 r개를 다시 포함시킨다. |

㉤ 두 집합 $A=\{1, 2\}$, $B=\{1, 2, 3, 4, 5\}$에 대하여 $A\subset X\subset B$를 만족하는 집합 X는 B의 부분집합 중에서 A의 원소 1, 2를 모두 포함하는 것이므로, 그 개수는 $2^{5-2}=8$이다.

❸ A의 특정한 원소 k개를 포함하지 않는 A의 부분집합의 개수 ⇨ 2^{n-k}

| A의 원소 중에서 특정한 k개를 제외시킨다. | ➡ | 남은 $(n-k)$개의 원소로 부분집합을 만든다. → 2^{n-k} |

❹ A의 특정한 원소 r개는 반드시 포함하고, k개는 포함하지 않는 A의 부분집합의 개수 ⇨ 2^{n-r-k}

| • A의 원소 중에서 특정한 r개를 먼저 뽑아 놓는다.
 • A의 원소 중에서 특정한 k개를 제외시킨다. | ➡ | 남은 $(n-r-k)$개의 원소로 부분집합을 만든다. → 2^{n-r-k} | ➡ | 만든 모든 부분집합에 먼저 뽑아 놓은 원소 r개를 다시 포함시킨다. |

1등급 시크릿

- **기호 $\in$, $\subset$ 사용법**

♠ 집합 $A=\{\varnothing, 1, \{1, 2\}, 3\}$일 때, 다음 중 옳지 않은 것은? **정답** ⑤
  ① $\varnothing\subset A$ ② $1\in A$ ③ $\{1, 2\}\in A$ ④ $\{1, 3\}\subset A$ ⑤ $\{2\}\in A$

풀이 원소와 집합 사이의 연결 고리는 $\in$이고, 집합과 집합 사이의 연결 고리는 $\subset$이다.
A의 원소는 $\varnothing$, 1, $\{1, 2\}$, 3의 4개이다. → $\varnothing\in A$, $1\in A$, $\{1, 2\}\in A$, $3\in A$ → 그런데 $\{2\}$는 A의 원소가 아니다.
A의 부분집합은 A의 원소 $\varnothing$, 1, $\{1, 2\}$, 3의 4개 중에서 어느 것을 선택하여 $\{\ \ \}\subset A$의 $\{\ \ \}$ 안에 집어 넣어 만들 수 있다.
예컨대 $\varnothing$를 선택하면 $\{\varnothing\}\subset A$, 1과 3을 선택하면 $\{1, 3\}\subset A$가 되고 아무 것도 선택하지 않으면 $\varnothing\subset A$가 된다.

- **멱집합**

· 집합 A에 대하여 A의 모든 부분집합들로 이루어진 집합을 A의 **멱집합**이라 한다.

❶ 집합 A의 멱집합은 $P(A)=\{X\,|\,X\subset A\}$이다.

㉤ 집합 $A=\{1, 2, 3\}$의 멱집합은 $\{\varnothing, \{1\}, \{2\}, \{3\}, \{1, 2\}, \{1, 3\}, \{2, 3\}, \{1, 2, 3\}\}$이다.

❷ 집합 A의 원소의 개수가 n일 때, A의 멱집합의 원소의 개수는 2^n이다.

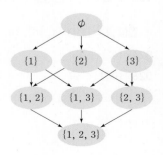

001 집합 $A=\{\varnothing,\ 1,\ 2,\ \{2\}\}$에 대하여 다음 중 옳지 <u>않은</u> 것은?

① $\varnothing \in A$ ② $\varnothing \subset A$ ③ $\{1\} \in A$

④ $\{1\} \subset A$ ⑤ $\{2\} \in A$

002 두 집합 $A=\{x\,|\,x^2-x-2=0\}$, $B=\{x\,|\,x<k\}$에 대하여 $A \subset B$가 성립할 때, 정수 k의 최솟값은?

① -1 ② 0 ③ 2

④ 3 ⑤ 4

003 두 집합 $A=\{a^2-a,\ -2,\ 5\}$, $B=\{2a+1,\ -a,\ 2\}$에 대하여 $A=B$일 때, 상수 a의 값은?

① 0 ② 1 ③ 2

④ 3 ⑤ 4

004 두 집합 $A=\{x\,|\,x$는 10 이하의 자연수$\}$, $B=\{1,\ 2,\ 3\}$에 대하여 $X \subset A$와 $B \subset X$를 모두 만족시키는 집합 X의 개수는?

① 2^4 ② 2^5 ③ 2^6

④ 2^7 ⑤ 2^8

005 집합 $A=\{1,\ 2,\ 3,\ 4,\ 5\}$의 부분집합 중에서 적어도 한 개의 짝수를 포함하는 부분집합의 개수는?

① 16 ② 18 ③ 20

④ 22 ⑤ 24

006 집합 $\{2,\ 3,\ 4,\ 5,\ 6,\ 7\}$의 부분집합 중에서 홀수인 원소가 k개인 부분집합의 개수를 a_k라 할 때, $a_1+a_2+a_3$의 값은?

① 48 ② 50 ③ 52

④ 54 ⑤ 56

007 자연수를 원소로 갖는 집합 A가 '$x \in A$이면 $6-x \in A$'를 만족시킬 때, 집합 A의 개수는?

① 4 ② 5 ③ 6

④ 7 ⑤ 8

008 집합 $A=\{2,\ 3,\ 5\}$에 대하여 $P(A)=\{X\,|\,X \subset A\}$라 할 때, 집합 $P(A)$의 부분집합의 개수는?

① 2^3 ② 2^5 ③ 2^7

④ 2^8 ⑤ 2^9

038 집합의 연산

중요도 : ★★☆☆☆

① 교집합과 서로소

☐ 두 집합 A, B에 모두 속하는 원소로 이루어진 집합을 A와 B의 **교집합**이라 하고, $A \cap B$
='A에도 속하고 B에도 속하는'='A와 B에 공통으로 속하는'
로 나타낸다. (정의)

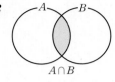
$A \cap B$

예 $A = \{1, 2, 3\}$, $B = \{2, 3, 4\}$일 때, $A \cap B = \{2, 3\}$이다.

☐ $A \cap B = \{x \mid x \in A$이고 $x \in B\}$
='그리고', 'and'

☐ $A \cap B = \varnothing$일 때, 두 집합 A, B를 **서로소**라고 한다. (정의)
공통인 원소가 하나도 없을 때

수에서는 최대공약수가 1인 두 자연수를 서로소라고 한다.
예컨대 2와 3은 서로소이고 2와 4는 서로소가 아니다.

② 합집합

☐ 두 집합 A, B 중 적어도 어느 한 쪽에 속하는 원소로 이루어진 집합을 A와 B의 **합집합**이
='A에 속하거나 B에 속하는'='A 또는 B에 속하는'='A, B의 원소를 모두 모은'
라 하고, $A \cup B$로 나타낸다. (정의)

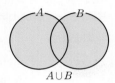
$A \cup B$

예 $A = \{1, 2, 3\}$, $B = \{2, 3, 4\}$일 때, $A \cup B = \{1, 2, 3, 4\}$이다.

☐ $A \cup B = \{x \mid x \in A$ 또는 $x \in B\}$
='이거나', 'or'

③ 교집합과 합집합의 성질

☐ $A \cap \varnothing = \varnothing$, $A \cap U = A$, $A \cap A = A$
교집합은 작은 집합을 선택한다.

☐ $(A \cap B) \subset A$, $(A \cap B) \subset B$ ➡ $A \cap B$는 A의 부분집합인 동시에 B의 부분집합이다.

☐ $A \cup \varnothing = A$, $A \cup U = U$, $A \cup A = A$
합집합은 큰 집합을 선택한다.

☐ $A \subset (A \cup B)$, $B \subset (A \cup B)$ ➡ A와 B는 $A \cup B$의 부분집합이다.

☐ $A \cup B = \varnothing$이면 $A = \varnothing$, $B = \varnothing$이다.

$A \cap B = \varnothing$이면 $A = \varnothing$, $B = \varnothing$이다. (거짓)

④ 여집합

☐ 여집합이 정의되기 위해서는 반드시 전체집합(U)이 주어져야 한다.
U는 '전체'를 뜻하는 'Universal'의 첫 글자이다.

☐ 전체집합 U의 부분집합 A에 대하여 U에는 속하지만 A에는 속하지 않는 원소로 이루어진
='전체집합 U에서 집합 A의 원소를 제외한'
집합을 U에 대한 A의 **여집합**이라 하고, A^C로 나타낸다. (정의)
C는 '상호 보완적인'을 뜻하는 'Complementary'의 첫 글자이다.

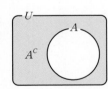

예 전체집합 $U = \{1, 2, 3, 4\}$의 부분집합 $A = \{1, 2\}$에 대하여 $A^C = \{3, 4\}$이다.

☐ $A^C = \{x \mid x \in U$이고 $x \notin A\}$ ➡ $A^C = U - A$
='그리고', 'and'   ='not'

⑤ 차집합

☐ 두 집합 A, B에 대하여 A에는 속하지만 B에는 속하지 않는 원소로 이루어진 집합을
='집합 A에서 집합 B의 원소를 제외한'
A에 대한 B의 **차집합**이라 하고, $A - B$로 나타낸다. (정의)

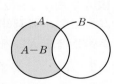
$A - B$

예 두 집합 $A = \{1, 2, 3\}$, $B = \{2, 3, 4\}$에 대하여 $A - B = \{1\}$이다.

☐ $A - B = \{x \mid x \in A$이고 $x \notin B\}$ ➡ $A - B = A \cap B^C = A - (A \cap B) = (A \cup B) - B$
='그리고', 'and'   ='not'

⑥ 여집합의 성질

☐ $U^C = \varnothing$, $\varnothing^C = U$, $(A^C)^C = A$
부정의 부정은 긍정이다.

☐ $A \cup A^C = U$, $A \cap A^C = \varnothing$

◉ 전체집합 $U=\{x\,|\,x$는 10 이하의 자연수$\}$의 두 부분집합 $A=\{1, 2, 4, 8\}$, $B=\{1, 2, 3, 6\}$이 있다.
   다음 집합을 원소나열법으로 나타내시오.

001 $A \cup B$ _____

002 $A \cap B$ _____

003 $A \cap B^C$ _____

004 $B-A$ _____

005 A^C _____

006 $U-B$ _____

007 $(A \cup B)^C$ _____

008 $(A \cap B)^C$ _____

◉ 전체집합 U의 부분집합 A에 대하여 다음을 간단히 하시오.

009 $A \cup A^C$ _____

010 $A \cap A^C$ _____

011 $A \cup U$ _____

012 $A \cap U$ _____

013 $A \cup \varnothing$ _____

014 $A \cap \varnothing$ _____

015 U^C _____

016 $(A^C)^C$ _____

◉ 벤 다이어그램을 이용하여, 다음을 만족시키는 집합 B를 구하시오.

017 $A=\{1, 3, 5\}$, $A \cap B=\{3\}$, $A \cup B=\{1, 2, 3, 4, 5\}$

018 $A \cap B^C=\{1, 4\}$, $B-A=\{5\}$, $A \cap B=\{2, 3\}$

019 $A=\{1, 2, 3\}$, $(A-B) \cup (B-A)=\{1, 2, 4, 5\}$

◉ 전체집합 $U=\{1, 2, 3, 4, 5, 6, 7\}$에 대하여 다음을 만족시키는 집합 B를 구하시오.

020 $A \cap B=\{1\}$, $A-B=\{2, 3\}$, $(A \cup B)^C=\{6, 7\}$

021 $A \cap B^C=\{5\}$, $B-A=\{4, 6\}$, $(A \cup B)^C=\{1, 7\}$

022 $A^C=\{3, 5, 6, 7\}$, $A-B=\{1\}$, $B \cap A^C=\{5, 6\}$

◉ 두 집합이 서로소이면 ○, 아니면 X

023 $\{1, 5\}$, $\{2, 3, 4\}$ _____

024 $\{x\,|\,x$는 4의 양의 약수$\}$, $\{x\,|\,x$는 3의 배수$\}$ _____

025 $\{x\,|\,x$는 5 이하의 짝수$\}$, $\{x\,|\,x$는 5 이하의 소수$\}$ _____

026 $\{x\,|\,x$는 무리수$\}$, $\{x\,|\,x$는 유리수$\}$ _____

027 $\{x\,|\,x$는 이등변삼각형$\}$, $\{x\,|\,x$는 직각삼각형$\}$ _____

◉ 차집합 기호를 교집합 기호로 바꾸어 나타내시오.

028 $A-B$ _____

029 $B-A^C$ _____

030 A^C-B _____

031 A^C-B^C _____

◉ 전체집합 U의 두 부분집합 A, B에 대하여 $A \cup B=B$일 때, 항상 옳으면 ○, 틀리면 X

032 $A \subset B$ _____

033 $A^C \subset B^C$ _____

034 $A \cap B=A$ _____

035 $B-A=\varnothing$ _____

● **'두 집합 A, B는 서로소이다'와 같은 표현** 암기

='겹치는 부분이 없다.'

❶ $A \cap B = \varnothing$, $n(A \cap B) = 0$

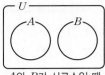

❷ $A - B = A$, $B - A = B$, $A \subset B^c$, $B \subset A^c$

예 $A - X = A$를 만족시키는 집합 X는 $A \cap X = \varnothing$이므로 A와 X는 서로소이다.

❸ 공집합은 모든 집합과 서로소이다.

A와 B가 서로소일 때

● **'A는 B의 부분집합이다'와 같은 표현** 암기

❶ 다음과 같은 표현을 만나면 오른쪽 그림과 같은 벤 다이어그램을 그려 접근하는 것이 좋다.

$$A \subset B \Longleftrightarrow A \cup B = B, \; A \cap B = A$$
$$\Longleftrightarrow A - B = \varnothing, \; A \cap B^c = \varnothing, \; A^c \cup B = U$$
$$\Longleftrightarrow B^c \subset A^c, \; B^c - A^c = \varnothing$$
$$\Longleftrightarrow n(A \cap B) = n(A)$$

예 $A \cup X = X$를 만족시키는 집합 X는 $A \subset X$이다.

$A \subset B$일 때

❷ $A \subset B$와 같은 표현 중에서 가장 많이 쓰이는 것은 $A \cup B = B$, $A \cap B = A$, $A - B = \varnothing$, $A \cap B^c = \varnothing$이다.

● **집합이 2개일 때, 벤 다이어그램을 그리는 방법**

❶ 벤 다이어그램은 복잡한 문제를 해결하는데 필요한 강력한 무기이다.

❷ 여집합이 보이거나 전체집합이 보이면 전체집합을 그려야 한다.

❸ 교집합이 보이면 두 집합 A, B를 서로 겹치게 그려야 한다.

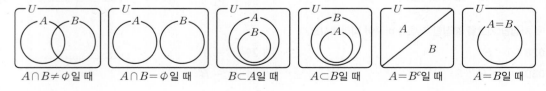

● **$A \subset B^c$일 때, 벤 다이어그램을 그리는 방법**

• $A \subset B^c$을 보고 $A \cap B = \varnothing$가 곧바로 떠오르지 않으면 B^c이 A를 포함하도록 벤 다이어그램을 그려야 한다. 이때 보통 왼쪽처럼 그리지만 오른쪽처럼 그리면 효과적일 때가 있으므로 둘 다 알아두면 좋다.

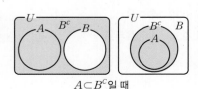

$A \subset B^c$일 때

001 전체집합 $U=\{a, b, c, d, e\}$의 두 부분집합 $A=\{a, c\}$, $B=\{c, d, e\}$에 대하여 다음 중 옳지 않은 것은?

① $A\cup B=\{a, c, d, e\}$ ② $A\cap B=\{c\}$
③ $B^c=\{a, b\}$ ④ $A\cap B^c=\{d, e\}$
⑤ $(A\cap B)^c=\{a, b, d, e\}$

002 전체집합 $U=\{1, 2, 3, 4, 5, 6, 7\}$의 두 부분집합 A, B에 대하여 $A-B=\{1, 6\}$, $A\cap B=\{3\}$, $(A\cup B)^c=\{2, 5\}$일 때, 집합 B는?

① $\{2, 3\}$ ② $\{3, 4\}$ ③ $\{3, 7\}$
④ $\{3, 4, 7\}$ ⑤ $\{3, 4, 5, 7\}$

003 전체집합 U의 서로 다른 두 부분집합 A, B에 대하여 다음 중 나머지 넷과 다른 하나는?

① $A-B^c$ ② $B-A^c$
③ $A\cap(B\cup B^c)$ ④ $A\cap(U-B^c)$
⑤ $(A\cap B)\cup(A\cap A^c)$

004 집합 $A=\{1, 2, 3, 4, 5\}$의 부분집합 중에서 집합 $\{1, 2\}$와 서로소인 집합의 개수는?

① 1 ② 2 ③ 4
④ 7 ⑤ 8

005 전체집합 U의 공집합이 아닌 두 부분집합 A, B에 대하여 $A\subset B$일 때, 다음 중 옳지 않은 것은?

① $A\cup B=B$ ② $A\cap B=A$
③ $B^c\subset A^c$ ④ $A-B=\varnothing$
⑤ $A\cup B^c=U$

006 두 집합 $A=\{0, 1, a^2-2a\}$, $B=\{a-3, a, a+2\}$에 대하여 $A\cap B=\{0, 3\}$일 때, 집합 $A\cup B$는?

① $\{0, 1, 3\}$ ② $\{0, 3, 5\}$
③ $\{-1, 0, 1, 3\}$ ④ $\{0, 1, 3, 5\}$
⑤ $\{-4, -1, 0, 1, 3\}$

007 세 집합 $A=\{x\,|\,x$는 10 이하의 자연수$\}$, $B=\{x\,|\,x$는 5의 배수$\}$, $C=\{x\,|\,x$는 소수$\}$에 대하여 $X\subset\{A\cap(B\cup C)\}$를 만족시키는 집합 X의 개수는?

① 2 ② 2^2 ③ 2^3
④ 2^4 ⑤ 2^5

008 두 집합 $A=\{x\,|\,x$는 5의 양의 약수$\}$, $B=\{x\,|\,x$는 10의 양의 약수$\}$에 대하여 $A\cap X=\varnothing$, $B\cup X=B$를 만족시키는 집합 X의 개수는?

① 2 ② 4 ③ 6
④ 8 ⑤ 10

039 집합의 연산법칙

❶ 교환법칙과 결합법칙

□ **교환법칙** : $A \cap B = B \cap A$, $A \cup B = B \cup A$
  서로 바꿈
□ **결합법칙** : $(A \cap B) \cap C = A \cap (B \cap C)$
  묶음 $= A \cap B \cap C$
                     $(A \cup B) \cup C = A \cup (B \cup C)$
                                    $= A \cup B \cup C$

$A \cap (B \cap A^c)$
$= A \cap (A^c \cap B)$ ⟩ 교환법칙
$= (A \cap A^c) \cap B$ ⟩ 결합법칙
$= \varnothing \cap B$
$= \varnothing$

❷ 분배법칙

□ $A \cap (B \cup C) = (A \cap B) \cup (A \cap C)$

□ $A \cup (B \cap C) = (A \cup B) \cap (A \cup C)$

$(A \cap B) \cup (A \cap B^c)$
$= A \cap (B \cup B^c)$ ⟩ 분배법칙
$= A \cap U$
$= A$

❸ 흡수법칙

□ $A \cup (A \cap B) = A$ ➔ A는 항상 $A \cap B$를 포함한다.
  예 $A^c \cup (A^c \cap B^c) = A^c$
□ $A \cap (A \cup B) = A$ ➔ A는 항상 $A \cup B$에 포함된다.
  예 $A \cap (A \cup B^c) = A$

❹ 드모르간 법칙 (암기)

□ $(A \cap B)^c = A^c \cup B^c$

증명 벤 다이어그램을 이용하여 $(A \cap B)^c = A^c \cup B^c$를 증명할 수 있다.

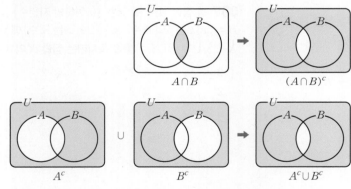

$A \cap B$ ➔ $(A \cap B)^c$

A^c ∪ B^c ➔ $A^c \cup B^c$

  예 $(A \cup B) \cap (A^c \cap B^c) = (A \cup B) \cap (A \cup B)^c = \varnothing$
            $X \cap X^c = \varnothing$
□ $(A \cup B)^c = A^c \cap B^c$
  예 $(A \cap B) \cup (A^c \cup B^c) = (A \cap B) \cup (A \cap B)^c = U$
            $X \cup X^c = U$

◉ 연산에 사용된 법칙이 교환법칙이면 '교', 결합법칙이면 '결'

001 $A \cup B = B \cup A$ _____

002 $A \cap B^c = B^c \cap A$ _____

003 $A \cap (B^c \cap C) = (A \cap B^c) \cap C$ _____

004 $(A \cup B^c) \cup C^c = A \cup (B^c \cup C^c)$ _____

◉ 분배법칙을 이용하여, 변형하시오.

005 $A \cap (B \cup C)$ _____

006 $A \cup (B \cap C)$ _____

007 $A \cap (A^c \cup B)$ _____

008 $A \cup (B \cap A^c)$ _____

009 $(A \cap B) \cup (A \cap B^c)$ _____

010 $(A^c \cup B) \cap (A^c \cup B^c)$ _____

011 $(B^c \cap A) \cup (A^c \cap B^c)$ _____

012 $(A^c \cup B) \cap (B \cup A)$ _____

◉ 흡수법칙을 이용하여, 간단히 하시오.

013 $A \cap (A \cup B)$ _____

014 $(A \cup B) \cap (A \cap B)$ _____

015 $A \cup (A - B)$ _____

016 $A^c \cup (A^c \cap B)$ _____

◉ 드모르간의 법칙을 이용하여, 변형하시오.

017 $(A \cap B)^c$ _____

018 $(A \cup B^c)^c$ _____

019 $(A^c \cap B^c)^c$ _____

020 $(A - B)^c$ _____

◉ 전체집합 U의 공집합이 아닌 두 부분집합 A, B에 대하여 다음을 간단히 하시오.

021 $(A - B) \cup (A \cap B)$

022 $(A \cap B^c)^c \cap (A \cup B)$

023 $\{A \cap (A \cup B)^c\} \cup \{B \cup (A \cap B)\}$

024 $\{(A \cap B) \cup (A \cap B^c)\} \cup \{(A^c \cup B) \cap (A^c \cup B^c)\}$

025 $\{(A \cup B) \cap (A \cup B^c)\} \cup \{(A^c \cap B^c) \cup (B - A)\}$

◉ 자연수 n의 배수의 집합을 A_n, 자연수 n의 양의 약수의 집합을 B_n이라 할 때, 다음을 구하시오.

026 $A_2 \cap A_3$ _____

027 $A_2 \cap A_4$ _____

028 $A_3 \cap A_6$ _____

029 $A_3 \cup A_6$ _____

030 $A_3 \cap (A_4 \cup A_6)$ _____

031 $(A_4 \cup A_8) \cap (A_3 \cup A_{12})$ _____

032 $B_4 \cap B_6$ _____

033 $B_3 \cap B_6$ _____

034 $B_4 \cap B_8$ _____

035 $B_4 \cup B_8$ _____

036 $B_6 \cap (B_9 \cup B_{12})$ _____

037 $(B_4 \cup B_8) \cap (B_6 \cup B_{12})$ _____

- **대칭차집합** $A \triangle B = (A-B) \cup (B-A)$

  ❶ $A \triangle B = (A-B) \cup (B-A)$ ⇨ '앞에서 뒤를 빼고, 뒤에서 앞을 빼고'

            $= (A \cap B^C) \cup (B \cap A^C)$

            $= (A \cup B) - (A \cap B)$ ⇨ '전체에서 겹친 부분을 빼고'

            $= (A \cup B) \cap (A \cap B)^C$

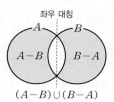

$(A-B) \cup (B-A)$

  ❷ $A \triangle A = \varnothing$, $A \triangle \varnothing = A$

  ❸ $A \triangle B = B \triangle A$, $(A \triangle B) \triangle C = A \triangle (B \triangle C)$ ⇨ 교환법칙과 결합법칙이 성립한다.

  ❹ $(A \triangle B) \triangle C$를 벤 다이어그램으로 나타내기

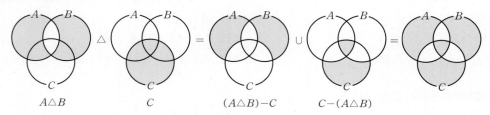

- **복잡한 집합의 연산 간단히 하기**

  ❶ $(A \cup B) \cap (B-A)^C$ ⎫ 차집합의 변형

     $= (A \cup B) \cap (B \cap A^C)^C$ ⎬ 드모르간 법칙

     $= (A \cup B) \cap (B^C \cup A)$ ⎬ 교환법칙

     $= (A \cup B) \cap (A \cup B^C)$ ⎬ 분배법칙

     $= A \cup (B \cap B^C)$

     $= A \cup \varnothing = A$

  ❷ $\{(A \cap B) \cup (A-B)\} \cap B = A$ ⎫ 차집합의 변형

     $\{(A \cap B) \cup (A \cap B^C)\} \cap B = A$ ⎬ 분배법칙

     $\{A \cap (B \cup B^C)\} \cap B = A$

     $(A \cap U) \cap B = A$

     $A \cap B = A$

     $\therefore A \subset B$

- **배수 집합의 연산** 암기

  • 자연수 k의 배수의 집합을 A_k라 하면 자연수 m, n에 대하여

  ❶ $A_m \cap A_n$ ⇨ m과 n의 공배수의 집합이다.

            ⇨ 이때 m과 n의 최소공배수가 l이면 $A_m \cap A_n = A_l$이다.

     예 $A_2 = \{2, 4, 6, 8, 10, 12, \cdots\}$, $A_3 = \{3, 6, 9, 12, \cdots\}$이므로

       $A_2 \cap A_3 = A_6 = \{6, 12, 18, \cdots\}$이다.
       _{2와 3의 최소공배수는 6이다.}

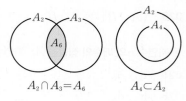

$A_2 \cap A_3 = A_6$ $A_4 \subset A_2$

  ❷ m이 n의 배수이면 $A_m \subset A_n$ ⇨ $A_m \cap A_n = A_m$, $A_m \cup A_n = A_n$
                         _{m이 n의 배수이면 m과 n의 최소공배수는 m이다.}

     예 $A_4 = \{4, 8, 12, \cdots\}$, $A_2 = \{2, 4, 6, \cdots\}$이고 4는 2의 배수이므로 $A_4 \subset A_2$ ⇨ $A_4 \cap A_2 = A_4$, $A_4 \cup A_2 = A_2$

- **약수 집합의 연산**

  • 자연수 k의 양의 약수의 집합을 B_k라 하면 자연수 m, n에 대하여

  ❶ $B_m \cap B_n$ ⇨ m과 n의 공약수의 집합이다.

            ⇨ 이때 m과 n의 최대공약수가 l이면 $B_m \cap B_n = B_l$이다.

     예 $B_4 = \{1, 2, 4\}$, $B_6 = \{1, 2, 3, 6\}$이므로 $B_4 \cap B_6 = B_2 = \{1, 2\}$이다.

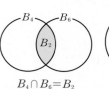

$B_4 \cap B_6 = B_2$ $B_2 \subset B_4$

  ❷ m이 n의 약수이면 $B_m \subset B_n$ ⇨ $B_m \cap B_n = B_m$, $B_m \cup B_n = B_n$
                        _{m이 n의 약수이면 m과 n의 최대공약수는 m이다.}

     예 $B_2 = \{1, 2\}$, $B_4 = \{1, 2, 4\}$이고 2는 4의 약수이므로 $B_2 \subset B_4$ ⇨ $B_2 \cap B_4 = B_2$, $B_2 \cup B_4 = B_4$

001 전체집합 $U=\{x\,|\,x$는 10 이하의 자연수$\}$의 두 부분집합 $A=\{2,\,4,\,6,\,8\}$, $B=\{3,\,4,\,5,\,6\}$에 대하여 집합 $(A\cup B)\cup(A^C\cup B^C)^C$의 원소의 개수는?

① 3   ② 4   ③ 5

④ 6   ⑤ 7

002 전체집합 U의 두 부분집합 A, B에 대하여 다음 중 옳지 않은 것은?

① $A\cap B=B\cap A$

② $A\cap(A\cup B)=A$

③ $(A\cap B)\cup(A\cap B^C)=A$

④ $A\cup(B\cap C)=(A\cup B)\cap C$

⑤ $(A-B)^C=B\cup A^C$

003 전체집합 U의 두 부분집합 A, B에 대하여 $(A\cup B^C)\cap(A^C\cup B)^C$와 같은 집합은?

① U ② $\varnothing$ ③ $A\cup B$

④ $A\cap B$ ⑤ $A-B$

004 전체집합 U의 세 부분집합 A, B, C에 대하여 $(A-B)\cup(A-C)$와 같은 집합은?

① $A\cap(B-C)$ ② $A\cup(B-C)$

③ $A-(B-C)$ ④ $A-(B\cap C)$

⑤ $A-(B\cup C)$

005 전체집합 U의 공집합이 아닌 두 부분집합 A, B에 대하여 $\{(A\cup B)\cap(A\cup B^C)\}\cap B=A$일 때, 다음 중 옳지 않은 것은?

① $A-B=\varnothing$ ② $B^C\subset A^C$

③ $A\cup B=A$ ④ $A\cap(A\cup B)=A$

⑤ $A\cap(A^C\cup B^C)=\varnothing$

006 자연수 n의 양의 약수의 집합을 A_n이라 할 때, $A_k\subset(A_{12}\cap A_{18})$을 만족시키는 자연수 k의 최댓값은?

① 1   ② 2   ③ 3

④ 6   ⑤ 12

007 전체집합 $U=\{x\,|\,x$는 100 이하의 자연수$\}$의 부분집합 중에서 자연수 n의 배수의 집합을 A_n이라 할 때, 집합 $A_6\cap(A_8\cup A_{12})$의 원소의 개수는?

① 4   ② 5   ③ 6

④ 7   ⑤ 8

008 전체집합 U의 두 부분집합 A, B에 대하여 연산 $\triangle$를 $A\triangle B=(A-B)\cup(B-A)$로 정의할 때, 다음 중 옳지 않은 것은?

① $U\triangle\varnothing=U$ ② $U\triangle A=A^C$

③ $\varnothing\triangle A=A$ ④ $A\triangle A=A$

⑤ $A\triangle B=B\triangle A$

040 유한집합의 원소의 개수

❶ 합집합의 원소의 개수 암기

☐ $n(A \cup B) = n(A) + n(B) - n(A \cap B)$

　　　　　　　　포함　　배제

　➔ $a + b + c = (a + b) + (b + c) - b$

　예 $n(A) = 7$, $n(B) = 8$, $n(A \cap B) = 5$일 때

　　$n(A \cup B) = n(A) + n(B) - n(A \cap B) = 7 + 8 - 5 = 10$이다.

☐ A, B가 서로소이면　➔ $n(A \cup B) = n(A) + n(B)$

　$A \cap B = \varnothing$, $n(A \cap B) = 0$, A와 B가 겹치는 부분이 없으면

☐ $n(A \cup B \cup C) = n(A) + n(B) + n(C) - n(A \cap B) - n(B \cap C) - n(C \cap A) + n(A \cap B \cap C)$

　➔ $a + b + c + d + e + f + g$

　　$= (a + b + f + g) + (b + c + d + g) + (d + e + f + g)$

　　　$- (b + g) - (d + g) - (f + g) + g$

　예 $n(A) = 10$, $n(B) = 12$, $n(C) = 14$, $n(A \cap B) = 2$, $n(B \cap C) = 3$, $n(C \cap A) = 4$,

　　$n(A \cap B \cap C) = 1$일 때

　　$n(A \cup B \cup C) = 10 + 12 + 14 - 2 - 3 - 4 + 1 = 28$이다.

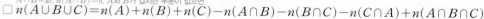

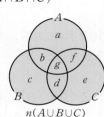

$n(A \cup B)$

$n(A \cup B \cup C)$

❷ 차집합의 원소의 개수

☐ $n(A - B) = n(A) - n(A \cap B) = n(A \cup B) - n(B)$

　예 $n(A) = 7$, $n(A \cap B) = 3$일 때　$n(A - B) \neq n(A) - n(B)$임에 주의한다.

　　$n(A - B) = n(A) - n(A \cap B) = 7 - 3 = 4$이다.

☐ $B \subset A$이면　➔ $n(A - B) = n(A) - n(B)$

　$A \cap B = B$, $A \cup B = A$

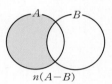

$n(A - B)$

❸ 여집합의 원소의 개수

☐ $n(A^C) = n(U) - n(A)$

☐ $n(A^C \cap B^C) = n((A \cup B)^C) = n(U) - n(A \cup B)$

☐ $n(A^C \cup B^C) = n((A \cap B)^C) = n(U) - n(A \cap B)$

　예 $n(U) = 10$, $n(A \cap B) = 4$일 때

　　$n(A^C \cup B^C) = n((A \cap B)^C) = n(U) - n(A \cap B) = 10 - 4 = 6$이다.

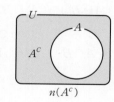

$n(A^C)$

⊙ $n(U)=20$, $n(A)=12$, $n(B)=10$, $n(A \cap B)=5$이다. 다음 값을 구하시오.

001 $n(A^C)$ _____

002 $n(B^C)$ _____

003 $n(A \cup B)$ _____

004 $n(A-B)$ _____

005 $n(B-A)$ _____

006 $n(A^C \cap B^C)$ _____

007 $n(A^C \cup B^C)$ _____

⊙ $n(U)=20$, $n(A)=8$, $n(B)=7$이고 두 집합 A, B는 서로소이다. 다음 값을 구하시오.

008 $n(A^C)$ _____

009 $n(B^C)$ _____

010 $n(A \cap B)$ _____

011 $n(A \cup B)$ _____

012 $n(A-B)$ _____

013 $n(B-A)$ _____

014 $n(A^C \cap B^C)$ _____

⊙ A, B는 전체집합 U의 부분집합이다. 다음 값을 구하시오.

015 $n(A)=20$, $n(B)=10$, $n(A-B)=15$일 때, $n(A \cup B)$ _____

016 $n(A \cap B^C)=8$, $n(A \cap B)=5$, $n(A \cup B)=25$일 때, $n(B-A)$ _____

017 $n(U)=35$, $n(A)=20$, $n(B)=10$, $n(A-B)=15$일 때, $n((A \cup B)^C)$ _____

018 $n(U)=30$, $n(A)=15$, $n(A \cap B)=10$, $n(A^C \cap B^C)=5$일 때, $n(B)$ _____

019 $n(U)=30$, $n(A)=20$, $n(B)=15$, $n(A^C \cap B^C)=5$일 때, $n(A \cap B)$ _____

⊙ 우리 반 학생 20명 중에서 사과를 좋아하는 학생은 14명, 딸기를 좋아하는 학생은 11명, 사과와 딸기를 모두 좋아하는 학생은 7명이다. 다음 학생 수를 구하시오.

020 사과를 좋아하지 않는 학생 수 _____

021 사과 또는 딸기를 좋아하는 학생 수 _____

022 사과와 딸기 중에서 적어도 하나를 좋아하는 학생 수 _____

023 사과와 딸기를 모두 좋아하지 않는 학생 수 _____

024 사과와 딸기 중에서 사과만 좋아하는 학생 수 _____

025 사과와 딸기 중에서 하나만 좋아하는 학생 수 _____

⊙ 벤 다이어그램에서 a, b, c, d, e, f, g는 그 부분에 포함된 원소의 개수이다. 다음 값을 구하시오.

026 $n(A \cup B)$ _____

027 $n(A-B)$ _____

028 $n(A-(B \cup C))$ _____

029 $n(A \cup B \cup C)$ _____

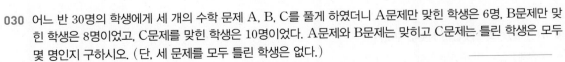

030 어느 반 30명의 학생에게 세 개의 수학 문제 A, B, C를 풀게 하였더니 A문제만 맞힌 학생은 6명, B문제만 맞힌 학생은 8명이었고, C문제를 맞힌 학생은 10명이었다. A문제와 B문제는 맞히고 C문제는 틀린 학생은 모두 몇 명인지 구하시오. (단, 세 문제를 모두 틀린 학생은 없다.) _____

● **일상 언어를 집합 기호로 바꾸기** 암기

❶ A를 ……하지 않는 ⇨ A^C, $U-A$ (U는 전체집합)

❷ A와 B를 모두 ……하는 ⇨ $A \cap B$

❸ A와 B 중에서 적어도 하나를 ……하는, A 또는 B 중에서 ⇨ $A \cup B$

❹ A와 B를 모두 ……하지 <u>않는</u> ⇨ $A^C \cap B^C$, $(A \cup B)^C$

❺ A와 B 중에서 A만 ……하는 ⇨ $A-B$, $A-(A \cap B)$, $(A \cup B)-B$

❻ A와 B 중에서 하나만 ……하는 ⇨ $\underset{\text{대칭차집합}}{(A-B) \cup (B-A)}$, $(A \cup B)-(A \cap B)$

❼ A, B, C 중에서 A만 ……하는 ⇨ $A-(B \cup C)$, $(A \cup B \cup C)-(B \cup C)$

❽ A, B, C 중에서 두 개만 ……하는 ⇨ $(A \cap B) \cup (B \cap C) \cup (C \cap A)-(A \cap B \cap C)$

● **$n(A \cap B)$의 최댓값과 최솟값 구하기**

• 전체집합 U의 두 부분집합 A, B에 대하여 $n(B) \le n(A)$일 때, $n(A \cap B) = n(A) + n(B) - n(A \cup B)$이므로

❶ $n(A \cap B)$가 최대가 되려면

⇨ $n(A \cup B)$가 최소이어야 한다.

⇨ $B \subset A$이어야 한다. 이때 $n(A \cap B)$의 최댓값
$\underset{n(B) \le n(A) \text{이므로}}{}$ 은 $n(B)$이다.

❷ $n(A \cap B)$가 최소가 되려면

⇨ $n(A \cup B)$가 최대이어야 한다.

⇨ $n(A) + n(B) \le n(U)$이면 $A \cap B = \varnothing$인 경우가 존재하므로 $n(A \cap B) = 0$이다.

⇨ $n(A) + n(B) > n(U)$이면 $A \cap B = \varnothing$인 경우는 존재하지 않으므로 $n(A \cup B)$가 최대일 때, $n(A \cap B)$가

최소가 된다. 이때는 $\underset{(A \cup B)^C = \varnothing \text{인 경우를 말한다.}}{A \cup B = U}$이어야 한다.

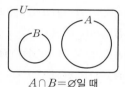
$A \cap B = \varnothing$일 때

$B \subset A$일 때

$A \cup B = U$일 때

♠ 어느 학급의 학생 40명 중에서 반지를 착용한 학생이 25명, 목걸이를 착용한 학생이 20명이었다. 이때 반지와 목걸이를 모두 착용한 학생수의 최댓값과 최솟값을 구하시오. 정답 최댓값 20명, 최솟값 5명

풀이 학생 전체의 집합을 U, 반지, 목걸이를 착용한 학생의 집합을 각각 A, B라 하면

$n(U) = 40$, $n(A) = 25$, $n(B) = 20$

$n(A) + n(B) > n(U)$이므로 $A \cap B = \varnothing$인 경우는 존재하지 않는다.

$n(A \cap B) = n(A) + n(B) - n(A \cup B)$

$n(A \cap B)$가 최대가 되려면 ⇨ $n(A \cup B)$가 최소이어야 한다. ⇨ $n(B) \le n(A)$이므로 $B \subset A$이어야 한다.

이때 $A \cap B = B$이므로 $n(A \cap B)$의 최댓값은 $n(B) = 20$이다.

$n(A \cap B)$가 최소가 되려면 ⇨ $n(A \cup B)$가 최대이어야 한다. ⇨ $A \cup B = U$이어야 한다.

이때 $n(A \cup B) = n(U)$이므로 $n(A \cap B)$의 최솟값은

$n(A \cap B) = n(A) + n(B) - n(A \cup B) = 25 + 20 - 40 = 5$이다.

● **$n(A \cup B)$의 최댓값과 최솟값 구하기**

• 전체집합 U의 두 부분집합 A, B에 대하여 $n(B) \le n(A)$일 때

⇨ $A \subset (A \cup B) \subset U$이므로 $n(A) \le n(A \cup B) \le n(U)$이다.

⇨ 이때 $n(A \cup B)$의 최댓값은 $n(U)$, 최솟값은 $n(A)$이다.

001 두 집합 A, B에 대하여
$n(A)=13$, $n(B)=9$, $n(A \cap B)=7$일 때,
$n(A \cup B)$의 값은?

① 5   ② 10   ③ 15

④ 20   ⑤ 25

002 전체집합 U의 두 부분집합 A, B에 대하여
$n(U)=30$, $n(A^c \cap B^c)=10$, $n(A)=13$,
$n(B)=12$일 때, $n(A \cap B)$의 값은?

① 5   ② 10   ③ 15

④ 20   ⑤ 25

003 두 집합 A, B에 대하여 $n(A)=18$,
$n(A \cup B)=27$, $n(A \cap B)=6$일 때, $n(B-A)$의
값은?

① 8   ② 9   ③ 10

④ 11   ⑤ 12

004 세 집합 A, B, C에 대하여 B와 C가 서로소이
고 $n(A)=11$, $n(B)=9$, $n(C)=7$, $n(A \cap B)=4$,
$n(C \cap A)=3$일 때, $n(A \cup B \cup C)$의 값은?

① 5   ② 10   ③ 15

④ 20   ⑤ 25

005 필성이네 반은 학생 수가 40명이고, 이 중에서
혈액형이 A형인 학생은 12명, 안경을 쓴 학생은 23명
이다. 또한 혈액형이 A형이 아니면서 안경을 쓰지 않
은 학생은 10명이다. 이때, 혈액형이 A형이면서 안경
을 쓴 학생 수는?

① 1   ② 2   ③ 3

④ 4   ⑤ 5

006 영규네 반 학생 40명 중에서 물리를 선택한 학생
은 28명, 화학을 선택한 학생은 23명, 생물을 선택한
학생은 15명이고 세 과목을 모두 선택한 학생은 5명이
다. 영규네 반 학생 모두가 세 과목 중에서 적어도 한
과목을 반드시 선택했다고 할 때, 두 과목만 선택한 학
생 수는?

① 12   ② 14   ③ 16

④ 18   ⑤ 20

007 학생 수가 40명인 어느 반의 모든 학생은 체육,
봉사, 예술 동아리 중에서 적어도 한 동아리에 모두 가
입하였다. 체육, 봉사, 예술 동아리에 가입한 학생이 각
각 24명, 21명, 20명이고 세 동아리에 모두 가입한 학
생이 5명일 때, 하나의 동아리에만 가입한 학생 수는?

① 5   ② 10   ③ 15

④ 20   ⑤ 25

008 전체집합 U의 두 부분집합 A, B에 대하여
$n(U)=35$, $n(A)=25$, $n(B)=12$일 때,
$n(A \cap B)$의 최댓값을 M, 최솟값을 m이라 하자.
$M+m$의 값은?

① 12   ② 14   ③ 16

④ 18   ⑤ 20

041 명제와 조건

중요도 : ★★☆☆☆

❶ 명제

☐ **명제** : 참, 거짓을 명확하게 판별할 수 있는 문장이나 식 〔정의〕
　　<u>사람에 따라 판단이 달라지는 애매한 표현이 들어가서는 안 된다.</u>
　　예 2^{1000}은 매우 큰 수이다. (명제가 아니다.)
　　　 가장 작은 소수는 2이다. (참인 명제), $1+1=3$ (거짓인 명제)

☐ 명제 p에 대하여 'p가 아니다'를 p의 **부정**이라 하고, $\sim p$로 나타낸다. 〔정의〕
　　not
　　➔ p가 참이면 $\sim p$는 거짓이고, p가 거짓이면 $\sim p$는 참이다.

　　➔ $\sim(\sim p)=p$
　　　<u>부정의 부정은 긍정이다.</u> $\rightleftharpoons (A^C)^C=A$

☐ **정의** : 용어의 뜻을 명확하게 약속한 것 〔정의〕
　　<u>증명의 대상이 아니다.</u>
　　예 정삼각형은 세 변의 길이가 같은 삼각형이다.

☐ **정리** : 참임이 증명된 명제 중에서 기본이 되는 것이나 다른 명제를 증명할 때 이용할 수 있는 것 〔정의〕
　　<u>증명의 대상이다.</u>
　　예 정삼각형은 세 내각의 크기가 같은 삼각형이다.

문장, 식

| 참인 명제 | 거짓인 명제 | 참, 거짓을 판별할 수 없는 문장, 식 |

거짓인 명제도 명제이다.

❷ 조건과 진리집합

☐ **조건** : 문자 x를 포함한 문장이나 식 중에서 x의 값에 따라 참, 거짓을 판별할 수 있는 것 〔정의〕
　　예 $p : x+1=2$는 $x=0$일 때 거짓이고, $x=1$일 때 참이므로 명제가 아닌 조건이다.

☐ 조건 p에 대하여 'p가 아니다'를 p의 **부정**이라 하고, $\sim p$로 나타낸다. 〔정의〕

☐ 전체집합 U의 원소 중에서 조건 p가 참이 되게 하는 모든 원소의 집합을 조건 p의 **진리집합**이라 한다. 〔정의〕
　　　　　　　　　　　　　　　　　　　　　　　　　　　　　　　　<u>방정식이나 부등식의 해집합과 비슷한 개념이다.</u>
　　예 $p : x$는 8의 양의 약수이다. $q : (x-1)(x-2)=0$의 진리집합은 각각 $P=\{1, 2, 4, 8\}$, $Q=\{1, 2\}$이다.

❸ 조건의 연산

☐ 전체집합 U에서 정의된 두 조건 p, q의 진리집합을 각각 P, Q라 하면

조건	진리집합		조건	진리집합
$\sim p$	P^C	부정	$\sim(\sim p)=p$	$(P^C)^C=P$
p이고 q	$P\cap Q$	➡	$\sim(p$이고 $q)=\sim p$ 또는 $\sim q$	$(P\cap Q)^C=P^C\cup Q^C$
p 또는 q	$P\cup Q$		$\sim(p$ 또는 $q)=\sim p$이고 $\sim q$	$(P\cup Q)^C=P^C\cap Q^C$

　　예 전체집합 $U=\{1, 2, 3, 4, 5\}$에서 정의된 $p : x$는 4의 양의 약수이다. $q : x\geq 4$의 진리집합은 $P=\{1, 2, 4\}$, $Q=\{4, 5\}$이다.
　　➔ 　'$\sim p$'의 진리집합 : $P^C=\{3, 5\}$
　　➔ 'p이고 q'의 진리집합 : $P\cap Q=\{4\}$
　　➔ 'p 또는 q'의 진리집합 : $P\cup Q=\{1, 2, 4, 5\}$

❹ 명제 $p \to q$의 참, 거짓

☐ 두 조건 p, q로 이루어진 명제 'p이면 q이다'를 $\boldsymbol{p \to q}$로 나타낸다. 〔정의〕
　　예 '정삼각형이면 이등변삼각형이다.'에서 정삼각형은 가정, 이등변삼각형은 결론이다.

☐ $P\subset Q$이면 $p \to q$는 참이다. (역도 성립한다. 즉, $p \to q$가 참이면 $P\subset Q$이다.)
　　예 명제 '$x=1$이면 $x^2=1$이다.'는 $\{1\}\subset\{-1, 1\}$이므로 참이다.

☐ $P\not\subset Q$이면 $p \to q$는 거짓이다. (역도 성립한다. 즉, $p \to q$가 거짓이면 $P\not\subset Q$이다.)
　　예 (4의 배수)$\subset$(2의 배수)이므로 4의 배수는 2의 배수이다. (○)
　　　 (2의 배수)$\not\subset$(4의 배수)이므로 2의 배수는 4의 배수이다. (×)

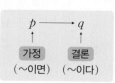

$p \longrightarrow q$

| 가정 | 결론 |
| ($\sim$이면) | ($\sim$이다) |

2의 배수
4의 배수

⊙ 명제가 참이면 ○, 거짓이면 △, 명제가 아니면 X

001 $1+1=2$ _____

002 $3^4 < 4^3$ _____

003 2는 소수이다. _____

004 순환소수는 무리수이다. _____

005 $2x+1=3$ _____

006 $x-2<0$ _____

007 이등변삼각형은 정삼각형이다. _____

008 10은 5의 배수이다. _____

009 0.0001은 0에 가까운 수이다. _____

010 한강은 긴 강이다. _____

⊙ 전체집합이 $U=\{-2, -1, 0, 1, 2, 3\}$일 때, 다음 조건의 진리집합을 구하시오.

011 x는 홀수인 자연수이다. _____

012 x는 짝수인 소수이다. _____

013 $x^2-x-2=0$ _____

014 $(x+2)(x-1) \leq 0$ _____

015 $|x|<1$ _____

016 $|x| \geq 2$ _____

⊙ 다음 조건의 부정을 구하시오.

017 $x>1$ _____

018 $x \geq 2$ _____

019 $-1 \leq x < 2$ _____

020 $x<1$ 또는 $x \geq 3$ _____

⊙ 전체집합이 $U=\{1, 2, 3, 4, 5\}$일 때, 두 조건 $p:(x-1)(x-2)=0$, $q:(x-2)(x-4) \leq 0$에 대하여 다음 조건의 진리집합을 구하시오.

021 p _____

022 q _____

023 $\sim p$ _____

024 p이고 q _____

025 p 또는 q _____

026 p이고 $\sim q$ _____

⊙ 명제의 부정을 구하고, 그것의 참, 거짓을 판별하시오.

027 $2+3<4$ _____

028 1은 소수이다. _____

029 $\sqrt{2}$는 무리수이다. _____

030 6은 12의 약수이다. _____

⊙ 명제가 참이면 ○, 거짓이면 X

031 $x=1$이면 $x^2=1$이다. _____

032 $(x-1)(x+2)=0$이면 $x=1$이다. _____

033 $x>1$이면 $x>2$이다. _____

034 $x^2 \leq 1$이면 $x \leq 1$이다. _____

035 $|x|<1$이면 $x^2<1$이다. _____

036 소수는 홀수이다. _____

037 6의 양의 약수는 12의 양의 약수이다. _____

038 2의 배수는 4의 배수이다. _____

039 $x>y$이면 $xz>yz$이다. _____

040 $xz=yz$이면 $x=y$이다. _____

041 $x+y$와 xy가 정수이면 x, y는 모두 정수이다. _____

● **다음은 서로의 부정이다.**

❶ 어떤 ←부정→ 모든(임의의)
　='some'　　　　='all'

❷ 그리고 ←부정→ 또는(적어도, 이거나)
　='and'　　　　='or'

❸ $=$ ←부정→ $\neq$

❹ $<(\,>\,)$ ←부정→ $\geq(\leq)$

❺ 유리수 ←부정→ 무리수(단, 실수 범위)

❻ 짝수 ←부정→ 홀수

❼ 음수 ←부정→ 음수가 아니다.(0 또는 양수)

❽ $x=y=z(\Longleftrightarrow x=y$이고 $y=z)$ ←부정→ $x\neq y$ 또는 $y\neq z$ 또는 $z\neq x$
　　세 수가 모두 같다.　　　　　　　　　　　　　　　세 수 중에서 서로 다른 두 수가 적어도 하나 존재한다.

❾ 적어도 하나는 ~이다. ←부정→ 모두 ~가 아니다.

예 부등식의 부정은 수직선을 이용하면 이해하기 쉽다.

　⇨ '$x<2$ 또는 $x\geq4$'의 부정은 '$2\leq x<4$'이다.

　⇨ '$2<x\leq4$'의 부정은 '$x\leq2$ 또는 $x>4$'이다.

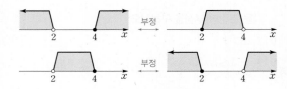

● **명제 $p\rightarrow q$가 참일 때, 부등식의 범위**

· 명제 $p\rightarrow q$가 참이면 $P\subset Q$이어야 하므로 ❸의 경우만 $b<a$이고, 나머지 경우는 모두 $b\leq a$이다.

❶ $p:x>a, q:x>b$	❷ $p:x>a, q:x\geq b$	❸ $p:x\geq a, q:x>b$	❹ $p:x\geq a, q:x\geq b$
$b\leq a$	$b\leq a$	$b<a$	$b\leq a$

참고 $a>0$일 때

❶ $|x|<a\Longleftrightarrow -a<x<a$　　　❸ $|x-k|<a\Longleftrightarrow -a+k<x<a+k$

❷ $|x|\geq a\Longleftrightarrow x\leq -a$ 또는 $x\geq a$　　❹ $|x-k|\geq a\Longleftrightarrow x\leq -a+k$ 또는 $x\geq a+k$

● **'반례 하나의 힘'='다된 밥에 코 빠뜨리기'**

❶ 명제 $p\rightarrow q$가 거짓임을 보여주는 예를 **반례**라 한다. 정의

　⇨ 가정 p를 만족시키지만 결론 q를 만족시키지 않는다.

　⇨ p의 진리집합 P에는 포함되지만 q의 진리집합 Q에는 포함되지 않는 원소의 집합

　　$P-Q$, 즉 $P\cap Q^C$이다.

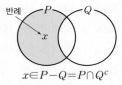

$x\in P-Q=P\cap Q^C$

명제	$p\rightarrow q$	$p\rightarrow \sim q$	$\sim p\rightarrow q$
반례	$P-Q=P\cap Q^C$	$P-Q^C=P\cap (Q^C)^C=P\cap Q$	$P^C-Q=P^C\cap Q^C=(P\cup Q)^C$

❷ 반례는 하나로도 충분하다.

　어느 날 검은 색의 백조 한 마리가 하늘을 날았다면 그 날 이후로 명제 '백조는 모두 하얀색이다.'는 거짓이 된다. 그 날 하늘을 날았던 그 검은 색의 백조 한 마리가 참이었던 명제 '백조는 모두 하얀색이다.'를 거짓으로 바꾸어 버린 것이다. 명제 '백조는 모두 하얀색이다.'가 거짓임을 보이는데 필요한 반례는 검은 색의 백조 한 마리로 충분하다.

001 다음 중 명제가 <u>아닌</u> 것을 모두 고르면?

① $x+3>5$

② $x=x+2$

③ $x+1=1-x$

④ $2x+3=2x+3$

⑤ 실수 x에 대하여 $x^2 \geq 0$이다.

002 다음 중 참인 명제는?

① $1+1=0$

② $\sqrt{x^2}=x$

③ 1은 소수이다.

④ 모든 새는 날 수 있다.

⑤ 4의 배수는 2의 배수이다.

003 두 조건 $p : -2<x \leq 1$, $q : -3 \leq x<2$에 대하여 'p 또는 $\sim q$'의 부정은?

① $-3<x<-2$ 또는 $1 \leq x<2$

② $-3 \leq x<-2$ 또는 $1<x \leq 2$

③ $-3<x \leq -2$ 또는 $1 \leq x<2$

④ $-3 \leq x \leq -2$ 또는 $1<x \leq 2$

⑤ $-3 \leq x \leq -2$ 또는 $1<x<2$

004 전체집합 $U=\{1, 2, 3, 4, 5, 6\}$에 대하여 두 조건 p, q의 진리집합을 각각 P, Q라 하자.
$Q=\{1, 3, 5\}$일 때, 명제 $p \longrightarrow \sim q$가 참이 되도록 하는 집합 P의 개수는?

① 5 　　　　② 6 　　　　③ 7

④ 8 　　　　⑤ 9

005 두 조건 $p : x$는 2의 양의 약수, $q : x$는 4의 양의 약수에 대하여 다음 중 참인 명제는?

① $q \longrightarrow p$ 　　② $\sim q \longrightarrow p$ 　　③ $\sim q \longrightarrow \sim p$

④ $\sim p \longrightarrow q$ 　　⑤ $\sim p \longrightarrow \sim q$

006 다음 명제 중 참인 것은? (단, x, y는 실수이고 m, n은 자연수이다.)

① $x^2=1$이면 $x=1$이다.

② $xy>0$이면 $x>0$이고 $y>0$이다.

③ $xy=0$이면 $x^2+y^2=0$이다.

④ $m+n$이 짝수이면 m, n은 모두 짝수이다.

⑤ $x=0$ 또는 $y=0$이면 $xy=0$이다.

007 명제 '$a-1 \leq x<a+3$이면 $-2<x<4$이다.'가 참이 되도록 하는 실수 a의 값의 범위는?

① $a>-1$ 　　　　② $-1<a \leq 1$

③ $-1 \leq a<1$ 　　　　④ $a \leq 1$

⑤ $a>3$

008 전체집합 $U=\{x|x$는 10 이하의 자연수$\}$에 대하여 두 조건 p, q가 $p : x$는 소수, $q : x$는 짝수일 때, 명제 $\sim q \longrightarrow p$가 거짓임을 보이는 반례의 개수는?

① 2 　　　　② 4 　　　　③ 6

④ 8 　　　　⑤ 8

042 명제의 역과 대우, 귀류법

❶ 모든, 어떤

- 전체집합 U에 대하여 조건 p의 진리집합을 P라 할 때

☐ $P=U$이면 '모든 x에 대하여 p이다.'는 참이다.
　모두 참이어야 참이다.

☐ $P \neq U$이면 '모든 x에 대하여 p이다.'는 거짓이다.
　하나라도 거짓이면 거짓이다.
　➡ 즉, 반례가 하나라도 있으면 거짓이다.

☐ $P \neq \varnothing$이면 '어떤 x에 대하여 p이다.'는 참이다.
　하나라도 참이어야 참이다.
　예 명제 '어떤 실수 x에 대하여 $x^2 \leq 0$이다.'는 참이다.
　　$x=0$일 때 성립하기 때문이다.

☐ $P = \varnothing$이면 '어떤 x에 대하여 p이다.'는 거짓이다.
　참인게 하나라도 없으면 거짓이다.

☐ '모든 x에 대하여 p이다.'의 부정은 '어떤 x에 대하여 $\sim p$이다.'이다.
　예 '모든 인간은 죽는다.'의 부정은 '어떤 인간은 죽지 않는다.'이다.
　　　　　　　　　　　　　　　　　　　　　not

☐ '어떤 x에 대하여 p이다.'의 부정은 '모든 x에 대하여 $\sim p$이다.'이다.

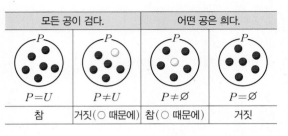

모든 공이 검다.		어떤 공은 희다.	
$P=U$	$P \neq U$	$P \neq \varnothing$	$P=\varnothing$
참	거짓(○ 때문에)	참(○ 때문에)	거짓

❷ 역과 대우 （암기）

☐ 명제 $q \to p$를 명제 $p \to q$의 **역**이라 한다. （정의）
　가정과 결론의 위치를 서로 바꿈

☐ 명제 $p \to q$가 참이라고 해서 그 역 $q \to p$가 항상 참인 것은 아니다.
　단, p, q의 진리집합인 P, Q가 $P=Q$이면 명제와 그 역이 모두 참이 된다.
　예 명제 '$a=b$이면 $ac=bc$이다.'의 역은 '$ac=bc$이면 $a=b$이다.'이다.
　　　　　　참　　　　　　　　　　　　　　　　$c=0$, $a \neq b$일 때, 거짓

☐ 명제 $p \to q$를 명제 $\sim q \to \sim p$를 명제 $p \to q$의 **대우**라 한다. （정의）
　가정과 결론을 각각 부정하여 위치를 서로 바꿈

☐ 명제 $p \to q$와 그 대우 $\sim q \to \sim p$의 참, 거짓은 항상 일치한다.

　예 명제 '$x=0$ 또는 $y=0$이면 $xy=0$이다.'의 대우는 '$xy \neq 0$이면 $x \neq 0$이고 $y \neq 0$이다.'이다.
　　　　참　　　　　　　　　　　　　　　　　　　　참

　➡ 즉, 어떤 명제가 참이면 그 대우도 반드시 참이고, 어떤 명제가 거짓이면 그 대우도 반드시 거짓이다.

　➡ $P \subset Q$이면 $Q^C \subset P^C$이 성립한다.

　➡ 명제와 그 대우를 **동치**(同値)라 한다. 즉, '가치가 같다'는 뜻이다.
　　　　　　　　　　　　　　　　　수학에서 가치는 '참, 거짓'을 뜻한다.

$p \to q$ ⟷ $q \to p$
（대우）（역）（대우）
$\sim q \to \sim p$　$\sim p \to \sim q$
동치　　　　　동치

❸ 대우증명법과 귀류법
　　　　　　　　　　'또는'이 들어간 명제를 증명할 때는 대우를 이용하는 것이 효과적일 때가 많다.

☐ **대우증명법** : 명제 $p \to q$의 참, 거짓을 그 대우 $\sim q \to \sim p$를 이용하여 간접적으로 증명하는 방법

　예 명제 '$x+y<2$이면 $x<1$ 또는 $y<1$이다.'보다는 그 대우 '$x \geq 1$이고 $y \geq 1$이면 $x+y \geq 2$이다.'가 증명하기 쉽다.

☐ **귀류법** : 어떤 명제가 참임을 증명할 때, 결론을 부정하여 가정이나 이미 알려진 정리 등에 모순임을 보여 줌으로써
　"수학자에게 귀류법을 뺏은 것은 천문학자에게 망원경을 뺏은 것과 같다." (힐베르트)
　본래 명제가 참임을 간접적으로 증명하는 방법

❹ 삼단논법 （암기）

☐ **삼단논법** : '$p \to q$가 참이고 $q \to r$가 참이면 $p \to r$가 참이다.'라고 결론짓는 방법

　➡ $P \subset Q$, $Q \subset R$이므로 $P \subset R$가 성립한다.
　수에서의 삼단논법 : $a<b$이고 $b<c$이면 $a<c$가 성립한다.
　예 모든 사람은 죽는다. 소크라테스는 인간이다. 그러므로 소크라테스는 죽는다.
　예 $p \to q$, $r \to \sim q$가 모두 참이다.　"All men are mortal, Socrates is a man,
　　　　　　　　　　　　　　　　　　　　　therefore Socrates is mortal."
　➡ $r \to \sim q$의 대우 $q \to \sim r$가 참이다.
　➡ $p \to q$, $q \to \sim r$가 모두 참이이므로 $p \to \sim r$도 참이다.
　　삼단논법으로 증명하기 위해서는 q와 같이 두 명제를 연결하는 조건이 있어야 한다.
　　만약 이 연결 조건이 없으면 대우를 이용해서 만들어야 한다.

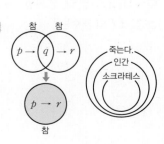

⊙ 전체집합 $U=\{-2, -1, 0, 1, 2\}$에 대하여 명제가 참이면 ○, 거짓이면 X

001 모든 x에 대하여 $x^2 \geq 0$이다. _____

002 모든 x에 대하여 $|x| \leq 1$이다. _____

003 어떤 x에 대하여 $x^2 - 2x - 3 = 0$이다. _____

004 어떤 x에 대하여 $x^2 - 4 > 0$이다. _____

⊙ 명제의 부정을 구하고, 참, 거짓을 판별하시오. (단, x는 실수이다.)

005 모든 사람은 죽는다. _____

006 어떤 정사각형은 직사각형이 아니다. _____

007 모든 실수 x에 대하여 $|x| \geq 0$이다. _____

008 어떤 실수 x에 대하여 $x^2 - 2x + 1 < 0$이다. _____

⊙ 명제의 역을 구하고, 참, 거짓을 판별하시오. (단, x, y는 실수이다.)

009 $x^2 = 4$이면 $x = -2$이다. _____

010 $x^2 = 1$이면 $|x| = 1$이다. _____

011 $x > 10$이면 $x > 5$이다. _____

012 4의 양의 약수는 8의 양의 약수이다. _____

013 $x = y$이면 $x^2 = y^2$이다. _____

014 $x = 0$이고 $y = 0$이면 $x + y = 0$이다. _____

015 $x = 0$이고 $y = 0$이면 $xy = 0$이다. _____

016 xy가 유리수이면 x, y도 모두 유리수이다. _____

⊙ 명제의 대우를 구하고, 참, 거짓을 판별하시오. (단, x, y는 실수이다.)

017 $x^2 - 3x + 2 \neq 0$이면 $x \neq 1$이다. _____

018 $x < 1$이면 $|x| < 1$이다. _____

019 $x^2 \leq 1$이면 $x \geq -1$이다. _____

020 x가 무리수이면 $x + \sqrt{2}$도 무리수이다. _____

021 $x + y > 2$이면 $x > 1$ 또는 $y > 1$이다. _____

022 $x + y < 0$이면 x, y 중 적어도 하나는 음수이다. _____

023 두 자연수 m, n에 대하여 mn이 짝수이면 m, n 중 적어도 하나는 짝수이다. _____

⊙ 두 명제 $p \longrightarrow \sim q$, $\sim r \longrightarrow q$가 모두 참일 때, 다음 명제 중 항상 참이면 ○, 그렇지 않으면 X

024 $q \longrightarrow \sim p$ _____

025 $p \longrightarrow \sim r$ _____

026 $\sim q \longrightarrow r$ _____

027 $\sim r \longrightarrow \sim p$ _____

● '모든'과 '어떤'이 있는 명제

❶ 일반적으로 조건 p는 명제가 아니다. 그러나 전체집합 U에 대하여 조건 p 앞에 '모든'이나 '어떤'이 있으면 참, 거짓을 판별할 수 있는 명제가 된다.

$x^2 > 0$	$+$	'모든 실수 x에 대하여'	$=$	모든 실수 x에 대하여 $x^2 > 0$이다.
조건(○), 명제(×)				$x=0$일 때 $x^2=0$이므로 거짓 → 명제(○)

❷ '모든 x에 대하여 p이다.'가 참이면 ⇨ 전체집합의 원소 중에서 한 개도 빠짐없이 p를 만족시킨다.
⇨ p를 만족하지 않는 x가 단 하나라도 존재해서는 안 된다.

❸ '어떤 x에 대하여 p이다.'가 참이면 ⇨ 전체집합의 원소 중에서 한 개 이상이 p를 만족시킨다.
⇨ p를 만족하는 x가 단 하나만 존재해도 된다.

● '세 수가 모두 같다.'의 부정

♠ 임의의 실수 a, b, c에 대하여 $(a-b)^2+(b-c)^2+(c-a)^2=0$의 부정과 서로 같은 것은? **정답** ⑤
① $(a-b)(b-c)(c-a)=0$ ② $a \neq b$이고 $b \neq c$이고 $c \neq a$ ③ $(a-b)(b-c)(c-a) \neq 0$
④ a, b, c는 서로 다르다.   ⑤ a, b, c 중에서 서로 다른 두 수가 적어도 하나 존재한다.

풀이 $(a-b)^2+(b-c)^2+(c-a)^2=0 \iff a-b=0$이고 $b-c=0$이고 $c-a=0 \iff a=b$이고 $b=c$이고 $c=a$
$\iff a=b=c$ (세 수가 모두 같다.)
'세 수가 모두 같다.'의 부정은 '$\sim(a=b=c)$'와 같다.
$\sim(a=b=c) \iff \sim(a=b$이고 $b=c$이고 $c=a) \iff \sim(a=b)$ 또는 $\sim(b=c)$ 또는 $\sim(c=a)$
$\iff a \neq b$ 또는 $b \neq c$ 또는 $c \neq a$ _{이것을 반드시 써야 한다.}
결국, '세 수가 모두 같다.'의 부정은 '세 수 중에서 서로 다른 두 수가 적어도 하나 존재한다.'이다.

참고 ① $(a-b)(b-c)(c-a)=0 \iff a-b=0$ 또는 $b-c=0$ 또는 $c-a=0$
$\iff a=b$ 또는 $b=c$ 또는 $c=a$ (세 수 중에서 서로 같은 두 수가 적어도 하나 존재한다.)
③ $(a-b)(b-c)(c-a) \neq 0 \iff a-b \neq 0$이고 $b-c \neq 0$이고 $c-a \neq 0 \iff a \neq b$이고 $b \neq c$이고 $c \neq a$
$\iff a \neq b \neq c$ (세 수가 서로 다르다.)

● 명제 '$\sqrt{3}$은 무리수이다.'를 귀류법으로 증명하기 **암기**

증명 **❶** [가정 : 결론의 부정] $\sqrt{3}$을 무리수가 아니라고, 즉 유리수라고 가정한다.

그러면 $\sqrt{3} = \dfrac{n}{m}$을 만족하는 서로소인 두 자연수 m, n이 존재한다.
_{최대공약수가 1인 두 자연수}

❷ [추론의 진행] $\sqrt{3} = \dfrac{n}{m}$의 양변을 제곱하면 $3 = \dfrac{n^2}{m^2}$이다.

정리하면 $n^2 = 3m^2$이고 $3m^2$이 3의 배수이므로 n^2도 3의 배수이다.

이때 n^2이 3의 배수이므로 $\underline{n}$도 3의 배수이다.

그렇다면 $n = 3k$인 자연수 k가 존재하고, 이 식을 $n^2 = 3m^2$에 대입하면 $(3k)^2 = 3m^2$이 된다.

정리하면 $3k^2 = m^2$이고 $3k^2$이 3의 배수이므로 m^2도 3의 배수이다.

이때 m^2이 3의 배수이므로 $\underline{m}$도 3의 배수이다.

❸ [모순의 발견]   결국 m, n은 모두 3의 배수이다. 이것은 처음에 두 수 m, n이 서로소라는 가정에 모순이 된다.

❹ [가정의 반성]   이것은 처음의 가정, 즉 $\sqrt{3}$을 유리수라고 가정한 것이 잘못이다.

❺ [증명의 완성]   따라서 $\sqrt{3}$은 무리수이다.

001 다음 중 참인 명제는?

① 어떤 사람은 죽지 않는다.
② 모든 소수는 홀수이다.
③ 모든 무한소수는 무리수이다.
④ 모든 실수 x에 대하여 $x^3>0$이다.
⑤ 어떤 실수 x에 대하여 $x^2-4x+4\leq0$이다.

002 명제 '$k-2\leq x\leq k+2$인 어떤 실수 x에 대하여 $0\leq x\leq2$이다.'가 참이 되도록 하는 모든 정수 k의 개수는?

① 1 　　　　② 3 　　　　③ 5
④ 7 　　　　⑤ 9

003 다음 명제 중 그 역이 거짓인 것은?

① $x^2=1$이면 $x=1$이다.
② $x>0$이면 $x>1$이다.
③ $|x|=x$이면 x는 양수이다.
④ $xy=0$이면 $x=0$이고 $y=0$이다.
⑤ x가 무리수이면 x^2은 유리수이다.

004 다음 명제 중 역과 대우가 <u>모두</u> 참인 것은?

① $x^2=y^2$이면 $x=y$이다.
② $x\geq1$이면 $x^2\geq1$이다.
③ $x^2+y^2=0$이면 $x+y=0$이다.
④ $xy=0$이면 $x=0$ 또는 $y=0$이다.
⑤ x, y가 모두 짝수이면 xy는 짝수이다.

005 명제 '$x^2-ax+2\neq0$이면 $x\neq1$이다.'가 참이 되도록 하는 상수 a의 값은?

① 2 　　　　② 3 　　　　③ 4
④ 5 　　　　⑤ 6

006 두 조건 $p:|x-1|\geq2$, $q:|x-a|\geq3$에 대하여 명제 $q\longrightarrow p$가 참이 되도록 하는 모든 정수 a의 값의 합은?

① 0 　　　　② 1 　　　　③ 2
④ 3 　　　　⑤ 4

007 두 명제 $p\longrightarrow \sim q$, $r\longrightarrow q$가 모두 참일 때, 다음 명제 중 반드시 참이라고 할 수 <u>없는</u> 것은?

① $q\longrightarrow \sim p$　② $\sim q\longrightarrow \sim r$　③ $r\longrightarrow \sim p$
④ $\sim p\longrightarrow r$　⑤ $p\longrightarrow \sim r$

008 다음 두 명제가 참일 때, 항상 참인 명제는?

> ㈎ 물리를 좋아하면 수학을 좋아한다.
> ㈏ 물리를 좋아하지 않으면 화학을 좋아하지 않는다.

① 수학을 좋아하면 화학을 좋아한다.
② 수학을 좋아하면 물리를 좋아한다.
③ 물리를 좋아하면 화학을 좋아한다.
④ 화학을 좋아하지 않으면 수학도 좋아하지 않는다.
⑤ 수학을 좋아하지 않으면 화학도 좋아하지 않는다.

Special Lecture

수학의 꽃, 증명

11

수학은 수많은 공리(axiom)들로 이루어진 학문이다. 여기서 **공리**란 별도의 증명 없이 참(true)으로 사용하는 명제를 말한다. 예컨대 '1은 자연수이다.'와 같은 명제는 'n이 자연수이면 $n+1$도 자연수이다.'라는 명제의 공리가 된다. 이런 공리와 정의 (definition)를 통해 새로운 정리(theorem)를 만들어 낼 수 있다. **정리**란 공리를 그 근거로 하여 참임이 증명되는 명제를 말하며, 하나의 명제를 참으로 확정하는 과정을 **증명**(proof)이라고 한다.

포도, 사과, 딸기가 들어 있는 냉장고에서 혜린이가 포도를 꺼내 먹었다. 혜린이가 포도를 먹었다는 것을 증명하려면 어떻게 해야 하는가? 물론 혜린이 이외의 어느 누구도 냉장고 문을 열지 않았다.

> 증명할 명제 : '포도, 사과, 딸기가 들어 있는 냉장고에서 혜린이가 꺼내 먹은 것은 포도이다.'

❶ **직접증명법** : 혜린이를 병원에 데리고 간다. 그리고 위 내시경으로 위 속에 들어 있는 포도를 눈으로 직접 확인한다.
❷ **간접증명법** : 냉장고를 열어 사과와 딸기가 그대로 남아 있다는 것을 보여 혜린이가 냉장고에서 포도를 꺼내 먹었다는 것을 간접적으로 증명한다.
　다음은 간접증명법 중의 하나인 귀류법으로 증명한 것이다.
　① [가정 : 결론의 부정]　혜린이가 사과나 딸기 중 하나를 먹었다고 가정한다.
　② [추론의 진행]　　　　그렇다면 냉장고 안에는 사과나 딸기 중 하나가 없어야 한다.
　③ [추론의 모순]　　　　그런데 냉장고 문을 열어 보니 사과와 딸기가 그대로 있다.
　④ [가정의 반성]　　　　무언가 잘못됐다. 사과나 딸기 중 하나를 먹었다고 가정한 것이 잘못이다.
　⑤ [증명의 완성]　　　　결국, 혜린이는 포도를 먹은 것이다.

$p \rightarrow q$처럼 조건문으로 되어 있는 명제를 증명하는 방법은 크게 직접증명법과 간접증명법으로 나눌 수 있다. **직접증명법**(direct proof)은 가정 p로부터 출발, 논리적인 추론을 통하여 결론 q를 이끌어내는 방법이다. 직접증명법 이외의 다른 증명 방법들을 모두 간접증명법(indirect proof)이라 하는데, **간접증명법**은 증명하고자 하는 명제를 논리에 어긋나지 않는 범위에서 증명하기 쉬운 명제로 변환하여 증명하는 방법이다. 이러한 간접증명법에는 대우증명법, 모순증명법(귀류법), 반례에 의한 증명법 등이 있다.

$$\underset{\text{가정}}{p} \quad \longrightarrow \quad \underset{\text{결론}}{q}$$

증명법	직접증명법	
	간접증명법	대우증명법
		모순증명법(귀류법)
		반례에 의한 증명법

직접증명법

참이라고 인정되고 있는 몇 개의 명제에서 출발하여 정의나 이미 진리라고 증명된 정리 등을 이용, 타당한 추론을 계속 반복하여 주어진 명제가 참임을 증명하는 방법을 **직접증명법**이라 한다. 흔히, 직접증명법은 다음과 같은 타당한 추론을 여러 번 거듭하게 된다.

> $p \longrightarrow q$와 $q \longrightarrow r$이 참이면 $p \longrightarrow r$도 참이다. 즉, $p \Longrightarrow q, q \Longrightarrow r$이면 $p \Longrightarrow r$이다.

대우증명법

어떤 명제가 참이면 그 명제의 대우도 반드시 참이고, 어떤 명제가 거짓이면 그 명제의 대우도 반드시 거짓이다. 즉, 두 명제 $p \longrightarrow q$, $\sim q \longrightarrow \sim p$는 서로 동치이다. 명제 $p \longrightarrow q$가 참임을 직접 증명하기가 어려울 때는 대우 $\sim q \longrightarrow \sim p$가 참임을 증명하는 방법이 **대우증명법**이다.

> 대우증명법은 $p \longrightarrow q \Longleftrightarrow \sim q \longrightarrow \sim p$임을 이용한다.

'또는'은 이것저것 중에서 어느 하나를 만족하면 되지만 '이고'나 '그리고'는 이것저것 모두를 만족해야 한다. 일반적으로 '또는'이라는 단어를 포함하는 명제의 참, 거짓은 그 대우를 이용하는 것이 편리하다. '또는'보다는 '그리고'가 대상의 범위를 좁혀주기 때문이다. 예컨대 명제 「$x+y \leq 2$이면 $x \leq 1$ 또는 $y \leq 1$이다.」의 참, 거짓을 쉽게 알 수 없지만 그 대우인 명제 「$x > 1$이고 $y > 1$이면 $x+y > 2$이다.」는 참임을 쉽게 알 수 있다.

> 또는(or) → 합집합
> 이고, 그리고(and) → 교집합

모순증명법(귀류법)

모순증명법, 즉 **귀류법**은 어떤 명제가 주어졌을 때, 그 부정 명제가 참이라고 가정한 다음 그것의 불합리성을 증명함으로써 처음 명제가 참이라는 것을 보이는 간접증명법이다. 즉, 그 명제의 '결론이 거짓이다.'로 가정하여 추론을 진행시키면 처음 명제의 가정에 모순이 되거나 이미 참이라고 알고 있는 사실에 모순이 된다는 점을 이용하여 처음 명제의 '결론은 참이다.'라고 결론짓는 증명법이다. 귀류법은 결론을 부정하면 모순이 생기는 것을 보임으로써 처음 명제가 성립함을 증명하는 방법이다.

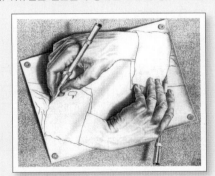 

모순은 말도 안 되는 소리다.

이것은 두 갈래의 길에서 어느 한 길을 선택하여 가다 보니 '잘못된 길임을 알고' 다시 되돌아가 다른 길로 가는 것과 같다. 즉, 증명하고자 하는 명제와 반대되는 상황을 가정하고, 이로부터 모순을 이끌어 내는 것으로 부정을 부정하여 참임을 증명한다.

> 모순증명법이라고도 불리는 귀류법은 '부정을' '부정하여' 참임을 증명하는 방법이다.

이 귀류법이 아주 복잡하고 대단한 증명 방법인 것처럼 느껴지지만 실제 우리가 무의식적으로 사용하는 논리 중의 하나이다. 귀류법은 '당신 말이 옳다고 합시다. 그런데 이것은 어떻게 설명하시겠습니까? 당신이 잘못 말한 것입니다.' 또는 '당신 말대로 했더니 문제가 더 심각해지던데요. 당신이 틀렸습니다.'와 같은 대화법과 다르지 않다. 귀류법은 이처럼 우리 주위에 매우 가까이에 있다.

귀류법의 기본 구조는 다음과 같다. 먼저, 자신이 입증할 주장의 부정을 가정한다. 다음으로, 그 가정으로부터 모순을 이끌어내고 이 사실로부터 자신의 처음 주장이 옳음을 보인다.

> 결론을 부정했더니 모순이 발생했다.
> ➡ 무언가 잘못되었다.
> ➡ 결국, 처음 명제가 옳았다.

귀류법은 우리가 일상생활에서 시행착오를 거쳐 문제를 해결하는 것과 흡사하다. 여기서 **시행착오**(trial and error)는 새로운 문제를 해결하기 위하여 이미 알고 있는 여러 가지 동작을 반복하다가 우연히 성공한 뒤, 되풀이하던 무익한 동작을 배제하는 일이다.

'모두 좋은 놈들이다'의 부정은 '모두 나쁜 놈들이다'가 아니다

명제 「정치인들은 모두 좋은 놈들이다.」를 귀류법으로 증명할 때, 이 명제의 부정은 다음 중 어느 것인가? 여기서 '좋은'은 국민들의 상식으로 충분히 판단가능한 명확한 객관적 기준으로 생각한다.

> ⓐ 모두 나쁜 놈들이다.
> ⓑ 적어도 한 사람은 나쁜 놈이다.

정치인을 좋은 놈이 아니면 나쁜 놈이라고 둘로 구별지을 때, '모두 좋은 놈들이다.'와 '모두 나쁜 놈들이다.'는 서로의 부정이 아니다. '모두 좋은 놈들이다.'의 정확한 부정은 '적어도 한 사람은 나쁜 놈이다.'이며 '모두 나쁜 놈들이다.'의 정확한 부정은 '적어도 한 사람은 좋은 놈이다.'이기 때문이다. 귀류법을 이용하여 명제가 참임을 증명하려면 처음 명제의 결론 「모두 좋은 놈들이다.」를 부정한 「적어도 한 사람은 나쁜 놈이다.」처럼 처음 명제의 결론과 완전히 반대인 가정을 해야 한다.

다음은 명제를 부정할 때 주의해야 할 예이다.

명제의 결론	…이다.	모두가 그렇다.	…보다 크(작)다. 이상이다.
결론의 부정	…가 아니다.	일부는 그렇지 않다. (적어도 하나는 그렇지 않다.)	…보다 작(크)거나 같다. 미만이다.

명제의 결론	유한하다.	적어도 n개이다.	…이고 …이다.
결론의 부정	무한하다.	많아야 $n-1$개이다.	…가 아니거나 …가 아니다.

귀류법에서 결론을 부정하는 과정은 필수적이다. 만약 결론을 잘못 부정하면 처음 명제와 전혀 관련이 없는 것이 되기도 하므로 주의해야 한다. 예컨대 명제 'x는 1000보다 크다.'의 부정은 'x는 1000보다 작다.'가 아니라 'x는 1000보다 작거나 같다.'이다. 또한 명제 'T는 정삼각형이다.'의 부정은 'T는 세 변의 길이가 모두 다르다.'가 아니라 'T는 정삼각형이 아니다.'이거나 'T는 세 변 중에서 길이가 다른 두 변이 적어도 하나 존재한다.'이다.

반례에 의한 증명법

어느 날 검은 색의 백조 한 마리가 하늘을 날았다면 그 날 이후로 명제 '백조는 모두 하얀색이다.'는 거짓이 된다. 그 날 하늘을 날았던 그 검은 색의 백조 한 마리가 참이었던 명제 '백조는 모두 하얀색이다.'를 거짓으로 바꾸어 버린 것이다. 명제 '백조는 모두 하얀색이다.'가 거짓임을 보이는데 필요한 반례는 검은 색의 백조 한 마리로 충분하다. 여기서 **반례**(counter example)는 쉽게 말해 그 논의에 반대되는 예이다. 즉, 조건들이 모두 참이고 결론이 거짓인 경우로 명제의 타당성(validity)은 반례의 불가능성(the impossibility of counter examples)과 같다.

'검은 백조 딱 한 마리로 충분했다.'

어쩌면 이 반례는 '다된 밥에 코 빠트리기'에서의 코와 같다. 더욱이 다된 밥을 망쳐버린 코의 양은 많이 필요 없다. 즉, 반례를 이용하여 어떤 명제가 거짓임을 보이고자 할 때는 명제에 모순이 되는 단 하나의 예만으로도 충분하다. 그 하나로 모든 것을 뒤집어엎을 수 있기 때문이다. 이것이 바로 반례의 파괴력이다. 이처럼 반례에 의한 증명법은 명제에 모순이 되는 예를 단 하나 보임으로써 명제가 거짓임을 증명하는 방법이다. 이 방법은 앞서 설명했던 방법으로 증명하기 어려운 명제들의 참, 거짓을 밝히는데 유용하다.

명제 '혜린이가 흠뻑 젖어서 집에 돌아왔다. 그러므로 지금 밖에 비가 오고 있음에 틀림없다.'는 타당한가? 아니다. 그렇다면 이 명제가 거짓임을 보이는 반례로 무엇이 있을까? 집에 오다가 물벼락을 맞은 경우, 개울에 빠진 경우, 땀에 젖은 경우처럼 반례는 얼마든지 있을 수 있다.

> 5만 명을 수용하는 야구장에 관중이 가득하다.
> → 그 중 한 사람이 신발을 신지 않았다.
> → 모든 관중이 신발을 신었다. (거짓)

반례 하나의 힘

다음은 반례가 존재하지 않는 참인 명제가 갖고 있는 모습이다.

> 타당한(참인) 명제
> = 조건이 결론을 잘(완벽하게) 지지하는 명제
> = 조건이 모두 참이면 결론도 반드시 참인 명제
> = 조건이 모두 참이면서 결론이 거짓인 경우가 불가능한 명제
> = 반례(counter example)가 존재하지 않는 명제

043 필요조건과 충분조건 중요도 : ★★★★☆

❶ 필요조건과 충분조건, 필요충분조건 〔암기〕

☐ 명제 $p \rightarrow q$가 참일 때, $p \Longrightarrow q$로 나타내고

$$\rightarrow \left\{ \begin{array}{l} p는 q이기 위한 \textbf{충분조건} \\ q는 p이기 위한 \textbf{필요조건} \end{array} \right\} 이라 한다. 〔정의〕$$

$$p \Longrightarrow q$$

q이기 위한 충분조건 p이기 위한 필요조건

예 명제 '$x=1$이면 $x^2=1$이다.'는 참이다.

이때 $x=1$은 $x^2=1$이기 위한 충분조건, $x^2=1$은 $x=1$이기 위한 필요조건이다.

☐ 두 명제 $p \rightarrow q$, $q \rightarrow p$가 모두 참일 때, 즉 $p \Longrightarrow q$, $q \Longrightarrow p$일 때

→ $p \Longleftrightarrow q$로 나타낸다. (동시에)

→ p는 q이기 위한, q는 p이기 위한 **필요충분조건**이라 한다. 〔정의〕

='동치'

예 $p : x=1$ 또는 $x=-1$, $q : x^2=1$일 때, 두 명제 $p \rightarrow q$, $q \rightarrow p$는 모두 참이다.

이때 p는 q이기 위한, q는 p이기 위한 필요충분조건이다.

☐ 두 명제 $p \rightarrow q$, $q \rightarrow p$의 참, 거짓을 조사하여 판별한다.

$p \rightarrow q$는 참이다.	$p \rightarrow q$는 거짓이다.	$p \rightarrow q$는 참이다.
$q \rightarrow p$는 거짓이다.	$q \rightarrow p$는 참이다.	$q \rightarrow p$는 참이다.
$p \Longrightarrow q$	$q \Longrightarrow p$	$p \Longleftrightarrow q$
p는 q이기 위한 충분조건	p는 q이기 위한 필요조건	p는 q이기 위한 필요충분조건

❷ 진리집합을 이용한 필요·충분조건 판별법 〔암기〕

• 두 조건 p, q의 진리집합을 각각 P, Q라 할 때

☐ $P \subset Q$일 때 → p는 q이기 위한 충분조건, q는 p이기 위한 필요조건이다.

$p \Longrightarrow q$ → 포함되는 쪽이 충분조건, 포함하는 쪽이 필요조건이다.

작은 집합   큰 집합

예 $P \cap Q = P \rightarrow P \subset Q \rightarrow p \Longrightarrow q$이므로 p는 q이기 위한 충분조건이다.

예 $P \cup Q = P \rightarrow Q \subset P \rightarrow q \Longrightarrow p$이므로 p는 q이기 위한 필요조건이다.

☐ $P = Q$일 때 → p는 q이기 위한, q는 p이기 위한 필요충분조건이다.

$p \Longleftrightarrow q$

예 $P \subset Q$, $Q \subset P \rightarrow P = Q \rightarrow p \Longleftrightarrow q$이므로 p는 q이기 위한 필요충분조건이다.

☐ p가 q이기 위한 필요조건이지만 충분조건이 아니려면 $Q \subset P$, $Q \neq P$이어야 한다.

$q \rightarrow p$는 참이지만 $p \rightarrow q$는 거짓이려면

$P \subset Q$일 때 $P = Q$일 때

❸ 화살표를 이용한 필요·충분조건 판별법

☐ $p \xrightarrow{\quad\circ\quad} q$ → p는 q이기 위한 충분조건, q는 p이기 위한 필요조건이다.

예 $p : x=y$, $q : x^2=y^2$일 때

[← 의 **반례**] $x=-1$, $y=1$이면 $x^2=y^2$이지만 $x \neq y$이다.

즉, $p \Longrightarrow q$, $p \Longleftarrow q$이므로 p는 q이기 위한 충분조건, q는 p이기 위한 필요조건이다.

☐ $p \xrightarrow{\quad\circ\circ\quad} q$ → p는 q이기 위한, q는 p이기 위한 필요충분조건이다.

☐ $p \xrightarrow{\quad\times\times\quad} q$ → p와 q는 아무 조건도 아니다.

'반례 하나의 힘'
= '다된 밥에 코 빠뜨리기'

명제의 거짓 보이기
→ 반례를 보여라!

⊙ 조건 p가 조건 q이기 위한 필요조건이면 '필', 충분조건이면 '충', 필요충분조건이면 '필충'
  (단, x, y, z는 실수이다.)

001	$p : x=1$	$q : x^2-3x+2=0$
002	$p : x^3=x$	$q : x^2=x$
003	$p : \lvert x \rvert =1$	$q : x^2=1$
004	$p : x=1$	$q : x^3=1$
005	$p : x>0$	$q : 1<x<2$
006	$p : \lvert x \rvert <1$	$q : x^2-x-2<0$
007	$p : x^2 \leq 4$	$q : \lvert x \rvert \leq 2$

008 $p : x$는 2의 배수이다. $q : x$는 4의 배수이다.

009 $p : x$는 4의 양의 약수이다. $q : x$는 12의 양의 약수이다

010 $p : x$는 악기이다. $q : x$는 피아노이다.

011 $p : x$는 무리수이다. $q : x$는 실수이다.

012	$p : x=y$	$q : xz=yz$
013	$p : x=y$	$q : x^2=y^2$
014	$p : xy>0$	$q : x>0$이고 $y>0$
015	$p : xy<0$	$q : x>0$이고 $y<0$
016	$p : xy=0$	$q : x=0$이고 $y=0$
017	$p : xy=\lvert xy \rvert$	$q : x>0$이고 $y>0$
018	$p : x+y>0$	$q : x>0$ 또는 $y>0$
019	$p : x+y=0$	$q : x=0$이고 $y=0$
020	$p : x-y>0$	$q : x>0$이고 $y<0$
021	$p : (x-y)^2=0$	$q : x=0$이고 $y=0$

022 $p : x$, y는 홀수이다. $q : xy$는 홀수이다.

023 $p : x$, y는 유리수이다. $q : x+y$는 유리수이다.

⊙ 두 조건 p, q가 동치이면 ○, 아니면 X
  (단, x, y는 실수이고 a, b는 유리수이고 A, B는 전체집합 U의 부분집합이다.)

024	$p : x \geq 0$	$q : \lvert x \rvert =x$
025	$p : xy=0$	$q : x=0$ 또는 $y=0$
026	$p : \lvert x \rvert + \lvert y \rvert =0$	$q : x^2+y^2=0$
027	$p : a+b\sqrt{2}=0$	$q : a=0$이고 $b=0$
028	$p : A \cap B=\varnothing$	$q : A-B=A$
029	$p : A \cap B=A$	$q : A-B=\varnothing$

● 필요 · 충분조건 판별 암기법 암기

❶ 총을 쏘는 쪽이 충분조건이고 총을 맞고 피를 흘리는 쪽이 필요조건이다.

❷ 명제 $p \to q$에서 $\to$를 돈의 흐름으로 간주하여 '돈이 충분한 사람 p로부터 돈이 필요
한 사람 q에게로 흘러간다.'고 생각하면 기억하기 쉽다.

ⓐ p는 충분히 가지고 있으니까 q에게 준다. ➡ p는 (q이기 위한) 충분조건이다.

ⓑ q는 필요하니까 p로부터 받는다. ➡ q는 (p이기 위한) 필요조건이다.

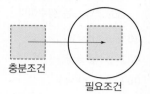

충분조건 필요조건

❸ 보통 문자가 1개인 방정식이나 부등식은 집합의 포함 관계를 이용하여 필요조건과 충분조건을 판별한다.

ⓐ 작은 집합이 충분조건이고 큰 집합이 필요조건이다.   예 $\{1\}$은 $\{1, 2\}$이기 위한 충분조건이다.

ⓑ 포함되는 쪽이 충분조건이고 포함하는 쪽이 필요조건이다.   예 $2 < x < 3$은 $1 < x < 4$이기 위한 충분조건이다.

● 필요 · 충분조건과 대우 명제

♠ $x \neq 2$가 $x^2 + ax + 2 \neq 0$의 필요조건일 때, 상수 a의 값을 구하시오. 정답 -3

풀이 $p : x \neq 2$, $q : x^2 + ax + 2 \neq 0$이라 하면 p가 q이기 위한 필요조건이므로 명제 $q \to p$가 참이다.

명제 $q \to p$가 참이면 그 대우 $\sim p \to \sim q$, 즉 '$x = 2$이면 $x^2 + ax + 2 = 0$이다.' 역시 참이다.

따라서 $x = 2$를 $x^2 + ax + 2 = 0$에 대입하면 $4 + 2a + 2 = 0$이므로 $a = -3$이다.

두 조건 p, q 모두에 '$\neq$'처럼 부정의 뜻이 포함되어 있는 경우 대우 명제를 이용하면 문제를 쉽게 해결할 수 있다.

● 외워두면 좋은 필요충분조건(=동치) 암기

❶ $x = 0$이고 $y = 0 \Longleftrightarrow |x| + |y| = 0 \Longleftrightarrow x^2 + y^2 = 0$

$\Longleftrightarrow x + yi = 0$ $(i = \sqrt{-1})$ (단, x, y는 실수)

주의 '$x = 0$이고 $y = 0$'을 보통 '$x = 0$, $y = 0$'으로 나타낸다.

❷ $xy = 0 \Longleftrightarrow x = 0$ 또는 $y = 0$ $\Longleftrightarrow |xy| = 0$

$\Longleftrightarrow |x + y| = |x - y| \Longleftrightarrow \underset{(x+y)^2 = (x-y)^2}{|x + y|^2 = |x - y|^2}$

❸ $xyz \neq 0 \Longleftrightarrow \underset{x \neq 0 \text{이고} \ y \neq 0 \text{이고} \ z \neq 0}{x \neq 0, \ y \neq 0, \ z \neq 0} \Longleftrightarrow x, \ y, \ z$는 모두 0이 아니다.

❹ $\underset{x-y=0 \text{ 또는 } y-z=0 \text{ 또는 } z-x=0}{(x - y)(y - z)(z - x) = 0} \Longleftrightarrow x = y$ 또는 $y = z$ 또는 $z = x$

❺ $x^2 = 1 \Longleftrightarrow |x| = 1 \Longleftrightarrow x = 1$ 또는 $x = -1$

❻ $x^2 = y^2 \Longleftrightarrow |x| = |y| \Longleftrightarrow x = y$ 또는 $x = -y$

❼ $\underset{x-y=0 \text{이고} \ y-z=0 \text{이고} \ z-x=0}{(x - y)^2 + (y - z)^2 + (z - x)^2 = 0} \Longleftrightarrow x = y = z$

❽ $\underset{xy>0 \Longleftrightarrow x>0, \ y>0 \text{ 또는 } x<0, \ y<0 \ (x \text{와} \ y \text{의 부호가 서로 같다.})}{xy < 0 \Longleftrightarrow x > 0, \ y < 0 \text{ 또는 } x < 0, \ y > 0 \ (x \text{와} \ y \text{의 부호가 서로 다르다.})}$

❾ $x^2 < 1 \Longleftrightarrow (x + 1)(x - 1) < 0 \Longleftrightarrow -1 < x < 1 \Longleftrightarrow |x| < 1$

❿ $x^2 > 1 \Longleftrightarrow (x + 1)(x - 1) > 0 \Longleftrightarrow x < -1$ 또는 $x > 1 \Longleftrightarrow |x| > 1$

⓫ $x^2 > y^2 \Longleftrightarrow (x + y)(x - y) > 0 \Longleftrightarrow x + y > 0, \ x - y > 0$ 또는 $x + y < 0, \ x - y < 0 \Longleftrightarrow |x| > |y|$

⓬ $x^2 + y^2 > 0 \Longleftrightarrow x \neq 0$ 또는 $y \neq 0$

⓭ $|xy| = xy \Longleftrightarrow xy \geq 0 \Longleftrightarrow x \geq 0, \ y \geq 0$ 또는 $x \leq 0, \ y \leq 0$

⓮ $|x| + |y| > |x + y| \Longleftrightarrow (|x| + |y|)^2 > |x + y|^2 \Longleftrightarrow |xy| > xy \Longleftrightarrow xy < 0$

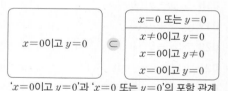

$x = 0$이고 $y = 0$ $\subset$ $x = 0$ 또는 $y = 0$, $x \neq 0$이고 $y = 0$, $x = 0$이고 $y \neq 0$, $x = 0$이고 $y = 0$

'$x = 0$이고 $y = 0$'과 '$x = 0$ 또는 $y = 0$'의 포함 관계

$A \subset B \Longleftrightarrow A \cap B = A \Longleftrightarrow A \cup B = B$
$\Longleftrightarrow A - B = \varnothing \Longleftrightarrow B^c \subset A^c$

집합의 연산과 필요충분조건

001 두 조건 p, q에 대하여 p가 q이기 위한 충분조건이지만 필요조건이 <u>아닌</u> 것은? (단, x, y는 실수이다.)

① p : 직사각형이다, q : 정사각형이다.

② p : $1<x\leq2$, q : $1\leq x<3$

③ p : $x^2-3x+2=0$, q : $x^2-2x+1=0$

④ p : $\sqrt{x}+\sqrt{y}=0$, q : $|x|+|y|=0$

⑤ p : $x+y$는 짝수이다, q : x, y는 홀수이다.

002 두 조건 p, q에 대하여 p가 q이기 위한 필요조건이지만 충분조건이 <u>아닌</u> 것은? (단, x, y는 실수이다.)

① p : $x>y$, q : $x^2>y^2$

② p : $x^2=x$, q : $x=0$

③ p : $|x|<1$, q : $x^2<1$

④ p : $x+y$는 유리수이다, q : xy는 유리수이다.

⑤ p : $x^2+y^2=0$, q : $xy=0$

003 두 조건 p, q에 대하여 p가 q이기 위한 필요충분조건이 <u>아닌</u> 것은? (단, x, y, z는 실수이다.)

① p : $x^2\leq0$, q : $x=0$

② p : $x^2=y^2$, q : $|x|=|y|$

③ p : $xy=|xy|$, q : $xy>0$

④ p : $|x|+|y|=0$, q : $x=0$이고 $y=0$

⑤ p : $xyz\neq0$, q : x, y, z는 모두 0이 아니다.

004 두 조건 p, q가 p : $x^2-4x+1\neq0$, q : $x\neq2a$일 때, p가 q이기 위한 충분조건이 되도록 하는 모든 상수 a의 값의 합은?

① 2　　　　② 3　　　　③ 4

④ 5　　　　⑤ 6

005 전체집합 U의 두 부분집합 A, B에 대하여 $(A\cup B)\cap(B-A)^C=A\cup B$가 성립하기 위한 필요충분조건인 것은?

① $A\subset B$　　　② $B\subset A$　　　③ $A=U$

④ $A\cap B=\varnothing$　　　⑤ $A\cup B=U$

006 두 조건 p, q가 p : $1<x\leq5$, q : $a\leq x<b$일 때, p가 q이기 위한 필요조건이 되도록 하는 정수 a, b에 대하여 $b-a$의 최댓값은?

① 2　　　　② 3　　　　③ 4

④ 5　　　　⑤ 6

007 전체집합 U에 대하여 두 조건 p, q의 진리집합을 각각 P, Q라 할 때, $P\cup(Q-P)=Q$가 성립한다. 다음 중 옳은 것은?

① p는 q이기 위한 필요조건이다.

② p는 $\sim q$이기 위한 충분조건이다.

③ q는 p이기 위한 필요조건이다.

④ $\sim p$는 q이기 위한 충분조건이다.

⑤ $\sim p$는 $\sim q$이기 위한 필요충분조건이다.

008 네 조건 p, q, r, s에 대하여 p는 r이기 위한 필요조건, $\sim q$는 $\sim r$이기 위한 충분조건, r는 s이기 위한 필요조건이다. 조건 p, q, r, s의 진리집합을 각각 P, Q, R, S라 할 때, 다음 중 항상 옳은 것은?

① $P\subset R$　　　② $P\subset S$　　　③ $Q^C\subset P^C$

④ $R^C\subset Q^C$　　　⑤ $Q^C\subset S^C$

Special Lecture
필요, 충분조건의 명쾌 이해

12

무엇이 무엇을 포함하는가?

명제에서 가장 헷갈리는 것 중 하나가 필요조건, 충분조건과 필요충분조건을 판단하는 것이다. 그 헷갈림의 시작은 충분조건에서 쓰이는 '충분'이란 단어를 '크다'와 연결시키기 때문이다. 어떤 조건인지 명쾌하게 판단을 하려면 필요조건과 충분조건에서 다루는 것은 값의 크기가 아니라 값의 범위임을 알아야 한다. 예컨대 2의 배수와 4의 배수 중에서 '무엇이 더 큰가?'라고 물으면 안 된다. '무엇이 무엇을 포함하는가?'라고 물어야 한다. 즉, 2의 배수의 범위가 4의 배수의 범위를 포함하므로 (4의 배수)⊂(2의 배수)이다. 아무 생각 없이 숫자 4가 숫자 2보다 크므로 (2의 배수)⊂(4의 배수)라고 답한다면 이렇게 말해주고 싶다. '개노답'

❶ 명제에서 '필요'와 '충분'의 진짜 의미

명제에서의 필요와 충분의 의미를 예를 통해 확인해 보자. 내가 가고 싶은 꿈의 대학 '블랙핑크'대 '불장난'학과의 커트라인은 3등급이다. 이때 내신 2등급 이상을 받은 학생은 이 대학에 입학하기에 '충분'하다. 즉, 2등급 이상이란 1~2등급을 말하는 것으로 3등급 내에 포함되는 성적을 말한다. 또한 내신성적이 이에 못 미치는 4등급 이상의 학생에게 이 대학은 3등급 이상의 내신이 '필요'하다고 말할 수 있다. 즉, 4등급 이상이란 1~4등급으로 3등급 이상의 성적을 포함하는 것을 의미한다. 이로부터 '충분'이란 '좁은 범위', '필요'란 '넓은 범위'를 의미한다는 것을 알 수 있다. 물론 필요충분은 둘의 범위가 같다는 것을 의미한다.

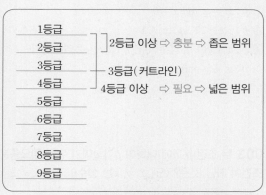

필요 · 충분조건은 범위로 이해하는 것이 좋다.

❷ 주어를 찾아라.

'p는 q이기 위한 ○○조건' 또는 'q이기 위한 p는 ○○조건'은 주어가 어떤 조건인지를 묻고 있는 것이므로 주어에 주목해야 한다. 이때 주어를 찾는 방법은 주어의 자격을 갖게 하는 주격조사(은, 는, 이, 가)를 찾으면 된다.

ⓐ 'p는 q이기 위한 충분조건'이면 p가 충분조건이라는 것이므로 p의 범위가 q의 범위보다 더 좁다는 것을 의미한다.

ⓑ 'p는 q이기 위한 필요조건'이면 p가 필요조건이라는 것이므로 p의 범위가 q의 범위보다 더 넓다는 것을 의미한다.

ⓒ 'p는 q이기 위한 필요충분조건'이면 p가 필요충분조건이라는 것이므로 p의 범위와 q의 범위가 서로 같다는 것을 의미한다.

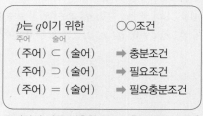

주어와 술어를 이용한 필요 · 충분조건의 판단

위의 내용 ❶, ❷를 바탕으로 필요조건과 충분조건을 판단한다면 이제 헷갈리는 일은 더 이상 없을 것이다.

> ⓐ p는 q이기 위한 충분조건 ➡ p는 q보다 좁은 범위 ➡ $P \subset Q$
>
> ⓑ r은 s이기 위한 필요조건 ➡ r은 s보다 넓은 범위 ➡ $S \subset R$

필요 · 충분조건의 판별 암기법

필요 · 충분조건 판별 문제를 만나면 다음을 기억하면 좋다.

> ⓐ 총을 쏘는 쪽이 충분조건이고 총을 맞고 피를 흘리는 쪽이 필요조건이다.
> ⓑ 작은 범위가 충분조건이고 넓은 범위가 필요조건이다.
> ⓒ 포함되는 쪽이 충분조건이고 포함하는 쪽이 필요조건이다.

q이기 위한 충분조건

$$p \longrightarrow q$$

p이기 위한 필요조건

EXERCISE

다음 두 조건 p, q에 대하여 p는 q이기 위한 무슨 조건인가? (단, a, b, x, y, z는 실수이다.)

1 $p : x=1$ $q : x^2=1$ _____조건

2 $p : x=1$ 또는 $x=2$ $q : x^2-3x+2=0$ _____조건

3 $p : x^2=x$ $q : x^3=x$ _____조건

4 $p : x=y=0$ $q : x+y=0$ _____조건

5 $p : x=y=0$ $q : (x-y)^2=0$ _____조건

6 $p : x$는 2의 배수 $q : x$는 4의 배수   _____조건

7 $p : x$는 6의 양의 약수 $q : x$는 3의 양의 약수   _____조건

8 $p : x$는 정수 $q : x$는 유리수   _____조건

9 $p : x, y$는 모두 유리수 $q : x+y$는 유리수   _____조건

10 $p : m+n$은 홀수 $q : mn$은 짝수(m, n은 자연수)   _____조건

11 $p : x=4, y=5$ $q : xy=20$ _____조건

12 $p : x=y$ $q : xz=yz$ _____조건

13 $p : x=y$ $q : x^2=y^2$ _____조건

14 $p : x<2$ $q : x<1$ _____조건

15 $p : 0 \leq x \leq 3$ $q : 1 \leq x \leq 2$ _____조건

16 $p : x<1$ $q : x^2<1$ _____조건

17 $p : x>0, y>0$ $q : x+y>0$ _____조건

18 $p : x>0, y>0$ $q : xy>0$ _____조건

19 $p : x<0, y>0$ $q : xy<0$ _____조건

20 $p : x>0, y>0$ $q : x^2+y^2>0$ _____조건

21 $p : xy<0$ $q : x^2+y^2>0$ _____조건

22 $p : a^2=1$ $q : |a|=1$ _____조건

23 $p : a^2=b^2$ $q : |a|=|b|$ _____조건

24 $p : a^2+b^2=0$ $q : |a|+|b|=0$ _____조건

25 $p : x<1$ $q : |x|<1$ _____조건

26 $p : x^2 \geq 1$ $q : |x| \geq 1$ _____조건

27 $p : a^2 \leq 0$ $q : a=0$ _____조건

28 $p : a^2=b^2$ $q : a=b$ _____조건

29 $p : a^2+b^2=0$ $q : ab=0$ _____조건

30 $p : a^2+b^2=0$ $q : a+b=0$ _____조건

정답 1 충분 2 필요충분 3 충분 4 충분 5 충분 6 필요 7 필요 8 충분 9 충분 10 충분 11 충분 12 충분 13 충분 14 필요 15 필요 16 필요 17 충분
18 충분 19 충분 20 충분 21 충분 22 필요충분 23 필요충분 24 필요충분 25 필요 26 필요충분 27 필요충분 28 필요 29 충분 30 충분

044 절대부등식

① 부등식의 증명에 이용되는 실수의 성질 〔암기〕
허수는 대소를 비교하지 않는다.

☐ $a>b \Longleftrightarrow a-b>0$

☐ $a^2 \geq 0$, $a^2+b^2 \geq 0$　　　　　　　〔주의〕 $a^2+b^2=0 \Longleftrightarrow a=b=0$ (a, b가 실수일 때)

☐ $a>0$, $b>0$일 때 → $a>b \Longleftrightarrow a^2>b^2 \Longleftrightarrow \sqrt{a}>\sqrt{b}$　〔주의〕 절댓값 또는 제곱근이 있을 때, 사용한다.
양수라는 조건이 꼭 필요하다.　　　　　　　　　　　　　　　　　양수이다.

② 절대부등식

☐ **절대부등식** : 모든 실수에 대하여 항상 성립하는 부등식 〔정의〕
(등식) : (항등식)=(부등식) : (절대부등식), (절대부등식)≠(항부등식)
[예] $|x| \geq 0$, $-x^2 \leq 0$, $x^2+1>0$은 모든 실수 x에 대하여 항상 성립하므로 절대부등식이다.

☐ $a^2 \pm 2ab+b^2 \geq 0$　　　　　　　　　　　→ 등호는 $a=\mp b$일 때, 성립
　　$=(a \pm b)^2$

☐ $a^2 \pm ab+b^2 \geq 0$　　　　　　　　　　　→ 등호는 $a=b=0$일 때, 성립
등호가 포함된 절대부등식을 증명할 때는 특별한 언급이 없더라도
등호가 성립하는 조건을 꼭 밝혀야 한다.

〔증명〕 $a^2 \pm ab+b^2 = \left(a^2 \pm ab+\dfrac{b^2}{4}\right)+\dfrac{3}{4}b^2 = \left(a \pm \dfrac{b}{2}\right)^2+\dfrac{3}{4}b^2 \geq 0$

[예] $x^2+x+1 = \left(x^2+x+\dfrac{1}{4}\right)+\dfrac{3}{4} = \left(x+\dfrac{1}{2}\right)^2+\dfrac{3}{4}>0$ 등호는 $a \pm \dfrac{b}{2}=0$, $b=0$, 즉 $a=0$, $b=0$일 때, 성립한다.

☐ $a^2+b^2+c^2-ab-bc-ca \geq 0$　　　　　→ 등호는 $a=b=c$일 때, 성립

〔증명〕 $a^2+b^2+c^2-ab-bc-ca = \dfrac{1}{2}\{(a-b)^2+(b-c)^2+(c-a)^2\} \geq 0$
등호는 $a=b$, $b=c$, $c=a$, 즉 $a=b=c$일 때, 성립한다.

③ 산술평균과 기하평균의 부등식 〔암기〕

☐ 두 수 a, b에 대하여 $\dfrac{a+b}{2}$를 a와 b의 **산술평균**이라 한다. 〔정의〕
합의 평균

☐ $a>0$, $b>0$일 때, $\sqrt{ab}$를 a와 b의 **기하평균**이라 한다. 〔정의〕
곱의 평균
[예] 2와 8의 산술평균은 $\dfrac{2+8}{2}=5$, 기하평균은 $\sqrt{2 \cdot 8}=4$이다.

☐ 산술평균과 기하평균의 부등식 : $a>0$, $b>0$일 때, $\dfrac{a+b}{2} \geq \sqrt{ab}$이다.
이 부등식은 반드시 두 수가 양수일 때만 사용가능하다.

→ 등호는 $a=b$일 때, 성립한다.

→ $\dfrac{a+b}{2} \geq \sqrt{ab}$보다 $a+b \geq 2\sqrt{ab}$, $\left(\dfrac{a+b}{2}\right)^2 \geq ab$를 주로 사용한다.

[예] $a>0$, $b>0$이고 $a+b=4$일 때, $a+b \geq 2\sqrt{ab}$ → $4 \geq 2\sqrt{ab}$ → $ab \leq 4$이므로
$a=b=2$일 때, ab는 최댓값 4를 가진다.

[예] $a>0$일 때, $a+\dfrac{1}{a} \geq 2\sqrt{a \cdot \dfrac{1}{a}}=2$이므로 $a+\dfrac{1}{a}$의 최솟값은 2이다.

$a>0$, $b>0$ ← 초기 조건
　↓
$\dfrac{a+b}{2} \geq \sqrt{ab}$
산술평균　　기하평균
　↓
$a=b$일 때, 등호 성립

• $a>0$, $b>0$, $c>0$일 때
$\dfrac{a+b+c}{3} \geq \sqrt[3]{abc}$
등호는 $a=b=c$일 때, 성립

④ 코시−슈바르츠의 부등식

☐ a, b, x, y가 실수일 때, $(a^2+b^2)(x^2+y^2) \geq (ax+by)^2$이다.

→ 등호는 $\dfrac{x}{a}=\dfrac{y}{b}$일 때, 성립한다.

☐ $ax+by$꼴의 최댓값, 최솟값을 구하는 문제에 주로 이용된다.

[예] x, y가 실수이고 $x^2+y^2=1$일 때, $3x+4y$의 최댓값과 최솟값은
$(3^2+4^2)(x^2+y^2) \geq (3x+4y)^2$ → $(3x+4y)^2 \leq 25$ → $-5 \leq 3x+4y \leq 5$이므로 $3x+4y$의 최댓값은 5, 최솟값은 -5이다.

• a, b, c, x, y, z가 실수일 때
$(a^2+b^2+c^2)(x^2+y^2+z^2) \geq (ax+by+cz)^2$
등호는 $\dfrac{x}{a}=\dfrac{y}{b}=\dfrac{z}{c}$일 때, 성립

⊙ 절대부등식이면 ○, 아니면 X (단, x, y는 실수이다.)

001 $x-1>0$ 　　　　　　　　　　**002** $x+1>x$

003 $x^2>0$ 　　　　　　　　　　**004** $(x-1)^2\geq0$

005 $x^2-x\leq0$ 　　　　　　　　**006** $-x^2+2x-3<0$

007 $x^2+x+1<0$ 　　　　　　　**008** $|x|+1>0$

⊙ a, b가 실수일 때, 부등식이 성립함을 증명하시오.

009 $(a+b)^2\geq4ab$ 　　　　　　**010** $a^2-4ab+5b^2\geq0$

011 $a^2+ab+b^2\geq0$ 　　　　　**012** $a^2+b^2+c^2\geq ab+bc+ca$

⊙ $a>0$, $b>0$일 때, 부등식이 성립함을 증명하시오.

013 $\dfrac{a+b}{2}\geq\sqrt{ab}$

014 $a+\dfrac{1}{a}\geq2$

015 $\dfrac{a}{b}+\dfrac{b}{a}\geq2$

⊙ $a>0$, $b>0$이다.

016 $a+b=8$일 때, ab의 최댓값을 구하시오.

017 $ab=9$일 때, $4a+b$의 최솟값을 구하시오.

⊙ $x>0$, $y>0$일 때, 다음 식의 최솟값을 구하시오.

018 $x+\dfrac{1}{x}$ 　　　　　　　　**019** $9x+\dfrac{4}{x}$

020 $x-1+\dfrac{4}{x-1}$ (단, $x>1$) 　　**021** $x+\dfrac{9}{x-4}$ 　(단, $x>4$)

022 $8x+\dfrac{2}{x-1}$ 　(단, $x>1$) 　　**023** $\dfrac{x^2-4x+7}{x-3}$ (단, $x>3$)

024 $2x+y+\dfrac{1}{2x}+\dfrac{4}{y}$ 　　　**025** $(x+y)\left(\dfrac{1}{x}+\dfrac{1}{y}\right)$

⊙ a, b, x, y가 실수이다.

026 $a^2+b^2=2$, $x^2+y^2=8$일 때, $ax+by$의 최댓값과 최솟값을 구하시오.

027 $x^2+y^2=4$일 때, $3x+4y$의 최댓값과 최솟값을 구하시오.

028 $2x+3y=13$일 때, x^2+y^2의 최솟값을 구하시오.

⊙ a, b가 실수일 때, 부등식이 성립함을 증명하시오.

029 $|a|+|b|\geq|a+b|$

030 $|a|+|b|\geq|a-b|$

● **절댓값을 포함한 부등식 증명**

❶ $|A|^2=A^2$, $|A||B|=|AB|$, $|A| \geq A$를 이용한다.

❷ $|A| \geq |B|$를 증명하려면 $\Rightarrow |A|^2-|B|^2 \geq 0$을 보이면 된다.

❸ $|A|+|B| \geq |C|$를 증명하려면 $\Rightarrow (|A|+|B|)^2-|C|^2 \geq 0$을 보이면 된다.

● **산술평균과 기하평균의 부등식 증명**

❶ $A-B>0$이면 $A>B$임을 이용한다.

증명 $\dfrac{a+b}{2}-\sqrt{ab}=\dfrac{a+b-2\sqrt{ab}}{2}=\dfrac{(\sqrt{a}-\sqrt{b})^2}{2} \geq 0$

> - $A-B>0$ $\Longleftrightarrow A>B$
> - $A>0$, $B>0$일 때, $A^2-B^2>0 \Longleftrightarrow A>B$
> - $A>0$, $B>0$일 때, $\dfrac{A}{B}>1$ $\Longleftrightarrow A>B$
>
> 두 실수의 대소 비교

❷ $A>0$, $B>0$일 때, $A^2-B^2>0$이면 $A>B$임을 이용한다.

증명 $\left(\dfrac{a+b}{2}\right)^2-(\sqrt{ab})^2=\dfrac{a^2+2ab+b^2}{4}-ab=\dfrac{a^2-2ab+b^2}{4}$

$\qquad =\dfrac{(a-b)^2}{4} \geq 0 \leftarrow (실수)^2 \geq 0$

● **코시−슈바르츠의 부등식 증명**

· $A-B>0$이면 $A>B$임을 이용한다.

증명 $(a^2+b^2)(x^2+y^2)-(ax+by)^2=a^2x^2+a^2y^2+b^2x^2+b^2y^2-(a^2x^2+2axby+b^2y^2)$

$\qquad =a^2y^2-2axby+b^2x^2=(ay-bx)^2 \geq 0 \leftarrow (실수)^2 \geq 0$

● **산술평균과 기하평균의 부등식 사용법** 암기

❶ 두 수가 양수가 아니면 이 부등식을 사용해서는 안 된다.

❷ $a>0$, $b>0$일 때, $a+b \geq 2\sqrt{ab}$가 항상 성립하므로

> $a>0$, $b>0$일 때
>
> $\dfrac{a+b}{2} \geq \sqrt{ab}$
>
> ↓
>
> · 곱 ab의 최댓값 : $\left(\dfrac{a+b}{2}\right)^2 \geq ab$
> · 합 $a+b$의 최솟값 : $a+b \geq 2\sqrt{ab}$

$\Rightarrow$ 합 $a+b$가 일정하면 곱 ab는 $a=b$일 때, 최댓값 $\left(\dfrac{a+b}{2}\right)^2$을 갖는다.

$\Rightarrow$ 곱 ab가 일정하면 합 $a+b$는 $a=b$일 때, 최솟값 $2\sqrt{ab}$를 갖는다.

❸ 역수 관계에 있는 두 양수가 보이면 곧바로 이 부등식을 사용한다.
곱하면 1이 되는 두 양수가 보이면

❹ 역수 관계, 즉 $f(x)+\dfrac{1}{f(x)}$ $(f(x)>0)$꼴이 되도록 식을 변형해서 사용한다.

예 $a>1$일 때, $a+\dfrac{1}{a-1}$의 최솟값은 $a+\dfrac{1}{a-1}=\boxed{\left(a-1+\dfrac{1}{a-1}\right)}+1 \geq 2\sqrt{(a-1)\cdot\dfrac{1}{a-1}}+1=3$이므로 최솟값은 3이다.
역수 관계
$a>1$이므로 $a-1>0$, $\dfrac{1}{a-1}>0$이다.

❺ 역수 관계가 나타나도록 전개해서 사용한다.

예 $a>0$, $b>0$일 때, $\left(a+\dfrac{1}{b}\right)\left(\dfrac{4}{a}+b\right)$의 최솟값은 $\left(a+\dfrac{1}{b}\right)\left(\dfrac{4}{a}+b\right)=4+\boxed{ab+\dfrac{4}{ab}}+1 \geq 2\sqrt{ab\cdot\dfrac{4}{ab}}+5=9 \rightarrow$ 최솟값은 9
$a>0$, $b>0$이므로 $ab>0$, $\dfrac{4}{ab}>0$이다.

주의 $\underbrace{\left(a+\dfrac{1}{b}\right)}_{㉠}\underbrace{\left(\dfrac{4}{a}+b\right)}_{㉡} \geq 2\sqrt{a\cdot\dfrac{1}{b}} \times 2\sqrt{\dfrac{4}{a}\cdot b}=4\sqrt{\dfrac{a}{b}\cdot\dfrac{4b}{a}}=8$은 틀린 풀이이다.

㉠에서 등호가 성립할 때는 $a=\dfrac{1}{b}$, 즉 $ab=1$이고 ㉡에서 등호가 성립할 때는 $\dfrac{4}{a}=b$, 즉 $ab=4$일 때이다.

그런데 이것을 동시에 만족하는 양수 a, b는 존재하지 않는다.

❻ $a>0$, $b>0$, $c>0$일 때

$\Rightarrow (a+b)(b+c)(c+a) \geq 2\sqrt{ab}\cdot 2\sqrt{bc}\cdot 2\sqrt{ca}=8abc$ (단, 등호는 $a=b=c$일 때 성립)

$\Rightarrow \dfrac{a}{b}+\dfrac{b}{a}+\dfrac{c}{b}+\dfrac{b}{c} \geq 2\sqrt{\dfrac{a}{b}\cdot\dfrac{b}{a}}+2\sqrt{\dfrac{c}{b}\cdot\dfrac{b}{c}}=4$ (단, 등호는 $a=b=c$일 때 성립)

001 다음 중 절대부등식인 것은? (단, x는 실수이다.)

① $x^2 > 0$
② $x^2 - x + 1 > 0$
③ $x^2 + 4x + 4 > 0$
④ $x^2 + 2x + 3 < 0$
⑤ $x^2 - 6x + 9 \leq 0$

002 세 실수 a, b, c에 대하여 부등식
$$a^2 + b^2 + c^2 + k \geq 2(a+b+c)$$
가 항상 성립하도록 하는 실수 k의 최솟값은?

① 1 ② 2 ③ 3
④ 4 ⑤ 5

003 $x > 1$일 때, $x + \dfrac{4}{x-1}$는 $x = a$에서 최솟값 m을 갖는다. 이때, $a + m$의 값은?

① 4 ② 5 ③ 6
④ 7 ⑤ 8

004 두 양수 a, b에 대하여 $(2a+b)\left(\dfrac{1}{a} + \dfrac{2}{b}\right)$의 최솟값은?

① 4 ② 5 ③ 6
④ 7 ⑤ 8

005 $a > 0$, $b > 0$, $c > 0$일 때,
$\dfrac{b+c}{a} + \dfrac{c+a}{b} + \dfrac{a+b}{c}$의 최솟값은?

① 4 ② 6 ③ 8
④ 10 ⑤ 12

006 어떤 농부가 길이가 60 m인 철망을 가지고 다음 그림과 같은 4개의 직사각형 모양의 울타리를 만들려고 한다. 이때, 울타리 안의 넓이의 최댓값은? (단, 철망의 굵기는 무시하고, 단위는 m²으로 한다.)

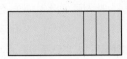

① 50 ② 60 ③ 70
④ 80 ⑤ 90

007 실수 x, y에 대하여 $3x + 4y = 5$일 때, $x^2 + y^2$의 최솟값은?

① 1 ② 2 ③ 3
④ 4 ⑤ 5

008 두 양수 x, y에 대하여 $x + y = 1$일 때, $3\sqrt{x} + 4\sqrt{y}$의 최댓값은?

① 2 ② 3 ③ 4
④ 5 ⑤ 6

045 함수

❶ 함수

☐ 공집합이 아닌 두 집합 X, Y에 대하여 X의 원소에 Y의 원소를 짝짓는 것을 집합 X에서 집합 Y로의 **대응**이라 한다. (정의)

☐ 두 집합 X, Y에 대하여 X의 모든 원소에 Y의 원소가 오직 하나씩만 대응할 때, 집합 X에서 Y로의 **함수**라 하고, $f : X \longrightarrow Y$로 나타낸다. (정의)

☐ 정의역 : X, 공역 : Y, 치역 : $\{f(x) \mid x \in X\}$
　　정의역, 공역, 치역에서 '역'은 '집합'을 의미한다.
　　예 오른쪽 함수에서 (정의역)$=X=\{1, 2, 3\}$, (공역)$=Y=\{a, b, c\}$이고
　　$f(1)=b, f(2)=c, f(3)=c$이므로 (치역)$=\{b, c\}$이다.

☐ (치역)⊂(공역)임은 자명하다.

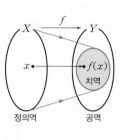

❷ 서로 같은 함수

☐ 두 함수 f, g가 서로 같다. ⟺ ⓐ 정의역과 공역이 각각 서로 같다.
　　기호로 $f=g$로 나타낸다.
　　　　　　　　　　　　　　　　　ⓑ 정의역의 모든 원소 x에 대하여 $f(x)=g(x)$이다.
　　　　　　　　　　　　　　　　　　　　　　　　　　　함숫값이 서로 같다.

예 정의역이 모두 $\{0, 1\}$인 두 함수 $f(x)=x$, $g(x)=x^2$은 서로 같다. 왜냐하면 $f(0)=g(0)$, $f(1)=g(1)$이기 때문이다.
　　　　　　　　　　　　　두 함수가 서로 같을 때, 두 함수의 식이 반드시 같을 필요는 없다.

❸ 여러 가지 함수 (암기)

• 함수 $f : X \longrightarrow Y$에서

☐ **일대일함수** : 정의역 X의 원소 x_1, x_2에 대하여 다음이 성립하는 함수 (정의)

$$x_1 \neq x_2 \implies f(x_1) \neq f(x_2)$$
원인이 다르면　결과도 다르다.　　대우　　결과가 같으면(하나의 결과)　원인도 같다.(하나의 원인)
$$f(x_1) = f(x_2) \implies x_1 = x_2$$

☐ **일대일 대응** : '일대일함수'∩'(치역)=(공역)'인 함수 (정의)
　　　　　　　　　　　$\{f(x) \mid x \in X\} = Y$

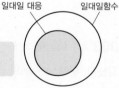

☐ **항등함수** : $X=Y$이고 $f(x)=x$ $(x \in X)$ (정의)
　　항등함수는 일대일 대응이다.

☐ **상수함수** : $f(x)=c$ $(x \in X, c \in Y)$ (정의)
　　　　　　상수함수의 치역의 원소는 1개이다.

일대일함수	일대일 대응	항등함수	상수함수
$x_1 \neq x_2$이면 $f(x_1) \neq f(x_2)$	'일대일함수'∩'(치역)=(공역)'	$f(x)=x$	$f(x)=c$(c는 상수)

❹ 함수의 개수 (암기)

• 함수 $f : X \longrightarrow Y$에서 X의 원소가 m개, Y의 원소가 n개일 때

☐ 함수의 개수　　　　　　　➡ n^m

☐ 일대일함수의 개수　　　　➡ $n(n-1)(n-2)\cdots(n-m+1)$ $(m \leq n)$
　　　　　　　　　　　　　　　　　　　　　　m개

☐ 일대일 대응의 개수　　　➡ $n(n-1)(n-2)\cdots 3 \cdot 2 \cdot 1$　　$(m=n)$

☐ 상수함수의 개수　　　　　➡ n $f : X \longrightarrow Y$에서 여러 가지 함수 f의 개수는 공역 Y의 원소의 개수가 기준이 된다.
　　항등함수는 항상 1개이다.$(m=n)$

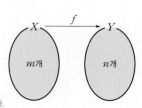

◉ 함수이면 ○, 아니면 X

001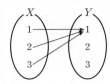

002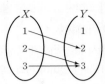

003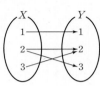

004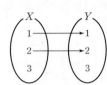

◉ 정의역이 $X=\{-1, 0, 1, 2\}$, 치역이 $Y=\{-2, -1, 0, 1, 2, 3\}$일 때, 함수의 치역을 구하시오.

005 $f(x)=x+1$　　　　　　　　　　**006** $f(x)=x^2-1$

007 $f(x)=|2x-1|$　　　　　　　　**008** $f(x)=-x^2+2$

◉ 함수의 정의역과 치역을 구하시오.

009 $y=2x+3$　　　　　　　　　　**010** $y=-x^2+1$

011 $y=|x|+2$　　　　　　　　　　**012** $y=-\dfrac{3}{x}$

◉ 공역이 실수 전체의 집합인 두 함수 $f(x)$, $g(x)$에 대하여 $f=g$가 되도록 하는 정의역을 모두 구하시오.

013 $f(x)=x+1$, $g(x)=-x+3$

014 $f(x)=x^2-x-1$, $g(x)=x+2$

015 $f(x)=2|x|$, $g(x)=x^2+1$

◉ 일대일대응이면 ○, 아니면 X

016 $f(x)=2x+3$　　　　　　　　　　**017** $f(x)=x^2-1$

018 $f(x)=|x|+1$　　　　　　　　　**019** $f(x)=\begin{cases} x^2 & (x\geq 0) \\ -x^2 & (x<0) \end{cases}$

◉ 세 집합 $X=\{1, 2, 3\}$, $Y=\{1, 2, 3, 4\}$, $Z=\{1, 2, 3, 4, 5\}$에 대하여 함수의 개수를 구하시오.

020 X에서 Y로의 함수

021 X에서 Z로의 일대일 함수

022 Y에서 Y로의 일대일대응

023 Y에서 Z로의 상수함수

◉ 함수가 일대일대응이 되도록 하는 a의 값의 범위를 구하시오. (단, 정의역과 공역은 모두 실수이다.)

024 $f(x)=\begin{cases} x+1 & (x\geq 0) \\ ax+1 & (x<0) \end{cases}$

025 $f(x)=\begin{cases} -x & (x\geq 0) \\ (a-1)x & (x<0) \end{cases}$

- **함수의 판별법** 암기

  · X에서 Y로의 대응이 함수가 되려면 X의 모든 원소의 짝이 Y에 오직 하나씩만 있어야 한다.
  _{조건 1}   _{조건 2}

  ❶ (조건1 : X의 모든 원소의) 위반

  ⇨ X의 원소 중에서 대응하지 않는 원소가 하나라도 있으면 함수가 아니다.

  ❷ (조건2 : 짝이 Y에 오직 하나씩만 있어야 한다.) 위반

  ⇨ X의 한 원소에 공역의 원소가 2개 이상 대응하면 함수가 아니다.

  예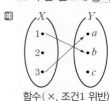

  함수(×, 조건1 위반)　　함수(×, 조건2 위반)　　함수(○)

- **수직선 테스트와 수평선 테스트**

  ❶ **수직선 테스트** : 함수가 되려면 (정의역 안에서) x축에 수직인 직선(수직선)을 그었을 때, 오직 한 점에서만 만나야
  한다. _{짝이 Y에 오직 하나씩만 있어야 한다.}

  ❷ **수평선 테스트** : 일대일함수가 되려면 (치역 안에서) x축에 평행한 직선(수평선)을 그었을 때, 오직 한 점에서만 만나
  야 한다. _{수직선 테스트도 꼭 거쳐야 한다.}   _{='두 점 이상에서 만나지 않아야 한다.'
='$x_1 \neq x_2$이면 $f(x_1) \neq f(x_2)$이다.'}

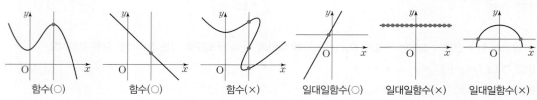

함수(○)　　　　함수(○)　　　　함수(×)　　　일대일함수(○)　　일대일함수(×)　　일대일함수(×)

❶ 두 집합 $X = \{x \mid x_1 \le x \le x_2\}$, $Y = \{y \mid y_1 \le y \le y_2\}$에 대하여 함수 $f : X \longrightarrow Y$, $f(x) = ax+b$가 일대일 대응이
되려면 직선 f는 어떻게 그려져야 하는가? [Figure 1]

　⇨ 직선 f가 일대일 대응이 되기 위해서는 항상 증가하거나 감소하여야 하고, 두 집합 X, Y의 영역을 모두 지나야
한다. _{수평선 테스트를 만족하기 위해서는}   _{$a > 0$}   _{$a < 0$}

❷ $x = a$를 기준으로 2개로 나누어진 직선이 일대일 대응이 되려면 어떤 조건을 만족해야 하는가? [Figure 2]

　⇨ 두 직선이 $x = a$에서 만나야 한다. _{수평선 테스트를 만족하려면}

　⇨ 두 직선 f, g가 모두 항상 증가하거나 감소하여야 한다. 즉, 두 직선 f, g의 기울기의 부호가 서로 같아야 한다.

　⇨ (직선 f의 기울기) × (직선 g의 기울기) > 0 _{두 직선의 기울기가 같아야 할 필요는 없다.}
　　$AB > 0 \Longleftrightarrow A > 0, B > 0$ 또는 $A < 0, B < 0$

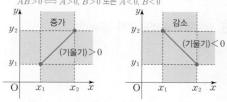 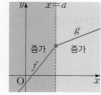 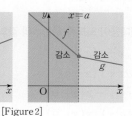

　　　　[Figure 1]　　　　　　　　　　　　　　　　[Figure 2]

001 두 집합 $X = \{-1, 0, 1\}$, $Y = \{0, 1, 2\}$에 대하여 다음 중 X에서 Y로의 함수가 <u>아닌</u> 것은?

① $f(x) = |x|$　　　　② $f(x) = x+1$

③ $f(x) = x^2 + 2$　　④ $f(x) = x^3 + 1$

⑤ $f(x) = \begin{cases} 1 & (x \le 0) \\ 2 & (x > 0) \end{cases}$

002 실수 전체의 집합 R에서 R로의 함수 f를

$$f(x) = \begin{cases} x^2 & (x\text{는 무리수}) \\ \sqrt{x} & (x\text{는 유리수}) \end{cases}$$

로 정의할 때, $f(\sqrt{2}) + f(9)$의 값은?

① 4　　　　② 5　　　　③ 6

④ 7　　　　⑤ 8

003 집합 $X = \{-1, 1\}$을 정의역으로 하는 두 함수 $f(x) = ax+b$, $g(x) = -x^2 + 2x - 3$에 대하여 $f = g$일 때, ab의 값은?

① -8　　　② -4　　　③ 2

④ 4　　　　⑤ 8

004 다음 <보기>의 그래프 중 함수의 개수를 a, 일대일 함수의 개수를 b, 일대일대응의 개수를 c라 할 때, $a+b+c$의 값은?

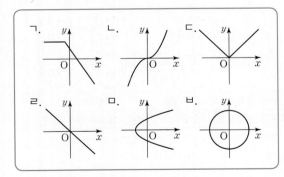

① 5　　　　② 6　　　　③ 7

④ 8　　　　⑤ 9

005 두 집합 $X = \{x \mid 0 \le x \le 2\}$, $Y = \{y \mid 2 \le y \le 6\}$에 대하여 X에서 Y로의 함수 $f(x) = ax+b$가 일대일대응일 때, 상수 a, b의 합 $a+b$의 값은? (단, $a > 0$)

① 4　　　　② 5　　　　③ 6

④ 7　　　　⑤ 8

006 집합 $X = \{a, b, c\}$에서 집합 Y로의 함수 f 중에서 일대일 함수가 60개일 때, 집합 Y의 원소의 개수는?

① 2　　　　② 3　　　　③ 4

④ 5　　　　⑤ 6

007 집합 $X = \{1, 2, 3\}$에서 X로의 함수 중에서 $f(1) + f(2) + f(3) = 6$을 만족하는 함수 f의 개수는?

① 3　　　　② 4　　　　③ 5

④ 6　　　　⑤ 7

008 실수 전체의 집합 R에서 R로의 함수

$$f(x) = \begin{cases} x+2 & (x \ge 1) \\ ax+b & (x < 1) \end{cases}$$

가 일대일대응일 때, 정수 b의 최댓값은?

① 2　　　　② 3　　　　③ 4

④ 5　　　　⑤ 6

Special Lecture
미팅에서 일대일 대응을 만나다

13

일대일함수와 일대일 대응은 알게 모르게 일상생활에서 많이 사용되고 있다. 특히, 일대일 대응은 젊은 청춘의 불꽃튀는 미팅에서 적나라하게 연출된다. 여기서는 미팅 현장에서 벌어지는 여러 상황을 통해 함수, 일대일함수, 일대일 대응의 민낯을 확인해보려고 한다.

> **함수** : 공집합이 아닌 두 집합 X, Y에 대하여 X의 모든 원소에 Y의 원소가 오직 하나씩만 대응할 때의 관계

이 **함수의 정의**를 미팅에서 필요한 엄격한 행동강령으로 생각하자!

여자 4명과 남자 4명이 헤이리 마을에서 오후 5시에 만나 미팅을 하기로 약속했다.

단, 참가자가 미팅에 지각해서 여자와 남자의 수가 똑같지 않아도 미팅은 진행한다.

(정의역) : 미팅에 참가한 여자

(공역) : 미팅에 참가한 남자

(치역) : 여자에게 '찜' 당한 남자

행동강령으로 주어진 함수의 정의를 미팅에 맞게 해석하면 이렇다.

❶ 참가한 모든 여자는 꼭, 무조건 남자를 찜해야 한다.

　마음에 드는 남자가 없다고 투덜대거나 찜하지 않으면 행동강령 위반으로 몽둥이 찜질을 한다.　← '모든'

❷ 여자는 반드시 한 남자만 선택해야 한다. 만약 두 남자를 선택하면 욕심쟁이, 이 역시 몽둥이 찜질! ← '오직 하나씩만'

함수의 행동강령 분석하기

❶ 이 강령의 최대 수혜자인 남자는 여러 여자에게 찜을 당할 수 있다. 이거 중요하다!

❷ 찜 당하지 못한 남자들은 들러리(공역)일 뿐, 치역은 되지 못한다. 슬프다!

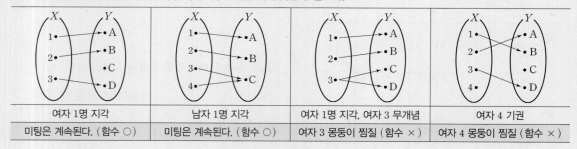

여자 1명 지각	남자 1명 지각	여자 1명 지각, 여자 3 무개념	여자 4 기권
미팅은 계속된다. (함수 ○)	미팅은 계속된다. (함수 ○)	여자 3 몽둥이 찜질 (함수 ×)	여자 4 몽둥이 찜질 (함수 ×)

문제점 발생 : 함수의 행동강령 때문에 여자가 몰매 맞아 죽는 사태 발생!

문제점 해결 : 행동강령을 '**함수**'에서 '**일대일함수**'로 급변경!

> **일대일함수** : 함수 $f : X \longrightarrow Y$에서 정의역 X의 원소 x_1, x_2에 대하여 $x_1 \neq x_2$이면 $f(x_1) \neq f(x_2)$가
> 성립하는 함수이다. 바꿔 말해, $f(x_1) = f(x_2)$이면 $x_1 = x_2$가 성립하는 함수이다. (대우)

일대일함수의 행동강령 분석하기

❶ 한 남자를 찜할 수 있는 건 오직 한 여자라는 거!

❷ 바꿔 말해, 두 여자가 똑같은 한 남자를 찜해서는 안 된다는 거!

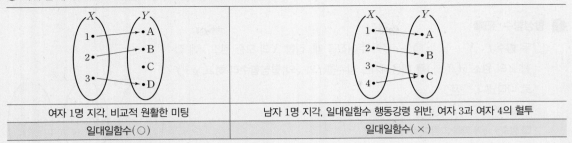

여자 1명 지각, 비교적 원활한 미팅	남자 1명 지각, 일대일함수 행동강령 위반, 여자 3과 여자 4의 혈투
일대일함수(○)	일대일함수(×)

문제점 발생 : 여전히 혈투가 발생하여 여자가 죽는 사태 발생!

문제점 해결 : 행동강령을 '**일대일함수**'에서 '**일대일 대응**'으로 급변경!

> **일대일 대응** : (일대일함수) ∩ (공역과 치역이 같다.)

행동강령인 일대일 대응에 맞게 미팅이 진행되려면 '**모든 참가자가 도착했을 때 미팅을 시작한다**'는 조건이 필요하다.

여자 4명과 남자 4명이 모두 미팅 장소에 도착하여 행동강령인 '일대일 대응'에 맞게 미팅을 한다.

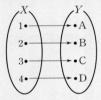

그 결과 싸움 없이 모두 짝을 이뤘다. Everybody Happy!

살짝 비틀어 생각하면, 이 상황은 남자가 여자를 잘 꼬셨다고 볼 수 있는데, 이것은 역함수의 상황이다.

결국, 역함수는 일대일 대응일 때 가능하다는 거!

총정리!

(일반적인) 함수	일대일함수(＝단사함수)	전사함수	일대일 대응(＝전단사함수)
	치역의 각 원소 하나마다 오직 하나의 정의역 원소가 대응한다.	치역과 공역이 같다.	정의역과 공역이 일대일로 대응된다.

이로부터 우리는 (함수) ⊃ (일대일함수) ⊃ (일대일 대응)이라는 것을 알 수 있다.

즉, 일대일 대응은 일대일함수이지만, 일대일함수는 일대일 대응이 아니다.

❶ 합성함수 `암기`

☐ 두 함수 $f : X \to Y$, $g : Y \to Z$가 주어졌을 때, 집합 X의 모든 원소 x에 집합 Z의 원소 $g(f(x))$를 대응시키는 함수를 f와 g의 **합성함수**라 하고, $g \circ f$로 나타낸다. `정의`

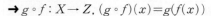

→ $g \circ f : X \to Z$, $(g \circ f)(x) = g(f(x))$

예 함수 f, g가 다음 그림과 같이 주어지면

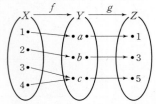

$$(g \circ f)(1) = g(f(1)) = g(a) = 1, \ (g \circ f)(2) = g(f(2)) = g(b) = 3$$

☐ 합성의 순서($f \to g$)와 함수를 쓰는 순서($g \circ f$)는 서로 반대라는 점에 유의해야 한다.

　→ 합성 $g \circ f$는 f 연산 후에 g 연산을 한다.

☐ $(g \circ f)(x) = g(f(x))$

　→ $(g \circ f)(x) = g(f(x))$는 $g(x)$의 x에 $f(x)$를 대입하라는 뜻이다.

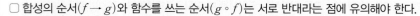

예 $f(x) = x + 1$, $g(x) = 2x$일 때
$$(g \circ f)(x) = g(f(x)) = g(x+1) = 2(x+1) = 2x + 2$$
$$(f \circ g)(x) = f(g(x)) = f(2x) = 2x + 1$$

함수 f의 치역이 함수 g의 정의역의 부분집합일 때에만 합성함수 $g \circ f$가 정의된다.

☐ $g \circ f$가 정의되려면 (f의 치역)$\subset$(g의 정의역)이어야 한다.

❷ 합성함수의 성질

☐ $g \circ f \neq f \circ g$

'버터를 바르고 구운 빵'과 '굽고 버터를 바른 빵'은 그 맛이 서로 다르다.
　→ 교환법칙은 일반적으로 성립하지 않는다.
　　　서로 바꿈

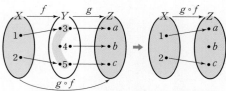

☐ $h \circ (g \circ f) = (h \circ g) \circ f = h \circ g \circ f$

결합법칙은 자리는 그대로 두고 괄호의 위치만 바꾼 것이다.
　→ 결합법칙이 성립한다.
　　　묶음

$f \circ g$와 $g \circ f$는 합성 순서가 다르다.

☐ 항등함수 $I(x) = x$에 대하여 $I \circ f = f$이다.

　→ 항등함수 I와 함수 f를 합성하면 자기자신 f가 된다.

　→ 함수의 합성 과정 중에 항등함수가 포함되어 있으면 무시해도 된다.

　`증명` $I(x) = x$이므로 $(I \circ f)(x) = I(f(x)) = f(x)$

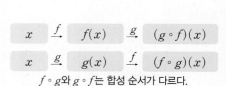

☐ $f \circ I = I \circ f = f$

　→ 항등함수와 합성할 때는 교환법칙이 성립한다.

　`증명` $(I \circ f)(x) = I(f(x)) = f(x)$
　　　　 $(f \circ I)(x) = f(I(x)) = f(x)$

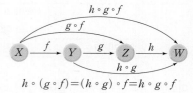

$$h \circ (g \circ f) = (h \circ g) \circ f = h \circ g \circ f$$

◉ 두 함수 f, g가 그림과 같을 때, 다음 값을 구하시오.

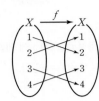 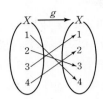

001 $(g \circ f)(1)$ _____

002 $(g \circ f)(2)$ _____

003 $(f \circ g)(3)$ _____

004 $(f \circ g)(4)$ _____

005 $(f \circ f)(1)$ _____

006 $(f \circ f)(2)$ _____

007 $(g \circ g)(3)$ _____

008 $(g \circ g)(4)$ _____

◉ $f(x)=x^2$, $g(x)=x+1$이다. 다음 값을 구하시오.

009 $(g \circ f)(1)$ _____

010 $(g \circ f)(2)$ _____

011 $(f \circ g)(3)$ _____

012 $(f \circ g)(4)$ _____

013 $(f \circ f)(1)$ _____

014 $(f \circ f)(2)$ _____

015 $(g \circ g)(3)$ _____

016 $(g \circ g)(4)$ _____

◉ $f(x)=\begin{cases} -x+1 \, (x \geq 1) \\ 2x-2 \, (x<1) \end{cases}$, $g(x)=-x^2+2$이다. 다음 값을 구하시오.

017 $(g \circ f)(0)$ _____

018 $(g \circ f)(2)$ _____

019 $(f \circ g)(-1)$ _____

020 $(f \circ g)(2)$ _____

021 $(f \circ f)(-1)$ _____

022 $(f \circ f)(3)$ _____

◉ 합성함수 $g \circ f$, $f \circ g$를 구하시오.

023 $f(x)=2x$, $g(x)=x+1$ _____

024 $f(x)=2x-1$, $g(x)=3x$ _____

025 $f(x)=x^2+1$, $g(x)=-x+2$ _____

026 $f(x)=(x-1)^2$, $g(x)=3x$ _____

◉ $g \circ f = f \circ g$를 만족시키는 a의 값을 구하시오.

027 $f(x)=ax$, $g(x)=x+1$ _____

028 $f(x)=x+a$, $g(x)=-x+2$ _____

029 $f(x)=2x+1$, $g(x)=3x+a$ _____

● **알아두면 좋은 여러 가지 팁**

❶ $(f \circ g)(a)$의 값을 구하는 방법

⇨ [방법1] $(f \circ g)(x)$를 구하여 x에 a를 대입한다.

⇨ [방법2] $(f \circ g)(a)=f(g(a))$이므로 $g(a)$의 값을 구하여 $f(x)$의 x에 대입한다. (권장)

즉, $g(a)=m$, $f(m)=n$이면 $(f \circ g)(a)=f(g(a))=f(m)=n$이다.

◙ $f(x)=x-3$, $g(x)=2x+1$일 때, $(f \circ g)(1)$의 값은

[방법1] $(f \circ g)(x)=f(g(x))=(2x+1)-3=2x-2$이므로 $(f \circ g)(1)=0$이다.

[방법2] $(f \circ g)(1)=f(g(1))=f(3)=0$이다.

❷ $f(x)=ax+b$일 때

⇨ $(f \circ f)(x)=f(f(x))=f(ax+b)=a(ax+b)+b=a^2x+ab+b$

❸ 함수 $y=f(x)$의 그래프가 두 점 (a, b), (b, c)를 지난다.

= '두 점 (a, b), (b, c)가 함수 $y=f(x)$의 그래프 위에 있다.'

⇨ $f(a)=b$, $f(b)=c$

⇨ $(f \circ f)(a)=f(f(a))=f(b)=c$

● **치환이 필요한 합성함수**

♠ 두 함수 $f(x)=2x+1$, $g(x)=x+2$에 대하여 $h \circ g=f$를 만족시키는 함수 $h(x)$를 구하시오. **정답** $h(x)=2x-3$

풀이 $h \circ g=f$에서 $h(g(x))=f(x)$이므로 $h(x+2)=2x+1$이다.

$x+2=t$로 치환하면 $x=t-2$이다.

$h(x+2)=2x+1 \to h(t)=2(t-2)+1 \to h(t)=2t-3 \to h(x)=2x-3$

● **주기를 이용한 합성함수의 추정**

♠ 집합 $A=\{1, 2, 3, 4\}$에 대하여 함수 $f : A \to A$를 $f(x)=\begin{cases} x+1 & (1 \le x \le 3) \\ 1 & (x=4) \end{cases}$로 정의하자.

$f^1(x)=f(x)$, $f^{n+1}(x)=f(f^n(x))(n=1, 2, 3, \cdots)$이라 할 때, $f^{2017}(1)$의 값을 구하시오. **정답** 2

풀이 $f(a)$, $f^2(a)$, $f^3(a)$, $\cdots$를 차례로 구하여 규칙을 찾아 $f^n(a)$의 값을 추정한다.

$f^1(1)=f(1)=2$, $f^2(1)=f(f(1))=f(2)=3$,

$f^3(1)=f(f^2(1))=f(3)=4$, $f^4(1)=f(f^3(1))=f(4)=1$

같은 방법으로 $f^5(1)=2$, $f^6(1)=3$, $f^7(1)=4$, $\cdots$

즉, 2, 3, 4, 1이 이 순서대로 주기적으로 반복된다.

$2017=4 \times 504+1$이므로 $f^{2017}(1)=f^1(1)=2$이다.

허수 i를 거듭제곱하면 i, -1, $-i$, 1이 계속 반복된다. 즉, 주기가 4이다.

참고 ❶ 2017처럼 큰 숫자가 나오면 주기를 이용한 문제라고 생각하면 틀리지 않는다.

❷ 반복적인 합성 연산에 대한 여러 가지 표현

⇨ $f=f^1$, $f \circ f=f^2$, $f \circ f^2=f^3$, $\cdots$, $f \circ f^n=f^{n+1}$ $(n=1, 2, 3, \cdots)$

⇨ $f^1(x)=f(x)$, $f^{n+1}(x)=f(f^n(x))$ $(n=1, 2, 3, \cdots)$

⇨ $f^1(x)=f(x)$, $f^2(x)=(f \circ f)(x)$, $f^3(x)=(f \circ f \circ f)(x)$, $\cdots$

❸ $f^2(x)$, $f^3(x)$, $f^4(x)$, $\cdots$를 차례로 구하여 규칙을 찾아 $f^n(x)$를 추정한 다음, x에 a를 대입하는 방법도 있다.

001 실수 전체의 집합 R에서 R로의 함수 f를
$$f(x)=\begin{cases} x^2\ (x는\ 무리수) \\ \sqrt{2}x\ (x는\ 유리수) \end{cases}$$
로 정의할 때, $(f \circ f)(2\sqrt{2})$의 값은?

① $\sqrt{2}$ ② 2 ③ $2\sqrt{2}$
④ 4 ⑤ $4\sqrt{2}$

002 두 함수
$$f(x)=\begin{cases} x+2\ (x\geq3) \\ 2x-1\ (x<3) \end{cases},\ g(x)=x^2-2$$
에 대하여 $(f \circ g)(3)+(g \circ f)(2)$의 값은?

① 12 ② 14 ③ 16
④ 18 ⑤ 20

003 두 함수 $f(x)=2x+1$, $g(x)=ax-2$에 대하여 $f \circ g=g \circ f$가 항상 성립할 때, 상수 a의 값은?

① -2 ② -1 ③ 1
④ 2 ⑤ 3

004 함수 $f(x)=ax+b$에 대하여
$$(f \circ f)(x)=4x+6$$
일 때, $f(1)$의 값은? (단, $a>0$이고 a, b는 상수이다.)

① 1 ② 2 ③ 3
④ 4 ⑤ 5

005 두 함수 $f(x)=2x$, $g(x)=-x+1$에 대하여 $(h \circ g)(x)=f(x)$를 만족시키는 함수 $h(x)$는?

① $h(x)=2x$ ② $h(x)=-2x+1$
③ $h(x)=2x+1$ ④ $h(x)=-2x+2$
⑤ $h(x)=2x-2$

006 정의역과 공역이 모두 $X=\{1, 2, 3\}$인 일대일 함수 f가 $(f \circ f)(1)=3$을 만족시킬 때, $3f(2)-4f(3)$의 값은?

① 1 ② 2 ③ 3
④ 4 ⑤ 5

007 집합 $X=\{1, 2, 3, 4\}$에서 X로의 함수 f를
$$f(x)=(x^3을\ 5로\ 나누었을\ 때의\ 나머지)$$
로 정의할 때, $f^{99}(3)$의 값은? (단, 자연수 n에 대하여 $f^1=f$, $f^{n+1}=f \circ f^n$이다.)

① 0 ② 1 ③ 2
④ 3 ⑤ 4

008 다음 그림은 두 함수 $y=f(x)$, $y=x$의 그래프를 나타낸 것이다. 이때, $(f \circ f \circ f)(e)$의 값과 같은 것은? (단, 모든 점선은 x축 또는 y축에 평행하다.)

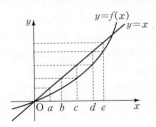

① a ② b ③ c
④ d ⑤ e

Special Lecture
합성함수의 그래프를 그리는 방법

14

우리가 다루는 대부분의 함수는 여러 함수의 합성으로 이루어져 있으며, 합성이 있어 다양한 함수들이 존재할 수 있다. 이러한 합성함수의 그래프는 평행이동과 대칭이동, 확대 · 축소를 이용하여 그릴 수 있다.

평행이동과 대칭이동

❶ 함수 $y=f(x)+k$의 그래프는 함수 $y=f(x)$의 그래프를 y축의 방향으로 k만큼 평행이동한 것이다.

이때 $k>0$이면 위쪽으로, $k<0$이면 아래쪽으로 $|k|$만큼 평행이동된다.

❷ 함수 $y=f(x-k)$의 그래프는 함수 $y=f(x)$의 그래프를 x축의 방향으로 k만큼 평행이동한 것이다.

이때 $k>0$이면 오른쪽으로, $k<0$이면 왼쪽으로 $|k|$만큼 평행이동된다.

❸ 두 함수 $y=-f(x)$, $y=f(-x)$의 그래프는 함수 $y=f(x)$의 그래프를 각각 x축, y축에 대하여 대칭이동한 것이다.

❹ 함수 $y=-f(-x)$의 그래프는 함수 $y=f(x)$의 그래프를 원점에 대하여 대칭이동한 것이다.

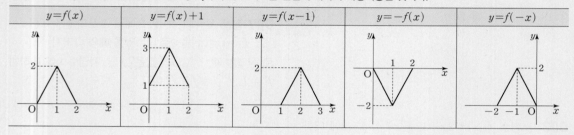

$y=f(x)$	$y=f(x)+1$	$y=f(x-1)$	$y=-f(x)$	$y=f(-x)$

확대 · 축소

❶ 함수 $y=kf(x)$의 그래프는 함수 $y=f(x)$의 그래프를 y축의 방향으로 k배 확대 또는 축소한 것이다.

이때 $|k|>1$이면 확대, $|k|<1$이면 축소가 된다.

또한 y축의 방향으로 확대, 축소하여도 x절편은 바뀌지 않으므로 기준점으로 삼는다. 즉, x절편에 핀을 꼽아 위쪽 또는 아래쪽으로 늘이거나 줄였다고 생각하면 된다.

❷ 함수 $y=f(kx)$의 그래프는 함수 $y=f(x)$의 그래프를 x축의 방향으로 k배 확대 또는 축소한 것이다.

이때 $|k|>1$이면 축소, $|k|<1$이면 확대가 된다.

또한 x축의 방향으로 확대, 축소하여도 y절편은 바뀌지 않으므로 기준점으로 삼는다. 즉, y절편에 핀을 꼽아 왼쪽 또는 오른쪽으로 늘이거나 줄였다고 생각하면 된다.

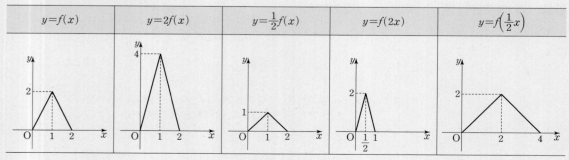

$y=f(x)$	$y=2f(x)$	$y=\frac{1}{2}f(x)$	$y=f(2x)$	$y=f\left(\frac{1}{2}x\right)$

함수 $y=f(x)$의 그래프가 오른쪽 그림과 같을 때, 함수 $y=(f \circ f)(x)$의 그래프를 그리시오.

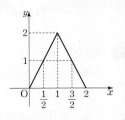

풀이 ⓐ 먼저 함수 $y=f(x)$의 그래프의 식을 구한다.

$$\Rightarrow f(x)=\begin{cases} 2x & (0 \leq x < 1) \\ -2x+4 & (1 \leq x \leq 2) \end{cases}$$

ⓑ $(f \circ f)(x)=f(f(x))$이므로 모든 x에 $f(x)$를 대입한다.

$$\Rightarrow f(f(x))=\begin{cases} 2f(x) & (0 \leq f(x) < 1) \\ -2f(x)+4 & (1 \leq f(x) \leq 2) \end{cases}$$

ⓒ 함수 $y=f(x)$의 그래프에서 $0 \leq f(x) < 1$인 부분의 x값의 범위는 $0 \leq x < \frac{1}{2}$ 또는 $\frac{3}{2} < x \leq 2$이고, $1 \leq f(x) \leq 2$인 부분의 x값의 범위는 $\frac{1}{2} \leq x \leq \frac{3}{2}$이다. [Figure 1]

$$\Rightarrow f(f(x))=\begin{cases} 2f(x) & \left(0 \leq x < \frac{1}{2}, \frac{3}{2} < x \leq 2\right) \\ -2f(x)+4 & \left(\frac{1}{2} \leq x \leq \frac{3}{2}\right) \end{cases}$$

ⓓ 함수 $y=2f(x)\left(0 \leq x < \frac{1}{2}, \frac{3}{2} < x \leq 2\right)$의 그래프는 함수 $y=f(x)\left(0 \leq x < \frac{1}{2}, \frac{3}{2} < x \leq 2\right)$의 그래프를 y축의 방향으로 2배 확대한 것이다. [Figure 2]

ⓔ 함수 $y=-2f(x)+4\left(\frac{1}{2} \leq x \leq \frac{3}{2}\right)$의 그래프는 함수 $y=2f(x)\left(\frac{1}{2} \leq x \leq \frac{3}{2}\right)$의 그래프를 x축에 대하여 대칭이동한 다음 y축의 방향으로 4만큼 평행이동한 것이다. [Figure 3]

ⓕ 결국, 함수 $y=(f \circ f)(x)$의 그래프는 두 함수 $y=2f(x)\left(0 \leq x < \frac{1}{2}, \frac{3}{2} < x \leq 2\right)$, $y=-2f(x)+4\left(\frac{1}{2} \leq x \leq \frac{3}{2}\right)$의 그래프를 더한 것이다. [Figure 4]

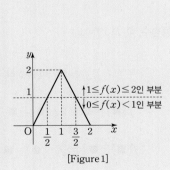

[Figure 1]

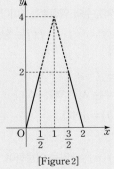

[Figure 2]

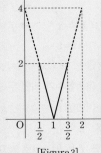

[Figure 3]

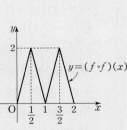

[Figure 4]

047 역함수

❶ 역함수의 뜻

(1) 일대일함수이어야 한다. 즉, 정의역의 원소 x_1, x_2에 대하여 $x_1 \neq x_2$이면 $f(x_1) \neq f(x_2)$이어야 한다.
(2) 치역과 공역이 같아야 한다.

▢ 역함수가 존재하려면 반드시 **일대일 대응**이어야 한다.

▢ 함수 $f : X \to Y$가 일대일 대응일 때, Y의 각 원소 y에 대하여 $y = f(x)$인 X의 원

소 x를 대응시키면 이 함수를 f의 **역함수**라 하고, f^{-1}로 나타낸다. [정의]

Y를 정의역, X를 공역으로 하는 새로운 함수   'f inverse'로 읽는다.

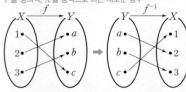 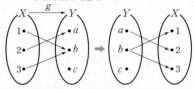

일대일 대응이므로 역함수가 존재한다.   일대일 대응이 아니므로 역함수가 존재하지 않는다.

❷ 역함수 구하기 [암기]

▢ 함수 $y = f(x)$의 역함수를 구하는 방법

➔ $y = f(x)$가 일대일 대응인지 확인한다.
'일대일함수'∩'(치역)=(공역)'인 함수

➔ x와 y를 바꾼다.
$x = \sim$꼴로 정리한 다음에 x와 y를 바꾸는 방법도 있다.

➔ $y = \sim$꼴로 정리한다.

➔ $y = f(x)$의 치역을 정의역으로 한다.

[예] $y = x + 1 (x \geq 0, y \geq 1)$은 일대일 대응이다.

→ $x = y + 1 (y \geq 0, x \geq 1)$
정의역과 치역을 모두 구한 다음 x와 y를 바꾸면 된다.

→ $y = x - 1$

→ $f^{-1}(x) = x - 1 (x \geq 1)$

▢ x와 y를 바꾼다는 것은 직선 $y = x$에 대한 대칭을 의미한다.

➔ 즉, 함수 f와 그 역함수 f^{-1}는 직선 $y = x$에 대하여 대칭이다.

▢ f의 치역은 f^{-1}의 정의역이 되고, f의 정의역은 f^{-1}의 치역이 된다.
정의역이 실수 전체의 집합이 아니면 반드시 정의역을 표시해야 한다.

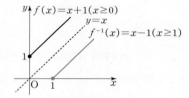

❸ 역함수의 성질 [암기]

• 두 함수 f, g의 역함수가 각각 f^{-1}, g^{-1}일 때

▢ $(f^{-1})^{-1} = f$ ➔ f의 역함수의 역함수는 f이다.
$(A^c)^c = A, \sim(\sim p) = p$와 닮았다.

▢ $(f^{-1} \circ f)(x) = (f \circ f^{-1})(x) = x$ ➔ $f^{-1} \circ f = f \circ f^{-1} = I$ (I는 항등함수, 즉 $I(x) = x$)
$y = x$

   [예] $(f^{-1} \circ f)(2) = 2, (f \circ f^{-1})(3) = 3$

▢ $g \circ f = f \circ g = I$ (I는 항등함수, 즉 $I(x) = x$) $\iff f = g^{-1}, g = f^{-1}$
$(g \circ f)(x) = (f \circ g)(x) = x$를 의미한다.

➔ 두 함수를 합성했을 때, 항등함수가 되면 두 함수는 서로 역함수이다.

▢ 두 함수 f, g가 서로 역함수이면 $f(a) = b \iff g(b) = a$이다.

▢ $f(a) = b \iff f^{-1}(b) = a$

➔ $f^{-1}(b)$의 값을 구하려면 $f^{-1}(b) = a$로 놓고 $f(a) = b$임을 이용하여

a의 값을 구한다.

   [예] $f(x) = 2x^2 + 3 (x \geq 0)$일 때, $f^{-1}(5)$의 값은 $y = f^{-1}(x)$를 직접 구하지 않고 $f^{-1}(5) = k$로 놓는다.

   이때 역함수의 성질을 이용하면 $f(k) = 5$이므로 $2k^2 + 3 = 5 \to k = \pm 1 \to k = 1 (\because k \geq 0)$

▢ $(g \circ f)^{-1} = f^{-1} \circ g^{-1}$ [주의] $(g \circ f)^{-1} \neq g^{-1} \circ f^{-1}$

   [예] $f \circ (g \circ f)^{-1} = f \circ (f^{-1} \circ g^{-1}) = (f \circ f^{-1}) \circ g^{-1} = I \circ g^{-1} = g^{-1}$

두 함수 f, g가 서로 역함수이다.
$\downarrow$
$f(\blacksquare) = \bullet \iff g(\bullet) = \blacksquare$
$\downarrow$
$f(\blacksquare) = \bullet \iff f^{-1}(\bullet) = \blacksquare$

◉ 그림과 같은 함수 f에 대하여 다음 값을 구하시오.

001 $f^{-1}(1)$ _____

002 $f^{-1}(2)$ _____

003 $(f \circ f^{-1})(3)$ _____

004 $(f^{-1} \circ f)(4)$ _____

005 $(f^{-1})^{-1}(1)$ _____

006 $(f^{-1})^{-1}(3)$ _____

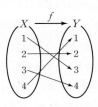

◉ 함수 f는 일대일 대응이다. 다음 값을 구하시오.

007 $f(1)=2$일 때, $f^{-1}(2)$ _____

008 $f(2)=3$일 때, $f^{-1}(3)$ _____

009 $f^{-1}(3)=2$일 때, $f(2)$ _____

010 $f^{-1}(1)=2$일 때, $f(2)$ _____

◉ 역함수를 구하시오.

011 $y=x$ _____

012 $y=x+2$ _____

013 $y=2x+1$ _____

014 $y=-\dfrac{1}{2}x+3$ _____

015 $y=-2x+4$, 정의역: $\{x \mid x \geq 1\}$

016 $y=x^2$, 정의역: $\{x \mid x \geq 0\}$

◉ 간단히 하시오.

017 $(g \circ f)^{-1}$ _____

018 $(g \circ f^{-1})^{-1}$ _____

019 $(f^{-1} \circ g)^{-1}$ _____

020 $(f^{-1} \circ g^{-1})^{-1}$ _____

021 $f \circ (f^{-1} \circ g)$ _____

022 $g \circ (f \circ g)^{-1}$ _____

023 $f \circ (g \circ f)^{-1} \circ f$ _____

024 $g \circ (f^{-1} \circ g)^{-1} \circ g$ _____

◉ $f(x)=x+1$, $g(x)=-2x$이다. 다음 값을 구하시오.

025 $f^{-1}(2)$ _____

026 $g^{-1}(2)$ _____

027 $(g \circ f)^{-1}(0)$ _____

028 $(f \circ g)^{-1}(-1)$ _____

029 $(g \circ (f \circ g)^{-1})(3)$ _____

030 $((f \circ g)^{-1} \circ f)(2)$ _____

◉ 다음 값을 구하시오.

031 함수 $f(x)=ax+3$이 $f^{-1}(1)=2$를 만족할 때 $f(1)$ _____

032 함수 $f(x)=ax+b$가 $f(1)=1$, $f^{-1}(5)=3$을 만족할 때 $f(2)$ _____

033 함수 $f(x)=ax+b$가 $f^{-1}(-1)=1$, $f^{-1}(1)=2$를 만족할 때 $f(3)$ _____

● 역함수의 그래프에 대한 이해 ^{암기}

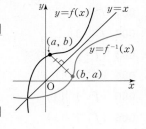

❶ 함수 $y=f(x)$와 그 역함수 $y=f^{-1}(x)$의 그래프는 직선 $y=x$에 대하여 대칭이다.

❷ 함수 $y=f(x)$의 그래프 위에 점 (a, b)가 있으면 그 역함수 $y=f^{-1}(x)$의 그래프 위
<small>$y=f(x)$의 x를 a를, y에 b를 대입한다.</small> <small>$y=f^{-1}(x)$의 x에 b를, y에 a를 대입한다.</small>
에는 점 (b, a)가 있다.

$\Rightarrow b=f(a)$, 즉 $a=f^{-1}(b)$

$\Rightarrow$ 두 점 (a, b), (b, a)는 직선 $y=x$에 대하여 대칭이다.

❸ 일반적으로 함수 $y=f(x)$와 그 역함수 $y=f^{-1}(x)$의 그래프의 교점은 직선 $y=x$ 위
<small>만나는 점</small>
에 있다.

$\Rightarrow$ 교점의 x좌표는 세 방정식 $f(x)=f^{-1}(x)$, $f(x)=x$, $f^{-1}(x)=x$ 중에서 하나를 선택하여 구할 수 있다.

$\Rightarrow$ 이 중에서 가장 간단한 것은 역함수 $y=f^{-1}(x)$를 구하지 않아도 되는 $f(x)=x$이다.

$\Rightarrow$ 함수 $y=f(x)$와 그 역함수 $y=f^{-1}(x)$의 그래프의 교점은 함수 $y=f(x)$의 그래프와 직선 $y=x$의 교점이다.
<small>교점의 x좌표와 y좌표가 같다.</small>

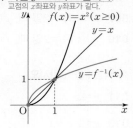

예 함수 $f(x)=x^2 (x \geq 0)$과 그 역함수 $y=f^{-1}(x)$의 그래프의 교점은 곡선 $y=x^2 (x \geq 0)$과
직선 $y=x$의 교점이다.

$x^2=x \rightarrow x^2-x=0 \rightarrow x(x-1)=0 \rightarrow x=0$ 또는 $x=1$

이때 교점은 직선 $y=x$ 위에 있으므로 $(0, 0)$, $(1, 1)$이다.

주의 $f(x)$와 $f^{-1}(x)$의 교점이 반드시 직선 $y=x$ 위에만 존재하는 것은 아니다. [Figure 1]

주의 $f(x)$와 $f^{-1}(x)$의 교점이 반드시 존재하는 것은 아니다. [Figure 2]

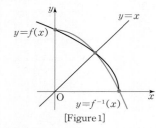

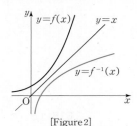

[Figure 1]　　　　　　[Figure 2]

● 역연산을 이용하여 역함수 구하는 방법
<small>계산을 한 결과를, 계산을 하기 전의 수 또는 식으로 되돌아가게 하는 계산</small>

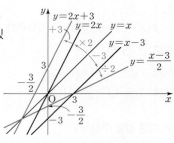

❶ 함수 $y=2x+3$은 x에 (곱하기 2) → (더하기 3) 순서로 연산하여 얻은 것이다.

❷ (빼기 3)과 (더하기 3), (나누기 2)와 (곱하기 2)는 각각 서로 역연산 관계에 있

으므로 함수 $y=2x+3$의 역함수는 (빼기 3) → (나누기 2) 순서로 하면 된다.
<small>(나누기 2) → (빼기 3) 순서로 하면 안 된다.</small>

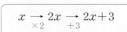　　$\Rightarrow$　　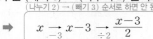

● $y=f(x) \Longleftrightarrow x=f^{-1}(y)$임을 이용하여 역함수 구하는 방법

♠ $f(x)$의 역함수를 $g(x)$라 할 때, $y=f(2x+1)$, $y=f(5x)$의 역함수를 각각 $g(x)$로 나타내시오.
<small>$f^{-1}(x)=g(x)$</small>

정답 $y=\dfrac{1}{2}g(x)-\dfrac{1}{2}$, $y=\dfrac{1}{5}g(x)$

풀이 x와 y를 바꾼다.　　　　$\Rightarrow x=f(2y+1)$　　　　　$x=f(5y)$

　　역함수의 성질을 이용한다.　$\Rightarrow 2y+1=f^{-1}(x) \rightarrow 2y+1=g(x)$　$5y=f^{-1}(x) \rightarrow 5y=g(x)$
<small>$y=f(x) \Longleftrightarrow x=f^{-1}(y)$</small>

정리한다.　　　　　　　$\Rightarrow y=\dfrac{1}{2}g(x)-\dfrac{1}{2}$　　　　$y=\dfrac{1}{5}g(x)$

001 다음 함수 중 역함수가 존재하는 것은?

① $y=2$ 　　　② $y=x^2$ 　　　③ $y=|x|+2$

④ $y=-2x+1$ 　　⑤ $x^2+y^2=1$

002 집합 $X=\{x\,|-2\leq x\leq 1\}$에서 집합 $Y=\{y\,|\,a\leq y\leq b\}$로의 함수 $f(x)=2x+3$의 역함수가 존재할 때, $a+b$의 값은? (단, a, b는 상수이다.)

① 1 　　　② 2 　　　③ 3

④ 4 　　　⑤ 5

003 실수 전체의 집합에서 정의된 함수 $f(x)=ax+b$에 대하여 $f^{-1}(3)=1$, $f^{-1}(5)=2$일 때, ab의 값은? (단, a, b는 상수이다.)

① 1 　　　② 2 　　　③ 3

④ 4 　　　⑤ 5

004 함수 $f(x)=ax+b$의 역함수가 $f^{-1}(x)=x+3$일 때, 상수 a, b의 합 $a+b$의 값은?

① -4 　　　② -2 　　　③ -1

④ 1 　　　⑤ 2

005 함수 $f(-2x+1)=x+2$에 대하여 $f^{-1}(0)$의 값은?

① 1 　　　② 2 　　　③ 3

④ 4 　　　⑤ 5

006 두 함수 $f(x)=2x-3$, $g(x)=1-4x$에 대하여 $(f\circ(g\circ f)^{-1}\circ f)(4)$의 값은?

① -3 　　　② -2 　　　③ -1

④ 1 　　　⑤ 2

007 일차함수 $f(x)=ax+b$의 그래프와 그 역함수 $y=f^{-1}(x)$의 그래프가 모두 점 $(2, -1)$을 지날 때, a^2+b^2의 값은? (단, a, b는 상수이다.)

① 2 　　　② 4 　　　③ 6

④ 8 　　　⑤ 10

008 함수 $f(x)=x^2-2x+2\,(x\geq 1)$의 역함수를 $g(x)$라 할 때, 두 함수 $y=f(x)$, $y=g(x)$의 그래프는 서로 다른 두 점에서 만난다. 이때, 두 점 사이의 거리는?

① 1 　　　② $\sqrt{2}$ 　　　③ $\sqrt{3}$

④ 2 　　　⑤ $\sqrt{5}$

048 유리식과 번분수식

❶ 유리식의 뜻

☐ **유리식** : 두 다항식 A, $B(B \neq 0)$에 대하여 $\dfrac{A}{B}$ 꼴로 나타내어지는 식

분수의 분모는 절대 0이 되어서는 안 된다.

예 유리식 $\dfrac{A}{B}(B \neq 0)$에서 B가 상수이면 $\dfrac{A}{B}$는 다항식이고, B가 상수가 아니면 $\dfrac{A}{B}$는 분수식이다.

유리식이다.　　일차 이상의 다항식이면　유리식이다.

예컨대 $x+1$, $\dfrac{x^2-1}{2}$은 다항식이고 $\dfrac{x+1}{x-1}$, $\dfrac{3}{x-1}$, $1+\dfrac{1}{x}$은 분수식이다.

☐ $\dfrac{A}{B} = \dfrac{A \times C}{B \times C}$, $\dfrac{A}{B} = \dfrac{A \div C}{B \div C}$

통분할 때 사용　　약분할 때 사용

예 $\dfrac{x^2-1}{x^2-x} = \dfrac{(x+1)(x-1)}{x(x-1)} = \dfrac{x+1}{x}$

☐ 유리식에서는 (분모)$\neq 0$이라는 조건이 없더라도 (분모)$\neq 0$으로 생각한다.

❷ 유리식의 계산

☐ $\dfrac{A}{C} + \dfrac{B}{C} = \dfrac{A+B}{C}$, $\dfrac{A}{C} - \dfrac{B}{C} = \dfrac{A-B}{C}$

☐ $\dfrac{A}{C} + \dfrac{B}{D} = \dfrac{AD}{CD} + \dfrac{BC}{CD} = \dfrac{AD+BC}{CD}$, $\dfrac{A}{C} - \dfrac{B}{D} = \dfrac{AD-BC}{CD}$

➜ 분모가 다를 때는 분모의 최소공배수로 통분한다.

예 $\dfrac{x}{x-1} - \dfrac{1}{x+1} = \dfrac{x(x+1)-(x-1)}{(x-1)(x+1)} = \dfrac{(x^2+x)-(x-1)}{x^2-1} = \dfrac{x^2+1}{x^2-1}$

☐ $\dfrac{A}{C} \times \dfrac{B}{D} = \dfrac{AB}{CD}$　　➜ 분모는 분모끼리, 분자는 분자끼리 곱한다.

☐ $\dfrac{A}{C} \div \dfrac{B}{D} = \dfrac{A}{C} \times \dfrac{D}{B} = \dfrac{AD}{BC}$　　➜ 역수를 이용하여 나눗셈을 곱셈으로 고쳐서 계산한다.

두 수의 곱이 1일 때, 한 수를 다른 수의 역수라고 한다.

❸ 번분수식의 계산

☐ **번분수식** : 분자 또는 분모에 또 다른 분수식이 포함되어 있는 분수식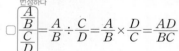

번성하다

☐ $\dfrac{\dfrac{A}{B}}{\dfrac{C}{D}} = \dfrac{A}{B} \div \dfrac{C}{D} = \dfrac{A}{B} \times \dfrac{D}{C} = \dfrac{AD}{BC}$

번분수식의 기본계산법

증명 $\dfrac{\dfrac{A}{B}}{\dfrac{C}{D}} = \dfrac{\dfrac{A}{B} \times BD}{\dfrac{C}{D} \times BD} = \dfrac{AD}{BC}$

☐ $\dfrac{\dfrac{A}{B}}{C} = \dfrac{\dfrac{A}{B}}{\dfrac{C}{1}} = \dfrac{A}{BC}$, $\dfrac{A}{\dfrac{B}{C}} = \dfrac{\dfrac{A}{1}}{\dfrac{B}{C}} = \dfrac{AC}{B}$, $\dfrac{1}{\dfrac{B}{A}} = \dfrac{\dfrac{1}{1}}{\dfrac{B}{A}} = \dfrac{A}{B}$

증명 $\dfrac{\dfrac{A}{B}}{C} = \dfrac{\dfrac{A}{B} \times B}{C \times B} = \dfrac{A}{BC}$, $\dfrac{A}{\dfrac{B}{C}} = \dfrac{A \times C}{\dfrac{B}{C} \times C} = \dfrac{AC}{B}$, $\dfrac{1}{\dfrac{B}{A}} = \dfrac{1 \times A}{\dfrac{B}{A} \times A} = \dfrac{A}{B}$

예 $\dfrac{1}{1-\dfrac{1}{x}} = \dfrac{1}{\dfrac{x}{x}-\dfrac{1}{x}} = \dfrac{1}{\dfrac{x-1}{x}} = \dfrac{x}{x-1}$, $\dfrac{1}{1-\dfrac{1}{x}} = \dfrac{1 \times x}{\left(1-\dfrac{1}{x}\right) \times x} = \dfrac{x}{x-1}$

정답과 해설 P. 209

⊙ 유리식이면 ○, 아니면 X

001 $\dfrac{x+1}{2x}$ _____

002 $\dfrac{x^2-2}{3}$ _____

003 $\dfrac{x-1}{x(x+1)}$ _____

004 $x-\dfrac{1}{x}$ _____

⊙ 유리식을 약분하시오.

005 $\dfrac{x}{x^2+x}$ _____

006 $\dfrac{x^2-3x+2}{x^3-1}$ _____

007 $\dfrac{x^2+3x+2}{x^4-5x^2+4}$ _____

008 $\dfrac{x^2-x-2}{x^3-2x^2-x+2}$ _____

⊙ 간단히 하시오.

009 $\dfrac{2}{x-1}+3$ _____

010 $\dfrac{1}{x-2}+\dfrac{2}{x+1}$ _____

011 $\dfrac{1}{x^2+3x+2}+\dfrac{2}{x^2-1}$ _____

012 $\dfrac{x+1}{x^3-1}-\dfrac{2}{x^2+x+1}$ _____

013 $\dfrac{x^2-x-2}{x^2+2x-3}\times\dfrac{x+3}{x^2-1}$ _____

014 $\dfrac{x^2-3x-4}{x-1}\div\dfrac{x-4}{x^2-1}$ _____

015 $\dfrac{2x^2+x}{x^3-1}-\dfrac{x+1}{x^2+x+1}+\dfrac{1}{x-1}$ _____

016 $\dfrac{x^2+x-6}{x+3}\div\dfrac{x^2+5x+6}{x^2+2x}\times\dfrac{x^2+4x+3}{x^2-x-2}$ _____

017 $\dfrac{1}{x-1}-\dfrac{1}{x+1}-\dfrac{2}{x^2+1}-\dfrac{4}{x^4+1}$ _____

018 $\dfrac{x+2}{x}-\dfrac{x+3}{x+1}-\dfrac{x-3}{x-1}+\dfrac{x-4}{x-2}$ _____

019 $\dfrac{x}{(x-y)(x-z)}+\dfrac{y}{(y-z)(y-x)}+\dfrac{z}{(z-x)(z-y)}$ _____

020 $\dfrac{2}{\dfrac{1}{x}}$ _____

021 $\dfrac{x}{x-\dfrac{1}{x}}$ _____

022 $\dfrac{1}{1+\dfrac{1}{1+\dfrac{1}{x}}}$ _____

023 $\dfrac{x}{1-\dfrac{1}{1+\dfrac{1}{x}}}$ _____

- **꼭 기억해두어야 할 공식들** 암기

❶ $x^2+\dfrac{1}{x^2}=\left(x+\dfrac{1}{x}\right)^2-2=\left(x-\dfrac{1}{x}\right)^2+2$ ← $a^2+b^2=(a+b)^2-2ab=(a-b)^2+2ab$

❷ $\left(x+\dfrac{1}{x}\right)^2=\left(x-\dfrac{1}{x}\right)^2+4,\ \left(x-\dfrac{1}{x}\right)^2=\left(x+\dfrac{1}{x}\right)^2-4$ ← $(a+b)^2=(a-b)^2+4ab,\ (a-b)^2=(a+b)^2-4ab$

❸ $x^3+\dfrac{1}{x^3}=\left(x+\dfrac{1}{x}\right)^3-3\left(x+\dfrac{1}{x}\right)$ ← $a^3+b^3=(a+b)^3-3ab(a+b)$

❹ $x^3-\dfrac{1}{x^3}=\left(x-\dfrac{1}{x}\right)^3+3\left(x-\dfrac{1}{x}\right)$ ← $a^3-b^3=(a-b)^3+3ab(a-b)$

- **유리식의 값 구하기**

♠ $x^2-2x-1=0$일 때, $3x^2+2x-1-\dfrac{2}{x}+\dfrac{3}{x^2}$의 값을 구하시오. 정답 21

풀이 $x^2-2x-1=0$의 좌변에 $x=0$을 대입하면 $0^2-2\cdot0-1=-1\neq0$이므로 $x\neq0$이다.

$x\neq0$이므로 $x^2-2x-1=0$의 양변을 x로 나누면

$x-2-\dfrac{1}{x}=0 \to x-\dfrac{1}{x}=2$

$3x^2+2x-1-\dfrac{2}{x}+\dfrac{3}{x^2}=3\left(x^2+\dfrac{1}{x^2}\right)+2\left(x-\dfrac{1}{x}\right)-1$

$\qquad\qquad\qquad\qquad=3\left\{\left(x-\dfrac{1}{x}\right)^2+2\right\}+2\left(x-\dfrac{1}{x}\right)-1$ ← $x^2+\dfrac{1}{x^2}=\left(x-\dfrac{1}{x}\right)^2+2$

$\qquad\qquad\qquad\qquad=3(2^2+2)+2\cdot2-1=21$

- **분수를 번분수로 나타내기**

· $\dfrac{A}{B}=\dfrac{1}{\dfrac{B}{A}}$임을 이용한다.

♠ $\dfrac{30}{11}=a+\dfrac{1}{b+\dfrac{1}{c+\dfrac{1}{d+\dfrac{1}{e}}}}$일 때, $a+b+c+d+e$의 값을 구하시오. (단, a, b, c, d, e는 자연수이다.) 정답 8

풀이 우변을 계산하지 않고 좌변을 다음과 같이 번분수를 이용하여 변형한다.

$\dfrac{30}{11}=2+\dfrac{8}{11}=2+\dfrac{1}{\dfrac{11}{8}}=2+\dfrac{1}{1+\dfrac{3}{8}}=2+\dfrac{1}{1+\dfrac{1}{\dfrac{8}{3}}}=2+\dfrac{1}{1+\dfrac{1}{2+\dfrac{2}{3}}}=2+\dfrac{1}{1+\dfrac{1}{2+\dfrac{1}{\dfrac{3}{2}}}}=2+\dfrac{1}{1+\dfrac{1}{2+\dfrac{1}{1+\dfrac{1}{2}}}}$

$\therefore a+b+c+d+e=2+1+2+1+2=8$

001 $\dfrac{2x+3}{x+2}-\dfrac{2x+1}{x+1}=\dfrac{a}{(x+1)(x+2)}$ 일 때, 상수 a의 값은?

① 1   ② 2   ③ 3

④ 4   ⑤ 5

002 $\dfrac{x^2+x}{x^2+2x+1}\times\dfrac{x^3-1}{x^2+1}\div\dfrac{x^3-2x^2+x}{x^4-1}$ 를 간단히 하면 ax^2+bx+c이다. 이때, $a+b+c$의 값은?

(단, a, b, c는 상수이다.)

① 2   ② 3   ③ 4

④ 5   ⑤ 6

003 $a+b=5$, $ab=\dfrac{9}{4}$일 때, $\dfrac{a+b}{a-b}-\dfrac{a-b}{a+b}$의 값은?

(단, $a>b$)

① $\dfrac{7}{20}$ ② $\dfrac{2}{5}$ ③ $\dfrac{9}{20}$

④ $\dfrac{1}{2}$ ⑤ $\dfrac{11}{20}$

004 다음 식의 분모를 0으로 만들지 않는 모든 실수 x에 대하여

$$\frac{1}{x(x+1)^2}=\frac{a}{x}+\frac{b}{x+1}+\frac{c}{(x+1)^2}$$

가 성립할 때, abc의 값은? (단, a, b, c는 상수이다.)

① -3 ② -2 ③ -1

④ 1   ⑤ 2

005 다음 식의 분모를 0으로 만들지 않는 모든 실수 x에 대하여

$$\frac{3}{x^3+1}=\frac{a}{x+1}+\frac{bx+c}{x^2-x+1}$$

가 성립할 때, abc의 값은? (단, a, b, c는 상수이다.)

① -3 ② -2 ③ 1

④ 3   ⑤ 4

006 $1+\dfrac{1}{1+\dfrac{1}{1+\dfrac{1}{x}}}=\dfrac{ax+b}{cx+d}$를 만족시키는 네 자

연수 a, b, c, d에 대하여 $a+b+c+d$의 최솟값은?

① 4   ② 5   ③ 6

④ 7   ⑤ 8

007 $a+\dfrac{1}{b+\dfrac{1}{c+\dfrac{1}{d}}}=\dfrac{43}{30}$을 만족시키는 네 자연수

a, b, c, d에 대하여 $a+b+c+d$의 값은?

① 5   ② 10   ③ 15

④ 20   ⑤ 25

008 $x^2-2x+1=0$일 때, $x^2+x^3+\dfrac{1}{x^2}+\dfrac{1}{x^3}$의 값은?

① 3   ② 4   ③ 5

④ 6   ⑤ 7

❶ 부분분수로의 변형 〔암기〕

☐ $\dfrac{1}{AB}=\dfrac{1}{B-A}\left(\dfrac{1}{A}-\dfrac{1}{B}\right),\ \dfrac{C}{AB}=\dfrac{C}{B-A}\left(\dfrac{1}{A}-\dfrac{1}{B}\right)$

> $$\dfrac{1}{AB}=\dfrac{1}{\underset{\text{큰 수}}{B}-\underset{\text{작은 수}}{A}}\left(\dfrac{1}{A}-\dfrac{1}{B}\right)$$
> $A<B$인 관계로 A, B를 설정하면 계산이 편리하다.

〔증명〕 $\dfrac{1}{AB}=\dfrac{1}{AB}\cdot\dfrac{B-A}{B-A}=\dfrac{1}{B-A}\cdot\dfrac{B-A}{AB}$

$\qquad\qquad =\dfrac{1}{B-A}\left(\dfrac{B}{AB}-\dfrac{A}{AB}\right)=\dfrac{1}{B-A}\left(\dfrac{1}{A}-\dfrac{1}{B}\right)$

〔예〕 $\dfrac{1}{(x+1)(x+2)}=\dfrac{1}{(x+2)-(x+1)}\left(\dfrac{1}{x+1}-\dfrac{1}{x+2}\right)=\dfrac{1}{x+1}-\dfrac{1}{x+2}$

☐ $\dfrac{1}{ABC}=\dfrac{1}{C-A}\left(\dfrac{1}{AB}-\dfrac{1}{BC}\right),\ \dfrac{D}{ABC}=\dfrac{D}{C-A}\left(\dfrac{1}{AB}-\dfrac{1}{BC}\right)$

❷ 비례식 〔암기〕

☐ $a:b=c:d\Longleftrightarrow ad=bc$ ← 내항의 곱과 외항의 곱은 같다.

                       안쪽에 있는 항(b, c) 바깥쪽에 있는 항(a, d)

$\qquad\Longleftrightarrow \underset{k\text{는 비례상수}}{\dfrac{a}{b}=\dfrac{c}{d}\Longleftrightarrow a=bk,\ c=dk}$ ← $\dfrac{a}{b}=\underset{k\neq0}{\dfrac{c}{d}=k}$라 하면 $\dfrac{a}{b}=k,\ \dfrac{c}{d}=k$에서 $a=bk,\ c=dk$이다.

〔예〕 $x:y=2:3$에서 $x=2k,\ y=3k$이므로 $\dfrac{3x+y}{x+y}=\dfrac{6k+3k}{2k+3k}=\dfrac{9}{5}$이다.

☐ $a:b:c=d:e:f\Longleftrightarrow \dfrac{a}{d}=\dfrac{b}{e}=\dfrac{c}{f}\Longleftrightarrow a=dk,\ b=ek,\ c=fk\ (k\neq0)$

❸ 가비의 리 〔암기〕

☐ 비례식에서 분자끼리, 분모끼리 더해도 등식이 성립하는 것을 **가비의 리**라고 한다. 〔정의〕

                                   '가비'는 '더할 가, 비례 비'로 비례식을 더한다는 뜻이고 '리'는 '이론'을 뜻한다.

☐ $a:b=c:d=e:f$일 때

$\qquad \dfrac{a}{b}=\dfrac{c}{d}=\dfrac{e}{f}=\dfrac{a+c+e}{b+d+f}$ (단, $b+d+f\neq0$)

    ⬇   → 비가 같은 것들은 분자끼리, 분모끼리 더해도 비가 같다.

$\qquad \dfrac{pa}{pb}=\dfrac{qc}{qd}=\dfrac{re}{rf}=\dfrac{pa+qc+re}{pb+qd+rf}$ (단, $pb+qd+rf\neq0$)

          → 비가 같은 것들은 실수배를 한 후 분자끼리, 분모끼리 더해도 비가 같다.

〔예〕 $\dfrac{1}{2}=\dfrac{2}{4}=\dfrac{3}{6}$에서 분자끼리, 분모끼리 더해도 $\dfrac{1+2+3}{2+4+6}=\dfrac{6}{12}=\dfrac{1}{2}$이다.

〔예〕 $\dfrac{1}{2}=\dfrac{2}{4}=\dfrac{-3}{-6}$에서 분자끼리, 분모끼리 더하면 $\dfrac{1+2+(-3)}{2+4+(-6)}=\dfrac{0}{0}\neq\dfrac{1}{2}$이다.

     즉, 분모끼리 더해서 0이 되는 경우는 가비의 리를 이용할 수 없다.

☐ $\dfrac{a}{b}=\dfrac{c}{d}=\dfrac{e}{f}$일 때

    ⇨ $\underset{\text{가비의 리를 이용할 수 없다.}}{b+d+f=0}$이면 $b+d+f=0$을 변형하여 구하는 식에 대입한다.

    ⇨ $b+d+f\neq0$이면 가비의 리를 이용한다.

〔예〕 $\dfrac{b+c}{a}=\dfrac{c+a}{b}=\dfrac{a+b}{c}=\underset{k\neq0}{k}$일 때

     $a+b+c=0$일 때, $b+c=-a,\ c+a=-b,\ a+b=-c$를 주어진 식에 대입하면 $k=\dfrac{-a}{a}=\dfrac{-b}{b}=\dfrac{-c}{c}=-1$

     $a+b+c\neq0$일 때, 가비의 리가 성립하므로 $k=\dfrac{(b+c)+(c+a)+(a+b)}{a+b+c}=\dfrac{2(a+b+c)}{a+b+c}=2$

⊙ 부분분수로 변형하시오.

001 $\dfrac{1}{1\times 2}$ _____

002 $\dfrac{1}{2\times 4}$ _____

003 $\dfrac{1}{x(x+1)}$ _____

004 $\dfrac{2}{x(x+2)}$ _____

005 $\dfrac{1}{2\times 3\times 4}$ _____

006 $\dfrac{2}{x(x+1)(x+2)}$ _____

⊙ 부분분수를 이용하여, 간단히 하시오.

007 $\dfrac{1}{1\times 2}+\dfrac{1}{2\times 3}+\dfrac{1}{3\times 4}+\cdots+\dfrac{1}{9\times 10}$ _____

008 $\dfrac{1}{1\times 3}+\dfrac{1}{3\times 5}+\dfrac{1}{5\times 7}+\cdots+\dfrac{1}{19\times 21}$ _____

009 $\dfrac{2}{1\times 3}+\dfrac{2}{2\times 4}+\dfrac{2}{3\times 5}+\cdots+\dfrac{2}{7\times 9}+\dfrac{2}{8\times 10}$ _____

010 $\dfrac{1}{x(x+1)}+\dfrac{1}{(x+1)(x+2)}+\dfrac{1}{(x+2)(x+3)}$ _____

011 $\dfrac{2}{x(x+2)}+\dfrac{3}{(x+2)(x+5)}+\dfrac{4}{(x+5)(x+9)}$ _____

⊙ 다음 값을 구하시오.

012 $x:y=2:3$일 때 $\quad\dfrac{x+2y}{2x-y}$ _____

013 $x:y:z=1:2:3$일 때 $\quad\dfrac{xy+yz+zx}{x^2+y^2+z^2}$ _____

014 $\dfrac{x+y}{3}=\dfrac{y+z}{4}=\dfrac{z+x}{5}$일 때 $\quad\dfrac{3x+2y+z}{x+2y+3z}$ _____

015 $x=2y,\ y=3z$일 때 $\quad\dfrac{x+2y+3z}{x+y+z}$ _____

⊙ k의 값을 구하시오. (단, $xyz\neq 0$, $abc\neq 0$, $k\neq 0$)

016 $\dfrac{x}{2}=\dfrac{y}{3}=\dfrac{x+y}{k}$ _____

017 $\dfrac{x}{2}=\dfrac{y}{3}=\dfrac{z}{4}=\dfrac{x+y+z}{k}$ _____

018 $\dfrac{x}{2}=\dfrac{y}{3}=\dfrac{2x+3y}{k}$ _____

019 $\dfrac{x}{3}=\dfrac{y}{4}=\dfrac{z}{5}=\dfrac{x+2y+3z}{k}$ _____

020 $\dfrac{a+b}{a}=\dfrac{b+a}{b}=k$ _____

021 $\dfrac{b+c}{a}=\dfrac{c+a}{b}=\dfrac{a+b}{c}=k$ _____

● 부분분수처럼 보이지 않는 부분분수

• 하나의 분수식을 더 이상 간단히 할 수 없는 분수식의 합으로 나타낼 때, 우변에 나타나는 하나하나의 분수를 **부분분수** 라고 한다. 예컨대 $\frac{1}{6}=\frac{1}{2}+\left(-\frac{1}{3}\right)$이므로 $\frac{1}{2}$과 $-\frac{1}{3}$을 $\frac{1}{6}$의 부분분수라고 한다.

❶ $\dfrac{1}{1^2+1}+\dfrac{1}{2^2+2}+\dfrac{1}{3^2+3}+\cdots+\dfrac{1}{9^2+9}$

$=\dfrac{1}{1(1+1)}+\dfrac{1}{2(2+1)}+\dfrac{1}{3(3+1)}+\cdots+\dfrac{1}{9(9+1)}$

$=\dfrac{1}{1\cdot2}+\dfrac{1}{2\cdot3}+\dfrac{1}{3\cdot4}+\cdots+\dfrac{1}{9\cdot10}$

$=\dfrac{1}{2-1}\left(\dfrac{1}{1}-\dfrac{1}{2}\right)+\dfrac{1}{3-2}\left(\dfrac{1}{2}-\dfrac{1}{3}\right)+\dfrac{1}{4-3}\left(\dfrac{1}{3}-\dfrac{1}{4}\right)+\cdots+\dfrac{1}{10-9}\left(\dfrac{1}{9}-\dfrac{1}{10}\right)$ ← $\dfrac{1}{AB}=\dfrac{1}{B-A}\left(\dfrac{1}{A}-\dfrac{1}{B}\right)$

$=\left(\dfrac{1}{1}-\dfrac{1}{2}\right)+\left(\dfrac{1}{2}-\dfrac{1}{3}\right)+\left(\dfrac{1}{3}-\dfrac{1}{4}\right)+\cdots+\left(\dfrac{1}{9}-\dfrac{1}{10}\right)$

<small>부분분수로 변형하여 계산하면 이처럼 순차적으로 소거되는 특징을 갖는다.</small>

$=1-\dfrac{1}{10}=\dfrac{9}{10}$

❷ $\dfrac{1}{2^2-1}+\dfrac{1}{4^2-1}+\dfrac{1}{6^2-1}+\cdots+\dfrac{1}{20^2-1}$

$=\dfrac{1}{(2-1)(2+1)}+\dfrac{1}{(4-1)(4+1)}+\dfrac{1}{(6-1)(6+1)}+\cdots+\dfrac{1}{(20-1)(20+1)}$ ← $a^2-b^2=(a-b)(a+b)$

$=\dfrac{1}{1\cdot3}+\dfrac{1}{3\cdot5}+\dfrac{1}{5\cdot7}+\cdots+\dfrac{1}{19\cdot21}$

$=\dfrac{1}{3-1}\left(\dfrac{1}{1}-\dfrac{1}{3}\right)+\dfrac{1}{5-3}\left(\dfrac{1}{3}-\dfrac{1}{5}\right)+\dfrac{1}{7-5}\left(\dfrac{1}{5}-\dfrac{1}{7}\right)+\cdots+\dfrac{1}{21-19}\left(\dfrac{1}{19}-\dfrac{1}{21}\right)$ ← $\dfrac{1}{AB}=\dfrac{1}{B-A}\left(\dfrac{1}{A}-\dfrac{1}{B}\right)$

$=\dfrac{1}{2}\left\{\left(\dfrac{1}{1}-\dfrac{1}{3}\right)+\left(\dfrac{1}{3}-\dfrac{1}{5}\right)+\left(\dfrac{1}{5}-\dfrac{1}{7}\right)+\cdots+\left(\dfrac{1}{19}-\dfrac{1}{21}\right)\right\}$

$=\dfrac{1}{2}\left(1-\dfrac{1}{21}\right)=\dfrac{10}{21}$

● '가비의 리'에 대한 이해

❶ 두 쌍 이상의 수의 비가 서로 같을 때, 비례식의 왼쪽 항들의 합과 오른쪽 항들의 합으로 만든 비례식의 비도 처음 비 례식의 비와 같다는 정리이다. 분수식으로 설명하면, 비가 같은 여러 개의 분수식에서 분자는 분자끼리, 분모는 분모 끼리 더하여 만든 분수식의 비도 처음 분수식의 비와 같다는 것이다.

> ⓐ $a:b=c:d=(a+c):(b+d)$ → $\dfrac{a}{b}=\dfrac{c}{d}=\dfrac{a+c}{b+d}$ $(b+d\neq0)$
>
> ⓑ $a:b=c:d=e:f=(a+c+e):(b+d+f)$ → $\dfrac{a}{b}=\dfrac{c}{d}=\dfrac{e}{f}=\dfrac{a+c+e}{b+d+f}$ $(b+d+f\neq0)$

❷ 여름 휴가때 해수욕장에 놀러가 짠 바닷물을 본의아니게 먹어봤다면 이미 가비의 리를 경험한 것이다. 별게 아니다. 큰 파도가 밀려와서 바닷물을 엄청 맛보았거나, 그 바닷물을 손바닥으로 떠서 맛보았거나, 예쁜 컵에 담아 맛보았거 나 그 바닷물의 짠 정도는 모두 같다는 것이다. 즉, 비가 같은 것은 더하거나(엄청 먹거나) 빼도(조금만 먹어도) 같 다는게 '가비의 리'이다.

001 $\dfrac{1}{x(x+1)}+\dfrac{2}{(x+1)(x+3)}+\dfrac{3}{(x+3)(x+6)}$
$=\dfrac{k}{x(x+6)}$를 만족시키는 상수 k의 값은?

① 2   ② 3   ③ 4
④ 5   ⑤ 6

002 $\dfrac{1}{2}+\dfrac{1}{6}+\dfrac{1}{12}+\cdots+\dfrac{1}{90}=\dfrac{a}{b}$일 때, $b-a$의 값
은? (단, a, b는 서로소인 자연수이다.)

① 1   ② 2   ③ 3
④ 4   ⑤ 5

003 $f(x)=4x^2-1$일 때,
$\dfrac{1}{f(1)}+\dfrac{1}{f(2)}+\dfrac{1}{f(3)}+\cdots+\dfrac{1}{f(19)}=\dfrac{a}{b}$이다.
$b-2a$의 값은? (단, a, b는 서로소인 자연수이다.)

① 1   ② 2   ③ 3
④ 4   ⑤ 5

004 $f(x)=x(x+1)(x+2)$일 때,
$\dfrac{1}{f(1)}+\dfrac{1}{f(2)}+\dfrac{1}{f(3)}+\cdots+\dfrac{1}{f(8)}$의 값은?

① $\dfrac{2}{9}$ ② $\dfrac{11}{45}$ ③ $\dfrac{4}{15}$
④ $\dfrac{13}{45}$ ⑤ $\dfrac{14}{45}$

005 $x:y=1:2$, $y:z=3:4$일 때, $\dfrac{x+y-z}{3x-2y+z}$의
값은?

① $\dfrac{1}{4}$ ② $\dfrac{3}{4}$ ③ $\dfrac{1}{5}$
④ $\dfrac{3}{5}$ ⑤ $\dfrac{4}{5}$

006 $\dfrac{x}{2}=\dfrac{y-z}{3}=\dfrac{z+x}{4}=\dfrac{2x+2y-z}{k}$일 때, 상수
k의 값은? (단, $xyz \neq 0$)

① 11   ② 12   ③ 13
④ 14   ⑤ 15

007 세 실수 a, b, c에 대하여
$$\dfrac{2b+3c}{a}=\dfrac{3c+a}{2b}=\dfrac{a+2b}{3c}=k$$
일 때, 모든 k의 값의 합은? (단, $abc \neq 0$)

① -1 ② 0   ③ 1
④ 2   ⑤ 3

007 A학교와 B학교의 입학시험에서 두 학교의 지원
자 수의 비는 3 : 4, 합격자 수의 비는 1 : 2, 불합격자
수의 비는 4 : 5일 때, B학교의 합격률은?

① $\dfrac{1}{6}$ ② $\dfrac{1}{5}$ ③ $\dfrac{1}{4}$
④ $\dfrac{1}{3}$ ⑤ $\dfrac{1}{2}$

❶ 유리함수

☐ **유리함수** : $y=f(x)$에서 $f(x)$가 x에 대한 유리식인 함수 〔정의〕
　다항식과 분수식을 통틀어 유리식이라 한다.

　⦿ $y=x+1$, $y=\dfrac{x^2-1}{2}$은 다항함수이고 $y=\dfrac{x+1}{x-1}$, $y=\dfrac{3}{x+2}$, $y=1+\dfrac{1}{x}$은 분수함수이다.
　　　　　　　　　　　　　　　　　　　　　　　　　　　　유리함수이다.

☐ 분수함수에서 정의역이 주어져 있지 않을 때
　함수가 정의되는 모든 수의 집합
　➔ 분모가 0이 되지 않도록 하는 모든 실수의 집합을 정의역으로 한다.

　⦿ $y=\dfrac{x+1}{x-1}$의 정의역은 $\{x \mid x\neq 1$인 실수$\}$이고, $y=\dfrac{1}{x^2+1}$의 정의역은 $\{x \mid x$는 모든 실수$\}$이다.

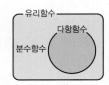

❷ 곡선 $y=\dfrac{k}{x}$ 〔암기〕

☐ $k>0$일 때 제1, 3사분면에 있다.

☐ $k<0$일 때 제2, 4사분면에 있다.

☐ (정의역)$=\{x \mid x\neq 0$인 실수$\}$, (치역)$=\{y \mid y\neq 0$인 실수$\}$

☐ $\mid k \mid$의 값이 클수록 원점에서 멀어진다.

☐ 점근선은 $x=0(y$축$)$, $y=0(x$축$)$이다.
　곡선이 어떤 직선에 한없이 가까워질 때, 그 직선을 곡선의 점근선이라 한다.
☐ 원점과 두 직선 $y=x$, $y=-x$에 대하여 대칭이다.

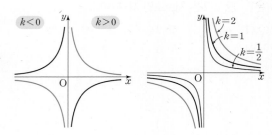

❸ 곡선 $y=\dfrac{k}{x-p}+q$ 〔암기〕

☐ 곡선 $y=\dfrac{k}{x}$를 x축의 방향으로 p만큼, y축의 방향으로 q만큼 평행이동한 것이다.

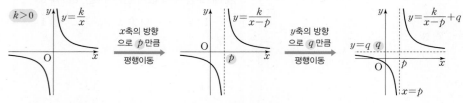

　⦿ $y=\dfrac{2x+3}{x+1}=\dfrac{2(x+1)+1}{x+1}=\dfrac{1}{x+1}+2$이므로 곡선 $y=\dfrac{2x+3}{x+1}$은 곡선 $y=\dfrac{1}{x}$을

　　x축의 방향으로 -1만큼, y축의 방향으로 2만큼 평행이동한 것이다.

☐ 유리함수의 그래프를 평행이동하면 점근선과 대칭점도 평행이동된다.
　　　　　　　　　　　　　　　　　　x축, y축의 방향으로 각각 p, q만큼 평행이동

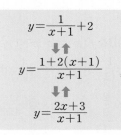

　점근선 : $x=0(y$축$)$, $y=0(x$축$)$ ➔ $x=p$, $y=q$

　정의역 : $\{x \mid x\neq 0$인 실수$\}$ ➔ $\{x \mid x\neq p$인 실수$\}$

　치역　 : $\{y \mid y\neq 0$인 실수$\}$ ➔ $\{y \mid y\neq q$인 실수$\}$

　대칭점 : 원점 $(0, 0)$ ➔ 점 (p, q)
　점근선의 교점

☐ $y=\dfrac{k}{x-p}+q$꼴일 때, 점근선은 $x=p$, $y=q$이다.　⦿ $y=\dfrac{1}{x-3}+2$의 점근선은 $x=3$, $y=2$이다.

☐ $y=\dfrac{ax+b}{cx+d}$꼴일 때, 점근선은 $x=-\dfrac{d}{c}$, $y=\dfrac{a}{c}$이다.　⦿ $y=\dfrac{3x+1}{x+2}$의 점근선은 $x+2=0$에서 $x=-2$, $y=\dfrac{3}{1}=3$이다.

　⇨ $x=-\dfrac{d}{c}$는 분모 $cx+d$를 0으로 하는 x의 값이고, $y=\dfrac{a}{c}$는 분모와 분자의 일차항의 계수의 비이다.

⊙ 유리함수의 정의역을 구하시오.

001 $y=\dfrac{2}{x}$ _____

002 $y=\dfrac{-3}{x-1}$ _____

003 $y=\dfrac{2}{x+1}-3$ _____

004 $y=\dfrac{3-x}{2x-4}$ _____

⊙ 함수의 그래프를 그리고 점근선의 방정식을 구하시오.

005 $y=\dfrac{1}{x}$ _____

006 $y=-\dfrac{2}{x-1}$ _____

007 $y=\dfrac{3}{x-1}+2$ _____

008 $y=-\dfrac{3}{x+2}-1$ _____

⊙ $y=\dfrac{k}{x-a}+\beta\,(k\neq0)$ 꼴로 변형하시오.

009 $y=\dfrac{x+1}{x}$ _____

010 $y=\dfrac{-x-1}{x+3}$ _____

011 $y=\dfrac{3x+5}{x+1}$ _____

012 $y=\dfrac{-x-1}{x-2}$ _____

013 $y=\dfrac{2x+1}{x-1}$ _____

014 $y=\dfrac{-2x-7}{x+2}$ _____

⊙ 함수의 그래프를 그리고 점근선의 방정식을 구하시오.

015 $y=\dfrac{x+1}{x-2}$ _____

016 $y=\dfrac{-3x-5}{x+1}$ _____

017 $y=\dfrac{2x+1}{x+1}$ _____

018 $y=\dfrac{-2x+5}{x-2}$ _____

⊙ 함수 $y=\dfrac{ax+b}{x+c}$의 그래프가 그림과 같을 때, $a+b+c$의 값을 구하시오.

019
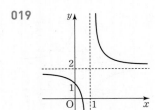
_____

020
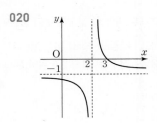
_____

021
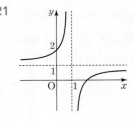
_____

⊙ $a+b$의 값을 구하시오.

022 곡선 $y=\dfrac{2}{x-3}+4$는 점 $(a,\,b)$에 대하여 대칭이다. _____

023 곡선 $y=-\dfrac{3}{x-a}+b$는 두 직선 $y=(x-1)+2,\ y=-(x-1)+2$에 대하여 대칭이다. _____

024 곡선 $y=\dfrac{-3x-5}{x+2}$를 x축, y축의 방향으로 각각 $a,\,b$만큼 평행이동하면 곡선 $y=\dfrac{1}{x}$과 겹쳐진다.

_____

- **곡선 $y=\dfrac{k}{x}$의 대칭성** 암기

  ❶ **점대칭** : 원점 $(0, 0)$에 대하여 대칭이다.
  $\Rightarrow$ 원점 $(0, 0)$은 두 점근선 $\underset{='y축'}{x=0}$, $\underset{='x축'}{y=0}$의 교점이다.

  ❷ **선대칭** : 원점 $(0, 0)$을 지나고 기울기가 ± 1인 두 직선 $y=\pm x$에 대하여 대칭이다.
  원점을 지나고 기울기가 m인 직선의 방정식은 $y=mx$이다.

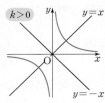

함수 $y=\dfrac{k}{x}$의 그래프

- **곡선 $y=\dfrac{k}{x-p}+q$의 대칭성** 암기

  ❶ **점대칭** : 점 (p, q)에 대하여 대칭이다.
  $\Rightarrow$ 점 (p, q)는 두 점근선 $x=p$, $y=q$의 교점이다.

  ❷ **선대칭** : 점 (p, q)를 지나고 기울기가 ± 1인 두 직선 $y=\pm(x-p)+q$에 대하여
  점 (a, b)를 지나고 기울기가 m인 직선의 방정식은 $y-b=m(x-a)$이다.
  대칭이다.

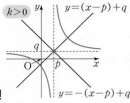

함수 $y=\dfrac{k}{x-p}+q$의 그래프

- **평행이동 또는 대칭이동으로 세 곡선 $y=\dfrac{k}{x}$, $y=\dfrac{l}{x}$, $y=\dfrac{l}{x-p}+q$가 서로 겹쳐지게 될 조건**

  ❶ $k=l$일 때 $\Rightarrow$ 곡선 $y=\dfrac{k}{x}$를 평행이동하면 곡선 $y=\dfrac{l}{x-p}+q$와 겹쳐진다.
  x축, y축의 방향으로 각각 p, q만큼

  ❷ $k=-l$일 때 $\Rightarrow$ 곡선 $y=\dfrac{k}{x}$를 대칭이동하면 곡선 $y=\dfrac{l}{x}$과 겹쳐진다.
  x축 또는 y축에 대하여

  ❸ $k=-l$일 때 $\Rightarrow$ 곡선 $y=\dfrac{k}{x}$를 대칭이동한 후 평행이동하면 곡선 $y=\dfrac{l}{x-p}+q$와 겹쳐진다.
  x축 또는 y축에 대하여 대칭이동한 후 x축, y축의 방향으로 각각 p, q만큼

  ❹ 결국, 세 곡선 $y=\dfrac{k}{x}$, $y=\dfrac{l}{x}$, $y=\dfrac{l}{x-p}+q$가 평행이동이나 대칭이동으로 서로 겹쳐지려면 $|k|=|l|$이어야 한다.

- **유리함수와 산술기하평균**

  ♠ 오른쪽 그림과 같이 함수 $y=\dfrac{2}{x-1}+2$의 그래프 위의 한 점 P에서 이 함수의 그래프의
  점근선에 내린 수선의 발을 각각 Q, R라 하고, 두 점근선의 교점을 S라 하자. 직사각형
  SQPR의 둘레의 길이의 최솟값은 얼마인가? (단, 점 P는 제1사분면 위의 점이다.)

  정답 $4\sqrt{2}$

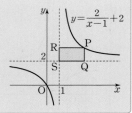

풀이 $\mathrm{P}\Big(a, \dfrac{2}{a-1}+2\Big)$라 하면 $a-1>0$, $\dfrac{2}{a-1}>0$이므로 산술평균과 기하평균의 부등식에 의해

$$2(\overline{\mathrm{PR}}+\overline{\mathrm{PQ}})=2\Big\{(a-1)+\Big(\dfrac{2}{a-1}+2-2\Big)\Big\}=2\Big\{(a-1)+\dfrac{2}{a-1}\Big\}\geq 4\sqrt{(a-1)\cdot\dfrac{2}{a-1}}=4\sqrt{2}$$

점근선이 x축과 y축이 되도록 곡선을 평행이동하여 풀 수도 있다.

곡선 $y=\dfrac{2}{x-1}+2$를 x축의 방향으로 -1만큼, y축의 방향으로 -2만큼 평행이동한 $y=\dfrac{2}{x}$로

바꿔도 똑같은 답을 얻는다. 직사각형의 둘레의 길이는 평행이동하더라도 변하지 않기 때문이다.

$\mathrm{P}\Big(a, \dfrac{2}{a}\Big)$라 하면 $a>0$, $\dfrac{2}{a}>0$이므로 산술평균과 기하평균의 부등식에 의해

$$2(\overline{\mathrm{PR}}+\overline{\mathrm{PQ}})=2\Big(a+\dfrac{2}{a}\Big)\geq 4\sqrt{a\cdot\dfrac{2}{a}}=4\sqrt{2}$$

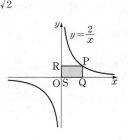

001 다음 함수의 그래프 중 평행이동하여 서로 겹쳐질 수 없는 것은?

① $y=\dfrac{2x}{x-1}$　② $y=\dfrac{-x+1}{x+1}$　③ $y=\dfrac{3x+5}{x+1}$

④ $y=\dfrac{2x+1}{2x-1}$　⑤ $y=\dfrac{2x+3}{2x-1}$

002 함수 $y=\dfrac{3}{x}$의 그래프를 x축의 방향으로 1만큼, y축의 방향으로 -2만큼 평행이동하면 $y=\dfrac{bx+c}{x+a}$의 그래프와 일치한다. 이때, $a+b+c$의 값은? (단, a, b, c는 상수이다.)

① 1　　② 2　　③ 3
④ 4　　⑤ 5

003 함수 $y=\dfrac{ax+b}{x+c}$의 그래프가 오른쪽 그림과 같을 때, $a+b+c$의 값은? (단, a, b, c는 상수이다.)

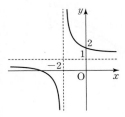

① 4　　② 5
③ 6　　④ 7
⑤ 8

004 정의역이 $\{x\,|\,0\le x\le 2\}$인 함수 $f(x)=\dfrac{x+4}{x+2}$의 최댓값을 M, 최솟값을 m이라 할 때, Mm의 값은?

① -1　　② 1　　③ 3
④ 5　　⑤ 7

005 함수 $y=\dfrac{2x+1}{x-1}$의 그래프는 두 직선 $y=ax+b$, $y=cx+d$에 대하여 대칭이다. 이때, $a+b+c+d$의 값은? (단, a, b, c, d는 상수이다.)

① 1　　② 2　　③ 3
④ 4　　⑤ 5

006 함수 $f(x)=\dfrac{x-1}{x}$에 대하여
$$f^{1}(x)=f(x),$$
$$f^{n+1}(x)=(f\circ f^{n})(x)\,(n\text{은 자연수})$$
로 정의할 때, $f^{100}(3)$의 값은?

① $-\dfrac{2}{3}$　　② $-\dfrac{1}{2}$　　③ $\dfrac{1}{2}$
④ $\dfrac{2}{3}$　　⑤ 3

007 함수 $f(x)=\dfrac{ax+b}{x+1}$의 그래프와 그 역함수의 그래프가 모두 $(1, 2)$를 지날 때, 상수 a, b에 대하여 ab의 값은?

① -5　　② -4　　③ 4
④ 5　　⑤ 6

008 오른쪽 그림과 같이 함수 $y=\dfrac{2}{x-1}+2$의 그래프 위의 한 점 $P(a, b)$에서 이 함수의 그래프의 두 점근선에 내린 수선의 발을 각각 Q, R라 하고, 두 점근선의 교점을 S라 하자. 사각형 PRSQ의 둘레의 길이의 최솟값은? (단, 점 P는 제1사분면 위의 점이다.)

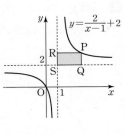

① $2\sqrt{2}$　　② 4　　③ $4\sqrt{2}$
④ 8　　⑤ $8\sqrt{2}$

051 무리함수

❶ 무리함수

☐ **무리함수** : $y=f(x)$에서 $f(x)$가 x에 대한 무리식인 함수 〔정의〕

예 $y=x+\sqrt{2}$, $y=\dfrac{x+1}{\sqrt{2}}$ 은 무리함수가 아니고 $y=\sqrt{x-3}$, $y=\dfrac{\sqrt{x+1}}{2}$ 은 무리함수이다.

☐ 무리함수에서 정의역이 주어져 있지 않을 때
　함수가 정의되는 모든 수의 집합
　➡ 근호 안의 식의 값이 0 이상이 되도록 하는 모든 실수의 집합을 정의역으로 한다.

예 $y=\sqrt{2x}$의 정의역은 $2x\geq0$에서 $\{x\,|\,x\geq0\}$이고, $y=\sqrt{-x+2}$의 정의역은 $-x+2\geq0$에서 $\{x\,|\,x\leq2\}$이다.

❷ 곡선 $y=\sqrt{x}$ 〔암기〕

☐ 무리함수 $y=\sqrt{x}$는 이차함수 $y=x^2$ $(x\geq0)$의 역함수이다.

☐ 곡선 $y=-\sqrt{x}$, $y=\sqrt{-x}$, $y=-\sqrt{-x}$는 곡선 $y=\sqrt{x}$를 각각 x축, y축, 원점에 대하여
대칭이동한 것이다.

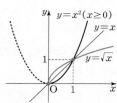

	x축 대칭	y 대신에 $-y$를 대입한다.	$-y=\sqrt{x}$ ➡ $y=-\sqrt{x}$
$y=\sqrt{x}$	y축 대칭	x 대신에 $-x$를 대입한다.	➡ $y=\sqrt{-x}$
	원점 대칭	x 대신에 $-x$를, y 대신에 $-y$를 대입한다.	$-y=\sqrt{-x}$ ➡ $y=-\sqrt{-x}$

무리함수 $y=\sqrt{x}$와 이차함수 $y=x^2(x\geq0)$의 그래프는 직선 $y=x$에 대하여 대칭이다.

☐ 곡선 $y=\sqrt{ax}$는 $|a|$의 값이 클수록 x축에서 멀어진다.

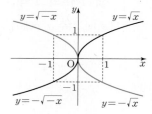

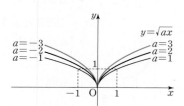

❸ 곡선 $y=\sqrt{a(x-p)}+q$ 〔암기〕

☐ 곡선 $y=\sqrt{ax}$를 x축의 방향으로 p만큼, y축의 방향으로 q만큼 평행이동한 것이다.

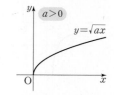

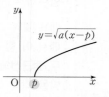

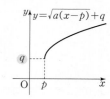

예 $y=\sqrt{-2x+4}+1=\sqrt{-2(x-2)}+1$이므로 곡선 $y=\sqrt{-2x+4}+1$은 곡선
$y=\sqrt{-2x}$를 x축의 방향으로 2만큼, y축의 방향으로 1만큼 평행이동한 것이다.

☐ $a>0$일 때 정의역은 $\{x\,|\,x\geq p\}$, 치역은 $\{y\,|\,y\geq q\}$이다.

☐ $a<0$일 때 정의역은 $\{x\,|\,x\leq p\}$, 치역은 $\{y\,|\,y\geq q\}$이다.

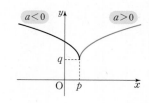

◉ 무리식의 값이 실수가 되도록 하는 x의 값의 범위를 구하시오.

001 $\sqrt{x-1}$ _____

003 $\dfrac{1}{\sqrt{x+2}}$ _____

002 $\sqrt{x+1}+\sqrt{2-x}$ _____

004 $\dfrac{\sqrt{x}+1}{\sqrt{2-x}}$ _____

◉ 간단히 하시오.

005 $(\sqrt{x}-1)(\sqrt{x}+1)$ _____

007 $\dfrac{1}{\sqrt{x}-1}$ _____

009 $\dfrac{1}{\sqrt{x+1}-\sqrt{x}}$ _____

011 $\dfrac{1}{1+\sqrt{x}}+\dfrac{1}{1-\sqrt{x}}$ _____

006 $(\sqrt{x+2}+\sqrt{x})(\sqrt{x+2}-\sqrt{x})$ _____

008 $\dfrac{x-4}{\sqrt{x}+2}$ _____

010 $\dfrac{\sqrt{x+1}+\sqrt{x-1}}{\sqrt{x+1}-\sqrt{x-1}}$ _____

012 $\dfrac{\sqrt{x}-2}{\sqrt{x}+2}+\dfrac{\sqrt{x}+2}{\sqrt{x}-2}$ _____

◉ 함수의 그래프를 그리고 정의역과 치역을 구하시오.

013 $y=\sqrt{x}$ _____

015 $y=\sqrt{-x}$ _____

017 $y=\sqrt{x-1}+2$ _____

019 $y=\sqrt{-x+3}+2$ _____

014 $y=-\sqrt{x}$ _____

016 $y=-\sqrt{-x}$ _____

018 $y=-\sqrt{2x-4}+1$ _____

020 $y=-\sqrt{2-2x}+1$ _____

◉ 함수의 그래프가 그림과 같을 때, $a+b+c$의 값을 구하시오.

021 $y=\sqrt{ax+b}+c$

022 $y=\sqrt{ax+b}+c$

023 $y=-\sqrt{ax+b}+c$

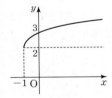

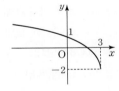

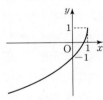

_____ _____ _____

◉ 함수 $y=\sqrt{x}$의 그래프와 직선 $y=x+k$가 다음 조건을 만족시키는 k의 값 또는 범위를 구하시오.

024 한 점에서 만난다. _____

025 서로 다른 두 점에서 만난다. _____

026 만나지 않는다. _____

◉ 역함수와 그 정의역을 구하시오.

027 $f(x)=-\sqrt{x+1}$ _____

028 $f(x)=\sqrt{x-1}+2$ _____

- **무리함수의 그래프 그리기**

❶ 무리함수의 정의역은 (근호 안의 식의 값)≥ 0을 만족하는 x의 값이다.

❷ 무리함수 $y=\pm\sqrt{\pm ax}$의 그래프는 근호 안의 부호와 근호 밖의 부호에 따라 4가지 모양으로 그릴 수 있다. _{y축의 오른쪽($+$), x축의 위쪽($+$)} 왼쪽($-$) 아래쪽($-$)

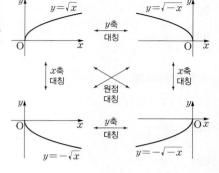

$y=+\sqrt{+x}$ ➔ $x\geq 0,\ y\geq 0$ ➔ 제1사분면

$y=+\sqrt{-x}$ ➔ $x\leq 0,\ y\geq 0$ ➔ 제2사분면

$y=-\sqrt{-x}$ ➔ $x\leq 0,\ y\leq 0$ ➔ 제3사분면

$y=-\sqrt{+x}$ ➔ $x\geq 0,\ y\leq 0$ ➔ 제4사분면

❸ 무리함수의 그래프의 평행이동은 시작점의 위치를 관찰하면 된다.
_{x좌표 : 근호 안의 식이 0이 되는 x의 값, y좌표 : 근호 안의 식이 0일 때의 y의 값}
⇨ 곡선 $y=\sqrt{a(x-p)}+q$의 시작점 $(p,\ q)$는 곡선 $y=\sqrt{ax}$의 시작점 $(0,\ 0)$을 x축의 방향으로 p만큼, y축의 방향으로 q만큼 평행이동한 것이다.

- **(그래프) : (방정식)＝(교점) : (근)** _{암기}

• 무리함수 $y=\sqrt{ax+b}$의 그래프와 직선 $y=mx+n$의 위치 관계는 $\sqrt{ax+b}=mx+n$의 양변을 제곱하여 얻은 이차방정식 $ax+b=(mx+n)^2$의 판별식 D 값의 부호에 따라 결정된다.

❶ 두 곡선 $y=f(x)$, $y=g(x)$의 교점의 x좌표는 방정식 $f(x)=g(x)$의 실근이다.

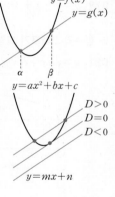

⇨ 두 곡선 $y=f(x)$, $y=g(x)$의 교점의 x좌표가 α, β이면 방정식 $f(x)=g(x)$의 두 실근은 α, β이다.

⇨ 두 곡선 $y=f(x)$, $y=g(x)$의 교점의 개수는 방정식 $f(x)=g(x)$의 실근의 개수이다.

❷ 이차함수 $y=ax^2+bx+c$의 그래프와 직선 $y=mx+n$의 위치 관계는 이차방정식 $ax^2+bx+c=mx+n$의 판별식 $D=(b-m)^2-4\cdot a\cdot(c-n)$ 값의 부호에 따라 결정된다.
_{$ax^2+(b-m)x+(c-n)=0$} _{이차방정식 $ax^2+bx+c=0$의 판별식은 $D=b^2-4ac$이다.}

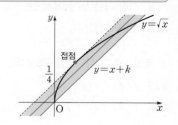

⇨ $D>0$(서로 다른 두 실근)일 때, 서로 다른 두 점에서 만난다.

⇨ $D=0$(하나의 실근, 즉 중근)일 때, 한 점에서 만난다. (접한다.)

⇨ $D<0$(서로 다른 두 허근)일 때, 서로 만나지 않는다.

- **무리함수의 그래프와 직선의 위치 관계**

♠ 함수 $y=\sqrt{x}$의 그래프와 직선 $y=x+k$가 서로 다른 두 점에서 만날 때, 실수 k의 값의 범위를 구하시오. _{정답} $0\leq k<\dfrac{1}{4}$

_{풀이} k는 직선 $y=x+k$의 y절편이므로 y절편을 눈여겨 보아야 한다.

→ 가장 작은 y절편이 k의 최솟값이고, 가장 큰 y절편이 k의 최댓값이다.

직선 $y=x+k$가 원점 $(0, 0)$을 지날 때, 서로 다른 두 점에서 만난다.

→ $0=0+k$ ∴ $k=0$

직선 $y=x+k$가 곡선 $y=\sqrt{x}$에 접할 때, 한 점에서 만난다. (접한다.)

→ 방정식 $\sqrt{x}=x+k$, 즉 이차방정식 $(\sqrt{x})^2=(x+k)^2$이 중근을 갖는다.

→ $x=x^2+2kx+k^2$, $x^2+(2k-1)x+k^2=0$

→ 이차방정식 $x^2+(2k-1)x+k^2=0$의 판별식 $D=0$이어야 한다.

→ $D=(2k-1)^2-4\cdot 1\cdot k^2=0$ ∴ $k=\dfrac{1}{4}$

결국, $0\leq k<\dfrac{1}{4}$이다.

001 $x=\dfrac{1}{\sqrt{2}-1}$일 때, $\dfrac{\sqrt{x}+1}{\sqrt{x}-1}+\dfrac{\sqrt{x}-1}{\sqrt{x}+1}$의 값은?

① $-2\sqrt{2}$　② $2\sqrt{2}$　③ $2-2\sqrt{2}$
④ $2+2\sqrt{2}$　⑤ $4-\sqrt{2}$

002 자연수 n에 대하여 $f(n)=\dfrac{1}{\sqrt{n}+\sqrt{n+1}}$일 때, $f(1)+f(2)+f(3)+\cdots+f(48)$의 값은?

① 6　② 7　③ 8
④ 9　⑤ 10

003 $2\le x\le 4$에서 정의된 함수 $y=\sqrt{2x-4}+a$의 최솟값이 3일 때, 최댓값은? (단, a는 상수이다.)

① 2　② 3　③ 4
④ 5　⑤ 6

004 함수 $y=\sqrt{ax}$의 그래프를 x축의 방향으로 -1만큼, y축의 방향으로 2만큼 평행이동한 후, 다시 x에 대하여 대칭이동하면 $y=-2\sqrt{x+b}+c$와 겹쳐진다. 이때, 상수 a, b, c의 합 $a+b+c$의 값은?

① -1　② 1　③ 3
④ 5　⑤ 7

005 함수 $y=\sqrt{x+1}$의 그래프와 직선 $y=x+k$가 서로 다른 두 점에서 만날 때, 상수 k의 값의 범위는 $\alpha\le k<\beta$이다. 이때, $4\alpha\beta$의 값은?

① 1　② 2　③ 3
④ 4　⑤ 5

006 함수 $f(x)=\sqrt{x-2}+1$의 역함수가 $f^{-1}(x)=x^2+ax+b$이고 그 정의역은 $\{x|x\ge c\}$이다. 이때, 상수 a, b, c의 합 $a+b+c$의 값은?

① -1　② 0　③ 1
④ 2　⑤ 3

007 함수 $f(x)=\sqrt{x+2}$와 그 역함수 $y=f^{-1}(x)$의 그래프의 교점의 x좌표는?

① -1　② 0　③ 1
④ 2　⑤ 3

008 함수 $y=\sqrt{x-1}+1$과 그 역함수의 그래프는 서로 다른 두 점에서 만난다. 이때, 두 교점 사이의 거리는?

① 1　② $\sqrt{2}$　③ $\sqrt{3}$
④ 2　⑤ $\sqrt{5}$

Memo

Memo

Memo

고1 공통수학 총정리

한권으로 끝내기

개념공식집+필수문제집

고희권·이규영·한성필 | 지음

정답 및 해설

쏠티북스

교과서문제 CHECK   본문 P. 19

001 정답 4개
해설 $4x^3-3xy^2+2y+1$은 4개의 항 $4x^3$, $-3xy^2$, $2y$, 1 로 이루어져 있다.

002 정답 3차
해설 $4x^3-3xy^2+2y+1$은 $4x^3$에서 x^3의 차수가 3으로 가장 크므로 x에 대한 3차 다항식이다.

003 정답 2차
해설 $4x^3-3xy^2+2y+1$은 $-3xy^2$에서 y^2의 차수가 2로 가장 크므로 y에 대한 2차 다항식이다.

004 정답 $-3x$
해설 $-3xy^2$에서 y^2의 계수는 $-3x$이다.

005 정답 $2y+1$
해설 $4x^3-3xy^2+2y+1$에서 문자 x가 포함되어 있지 않은 $2y+1$이 x에 대한 상수항이다.

006 정답 $4x^3+1$
해설 $4x^3-3x^2y+2y+1$에서 문자 y가 포함되어 있지 않은 $4x^3+1$이 y에 대한 상수항이다.

007 정답 x^2-2x+3
해설 $(\ )x^2+(\ )x+(\ )$ 꼴로 정리하면 x^2-2x+3이다.

008 정답 $x^2+2xy+y^2$
해설 $(\ )x^2+(\ )x+(\ )$ 꼴로 정리하면 $x^2+(2y)x+y^2$이다.

009 정답 $(y-1)x^2+3x+y+2$
해설 $(\ )x^2+(\ )x+(\ )$ 꼴로 정리하면 $(y-1)x^2+3x+(y+2)$

010 정답 $x^2+(y-1)x+y^2-y+1$
해설 $x^2+xy+y^2-x-y+1$
$=x^2+xy-x+(y^2-y+1)$
$=x^2+(y-1)x+(y^2-y+1)$

011 정답 $x^2-(3y+2)x+2y^2+y-3$
해설 $x^2-3xy+2y^2-2x+y-3$
$=x^2-3xy-2x+2y^2+y-3$
$=x^2-(3y+2)x+(2y^2+y-3)$

012 정답 $3x^2-2x-1$
해설 $(x^2+x-2)+(2x^2-3x+1)$
$=(1+2)x^2+(1-3)x+(-2+1)$
$=3x^2-2x-1$

013 정답 $2x^2-3x+4$
해설 $(x^2-x+1)-(-x^2+2x-3)$
$=(x^2-x+1)+(x^2-2x+3)$
$=(1+1)x^2+(-1-2)x+(1+3)$
$=2x^2-3x+4$

014 정답 x^3+x^2+x+1
해설 $(x^3+2x^2+3x)+(-x^2-2x+1)$
$=x^3+(2-1)x^2+(3-2)x+1$
$=x^3+x^2+x+1$

015 정답 x^3+x^2-x+2
해설 $(2x^3+x^2-2x+1)-(x^3-x-1)$
$=(2x^3+x^2-2x+1)+(-x^3+x+1)$
$=(2-1)x^3+x^2+(-2+1)x+(1+1)$
$=x^3+x^2-x+2$

016 정답 $3x^2-x+2$
해설 $A+(B-C)$
$=A+B-C$
$=(x^3+2x^2+x)+(x^2-2x+3)-(x^3+1)$
$=(x^3+2x^2+x)+(x^2-2x+3)+(-x^3-1)$
$=\{x^3+(-x^3)\}+(2x^2+x^2)+\{x+(-2x)\}$
$\quad+\{3+(-1)\}$
$=3x^2-x+2$

017 정답 $3x^3+x^2+3x-1$
해설 $A-(B-2C)$
$=A-B+2C$
$=(x^3+2x^2+x)-(x^2-2x+3)+2(x^3+1)$
$=(x^3+2x^2+x)+(-x^2+2x-3)+(2x^3+2)$
$=(x^3+2x^3)+\{2x^2+(-x^2)\}+(x+2x)$
$\quad+\{(-3)+2\}$
$=3x^3+x^2+3x-1$

018 정답 x^3+7x^2-4x+8
해설 $2(A+B)-(C-B)$
$=2A+2B-C+B$
$=2A+3B-C$
$=2(x^3+2x^2+x)+3(x^2-2x+3)-(x^3+1)$
$=(2x^3+4x^2+2x)+(3x^2-6x+9)+(-x^3-1)$
$=\{2x^3+(-x^3)\}+(4x^2+3x^2)$
$\quad+\{2x+(-6x)\}+\{9+(-1)\}$
$=x^3+7x^2-4x+8$

019 정답 x^3+3x^2+3x+2
해설 $(x+2)(x^2+x+1)$
$=x(x^2+x+1)+2(x^2+x+1)$
$=x^3+x^2+x+2x^2+2x+2$
$=x^3+(x^2+2x^2)+(x+2x)+2$
$=x^3+3x^2+3x+2$

020 정답 $3x^2+xy-2y^2+6x-4y$

해설 $(x+y+2)(3x-2y)$
$=x(3x-2y)+y(3x-2y)+2(3x-2y)$
$=x\cdot 3x+x\cdot(-2y)+y\cdot 3x+y\cdot(-2y)$
$\quad+2\cdot 3x+2\cdot(-2y)$
$=3x^2-2xy+3xy-2y^2+6x-4y$
$=3x^2+xy-2y^2+6x-4y$

021 정답 $2x^4-4x^3y-3x^2y+10xy^2-8y^3$

해설 $(2x^3-3xy+4y^2)(x-2y)$
$=2x^3(x-2y)-3xy(x-2y)+4y^2(x-2y)$
$=2x^4-4x^3y-3x^2y+6xy^2+4xy^2-8y^3$
$=2x^4-4x^3y-3x^2y+10xy^2-8y^3$

022 정답 x^3+2x^2-x-2

해설 $(x+1)(x-1)(x+2)$
$=(x^2-1)(x+2)$
$=x^2(x+2)-(x+2)$
$=x^3+2x^2-x-2$

023 정답 x^3-1

해설 $AB=(x-1)(x^2+x+1)$
$\quad=x(x^2+x+1)-(x^2+x+1)$
$\quad=x^3+x^2+x-x^2-x-1$
$\quad=x^3-1$

024 정답 x^3-1

해설 $BA=(x^2+x+1)(x-1)$
$\quad=x^2(x-1)+x(x-1)+x-1$
$\quad=x^3-x^2+x^2-x+x-1$
$\quad=x^3-1$

025 정답 $2x^3+x^2+x-4$

해설 $AB+CA$
$=AB+AC$
$=A(B+C)$
$=(x-1)\{(x^2+x+1)+(x^2+2x+3)\}$
$=(x-1)(2x^2+3x+4)$
$=x(2x^2+3x+4)-(2x^2+3x+4)$
$=2x^3+3x^2+4x-2x^2-3x-4$
$=2x^3+x^2+x-4$

026 정답 $x^4+4x^3+7x^2+6x$

해설 $A(C-B)+(A+C)B$
$=AC-AB+AB+BC$
$=AC+BC$
$=(A+B)C$
$=\{(x-1)+(x^2+x+1)\}(x^2+2x+3)$
$=(x^2+2x)(x^2+2x+3)$
$=x^2(x^2+2x+3)+2x(x^2+2x+3)$
$=x^4+2x^3+3x^2+2x^3+4x^2+6x$
$=x^4+4x^3+7x^2+6x$

001 ①	**002** ①	**003** ②	**004** ①
005 ③	**006** ⑤	**007** ③	**008** ④

001 정답 ①

해설 $A+B$
$=(3x^2+2x-1)+(x^2-x+1)$
$=(3x^2+x^2)+(2x-x)+(-1+1)$
$=(3+1)x^2+(2-1)x$
$=4x^2+x$

002 정답 ①

해설 $2A-(A-B)$
$=2A-A+B$
$=A+B$
$=(x^3+2x^2-x+2)+(x^2+x+1)$
$=x^3+(2x^2+x^2)+\{(-x)+x\}+(2+1)$
$=x^3+3x^2+3$

003 정답 ②

해설 $B\odot A$
$=B+A$
$=(-x^2+2x+2)+(x^2-x+1)$
$=\{(-x^2)+x^2\}+\{2x+(-x)\}+(2+1)$
$=x+3$
$\therefore A\bigstar(B\odot A)=A\bigstar(x+3)$
$\qquad\qquad\qquad=A-(x+3)$
$\qquad\qquad\qquad=(x^2-x+1)-(x+3)$
$\qquad\qquad\qquad=(x^2-x+1)+(-x-3)$
$\qquad\qquad\qquad=x^2+\{(-x)+(-x)\}+\{1+(-3)\}$
$\qquad\qquad\qquad=x^2-2x-2$

004 정답 ①

해설 $2A+B=x^2+3x+2$ ······ ㉠
$A-B=2x^2+3x+4$ ······ ㉡
㉠+㉡을 하면
$(2A+B)+(A-B)=(x^2+3x+2)+(2x^2+3x+4)$
$3A=3x^2+6x+6$
$\therefore A=x^2+2x+2$
$2A=2x^2+4x+4$ ······ ㉢
㉠-㉢을 하면
$(2A+B)-2A=(x^2+3x+2)-(2x^2+4x+4)$
$\therefore B=-x^2-x-2$
$\therefore A+B=(x^2+2x+2)+(-x^2-x-2)$
$\qquad\quad=x$
따라서 $a=1$, $b=0$이므로 $a+b=1+0=1$

005 정답 ③

해설 $(2x-1)(x^2+2x)$
$=2x(x^2+2x)-(x^2+2x)$

$$=2x \cdot x^2 + 2x \cdot 2x - x^2 - 2x$$
$$=2x^3 + 4x^2 - x^2 - 2x$$
$$=2x^3 + 3x^2 - 2x$$

006 정답 ⑤

해설 $(x^2+2x+3)(x^2+3x+5)$의 전개식에서 x^2항이
나오는 부분만 계산하면
$$x^2 \cdot 5 + 2x \cdot 3x + 3 \cdot x^2$$
$$=5x^2 + 6x^2 + 3x^2$$
$$=14x^2$$
따라서 x^2의 계수는 14이다.

007 정답 ③

해설 $(1+x+2x^2+3x^3+\cdots+100x^{100})^2$의 전개식에서
4차항 이상은 고려하지 않아도 되므로
$(1+x+2x^2+3x^3)(1+x+2x^2+3x^3)$에서
x^3항이 나오는 부분만 계산하면
$$1 \cdot 3x^3 + x \cdot 2x^2 + 2x^2 \cdot x + 3x^3 \cdot 1 = 10x^3$$
따라서 x^3의 계수는 10이다.

008 정답 ④

해설 다항식의 전개식에서 모든 항의 계수의 합은 다항식
에 $x=1$을 대입한 값이므로
$$(1+1+1+1+1) \times (1+2+3) = 30$$

002 다항식의 곱셈공식

🚂 교과서문제 CHECK   본문 P. 23

001 정답 x^2+6x+9

해설 $(x+3)^2$
$$=x^2 + 2 \cdot x \cdot 3 + 3^2$$
$$=x^2 + 6x + 9$$

002 정답 $4p^2+4pq+q^2$

해설 $(2p+q)^2$
$$=(2p)^2 + 2 \cdot 2p \cdot q + q^2$$
$$=4p^2 + 4pq + q^2$$

003 정답 $4a^2-12ab+9b^2$

해설 $(2a-3b)^2$
$$=(2a)^2 - 2 \cdot 2a \cdot 3b + (3b)^2$$
$$=4a^2 - 12ab + 9b^2$$

004 정답 $p^2-10pq+25q^2$

해설 $(-p+5q)^2$
$$=(-p)^2 + 2 \cdot (-p) \cdot 5q + (5q)^2$$
$$=p^2 - 10pq + 25q^2$$

별해 $(-p+5q)^2$
$$=(p-5q)^2$$
$$=p^2 - 2 \cdot p \cdot 5q + (5q)^2$$
$$=p^2 - 10pq + 25q^2$$

005 정답 $4x^2-1$

해설 $(2x-1)(2x+1)$
$$=(2x)^2 - 1^2$$
$$=4x^2 - 1$$

006 정답 $9-16x^2$

해설 $(3+4x)(3-4x)$
$$=3^2 - (4x)^2$$
$$=9 - 16x^2$$

007 정답 $9a^2-4$

해설 $(-3a+2)(-3a-2)$
$$=(-3a)^2 - 2^2$$
$$=9a^2 - 4$$

별해 $(-3a+2)(-3a-2)$
$$=(3a-2)(3a+2)$$
$$=(3a)^2 - 2^2$$
$$=9a^2 - 4$$

008 정답 $4b^2-9a^2$

해설 $(-3a+2b)(3a+2b)$
$$=(2b-3a)(2b+3a)$$
$$=(2b)^2 - (3a)^2$$
$$=4b^2 - 9a^2$$

009 정답 x^2+3x+2

해설 $(x+1)(x+2)$
$$=x^2 + (1+2)x + 1 \cdot 2$$
$$=x^2 + 3x + 2$$

010 정답 a^2-2a-3

해설 $(a-3)(a+1)$
$$=a^2 + \{(-3)+1\}a + (-3) \cdot 1$$
$$=a^2 - 2a - 3$$

011 정답 $2x^2-x-6$

해설 $(2x+3)(x-2)$
$$=2 \cdot 1 \cdot x^2 + \{2 \cdot (-2)+3 \cdot 1\}x + 3 \cdot (-2)$$
$$=2x^2 - x - 6$$

별해 $(2x+3)(x-2)$
$$=2x(x-2) + 3(x-2)$$
$$=2x^2 - 4x + 3x - 6$$
$$=2x^2 - x - 6$$

012 정답 $6a^2-7a-3$

해설 $(2a-3)(3a+1)$
$$=2 \cdot 3 \cdot a^2 + \{2 \cdot 1 + (-3) \cdot 3\}a + (-3) \cdot 1$$
$$=6a^2 - 7a - 3$$

별해 $(2a-3)(3a+1)$
$=2a(3a+1)-3(3a+1)$
$=6a^2+2a-9a-3$
$=6a^2-7a-3$

013 정답 $x^3+6x^2+12x+8$
해설 $(x+2)^3$
$=x^3+3\cdot x^2\cdot2+3\cdot x\cdot2^2+2^3$
$=x^3+6x^2+12x+8$

014 정답 $27x^3-54x^2+36x-8$
해설 $(3x-2)^3$
$=(3x)^3-3\cdot(3x)^2\cdot2+3\cdot3x\cdot2^2-2^3$
$=27x^3-54x^2+36x-8$

015 정답 $8a^3+36a^2b+54ab^2+27b^3$
해설 $(2a+3b)^3$
$=(2a)^3+3\cdot(2a)^2\cdot3b+3\cdot2a\cdot(3b)^2+(3b)^3$
$=8a^3+36a^2b+54ab^2+27b^3$

016 정답 $27a^3-54a^2b+36ab^2-8b^3$
해설 $(3a-2b)^3$
$=(3a)^3-3\cdot(3a)^2\cdot2b+3\cdot3a\cdot(2b)^2-(2b)^3$
$=27a^3-54a^2b+36ab^2-8b^3$

017 정답 $x^3+3x+\dfrac{3}{x}+\dfrac{1}{x^3}$
해설 $\left(x+\dfrac{1}{x}\right)^3$
$=x^3+3\cdot x^2\cdot\dfrac{1}{x}+3\cdot x\cdot\left(\dfrac{1}{x}\right)^2+\left(\dfrac{1}{x}\right)^3$
$=x^3+3x+\dfrac{3}{x}+\dfrac{1}{x^3}$

018 정답 $x^3-3x+\dfrac{3}{x}-\dfrac{1}{x^3}$
해설 $\left(x-\dfrac{1}{x}\right)^3$
$=x^3-3\cdot x^2\cdot\dfrac{1}{x}+3\cdot x\cdot\left(\dfrac{1}{x}\right)^2-\left(\dfrac{1}{x}\right)^3$
$=x^3-3x+\dfrac{3}{x}-\dfrac{1}{x^3}$

019 정답 $x^2+4y^2+9z^2+4xy+12yz+6zx$
해설 $(x+2y+3z)^2$
$=x^2+(2y)^2+(3z)^2+2\cdot x\cdot2y+2\cdot2y\cdot3z+2\cdot3z\cdot x$
$=x^2+4y^2+9z^2+4xy+12yz+6zx$

020 정답 $4x^2+y^2+4z^2-4xy-4yz+8zx$
해설 $(2x-y+2z)^2$
$=(2x)^2+(-y)^2+(2z)^2+2\cdot2x\cdot(-y)$
$\quad+2\cdot(-y)\cdot2z+2\cdot2z\cdot2x$
$=4x^2+y^2+4z^2-4xy-4yz+8zx$

021 정답 $a^2+b^2+1-2ab+2b-2a$

해설 $(a-b-1)^2$
$=a^2+(-b)^2+(-1)^2+2\cdot a\cdot(-b)$
$\quad+2\cdot(-b)\cdot(-1)+2\cdot(-1)\cdot a$
$=a^2+b^2+1-2ab+2b-2a$

022 정답 $a^2+4b^2+c^2+4ab-4bc-2ca$
해설 $(a+2b-c)^2$
$=a^2+(2b)^2+(-c)^2+2\cdot a\cdot2b$
$\quad+2\cdot2b\cdot(-c)+2\cdot(-c)\cdot a$
$=a^2+4b^2+c^2+4ab-4bc-2ca$

023 정답 x^3+1
해설 $(x+1)(x^2-x+1)$
$=(x+1)(x^2-x\cdot1+1^2)$
$=x^3+1^3$
$=x^3+1$

024 정답 a^3-1
해설 $(a-1)(a^2+a+1)$
$=(a-1)(a^2+a\cdot1+1^2)$
$=a^3-1^3$
$=a^3-1$

025 정답 x^3-8
해설 $(x-2)(x^2+2x+4)$
$=(x-2)(x^2+x\cdot2+2^2)$
$=x^3-2^3$
$=x^3-8$

026 정답 a^3+8b^3
해설 $(a+2b)(a^2-2ab+4b^2)$
$=(a+2b)\{a^2-a\cdot2b+(2b)^2\}$
$=a^3+(2b)^3$
$=a^3+8b^3$

027 정답 $8x^3+y^3$
해설 $(2x+y)(4x^2-2xy+y^2)$
$=(2x+y)\{(2x)^2-2x\cdot y+y^2\}$
$=(2x)^3+y^3$
$=8x^3+y^3$

028 정답 $27a^3-8b^3$
해설 $(3a-2b)(9a^2+6ab+4b^2)$
$=(3a-2b)\{(3a)^2+3a\cdot2b+(2b)^2\}$
$=(3a)^3-(2b)^3$
$=27a^3-8b^3$

029 정답 $x^3+6x^2+11x+6$
해설 $(x+1)(x+2)(x+3)$
$=x^3+(1+2+3)x^2+(1\cdot2+2\cdot3+3\cdot1)x+1\cdot2\cdot3$
$=x^3+6x^2+11x+6$

030 정답 $a^3-6a^2+11a-6$

해설 $(a-1)(a-2)(a-3)$
$=a^3-(1+2+3)a^2+(1\cdot2+2\cdot3+3\cdot1)a-1\cdot2\cdot3$
$=a^3-6a^2+11a-6$

031 정답 $x^3+y^3-1+3xy$
해설 $(x+y-1)(x^2+y^2+1-xy+x+y)$
$=\{x+y+(-1)\}$
$\quad\times\{x^2+y^2+(-1)^2-x\cdot y-y\cdot(-1)-(-1)\cdot x\}$
$=x^3+y^3+(-1)^3-3\cdot x\cdot y\cdot(-1)$
$=x^3+y^3-1+3xy$

032 정답 $x^4+4x^2y^2+16y^4$
해설 $(x^2+2xy+4y^2)(x^2-2xy+4y^2)$
$=\{x^2+x\cdot2y+(2y)^2\}\{x^2-x\cdot2y+(2y)^2\}$
$=x^4+x^2\cdot(2y)^2+(2y)^4$
$=x^4+4x^2y^2+16y^4$
별해 $(x^2+2xy+4y^2)(x^2-2xy+4y^2)$
$=(x^2+4y^2+2xy)(x^2+4y^2-2xy)$
$=(x^2+4y^2)^2-(2xy)^2$
$=x^4+8x^2y^2+16y^4-4x^2y^2$
$=x^4+4x^2y^2+16y^4$

033 정답 2
해설 $x+y=2$, $xy=1$이므로
$x^2+y^2=(x+y)^2-2xy$
$\qquad=2^2-2\cdot1$
$\qquad=2$

034 정답 18
해설 $x+y=3$, $xy=1$이므로
$x^3+y^3=(x+y)^3-3xy(x+y)$
$\qquad=3^3-3\cdot1\cdot3$
$\qquad=18$

035 정답 52
해설 $x+\dfrac{1}{x}=4$이므로
$x^3+\dfrac{1}{x^3}=\left(x+\dfrac{1}{x}\right)^3-3\cdot x\cdot\dfrac{1}{x}\left(x+\dfrac{1}{x}\right)$
$\qquad=\left(x+\dfrac{1}{x}\right)^3-3\left(x+\dfrac{1}{x}\right)$
$\qquad=4^3-3\cdot4$
$\qquad=52$

036 정답 52
해설 $x-y=4$, $xy=-1$이므로
$x^3-y^3=(x-y)^3+3xy(x-y)$
$\qquad=4^3+3\cdot(-1)\cdot4$
$\qquad=52$

037 정답 26
해설 $a+b=2$, $a^2+b^2=10$이므로

$a^2+b^2=(a+b)^2-2ab$에서
$10=2^2-2ab$ $\quad\therefore ab=-3$
$\therefore a^3+b^3=(a+b)^3-3ab(a+b)$
$\qquad=2^3-3\cdot(-3)\cdot2$
$\qquad=26$

038 정답 52
해설 $a=2+\sqrt{3}$, $b=2-\sqrt{3}$이므로
$a+b=(2+\sqrt{3})+(2-\sqrt{3})=4$
$ab=(2+\sqrt{3})(2-\sqrt{3})$
$\quad=2^2-(\sqrt{3})^2$
$\quad=4-3=1$
$\therefore a^3+b^3=(a+b)^3-3ab(a+b)$
$\qquad=4^3-3\cdot1\cdot4$
$\qquad=52$

039 정답 10
해설 $a+b+c=4$, $ab+bc+ca=3$이므로
$a^2+b^2+c^2=(a+b+c)^2-2(ab+bc+ca)$
$\qquad=4^2-2\cdot3$
$\qquad=10$

040 정답 24
해설 $a+b+c=3$, $a^2+b^2+c^2=7$, $abc=2$이므로
$(a+b+c)^2=a^2+b^2+c^2+2(ab+bc+ca)$에서
$3^2=7+2(ab+bc+ca)$ $\quad\therefore ab+bc+ca=1$
$\therefore a^3+b^3+c^3$
$=(a+b+c)(a^2+b^2+c^2-ab-bc-ca)+3abc$
$=(a+b+c)\{(a^2+b^2+c^2)-(ab+bc+ca)\}+3abc$
$=3(7-1)+3\cdot2$
$=24$

 **필수유형 CHECK** 본문 P. 25

001 ②	**002** ④	**003** ③	**004** ②
005 ④	**006** ④	**007** ⑤	**008** ③

001 정답 ②
해설 $(x+y)(x-y)$
$=x^2-y^2$
$=(2\sqrt{3})^2-(\sqrt{5})^2$
$=12-5$
$=7$

002 정답 ④
해설 $(a-b)(a+b)=a^2-b^2$을 이용하면
$(2+1)(2^2+1)(2^4+1)(2^8+1)(2^{16}+1)$
$=(2-1)(2+1)(2^2+1)(2^4+1)(2^8+1)(2^{16}+1)$
$=(2^2-1)(2^2+1)(2^4+1)(2^8+1)(2^{16}+1)$
$=(2^4-1)(2^4+1)(2^8+1)(2^{16}+1)$
$=(2^8-1)(2^8+1)(2^{16}+1)$

$$=(2^{16}-1)(2^{16}+1)$$
$$=2^{32}-1$$

주의 $2-1=1$이므로 그냥 곱해주어도 되지만 $3-1$을 곱해주어야 할 때는 $3-1=2$이므로 마지막 단계의 계산에서 2로 나눠주어야 한다.

003 정답 ③

해설 $x+y=(2+\sqrt{3})+(2-\sqrt{3})=4$
$xy=(2+\sqrt{3})(2-\sqrt{3})=2^2-(\sqrt{3})^2=1$
$$\therefore \frac{y}{x}+\frac{x}{y}=\frac{y^2}{xy}+\frac{x^2}{xy}=\frac{x^2+y^2}{xy}$$
$$=\frac{(x+y)^2-2xy}{xy}$$
$$=\frac{4^2-2\cdot1}{1}=14$$

004 정답 ②

해설 $x^2+x^3+y^2+y^3$
$$=(x^2+y^2)+(x^3+y^3)$$
$$=(x+y)^2-2xy+(x+y)^3-3xy(x+y)$$
$$=2^2-2\cdot1+2^3-3\cdot1\cdot2$$
$$=4$$

005 정답 ④

해설 $x^2-3x+1=0$에서 $x\neq0$이므로 양변을 x로 나누면
$x-3+\frac{1}{x}=0$ $\therefore x+\frac{1}{x}=3$
$$\therefore x^3+\frac{1}{x^3}=\left(x+\frac{1}{x}\right)^3-3\cdot x\cdot\frac{1}{x}\left(x+\frac{1}{x}\right)$$
$$=\left(x+\frac{1}{x}\right)^3-3\left(x+\frac{1}{x}\right)$$
$$=3^3-3\cdot3$$
$$=18$$

006 정답 ④

해설 $c-a=-\{(a-b)+(b-c)\}$
$$=-\{(2+\sqrt{3})+(2-\sqrt{3})\}$$
$$=-4$$
$$\therefore a^2+b^2+c^2-ab-bc-ca$$
$$=\frac{1}{2}(2a^2+2b^2+2c^2-2ab-2bc-2ca)$$
$$=\frac{1}{2}\{(a^2-2ab+b^2)+(b^2-2bc+c^2)$$
$$+(c^2-2ca+a^2)\}$$
$$=\frac{1}{2}\{(a-b)^2+(b-c)^2+(c-a)^2\}$$
$$=\frac{1}{2}\{(2+\sqrt{3})^2+(2-\sqrt{3})^2+(-4)^2\}$$
$$=\frac{1}{2}\{(4+4\sqrt{3}+3)+(4-4\sqrt{3}+3)+16\}$$
$$=15$$

007 정답 ⑤

해설 $x^2+\frac{1}{x^2}=3$이므로

$$\left(x+\frac{1}{x}\right)^2=x^2+2\cdot x\cdot\frac{1}{x}+\frac{1}{x^2}$$
$$=x^2+2+\frac{1}{x^2}=5$$
이때 $x>0$이므로 $x+\frac{1}{x}=\sqrt{5}$
$$\therefore x^3+\frac{1}{x^3}=\left(x+\frac{1}{x}\right)^3-3\cdot x\cdot\frac{1}{x}\left(x+\frac{1}{x}\right)$$
$$=\left(x+\frac{1}{x}\right)^3-3\left(x+\frac{1}{x}\right)$$
$$=(\sqrt{5})^3-3\sqrt{5}$$
$$=2\sqrt{5}$$

008 정답 ③

해설 $a^2+b^2+c^2=(a+b+c)^2-2(ab+bc+ca)$이므로
$5=3^2-2(ab+bc+ca)$
$\therefore ab+bc+ca=2$
$a^3+b^3+c^3-3abc$
$=(a+b+c)(a^2+b^2+c^2-ab-bc-ca)$
이므로
$12-3abc=3(5-2)$
$\therefore abc=1$

003 다항식의 나눗셈과 조립제법

교과서문제 CHECK 본문 P. 27

001 정답 $6=2\times3+0$

해설 6을 2로 나누면 몫이 3, 나머지는 0이므로
$6=2\times3+0$

002 정답 $7=3\times2+1$

해설 7을 3으로 나누면 몫이 2, 나머지는 1이므로
$7=3\times2+1$

003 정답 $x^2-x+2\ /\ 3\ /$
$x^3-2x^2+3x+1=(x-1)(x^2-x+2)+3$

해설
$$\begin{array}{r}x^2-x+2\\x-1\overline{)x^3-2x^2+3x+1}\\\underline{x^3-x^2}\\-x^2+3x+1\\\underline{-x^2+x}\\2x+1\\\underline{2x-2}\\3\end{array}$$

이므로 몫은 $Q=x^2-x+2$, $R=3$이다.
따라서 $A=BQ+R$로 나타내면
$x^3-2x^2+3x+1=(x-1)(x^2-x+2)+3$

004 정답 $x^2-x+2\ /\ -3\ /$
$2x^3-x^2+3x-1=(2x+1)(x^2-x+2)-3$

해설

$$
\begin{array}{r}
x^2-x+2 \\
2x+1\overline{)2x^3-\ x^2+3x-1} \\
\underline{2x^3+\ x^2\qquad\qquad} \\
-2x^2+3x-1 \\
\underline{-2x^2-\ x\qquad} \\
4x-1 \\
\underline{4x+2} \\
-3
\end{array}
$$

이므로 몫은 $Q=x^2-x+2$, $R=-3$이다.

따라서 $A=BQ+R$로 나타내면

$2x^3-x^2+3x-1=(2x+1)(x^2-x+2)-3$

005 정답 $2x+1$ / 3 /

$4x^3-3x+2=(2x^2-x-1)(2x+1)+3$

해설

$$
\begin{array}{r}
2x+1 \\
2x^2-x-1\overline{)4x^3+0\cdot x^2-3x+2} \\
\underline{4x^3-\ 2x^2-2x\qquad} \\
2x^2-\ x+2 \\
\underline{2x^2-\ x-1} \\
3
\end{array}
$$

이므로 몫은 $Q=2x+1$, $R=3$이다.

따라서 $A=BQ+R$로 나타내면

$4x^3-3x+2=(2x^2-x-1)(2x+1)+3$

006 정답 x^3-x-2

해설 $A=(x-2)(x^2+2x+3)+4$

$=x^3+2x^2+3x-2x^2-4x-6+4$

$=x^3-x-2$

007 정답 x^3+3x^2-x+4

해설 $A=(x^2+1)(x+3)+(-2x+1)$

$=x^3+3x^2+x+3-2x+1$

$=x^3+3x^2-x+4$

008 정답 $2x^3+3x^2+2x+1$

해설 $A=(x^2+x-1)(2x+1)+(3x+2)$

$=2x^3+x^2+2x^2+x-2x-1+3x+2$

$=2x^3+3x^2+2x+1$

009 정답 x^2+2x+3 / 1

해설

1	1	1	1	−2
		1	2	3
	1	2	3	1

$\therefore x^3+x^2+x-2=(x-1)(x^2+2x+3)+1$

따라서 몫은 x^2+2x+3, 나머지는 1이다.

010 정답 x^2+x-1 / 0

해설

−2	1	3	1	−2
		−2	−2	2
	1	1	−1	0

$\therefore x^3+3x^2+x-2=(x+2)(x^2+x-1)$

따라서 몫은 x^2+x-1, 나머지는 0이다.

011 정답 x^2-2x+2 / -1

해설

−2	1	0	−2	3
		−2	4	−4
	1	−2	2	−1

$\therefore x^3-2x+3=(x+2)(x^2-2x+2)-1$

따라서 몫은 x^2-2x+2, 나머지는 -1이다.

012 정답 x^2-x-1 / 0

해설

1	1	−2	0	1
		1	−1	−1
	1	−1	−1	0

$\therefore x^3-2x^2+1=(x-1)(x^2-x-1)$

따라서 몫은 x^2-x-1, 나머지는 0이다.

013 정답 $2x^2+4x-2$ / -6

해설

$\frac{1}{2}$	2	3	−4	−5
		1	2	−1
	2	4	−2	−6

$\therefore 2x^3+3x^2-4x-5=\left(x-\frac{1}{2}\right)(2x^2+4x-2)-6$

따라서 몫은 $2x^2+4x-2$, 나머지는 -6이다.

014 정답 x^2+2x-1 / -6

해설 $2x-1=2\left(x-\frac{1}{2}\right)$이므로 다음과 같이 조립제법을 이용하면

$\frac{1}{2}$	2	3	−4	−5
		1	2	−1
	2	4	−2	−6

$2x^3+3x^2-4x-5$를 $x-\frac{1}{2}$로 나누었을 때의 몫은 $2x^2+4x-2$, 나머지는 -6이다.

$\therefore 2x^3+3x^2-4x-5$

$=\left(x-\frac{1}{2}\right)(2x^2+4x-2)-6$

$=2\left(x-\frac{1}{2}\right)(x^2+2x-1)-6$

$=(2x-1)(x^2+2x-1)-6$

따라서 $2x^3+3x^2-4x-5$를 $2x-1$로 나누었을 때의 몫은 x^2+2x-1, 나머지는 -6이다.

015 정답 $2x^2-4x+4$ / 2

해설

$$\begin{array}{r|rrrr} -\frac{1}{2} & 2 & -3 & 2 & 4 \\ & & -1 & 2 & -2 \\ \hline & 2 & -4 & 4 & \boxed{2} \end{array}$$

$\therefore 2x^3-3x^2+2x+4=\left(x+\frac{1}{2}\right)(2x^2-4x+4)+2$

따라서 몫은 $2x^2-4x+4$, 나머지는 2이다.

016 정답 x^2-2x+2 / 2

해설 $2x+1=2\left(x+\frac{1}{2}\right)$이므로 다음과 같이 조립제법을

이용하면

$$\begin{array}{r|rrrr} -\frac{1}{2} & 2 & -3 & 2 & 4 \\ & & -1 & 2 & -2 \\ \hline & 2 & -4 & 4 & \boxed{2} \end{array}$$

$2x^3-3x^2+2x+4$를 $x+\frac{1}{2}$로 나누었을 때의 몫은

$2x^2-4x+4$, 나머지는 2이다.

$\therefore 2x^3-3x^2+2x+4$

$=\left(x+\frac{1}{2}\right)(2x^2-4x+4)+2$

$=2\left(x+\frac{1}{2}\right)(x^2-2x+2)+2$

$=(2x+1)(x^2-2x+2)+2$

따라서 $2x^3-3x^2+2x+4$를 $2x+1$로 나누었을 때의 몫은 x^2-2x+2, 나머지는 2이다.

🚂 **필수유형 CHECK** 본문 P. 29

001 ①	**002** ④	**003** ①	**004** ③
005 ④	**006** ③	**007** ②	**008** ④

---

001 정답 ①

해설

$$\begin{array}{r} 2x+1 \\ x^2+1\overline{)2x^3+x^2+3x} \\ \underline{2x^3+2x} \\ x^2+x \\ \underline{x^2+1} \\ x-1 \end{array}$$

따라서 나머지는 $x-1$이다.

002 정답 ④

해설 다항식 $f(x)$를 $x+2$로 나누었을 때의 몫이 x^2+1, 나머지가 2이므로

$f(x)=(x+2)(x^2+1)+2$

$\therefore f(1)=(1+2)(1+1)+2=8$

003 정답 ①

해설 다항식 A를 x^2+x+1로 나누었을 때의 몫이 $2x-1$, 나머지가 $x+2$이므로

$A=(x^2+x+1)(2x-1)+x+2$

$\quad=2x^3-x^2+2x^2-x+2x-1+x+2$

$\quad=2x^3+x^2+2x+1$

$2x^3+x^2+2x+1$을 x^2+1로 나누면

$$\begin{array}{r} 2x+1 \\ x^2+1\overline{)2x^3+x^2+2x+1} \\ \underline{2x^3+2x} \\ x^2+1 \\ \underline{x^2+1} \\ 0 \end{array}$$

따라서 나머지는 0이다.

004 정답 ③

해설

$$\begin{array}{r} x^2-4x-3 \\ x^2+x-1\overline{)x^4-3x^3-8x^2+x+10} \\ \underline{x^4+x^3-x^2} \\ -4x^3-7x^2+x+10 \\ \underline{-4x^3-4x^2+4x} \\ -3x^2-3x+10 \\ \underline{-3x^2-3x+3} \\ 7 \end{array}$$

$\therefore x^4-3x^3-8x^2+x+10$

$=(x^2+x-1)(x^2-4x-3)+7$

$=7 \; (\because x^2+x-1=0)$

005 정답 ④

해설 $f(x)$를 $x-\frac{3}{2}$으로 나누었을 때의 몫이 $Q(x)$, 나머지가 R이므로

$f(x)=\left(x-\frac{3}{2}\right)Q(x)+R$

$\quad=2\left(x-\frac{3}{2}\right)\cdot\frac{1}{2}Q(x)+R$

$\quad=(2x-3)\cdot\left\{\frac{1}{2}Q(x)\right\}+R$

따라서 $f(x)$를 $2x-3$으로 나누었을 때의 몫과 나머지는 순서대로 $\frac{1}{2}Q(x)$, R이다.

006 정답 ③

해설 $2x-1=2\left(x-\frac{1}{2}\right)$이므로 다음과 같이 조립제법을 이용하면

$$\begin{array}{r|rrrr} \frac{1}{2} & 2 & 1 & -5 & 3 \\ & & 1 & 1 & -2 \\ \hline & 2 & 2 & -4 & \boxed{1} \end{array}$$

$2x^3+x^2-5x+3$을 $x-\frac{1}{2}$로 나누었을 때의 몫은

$2x^2+2x-4$, 나머지는 1이다.

$$\therefore 2x^3+x^2-5x+3=\left(x-\frac{1}{2}\right)(2x^2+2x-4)+1$$
$$=2\left(x-\frac{1}{2}\right)(x^2+x-2)+1$$
$$=(2x-1)(x^2+x-2)+1$$

따라서 $2x^3+x^2-5x+3$을 $2x-1$로 나누었을 때의 몫은 x^2+x-2, 나머지는 1이다.

$$\therefore (x^2+x-2)+1=x^2+x-1$$

007 정답 ②

해설 빈 칸을 모두 채우면 다음과 같다.

1	3	-2	-3	4
		3	1	-2
	3	1	-2	2

즉, 삼차다항식 $f(x)=3x^3-2x^2-3x+4$를 $x-1$로 나누었을 때의 몫과 나머지를 구하기 위하여 조립제법을 한 것이다.

이때 몫은 $3x^2+x-2$, 나머지는 2이다.

$f(x)=3x^3-2x^2-3x+4$를 $x+1$로 나누었을 때의 몫과 나머지를 조립제법을 이용하여 구하면

-1	3	-2	-3	4
		-3	5	-2
	3	-5	2	2

따라서 $f(x)=3x^3-2x^2-3x+4$를 $x+1$로 나누었을 때의 나머지는 2이다.

008 정답 ④

해설 x^3-2x^2+3x-4
$$=a(x-1)^3+b(x-1)^2+c(x-1)+d$$
$$=(x-1)\{a(x-1)^2+b(x-1)+c\}+d$$

즉, x^3-2x^2+3x-4를 $x-1$로 나누었을 때의 나머지가 d이다.

1	1	-2	3	-4
		1	-1	2
	1	-1	2	-2

$$\therefore d=-2$$
$x^2-x+2=a(x-1)^2+b(x-1)+c$
$$=(x-1)\{a(x-1)+b\}+c$$

즉, x^2-x+2를 $x-1$로 나누었을 때의 나머지가 c이다.

1	1	-1	2
		1	0
	1	0	2

$$\therefore c=2$$
$x=(x-1)a+b$

즉, x를 $x-1$로 나누었을 때의 몫이 a, 나머지가 b이다.

1	1	0
		1
	1	1

$$\therefore a=1,\ b=1$$
$$\therefore a+b+c+d=1+1+2+(-2)=2$$

별해 연속조립제법으로 풀 수도 있다.

1	1	-2	3	-4
		1	-1	2
1	1	-1	2	$-2 \rightarrow d$
		1	0	
1	1	0	$2 \rightarrow c$	
		1		
1	1	$1 \rightarrow b$		
$\downarrow$				
a				

$$\therefore a+b+c+d=1+1+2+(-2)=2$$

004 항등식과 미정계수법

교과서문제 CHECK 본문 P.31

001 정답 ×

해설 좌변과 우변이 서로 다르므로 항등식이 아니다.

002 정답 ○

해설 좌변과 우변이 서로 같으므로 항등식이다.

003 정답 ○

해설 좌변과 우변이 서로 같으므로 항등식이다.

004 정답 ×

해설 $(x+1)^2-x^2=x^2+2x+1-x^2=2x+1$

즉, 좌변과 우변이 서로 다르므로 항등식이 아니다.

005 정답 $a=2,\ b=1$

해설 $ax+1=2x+b$

등식의 양변의 계수를 비교하면

$a=2,\ b=1$

006 정답 $a=1,\ b=2$

해설 $(a-1)x+(2-b)=0$에서

$a-1=0,\ 2-b=0$

$$\therefore a=1,\ b=2$$

007 정답 $a=4,\ b=4,\ c=4$

해설 $(a-1)x^2+(b-2)x+c-3=3x^2+2x+1$

등식의 양변의 계수를 비교하면

$a-1=3$, $b-2=2$, $c-3=1$

$\therefore a=4$, $b=4$, $c=4$

008 정답 $a=1$, $b=2$, $c=-3$

해설 $(2a-b)x^2+(2-b)x+c+3=0$에서

$2a-b=0$, $2-b=0$, $c+3=0$

$\therefore b=2$, $c=-3$, $a=1$

009 정답 $a=1$, $b=-2$, $c=0$

해설 $x^2-1=a(x+1)^2+b(x+1)+c$

$\qquad =a(x^2+2x+1)+b(x+1)+c$

$\qquad =ax^2+(2a+b)x+(a+b+c)$

등식의 양변의 계수를 비교하면

$a=1$, $2a+b=0$, $a+b+c=-1$

$\therefore b=-2$, $c=0$

별해 $x^2-1=a(x+1)^2+b(x+1)+c$

양변의 최고차항의 계수를 비교하면

$a=1$

$\therefore x^2-1=(x+1)^2+b(x+1)+c$

등식의 양변에 $x=-1$을 대입하면

$0=c$

등식의 양변에 $x=0$을 대입하면

$-1=1+b+c$ $\quad \therefore b=-2$

별해 연속조립제법으로 풀 수도 있다.

-1	1	0	-1	
		-1	1	
-1	1	-1	$0 \to c$	
		-1		
	1	$-2 \to b$		
	$\downarrow$			
	a			

010 정답 $a=2$, $b=1$, $c=3$

해설 $2x^2-3x+4=a(x-1)^2+b(x-1)+c$

$\qquad =a(x^2-2x+1)+b(x-1)+c$

$\qquad =ax^2+(-2a+b)x+(a-b+c)$

등식의 양변의 계수를 비교하면

$a=2$, $-2a+b=-3$, $a-b+c=4$

$\therefore b=1$, $c=3$

별해 $2x^2-3x+4=a(x-1)^2+b(x-1)+c$

양변의 최고차항의 계수를 비교하면

$a=2$

$\therefore 2x^2-3x+4=2(x-1)^2+b(x-1)+c$

등식의 양변에 $x=1$을 대입하면

$3=c$

등식의 양변에 $x=0$을 대입하면

$4=2-b+c$ $\quad \therefore b=1$

별해 연속조립제법으로 풀 수도 있다.

1	2	-3	4	
		2	-1	
1	2	-1	$3 \to c$	
		2		
	2	$1 \to b$		
	$\downarrow$			
	a			

011 정답 $a=1$, $b=-1$, $c=-3$

해설 $x^2-5x+3=a(x-2)^2+b(x-2)+c$

$\qquad =a(x^2-4x+4)+b(x-2)+c$

$\qquad =ax^2+(-4a+b)x+(4a-2b+c)$

등식의 양변의 계수를 비교하면

$a=1$, $-4a+b=-5$, $4a-2b+c=3$

$\therefore b=-1$, $c=-3$

별해 $x^2-5x+3=a(x-2)^2+b(x-2)+c$

등식의 최고차항의 계수를 비교하면

$a=1$

$\therefore x^2-5x+3=(x-2)^2+b(x-2)+c$

등식의 양변에 $x=2$를 대입하면

$-3=c$

등식의 양변에 $x=0$을 대입하면

$3=4-2b+c$ $\quad \therefore b=-1$

별해 연속조립제법으로 풀 수도 있다.

2	1	-5	3	
		2	-6	
2	1	-3	$-3 \to c$	
		2		
	1	$-1 \to b$		
	$\downarrow$			
	a			

012 정답 $a=3$, $b=2$, $c=3$

해설 $ax^2+bx+c=2(x+1)^2+(x-1)^2$

$\qquad =2(x^2+2x+1)+(x^2-2x+1)$

$\qquad =3x^2+2x+3$

양변의 계수를 비교하면

$a=3$, $b=2$, $c=3$

별해 $ax^2+bx+c=2(x+1)^2+(x-1)^2$

양변의 최고차항의 계수를 비교하면

$a=2+1=3$

$\therefore 3x^2+bx+c=2(x+1)^2+(x-1)^2$

등식의 양변에 $x=-1$을 대입하면

$3-b+c=4$ $\quad \cdots\cdots$ ㉠

등식의 양변에 $x=1$을 대입하면

$3+b+c=8$ $\quad \cdots\cdots$ ㉡

㉠+㉡을 하면 $6+2c=12$ $\quad \therefore c=3$

$c=3$을 ㉡에 대입하면

$3+b+3=8$ $\quad \therefore b=2$

013 정답 $a=2$, $b=1$, $c=-1$

해설 $2x^2+3x-1$
$=ax(x+1)+b(x+1)(x-1)+cx(x-1)$
등식의 양변에 $x=0$을 대입하면
$-1=-b$ ∴ $b=1$
등식의 양변에 $x=-1$을 대입하면
$-2=2c$ ∴ $c=-1$
등식의 양변에 $x=1$을 대입하면
$4=2a$ ∴ $a=2$

014 정답 $a=1$, $b=2$, $c=-1$

해설 $2x^2-ax-2$
$=x(x-2)+bx(x-1)+c(x-1)(x-2)$
등식의 양변에 $x=0$을 대입하면
$-2=2c$ ∴ $c=-1$
등식의 양변에 $x=1$을 대입하면
$-a=-1$ ∴ $a=1$
등식의 양변에 $x=2$를 대입하면
$6-2a=2b$ ∴ $b=2$ ($∵ a=1$)

015 정답 $x=1$, $y=2$

해설 $(x-1)k+(y-2)=0$이 k에 대한 항등식이므로
$x-1=0$, $y-2=0$이어야 한다.
∴ $x=1$, $y=2$

016 정답 $x=1$, $y=2$

해설 $(2x-y)k+(x+y-3)=0$이 k에 대한 항등식이므로 $2x-y=0$, $x+y-3=0$이어야 한다.
즉, $2x-y=0$ ······ ㉠, $x+y=3$ ······ ㉡
㉠+㉡을 하면 $3x=3$ ∴ $x=1$
$x=1$을 ㉠에 대입하면 $2-y=0$ ∴ $y=2$

017 정답 $x=4$, $y=5$

해설 $(k+2)x-(k+1)y+k-3=0$을 k에 대하여 정리하면
$(x-y+1)k+(2x-y-3)=0$
이 식이 k에 대한 항등식이므로
$x-y+1=0$, $2x-y-3=0$이어야 한다.
즉, $x-y=-1$ ······ ㉠, $2x-y=3$ ······ ㉡
㉡-㉠을 하면 $x=4$
$x=4$를 ㉠에 대입하면 $4-y=-1$ ∴ $y=5$

018 정답 $a=2$, $b=2$, $c=3$

해설 $2x+(a-1)y+3=bx+y+c$가 x, y에 대한 항등식이므로 $2=b$, $a-1=1$, $3=c$이어야 한다.
∴ $a=2$, $b=2$, $c=3$

019 정답 $a=1$, $b=2$, $c=3$

해설 $(a-1)x+(b-2)y+c-3=0$이 x, y에 대한 항등식이므로 $a-1=0$, $b-2=0$, $c-3=0$이어야 한다.
∴ $a=1$, $b=2$, $c=3$

020 정답 $a=1$, $b=1$

해설 $a(x+y)-b(x-y)-2y=0$을
( )$x+$( )$y=0$ 꼴로 정리하면
$(a-b)x+(a+b-2)y=0$
이 식이 x, y에 대한 항등식이므로
$a-b=0$, $a+b-2=0$이어야 한다. 즉,
$a-b=0$ ······ ㉠, $a+b=2$ ······ ㉡
㉠+㉡을 하면 $2a=2$ ∴ $a=1$
$a=1$을 ㉠에 대입하면 $1-b=0$ ∴ $b=1$

021 정답 32

해설 $(x+1)^5=ax^5+bx^4+cx^3+dx^2+ex+f$의 양변에 $x=1$을 대입하면
$2^5=a+b+c+d+e+f$
∴ $a+b+c+d+e+f=32$

022 정답 0

해설 $(x+1)^5=ax^5+bx^4+cx^3+dx^2+ex+f$의 양변에 $x=-1$을 대입하면
$0=-a+b-c+d-e+f$
∴ $a-b+c-d+e-f=0$

023 정답 16

해설 $a+b+c+d+e+f=32$
$a-b+c-d+e-f=0$
이므로 두 식을 변끼리 더하면
$2(a+c+e)=32$
∴ $a+c+e=16$

024 정답 1

해설 $(x+1)^5=ax^5+bx^4+cx^3+dx^2+ex+f$의 양변에 $x=0$을 대입하면
$f=1$

025 정답 1

해설 좌변과 우변의 최고차항의 계수를 비교하면
$a=1$

필수유형 CHECK 본문 P. 33

001 ③	**002** ③	**003** ①	**004** ④
005 ④	**006** ④	**007** ②	**008** ⑤

---

001 정답 ③

해설 $(a+b-3)x+ab-2=0$이 x의 값에 관계없이 항상 성립하려면 $a+b-3=0$, $ab-2=0$이어야 한다.
∴ $a+b=3$, $ab=2$
∴ $a^2+b^2=(a+b)^2-2ab=3^2-2·2=5$

002 정답 ③

해설 x^3-3x-2
$=(x-2)(ax^2+bx+c)$

$=ax^3+bx^2+cx-2ax^2-2bx-2c$

$=ax^3+(b-2a)x^2+(c-2b)x-2c$

등식의 좌변과 우변의 계수를 서로 비교하면

$a=1$, $b-2a=0$, $c-2b=-3$, $-2c=-2$

$\therefore b=2$, $c=1$

$\therefore abc=1\cdot2\cdot1=2$

003 정답 ①

해설 $x^4+ax^3+bx^2+5$를 $(x-1)(x+1)$로 나누었을
때의 몫을 $Q(x)$라 하면 나머지가 $x+3$이므로

$x^4+ax^3+bx^2+5$

$=(x-1)(x+1)Q(x)+x+3$ ······ ㉠

㉠의 양변에 $x=1$을 대입하면

$1+a+b+5=4$ $\therefore a+b=-2$ ······ ㉡

㉠의 양변에 $x=-1$을 대입하면

$1-a+b+5=2$ $\therefore -a+b=-4$ ······ ㉢

㉡+㉢을 하면 $2b=-6$ $\therefore b=-3$

$b=-3$을 ㉡에 대입하면 $a+(-3)=-2$ $\therefore a=1$

$\therefore ab=1\cdot(-3)=-3$

004 정답 ④

해설 x^3+ax^2-x+b가 x^2-x-2로 나누어떨어지므로
그 몫을 $Q(x)$라 하면

$x^3+ax^2-x+b=(x^2-x-2)Q(x)$

$\qquad\qquad\qquad=(x+1)(x-2)Q(x)$

이 식은 x에 대한 항등식이므로

양변에 $x=-1$을 대입하면

$-1+a+1+b=0$ $\therefore a+b=0$ ······ ㉠

양변에 $x=2$를 대입하면

$8+4a-2+b=0$ $\therefore 4a+b=-6$ ······ ㉡

㉠에서 $b=-a$를 ㉡에 대입하면

$4a-a=-6$ $\therefore a=-2$

$a=-2$를 $b=-a$에 대입하면 $b=2$

$\therefore a-b=(-2)-2=-4$

005 정답 ④

해설 $(x^2-1)P(x)+ax+b$

$=(x+1)(x-1)P(x)+ax+b$

$=x^3+x^2+x+1$

이 식은 x에 대한 항등식이므로

양변에 $x=1$을 대입하면 $a+b=4$ ······ ㉠

양변에 $x=-1$을 대입하면 $-a+b=0$ ······ ㉡

㉡에서 $b=a$를 ㉠에 대입하면

$2a=4$ $\therefore a=2$, $b=2$

$\therefore a^2+b^2=2^2+2^2=8$

006 정답 ④

해설 $x+2y=1$에서 $x=1-2y$

$x=1-2y$를 $3ax+by=6$에 대입하면

$3a(1-2y)+by=6$

$3a-6ay+by-6=0$

$(b-6a)y+3a-6=0$

이 등식은 모든 실수 y에 대하여 항상 성립하므로

$b-6a=0$, $3a-6=0$

$\therefore a=2$, $b=12$

$\therefore a+b=2+12=14$

별해 $x+2y=1$과 $3ax+by=6$이 일치한다는 의미이다.

$x+2y=1$의 양변에 6을 곱하면

$6x+12y=6$

이때, $3a=6$, $b=12$이므로 $a=2$

$\therefore a+b=2+12=14$

007 정답 ②

해설 $(2x+y-1)k+x-y-2=0$이 k의 값에 관계없
이 항상 성립하려면 $2x+y-1=0$, $x-y-2=0$이어야
한다.

$2x+y=1$, $x-y=2$를 변끼리 더하면

$3x=3$ $\therefore x=1$

$x=1$을 $2x+y=1$에 대입하면

$2+y=1$ $\therefore y=-1$

$\therefore x^2+y^2=1^2+(-1)^2=2$

008 정답 ⑤

해설 $(x^2-2x-1)^5=a_0+a_1x+a_2x^2+\cdots+a_{10}x^{10}$

이 식은 x에 대한 항등식이므로

양변에 $x=1$을 대입하면

$-32=a_0+a_1+a_2+a_3+a_4+a_5+\cdots+a_{10}$ ······ ㉠

양변에 $x=-1$을 대입하면

$32=a_0-a_1+a_2-a_3+a_4-a_5+\cdots+a_{10}$ ······ ㉡

㉠-㉡을 하면

$-64=2(a_1+a_3+a_5+a_7+a_9)$

$\therefore a_1+a_3+a_5+a_7+a_9=-32$

005 나머지정리와 인수정리

교과서문제 CHECK 본문 P. 35

001 정답 0

해설 $P(x)=x^3-x^2+x-1$을 $x-1$로 나누었을 때의
나머지는 나머지정리에 의해

$P(1)=1-1+1-1=0$

002 정답 -4

해설 $P(x)=x^3-x^2+x-1$을 $x+1$로 나누었을 때의
나머지는 나머지정리에 의해

$P(-1)=-1-1-1-1=-4$

003 정답 5

해설 $P(x)=x^3-x^2+x-1$을 $x-2$로 나누었을 때의

나머지는 나머지정리에 의해
$$P(2)=8-4+2-1=5$$

004 정답 -15
해설 $P(x)=x^3-x^2+x-1$을 $x+2$로 나누었을 때의
나머지는 나머지정리에 의해
$$P(-2)=-8-4-2-1=-15$$

005 정답 0
해설 $P(x)=4x^3-3x+1$을 $x-\dfrac{1}{2}$로 나누었을 때의 나
머지는 나머지정리에 의해
$$P\left(\dfrac{1}{2}\right)=\dfrac{1}{2}-\dfrac{3}{2}+1=0$$

006 정답 0
해설 $P(x)=4x^3-3x+1$을 $2x-1$로 나누었을 때의 나
머지는 나머지정리에 의해
$$P\left(\dfrac{1}{2}\right)=\dfrac{1}{2}-\dfrac{3}{2}+1=0$$

007 정답 2
해설 $P(x)=4x^3-3x+1$을 $x+\dfrac{1}{2}$로 나누었을 때의 나
머지는 나머지정리에 의해
$$P\left(-\dfrac{1}{2}\right)=\left(-\dfrac{1}{2}\right)+\dfrac{3}{2}+1=2$$

008 정답 2
해설 $P(x)=4x^3-3x+1$을 $2x+1$로 나누었을 때의 나
머지는 나머지정리에 의해
$$P\left(-\dfrac{1}{2}\right)=\left(-\dfrac{1}{2}\right)+\dfrac{3}{2}+1=2$$

009 정답 $a=1$
해설 $P(x)=x^3+ax^2+a+2$를 $x-2$로 나누었을 때의
나머지가 15이므로 나머지정리에 의해
$$P(2)=8+4a+a+2=15$$
$$5a+10=15,\ 5a=5\quad\therefore a=1$$

010 정답 $a=11$
해설 $P(x)=2x^3+ax^2-2x-1$을 $2x-1$로 나누었을
때의 나머지가 1이므로 나머지정리에 의해
$$P\left(\dfrac{1}{2}\right)=2\cdot\dfrac{1}{8}+a\cdot\dfrac{1}{4}-2\cdot\dfrac{1}{2}-1=1$$
$$\dfrac{1}{4}+\dfrac{a}{4}-2=1,\ \dfrac{1+a}{4}=3\quad\therefore a=11$$

011 정답 $a=3,\ b=1$
해설 $P(x)=2x^3-ax^2+bx+1$을 $x-1$로 나누었을 때
의 나머지가 1이므로 나머지정리에 의해
$$P(1)=2-a+b+1=1$$
$$\therefore -a+b=-2\quad\cdots\cdots\ \text{㉠}$$
$P(x)=2x^3-ax^2+bx+1$을 $x+1$로 나누었을 때의 나
머지가 -5이므로 나머지정리에 의해

$$P(-1)=-2-a-b+1=-5$$
$$\therefore -a-b=-4\quad\cdots\cdots\ \text{㉡}$$
㉠$+$㉡을 하면 $-2a=-6\quad\therefore a=3$
$a=3$을 ㉠에 대입하면 $(-3)+b=-2\quad\therefore b=1$

012 정답 7
해설 $P(x)=x^3+ax^2+2x+3$을 $x+1$로 나누었을 때
의 나머지가 1이므로 나머지정리에 의해
$$P(-1)=-1+a-2+3=1\quad\therefore a=1$$
$P(x)=x^3+x^2+2x+3$을 $x-1$로 나누었을 때의 나머
지는 나머지정리에 의해
$$P(1)=1+1+2+3=7$$

013 정답 7
해설 $P(x)=x^3-ax+2$를 $x-1$로 나누었을 때의 나머
지는 나머지정리에 의해
$$P(1)=1-a+2$$
$P(x)=x^3-ax+2$를 $x-2$로 나누었을 때의 나머지는
나머지정리에 의해
$$P(2)=8-2a+2$$
$P(1)=P(2)$이므로 $1-a+2=8-2a+2$
$$3-a=10-2a\quad\therefore a=7$$

014 정답 $ax+b$
해설 다항식 $P(x)$를 이차식으로 나누었으므로 나머지는
일차식이다.
따라서 나머지를 일차식 $ax+b$로 놓는다.

015 정답 $1\ /\ 3$
해설 $P(x)=(x+1)(x-1)Q(x)+ax+b\quad\cdots\cdots\ \text{㉠}$
다항식 $P(x)$를 $x+1$로 나누었을 때의 나머지가 1이므
로 ㉠에 $x=-1$을 대입하면 나머지정리에 의해
$$P(-1)=-a+b=1\quad\cdots\cdots\ \text{㉡}$$
다항식 $P(x)$를 $x-1$로 나누었을 때의 나머지가 3이므
로 ㉠에 $x=1$을 대입하면 나머지정리에 의해
$$P(1)=a+b=3\quad\cdots\cdots\ \text{㉢}$$

016 정답 $x+2$
해설 ㉡$+$㉢을 하면 $2b=4\quad\therefore b=2$
$b=2$를 ㉢에 대입하면 $a+2=3\quad\therefore a=1$
따라서 구하는 나머지는 $x+2$이다.

017 정답 1
해설 $P(x)$를 $x-1$로 나누었을 때의 나머지가 1이므로
나머지정리에 의해 $P(1)=1$이다.
$P(2x-1)$을 $x-1$로 나누었을 때의 나머지는
$P(2x-1)$에 $x=1$을 대입한 값이므로
$$P(2\cdot1-1)=P(1)=1$$

018 정답 2
해설 $xP(x-1)$을 $x-2$로 나누었을 때의 나머지는
$xP(x-1)$에 $x=2$를 대입한 값이므로

$2P(2-1)=2P(1)=2\cdot1=2$

019 정답 -1

해설 $(x-2)P(x)$를 $x-1$로 나누었을 때의 나머지는 $(x-2)P(x)$에 $x=1$을 대입한 값이므로
$(1-2)P(1)=-P(1)=-1$

020 정답 ○

해설 $f(x)=x^3-2x^2-x+2$로 놓으면 $x+1$이 $f(x)$의 인수이면 $f(x)$는 $x+1$로 나누어떨어진다.
즉, 인수정리에 의해 $f(-1)=0$이면 인수이다.
$f(-1)=-1-2+1+2=0$이므로 $x+1$은 $f(x)$의 인수이다.

021 정답 ○

해설 $f(1)=1-2-1+2=0$이므로 $x-1$은 $f(x)$의 인수이다.

022 정답 ○

해설 $f(2)=8-8-2+2=0$이므로 $x-2$는 $f(x)$의 인수이다.

023 정답 ×

해설 $f(-2)=-8-8+2+2\neq0$이므로 $x+2$는 $f(x)$의 인수가 아니다.

024 정답 $a=-2$

해설 $P(x)=x^3-3x+a$가 $x-2$로 나누어떨어지므로 인수정리에 의해
$P(2)=8-6+a=0$ $\therefore a=-2$

025 정답 $a=10$

해설 $P(x)=8x^3+ax^2-5x-1$이 $2x-1$을 인수로 가지면 $2x-1$로 나누어떨어지므로 인수정리에 의해
$P\left(\dfrac{1}{2}\right)=1+\dfrac{a}{4}-\dfrac{5}{2}-1=0$ $\therefore a=10$

026 정답 $a=0$, $b=-3$

해설 $P(x)=x^3+ax^2+bx+2$가 $(x-1)(x+2)$로 나누어떨어지면 $x-1$과 $x+2$를 인수로 가지므로 인수정리에 의해
$P(1)=1+a+b+2=0$
$\therefore a+b=-3$ $\cdots\cdots$ ㉠
$P(-2)=-8+4a-2b+2=0$
$\therefore 2a-b=3$ $\cdots\cdots$ ㉡
㉠+㉡을 하면 $3a=0$ $\therefore a=0$
$a=0$을 ㉠에 대입하면 $b=-3$

필수유형 CHECK 본문 P. 37

001 ③	002 ②	003 ⑤	004 ①
005 ②	006 ④	007 ④	008 ④

---

001 정답 ③

해설 $P(x)=x^3-ax+2$라 하면 $P(x)$를 $x-1$로 나누었을 때의 나머지와 $x-2$로 나누었을 때의 나머지가 서로 같으므로 나머지정리에 의해 $P(1)=P(2)$이다.
$1-a+2=8-2a+2$ $\therefore a=7$

002 정답 ②

해설 다항식 $P(x)$를 $x+1$로 나누었을 때의 몫이 $x-2$이고 나머지가 4이므로
$P(x)=(x+1)(x-2)+4$
이 다항식 $P(x)$를 $x-3$으로 나누었을 때의 나머지는 나머지정리에 의해
$P(3)=4\cdot1+4=8$

003 정답 ⑤

해설 $f(x)=x^3+ax^2+bx+2$라 하면
$f(x)$를 $x-1$로 나누었을 때의 나머지가 1이므로 나머지정리에 의해
$f(1)=1+a+b+2=1$
$\therefore a+b=-2$ $\cdots\cdots$ ㉠
$f(x)$를 $x-2$로 나누었을 때의 나머지가 2이므로 나머지정리에 의해
$f(2)=8+4a+2b+2=2$
$\therefore 2a+b=-4$ $\cdots\cdots$ ㉡
㉡-㉠을 하면 $a=-2$
$a=-2$를 ㉠에 대입하면
$(-2)+b=-2$ $\therefore b=0$
$\therefore f(x)=x^3-2x^2+2$
따라서 다항식 $f(x)=x^3-2x^2+2$를 $x-3$으로 나눈 나머지는 나머지정리에 의해
$f(3)=27-18+2=11$

별해 $f(x)=x^3+ax^2+bx+2$를 $x-1$로 나누었을 때의 몫을 $Q_1(x)$라 하면 나머지가 1이므로
$f(x)=x^3+ax^2+bx+2=(x-1)Q_1(x)+1$
이 항등식의 양변에 $x=1$을 대입하면
$f(1)=1+a+b+2=1$
$\therefore a+b=-2$ $\cdots\cdots$ ㉠
$f(x)=x^3+ax^2+bx+2$를 $x-2$로 나누었을 때의 몫을 $Q_2(x)$라 하면 나머지가 2이므로
$f(x)=x^3+ax^2+bx+2=(x-2)Q_2(x)+2$
이 항등식의 양변에 $x=2$를 대입하면
$f(2)=8+4a+2b+2=2$
$\therefore 2a+b=-4$ $\cdots\cdots$ ㉡
㉡-㉠을 하면 $a=-2$
$a=-2$를 ㉠에 대입하면
$(-2)+b=-2$ $\therefore b=0$
$\therefore f(x)=x^3-2x^2+2$
따라서 다항식 $f(x)=x^3-2x^2+2$를 $x-3$으로 나눈 나머지는 나머지정리에 의해
$f(3)=27-18+2=11$

004 정답 ①

해설 다항식 $P(x)$를 x^2-x-2로 나누었을 때의 몫을 $Q(x)$, 나머지를 $ax+b$로 놓으면

$$P(x)=(x^2-x-2)Q(x)+ax+b$$
$$=(x+1)(x-2)Q(x)+ax+b$$

나머지정리에 의해 $P(-1)=-2$, $P(2)=1$이므로

$P(-1)=-a+b=-2$ ······ ㉠

$P(2)=2a+b=1$ ······ ㉡

㉡-㉠을 하면 $3a=3$ ∴ $a=1$

$a=1$을 ㉡에 대입하면 $2+b=1$ ∴ $b=-1$

따라서 구하는 나머지는 $x-1$이다.

005 정답 ②

해설 조립제법으로 다항식 x^4-2x+1을 $x+1$로 나누었을 때의 몫 $Q(x)$를 구하면

-1	1	0	0	-2	1
		-1	1	-1	3
	1	-1	1	-3	4

즉, x^4-2x+1을 $x+1$로 나누었을 때의 몫은 $Q(x)=x^3-x^2+x-30$이고 나머지는 4이다.

따라서 몫 $Q(x)$를 $x-1$로 나누었을 때의 나머지는 나머지정리에 의해

$$Q(1)=1-1+1-3=-2$$

별해 다항식 x^4-2x+1을 $x+1$로 나누었을 때의 몫을 $Q(x)$, 나머지를 R이라 하면

$$x^4-2x+1=(x+1)Q(x)+R$$ ······ ㉠

이 식에 $x=-1$을 대입하면

$1+2+1=R$ ∴ $R=4$

몫 $Q(x)$를 $x-1$로 나누었을 때의 나머지는 $Q(1)$이므로 ㉠에 $x=1$을 대입하면

$1-2+1=2Q(1)+4$ ∴ $Q(1)=-2$

006 정답 ④

해설 다항식 $f(x)=x^3+ax+b$가 x^2+x-2, 즉 $(x+2)(x-1)$로 나누어떨어진다는 것은 $x+2$, $x-1$을 인수로 갖는다는 의미이므로 인수정리에 의해

$f(-2)=0$, $f(1)=0$이다.

$f(-2)=-8-2a+b=0$

∴ $-2a+b=8$ ······ ㉠

$f(1)=1+a+b=0$

∴ $a+b=-1$ ······ ㉡

㉡-㉠을 하면 $3a=-9$ ∴ $a=-3$

$a=-3$을 ㉡에 대입하면

$(-3)+b=-1$ ∴ $b=2$

∴ $f(x)=x^3-3x+2$

따라서 다항식 $f(x)=x^3-3x+2$를 $x-3$으로 나누었을 때의 나머지는 나머지정리에 의해

$$f(3)=27-9+2=20$$

007 정답 ④

해설 $f(x)=x^3+ax^2-7x+b$라 하면 $f(x)$가 $(x-1)^2$으로 나누어떨어지므로 인수정리에 의해 $f(1)=0$이다.

$f(1)=1+a-7+b=0$ ∴ $b=6-a$ ······ ㉠

다음과 같이 조립제법을 하면

1	1	a	-7	$6-a$
		1	$a+1$	$a-6$
	1	$a+1$	$a-6$	0

$f(x)=x^3+ax^2-7x+b$
$=(x-1)\{x^2+(a+1)x+a-6\}$

이때 $g(x)=x^2+(a+1)x+a-6$이라 하면 $f(x)$가 $(x-1)^2$으로 나누어떨어지므로 인수정리에 의해 $g(1)=0$이다.

$g(1)=1+a+1+a-6=0$, $2a=4$ ∴ $a=2$

$a=2$를 ㉠에 대입하면 $b=4$

∴ $ab=2\cdot4=8$

별해 x^3+ax^2-7x+b가 $(x-1)^2$으로 나누어떨어지므로 다음과 같이 조립제법을 하면

1	1	a	-7	b
		1	$a+1$	$a-6$
1	1	$a+1$	$a-6$	$a+b-6=0$
		1	$a+2$	
	1	$a+2$	$2a-4=0$	

∴ $a=2$, $b=4$

∴ $ab=2\cdot4=8$

008 정답 ④

해설 $f(-1)=f(1)=f(2)=3$이므로 삼차식 $f(x)$를 일차식 $x+1$, $x-1$, $x-2$로 나누었을 때의 나머지는 모두 3이다.

이때 $g(x)=f(x)-3$으로 놓으면 $g(x)$는 삼차항의 계수가 1인 삼차식이고 $f(-1)=f(1)=f(2)=3$이므로 $g(-1)=g(1)=g(2)=0$이다.

즉, 인수정리에 의해 $g(x)$는 $x+1$, $x-1$, $x-2$로 나누어 떨어진다.

따라서 $g(x)=(x+1)(x-1)(x-2)$이므로

$f(x)=g(x)+3=(x+1)(x-1)(x-2)+3$

∴ $f(3)=4\cdot2\cdot1+3=11$

별해 $f(-1)=3$, $f(1)=3$, $f(2)=3$이므로 나머지정리에 의해

$f(x)=(x+1)(x-1)(x-2)+3$

∴ $f(3)=4\cdot2\cdot1+3=11$

교과서문제 CHECK 본문 P.41

001 정답 $3(x+4)$
해설 $3x+12=3(x+4)$

002 정답 $2a(a-2b)$
해설 $2a^2-4ab=2a(a-2b)$

03 정답 $(x-y)(x+4)$
해설 $x(x-y)+4(x-y)=(x-y)(x+4)$

004 정답 $(2x-y)(a-b)$
해설 $a(2x-y)-b(2x-y)=(2x-y)(a-b)$

005 정답 $(x+1)^2$
해설 $x^2+2x+1=x^2+2\cdot x\cdot 1+1^2$
$\qquad =(x+1)^2$

006 정답 $(x-2)^2$
해설 $x^2-4x+4=x^2-2\cdot x\cdot 2+2^2$
$\qquad =(x-2)^2$

007 정답 $(2p+1)^2$
해설 $4p^2+4p+1=(2p)^2+2\cdot 2p\cdot 1+1^2$
$\qquad =(2p+1)^2$

008 정답 $(3p-1)^2$
해설 $9p^2-6p+1=(3p)^2-2\cdot 3p\cdot 1+1^2$
$\qquad =(3p-1)^2$

009 정답 $(a+5b)^2$
해설 $a^2+10ab+25b^2=a^2+2\cdot a\cdot 5b+(5b)^2$
$\qquad =(a+5b)^2$

010 정답 $(2a-3b)^2$
해설 $4a^2-12ab+9b^2=(2a)^2-2\cdot 2a\cdot 3b+(3b)^2$
$\qquad =(2a-3b)^2$

011 정답 $(x+2)(x-2)$
해설 $x^2-4=x^2-2^2$
$\qquad =(x+2)(x-2)$

012 정답 $(3+2x)(3-2x)$
해설 $9-4x^2=3^2-(2x)^2$
$\qquad =(3+2x)(3-2x)$

013 정답 $(5a+2b)(5a-2b)$
해설 $25a^2-4b^2=(5a)^2-(2b)^2$
$\qquad =(5a+2b)(5a-2b)$

014 정답 $(ab+1)(ab-1)$
해설 $a^2b^2-1=(ab)^2-1^2$
$\qquad =(ab+1)(ab-1)$

015 정답 $(x+1)(x+3)$
해설 $x^2+4x+3=(x+1)(x+3)$

016 정답 $(x+2)(x+3)$
해설 $x^2+5x+6=(x+2)(x+3)$

017 정답 $(x-1)(x-2)$
해설 $x^2-3x+2=(x-1)(x-2)$

018 정답 $(x-2)(x-4)$
해설 $x^2-6x+8=(x-2)(x-4)$

019 정답 $(p+5)(p-4)$
해설 $p^2+p-20=(p+5)(p-4)$

020 정답 $(p-6)(p+2)$
해설 $p^2-4p-12=(p-6)(p+2)$

021 정답 $(x-3y)(x+2y)$
해설 $x^2-xy-6y^2=(x-3y)(x+2y)$

022 정답 $(x-3y)(x+5y)$
해설 $x^2+2xy-15y^2=(x-3y)(x+5y)$

$$\begin{array}{c}
x \quad\diagdown\quad -3y \rightarrow -3xy \\
x \quad\diagup\quad +5y \rightarrow \underline{+5xy}\mid+ \\
\hline
+2xy
\end{array}$$

023 정답 $(2x+1)(x+2)$
해설 $2x^2+5x+2=(2x+1)(x+2)$

$$\begin{array}{c}
2x \quad\diagdown\quad +1 \rightarrow +x \\
x \quad\diagup\quad +2 \rightarrow \underline{+4x}\mid+ \\
\hline
+5x
\end{array}$$

024 정답 $(5x-2)(x-1)$
해설 $5x^2-7x+2=(5x-2)(x-1)$

$$\begin{array}{c}
5x \quad\diagdown\quad -2 \rightarrow -2x \\
x \quad\diagup\quad -1 \rightarrow \underline{-5x}\mid+ \\
\hline
-7x
\end{array}$$

025 정답 $(2p+1)(p-1)$
해설 $2p^2-p-1=(2p+1)(p-1)$

$$\begin{array}{c}
2p \quad\diagdown\quad +1 \rightarrow +p \\
p \quad\diagup\quad -1 \rightarrow \underline{-2p}\mid+ \\
\hline
-p
\end{array}$$

026 정답 $(2p-1)(2p+3)$
해설 $4p^2+4p-3=(2p-1)(2p+3)$

$$\begin{array}{c}
2p \quad\diagdown\quad -1 \rightarrow -2p \\
2p \quad\diagup\quad +3 \rightarrow \underline{+6p}\mid+ \\
\hline
+4p
\end{array}$$

027 정답 $(2x-3y)(x+2y)$
해설 $2x^2+xy-6y^2=(2x-3y)(x+2y)$

$$\begin{array}{c}
2x \quad\diagdown\quad -3y \rightarrow -3xy \\
x \quad\diagup\quad +2y \rightarrow \underline{+4xy}\mid+ \\
\hline
+xy
\end{array}$$

028 정답 $(2x-5y)(x-3y)$
해설 $2x^2-11xy+15y^2=(2x-5y)(x-3y)$

$$\begin{array}{c}
2x \quad\diagdown\quad -5y \rightarrow -5xy \\
x \quad\diagup\quad -3y \rightarrow \underline{-6xy}\mid+ \\
\hline
-11xy
\end{array}$$

029 정답 $(a+2b)^3$
해설 $a^3+6a^2b+12ab^2+8b^3$
$=a^3+3\cdot a^2\cdot2b+3\cdot a\cdot(2b)^2+(2b)^3$
$=(a+2b)^3$

030 정답 $(2x+1)^3$
해설 $8x^3+12x^2+6x+1$
$=(2x)^3+3\cdot(2x)^2\cdot1+3\cdot2x\cdot1^2+1^3$
$=(2x+1)^3$

031 정답 $(a-1)^3$
해설 a^3-3a^2+3a-1
$=a^3-3\cdot a^2\cdot1+3\cdot a\cdot1^2-1^3$
$=(a-1)^3$

032 정답 $(2x-1)^3$
해설 $8x^3-12x^2+6x-1$
$=(2x)^3-3\cdot(2x)^2\cdot1+3\cdot2x\cdot1^2-1^3$
$=(2x-1)^3$

033 정답 $(2a+3b)(4a^2-6ab+9b^2)$
해설 $8a^3+27b^3$
$=(2a)^3+(3b)^3$
$=(2a+3b)\{(2a)^2-2a\cdot3b+(3b)^2\}$
$=(2a+3b)(4a^2-6ab+9b^2)$

034 정답 $(x-3y)(x^2+3xy+9y^2)$
해설 x^3-27y^3
$=x^3-(3y)^3$
$=(x-3y)\{x^2+x\cdot3y+(3y)^2\}$
$=(x-3y)(x^2+3xy+9y^2)$

035 정답 $(a+1)(a^2-a+1)$
해설 $a^3+1=a^3+1^3$
$=(a+1)(a^2-a\cdot1+1^2)$
$=(a+1)(a^2-a+1)$

036 정답 $(x-2)(x^2+2x+4)$
해설 $x^3-8=x^3-2^3$
$=(x-2)(x^2+x\cdot2+2^2)$
$=(x-2)(x^2+2x+4)$

037 정답 $(x+y+1)^2$
해설 $x^2+y^2+1+2xy+2x+2y$
$=x^2+y^2+1^2+2\cdot x\cdot y+2\cdot y\cdot1+2\cdot1\cdot x$
$=(x+y+1)^2$

038 정답 $(x+2y+z)^2$
해설 $x^2+4y^2+z^2+4xy+4yz+2zx$
$=x^2+(2y)^2+z^2+2\cdot x\cdot2y+2\cdot2y\cdot z+2\cdot z\cdot x$
$=(x+2y+z)^2$

039 정답 $(-a+b+c)^2$ 또는 $(a-b-c)^2$
해설 $a^2+b^2+c^2-2ab+2bc-2ca$
$=(-a)^2+b^2+c^2+2\cdot(-a)\cdot b+2\cdot b\cdot c+2\cdot c\cdot(-a)$
$=(-a+b+c)^2$

040 정답 $(a-2b+c)^2$ 또는 $(-a+2b-c)^2$

해설 $a^2+4b^2+c^2-4ab-4bc+2ca$
$=a^2+(-2b)^2+c^2+2\cdot a\cdot(-2b)+2\cdot(-2b)\cdot c$
$\quad+2\cdot c\cdot a$
$=(a-2b+c)^2$

041 정답 $(a+2b+3c)(a^2+4b^2+9c^2-2ab-6bc-3ca)$
해설 $a^3+8b^3+27c^3-18abc$
$=a^3+(2b)^3+(3c)^3-3\cdot a\cdot 2b\cdot 3c$
$=(a+2b+3c)$
$\quad\times\{a^2+(2b)^2+(3c)^2-a\cdot 2b-2b\cdot 3c-3c\cdot a\}$
$=(a+2b+3c)(a^2+4b^2+9c^2-2ab-6bc-3ca)$

042 정답 $(x+y-1)(x^2+y^2+1-xy+y+x)$
해설 $x^3+y^3+3xy-1$
$=x^3+y^3+(-1)^3-3\cdot x\cdot y\cdot(-1)$
$=(x+y-1)$
$\quad\times\{x^2+y^2+(-1)^2-x\cdot y-y\cdot(-1)-(-1)\cdot x\}$
$=(x+y-1)(x^2+y^2+1-xy+y+x)$

043 정답 $(4a^2+2a+1)(4a^2-2a+1)$
해설 $16a^4+4a^2+1$
$=(2a)^4+(2a)^2\cdot 1^2+1^4$
$=\{(2a)^2+2a\cdot 1+1^2\}\{(2a)^2-2a\cdot 1+1^2\}$
$=(4a^2+2a+1)(4a^2-2a+1)$
별해 $16a^4+4a^2+1$
$=(16a^4+8a^2+1)-4a^2$
$=(4a^2+1)^2-(2a)^2$
$=(4a^2+1+2a)(4a^2+1-2a)$
$=(4a^2+2a+1)(4a^2-2a+1)$
별해 $16a^4+4a^2+1$
$=(2a)^4+(2a)^2+1$
$=x^4+x^2+1$ ← $2a=t$로 치환
$=x^4+x^2\cdot 1^2+1^4$
$=(x^2+x\cdot 1+1^2)(x^2-x\cdot 1+1^2)$
$=(x^2+x+1)(x^2-x+1)$
$=\{(2a)^2+2a+1\}\{(2a)^2-2a+1\}$ ← $t=2a$
$=(4a^2+2a+1)(4a^2-2a+1)$

044 정답 $(x^2+2xy+4y^2)(x^2-2xy+4y^2)$
해설 $x^4+4x^2y^2+16y^4$
$=x^4+x^2\cdot(2y)^2+(2y)^4$
$=\{x^2+x\cdot 2y+(2y)^2\}\{x^2-x\cdot 2y+(2y)^2\}$
$=(x^2+2xy+4y^2)(x^2-2xy+4y^2)$
별해 $x^4+4x^2y^2+16y^4$
$=(x^4+8x^2y^2+16y^4)-4x^2y^2$
$=(x^2+4y^2)^2-(2xy)^2$
$=(x^2+4y^2+2xy)(x^2+4y^2-2xy)$
$=(x^2+2xy+4y^2)(x^2-2xy+4y^2)$

045 정답 $(x-1)(x+1)(x-2)$
해설 $f(x)=x^3-2x^2-x+2$라 하면

$f(1)=1-2-1+2=0$
따라서 다항식 $f(x)$는 $x-1$을 인수로 가지므로 조립제법
을 이용하면

1	1	-2	-1	2
		1	-1	-2
	1	-1	-2	0

$\therefore f(x)=x^3-2x^2-x+2$
$\qquad=(x-1)(x^2-x-2)$
$\qquad=(x-1)(x+1)(x-2)$

046 정답 $(x-1)(x+2)(x-3)$
해설 $f(x)=x^3-2x^2-5x+6$이라 하면
$f(1)=1-2-5+6=0$
따라서 다항식 $f(x)$는 $x-1$을 인수로 가지므로 조립제법
을 이용하면

1	1	-2	-5	6
		1	-1	-6
	1	-1	-6	0

$\therefore f(x)=x^3-2x^2-5x+6$
$\qquad=(x-1)(x^2-x-6)$
$\qquad=(x-1)(x+2)(x-3)$

047 정답 $(x-3)(x+2)^2$
해설 $f(x)=x^3+x^2-8x-12$라 하면
$f(-2)=-8+4+16-12=0$
따라서 다항식 $f(x)$는 $x+2$를 인수로 가지므로 조립제법
을 이용하면

-2	1	1	-8	-12
		-2	2	12
	1	-1	-6	0

$\therefore f(x)=x^3+x^2-8x-12$
$\qquad=(x+2)(x^2-x-6)$
$\qquad=(x+2)(x+2)(x-3)$
$\qquad=(x-3)(x+2)^2$

048 정답 $(x-1)^2(x+2)$
해설 $f(x)=x^3-3x+2$라 하면
$f(1)=1-3+2=0$
따라서 다항식 $f(x)$는 $x-1$을 인수로 가지므로 조립제법
을 이용하면

1	1	0	-3	2
		1	1	-2
	1	1	-2	0

$\therefore f(x)=x^3-3x+2$
$\qquad=(x-1)(x^2+x-2)$

$$=(x-1)(x+2)(x-1)$$
$$=(x-1)^2(x+2)$$

049 정답 $(x-1)(x+1)(x-3)(x+2)$

해설 $f(x)=x^4-x^3-7x^2+x+6$이라 하면

$f(1)=1-1-7+1+6=0$

따라서 다항식 $f(x)$는 $x-1$을 인수로 가지므로 조립제법을 이용하면

1	1	-1	-7	1	6
		1	0	-7	-6
	1	0	-7	-6	0

$$\therefore f(x)=x^4-x^3-7x^2+x+6$$
$$=(x-1)(x^3-7x-6)$$

이때 $g(x)=x^3-7x-6$이라 하면

$g(-1)=-1+7-6=0$

따라서 $g(x)$는 $x+1$을 인수로 가지므로 조립제법을 이용하면

-1	1	0	-7	-6
		-1	1	6
	1	-1	-6	0

$$\therefore f(x)=x^4-x^3-7x^2+x+6$$
$$=(x-1)(x^3-7x-6)$$
$$=(x-1)(x+1)(x^2-x-6)$$
$$=(x-1)(x+1)(x-3)(x+2)$$

050 정답 $(x-1)(x+2)(x^2-x+1)$

해설 $f(x)=x^4-2x^2+3x-2$라 하면

$f(1)=1-2+3-2=0$

따라서 다항식 $f(x)$는 $x-1$을 인수로 가지므로 조립제법을 이용하면

1	1	0	-2	3	-2
		1	1	-1	2
	1	1	-1	2	0

$$\therefore f(x)=x^4-2x^2+3x-2$$
$$=(x-1)(x^3+x^2-x+2)$$

이때 $g(x)=x^3+x^2-x+2$라 하면

$g(-2)=-8+4+2+2=0$

따라서 다항식 $g(x)$는 $x+2$를 인수로 가지므로 조립제법을 이용하면

-2	1	1	-1	2
		-2	2	-2
	1	-1	1	0

$$\therefore f(x)=x^4-2x^2+3x-2$$
$$=(x-1)(x^3+x^2-x+2)$$
$$=(x-1)(x+2)(x^2-x+1)$$

001 ①	002 ③	003 ④	004 ④
005 ③	006 ⑤	007 ①	008 ②

001 정답 ①

해설 $a^3+b^3+a^2b+ab^2$
$$=a^3+a^2b+ab^2+b^3$$
$$=a^2(a+b)+b^2(a+b)$$
$$=(a+b)(a^2+b^2)$$
$$=(a+b)\{(a+b)^2-2ab\}$$
$$=2(2^2-2\cdot3)$$
$$=-4$$

002 정답 ③

해설 $2018=x$로 놓으면
$$\frac{2018^3+1}{2017\times2018+1}$$
$$=\frac{x^3+1}{(x-1)\times x+1}$$
$$=\frac{(x+1)(x^2-x+1)}{x^2-x+1}$$
$$=x+1=2018+1$$
$$=2019$$

003 정답 ④

해설 x^2+4x-y^2+4
$$=(x^2+4x+4)-y^2$$
$$=(x+2)^2-y^2$$
$$=(x+2+y)(x+2-y)$$
$$=(x+y+2)(x-y+2)$$

따라서 x^2+4x-y^2+4의 인수인 것은 ④이다.

004 정답 ④

해설 ① $xy-x-y+1$
$$=x(y-1)-(y-1)$$
$$=(y-1)(x-1)$$
$$=(x-1)(y-1)$$

② $6x^2-5x-6=(2x-3)(3x+2)$

③ $x^3+8=x^3+2^3=(x+2)(x^2-2x+4)$

④ $x^3+6x^2+12x+8$
$$=x^3+3\cdot x^2\cdot2+3\cdot x\cdot2^2+2^3$$
$$=(x+2)^3$$

⑤ $x^4-16=(x^2)^2-4^2$
$$=(x^2+4)(x^2-2^2)$$
$$=(x^2+4)(x+2)(x-2)$$
$$=(x+2)(x-2)(x^2+4)$$

따라서 인수분해가 옳은 것은 ④이다.

005 정답 ③

해설 x^6-y^6
$$=(x^3)^2-(y^3)^2$$

$$= (x^3 - y^3)(x^3 + y^3)$$
$$= (x-y)(x^2 + xy + y^2)(x+y)(x^2 - xy + y^2)$$
따라서 $x^6 - y^6$의 인수가 아닌 것은 ③이다.

006 정답 ⑤
해설 $a^3 + b^3 + c^3 - 3abc$
$$= (a+b+c)(a^2 + b^2 + c^2 - ab - bc - ca)$$
$$= \frac{1}{2}(a+b+c)(2a^2 + 2b^2 + 2c^2 - 2ab - 2bc - 2ca)$$
$$= \frac{1}{2}(a+b+c)$$
$$\times \{(a^2 - 2ab + b^2) + (b^2 - 2bc + c^2)$$
$$+ (c^2 - 2ca + a^2)\}$$
$$= \frac{1}{2}(a+b+c)\{(a-b)^2 + (b-c)^2 + (c-a)^2\}$$
$$= 0$$
그런데 a, b, c가 양의 실수이므로 $a+b+c>0$
즉, $a-b=b-c=c-a=0$ ∴ $a=b=c$
$$\therefore \frac{b}{a} + \frac{c}{b} + \frac{a}{c} = 1+1+1 = 3$$

007 정답 ①
해설 $f(x) = 2x^3 - 3x^2 + ax + 3$이 $x-1$을 인수로 가지므로 인수정리에 의해 $f(1)=0$이다.
$f(1) = 2-3+a+3 = 0$ ∴ $a = -2$
$$\therefore f(x) = 2x^3 - 3x^2 - 2x + 3$$
따라서 다항식 $2x^3 - 3x^2 - 2x + 3$이 $x-1$, $x+1$을 인수로 가지므로 조립제법을 이용하면

	2	-3	-2	3
1		2	-1	-3
-1	2	-1	-3	0
		-2	3	
	2	-3	0	

$f(x) = 2x^3 - 3x^2 - 2x + 3$
$$= (x-1)(2x^2 - x - 3)$$
$$= (x-1)(x+1)(2x-3)$$
∴ $b = -3$
∴ $a+b = (-2) + (-3) = -5$

008 정답 ②
해설 $f(x) = x^4 + x^3 - 3x^2 - x + 2$라 하면
$f(1) = 1+1-3-1+2 = 0$
따라서 다항식 $f(x)$는 $x-1$을 인수로 가지므로 조립제법을 이용하면

	1	1	-3	-1	2
1		1	2	-1	-2
	1	2	-1	-2	0

$$\therefore f(x) = x^4 + x^3 - 3x^2 - x + 2$$
$$= (x-1)(x^3 + 2x^2 - x - 2)$$

이때 $g(x) = x^3 + 2x^2 - x - 2$라 하면
$g(1) = 1+2-1-2 = 0$
따라서 다항식 $g(x)$는 $x-1$을 인수로 가지므로 조립제법을 이용하면

	1	2	-1	-2
1		1	3	2
	1	3	2	0

$$\therefore f(x) = x^4 + x^3 - 3x^2 - x + 2$$
$$= (x-1)(x^3 + 2x^2 - x - 2)$$
$$= (x-1)(x-1)(x^2 + 3x + 2)$$
$$= (x-1)^2(x^2 + 3x + 2)$$
$$= (x-1)^2(x+1)(x+2)$$
∴ $a = -1$, $b = 1$, $c = 2$
∴ $abc = (-1) \cdot 1 \cdot 2 = -2$

007 복잡한 식의 인수분해

🚜 교과서문제 CHECK 본문 P. 45

001 정답 $(x-1)(y-z)$
해설 $xy - xz - y + z$
$$= x(y-z) - (y-z)$$
$$= (y-z)(x-1)$$
$$= (x-1)(y-z)$$

002 정답 $(a-1)(b-1)$
해설 $ab - a - b + 1$
$$= a(b-1) - (b-1)$$
$$= (b-1)(a-1)$$
$$= (a-1)(b-1)$$

003 정답 $(x-y)(1-y)$
해설 $x - xy - y + y^2$
$$= x(1-y) - y(1-y)$$
$$= (1-y)(x-y)$$
$$= (x-y)(1-y)$$

004 정답 $(a+b)(a-b+2)$
해설 $a^2 - b^2 + 2a + 2b$
$$= (a+b)(a-b) + 2(a+b)$$
$$= (a+b)(a-b+2)$$

005 정답 $(x+y+1)(x-y+1)$
해설 $x^2 + 2x + 1 - y^2$
$$= (x+1)^2 - y^2$$
$$= (x+1+y)(x+1-y)$$
$$= (x+y+1)(x-y+1)$$

006 정답 $(a+3b-1)(a-3b+1)$
해설 a^2-9b^2+6b-1
$=a^2-(9b^2-6b+1)$
$=a^2-(3b-1)^2$
$=(a+3b-1)(a-3b+1)$

007 정답 $(x-y+2)(-x+y+2)$
해설 $4-x^2+2xy-y^2$
$=4-(x^2-2xy+y^2)$
$=2^2-(x-y)^2$
$=(2+x-y)(2-x+y)$
$=(x-y+2)(-x+y+2)$

008 정답 $(a+b-2)(a-b-2)$
해설 a^2-b^2-4a+4
$=(a^2-4a+4)-b^2$
$=(a-2)^2-b^2$
$=(a-2+b)(a-2-b)$
$=(a+b-2)(a-b-2)$

009 정답 $(x+2)(x+3)$
해설 $(x+1)^2+3(x+1)+2$
$=A^2+3A+2 ← x+1=A$로 치환
$=(A+1)(A+2)$
$=(x+1+1)(x+1+2) ← A=x+1$
$=(x+2)(x+3)$

010 정답 $(a+b-1)^2$
해설 $(a+b)^2-2(a+b)+1$
$=A^2-2A+1 ← a+b=A$
$=(A-1)^2$
$=(a+b-1)^2 ← A=a+b$

011 정답 $(x+y+3)(x+y-1)$
해설 $(x+y+2)(x+y)-3$
$=(A+2)A-3 ← x+y=A$로 치환
$=A^2+2A-3$
$=(A+3)(A-1)$
$=(x+y+3)(x+y-1) ← A=x+y$

012 정답 $(a-b-1)(a-b-3)$
해설 $(a-b)(a-b-4)+3$
$=A(A-4)+3 ← a-b=A$로 치환
$=A^2-4A+3$
$=(A-1)(A-3)$
$=(a-b-1)(a-b-3) ← A=a-b$

013 정답 $(x+y+1)(x-y+3)$
해설 $(x+2)^2-(y-1)^2$
$=A^2-B^2 ← x+2=A, y-1=B$로 치환

$=(A+B)(A-B)$
$=(x+2+y-1)(x+2-y+1) ← A=x+2, B=y-1$
$=(x+y+1)(x-y+3)$

014 정답 $3a(a+2b)$
해설 $(2a+b)^2-(a-b)^2$
$=A^2-B^2 ← 2a+b=A, a-b=B$로 치환
$=(A+B)(A-B)$
$=(2a+b+a-b)(2a+b-a+b) ← A=2a+b, B=a-b$
$=3a(a+2b)$

015 정답 $(x+1)^2(x-1)^2$
해설 x^4-2x^2+1
$=(x^2)^2-2x^2+1$
$=A^2-2A+1 ← x^2=A$로 치환
$=(A-1)^2$
$=(x^2-1)^2 ← A=x^2$
$=\{(x+1)(x-1)\}^2$
$=(x+1)^2(x-1)^2$

016 정답 $(x^2+3)(x+1)(x-1)$
해설 x^4+2x^2-3
$=(x^2)^2+2x^2-3$
$=A^2+2A-3 ← x^2=A$로 치환
$=(A+3)(A-1)$
$=(x^2+3)(x^2-1) ← A=x^2$
$=(x^2+3)(x+1)(x-1)$

017 정답 $(x+1)(x-1)(x+2)(x-2)$
해설 x^4-5x^2+4
$=(x^2)^2-5x^2+4$
$=A^2-5A+4 ← x^2=A$로 치환
$=(A-1)(A-4)$
$=(x^2-1)(x^2-4) ← A=x^2$
$=(x+1)(x-1)(x+2)(x-2)$

018 정답 $(x+2)(x-2)(x^2+1)$
해설 x^4-3x^2-4
$=(x^2)^2-3x^2-4$
$=A^2-3A-4 ← x^2=A$로 치환
$=(A-4)(A+1)$
$=(x^2-4)(x^2+1) ← A=x^2$
$=(x+2)(x-2)(x^2+1)$

019 정답 $(x^2+x+1)(x^2-x+1)$
해설 x^4+x^2+1
$=(x^4+2x^2+1)-x^2$
$=(x^2+1)^2-x^2$
$=A^2-B^2 ← x^2+1=A, x=B$로 치환
$=(A+B)(A-B)$
$=(x^2+1+x)(x^2+1-x) ← A=x^2+1, B=x$
$=(x^2+x+1)(x^2-x+1)$

020 정답 $(x^2+2x+3)(x^2-2x+3)$
해설 x^4+2x^2+9
$=(x^4+6x^2+9)-4x^2$
$=(x^2+3)^2-(2x)^2$
$=A^2-B^2 \leftarrow x^2+3=A, 2x=B$로 치환
$=(A+B)(A-B)$
$=(x^2+3+2x)(x^2+3-2x) \leftarrow A=x^2+3, B=2x$
$=(x^2+2x+3)(x^2-2x+3)$

021 정답 $(x^2+y^2+xy)(x^2+y^2-xy)$
해설 $x^4+x^2y^2+y^4$
$=(x^4+2x^2y^2+y^4)-x^2y^2$
$=(x^2+y^2)^2-(xy)^2$
$=A^2-B^2 \leftarrow x^2+y^2=A, xy=B$로 치환
$=(A+B)(A-B)$
$=(x^2+y^2+xy)(x^2+y^2-xy) \leftarrow A=x^2+y^2, B=xy$

022 정답 $(x+y)(x-y)(x+2y)(x-2y)$
해설 $x^4-5x^2y^2+4y^4$
$=(x^2)^2-5x^2y^2+4(y^2)^2$
$=A^2-5AB+4B^2 \leftarrow x^2=A, y^2=B$로 치환
$=(A-B)(A-4B)$
$=(x^2-y^2)(x^2-4y^2) \leftarrow A=x^2, B=y^2$
$=(x^2-y^2)\{x^2-(2y)^2\}$
$=(x+y)(x-y)(x+2y)(x-2y)$
별해 $x^4-5x^2y^2+4y^4$
$=(x^4-4x^2y^2+4y^4)-x^2y^2$
$=(x^2-2y^2)^2-(xy)^2$
$=(x^2-2y^2+xy)(x^2-2y^2-xy)$
$=(x^2+xy-2y^2)(x^2-xy-2y^2)$
$=(x+2y)(x-y)(x-2y)(x+y)$

023 정답 $(x^2-2x+2)(x-3)(x+1)$
해설 $(x^2-2x)^2-(x^2-2x)-6$
$=A^2-A-6 \leftarrow x^2-2x=A$로 치환
$=(A+2)(A-3)$
$=(x^2-2x+2)(x^2-2x-3) \leftarrow A=x^2-2x$
$=(x^2-2x+2)(x-3)(x+1)$

024 정답 $(x^2+x+1)(x+3)(x-2)$
해설 $(x^2+x)(x^2+x-5)-6$
$=A(A-5)-6 \leftarrow x^2+x=A$로 치환
$=A^2-5A-6$
$=(A+1)(A-6)$
$=(x^2+x+1)(x^2+x-6) \leftarrow A=x^2+x$
$=(x^2+x+1)(x+3)(x-2)$

025 정답 $(x+1)(x-2)(x+2)(x-3)$
해설 $(x^2-x)^2-8(x^2-x)+12$
$=A^2-8A+12 \leftarrow x^2-x=A$로 치환
$=(A-2)(A-6)$

$=(x^2-x-2)(x^2-x-6) \leftarrow A=x^2-x$
$=(x+1)(x-2)(x+2)(x-3)$

026 정답 $(x^2+2x+2)^2$
해설 $(x^2+2x)(x^2+2x+4)+4$
$=A(A+4)+4 \leftarrow x^2+2x=A$로 치환
$=A^2+4A+4$
$=(A+2)^2$
$=(x^2+2x+2)^2 \leftarrow A=x^2+2x$

027 정답 $(x^2+2x-2)(x^2+2x-9)$
해설 $(x-1)(x-2)(x+3)(x+4)-6$
$=(x-1)(x+3)(x-2)(x+4)-6$
$=(x^2+2x-3)(x^2+2x-8)-6$
$=(A-3)(A-8)-6 \leftarrow x^2+2x=A$로 치환
$=A^2-11A+18$
$=(A-2)(A-9)$
$=(x^2+2x-2)(x^2+2x-9) \leftarrow A=x^2+2x$

028 정답 $(x^2-2x+6)x(x-2)$
해설 $(x-1)^4+4(x-1)^2-5$
$=\{(x-1)^2\}^2+4(x-1)^2-5$
$=A^2+4A-5 \leftarrow (x-1)^2=A$로 치환
$=(A+5)(A-1)$
$=\{(x-1)^2+5\}\{(x-1)^2-1\} \leftarrow A=(x-1)^2$
$=(x^2-2x+6)(x^2-2x)$
$=(x^2-2x+6)x(x-2)$

029 정답 $(x-3)(x+y-2)$
해설 $x^2+xy-5x-3y+6$을 y에 대하여 내림차순으로
정리하면
$(x-3)y+x^2-5x+6$
$=(x-3)y+(x-2)(x-3)$
$=(x-3)(y+x-2)$
$=(x-3)(x+y-2)$
주의 y에 대한 일차식이므로 y에 대하여 내림차순으로 정
리하려면 ( )$y+$( )꼴로 놓고 괄호 안을 채운다.

030 정답 $(y-1)(x+y-2)$
해설 $y^2+xy-x-3y+2$를 x에 대하여 내림차순으로
정리하면
$(y-1)x+y^2-3y+2$
$=(y-1)x+(y-1)(y-2)$
$=(y-1)(x+y-2)$
주의 x에 대한 1차식이므로 x에 대하여 내림차순으로 정
리하려면 ( )$x+$( )꼴로 놓고 괄호 안을 채운다.

031 정답 $(x+y+2)(x+y-1)$
해설 $x^2+2xy+y^2+x+y-2$를 y에 대하여 내림차순으
로 정리하면

$$y^2+(2x+1)y+x^2+x-2$$
$$=y^2+(2x+1)y+(x+2)(x-1)$$
$$=(y+x+2)(y+x-1)$$
$$=(x+y+2)(x+y-1)$$

참고 $y^2+(2x+1)y+(x+2)(x-1)$

032 정답 $(x+2y-1)(x+y-2)$

해설 $x^2+3xy+2y^2-3x-5y+2$를 x에 대하여 내림차순으로 정리하면
$$x^2+(3y-3)x+(2y^2-5y+2)$$
$$=x^2+(3y-3)x+(2y-1)(y-2)$$
$$=(x+2y-1)(x+y-2)$$

참고 $x^2+(3y-3)x+(2y-1)(y-2)$

033 정답 $(2x+y+1)(x-y+1)$

해설 $2x^2-xy-y^2+3x+1$을 x에 대하여 내림차순으로 정리하면
$$2x^2-xy-y^2+3x+1$$
$$=2x^2+(-y+3)x-y^2+1$$
$$=2x^2+(-y+3)x-(y^2-1)$$
$$=2x^2+(-y+3)x-(y+1)(y-1)$$
$$=\{2x+(y+1)\}\{x-(y-1)\}$$
$$=(2x+y+1)(x-y+1)$$

참고 $2x^2+(-y+3)x-(y+1)(y-1)$

034 정답 $(x-3y+1)(2x+y-1)$

해설 $2x^2-5xy-3y^2+x+4y-1$을 x에 대하여 내림차순으로 정리하면
$$2x^2-5xy-3y^2+x+4y-1$$
$$=2x^2-(5y-1)x-3y^2+4y-1$$
$$=2x^2-(5y-1)x-(3y^2-4y+1)$$
$$=2x^2-(5y-1)x-(3y-1)(y-1)$$
$$=\{x-(3y-1)\}\{2x+(y-1)\}$$
$$=(x-3y+1)(2x+y-1)$$

참고 $2x^2-(5y-1)x-(3y-1)(y-1)$

035 정답 $a=b$인 이등변삼각형

해설 좌변을 인수분해하면
$$a^2-b^2-ac+bc$$
$$=a^2-b^2-(a-b)c$$
$$=(a+b)(a-b)-(a-b)c$$
$$=(a-b)(a+b-c)=0$$
$$\therefore a-b=0 \text{ 또는 } a+b-c=0$$
즉, $a=b$ 또는 $a+b=c$

그런데 삼각형의 어느 한 변의 길이는 나머지 두 변의 길이의 합보다 작아야 하므로 $a+b=c$는 조건에 적합하지 않다.

따라서 이 삼각형은 $a=b$인 이등변삼각형이다.

036 정답 $a=b$ 또는 $b=c$ 또는 $c=a$인 이등변삼각형

해설 $a(b^2-c^2)+b(c^2-a^2)+c(a^2-b^2)$은 a, b, c에 대한 차수가 모두 2로 같으므로 어느 문자에 대하여 내림차순으로 정리해도 된다.

좌변을 a에 대한 내림차순으로 정리한 후 인수분해하면
$$a(b^2-c^2)+b(c^2-a^2)+c(a^2-b^2)$$
$$=ab^2-ac^2+bc^2-ba^2+ca^2-cb^2$$
$$=(c-b)a^2-(c^2-b^2)a+bc(c-b)$$
$$=(c-b)a^2-(c-b)(c+b)a+bc(c-b)$$
$$=(c-b)\{a^2-(c+b)a+bc\}$$
$$=(c-b)(a-b)(a-c)$$
$$=(a-b)(b-c)(c-a)=0$$
$$\therefore a-b=0 \text{ 또는 } b-c=0 \text{ 또는 } c-a=0$$
$$\therefore a=b \text{ 또는 } b=c \text{ 또는 } c=a$$

따라서 이 삼각형은 $a=b$ 또는 $b=c$ 또는 $c=a$인 이등변삼각형이다.

037 정답 $a=b$인 이등변삼각형

해설 $a^2(b+c)-b^2(a+c)+c^2(a-b)$는 a, b, c에 대한 차수가 모두 2로 같으므로 어느 문자에 대하여 내림차순으로 정리해도 된다.

좌변을 a에 대한 내림차순으로 정리한 후 인수분해하면
$$a^2(b+c)-b^2(a+c)+c^2(a-b)$$
$$=a^2b+a^2c-b^2a-b^2c+ac^2-bc^2$$
$$=(b+c)a^2-(b^2-c^2)a-bc(b+c)$$
$$=(b+c)a^2-(b+c)(b-c)a-bc(b+c)$$
$$=(b+c)\{a^2-(b-c)a-bc\}$$
$$=(b+c)(a-b)(a+c)=0$$
그런데 $a>0$, $b>0$, $c>0$이므로 $b+c>0$, $a+c>0$
$$\therefore a-b=0$$
따라서 이 삼각형은 $a=b$인 이등변삼각형이다.

필수유형 CHECK 본문 P. 47

001 ④	**002** ①	**003** ⑤	**004** ③
005 ①	**006** ③	**007** ①	**008** ⑤

001 정답 ④

해설 x^2-y^2-x+y

$=(x^2-y^2)-(x-y)$

$=(x-y)(x+y)-(x-y)$

$=(x-y)(x+y-1)$

따라서 주어진 식의 인수인 것은 $x+y-1$이다.

002 정답 ①

해설 $(x^2-x)(x^2-x-1)-2$

$=A(A-1)-2 \leftarrow x^2-x=A$로 치환

$=A^2-A-2$

$=(A+1)(A-2)$

$=(x^2-x+1)(x^2-x-2) \leftarrow A=x^2-x$

$=(x^2-x+1)(x+1)(x-2)$

따라서 주어진 식의 인수인 것은 $x-2$이다.

003 정답 ⑤

해설 $x(x+1)(x+2)(x+3)-24$

$=x(x+3)(x+1)(x+2)-24$

$=(x^2+3x)(x^2+3x+2)-24$

$=A(A+2)-24 \leftarrow x^2+3x=A$로 치환

$=A^2+2A-24$

$=(A+6)(A-4)$

$=(x^2+3x+6)(x^2+3x-4) \leftarrow A=x^2+3x$

$=(x^2+3x+6)(x+4)(x-1)$

따라서 주어진 식의 인수인 것은 $x+4$이다.

004 정답 ③

해설 x^4-4x^2+3

$=(x^2)^2-4x^2+3$

$=A^2-4A+3 \leftarrow x^2=A$로 치환

$=(A-1)(A-3)$

$=(x^2-1)(x^2-3) \leftarrow A=x^2$

$=(x+1)(x-1)(x^2-3)$

따라서 인수 중에서 계수가 정수인 일차식은 $x+1$, $x-1$이므로 그 개수는 2이다.

005 정답 ①

해설 $x^4-3x^2y^2+y^4$

$=(x^4-2x^2y^2+y^4)-x^2y^2$

$=(x^2-y^2)^2-(xy)^2$

$=(x^2-y^2+xy)(x^2-y^2-xy)$

$=(x^2+xy-y^2)(x^2-xy-y^2)$

006 정답 ③

해설 $x^2+y^2-2xy-3x+3y+2$는 x, y에 대한 차수가 모두 2로 같으므로 x, y 둘 중 어느 문자에 대하여 내림차순으로 정리해도 된다.

x에 대하여 내림차순으로 정리하면

$x^2+y^2-2xy-3x+3y+2$

$=x^2+(-2y-3)x+y^2+3y+2$

$=x^2+(-2y-3)x+(y+1)(y+2)$

$=\{x-(y+1)\}\{x-(y+2)\}$

$=(x-y-1)(x-y-2)$

별해 $x^2+y^2-2xy-3x+3y+2$

$=(x^2-2xy+y^2)-3(x-y)+2$

$=(x-y)^2-3(x-y)+2$

$=A^2-3A+2 \leftarrow x-y=A$로 치환

$=(A-1)(A-2)$

$=(x-y-1)(x-y-2) \leftarrow A=x-y$

007 정답 ①

해설 $a^3-ab^2-b^2c+a^2c$는 a에 대한 3차, b에 대한 2차, c에 대한 1차이므로 차수가 가장 낮은 문자 c에 대하여 내림차순으로 정리한 후 인수분해하면

$a^3-ab^2-b^2c+a^2c$

$=(a^2-b^2)c+a^3-ab^2$

$=(a^2-b^2)c+a(a^2-b^2)$

$=(a^2-b^2)(a+c)$

$=(a+b)(a-b)(a+c)=0$

그런데 $a>0$, $b>0$, $c>0$이므로

$a+b>0$, $a+c>0$

$\therefore a-b=0$, 즉 $a=b$

따라서 $\triangle ABC$는 $a=b$인 이등변삼각형이다.

008 정답 ⑤

해설 x^2으로 묶으면

$x^4+3x^3-2x^2+3x+1$

$=x^2\left(x^2+3x-2+\dfrac{3}{x}+\dfrac{1}{x^2}\right)$

$=x^2\left\{x^2+\dfrac{1}{x^2}+3\left(x+\dfrac{1}{x}\right)-2\right\}$

$=x^2\left\{\left(x+\dfrac{1}{x}\right)^2+3\left(x+\dfrac{1}{x}\right)-4\right\}$

$\quad\left(\because x^2+\dfrac{1}{x^2}=\left(x+\dfrac{1}{x}\right)^2-2\right)$

$=x^2\left(x+\dfrac{1}{x}+4\right)\left(x+\dfrac{1}{x}-1\right)$

$=x\left(x+\dfrac{1}{x}+4\right)x\left(x+\dfrac{1}{x}-1\right)$

$=(x^2+4x+1)(x^2-x+1)$

따라서 주어진 식의 인수인 것은 x^2+4x+1이다.

참고 인수분해되는 삼차식은 (일차식)×(일차식)×(일차식) 꼴이거나 (일차식)×(더 이상 인수분해되지 않는 이차식) 꼴이므로 일차식으로 인수정리를 이용할 수 있다. 그러나 인수분해되는 사차식은 (더 이상 인수분해되지 않는 이차식)×(더 이상 인수분해되지 않는 이차식) 꼴인 경우 일차식이 없어 인수정리를 이용할 수 없다.

일반적으로 인수정리를 이용할 수 없는 사차식은 다음과 같은 두 가지 경우가 있다.

(1) 치환하여도 인수분해되지 않는 사차식

$\quad$예 $x^4+3x^2+4=(x^4+4x^2+4)-x^2$

$\qquad\qquad\qquad\quad=(x^2+2)^2-x^2$

$$=(x^2+2+x)(x^2+2-x)$$
$$=(x^2+x+2)(x^2-x+2)$$

⑵ 계수가 좌우 대칭인 사차식

　예) $x^4-5x^3+6x^2-5x+1$

$$=x^2\left(x^2-5x+6-\frac{5}{x}+\frac{1}{x^2}\right)$$

$$=x^2\left\{x^2+\frac{1}{x^2}-5\left(x+\frac{1}{x}\right)+6\right\}$$

$$=x^2\left\{\left(x+\frac{1}{x}\right)^2-5\left(x+\frac{1}{x}\right)+4\right\}$$

$$\left(\because x^2+\frac{1}{x^2}=\left(x+\frac{1}{x}\right)^2-2\right)$$

$$=x^2\left(x+\frac{1}{x}-1\right)\left(x+\frac{1}{x}-4\right)$$

$$=x\left(x+\frac{1}{x}-1\right)x\left(x+\frac{1}{x}-4\right)$$

$$=(x^2-x+1)(x^2-4x+1)$$

008 복소수

 교과서문제 CHECK　　　　　본문 P. 53

001 정답 i
해설 $\sqrt{-1}=i$

002 정답 $\sqrt{2}i$
해설 $\sqrt{-2}=\sqrt{2}\sqrt{-1}=\sqrt{2}i$

003 정답 $2i$
해설 $\sqrt{-4}=\sqrt{4}\sqrt{-1}=2i$

004 정답 $2\sqrt{2}i$
해설 $\sqrt{-8}=\sqrt{8}\sqrt{-1}=\sqrt{4\cdot2}\sqrt{-1}=2\sqrt{2}i$

005 정답 2 / 3
해설 $2+3i$의 실수부분은 2, 허수부분은 3이다.

006 정답 $\sqrt{2}$ / -1
해설 $\sqrt{2}-i=\sqrt{2}+(-1)i$이므로 실수부분은 $\sqrt{2}$, 허수부분은 -1이다.

007 정답 $2+\sqrt{3}$ / 0
해설 $2+\sqrt{3}=(2+\sqrt{3})+0i$이므로 실수부분은 $2+\sqrt{3}$, 허수부분은 0이다.

008 정답 0 / -2
해설 $-2i=0+(-2)i$이므로 실수부분은 0, 허수분분은 -2이다.

009 정답 $x=0, y=1$
해설 $x+(y-1)i=0$에서

복소수가 서로 같을 조건에 의해
$x=0, y-1=0$　∴ $y=1$

010 정답 $x=3, y=2$
해설 $(x-3)+(2-y)i=0$에서
복소수가 서로 같을 조건에 의해
$x-3=0, 2-y=0$
∴ $x=3, y=2$

011 정답 $x=3, y=-3$
해설 $(x-1)+(y+2)i=2-i$에서
복소수가 서로 같을 조건에 의해
$x-1=2, y+2=-1$
∴ $x=3, y=-3$

012 정답 $x=-1, y=2$
해설 $3+i=(2-x)+(y-1)i$에서
복소수가 서로 같을 조건에 의해
$3=2-x, 1=y-1$
∴ $x=-1, y=2$

013 정답 $x=2, y=1$
해설 $(2x+1)+4i=5+(x+2y)i$에서
복소수가 서로 같을 조건에 의해
$2x+1=5, 4=x+2y$
두 식을 연립하여 풀면
$x=2, y=1$

014 정답 $3+i$
해설 $(2+3i)+(1-2i)$
$=(2+1)+(3-2)i$
$=3+i$

015 정답 $2+2i$
해설 $3i+(2-i)=2+(3-1)i=2+2i$

016 정답 $1+3i$
해설 $(3+2i)-(2-i)$
$=3+2i-2+i$
$=(3-2)+(2+1)i$
$=1+3i$

017 정답 $2-4i$
해설 $-i-(-2+3i)$
$=-i+2-3i$
$=2+(-1-3)i$
$=2-4i$

018 정답 $-3+2i$
해설 $i(2+3i)=i\cdot2+i\cdot3i$
$\qquad\qquad=2i+3i^2$
$\qquad\qquad=2i-3\ (\because i^2=-1)$
$\qquad\qquad=-3+2i$

019 정답 $11-2i$

해설 $(4-3i)(2+i)$
$=4\cdot2+4\cdot i+(-3i)\cdot2+(-3i)\cdot i$
$=8+4i-6i-3i^2$
$=8+4i-6i+3\ (\because i^2=-1)$
$=(8+3)+(4-6)i$
$=11-2i$

020 정답 13

해설 $(3+2i)(3-2i)$
$=3^2-(2i)^2$
$=9-4i^2$
$=9+4\ (\because i^2=-1)$
$=13$

021 정답 $-2i$

해설 $(1-i)^2=1^2-2\cdot1\cdot i+i^2$
$=1-2i+(-1)(\because i^2=-1)$
$=-2i$

022 정답 $-i$

해설 $\dfrac{1}{i}=\dfrac{i}{i^2}=-i\ (\because i^2=-1)$

023 정답 $1-i$

해설 $\dfrac{2}{1+i}=\dfrac{2(1-i)}{(1+i)(1-i)}=\dfrac{2(1-i)}{1-i^2}$
$=\dfrac{2(1-i)}{2}\ (\because i^2=-1)$
$=1-i$

024 정답 i

해설 $\dfrac{1+i}{1-i}=\dfrac{(1+i)^2}{(1-i)(1+i)}$
$=\dfrac{1+2i+i^2}{1-i^2}$
$=\dfrac{2i}{2}\ (\because i^2=-1)$
$=i$

025 정답 $\dfrac{1}{2}+\dfrac{1}{2}i$

해설 $\dfrac{2+i}{3-i}=\dfrac{(2+i)(3+i)}{(3-i)(3+i)}$
$=\dfrac{6+2i+3i+i^2}{9-i^2}$
$=\dfrac{5+5i}{10}\ (\because i^2=-1)$
$=\dfrac{1}{2}+\dfrac{1}{2}i$

026 정답 $-1-2i$

해설 $\dfrac{3-4i}{1+2i}=\dfrac{(3-4i)(1-2i)}{(1+2i)(1-2i)}$
$=\dfrac{3-6i-4i+8i^2}{1-4i^2}$
$=\dfrac{-5-10i}{5}\ (\because i^2=-1)$
$=-1-2i$

027 정답 $-\dfrac{4}{5}+\dfrac{7}{5}i$

해설 $\dfrac{2+3i}{1-2i}=\dfrac{(2+3i)(1+2i)}{(1-2i)(1+2i)}$
$=\dfrac{2+4i+3i+6i^2}{1-4i^2}$
$=\dfrac{-4+7i}{5}\ (\because i^2=-1)$
$=-\dfrac{4}{5}+\dfrac{7}{5}i$

028 정답 $\sqrt{2}+i$

해설 $\dfrac{3}{\sqrt{2}-i}=\dfrac{3(\sqrt{2}+i)}{(\sqrt{2}-i)(\sqrt{2}+i)}$
$=\dfrac{3(\sqrt{2}+i)}{2-i^2}$
$=\dfrac{3(\sqrt{2}+i)}{3}\ (\because i^2=-1)$
$=\sqrt{2}+i$

029 정답 $3-\sqrt{2}i$

해설 $\dfrac{11}{\sqrt{2}i+3}=\dfrac{11(\sqrt{2}i-3)}{(\sqrt{2}i+3)(\sqrt{2}i-3)}$
$=\dfrac{11(\sqrt{2}i-3)}{2i^2-9}$
$=\dfrac{11(\sqrt{2}i-3)}{-11}\ (\because i^2=-1)$
$=-\sqrt{2}i+3$

030 정답 $a=2,\ b=1$

해설 $(1+i)(a-bi)=3+i$에서
$a-bi+ai-bi^2=3+i$
$(a+b)+(a-b)i=3+i$
$a+b=3,\ a-b=1$
두 식을 연립하여 풀면
$a=2,\ b=1$

031 정답 $a=2,\ b=5$

해설 $(3-i)(1+ai)=5+bi$에서
$3+3ai-i-ai^2=5+bi$
$(3+a)+(3a-1)i=5+bi$
$3+a=5,\ 3a-1=b$
두 식을 연립하여 풀면
$a=2,\ b=5$

032 정답 $a=6,\ b=-2$

해설 $\dfrac{2+ai}{1-i}=b+4i$에서
$2+ai=(b+4i)(1-i)$
$2+ai=b-bi+4i-4i^2$
$2+ai=(b+4)+(4-b)i$
$2=b+4,\ a=4-b$
두 식을 연립하여 풀면
$a=6,\ b=-2$

033 정답 $a=3$, $b=-1$

해설 $\dfrac{a}{1+i}-\dfrac{b}{1-i}=2-i$에서

$\dfrac{a(1-i)}{(1+i)(1-i)}+\dfrac{-b(1+i)}{(1-i)(1+i)}=2-i$

$\dfrac{a-ai}{1-i^2}+\dfrac{-b-bi}{1-i^2}=2-i$

$\dfrac{(a-b)+(-a-b)i}{2}=2-i$

$(a-b)-(a+b)i=4-2i$

$a-b=4$, $a+b=2$

두 식을 연립하여 풀면

$a=3$, $b=-1$

필수유형 CHECK 본문 P. 55

001 ②	**002** ③	**003** ③	**004** ⑤
005 ①	**006** ②	**007** ④	**008** ②

---

001 정답 ②

해설 $(2+\sqrt{-3})^2+(2-\sqrt{-3})^2$

$=(2+\sqrt{3}i)^2+(2-\sqrt{3}i)^2$

$=(4+4\sqrt{3}i+3i^2)+(4-4\sqrt{3}i+3i^2)$

$=(4+4\sqrt{3}i-3)+(4-4\sqrt{3}i-3)$

$=2$

002 정답 ③

해설 복소수 $z=a+bi$가 순허수가 되기 위해서는 $a=0$, $b\neq0$이어야 한다.

따라서 복소수 $(x+1)(x-1)+(x+1)i$가 순허수가 되기 위해서는 $(x+1)(x-1)=0$, $x+1\neq0$이어야 한다.

$(x+1)(x-1)=0$에서 $x=-1$ 또는 $x=1$ ······ ㉠

$x+1\neq0$에서 $x\neq-1$ ······ ㉡

㉠, ㉡을 동시에 만족해야 하므로 $x=1$

003 정답 ③

해설 $x(1+2i)+y(i-1)=1+5i$에서

$x+2xi+yi-y=1+5i$

$(x-y)+(2x+y)i=1+5i$

복소수가 서로 같을 조건에 의해

$x-y=1$, $2x+y=5$

두 식을 연립하여 풀면 $x=2$, $y=1$

$\therefore x^2+y^2=2^2+1^2=5$

004 정답 ⑤

해설 $\dfrac{x}{1+i}+\dfrac{y}{1-i}=1-2i$에서

$\dfrac{x(1-i)}{(1+i)(1-i)}+\dfrac{y(1+i)}{(1-i)(1+i)}=1-2i$

$\dfrac{x-xi}{1-i^2}+\dfrac{y+yi}{1-i^2}=1-2i$

$\dfrac{x-xi+y+yi}{2}=1-2i$

$\dfrac{x+y}{2}+\dfrac{-x+y}{2}i=1-2i$

복소수가 서로 같을 조건에 의해

$\dfrac{x+y}{2}=1$, $\dfrac{-x+y}{2}=-2$이므로

$x+y=2$, $-x+y=-4$

두 식을 연립하여 풀면

$x=3$, $y=-1$

$\therefore x^2+y^2=3^2+(-1)^2=10$

005 정답 ①

해설 $\dfrac{1+i}{1-i}=\dfrac{(1+i)^2}{(1-i)(1+i)}=\dfrac{1+2i+i^2}{1-i^2}=\dfrac{2i}{2}=i$

$\therefore \left(\dfrac{1+i}{1-i}\right)^2=i^2=-1$

006 정답 ②

해설 $a=\dfrac{1+i}{1-i}=\dfrac{(1+i)^2}{(1-i)(1+i)}$

$=\dfrac{1+2i+i^2}{1-i^2}=\dfrac{2i}{2}=i$

$\beta=\dfrac{1-i}{1+i}=\dfrac{(1-i)^2}{(1+i)(1-i)}$

$=\dfrac{1-2i+i^2}{1-i^2}=\dfrac{-2i}{2}=-i$

$\therefore \dfrac{1}{a}+\dfrac{1}{\beta}=\dfrac{1}{i}+\dfrac{1}{-i}=\dfrac{1}{i}-\dfrac{1}{i}=0$

007 정답 ④

해설 $x=\dfrac{-1+\sqrt{3}i}{2}$에서

$2x=-1+\sqrt{3}i$

$2x+1=\sqrt{3}i$

이 식의 양변을 제곱하면

$(2x+1)^2=(\sqrt{3}i)^2$

$4x^2+4x+1=-3$

$4x^2+4x+4=0$

$\therefore x^2+x+1=0$

$\therefore 2x^2+2x+4=2(x^2+x+1)+2=2\cdot0+2=2$

008 정답 ②

해설 복소수 $z=a+bi$의 제곱이 양수가 되려면 $a\neq0$, $b=0$이어야 한다. 즉, z가 0이 아닌 실수이어야 한다.

$z=(1+i)x^2-(2-i)x-3$

$=(x^2-2x-3)+(x^2+x)i$

$=(x+1)(x-3)+x(x+1)i$

z가 0이 아닌 실수이어야 하므로 $(x+1)(x-3)\neq0$, $x(x+1)=0$이어야 한다.

$(x+1)(x-3)\neq0$ $\therefore x\neq-1$이고 $x\neq3$ ······ ㉠

$x(x+1)=0$ $\therefore x=0$ 또는 $x=-1$ ······ ㉡

㉠, ㉡을 동시에 만족해야 하므로 $x=0$

실제로 $x=0$이면 $z=-3$이 되어 $z^2=9>0$을 만족한다.

009 켤레복소수

교과서문제 CHECK 본문 P. 57

001 정답 $3+2i$

002 정답 $-1-2i$

003 정답 $1-\sqrt{2}i$

004 정답 $-3i-2$

005 정답 $-3i$

006 정답 -5

007 정답 4
해설 $\bar{z}=2-i$이므로
$z+\bar{z}=(2+i)+(2-i)=4$

008 정답 $-2+3i$
해설 $\bar{z}=2-i$이므로
$z-2\bar{z}=z-2\bar{z}$
$\qquad =(2+i)-2(2-i)$
$\qquad =2+i-4+2i$
$\qquad =-2+3i$

009 정답 5
해설 $\bar{z}=2-i$이므로
$z\times\bar{z}=(2+i)(2-i)$
$\qquad =4-i^2=5\ (\because i^2=-1)$

010 정답 $3-4i$
해설 $\bar{z}=2-i$이므로
$\dfrac{\overline{5z}}{z}=\dfrac{5\bar{z}}{z}=\dfrac{5(2-i)}{2+i}$
$\qquad =\dfrac{5(2-i)^2}{(2+i)(2-i)}$
$\qquad =\dfrac{5(4-4i+i^2)}{4-i^2}$
$\qquad =\dfrac{5(3-4i)}{5}\ (\because i^2=-1)$
$\qquad =3-4i$

011 정답 $x=2,\ y=-1$
해설 $\overline{2+i}=x+yi$에서 $\overline{2+i}=2-i$이므로
$2-i=x+yi$
복소수가 서로 같을 조건에 의해
$x=2,\ y=-1$

012 정답 $x=1,\ y=2$
해설 $1-2i=\overline{x+yi}$에서 $\overline{x+yi}=x-yi$이므로
$1-2i=x-yi$
복소수가 서로 같을 조건에 의해

$x=1,\ y=2$

013 정답 $x=2,\ y=3$
해설 $x+3i=\overline{2-yi}$에서 $\overline{2-yi}=2+yi$이므로
$x+3i=2+yi$
복소수가 서로 같을 조건에 의해
$x=2,\ y=3$

014 정답 $x=2,\ y=1$
해설 $\overline{2x-3i}=4+(x+y)i$에서 $\overline{2x-3i}=2x+3i$이므로
$2x+3i=4+(x+y)i$
복소수가 서로 같을 조건에 의해
$2x=4,\ x+y=3$
$\therefore\ x=2,\ y=1$

015 정답 $3-i$
해설 $\overline{\alpha+\beta}=\bar{\alpha}+\bar{\beta}$
$\qquad =\overline{1+2i}+\overline{2-i}$
$\qquad =(1-2i)+(2+i)$
$\qquad =3-i$
별해 $\alpha=1+2i,\ \beta=2-i$이므로
$\alpha+\beta=(1+2i)+(2-i)=3+i$
$\therefore\ \overline{\alpha+\beta}=3-i$

016 정답 $-5i$
해설 $\overline{2\alpha-\beta}=\overline{2\alpha}-\bar{\beta}=2\bar{\alpha}-\bar{\beta}$
$\qquad =2(\overline{1+2i})-\overline{2-i}$
$\qquad =2(1-2i)-(2+i)$
$\qquad =2-4i-2-i$
$\qquad =-5i$
별해 $\alpha=1+2i,\ \beta=2-i$이므로
$2\alpha-\beta=2(1+2i)-(2-i)$
$\qquad =2+4i-2+i$
$\qquad =5i$
$\therefore\ \overline{2\alpha-\beta}=-5i$

017 정답 $4-3i$
해설 $\overline{\alpha\beta}=\bar{\alpha}\times\bar{\beta}$
$\qquad =\overline{1+2i}\times\overline{2-i}$
$\qquad =(1-2i)(2+i)$
$\qquad =2+i-4i-2i^2$
$\qquad =2+i-4i+2$
$\qquad =4-3i$
별해 $\alpha=1+2i,\ \beta=2-i$이므로
$\alpha\beta=(1+2i)(2-i)$
$\qquad =2-i+4i-2i^2$
$\qquad =2-i+4i+2$
$\qquad =4+3i$
$\therefore\ \overline{\alpha\beta}=4-3i$

018 정답 $-2i$

해설 $\overline{\left(\dfrac{2\alpha}{\beta}\right)}=\dfrac{\overline{2\alpha}}{\overline{\beta}}=\dfrac{2\overline{\alpha}}{\overline{\beta}}=\dfrac{2\overline{(1+2i)}}{2-i}$

$=\dfrac{2(1-2i)}{2+i}=\dfrac{2(1-2i)(2-i)}{(2+i)(2-i)}$

$=\dfrac{2(2-i-4i+2i^2)}{4-i^2}$

$=\dfrac{2(2-i-4i-2)}{5}$

$=\dfrac{-10i}{5}=-2i$

별해 $\alpha=1+2i,\ \beta=2-i$이므로

$\dfrac{2\alpha}{\beta}=\dfrac{2(1+2i)}{2-i}=\dfrac{2(1+2i)(2+i)}{(2-i)(2+i)}$

$=\dfrac{2(2+i+4i+2i^2)}{4-i^2}$

$=\dfrac{2(2+i+4i-2)}{5}$

$=\dfrac{10i}{5}=2i$

$\therefore \overline{\left(\dfrac{2\alpha}{\beta}\right)}=-2i$

019 정답 α

해설 $\overline{(\overline{\alpha})}=\alpha$

별해 $\alpha=a+bi$라 하면

$\overline{\alpha}=a-bi$ $\therefore \overline{(\overline{\alpha})}=\overline{a-bi}=a+bi=\alpha$

020 정답 $\overline{\alpha}+\overline{\beta}$

해설 $\overline{\overline{\alpha}+\beta}=\overline{\overline{\alpha}}+\overline{(\overline{\beta})}=\overline{\alpha}+\beta$

021 정답 $\overline{\alpha}\times\overline{\beta}$

해설 $\overline{\overline{\alpha}\times\beta}=\overline{(\overline{\alpha})}\times\overline{\beta}=\alpha\times\overline{\beta}$

022 정답 $\dfrac{\overline{\alpha}}{\overline{\beta}}$

해설 $\overline{\left(\dfrac{\alpha}{\beta}\right)}=\dfrac{\overline{\alpha}}{\overline{(\overline{\beta})}}=\dfrac{\overline{\alpha}}{\beta}$

023 정답 $-1-2i$

해설 $z=a+bi$라 하면 $zi=2-i$에서

$zi=(a+bi)i=ai+bi^2$

$=-b+ai$

$=2-i$

복소수가 서로 같을 조건에 의해

$-b=2,\ a=-1$ $\therefore a=-1,\ b=-2$

$\therefore z=-1-2i$

별해 $zi=2-i$의 양변에 i를 곱하면

$zi^2=2i-i^2$

$-z=2i+1$

$\therefore z=-1-2i$

024 정답 $2-3i$

해설 $z=a+bi$라 하면 $(1+i)z=5-i$에서

$(1+i)z=(1+i)(a+bi)$

$=a+bi+ai+bi^2$

$=a+bi+ai-b$

$=(a-b)+(a+b)i$

$=5-i$

복소수가 서로 같을 조건에 의해

$a-b=5,\ a+b=-1$

두 식을 연립하여 풀면

$a=2,\ b=-3$

$\therefore z=2-3i$

별해 $(1+i)z=5-i$의 양변에 $1-i$를 곱하면

$(1+i)(1-i)z=(5-i)(1-i)$

$(1-i^2)z=5-5i-i+i^2$

$2z=4-6i$

$\therefore z=2-3i$

025 정답 $2+i$

해설 $z=a+bi$라 하면 $\overline{z}=a-bi$이므로

$(1+i)z+2\overline{z}=5+i$에서

$(1+i)z+2\overline{z}$

$=(1+i)(a+bi)+2(a-bi)$

$=a+bi+ai+bi^2+2a-2bi$

$=a+bi+ai-b+2a-2bi$

$=(a-b+2a)+(bi+ai-2bi)$

$=(3a-b)+(a-b)i$

$=5+i$

복소수가 서로 같을 조건에 의해

$3a-b=5,\ a-b=1$

두 식을 연립하여 풀면

$a=2,\ b=1$

$\therefore z=2+i$

필수유형 CHECK 본문 P. 59

| **001** ②, ⑤ | **002** ⑤ | **003** ② | **004** ⑤ |
| **005** ④ | **006** ① | **007** ⑤ | **008** ⑤ |

---

001 정답 ②, ⑤

해설 $z=a+bi$라 하면 $\overline{z}=a-bi$이므로

① $z+\overline{z}=(a+bi)+(a-bi)=2a$

즉, a의 값에 따라 0이 될 수도 있고 0이 되지 않을 수도 있다. (거짓)

② $z\overline{z}=(a+bi)(a-bi)=a^2-b^2i^2=a^2+b^2$은 실수이다. (참)

③ $z=\overline{z}$이면 $a+bi=a-bi$이므로

$2bi=0$ $\therefore b=0$

따라서 $z=a$이므로 z는 실수이다. (거짓)

④ $z=-\overline{z}$이면 $a+bi=-(a-bi)$이므로

$a+bi=-a+bi,\ 2a=0$ $\therefore a=0$

따라서 $z=bi$이므로 z는 순허수 또는 0이다. (거짓)

⑤ $\bar{z}=a-bi$이므로 $\overline{(\bar{z})}=\overline{a-bi}=a+bi=z$

즉, 켤레복소수의 켤레복소수는 자기 자신이다. (참)

따라서 옳은 것은 ②, ⑤이다.

002 정답 ⑤

해설 $\overline{\alpha+\beta}=\bar{\alpha}+\bar{\beta}$
$=\overline{2+3i}$
$=2-3i$

003 정답 ②

해설 $\overline{\alpha}+\overline{\beta}=\overline{\alpha+\beta}=1-2i$이므로
$\alpha+\beta=1+2i$
$\bar{\alpha}\times\bar{\beta}=\overline{\alpha\beta}=2+0i$이므로
$\alpha\beta=2-0i=2$
$\therefore (\alpha+2)(\beta+2)$
$=\alpha\beta+2(\alpha+\beta)+4$
$=2+2(1+2i)+4$
$=2+2+4i+4$
$=8+4i$

004 정답 ⑤

해설 $\alpha\bar{\alpha}+\bar{\alpha}\beta+\alpha\bar{\beta}+\beta\bar{\beta}$
$=(\alpha\bar{\alpha}+\alpha\bar{\beta})+(\bar{\alpha}\beta+\beta\bar{\beta})$
$=\alpha(\bar{\alpha}+\bar{\beta})+\beta(\bar{\alpha}+\bar{\beta})$
$=(\bar{\alpha}+\bar{\beta})(\alpha+\beta)$
$=(\overline{\alpha+\beta})(\alpha+\beta)$
$=(2+i)(2-i)$
$=2^2-i^2$
$=5$

005 정답 ④

해설 $\bar{\alpha}+\beta=i$이므로
$\alpha+\bar{\beta}=\overline{\bar{\alpha}+\beta}=\bar{i}=-i$
$\bar{\alpha}\beta=-1$이므로
$\alpha\bar{\beta}=\overline{\bar{\alpha}\beta}=\overline{-1}=-1$
$\therefore \dfrac{1}{\alpha}+\dfrac{1}{\beta}=\dfrac{\alpha+\bar{\beta}}{\alpha\bar{\beta}}=\dfrac{-i}{-1}=i$

006 정답 ①

해설 $z=a+bi$라 하면 $\bar{z}=a-bi$이므로
$z+\bar{z}=(a+bi)+(a-bi)=2a=2$
$\therefore a=1$
$z\bar{z}=(a+bi)(a-bi)=a^2-b^2i^2=a^2+b^2=1$
이때 $a=1$이므로 $b=0$
$\therefore z=1$

007 정답 ⑤

해설 $\alpha\times\bar{\alpha}=1$이므로 $\dfrac{1}{\alpha}=\bar{\alpha}$
$\beta\times\bar{\beta}=1$이므로 $\dfrac{1}{\beta}=\bar{\beta}$

$\therefore \dfrac{1}{\alpha}+\dfrac{1}{\beta}=\bar{\alpha}+\bar{\beta}=\overline{\alpha+\beta}$
$=\overline{-2+3i}$
$=-2-3i$

008 정답 ⑤

해설 $z=a+bi$라 하면 $\bar{z}=a-bi$이므로
$iz+(1+i)\bar{z}$
$=i(a+bi)+(1+i)(a-bi)$
$=ai+bi^2+a-bi+ai-bi^2$
$=ai-b+a-bi+ai+b$
$=a+(2a-b)i$
$=3+2i$
복소수가 서로 같을 조건에 의해
$a=3,\ 2a-b=2$ $\therefore b=4$
$\therefore z=3+4i$

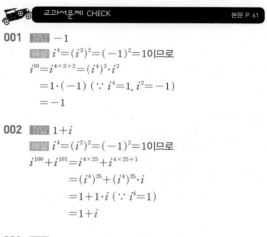

010 복소수의 거듭제곱과 음수의 제곱근

교과서문제 CHECK   본문 P. 61

001 정답 -1

해설 $i^4=(i^2)^2=(-1)^2=1$이므로
$i^{10}=i^{4\times2+2}=(i^4)^2\cdot i^2$
$=1\cdot(-1)\ (\because i^4=1,\ i^2=-1)$
$=-1$

002 정답 $1+i$

해설 $i^4=(i^2)^2=(-1)^2=1$이므로
$i^{100}+i^{101}=i^{4\times25}+i^{4\times25+1}$
$=(i^4)^{25}+(i^4)^{25}\cdot i$
$=1+1\cdot i\ (\because i^4=1)$
$=1+i$

003 정답 16

해설 $(1+i)^8=(1+i)^{2\times4}$
$=\{(1+i)^2\}^4$
$=(1+2i+i^2)^4$
$=(2i)^4\ (\because i^2=-1)$
$=2^4i^4$
$=16\ (\because i^4=1)$

004 정답 $16-16i$

해설 $(1-i)^9=(1-i)^{2\times4+1}$
$=\{(1-i)^2\}^4\cdot(1-i)$
$=(1-2i+i^2)^4\cdot(1-i)$
$=(-2i)^4\cdot(1-i)\ (\because i^2=-1)$
$=16i^4\cdot(1-i)$
$=16-16i\ (\because i^4=1)$

005 정답 -1

해설 $\left(\dfrac{1-i}{\sqrt{2}}\right)^{100}$

$=\left(\dfrac{1-i}{\sqrt{2}}\right)^{2\times50}$

$=\left\{\left(\dfrac{1-i}{\sqrt{2}}\right)^2\right\}^{50}$

$=\left(\dfrac{1-2i+i^2}{2}\right)^{50}$

$=(-i)^{50} \ (\because i^2=-1)$

$=i^{50}=i^{4\times12+2}$

$=(i^4)^{12}\cdot i^2$

$=1\cdot(-1) \ (\because i^4=1, \ i^2=-1)$

$=-1$

006 정답 -1

해설 $\left(\dfrac{\sqrt{2}}{1+i}\right)^{100}$

$=\left(\dfrac{\sqrt{2}}{1+i}\right)^{2\times50}$

$=\left\{\left(\dfrac{\sqrt{2}}{1+i}\right)^2\right\}^{50}$

$=\left(\dfrac{2}{1+2i+i^2}\right)^{50}$

$=\left(\dfrac{1}{i}\right)^{50}=\left(\dfrac{i}{i^2}\right)^{50}$

$=(-i)^{50}=i^{50}=i^{4\times12+2} \ (\because i^2=-1)$

$=(i^4)^{12}\cdot i^2$

$=1\cdot(-1) \ (\because i^4=1, \ i^2=-1)$

$=-1$

007 정답 -1

해설 $\dfrac{1-i}{1+i}=\dfrac{(1-i)^2}{(1+i)(1-i)}$

$=\dfrac{1-2i+i^2}{1-i^2}$

$=\dfrac{-2i}{2} \ (\because i^2=-1)$

$=-i$

$\therefore \left(\dfrac{1-i}{1+i}\right)^{2002}=(-i)^{2002}$

$=i^{2002}=i^{4\times500+2}$

$=(i^4)^{500}\cdot i^2$

$=1\cdot(-1) \ (\because i^4=1, \ i^2=-1)$

$=-1$

008 정답 -1

해설 $\dfrac{1+i}{1-i}=\dfrac{(1+i)^2}{(1-i)(1+i)}$

$=\dfrac{1+2i+i^2}{1-i^2}$

$=\dfrac{2i}{2} \ (\because i^2=-1)$

$=i$

$\therefore \left(\dfrac{1+i}{1-i}\right)^{2002}=i^{2002}=i^{4\times500+2}$

$=(i^4)^{500}\cdot i^2$

$=1\cdot(-1) \ (\because i^4=1, \ i^2=-1)$

$=-1$

009 정답 0

해설 $i+i^2+i^3+i^4$

$=i+(-1)+(-i)+1$

$=0$

010 정답 0

해설 $1+i+i^2+i^3$

$=1+i+(-1)+(-i)$

$=0$

별해 $1+i+i^2+i^3$

$=i+i^2+i^3+1$

$=i+i^2+i^3+i^4 \ (\because i^4=1)$

$=0$

011 정답 0

해설 $i^{11}+i^{12}+i^{13}+i^{14}$

$=i^{11}(1+i+i^2+i^3)$

$=i^{11}\cdot0$

$=0$

012 정답 0

해설 $i^{100}+i^{101}+i^{102}+i^{103}$

$=i^{100}(1+i+i^2+i^3)$

$=i^{100}\cdot0$

$=0$

013 정답 0

해설 $i+i^2+i^3+\cdots+i^{100}$

$=(i+i^2+i^3+i^4)+i^4(i+i^2+i^3+i^4)+\cdots$

$\quad +i^{96}(i+i^2+i^3+i^4)$

$=0+0+\cdots+0$

$=0$

014 정답 0

해설 $1+i+i^2+i^3+\cdots+i^{99}$

$=(1+i+i^2+i^3)+i^4(1+i+i^2+i^3)+\cdots$

$\quad +i^{96}(1+i+i^2+i^3)$

$=0+0+\cdots+0$

$=0$

별해 $1+i+i^2+i^3+\cdots+i^{99}$

$=i+i^2+i^3+\cdots+i^{99}+1$

$=i+i^2+i^3+\cdots+i^{99}+i^{100} \ (\because i^{100}=(i^4)^{25}=1)$

$=0$

별해 $1+i+i^2+i^3+\cdots+i^{99}$

$=\dfrac{1}{i}(i+i^2+i^3+\cdots+i^{100})$

$=\dfrac{1}{i}\cdot0$

$=0$

015 정답 i

해설 $i+i^3+i^5+i^7+i^9$
$=i(1+i^2+i^4+i^6+i^8)$
$=i\{1+i^2+i^4+i^4\cdot i^2+(i^4)^2\}$
$=i(1-1+1-1+1)$
$=i\cdot 1$
$=i$

별해 자연수 n에 대하여
$i^n+i^{n+2}=0$이므로
$i+i^3+i^5+i^7+i^9$
$=i+(i^3+i^5)+(i^7+i^9)$
$=i+0+0$
$=i$

016 정답 -1

해설 $i^2+i^4+i^6+i^8+i^{10}$
$=(i^2+i^6+i^{10})+(i^4+i^8)$
$=i^2\{1+i^4+(i^4)^2\}+i^4(1+i^4)$
$=(-1)\cdot(1+1+1)+1\cdot(1+1)$
$=(-3)+2$
$=-1$

별해 자연수 n에 대하여
$i^n+i^{n+2}=0$이므로
$i^2+i^4+i^6+i^8+i^{10}$
$=i^2+(i^4+i^6)+(i^8+i^{10})$
$=i^2+0+0$
$=-1$

017 정답 0

해설 $\dfrac{1}{i}+\dfrac{1}{i^2}+\dfrac{1}{i^3}+\dfrac{1}{i^4}$
$=\dfrac{1}{i^4}(i^3+i^2+i+1)$
$=\dfrac{1}{i^4}\cdot 0$
$=0$

별해 $\dfrac{1}{i}+\dfrac{1}{i^2}+\dfrac{1}{i^3}+\dfrac{1}{i^4}$
$=\dfrac{i^3}{i\cdot i^3}+\dfrac{i^2}{i^2\cdot i^2}+\dfrac{i}{i^3\cdot i}+\dfrac{1}{i^4}$
$=i^3+i^2+i+1$
$=0$

018 정답 0

해설 $1+\dfrac{1}{i}+\dfrac{1}{i^2}+\dfrac{1}{i^3}$
$=\dfrac{1}{i^4}(i^4+i^3+i^2+i)$
$=\dfrac{1}{i^4}\cdot 0$
$=0$

별해 $1+\dfrac{1}{i}+\dfrac{1}{i^2}+\dfrac{1}{i^3}$

$=\dfrac{i^4}{i^4}+\dfrac{i^3}{i\cdot i^3}+\dfrac{i^2}{i^2\cdot i^2}+\dfrac{i}{i^3\cdot i}$
$=i^4+i^3+i^2+i$
$=0$

019 정답 0

해설 $\dfrac{1}{i^{10}}+\dfrac{1}{i^{11}}+\dfrac{1}{i^{12}}+\dfrac{1}{i^{13}}$
$=\dfrac{1}{i^{14}}(i^4+i^3+i^2+i)$
$=0$

별해 $\dfrac{1}{i^{10}}+\dfrac{1}{i^{11}}+\dfrac{1}{i^{12}}+\dfrac{1}{i^{13}}$
$=\dfrac{1}{i^9}\Big(\dfrac{1}{i}+\dfrac{1}{i^2}+\dfrac{1}{i^3}+\dfrac{1}{i^4}\Big)$
$=\dfrac{1}{i^9}\cdot 0\ \Big(\because \dfrac{1}{i}+\dfrac{1}{i^2}+\dfrac{1}{i^3}+\dfrac{1}{i^4}=0\Big)$
$=0$

020 정답 0

해설 $\dfrac{1}{i^{99}}+\dfrac{1}{i^{100}}+\dfrac{1}{i^{101}}+\dfrac{1}{i^{102}}$
$=\dfrac{1}{i^{103}}(i^4+i^3+i^2+i)$
$=0$

별해 $\dfrac{1}{i^{99}}+\dfrac{1}{i^{100}}+\dfrac{1}{i^{101}}+\dfrac{1}{i^{102}}$
$=\dfrac{1}{i^{98}}\Big(\dfrac{1}{i}+\dfrac{1}{i^2}+\dfrac{1}{i^3}+\dfrac{1}{i^4}\Big)$
$=\dfrac{1}{i^{98}}\cdot 0\ \Big(\because \dfrac{1}{i}+\dfrac{1}{i^2}+\dfrac{1}{i^3}+\dfrac{1}{i^4}=0\Big)$
$=0$

021 정답 -1

해설 $\dfrac{1}{i}+\dfrac{1}{i^2}+\dfrac{1}{i^3}+\cdots+\dfrac{1}{i^{11}}$
$=\Big(\dfrac{1}{i}+\dfrac{1}{i^2}+\dfrac{1}{i^3}+\dfrac{1}{i^4}\Big)+\dfrac{1}{i^4}\Big(\dfrac{1}{i}+\dfrac{1}{i^2}+\dfrac{1}{i^3}+\dfrac{1}{i^4}\Big)$
$\quad+\dfrac{1}{i^8}\Big(\dfrac{1}{i}+\dfrac{1}{i^2}+\dfrac{1}{i^3}\Big)$
$=\dfrac{1}{i^8}\Big(\dfrac{1}{i}+\dfrac{1}{i^2}+\dfrac{1}{i^3}\Big)\ \Big(\because \dfrac{1}{i}+\dfrac{1}{i^2}+\dfrac{1}{i^3}+\dfrac{1}{i^4}=0\Big)$
$=\dfrac{1}{i^8}\Big(\dfrac{1}{i}+\dfrac{1}{i^2}+\dfrac{1}{i^3}+\dfrac{1}{i^4}-1\Big)\ (\because i^4=1)$
$=\dfrac{1}{i^8}(0-1)$
$=-\dfrac{1}{(i^4)^2}$
$=-1$

별해 $\dfrac{1}{i}+\dfrac{1}{i^2}+\dfrac{1}{i^3}+\cdots+\dfrac{1}{i^{12}}$
$=\Big(\dfrac{1}{i}+\dfrac{1}{i^2}+\dfrac{1}{i^3}+\dfrac{1}{i^4}\Big)+\dfrac{1}{i^4}\Big(\dfrac{1}{i}+\dfrac{1}{i^2}+\dfrac{1}{i^3}+\dfrac{1}{i^4}\Big)$
$\quad+\dfrac{1}{i^8}\Big(\dfrac{1}{i}+\dfrac{1}{i^2}+\dfrac{1}{i^3}+\dfrac{1}{i^4}\Big)$
$=0\ \Big(\because \dfrac{1}{i}+\dfrac{1}{i^2}+\dfrac{1}{i^3}+\dfrac{1}{i^4}=0\Big)$

$$\therefore \frac{1}{i}+\frac{1}{i^2}+\frac{1}{i^3}+\cdots+\frac{1}{i^{11}}$$
$$=-\frac{1}{i^{12}}=-\frac{1}{(i^4)^3}$$
$$=-1 \ (\because i^4=1)$$

별해 $\dfrac{1}{i}+\dfrac{1}{i^2}+\dfrac{1}{i^3}+\cdots+\dfrac{1}{i^{11}}$

$$=\frac{1}{i^{12}}(i^{11}+i^{10}+i^9+\cdots+i)$$
$$=\frac{1}{(i^4)^3}\{(i^{11}+i^{10}+i^9)+(i^8+i^7+i^6+i^5)$$
$$+(i^4+i^3+i^2+i)\}$$
$$=\frac{1}{(i^4)^3}\{(i^4)^2(i^3+i^2+i)+i^4(i^4+i^3+i^2+i)$$
$$+(i^4+i^3+i^2+i)\}$$
$$=i^3+i^2+i \ (\because i^4=1, \ i^4+i^3+i^2+i=0)$$
$$=(-i)+(-1)+i$$
$$=-1$$

022 정답 1

해설 $1+\dfrac{1}{i}+\dfrac{1}{i^2}+\dfrac{1}{i^3}+\cdots+\dfrac{1}{i^{100}}$

$$=\frac{1}{i^{101}}(i^{101}+i^{100}+i^{99}+\cdots+i)$$
$$=\frac{1}{i^{101}}\cdot i^{101} \ (\because i^{100}+i^{99}+i^{98}+\cdots+1=0)$$
$$=1$$

별해 $1+\dfrac{1}{i}+\dfrac{1}{i^2}+\dfrac{1}{i^3}+\cdots+\dfrac{1}{i^{100}}$

$$=\frac{1}{i^{100}}(i^{100}+i^{99}+i^{98}+\cdots+1)$$
$$=\frac{1}{i^{100}}\cdot i^{100} \ (\because i^{99}+i^{98}+\cdots+1=0)$$
$$=1$$

023 정답 $5-4i$

해설 $1+2i+3i^2+4i^3+\cdots+9i^8$

$$=1+2i-3-4i+5+6i-7-8i+9$$
$$=(1+2i-3-4i)+(5+6i-7-8i)+9$$
$$=(-2-2i)+(-2-2i)+9$$
$$=5-4i$$

024 정답 $4-5i$

해설 $\dfrac{1}{i}+\dfrac{2}{i^2}+\dfrac{3}{i^3}+\dfrac{4}{i^4}+\cdots+\dfrac{9}{i^9}$

$$=\frac{1}{i}+\frac{2}{-1}+\frac{3}{-i}+\frac{4}{1}+\frac{5}{i}+\frac{6}{-1}+\frac{7}{-i}+\frac{8}{1}+\frac{9}{i}$$
$$=\left(\frac{1}{i}+\frac{2}{-1}+\frac{3}{-i}+\frac{4}{1}\right)+\left(\frac{5}{i}+\frac{6}{-1}+\frac{7}{-i}+\frac{8}{1}\right)$$
$$+\frac{9}{i}$$
$$=\left(2-\frac{2}{i}\right)+\left(2-\frac{2}{i}\right)+\frac{9}{i}$$
$$=4+\frac{5}{i}$$
$$=4+\frac{5i}{i^2}$$

$$=4-5i$$

025 정답 0

해설 $z=\dfrac{1+i}{\sqrt{2}}$이므로

$$z^2=\left(\frac{1+i}{\sqrt{2}}\right)^2=\frac{1+2i+i^2}{2}=i$$
$$\therefore z^{30}=(z^2)^{15}=i^{15}$$
$$=i^{4\times3+3}=(i^4)^3\cdot i^3$$
$$=1\cdot(-i)=-i$$
$$\therefore z^{30}+\frac{1}{z^{30}}=-i-\frac{1}{i}$$
$$=-i-\frac{i}{i^2}=-i+i$$
$$=0$$

026 정답 0

해설 $z=\dfrac{\sqrt{2}}{1-i}$이므로

$$z^2=\left(\frac{\sqrt{2}}{1-i}\right)^2=\frac{2}{1-2i+i^2}$$
$$=-\frac{1}{i}=-\frac{i}{i^2}=i$$
$$\therefore z^{30}=(z^2)^{15}=i^{15}$$
$$=i^{4\times3+3}=(i^4)^3\cdot i^3$$
$$=1\cdot(-i)=-i$$
$$\therefore z^{30}+\frac{1}{z^{30}}=-i-\frac{1}{i}$$
$$=-i-\frac{i}{i^2}=-i+i$$
$$=0$$

027 정답 1

해설 $z=\dfrac{1+i}{1-i}=\dfrac{(1+i)^2}{(1-i)(1+i)}$

$$=\frac{1+2i+i^2}{1-i^2}=\frac{2i}{2}$$
$$=i$$
$$\therefore 1+z+z^2+z^3+\cdots+z^{100}$$
$$=1+i+i^2+i^3+\cdots+i^{100}$$
$$=1+(i+i^2+i^3+i^4)+i^4(i+i^2+i^3+i^4)+\cdots$$
$$+i^{96}(i+i^2+i^3+i^4)$$
$$=1+0+i^4\cdot0+\cdots+i^{96}\cdot0$$
$$=1$$

028 정답 1

해설 $z=\dfrac{1-i}{1+i}=\dfrac{(1-i)^2}{(1+i)(1-i)}$

$$=\frac{1-2i+i^2}{1-i^2}=-i$$
$$\therefore 1+z+z^2+z^3+\cdots+z^{100}$$
$$=1+(-i)+(-i)^2+(-i)^3+(-i)^4+(-i)^5+\cdots$$
$$+(-i)^{100}$$
$$=(1-i-1+i)$$
$$+(-i)^4\{1+(-i)+(-i)^2+(-i)^3\}+\cdots$$

$$+(-i)^{96}\{1+(-i)+(-i)^2+(-i)^3\}+(-i)^{100}$$
$$=0+(-i)^4 \cdot 0+\cdots+(-i)^{96} \cdot 0+(i^4)^{25}$$
$$=1$$

029 정답 ± 2

해설 4의 제곱근은 제곱하면 4가 되는 수이다.

즉, $x^2=4$ ∴ $x=\pm 2$

030 정답 $\pm\sqrt{2}$

해설 2의 제곱근은 제곱하면 2가 되는 수이다.

즉, $x^2=2$ ∴ $x=\pm\sqrt{2}$

031 정답 0

해설 0의 제곱근은 제곱하면 0이 되는 수이다.

즉, $x^2=0$ ∴ $x=0$

032 정답 $\pm\sqrt{3}i$

해설 -3의 제곱근은 제곱하면 -3이 되는 수이다.

즉, $x^2=-3$ ∴ $x=\pm\sqrt{-3}=\pm\sqrt{3}i$

033 정답 $\pm 2i$

해설 -4의 제곱근은 제곱하면 -4가 되는 수이다.

즉, $x^2=-4$ ∴ $x=\pm\sqrt{-4}=\pm\sqrt{4}i=\pm 2i$

034 정답 $\pm 2\sqrt{3}i$

해설 -12의 제곱근은 제곱하면 -12가 되는 수이다.

즉, $x^2=-12$

∴ $x=\pm\sqrt{-12}=\pm\sqrt{12}i=\pm 2\sqrt{3}i$

035 정답 $\pm\dfrac{1}{2}i$

해설 $-\dfrac{1}{4}$의 제곱근은 제곱하면 $-\dfrac{1}{4}$이 되는 수이다.

즉, $x^2=-\dfrac{1}{4}$

∴ $x=\pm\sqrt{-\dfrac{1}{4}}=\pm\sqrt{\dfrac{1}{4}}i=\pm\dfrac{1}{2}i$

036 정답 $\pm\dfrac{\sqrt{6}}{3}i$

해설 $-\dfrac{2}{3}$의 제곱근은 제곱하면 $-\dfrac{2}{3}$가 되는 수이다.

즉, $x^2=-\dfrac{2}{3}$

∴ $x=\pm\sqrt{-\dfrac{2}{3}}=\pm\sqrt{\dfrac{2}{3}}i$

$$=\pm\dfrac{\sqrt{2}}{\sqrt{3}}i=\pm\dfrac{\sqrt{2}\sqrt{3}}{\sqrt{3}\sqrt{3}}i$$

$$=\pm\dfrac{\sqrt{6}}{3}i$$

037 정답 6

해설 $\sqrt{3}\sqrt{12}=\sqrt{3\times12}$

$$=\sqrt{6^2}=6$$

038 정답 $4i$

해설 $\sqrt{2}\sqrt{-8}=\sqrt{2}\sqrt{8}i$

$$=\sqrt{2\times8}i$$

$$=\sqrt{4^2}i=4i$$

039 정답 -6

해설 $\sqrt{-3}\sqrt{-12}=\sqrt{3}i\sqrt{12}i$

$$=\sqrt{3\times12}i^2$$

$$=-\sqrt{6^2}=-6$$

040 정답 $2i$

해설 $\dfrac{\sqrt{-8}}{\sqrt{2}}=\dfrac{\sqrt{8}i}{\sqrt{2}}=\sqrt{\dfrac{8}{2}}i$

$$=\sqrt{2^2}i=2i$$

041 정답 $-2i$

해설 $\dfrac{\sqrt{12}}{\sqrt{-3}}=\dfrac{\sqrt{12}}{\sqrt{3}i}=\dfrac{\sqrt{12}i}{\sqrt{3}i^2}$

$$=-\sqrt{\dfrac{12}{3}}i=-\sqrt{2^2}i$$

$$=-2i$$

042 정답 2

해설 $\dfrac{\sqrt{-8}}{\sqrt{-2}}=\dfrac{\sqrt{8}i}{\sqrt{2}i}=\sqrt{\dfrac{8}{2}}=\sqrt{2^2}=2$

🚜 **필수유형 CHECK** 본문 P. 63

| 001 ④ | 002 ⑤ | 003 ② | 004 ④ |
| 005 ① | 006 ③ | 007 ② | 008 ② |

001 정답 ④

해설 $\dfrac{1}{i^3}+\dfrac{1}{i^4}+\dfrac{1}{i^5}+\dfrac{1}{i^6}+\cdots+\dfrac{1}{i^{100}}$

$$=\dfrac{1}{i^{101}}(i^{98}+i^{97}+i^{96}+\cdots+i^2+i)$$

$$=\dfrac{1}{i^{101}}\{(i+i^2+i^3+i^4)+i^4(i+i^2+i^3+i^4)$$

$$+i^8(i+i^2+i^3+i^4)+\cdots+i^{92}(i+i^2+i^3+i^4)$$

$$+i^{97}+i^{98}\}$$

$$=\dfrac{1}{i^{101}}(i^{97}+i^{98})\ (\because i+i^2+i^3+i^4=0)$$

$$=\dfrac{1}{i^4}+\dfrac{1}{i^3}=\dfrac{1}{1}+\dfrac{1}{-i}$$

$$=1-\dfrac{i}{i^2}=1+i\ (\because i^2=-1)$$

별해 $\dfrac{1}{i^3}+\dfrac{1}{i^4}+\dfrac{1}{i^5}+\dfrac{1}{i^6}+\cdots+\dfrac{1}{i^{100}}$

$$=\left(\dfrac{1}{-i}+\dfrac{1}{1}+\dfrac{1}{i}+\dfrac{1}{-1}\right)+\left(\dfrac{1}{-i}+\dfrac{1}{1}+\dfrac{1}{i}+\dfrac{1}{-1}\right)$$

$$+\cdots+\left(\dfrac{1}{-i}+\dfrac{1}{1}+\dfrac{1}{i}+\dfrac{1}{-1}\right)+\dfrac{1}{i^{99}}+\dfrac{1}{i^{100}}$$

$$=\dfrac{1}{i^{99}}+\dfrac{1}{i^{100}}$$

$$=\dfrac{1}{i^{4\times24+3}}+\dfrac{1}{i^{4\times25}}$$

$$=\dfrac{1}{(i^4)^{24}\cdot i^3}+\dfrac{1}{(i^4)^{25}}$$

$$=\frac{1}{i^3}+\frac{1}{1}=\frac{i}{1}+1\ (\because i^4=1)$$
$$=1+i$$

별해 $\dfrac{1}{i}+\dfrac{1}{i^4}+\dfrac{1}{i^5}+\dfrac{1}{i^6}+\cdots+\dfrac{1}{i^{100}}$

$$=\left(\frac{1}{i}+\frac{1}{i^2}+\frac{1}{i^3}+\frac{1}{i^4}+\cdots+\frac{1}{i^{100}}\right)-\left(\frac{1}{i}+\frac{1}{i^2}\right)$$

$$=\left(\frac{1}{i}+\frac{1}{i^2}+\frac{1}{i^3}+\frac{1}{i^4}\right)+\left(\frac{1}{i^5}+\frac{1}{i^6}+\frac{1}{i^7}+\frac{1}{i^8}\right)+\cdots$$
$$+\left(\frac{1}{i^{97}}+\frac{1}{i^{98}}+\frac{1}{i^{99}}+\frac{1}{i^{100}}\right)-\left(\frac{1}{i}+\frac{1}{i^2}\right)$$

$$=\left(\frac{1}{i}+\frac{1}{-1}+\frac{1}{-i}+\frac{1}{1}\right)+\left(\frac{1}{i}+\frac{1}{-1}+\frac{1}{-i}+\frac{1}{1}\right)$$
$$+\cdots+\left(\frac{1}{i}+\frac{1}{-1}+\frac{1}{-i}+\frac{1}{1}\right)-\left(\frac{1}{i}+\frac{1}{i^2}\right)$$

$$=-\left(\frac{1}{i}+\frac{1}{i^2}\right)=-\frac{1}{i}+1$$
$$=-\frac{i}{i^2}+1$$
$$=1+i$$

002 정답 ⑤

해설 $z^2=\left(\dfrac{1+i}{\sqrt2}\right)^2=\dfrac{1+2i+i^2}{2}=\dfrac{2i}{2}=i$

$\therefore z^2+z^4+z^6+\cdots+z^{100}$
$$=i+i^2+i^3+\cdots+i^{50}$$
$$=(i+i^2+i^3+i^4)+i^4(i+i^2+i^3+i^4)+\cdots$$
$$+i^{44}(i+i^2+i^3+i^4)+i^{49}+i^{50}$$
$$=i^{49}+i^{50}\ (\because i+i^2+i^3+i^4=0)$$
$$=i^{4\times12+1}+i^{4\times12+2}$$
$$=(i^4)^{12}\cdot i+(i^4)^{12}\cdot i^2$$
$$=i+i^2$$
$$=-1+i$$

003 정답 ②

해설 $\dfrac{1+i}{1-i}=\dfrac{(1+i)^2}{(1-i)(1+i)}=\dfrac{1+2i+i^2}{1-i^2}=\dfrac{2i}{2}=i$

$\dfrac{1-i}{1+i}=\dfrac{(1-i)^2}{(1+i)(1-i)}=\dfrac{1-2i+i^2}{1-i^2}=\dfrac{-2i}{2}=-i$

$\therefore \left(\dfrac{1+i}{1-i}\right)^{99}+\left(\dfrac{1-i}{1+i}\right)^{99}$
$$=i^{99}+(-i)^{99}$$
$$=i^{99}-i^{99}$$
$$=0$$

004 정답 ④

해설 $\dfrac{\sqrt2}{1+i}=z$라 하면

$$z^2=\frac{2}{1+2i+i^2}=\frac{2}{2i}=\frac{1}{i}=\frac{i}{i^2}=-i$$
$$z^4=(z^2)^2=(-i)^2=i^2=-1$$
$$z^8=(z^4)^2=(-1)^2=1$$

따라서 $z^n=1$을 만족하는 자연수 n의 최솟값은 8이다.

005 정답 ①

해설 $\left(\dfrac{1-i}{\sqrt2}\right)^2=\dfrac{1-2i+i^2}{2}=\dfrac{-2i}{2}=-i$이므로

$$\left(\frac{1-i}{\sqrt2}\right)^4=(-i)^2=-1$$

$\left(\dfrac{1+i}{\sqrt2}\right)^2=\dfrac{1+2i+i^2}{2}=\dfrac{2i}{2}=i$이므로

$$\left(\frac{1+i}{\sqrt2}\right)^4=i^2=-1$$

$\therefore \left(\dfrac{1-i}{\sqrt2}\right)^{4n}+\left(\dfrac{1+i}{\sqrt2}\right)^{4n}$
$$=\left\{\left(\frac{1-i}{\sqrt2}\right)^4\right\}^n+\left\{\left(\frac{1+i}{\sqrt2}\right)^4\right\}^n$$
$$=(-1)^n+(-1)^n$$
$$=-1-1\ (\because n은\ 홀수)$$
$$=-2$$

별해 n이 홀수이므로 가장 간단한 홀수 $n=1$을 대입하여 풀어도 된다.

$\left(\dfrac{1-i}{\sqrt2}\right)^2=\dfrac{1-2i+i^2}{2}=\dfrac{-2i}{2}=-i$이므로

$$\left(\frac{1-i}{\sqrt2}\right)^4=(-i)^2=-1$$

$\left(\dfrac{1+i}{\sqrt2}\right)^2=\dfrac{1+2i+i^2}{2}=\dfrac{2i}{2}=i$이므로

$$\left(\frac{1+i}{\sqrt2}\right)^4=i^2=-1$$

$\therefore \left(\dfrac{1-i}{\sqrt2}\right)^{4n}+\left(\dfrac{1+i}{\sqrt2}\right)^{4n}$
$$=\left(\frac{1-i}{\sqrt2}\right)^4+\left(\frac{1+i}{\sqrt2}\right)^4$$
$$=-1-1$$
$$=-2$$

006 정답 ③

해설 $i+2i^2+3i^3+\cdots+100i^{100}$
$$=(i-2-3i+4)+(5i-6-7i+8)+\cdots$$
$$+(97i-98-99i+100)$$
$$=(2-2i)+(2-2i)+\cdots+(2-2i)$$
$$=25(2-2i)$$
$$=50-50i$$

따라서 $a=50$, $b=-50$이므로
$$a-b=50-(-50)=100$$

007 정답 ②

해설 $\sqrt{-1}\sqrt{-1}+\dfrac{\sqrt2}{\sqrt{-2}}+\sqrt3\sqrt{-3}+\dfrac{\sqrt{-4}}{\sqrt4}$

$$=i\cdot i+\frac{\sqrt2}{\sqrt2 i}+\sqrt3\cdot\sqrt3 i+\frac{\sqrt4 i}{\sqrt4}$$
$$=-1+\frac{i}{i^2}+3i+i$$
$$=-1-i+3i+i$$
$$=-1+3i$$

008 정답 ②

해설 $\dfrac{\sqrt a}{\sqrt b}=-\sqrt{\dfrac{a}{b}}$이므로

$a \geq 0, b < 0$ $\therefore a-b > 0$

$\therefore \sqrt{(a-b)^2} - \sqrt{b^2} + |a|$

$= |a-b| - |b| + |a|$

$= a-b-(-b)+a$

$= a-b+b+a$

$= 2a$

011 일차방정식과 이차방정식의 풀이

교과서문제 CHECK   본문 P. 65

001 정답 $x=1$ 또는 $x=2$

해설 $x^2-3x+2=(x-1)(x-2)=0$

002 정답 $x=2$ 또는 $x=4$

해설 $x^2-6x+8=(x-2)(x-4)=0$

003 정답 $x=-1$ 또는 $x=-3$

해설 $x^2+4x+3=(x+1)(x+3)=0$

004 정답 $x=-2$ 또는 $x=-3$

해설 $x^2+5x+6=(x+2)(x+3)=0$

005 정답 $x=-5$ 또는 $x=4$

해설 $x^2+x-20=(x+5)(x-4)=0$

006 정답 $x=-2$ 또는 $x=6$

해설 $x^2-4x-12=(x+2)(x-6)=0$

007 정답 $x=-2$ 또는 $x=\dfrac{1}{2}$

해설 $2x^2+3x-2=(x+2)(2x-1)=0$

008 정답 $x=-1$ 또는 $x=\dfrac{3}{2}$

해설 $2x^2-x-3=(x+1)(2x-3)=0$

009 정답 $x=-1$ 또는 $x=1$

해설 $x^2-1=(x+1)(x-1)=0$

010 정답 $x=-3$ 또는 $x=3$

해설 $x^2-9=(x+3)(x-3)=0$

011 정답 $x=-1$ (중근)

해설 $x^2+2x+1=(x+1)^2=0$

012 정답 $x=2$ (중근)

해설 $x^2-4x+4=(x-2)^2=0$

013 정답 $x=-\dfrac{1}{2}$ (중근)

해설 $x^2+x+\dfrac{1}{4}=\left(x+\dfrac{1}{2}\right)^2=0$

014 정답 $x=\dfrac{1}{3}$ (중근)

해설 $9x^2-6x+1=(3x-1)^2=0$

015 정답 $x=-\dfrac{3}{2}$ (중근)

해설 $4x^2+12x+9=(2x+3)^2=0$

016 정답 $x=\dfrac{3}{4}$ (중근)

해설 $16x^2-24x+9=(4x-3)^2=0$

017 정답 $x=2$ 또는 $x=3$

해설 $x^2-5x+6=0$의 $a=1, b=-5, c=6$을

근의 공식 $x=\dfrac{-b\pm\sqrt{b^2-4ac}}{2a}$에 대입하면

$x=\dfrac{-(-5)\pm\sqrt{(-5)^2-4\cdot1\cdot6}}{2\cdot1}=\dfrac{5\pm1}{2}$

$\therefore x=2$ 또는 $x=3$

018 정답 $x=1$ 또는 $x=3$

해설 $x^2-4x+3=0$의 $a=1, b=-4, c=3$을

근의 공식 $x=\dfrac{-b\pm\sqrt{b^2-4ac}}{2a}$에 대입하면

$x=\dfrac{-(-4)\pm\sqrt{(-4)^2-4\cdot1\cdot3}}{2\cdot1}=\dfrac{4\pm2}{2}$

$\therefore x=1$ 또는 $x=3$

별해 $x^2+\{2\cdot(-2)\}x+3=0$의 $a=1, b'=-2, c=3$

을 근의 짝수 공식 $x=\dfrac{-b'\pm\sqrt{b'^2-ac}}{a}$에 대입하면

$x=\dfrac{-(-2)\pm\sqrt{(-2)^2-1\cdot3}}{1}=2\pm1$

$\therefore x=1$ 또는 $x=3$

019 정답 $x=\dfrac{1\pm\sqrt{5}}{2}$

해설 $x^2-x-1=0$의 $a=1, b=-1, c=-1$을

근의 공식 $x=\dfrac{-b\pm\sqrt{b^2-4ac}}{2a}$에 대입하면

$x=\dfrac{-(-1)\pm\sqrt{(-1)^2-4\cdot1\cdot(-1)}}{2\cdot1}$

$=\dfrac{1\pm\sqrt{5}}{2}$

020 정답 $x=\dfrac{-3\pm\sqrt{5}}{2}$

해설 $x^2+3x+1=0$의 $a=1, b=3, c=1$을

근의 공식 $x=\dfrac{-b\pm\sqrt{b^2-4ac}}{2a}$에 대입하면

$x=\dfrac{-3\pm\sqrt{3^2-4\cdot1\cdot1}}{2\cdot1}$

$=\dfrac{-3\pm\sqrt{5}}{2}$

021 정답 $x=1\pm\sqrt{2}$

해설 $x^2-2x-1=0$의 $a=1$, $b=-2$, $c=-1$을

근의 공식 $x=\dfrac{-b\pm\sqrt{b^2-4ac}}{2a}$에 대입하면

$x=\dfrac{-(-2)\pm\sqrt{(-2)^2-4\cdot1\cdot(-1)}}{2\cdot1}$

$=\dfrac{2\pm\sqrt{8}}{2}=\dfrac{2\pm2\sqrt{2}}{2}$

$=1\pm\sqrt{2}$

별해 $x^2+\{2\cdot(-1)\}x-1=0$의 $a=1$, $b'=-1$,

$c=-1$을 근의 짝수 공식 $x=\dfrac{-b'\pm\sqrt{b'^2-ac}}{a}$에 대입

하면

$x=\dfrac{-(-1)\pm\sqrt{(-1)^2-1\cdot(-1)}}{1}=1\pm\sqrt{2}$

022 정답 $x=-2\pm\sqrt{3}$

해설 $x^2+4x+1=0$의 $a=1$, $b=4$, $c=1$을

근의 공식 $x=\dfrac{-b\pm\sqrt{b^2-4ac}}{2a}$에 대입하면

$x=\dfrac{-4\pm\sqrt{4^2-4\cdot1\cdot1}}{2\cdot1}$

$=\dfrac{-4\pm\sqrt{12}}{2}=\dfrac{-4\pm2\sqrt{3}}{2}$

$=-2\pm\sqrt{3}$

별해 $x^2+(2\cdot2)x+1=0$의 $a=1$, $b'=2$, $c=1$을 근의

짝수 공식 $x=\dfrac{-b'\pm\sqrt{b'^2-ac}}{a}$에 대입하면

$x=\dfrac{-2\pm\sqrt{2^2-1\cdot1}}{1}$

$=-2\pm\sqrt{3}$

023 정답 $x=\dfrac{1\pm\sqrt{7}i}{4}$

해설 $2x^2-x+1=0$의 $a=2$, $b=-1$, $c=1$을

근의 공식 $x=\dfrac{-b\pm\sqrt{b^2-4ac}}{2a}$에 대입하면

$x=\dfrac{-(-1)\pm\sqrt{(-1)^2-4\cdot2\cdot1}}{2\cdot2}$

$=\dfrac{1\pm\sqrt{-7}}{4}$

$=\dfrac{1\pm\sqrt{7}i}{4}$

024 정답 $x=\dfrac{-1\pm\sqrt{2}i}{3}$

해설 $3x^2+2x+1=0$의 $a=3$, $b=2$, $c=1$을

근의 공식 $x=\dfrac{-b\pm\sqrt{b^2-4ac}}{2a}$에 대입하면

$x=\dfrac{-2\pm\sqrt{2^2-4\cdot3\cdot1}}{2\cdot3}$

$=\dfrac{-2\pm\sqrt{-8}}{6}=\dfrac{-2\pm2\sqrt{2}i}{6}$

$=\dfrac{-1\pm\sqrt{2}i}{3}$

별해 $3x^2+(2\cdot1)x+1=0$의 $a=3$, $b'=1$, $c=1$을 근의

짝수 공식 $x=\dfrac{-b'\pm\sqrt{b'^2-ac}}{a}$에 대입하면

$x=\dfrac{-1\pm\sqrt{1^2-3\cdot1}}{3}$

$=\dfrac{-1\pm\sqrt{-2}}{3}=\dfrac{-1\pm\sqrt{2}i}{3}$

025 정답 $x=2\pm i$

해설 $x^2-4x+5=0$의 $a=1$, $b=-4$, $c=5$를

근의 공식 $x=\dfrac{-b\pm\sqrt{b^2-4ac}}{2a}$에 대입하면

$x=\dfrac{-(-4)\pm\sqrt{(-4)^2-4\cdot1\cdot5}}{2\cdot1}$

$=\dfrac{4\pm\sqrt{-4}}{2}=\dfrac{4\pm2i}{2}$

$=2\pm i$

별해 $x^2+\{2\cdot(-2)\}x+5=0$의 $a=1$, $b'=-2$, $c=5$

를 근의 짝수 공식 $x=\dfrac{-b'\pm\sqrt{b'^2-ac}}{a}$에 대입하면

$x=\dfrac{-(-2)\pm\sqrt{(-2)^2-1\cdot5}}{1}$

$=2\pm\sqrt{-1}=2\pm i$

026 정답 $x=-1\pm\sqrt{2}i$

해설 $x^2+2x+3=0$의 $a=1$, $b=2$, $c=3$을

근의 공식 $x=\dfrac{-b\pm\sqrt{b^2-4ac}}{2a}$에 대입하면

$x=\dfrac{-2\pm\sqrt{2^2-4\cdot1\cdot3}}{2\cdot1}$

$=\dfrac{-2\pm\sqrt{-8}}{2}=\dfrac{-2\pm2\sqrt{2}i}{2}$

$=-1\pm\sqrt{2}i$

별해 $x^2+(2\cdot1)x+3=0$의 $a=1$, $b'=1$, $c=3$을 근의

짝수 공식 $x=\dfrac{-b'\pm\sqrt{b'^2-ac}}{a}$에 대입하면

$x=\dfrac{-1\pm\sqrt{1^2-1\cdot3}}{1}$

$=-1\pm\sqrt{-2}=-1\pm\sqrt{2}i$

027 정답 $m=-5$, $x=-5$

해설 $x^2+4x+m=0$의 한 근이 1이므로

$x=1$을 대입하면

$1+4+m=0$ $\quad\therefore m=-5$

$x^2+4x-5=0$을 인수분해하면

$(x-1)(x+5)=0$

$\therefore x=1$ 또는 $x=-5$

028 정답 $m=2$, $x=-2$

해설 $x^2+(m-1)x-2=0$의 한 근이 1이므로

$x=1$을 대입하면

$1+m-1-2=0$ $\quad\therefore m=2$

$x^2+x-2=0$을 인수분해하면

$(x-1)(x+2)=0$

$\therefore x=1$ 또는 $x=-2$

029 정답 $m=1$, $x=2$

해설 $x^2-(m+2)x+3m-1=0$의 한 근이 1이므로
$x=1$을 대입하면
$1-m-2+3m-1=0$ ∴ $m=1$
$x^2-3x+2=0$을 인수분해하면
$(x-1)(x-2)=0$
∴ $x=1$ 또는 $x=2$

030 정답 $x=\dfrac{\sqrt{2}}{2}$ 또는 $x=\sqrt{2}$

해설 $2x^2-3\sqrt{2}x+2=0$
$2x^2-3\sqrt{2}x+(\sqrt{2})^2=0$

$$\begin{array}{ccc} 2 & \diagdown\diagup & -\sqrt{2} \to & -\sqrt{2} \\ 1 & \diagup\diagdown & -\sqrt{2} \to & \underline{-2\sqrt{2}}\, |+ \\ & & & -3\sqrt{2} \end{array}$$

$(2x-\sqrt{2})(x-\sqrt{2})=0$
∴ $x=\dfrac{\sqrt{2}}{2}$ 또는 $x=\sqrt{2}$

별해 $2x^2-3\sqrt{2}x+2=0$의 $a=2$, $b=-3\sqrt{2}$, $c=2$를
근의 공식 $x=\dfrac{-b\pm\sqrt{b^2-4ac}}{2a}$에 대입하면
$x=\dfrac{-(-3\sqrt{2})\pm\sqrt{(-3\sqrt{2})^2-4\cdot2\cdot2}}{2\cdot2}$
$=\dfrac{3\sqrt{2}\pm\sqrt{2}}{4}$
∴ $x=\sqrt{2}$ 또는 $x=\dfrac{\sqrt{2}}{2}$

031 정답 $x=-\sqrt{2}$ 또는 $x=-1-\sqrt{2}$

해설 $x^2+(2\sqrt{2}+1)x+\sqrt{2}+2=0$
$x^2+(2\sqrt{2}+1)x+\sqrt{2}(1+\sqrt{2})=0$

$$\begin{array}{ccc} 1 & \diagdown\diagup & \sqrt{2} \to & \sqrt{2} \\ 1 & \diagup\diagdown & 1+\sqrt{2} \to & \underline{1+\sqrt{2}}\, |+ \\ & & & 2\sqrt{2}+1 \end{array}$$

$(x+\sqrt{2})\{x+(1+\sqrt{2})\}=0$
∴ $x=-\sqrt{2}$ 또는 $x=-1-\sqrt{2}$

032 정답 $x=1+\sqrt{2}$ 또는 $x=-\dfrac{\sqrt{2}}{2}$

해설 $\sqrt{2}x^2-(1+\sqrt{2})x-(1+\sqrt{2})=0$의 양변에 $\sqrt{2}$를
곱하면
$(\sqrt{2})^2x^2-\sqrt{2}(1+\sqrt{2})x-\sqrt{2}(1+\sqrt{2})=0$
$2x^2-(\sqrt{2}+2)x-\sqrt{2}(1+\sqrt{2})=0$

$$\begin{array}{ccc} 1 & \diagdown\diagup & -(1+\sqrt{2}) \to & -2-2\sqrt{2} \\ 2 & \diagup\diagdown & \sqrt{2} \to & \underline{\quad\sqrt{2}}\, |+ \\ & & & -2-\sqrt{2} \end{array}$$

$\{x-(1+\sqrt{2})\}(2x+\sqrt{2})=0$
∴ $x=1+\sqrt{2}$ 또는 $x=-\dfrac{\sqrt{2}}{2}$

033 정답 $x=i$ 또는 $x=1+i$

해설 $ix^2+(2-i)x-1-i=0$의 양변에 i를 곱하면
$i^2x^2+i(2-i)x+i(-1-i)=0$
$-x^2+(1+2i)x+(-i+1)=0$
$x^2-(1+2i)x+(i-1)=0$
$x^2-(1+2i)x+i(1+i)=0$
$(x-i)\{x-(1+i)\}=0$ ($\because 1=i^2$)
∴ $x=i$ 또는 $x=1+i$

별해 $ix^2+(2-i)x-1-i=0$

$$\begin{array}{ccc} i & \diagdown\diagup & 1 \to & 1 \\ 1 & \diagup\diagdown & -1-i \to & \underline{-i+1}\, |+ \\ & & & 2-i \end{array}$$

$(ix+1)(x-1-i)=0$
∴ $x=-\dfrac{1}{i}=-\dfrac{i}{i^2}=i$ 또는 $x=1+i$

별해 $x^2-(1+2i)x+(i-1)=0$의
$a=1$, $b=-(1+2i)$, $c=i-1$을
근의 공식 $x=\dfrac{-b\pm\sqrt{b^2-4ac}}{2a}$에 대입하면
$x=\dfrac{-\{-(1+2i)\}\pm\sqrt{\{-(1+2i)\}^2-4\cdot1\cdot(i-1)}}{2\cdot1}$
$=\dfrac{(1+2i)\pm\sqrt{1+4i+4i^2-4i+4}}{2}$
$=\dfrac{(1+2i)\pm1}{2}$
∴ $x=\dfrac{(1+2i)+1}{2}=1+i$ 또는 $x=\dfrac{(1+2i)-1}{2}=i$

034 정답 $x=-i$ (중근)

해설 $(1+i)x^2-2(1-i)x-(1+i)=0$의 양변에 $1-i$
를 곱하면
$(1-i)(1+i)x^2-2(1-i)^2x-(1-i)(1+i)=0$
$(1-i^2)x^2-2(1-2i+i^2)x-(1-i^2)=0$
$2x^2+4ix-2=0$
$x^2+2ix-1=0$, $x^2+2ix+i^2=0$
$(x+i)^2=0$ ∴ $x=-i$

035 정답 $x=-1$ 또는 $x=3$

해설 $|x-1|=2$에서 절댓값 기호 안의 식 $x-1$이 0이
되는 x의 값, 즉 1을 기준으로 구간을 $x<1$, $x\ge1$인 경
우로 나누어 절댓값 기호를 없앤다.
(i) $x<1$일 때, $|x-1|=-(x-1)$이므로
　$-(x-1)=2$
　$-x+1=2$ ∴ $x=-1$
　$x<1$과 $x=-1$의 공통 범위를 구하면
　$x=-1$ …… ㉠
(ii) $x\ge1$일 때, $|x-1|=x-1$이므로
　$x-1=2$ ∴ $x=3$
　$x\ge1$과 $x=3$의 공통 범위를 구하면
　$x=3$ …… ㉡
(i), (ii)의 ㉠, ㉡에서 근은 $x=-1$ 또는 $x=3$

별해 $|x-1|=2$에서 $x-1=\pm2$이므로

$x-1=2$, $x-1=-2$

∴ $x=3$ 또는 $x=-1$

036 정답 $x=-3$ 또는 $x=4$

해설 $|x+2|+|x-3|=7$에서 절댓값 기호 안의 식 $x+2$, $x-3$이 0이 되는 x의 값 즉 -2, 3을 기준으로 구간을 $x<-2$, $-2\leq x<3$, $x\geq3$으로 나누어 절댓값 기호를 없앤다.

(ⅰ) $x<-2$일 때

$|x+2|=-(x+2)$, $|x-3|=-(x-3)$이므로

$-(x+2)-(x-3)=7$

$-2x=6$ ∴ $x=-3$

$x<-2$와 $x=-3$의 공통 범위를 구하면

$x=-3$ ······ ㉠

(ⅱ) $-2\leq x<3$일 때

$|x+2|=x+2$, $|x-3|=-(x-3)$이므로

$(x+2)-(x-3)=7$

이때 $0\cdot x=2$이므로 해는 없다.

따라서 $-2\leq x<3$의 범위에서는 해가 없다.

(ⅲ) $x\geq3$일 때

$|x+2|=x+2$, $|x-3|=x-3$이므로

$(x+2)+(x-3)=7$

$2x=8$ ∴ $x=4$

$x\geq3$과 $x=4$의 공통 범위를 구하면

$x=4$ ······ ㉡

(ⅰ), (ⅲ)의 ㉠, ㉡에서 근은 $x=-3$ 또는 $x=4$

037 정답 $x=-3$ 또는 $x=2$

해설 $x^2-|x-2|-4=0$에서 절댓값 기호 안의 식 $x-2$가 0이 되는 x의 값, 즉 2를 기준으로 구간을 $x<2$, $x\geq2$인 경우로 나누어 절댓값 기호를 없앤다.

(ⅰ) $x<2$일 때, $|x-2|=-(x-2)$이므로

$x^2+(x-2)-4=0$, $x^2+x-6=0$

$(x+3)(x-2)=0$

∴ $x=-3$ 또는 $x=2$

$x<2$와 $(x=-3$ 또는 $x=2)$의 공통 범위를 구하면

$x=-3$ ······ ㉠

(ⅱ) $x\geq2$일 때, $|x-2|=x-2$이므로

$x^2-(x-2)-4=0$, $x^2-x-2=0$

$(x+1)(x-2)=0$

∴ $x=-1$ 또는 $x=2$

$x\geq2$와 $(x=-1$ 또는 $x=2)$의 공통 범위를 구하면

$x=2$ ······ ㉡

(ⅰ), (ⅱ)의 ㉠, ㉡에서 근은 $x=-3$ 또는 $x=2$

038 정답 $x=-3$ 또는 $x=3$

해설 $x^2-2|x|-3=0$에서 절댓값 기호 안의 식 x가 0이 되는 x의 값, 즉 0을 기준으로 구간을 $x<0$, $x\geq0$인 경우로 나누어 절댓값 기호를 없앤다.

(ⅰ) $x<0$일 때, $|x|=-x$이므로

$x^2+2x-3=0$

$(x-1)(x+3)=0$

∴ $x=1$ 또는 $x=-3$

$x<0$과 $(x=1$ 또는 $x=-3)$의 공통 범위를 구하면

$x=-3$ ······ ㉠

(ⅱ) $x\geq0$일 때, $|x|=x$이므로

$x^2-2x-3=0$

$(x+1)(x-3)=0$

∴ $x=-1$ 또는 $x=3$

$x\geq0$과 $(x=-1$ 또는 $x=3)$의 공통 범위를 구하면

$x=3$ ······ ㉡

(ⅰ), (ⅱ)의 ㉠, ㉡에서 근은 $x=-3$ 또는 $x=3$

별해 $x^2-2|x|-3=0$에서 $x^2=|x|^2$이므로

$|x|^2-2|x|-3=0$

이때 $|x|=A(A\geq0)$로 치환하면

$A^2-2A-3=0$

$(A-3)(A+1)=0$

∴ $A=3$ 또는 $A=-1$

이때 $A\geq0$을 만족하는 근은 $A=3$이다.

$A=|x|$로 역치환하면

$|x|=3$ ∴ $x=\pm3$

039 정답 $x=-2$ 또는 $x=4$

해설 $|x-1|^2-2|x-1|-3=0$에서 절댓값 기호 안의 식 $x-1$이 0이 되는 x의 값, 즉 1을 기준으로 구간을 $x<1$, $x\geq1$로 나누어 절댓값 기호를 없앤다.

(ⅰ) $x<1$일 때, $|x-1|=-(x-1)$이므로

$(x-1)^2+2(x-1)-3=0$

$x^2-2x+1+2x-2-3=0$

$x^2-4=0$, $(x+2)(x-2)=0$

∴ $x=-2$ 또는 $x=2$

$x<1$과 $(x=-2$ 또는 $x=2)$의 공통 범위를 구하면

$x=-2$ ······ ㉠

(ⅱ) $x\geq1$일 때, $|x-1|=x-1$이므로

$(x-1)^2-2(x-1)-3=0$

$x^2-2x+1-2x+2-3=0$

$x^2-4x=0$, $x(x-4)=0$

∴ $x=0$ 또는 $x=4$

$x\geq1$과 $(x=0$ 또는 $x=4)$의 공통 범위를 구하면

$x=4$ ······ ㉡

(ⅰ), (ⅱ)의 ㉠, ㉡에서 근은 $x=-2$ 또는 $x=4$

별해 $|x-1|^2-2|x-1|-3=0$에서

$|x-1|=A(A\geq0)$로 치환하면

$A^2-2A-3=0$

$(A+1)(A-3)=0$

∴ $A=-1$ 또는 $A=3$

그런데 $A\geq0$이어야 하므로 $A=3$

즉, $|x-1|=3$이므로 $x-1=\pm3$

이때 $x-1=3$ 또는 $x-1=-3$이므로

$x=4$ 또는 $x=-2$

001 ②	002 ④	003 ⑤	004 ④
005 ②	006 ①	007 ②	008 ⑤

001 정답 ②

해설 $a^2x+(x+1)a+1=0$의 좌변을 전개하면

$a^2x+ax+a+1=0$

x에 대한 내림차순으로 정리하면

$(a^2+a)x+a+1=0$

$a(a+1)x=-(a+1)$

이때 이 방정식의 해가 없으므로

$a(a+1)=0$이고 $-(a+1)\neq0$이어야 한다.

$a(a+1)=0$에서 $a=0$ 또는 $a=-1$ ······ ㉠

$-(a+1)\neq0$에서 $a\neq-1$ ······ ㉡

㉠, ㉡을 모두 만족해야 하므로

$a=0$

참고 $a(a+1)x=-(a+1)$에서

(i) $a=0$이면

　0·$x=-1$이므로 x에 어떤 값을 대입하여도 등식이
　성립하지 않는다. 즉, 이 방정식의 해가 없다.

(ii) $a=-1$

　0·$x=0$이므로 x에 어떤 값을 대입하여도 등식은 항
　상 성립한다. 즉, 이 방정식의 해는 무수히 많다.

002 정답 ④

해설 $x^2-2x-24=0$에서

$(x+4)(x-6)=0$

$\therefore x=-4$ 또는 $x=6$

003 정답 ⑤

해설 근의 공식을 이용하여 $2x^2-4x+3=0$의 근을 구하
면

$x=\dfrac{-(-4)\pm\sqrt{(-4)^2-4\cdot2\cdot3}}{2\cdot2}$

　$=\dfrac{4\pm\sqrt{-8}}{4}=\dfrac{4\pm2\sqrt{2}i}{4}$

　$=\dfrac{2\pm\sqrt{2}i}{2}$

따라서 $a=2$, $b=2$이므로 $a+b=4$이다.

별해 $2x^2+\{2\cdot(-2)\}x+3=0$에서

근의 짝수 공식을 이용하면

$x=\dfrac{-(-2)\pm\sqrt{(-2)^2-2\cdot3}}{2}$

　$=\dfrac{2\pm\sqrt{2}i}{2}$

따라서 $a=2$, $b=2$이므로 $a+b=4$이다.

004 정답 ④

해설 $x^2-(3k+2)x+k+5=0$의 한 근이 2이므로

$x=2$를 대입하면

$2^2-(3k+2)\cdot2+k+5=0$

$4-6k-4+k+5=0$

$-5k+5=0$　$\therefore k=1$

$k=1$을 $x^2-(3k+2)x+k+5=0$에 대입하면

$x^2-5x+6=0$

$(x-2)(x-3)=0$

$\therefore x=2$ 또는 $x=3$

따라서 다른 한 근은 3이다.

005 정답 ②

해설 $(x+2)^2-4(x+2)+3=0$에서

$x+2=A$로 치환하면

$A^2-4A+3=0$

$(A-1)(A-3)=0$

$\therefore A=1$ 또는 $A=3$

$A=x+2$로 역치환하면

$x+2=1$ 또는 $x+2=3$

$\therefore x=-1$ 또는 $x=1$

$\therefore |\alpha|+|\beta|=|-1|+|1|=2$

별해 $(x+2)^2-4(x+2)+3=0$의 좌변을 전개하면

$x^2+4x+4-4x-8+3=0$

$x^2-1=0$, $(x+1)(x-1)=0$

$\therefore x=-1$ 또는 $x=1$

$\therefore |\alpha|+|\beta|=|-1|+|1|=2$

006 정답 ①

해설 $ix^2+3x-2i=0$

$(ix+2)(x-i)=0$이므로

$x=-\dfrac{2}{i}=-\dfrac{2i}{i^2}=2i$ 또는 $x=i$

$\therefore \alpha^2+\beta^2=(2i)^2+i^2=(-4)+(-1)=-5$

별해 $ix^2+3x-2i=0$의 양변에 i를 곱하면

$i^2x^2+3ix-2i^2=0$

$-x^2+3ix+2=0$

$x^2-3ix-2=0$

근의 공식을 이용하여 $x^2-3ix-2=0$의 근을 구하면

$x=\dfrac{-(-3i)\pm\sqrt{(-3i)^2-4\cdot1\cdot(-2)}}{2\cdot1}$

　$=\dfrac{3i\pm\sqrt{-9+8}}{2}=\dfrac{3i\pm i}{2}$

$\therefore x=i$ 또는 $x=2i$

$\therefore \alpha^2+\beta^2=i^2+(2i)^2=(-1)+(-4)=-5$

007 정답 ②

해설 $x^2-|x|-2=0$에서 절댓값 기호 안의 식 x가 0이
되는 x의 값, 즉 0을 기준으로 구간을 $x<0$, $x\geq0$으로 나
누어 절댓값 기호를 없앤다.

(i) $x<0$일 때, $|x|=-x$이므로

$x^2+x-2=0$

$(x+2)(x-1)=0$

$\therefore x=-2$ 또는 $x=1$

$x<0$과 $(x=-2$ 또는 $x=1)$의 공통 범위를 구하면

$x=-2$ ······ ㉠

(ii) $x\geq0$일 때, $|x|=x$이므로

$x^2-x-2=0$

$(x+1)(x-2)=0$

$\therefore x=-1$ 또는 $x=2$

$x\geq0$과 $(x=-1$ 또는 $x=2)$의 공통 범위를 구하면

$x=2$ ······ ㉡

(i), (ii)의 ㉠, ㉡에서 근은 $x=-2$ 또는 $x=2$이므로 두 근의 합은 $2+(-2)=0$이다.

별해 $x^2-|x|-2=0$에서 $x^2=|x|^2$이므로

$|x|^2-|x|-2=0$

이때 $|x|=A(A\geq0)$로 치환하면

$A^2-A-2=0$

$(A+1)(A-2)=0$

$\therefore A=-1$ 또는 $A=2$

이때 $A\geq0$을 만족하는 근은 $A=2$이다.

$A=|x|$로 역치환하면

$|x|=2$ $\therefore x=\pm2$

따라서 이차방정식의 두 근의 합은 $2+(-2)=0$이다.

008 정답 ⑤

해설 $(x-3)^2+3|x-3|-4=0$에서 절댓값 기호 안의 식 $x-3$이 0이 되는 x의 값, 즉 3을 기준으로 구간을 $x<3$, $x\geq3$으로 나누어 절댓값 기호를 없앤다.

(i) $x<3$일 때, $|x-3|=-(x-3)$이므로

$(x-3)^2-3(x-3)-4=0$

$x^2-6x+9-3x+9-4=0$

$x^2-9x+14=0$, $(x-2)(x-7)=0$

$\therefore x=2$ 또는 $x=7$

$x<3$과 $(x=2$ 또는 $x=7)$의 공통 범위를 구하면

$x=2$ ······ ㉠

(ii) $x\geq3$일 때, $|x-3|=x-3$이므로

$(x-3)^2+3(x-3)-4=0$

$x^2-6x+9+3x-9-4=0$

$x^2-3x-4=0$, $(x+1)(x-4)=0$

$\therefore x=-1$ 또는 $x=4$

$x\geq3$과 $(x=-1$ 또는 $x=4)$의 공통 범위를 구하면

$x=4$ ······ ㉡

(i), (ii)의 ㉠, ㉡에서 근은 $x=2$ 또는 $x=4$

따라서 모든 근의 합은 $2+4=6$이다.

별해 $(x-3)^2+3|x-3|-4=0$에서

$(x-3)^2=|x-3|^2$이므로

$|x-3|^2+3|x-3|-4=0$

이때 $|x-3|=A(A\geq0)$로 치환하면

$A^2+3A-4=0$

$(A+4)(A-1)=0$

$\therefore A=-4$ 또는 $A=1$

이때 $A\geq0$을 만족하는 근은 $A=1$이다.

$A=|x-3|$으로 역치환하면

$|x-3|=1$ $\therefore x-3=\pm1$

$x=2$ 또는 $x=4$

따라서 모든 근의 합은 $2+4=6$이다.

---

012 이차방정식의 판별식, 근과 계수의 관계

본문 P. 73

🚂 교과서문제 CHECK

001 정답 서로 다른 두 실근

해설 $2x^2+4x+1=0$은

$D=4^2-4\cdot2\cdot1=8>0$

이므로 서로 다른 두 실근을 갖는다.

별해 $2x^2+(2\cdot2)x+1=0$은

$\dfrac{D}{4}=2^2-2\cdot1=2>0$

이므로 서로 다른 두 실근을 갖는다.

002 정답 서로 다른 두 허근

해설 $x^2+2x+5=0$은

$D=2^2-4\cdot1\cdot5=-16<0$

이므로 서로 다른 두 허근을 갖는다.

별해 $x^2+(2\cdot1)x+5=0$은

$\dfrac{D}{4}=1^2-1\cdot5=-4<0$

이므로 서로 다른 두 허근을 갖는다.

003 정답 서로 다른 두 실근

해설 $2x^2+x-3=0$은

$D=1^2-4\cdot2\cdot(-3)=25>0$

이므로 서로 다른 두 실근을 갖는다.

004 정답 중근

해설 $x^2-2\sqrt{2}x+2=0$은

$D=(-2\sqrt{2})^2-4\cdot1\cdot2=0$

이므로 중근을 갖는다.

별해 $x^2+\{2\cdot(-\sqrt{2})\}x+2=0$은

$\dfrac{D}{4}=(-\sqrt{2})^2-1\cdot2=0$

이므로 중근을 갖는다.

005 정답 $k<3$

해설 $x^2+4x+k+1=0$에서

$D=4^2-4\cdot1\cdot(k+1)$

$\quad=16-4k-4$

$\quad=12-4k$

이차방정식이 서로 다른 두 실근을 가지려면
$D>0$이어야 하므로
$12-4k>0$, $k-3<0$ $\therefore k<3$

별해 $x^2+(2\cdot2)x+k+1=0$에서

$\dfrac{D}{4}=2^2-1\cdot(k+1)=3-k$

이차방정식이 서로 다른 두 실근을 가지려면

$\dfrac{D}{4}>0$이어야 하므로

$3-k>0$ $\therefore k<3$

006 정답 $k=1$

해설 $x^2+(k+1)x+k=0$에서
$D=(k+1)^2-4\cdot1\cdot k$
$\quad=k^2+2k+1-4k$
$\quad=k^2-2k+1$
$\quad=(k-1)^2$

이차방정식이 중근을 가지려면 $D=0$이어야 하므로
$(k-1)^2=0$ $\therefore k=1$

007 정답 $k<-1$

해설 $x^2-2(k+2)x+k^2=0$에서
$D=\{-2(k+2)\}^2-4\cdot1\cdot k^2$
$\quad=4k^2+16k+16-4k^2$
$\quad=16k+16$

이차방정식이 서로 다른 두 실근을 가지려면
$D<0$이어야 하므로
$16k+16<0$ $\therefore k<-1$

별해 $x^2-2(k+2)x+k^2=0$에서

$\dfrac{D}{4}=\{-(k+2)\}^2-1\cdot k^2$

$\quad=k^2+4k+4-k^2$

$\quad=4k+4$

이차방정식이 서로 다른 두 허근을 가지려면

$\dfrac{D}{4}<0$이어야 하므로

$4k+4<0$ $\therefore k<-1$

008 정답 $1/2$

해설 $\alpha+\beta=-\dfrac{-1}{1}=1$, $\alpha\beta=\dfrac{2}{1}=2$

009 정답 $-\dfrac{3}{2}$ / $-\dfrac{1}{2}$

해설 $\alpha+\beta=-\dfrac{3}{2}$, $\alpha\beta=\dfrac{-1}{2}=-\dfrac{1}{2}$

010 정답 2 / $-\dfrac{3}{2}$

해설 $\alpha+\beta=-\dfrac{-4}{2}=2$, $\alpha\beta=\dfrac{-3}{2}=-\dfrac{3}{2}$

011 정답 5

해설 $\alpha+\beta=-\dfrac{-3}{1}=3$, $\alpha\beta=\dfrac{1}{1}=1$이므로

$(\alpha+1)(\beta+1)$
$=\alpha\beta+(\alpha+\beta)+1$
$=1+3+1=5$

별해 이차방정식 $x^2-3x+1=0$의 두 근이 α, β이므로
$x^2-3x+1=(x-\alpha)(x-\beta)$

이 식에 $x=-1$을 대입하면
$1+3+1=(-1-\alpha)(-1-\beta)$
$\therefore (\alpha+1)(\beta+1)=5$

012 정답 -1

해설 $\alpha+\beta=3$, $\alpha\beta=1$이므로
$(\alpha-2)(\beta-2)$
$=\alpha\beta-2(\alpha+\beta)+4$
$=1-2\cdot3+4$
$=-1$

별해 이차방정식 $x^2-3x+1=0$의 두 근이 α, β이므로
$x^2-3x+1=(x-\alpha)(x-\beta)$

이 식에 $x=2$를 대입하면
$4-6+1=(2-\alpha)(2-\beta)$
$\therefore (\alpha-2)(\beta-2)=-1$

013 정답 3

해설 $\alpha+\beta=3$, $\alpha\beta=1$이므로
$\alpha^2\beta+\alpha\beta^2=\alpha\beta(\alpha+\beta)$
$\qquad\qquad\quad=1\cdot3=3$

014 정답 5

해설 $\alpha+\beta=3$, $\alpha\beta=1$이므로
$(\alpha-\beta)^2=(\alpha+\beta)^2-4\alpha\beta$
$\qquad\quad=3^2-4\cdot1=5$

015 정답 7

해설 $\alpha+\beta=3$, $\alpha\beta=1$이므로
$\alpha^2+\beta^2=(\alpha+\beta)^2-2\alpha\beta$
$\qquad\quad=3^2-2\cdot1=7$

016 정답 18

해설 $\alpha+\beta=3$, $\alpha\beta=1$이므로
$\alpha^3+\beta^3$
$=(\alpha+\beta)^3-3\alpha\beta(\alpha+\beta)$
$=3^3-3\cdot1\cdot3$
$=18$

017 정답 3

해설 $\alpha+\beta=3$, $\alpha\beta=1$이므로

$\dfrac{1}{\alpha}+\dfrac{1}{\beta}=\dfrac{\beta}{\alpha\beta}+\dfrac{\alpha}{\alpha\beta}=\dfrac{\alpha+\beta}{\alpha\beta}=\dfrac{3}{1}=3$

018 정답 7

해설 $\alpha+\beta=3$, $\alpha\beta=1$이므로

$\dfrac{\beta}{\alpha}+\dfrac{\alpha}{\beta}=\dfrac{\beta^2}{\alpha\beta}+\dfrac{\alpha^2}{\alpha\beta}=\dfrac{\alpha^2+\beta^2}{\alpha\beta}$

$\qquad\quad=\dfrac{(\alpha+\beta)^2-2\alpha\beta}{\alpha\beta}$

$$=\frac{3^2-2\cdot1}{1}=7$$

019 정답 $k=-1$ 또는 $k=1$

해설 $x^2-5kx+6=0$의 두 근의 비가 $2:3$이므로
두 근을 2α, 3α라 하면 근과 계수의 관계에 의해
$$2\alpha+3\alpha=-\frac{-5k}{1}=5k \quad \therefore \alpha=k$$
$$2\alpha\cdot3\alpha=\frac{6}{1}=6에서 \ 6k^2=6, \ k^2-1=0$$
$$(k+1)(k-1)=0 \quad \therefore k=-1 \ 또는 \ k=1$$

020 정답 $k=0$

해설 $x^2+2x+k=0$의 두 근의 차가 2이므로
두 근을 α, $\alpha+2$라 하면 근과 계수의 관계에 의해
$$\alpha+(\alpha+2)=-\frac{2}{1}=-2 \quad \therefore \alpha=-2$$
$$\alpha(\alpha+2)=\frac{k}{1}=k \quad \therefore k=0$$

021 정답 $x^2+x-6=0$

해설 (두 근의 합)$=2+(-3)=-1$
(두 근의 곱)$=2\cdot(-3)=-6$
따라서 구하는 이차방정식은
$$x^2-(-1)x-6=0$$
$$\therefore x^2+x-6=0$$

022 정답 $x^2-2\sqrt{2}x+1=0$

해설 (두 근의 합)$=(\sqrt{2}+1)+(\sqrt{2}-1)$
$$=2\sqrt{2}$$
(두 근의 곱)$=(\sqrt{2}+1)(\sqrt{2}-1)$
$$=(\sqrt{2})^2-1=1$$
따라서 구하는 이차방정식은
$$x^2-2\sqrt{2}x+1=0$$

023 정답 $x^2+4x+5=0$

해설 (두 근의 합)$=(-2-i)+(-2+i)$
$$=-4$$
(두 근의 곱)$=(-2-i)(-2+i)$
$$=(-2)^2-i^2$$
$$=4+1=5$$
따라서 구하는 이차방정식은
$$x^2-(-4)x+5=0$$
$$\therefore x^2+4x+5=0$$

024 정답 $x^2-4x+7=0$

해설 (두 근의 합)$=(2+\sqrt{3}i)+(2-\sqrt{3}i)$
$$=4$$
(두 근의 곱)$=(2+\sqrt{3}i)(2-\sqrt{3}i)$
$$=2^2-(\sqrt{3}i)^2$$
$$=4-3i^2=7$$
따라서 구하는 이차방정식은
$$x^2-4x+7=0$$

025 정답 $a=-2$, $b=-1$

해설 계수가 유리수인 이차방정식의 한 근이 $1-\sqrt{2}$이면
다른 한 근은 켤레근 $1+\sqrt{2}$이다.
근과 계수의 관계에 의해
$$(두 근의 합)=(1-\sqrt{2})+(1+\sqrt{2})=-\frac{a}{1}=-a$$
$$\therefore a=-2$$
$$(두 근의 곱)=(1-\sqrt{2})(1+\sqrt{2})=\frac{b}{1}=b$$
$$\therefore b=1-(\sqrt{2})^2=-1$$

026 정답 $l=2$, $m=2$

해설 계수가 실수인 이차방정식의 한 근이 $1+i$이면 다른
한 근은 켤레근 $1-i$이다.
근과 계수의 관계에 의해
$$(두 근의 합)=(1+i)+(1-i)=-\frac{-l}{1}=l$$
$$\therefore l=2$$
$$(두 근의 곱)=(1+i)(1-i)=\frac{m}{1}=m$$
$$\therefore m=1-i^2=2$$

027 정답 $x^2-5x+6=0$

해설 근과 계수의 관계에 의해
(두 근의 합)$=\alpha+\beta=2$, $\alpha\beta=3$이므로
(두 근의 곱)$=(\alpha+\beta)+\alpha\beta=2+3=5$
$(\alpha+\beta)\alpha\beta=2\cdot3=6$
따라서 구하는 이차방정식은
$$x^2-5x+6=0$$

028 정답 $x^2-4x+6=0$

해설 근과 계수의 관계에 의해
$\alpha+\beta=2$, $\alpha\beta=3$이므로
(두 근의 합)$=(\alpha+1)+(\beta+1)$
$$=(\alpha+\beta)+2$$
$$=2+2=4$$
(두 근의 곱)$=(\alpha+1)(\beta+1)$
$$=\alpha\beta+(\alpha+\beta)+1$$
$$=3+2+1=6$$
따라서 구하는 이차방정식은
$$x^2-4x+6=0$$

029 정답 $x^2-\frac{2}{3}x+\frac{1}{3}=0$

해설 근과 계수의 관계에 의해
$\alpha+\beta=2$, $\alpha\beta=3$이므로
$$(두 근의 합)=\frac{1}{\alpha}+\frac{1}{\beta}=\frac{\beta}{\alpha\beta}+\frac{\alpha}{\alpha\beta}=\frac{\alpha+\beta}{\alpha\beta}=\frac{2}{3}$$
$$(두 근의 곱)=\frac{1}{\alpha}\cdot\frac{1}{\beta}=\frac{1}{\alpha\beta}=\frac{1}{3}$$
따라서 구하는 이차방정식은
$$x^2-\frac{2}{3}x+\frac{1}{3}=0$$

030 정답 $x^2+\dfrac{2}{9}x+\dfrac{1}{9}=0$

해설 근과 계수의 관계에 의해
$\alpha+\beta=2,\ \alpha\beta=3$이므로

$$(\text{두 근의 합})=\frac{1}{\alpha^2}+\frac{1}{\beta^2}=\frac{\beta^2}{\alpha^2\beta^2}+\frac{\alpha^2}{\alpha^2\beta^2}$$
$$=\frac{\alpha^2+\beta^2}{(\alpha\beta)^2}=\frac{(\alpha+\beta)^2-2\alpha\beta}{(\alpha\beta)^2}$$
$$=\frac{2^2-2\cdot3}{3^2}=-\frac{2}{9}$$

$$(\text{두 근의 곱})=\frac{1}{\alpha^2}\cdot\frac{1}{\beta^2}=\frac{1}{(\alpha\beta)^2}=\frac{1}{3^2}=\frac{1}{9}$$

따라서 구하는 이차방정식은

$$x^2-\left(-\frac{2}{9}\right)x+\frac{1}{9}=0$$
$$\therefore\ x^2+\frac{2}{9}x+\frac{1}{9}=0$$

031 정답 □

해설 $(\text{두 근의 합})=-\dfrac{4}{2}=-2<0$

$(\text{두 근의 곱})=\dfrac{1}{2}>0$

$D=4^2-4\cdot2\cdot1=8>0$

따라서 두 근은 모두 음수이다.

032 정답 ○

해설 $(\text{두 근의 합})=-\dfrac{-3}{1}=3>0$

$(\text{두 근의 곱})=\dfrac{1}{1}>0$

$D=(-3)^2-4\cdot1\cdot1=5>0$

따라서 두 근은 모두 양수이다.

033 정답 △

해설 $(\text{두 근의 곱})=\dfrac{-1}{4}<0$

따라서 두 근의 부호는 서로 다르다.

필수유형 CHECK　　　　　　　본문 P. 75

001 ①	**002** ④	**003** ②	**004** ②
005 ③	**006** ③	**007** ④	**008** ⑤

---

001 정답 ①

해설 $x^2+2x+m=0$이 실근을 가지므로
$$\frac{D_1}{4}=1^2-1\cdot m\ge0\quad\therefore\ m\le1\quad\cdots\cdots\ \bigcirc$$
$x^2-mx+4=0$이 중근을 가지므로
$$D_2=(-m)^2-4\cdot1\cdot4=0$$
$$(m+4)(m-4)=0$$
$$\therefore\ m=-4\ \text{또는}\ m=4\quad\cdots\cdots\ \bigcirc$$
$\bigcirc$, $\bigcirc$의 공통부분을 구하면 $m=-4$
따라서 구하는 정수 m의 값은 -4이다.

002 정답 ④

해설 $x^2-4x+2=0$의 두 근이 $\alpha,\ \beta$이므로
근과 계수의 관계에 의해
$$\alpha+\beta=-\frac{-4}{1}=4,\ \alpha\beta=\frac{2}{1}=2$$
$$(\alpha-\beta)^2=(\alpha+\beta)^2-4\alpha\beta$$
$$=4^2-4\cdot2=8$$
$$\alpha-\beta=\pm\sqrt{8}=\pm2\sqrt{2}$$
$$\alpha^2-\beta^2=(\alpha+\beta)(\alpha-\beta)$$
$$=4\cdot(\pm2\sqrt{2})=\pm8\sqrt{2}$$
$$\therefore\ |\alpha^2-\beta^2|=8\sqrt{2}$$

003 정답 ②

해설 $x^2+x+1=0$의 두 근이 $\alpha,\ \beta$이므로
근과 계수의 관계에 의해
$$\alpha+\beta=-\frac{1}{1}=-1,\ \alpha\beta=\frac{1}{1}=1$$
$$\therefore\ \alpha^3+\beta^3=(\alpha+\beta)^3-3\alpha\beta(\alpha+\beta)$$
$$=(-1)^3-3\cdot1\cdot(-1)$$
$$=(-1)+3=2$$

별해 $x^2+x+1=0$의 양변에 $x-1$을 곱하면
$$(x-1)(x^2+x+1)=0$$
$$x^3-1=0\quad\therefore\ x^3=1$$
$x^2+x+1=0$의 두 근 $\alpha,\ \beta$는 $x^3=1$의 근이기도 하므로
$\alpha^3=1,\ \beta^3=1$이 되어 $\alpha^3+\beta^3=2$이다.

004 정답 ②

해설 $x^2-4(k+1)x-3k=0$의 두 근의 비가 $1:3$이므로 두 근을 $\alpha,\ 3\alpha$라 하면
근과 계수의 관계에 의해
$$\alpha+3\alpha=-\frac{-4(k+1)}{1}=4(k+1)$$
$$\alpha\cdot3\alpha=\frac{-3k}{1}=-3k$$
$$\begin{cases}4\alpha=4(k+1)\\3\alpha^2=-3k\end{cases}\therefore\begin{cases}\alpha=k+1\\\alpha^2=-k\end{cases}$$
$\alpha=k+1$을 $\alpha^2=-k$에 대입하면
$$(k+1)^2=-k$$
$$k^2+2k+1=-k$$
$$\therefore\ k^2+3k+1=0$$
이때 근과 계수의 관계에 의해 모든 실수 k의 값의 곱은
$\dfrac{1}{1}=1$이다.

005 정답 ③

해설 계수가 실수인 이차방정식 $x^2+ax+b=0$의 한 근이
$$\frac{2}{1+i}=\frac{2(1-i)}{(1+i)(1-i)}=\frac{2(1-i)}{1-i^2}$$
$$=\frac{2(1-i)}{2}=1-i$$
이면 다른 한 근은 켤레근 $1+i$이다.
근과 계수의 관계에 의해

$(두 근의 합) = (1-i) + (1+i) = -\dfrac{a}{1} = -a$

$\therefore a = -2$

$(두 근의 곱) = (1-i)(1+i) = \dfrac{b}{1} = b$

$1 - i^2 = b \quad \therefore b = 2$

$\therefore a + b = (-2) + 2 = 0$

006 정답 ③

해설 $x^2 - 3x + 1 = 0$의 두 근이 α, β이므로
근과 계수의 관계에 의해

$\alpha + \beta = -\dfrac{-3}{1} = 3, \ \alpha\beta = \dfrac{1}{1} = 1$

$\left(\alpha + \dfrac{1}{\beta}\right) + \left(\beta + \dfrac{1}{\alpha}\right) = (\alpha + \beta) + \left(\dfrac{1}{\alpha} + \dfrac{1}{\beta}\right)$

$\qquad\qquad\qquad\qquad\qquad = (\alpha + \beta) + \dfrac{\alpha + \beta}{\alpha\beta}$

$\qquad\qquad\qquad\qquad\qquad = 3 + \dfrac{3}{1}$

$\qquad\qquad\qquad\qquad\qquad = 6$

$\left(\alpha + \dfrac{1}{\beta}\right)\left(\beta + \dfrac{1}{\alpha}\right) = \alpha\beta + 1 + 1 + \dfrac{1}{\alpha\beta}$

$\qquad\qquad\qquad\qquad\qquad = 1 + 1 + 1 + \dfrac{1}{1}$

$\qquad\qquad\qquad\qquad\qquad = 4$

따라서 $\alpha + \dfrac{1}{\beta}, \ \beta + \dfrac{1}{\alpha}$을 두 근으로 하고 x^2의 계수가 1인

이차방정식은

$x^2 - 6x + 4 = 0$

007 정답 ④

해설 이차항의 계수가 1인 이차방정식 $f(x) = 0$의 두 근
이 α, β이면 이차식 $f(x)$는 $f(x) = (x-\alpha)(x-\beta)$와
같이 인수분해된다.

짝수 근의 공식을 이용하여 $x^2 + 2x + 3 = 0$의 두 근을 구
하면

$x = \dfrac{-1 \pm \sqrt{1^2 - 1 \cdot 3}}{1}$

$\quad = -1 \pm \sqrt{2}i$

$\therefore x^2 + 2x + 3$

$= \{x - (-1 + \sqrt{2}i)\}\{x - (-1 - \sqrt{2}i)\}$

$= (x + 1 - \sqrt{2}i)(x + 1 + \sqrt{2}i)$

008 정답 ⑤

해설 이차방정식의 두 근이 모두 양수가 되려면 두 근의
합과 곱이 모두 양수이고 판별식이 0보다 크거나 같아야
한다.

$x^2 - 4x + k + 1 = 0$의 두 근을 α, β라 하면

(i) $\alpha + \beta = -\dfrac{-4}{1} = 4 > 0$

(ii) $\alpha\beta = \dfrac{k+1}{1} = k + 1 > 0 \quad \therefore k > -1 \quad \cdots\cdots$ ㉠

(iii) $D = (-4)^2 - 4 \cdot 1 \cdot (k+1) \geq 0$

$\quad 12 - 4k \geq 0 \quad \therefore k \leq 3 \quad \cdots\cdots$ ㉡

㉠, ㉡의 공통부분을 구하면 $-1 < k \leq 3$

따라서 정수 k의 값은 0, 1, 2, 3이고 그 합은 6이다.

013 이차함수와 이차방정식의 관계

교과서문제 CHECK 본문 P.77

001 정답 1, 2

해설 이차함수 $y = x^2 - 3x + 2$의 그래프와 x축의 교점의
x좌표는 이차방정식 $x^2 - 3x + 2 = 0$의 실근이다.

$x^2 - 3x + 2 = 0$에서

$(x-1)(x-2) = 0$

$\therefore x = 1$ 또는 $x = 2$

002 정답 $\dfrac{1}{2}, \dfrac{1}{3}$

해설 이차함수 $y = 6x^2 - 5x + 1$의 그래프와 x축의 교점
의 x좌표는 이차방정식 $6x^2 - 5x + 1 = 0$의 실근이다.

$6x^2 - 5x + 1 = 0$에서

$(2x-1)(3x-1) = 0$

$\therefore x = \dfrac{1}{2}$ 또는 $x = \dfrac{1}{3}$

003 정답 $1, \dfrac{3}{2}$

해설 이차함수 $y = -2x^2 + 5x - 3$의 그래프와 x축의 교
점의 x좌표는 이차방정식 $-2x^2 + 5x - 3 = 0$의 실근이
다.

$-2x^2 + 5x - 3 = 0$에서

$2x^2 - 5x + 3 = 0$

$(x-1)(2x-3) = 0$

$\therefore x = 1$ 또는 $x = \dfrac{3}{2}$

004 정답 $-\dfrac{1}{2}, 2$

해설 이차함수 $y = -2x^2 + 3x + 2$의 그래프와 x축의 교
점의 x좌표는 이차방정식 $-2x^2 + 3x + 2 = 0$의 실근이
다.

$-2x^2 + 3x + 2 = 0$에서

$2x^2 - 3x - 2 = 0$

$(2x+1)(x-2) = 0$

$\therefore x = -\dfrac{1}{2}$ 또는 $x = 2$

005 정답 $-2, 2$

해설 이차함수 $y = x^2 - 4$의 그래프와 x축의 교점의 x좌
표는 이차방정식 $x^2 - 4 = 0$의 실근이다.

$x^2 - 4 = 0$에서

$(x+2)(x-2)=0$

$\therefore x=-2$ 또는 $x=2$

006 정답 3

해설 이차함수 $y=-x^2+6x-9$의 그래프와 x축의 교점의 x좌표는 이차방정식 $-x^2+6x-9=0$의 실근이다.

$-x^2+6x-9=0$에서

$x^2-6x+9=0$

$(x-3)^2=0$

$\therefore x=3$

007 정답 2개

해설 이차함수 $y=x^2-4x+1$의 그래프와 x축의 교점의 개수는 이차방정식 $x^2-4x+1=0$의 실근의 개수와 같다.

$x^2-4x+1=0$의 판별식을 D라 하면

$D=(-4)^2-4\cdot1\cdot1=12>0$

즉, $D>0$이므로 이 이차방정식은 서로 다른 두 실근을 갖는다.

따라서 $y=x^2-4x+1$의 그래프는 x축과 서로 다른 두 점에서 만난다.

별해 짝수 공식의 판별식을 이용하면

$\dfrac{D}{4}=(-2)^2-1\cdot1=3>0$

008 정답 0개

해설 이차함수 $y=2x^2-3x+2$의 그래프와 x축의 교점의 개수는 이차방정식 $2x^2-3x+2=0$의 실근의 개수와 같다.

$2x^2-3x+2=0$의 판별식을 D라 하면

$D=(-3)^2-4\cdot2\cdot2=-7<0$

즉, $D<0$이므로 이 이차방정식은 서로 다른 두 허근을 갖는다.

따라서 $y=2x^2-3x+2$의 그래프는 x축과 만나지 않는다.

009 정답 1개

해설 이차함수 $y=-4x^2+4x-1$의 그래프와 x축의 교점의 개수는 이차방정식 $-4x^2+4x-1=0$의 실근의 개수와 같다.

$-4x^2+4x-1=0$의 판별식을 D라 하면

$D=4^2-4\cdot(-4)\cdot(-1)=0$

즉, $D=0$이므로 이 이차방정식은 중근을 갖는다.

따라서 $y=-4x^2+4x-1$의 그래프는 x축과 한 점에서 만난다. 즉, x축에 접한다.

별해 짝수 공식의 판별식을 이용하면

$\dfrac{D}{4}=2^2-(-4)\cdot(-1)=0$

010 정답 2개

해설 이차함수 $y=-2x^2+x+2$의 그래프와 x축의 교점의 개수는 이차방정식 $-2x^2+x+2=0$의 실근의 개수와 같다.

$-2x^2+x+2=0$의 판별식을 D라 하면

$D=1^2-4\cdot(-2)\cdot2=17>0$

즉, $D>0$이므로 이 이차방정식은 서로 다른 두 실근을 갖는다.

따라서 $y=-2x^2+x+2$의 그래프는 x축과 서로 다른 두 점에서 만난다.

011 정답 0개

해설 이차함수 $y=-x^2+x-1$의 그래프와 x축의 교점의 개수는 이차방정식 $-x^2+x-1=0$의 실근의 개수와 같다.

$-x^2+x-1=0$의 판별식을 D라 하면

$D=1^2-4\cdot(-1)\cdot(-1)=-3<0$

즉, $D<0$이므로 이 이차방정식은 서로 다른 두 허근을 갖는다.

따라서 $y=-x^2+x-1$의 그래프는 x축과 만나지 않는다.

012 정답 1개

해설 이차함수 $y=x^2-8x+16$의 그래프와 x축의 교점의 개수는 이차방정식 $x^2-8x+16=0$의 실근의 개수와 같다.

$x^2-8x+16=0$의 판별식을 D라 하면

$D=(-8)^2-4\cdot1\cdot16=0$

즉, $D=0$이므로 이 이차방정식은 중근을 갖는다.

따라서 $y=x^2-8x+16$의 그래프는 x축과 한 점에서 만난다. 즉, x축에 접한다.

별해 짝수 공식의 판별식을 이용하면

$\dfrac{D}{4}=(-4)^2-1\cdot16=0$

013 정답 $k<4$

해설 이차함수 $y=x^2-4x+k$의 그래프가 x축과 서로 다른 두 점에서 만나면 이차방정식 $x^2-4x+k=0$은 서로 다른 두 실근을 갖는다.

즉, $x^2-4x+k=0$의 판별식을 D라 하면 $D>0$이어야 하므로

$D=(-4)^2-4\cdot1\cdot k$

$=16-4k>0$

$k-4<0$ $\therefore k<4$

별해 짝수 공식의 판별식을 이용하면

$\dfrac{D}{4}=(-2)^2-1\cdot k=4-k>0$

$\therefore k<4$

014 정답 $k<2$

해설 이차함수 $y=x^2+2x+k-1$의 그래프가 x축과 서로 다른 두 점에서 만나면 이차방정식 $x^2+2x+k-1=0$은 서로 다른 두 실근을 갖는다.

즉, $x^2+2x+k-1=0$의 판별식을 D라 하면 $D>0$이어야 하므로

$D=2^2-4\cdot1\cdot(k-1)$

$\quad=4-4k+4$

$\quad=-4k+8>0$

$k-2<0 \quad \therefore k<2$

015 정답 $k=-1$

해설 이차함수 $y=x^2-2x+2k+3$의 그래프가 x축과
한 점에서 만나면 이차방정식 $x^2-2x+2k+3=0$은 중
근을 갖는다.

즉, $x^2-2x+2k+3=0=0$의 판별식을 D라 하면

$D=0$이어야 하므로

$D=(-2)^2-4\cdot1\cdot(2k+3)$

$\quad=4-8k-12$

$\quad=-8k-8=0$

$k+1=0 \quad \therefore k=-1$

별해 짝수 공식의 판별식을 이용하면

$\dfrac{D}{4}=(-1)^2-1\cdot(2k+3)$

$\quad=1-2k-3=0$

$\quad=-2k-2=0$

$k+1=0 \quad \therefore k=-1$

016 정답 $k=-6$

해설 이차함수 $y=-2x^2+8x+k-2$의 그래프가 x축과
한 점에서 만나면 이차방정식 $-2x^2+8x+k-2=0$은
중근을 갖는다.

즉, $-2x^2+8x+k-2=0$의 판별식을 D라 하면

$D=0$이어야 하므로

$D=8^2-4\cdot(-2)\cdot(k-2)$

$\quad=64+8k-16$

$\quad=8k+48=0$

$k+6=0 \quad \therefore k=-6$

별해 짝수 공식의 판별식을 이용하면

$\dfrac{D}{4}=4^2-(-2)\cdot(k-2)$

$\quad=16+2k-4$

$\quad=2k+12=0$

$k+6=0 \quad \therefore k=-6$

017 정답 $k<-2$

해설 이차함수 $y=-2x^2+4x+k$의 그래프가 x축과 만
나지 않으면 이차방정식 $-2x^2+4x+k=0$은 서로 다른
두 허근을 갖는다.

즉, $-2x^2+4x+k=0$의 판별식을 D라 하면

$D<0$이어야 하므로

$D=4^2-4\cdot(-2)\cdot k$

$\quad=16+8k<0$

$k+2<0 \quad \therefore k<-2$

별해 짝수 공식의 판별식을 이용하면

$\dfrac{D}{4}=2^2-(-2)\cdot k$

$\quad=4+2k<0$

$k+2<0 \quad \therefore k<-2$

018 정답 $k>1$

해설 이차함수 $y=x^2+2x+2k-1$의 그래프가 x축과
만나지 않으면 이차방정식 $x^2+2x+2k-1=0$은 서로
다른 두 허근을 갖는다.

즉, $x^2+2x+2k-1=0$의 판별식을 D라 하면

$D<0$이어야 하므로

$D=2^2-4\cdot1\cdot(2k-1)$

$\quad=4-8k+4$

$\quad=8-8k<0$

$k-1>0 \quad \therefore k>1$

별해 짝수 공식의 판별식을 이용하면

$\dfrac{D}{4}=1^2-1\cdot(2k-1)$

$\quad=2-2k<0$

$k-1>0 \quad \therefore k>1$

019 정답 $(1,2),(2,3)$

해설 이차함수 $y=x^2-2x+3$의 그래프와 직선
$y=x+1$이 만나는 점의 x좌표는 이차방정식
$x^2-2x+3=x+1$의 실근이다.

$x^2-2x+3=x+1$에서

$x^2-3x+2=0$

$(x-1)(x-2)=0$

$\therefore x=1$ 또는 $x=2$

$x=1$을 $y=x+1$에 대입하면 $y=2$

$x=2$를 $y=x+1$에 대입하면 $y=3$

따라서 이차함수 $y=x^2-2x+3$의 그래프와 직선
$y=x+1$은 두 점 $(1,2),(2,3)$에서 만난다.

020 정답 $(-2,-7),(1,2)$

해설 이차함수 $y=-x^2+2x+1$의 그래프와 직선
$y=3x-1$이 만나는 점의 x좌표는 이차방정식
$-x^2+2x+1=3x-1$의 실근이다.

$-x^2+2x+1=3x-1$에서

$-x^2-x+2=0$

$x^2+x-2=0$

$(x+2)(x-1)=0$

$\therefore x=-2$ 또는 $x=1$

$x=-2$를 $y=3x-1$에 대입하면 $y=-7$

$x=1$을 $y=3x-1$에 대입하면 $y=2$

따라서 이차함수 $y=-x^2+2x+1$의 그래프와 직선
$y=3x+1$은 두 점 $(-2,-7),(1,2)$에서 만난다.

021 정답 $(3,5)$

해설 이차함수 $y=x^2-4x+8$의 그래프와 직선
$y=2x-1$이 만나는 점의 x좌표는 이차방정식
$x^2-4x+8=2x-1$의 실근이다.

$x^2-4x+8=2x-1$

$x^2-6x+9=0$

$(x-3)^2=0$ ∴ $x=3$

$x=3$을 $y=2x-1$에 대입하면 $y=5$

따라서 이차함수 $y=x^2-4x+8$의 그래프와 직선
$y=2x-1$은 한 점 $(3, 5)$에서 접한다.

022 정답 서로 다른 두 점에서 만난다.

해설 $y=x+1$을 $y=x^2-2x+3$에 대입하면

$x^2-2x+3=x+1$

$x^2-3x+2=0$

이 이차방정식의 판별식을 D라 하면

$D=(-3)^2-4\cdot1\cdot2=1>0$

따라서 이차방정식 $x^2-2x+3=x+1$이 서로 다른 두
실근을 가지므로 이차함수 $y=x^2-2x+3$의 그래프와 직
선 $y=x+1$은 서로 다른 두 점에서 만난다.

023 정답 한 점에서 만난다.(접한다.)

해설 $y=2x-1$을 $y=x^2-2x+3$에 대입하면

$x^2-2x+3=2x-1$

$x^2-4x+4=0$

이 이차방정식의 판별식을 D라 하면

$D=(-4)^2-4\cdot1\cdot4=0$

따라서 이차방정식 $x^2-2x+3=2x-1$이 중근을 가지므
로 이차함수 $y=x^2-2x+3$의 그래프와 직선 $y=2x-1$
은 한 점에서 만난다. 즉, 접한다.

024 정답 만나지 않는다.

해설 $y=-x+2$를 $y=x^2-2x+3$에 대입하면

$x^2-2x+3=-x+2$

$x^2-x+1=0$

이 이차방정식의 판별식을 D라 하면

$D=(-1)^2-4\cdot1\cdot1=-3<0$

따라서 이차방정식 $x^2-2x+3=-x+2$가 서로 다른 두
허근을 가지므로 이차함수 $y=x^2-2x+3$의 그래프와 직
선 $y=-x+2$는 만나지 않는다.

025 정답 $k<5$

해설 이차함수 $y=x^2-2x+k$의 그래프와 직선
$y=2x+1$이 서로 다른 두 점에서 만나므로 이차방정식
$x^2-2x+k=2x+1$은 서로 다른 두 실근을 갖는다.

$x^2-2x+k=2x+1$에서

$x^2-4x+(k-1)=0$

이 이차방정식의 판별식을 D라 하면

$D>0$이어야 하므로

$D=(-4)^2-4\cdot1\cdot(k-1)$

$=16-4k+4$

$=20-4k>0$

$k-5<0$ ∴ $k<5$

026 정답 $k=-3$

해설 이차함수 $y=x^2+3x-2$의 그래프와 직선

$y=x+k$가 한 점에서 만나므로 이차방정식
$x^2+3x-2=x+k$는 중근을 갖는다.

$x^2+3x-2=x+k$에서

$x^2+2x-2-k=0$

이 이차방정식의 판별식을 D라 하면

$D=0$이어야 하므로

$D=2^2-4\cdot1\cdot(-2-k)$

$=4+8+4k$

$=4k+12=0$

$k+3=0$ ∴ $k=-3$

027 정답 $k>2$

해설 이차함수 $y=x^2+x+k$의 그래프와 직선
$y=3x+1$이 만나지 않으므로 이차방정식
$x^2+x+k=3x+1$은 서로 다른 두 허근을 갖는다.

$x^2+x+k=3x+1$에서

$x^2-2x+(k-1)=0$

이 이차방정식의 판별식을 D라 하면

$D<0$이어야 하므로

$D=(-2)^2-4\cdot1\cdot(k-1)$

$=4-4k+4$

$=-4k+8<0$

$k-2>0$ ∴ $k>2$

필수유형 CHECK   본문 P. 79

| 001 ① | 002 ④ | 003 ④ | 004 ② |
| 005 ② | 006 ① | 007 ③ | 008 ④ |

001 정답 ①

해설 이차함수 $y=x^2+ax+b$의 그래프가 x축과 두 점
$(1, 0)$, $(4, 0)$에서 만난다는 것은 이차방정식
$x^2+ax+b=0$의 두 근이 1, 4라는 것을 의미한다.

근과 계수의 관계에 의해

(두 근의 합)$=1+4=-\dfrac{a}{1}=-a$ ∴ $a=-5$

(두 근의 곱)$=1\cdot4=\dfrac{b}{1}=b$ ∴ $b=4$

∴ $a+b=(-5)+4=-1$

002 정답 ④

해설 이차함수 $y=x^2-x+k-2$의 그래프가 x축과 만나
지 않는다는 것은 이차방정식 $x^2-x+k-2=0$의 실근
이 존재하지 않는다는 것을 의미한다.

또한 이것은 이 이차방정식이 서로 다른 두 허근을 갖는다
는 의미이므로 이 이차방정식의 판별식 D가 0보다 작아
야 한다.

$x^2-x+k-2=0$의 판별식을 D라 하면

$D=(-1)^2-4\cdot1\cdot(k-2)$

$=1-4k+8$

$=-4k+9<0$

$4k-9>0$ $\quad\therefore k>\dfrac{9}{4}$

따라서 $k>\dfrac{9}{4}$를 만족하는 정수는 3, 4, 5, …이고 그 최솟

값은 3이다.

별해 이차함수 $y=x^2-x+k-2$의 최고차항의 계수 1이
양수이므로 이 함수의 그래프는 아래로 볼록하게 그려진
다. 이때 이차함수 $y=x^2-x+k-2$의 그래프가 x축과
만나지 않는다는 것은 이 그래프가 x축보다 위쪽에 그려
진다는 것을 의미한다.

따라서 이차함수의 꼭짓점의 y좌표가 0보다 크면 x축보
다 위쪽에 그려지므로 x축과 만나지 않는다.

$y=x^2-x+k-2$
$\quad=\left(x^2-x+\dfrac{1}{4}-\dfrac{1}{4}\right)+k-2$
$\quad=\left(x-\dfrac{1}{2}\right)^2+k-\dfrac{9}{4}$

즉, 꼭짓점의 좌표가 $\left(\dfrac{1}{2},\ k-\dfrac{9}{4}\right)$이므로 $k-\dfrac{9}{4}>0$이어야

한다.

$\therefore k>\dfrac{9}{4}$

따라서 $k>\dfrac{9}{4}$를 만족하는 정수는 3, 4, 5, …이고 그 최솟

값은 3이다.

003 정답 ④

해설 이차함수 $y=x^2-6x+2k+1$의 그래프가 x축과
접한다는 것은 이차방정식 $x^2-6x+2k+1=0$이 중근을
갖는다는 의미이므로 이 이차방정식의 판별식 D가 0이어
야 한다.

$x^2-6x+2k+1=0$의 판별식을 D라 하면

$\dfrac{D}{4}=(-3)^2-1\cdot(2k+1)$
$\quad=9-2k-1$
$\quad=8-2k=0$

$k-4=0$ $\quad\therefore k=4$

$k=4$를 $y=x^2-6x+2k+1$에 대입하면

$y=x^2-6x+9$

이때 이 그래프가 x축과 접할 때의 접점의 x좌표는
이차방정식 $x^2-6x+9=0$의 실근이다.

$x^2-6x+9=0$에서

$(x-3)^2=0$ $\quad\therefore x=3$

004 정답 ②

해설 이차함수 $y=x^2+x-1$의 그래프와 직선 $y=3x-k$
가 서로 다른 두 점에서 만난다는 것은 이차방정식
$x^2+x-1=3x-k$가 서로 다른 두 실근을 갖는다는 의
미이므로 이 이차방정식의 판별식 D가 0보다 커야 한다.

$x^2+x-1=3x-k$에서

$x^2-2x+k-1=0$

이 이차방정식의 판별식을 D라 하면

$\dfrac{D}{4}=(-1)^2-1\cdot(k-1)$
$\quad=1-k+1$
$\quad=2-k>0$

$k-2<0$ $\quad\therefore k<2$

따라서 $k<2$인 정수는 …, -1, 0, 1이고 그 최댓값은 1
이다.

005 정답 ②

해설 직선 $y=2x+1$과 직선 $y=ax+b$가 평행하므로
두 직선의 기울기는 서로 같아야 한다.

$\therefore a=2$

이차함수 $y=x^2-2x+3$의 그래프와 직선 $y=ax+b$, 즉
$y=2x+b$가 접한다는 것은 이차방정식
$x^2-2x+3=2x+b$가 중근을 갖는다는 것을 의미하므
로 이 이차방정식의 판별식 D가 0이어야 한다.

$x^2-2x+3=2x+b$에서

$x^2-4x+3-b=0$

이 이차방정식의 판별식을 D라 하면

$\dfrac{D}{4}=(-2)^2-1\cdot(3-b)$
$\quad=1+b=0$

$\therefore b=-1$

$\therefore a+b=2+(-1)=1$

006 정답 ①

해설 이차함수 $y=x^2-x+2$의 그래프가 직선 $y=x+a$
보다 항상 위쪽에 있다는 것은 두 그래프가 서로 만나지
않는다는 것을 의미한다.

또한 이것은 이차방정식 $x^2-x+2=x+a$의 실근이 존
재하지 않는다는 의미이므로 이 이차방정식의 판별식 D
가 0보다 작아야 한다.

$x^2-x+2=x+a$에서

$x^2-2x+2-a=0$

이 이차방정식의 판별식을 D라 하면

$\dfrac{D}{4}=(-1)^2-1\cdot(2-a)$
$\quad=1-2+a<0$

$a-1<0$ $\quad\therefore a<1$

007 정답 ③

해설 이차함수 $y=x^2-(k+1)x+k$의 그래프가 x축과
만나는 두 점의 x좌표를 α, β라 하면 이차방정식
$x^2-(k+1)x+k=0$의 두 실근은 α, β이다.

이때 근과 계수의 관계에 의해

$\alpha+\beta=-\dfrac{-(k+1)}{1}=k+1$

$\alpha\beta=\dfrac{k}{1}=k$

두 점 $(\alpha,\ 0)$, $(\beta,\ 0)$ 사이의 거리가 3이므로 이차방정식
$x^2-(k+1)x+k=0$의 두 실근 α, β의 차가 3이다. 즉,

$|\alpha-\beta|=3$

이 식의 양변을 제곱하면
$(\alpha-\beta)^2=9$
$\alpha^2-2\alpha\beta+\beta^2=9$
$(\alpha+\beta)^2-4\alpha\beta=9$
이 식에 $\alpha+\beta=k+1$, $\alpha\beta=k$를 대입하면
$(k+1)^2-4k=9$
$k^2+2k+1-4k=9$
$k^2-2k-8=0$
$(k+2)(k-4)=0$
$\therefore k=-2$ 또는 $k=4$
따라서 모든 k의 값의 합은 $(-2)+4=2$이다.

별해 이차방정식 $k^2-2k-8=0$의 근을 구하지 않고도 근과 계수의 관계를 이용하여 모든 k의 값의 합을 구할 수 있다.

$\therefore$ (모든 k의 값의 합)$=$(두 근의 합)$=-\dfrac{-2}{1}=2$

별해 이차함수 $y=x^2-(k+1)x+k$의 그래프가 x축과 만나는 두 점의 x좌표는 이차방정식
$x^2-(k+1)x+k=0$의 두 실근이다.
이때 $x^2-(k+1)x+k=0$의 근을 구하면
$(x-1)(x-k)=0$
$\therefore x=1$ 또는 $x=k$
이때 두 점 $(1,0)$, $(k,0)$ 사이의 거리가 3이므로
$k=-2$ 또는 $k=4$이다.
따라서 모든 k의 값의 합은 $(-2)+4=2$이다.

008 **정답** ④

해설 이차방정식 $x^2-3x+k+1=0$의 두 근이 모두 1보다 크려면 이차함수 $f(x)=x^2-3x+k+1$의 그래프는 다음 그림과 같아야 한다.

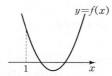

따라서 다음 세 조건을 모두 만족해야 한다.
(i) $D\geq0$
$x^2-3x+k+1=0$의 판별식을 D라 하면
$D=(-3)^2-4\cdot1\cdot(k+1)$
$=9-4k-4$
$=5-4k\geq0$
$4k-5\leq0$ $\quad\therefore k\leq\dfrac{5}{4}$
(ii) (대칭축)>1
즉, 이차함수 $y=x^2-3x+k+1$의 대칭축이 1보다 커야 한다.
$y=x^2-3x+k+1$
$=\left(x^2-3x+\dfrac{9}{4}-\dfrac{9}{4}\right)+k+1$
$=\left(x^2-3x+\dfrac{9}{4}\right)+k+1-\dfrac{9}{4}$

$=\left(x-\dfrac{3}{2}\right)^2+k-\dfrac{5}{4}$

따라서 대칭축의 방정식이 $x=\dfrac{3}{2}$이고 1보다 크므로 조건을 만족한다.
(iii) $f(1)>0$
$f(x)=x^2-3x+k+1$이라 하면
$f(1)=1-3+k+1$
$=k-1>0$
$\therefore k>1$
(i), (ii), (iii)의 세 조건을 모두 만족하는 k의 값의 범위는 $1<k\leq\dfrac{5}{4}$이다.

따라서 $a=1$, $b=\dfrac{5}{4}$이므로
$4b-3a=4\cdot\dfrac{5}{4}-3\cdot1=2$

별해 이차방정식 $x^2-3x+k+1=0$의 두 근을 α, β라 하면 두 근이 모두 1보다 크므로 $\alpha-1>0$, $\beta-1>0$이다.
따라서 다음 세 조건을 모두 만족해야 한다.
(i) $D\geq0$
$x^2-3x+k+1=0$의 판별식을 D라 하면
$D=(-3)^2-4\cdot1\cdot(k+1)$
$=9-4k-4$
$=5-4k\geq0$
$4k-5\leq0$ $\quad\therefore k\leq\dfrac{5}{4}$
(ii) $(\alpha-1)+(\beta-1)>0$
근과 계수의 관계에 의해
$\alpha+\beta=-\dfrac{-3}{1}=3$
$\alpha\beta=\dfrac{k+1}{1}=k+1$
$\therefore (\alpha-1)+(\beta-1)=\alpha+\beta-2$
$=3-2>0$
따라서 $(\alpha-1)+(\beta-1)>0$은 항상 성립한다.
(iii) $(\alpha-1)(\beta-1)>0$
$(\alpha-1)(\beta-1)$
$=\alpha\beta-(\alpha+\beta)+1$
$=k+1-3+1$
$=k-1>0$
$\therefore k>1$
(i), (ii), (iii)의 세 조건을 모두 만족하는 k의 값의 범위는 $1<k\leq\dfrac{5}{4}$이다.

따라서 $a=1$, $b=\dfrac{5}{4}$이므로
$4b-3a=4\cdot\dfrac{5}{4}-3\cdot1=2$

교과서문제 CHECK 본문 P. 81

001 정답 $(1, 0)$

해설 $y = x^2 - 2x + 1$

$\qquad = (x - 1)^2$

따라서 꼭짓점의 좌표는 $(1, 0)$이다.

002 정답 $(-2, 0)$

해설 $y = -x^2 - 4x - 4$

$\qquad = -(x^2 + 4x + 4)$

$\qquad = -(x + 2)^2$

따라서 꼭짓점의 좌표는 $(-2, 0)$이다.

003 정답 $(2, -1)$

해설 $y = x^2 - 4x + 3$

$\qquad = (x^2 - 4x + 4 - 4) + 3$

$\qquad = (x^2 - 4x + 4) - 4 + 3$

$\qquad = (x - 2)^2 - 1$

따라서 꼭짓점의 좌표는 $(2, -1)$이다.

004 정답 $(3, 4)$

해설 $y = -x^2 + 6x - 5$

$\qquad = -(x^2 - 6x) - 5$

$\qquad = -(x^2 - 6x + 9 - 9) - 5$

$\qquad = -(x^2 - 6x + 9) + 9 - 5$

$\qquad = -(x - 3)^2 + 4$

따라서 꼭짓점의 좌표는 $(3, 4)$이다.

005 정답 $(1, 3)$

해설 $y = -2x^2 + 4x + 1$

$\qquad = -2(x^2 - 2x) + 1$

$\qquad = -2(x^2 - 2x + 1 - 1) + 1$

$\qquad = -2(x^2 - 2x + 1) + 2 + 1$

$\qquad = -2(x - 1)^2 + 3$

따라서 꼭짓점의 좌표는 $(1, 3)$이다.

006 정답 $(-1, -1)$

해설 $y = 3x^2 + 6x + 2$

$\qquad = 3(x^2 + 2x) + 2$

$\qquad = 3(x^2 + 2x + 1 - 1) + 2$

$\qquad = 3(x^2 + 2x + 1) - 3 + 2$

$\qquad = 3(x + 1)^2 - 1$

따라서 꼭짓점의 좌표는 $(-1, -1)$이다.

007 정답 $(2, -3)$

해설 $y = \dfrac{1}{2}x^2 - 2x - 1$

$\qquad = \dfrac{1}{2}(x^2 - 4x) - 1$

$\qquad = \dfrac{1}{2}(x^2 - 4x + 4 - 4) - 1$

$\qquad = \dfrac{1}{2}(x^2 - 4x + 4) - 2 - 1$

$\qquad = \dfrac{1}{2}(x - 2)^2 - 3$

따라서 꼭짓점의 좌표는 $(2, -3)$이다.

008 정답 $(-3, 4)$

해설 $y = -\dfrac{1}{3}x^2 - 2x + 1$

$\qquad = -\dfrac{1}{3}(x^2 + 6x) + 1$

$\qquad = -\dfrac{1}{3}(x^2 + 6x + 9 - 9) + 1$

$\qquad = -\dfrac{1}{3}(x^2 + 6x + 9) + 3 + 1$

$\qquad = -\dfrac{1}{3}(x + 3)^2 + 4$

따라서 꼭짓점의 좌표는 $(-3, 4)$이다.

009 정답 -2

해설 $y = x^2 - 2x - 1$

$\qquad = (x^2 - 2x + 1 - 1) - 1$

$\qquad = (x^2 - 2x + 1) - 1 - 1$

$\qquad = (x - 1)^2 - 2$

즉, 꼭짓점의 좌표는 $(1, -2)$이다.

그래프는 $y = x^2 - 2x - 1$의 이차항의 계수 1이 양수이므로 아래로 볼록이다.

따라서 이 이차함수의 최솟값은 꼭짓점 $(1, -2)$의 y좌표 -2이다.

010 정답 1

해설 $y = x^2 + 4x + 5$

$\qquad = (x^2 + 4x + 4 - 4) + 5$

$\qquad = (x^2 + 4x + 4) - 4 + 5$

$\qquad = (x + 2)^2 + 1$

즉, 꼭짓점의 좌표는 $(-2, 1)$이다.

그래프는 $y = x^2 + 4x + 5$의 이차항의 계수 1이 양수이므로 아래로 볼록이다.

따라서 이 이차함수의 최솟값은 꼭짓점 $(-2, 1)$의 y좌표 1이다.

011 정답 -3

해설 $y = 2x^2 + 4x - 1$

$\qquad = 2(x^2 + 2x) - 1$

$\qquad = 2(x^2 + 2x + 1 - 1) - 1$

$\qquad = 2(x^2 + 2x + 1) - 2 - 1$

$\qquad = 2(x + 1)^2 - 3$

즉, 꼭짓점의 좌표는 $(-1, -3)$이다.

그래프는 $y = 2x^2 + 4x - 1$의 이차항의 계수 2가 양수이므로 아래로 볼록이다.

따라서 이 이차함수의 최솟값은 꼭짓점 $(-1, -3)$의 y좌표 -3이다.

012 정답 0

해설 $y=3x^2-6x+3$
$\quad\quad =3(x^2-2x+1)$
$\quad\quad =3(x-1)^2$

즉, 꼭짓점의 좌표는 $(1, 0)$이다.

그래프는 $y=3x^2-6x+3$의 이차항의 계수 3이 양수이므로 아래로 볼록이다.

따라서 이 이차함수의 최솟값은 꼭짓점 $(1, 0)$의 y좌표 0이다.

013 정답 -3

해설 $y=\dfrac{1}{3}x^2-2x$
$\quad\quad =\dfrac{1}{3}(x^2-6x)$
$\quad\quad =\dfrac{1}{3}(x^2-6x+9-9)$
$\quad\quad =\dfrac{1}{3}(x^2-6x+9)-3$
$\quad\quad =\dfrac{1}{3}(x-3)^2-3$

즉, 꼭짓점의 좌표는 $(3, -3)$이다.

그래프는 $y=\dfrac{1}{3}x^2-2x$의 이차항의 계수 $\dfrac{1}{3}$이 양수이므로 아래로 볼록이다.

따라서 이 이차함수의 최솟값은 꼭짓점 $(3, -3)$의 y좌표 -3이다.

별해 $y=\dfrac{1}{3}x^2-2x$의 양변에 3을 곱하면

$3y=x^2-6x$
$\quad =(x^2-6x+9)-9$
$\quad =(x-3)^2-9$

따라서 $3y$의 최솟값이 -9이므로 y의 최솟값은 -3이다.

014 정답 $\dfrac{1}{2}$

해설 $y=\dfrac{1}{2}x^2+x+1$
$\quad\quad =\dfrac{1}{2}(x^2+2x)+1$
$\quad\quad =\dfrac{1}{2}(x^2+2x+1-1)+1$
$\quad\quad =\dfrac{1}{2}(x^2+2x+1)-\dfrac{1}{2}+1$
$\quad\quad =\dfrac{1}{2}(x+1)^2+\dfrac{1}{2}$

즉, 꼭짓점의 좌표는 $\left(-1, \dfrac{1}{2}\right)$이다.

그래프는 $y=\dfrac{1}{2}x^2+x+1$의 이차항의 계수 $\dfrac{1}{2}$이 양수이므로 아래로 볼록이다.

따라서 이 이차함수의 최솟값은 꼭짓점 $\left(-1, \dfrac{1}{2}\right)$의 y좌표 $\dfrac{1}{2}$이다.

015 정답 2

해설 $y=-x^2+4x-2$
$\quad\quad =-(x^2-4x)-2$
$\quad\quad =-(x^2-4x+4-4)-2$
$\quad\quad =-(x^2-4x+4)+4-2$
$\quad\quad =-(x-2)^2+2$

즉, 꼭짓점의 좌표는 $(2, 2)$이다.

그래프는 $y=-x^2+4x-2$의 이차항의 계수 -1이 음수이므로 위로 볼록이다.

따라서 이 이차함수의 최댓값은 꼭짓점 $(2, 2)$의 y좌표 2이다.

016 정답 4

해설 $y=-x^2-6x-5$
$\quad\quad =-(x^2+6x)-5$
$\quad\quad =-(x^2+6x+9-9)-5$
$\quad\quad =-(x^2+6x+9)+9-5$
$\quad\quad =-(x+3)^2+4$

즉, 꼭짓점의 좌표는 $(-3, 4)$이다.

그래프는 $y=-x^2-6x-5$의 이차항의 계수 -1이 음수이므로 위로 볼록이다.

따라서 이 이차함수의 최댓값은 꼭짓점 $(-3, 4)$의 y좌표 4이다.

017 정답 5

해설 $y=-3x^2-6x+2$
$\quad\quad =-3(x^2+2x)+2$
$\quad\quad =-3(x^2+2x+1-1)+2$
$\quad\quad =-3(x^2+2x+1)+3+2$
$\quad\quad =-3(x+1)^2+5$

즉, 꼭짓점의 좌표는 $(-1, 5)$이다.

그래프는 $y=-3x^2-6x+2$의 이차항의 계수 -3이 음수이므로 위로 볼록이다.

따라서 이 이차함수의 최댓값은 꼭짓점 $(-1, 5)$의 y좌표 5이다.

018 정답 -1

해설 $y=-2x^2+8x-9$
$\quad\quad =-2(x^2-4x)-9$
$\quad\quad =-2(x^2-4x+4-4)-9$
$\quad\quad =-2(x^2-4x+4)+8-9$
$\quad\quad =-2(x-2)^2-1$

즉, 꼭짓점의 좌표는 $(2, -1)$이다.

그래프는 $y=-2x^2+8x-9$의 이차항의 계수 -2가 음수이므로 위로 볼록이다.

따라서 이 이차함수의 최댓값은 꼭짓점 $(2, -1)$의 y좌표 -1이다.

019 정답 $\dfrac{1}{2}$

$y=-\dfrac{1}{2}x^2+x$

$$= -\frac{1}{2}(x^2 - 2x)$$
$$= -\frac{1}{2}(x^2 - 2x + 1 - 1)$$
$$= -\frac{1}{2}(x^2 - 2x + 1) + \frac{1}{2}$$
$$= -\frac{1}{2}(x-1)^2 + \frac{1}{2}$$

즉, 꼭짓점의 좌표는 $\left(1, \dfrac{1}{2}\right)$이다.

그래프는 $y = -\dfrac{1}{2}x^2 + x$의 이차항의 계수 $-\dfrac{1}{2}$이 음수이

므로 위로 볼록이다.

따라서 이 이차함수의 최댓값은 꼭짓점 $\left(1, \dfrac{1}{2}\right)$의 y좌표

$\dfrac{1}{2}$이다.

[별해] $y = -\dfrac{1}{2}x^2 + x$의 양변에 2를 곱하면

$$2y = -x^2 + 2x$$
$$= -(x^2 - 2x)$$
$$= -(x^2 - 2x + 1 - 1)$$
$$= -(x^2 - 2x + 1) + 1$$
$$= -(x-1)^2 + 1$$

따라서 $2y$의 최댓값이 1이므로 y의 최댓값은 $\dfrac{1}{2}$이다.

020 [정답] 2

[해설] $y = -\dfrac{1}{3}x^2 - 2x - 1$

$$= -\frac{1}{3}(x^2 + 6x) - 1$$
$$= -\frac{1}{3}(x^2 + 6x + 9 - 9) - 1$$
$$= -\frac{1}{3}(x^2 + 6x + 9) + 3 - 1$$
$$= -\frac{1}{3}(x+3)^2 + 2$$

즉, 꼭짓점의 좌표는 $(-3, 2)$이다.

그래프는 $y = -\dfrac{1}{3}x^2 - 2x - 1$의 이차항의 계수 $-\dfrac{1}{3}$이

음수이므로 위로 볼록이다.

따라서 이 이차함수의 최댓값은 꼭짓점 $(-3, 2)$의 y좌표

2이다.

[별해] $y = -\dfrac{1}{3}x^2 - 2x - 1$의 양변에 3을 곱하면

$$3y = -x^2 - 6x - 3$$
$$= -(x^2 + 6x) - 3$$
$$= -(x^2 + 6x + 9 - 9) - 3$$
$$= -(x^2 + 6x + 9) + 9 - 3$$
$$= -(x+3)^2 + 6$$

따라서 $3y$의 최댓값이 6이므로 y의 최댓값은 2이다.

021 [정답] $a = -2, b = -1$

[해설] 이차항의 계수 1이 양수이므로 그래프는 아래로 볼
록이다.

$x = 1$일 때, 최솟값 -2를 가지므로 꼭짓점의 좌표는
$(1, -2)$이다.

따라서 이차항의 계수가 1이고 꼭짓점의 좌표가 $(1, -2)$
인 이차함수의 식은

$$f(x) = (x-1)^2 - 2$$
$$= x^2 - 2x + 1 - 2$$
$$= x^2 - 2x - 1$$

이 식과 $y = x^2 + ax + b$가 서로 같으므로

$$a = -2, b = -1$$

022 [정답] $a = 2, b = 1$

[해설] 이차항의 계수 1이 양수이므로 그래프는 아래로 볼
록이다.

$x = b$일 때, 최솟값 1을 가지므로 꼭짓점의 좌표는 $(b, 1)$
이다.

따라서 이차항의 계수가 1이고 꼭짓점의 좌표가 $(b, 1)$인
이차함수의 식은

$$f(x) = (x-b)^2 + 1$$
$$= x^2 - 2bx + b^2 + 1$$

이 식과 $y = x^2 - 2x + a$가 서로 같으므로

$$b = 1, b^2 + 1 = a \quad \therefore a = 2$$

[별해] $f(x) = x^2 - 2x + a$

$$= (x^2 - 2x + 1 - 1) + a$$
$$= (x^2 - 2x + 1) - 1 + a$$
$$= (x-1)^2 - 1 + a$$

이므로 함수 $f(x)$는 $x = 1$에서 최솟값 $-1 + a$를 갖는다.

따라서 $1 = b, -1 + a = 1$이므로

$$a = 2$$

023 [정답] $a = 4, b = -3$

[해설] 이차항의 계수 2가 양수이므로 그래프는 아래로 볼
록이다.

$x = -1$일 때, 최솟값 b를 가지므로 꼭짓점의 좌표는
$(-1, b)$이다.

따라서 이차항의 계수가 2이고 꼭짓점의 좌표가 $(-1, b)$
인 이차함수의 식은

$$f(x) = 2\{x - (-1)\}^2 + b$$
$$= 2(x^2 + 2x + 1) + b$$
$$= 2x^2 + 4x + 2 + b$$

이 식과 $y = 2x^2 + ax - 10$이 서로 같으므로

$$a = 4, 2 + b = -1 \quad \therefore b = -3$$

024 [정답] $a = 2, b = 2$

[해설] 이차항의 계수 -1이 음수이므로 그래프는 위로 볼
록이다.

$x = 1$일 때, 최댓값 3을 가지므로 꼭짓점의 좌표는 $(1, 3)$
이다.

따라서 이차항의 계수가 -1이고 꼭짓점의 좌표가 $(1, 3)$
인 이차함수의 식은

$$f(x) = -(x-1)^2 + 3$$

$$= -(x^2 - 2x + 1) + 3$$
$$= -x^2 + 2x + 2$$
이 식과 $y = -x^2 + ax + b$가 서로 같으므로
$a = 2, b = 2$

025 정답 $a = -2, b = 3$

해설 이차항의 계수 -1이 음수이므로 그래프는 위로 볼록이다.

$x = -1$일 때, 최댓값 b를 가지므로 꼭짓점의 좌표는 $(-1, b)$이다.

따라서 이차항의 계수가 -1이고 꼭짓점의 좌표가 $(-1, b)$인 이차함수의 식은
$$f(x) = -\{x - (-1)\}^2 + b$$
$$= -(x^2 + 2x + 1) + b$$
$$= -x^2 - 2x - 1 + b$$
이 식과 $y = -x^2 + ax + 2$가 서로 같으므로
$a = -2, -1 + b = 2$ $\therefore b = 3$

026 정답 $a = 1, b = 1$

해설 이차항의 계수 -2가 음수이므로 그래프는 위로 볼록이다.

$x = b$일 때, 최댓값 3을 가지므로 꼭짓점의 좌표는 $(b, 3)$이다.

따라서 이차항의 계수가 -2이고 꼭짓점의 좌표가 $(b, 3)$인 이차함수의 식은
$$f(x) = -2(x - b)^2 + 3$$
$$= -2(x^2 - 2bx + b^2) + 3$$
$$= -2x^2 + 4bx - 2b^2 + 3$$
이 식과 $y = -2x^2 + 4x + a$가 서로 같으므로
$b = 1, -2b^2 + 3 = a$ $\therefore a = 1$

별해 $f(x) = -2x^2 + 4x + a$
$$= -2(x^2 - 2x + 1 - 1) + a$$
$$= -2(x^2 - 2x + 1) + 2 + a$$
$$= -2(x - 1)^2 + 2 + a$$
이므로 함수 $f(x)$는 $x = 1$에서 최댓값 $2 + a$를 갖는다.
따라서 $1 = b, 2 + a = 3$이므로
$a = 1, b = 1$

027 정답 $7 / -1$

해설 $f(x) = x^2 - 2x - 1$
$$= (x^2 - 2x + 1 - 1) - 1$$
$$= (x^2 - 2x + 1) - 1 - 1$$
$$= (x - 1)^2 - 2$$

이차항의 계수 1이 양수이므로 그래프는 아래로 볼록이다.

꼭짓점 $(1, -2)$의 x좌표 1이 $-2 \leq x \leq 0$에 포함되지 않으므로
$f(-2) = 7, f(0) = -1$
중에서 큰 값이 최댓값이고 작은 값이 최솟값이다.
따라서 최댓값은 7, 최솟값은 -1이다.

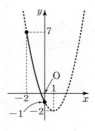

028 정답 $2 / -2$

해설 $f(x) = (x - 1)^2 - 2$에서

이차항의 계수 1이 양수이므로 그래프는 아래로 볼록이다.

꼭짓점 $(1, -2)$의 x좌표 1이 $0 \leq x \leq 3$에 포함되므로
$f(0) = -1, f(1) = -2, f(3) = 2$
중에서 가장 큰 값이 최댓값이고 가장 작은 값이 최솟값이다.

따라서 구하는 최댓값은 2, 최솟값은 -2이다.

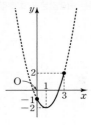

029 정답 $7 / -1$

해설 $f(x) = (x - 1)^2 - 2$에서

이차항의 계수 1이 양수이므로 그래프는 아래로 볼록이다.

꼭짓점 $(1, -2)$의 x좌표 1이 $2 \leq x \leq 4$에 포함되지 않으므로
$f(2) = -1, f(4) = 7$
중에서 큰 값이 최댓값이고 작은 값이 최솟값이다.
따라서 구하는 최댓값은 7, 최솟값은 -1이다.

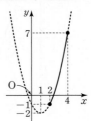

030 정답 $2 / -6$

해설 $f(x) = -x^2 + 4x - 1$
$$= -(x^2 - 4x + 4 - 4) - 1$$
$$= -(x^2 - 4x + 4) + 4 - 1$$
$$= -(x - 2)^2 + 3$$

이차항의 계수 -1이 음수이므로 그래프는 위로 볼록이다.

꼭짓점 $(2, 3)$의 x좌표 2가 $-1 \leq x \leq 1$에 포함되지 않으므로

$f(-1)=-6, f(1)=2$

중에서 큰 값이 최댓값이고 작은 값이 최솟값이다.

따라서 구하는 최댓값은 2, 최솟값은 -6이다.

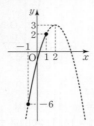

031 정답 $3 / -1$

해설 $f(x)=-(x-2)^2+3$에서

이차항의 계수 -1이 음수이므로 그래프는 위로 볼록이다.

꼭짓점 $(2, 3)$의 x좌표 2가 $2 \le x \le 4$에 포함되므로

$f(2)=3, f(4)=-1$

중에서 큰 값이 최댓값이고 작은 값이 최솟값이다.

따라서 구하는 최댓값은 3, 최솟값은 -1이다.

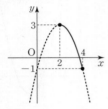

032 정답 $2 / -6$

해설 $f(x)=-(x-2)^2+3$에서

이차항의 계수 -1이 음수이므로 그래프는 위로 볼록이다.

꼭짓점 $(2, 3)$의 x좌표 2가 $3 \le x \le 5$에 포함되지 않으므로

$f(3)=2, f(5)=-6$

중에서 큰 값이 최댓값이고 작은 값이 최솟값이다.

따라서 구하는 최댓값은 2, 최솟값은 -6이다.

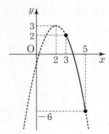

필수유형 CHECK   본문 P. 83

001 ②	**002** ④	**003** ②	**004** ③
005 ④	**006** ②	**007** ②	**008** ②

---

001 정답 ②

해설 이차항의 계수 1이 양수이므로 그래프는 아래로 볼록이다.

$x=2$에서 최솟값 1을 가지므로 꼭짓점의 좌표는 $(2, 1)$이다.

따라서 이차항의 계수가 1이고 꼭짓점의 좌표가 $(2, 1)$인 이차함수의 식은

$y=(x-2)^2+1$
$\ \ =x^2-4x+4+1$
$\ \ =x^2-4x+5$

이 식과 $y=x^2+ax+b$가 서로 같으므로

$a=-4, b=5$

$\therefore a+b=(-4)+5=1$

002 정답 ④

해설 $y=x^2-2kx+4k-1$
$\ \ =(x^2-2kx+k^2-k^2)+4k-1$
$\ \ =(x^2-2kx+k^2)-k^2+4k-1$
$\ \ =(x-k)^2-k^2+4k-1$

즉, 꼭짓점의 좌표는 $(k, -k^2+4k-1)$이다.

그래프는 $y=x^2-2kx+4k-1$의 이차항의 계수 1이 양수이므로 아래로 볼록이다.

따라서 이 이차함수의 최솟값은 꼭짓점 $(k, -k^2+4k-1)$의 y좌표 $-k^2+4k-1$이다.

$m=-k^2+4k-1$
$\ \ =-(k^2-4k)-1$
$\ \ =-(k^2-4k+4-4)-1$
$\ \ =-(k^2-4k+4)+4-1$
$\ \ =-(k-2)^2+3$

즉, 꼭짓점의 좌표는 $(2, 3)$이다.

그래프는 $m=-k^2+4k-1$의 이차항의 계수 -1이 음수이므로 위로 볼록이다.

따라서 이 이차함수의 최댓값은 꼭짓점 $(2, 3)$의 y좌표 3이다.

003 정답 ②

해설 $f(x)=-2x^2-4x+1$
$\ \ \ \ \ =-2(x^2+2x)+1$
$\ \ \ \ \ =-2(x^2+2x+1-1)+1$
$\ \ \ \ \ =-2(x^2+2x+1)+2+1$
$\ \ \ \ \ =-2(x+1)^2+3$

꼭짓점 $(-1, 3)$의 x좌표 -1이 $-3 \le x \le 0$에 포함되므로

$f(-3)=-5, f(-1)=3, f(0)=1$

중에서 가장 큰 값이 최댓값이고 가장 작은 값이 최솟값이다.

따라서 최댓값은 3, 최솟값은 -5이므로 그 합은

$3+(-5)=-2$

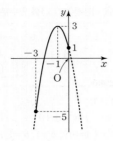

004 정답 ③

해설 $f(x) = 2x^2 - 4x + k$
$= 2(x^2 - 2x) + k$
$= 2(x^2 - 2x + 1 - 1) + k$
$= 2(x^2 - 2x + 1) - 2 + k$
$= 2(x - 1)^2 + k - 2$

꼭짓점 $(1, k-2)$의 x좌표 1이 $0 \le x \le 3$에 포함되므로
$f(0) = k, f(1) = k-2, f(3) = k+6$
중에서 가장 큰 값이 최댓값이다.

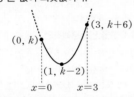

이때 꼭짓점 $(1, k-2)$의 y좌표 $k-2$가 최솟값이고 대칭축 $x=1$에서 더 멀리 떨어진 $x=3$에서 최댓값을 가지므로 최댓값은 $k+6$이다.
그런데 최댓값이 10이므로
$k+6 = 10$ ∴ $k=4$
따라서 구하는 최솟값은
$k-2 = 4-2 = 2$

005 정답 ④

해설 $x^2 + y^2 + 2x - 4y + 7$
$= (x^2 + 2x) + (y^2 - 4y) + 7$
$= (x^2 + 2x + 1 - 1) + (y^2 - 4y + 4 - 4) + 7$
$= (x^2 + 2x + 1) + (y^2 - 4y + 4) - 1 - 4 + 7$
$= (x+1)^2 + (y-2)^2 + 2$

따라서 $x=-1, y=2$일 때, 최솟값은 2이다.
∴ $a=-1, b=2, c=2$
∴ $a+b+c = (-1) + 2 + 2 = 3$

006 정답 ②

해설 $x + y + 1 = 0$에서 $y = -x - 1$
이 식을 $x^2 + y^2 + 2x$에 대입하면
$x^2 + y^2 + 2x$
$= x^2 + (-x-1)^2 + 2x$
$= x^2 + x^2 + 2x + 1 + 2x$
$= 2x^2 + 4x + 1$
$= 2(x^2 + 2x) + 1$
$= 2(x^2 + 2x + 1 - 1) + 1$

$= 2(x^2 + 2x + 1) - 2 + 1$
$= 2(x+1)^2 - 1$

$x = -1$일 때, 주어진 식은 최솟값 -1을 갖는다.
이때 $y = -x - 1$에 $x = -1$을 대입하면 $y = 0$
따라서 주어진 식은 $x = -1, y = 0$일 때 최솟값 -1을 갖는다.
∴ $a = -1, b = 0, c = -1$
∴ $abc = (-1) \cdot 0 \cdot (-1) = 0$

007 정답 ②

해설 $P(a, -2a+4)$로 놓으면 직사각형 OQPR의 넓이는 a에 대한 이차식으로 나타낼 수 있다.
이때 직사각형의 가로의 길이인 a의 값의 범위는 $0 < a < 2$이다.
직사각형 OQPR의 넓이를 S라 하면

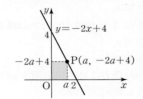

$S = \overline{OQ} \times \overline{QP}$
$= a \times (-2a + 4)$
$= -2a^2 + 4a$
$= -2(a^2 - 2a)$
$= -2(a^2 - 2a + 1 - 1)$
$= -2(a^2 - 2a + 1) + 2$
$= -2(a-1)^2 + 2$

즉, 꼭짓점의 좌표는 $(1, 2)$이다.
그래프는 $S = -2a^2 + 4a$의 이차항의 계수 -2가 음수이므로 위로 볼록이다.
따라서 이 이차함수의 최댓값은 꼭짓점 $(1, 2)$의 y좌표 2이다.
결국 $a=1$일 때, 점 P의 좌표는 $(1, 2)$이고 이때 직사각형의 넓이 S의 최댓값은 2이다.

008 정답 ②

해설 $x^2 - 2x + 2 = t$로 치환하면
$t = x^2 - 2x + 2$
$= (x^2 - 2x) + 2$
$= (x^2 - 2x + 1 - 1) + 2$
$= (x^2 - 2x + 1) - 1 + 2$
$= (x-1)^2 + 1$

꼭짓점 $(1, 1)$의 x좌표 1이 $0 \le x \le 2$에 포함되므로
$x = 0$일 때 $t = 2$
$x = 1$일 때 $t = 1$
$x = 2$일 때 $t = 2$
이 중에서 가장 큰 값이 최댓값이고 가장 작은 값이 최솟값이므로 최댓값은 2, 최솟값은 1이다.

따라서 이차함수 $t=(x-1)^2+1$의 그래프는 다음 그림과 같이 $0\le x\le2$에서 $1\le t\le2$이다.

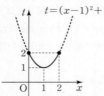

$$y=(x^2-2x+2)^2-2(x^2-2x+2)+2$$
$$=t^2-2t+2$$
$$=(t^2-2t)+2$$
$$=(t^2-2t+1-1)+2$$
$$=(t^2-2t+1)-1+2$$
$$=(t-1)^2+1 \ (1\le t\le2)$$

이제 $1\le t\le2$에서 이차함수 $y=(t-1)^2+1$의 최댓값을 구하면 된다.

꼭짓점 $(1, 1)$의 t좌표 1이 $1\le t\le2$에 포함되므로

$t=1$일 때 $y=1$

$t=2$일 때 $y=2$

이 중에서 큰 값이 최댓값이고 작은 값이 최솟값이므로 최댓값은 2, 최솟값은 1이다.

따라서 이차함수 $y=(t-1)^2+1$의 그래프는 다음 그림과 같이 $t=2$일 때 최댓값 2, $t=1$일 때 최솟값 1을 갖는다.

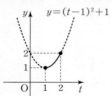

015 삼차방정식과 사차방정식의 풀이

 교과서문제 CHECK   본문 P. 85

001 정답 $x=1$ 또는 $x=\dfrac{-1\pm\sqrt{3}i}{2}$

해설 $x^3-1=0$에서 $x^3-1^3=0$

이 식의 좌변을 인수분해하면

$(x-1)(x^2+x\cdot1+1^2)=0$

$(x-1)(x^2+x+1)=0$

$\therefore x=1$ 또는 $x^2+x+1=0$

$\therefore x=1$ 또는 $x=\dfrac{-1\pm\sqrt{3}i}{2}$

참고 $x^3-1=0$에서

$f(x)=x^3-1$이라 하면 $f(1)=1-1=0$이므로 인수정리에 의해 $f(x)$는 $x-1$을 인수로 갖는다.

조립제법을 이용하여 $f(x)$를 인수분해하면

1	1	0	0	-1
		1	1	1
	1	1	1	0

$f(x)=x^3-1$
$\quad\ =(x-1)(x^2+x+1)$

참고 $x^2+x+1=0$의 $a=1$, $b=1$, $c=1$을

근의 공식 $x=\dfrac{-b\pm\sqrt{b^2-4ac}}{2a}$에 대입하면

$x=\dfrac{-1\pm\sqrt{1^2-4\cdot1\cdot1}}{2\cdot1}$

$\ =\dfrac{-1\pm\sqrt{-3}}{2}$

$\ =\dfrac{-1\pm\sqrt{3}i}{2}$

002 정답 $x=-2$ 또는 $x=1\pm\sqrt{3}i$

해설 $x^3+8=0$에서 $x^3+2^3=0$

이 식의 좌변을 인수분해하면

$(x+2)(x^2-x\cdot2+2^2)=0$

$(x+2)(x^2-2x+4)=0$

$\therefore x=-2$ 또는 $x^2-2x+4=0$

$\therefore x=-2$ 또는 $x=1\pm\sqrt{3}i$

참고 $x^3+8=0$에서

$f(x)=x^3+8$이라 하면 $f(-2)=(-8)+8=0$이므로 인수정리에 의해 $f(x)$는 $x+2$를 인수로 갖는다.

조립제법을 이용하여 $f(x)$를 인수분해하면

-2	1	0	0	8
		-2	4	-8
	1	-2	4	0

$\therefore f(x)=x^3+8$
$\qquad\ =(x+2)(x^2-2x+4)$

참고 $x^2+\{2\cdot(-1)\}x+4=0$의 $a=1$, $b'=-1$, $c=4$

를 근의 짝수 공식 $x=\dfrac{-b'\pm\sqrt{b'^2-ac}}{a}$에 대입하면

$x=\dfrac{-(-1)\pm\sqrt{(-1)^2-1\cdot4}}{1}$

$\ =1\pm\sqrt{-3}$

$\ =1\pm\sqrt{3}i$

003 정답 $x=-\dfrac{3}{2}$ 또는 $x=\dfrac{3\pm3\sqrt{3}i}{4}$

해설 $8x^3+27=0$에서 $(2x)^3+3^3=0$

이 식의 좌변을 인수분해하면

$(2x+3)\{(2x)^2-2x\cdot3+3^2\}=0$

$(2x+3)(4x^2-6x+9)=0$

$\therefore x=-\dfrac{3}{2}$ 또는 $4x^2-6x+9=0$

$$\therefore x=-\frac{3}{2} \text{ 또는 } x=\frac{3\pm3\sqrt{3}i}{4}$$

참고 $4x^2+\{2\cdot(-3)\}x+9=0$의 $a=4$, $b'=-3$, $c=9$

를 근의 짝수 공식 $x=\dfrac{-b'\pm\sqrt{b'^2-ac}}{a}$에 대입하면

$$x=\frac{-(-3)\pm\sqrt{(-3)^2-4\cdot9}}{4}$$

$$=\frac{3\pm\sqrt{-27}}{4}=\frac{3\pm3\sqrt{-3}}{4}$$

$$=\frac{3\pm3\sqrt{3}i}{4}$$

004 정답 $x=3$ 또는 $x=\dfrac{-3\pm3\sqrt{3}i}{2}$

해설 $\dfrac{1}{3}x^3-9=0$의 양변에 3을 곱하면

$x^3-27=0$

$x^3-3^3=0$

이 식의 좌변을 인수분해하면

$(x-3)(x^2+x\cdot3+3^2)=0$

$(x-3)(x^2+3x+9)=0$

$\therefore x=3$ 또는 $x^2+3x+9=0$

$\therefore x=3$ 또는 $x=\dfrac{-3\pm3\sqrt{3}i}{2}$

참고 $x^2+3x+9=0$의 $a=1$, $b=3$, $c=9$를

근의 공식 $x=\dfrac{-b\pm\sqrt{b^2-4ac}}{2a}$에 대입하면

$$x=\frac{-3\pm\sqrt{3^2-4\cdot1\cdot9}}{2\cdot1}$$

$$=\frac{-3\pm\sqrt{-27}}{2}=\frac{-3\pm3\sqrt{-3}}{2}$$

$$=\frac{-3\pm3\sqrt{3}i}{2}$$

005 정답 $x=-1$(삼중근)

해설 $x^3+3x^2+3x+1=0$

즉, $x^3+3\cdot x^2\cdot1+3\cdot x\cdot1^2+1^3=0$의 좌변을 인수분해하면

$(x+1)^3=0$

$\therefore x=-1$(삼중근)

006 정답 $x=\dfrac{1}{2}$(삼중근)

해설 $8x^3-12x^2+6x-1=0$

즉, $(2x)^3-3\cdot(2x)^2\cdot1+3\cdot2x\cdot1^2-1^3=0$의 좌변을 인수분해하면

$(2x-1)^3=0$

$\therefore x=\dfrac{1}{2}$(삼중근)

007 정답 $x=-1$ 또는 $x=1$(중근)

해설 $x^3-x^2-x+1=0$의 좌변을 인수분해하면

$x^2(x-1)-(x-1)=0$

$(x-1)(x^2-1)=0$

$(x-1)(x+1)(x-1)=0$

$(x+1)(x-1)^2=0$

$\therefore x=-1$ 또는 $x=1$(중근)

008 정답 $x=0$ 또는 $x=2$ 또는 $x=-3$

해설 $x^3+x^2-6x=0$의 좌변을 인수분해하면

$x(x^2+x-6)=0$

$x(x-2)(x+3)=0$

$\therefore x=0$ 또는 $x=2$ 또는 $x=-3$

009 정답 $x=1$ 또는 $x=2$ 또는 $x=3$

해설 $x^3-6x^2+11x-6=0$에서

$f(x)=x^3-6x^2+11x-6$이라 하면

$f(1)=1-6+11-6=0$이므로

인수정리에 의해 $f(x)$는 $x-1$을 인수로 갖는다.

조립제법을 이용하여 $f(x)$를 인수분해하면

1	1	-6	11	-6
		1	-5	6
	1	-5	6	0

$f(x)=x^3-6x^2+11x-6$

$\quad=(x-1)(x^2-5x+6)$

$\quad=(x-1)(x-2)(x-3)$

따라서 방정식은 $(x-1)(x-2)(x-3)=0$이므로 구하는 해는

$x=1$ 또는 $x=2$ 또는 $x=3$

010 정답 $x=1$ 또는 $x=-2$ 또는 $x=3$

해설 $x^3-2x^2-5x+6=0$에서

$f(x)=x^3-2x^2-5x+6$이라 하면

$f(1)=1-2-5+6=0$이므로

인수정리에 의해 $f(x)$는 $x-1$을 인수로 갖는다.

조립제법을 이용하여 $f(x)$를 인수분해하면

1	1	-2	-5	6
		1	-1	-6
	1	-1	-6	0

$f(x)=x^3-2x^2-5x+6$

$\quad=(x-1)(x^2-x-6)$

$\quad=(x-1)(x+2)(x-3)$

따라서 방정식은 $(x-1)(x+2)(x-3)=0$이므로 구하는 해는

$x=1$ 또는 $x=-2$ 또는 $x=3$

011 정답 $x=1$(중근) 또는 $x=-2$

해설 $x^3-3x+2=0$에서

$f(x)=x^3-3x+2$라 하면

$f(1)=1-3+2=0$이므로

인수정리에 의해 $f(x)$는 $x-1$을 인수로 갖는다.

조립제법을 이용하여 $f(x)$를 인수분해하면

1	1	0	-3	2
		1	1	-2
	1	1	-2	0

$$f(x)=x^3-3x+2$$
$$=(x-1)(x^2+x-2)$$
$$=(x-1)(x+2)(x-1)$$
$$=(x-1)^2(x+2)$$

따라서 방정식은 $(x-1)^2(x+2)=0$이므로 구하는 해는
$x=1$(중근) 또는 $x=-2$

012 정답 $x=-1$(중근) 또는 $x=2$

해설 $x^3-3x-2=0$에서

$f(x)=x^3-3x-2$라 하면

$f(-1)=-1+3-2=0$이므로

인수정리에 의해 $f(x)$는 $x+1$을 인수로 갖는다.

조립제법을 이용하여 $f(x)$를 인수분해하면

-1	1	0	-3	-2
		-1	1	2
	1	-1	-2	0

$$f(x)=x^3-3x-2$$
$$=(x+1)(x^2-x-2)$$
$$=(x+1)(x+1)(x-2)$$
$$=(x+1)^2(x-2)$$

따라서 방정식은 $(x+1)^2(x-2)=0$이므로 구하는 해는
$x=-1$(중근) 또는 $x=2$

013 정답 $x=1$ 또는 $x=1\pm\sqrt{2}$

해설 $x^3-3x^2+x+1=0$에서

$f(x)=x^3-3x^2+x+1$이라 하면

$f(1)=1-3+1+1=0$이므로

인수정리에 의해 $f(x)$는 $x-1$을 인수로 갖는다.

조립제법을 이용하여 $f(x)$를 인수분해하면

1	1	-3	1	1
		1	-2	-1
	1	-2	-1	0

$$f(x)=x^3-3x^2+x+1$$
$$=(x-1)(x^2-2x-1)$$

따라서 방정식은 $(x-1)(x^2-2x-1)=0$이므로 구하는 해는

$x-1=0$ 또는 $x^2-2x-1=0$

$\therefore x=1$ 또는 $x=1\pm\sqrt{2}$

참고 $x^2+\{2\cdot(-1)\}x-1=0$의 $a=1$, $b'=-1$,
$c=-1$을 근의 짝수 공식 $x=\dfrac{-b'\pm\sqrt{b'^2-ac}}{a}$에 대입
하면

$$x=\frac{-(-1)\pm\sqrt{(-1)^2-1\cdot(-1)}}{1}$$
$$=1\pm\sqrt{2}$$

014 정답 $x=-1$ 또는 $x=-1\pm\sqrt{3}$

해설 $x^3+3x^2-2=0$에서

$f(x)=x^3+3x^2-2$라 하면

$f(-1)=-1+3-2=0$이므로

인수정리에 의해 $f(x)$는 $x+1$을 인수로 갖는다.

조립제법을 이용하여 $f(x)$를 인수분해하면

-1	1	3	0	-2
		-1	-2	2
	1	2	-2	0

$$f(x)=x^3+3x^2-2$$
$$=(x+1)(x^2+2x-2)$$

따라서 방정식은 $(x+1)(x^2+2x-2)=0$이므로 구하
는 해는

$x+1=0$ 또는 $x^2+2x-2=0$

$\therefore x=-1$ 또는 $x=-1\pm\sqrt{3}$

참고 $x^2+(2\cdot1)x-2=0$의 $a=1$, $b'=1$, $c=-2$를 근
의 짝수 공식 $x=\dfrac{-b'\pm\sqrt{b'^2-ac}}{a}$에 대입하면

$$x=\frac{-1\pm\sqrt{1^2-1\cdot(-2)}}{1}$$
$$=-1\pm\sqrt{3}$$

015 정답 $x=1$ 또는 $x=1\pm i$

해설 $x^3-3x^2+4x-2=0$에서

$f(x)=x^3-3x^2+4x-2$라 하면

$f(1)=1-3+4-2=0$이므로

인수정리에 의해 $f(x)$는 $x-1$을 인수로 갖는다.

조립제법을 이용하여 $f(x)$를 인수분해하면

1	1	-3	4	-2
		1	-2	2
	1	-2	2	0

$$f(x)=x^3-3x^2+4x-2$$
$$=(x-1)(x^2-2x+2)$$

따라서 방정식은 $(x-1)(x^2-2x+2)=0$이므로 구하
는 해는

$x-1=0$ 또는 $x^2-2x+2=0$

$\therefore x=1$ 또는 $x=1\pm i$

참고 $x^2+\{2\cdot(-1)\}x+2=0$의 $a=1$, $b'=-1$, $c=2$

를 근의 짝수 공식 $x=\dfrac{-b'\pm\sqrt{b'^2-ac}}{a}$에 대입하면

$$x=\frac{-(-1)\pm\sqrt{(-1)^2-1\cdot2}}{1}$$
$$=1\pm\sqrt{-1}$$
$$=1\pm i$$

016 정답 $x=-1$ 또는 $x=\dfrac{-1\pm\sqrt{7}i}{2}$

해설 $x^3+2x^2+3x+2=0$에서

$f(x)=x^3+2x^2+3x+2$라 하면

$f(-1)=-1+2-3+2=0$이므로

인수정리에 의해 $f(x)$는 $x+1$을 인수로 갖는다.

조립제법을 이용하여 $f(x)$를 인수분해하면

$$
\begin{array}{c|cccc}
-1 & 1 & 2 & 3 & 2 \\
   &   & -1 & -1 & -2 \\
\hline
   & 1 & 1 & 2 & 0
\end{array}
$$

$f(x)=x^3+2x^2+3x+2$
$\quad=(x+1)(x^2+x+2)$

따라서 방정식은 $(x+1)(x^2+x+2)=0$이므로 구하는 해는

$x+1=0$ 또는 $x^2+x+2=0$

$\therefore x=-1$ 또는 $x=\dfrac{-1\pm\sqrt{7}i}{2}$

참고 $x^2+x+2=0$의 $a=1$, $b=1$, $c=2$를 근의 공식

$x=\dfrac{-b\pm\sqrt{b^2-4ac}}{2a}$에 대입하면

$x=\dfrac{-1\pm\sqrt{1^2-4\cdot1\cdot2}}{2\cdot1}$

$\quad=\dfrac{-1\pm\sqrt{-7}}{2}$

$\quad=\dfrac{-1\pm\sqrt{7}i}{2}$

017 정답 $x=0$(중근) 또는 $x=-1$ 또는 $x=2$

해설 $x^4-x^3-2x^2=0$의 좌변을 인수분해하면

$x^2(x^2-x-2)=0$

$x^2(x+1)(x-2)=0$

$\therefore x=0$(중근) 또는 $x=-1$ 또는 $x=2$

018 정답 $x=0$ 또는 $x=-1$ 또는 $x=\dfrac{1\pm\sqrt{3}i}{2}$

해설 $x^4+x=0$의 좌변을 인수분해하면

$x(x^3+1)=0$

$x(x^3+1^3)=0$

$x(x+1)(x^2-x\cdot1+1^2)=0$

$x(x+1)(x^2-x+1)=0$

$x=0$ 또는 $x+1=0$ 또는 $x^2-x+1=0$

$\therefore x=0$ 또는 $x=-1$ 또는 $x=\dfrac{1\pm\sqrt{3}i}{2}$

참고 $x^2-x+1=0$의 $a=1$, $b=-1$, $c=1$을

근의 공식 $x=\dfrac{-b\pm\sqrt{b^2-4ac}}{2a}$에 대입하면

$x=\dfrac{-(-1)\pm\sqrt{(-1)^2-4\cdot1\cdot1}}{2\cdot1}$

$\quad=\dfrac{1\pm\sqrt{-3}}{2}$

$\quad=\dfrac{1\pm\sqrt{3}i}{2}$

019 정답 $x=1$ 또는 $x=\pm2$ 또는 $x=3$

해설 $x^4-4x^3-x^2+16x-12=0$에서

$f(x)=x^4-4x^3-x^2+16x-12$라 하면

$f(1)=1-4-1+16-12=0$

$f(2)=16-32-4+32-12=0$

이므로 인수정리에 의해 $f(x)$는 $x-1$과 $x-2$를 인수로 갖는다.

조립제법을 이용하여 $f(x)$를 인수분해하면

$$
\begin{array}{c|ccccc}
1 & 1 & -4 & -1 & 16 & -12 \\
  &   & 1 & -3 & -4 & 12 \\
\hline
2 & 1 & -3 & -4 & 12 & 0 \\
  &   & 2 & -2 & -12 & \\
\hline
  & 1 & -1 & -6 & 0 &
\end{array}
$$

$f(x)=x^4-4x^3-x^2+16x-12$
$\quad=(x-1)(x-2)(x^2-x-6)$
$\quad=(x-1)(x-2)(x+2)(x-3)$

따라서 방정식은 $(x-1)(x-2)(x+2)(x-3)=0$이므로 구하는 해는

$x=1$ 또는 $x=\pm2$ 또는 $x=3$

020 정답 $x=1$ 또는 $x=2$ 또는 $x=\pm\sqrt{3}$

해설 $x^4-3x^3-x^2+9x-6=0$에서

$f(x)=x^4-3x^3-x^2+9x-6$이라 하면

$f(1)=1-3-1+9-6=0$

$f(2)=16-24-4+18-6=0$

이므로 인수정리에 의해 $f(x)$는 $x-1$과 $x-2$를 인수로 갖는다.

조립제법을 이용하여 $f(x)$를 인수분해하면

$$
\begin{array}{c|ccccc}
1 & 1 & -3 & -1 & 9 & -6 \\
  &   & 1 & -2 & -3 & 6 \\
\hline
2 & 1 & -2 & -3 & 6 & 0 \\
  &   & 2 & 0 & -6 & \\
\hline
  & 1 & 0 & -3 & 0 &
\end{array}
$$

$f(x)=x^4-3x^3-x^2+9x-6$
$\quad=(x-1)(x-2)(x^2-3)$
$\quad=(x-1)(x-2)(x+\sqrt{3})(x-\sqrt{3})$

따라서 방정식은 $(x-1)(x-2)(x+\sqrt{3})(x-\sqrt{3})=0$이므로 구하는 해는

$x=1$ 또는 $x=2$ 또는 $x=\pm\sqrt{3}$

021 정답 $x=1$ 또는 $x=-2$ 또는 $x=1\pm i$

해설 $x^4-x^3-2x^2+6x-4=0$에서

$f(x)=x^4-x^3-2x^2+6x-4$라 하면

$f(1)=1-1-2+6-4=0$

$f(-2)=16+8-8-12-4=0$

이므로 인수정리에 의해 $f(x)$는 $x-1$과 $x+2$를 인수로 갖는다.

조립제법을 이용하여 $f(x)$를 인수분해하면

$$
\begin{array}{r|rrrrr}
1 & 1 & -1 & -2 & 6 & -4 \\
 & & 1 & 0 & -2 & 4 \\
\hline
-2 & 1 & 0 & -2 & 4 & 0 \\
 & & -2 & 4 & -4 & \\
\hline
 & 1 & -2 & 2 & 0 &
\end{array}
$$

$f(x)=x^4-x^3-2x^2+6x-4$
$\qquad =(x-1)(x+2)(x^2-2x+2)$

따라서 방정식은 $(x-1)(x+2)(x^2-2x+2)=0$이므로 구하는 해는

$x-1=0$ 또는 $x+2=0$ 또는 $x^2-2x+2=0$

$\therefore x=1$ 또는 $x=-2$ 또는 $x=1\pm i$

참고 $x^2+\{2\cdot(-1)\}x+2=0$의 $a=1$, $b'=-1$, $c=2$

를 근의 짝수 공식 $x=\dfrac{-b'\pm\sqrt{b'^2-ac}}{a}$에 대입하면

$x=\dfrac{-(-1)\pm\sqrt{(-1)^2-1\cdot2}}{1}$

$\quad =1\pm\sqrt{-1}$

$\quad =1\pm i$

022 정답 $x=1$ 또는 $x=-1$ 또는 $x=1\pm\sqrt{2}i$

해설 $x^4-2x^3+2x^2+2x-3=0$에서

$f(x)=x^4-2x^3+2x^2+2x-3$이라 하면

$f(1)=1-2+2+2-3=0$

$f(-1)=1+2+2-2-3=0$

이므로 인수정리에 의해 $f(x)$는 $x-1$과 $x+1$을 인수로 갖는다.

조립제법을 이용하여 $f(x)$를 인수분해하면

$$
\begin{array}{r|rrrrr}
1 & 1 & -2 & 2 & 2 & -3 \\
 & & 1 & -1 & 1 & 3 \\
\hline
-1 & 1 & -1 & 1 & 3 & 0 \\
 & & -1 & 2 & -3 & \\
\hline
 & 1 & -2 & 3 & 0 &
\end{array}
$$

$f(x)=x^4-2x^3+2x^2+2x-3$
$\qquad =(x-1)(x+1)(x^2-2x+3)=0$

따라서 방정식은 $(x-1)(x+1)(x^2-2x+3)=0$이므로 구하는 해는

$x-1=0$ 또는 $x+1=0$ 또는 $x^2-2x+3=0$

$\therefore x=1$ 또는 $x=-1$ 또는 $x=1\pm\sqrt{2}i$

참고 $x^2+\{2\cdot(-1)\}x+3=0$의 $a=1$, $b'=-1$, $c=3$

을 근의 짝수 공식 $x=\dfrac{-b'\pm\sqrt{b'^2-ac}}{a}$에 대입하면

$x=\dfrac{-(-1)\pm\sqrt{(-1)^2-1\cdot3}}{1}$

$\quad =1\pm\sqrt{-2}$

$\quad =1\pm\sqrt{2}i$

023 정답 $x=\pm1$ 또는 $x=\pm2$

해설 $x^4-5x^2+4=0$에서 $x^2=t$로 치환하면

$t^2-5t+4=0$

이 식의 좌변을 인수분해하면

$(t-1)(t-4)=0$ $\qquad \therefore t=1$ 또는 $t=4$

$t=x^2$으로 역치환하면

$x^2=1$ 또는 $x^2=4$

$\therefore x=\pm1$ 또는 $x=\pm2$

024 정답 $x=\pm\sqrt{2}i$ 또는 $x=\pm2$

해설 $x^4-2x^2-8=0$에서 $x^2=t$로 치환하면

$t^2-2t-8=0$

이 식의 좌변을 인수분해하면

$(t+2)(t-4)=0$ $\qquad \therefore t=-2$ 또는 $t=4$

$t=x^2$으로 역치환하면

$x^2=-2$ 또는 $x^2=4$

$\therefore x=\pm\sqrt{2}i$ 또는 $x=\pm2$

025 정답 $x=-1\pm\sqrt{2}$ 또는 $x=1\pm\sqrt{2}$

해설 $x^4-6x^2+1=0$에서

$(x^4-2x^2+1)-4x^2=0$

$(x^2-1)^2-(2x)^2=0$

$(x^2-1+2x)(x^2-1-2x)=0$

$(x^2+2x-1)(x^2-2x-1)=0$

$x^2+2x-1=0$ 또는 $x^2-2x-1=0$

$\therefore x=-1\pm\sqrt{2}$ 또는 $x=1\pm\sqrt{2}$

참고 $x^2+(2\cdot1)x-1$의 $a=1$, $b'=1$, $c=-1$을

근의 짝수 공식 $x=\dfrac{-b'\pm\sqrt{b'^2-ac}}{a}$에 대입하면

$x=\dfrac{-1\pm\sqrt{1^2-1\cdot(-1)}}{1}$

$\quad =-1\pm\sqrt{2}$

026 정답 $x=\dfrac{-1\pm\sqrt{3}i}{2}$ 또는 $x=\dfrac{1\pm\sqrt{3}i}{2}$

해설 $x^4+x^2+1=0$에서

$(x^4+2x^2+1)-x^2=0$

$(x^2+1)^2-x^2=0$

$(x^2+1+x)(x^2+1-x)=0$

$(x^2+x+1)(x^2-x+1)=0$

$x^2+x+1=0$ 또는 $x^2-x+1=0$

$\therefore x=\dfrac{-1\pm\sqrt{3}i}{2}$ 또는 $x=\dfrac{1\pm\sqrt{3}i}{2}$

참고 $x^2+x+1=0$의 $a=1$, $b=1$, $c=1$을

근의 공식 $x=\dfrac{-b\pm\sqrt{b^2-4ac}}{2a}$에 대입하면

$x=\dfrac{-1\pm\sqrt{1^2-4\cdot1\cdot1}}{2\cdot1}$

$\quad =\dfrac{-1\pm\sqrt{-3}}{2}$

$$=\frac{-1\pm\sqrt{3}i}{2}$$

027 정답 $x=0$(중근) 또는 $x=\pm1$
해설 $(x^2+1)^2-3(x^2+1)+2=0$에서
$x^2+1=t$로 치환하면
$t^2-3t+2=0$
$(t-1)(t-2)=0$
$\therefore t=1$ 또는 $t=2$
$t=x^2+1$로 역치환하면
$x^2+1=1$ 또는 $x^2+1=2$
$x^2=0$ 또는 $x^2=1$
$\therefore x=0$(중근) 또는 $x=\pm1$

028 정답 $x=-1$ 또는 $x=2$ 또는 $x=-2$ 또는 $x=3$
해설 $(x^2-x)^2-8(x^2-x)+12=0$에서
$x^2-x=t$로 치환하면
$t^2-8t+12=0$
$(t-2)(t-6)=0$
$\therefore t=2$ 또는 $t=6$
$t=x^2-x$로 역치환하면
$x^2-x=2$ 또는 $x^2-x=6$
$x^2-x-2=0$ 또는 $x^2-x-6=0$
$(x+1)(x-2)=0$ 또는 $(x+2)(x-3)=0$
$\therefore x=-1$ 또는 $x=2$ 또는 $x=-2$ 또는 $x=3$

029 정답 $x=-1$ 또는 $x=4$ 또는 $x=\dfrac{3\pm\sqrt{15}i}{2}$
해설 $x(x-1)(x-2)(x-3)-24=0$에서
$x(x-3)(x-1)(x-2)-24=0$
$(x^2-3x)(x^2-3x+2)-24=0$
$x^2-3x=t$로 치환하면
$t(t+2)-24=0$
$t^2+2t-24=0$
$(t-4)(t+6)=0$
$\therefore t=4$ 또는 $t=-6$
$t=x^2-3x$로 역치환하면
$x^2-3x=4$ 또는 $x^2-3x=-6$
$x^2-3x-4=0$ 또는 $x^2-3x+6=0$
$(x+1)(x-4)=0$ 또는 $x^2-3x+6=0$
$\therefore x=-1$ 또는 $x=4$ 또는 $x=\dfrac{3\pm\sqrt{15}i}{2}$
참고 $x^2-3x+6=0$의 $a=1$, $b=-3$, $c=6$을
근의 공식 $x=\dfrac{-b\pm\sqrt{b^2-4ac}}{2a}$에 대입하면
$x=\dfrac{-(-3)\pm\sqrt{(-3)^2-4\cdot1\cdot6}}{2\cdot1}$
$=\dfrac{3\pm\sqrt{-15}}{2}$
$=\dfrac{3\pm\sqrt{15}i}{2}$

030 정답 $a=2$, $x=\pm1$
해설 $x^3+ax^2-x-2=0$의 한 근이 -2이므로
$x=-2$를 대입하면
$-8+4a+2-2=0$ $\therefore a=2$
$\therefore x^3+2x^2-x-2=0$
이 식의 좌변을 인수분해하면
$x^2(x+2)-(x+2)=0$
$(x+2)(x^2-1)=0$
$(x+2)(x+1)(x-1)=0$
$\therefore x=-2$ 또는 $x=\pm1$

031 정답 $a=4$, $x=1\pm i$
해설 $x^3-3x^2+ax-2=0$의 한 근이 1이므로
$x=1$을 대입하면
$1-3+a-2=0$ $\therefore a=4$
$\therefore x^3-3x^2+4x-2=0$
$f(x)=x^3-3x^2+4x-2$라 하면
$x^3-3x^2+4x-2=0$의 한 근이 1이므로 $f(1)=0$이다.
즉, 인수정리에 의해 $f(x)$는 $x-1$을 인수로 갖는다.
조립제법을 이용하여 $f(x)$를 인수분해하면

1	1	-3	4	-2
		1	-2	2
	1	-2	2	0

$f(x)=x^3-3x^2+4x-2$
$\quad=(x-1)(x^2-2x+2)$
따라서 방정식은 $(x-1)(x^2-2x+2)=0$이므로 구하는 해는
$x-1=0$ 또는 $x^2-2x+2=0$
$\therefore x=1$ 또는 $x=1\pm i$
참고 $x^2+\{2\cdot(-1)\}x+2=0$의 $a=1$, $b'=-1$, $c=2$
를 근의 짝수 공식 $x=\dfrac{-b'\pm\sqrt{b'^2-ac}}{a}$에 대입하면
$x=\dfrac{-(-1)\pm\sqrt{(-1)^2-1\cdot2}}{1}$
$=1\pm\sqrt{-1}$
$=1\pm i$

032 정답 $a=-4$, $x=4$ 또는 $x=-i$
해설 $x^3-4x^2+x+a=0$의 한 근이 i이므로
$x=i$를 대입하면
$i^3-4i^2+i+a=0$
$-i+4+i+a=0$ $\therefore a=-4$
$\therefore x^3-4x^2+x-4=0$
이 식의 좌변을 인수분해하면
$x^2(x-4)+(x-4)=0$
$(x-4)(x^2+1)=0$
$(x-4)(x+i)(x-i)=0$
$\therefore x=4$ 또는 $x=\pm i$

$\dfrac{3}{1}=3$이다.

---

001 정답 ②

해설 $x^3-2x^2+2x-1=0$에서

$f(x)=x^3-2x^2+2x-1$이라 하면

$f(1)=1-2+2-1=0$이므로

인수정리에 의해 $f(x)$는 $x-1$을 인수로 갖는다.

조립제법을 이용하여 $f(x)$를 인수분해하면

1	1	-2	2	-1
		1	-1	1
	1	-1	1	0

$f(x)=x^3-2x^2+2x-1$
$\quad\ \ =(x-1)(x^2-x+1)$

따라서 방정식은 $(x-1)(x^2-x+1)=0$이므로 구하는 해는

$x-1=0$ 또는 $x^2-x+1=0$

$\therefore x=1$ 또는 $x^2-x+1=0$

이때 $x^2-x+1=0$의 판별식을 D라 하면

$D=(-1)^2-4\cdot1\cdot1=-3<0$

이므로 이 이차방정식은 서로 다른 두 허근을 갖는다.

따라서 근과 계수의 관계에 의해 두 허근 α, β의 합 $\alpha+\beta$의 값은

$\alpha+\beta=-\dfrac{-1}{1}=1$

002 정답 ④

해설 $x^3-kx-3=0$의 한 근이 1이므로 $x=1$을 대입하면

$1-k-3=0$　$\therefore k=-2$

$\therefore x^3+2x-3=0$

$f(x)=x^3+2x-3$이라 하면 $x^3+2x-3=0$의 한 근이 1이므로 $f(1)=0$이다.

즉, 인수정리에 의해 $f(x)$는 $x-1$을 인수로 갖는다.

조립제법을 이용하여 $f(x)$를 인수분해하면

1	1	0	2	-3
		1	1	3
	1	1	3	0

$f(x)=x^3+2x-3$
$\quad\ \ =(x-1)(x^2+x+3)$

따라서 방정식은 $(x-1)(x^2+x+3)=0$이므로 구하는 해는

$x-1=0$ 또는 $x^2+x+3=0$

$\therefore x=1$ 또는 $x^2+x+3=0$

이때 구하는 나머지 다른 두 근의 곱은 $x^2+x+3=0$의 서로 다른 두 근의 곱이므로 근과 계수의 관계에 의해

003 정답 ②

해설 $x^4-x^2-2=0$에서 $x^2=t$로 치환하면

$t^2-t-2=0$

$(t+1)(t-2)=0$

$\therefore t=-1$ 또는 $t=2$

$t=x^2$으로 역치환하면

$x^2=-1$ 또는 $x^2=2$

$x=\pm i$ 또는 $x=\pm\sqrt{2}$

따라서 구하는 서로 다른 두 허근의 곱은

$i\cdot(-i)=-i^2=1$

004 정답 ⑤

해설 $x^4+ax^2+bx+2=0$의 두 근이 1, 2이므로

$x=1$, $x=2$를 대입하면

$1+a+b+2=0$　$\therefore a+b=-3$　　……㉠

$16+4a+2b+2=0$　$\therefore 2a+b=-9$　　……㉡

㉡－㉠을 하면 $a=-6$

$a=-6$을 ㉠에 대입하면

$(-6)+b=-3$　$\therefore b=3$

$\therefore x^4-6x^2+3x+2=0$

$f(x)=x^4-6x^2+3x+2$라 하면

$x^4-6x^2+3x+2=0$의 두 근이 1, 2이므로

$f(1)=0$, $f(2)=0$이다.

즉, 인수정리에 의해 $f(x)$는 $x-1$과 $x-2$를 인수로 갖는다.

조립제법을 이용하여 $f(x)$를 인수분해하면

1	1	0	-6	3	2
		1	1	-5	-2
2	1	1	-5	-2	0
		2	6	2	
	1	3	1	0	

$f(x)=x^4-6x^2+3x+2$
$\quad\ \ =(x-1)(x-2)(x^2+3x+1)$

따라서 방정식은 $(x-1)(x-2)(x^2+3x+1)=0$이므로 구하는 해는

$x-1=0$ 또는 $x-2=0$ 또는 $x^2+3x+1=0$

$\therefore x=1$ 또는 $x=2$ 또는 $x^2+3x+1=0$

$x^2+3x+1=0$의 두 근이 α, β이므로 근과 계수의 관계에 의해 $\alpha+\beta=-\dfrac{3}{1}=-3$, $\alpha\beta=\dfrac{1}{1}=1$이다.

$\therefore (\alpha-\beta)^2=(\alpha+\beta)^2-4\alpha\beta$
$\qquad\qquad\ \ =(-3)^2-4\cdot1$
$\qquad\qquad\ \ =9-4=5$

005 정답 ⑤

해설 $f(x)=x^3-5x^2+(k+4)x-k$라 하면

$f(1)=1-5+k+4-k=0$이므로

인수정리에 의해 $f(x)$는 $x-1$을 인수로 갖는다.

조립제법을 이용하여 $f(x)$를 인수분해하면

$$\begin{array}{r|rrrr}
1 & 1 & -5 & k+4 & -k \\
& & 1 & -4 & k \\
\hline
& 1 & -4 & k & 0
\end{array}$$

$$\begin{aligned}
f(x) &= x^3-5x^2+(k+4)x-k \\
&= (x-1)(x^2-4x+k)
\end{aligned}$$

따라서 방정식은 $(x-1)(x^2-4x+k)=0$이므로 이 이차방정식이 중근을 가지는 경우는 다음 두 가지이다.

(i) $x^2-4x+k=0$의 두 근 중의 하나가 $x=1$일 때

$x=1$을 $x^2-4x+k=0$에 대입하면

$1-4+k=0$　∴ $k=3$

(ii) $x^2-4x+k=0$이 중근을 가질 때

이차방정식 $x^2-4x+k=0$의 판별식을 D라 하면 $D=0$이어야 한다.

∴ $D=(-4)^2-4\cdot1\cdot k=0$　∴ $k=4$

따라서 중근을 갖도록 하는 k의 값은 $k=3$ 또는 $k=4$이고 이 중에서 큰 값은 4이다.

참고 $(x-1)(x^2-4x+k)=0$에서

(i) $k=3$이면

$(x-1)(x^2-4x+3)=0$

$(x-1)(x-1)(x-3)=0$

$(x-1)^2(x-3)=0$

∴ $x=1$(중근) 또는 $x=3$

(ii) $k=4$이면

$(x-1)(x^2-4x+4)=0$

$(x-1)(x-2)^2=0$

∴ $x=1$ 또는 $x=2$(중근)

006 정답 ⑤

해설 $x^4+3x^2+4=0$에서

$(x^4+4x^2+4)-x^2=0$

$(x^2+2)^2-x^2=0$

$(x^2+2+x)(x^2+2-x)=0$

$(x^2+x+2)(x^2-x+2)=0$

이 식과 $(x^2+ax+b)(x^2+cx+d)=0$이 서로 같으므로

$a+b+c+d=1+2+(-1)+2=4$

별해 $x^4+3x^2+4=0$에서 $x^2=t$로 치환하면

$t^2+3t+4=0$

$t^2+4t+4-t=0$

$(t+2)^2-t=0$

$(x^2+2)^2-x^2=0$

$(x^2+2+x)(x^2+2-x)=0$

$(x^2+x+2)(x^2-x+2)=0$

이 식과 $(x^2+ax+b)(x^2+cx+d)=0$이 서로 같으므로

$a+b+c+d=1+2+(-1)+2=4$

007 정답 ⑤

해설 $x^4-x^2+k=0$에서 $x^2=t$로 치환하면

$t^2-t+k=0$

이 이차방정식의 서로 다른 두 근을 $t=\alpha$ 또는 $t=\beta$라 하면 $x^2=\alpha$, $x^2=\beta$이므로 사차방정식 $x^4-x^2+k=0$이 서로 다른 네 개의 실근 $(x=\pm\sqrt{\alpha},\ x=\pm\sqrt{\beta})$를 가지려면 이차방정식 $t^2-t+k=0$이 서로 다른 두 양의 실근을 가져야 한다. 즉, $\alpha>0$, $\beta>0$, $\alpha\neq\beta$이어야 한다.

$t^2-t+k=0$에서

(i) 두 근이 양의 실근이어야 하므로 근과 계수의 관계에 의해

$$\alpha+\beta=-\frac{-1}{1}=1>0$$

$$\alpha\beta=\frac{k}{1}=k>0$$

(ii) $t^2-t+k=0$이 서로 다른 두 실근을 가져야 하므로 $t^2-t+k=0$의 판별식을 D라 하면

$$D=(-1)^2-4\cdot1\cdot k>0\qquad\therefore k<\frac{1}{4}$$

(i), (ii)에서 조건을 모두 만족하는 k의 값의 범위는

$$0<k<\frac{1}{4}$$

주의 $x^2=\alpha$, $x^2=\beta$에서 $\alpha<0$, $\beta<0$이고 $D>0$이면 사차방정식 $x^4-x^2+k=0$은 서로 다른 네 개의 허근을 갖는다.

008 정답 ⑤

해설 방정식 $x^4-3x^3-2x^2-3x+1=0$에서 $x\neq0$이므로 양변을 x^2으로 나누면

$$x^2-3x-2-\frac{3}{x}+\frac{1}{x^2}=0$$

$$\left(x^2+\frac{1}{x^2}\right)-3\left(x+\frac{1}{x}\right)-2=0$$

이때 $x^2+\dfrac{1}{x^2}=\left(x+\dfrac{1}{x}\right)^2-2$이므로

$$\left(x+\frac{1}{x}\right)^2-3\left(x+\frac{1}{x}\right)-4=0$$

$x+\dfrac{1}{x}=A$로 치환하면

$A^2-3A-4=0$

$(A-4)(A+1)=0$

∴ $A=4$ 또는 $A=-1$

$A=x+\dfrac{1}{x}$로 역치환하면

$x+\dfrac{1}{x}=4$ 또는 $x+\dfrac{1}{x}=-1$

이 식의 양변에 각각 x를 곱하면

$x^2+1=4x$ 또는 $x^2+1=-x$

$x^2-4x+1=0$ 또는 $x^2+x+1=0$

(i) $x^2-4x+1=0$의 판별식을 D_1이라 하면

$D_1=(-4)^2-4\cdot1\cdot1=12>0$이므로 서로 다른 실근을 갖는다.

따라서 $x^2-4x+1=0$에서 근과 계수의 관계에 의해

서로 다른 두 실근의 합은 $a=-\dfrac{-4}{1}=4$이다.

(ii) $x^2+x+1=0$의 판별식을 D_2라 하면

$D_2=1^2-4\cdot1\cdot1=-3<0$이므로 서로 다른 두 허근을 갖는다.

따라서 $x^2+x+1=0$에서 근과 계수의 관계에 의해

서로 다른 두 허근의 합은 $b=-\dfrac{1}{1}=-1$이다.

(i), (ii)에서 $a-b=4-(-1)=5$

016 삼차방정식의 근과 계수의 관계

 교과서문제 CHECK 　　　　본문 P. 93

001 정답 2

해설 삼차방정식 $ax^3+bx^2+cx+d=0$의 세 근을 α, β, γ라 하면

$\alpha+\beta+\gamma=-\dfrac{b}{a}$, $\alpha\beta+\beta\gamma+\gamma\alpha=\dfrac{c}{a}$, $\alpha\beta\gamma=-\dfrac{d}{a}$

이므로

$\alpha+\beta+\gamma=-\dfrac{-2}{1}=2$

002 정답 3

해설 $\alpha\beta+\beta\gamma+\gamma\alpha=\dfrac{3}{1}=3$

003 정답 -4

해설 $\alpha\beta\gamma=-\dfrac{4}{1}=-4$

004 정답 1

해설 삼차방정식 $ax^3+bx^2+cx+d=0$의 세 근을 α, β, γ라 하면

$\alpha+\beta+\gamma=-\dfrac{b}{a}$, $\alpha\beta+\beta\gamma+\gamma\alpha=\dfrac{c}{a}$, $\alpha\beta\gamma=-\dfrac{d}{a}$

이므로

$\alpha+\beta+\gamma=-\dfrac{-1}{1}=1$

005 정답 2

해설 $\alpha\beta+\beta\gamma+\gamma\alpha=\dfrac{2}{1}=2$

006 정답 3

해설 $\alpha\beta\gamma=-\dfrac{-3}{1}=3$

007 정답 $\dfrac{2}{3}$

해설 $\dfrac{1}{\alpha}+\dfrac{1}{\beta}+\dfrac{1}{\gamma}$

$=\dfrac{\beta\gamma}{\alpha\beta\gamma}+\dfrac{\gamma\alpha}{\alpha\beta\gamma}+\dfrac{\alpha\beta}{\alpha\beta\gamma}$

$=\dfrac{\alpha\beta+\beta\gamma+\gamma\alpha}{\alpha\beta\gamma}$

$=\dfrac{2}{3}$

008 정답 $-\dfrac{7}{3}$

해설 $\alpha+\beta+\gamma=1$에서

$\beta+\gamma=1-\alpha$, $\gamma+\alpha=1-\beta$, $\alpha+\beta=1-\gamma$

$\therefore \dfrac{\beta+\gamma}{\alpha}+\dfrac{\gamma+\alpha}{\beta}+\dfrac{\alpha+\beta}{\gamma}$

$=\dfrac{1-\alpha}{\alpha}+\dfrac{1-\beta}{\beta}+\dfrac{1-\gamma}{\gamma}$

$=\dfrac{1}{\alpha}+\dfrac{1}{\beta}+\dfrac{1}{\gamma}-3$

$=\dfrac{\alpha\beta+\beta\gamma+\gamma\alpha}{\alpha\beta\gamma}-3$

$=\dfrac{2}{3}-3$

$=-\dfrac{7}{3}$

009 정답 1

해설 $(\alpha-1)(\beta-1)(\gamma-1)$

$=(\alpha\beta-\alpha-\beta+1)(\gamma-1)$

$=\alpha\beta\gamma-\alpha\gamma-\beta\gamma+\alpha-\alpha\beta+\beta+\gamma-1$

$=\alpha\beta\gamma-(\alpha\beta+\beta\gamma+\gamma\alpha)+(\alpha+\beta+\gamma)-1$

$=3-2+1-1$

$=1$

별해 삼차방정식 $x^3-x^2+2x-3=0$의 세 근이 α, β, γ

이므로

$x^3-x^2+2x-3=(x-\alpha)(x-\beta)(x-\gamma)$

이 식에 $x=1$을 대입하면

$1-1+2-3=(1-\alpha)(1-\beta)(1-\gamma)$

$-1=-(\alpha-1)(\beta-1)(\gamma-1)$

$\therefore (\alpha-1)(\beta-1)(\gamma-1)=1$

참고 $(x-a)(x-b)(x-c)$

$=x^3-(a+b+c)x^2+(ab+bc+ca)x-abc$

이 등식에 $x=1$을 대입하면

$(1-a)(1-b)(1-c)$

$=1-(a+b+c)+(ab+bc+ca)-abc$

이 등식의 양변에 -1을 곱하면

$(a-1)(b-1)(c-1)$

$=abc-(ab+bc+ca)+(a+b+c)-1$

010 정답 -1

해설 $\alpha+\beta+\gamma=1$에서

$\alpha+\beta=1-\gamma$, $\beta+\gamma=1-\alpha$, $\gamma+\alpha=1-\beta$

$\therefore (\alpha+\beta)(\beta+\gamma)(\gamma+\alpha)$

$=(1-\gamma)(1-\alpha)(1-\beta)$

$=-(\alpha-1)(\beta-1)(\gamma-1)$

$=-1$

011 정답 -3

해설 $\alpha^2+\beta^2+\gamma^2$
$=(\alpha+\beta+\gamma)^2-2(\alpha\beta+\beta\gamma+\gamma\alpha)$
$=1^2-2\cdot2$
$=-3$

참고 $a^2+b^2+c^2$
$=(a+b+c)^2-2(ab+bc+ca)$

012 정답 -1

해설 $\dfrac{\gamma}{\alpha\beta}+\dfrac{\alpha}{\beta\gamma}+\dfrac{\beta}{\gamma\alpha}$
$=\dfrac{\gamma^2+\alpha^2+\beta^2}{\alpha\beta\gamma}$
$=\dfrac{\alpha^2+\beta^2+\gamma^2}{\alpha\beta\gamma}$
$=\dfrac{(\alpha+\beta+\gamma)^2-2(\alpha\beta+\beta\gamma+\gamma\alpha)}{\alpha\beta\gamma}$
$=\dfrac{1^2-2\cdot2}{3}$
$=-1$

013 정답 -2

해설 $\alpha^2\beta^2+\beta^2\gamma^2+\gamma^2\alpha^2$
$=(\alpha\beta)^2+(\beta\gamma)^2+(\gamma\alpha)^2$
$=(\alpha\beta+\beta\gamma+\gamma\alpha)^2-2(\alpha\beta\cdot\beta\gamma+\beta\gamma\cdot\gamma\alpha+\gamma\alpha\cdot\alpha\beta)$
$=(\alpha\beta+\beta\gamma+\gamma\alpha)^2-2\alpha\beta\gamma(\alpha+\beta+\gamma)$
$=2^2-2\cdot3\cdot1$
$=-2$

014 정답 $-\dfrac{2}{9}$

해설 $\dfrac{1}{\alpha^2}+\dfrac{1}{\beta^2}+\dfrac{1}{\gamma^2}$
$=\dfrac{\beta^2\gamma^2+\gamma^2\alpha^2+\alpha^2\beta^2}{\alpha^2\beta^2\gamma^2}$
$=\dfrac{(\alpha\beta)^2+(\beta\gamma)^2+(\gamma\alpha)^2}{(\alpha\beta\gamma)^2}$
$=\dfrac{-2}{3^2}$
$=-\dfrac{2}{9}$

015 정답 4

해설 $\alpha^3+\beta^3+\gamma^3-3\alpha\beta\gamma$
$=(\alpha+\beta+\gamma)(\alpha^2+\beta^2+\gamma^2-\alpha\beta-\beta\gamma-\gamma\alpha)$
$\therefore \alpha^3+\beta^3+\gamma^3$
$=(\alpha+\beta+\gamma)(\alpha^2+\beta^2+\gamma^2-\alpha\beta-\beta\gamma-\gamma\alpha)+3\alpha\beta\gamma$
$=(\alpha+\beta+\gamma)\{(\alpha+\beta+\gamma)^2-2(\alpha\beta+\beta\gamma+\gamma\alpha)$
$\qquad-(\alpha\beta+\beta\gamma+\gamma\alpha)\}+3\alpha\beta\gamma$
$=(\alpha+\beta+\gamma)\{(\alpha+\beta+\gamma)^2-3(\alpha\beta+\beta\gamma+\gamma\alpha)\}$
$\qquad+3\alpha\beta\gamma$
$=1\cdot(1^2-3\cdot2)+3\cdot3$
$=4$

016 정답 $x^3-6x^2+11x-6=0$

해설 (세 근의 합)$=1+2+3=6$
(두 근끼리의 곱의 합)$=1\cdot2+2\cdot3+3\cdot1=11$
(세 근의 곱)$=1\cdot2\cdot3=6$
따라서 구하는 삼차방정식은
$x^3-6x^2+11x-6=0$

참고 세 수 α, β, γ를 근으로 하고 x^3의 계수가 a인 삼차
방정식은
$a\{x^3-(\alpha+\beta+\gamma)x^2+(\alpha\beta+\beta\gamma+\gamma\alpha)x-\alpha\beta\gamma\}=0$

017 정답 $x^3-x^2-2x=0$

해설 (세 근의 합)$=(-1)+0+2=1$
(두 근끼리의 곱의 합)$=(-1)\cdot0+0\cdot2+2\cdot(-1)$
$\qquad\qquad\qquad\qquad=-2$
(세 근의 곱)$=(-1)\cdot0\cdot2=0$
따라서 구하는 삼차방정식은
$x^3-x^2-2x=0$

018 정답 $x^3-5x^2+5x-1=0$

해설 (세 근의 합)$=1+(2+\sqrt{3})+(2-\sqrt{3})=5$
(두 근끼리의 곱의 합)
$=1\cdot(2+\sqrt{3})+(2+\sqrt{3})(2-\sqrt{3})+(2-\sqrt{3})\cdot1$
$=(2+\sqrt{3})+\{2^2-(\sqrt{3})^2\}+(2-\sqrt{3})$
$=5$
(세 근의 곱)$=1\cdot(2+\sqrt{3})(2-\sqrt{3})=1$
따라서 구하는 삼차방정식은
$x^3-5x^2+5x-1=0$

019 정답 $x^3-4x^2+6x-4=0$

해설 (세 근의 합)$=2+(1+i)+(1-i)=4$
(두 근끼리의 곱의 합)
$=2\cdot(1+i)+(1+i)(1-i)+(1-i)\cdot2$
$=(2+2i)+(1-i^2)+(2-2i)$
$=6\ (\because i^2=-1)$
(세 근의 곱)$=2\cdot(1+i)(1-i)$
$\qquad\qquad\quad=2(1-i^2)$
$\qquad\qquad\quad=4\ (\because i^2=-1)$
따라서 구하는 삼차방정식은
$x^3-4x^2+6x-4=0$

020 정답 $a=-3,\ b=1$

해설 계수가 유리수인 삼차방정식 $x^3+ax^2+bx+1=0$
의 한 근이 $1+\sqrt{2}$이면 다른 한 근은 켤레근 $1-\sqrt{2}$이다.
나머지 한 근을 α라 하면 근과 계수의 관계에 의해
(세 근의 곱)$=(1+\sqrt{2})(1-\sqrt{2})\cdot\alpha=-\dfrac{1}{1}$
$(1-2)\cdot\alpha=-1$ $\quad\therefore \alpha=1$
(세 근의 합)$=(1+\sqrt{2})+(1-\sqrt{2})+1=-\dfrac{a}{1}$
$3=-a$ $\quad\therefore a=-3$
(두 근끼리의 곱의 합)

$$=(1+\sqrt{2})(1-\sqrt{2})+(1-\sqrt{2})\cdot1+1\cdot(1+\sqrt{2})$$
$$=\frac{b}{1}$$
$$(1-2)+(1-\sqrt{2})+(1+\sqrt{2})=b \qquad \therefore b=1$$

021 정답 $a=-5, b=1$

해설 계수가 유리수인 삼차방정식 $x^3-5x^2+ax+b=0$ 의 한 근이 $3-2\sqrt{2}$이면 다른 한 근은 켤레근 $3+2\sqrt{2}$이다.

나머지 한 근을 α라 하면 근과 계수의 관계에 의해

(세 근의 합) $=(3-2\sqrt{2})+(3+2\sqrt{2})+\alpha=-\dfrac{-5}{1}$

$$6+\alpha=5 \qquad \therefore \alpha=-1$$

(두 근끼리의 곱의 합)

$$=(3-2\sqrt{2})(3+2\sqrt{2})+(3+2\sqrt{2})\cdot(-1)$$
$$\quad+(-1)\cdot(3-2\sqrt{2})$$
$$=\frac{a}{1}$$
$$(9-8)+(-3-2\sqrt{2})+(-3+2\sqrt{2})=a$$
$$1-6=a \qquad \therefore a=-5$$

(세 근의 곱) $=(3-2\sqrt{2})(3+2\sqrt{2})\cdot(-1)=-\dfrac{b}{1}$

$$(9-8)\cdot(-1)=-b \qquad \therefore b=1$$

022 정답 $l=4, m=-2$

해설 계수가 실수인 삼차방정식 $x^3-3x^2+lx+m=0$의 한 근이 $1+i$이면 다른 한 근은 켤레근 $1-i$이다.

나머지 한 근을 α라 하면 근과 계수의 관계에 의해

(세 근의 합) $=(1+i)+(1-i)+\alpha=-\dfrac{-3}{1}$

$$2+\alpha=3 \qquad \therefore \alpha=1$$

(두 근끼리의 곱의 합)

$$=(1+i)(1-i)+(1-i)\cdot1+1\cdot(1+i)$$
$$=\frac{l}{1}$$
$$(1-i^2)+(1-i)+(1+i)=l$$
$$\therefore l=4 \ (\because i^2=-1)$$

(세 근의 곱) $=(1+i)(1-i)\cdot1=-\dfrac{m}{1}$

$$1-i^2=-m$$
$$\therefore m=-2 \ (\because i^2=-1)$$

023 정답 $l=-1, m=3$

해설 계수가 실수인 삼차방정식 $x^3+lx^2+mx+5=0$의 한 근이 $1-2i$이면 다른 한 근은 켤레근 $1+2i$이다.

나머지 한 근을 α라 하면 근과 계수의 관계에 의해

(세 근의 곱) $=(1-2i)(1+2i)\cdot\alpha=-\dfrac{5}{1}$

$$(1-4i^2)\cdot\alpha=-5$$
$$5\alpha=-5 \ (\because i^2=-1) \qquad \therefore \alpha=-1$$

(세 근의 합) $=(1-2i)+(1+2i)+(-1)=-\dfrac{l}{1}$

$$1=-l \qquad \therefore l=-1$$

(두 근끼리의 곱의 합)

$$=(1-2i)(1+2i)+(1+2i)\cdot(-1)+(-1)\cdot(1-2i)$$
$$=\frac{m}{1}$$
$$(1-4i^2)+(-1-2i)+(-1+2i)=m$$
$$\therefore m=3 \ (\because i^2=-1)$$

024 정답 $x^3-4x^2+7x-1=0$

해설 $x^3-x^2+2x+3=0$에서 근과 계수의 관계에 의해

$\alpha+\beta+\gamma=1$, $\alpha\beta+\beta\gamma+\gamma\alpha=2$, $\alpha\beta\gamma=-3$

(세 근의 합) $=(\alpha+1)+(\beta+1)+(\gamma+1)$
$$\qquad\qquad =(\alpha+\beta+\gamma)+3$$
$$\qquad\qquad =1+3=4$$

(두 근끼리의 곱의 합)

$$=(\alpha+1)(\beta+1)+(\beta+1)(\gamma+1)+(\gamma+1)(\alpha+1)$$
$$=\{\alpha\beta+(\alpha+\beta)+1\}+\{\beta\gamma+(\beta+\gamma)+1\}$$
$$\quad+\{\gamma\alpha+(\gamma+\alpha)+1\}$$
$$=(\alpha\beta+\beta\gamma+\gamma\alpha)+2(\alpha+\beta+\gamma)+3$$
$$=2+2\cdot1+3=7$$

(세 근의 곱)

$$=(\alpha+1)(\beta+1)(\gamma+1)$$
$$=\alpha\beta\gamma+(\alpha\beta+\beta\gamma+\gamma\alpha)+(\alpha+\beta+\gamma)+1$$
$$=(-3)+2+1+1=1$$

따라서 세 수 $\alpha+1$, $\beta+1$, $\gamma+1$을 근으로 하고 x^3의 계수가 1인 삼차방정식은

$$x^3-4x^2+7x-1=0$$

참고 $(x+a)(x+b)(x+c)$
$$=x^3+(a+b+c)x^2+(ab+bc+ca)x+abc$$

이 등식에 $x=1$을 대입하면

$$(a+1)(b+1)(c+1)$$
$$=abc+(ab+bc+ca)+(a+b+c)+1$$

참고 세 수 α, β, γ를 근으로 하고 x^3의 계수가 a인 삼차방정식은

$$a\{x^3-(\alpha+\beta+\gamma)x^2+(\alpha\beta+\beta\gamma+\gamma\alpha)x-\alpha\beta\gamma\}=0$$

025 정답 $3x^3+2x^2-x+1=0$

해설 $x^3-x^2+2x+3=0$에서 근과 계수의 관계에 의해

$\alpha+\beta+\gamma=1$, $\alpha\beta+\beta\gamma+\gamma\alpha=2$, $\alpha\beta\gamma=-3$

(세 근의 합) $=\dfrac{1}{\alpha}+\dfrac{1}{\beta}+\dfrac{1}{\gamma}$

$$\qquad\qquad =\frac{\alpha\beta+\beta\gamma+\gamma\alpha}{\alpha\beta\gamma}$$
$$\qquad\qquad =\frac{2}{-3}=-\frac{2}{3}$$

(두 근끼리의 곱의 합) $=\dfrac{1}{\alpha}\cdot\dfrac{1}{\beta}+\dfrac{1}{\beta}\cdot\dfrac{1}{\gamma}+\dfrac{1}{\gamma}\cdot\dfrac{1}{\alpha}$

$$\qquad\qquad =\frac{1}{\alpha\beta}+\frac{1}{\beta\gamma}+\frac{1}{\gamma\alpha}$$
$$\qquad\qquad =\frac{\alpha+\beta+\gamma}{\alpha\beta\gamma}$$
$$\qquad\qquad =\frac{1}{-3}=-\frac{1}{3}$$

$$(세 근의 곱)=\frac{1}{\alpha}\cdot\frac{1}{\beta}\cdot\frac{1}{\gamma}$$
$$=\frac{1}{\alpha\beta\gamma}=\frac{1}{-3}$$
$$=-\frac{1}{3}$$

따라서 세 수 $\frac{1}{\alpha}$, $\frac{1}{\beta}$, $\frac{1}{\gamma}$을 근으로 하고 x^3의 계수가 3
인 삼차방정식은
$$3\left\{x^3-\left(-\frac{2}{3}\right)x^2+\left(-\frac{1}{3}\right)x-\left(-\frac{1}{3}\right)\right\}=0$$
$$\therefore 3x^3+2x^2-x+1=0$$

필수유형 CHECK 본문 P. 95

001 ⑤	002 ②	003 ①	004 ②
005 ②	006 ③	007 ②	008 ⑤

001 정답 ⑤

해설 $x^3-12x^2-ax-b=0$의 세 근의 비가 $1:2:3$이
므로 세 근을 k, $2k$, $3k$로 놓으면 근과 계수의 관계에 의
해
$$(세 근의 합)=k+2k+3k=-\frac{-12}{1}$$
$$6k=12 \qquad \therefore k=2$$
따라서 세 근이 2, 4, 6이므로 근과 계수의 관계에 의해
$$(두 근끼리의 곱의 합)=2\cdot4+4\cdot6+6\cdot2=\frac{-a}{1}$$
$$44=-a \qquad \therefore a=-44$$
$$(세 근의 곱)=2\cdot4\cdot6=-\frac{-b}{1}$$
$$\therefore b=48$$
$$\therefore a+b=(-44)+48=4$$

002 정답 ②

해설 $x^3+ax^2+bx-30=0$의 세 근을 α, β, γ라 하면 근
과 계수의 관계에 의해
$$(세 근의 곱)=\alpha\beta\gamma=-\frac{-30}{1}=30$$
이때 $30=2\cdot3\cdot5$이고 세 근이 모두 소수이므로 α, β, γ는
2, 3, 5이다.
근과 계수의 관계에 의해
$$(세 근의 합)=2+3+5=-\frac{a}{1}$$
$$\therefore a=-10$$
$$(두 근끼리의 곱의 합)=2\cdot3+3\cdot5+5\cdot2=\frac{b}{1}$$
$$\therefore b=31$$
$$\therefore 3a+b=3\cdot(-10)+31=1$$

003 정답 ①

해설 $x^3-4x^2+5x-19=0$의 세 근이 α, β, γ이므로
근과 계수의 관계에 의해

$$(세 근의 합)=\alpha+\beta+\gamma=-\frac{-4}{1}=4$$
$$(두 근끼리의 곱의 합)=\alpha\beta+\beta\gamma+\gamma\alpha=\frac{5}{1}=5$$
$$(세 근의 곱)=\alpha\beta\gamma=-\frac{-19}{1}=19$$
이때 $\alpha+\beta+\gamma=4$이므로
$\alpha+\beta=4-\gamma$, $\beta+\gamma=4-\alpha$, $\gamma+\alpha=4-\beta$
$$\therefore (\alpha+\beta)(\beta+\gamma)(\gamma+\alpha)$$
$$=(4-\gamma)(4-\alpha)(4-\beta)$$
$$=4^3-(\alpha+\beta+\gamma)\cdot4^2+(\alpha\beta+\beta\gamma+\gamma\alpha)\cdot4-\alpha\beta\gamma$$
$$=64-4\cdot16+5\cdot4-19$$
$$=1$$
별해 삼차방정식 $x^3-4x^2+5x-19=0$의 세 근이 α, β,
γ이므로
$$x^3-4x^2+5x-19=(x-\alpha)(x-\beta)(x-\gamma)$$
이 식에 $x=4$를 대입하면
$$64-64+20-19=(4-\alpha)(4-\beta)(4-\gamma)$$
$$\therefore (4-\alpha)(4-\beta)(4-\gamma)=1$$
참고 $(x-a)(x-b)(x-c)$
$$=x^3-(a+b+c)x^2+(ab+bc+ca)x-abc$$
이 등식에 $x=4$를 대입하면
$$(4-a)(4-b)(4-c)$$
$$=4^3-(a+b+c)\cdot4^2+(ab+bc+ca)\cdot4-abc$$

004 정답 ②

해설 $x^3-4x^2+5x+1=0$의 세 근이 α, β, γ이므로 근과
계수의 관계에 의해
$$(세 근의 합)=\alpha+\beta+\gamma=-\frac{-4}{1}=4$$
$$(두 근끼리의 곱의 합)=\alpha\beta+\beta\gamma+\gamma\alpha=\frac{5}{1}=5$$
$$(세 근의 곱)=\alpha\beta\gamma=-\frac{1}{1}=-1$$
이때
$$\alpha^2+\beta^2+\gamma^2$$
$$=(\alpha+\beta+\gamma)^2-2(\alpha\beta+\beta\gamma+\gamma\alpha)$$
$$=4^2-2\cdot5=6$$
$$\therefore \alpha^3+\beta^3+\gamma^3$$
$$=(\alpha+\beta+\gamma)(\alpha^2+\beta^2+\gamma^2-\alpha\beta-\beta\gamma-\gamma\alpha)+3\alpha\beta\gamma$$
$$=(\alpha+\beta+\gamma)\{\alpha^2+\beta^2+\gamma^2-(\alpha\beta+\beta\gamma+\gamma\alpha)\}+3\alpha\beta\gamma$$
$$=4\cdot(6-5)+3\cdot(-1)$$
$$=1$$

005 정답 ②

해설 계수가 유리수인 삼차방정식 $x^3+ax+b=0$의 한
근이 $2-\sqrt{2}$이면 다른 한 근은 켤레근 $2+\sqrt{2}$이다.
나머지 한 근을 α라 하면 근과 계수의 관계에 의해
$$(세 근의 합)=(2-\sqrt{2})+(2+\sqrt{2})+\alpha=-\frac{0}{1}$$
$$4+\alpha=0 \qquad \therefore \alpha=-4$$
$$(두 근끼리의 곱의 합)$$

$= (2-\sqrt{2})(2+\sqrt{2}) + (2+\sqrt{2}) \cdot (-4) + (-4) \cdot (2-\sqrt{2})$

$= \dfrac{a}{1}$

$(4-2) + (-8-4\sqrt{2}) + (-8+4\sqrt{2}) = a$

$\therefore a = -14$

(세 근의 곱) $= (2-\sqrt{2})(2+\sqrt{2}) \cdot (-4) = -\dfrac{b}{1}$

$(4-2) \cdot (-4) = -b$　　$\therefore b = 8$

$\therefore a+b = (-14) + 8 = -6$

006 정답 ③

해설 계수가 실수인 삼차방정식 $ax^3 + bx^2 + cx - 8 = 0$의
한 근이

$\dfrac{2}{1+i} = \dfrac{2(1-i)}{(1+i)(1-i)}$

$\phantom{\dfrac{2}{1+i}} = \dfrac{2(1-i)}{1-i^2} = \dfrac{2(1-i)}{2} = 1-i \ (\because i^2 = -1)$

이면 다른 한 근은 켤레근 $1+i$이다.

나머지 한 근이 2이므로 근과 계수의 관계에 의해

(세 근의 곱) $= (1-i)(1+i) \cdot 2 = -\dfrac{-8}{a}$

$(1-i^2) \cdot 2 = \dfrac{8}{a},\ 4 = \dfrac{8}{a} \ (\because i^2 = -1)$　　$\therefore a = 2$

(세 근의 합) $= (1-i) + (1+i) + 2 = -\dfrac{b}{2}$

$4 = -\dfrac{b}{2}$　　$\therefore b = -8$

(두 근끼리의 곱의 합)

$= (1-i)(1+i) + (1+i) \cdot 2 + 2 \cdot (1-i)$

$= \dfrac{c}{2}$

$(1-i^2) + (2+2i) + (2-2i) = \dfrac{c}{2}$

$6 = \dfrac{c}{2} \ (\because i^2 = -1)$　　$\therefore c = 12$

$\therefore a+b+c = 2 + (-8) + 12 = 6$

007 정답 ②

해설 $x^3 - 2x^2 + 3x - 1 = 0$의 세 근이 α, β, γ이므로
근과 계수의 관계에 의해

(세 근의 합) $= \alpha + \beta + \gamma = -\dfrac{-2}{1} = 2$

(두 근끼리의 곱의 합) $= \alpha\beta + \beta\gamma + \gamma\alpha = \dfrac{3}{1} = 3$

(세 근의 곱) $= \alpha\beta\gamma = -\dfrac{-1}{1} = 1$

이므로

$\dfrac{1}{\alpha} + \dfrac{1}{\beta} + \dfrac{1}{\gamma} = \dfrac{\alpha\beta + \beta\gamma + \gamma\alpha}{\alpha\beta\gamma} = \dfrac{3}{1} = 3$

$\dfrac{1}{\alpha} \cdot \dfrac{1}{\beta} + \dfrac{1}{\beta} \cdot \dfrac{1}{\gamma} + \dfrac{1}{\gamma} \cdot \dfrac{1}{\alpha}$

$= \dfrac{1}{\alpha\beta} + \dfrac{1}{\beta\gamma} + \dfrac{1}{\gamma\alpha}$

$= \dfrac{\alpha + \beta + \gamma}{\alpha\beta\gamma} = \dfrac{2}{1} = 2$

$\dfrac{1}{\alpha} \cdot \dfrac{1}{\beta} \cdot \dfrac{1}{\gamma} = \dfrac{1}{\alpha\beta\gamma} = \dfrac{1}{1} = 1$

따라서 세 수 $\dfrac{1}{\alpha}$, $\dfrac{1}{\beta}$, $\dfrac{1}{\gamma}$을 근으로 하고 x^3의 계수가 1인
삼차방정식은

$x^3 - 3x^2 + 2x - 1 = 0$

참고 세 수 α, β, γ를 근으로 하고 x^3의 계수가 a인 삼차
방정식은

$a\{x^3 - (\alpha+\beta+\gamma)x^2 + (\alpha\beta+\beta\gamma+\gamma\alpha)x - \alpha\beta\gamma\} = 0$

008 정답 ⑤

해설 x^3의 계수가 2인 삼차식 $f(x)$에 대하여
$f(1) = f(2) = f(3) = 4$가 성립하므로 나머지정리에 의해
$f(x) = 2(x-1)(x-2)(x-3) + 4$

삼차방정식 $f(x) = 0$, 즉

$2(x-1)(x-2)(x-3) + 4 = 0$

$2(x^2 - 3x + 2)(x-3) + 4 = 0$

$2(x^3 - 3x^2 - 3x^2 + 9x + 2x - 6) + 4 = 0$

$2x^3 - 12x^2 + 22x - 8 = 0$

따라서 세 근의 곱은 근과 계수의 관계에 의해

$-\dfrac{-8}{2} = 4$

참고 삼차방정식의 세 근의 곱은 x^3의 계수와 상수항만으
로 구할 수 있다.

$f(x) = 2(x-1)(x-2)(x-3) + 4$

$ = 2x^3 + (\quad)x^2 + (\quad)x$

$ + 2 \cdot (-1) \cdot (-2) \cdot (-3) + 4$

$ = 2x^3 + (\quad)x^2 + (\quad)x - 8$

$ = 0$

이므로 세 근의 곱은 근과 계수의 관계에 의해

$-\dfrac{-8}{2} = 4$이다.

Special Lecture
삼차방정식 $x^3 = 1$의 허근 ω

교과서문제 CHECK

본문 P. 98

001 정답 1

해설 ω가 $x^3 = 1$의 근이므로 $\omega^3 = 1$이다.

002 정답 0

해설 $x^3 = 1$, 즉 $x^3 - 1 = 0$의 좌변을 인수분해하면

$(x-1)(x^2+x+1) = 0$

$x-1 = 0$ 또는 $x^2+x+1 = 0$

이때 $x^3 = 1$의 한 실근은 1이고 나머지 서로 다른 두 허근
은 이차방정식 $x^2+x+1 = 0$의 근이다.

따라서 삼차방정식 $x^3=1$의 한 허근이 ω이므로 ω는 이차방정식 $x^2+x+1=0$의 근이기도 하다.

$\therefore\ \omega^2+\omega+1=0$

003 정답 0

해설 $\omega+\omega^2+\omega^3=\omega(1+\omega+\omega^2)$
$=\omega\cdot0\ (\because\ 1+\omega+\omega^2=0)$
$=0$

004 정답 0

해설 $\omega^{100}+\omega^{101}+\omega^{102}=\omega^{100}(1+\omega+\omega^2)$
$=\omega^{100}\cdot0\ (\because\ 1+\omega+\omega^2=0)$
$=0$

005 정답 -2

해설 $\omega^2+\omega+1=0$이므로

$\dfrac{1+\omega}{\omega^2}+\dfrac{\omega}{1+\omega^2}$

$=\dfrac{-\omega^2}{\omega^2}+\dfrac{\omega}{-\omega}(\because\ 1+\omega=-\omega^2,\ 1+\omega^2=-\omega)$

$=(-1)+(-1)$

$=-2$

006 정답 -2

해설 $\omega^3=1$, $\omega^2+\omega+1=0$이므로

$\dfrac{\omega^8}{1+\omega^7}+\dfrac{\omega^7}{1+\omega^8}$

$=\dfrac{(\omega^3)^2\omega^2}{1+(\omega^3)^2\omega}+\dfrac{(\omega^3)^2\omega}{1+(\omega^3)^2\omega^2}$

$=\dfrac{\omega^2}{1+\omega}+\dfrac{\omega}{1+\omega^2}$

$=\dfrac{\omega^2}{-\omega^2}+\dfrac{\omega}{-\omega}\ (\because\ 1+\omega=-\omega^2,\ 1+\omega^2=-\omega)$

$=(-1)+(-1)$

$=-2$

007 정답 -1

해설 $\omega^2+\omega+1=0$의 양변을 ω로 나누면

$\omega+1+\dfrac{1}{\omega}=0\qquad\therefore\ \omega+\dfrac{1}{\omega}=-1$

008 정답 -1

해설 $\omega^4+\dfrac{1}{\omega^4}=\omega^3\omega+\dfrac{1}{\omega^3\omega}$
$=\omega+\dfrac{1}{\omega}=-1\ (\because\ \omega^3=1)$

009 정답 1

해설 $1+\omega+\omega^2+\cdots+\omega^{99}$

$=(1+\omega+\omega^2)+(\omega^3+\omega^4+\omega^5)+(\omega^6+\omega^7+\omega^8)+\cdots$
$\quad+(\omega^{96}+\omega^{97}+\omega^{98})+\omega^{99}$

$=(1+\omega+\omega^2)+\omega^3(1+\omega+\omega^2)+\omega^6(1+\omega+\omega^2)+\cdots$
$\quad+\omega^{96}(1+\omega+\omega^2)+\omega^{99}$

$=\omega^{99}\ (\because\ 1+\omega+\omega^2=0)$

$=(\omega^3)^{33}$

$=1\ (\because\ \omega^3=1)$

010 정답 1

해설 $T=1+\dfrac{1}{\omega}+\dfrac{1}{\omega^2}+\dfrac{1}{\omega^3}+\cdots+\dfrac{1}{\omega^{99}}$이라 하고

이 식의 양변에 ω^{99}을 곱하면

$\omega^{99}T=\omega^{99}+\omega^{98}+\omega^{97}+\cdots+1$
$=1+\omega+\omega^2+\cdots+\omega^{99}$
$=1$

$\therefore\ T=\dfrac{1}{\omega^{99}}=\dfrac{1}{(\omega^3)^{33}}=1\ (\because\ \omega^3=1)$

별해 $1+\dfrac{1}{\omega}+\dfrac{1}{\omega^2}+\cdots+\dfrac{1}{\omega^{99}}$의 항을 3개씩 묶으면

$\left(1+\dfrac{1}{\omega}+\dfrac{1}{\omega^2}\right)+\left(\dfrac{1}{\omega^3}+\dfrac{1}{\omega^4}+\dfrac{1}{\omega^5}\right)+\cdots$

$+\left(\dfrac{1}{\omega^{96}}+\dfrac{1}{\omega^{97}}+\dfrac{1}{\omega^{98}}\right)+\dfrac{1}{\omega^{99}}$

$=\dfrac{\omega^2+\omega+1}{\omega^2}+\dfrac{\omega^2+\omega+1}{\omega^5}+\cdots+\dfrac{\omega^2+\omega+1}{\omega^{98}}+\dfrac{1}{\omega^{99}}$

$=\dfrac{1}{\omega^{99}}\ (\because\ \omega^2+\omega+1=0)$

$=\dfrac{1}{(\omega^3)^{33}}$

$=1\ (\because\ \omega^3=1)$

011 정답 -1

해설 ω가 $x^3=-1$의 근이므로 $\omega^3=-1$이다.

012 정답 0

해설 $x^3=-1$, 즉 $x^3+1=0$의 좌변을 인수분해하면

$(x+1)(x^2-x+1)=0$

$x+1=0$ 또는 $x^2-x+1=0$

이때 $x^3=-1$의 한 실근은 -1이고 나머지 서로 다른 두 허근은 이차방정식 $x^2-x+1=0$의 근이다.

따라서 삼차방정식 $x^3=-1$의 한 허근이 ω이므로 ω는 이차방정식 $x^2-x+1=0$의 근이기도 하다.

$\therefore\ \omega^2-\omega+1=0$

013 정답 0

해설 $\omega^2-\omega+1=0$이므로

$\omega^{10}-\omega^5+1=(\omega^3)^3\omega-\omega^3\omega^2+1$
$=-\omega+\omega^2+1\ (\because\ \omega^3=-1)$
$=\omega^2-\omega+1$
$=0$

014 정답 2

해설 $\omega^{101}+\omega^{102}+\omega^{103}=\omega^{99}(\omega^2+\omega^3+\omega^4)$
$=(\omega^3)^{33}(\omega^2+\omega^3+\omega^3\omega)$
$=-(\omega^2-1-\omega)\ (\because\ \omega^3=-1)$
$=2\ (\because\ \omega^2-\omega+1=0)$

015 정답 0

해설 $\omega^2-\omega+1=0$이므로

$\dfrac{\omega^2}{1-\omega}+\dfrac{\omega}{1+\omega^2}$

$$= \frac{\omega^2}{-\omega^2} + \frac{\omega}{\omega} \ (\because 1-\omega=-\omega^2,\ 1+\omega^2=\omega)$$
$$= (-1)+1$$
$$= 0$$

016 정답 -1
해설 $\omega^2-\omega+1=0$의 양변을 ω로 나누면
$$\omega-1+\frac{1}{\omega}=0 \qquad \therefore \ \omega+\frac{1}{\omega}=1$$
$$\omega^{98}+\frac{1}{\omega^{98}}=(\omega^3)^{32}\omega^2+\frac{1}{(\omega^3)^{32}\omega^2}$$
$$=\omega^2+\frac{1}{\omega^2} \ (\because \omega^3=-1)$$
$$=\left(\omega+\frac{1}{\omega}\right)^2-2\cdot\omega\cdot\frac{1}{\omega}$$
$$=1-2 \ \left(\because \omega+\frac{1}{\omega}=1\right)$$
$$=-1$$
별해 $\omega^{98}=(\omega^3)^{32}\omega^2$
$$=\omega^2 \ (\because \omega^3=-1)$$
$$\therefore \ \omega^{98}+\frac{1}{\omega^{98}}=\omega^2+\frac{1}{\omega^2}$$
$$=\frac{\omega^4+1}{\omega^2}$$
$$=\frac{\omega^3\omega+1}{\omega^2}$$
$$=\frac{-\omega+1}{\omega^2} \ (\because \omega^3=-1)$$
$$=\frac{-\omega^2}{\omega^2} \ (\because \omega^2-\omega+1=0)$$
$$=-1$$

017 정답 1
해설 $1-\omega+\omega^2-\omega^3+\omega^4-\omega^5+\cdots+\omega^{32}-\omega^{33}$
$$=(1-\omega+\omega^2)-(\omega^3-\omega^4+\omega^5)+(\omega^6-\omega^7+\omega^8)+\cdots$$
$$+(\omega^{30}-\omega^{31}+\omega^{32})-\omega^{33}$$
$$=(1-\omega+\omega^2)-\omega^3(1-\omega+\omega^2)+\omega^6(1-\omega+\omega^2)+\cdots$$
$$+\omega^{30}(1-\omega+\omega^2)-(\omega^3)^{11}$$
$$=-(\omega^3)^{11} \ (\because 1-\omega+\omega^2=0)$$
$$=1 \ (\because \omega^3=-1)$$

018 정답 0
해설 계수가 실수인 이차방정식 $x^2+x+1=0$의 한 허근이 ω이면 다른 한 허근은 켤레근 $\overline{\omega}$이다.
$$\therefore \ \omega^2+\omega+1=0,\ \overline{\omega}^2+\overline{\omega}+1=0$$

019 정답 1
해설 계수가 실수인 이차방정식 $x^2+x+1=0$의 한 허근이 ω이면 다른 한 허근은 켤레근 $\overline{\omega}$이다.
$$\therefore \ \omega^2+\omega+1=0,\ \overline{\omega}^2+\overline{\omega}+1=0$$
$\omega^2+\omega+1=0$의 양변에 $\omega-1$을 곱하면
$$(\omega-1)(\omega^2+\omega+1)=0,\ \omega^3-1=0$$
$$\therefore \ \omega^3=1$$
$\overline{\omega}^2+\overline{\omega}+1$의 양변에 $\overline{\omega}-1$을 곱하면

$$(\overline{\omega}-1)(\overline{\omega}^2+\overline{\omega}+1)=0,\ \overline{\omega}^3-1=0$$
$$\therefore \ \overline{\omega}^3=1$$

020 정답 -1
해설 이차방정식 $x^2+x+1=0$의 서로 다른 두 허근이 ω, $\overline{\omega}$이므로 근과 계수의 관계에 의해
$$(두 근의 합)=\omega+\overline{\omega}=-\frac{1}{1}=-1$$

021 정답 1
해설 이차방정식 $x^2+x+1=0$의 서로 다른 두 허근이 ω, $\overline{\omega}$이므로 근과 계수의 관계에 의해
$$(두 근의 곱)=\omega\overline{\omega}=\frac{1}{1}=1$$

022 정답 -1
해설 $\omega^3=1$, $\overline{\omega}^3=1$이고 $\omega+\overline{\omega}=-1$이므로
$$\omega^{100}+\overline{\omega}^{100}=(\omega^3)^{33}\omega+(\overline{\omega}^3)^{33}\overline{\omega}$$
$$=\omega+\overline{\omega}=-1$$

023 정답 -1
해설 $\omega+\overline{\omega}=-1$, $\omega\overline{\omega}=1$이므로
$$\frac{\omega}{\overline{\omega}}+\frac{\overline{\omega}}{\omega}=\frac{\omega^2+\overline{\omega}^2}{\omega\overline{\omega}}$$
$$=\frac{(\omega+\overline{\omega})^2-2\omega\overline{\omega}}{\omega\overline{\omega}}$$
$$=\frac{(-1)^2-2\cdot1}{1}$$
$$=-1$$

024 정답 0
해설 계수가 실수인 이차방정식 $x^2-x+1=0$의 한 허근이 ω이면 다른 한 허근은 켤레근 $\overline{\omega}$이다.
$$\therefore \ \omega^2-\omega+1=0,\ \overline{\omega}^2-\overline{\omega}+1=0$$

025 정답 -1
해설 계수가 실수인 이차방정식 $x^2-x+1=0$의 한 허근이 ω이면 다른 한 허근은 켤레근 $\overline{\omega}$이다.
$$\therefore \ \omega^2-\omega+1=0,\ \overline{\omega}^2-\overline{\omega}+1=0$$
$\omega^2-\omega+1=0$의 양변에 $\omega+1$을 곱하면
$$(\omega+1)(\omega^2-\omega+1)=0,\ \omega^3+1=0$$
$$\therefore \ \omega^3=-1$$
$\overline{\omega}^2-\overline{\omega}+1$의 양변에 $\overline{\omega}+1$을 곱하면
$$(\overline{\omega}+1)(\overline{\omega}^2-\overline{\omega}+1)=0,\ \overline{\omega}^3+1=0$$
$$\therefore \ \overline{\omega}^3=-1$$

026 정답 1
해설 이차방정식 $x^2-x+1=0$의 서로 다른 두 허근이 ω, $\overline{\omega}$이므로 근과 계수의 관계에 의해
$$(두 근의 합)=\omega+\overline{\omega}=-\frac{-1}{1}=1$$

027 정답 1
해설 이차방정식 $x^2-x+1=0$의 서로 다른 두 허근이 ω,

$\overline{\omega}$이므로 근과 계수의 관계에 의해

(두 근의 곱)$=\omega\overline{\omega}=\dfrac{1}{1}=1$

028 정답 2

해설 $\omega+\overline{\omega}=1$, $\omega\overline{\omega}=1$이므로

$$\omega+\dfrac{1}{\omega}+\overline{\omega}+\dfrac{1}{\overline{\omega}}=(\omega+\overline{\omega})+\left(\dfrac{1}{\omega}+\dfrac{1}{\overline{\omega}}\right)$$
$$=(\omega+\overline{\omega})+\dfrac{\omega+\overline{\omega}}{\omega\overline{\omega}}$$
$$=1+\dfrac{1}{1}$$
$$=2$$

별해 $\omega\overline{\omega}=1$에서 $\dfrac{1}{\omega}=\overline{\omega}$, $\dfrac{1}{\overline{\omega}}=\omega$이므로

$$\omega+\dfrac{1}{\omega}+\overline{\omega}+\dfrac{1}{\overline{\omega}}=\omega+\overline{\omega}+\overline{\omega}+\omega$$
$$=2(\omega+\overline{\omega})$$
$$=2\cdot1\ (\because\ \omega+\overline{\omega}=1)$$
$$=2$$

029 정답 -1

해설 $\omega+\overline{\omega}=1$, $\omega\overline{\omega}=1$이므로

$$\dfrac{1}{\omega-1}+\dfrac{1}{\overline{\omega}-1}=\dfrac{\overline{\omega}-1+\omega-1}{(\omega-1)(\overline{\omega}-1)}$$
$$=\dfrac{(\omega+\overline{\omega})-2}{\omega\overline{\omega}-(\omega+\overline{\omega})+1}$$
$$=\dfrac{1-2}{1-1+1}$$
$$=-1$$

030 정답 -1

해설 $x^2+x+1=0$의 두 근이 α, β이므로

$\alpha^2+\alpha+1=0$, $\beta^2+\beta+1=0$

$\alpha^2+\alpha+1=0$의 양변에 $\alpha-1$을 곱하면

$(\alpha-1)(\alpha^2+\alpha+1)=0$, $\alpha^3-1=0$ ∴ $\alpha^3=1$

$\therefore\ \alpha^{10}+\alpha^{11}=(\alpha^3)^3\alpha+(\alpha^3)^3\alpha^2$
$=\alpha+\alpha^2\ (\because\ \alpha^3=1)$
$=-1\ (\because\ \alpha^2+\alpha+1=0)$

031 정답 -1

해설 $x^2+x+1=0$의 두 근이 α, β이므로

$\alpha^2+\alpha+1=0$, $\beta^2+\beta+1=0$

이 두 식에 각각 $\alpha-1$, $\beta-1$을 곱하면

$(\alpha-1)(\alpha^2+\alpha+1)=0$, $(\beta-1)(\beta^2+\beta+1)=0$

$\alpha^3-1=0$, $\beta^3-1=0$

$\therefore\ \alpha^3=1$, $\beta^3=1$

$x^2+x+1=0$의 두 근이 α, β이므로 근과 계수의 관계에 의해

(두 근의 합)$=\alpha+\beta=-\dfrac{1}{1}=-1$

$\therefore\ \alpha^{100}+\beta^{100}=(\alpha^3)^{33}\alpha+(\beta^3)^{33}\beta$
$=\alpha+\beta\ (\because\ \alpha^3=1,\ \beta^3=1)$
$=-1$

필수유형 CHECK　본문 P. 99

001 ⑤	**002** ④	**003** ③	**004** ①
005 ①	**006** ②	**007** ①	**008** ④

001 정답 ⑤

해설 ① ω가 $x^3=1$의 근이므로 $\omega^3=1$이다. (참)

② 계수가 실수인 삼차방정식 $x^3=1$의 한 허근이 ω이면 다른 한 허근은 켤레근 $\overline{\omega}$이다. (참)

③ $x^3=1$, 즉 $x^3-1=0$의 좌변을 인수분해하면

$(x-1)(x^2+x+1)=0$

$x-1=0$ 또는 $x^2+x+1=0$

이때 $x^3=1$의 한 실근은 1이고 나머지 서로 다른 두 허근 ω, $\overline{\omega}$는 이차방정식 $x^2+x+1=0$의 서로 다른 두 허근이다.

따라서 이차방정식의 근과 계수의 관계에 의해

(두 근의 합)$=\omega+\overline{\omega}=-\dfrac{1}{1}=-1$ (참)

④ $\overline{\omega}$가 이차방정식 $x^2+x+1=0$의 근이므로

$\overline{\omega}^2+\overline{\omega}+1=0$

$\therefore\ \overline{\omega}^2+\overline{\omega}=-1$ (참)

⑤ $\omega+\overline{\omega}=-1$에서 $\overline{\omega}=-\omega-1$ …… ㉠

ω는 이차방정식 $x^2+x+1=0$의 근이므로

$\omega^2+\omega+1=0$

$\therefore\ \omega^2=-\omega-1$ …… ㉡

㉠, ㉡에서 $\omega^2=\overline{\omega}$이므로 $\omega^2=-\overline{\omega}$는 거짓이다.

따라서 옳지 않은 것은 ⑤이다.

002 정답 ④

해설 ① ω가 $x^3=-1$의 근이므로 $\omega^3=-1$이다. (참)

② 계수가 실수인 삼차방정식 $x^3=-1$의 한 허근이 ω이면 다른 한 허근은 켤레근 $\overline{\omega}$이다.

$x^3=-1$, 즉 $x^3+1=0$의 좌변을 인수분해하면

$(x+1)(x^2-x+1)=0$

$x+1=0$ 또는 $x^2-x+1=0$

이때 $x^3=-1$의 한 실근은 -1이고 나머지 서로 다른 두 허근 ω, $\overline{\omega}$는 이차방정식 $x^2-x+1=0$의 서로 다른 두 허근이다.

따라서 이차방정식의 근과 계수의 관계에 의해

(두 근의 합)$=\omega+\overline{\omega}=-\dfrac{-1}{1}=1$ (참)

③ $x^2-x+1=0$의 두 근이 ω, $\overline{\omega}$이므로 이차방정식의 근과 계수의 관계에 의해

(두 근의 곱)$=\omega\overline{\omega}=\dfrac{1}{1}=1$ (참)

④ ω는 이차방정식 $x^2-x+1=0$의 근이므로

$\omega^2-\omega+1=0$

이 식의 양변을 ω로 나누면

$\omega-1+\dfrac{1}{\omega}=0$

따라서 $\omega+\dfrac{1}{\omega}=1$이므로 $\omega+\dfrac{1}{\omega}=-1$은 거짓이다.

⑤ $\omega+\overline{\omega}=1$에서 $\overline{\omega}=-\omega+1$ ...... ㉠

ω는 이차방정식 $x^2-x+1=0$의 근이므로

$\omega^2-\omega+1=0$ ∴ $\omega^2=\omega-1$ ...... ㉡

㉠, ㉡에서 $\omega^2=-\overline{\omega}$ (참)

따라서 옳지 않은 것은 ④이다.

003 정답 ③

해설 삼차방정식 $x^3=-1$의 한 허근이 ω이므로

$\omega^3=-1$

$x^3=-1$, 즉 $x^3+1=0$의 좌변을 인수분해하면

$(x+1)(x^2-x+1)=0$

$x+1=0$ 또는 $x^2-x+1=0$

이때 $x^3=-1$의 한 실근은 -1이고 나머지 서로 다른 두 허근은 이차방정식 $x^2-x+1=0$의 근이다.

따라서 삼차방정식 $x^3=-1$의 한 허근이 ω이므로 ω는 이차방정식 $x^2-x+1=0$의 근이기도 하다.

∴ $\omega^2-\omega+1=0$

∴ $\omega^{101}+\dfrac{1}{\omega^{101}}$

$=(\omega^3)^{33}\omega^2+\dfrac{1}{(\omega^3)^{33}\omega^2}$

$=-\omega^2-\dfrac{1}{\omega^2}$ $(∵ \omega^3=-1)$

$=-\dfrac{\omega^4+1}{\omega^2}$

$=-\dfrac{\omega^3+1}{\omega^2}$

$=-\dfrac{-\omega+1}{\omega^2}$ $(∵ \omega^3=-1)$

$=-\dfrac{-\omega^2}{\omega^2}$ $(∵ \omega^2-\omega+1=0)$

$=1$

004 정답 ①

해설 이차방정식 $x^2+x+1=0$의 한 근이 ω이므로

$\omega^2+\omega+1=0$

이 식의 양변에 $\omega-1$을 곱하면

$(\omega-1)(\omega^2+\omega+1)=0$

$\omega^3-1=0$ ∴ $\omega^3=1$

계수가 실수인 이차방정식 $x^2+x+1=0$의 한 허근이 ω이면 다른 한 허근은 켤레근 $\overline{\omega}$이다.

$\overline{\omega}^2+\overline{\omega}+1=0$

이 식의 양변에 $\overline{\omega}-1$을 곱하면

$(\overline{\omega}-1)(\overline{\omega}^2+\overline{\omega}+1)=0$

$\overline{\omega}^3-1=0$ ∴ $\overline{\omega}^3=1$

이차방정식 $x^2+x+1=0$의 두 근이 ω, $\overline{\omega}$이므로

근과 계수의 관계에 의해

(두 근의 합)$=\omega+\overline{\omega}=-\dfrac{1}{1}=-1$

(두 근의 곱)$=\omega\overline{\omega}=\dfrac{1}{1}=1$

∴ $\omega^{11}+\overline{\omega}^{11}=(\omega^3)^3\omega^2+(\overline{\omega}^3)^3\overline{\omega}^2$

$=\omega^2+\overline{\omega}^2$ $(∵ \omega^3=1, \overline{\omega}^3=1)$

$=(\omega+\overline{\omega})^2-2\omega\overline{\omega}$

$=(-1)^2-2\cdot1$

$=-1$

005 정답 ①

해설 $x=\dfrac{1+\sqrt{3}i}{2}$를 변형하여 이차방정식 꼴로 만든다.

$x=\dfrac{1+\sqrt{3}i}{2}$에서

$2x=1+\sqrt{3}i$

$2x-1=\sqrt{3}i$

이 등식의 양변을 제곱하면

$4x^2-4x+1=-3$

$4x^2-4x+4=0$

$x^2-x+1=0$

이 등식의 양변에 $x+1$을 곱하면

$(x+1)(x^2-x+1)=0$

$x^3+1=0$ ∴ $x^3=-1$

∴ $x^{100}-x^{101}=(x^3)^{33}x-(x^3)^{33}x^2$

$=-x+x^2$ $(∵ x^3=-1)$

$=-1$ $(∵ x^2-x+1=0)$

006 정답 ②

해설 삼차방정식 $x^3=1$의 한 허근이 ω이므로

$\omega^3=1$

$x^3=1$, 즉 $x^3-1=0$의 좌변을 인수분해하면

$(x-1)(x^2+x+1)=0$

$x-1=0$ 또는 $x^2+x+1=0$

이때 $x^3=1$의 한 실근은 1이고 나머지 서로 다른 두 허근은 이차방정식 $x^2+x+1=0$의 근이다.

따라서 삼차방정식 $x^3=1$의 한 허근이 ω이므로 ω는 이차방정식 $x^2+x+1=0$의 근이기도 하다.

∴ $\omega^2+\omega+1=0$

이때 $1+\dfrac{1}{\omega}+\dfrac{1}{\omega^2}+\cdots+\dfrac{1}{\omega^{101}}$의 항이 102개이므로 항을 3개씩 묶을 수 있다.

∴ $1+\dfrac{1}{\omega}+\dfrac{1}{\omega^2}+\cdots+\dfrac{1}{\omega^{101}}$

$=\left(1+\dfrac{1}{\omega}+\dfrac{1}{\omega^2}\right)+\left(\dfrac{1}{\omega^3}+\dfrac{1}{\omega^4}+\dfrac{1}{\omega^5}\right)+\cdots$

$+\left(\dfrac{1}{\omega^{99}}+\dfrac{1}{\omega^{100}}+\dfrac{1}{\omega^{101}}\right)$

$=\dfrac{\omega^2+\omega+1}{\omega^2}+\dfrac{\omega^2+\omega+1}{\omega^5}+\cdots+\dfrac{\omega^2+\omega+1}{\omega^{101}}$

$=0$ $(∵ \omega^2+\omega+1=0)$

별해 삼차방정식 $x^3=1$의 한 허근이 ω이므로

$\omega^3=1$, $\omega^2+\omega+1=0$

$T=1+\dfrac{1}{\omega}+\dfrac{1}{\omega^2}+\dfrac{1}{\omega^3}+\cdots+\dfrac{1}{\omega^{101}}$이라 하고

이 식의 양변에 ω^{101}을 곱하면

$\omega^{101}T$
$=\omega^{101}+\omega^{100}+\omega^{99}+\cdots+1$
$=1+\omega+\omega^2+\cdots+\omega^{101}$
$=(1+\omega+\omega^2)+(\omega^3+\omega^4+\omega^5)+(\omega^6+\omega^7+\omega^8)$
$\quad+\cdots+(\omega^{99}+\omega^{100}+\omega^{101})$
$=(1+\omega+\omega^2)+\omega^3(1+\omega+\omega^2)+\omega^6(1+\omega+\omega^2)$
$\quad+\cdots+\omega^{99}(1+\omega+\omega^2)$
$=0 \ (\because \omega^2+\omega+1=0)$

$\therefore T=\dfrac{0}{\omega^{101}}=0$

007 정답 ①

해설 $x^3-x^2-x-2=0$에서

$f(x)=x^3-x^2-x-2$라 하면

$f(2)=8-4-2-2=0$

이므로 인수정리에 의해 $f(x)$는 $x-2$를 인수로 갖는다.

조립제법을 이용하여 $f(x)$를 인수분해하면

$$
\begin{array}{r|rrrr}
2 & 1 & -1 & -1 & -2 \\
  &   & 2 & 2 & 2 \\
\hline
  & 1 & 1 & 1 & 0 \\
\end{array}
$$

$f(x)=x^3-x^2-x-2$
$\quad\quad=(x-2)(x^2+x+1)$

이때 삼차방정식 $x^3-x^2-x-2=0$의 한 허근 ω는 이차

방정식 $x^2+x+1=0$의 한 허근이므로

$\omega^2+\omega+1=0$

이 식의 양변에 $\omega-1$을 곱하면

$(\omega-1)(\omega^2+\omega+1)=0$

$\omega^3-1=0 \quad \therefore \omega^3=1$

$\therefore 1+\omega+\omega^2+\cdots+\omega^{30}$

$=(1+\omega+\omega^2)+\omega^3(1+\omega+\omega^2)+\cdots$

$\quad+\omega^{27}(1+\omega+\omega^2)+\omega^{30}$

$=\omega^{30} \ (\because \omega^2+\omega+1=0)$

$=(\omega^3)^{10}$

$=1 \ (\because \omega^3=1)$

008 정답 ④

해설 $x^2+2x+4=0$의 한 근이 ω이므로

$\omega^2+2\omega+4=0$

이 식의 양변에 $\omega-2$를 곱하면

$(\omega-2)(\omega^2+2\omega+4)=0, \ \omega^3-2^3=0$

$\therefore \omega^3=8$

$\therefore \omega^3+(\omega^2+2\omega)=8-4=4 \ (\because \omega^2+2\omega+4=0)$

교과서문제 CHECK

본문 P. 101

001 정답 $x=3, y=1$

해설 $\begin{cases} x+y=4 & \cdots\cdots \text{㉠} \\ 2x-y=5 & \cdots\cdots \text{㉡} \end{cases}$

㉠+㉡을 하면

$3x=9 \quad \therefore x=3$

$x=3$을 ㉠에 대입하면

$3+y=4 \quad \therefore y=1$

$\therefore x=3, y=1$

002 정답 $x=3, y=-2$

해설 $\begin{cases} x-y=5 & \cdots\cdots \text{㉠} \\ x+2y=-1 & \cdots\cdots \text{㉡} \end{cases}$

㉠-㉡을 하면

$-3y=6 \quad \therefore y=-2$

$y=-2$를 ㉠에 대입하면

$x+2=5 \quad \therefore x=3$

$\therefore x=3, y=-2$

003 정답 $x=2, y=1$

해설 $\begin{cases} x+2y=4 & \cdots\cdots \text{㉠} \\ 3x+y=7 & \cdots\cdots \text{㉡} \end{cases}$

㉠×3을 하면

$3x+6y=12 \quad \cdots\cdots \text{㉢}$

㉢-㉡을 하면

$5y=5 \quad \therefore y=1$

$y=1$을 ㉠에 대입하면

$x+2=4 \quad \therefore x=2$

$\therefore x=2, y=1$

004 정답 $x=-1, y=1$

해설 $\begin{cases} 2x-3y=-5 & \cdots\cdots \text{㉠} \\ x+2y=1 & \cdots\cdots \text{㉡} \end{cases}$

㉡×2를 하면

$2x+4y=2 \quad \cdots\cdots \text{㉢}$

㉢-㉠을 하면

$7y=7 \quad \therefore y=1$

$y=1$을 ㉡에 대입하면

$x+2=1 \quad \therefore x=-1$

$\therefore x=-1, y=1$

005 정답 $x=1, y=2$

해설 $\begin{cases} y=x+1 & \cdots\cdots \text{㉠} \\ 2x+y=4 & \cdots\cdots \text{㉡} \end{cases}$

㉠을 ㉡에 대입하면 $2x+(x+1)=4$

$3x=3 \quad \therefore x=1$

$x=1$을 ㉠에 대입하면 $y=2$

$\therefore x=1, y=2$

006 정답 $x=0, y=1$

해설 $\begin{cases} x=y-1 & \cdots\cdots ㉠ \\ x+2y=2 & \cdots\cdots ㉡ \end{cases}$

㉠을 ㉡에 대입하면 $(y-1)+2y=2$

$3y=3 \quad \therefore y=1$

$y=1$을 ㉠에 대입하면 $x=0$

$\therefore x=0, y=1$

007 정답 $x=-3, y=2$

해설 $\begin{cases} x+3y=3 & \cdots\cdots ㉠ \\ 2x+y=-4 & \cdots\cdots ㉡ \end{cases}$

㉠을 $x=-3y+3$으로 변형하여 ㉡에 대입하면

$2(-3y+3)+y=-4, \ -6y+6+y=-4$

$-5y=-10 \quad \therefore y=2$

$y=2$를 $x=-3y+3$에 대입하면

$x=(-3)\cdot 2+3=-3$

$\therefore x=-3, y=2$

008 정답 $x=3, y=1$

해설 $\begin{cases} x-2y=1 & \cdots\cdots ㉠ \\ 3x+y=10 & \cdots\cdots ㉡ \end{cases}$

㉠을 $x=2y+1$로 변형하여 ㉡에 대입하면

$3(2y+1)+y=10$

$6y+3+y=10$

$7y=7 \quad \therefore y=1$

$y=1$을 $x=2y+1$에 대입하면

$x=2\cdot1+1=3$

$\therefore x=3, y=1$

009 정답 $x=1, y=3, z=2$

해설 $\begin{cases} x+y+z=6 & \cdots\cdots ㉠ \\ 2x+y-z=3 & \cdots\cdots ㉡ \\ x-y+2z=2 & \cdots\cdots ㉢ \end{cases}$

x, y, z 중에서 어떤 것을 소거해도 좋으나 계수의 절댓값이 모두 같은 y를 소거하는 것이 효과적이다.

㉠-㉡을 하면 $-x+2z=3 \quad \cdots\cdots ㉣$

㉡+㉢을 하면 $3x+z=5 \quad \cdots\cdots ㉤$

㉣×3을 하면 $-3x+6z=9 \quad \cdots\cdots ㉥$

㉤+㉥을 하면 $7z=14 \quad \therefore z=2$

$z=2$를 ㉤에 대입하면

$3x+2=5 \quad \therefore x=1$

$x=1, z=2$를 ㉠에 대입하면

$1+y+2=6 \quad \therefore y=3$

$\therefore x=1, y=3, z=2$

010 정답 $x=4, y=3, z=5$

해설 $\begin{cases} x+y=7 & \cdots\cdots ㉠ \\ y+z=8 & \cdots\cdots ㉡ \\ z+x=9 & \cdots\cdots ㉢ \end{cases}$

㉠+㉡+㉢을 하면

$2(x+y+z)=24$

$\therefore x+y+z=12 \quad \cdots\cdots ㉣$

㉣-㉠을 하면 $z=5$

㉣-㉡을 하면 $x=4$

㉣-㉢을 하면 $y=3$

$\therefore x=4, y=3, z=5$

별해 $\begin{cases} x+y=7 & \cdots\cdots ㉠ \\ y+z=8 & \cdots\cdots ㉡ \\ z+x=9 & \cdots\cdots ㉢ \end{cases}$

㉠-㉡을 하면 $x-z=-1 \quad \cdots\cdots ㉣$

㉢+㉣을 하면 $2x=8 \quad \therefore x=4$

$x=4$를 ㉠에 대입하면

$4+y=7 \quad \therefore y=3$

$x=4$를 ㉢에 대입하면

$z+4=9 \quad \therefore z=5$

011 정답 $\begin{cases} x=-5 \\ y=-2 \end{cases}$ 또는 $\begin{cases} x=2 \\ y=5 \end{cases}$

해설 $\begin{cases} y=x+3 & \cdots\cdots ㉠ \\ xy=10 & \cdots\cdots ㉡ \end{cases}$

㉠을 ㉡에 대입하면

$x(x+3)=10$

$x^2+3x-10=0$

$(x+5)(x-2)=0$

$\therefore x=-5$ 또는 $x=2$

$x=-5$를 ㉠에 대입하면 $y=-2$

$x=2$를 ㉠에 대입하면 $y=5$

$\therefore \begin{cases} x=-5 \\ y=-2 \end{cases}$ 또는 $\begin{cases} x=2 \\ y=5 \end{cases}$

012 정답 $\begin{cases} x=-2 \\ y=-1 \end{cases}$ 또는 $\begin{cases} x=1 \\ y=2 \end{cases}$

해설 $\begin{cases} y=x+1 & \cdots\cdots ㉠ \\ x^2+y=3 & \cdots\cdots ㉡ \end{cases}$

㉠을 ㉡에 대입하면

$x^2+(x+1)=3$

$x^2+x-2=0$

$(x+2)(x-1)=0$

$\therefore x=-2$ 또는 $x=1$

$x=-2$를 ㉠에 대입하면 $y=-1$

$x=1$을 ㉠에 대입하면 $y=2$

$\therefore \begin{cases} x=-2 \\ y=-1 \end{cases}$ 또는 $\begin{cases} x=1 \\ y=2 \end{cases}$

013 정답 $\begin{cases} x=0 \\ y=1 \end{cases}$ 또는 $\begin{cases} x=1 \\ y=0 \end{cases}$

해설 $\begin{cases} x+y=1 & \cdots\cdots\; \text{㉠} \\ x^2+y^2=1 & \cdots\cdots\; \text{㉡} \end{cases}$

㉠에서 $y=1-x$　$\cdots\cdots\;$ ㉢

㉢을 ㉡에 대입하면

$x^2+(1-x)^2=1$

$x^2+1-2x+x^2=1$

$2x^2-2x=0$

$2x(x-1)=0$

$\therefore x=0$ 또는 $x=1$

$x=0$을 ㉢에 대입하면 $y=1$

$x=1$을 ㉢에 대입하면 $y=0$

$\therefore \begin{cases} x=0 \\ y=1 \end{cases}$ 또는 $\begin{cases} x=1 \\ y=0 \end{cases}$

014 정답 $\begin{cases} x=-1 \\ y=-2 \end{cases}$ 또는 $\begin{cases} x=2 \\ y=1 \end{cases}$

해설 $\begin{cases} x-y=1 & \cdots\cdots\; \text{㉠} \\ x^2+y^2=5 & \cdots\cdots\; \text{㉡} \end{cases}$

㉠에서 $y=x-1$　$\cdots\cdots\;$ ㉢

㉢을 ㉡에 대입하면

$x^2+(x-1)^2=5$

$x^2+x^2-2x+1=5$

$2x^2-2x-4=0$

$x^2-x-2=0$

$(x+1)(x-2)=0$

$\therefore x=-1$ 또는 $x=2$

$x=-1$을 ㉢에 대입하면 $y=-2$

$x=2$를 ㉢에 대입하면 $y=1$

$\therefore \begin{cases} x=-1 \\ y=-2 \end{cases}$ 또는 $\begin{cases} x=2 \\ y=1 \end{cases}$

015 정답 $\begin{cases} x=3 \\ y=1 \end{cases}$ 또는 $\begin{cases} x=5 \\ y=3 \end{cases}$

해설 $\begin{cases} x-y=2 & \cdots\cdots\; \text{㉠} \\ x^2-2y^2=7 & \cdots\cdots\; \text{㉡} \end{cases}$

㉠에서 $x=y+2$　$\cdots\cdots\;$ ㉢

㉢을 ㉡에 대입하면

$(y+2)^2-2y^2=7$

$y^2+4y+4-2y^2=7$

$-y^2+4y-3=0$

$y^2-4y+3=0$

$(y-1)(y-3)=0$

$\therefore y=1$ 또는 $y=3$

$y=1$을 ㉢에 대입하면 $x=3$

$y=3$을 ㉢에 대입하면 $x=5$

$\therefore \begin{cases} x=3 \\ y=1 \end{cases}$ 또는 $\begin{cases} x=5 \\ y=3 \end{cases}$

016 정답 $\begin{cases} x=-3 \\ y=1 \end{cases}$ 또는 $\begin{cases} x=-1 \\ y=3 \end{cases}$

해설 $\begin{cases} x-y=-4 & \cdots\cdots\; \text{㉠} \\ x^2+xy+y^2=7 & \cdots\cdots\; \text{㉡} \end{cases}$

㉠에서 $x=y-4$　$\cdots\cdots\;$ ㉢

㉢을 ㉡에 대입하면

$(y-4)^2+(y-4)y+y^2=7$

$y^2-8y+16+y^2-4y+y^2=7$

$3y^2-12y+9=0$

$y^2-4y+3=0$

$(y-1)(y-3)=0$

$\therefore y=1$ 또는 $y=3$

$y=1$을 ㉢에 대입하면 $x=-3$

$y=3$을 ㉢에 대입하면 $x=-1$

$\therefore \begin{cases} x=-3 \\ y=1 \end{cases}$ 또는 $\begin{cases} x=-1 \\ y=3 \end{cases}$

017 정답 $\begin{cases} x=-\sqrt{3} \\ y=\sqrt{3} \end{cases}$ 또는 $\begin{cases} x=\sqrt{3} \\ y=-\sqrt{3} \end{cases}$ 또는 $\begin{cases} x=3 \\ y=3 \end{cases}$

또는 $\begin{cases} x=-3 \\ y=-3 \end{cases}$

해설 $\begin{cases} (x+y)(x-y)=0 & \cdots\cdots\; \text{㉠} \\ x^2-xy+y^2=9 & \cdots\cdots\; \text{㉡} \end{cases}$

㉠에서 $x+y=0$ 또는 $x-y=0$

$\therefore x=-y$ 또는 $x=y$

(ⅰ) $x=-y$를 ㉡에 대입하면

$y^2+y^2+y^2=9$

$y^2=3$　$\therefore y=\sqrt{3}$ 또는 $y=-\sqrt{3}$

$\therefore \begin{cases} x=-\sqrt{3} \\ y=\sqrt{3} \end{cases}$ 또는 $\begin{cases} x=\sqrt{3} \\ y=-\sqrt{3} \end{cases}$

(ⅱ) $x=y$를 ㉡에 대입하면

$y^2-y^2+y^2=9$

$y^2=9$　$\therefore y=3$ 또는 $y=-3$

$\therefore \begin{cases} x=3 \\ y=3 \end{cases}$ 또는 $\begin{cases} x=-3 \\ y=-3 \end{cases}$

018 정답 $\begin{cases} x=-\sqrt{3} \\ y=\sqrt{3} \end{cases}$ 또는 $\begin{cases} x=\sqrt{3} \\ y=-\sqrt{3} \end{cases}$ 또는 $\begin{cases} x=2 \\ y=1 \end{cases}$

또는 $\begin{cases} x=-2 \\ y=-1 \end{cases}$

해설 $\begin{cases} (x+y)(x-2y)=0 & \cdots\cdots\; \text{㉠} \\ 2x^2+y^2=9 & \cdots\cdots\; \text{㉡} \end{cases}$

㉠에서 $x+y=0$ 또는 $x-2y=0$

$\therefore x=-y$ 또는 $x=2y$

(ⅰ) $x=-y$를 ㉡에 대입하면

$2y^2+y^2=9$

$y^2=3$　$\therefore y=\sqrt{3}$ 또는 $y=-\sqrt{3}$

$\therefore \begin{cases} x=-\sqrt{3} \\ y=\sqrt{3} \end{cases}$ 또는 $\begin{cases} x=\sqrt{3} \\ y=-\sqrt{3} \end{cases}$

(ⅱ) $x=2y$를 ㉡에 대입하면

$8y^2+y^2=9$

$y^2=1$　$\therefore y=1$ 또는 $y=-1$

$$\therefore \begin{cases} x=2 \\ y=1 \end{cases} \text{또는} \begin{cases} x=-2 \\ y=-1 \end{cases}$$

019 정답 $\begin{cases} x=-3 \\ y=1 \end{cases}$ 또는 $\begin{cases} x=3 \\ y=-1 \end{cases}$ 또는 $\begin{cases} x=\sqrt{3} \\ y=\sqrt{3} \end{cases}$

또는 $\begin{cases} x=-\sqrt{3} \\ y=-\sqrt{3} \end{cases}$

해설 $\begin{cases} x^2+2xy-3y^2=0 & \cdots\cdots \text{㉠} \\ x^2+xy-6=0 & \cdots\cdots \text{㉡} \end{cases}$

㉠을 인수분해하면 $(x+3y)(x-y)=0$

$x+3y=0$ 또는 $x-y=0$

$\therefore x=-3y$ 또는 $x=y$

(i) $x=-3y$를 ㉡에 대입하면

$9y^2-3y^2-6=0$

$y^2=1 \qquad \therefore y=1$ 또는 $y=-1$

$\therefore \begin{cases} x=-3 \\ y=1 \end{cases}$ 또는 $\begin{cases} x=3 \\ y=-1 \end{cases}$

(ii) $x=y$를 ㉡에 대입하면

$y^2+y^2-6=0$

$y^2=3 \qquad \therefore y=\sqrt{3}$ 또는 $y=-\sqrt{3}$

$\therefore \begin{cases} x=\sqrt{3} \\ y=\sqrt{3} \end{cases}$ 또는 $\begin{cases} x=-\sqrt{3} \\ y=-\sqrt{3} \end{cases}$

020 정답 $\begin{cases} x=\sqrt{5} \\ y=\sqrt{5} \end{cases}$ 또는 $\begin{cases} x=-\sqrt{5} \\ y=-\sqrt{5} \end{cases}$ 또는 $\begin{cases} x=2\sqrt{2} \\ y=\sqrt{2} \end{cases}$

또는 $\begin{cases} x=-2\sqrt{2} \\ y=-\sqrt{2} \end{cases}$

해설 $\begin{cases} x^2-3xy+2y^2=0 & \cdots\cdots \text{㉠} \\ x^2+y^2=10 & \cdots\cdots \text{㉡} \end{cases}$

㉠을 인수분해하면

$(x-y)(x-2y)=0$

$x-y=0$ 또는 $x-2y=0$

$\therefore x=y$ 또는 $x=2y$

(i) $x=y$를 ㉡에 대입하면

$y^2+y^2=10$

$y^2=5 \qquad \therefore y=\sqrt{5}$ 또는 $y=-\sqrt{5}$

$\therefore \begin{cases} x=\sqrt{5} \\ y=\sqrt{5} \end{cases}$ 또는 $\begin{cases} x=-\sqrt{5} \\ y=-\sqrt{5} \end{cases}$

(ii) $x=2y$를 ㉡에 대입하면

$4y^2+y^2=10$

$y^2=2 \qquad \therefore y=\sqrt{2}$ 또는 $y=-\sqrt{2}$

$\therefore \begin{cases} x=2\sqrt{2} \\ y=\sqrt{2} \end{cases}$ 또는 $\begin{cases} x=-2\sqrt{2} \\ y=-\sqrt{2} \end{cases}$

021 정답 $\begin{cases} x=1 \\ y=2 \end{cases}$ 또는 $\begin{cases} x=-1 \\ y=-2 \end{cases}$ 또는 $\begin{cases} x=-2 \\ y=1 \end{cases}$

또는 $\begin{cases} x=2 \\ y=-1 \end{cases}$

해설 $\begin{cases} 2x^2+3xy-2y^2=0 & \cdots\cdots \text{㉠} \\ x^2+y^2=5 & \cdots\cdots \text{㉡} \end{cases}$

㉠을 인수분해하면

$(2x-y)(x+2y)=0$

$2x-y=0$ 또는 $x+2y=0$

$\therefore y=2x$ 또는 $x=-2y$

(i) $y=2x$를 ㉡에 대입하면

$x^2+4x^2=5$

$x^2=1 \qquad \therefore x=1$ 또는 $x=-1$

$\therefore \begin{cases} x=1 \\ y=2 \end{cases}$ 또는 $\begin{cases} x=-1 \\ y=-2 \end{cases}$

(ii) $x=-2y$를 ㉡에 대입하면

$4y^2+y^2=5$

$y^2=1 \qquad \therefore y=1$ 또는 $y=-1$

$\therefore \begin{cases} x=-2 \\ y=1 \end{cases}$ 또는 $\begin{cases} x=2 \\ y=-1 \end{cases}$

022 정답 $\begin{cases} x=2 \\ y=4 \end{cases}$ 또는 $\begin{cases} x=-2 \\ y=-4 \end{cases}$ 또는 $\begin{cases} x=2\sqrt{2} \\ y=\sqrt{2} \end{cases}$

또는 $\begin{cases} x=-2\sqrt{2} \\ y=-\sqrt{2} \end{cases}$

해설 $\begin{cases} 2x^2-5xy+2y^2=0 & \cdots\cdots \text{㉠} \\ x^2+xy-12=0 & \cdots\cdots \text{㉡} \end{cases}$

㉠을 인수분해하면

$(2x-y)(x-2y)=0$

$2x-y=0$ 또는 $x-2y=0$

$\therefore y=2x$ 또는 $x=2y$

(i) $y=2x$를 ㉡에 대입하면

$x^2+2x^2-12=0$

$x^2=4 \qquad \therefore x=2$ 또는 $x=-2$

$\therefore \begin{cases} x=2 \\ y=4 \end{cases}$ 또는 $\begin{cases} x=-2 \\ y=-4 \end{cases}$

(ii) $x=2y$를 ㉡에 대입하면

$4y^2+2y^2-12=0$

$y^2=2 \qquad \therefore y=\sqrt{2}$ 또는 $y=-\sqrt{2}$

$\therefore \begin{cases} x=2\sqrt{2} \\ y=\sqrt{2} \end{cases}$ 또는 $\begin{cases} x=-2\sqrt{2} \\ y=-\sqrt{2} \end{cases}$

023 정답 $\begin{cases} x=-1 \\ y=1 \end{cases}$ 또는 $\begin{cases} x=-\dfrac{3}{2} \\ y=\dfrac{1}{2} \end{cases}$

해설 $\begin{cases} x^2+y^2+x=1 & \cdots\cdots \text{㉠} \\ x^2+y^2+y=3 & \cdots\cdots \text{㉡} \end{cases}$

이차항을 소거하기 위해 ㉠－㉡을 하면

$x-y=-2 \qquad \therefore y=x+2 \qquad \cdots\cdots \text{㉢}$

㉢을 ㉠에 대입하면

$x^2+(x+2)^2+x=1$

$x^2+x^2+4x+4+x-1=0$

$2x^2+5x+3=0$

인수분해하면 $(x+1)(2x+3)=0$

$x+1=0$ 또는 $2x+3=0$

$\therefore x=-1$ 또는 $x=-\dfrac{3}{2}$

$x=-1$을 ⓒ에 대입하면 $y=1$

$x=-\dfrac{3}{2}$을 ⓒ에 대입하면 $y=\dfrac{1}{2}$

$\therefore \begin{cases} x=-1 \\ y=1 \end{cases}$ 또는 $\begin{cases} x=-\dfrac{3}{2} \\ y=\dfrac{1}{2} \end{cases}$

024 정답 $\begin{cases} x=1 \\ y=2 \end{cases}$ 또는 $\begin{cases} x=-1 \\ y=-4 \end{cases}$

해설 $\begin{cases} xy+x=3 & \cdots\cdots ㉠ \\ 3xy+y=8 & \cdots\cdots ㉡ \end{cases}$

xy항을 소거하기 위해 ㉠$\times 3$을 하면

$3xy+3x=9 \qquad \cdots\cdots ㉢$

㉢$-$㉡을 하면

$3x-y=1 \quad \therefore y=3x-1 \qquad \cdots\cdots ㉣$

㉣을 ㉠에 대입하면

$x(3x-1)+x=3$

$3x^2=3,\ x^2=1 \quad \therefore x=1$ 또는 $x=-1$

$x=1$을 ㉣에 대입하면 $y=2$

$x=-1$을 ㉣에 대입하면 $y=-4$

$\therefore \begin{cases} x=1 \\ y=2 \end{cases}$ 또는 $\begin{cases} x=-1 \\ y=-4 \end{cases}$

025 정답 $\begin{cases} x=-2 \\ y=1 \end{cases}$ 또는 $\begin{cases} x=2 \\ y=-1 \end{cases}$

해설 $\begin{cases} 2x^2+3xy+y^2=3 & \cdots\cdots ㉠ \\ x^2-2xy-3y^2=5 & \cdots\cdots ㉡ \end{cases}$

상수항을 소거하기 위해 ㉠$\times 5$, ㉡$\times 3$을 하면

$\begin{cases} 10x^2+15xy+5y^2=15 & \cdots\cdots ㉠\times 5 \\ 3x^2-6xy-9y^2=15 & \cdots\cdots ㉡\times 3 \end{cases}$

㉠$\times 5-$㉡$\times 3$을 하면

$7x^2+21xy+14y^2=0$

$x^2+3xy+2y^2=0$

$(x+y)(x+2y)=0$

$x+y=0$ 또는 $x+2y=0$

$\therefore x=-y$ 또는 $x=-2y$

(ⅰ) $x=-y$를 ㉠에 대입하면

$2y^2-3y^2+y^2=3$

이때 (좌변)$=0$, (우변)$=3$이므로 주어진 연립방정식의 해는 존재하지 않는다.

(ⅱ) $x=-2y$를 ㉠에 대입하면

$8y^2-6y^2+y^2=3$

$y^2=1 \qquad \therefore y=1$ 또는 $y=-1$

$y=1$을 $x=-2y$에 대입하면 $x=-2$

$y=-1$을 $x=-2y$에 대입하면 $x=2$

$\therefore \begin{cases} x=-2 \\ y=1 \end{cases}$ 또는 $\begin{cases} x=2 \\ y=-1 \end{cases}$

001 정답 ④

해설 $y=2x+1$을 $x^2+y=4$에 대입하면

$x^2+2x+1=4$

$x^2+2x-3=0$

$(x-1)(x+3)=0$

$\therefore x=1$ 또는 $x=-3$

$x=1$을 $y=2x+1$에 대입하면 $y=3$

$x=-3$을 $y=2x+1$에 대입하면 $y=-5$

$\therefore \begin{cases} x=1 \\ y=3 \end{cases}$ 또는 $\begin{cases} x=-3 \\ y=-5 \end{cases}$

따라서 $x+y=4$ 또는 $x+y=-8$이므로 $x+y$의 최댓값은 4이다.

002 정답 ④

해설 $x+y=3$을 $y=-x+3$으로 변형하여 $xy=-1$에 대입하면

$x(-x+3)=-1$

$-x^2+3x=-1$

$\therefore x^2-3x-1=0$

이차방정식의 근과 계수의 관계에 의해 모든 x의 값의 합은 $-\dfrac{-3}{1}=3$이다.

003 정답 ①

해설 $\begin{cases} x^2-xy-2y^2=0 & \cdots\cdots ㉠ \\ x^2+xy+y^2=7 & \cdots\cdots ㉡ \end{cases}$

㉠을 인수분해하면 $(x+y)(x-2y)=0$

$x+y=0$ 또는 $x-2y=0$

$\therefore x=-y$ 또는 $x=2y$

(ⅰ) $x=-y$를 ㉡에 대입하면

$y^2-y^2+y^2=7$

$y^2=7 \quad \therefore y=\sqrt{7}$ 또는 $y=-\sqrt{7}$

$\therefore \begin{cases} x=-\sqrt{7} \\ y=\sqrt{7} \end{cases}$ 또는 $\begin{cases} x=\sqrt{7} \\ y=-\sqrt{7} \end{cases}$

(ⅱ) $x=2y$를 ㉡에 대입하면

$4y^2+2y^2+y^2=7$

$y^2=1 \quad \therefore y=1$ 또는 $y=-1$

$\therefore \begin{cases} x=2 \\ y=1 \end{cases}$ 또는 $\begin{cases} x=-2 \\ y=-1 \end{cases}$

따라서 $xy=-7$ 또는 $xy=2$이므로 xy의 최솟값은 -7이다.

004 정답 ②

해설 $y=x+k$를 $x^2+2y=1$에 대입하면

$x^2+2(x+k)=1$

$x^2+2x+2k-1=0$

이 이차방정식의 판별식을 D라 하면 이 이차방정식이 실근을 가지려면 $D \geq 0$이어야 한다.

$$D = 2^2 - 4 \cdot 1 \cdot (2k-1)$$
$$= 4 - 8k + 4$$
$$= 8 - 8k \geq 0$$
$$\therefore k \leq 1$$

따라서 실수 k의 최댓값은 1이다.

005 정답 ②

해설 직사각형의 두 변의 길이를 x, y라 하면 피타고라스의 정리에 의해

$$x^2 + y^2 = (\sqrt{13})^2 \qquad \therefore x^2 + y^2 = 13 \quad \cdots\cdots \text{㉠}$$

가로의 길이와 세로의 길이를 모두 1만큼 늘이면 대각선의 길이가 5가 되므로 피타고라스의 정리에 의해

$$(x+1)^2 + (y+1)^2 = 5^2$$
$$(x^2 + 2x + 1) + (y^2 + 2y + 1) = 25 \quad \cdots\cdots \text{㉡}$$

㉡ - ㉠을 하면

$$2x + 2y + 2 = 12 \qquad \therefore x + y = 5$$

$y = 5 - x$를 ㉠에 대입하면

$$x^2 + (5-x)^2 = 13$$
$$x^2 + 25 - 10x + x^2 = 13$$
$$2x^2 - 10x + 12 = 0$$
$$x^2 - 5x + 6 = 0$$
$$(x-2)(x-3) = 0$$
$$\therefore x = 2 \ \text{또는} \ x = 3$$

$x = 2$를 $y = 5 - x$에 대입하면 $y = 3$
$x = 3$을 $y = 5 - x$에 대입하면 $y = 2$

그런데 이 직사각형은 가로의 길이가 세로의 길이보다 길므로 세로의 길이는 2이다.

006 정답 ③

해설 $\begin{cases} x+y=7 \\ x^2+y^2=25 \end{cases}$ 의 해와 $\begin{cases} x-y=a \\ bx-y=5 \end{cases}$ 의 해가 같다.

$$\begin{cases} x+y=7 & \cdots\cdots \text{㉠} \\ x^2+y^2=25 & \cdots\cdots \text{㉡} \end{cases}$$

㉠에서 $y = 7 - x$ $\cdots\cdots$ ㉢

㉢을 ㉡에 대입하면

$$x^2 + (7-x)^2 = 25$$
$$x^2 + 49 - 14x + x^2 = 25$$
$$2x^2 - 14x + 24 = 0$$
$$x^2 - 7x + 12 = 0$$
$$(x-3)(x-4) = 0$$
$$\therefore x = 3 \ \text{또는} \ x = 4$$

$x = 3$을 $y = 7 - x$에 대입하면 $y = 4$
$x = 4$를 $y = 7 - x$에 대입하면 $y = 3$

$$\therefore \begin{cases} x=3 \\ y=4 \end{cases} \text{또는} \begin{cases} x=4 \\ y=3 \end{cases}$$

그런데 $a = x - y > 0$이므로 $\begin{cases} x=4 \\ y=3 \end{cases}$

$$\therefore a = x - y = 4 - 3 = 1$$

$bx - y = 5$에 $x = 4$, $y = 3$을 대입하면

$$4b - 3 = 5 \qquad \therefore b = 2$$
$$\therefore a - b = 1 - 2 = -1$$

007 정답 ③

해설 $\begin{cases} x^2+y^2=6 & \cdots\cdots \text{㉠} \\ x+y+xy=-3 & \cdots\cdots \text{㉡} \end{cases}$

㉠에서 $x^2 + y^2 = (x+y)^2 - 2xy = 6$

이때 $x + y = u$, $xy = v$로 치환하면

$$\begin{cases} u^2 - 2v = 6 & \cdots\cdots \text{㉢} \\ u + v = -3 & \cdots\cdots \text{㉣} \end{cases}$$

㉣에서 $v = -u - 3$ $\cdots\cdots$ ㉤

㉤을 ㉢에 대입하면

$$u^2 - 2(-u-3) = 6$$
$$u^2 + 2u = 0$$
$$u(u+2) = 0$$
$$\therefore u = 0 \ \text{또는} \ u = -2$$
$$\therefore x + y = 0 \ \text{또는} \ x + y = -2$$

따라서 $x + y$의 최솟값은 -2이다.

008 정답 ④

해설 $\begin{cases} x^2+2xy-y^2=2 & \cdots\cdots \text{㉠} \\ x^2+xy-5y^2=1 & \cdots\cdots \text{㉡} \end{cases}$

상수항을 소거하기 위해 ㉡ × 2를 하면

$$2x^2 + 2xy - 10y^2 = 2 \quad \cdots\cdots \text{㉢}$$

㉢ - ㉠을 하면 $x^2 - 9y^2 = 0$

$$(x+3y)(x-3y) = 0$$
$$x + 3y = 0 \ \text{또는} \ x - 3y = 0$$
$$\therefore x = -3y \ \text{또는} \ x = 3y$$

(i) $x = -3y$를 ㉠에 대입하면

$$9y^2 - 6y^2 - y^2 = 2$$
$$y^2 = 1 \qquad \therefore y = 1 \ \text{또는} \ y = -1$$
$$\therefore \begin{cases} x=-3 \\ y=1 \end{cases} \text{또는} \begin{cases} x=3 \\ y=-1 \end{cases}$$

이때 x, y가 정수라는 문제의 조건을 만족한다.

$$\therefore xy = -3$$

(ii) $x = 3y$를 ㉠에 대입하면

$$9y^2 + 6y^2 - y^2 = 2$$
$$y^2 = \frac{1}{7} \qquad \therefore y = \pm\sqrt{\frac{1}{7}}$$

그런데 $y = \pm\sqrt{\frac{1}{7}}$은 x, y가 정수라는 문제의 조건을 만족하지 못한다.

따라서 구하는 xy의 값은 -3이다.

001 정답 $x=1$

해설 (i) $x^2-3x+2=0$에서

$(x-1)(x-2)=0$

$\therefore x=1$ 또는 $x=2$

(ii) $x^2-4x+3=0$에서

$(x-1)(x-3)=0$

$\therefore x=1$ 또는 $x=3$

(i), (ii)에서 두 방정식의 공통근은 $x=1$이다.

별해 두 방정식 $x^2-3x+2=0$, $x^2-4x+3=0$의 공통근을 α라 하면

$\alpha^2-3\alpha+2=0$ ······ ㉠

$\alpha^2-4\alpha+3=0$ ······ ㉡

㉠-㉡을 하면 $\alpha-1=0$ $\therefore \alpha=1$

002 정답 $x=2$

해설 (i) $x^2-2x=0$에서

$x(x-2)=0$

$\therefore x=0$ 또는 $x=2$

(ii) $x^2+4x-12=0$에서

$(x+6)(x-2)=0$

$\therefore x=-6$ 또는 $x=2$

(i), (ii)에서 두 방정식의 공통근은 $x=2$이다.

별해 두 방정식 $x^2-2x=0$, $x^2+4x-12=0$의 공통근을 α라 하면

$\alpha^2-2\alpha=0$ ······ ㉠

$\alpha^2+4\alpha-12=0$ ······ ㉡

㉡-㉠을 하면 $6\alpha-12=0$ $\therefore \alpha=2$

003 정답 $x=-1$

해설 (i) $x^2-x-2=0$에서

$(x+1)(x-2)=0$

$\therefore x=-1$ 또는 $x=2$

(ii) $x^3-2x-1=0$에서

$f(x)=x^3-2x-1$이라 하면

$f(-1)=-1+2-1=0$이므로

인수정리에 의해 $f(x)$는 $x+1$을 인수로 갖는다.

조립제법을 이용하여 $f(x)$를 인수분해하면

-1	1	0	-2	-1
		-1	1	1
	1	-1	-1	0

$f(x)=x^3-2x-1$

$\quad\ =(x+1)(x^2-x-1)$

따라서 방정식은 $(x+1)(x^2-x-1)=0$이므로 구하

는 해는

$x+1=0$ 또는 $x^2-x-1=0$

$\therefore x=-1$ 또는 $x=\dfrac{1\pm\sqrt{5}}{2}$

(i), (ii)에서 두 방정식의 공통근은 -1이다.

별해 두 방정식 $x^2-x-2=0$, $x^3-2x-1=0$의 공통근을 α라 하면

$\alpha^2-\alpha-2=0$ ······ ㉠

$\alpha^3-2\alpha-1=0$ ······ ㉡

상수항을 제거하기 위해 ㉡×2-㉠을 하면

$2\alpha^3-\alpha^2-3\alpha=0$

$\alpha(2\alpha^2-\alpha-3)=0$

$\alpha(2\alpha-3)(\alpha+1)=0$

$\therefore \alpha=0$ 또는 $\alpha=\dfrac{3}{2}$ 또는 $\alpha=-1$

이때 $\alpha=-1$은 ㉠, ㉡을 모두 만족하지만 $\alpha=0$, $\alpha=\dfrac{3}{2}$은

㉠, ㉡을 모두 만족하지 않는다.

따라서 구하는 공통근은 $x=-1$이다.

004 정답 $x=\dfrac{1\pm\sqrt{3}i}{2}$

해설 (i) $x^3+1=0$에서

$(x+1)(x^2-x+1)=0$

$x+1=0$ 또는 $x^2-x+1=0$

$\therefore x=-1$ 또는 $x=\dfrac{1\pm\sqrt{3}i}{2}$

(ii) $x^4+x^2+1=0$에서

$(x^4+2x^2+1)-x^2=0$

$(x^2+1)^2-x^2=0$

$(x^2+1+x)(x^2+1-x)=0$

$x^2+x+1=0$ 또는 $x^2-x+1=0$

$\therefore x=\dfrac{-1\pm\sqrt{3}i}{2}$ 또는 $x=\dfrac{1\pm\sqrt{3}i}{2}$

(i), (ii)에서 두 방정식의 공통근은 $x=\dfrac{1\pm\sqrt{3}i}{2}$이다.

별해 두 방정식 $x^3+1=0$, $x^4+x^2+1=0$의 공통근을 α라 하면

$\alpha^3+1=0$ ······ ㉠

$\alpha^4+\alpha^2+1=0$ ······ ㉡

상수항을 제거하기 위해 ㉡-㉠을 하면

$\alpha^4-\alpha^3+\alpha^2=0$

$\alpha^2(\alpha^2-\alpha+1)=0$

$\alpha^2=0$ 또는 $\alpha^2-\alpha+1=0$

$\therefore \alpha=0$ 또는 $\alpha=\dfrac{1\pm\sqrt{3}i}{2}$

이때 $\alpha=\dfrac{1\pm\sqrt{3}i}{2}$는 ㉠, ㉡을 모두 만족하지만 $\alpha=0$은

㉠, ㉡을 모두 만족하지 않는다.

따라서 구하는 공통근은 $x=\dfrac{1\pm\sqrt{3}i}{2}$이다.

005 정답 $\begin{cases} x=1 \\ y=1 \end{cases}$

006 정답 $\begin{cases} x=1 \\ y=1 \end{cases}$ 또는 $\begin{cases} x=-1 \\ y=-1 \end{cases}$

007 정답 해는 무수히 많다.

해설 서로 역수 관계에 있는 x와 y는 모두 이 방정식의 해이다.

즉, $\begin{cases} x=a \\ y=\dfrac{1}{a} \end{cases}$ $(a \neq 0)$꼴은 모두 이 방정식의 해이다.

예컨대 $\begin{cases} x=1 \\ y=1 \end{cases}$, $\begin{cases} x=-1 \\ y=-1 \end{cases}$, $\begin{cases} x=2 \\ y=\dfrac{1}{2} \end{cases}$, $\begin{cases} x=-\dfrac{3}{2} \\ y=-\dfrac{2}{3} \end{cases}$,

$\begin{cases} x=\dfrac{4}{3} \\ y=\dfrac{3}{4} \end{cases}$, … 등은 이 방정식의 해이다.

008 정답 $\begin{cases} x=1 \\ y=5 \end{cases}$ 또는 $\begin{cases} x=5 \\ y=1 \end{cases}$ 또는 $\begin{cases} x=-1 \\ y=-5 \end{cases}$

또는 $\begin{cases} x=-5 \\ y=-1 \end{cases}$

해설 곱해서 5가 되는 두 정수 x, y는 다음과 같다.

$\begin{cases} x=1 \\ y=5 \end{cases}$ 또는 $\begin{cases} x=5 \\ y=1 \end{cases}$ 또는 $\begin{cases} x=-1 \\ y=-5 \end{cases}$ 또는 $\begin{cases} x=-5 \\ y=-1 \end{cases}$

009 정답 $\begin{cases} x=3 \\ y=-4 \end{cases}$ 또는 $\begin{cases} x=1 \\ y=-2 \end{cases}$

해설 $(x-2)(y+3)=-1$에서

x, y가 정수이므로 $x-2, y+3$도 정수이다.

(i) $\begin{cases} x-2=1 \\ y+3=-1 \end{cases}$ 일 때, $\begin{cases} x=3 \\ y=-4 \end{cases}$

(ii) $\begin{cases} x-2=-1 \\ y+3=1 \end{cases}$ 일 때, $\begin{cases} x=1 \\ y=-2 \end{cases}$

010 정답 $\begin{cases} x=2 \\ y=2 \end{cases}$ 또는 $\begin{cases} x=0 \\ y=0 \end{cases}$

해설 $xy-x-y=0$에서

$x(y-1)-(y-1)-1=0$

$x(y-1)-(y-1)=1$

$\therefore (x-1)(y-1)=1$

이때 x, y가 정수이므로 $x-1, y-1$도 정수이다.

(i) $\begin{cases} x-1=1 \\ y-1=1 \end{cases}$ 일 때, $\begin{cases} x=2 \\ y=2 \end{cases}$

(ii) $\begin{cases} x-1=-1 \\ y-1=-1 \end{cases}$ 일 때, $\begin{cases} x=0 \\ y=0 \end{cases}$

011 정답 $\begin{cases} x=0 \\ y=-1 \end{cases}$ 또는 $\begin{cases} x=1 \\ y=0 \end{cases}$ 또는 $\begin{cases} x=-2 \\ y=3 \end{cases}$

또는 $\begin{cases} x=-3 \\ y=2 \end{cases}$

해설 $xy-x+y+1=0$에서

$x(y-1)+(y-1)+2=0$

$x(y-1)+(y-1)=-2$

$\therefore (x+1)(y-1)=-2$

이때 x, y가 정수이므로 $x+1, y-1$도 정수이다.

(i) $\begin{cases} x+1=1 \\ y-1=-2 \end{cases}$ 일 때, $\begin{cases} x=0 \\ y=-1 \end{cases}$

(ii) $\begin{cases} x+1=2 \\ y-1=-1 \end{cases}$ 일 때, $\begin{cases} x=1 \\ y=0 \end{cases}$

(iii) $\begin{cases} x+1=-1 \\ y-1=2 \end{cases}$ 일 때, $\begin{cases} x=-2 \\ y=3 \end{cases}$

(iv) $\begin{cases} x+1=-2 \\ y-1=1 \end{cases}$ 일 때, $\begin{cases} x=-3 \\ y=2 \end{cases}$

012 정답 $\begin{cases} x=-1 \\ y=-4 \end{cases}$ 또는 $\begin{cases} x=1 \\ y=-2 \end{cases}$ 또는 $\begin{cases} x=-3 \\ y=2 \end{cases}$

또는 $\begin{cases} x=-5 \\ y=0 \end{cases}$

해설 $xy+x+2y+5=0$에서

$x(y+1)+2(y+1)+3=0$

$x(y+1)+2(y+1)=-3$

$\therefore (x+2)(y+1)=-3$

이때 x, y가 정수이므로 $x+2, y+1$도 정수이다.

(i) $\begin{cases} x+2=1 \\ y+1=-3 \end{cases}$ 일 때, $\begin{cases} x=-1 \\ y=-4 \end{cases}$

(ii) $\begin{cases} x+2=3 \\ y+1=-1 \end{cases}$ 일 때, $\begin{cases} x=1 \\ y=-2 \end{cases}$

(iii) $\begin{cases} x+2=-1 \\ y+1=3 \end{cases}$ 일 때, $\begin{cases} x=-3 \\ y=2 \end{cases}$

(iv) $\begin{cases} x+2=-3 \\ y+1=1 \end{cases}$ 일 때, $\begin{cases} x=-5 \\ y=0 \end{cases}$

013 정답 $\begin{cases} x=4 \\ y=4 \end{cases}$ 또는 $\begin{cases} x=5 \\ y=3 \end{cases}$ 또는 $\begin{cases} x=2 \\ y=0 \end{cases}$ 또는 $\begin{cases} x=1 \\ y=1 \end{cases}$

해설 $xy-2x-3y+4=0$에서

$x(y-2)-3(y-2)-2=0$

$x(y-2)-3(y-2)=2$

$(x-3)(y-2)=2$

이때 x, y가 정수이므로 $x-3, y-2$도 정수이다.

(i) $\begin{cases} x-3=1 \\ y-2=2 \end{cases}$ 일 때, $\begin{cases} x=4 \\ y=4 \end{cases}$

(ii) $\begin{cases} x-3=2 \\ y-2=1 \end{cases}$ 일 때, $\begin{cases} x=5 \\ y=3 \end{cases}$

(iii) $\begin{cases} x-3=-1 \\ y-2=-2 \end{cases}$ 일 때, $\begin{cases} x=2 \\ y=0 \end{cases}$

(iv) $\begin{cases} x-3=-2 \\ y-2=-1 \end{cases}$ 일 때, $\begin{cases} x=1 \\ y=1 \end{cases}$

014 정답 $x=-1, y=2$

해설 $(x+1)^2+(y-2)^2=0$에서

x, y가 실수이므로 $x+1, y-2$도 실수이다.

따라서 $x+1=0$, $y-2=0$이므로

$x=-1$, $y=2$

015 정답 $x=1$, $y=-3$

해설 $(x+y+2)^2+(2x-y-5)^2=0$에서

x, y가 실수이므로 $x+y+2$, $2x-y-5$도 실수이다.

$\therefore x+y+2=0$ ⋯⋯ ㉠

$2x-y-5=0$ ⋯⋯ ㉡

㉠+㉡을 하면 $3x-3=0$ $\therefore x=1$

$x=1$을 ㉠에 대입하면 $1+y+2=0$ $\therefore y=-3$

016 정답 $x=-1$, $y=0$

해설 $x^2+y^2+2x+1=0$에서

$(x^2+2x+1)+y^2=0$

$(x+1)^2+y^2=0$

이때 x, y가 실수이므로 $x+1$도 실수이다.

따라서 $x+1=0$, $y=0$이므로

$x=-1$, $y=0$

별해 $x^2+y^2+2x+1=0$을 x에 대하여 내림차순으로 정리하면

$x^2+2x+(y^2+1)=0$

x가 실수이므로 이 방정식은 실근을 갖는다.

따라서 이 방정식의 판별식을 D라 하면 $D\geq0$이어야 한다.

$\dfrac{D}{4}=1^2-1\cdot(y^2+1)$

$=1-(y^2+1)\geq0$

$(y^2+1)-1\leq0$ $\therefore y^2\leq0$

이때 y가 실수이므로 $y=0$이어야 한다.

$y=0$을 $x^2+y^2+2x+1=0$에 대입하면

$(x+1)^2=0$ $\therefore x=-1$

017 정답 $x=0$, $y=-2$

해설 $2x^2+y^2+4y+4=0$에서

$2x^2+(y^2+4y+4)=0$

$2x^2+(y+2)^2=0$

이때 x, y가 실수이므로 $y+2$도 실수이다.

따라서 $x=0$, $y+2=0$이므로

$x=0$, $y=-2$

별해 $2x^2+y^2+4y+4=0$을 x에 대하여 내림차순으로 정리하면

$2x^2+(y^2+4y+4)=0$

x가 실수이므로 이 방정식은 실근을 갖는다.

따라서 이 방정식의 판별식을 D라 하면 $D\geq0$이어야 한다.

$\dfrac{D}{4}=0^2-2\cdot(y^2+4y+4)$

$=-2(y^2+4y+4)\geq0$

$y^2+4y+4\leq0$ $\therefore (y+2)^2\leq0$

이때 y가 실수이므로 $y+2=0$이어야 한다.

$\therefore y=-2$

$y=-2$를 $2x^2+y^2+4y+4=0$에 대입하면

$2x^2=0$ $\therefore x=0$

018 정답 $x=1$, $y=-1$

해설 $x^2+y^2-2x+2y+2=0$에서

$(x^2-2x+1)-1+(y^2+2y+1)-1+2=0$

$(x^2-2x+1)+(y^2+2y+1)=0$

$(x-1)^2+(y+1)^2=0$

이때 x, y가 실수이므로 $x-1$, $y+1$도 실수이다.

따라서 $x-1=0$, $y+1=0$이므로

$x=1$, $y=-1$

별해 $x^2+y^2-2x+2y+2=0$을 x에 대하여 내림차순으로 정리하면

$x^2-2x+(y^2+2y+2)=0$

x가 실수이므로 이 방정식은 실근을 갖는다.

따라서 이 방정식의 판별식을 D라 하면 $D\geq0$이어야 한다.

$\dfrac{D}{4}=(-1)^2-1\cdot(y^2+2y+2)$

$=1-(y^2+2y+2)\geq0$

$y^2+2y+2-1\leq0$

$y^2+2y+1\leq0$ $\therefore (y+1)^2\leq0$

이때 y가 실수이므로 $y+1=0$이어야 한다.

$\therefore y=-1$

$y=-1$을 $x^2+y^2-2x+2y+2=0$에 대입하면

$x^2-2x+1=0$, $(x-1)^2=0$ $\therefore x=1$

019 정답 $x=-3$, $y=2$

해설 $x^2+y^2+6x-4y+13=0$에서

$(x^2+6x+9)-9+(y^2-4y+4)-4+13=0$

$(x^2+6x+9)+(y^2-4y+4)=0$

$(x+3)^2+(y-2)^2=0$

이때 x, y가 실수이므로 $x+3$, $y-2$도 실수이다.

따라서 $x+3=0$, $y-2=0$이므로

$x=-3$, $y=2$

별해 $x^2+y^2+6x-4y+13=0$을 x에 대하여 내림차순으로 정리하면

$x^2+6x+(y^2-4y+13)=0$

x가 실수이므로 이 방정식은 실근을 갖는다.

따라서 이 방정식의 판별식을 D라 하면 $D\geq0$이어야 한다.

$\dfrac{D}{4}=3^2-1\cdot(y^2-4y+13)$

$=9-(y^2-4y+13)\geq0$

$y^2-4y+13-9\leq0$

$y^2-4y+4\leq0$ $\therefore (y-2)^2\leq0$

이때 y가 실수이므로 $y-2=0$이어야 한다.

$\therefore y=2$

$y=2$를 $x^2+y^2+6x-4y+13=0$에 대입하면

$x^2+6x+9=0$, $(x+3)^2=0$ $\therefore x=-3$

001 ⑤	002 ①	003 ④	004 ③
005 ②	006 ②	007 ②	008 ③

001 정답 ⑤

해설 $x^2-2x-3=0$에서

$(x+1)(x-3)=0$

$\therefore x=-1$ 또는 $x=3$

(i) $x=-1$을 $x^2-kx+2k-1=0$에 대입하면

$\quad 1+k+2k-1=0, \ 3k=0 \qquad \therefore k=0$

(ii) $x=3$을 $x^2-kx+2k-1=0$에 대입하면

$\quad 9-3k+2k-1=0, \ -k+8=0 \qquad \therefore k=8$

따라서 상수 k의 값의 합은

$0+8=8$

002 정답 ①

해설 $x^2+2ax-2a-1=0$에서

$(x-1)(x+2a+1)=0$

$\therefore x=1$ 또는 $x=-2a-1$

$x^2-(a+2)x+2a=0$에서

$(x-2)(x-a)=0$

$\therefore x=2$ 또는 $x=a$

이때 공통근을 가지려면 다음 세 가지 경우 중에서 하나를 만족시켜야 한다.

(i) $a=1$

(ii) $-2a-1=2 \qquad \therefore a=-\dfrac{3}{2}$

(iii) $-2a-1=a \qquad \therefore a=-\dfrac{1}{3}$

따라서 구하는 모든 a의 값의 합은

$1+\left(-\dfrac{3}{2}\right)+\left(-\dfrac{1}{3}\right)=-\dfrac{5}{6}$

003 정답 ④

해설 $xy-x-2y-1=0$에서

$x(y-1)-2(y-1)-3=0$

$x(y-1)-2(y-1)=3$

$\therefore (x-2)(y-1)=3$

이때 x, y가 자연수이므로

$\begin{cases} x-2=1 \\ y-1=3 \end{cases}$ 또는 $\begin{cases} x-2=3 \\ y-1=1 \end{cases}$

$\therefore \begin{cases} x=3 \\ y=4 \end{cases}$ 또는 $\begin{cases} x=5 \\ y=2 \end{cases}$

따라서 구하는 두 자연수 x, y의 합 $x+y$의 값은

$x+y=3+4=5+2=7$

004 정답 ③

해설 이차방정식 $x^2-kx+k=0$의 두 근을 α, β라 하면 근과 계수의 관계에 의해

(두 근의 합)$=\alpha+\beta=-\dfrac{-k}{1}=k \qquad \cdots\cdots$ ㉠

(두 근의 곱)$=\alpha\beta=\dfrac{k}{1}=k \qquad \cdots\cdots$ ㉡

㉡$-$㉠을 하면 $\alpha\beta-\alpha-\beta=0$

$\alpha(\beta-1)-(\beta-1)-1=0$

$\alpha(\beta-1)-(\beta-1)=1$

$(\alpha-1)(\beta-1)=1$

이때 α, β가 정수이므로 $\alpha-1, \beta-1$도 정수이다.

$\begin{cases} \alpha-1=1 \\ \beta-1=1 \end{cases}$ 또는 $\begin{cases} \alpha-1=-1 \\ \beta-1=-1 \end{cases}$

$\therefore \begin{cases} \alpha=2 \\ \beta=2 \end{cases}$ 또는 $\begin{cases} \alpha=0 \\ \beta=0 \end{cases}$

따라서 $k=\alpha+\beta=4$ 또는 0이므로 구하는 k의 값의 합은

$4+0=4$

005 정답 ②

해설 $n^2+2n+14$가 어떤 자연수 m의 제곱이 되므로

$n^2+2n+14=m^2$

$(n^2+2n+1)+13=m^2$

$(n+1)^2+13=m^2$

$m^2-(n+1)^2=13$

$(m-n-1)(m+n+1)=1\cdot13$

이때 m, n이 자연수이므로

$\begin{cases} m-n-1=1 & \cdots\cdots \text{㉠} \\ m+n+1=13 & \cdots\cdots \text{㉡} \end{cases}$

㉠$+$㉡을 하면 $2m=14 \qquad \therefore m=7$

$m=7$을 ㉡에 대입하면

$7+n+1=13 \qquad \therefore n=5$

$\therefore m-n=7-5=2$

006 정답 ②

해설 $x^2+y^2-2x+4y+5=0$에서

$(x^2-2x)+(y^2+4y)+5=0$

$(x^2-2x+1)+(y^2+4y+4)=0$

$(x-1)^2+(y+2)^2=0$

이때 x, y가 실수이므로 $x-1, y+2$도 실수이다.

따라서 $x-1=0, y+2=0$이므로

$x=1, y=-2$

$\therefore x+y=1+(-2)=-1$

별해 $x^2+y^2-2x+4y+5=0$을 x에 대하여 내림차순으로 정리하면

$x^2-2x+(y^2+4y+5)=0$

x가 실수이므로 이 방정식은 실근을 갖는다.

따라서 이 방정식의 판별식을 D라 하면 $D\geq0$이어야 한다.

$\dfrac{D}{4}=(-1)^2-1\cdot(y^2+4y+5)$

$\qquad =1-(y^2+4y+5)\geq0$

$y^2+4y+5-1\leq0$

$y^2+4y+4\leq0 \qquad \therefore (y+2)^2\leq0$

이때 y가 실수이므로 $y+2=0$이어야 한다.

$\therefore y=-2$

$y=-2$를 $x^2+y^2-2x+4y+5=0$에 대입하면

$x^2-2x+1=0$, $(x-1)^2=0$ $\quad\therefore x=1$

$\therefore x+y=1+(-2)=-1$

007 정답 ②

해설 $|x-y|+(2x-y+1)^2=0$에서

x, y가 실수이므로 $x-y$, $2x-y+1$도 실수이다.

따라서 $x-y=0$, $2x-y+1=0$이므로

$x=y$, $2x-y+1=0$

$x=y$를 $2x-y+1=0$에 대입하면

$2y-y+1=0$ $\quad\therefore y=-1$, $x=-1$

$\therefore x^2+y^2=(-1)^2+(-1)^2=2$

008 정답 ③

해설 $x^2+2y^2-2xy-2y+1=0$에서

$(x^2-2xy+y^2)+(y^2-2y+1)=0$

$(x-y)^2+(y-1)^2=0$

이때 x, y가 실수이므로 $x-y$, $y-1$도 실수이다.

$\therefore x-y=0$, $y-1=0$

즉, $x=y$, $y=1$이므로 $x=1$

$\therefore x+y=1+1=2$

별해 $x^2+2y^2-2xy-2y+1=0$을 x에 대하여 내림차순으로 정리하면

$x^2-2xy+(2y^2-2y+1)=0$

x가 실수이므로 이 방정식은 실근을 갖는다.

따라서 이 방정식의 판별식을 D라 하면 $D\geq0$이어야 한다.

$\dfrac{D}{4}=(-y)^2-1\cdot(2y^2-2y+1)$

$\qquad=y^2-(2y^2-2y+1)\geq0$

$(2y^2-2y+1)-y^2\leq0$

$y^2-2y+1\leq0$ $\quad\therefore (y-1)^2\leq0$

이때 y가 실수이므로 $y-1=0$이어야 한다.

$\therefore y=1$

$y=1$을 $x^2+2y^2-2xy-2y+1=0$에 대입하면

$x^2-2x+1=0$, $(x-1)^2=0$ $\quad\therefore x=1$

$\therefore x+y=1+1=2$

019 부등식의 성질과 풀이

🚜 **교과서문제 CHECK** 본문 P. 109

001 정답 $-2<2x\leq4$

해설 $-1<x\leq2$의 양변에 양수 2를 곱하면 부등호의 방향은 그대로이다.

$(-1)\cdot2<2x\leq2\cdot2$

$\therefore -2<2x\leq4$

002 정답 $-5<3x-2\leq4$

해설 $-1<x\leq2$의 양변에 양수 3을 곱하면 부등호의 방향은 그대로이다.

$-3<3x\leq6$

$-3-2<3x-2\leq6-2$

$\therefore -5<3x-2\leq4$

003 정답 $-4\leq-2x<2$

해설 $-1<x\leq2$의 양변에 음수 -2를 곱하면 부등호의 방향은 반대로 바뀐다.

$(-1)\cdot(-2)>-2x\geq2\cdot(-2)$

$\therefore -4\leq-2x<2$

004 정답 $1\leq-x+3<4$

해설 $-1<x\leq2$의 양변에 음수 -1을 곱하면 부등호의 방향은 반대로 바뀐다.

$(-1)\cdot(-1)>-x\geq2\cdot(-1)$

$-2\leq-x<1$

$(-2)+3\leq-x+3<1+3$

$\therefore 1\leq-x+3<4$

005 정답 $x>1$

해설 $ax>a$의 양변을 양수 a로 나누면 부등호의 방향은 그대로이다.

$\dfrac{1}{a}\cdot ax>\dfrac{1}{a}\cdot a$ $\quad\therefore x>1$

006 정답 $x<1$

해설 $ax>a$의 양변을 음수 a로 나누면 부등호의 방향은 반대로 바뀐다.

$\dfrac{1}{a}\cdot ax<\dfrac{1}{a}\cdot a$ $\quad\therefore x<1$

007 정답 모든 실수

해설 $ax>b$에서 $a=0$, $b<0$이면 $0\cdot x>b$

이때 b가 음수이므로 이 부등식의 x에 어떤 값을 대입하여도 부등식은 항상 성립한다.

따라서 이 부등식의 해는 모든 실수이다.

008 정답 해는 없다.

해설 $ax>b$에서 $a=0$, $b\geq0$이면 $0\cdot x>b$

이때 b가 0보다 크거나 같으므로 이 부등식의 x에 어떤 값을 대입하여도 부등식은 성립하지 않는다.

따라서 이 부등식의 해는 없다.

009 정답 모든 실수

해설 $(a^2-1)x\leq a$에서 $a=1$이면 $0\cdot x\leq1$

이 부등식의 x에 어떤 값을 대입하여도 부등식은 항상 성립한다.

따라서 이 부등식의 해는 모든 실수이다.

010 정답 해는 없다.

해설 $(a^2-1)x \le a$에서 $a=-1$이면 $0 \cdot x \le -1$

이 부등식의 x에 어떤 값을 대입하여도 부등식은 성립하지 않는다.

따라서 이 부등식의 해는 없다.

011 정답 $x \le \dfrac{a}{a^2-1}$

해설 $(a^2-1)x \le a$에서 $a^2>1$이면 $a^2-1>0$이다.

$(a^2-1)x \le a$의 양변을 양수 a^2-1로 나누면 부등호의 방향은 그대로이다.

$$\frac{1}{a^2-1} \cdot (a^2-1)x \le a \cdot \frac{1}{a^2-1}$$

$$\therefore x \le \frac{a}{a^2-1}$$

012 정답 $x \ge \dfrac{a}{a^2-1}$

해설 $(a^2-1)x \le a$에서 $a^2<1$이면 $a^2-1<0$이다.

$(a^2-1)x \le a$의 양변을 음수 a^2-1로 나누면 부등호의 방향은 반대로 바뀐다.

$$\frac{1}{a^2-1} \cdot (a^2-1)x \ge a \cdot \frac{1}{a^2-1}$$

$$\therefore x \ge \frac{a}{a^2-1}$$

013 정답 $x>4$

해설 $x+2>6$에서 좌변의 2를 우변으로 이항한다.

$x>6-2$ $\therefore x>4$

014 정답 $x \le -3$

해설 $2x \le x-3$에서 우변의 x를 좌변으로 이항한다.

$2x-x \le -3$ $\therefore x \le -3$

015 정답 $x \le 2$

해설 $3x-4 \le x$에서 좌변의 -4를 우변으로, 우변의 x를 좌변으로 이항한다.

$3x-x \le 4$

$2x \le 4$의 양변을 양수 2로 나누면 부등호의 방향은 그대로이다.

$\therefore x \le 2$

016 정답 $x>1$

해설 $x+2>-x+4$에서 좌변의 2를 우변으로, 우변의 $-x$를 좌변으로 이항한다.

$x+x>4-2$

$2x>2$의 양변을 양수 2로 나누면 부등호의 방향은 그대로이다.

$\therefore x>1$

017 정답 $x \le -4$

해설 $x-1 \ge 2x+3$에서 좌변의 -1을 우변으로, 우변의

$2x$를 좌변으로 이항한다.

$x-2x \ge 3+1$

$-x \ge 4$의 양변에 음수 -1을 곱하면 부등호의 방향은 반대로 바뀐다.

$\therefore x \le -4$

018 정답 $x \ge -3$

해설 $7x-3 \le 11x+9$에서 좌변의 -3을 우변으로, 우변의 $11x$를 좌변으로 이항한다.

$7x-11x \le 9+3$

$-4x \le 12$의 양변을 음수 -4로 나누면 부등호의 방향은 반대로 바뀐다.

$\therefore x \ge -3$

019 정답 $x>2$

해설 $2(x-3)>-x$

$2x-6>-x$에서 좌변의 -6을 우변으로, 우변의 $-x$를 좌변으로 이항한다.

$2x+x>6$

$3x>6$의 양변을 양수 3으로 나누면 부등호의 방향은 그대로이다.

$\therefore x>2$

020 정답 $x>-3$

해설 $2(x-4)<4x-2$

$2x-8<4x-2$에서 좌변의 -8을 우변으로, 우변의 $4x$를 좌변으로 이항한다.

$2x-4x<-2+8$

$-2x<6$의 양변을 음수 -2로 나누면 부등호의 방향은 반대로 바뀐다.

$\therefore x>-3$

021 정답 $x \le -1$

해설 $4x-(5-x) \le -10$

$4x-5+x \le -10$에서 좌변의 -5를 우변으로 이항한다.

$5x \le -10+5$

$5x \le -5$의 양변을 양수 5로 나누면 부등호의 방향은 그대로이다.

$\therefore x \le -1$

022 정답 $x \le 2$

해설 $3(1-x)+4x \le 5$

$3-3x+4x \le 5$에서 좌변의 3을 우변으로 이항한다.

$x \le 5-3$

$\therefore x \le 2$

023 정답 $x \ge -1$

해설 $4(x+2) \ge 2(x+3)$

$4x+8 \ge 2x+6$에서 좌변의 8을 우변으로, 우변의 $2x$를 좌변으로 이항한다.

$4x-2x \ge 6-8$

$2x \ge -2$의 양변을 양수 2로 나누면 부등호의 방향은 그

대로이다.

$\therefore x \geq -1$

024 정답 $x < 3$

해설 $-2(2x+1)+5 > 3(x-6)$

$-4x-2+5 > 3x-18$

$-4x+3 > 3x-18$에서 좌변의 3을 우변으로, 우변의 $3x$를 좌변으로 이항한다.

$-4x-3x > -18-3$

$-7x > -21$의 양변을 음수 -7로 나누면 부등호의 방향은 반대로 바뀐다.

$\therefore x < 3$

025 정답 ○

해설 $x-(x-1) > 0$에서

$x-x+1 > 0$

$0 \cdot x > -1$

이 부등식의 x에 어떤 값을 대입하여도 부등식은 항상 성립한다.

따라서 이 부등식의 해는 모든 실수이다.

026 정답 ○

해설 $2x-2(x+1) < 0$에서

$2x-2x-2 < 0$

$0 \cdot x < 2$

이 부등식의 x에 어떤 값을 대입하여도 부등식은 항상 성립한다.

따라서 이 부등식의 해는 모든 실수이다.

027 정답 △

해설 $2x-(x+2) \geq x$에서

$2x-x-2 \geq x$

$0 \cdot x \geq 2$

이 부등식의 x에 어떤 값을 대입하여도 부등식은 성립하지 않는다.

따라서 이 부등식의 해는 없다.

028 정답 △

해설 $2x-(x-1) \leq x$에서

$2x-x+1 \leq x$

$0 \cdot x \leq -1$

이 부등식의 x에 어떤 값을 대입하여도 부등식은 성립하지 않는다.

따라서 이 부등식의 해는 없다.

029 정답 $2 < x < 4$

해설 $|x-3| < 1$에서

$-1 < x-3 < 1$

이 식의 각 변에 3을 더하면

$2 < x < 4$

별해 $|x-3| < 1$에서

$-1 < x-3 < 1$

(i) $-1 < x-3$에서 $x > 2$

(ii) $x-3 < 1$에서 $x < 4$

(i), (ii)에서 $x > 2$와 $x < 4$의 공통 범위를 구하면

$2 < x < 4$

별해 $|x-3| < 1$에서 절댓값 기호 안의 식 $x-3$이 0이 되는 x의 값, 즉 3을 기준으로 구간을 $x < 3$, $x \geq 3$인 경우로 나누어 절댓값 기호를 없앤다.

(i) $x < 3$일 때, $|x-3| = -(x-3)$이므로

$-(x-3) < 1$, $-x+3 < 1$ $\therefore x > 2$

$x < 3$과 $x > 2$의 공통 범위를 구하면

$2 < x < 3$ …… ㉠

(ii) $x \geq 3$일 때, $|x-3| = x-3$이므로

$x-3 < 1$ $\therefore x < 4$

$x \geq 3$과 $x < 4$의 공통 범위를 구하면

$3 \leq x < 4$ …… ㉡

(i), (ii)의 ㉠, ㉡에서 구하는 해는

$2 < x < 4$

030 정답 $x < -3$ 또는 $x > 1$

해설 $|x+1| > 2$에서

$x+1 < -2$ 또는 $x+1 > 2$

$\therefore x < -3$ 또는 $x > 1$

별해 $|x+1| > 2$에서 절댓값 기호 안의 식 $x+1$이 0이 되는 x의 값, 즉 -1을 기준으로 구간을 $x < -1$, $x \geq -1$인 경우로 나누어 절댓값 기호를 없앤다.

(i) $x < -1$일 때, $|x+1| = -(x+1)$이므로

$-(x+1) > 2$, $x+1 < -2$ $\therefore x < -3$

$x < -1$과 $x < -3$의 공통 범위를 구하면

$x < -3$ …… ㉠

(ii) $x \geq -1$일 때, $|x+1| = x+1$이므로

$x+1 > 2$ $\therefore x > 1$

$x \geq -1$과 $x > 1$의 공통 범위를 구하면

$x > 1$ …… ㉡

(i), (ii)의 ㉠, ㉡에서 구하는 해는

$x < -3$ 또는 $x > 1$

031 정답 $x \leq -2$ 또는 $x \geq 3$

해설 $|2x-1| \geq 5$에서

$2x-1 \leq -5$ 또는 $2x-1 \geq 5$

$2x \leq -4$ 또는 $2x \geq 6$

$\therefore x \leq -2$ 또는 $x \geq 3$

별해 $|2x-1| \geq 5$에서 절댓값 기호 안의 식 $2x-1$이 0이 되는 x의 값, 즉 $\dfrac{1}{2}$을 기준으로 구간을 $x < \dfrac{1}{2}$, $x \geq \dfrac{1}{2}$인 경우로 나누어 절댓값 기호를 없앤다.

(i) $x < \dfrac{1}{2}$일 때, $|2x-1| = -(2x-1)$이므로

$-(2x-1) \geq 5$, $2x-1 \leq -5$

$2x \leq -4$ $\therefore x \leq -2$

$x<\dfrac{1}{2}$과 $x\leq-2$의 공통 범위를 구하면

$x\leq-2$ ······ ㉠

(ii) $x\geq\dfrac{1}{2}$일 때, $|2x-1|=2x-1$이므로

$2x-1\geq5,\ 2x\geq6$ ∴ $x\geq3$

$x\geq\dfrac{1}{2}$과 $x\geq3$의 공통 범위를 구하면

$x\geq3$ ······ ㉡

(i), (ii)의 ㉠, ㉡에서 구하는 해는

$x\leq-2$ 또는 $x\geq3$

032 정답 $-2\leq x\leq1$

해설 $|2x+1|\leq3$에서

$-3\leq2x+1\leq3$

이 식의 각 변에 -1을 더하면

$-4\leq2x\leq2$

이 식의 각 변을 2로 나누면

$-2\leq x\leq1$

별해 $|2x+1|\leq3$에서 절댓값 기호 안의 식 $2x+1$이

0이 되는 x의 값, 즉 $-\dfrac{1}{2}$을 기준으로 구간을 $x<-\dfrac{1}{2}$,

$x\geq-\dfrac{1}{2}$인 경우로 나누어 절댓값 기호를 없앤다.

(i) $x<-\dfrac{1}{2}$일 때, $|2x+1|=-(2x+1)$이므로

$-(2x+1)\leq3,\ 2x+1\geq-3$

$2x\geq-4$ ∴ $x\geq-2$

$x<-\dfrac{1}{2}$과 $x\geq-2$의 공통 범위를 구하면

$-2\leq x<-\dfrac{1}{2}$ ······ ㉠

(ii) $x\geq-\dfrac{1}{2}$일 때, $|2x+1|=2x+1$이므로

$2x+1\leq3,\ 2x\leq2$ ∴ $x\leq1$

$x\geq-\dfrac{1}{2}$과 $x\leq1$의 공통 범위를 구하면

$-\dfrac{1}{2}\leq x\leq1$ ······ ㉡

(i), (ii)의 ㉠, ㉡에서 구하는 해는

$-2\leq x\leq1$

033 정답 $x<-5$ 또는 $x>-1$

해설 $2|x+2|>1-x$에서 절댓값 기호 안의 식 $x+2$가

0이 되는 x의 값, 즉 -2를 기준으로 구간을 $x<-2$,

$x\geq-2$인 경우로 나누어 절댓값 기호를 없앤다.

(i) $x<-2$일 때, $|x+2|=-(x+2)$이므로

$-2(x+2)>1-x,\ -2x-4>1-x$

$-x>5$ ∴ $x<-5$

$x<-2$와 $x<-5$의 공통 범위를 구하면

$x<-5$ ······ ㉠

(ii) $x\geq-2$일 때, $|x+2|=x+2$이므로

$2(x+2)>1-x,\ 2x+4>1-x$

$3x>-3$ ∴ $x>-1$

$x\geq-2$와 $x>-1$의 공통 범위를 구하면

$x>-1$ ······ ㉡

(i), (ii)의 ㉠, ㉡에서 구하는 해는

$x<-5$ 또는 $x>-1$

별해 $|f(x)|>g(x)$

$\Longleftrightarrow f(x)<-g(x)$ 또는 $f(x)>g(x)$

이므로

$2|x+2|>1-x$

$\Longleftrightarrow 2(x+2)<-(1-x)$ 또는 $2(x+2)>1-x$

(i) $2(x+2)<-(1-x)$

$2x+4<-1+x$ ∴ $x<-5$

(ii) $2(x+2)>1-x$

$2x+4>1-x$

$3x>-3$ ∴ $x>-1$

(i), (ii)에서 구하는 해는

$x<-5$ 또는 $x>-1$

034 정답 $x\geq0$

해설 $|x-1|\leq2x+1$에서 절댓값 기호 안의 식 $x-1$이

0이 되는 x의 값, 즉 1을 기준으로 구간을 $x<1,\ x\geq1$

인 경우로 나누어 절댓값 기호를 없앤다.

(i) $x<1$일 때, $|x-1|=-(x-1)$이므로

$-(x-1)\leq2x+1,\ -x+1\leq2x+1$

$-3x\leq0$ ∴ $x\geq0$

$x<1$과 $x\geq0$의 공통 범위를 구하면

$0\leq x<1$ ······ ㉠

(ii) $x\geq1$일 때, $|x-1|=x-1$이므로

$x-1\leq2x+1,\ -x\leq2$

∴ $x\geq-2$

$x\geq1$과 $x\geq-2$의 공통 범위를 구하면

$x\geq1$ ······ ㉡

(i), (ii)의 ㉠, ㉡에서 구하는 해는

$x\geq0$

별해 $|f(x)|\leq g(x)$

$\Longleftrightarrow -g(x)\leq f(x)\leq g(x)$

이므로

$|x-1|\leq2x+1$

$\Longleftrightarrow -(2x+1)\leq x-1\leq2x+1$

(i) $-(2x+1)\leq x-1$

$-2x-1\leq x-1$

$-3x\leq0$ ∴ $x\geq0$ ······ ㉠

(ii) $x-1\leq2x+1$

$-x\leq2$ ∴ $x\geq-2$ ······ ㉡

(i), (ii)에서 ㉠, ㉡의 공통 범위를 구하면

$x\geq0$

035 정답 $-1<x<1$ 또는 $3<x<5$

해설 $1<|x-2|<3$에서

$-3<x-2<-1$ 또는 $1<x-2<3$

$\therefore -1 < x < 1$ 또는 $3 < x < 5$

[별해] $1 < |x-2| < 3$에서 절댓값 기호 안의 식 $x-2$가 0이 되는 x의 값, 즉 2를 기준으로 구간을 $x < 2$, $x \geq 2$인 경우로 나누어 절댓값 기호를 없앤다.

(i) $x < 2$일 때, $|x-2| = -(x-2)$이므로

$1 < -(x-2) < 3$

이 식의 각 변에 -1을 곱하면

$-3 < x-2 < -1$

$\therefore -1 < x < 1$

$x < 2$와 $-1 < x < 1$의 공통 범위를 구하면

$-1 < x < 1$ ...... ㉠

(ii) $x \geq 2$일 때, $|x-2| = x-2$이므로

$1 < x-2 < 3$

$\therefore 3 < x < 5$

$x \geq 2$와 $3 < x < 5$의 공통 범위를 구하면

$3 < x < 5$ ...... ㉡

(i), (ii)의 ㉠, ㉡에서 구하는 해는

$-1 < x < 1$ 또는 $3 < x < 5$

---

036 [정답] $-4 \leq x \leq -1$ 또는 $3 \leq x \leq 6$

[해설] $2 \leq |x-1| \leq 5$에서

$-5 \leq x-1 \leq -2$ 또는 $2 \leq x-1 \leq 5$

$\therefore -4 \leq x \leq -1$ 또는 $3 \leq x \leq 6$

[별해] $2 \leq |x-1| \leq 5$에서 절댓값 기호 안의 식 $x-1$이 0이 되는 x의 값, 즉 1을 기준으로 구간을 $x < 1$, $x \geq 1$인 경우로 나누어 절댓값 기호를 없앤다.

(i) $x < 1$일 때, $|x-1| = -(x-1)$이므로

$2 \leq -(x-1) \leq 5$

이 식의 각 변에 -1을 곱하면

$-5 \leq x-1 \leq -2$

$\therefore -4 \leq x \leq -1$

$x < 1$과 $-4 \leq x \leq -1$의 공통 범위를 구하면

$-4 \leq x \leq -1$ ...... ㉠

(ii) $x \geq 1$일 때, $|x-1| = x-1$이므로

$2 \leq x-1 \leq 5$

$\therefore 3 \leq x \leq 6$

$x \geq 1$과 $3 \leq x \leq 6$의 공통 범위를 구하면

$3 \leq x \leq 6$ ...... ㉡

(i), (ii)의 ㉠, ㉡에서 구하는 해는

$-4 \leq x \leq -1$ 또는 $3 \leq x \leq 6$

---

037 [정답] $-1 \leq x \leq 2$

[해설] $|x| + |x-1| \leq 3$에서 절댓값 기호 안의 식 x, $x-1$이 0이 되는 x의 값, 즉 0, 1을 기준으로 구간을 $x < 0$, $0 \leq x < 1$, $x \geq 1$로 나누어 절댓값 기호를 없앤다.

(i) $x < 0$일 때

$|x| = -x$, $|x-1| = -(x-1)$이므로

$-x - (x-1) \leq 3$

$-2x \leq 2$ $\therefore x \geq -1$

$x < 0$과 $x \geq -1$의 공통 범위를 구하면

$-1 \leq x < 0$ ...... ㉠

(ii) $0 \leq x < 1$일 때

$|x| = x$, $|x-1| = -(x-1)$이므로

$x - (x-1) \leq 3$

즉, $0 \cdot x \leq 2$이므로 이 부등식을 만족하는 해는 모든 실수이다.

$0 \leq x < 1$과 (모든 실수)의 공통 범위를 구하면

$0 \leq x < 1$ ...... ㉡

(iii) $x \geq 1$일 때

$|x| = x$, $|x-1| = x-1$이므로

$x + (x-1) \leq 3$

$2x \leq 4$ $\therefore x \leq 2$

$x \geq 1$과 $x \leq 2$의 공통 범위를 구하면

$1 \leq x \leq 2$ ...... ㉢

(i), (ii), (iii)의 ㉠, ㉡, ㉢에서 구하는 해는

$-1 \leq x \leq 2$

---

038 [정답] $0 < x < 4$

[해설] $|x-1| + |x-3| < 4$에서 절댓값 기호 안의 식 $x-1$, $x-3$이 0이 되는 x의 값, 즉 1, 3을 기준으로 구간을 $x < 1$, $1 \leq x < 3$, $x \geq 3$인 경우로 나누어 절댓값 기호를 없앤다.

(i) $x < 1$일 때

$|x-1| = -(x-1)$, $|x-3| = -(x-3)$이므로

$-(x-1) - (x-3) < 4$

$-2x < 0$ $\therefore x > 0$

$x < 1$과 $x > 0$의 공통 범위를 구하면

$0 < x < 1$ ...... ㉠

(ii) $1 \leq x < 3$일 때

$|x-1| = x-1$, $|x-3| = -(x-3)$이므로

$(x-1) - (x-3) < 4$

즉, $0 \cdot x < 2$이므로 이 부등식을 만족하는 해는 모든 실수이다.

$1 \leq x < 3$과 (모든 실수)의 공통 범위를 구하면

$1 \leq x < 3$ ...... ㉡

(iii) $x \geq 3$일 때

$|x-1| = x-1$, $|x-3| = x-3$이므로

$(x-1) + (x-3) < 4$

$2x < 8$ $\therefore x < 4$

$x \geq 3$과 $x < 4$의 공통 범위를 구하면

$3 \leq x < 4$ ...... ㉢

(i), (ii), (iii)의 ㉠, ㉡, ㉢에서 구하는 해는

$0 < x < 4$

---

039 [정답] $-3 < x < 3$

[해설] $|x+1| + |x-1| < 6$에서 절댓값 기호 안의 식 $x+1$, $x-1$이 0이 되는 x의 값, 즉 -1, 1을 기준으로 구간을 $x < -1$, $-1 \leq x < 1$, $x \geq 1$인 경우로 나누어 절댓값 기호를 없앤다.

(ⅰ) $x<-1$일 때

$|x+1|=-(x+1)$, $|x-1|=-(x-1)$이므로

$-(x+1)-(x-1)<6$

$-2x<6$ ∴ $x>-3$

$x<-1$과 $x>-3$의 공통 범위를 구하면

$-3<x<-1$ …… ㉠

(ⅱ) $-1\leq x<1$일 때

$|x+1|=x+1$, $|x-1|=-(x-1)$이므로

$(x+1)-(x-1)<6$

즉, $0\cdot x<4$이므로 이 부등식을 만족하는 해는 모든 실수이다.

$-1\leq x<1$과 (모든 실수)의 공통 범위를 구하면

$-1\leq x<1$ …… ㉡

(ⅲ) $x\geq1$일 때

$|x+1|=x+1$, $|x-1|=x-1$이므로

$(x+1)+(x-1)<6$

$2x<6$ ∴ $x<3$

$x\geq1$과 $x<3$의 공통 범위를 구하면

$1\leq x<3$ …… ㉢

(ⅰ), (ⅱ), (ⅲ)의 ㉠, ㉡, ㉢에서 구하는 해는

$-3<x<3$

040 정답 $-5\leq x\leq4$

해설 $|x-2|+|x+3|\leq9$에서 절댓값 기호 안의 식 $x+3$, $x-2$가 0이 되는 x의 값, 즉 -3, 2를 기준으로 구간을 $x<-3$, $-3\leq x<2$, $x\geq2$인 경우로 나누어 절댓값 기호를 없앤다.

(ⅰ) $x<-3$일 때

$|x-2|=-(x-2)$, $|x+3|=-(x+3)$이므로

$-(x-2)-(x+3)\leq9$

$-2x\leq10$ ∴ $x\geq-5$

$x<-3$과 $x\geq-5$의 공통 범위를 구하면

$-5\leq x<-3$ …… ㉠

(ⅱ) $-3\leq x<2$일 때

$|x-2|=-(x-2)$, $|x+3|=x+3$이므로

$-(x-2)+(x+3)\leq9$

즉, $0\cdot x\leq4$이므로 이 부등식을 만족하는 해는 모든 실수이다.

$-3\leq x<2$와 (모든 실수)의 공통 범위를 구하면

$-3\leq x<2$ …… ㉡

(ⅲ) $x\geq2$일 때

$|x-2|=x-2$, $|x+3|=x+3$이므로

$(x-2)+(x+3)\leq9$

$2x\leq8$ ∴ $x\leq4$

$x\geq2$와 $x\leq4$의 공통 범위를 구하면

$2\leq x\leq4$ …… ㉢

(ⅰ), (ⅱ), (ⅲ)의 ㉠, ㉡, ㉢에서 구하는 해는

$-5\leq x\leq4$

041 정답 $x\leq-1$ 또는 $x\geq4$

해설 $|x|+|x-3|\geq5$에서 절댓값 기호 안의 식 x, $x-3$이 0이 되는 x의 값, 즉 0, 3을 기준으로 구간을 $x<0$, $0\leq x<3$, $x\geq3$인 경우로 나누어 절댓값 기호를 없앤다.

(ⅰ) $x<0$일 때

$|x|=-x$, $|x-3|=-(x-3)$이므로

$-x-(x-3)\geq5$

$-2x\geq2$ ∴ $x\leq-1$

$x<0$과 $x\leq-1$의 공통 범위를 구하면

$x\leq-1$ …… ㉠

(ⅱ) $0\leq x<3$일 때

$|x|=x$, $|x-3|=-(x-3)$이므로

$x-(x-3)\geq5$

즉, $0\cdot x\geq2$이므로 이 부등식을 만족하는 해는 없다.

$0\leq x<3$과 (해는 없다.)의 공통 범위는 존재하지 않는다.

(ⅲ) $x\geq3$일 때

$|x|=x$, $|x-3|=x-3$이므로

$x+(x-3)\geq5$

$2x\geq8$ ∴ $x\geq4$

$x\geq3$과 $x\geq4$의 공통 범위를 구하면

$x\geq4$ …… ㉡

(ⅰ), (ⅲ)의 ㉠, ㉡에서 구하는 해는

$x\leq-1$ 또는 $x\geq4$

042 정답 $x<-2$ 또는 $x>4$

해설 $|x+1|+|3-x|>6$에서 절댓값 기호 안의 식 $x+1$, $3-x$가 0이 되는 x의 값, 즉 -1, 3을 기준으로 구간을 $x<-1$, $-1\leq x<3$, $x\geq3$인 경우로 나누어 절댓값 기호를 없앤다.

(ⅰ) $x<-1$일 때

$|x+1|=-(x+1)$, $|3-x|=3-x$이므로

$-(x+1)+(3-x)>6$

$-2x>4$ ∴ $x<-2$

$x<-1$과 $x<-2$의 공통 범위를 구하면

$x<-2$ …… ㉠

(ⅱ) $-1\leq x<3$일 때

$|x+1|=x+1$, $|3-x|=3-x$이므로

$(x+1)+(3-x)>6$

즉, $0\cdot x>2$이므로 이 부등식을 만족하는 해는 없다.

$-1\leq x<3$과 (해는 없다.)의 공통 범위는 존재하지 않는다.

(ⅲ) $x\geq3$일 때

$|x+1|=x+1$, $|3-x|=-(3-x)$이므로

$(x+1)-(3-x)>6$

$2x>8$ ∴ $x>4$

$x\geq3$과 $x>4$의 공통 범위를 구하면

$x>4$ …… ㉡

(ⅰ), (ⅲ)의 ㉠, ㉡에서 구하는 해는

$x<-2$ 또는 $x>4$

043 정답 $0\le x\le 4$

해설 $2|x-3|+|x+5|\le 11$에서 절댓값 기호 안의 식 $x+5$, $x-3$이 0이 되는 x의 값, 즉 -5, 3을 기준으로 구간을 $x<-5$, $-5\le x<3$, $x\ge 3$인 경우로 나누어 절댓값 기호를 없앤다.

(i) $x<-5$일 때

$2|x-3|=-2(x-3)$, $|x+5|=-(x+5)$이므로

$-2(x-3)-(x+5)\le 11$

$-3x\le 10$ $\quad\therefore x\ge -\dfrac{10}{3}$

$x<-5$와 $x\ge -\dfrac{10}{3}$의 공통 범위는 존재하지 않는다.

(ii) $-5\le x<3$일 때

$2|x-3|=-2(x-3)$, $|x+5|=x+5$이므로

$-2(x-3)+(x+5)\le 11$

$-x\le 0$ $\quad\therefore x\ge 0$

$-5\le x<3$과 $x\ge 0$의 공통 범위를 구하면

$0\le x<3$ $\quad\cdots\cdots$ ㉠

(iii) $x\ge 3$일 때

$2|x-3|=2(x-3)$, $|x+5|=x+5$이므로

$2(x-3)+(x+5)\le 11$

$3x\le 12$ $\quad\therefore x\le 4$

$x\ge 3$과 $x\le 4$의 공통 범위를 구하면

$3\le x\le 4$ $\quad\cdots\cdots$ ㉡

(ii), (iii)의 ㉠, ㉡에서 구하는 해는

$0\le x\le 4$

044 정답 $-5\le x\le 1$

해설 $|x-1|+|x+2|\le 4-x$에서 절댓값 기호 안의 식 $x+2$, $x-1$이 0이 되는 x의 값, 즉 -2, 1을 기준으로 구간을 $x<-2$, $-2\le x<1$, $x\ge 1$인 경우로 나누어 절댓값 기호를 없앤다.

(i) $x<-2$일 때

$|x-1|=-(x-1)$, $|x+2|=-(x+2)$이므로

$-(x-1)-(x+2)\le 4-x$

$-2x-1\le 4-x$, $-x\le 5$ $\quad\therefore x\ge -5$

$x<-2$와 $x\ge -5$의 공통 범위를 구하면

$-5\le x<-2$ $\quad\cdots\cdots$ ㉠

(ii) $-2\le x<1$일 때

$|x-1|=-(x-1)$, $|x+2|=x+2$이므로

$-(x-1)+(x+2)\le 4-x$

$3\le 4-x$ $\quad\therefore x\le 1$

$-2\le x<1$과 $x\le 1$의 공통 범위를 구하면

$-2\le x<1$ $\quad\cdots\cdots$ ㉡

(iii) $x\ge 1$일 때

$|x-1|=x-1$, $|x+2|=x+2$이므로

$(x-1)+(x+2)\le 4-x$

$2x+1\le 4-x$, $3x\le 3$ $\quad\therefore x\le 1$

$x\ge 1$과 $x\le 1$의 공통 범위를 구하면

$x=1$ $\quad\cdots\cdots$ ㉢

(i), (ii), (iii)의 ㉠, ㉡, ㉢에서 구하는 해는

$-5\le x\le 1$

045 정답 해는 없다.

해설 $|x-2|+|x+4|\le 4$에서 절댓값 기호 안의 식 $x+4$, $x-2$가 0이 되는 x의 값, 즉 -4, 2를 기준으로 구간을 $x<-4$, $-4\le x<2$, $x\ge 2$인 경우로 나누어 절댓값 기호를 없앤다.

(i) $x<-4$일 때

$|x-2|=-(x-2)$, $|x+4|=-(x+4)$이므로

$-(x-2)-(x+4)\le 4$

$-2x-2\le 4$, $-2x\le 6$ $\quad\therefore x\ge -3$

$x<-4$와 $x\ge -3$의 공통 범위는 존재하지 않는다.

(ii) $-4\le x<2$일 때

$|x-2|=-(x-2)$, $|x+4|=x+4$이므로

$-(x-2)+(x+4)\le 4$

즉, $0\cdot x\le -2$이므로 이 부등식을 만족하는 해는 없다.

$-4\le x<2$와 (해는 없다.)의 공통 범위는 존재하지 않는다.

(iii) $x\ge 2$일 때

$|x-2|=x-2$, $|x+4|=x+4$이므로

$(x-2)+(x+4)\le 4$

$2x\le 2$ $\quad\therefore x\le 1$

$x\ge 2$와 $x\le 1$의 공통 범위는 존재하지 않는다.

(i), (ii), (iii)에서 구하는 해는 없다.

046 정답 모든 실수

해설 $|x-4|-2|x+1|\le 6$에서 절댓값 기호 안의 식 $x+1$, $x-4$가 0이 되는 x의 값, 즉 -1, 4를 기준으로 구간을 $x<-1$, $-1\le x<4$, $x\ge 4$인 경우로 나누어 절댓값 기호를 없앤다.

(i) $x<-1$일 때

$|x-4|=-(x-4)$, $2|x+1|=-2(x+1)$이므로

$-(x-4)+2(x+1)\le 6$ $\quad\therefore x\le 0$

$x<-1$과 $x\le 0$의 공통 범위를 구하면

$x<-1$ $\quad\cdots\cdots$ ㉠

(ii) $-1\le x<4$일 때

$|x-4|=-(x-4)$, $2|x+1|=2(x+1)$이므로

$-(x-4)-2(x+1)\le 6$

$-3x\le 4$ $\quad\therefore x\ge -\dfrac{4}{3}$

$-1\le x<4$와 $x\ge -\dfrac{4}{3}$의 공통 범위를 구하면

$-1\le x<4$ $\quad\cdots\cdots$ ㉡

(iii) $x\ge 4$일 때

$|x-4|=x-4$, $2|x+1|=2(x+1)$이므로

$$(x-4)-2(x+1)\leq 6$$
$$-x\leq 12 \qquad \therefore x\geq -12$$
$x\geq 4$와 $x\geq -12$의 공통 범위를 구하면
$$x\geq 4 \qquad \cdots\cdots ©$$
(i), (ii), (iii)의 ㉠, ㉡, ©에서 구하는 해는 모든 실수이다.

 필수유형 CHECK 본문 P. 111

001 ②	**002** ①	**003** ①	**004** ②
005 ⑤	**006** ②	**007** ⑤	**008** ③

---

001 정답 ②

해설
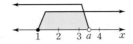

a가 3과 4 사이에 있으면 부등식 $1\leq x<a$를 만족하는 정수 x는 1, 2, 3으로 3개이므로 조건을 만족한다.
(i) $a=3$일 때

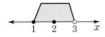

$1\leq x<3$이므로 이 부등식을 만족하는 정수 x는 1, 2로 2개이므로 조건을 만족하지 않는다.
따라서 $a>3$이어야 한다.
(ii) $a=4$일 때

$1\leq x<4$이므로 이 부등식을 만족하는 정수 x는 1, 2, 3으로 3개이므로 조건을 만족한다.
따라서 $a\leq 4$이어야 한다.
(i), (ii)에서 $3<a\leq 4$

002 정답 ①

해설 $ax+2>x+b$에서
$$(a-1)x>b-2$$
이 부등식의 해가 존재하지 않으려면 $a-1=0$,
$b-2\geq 0$이어야 한다.
$$\therefore a=1, b\geq 2$$

003 정답 ①

해설 $a^2x+1>x+a$에서
$$(a^2-1)x>a-1$$
$$(a-1)(a+1)x>a-1$$
이때 $a=-1$이면 $0\cdot x>-2$이다.
이 부등식의 x에 어떤 값을 대입하여도 부등식은 항상 성립한다.
따라서 $a=-1$일 때, 이 부등식의 해는 모든 실수가 된다.

004 정답 ②

해설 $(a-b)x>2a+4b$의 해가 $x<3$으로 부등호 방향이 반대로 바뀌었으므로 $a-b<0$이다.

$(a-b)x>2a+4b$의 양변을 음수 $a-b$로 나누면 부등호 방향은 반대로 바뀐다.
$$\therefore x<\frac{2a+4b}{a-b}$$
이 부등식과 $x<3$이 서로 같으므로
$$\frac{2a+4b}{a-b}=3$$
$$2a+4b=3(a-b), 2a+4b=3a-3b \qquad \therefore a=7b$$
$a-b<0$에 $a=7b$를 대입하면
$$6b<0 \qquad \therefore b<0$$
$(a-8b)x<2a-10b$에 $a=7b$를 대입하면
$$-bx<4b$$
이 부등식의 양변을 양수 $-b$로 나누면 부등호 방향은 그대로이므로
$$x<-4$$

005 정답 ⑤

해설 $|x+3|\leq\frac{1}{3}a-2$의 좌변 $|x+3|$은 항상 0보다 크거나 같으므로 이 부등식의 해가 존재하지 않으려면 우변이 음수이어야 한다.
즉, $\frac{1}{3}a-2<0 \qquad \therefore a<6$
따라서 이 부등식을 만족하는 자연수 a는 1, 2, 3, 4, 5이므로 그 개수는 5이다.

006 정답 ②

해설 $|x-a|\leq 2 \iff -2\leq x-a\leq 2$
$$\iff a-2\leq x\leq a+2$$
부등식 $|x-a|\leq 2$의 해가 $-1\leq x\leq b$이므로
$$a-2=-1, a+2=b \qquad \therefore a=1, b=3$$
$$\therefore a+b=1+3=4$$

007 정답 ⑤

해설 $2|x-3|\leq x$에서 절댓값 기호 안의 식 $x-3$이 0이 되는 x의 값, 즉 3을 기준으로 구간을 $x<3$, $x\geq 3$인 경우로 나누어 절댓값 기호를 없앤다.
(i) $x<3$일 때, $|x-3|=-(x-3)$이므로
$$-2(x-3)\leq x$$
$$-2x+6\leq x, 3x\geq 6 \qquad \therefore x\geq 2$$
$x<3$과 $x\geq 2$의 공통 범위를 구하면
$$2\leq x<3 \qquad \cdots\cdots ㉠$$
(ii) $x\geq 3$일 때, $|x-3|=x-3$이므로
$$2(x-3)\leq x$$
$$2x-6\leq x \qquad \therefore x\leq 6$$
$x\geq 3$과 $x\leq 6$의 공통 범위를 구하면
$$3\leq x\leq 6 \qquad \cdots\cdots ㉡$$
(i), (ii)의 ㉠, ㉡에서 $2\leq x\leq 6$이므로 정수 x는 2, 3, 4, 5, 6으로 모두 5개이다.
별해 $|f(x)|\leq g(x)$
$$\iff -g(x)\leq f(x)\leq g(x)$$

이므로

$2|x-3| \leq x$

$\Longleftrightarrow -x \leq 2(x-3) \leq x$

(i) $-x \leq 2(x-3)$

$-x \leq 2x-6$

$-3x \leq -6$ $\therefore x \geq 2$ …… ㉠

(ii) $2(x-3) \leq x$

$2x-6 \leq x$ $\therefore x \leq 6$ …… ㉡

(i), (ii)에서 ㉠, ㉡의 공통 범위를 구하면

$2 \leq x \leq 6$

따라서 정수 x는 2, 3, 4, 5, 6으로 모두 5개이다.

008 정답 ③

해설 $|x+1| + \sqrt{x^2-2x+1} \leq 2$에서

$\sqrt{x^2-2x+1} = \sqrt{(x-1)^2} = |x-1|$이므로

$|x+1| + |x-1| \leq 2$

$|x+1| + |x-1| \leq 2$에서 절댓값 기호 안의 식 $x+1$,

$x-1$이 0이 되는 x의 값, 즉 -1, 1을 기준으로 구간을

$x < -1$, $-1 \leq x < 1$, $x \geq 1$인 경우로 나누어 절댓값 기

호를 없앤다.

(i) $x < -1$일 때

$|x+1| = -(x+1)$, $|x-1| = -(x-1)$이므로

$-(x+1) - (x-1) \leq 2$

$-2x \leq 2$ $\therefore x \geq -1$

$x < -1$과 $x \geq -1$의 공통 범위는 존재하지 않는다.

(ii) $-1 \leq x < 1$일 때

$|x+1| = x+1$, $|x-1| = -(x-1)$이므로

$(x+1) - (x-1) \leq 2$

즉, $0 \cdot x \leq 0$이므로 이 부등식을 만족하는 해는 모든

실수이다.

$-1 \leq x < 1$과 (모든 실수)의 공통 범위를 구하면

$-1 \leq x < 1$ …… ㉠

(iii) $x \geq 1$일 때

$|x+1| = x+1$, $|x-1| = x-1$이므로

$(x+1) + (x-1) \leq 2$

$2x \leq 2$ $\therefore x \leq 1$

$x \geq 1$과 $x \leq 1$의 공통 범위를 구하면

$x = 1$ …… ㉡

(ii), (iii)의 ㉠, ㉡에서 $-1 \leq x \leq 1$

따라서 이 부등식을 만족시키는 정수 x는 -1, 0, 1로 3

개이다.

020 이차부등식

 교과서문제 CHECK   본문 P. 113

001 정답 $1 < x < 2$

해설 $x^2-3x+2 < 0$에서

$(x-1)(x-2) < 0$

$\therefore 1 < x < 2$

002 정답 $x \leq -1$ 또는 $x \geq 2$

해설 $x^2-x-2 \geq 0$에서

$(x+1)(x-2) \geq 0$

$\therefore x \leq -1$ 또는 $x \geq 2$

003 정답 $x < -2$ 또는 $x > \dfrac{1}{2}$

해설 $2x^2+3x-2 > 0$에서

$(x+2)(2x-1) > 0$

$\therefore x < -2$ 또는 $x > \dfrac{1}{2}$

004 정답 $-\dfrac{1}{2} \leq x \leq -\dfrac{1}{3}$

해설 $6x^2+5x+1 \leq 0$에서

$(2x+1)(3x+1) \leq 0$

$\therefore -\dfrac{1}{2} \leq x \leq -\dfrac{1}{3}$

005 정답 $x < -3$ 또는 $x > -2$

해설 $-x^2-5x-6 < 0$의 양변에 -1을 곱하면

$x^2+5x+6 > 0$

$(x+3)(x+2) > 0$

$\therefore x < -3$ 또는 $x > -2$

006 정답 $-3 < x < 1$

해설 $-x^2-2x+3 > 0$의 양변에 -1을 곱하면

$x^2+2x-3 < 0$

$(x+3)(x-1) < 0$

$\therefore -3 < x < 1$

007 정답 $-\dfrac{1}{2} \leq x \leq 3$

해설 $-2x^2+5x+3 \geq 0$의 양변에 -1을 곱하면

$2x^2-5x-3 \leq 0$

$(2x+1)(x-3) \leq 0$

$\therefore -\dfrac{1}{2} \leq x \leq 3$

008 정답 $x \leq \dfrac{1}{3}$ 또는 $x \geq 1$

해설 $-3x^2+4x-1 \leq 0$의 양변에 -1을 곱하면

$3x^2-4x+1 \geq 0$

$(3x-1)(x-1) \geq 0$

$\therefore x \leq \dfrac{1}{3}$ 또는 $x \geq 1$

009 정답 $x < -2$ 또는 $x > 1$

해설 이차함수 $y = x^2+x-2$의 그래프는 x^2의 계수 1이

양수이므로 아래로 볼록하게 그려진다.

이차방정식 $x^2+x-2 = 0$의 판별식을 D라 하면

$D=1^2-4\cdot1\cdot(-2)=9>0$

$D>0$이므로 이 그래프는 x축과 서로 다른 두 점에서 만난다. 이때

$x^2+x-2=0$, $(x+2)(x-1)=0$

$\therefore x=-2$ 또는 $x=1$

즉, 이 그래프는 $x=-2$, $x=1$인 두 점에서 x축과 만난다.

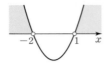

따라서 이차부등식 $x^2+x-2>0$의 해는 이차함수 $y=x^2+x-2$의 그래프가 $y=0(x$축$)$보다 위쪽에 그려지는 x의 값의 범위이므로 구하는 해는 $x<-2$ 또는 $x>1$이다.

010 정답 $x\le-2$ 또는 $x\ge3$

해설 이차함수 $y=x^2-x-6$의 그래프는 x^2의 계수 1이 양수이므로 아래로 볼록하게 그려진다.

이차방정식 $x^2-x-6=0$의 판별식을 D라 하면

$D=(-1)^2-4\cdot1\cdot(-6)=25>0$

$D>0$이므로 이 그래프는 x축과 서로 다른 두 점에서 만난다. 이때

$x^2-x-6=0$, $(x+2)(x-3)=0$

$\therefore x=-2$ 또는 $x=3$

즉, 이 그래프는 $x=-2$, $x=3$인 두 점에서 x축과 만난다.

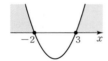

따라서 이차부등식 $x^2-x-6\ge0$의 해는 이차함수 $y=x^2-x-6$의 그래프가 $y=0(x$축$)$과 만나거나 $y=0(x$축$)$보다 위쪽에 그려지는 x의 값의 범위이므로 구하는 해는 $x\le-2$ 또는 $x\ge3$이다.

011 정답 $-1<x<\dfrac{1}{2}$

해설 $-2x^2-x+1>0$의 양변에 -1을 곱하면

$2x^2+x-1<0$

이차함수 $y=2x^2+x-1$의 그래프는 x^2의 계수 2가 양수이므로 아래로 볼록하게 그려진다.

이차방정식 $2x^2+x-1=0$의 판별식을 D라 하면

$D=1^2-4\cdot2\cdot(-1)=9>0$

$D>0$이므로 이 그래프는 x축과 서로 다른 두 점에서 만난다. 이때

$2x^2+x-1=0$, $(x+1)(2x-1)=0$

$\therefore x=-1$ 또는 $x=\dfrac{1}{2}$

즉, 이 그래프는 $x=-1$, $x=\dfrac{1}{2}$인 두 점에서 x축과 만난다.

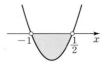

따라서 이차부등식 $2x^2+x-1<0$의 해는 이차함수 $y=2x^2+x-1$의 그래프가 $y=0(x$축$)$보다 아래쪽에 그려지는 x의 값의 범위이므로 구하는 해는 $-1<x<\dfrac{1}{2}$이다.

별해 이차함수 $y=-2x^2-x+1$의 그래프는 x^2의 계수 -2가 음수이므로 위로 볼록하게 그려진다.

이차방정식 $-2x^2-x+1=0$의 판별식을 D라 하면

$D=(-1)^2-4\cdot(-2)\cdot1=9>0$

$D>0$이므로 이 그래프는 x축과 서로 다른 두 점에서 만난다. 이때

$-2x^2-x+1=0$, $-(x+1)(2x-1)=0$

$\therefore x=-1$ 또는 $x=\dfrac{1}{2}$

즉, 이 그래프는 $x=-1$, $x=\dfrac{1}{2}$인 두 점에서 x축과 만난다.

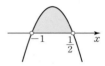

따라서 이차부등식 $-2x^2-x+1>0$의 해는 이차함수 $y=-2x^2-x+1$의 그래프가 $y=0(x$축$)$보다 위쪽에 그려지는 x의 값의 범위이므로 구하는 해는 $-1<x<\dfrac{1}{2}$이다.

012 정답 $\dfrac{1}{3}\le x\le\dfrac{1}{2}$

해설 $-6x^2+5x-1\ge0$의 양변에 -1을 곱하면

$6x^2-5x+1\le0$

이차함수 $y=6x^2-5x+1$의 그래프는 x^2의 계수 6이 양수이므로 아래로 볼록하게 그려진다.

이차방정식 $6x^2-5x+1=0$의 판별식을 D라 하면

$D=(-5)^2-4\cdot6\cdot1=1>0$

$D>0$이므로 이 그래프는 x축과 서로 다른 두 점에서 만난다. 이때

$6x^2-5x+1=0$, $(3x-1)(2x-1)=0$

$\therefore x=\dfrac{1}{3}$ 또는 $x=\dfrac{1}{2}$

즉, 이 그래프는 $x=\dfrac{1}{3}$, $x=\dfrac{1}{2}$인 두 점에서 x축과 만난다.

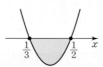

따라서 이차부등식 $6x^2-5x+1\le0$의 해는 이차함수 $y=6x^2-5x+1$의 그래프가 $y=0(x$축$)$과 만나거나

$y=0(x$축$)$보다 아래쪽에 그려지는 x의 값의 범위이므로

구하는 해는 $\dfrac{1}{3}\leq x\leq\dfrac{1}{2}$이다.

[별해] 이차함수 $y=-6x^2+5x-1$의 그래프는 x^2의 계수 -6이 음수이므로 위로 볼록하게 그려진다.

이차방정식 $-6x^2+5x-1=0$의 판별식을 D라 하면

$D=5^2-4\cdot(-6)\cdot(-1)=1>0$

$D>0$이므로 이 그래프는 x축과 서로 다른 두 점에서 만난다. 이때

$-6x^2+5x-1=0,\ -(3x-1)(2x-1)=0$

$\therefore x=\dfrac{1}{3}$ 또는 $x=\dfrac{1}{2}$

즉, 이 그래프는 $x=\dfrac{1}{3}$, $x=\dfrac{1}{2}$인 두 점에서 x축과 만난다.

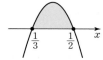

따라서 이차부등식 $-6x^2+5x-1\geq0$의 해는 이차함수 $y=-6x^2+5x-1$의 그래프가 $y=0(x$축$)$과 만나거나 $y=0(x$축$)$보다 위쪽에 그려지는 x의 값의 범위이므로 구하는 해는 $\dfrac{1}{3}\leq x\leq\dfrac{1}{2}$이다.

013 [정답] $x\neq2$인 모든 실수

[해설] 이차함수 $y=x^2-4x+4$의 그래프는 x^2의 계수 1이 양수이므로 아래로 볼록하게 그려진다.

이차방정식 $x^2-4x+4=0$의 판별식을 D라 하면

$D=(-4)^2-4\cdot1\cdot4=0$

$\left($또는 $\dfrac{D}{4}=(-2)^2-1\cdot4=0\right)$

$D=0$이므로 이 그래프는 x축과 한 점에서 접한다.

이때 $x^2-4x+4=0,\ (x-2)^2=0$ $\therefore x=2$

즉, 이 그래프는 $x=2$인 한 점에서 x축과 접하고 나머지 부분에서 x축보다 위쪽에 그려진다.

따라서 이차부등식 $x^2-4x+4>0$의 해는 이차함수 $y=x^2-4x+4$의 그래프가 $y=0(x$축$)$보다 위쪽에 그려지는 x의 값의 범위이므로 구하는 해는 $x\neq2$인 모든 실수이다.

[별해] $x^2-4x+4>0$에서

$(x-2)^2>0$

이때 $(x-2)^2$은 항상 0보다 크거나 같으므로 $x\neq2$인 모든 실수 x에 대하여 이 부등식이 성립한다.

다시 말해 이 부등식의 x에 $x=2$를 제외한 어떤 실수를 대입하더라도 항상 성립한다.

따라서 이 이차부등식의 해는 $x\neq2$인 모든 실수이다.

014 [정답] 모든 실수

[해설] 이차함수 $y=x^2+6x+9$의 그래프는 x^2의 계수 1이 양수이므로 아래로 볼록하게 그려진다.

이차방정식 $x^2+6x+9=0$의 판별식을 D라 하면

$D=6^2-4\cdot1\cdot9=0$

$\left($또는 $\dfrac{D}{4}=3^2-1\cdot9=0\right)$

$D=0$이므로 이 그래프는 x축과 한 점에서 접한다.

이때 $x^2+6x+9=0,\ (x+3)^2=0$ $\therefore x=-3$

즉, 이 그래프는 $x=-3$인 한 점에서 x축과 접하고 나머지 부분에서 x축보다 위쪽에 그려진다.

따라서 이차부등식 $x^2+6x+9\geq0$의 해는 이차함수 $y=x^2+6x+9$의 그래프가 $y=0(x$축$)$과 접하거나 $y=0$ $(x$축$)$보다 위쪽에 그려지는 x의 값의 범위이므로 구하는 해는 모든 실수이다.

[별해] $x^2+6x+9\geq0$에서

$(x+3)^2\geq0$

이때 $(x+3)^2$은 항상 0보다 크거나 같으므로 모든 실수 x에 대하여 이 부등식이 성립한다.

다시 말해 이 부등식의 x에 어떤 실수를 대입하더라도 항상 성립한다.

따라서 이 이차부등식의 해는 모든 실수이다.

015 [정답] 해가 없다.

[해설] 이차함수 $y=4x^2+12x+9$의 그래프는 x^2의 계수 4가 양수이므로 아래로 볼록하게 그려진다.

이차방정식 $4x^2+12x+9=0$의 판별식을 D라 하면

$D=12^2-4\cdot4\cdot9=0$

$\left($또는 $\dfrac{D}{4}=6^2-4\cdot9=0\right)$

$D=0$이므로 이 그래프는 x축과 한 점에서 접한다.

이때 $4x^2+12x+9=0,\ (2x+3)^2=0$

$\therefore x=-\dfrac{3}{2}$

즉, 이 그래프는 $x=-\dfrac{3}{2}$인 한 점에서 x축과 접하고 나머지 부분에서 x축보다 위쪽에 그려진다.

따라서 이차부등식 $4x^2+12x+9<0$의 해는 이차함수 $y=4x^2+12x+9$의 그래프가 $y=0(x$축$)$보다 아래쪽에 그려지는 x의 값의 범위이므로 구하는 해는 없다.

[별해] $4x^2+12x+9<0$에서

$(2x+3)^2<0$

이때 $(2x+3)^2$은 항상 0보다 크거나 같으므로 이 부등식을 만족하는 해는 없다.

다시 말해 이 부등식의 x에 어떤 실수를 대입하더라도 성립하지 않는다.

따라서 이 이차부등식의 해는 없다.

016 정답 $x=\dfrac{1}{3}$

해설 $-9x^2+6x-1\geq0$의 양변에 -1을 곱하면
$9x^2-6x+1\leq0$

이차함수 $y=9x^2-6x+1$의 그래프는 x^2의 계수 9가 양수이므로 아래로 볼록하게 그려진다.

이차방정식 $9x^2-6x+1=0$의 판별식을 D라 하면
$D=(-6)^2-4\cdot9\cdot1=0$

$\left(또는 \dfrac{D}{4}=(-3)^2-9\cdot1=0\right)$

$D=0$이므로 이 그래프는 x축과 한 점에서 접한다.

이때 $9x^2-6x+1=0$, $(3x-1)^2=0$

$\therefore x=\dfrac{1}{3}$

즉, 이 그래프는 $x=\dfrac{1}{3}$인 한 점에서 x축과 접하고 나머지 부분에서 x축보다 위쪽에 그려진다.

따라서 이차부등식 $9x^2-6x+1\leq0$의 해는 이차함수 $y=9x^2-6x+1$의 그래프가 $y=0(x$축)과 만나거나 $y=0(x$축)보다 아래쪽에 그려지는 x의 값의 범위이므로 구하는 해는 $x=\dfrac{1}{3}$이다.

별해 $-9x^2+6x-1\geq0$의 양변에 -1을 곱하면
$9x^2-6x+1\leq0$

$\therefore (3x-1)^2\leq0$

이때 $(3x-1)^2$은 항상 0보다 크거나 같으므로 이 부등식을 만족하는 해는 $x=\dfrac{1}{3}$이다.

다시 말해 이 부등식의 x에 $x=\dfrac{1}{3}$을 대입할 때만 성립한다.

따라서 이 이차부등식의 해는 $x=\dfrac{1}{3}$이다.

별해 $-9x^2+6x-1\geq0$에서

이차함수 $y=-9x^2+6x-1$의 그래프는 x^2의 계수 -9가 음수이므로 위로 볼록하게 그려진다.

이차방정식 $-9x^2+6x-1=0$의 판별식을 D라 하면
$D=6^2-4\cdot(-9)\cdot(-1)=0$

$\left(또는 \dfrac{D}{4}=3^2-(-9)\cdot(-1)=0\right)$

$D=0$이므로 이 그래프는 x축과 한 점에서 접한다.

이때 $-9x^2+6x-1=0$, $-(3x-1)^2=0$

$\therefore x=\dfrac{1}{3}$

즉, 이 그래프는 $x=\dfrac{1}{3}$인 한 점에서 x축과 접하고 나머지 부분에서 x축보다 아래쪽에 그려진다.

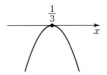

따라서 이차부등식 $-9x^2+6x-1\geq0$의 해는 이차함수 $y=-9x^2+6x-1$의 그래프가 $y=0(x$축)과 만나거나 $y=0(x$축)보다 위쪽에 그려지는 x의 값의 범위이므로 구하는 해는 $x=\dfrac{1}{3}$이다.

별해 $-9x^2+6x-1\geq0$에서
$-(9x^2-6x+1)\geq0$

$\therefore -(3x-1)^2\geq0$

이때 $-(3x-1)^2$은 항상 0보다 작거나 같으므로 이 부등식을 만족하는 해는 $x=\dfrac{1}{3}$이다.

다시 말해 이 부등식의 x에 $x=\dfrac{1}{3}$을 대입할 때만 성립한다.

따라서 이 이차부등식의 해는 $x=\dfrac{1}{3}$이다.

017 정답 모든 실수

해설 이차함수 $y=x^2-2x+3$의 그래프는 x^2의 계수 1이 양수이므로 아래로 볼록하게 그려진다.

이차방정식 $x^2-2x+3=0$의 판별식을 D라 하면
$D=(-2)^2-4\cdot1\cdot3=-8<0$

$\left(또는 \dfrac{D}{4}=(-1)^2-1\cdot3=-2<0\right)$

$D<0$이므로 이 그래프는 x축과 만나지 않는다.

즉, 이 그래프는 x축보다 위쪽에 그려진다.

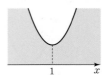

따라서 이차부등식 $x^2-2x+3>0$의 해는 이차함수 $y=x^2-2x+3$의 그래프가 $y=0(x$축)보다 위쪽에 그려지는 x의 값의 범위이므로 구하는 해는 모든 실수이다.

별해 $x^2-2x+3>0$에서
$(x^2-2x+1)-1+3>0$

$\therefore (x-1)^2+2>0$

이때 $(x-1)^2+2$는 항상 2보다 크거나 같으므로 모든 실수 x에 대하여 이 부등식이 성립한다.

다시 말해 이 부등식의 x에 어떤 실수를 대입하더라도 항상 성립한다.

따라서 이 이차부등식의 해는 모든 실수이다.

018 정답 모든 실수

해설 이차함수 $y=x^2+4x+5$의 그래프는 x^2의 계수 1이 양수이므로 아래로 볼록하게 그려진다.

이차방정식 $x^2+4x+5=0$의 판별식을 D라 하면

$D=4^2-4\cdot1\cdot5=-4<0$

$\left($또는 $\dfrac{D}{4}=2^2-1\cdot5=-1<0\right)$

$D<0$이므로 이 그래프는 x축과 만나지 않는다.

즉, 이 그래프는 x축보다 위쪽에 그려진다.

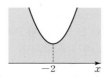

따라서 이차부등식 $x^2+4x+5\geq0$의 해는 이차함수 $y=x^2+4x+5$의 그래프가 $y=0$(x축)과 만나거나 $y=0$ (x축)보다 위쪽에 그려지는 x의 값의 범위이므로 구하는 해는 모든 실수이다.

별해 $x^2+4x+5\geq0$에서

$(x^2+4x+4)+1\geq0$

$\therefore (x+2)^2+1\geq0$

이때 $(x+2)^2+1$은 항상 1보다 크거나 같으므로 모든 실수 x에 대하여 이 부등식이 성립한다.

다시 말해 이 부등식의 x에 어떤 실수를 대입하더라도 항상 성립한다.

따라서 이 이차부등식의 해는 모든 실수이다.

019 정답 해는 없다.

해설 $-2x^2+4x-3>0$의 양변에 -1을 곱하면

$2x^2-4x+3<0$

이차함수 $y=2x^2-4x+3$의 그래프는 x^2의 계수 2가 양수이므로 아래로 볼록하게 그려진다.

이차방정식 $2x^2-4x+3=0$의 판별식을 D라 하면

$D=(-4)^2-4\cdot2\cdot3=-8<0$

$\left($또는 $\dfrac{D}{4}=(-2)^2-2\cdot3=-2<0\right)$

$D<0$이므로 이 그래프는 x축과 만나지 않는다.

즉, 이 그래프는 x축보다 위쪽에 그려진다.

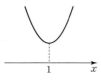

따라서 이차부등식 $2x^2-4x+3<0$의 해는 이차함수 $y=2x^2-4x+3$의 그래프가 $y=0$(x축)보다 아래쪽에 그려지는 x의 값의 범위이므로 구하는 해는 없다.

별해 $-2x^2+4x-3>0$의 양변에 -1을 곱하면

$2x^2-4x+3<0$

$2(x^2-2x+1-1)+3<0$

$2(x^2-2x+1)-2+3<0$

$\therefore 2(x-1)^2+1<0$

이때 $2(x-1)^2+1$은 항상 1보다 크거나 같으므로 이 부등식을 만족하는 해는 없다.

다시 말해 이 부등식의 x에 어떤 실수를 대입하더라도 성립하지 않는다.

따라서 이 이차부등식의 해는 없다.

020 정답 해는 없다.

해설 $-3x^2-6x-4\geq0$의 양변에 -1을 곱하면

$3x^2+6x+4\leq0$

이차함수 $y=3x^2+6x+4$의 그래프는 x^2의 계수 3이 양수이므로 아래로 볼록하게 그려진다.

이차방정식 $3x^2+6x+4=0$의 판별식을 D라 하면

$D=6^2-4\cdot3\cdot4=-12<0$

$\left($또는 $\dfrac{D}{4}=3^2-3\cdot4=-3<0\right)$

$D<0$이므로 이 그래프는 x축과 만나지 않는다.

즉, 이 그래프는 x축보다 위쪽에 그려진다.

따라서 이차부등식 $3x^2+6x+4\leq0$의 해는 이차함수 $y=3x^2+6x+4$의 그래프가 $y=0$(x축)과 만나거나 $y=0$(x축)보다 아래쪽에 그려지는 x의 값의 범위이므로 구하는 해는 없다.

별해 $-3x^2-6x-4\geq0$의 양변에 -1을 곱하면

$3x^2+6x+4\leq0$

$3(x^2+2x+1-1)+4\leq0$

$3(x^2+2x+1)-3+4\leq0$

$\therefore 3(x+1)^2+1\leq0$

이때 $3(x+1)^2+1$은 항상 1보다 크거나 같으므로 이 부등식을 만족하는 해는 없다.

다시 말해 이 부등식의 x에 어떤 실수를 대입하더라도 성립하지 않는다.

따라서 이 이차부등식의 해는 없다.

별해 $-3x^2-6x-4\geq0$에서

이차함수 $y=-3x^2-6x-4$의 그래프는 x^2의 계수 -3이 음수이므로 위로 볼록하게 그려진다.

이차방정식 $-3x^2-6x-4=0$의 판별식을 D라 하면

$D=(-6)^2-4\cdot(-3)\cdot(-4)=-12<0$

$\left($또는 $\dfrac{D}{4}=(-3)^2-(-3)\cdot(-4)=-3<0\right)$

$D<0$이므로 이 그래프는 x축과 만나지 않는다.

즉, 이 그래프는 x축보다 아래쪽에 그려진다.

따라서 이차부등식 $-3x^2-6x-4\geq0$의 해는 이차함수
$y=-3x^2-6x-4$의 그래프가 $y=0(x$축$)$과 만나거나
$y=0(x$축$)$보다 위쪽에 그려지는 x의 값의 범위이므로
구하는 해는 없다.

별해 $-3x^2-6x-4\geq0$에서
$-3(x^2+2x+1-1)-4\geq0$
$-3(x^2+2x+1)+3-4\geq0$
$\therefore -3(x+1)^2-1\geq0$

이때 $-3(x+1)^2-1$은 항상 -1보다 작거나 같으므로
이 부등식을 만족하는 해는 없다.

다시 말해 이 부등식의 x에 어떤 실수를 대입하더라도 성
립하지 않는다.

따라서 이 이차부등식의 해는 없다.

021 정답 $-2<k<2$

해설 이차함수 $y=x^2+kx+1$의 그래프는 이차항의 계
수 1이 양수이므로 아래로 볼록하게 그려진다.

이때 이차부등식 $x^2+kx+1>0$의 해가 모든 실수가 되
려면 다음 그림과 같이 이 그래프가 $y=0(x$축$)$보다 위쪽
에 그려져야 한다.

즉, 이 그래프는 x축과 만나지 않아야 한다.

이차함수 $y=x^2+kx+1$의 그래프가 x축과 만나지 않는
다는 것은 이차방정식 $x^2+kx+1=0$이 실근을 갖지 않
는다는 의미이다. 즉, 서로 다른 두 허근을 가져야 한다.

따라서 이차방정식 $x^2+kx+1=0$의 판별식을 D라 하면
$D<0$이어야 한다.

$D=k^2-4\cdot1\cdot1$
　$=k^2-4$
　$=(k+2)(k-2)<0$
$\therefore -2<k<2$

022 정답 $k=1$

해설 이차함수 $y=x^2+(k+1)x+k$의 그래프는 이차항
의 계수 1이 양수이므로 아래로 볼록하게 그려진다.

이때 이차부등식 $x^2+(k+1)x+k\geq0$의 해가 모든 실수
가 되려면 다음 그림과 같이 이 그래프가 $y=0(x$축$)$과
한 점에서 접하거나 $y=0(x$축$)$보다 위쪽에 그려져야 한
다.

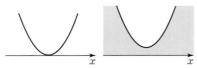

즉, 이 그래프는 x축과 한 점에서 접하거나 만나지 않아야
한다.

이차함수 $y=x^2+(k+1)x+k$의 그래프가 x축과 한 점
에서 접한다는 것은 이차방정식 $x^2+(k+1)x+k=0$이

중근을 갖는다는 의미이다.

또한 이차함수 $y=x^2+(k+1)x+k$의 그래프가 x축과
만나지 않는다는 것은 이차방정식 $x^2+(k+1)x+k=0$
이 서로 다른 두 허근을 갖는다는 의미이다.

따라서 이차방정식 $x^2+(k+1)x+k=0$의 판별식을 D
라 하면 $D\leq0$이어야 한다.

$D=(k+1)^2-4\cdot1\cdot k$
　$=k^2+2k+1-4k$
　$=k^2-2k+1$
　$=(k-1)^2\leq0$

이때 $(k-1)^2$은 항상 0보다 크거나 같으므로 이 부등식
을 만족하는 k의 값은 1뿐이다.

023 정답 $-4\leq k\leq0$

해설 $-x^2-kx+k\leq0$의 양변에 -1을 곱하면
$x^2+kx-k\geq0$

이차함수 $y=x^2+kx-k$의 그래프는 이차항의 계수 1이
양수이므로 아래로 볼록하게 그려진다.

이때 이차부등식 $x^2+kx-k\geq0$의 해가 모든 실수가 되
려면 다음 그림과 같이 이 그래프가 $y=0(x$축$)$과 한 점
에서 접하거나 $y=0(x$축$)$보다 위쪽에 그려져야 한다.

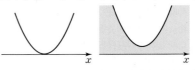

즉, 이 그래프는 x축과 한 점에서 접하거나 만나지 않아야
한다.

이차함수 $y=x^2+kx-k$의 그래프가 한 점에서 x축과
접한다는 것은 이차방정식 $x^2+kx-k=0$이 중근을 갖는
다는 의미이다.

또한 이차함수 $y=x^2+kx-k$의 그래프가 x축과 만나지
않는다는 것은 이차방정식 $x^2+kx-k=0$이 서로 다른
두 허근을 갖는다는 의미이다.

따라서 이차방정식 $x^2+kx-k=0$의 판별식을 D라 하면
$D\leq0$이어야 한다.

$D=k^2-4\cdot1\cdot(-k)$
　$=k^2+4k$
　$=k(k+4)\leq0$
$\therefore -4\leq k\leq0$

별해 $-x^2-kx+k\leq0$에서

이차함수 $y=-x^2-kx+k$의 그래프는 이차항의 계수
-1이 음수이므로 위로 볼록하게 그려진다.

이때 이차부등식 $-x^2-kx+k\leq0$의 해가 모든 실수가
되려면 다음 그림과 같이 이 그래프가 $y=0(x$축$)$과 한
점에서 접하거나 $y=0(x$축$)$보다 아래쪽에 그려져야 한
다.

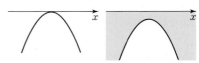

즉, 이 그래프는 x축과 한 점에서 접하거나 x축과 만나지 않아야 한다.

이차함수 $y=-x^2-kx+k$의 그래프가 x축과 한 점에서 접한다는 것은 이차방정식 $-x^2-kx+k=0$이 중근을 갖는다는 의미이다.

또한 이차함수 $y=-x^2-kx+k$의 그래프가 x축과 만나지 않는다는 것은 이차방정식 $-x^2-kx+k=0$이 서로 다른 두 허근을 갖는다는 의미이다.

따라서 이차방정식 $-x^2-kx+k=0$의 판별식을 D라 하면 $D \leq 0$이어야 한다.

$$
\begin{aligned}
D &= (-k)^2 - 4 \cdot (-1) \cdot k \\
&= k^2 + 4k \\
&= k(k+4) \leq 0
\end{aligned}
$$

$\therefore -4 \leq k \leq 0$

024 정답 $-3 \leq k \leq 0$

해설 이차함수 $y=x^2+2kx-3k$의 그래프는 이차항의 계수 1이 양수이므로 아래로 볼록하게 그려진다.

이때 이차부등식 $x^2+2kx-3k<0$의 해가 없으려면 다음 그림과 같이 이 그래프가 $y=0$(x축)과 한 점에서 접하거나 $y=0$(x축)보다 위쪽에 그려져야 한다.

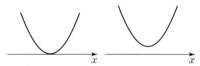

즉, 이 그래프는 x축과 한 점에서 접하거나 만나지 않아야 한다.

이차함수 $y=x^2+2kx-3k$의 그래프가 한 점에서 x축과 접한다는 것은 이차방정식 $x^2+2kx-3k=0$이 중근을 갖는다는 의미이다.

또한 이차함수 $y=x^2+2kx-3k$의 그래프가 x축과 만나지 않는다는 것은 이차방정식 $x^2+2kx-3k=0$이 서로 다른 두 허근을 갖는다는 의미이다.

따라서 이차방정식 $x^2+2kx-3k=0$의 판별식을 D라 하면 $D \leq 0$이어야 한다.

$$
\begin{aligned}
D &= (2k)^2 - 4 \cdot 1 \cdot (-3k) \\
&= 4k^2 + 12k \leq 0
\end{aligned}
$$

$\left(\text{또는 } \dfrac{D}{4} = k^2 - 1 \cdot (-3k) = k^2 + 3k = k(k+3) \right)$

$4k(k+3) \leq 0$ $\qquad \therefore -3 \leq k \leq 0$

025 정답 $x^2-3x+2<0$

해설 이차부등식의 해가 $1<x<2$이므로

$(x-1)(x-2)<0$

$\therefore x^2-3x+2<0$

026 정답 $x^2-x-2 \geq 0$

해설 이차부등식의 해가 $x \leq -1$ 또는 $x \geq 2$이므로

$(x+1)(x-2) \geq 0$

$\therefore x^2-x-2 \geq 0$

027 정답 $x^2+x-2 \leq 0$

이차부등식의 해가 $-2 \leq x \leq 1$이므로

$(x+2)(x-1) \leq 0$

$\therefore x^2+x-2 \leq 0$

028 정답 $x^2-3x>0$

해설 이차부등식의 해가 $x<0$ 또는 $x>3$이므로

$x(x-3)>0$

$\therefore x^2-3x>0$

029 정답 $x^2-2x+1 \leq 0$

해설 이차부등식의 해가 $x=1$이므로

$(x-1)^2 \leq 0$

$\therefore x^2-2x+1 \leq 0$

030 정답 $x^2-4x+4>0$

해설 이차부등식의 해가 $x \neq 2$인 모든 실수이므로

$(x-2)^2>0$

$\therefore x^2-4x+4>0$

031 정답 $a=-5, b=6$

해설 이차부등식 $x^2+ax+b<0$의 해가 $2<x<3$이므로

$$
\begin{aligned}
x^2+ax+b<0 &\Longleftrightarrow 2<x<3 \\
&\Longleftrightarrow (x-2)(x-3)<0 \\
&\Longleftrightarrow x^2-5x+6<0
\end{aligned}
$$

$\therefore a=-5, b=6$

별해 2와 3은 이차방정식 $x^2+ax+b=0$의 두 근이므로 근과 계수의 관계에 의해

(두 근의 합) $= 2+3 = -\dfrac{a}{1}$ $\quad \therefore a=-5$

(두 근의 곱) $= 2 \cdot 3 = \dfrac{b}{1}$ $\quad \therefore b=6$

032 정답 $a=2, b=-1$

해설 $x^2+3x+a \geq 0$의 해가 $x \leq -2$ 또는 $x \geq b$이므로

$$
\begin{aligned}
x^2+3x+a \geq 0 &\Longleftrightarrow x \leq -2 \text{ 또는 } x \geq b \\
&\Longleftrightarrow (x+2)(x-b) \geq 0 \\
&\Longleftrightarrow x^2+(2-b)x-2b \geq 0
\end{aligned}
$$

$2-b=3, -2b=a$

$\therefore b=-1, a=2$

별해 -2와 b는 이차방정식 $x^2+3x+a=0$의 두 근이므로 근과 계수의 관계에 의해

(두 근의 합) $= (-2)+b = -\dfrac{3}{1}$ $\quad \therefore b=-1$

(두 근의 곱) $= (-2) \cdot b = \dfrac{a}{1}$ $\quad \therefore a=-2b=2$

033 정답 $a=-1, b=2$

해설 이차부등식 $ax^2+x+b \geq 0$의 해가 $-1 \leq x \leq 2$이므로

$$
\begin{aligned}
ax^2+x+b \geq 0 &\Longleftrightarrow -1 \leq x \leq 2 \\
&\Longleftrightarrow (x+1)(x-2) \leq 0
\end{aligned}
$$

$$\Longleftrightarrow x^2-x-2\leq0$$
$$\Longleftrightarrow -x^2+x+2\geq0$$
$$\therefore a=-1,\ b=2$$

별해 -1과 2가 이차방정식 $ax^2+x+b=0$의 두 근이므로 근과 계수의 관계에 의해

(두 근의 합)$=(-1)+2=-\dfrac{1}{a}$ $\quad\therefore a=-1$

(두 근의 곱)$=(-1)\cdot2=\dfrac{b}{a}$ $\quad\therefore b=-2a=2$

034 정답 $a=-1,\ b=2$

해설 이차부등식 $-x^2+ax+b<0$의 해가 $x<-2$ 또는 $x>1$이므로
$$-x^2+ax+b<0\Longleftrightarrow x<-2\ \text{또는}\ x>1$$
$$\Longleftrightarrow (x+2)(x-1)>0$$
$$\Longleftrightarrow x^2+x-2>0$$
$$\Longleftrightarrow -x^2-x+2<0$$
$$\therefore a=-1,\ b=2$$

별해 -2와 1은 이차방정식 $-x^2+ax+b=0$의 두 근이므로 근과 계수의 관계에 의해

(두 근의 합)$=(-2)+1=-\dfrac{a}{-1}$ $\quad\therefore a=-1$

(두 근의 곱)$=(-2)\cdot1=\dfrac{b}{-1}$ $\quad\therefore b=2$

035 정답 $x<1$ 또는 $x>2$

해설 이차함수 $y=x^2-2x+2$의 그래프와 직선 $y=x$가 만나는 점의 x좌표는 이차방정식 $x^2-2x+2=x$의 두 근이다.
$x^2-2x+2=x$에서
$$x^2-3x+2=0$$
$$(x-1)(x-2)=0$$
$$\therefore x=1\ \text{또는}\ x=2$$
다음 그림에서 알 수 있듯이 이차함수 $y=x^2-2x+2$의 그래프가 직선 $y=x$보다 위쪽에 있는 x의 값의 범위는
$x<1$ 또는 $x>2$

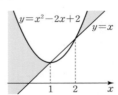

별해 이차함수 $y=x^2-2x+2$의 그래프가 직선 $y=x$보다 위쪽에 있으므로
$$x^2-2x+2>x$$
$$x^2-3x+2>0$$
$$(x-1)(x-2)>0$$
$$\therefore x<1\ \text{또는}\ x>2$$
별해 이차부등식 $x^2-3x+2>0$의 해는 이차함수 $y=x^2-3x+2$의 그래프가 $y=0(x$축$)$보다 위쪽에 그려지는 x의 값의 범위이므로 구하는 해는 $x<1$ 또는 $x>2$

이다.

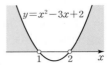

036 정답 $1<x<2$

해설 직선 $y=x$와 이차함수 $y=x^2-2x+2$의 그래프가 만나는 점의 x좌표는 이차방정식 $x=x^2-2x+2$의 두 근이다.
$x=x^2-2x+2$에서
$$x^2-3x+2=0$$
$$(x-1)(x-2)=0$$
$$\therefore x=1\ \text{또는}\ x=2$$
다음 그림에서 알 수 있듯이 직선 $y=x$가 이차함수 $y=x^2-2x+2$의 그래프보다 위쪽에 있는 x의 값의 범위는
$1<x<2$

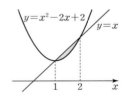

별해 직선 $y=x$가 이차함수 $y=x^2-2x+2$의 그래프보다 위쪽에 있으므로
$$x>x^2-2x+2$$
$$x^2-3x+2<0$$
$$(x-1)(x-2)<0$$
$$\therefore 1<x<2$$
별해 이차부등식 $x^2-3x+2<0$의 해는 이차함수 $y=x^2-3x+2$의 그래프가 $y=0(x$축$)$보다 아래쪽에 그려지는 x의 값의 범위이므로 구하는 해는 $1<x<2$이다.

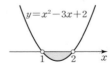

필수유형 CHECK 본문 P. 115

| 001 ③ | 002 ⑤ | 003 ③ | 004 ③ |
| 005 ① | 006 ③ | 007 ① | 008 ③ |

001 정답 ③

해설 이차부등식 $x^2+ax+b>0$의 해가 $x<1$ 또는 $x>4$이므로
$$x^2+ax+b>0\Longleftrightarrow x<1\ \text{또는}\ x>4$$
$$\Longleftrightarrow (x-1)(x-4)>0$$

$$\Longleftrightarrow x^2-5x+4>0$$
따라서 $a=-5$, $b=4$이므로
$$a+2b=(-5)+2\cdot4=3$$
별해 1과 4가 이차방정식 $x^2+ax+b=0$의 두 근이므로 근과 계수의 관계에 의해
$$(\text{두 근의 합})=1+4=-\frac{a}{1} \qquad \therefore a=-5$$
$$(\text{두 근의 곱})=1\cdot4=\frac{b}{1} \qquad \therefore b=4$$
따라서 $a=-5$, $b=4$이므로
$$a+2b=(-5)+2\cdot4=3$$

002 정답 ⑤

해설 이차부등식 $x^2-3x+1<0$의 해가 $\alpha<x<\beta$이므로
$$\begin{aligned} x^2-3x+1<0 &\Longleftrightarrow \alpha<x<\beta \\ &\Longleftrightarrow (x-\alpha)(x-\beta)<0 \\ &\Longleftrightarrow x^2-(\alpha+\beta)x+\alpha\beta<0 \end{aligned}$$
$$\therefore \alpha+\beta=3, \; \alpha\beta=1$$
$$\begin{aligned} \therefore (\alpha-\beta)^2&=(\alpha+\beta)^2-4\alpha\beta \\ &=3^2-4\cdot1 \\ &=5 \end{aligned}$$
별해 α와 β가 이차방정식 $x^2-3x+1=0$의 두 근이므로 근과 계수의 관계에 의해
$$(\text{두 근의 합})=\alpha+\beta=-\frac{-3}{1} \qquad \therefore \alpha+\beta=3$$
$$(\text{두 근의 곱})=\alpha\beta=\frac{1}{1} \qquad \therefore \alpha\beta=1$$
$$\begin{aligned} \therefore (\alpha-\beta)^2&=(\alpha+\beta)^2-4\alpha\beta \\ &=3^2-4\cdot1 \\ &=5 \end{aligned}$$

003 정답 ③

해설 이차부등식 $ax^2+bx+1>0$의 해가 $-\frac{1}{2}<x<\frac{1}{3}$이므로 $a<0$이고
$$\begin{aligned} ax^2+bx+1>0 &\Longleftrightarrow -\frac{1}{2}<x<\frac{1}{3} \\ &\Longleftrightarrow \left(x+\frac{1}{2}\right)\left(x-\frac{1}{3}\right)<0 \\ &\Longleftrightarrow x^2+\frac{1}{6}x-\frac{1}{6}<0 \\ &\Longleftrightarrow ax^2+\frac{a}{6}x-\frac{a}{6}>0 \end{aligned}$$
따라서 $\frac{a}{6}=b$, $-\frac{a}{6}=1$이므로
$$a=-6, \; b=-1$$
이차부등식 $x^2+bx+a\leq0$에 대입하면
$$x^2-x-6\leq0, \; (x+2)(x-3)\leq0$$
$$\therefore -2\leq x\leq3$$
별해 $-\frac{1}{2}$과 $\frac{1}{3}$이 이차방정식 $ax^2+bx+1=0$의 두 근이므로 근과 계수의 관계에 의해

$$(\text{두 근의 합})=\left(-\frac{1}{2}\right)+\frac{1}{3}=-\frac{b}{a} \qquad \therefore b=\frac{a}{6}$$
$$(\text{두 근의 곱})=\left(-\frac{1}{2}\right)\cdot\frac{1}{3}=\frac{1}{a}$$
$$a=-6, \; b=-1$$
이차부등식 $x^2+bx+a\leq0$에 $a=-6$, $b=-1$을 대입하면
$$x^2-x-6\leq0$$
$$(x+2)(x-3)\leq0$$
$$\therefore -2\leq x\leq3$$

004 정답 ③

해설 이차함수 $y=2x^2-4x+k$의 그래프는 이차항의 계수 2가 양수이므로 아래로 볼록하게 그려진다.
이때 이차부등식 $2x^2-4x+k>0$의 해가 모든 실수가 되려면 다음 그림과 같이 이 그래프가 $y=0(x$축$)$보다 위쪽에 그려져야 한다.

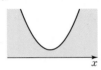

즉, 이 그래프는 x축과 만나지 않아야 한다.
이차함수 $y=2x^2-4x+k$의 그래프가 x축과 만나지 않는다는 것은 이차방정식 $2x^2-4x+k=0$이 실근을 갖지 않는다는 의미이다. 즉, 서로 다른 두 허근을 가져야 한다.
따라서 이차방정식 $y=2x^2-4x+k$의 판별식을 D라 하면 $D<0$이어야 한다.
$$\begin{aligned} D&=(-4)^2-4\cdot2\cdot k \\ &=16-8k<0 \end{aligned}$$
$$\left(\text{또는} \frac{D}{4}=(-2)^2-2\cdot k=4-2k<0\right)$$
$$k-2>0 \qquad \therefore k>2$$
이 부등식을 만족하는 정수 k는 3, 4, 5, $\cdots$이고 그 최솟값은 3이다.

005 정답 ①

해설 이차함수 $y=x^2-2kx+k+2$의 그래프는 이차항의 계수 1이 양수이므로 아래로 볼록하게 그려진다.
이때 이차부등식 $x^2-2kx+k+2<0$의 해가 존재하지 않으려면 다음 그림과 같이 이 그래프가 $y=0(x$축$)$과 한 점에서 접하거나 $y=0(x$축$)$보다 위쪽에 그려져야 한다.

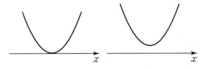

즉, 이 그래프는 x축과 한 점에서 접하거나 만나지 않아야 한다.
이차함수 $y=x^2-2kx+k+2$의 그래프가 한 점에서 x축과 접한다는 것은 이차방정식 $x^2-2kx+k+2=0$이 중근을 갖는다는 의미이다.

또한 이차함수 $y=x^2-2kx+k+2$의 그래프가 x축과 만나지 않는다는 것은 이차방정식 $x^2-2kx+k+2=0$이 서로 다른 두 허근을 갖는다는 의미이다.

따라서 이차방정식 $x^2-2kx+k+2=0$의 판별식을 D 라 하면 $D \leq 0$이어야 한다.

$D=(-2k)^2-4\cdot1\cdot(k+2)$
$\quad=4k^2-4k-8\leq0$

$\left(또는 \dfrac{D}{4}=(-k)^2-1\cdot(k+2)=k^2-k-2\leq0\right)$

$k^2-k-2\leq0$, $(k+1)(k-2)\leq0$

$\therefore -1\leq k\leq2$

따라서 실수 k의 최댓값과 최솟값의 합은

$2+(-1)=1$

006 정답 ③

해설 이차부등식 $3x^2-6x+k\leq0$의 해가 오직 하나의 실근을 가지려면 이차함수 $y=3x^2-6x+k$의 그래프가 $y=0(x$축)과 한 점에서 접해야 한다.

이차함수 $y=3x^2-6x+k$의 그래프가 한 점에서 x축과 접한다는 것은 이차방정식 $3x^2-6x+k=0$이 중근을 갖는다는 의미이다.

따라서 이차방정식 $3x^2-6x+k=0$의 판별식을 D라 하면 $D=0$이어야 한다.

$D=(-6)^2-4\cdot3\cdot k=36-12k=0$

$\left(또는 \dfrac{D}{4}=(-3)^2-3\cdot k=9-3k=0\right)$

$\therefore k=3$

별해 이차부등식 $3x^2-6x+k\leq0$의 해가 오직 하나의 실근을 가지려면 좌변의 이차식이 완전제곱식이어야 한다. 즉, $3(x+\square)^2\leq0$ 꼴이어야 한다.

따라서 이차방정식 $3x^2-6x+k=0$의 판별식을 D라 하면 $D=0$이어야 한다.

$D=(-6)^2-4\cdot3\cdot k$
$\quad=36-12k=0$

$\therefore k=3$

검산 $k=3$을 $3x^2-6x+k\leq0$에 대입하면

$3x^2-6x+3\leq0$

이 부등식의 양변을 3으로 나누면

$x^2-2x+1\leq0$

$\therefore (x-1)^2\leq0$

따라서 이 부등식을 만족하는 해는 $x=1$이다.

왜냐하면 $(x-1)^2$은 항상 0보다 크거나 같으므로 $(x-1)^2\leq0$을 만족하는 실근은 $x=1$ 하나뿐이다.

007 정답 ①

해설 이차함수 $y=x^2-x$의 그래프가 직선 $y=2x-2$보

다 아래쪽에 있는 x의 값의 범위는 이차부등식 $x^2-x<2x-2$의 해이다.

$x^2-x<2x-2$에서

$x^2-3x+2<0$

$(x-1)(x-2)<0$

$\therefore 1<x<2$

따라서 $\alpha=1$, $\beta=2$이므로 $\beta-\alpha=2-1=1$

008 정답 ③

해설 이차함수 $y=x^2$의 그래프는 이차항의 계수 1이 양수이므로 아래로 볼록하게 그려진다.

이차함수의 그래프가 직선보다 항상 위쪽에 있으려면 이차함수의 그래프와 직선이 서로 만나지 않아야 한다.

이차함수 $y=x^2$의 그래가 직선 $y=3x-k$와 만나지 않는 것은 이차방정식 $x^2=3x-k$, 즉 $x^2-3x+k=0$이 서로 다른 두 허근을 갖는다는 의미이다.

따라서 이차방정식 $x^2-3x+k=0$의 판별식을 D라 하면 $D<0$이어야 한다.

$D=(-3)^2-4\cdot1\cdot k$
$\quad=9-4k<0$

$4k-9>0$

$\therefore k>\dfrac{9}{4}$

이 부등식을 만족하는 정수 k는 3, 4, 5, …이고 그 최솟값은 3이다.

---

021 연립이차부등식

🚚 교과서문제 CHECK
본문 P. 119

001 정답 $1\leq x<4$

해설 $\begin{cases} 2x-5<3 & \cdots\cdots ㉠ \\ 3x+2\geq5 & \cdots\cdots ㉡ \end{cases}$

㉠에서 $2x<8$ $\quad\therefore x<4$

㉡에서 $3x\geq3$ $\quad\therefore x\geq1$

두 부등식의 공통 범위를 구하면

$1\leq x<4$

002 정답 $x>3$

해설 $\begin{cases} 2x-3>x & \cdots\cdots ㉠ \\ 5-x\leq2x-1 & \cdots\cdots ㉡ \end{cases}$

㉠에서 $x>3$

㉡에서 $-3x\leq-6$ $\quad\therefore x\geq2$

두 부등식의 공통 범위를 구하면
$x > 3$

003 정답 $x \leq 1$

해설 $\begin{cases} \dfrac{x+1}{2} \leq \dfrac{x+2}{3} & \cdots\cdots\ \bigcirc \\ 3x-2 \leq 2x+1 & \cdots\cdots\ \bigcirc\!\!\!\!\bigcirc \end{cases}$

$\bigcirc$의 양변에 분모 2, 3의 최소공배수 6을 곱하면
$3(x+1) \leq 2(x+2)$
$3x+3 \leq 2x+4$ $\quad \therefore x \leq 1$
$\bigcirc\!\!\!\!\bigcirc$에서 $x \leq 3$
두 부등식의 공통 범위를 구하면
$x \leq 1$

004 정답 $x = 5$

해설 $\begin{cases} \dfrac{x+1}{3} \geq 2 & \cdots\cdots\ \bigcirc \\ 2(x-1) \leq x+3 & \cdots\cdots\ \bigcirc\!\!\!\!\bigcirc \end{cases}$

$\bigcirc$에서 $x+1 \geq 6$ $\quad \therefore x \geq 5$
$\bigcirc\!\!\!\!\bigcirc$에서 $2x-2 \leq x+3$ $\quad \therefore x \leq 5$
두 부등식의 공통 범위를 구하면
$x = 5$

005 정답 해는 없다.

해설 $\begin{cases} 3x-1 \geq x+5 & \cdots\cdots\ \bigcirc \\ 2x+6 > 4x & \cdots\cdots\ \bigcirc\!\!\!\!\bigcirc \end{cases}$

$\bigcirc$에서 $2x \geq 6$ $\quad \therefore x \geq 3$
$\bigcirc\!\!\!\!\bigcirc$에서 $-2x > -6$ $\quad \therefore x < 3$
두 부등식의 공통 범위는 존재하지 않는다.

006 정답 해는 없다.

해설 $\begin{cases} x-10 \leq 5x+2 & \cdots\cdots\ \bigcirc \\ 2x+3 < x-2 & \cdots\cdots\ \bigcirc\!\!\!\!\bigcirc \end{cases}$

$\bigcirc$에서 $-4x \leq 12$ $\quad \therefore x \geq -3$
$\bigcirc\!\!\!\!\bigcirc$에서 $x < -5$
두 부등식의 공통 범위는 존재하지 않는다.

007 정답 $-2 < x \leq 1$

해설 $x-2 \leq 2-3x < 8$에서
$\begin{cases} x-2 \leq 2-3x & \cdots\cdots\ \bigcirc \\ 2-3x < 8 & \cdots\cdots\ \bigcirc\!\!\!\!\bigcirc \end{cases}$
$\bigcirc$에서 $4x \leq 4$ $\quad \therefore x \leq 1$
$\bigcirc\!\!\!\!\bigcirc$에서 $-3x < 6$ $\quad \therefore x > -2$
두 부등식의 공통 범위를 구하면
$-2 < x \leq 1$

008 정답 $-2 \leq x < 3$

해설 $2x-1 \leq 3x+1 < x+7$에서
$\begin{cases} 2x-1 \leq 3x+1 & \cdots\cdots\ \bigcirc \\ 3x+1 < x+7 & \cdots\cdots\ \bigcirc\!\!\!\!\bigcirc \end{cases}$
$\bigcirc$에서 $-x \leq 2$ $\quad \therefore x \geq -2$
$\bigcirc\!\!\!\!\bigcirc$에서 $2x < 6$ $\quad \therefore x < 3$

두 부등식의 공통 범위를 구하면
$-2 \leq x < 3$

009 정답 $1 < x \leq 3$

해설 $\begin{cases} x+1 > 2 & \cdots\cdots\ \bigcirc \\ x^2-2x \leq 3 & \cdots\cdots\ \bigcirc\!\!\!\!\bigcirc \end{cases}$

$\bigcirc$에서 $x > 1$
$\bigcirc\!\!\!\!\bigcirc$에서 $x^2-2x-3 \leq 0$
$(x+1)(x-3) \leq 0$ $\quad \therefore -1 \leq x \leq 3$
두 부등식의 공통 범위를 구하면
$1 < x \leq 3$

010 정답 $1 \leq x < 2$

해설 $\begin{cases} 2x-3 < x-1 & \cdots\cdots\ \bigcirc \\ x^2-5x+4 \leq 0 & \cdots\cdots\ \bigcirc\!\!\!\!\bigcirc \end{cases}$

$\bigcirc$에서 $x < 2$
$\bigcirc\!\!\!\!\bigcirc$에서 $(x-1)(x-4) \leq 0$
$\therefore 1 \leq x \leq 4$
두 부등식의 공통 범위를 구하면
$1 \leq x < 2$

011 정답 $-1 < x < \dfrac{1}{2}$ 또는 $2 < x < 5$

해설 $\begin{cases} x^2-4x-5 < 0 & \cdots\cdots\ \bigcirc \\ 2x^2-5x+2 > 0 & \cdots\cdots\ \bigcirc\!\!\!\!\bigcirc \end{cases}$

$\bigcirc$에서 $(x+1)(x-5) < 0$
$\therefore -1 < x < 5$
$\bigcirc\!\!\!\!\bigcirc$에서 $(2x-1)(x-2) > 0$
$\therefore x < \dfrac{1}{2}$ 또는 $x > 2$
두 부등식의 공통 범위를 구하면
$-1 < x < \dfrac{1}{2}$ 또는 $2 < x < 5$

012 정답 해는 없다.

해설 $\begin{cases} x^2-5x \geq 0 & \cdots\cdots\ \bigcirc \\ x^2-4x+3 < 0 & \cdots\cdots\ \bigcirc\!\!\!\!\bigcirc \end{cases}$

$\bigcirc$에서 $x(x-5) \geq 0$
$\therefore x \leq 0$ 또는 $x \geq 5$
$\bigcirc\!\!\!\!\bigcirc$에서 $(x-1)(x-3) < 0$
$\therefore 1 < x < 3$
두 부등식의 공통 범위는 존재하지 않는다.

013 정답 $-2 \leq x \leq 4$

해설 $\begin{cases} x^2+2x+2 > 0 & \cdots\cdots\ \bigcirc \\ x^2-2x-8 \leq 0 & \cdots\cdots\ \bigcirc\!\!\!\!\bigcirc \end{cases}$

$\bigcirc$에서 이차함수 $y=x^2+2x+2$의 그래프는 이차항의 계수 1이 양수이므로 아래로 볼록하게 그려진다.
이차방정식 $x^2+2x+2=0$의 판별식을 D라 하면
$D=2^2-4 \cdot 1 \cdot 2 = -4 < 0$
$\left($또는 $\dfrac{D}{4} = 1^2 - 1 \cdot 2 = -1 < 0\right)$

즉, $D<0$이므로 이 그래프는 x축과 만나지 않는다.

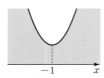

따라서 이차부등식 $x^2+2x+2>0$의 해는 이차함수 $y=x^2+2x+2$의 그래프가 $y=0(x$축)보다 위쪽에 그려지는 x의 값의 범위이므로 구하는 해는 모든 실수이다.

ⓛ에서 $(x+2)(x-4)\leq0$

$\therefore\ -2\leq x\leq4$

두 부등식의 공통 범위를 구하면

$-2\leq x\leq4$

참고 $x^2+2x+2>0$에서

$(x^2+2x+1)+1>0$

$\therefore\ (x+1)^2+1>0$

이때 $(x+1)^2+1$은 항상 1보다 크거나 같으므로 모든 실수 x에 대하여 이 부등식이 성립한다.

다시 말해 이 부등식의 x에 어떤 실수를 대입하더라도 항상 성립한다.

따라서 이 이차부등식의 해는 모든 실수이다.

014 정답 $x=-1$

해설 $\begin{cases} x^2+2x+1\leq0 & \cdots\cdots\ ㉠ \\ x^2-3x+2>0 & \cdots\cdots\ ㉡ \end{cases}$

㉠에서 $(x+1)^2\leq0$

이때 $(x+1)^2$은 항상 0보다 크거나 같으므로 이 부등식을 만족하는 해는 $x=-1$이다.

㉡에서 $(x-1)(x-2)>0$

$\therefore\ x<1$ 또는 $x>2$

두 부등식의 공통 범위를 구하면

$x=-1$

015 정답 $2<x\leq3$

해설 $2x<x^2\leq4x-3$에서

$\begin{cases} 2x<x^2 & \cdots\cdots\ ㉠ \\ x^2\leq4x-3 & \cdots\cdots\ ㉡ \end{cases}$

㉠에서 $x^2-2x>0$

$x(x-2)>0$ $\therefore\ x<0$ 또는 $x>2$

㉡에서 $x^2-4x+3\leq0$

$(x-1)(x-3)\leq0$ $\therefore\ 1\leq x\leq3$

두 부등식의 공통 범위를 구하면

$2<x\leq3$

016 정답 $1\leq x<2$

해설 $-x+4\leq x^2+2<x+4$에서

$\begin{cases} -x+4\leq x^2+2 & \cdots\cdots\ ㉠ \\ x^2+2<x+4 & \cdots\cdots\ ㉡ \end{cases}$

㉠에서 $x^2+x-2\geq0$

$(x+2)(x-1)\geq0$

$\therefore\ x\leq-2$ 또는 $x\geq1$

㉡에서 $x^2-x-2<0$

$(x+1)(x-2)<0$

$\therefore\ -1<x<2$

두 부등식의 공통 범위를 구하면

$1\leq x<2$

017 정답 $-1<x<4$

해설 $x-1\leq x^2-x<2x+4$에서

$\begin{cases} x-1\leq x^2-x & \cdots\cdots\ ㉠ \\ x^2-x<2x+4 & \cdots\cdots\ ㉡ \end{cases}$

㉠에서 $x^2-2x+1\geq0$

$\therefore\ (x-1)^2\geq0$

이때 $(x-1)^2$은 항상 0보다 크거나 같으므로 모든 실수 x에 대하여 이 부등식이 성립한다.

다시 말해 이 부등식의 x에 어떤 실수를 대입하더라도 항상 성립한다.

따라서 이 이차부등식의 해는 모든 실수이다.

㉡에서 $x^2-3x-4<0$

$(x+1)(x-4)<0$ $\therefore\ -1<x<4$

두 부등식의 공통 범위를 구하면

$-1<x<4$

018 정답 $-4<x<2$

해설 $x^2-1<2x^2+x<x^2-x+8$에서

$\begin{cases} x^2-1<2x^2+x & \cdots\cdots\ ㉠ \\ 2x^2+x<x^2-x+8 & \cdots\cdots\ ㉡ \end{cases}$

㉠에서 $x^2+x+1>0$

이차함수 $y=x^2+x+1$의 그래프는 이차항의 계수 1이 양수이므로 아래로 볼록하게 그려진다.

이차방정식 $x^2+x+1=0$의 판별식을 D라 하면

$D=1^2-4\cdot1\cdot1=-3<0$

즉, $D<0$이므로 이 그래프는 x축과 만나지 않는다.

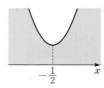

따라서 이차부등식 $x^2+x+1>0$의 해는 이차함수 $y=x^2+x+1$의 그래프가 $y=0(x$축)보다 위쪽에 그려지는 x의 값의 범위이므로 구하는 해는 모든 실수이다.

㉡에서 $x^2+2x-8<0$

$(x+4)(x-2)<0$

$\therefore\ -4<x<2$

두 부등식의 공통 범위를 구하면

$-4<x<2$

참고 $x^2+x+1>0$에서

$\left(x^2+x+\dfrac{1}{4}\right)+\dfrac{3}{4}>0$

$$\therefore \left(x+\frac{1}{2}\right)^2+\frac{3}{4}>0$$

이때 $\left(x+\frac{1}{2}\right)^2+\frac{3}{4}$은 항상 $\frac{3}{4}$보다 크거나 같으므로 모든 실수 x에 대하여 이 부등식이 성립한다.

다시 말해 이 부등식의 x에 어떤 실수를 대입하더라도 항상 성립한다.

따라서 이 이차부등식의 해는 모든 실수이다.

019 정답 $-4\le x<3$

해설
$$\begin{cases} |x|\le 4 & \cdots\cdots \ \text{㉠} \\ x^2+2x-15<0 & \cdots\cdots \ \text{㉡} \end{cases}$$
㉠에서 $-4\le x\le 4$
㉡에서 $(x+5)(x-3)<0$
$\therefore -5<x<3$
두 부등식의 공통 범위를 구하면
$-4\le x<3$

020 정답 $-2<x<0$ 또는 $2<x<4$

해설 $|x^2-2x-4|<4$에서
$-4<x^2-2x-4<4$
$$\begin{cases} -4<x^2-2x-4 & \cdots\cdots \ \text{㉠} \\ x^2-2x-4<4 & \cdots\cdots \ \text{㉡} \end{cases}$$
㉠에서 $x^2-2x>0$
$x(x-2)>0$
$\therefore x<0$ 또는 $x>2$
㉡에서 $x^2-2x-8<0$
$(x+2)(x-4)<0$
$\therefore -2<x<4$
두 부등식의 공통 범위를 구하면
$-2<x<0$ 또는 $2<x<4$

021 정답 $0<x<1$

해설 $|x^2-x+3|<3$에서
$-3<x^2-x+3<3$
$$\begin{cases} -3<x^2-x+3 & \cdots\cdots \ \text{㉠} \\ x^2-x+3<3 & \cdots\cdots \ \text{㉡} \end{cases}$$
㉠에서 $x^2-x+6>0$
이차함수 $y=x^2-x+6$의 그래프는 이차항의 계수 1이 양수이므로 아래로 볼록하게 그려진다.
이차방정식 $x^2-x+6=0$의 판별식을 D라 하면
$D=(-1)^2-4\cdot1\cdot6=-23<0$
즉, $D<0$이므로 이 그래프는 x축과 만나지 않는다.

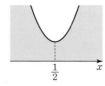

따라서 이차부등식 $x^2-x+6>0$의 해는 이차함수 $y=x^2-x+6$의 그래프가 $y=0$(x축)보다 위쪽에 그려

지는 x의 값의 범위이므로 구하는 해는 모든 실수이다.
㉡에서 $x^2-x<0$
$x(x-1)<0$ $\therefore 0<x<1$
두 부등식의 공통 범위를 구하면
$0<x<1$

참고 $x^2-x+6>0$에서
$$\left(x^2-x+\frac{1}{4}\right)+\frac{23}{4}>0$$
$$\therefore \left(x-\frac{1}{2}\right)^2+\frac{23}{4}>0$$
이때 $\left(x-\frac{1}{2}\right)^2+\frac{23}{4}$은 항상 $\frac{23}{4}$보다 크거나 같으므로 모든 실수 x에 대하여 이 부등식이 성립한다.
다시 말해 이 부등식의 x에 어떤 실수를 대입하더라도 항상 성립한다.
따라서 이 이차부등식의 해는 모든 실수이다.

022 정답 $k\ge 4$

해설
$$\begin{cases} x^2-3x-4<0 & \cdots\cdots \ \text{㉠} \\ x^2-(k+1)x+k\ge 0 & \cdots\cdots \ \text{㉡} \end{cases}$$
㉠에서 $(x+1)(x-4)<0$
$\therefore -1<x<4$
㉡에서 $(x-1)(x-k)\ge 0$
(i) $k<1$일 때
이차부등식 $(x-1)(x-k)\ge 0$의 해는
$x\le k$ 또는 $x\ge 1$
이때 연립부등식의 해가 $-1<x\le 1$이 되지 않는다.

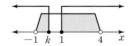

(ii) $k=1$일 때
이차부등식 $(x-1)(x-k)\ge 0$, 즉 $(x-1)^2\ge 0$의 해는 모든 실수이다.
이때 연립부등식의 해가 $-1<x\le 1$이 되지 않는다.

(iii) $k>1$일 때
이차부등식 $(x-1)(x-k)\ge 0$의 해는
$x\le 1$ 또는 $x\ge k$

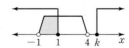

따라서 연립부등식의 해가 $-1<x\le 1$이 되려면 $k\ge 4$이어야 한다.

023 정답 $1<k\le \frac{3}{2}$

해설
$$\begin{cases} x^2-5x+6\ge 0 & \cdots\cdots \ \text{㉠} \\ x^2-(2k+1)x+2k<0 & \cdots\cdots \ \text{㉡} \end{cases}$$
㉠에서 $(x-2)(x-3)\ge 0$
$\therefore x\le 2$ 또는 $x\ge 3$
㉡에서 $(x-1)(x-2k)<0$

(i) $2k<1$일 때

이차부등식 $(x-1)(x-2k)<0$의 해는

$2k<x<1$

이때 연립부등식의 해가 $1<x\leq2$가 되지 않는다.

(ii) $2k=1$일 때

이차부등식 $(x-1)(x-2k)<0$, 즉 $(x-1)^2<0$의

해는 없다.

이때 연립부등식의 해가 $1<x\leq2$가 되지 않는다.

(iii) $2k>1$일 때

이차부등식 $(x-1)(x-2k)<0$의 해는

$1<x<2k$

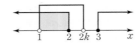

따라서 연립부등식의 해가 $1<x\leq2$가 되려면 $2<2k\leq3$

이어야 한다.

$\therefore 1<k\leq\dfrac{3}{2}$

필수유형 CHECK 본문 P. 121

001 ③	002 ②	003 ①	004 ①
005 ③	006 ⑤	007 ⑤	008 ④

001 정답 ③

해설 $\begin{cases} \dfrac{1}{2}x^2+x-4\leq0 & \cdots\cdots\ \bigcirc \\ -x^2+4x+5>0 & \cdots\cdots\ \bigcirc\!\!\!\bigcirc \end{cases}$

$\bigcirc$에서 $x^2+2x-8\leq0$

$(x+4)(x-2)\leq0$

$\therefore -4\leq x\leq2$

$\bigcirc\!\!\!\bigcirc$에서 $x^2-4x-5<0$

$(x+1)(x-5)<0$

$\therefore -1<x<5$

두 부등식의 공통 범위를 구하면

$-1<x\leq2$

따라서 구하는 정수 x는 0, 1, 2로 3개이다.

002 정답 ②

해설 $\begin{cases} x^2+x+1>0 & \cdots\cdots\ \bigcirc \\ x^2-4x+4\leq0 & \cdots\cdots\ \bigcirc\!\!\!\bigcirc \end{cases}$

(i) $\bigcirc$에서 $x^2+x+1>0$

이차함수 $y=x^2+x+1$의 그래프는 이차항의 계수 1

이 양수이므로 아래로 볼록하게 그려진다.

이차방정식 $x^2+x+1=0$의 판별식을 D라 하면

$D=1^2-4\cdot1\cdot1=-3<0$

즉, $D<0$이므로 이 그래프는 x축과 만나지 않는다.

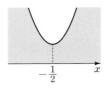

따라서 이차부등식 $x^2+x+1>0$의 해는 이차함수

$y=x^2+x+1$의 그래프가 $y=0$(x축)보다 위쪽에 그

려지는 x의 값의 범위이므로 구하는 해는 모든 실수이

다.

(ii) $\bigcirc\!\!\!\bigcirc$에서 $(x-2)^2\leq0$

이때 $(x-2)^2$은 항상 0보다 크거나 같으므로 이 부등

식을 만족하는 해는 $x=2$이다.

다시 말해 이 부등식의 x에 $x=2$를 대입할 때만 성립

한다.

(i), (ii)에서 두 부등식의 공통 범위를 구하면

$x=2$

참고 $x^2+x+1>0$에서

$\left(x^2+x+\dfrac{1}{4}\right)+\dfrac{3}{4}>0$

$\therefore \left(x+\dfrac{1}{2}\right)^2+\dfrac{3}{4}>0$

이때 $\left(x+\dfrac{1}{2}\right)^2+\dfrac{3}{4}$은 항상 $\dfrac{3}{4}$보다 크거나 같으므로 모

든 실수 x에 대하여 이 부등식이 성립한다.

다시 말해 이 부등식의 x에 어떤 실수를 대입하더라도 항

상 성립한다.

따라서 이 이차부등식의 해는 모든 실수이다.

003 정답 ①

해설 $|x^2-3x-2|<2$에서

$-2<x^2-3x-2<2$

$\begin{cases} -2<x^2-3x-2 & \cdots\cdots\ \bigcirc \\ x^2-3x-2<2 & \cdots\cdots\ \bigcirc\!\!\!\bigcirc \end{cases}$

$\bigcirc$에서 $x^2-3x>0$

$x(x-3)>0$

$\therefore x<0$ 또는 $x>3$

$\bigcirc\!\!\!\bigcirc$에서 $x^2-3x-4<0$

$(x+1)(x-4)<0$

$\therefore -1<x<4$

두 부등식의 공통 범위를 구하면

$-1<x<0$ 또는 $3<x<4$

이때 구하는 정수 x는 존재하지 않는다.

004 정답 ①

해설 $\begin{cases} x^2-4x+a\leq0 & \cdots\cdots\ \bigcirc\text{의 해가} \\ x^2+bx+8>0 & \cdots\cdots\ \bigcirc\!\!\!\bigcirc \end{cases}$

$1\leq x<2$이므로

(i) 이차부등식 $x^2-4x+a\leq0$의 해는 $\alpha\leq x\leq\beta$ 꼴이므

로 연립부등식의 해인 $1\leq x<2$에서 $x=1$은 이차방

정식 $x^2-4x+a=0$의 근이다.

따라서 $x^2-4x+a=0$에 $x=1$을 대입하면

$1-4+a=0$ $\quad\therefore a=3$

(ii) 이차부등식 $x^2+bx+8>0$의 해는 $x<\alpha$ 또는 $x>\beta$ 꼴이므로 연립부등식의 해인 $1\le x<2$에서 $x=2$는 이차방정식 $x^2+bx+8=0$의 근이다.

따라서 $x^2+bx+8=0$에 $x=2$를 대입하면

$4+2b+8=0$ $\quad\therefore b=-6$

(i), (ii)에서 $2a+b=2\cdot3+(-6)=0$

005 정답 ③

해설 $\begin{cases} x^2-5x\le0 & \cdots\cdots \text{㉠} \\ x^2-(a+1)x+a>0 & \cdots\cdots \text{㉡} \end{cases}$

㉠에서 $x(x-5)\le0$

$\therefore 0\le x\le5$

㉡에서 $(x-1)(x-a)>0$

(i) $a<1$일 때

이차부등식 $(x-1)(x-a)>0$의 해는

$x<a$ 또는 $x>1$

이때 $x<a$를 고려하지 않고 $0\le x\le5$와 $x>1$의 공통 범위를 구하면 $1<x\le5$가 되어 정수는 2, 3, 4, 5로 4개이므로 $a<1$은 문제의 조건을 만족하지 못한다.

(ii) $a=1$일 때

이차부등식 $(x-1)^2>0$의 해는 $x\ne1$인 모든 실수이다.

이때 두 부등식의 공통 범위는

$0\le x<1$ 또는 $1<x\le5$이다.

그런데 정수는 0, 2, 3, 4, 5로 5개이므로 $a=1$은 문제의 조건을 만족하지 못한다.

(iii) $a>1$일 때

이차부등식 $(x-1)(x-a)>0$의 해는

$x<1$ 또는 $x>a$

두 부등식의 공통 범위를 구하면

$0\le x<1$ 또는 $a<x\le5$

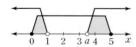

따라서 위의 그림과 같이 연립부등식의 해를 만족시키는 정수가 3개(0, 4, 5)가 되려면 $3\le a<4$이어야 한다.

006 정답 ⑤

해설 (i) 삼각형의 변의 길이는 항상 양수이어야 하므로

$2x-1>0$에서 $x>\dfrac{1}{2}$

x에서 $x>0$

$2x+1>0$에서 $x>-\dfrac{1}{2}$

세 부등식의 공통 범위를 구하면

$x>\dfrac{1}{2}$

(ii) 삼각형이 되려면 가장 긴 변의 길이 $2x+1$이 나머지 두 변의 길이 $2x-1$, x의 합보다 작아야 하므로

$2x+1<(2x-1)+x$ $\quad\therefore x>2$

(iii) 둔각삼각형이 되려면 가장 긴 변의 길이 $2x+1$의 제곱이 나머지 두 변의 길이 $2x-1$, x의 제곱의 합보다 커야 하므로

$(2x+1)^2>(2x-1)^2+x^2$

$4x^2+4x+1>4x^2-4x+1+x^2$

$x^2-8x<0$

$x(x-8)<0$

$\therefore 0<x<8$

(i), (ii), (iii)에서 세 부등식의 공통 범위를 구하면

$2<x<8$

이때 구하는 자연수 x는 3, 4, 5, 6, 7로 모두 5개이다.

007 정답 ⑤

해설 (i) 이차방정식 $x^2+(a-1)x+a+2=0$이 허근을 가지려면 이 이차방정식의 판별식 D가 $D<0$이어야 한다.

$D=(a-1)^2-4\cdot1\cdot(a+2)$

$\quad=a^2-2a+1-4a-8$

$\quad=a^2-6a-7$

$\quad=(a+1)(a-7)<0$

$\therefore -1<a<7$

(ii) 이차방정식 $x^2-2ax+a+2=0$이 실근을 가지려면 이 이차방정식의 판별식 D가 $D\ge0$이어야 한다.

$\dfrac{D}{4}=(-a)^2-1\cdot(a+2)$

$\quad=a^2-a-2$

$\quad=(a+1)(a-2)\ge0$

$\therefore a\le-1$ 또는 $a\ge2$

(i), (ii)에서 두 부등식의 공통 범위를 구하면

$2\le a<7$

따라서 구하는 정수 a는 2, 3, 4, 5, 6으로 모두 5개이다.

008 정답 ④

해설 이차방정식의 두 근이 모두 음수가 되려면 다음 세 가지 조건을 모두 만족해야 한다.

(i) 두 근의 합이 0보다 작다.

이차방정식의 근과 계수의 관계에 의해

$(\text{두 근의 합})=-\dfrac{-2(k-2)}{1}<0$

$2(k-2)<0$ $\quad\therefore k<2$

(ii) 두 근의 곱이 0보다 크다.

이차방정식의 근과 계수의 관계에 의해

$(\text{두 근의 곱})=\dfrac{k+4}{1}>0$

$\therefore k>-4$

(iii) 이차방정식이 실근을 갖는다.

이차방정식 $x^2-2(k-2)x+k+4=0$의 판별식을 D라 하면 $D\ge0$이어야 한다.

$$\frac{D}{4}=\{-(k-2)\}^2-1\cdot(k+4)$$
$$=k^2-4k+4-k-4$$
$$=k^2-5k\geq0$$
$$k(k-5)\geq0 \qquad \therefore k\leq0 \text{ 또는 } k\geq5$$

(i), (ii), (iii)에서 세 부등식의 공통 범위를 구하면
$$-4<k\leq0$$

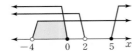

따라서 구하는 정수 k는 -3, -2, -1, 0으로 모두 4개이다.

022 경우의 수

교과서문제 CHECK
본문 P. 127

001 정답 6

해설 두 눈의 수의 합이 10 이상인 경우는 10, 11, 12의 3가지이다.

(i) 두 눈의 수의 합이 10인 경우
   $(4, 6)$, $(5, 5)$, $(6, 4)$의 3가지
(ii) 두 눈의 수의 합이 11인 경우
   $(5, 6)$, $(6, 5)$의 2가지
(iii) 두 눈의 수의 합이 12인 경우
   $(6, 6)$의 1가지

이 세 사건은 동시에 일어나지 않는다.
따라서 두 눈의 수의 합이 10 이상인 경우의 수는 합의 법칙에 의해
$$3+2+1=6$$

002 정답 7

해설 두 눈의 수의 합이 5의 배수인 경우는 5, 10의 2가지이다.

(i) 두 눈의 수의 합이 5인 경우
   $(1, 4)$, $(2, 3)$, $(3, 2)$, $(4, 1)$의 4가지
(ii) 두 눈의 수의 합이 10인 경우
   $(4, 6)$, $(5, 5)$, $(6, 4)$의 3가지

이 두 사건은 동시에 일어나지 않는다.
따라서 두 눈의 수의 합이 5의 배수인 경우의 수는 합의 법칙에 의해
$$4+3=7$$

003 정답 10

해설 (i) 두 눈의 수의 차가 3인 경우
   $(1, 4)$, $(2, 5)$, $(3, 6)$, $(4, 1)$, $(5, 2)$, $(6, 3)$의 6가지
(ii) 두 눈의 수의 차가 4인 경우
   $(1, 5)$, $(2, 6)$, $(5, 1)$, $(6, 2)$의 4가지

이 두 사건은 동시에 일어나지 않는다.
따라서 두 눈의 수의 차가 3 또는 4인 경우의 수는 합의 법칙에 의해
$$6+4=10$$

004 정답 14

해설 (i) 두 눈의 수의 합이 4의 배수인 경우
   두 눈의 수의 합이 4, 8, 12이면 4의 배수이다.
   합이 4인 경우 : $(1, 3)$, $(2, 2)$, $(3, 1)$의 3가지
   합이 8인 경우 : $(2, 6)$, $(3, 5)$, $(4, 4)$, $(6, 2)$, $(5, 3)$의 5가지
   합이 12인 경우 : $(6, 6)$의 1가지
   따라서 두 눈의 수의 합이 4의 배수인 경우의 수는
   $$3+5+1=9$$
(ii) 두 눈의 수의 합이 6의 배수인 경우
   두 눈의 수의 합이 6, 12이면 6의 배수이다.
   합이 6인 경우 : $(1, 5)$, $(2, 4)$, $(3, 3)$, $(4, 2)$, $(5, 1)$의 5가지
   합이 12인 경우 : $(6, 6)$의 1가지
   따라서 두 눈의 수의 합이 6의 배수인 경우의 수는
   $$5+1=6$$
(iii) 두 눈의 수의 합이 4의 배수이면서 6의 배수, 즉 12의 배수인 경우
   합이 12인 경우 : $(6, 6)$의 1가지

(i), (ii), (iii)에서 두 눈의 수의 합이 4의 배수 또는 6의 배수인 경우의 수는
$$9+6-1=14$$

참고 $n(A\cup B)=n(A)+n(B)-n(A\cap B)$임을 이용한다.

005 정답 5

해설 x, y는 $x\geq1$, $y\geq1$인 자연수이다.
그러므로 $xy\leq3$을 만족하는 xy의 값은 1, 2, 3이다.
이때 각 경우의 순서쌍 (x, y)는

(i) $xy=1$인 경우
   $(1, 1)$의 1개
(ii) $xy=2$인 경우
   $(1, 2)$, $(2, 1)$의 2개
(iii) $xy=3$인 경우
   $(1, 3)$, $(3, 1)$의 2개

이 세 사건은 동시에 일어나지 않는다.
따라서 구하는 순서쌍 (x, y)의 개수는 합의 법칙에 의해
$$1+2+2=5$$

006 정답 15

해설 x, y가 음이 아닌 정수이므로 $x \geq 0, y \geq 0$이다.

그러므로 $x+y \leq 4$를 만족하는 $x+y$의 값은 0, 1, 2, 3, 4 이다.

(i) $x+y=0$인 경우

$(0, 0)$의 1개

(ii) $x+y=1$인 경우

$(0, 1), (1, 0)$의 2개

(iii) $x+y=2$인 경우

$(0, 2), (1, 1), (2, 0)$의 3개

(iv) $x+y=3$인 경우

$(0, 3), (1, 2), (2, 1), (3, 0)$의 4개

(v) $x+y=4$인 경우

$(0, 4), (1, 3), (2, 2), (3, 1), (4, 0)$의 5개

이 다섯 사건은 동시에 일어나지 않는다.

따라서 구하는 순서쌍 (x, y)의 개수는 합의 법칙에 의해

$1+2+3+4+5=15$

007 정답 6

해설 x, y는 $x \geq 1, y \geq 1$인 자연수이다.

그러므로 $x+2y \leq 6$을 만족하는 $x+2y$의 값은 3, 4, 5, 6 이다.

이때 각 경우의 순서쌍 (x, y)는

(i) $x+2y=3$인 경우

$(1, 1)$의 1개

(ii) $x+2y=4$인 경우

$(2, 1)$의 1개

(iii) $x+2y=5$인 경우

$(1, 2), (3, 1)$의 2개

(iv) $x+2y=6$인 경우

$(2, 2), (4, 1)$의 2개

이 네 사건은 동시에 일어나지 않는다.

따라서 구하는 순서쌍 (x, y)의 개수는 합의 법칙에 의해

$1+1+2+2=6$

별해 x, y는 $x \geq 1, y \geq 1$인 자연수이다.

$x+2y \leq 6$에서 $y \leq -\dfrac{1}{2}x+3$

(i) $x=1$일 때

$y \leq \dfrac{5}{2}$이므로 $y=1, 2$

$\therefore (1, 1), (1, 2)$: 2개

(ii) $x=2$일 때

$y \leq 2$이므로 $y=1, 2$

$\therefore (2, 1), (2, 2)$: 2개

(iii) $x=3$일 때

$y \leq \dfrac{3}{2}$이므로 $y=1$

$\therefore (3, 1)$: 1개

(iv) $x=4$일 때

$y \leq 1$이므로 $y=1$

$\therefore (4, 1)$: 1개

(v) x가 5 이상일 때

주어진 부등식을 만족하는 자연수 y는 존재하지 않는다.

이 네 사건 (i)~(iv)는 동시에 일어나지 않는다.

따라서 구하는 순서쌍 (x, y)의 개수는 합의 법칙에 의해

$2+2+1+1=6$

008 정답 4

해설 x, y, z는 $x \geq 1, y \geq 1, z \geq 1$인 자연수이다.

이때 방정식 $x+2y+3z=10$에서 z의 계수가 가장 크므로 z가 될 수 있는 자연수를 모두 구하면

$3z < 10$ $\therefore z=1, 2, 3$

이때 각 경우의 순서쌍 (x, y)는

(i) $z=1$일 때

$x+2y=7$이므로

$(5, 1), (3, 2), (1, 3)$의 3개

(ii) $z=2$일 때

$x+2y=4$이므로

$(2, 1)$의 1개

(iii) $z=3$일 때

$x+2y=1$이므로 순서쌍 (x, y)는 존재하지 않는다.

이 두 사건 (i), (ii)는 동시에 일어나지 않는다.

따라서 구하는 순서쌍 (x, y, z)의 개수는 합의 법칙에 의해

$3+1=4$

참고 $ax+by+cz=d$에서 x, y, z 중에서 계수의 절댓값이 가장 큰 것부터 수를 대입하는 것이 편리하다.

009 정답 20

해설 십의 자리의 숫자가 짝수인 경우는

2, 4, 6, 8의 4가지

일의 자리의 숫자가 홀수인 경우는

1, 3, 5, 7, 9의 5가지

따라서 구하는 두 자리의 자연수의 개수는 곱의 법칙에 의해

$4 \times 5=20$

010 정답 25

해설 십의 자리의 숫자가 홀수인 경우는

1, 3, 5, 7, 9의 5가지

일의 자리의 숫자가 홀수인 경우는

1, 3, 5, 7, 9의 5가지

따라서 구하는 두 자리의 자연수의 개수는 곱의 법칙에 의해

$5 \times 5=25$

011 정답 12

십의 자리의 숫자가 3의 배수인 경우는

3, 6, 9의 3가지

일의 자리의 숫자가 소수인 경우는
2, 3, 5, 7의 4가지
따라서 구하는 두 자리의 자연수의 개수는 곱의 법칙에 의해
$3 \times 4 = 12$

012 정답 6
해설 A ⟶ P : 3가지
P ⟶ B : 2가지
∴ A ⟶ P ⟶ B : $3 \times 2 = 6$(가지)

013 정답 8
해설 A ⟶ Q : 2가지
Q ⟶ B : 4가지
∴ A ⟶ Q ⟶ B : $2 \times 4 = 8$(가지)

014 정답 12
해설 A ⟶ P : 3가지
P ⟶ Q : 1가지
Q ⟶ B : 4가지
∴ A ⟶ P ⟶ Q ⟶ B : $3 \times 1 \times 4 = 12$(가지)

015 정답 30
해설 A ⟶ B로 가는 방법은 다음 4가지 방법이 있다.
A ⟶ P ⟶ B : $3 \times 2 = 6$(가지)
A ⟶ Q ⟶ B : $2 \times 4 = 8$(가지)
A ⟶ P ⟶ Q ⟶ B : $3 \times 1 \times 4 = 12$(가지)
A ⟶ Q ⟶ P ⟶ B : $2 \times 1 \times 2 = 4$(가지)
따라서 A ⟶ B로 가는 방법의 수는
$6 + 8 + 12 + 4 = 30$(가지)

016 정답 12
해설 72를 소인수분해하면 $72 = 2^3 \times 3^2$
2^3의 약수는 1, 2, 2^2, 2^3의 4개, 3^2의 약수는 1, 3, 3^2의 3개이다.
이 중에서 각각 하나씩 택하여 곱한 수는 모두 72의 약수가 된다.
따라서 구하는 약수의 개수는 곱의 법칙에 의해
$4 \times 3 = 12$
별해 $72 = 2^3 \times 3^2$에서 밑 2와 3의 지수가 각각 3, 2이므로 구하는 약수의 개수는 $(3+1) \times (2+1) = 12$이다.

017 정답 6
해설 60과 84의 공약수의 개수는 60과 84의 최대공약수의 약수의 개수와 같다.

2	60	84
2	30	42
3	15	21
	5	7

60과 84의 최대공약수는 $2 \times 2 \times 3 = 12$이다.
12를 소인수분해하면 $12 = 2^2 \times 3$
2^2의 약수는 1, 2, 2^2의 3개, 3의 약수는 1, 3의 2개이다.
이 중에서 각각 하나씩 택하여 곱한 수는 모두 12의 약수가 된다.
따라서 구하는 공약수의 개수는 곱의 법칙에 의해
$3 \times 2 = 6$
참고 두 수의 공약수는 두 수의 최대공약수의 약수이다.
별해 $12 = 2^2 \times 3$에서 밑 2, 3의 지수가 각각 2, 1이므로 구하는 공약수의 개수는 $(2+1) \times (1+1) = 6$이다.

018 정답 12
해설 2250을 소인수분해하면 $2250 = 2 \times 3^2 \times 5^3$
이때 2250의 약수 중에서 홀수는 3^2과 5^3의 약수의 곱으로 이루어진다.
왜냐하면 2와 곱해지면 짝수가 되기 때문이다.
결국 2250의 약수 중에서 홀수는 $3^2 \times 5^3$의 약수와 같다.
3^2의 약수는 1, 3, 3^2의 3개, 5^3의 약수는 1, 5, 5^2, 5^3의 4개이다.
이 중에서 각각 하나씩 택하여 곱한 수는 모두 2250의 약수 중에서 홀수가 된다.
따라서 구하는 홀수의 개수는 곱의 법칙에 의해
$3 \times 4 = 12$
별해 $3^2 \times 5^3$에서 밑 3, 5의 지수가 각각 2, 3이므로 구하는 약수의 개수는 $(2+1) \times (3+1) = 12$이다.

019 정답 12
해설 300을 소인수분해하면 $300 = 2^2 \times 3 \times 5^2$
300의 약수 중에서 소인수분해했을 때, 5를 소인수로 갖는 수는 모두 5의 배수이므로
$300 = 2^2 \times 3 \times 5^2 = 5 \times (2^2 \times 3 \times 5) = 5 \times 60$
즉, 60의 약수에 5를 곱한 수는 모두 5의 배수가 된다.
따라서 300의 약수 중에서 5의 배수의 개수는
$60 = 2^2 \times 3 \times 5$의 약수의 개수와 같다.
∴ $(2+1) \times (1+1) \times (1+1) = 12$
별해 $300 = 2^2 \times 3 \times 5^2$의 약수 중에서 $2^2 \times 3$의 약수에 5, 5^2을 곱하면 5의 배수가 된다.
이때 $2^2 \times 3$의 약수의 개수는
$(2+1) \times (1+1) = 6$
따라서 300의 약수 중에서 5의 배수의 개수는
$6 \times 2 = 12$
별해 $300 = 2^2 \times 3 \times 5^2$이므로 약수의 개수는
$(2+1) \times (1+1) \times (2+1) = 18$
이 중에서 5의 배수가 아닌 약수는 $2^2 \times 3$의 약수이므로 그 개수는
$(2+1) \times (1+1) = 6$
따라서 300의 약수 중에서 5의 배수의 개수는
$18 - 6 = 12$

020 정답 6

해설 두 다항식 $x+y$, $a+b+c$ 각각 모든 항이 서로 다른 문자로 되어 있으므로 두 다항식을 곱하면 동류항이 생기지 않는다.

따라서 주어진 다항식을 전개했을 때, 항의 개수는

$2 \times 3 = 6$

021 정답 12

해설 세 다항식 $a+b$, $c-d$, $e+f-g$ 각각 모든 항이 서로 다른 문자로 되어 있으므로 세 다항식을 곱하면 동류항이 생기지 않는다.

따라서 주어진 다항식을 전개했을 때, 항의 개수는

$2 \times 2 \times 3 = 12$

022 정답 6

해설 두 다항식 $a+1$, b^2+b+1 각각 모든 항이 서로 다른 문자로 되어 있으므로 두 다항식을 곱하면 동류항이 생기지 않는다.

따라서 주어진 다항식을 전개했을 때, 항의 개수는

$2 \times 3 = 6$

023 정답 9

해설 $(x+y)^2(a+2b+3c)$에서

$(x+y)^2 = x^2+2xy+y^2$이다.

두 다항식 $x^2+2xy+y^2$, $a+2b+3c$ 각각 모든 항이 서로 다른 문자로 되어 있으므로 두 다항식을 곱하면 동류항이 생기지 않는다.

따라서 주어진 다항식을 전개했을 때, 항의 개수는

$3 \times 3 = 9$

024 정답 33

해설 서로 다른 주사위 2개를 던질 때 나오는 모든 경우는

$6^2 = 36$(가지)

두 눈의 수의 합이 4인 경우는

$(1, 3), (2, 2), (3, 1)$의 3가지

∴ (두 눈의 수의 합이 4가 아닌 경우의 수)

= (모든 경우의 수) − (두 눈의 수의 합이 4인 경우의 수)

$= 36 - 3$

$= 33$

025 정답 30

해설 서로 다른 주사위 2개를 던질 때 나오는 모든 경우는

$6^2 = 36$(가지)

두 눈의 수가 서로 같은 경우는

$(1, 1), (2, 2), (3, 3), (4, 4), (5, 5), (6, 6)$의 6가지

∴ (두 눈의 수가 서로 다른 경우의 수)

= (모든 경우의 수) − (두 눈의 수가 서로 같은 경우의 수)

$= 36 - 6$

$= 30$

026 정답 27

해설 서로 다른 주사위 2개를 던질 때 나오는 모든 경우는

$6^2 = 36$(가지)

두 눈의 수가 모두 홀수인 경우는

$3 \times 3 = 9$(가지)

∴ (적어도 1개는 짝수의 눈이 나오는 경우의 수)

= (모든 경우의 수) − (두 눈의 수가 모두 홀수인 경우의 수)

$= 36 - 9$

$= 27$

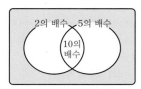
필수유형 CHECK   본문 P. 129

| 001 ② | 002 ⑤ | 003 ④ | 004 ④ |
| 005 ② | 006 ② | 007 ② | 008 ① |

001 정답 ②

해설 1부터 100까지의 자연수 중에서 2의 배수는 50개, 5의 배수는 20개, 2와 5의 최소공배수인 10의 배수는 10개다.

이때 2의 배수 또는 5의 배수의 개수는

$50 + 20 - 10 = 60$

따라서 2의 배수도 5의 배수도 아닌 수의 개수는

$100 - 60 = 40$

```
2의 배수    5의 배수
        10의
        배수
```

002 정답 ⑤

해설 세 다항식 $a+b$, $x+y-z$, $l+m$ 각각 모든 항이 서로 다른 문자로 되어 있으므로 세 다항식을 곱하면 동류항이 생기지 않는다.

따라서 주어진 다항식을 전개했을 때, 항의 개수는

$2 \times 3 \times 2 = 12$

003 정답 ④

해설 같은 지점을 한 번만 지나면서 A도시에서 출발하여 D도시로 갔다가 다시 A도시로 돌아오는 방법은 다음과 같이 2가지가 있다.

(i) A → B → D → C → A로 가는 방법의 수는 곱의 법칙에 의해

$3 \times 2 \times 3 \times 2 = 36$

(ii) A → C → D → B → A로 가는 방법의 수는 곱의 법칙에 의해

$2 \times 3 \times 2 \times 3 = 36$가지

(i), (ii)는 동시에 일어나지 않는다.

따라서 구하는 방법의 수는 합의 법칙에 의해

$36 + 36 = 72$

004 정답 ④

해설 1000원짜리, 2000원짜리 과자를 각각 x개, y개 산다고 할 때, 그 금액의 합이 12000원이므로

$1000x + 2000y = 12000$

$\therefore x + 2y = 12$ ······ ㉠

이때 2종류의 과자를 적어도 하나씩 사야 하므로 x, y는 $x \geq 1, y \geq 1$인 자연수이다.

그러므로 구하는 방법의 수는 방정식 ㉠을 만족하는 두 자연수 x, y의 순서쌍 (x, y)의 개수와 같다.

㉠에서 y의 계수가 x의 계수보다 크므로 y가 될 수 있는 자연수를 모두 구하면

$2y < 12$ $\therefore y = 1, 2, 3, 4, 5$

따라서 구하는 순서쌍 (x, y)는

$(10, 1), (8, 2), (6, 3), (4, 4), (2, 5)$

로 모두 5개이다.

005 정답 ②

해설 540을 소인수분해하면 $540 = 2^2 \times 3^3 \times 5$

540의 약수 중에서 소인수분해했을 때, 3을 소인수로 갖는 수는 모두 3의 배수이므로

$540 = 2^2 \times 3^3 \times 5 = 3 \times (2^2 \times 3^2 \times 5) = 3 \times 180$

즉, 180의 약수에 3을 곱한 수는 모두 3의 배수가 된다.

따라서 540의 약수 중에서 3의 배수의 개수는

$180 = 2^2 \times 3^2 \times 5$의 약수의 개수와 같다.

$\therefore (2+1) \times (2+1) \times (1+1) = 18$

해설 $540 = 2^2 \times 3^3 \times 5$의 약수 중에서 $2^2 \times 5$의 약수에 3, 3^2, 3^3을 곱하면 3의 배수가 된다.

이때 $2^2 \times 5$의 약수의 개수는

$(2+1) \times (1+1) = 6$

따라서 540의 약수 중에서 3의 배수의 개수는

$6 \times 3 = 18$

별해 $540 = 2^2 \times 3^3 \times 5$이므로 약수의 개수는

$(2+1) \times (3+1) \times (1+1) = 24$

이 중에서 3의 배수가 아닌 약수는 $2^2 \times 5$의 약수이므로 그 개수는

$(2+1) \times (1+1) = 6$

따라서 540의 약수 중에서 3의 배수의 개수는

$24 - 6 = 18$

006 정답 ②

해설 $12 = 2^2 \times 3$이므로 12와 서로소인 수는 2의 배수도 아니고 3의 배수도 아닌 수이다.

그러므로 12와 서로소인 수가 적힌 카드가 나오는 경우의 수는 모든 경우의 수에서 2의 배수 또는 3의 배수가 적힌 카드가 나오는 경우의 수를 빼면 된다.

(i) 2의 배수가 적힌 카드가 나오는 경우

2, 4, 6, ···, 100 : 50개

(ii) 3의 배수가 적힌 카드가 나오는 경우

3, 6, 9, ···, 99 : 33개

(iii) 2의 배수이면서 3의 배수, 즉 6의 배수가 적힌 카드가

나오는 경우

6, 12, 18, ···, 96 : 16개

(i), (ii), (iii)에서 2의 배수 또는 3의 배수가 적힌 카드가 나오는 경우의 수는

$50 + 33 - 16 = 67$

따라서 구하는 경우의 수는

(2의 배수도 아니고 3의 배수도 아닌 수가 적힌 카드가 나오는 경우의 수)

= (모든 경우의 수)

  − (2의 배수 또는 3의 배수가 적힌 카드가 나오는 경우의 수)

$= 100 - 67$

$= 33$

참고 전체집합 U의 두 부분집합 A, B에 대하여

$A^c \cap B^c = (A \cup B)^c = U - (A \cup B)$

임을 이용한다.

007 정답 ②

해설 (i) 지불할 수 있는 방법의 수

1000원짜리 지폐 2장으로 지불할 수 있는 방법은

0장, 1장, 2장의 3가지

500원짜리 동전 3개로 지불할 수 있는 방법은

0개, 1개, 2개, 3개의 4가지

100원짜리 동전 4개로 지불할 수 있는 방법은

0개, 1개, 2개, 3개, 4개의 5가지

따라서 지불할 수 있는 방법의 수는 0원을 지불하는 1가지 경우를 제외해야 하므로

$3 \times 4 \times 5 - 1 = 59$

(ii) 지불할 수 있는 금액의 수

1000원짜리 지폐 2장으로 지불할 수 있는 금액은

0원, 1000원, 2000원의 3가지 ······ ㉠

500원짜리 동전 3개로 지불할 수 있는 금액은

0원, 500원, 1000원, 1500원의 4가지 ······ ㉡

100원짜리 동전 4개로 지불할 수 있는 금액은

0원, 100원, 200원, 300원, 400원의 5가지

그런데 ㉠, ㉡에서 1000원을 지불할 수 있는 경우가 중복되므로 1000원짜리 지폐 2장을 500원짜리 동전 4개로 바꾸어 생각하면 지불할 수 있는 금액의 수는 500원짜리 동전 7개와 100원짜리 동전 4개로 지불할 수 있는 방법의 수와 같다.

500원짜리 동전 7개로 지불할 수 있는 방법은

0개, 1개, 2개, ···, 7개의 8가지

100원짜리 동전 4개로 지불할 수 있는 방법은

0개, 1개, 2개, 3개, 4개의 5가지

따라서 지불할 수 있는 방법의 수는 0원을 지불하는 1가지 경우를 제외해야 하므로

$8 \times 5 - 1 = 39$

(i), (ii)에서 $a = 59$, $b = 39$

$\therefore a - b = 59 - 39 = 20$

008 정답 ①

해설 주어진 그림에서 B영역 또는 C영역이 가장 많은 영역과 인접하고 있으므로 영역 B부터 칠한다.

(ⅰ) B영역에 칠할 수 있는 색은 모두 4가지이다.

(ⅱ) A영역에 칠할 수 있는 색은
B영역에 칠한 색을 제외한 $4-1=3$(가지)이다.

(ⅲ) C영역에 칠할 수 있는 색은
B영역과 A영역에 칠한 색을 제외한 $4-2=2$(가지)이다.

(ⅳ) D영역에 칠할 수 있는 색은
B영역과 C영역에 칠한 색을 제외한 $4-2=2$(가지)이다.

(ⅰ)~(ⅳ)에 의해 구하는 방법의 수는
$4\times3\times2\times2=48$

참고 C영역부터 칠해도 똑같은 결과를 얻는다.

023 순열

 교과서문제 CHECK 본문 P. 131

001 정답 120
해설 $_6P_3=6\times5\times4=120$

002 정답 20
해설 $_5P_2=5\times4=20$

003 정답 1
해설 $_3P_0=1$

004 정답 120
해설 $_5P_5=5!=5\times4\times3\times2\times1=120$

005 정답 32
해설 $2!+3!+4!$
$=(2\times1)+(3\times2\times1)+(4\times3\times2\times1)$
$=2+6+24=32$

006 정답 24
해설 $4!\times0!=(4\times3\times2\times1)\times1$
$=24\times1=24$

007 정답 24
해설 $\dfrac{4!+5!}{3!}=\dfrac{4!}{3!}+\dfrac{5!}{3!}$
$=\dfrac{4\times3\times2\times1}{3\times2\times1}\times\dfrac{5\times4\times3\times2\times1}{3\times2\times1}$
$=4+(5\times4)$
$=4+20=24$

008 정답 20
해설 $\dfrac{_6P_3}{3!}=\dfrac{6\times5\times4}{3\times2\times1}$
$=5\times4=20$

009 정답 $n=5$
해설 $_nP_2=20$에서 $n(n-1)=20=5\times4$
$n(n-1)=5\times4$
$\therefore n=5$ $(\because n\geq2)$

010 정답 $r=3$
해설 $_5P_r=60$에서
$_5P_r=5\times4\times3$이므로 $r=3$

011 정답 $n=2$
해설 $_6P_4=\dfrac{6!}{n!}$에서
$_6P_4=\dfrac{6!}{(6-4)!}=\dfrac{6!}{2!}$이므로 $n=2$

별해 $_6P_4=\dfrac{6!}{n!}$에서
$6!=_6P_4\times n!$이므로
$6\times5\times4\times3\times2\times1=(6\times5\times4\times3)\times n!$
이때 $n!=2\times1$이므로 $n=2$

012 정답 $r=3$
해설 $_8P_r=\dfrac{8!}{5!}$에서
$_8P_r=\dfrac{8!}{5!}=8\times7\times6$이므로 $r=3$

별해 $_8P_r=\dfrac{8!}{5!}=\dfrac{8!}{(8-3)!}=_8P_3$이므로 $r=3$

013 정답 $n=6$
해설 $_nP_3$에서 $n\geq3$, $_nP_2$에서 $n\geq2$이므로 $n\geq3$이다.
$_nP_3=4\times_nP_2$에서
$n(n-1)(n-2)=4n(n-1)$
이때 $n\geq3$이므로 양변을 $n(n-1)$로 나누면
$n-2=4$ $\therefore n=6$

014 정답 $n=8$
해설 $_{2n}P_3$에서 $2n\geq3$이고 n은 자연수이므로 $n\geq2$이다.
$_nP_2$에서 $n\geq2$이다.
$\therefore n\geq2$
$_{2n}P_3=60\times_nP_2$에서
$2n(2n-1)(2n-2)=60n(n-1)$
$4n(2n-1)(n-1)=60n(n-1)$
이때 $n\geq2$이므로 양변을 $4n(n-1)$로 나누면
$2n-1=15$ $\therefore n=8$

015 정답 60
해설 남자 5명 중에서 3명을 뽑아 한 줄로 세우는 방법의 수는

$$_5P_3=5\times4\times3=60$$

016 _{정답} 90

해설 10명 중에서 2명을 뽑아 일렬로 세우는 방법의 수와 같으므로

$$_{10}P_2=10\times9=90$$

017 _{정답} 120

해설 5명 중에서 5명을 뽑아 일렬로 세우는 방법의 수와 같으므로

$$_5P_5=5!=5\times4\times3\times2\times1=120$$

018 _{정답} 48

해설 숫자 1, 2를 한 묶음으로 생각하면 3개의 문자와 1개의 숫자, 즉 4개를 일렬로 나열하는 방법의 수는

$$4!=4\times3\times2\times1=24$$

1과 2의 자리를 바꾸는 방법의 수는

$$2!=2\times1=2$$

따라서 구하는 방법의 수는

$$4!\times2!=24\times2=48$$

019 _{정답} 240

해설 모음 i, e를 한 묶음으로 생각하면 문자는 모두 5개이고, 5개의 문자를 일렬로 나열하는 방법의 수는

$$5!=5\times4\times3\times2\times1=120$$

i와 e의 자리를 바꾸는 방법의 수는

$$2!=2\times1=2$$

따라서 구하는 방법의 수는

$$5!\times2!=120\times2=240$$

020 _{정답} 720

해설 여자 3명을 한 묶음으로 생각하면 사람은 모두 5명이고, 5명을 일렬로 세우는 방법의 수는

$$5!=5\times4\times3\times2\times1=120$$

여자 3명의 자리를 바꾸는 방법의 수는

$$3!=3\times2\times1$$

따라서 구하는 방법의 수는

$$5!\times3!=120\times6=720$$

021 _{정답} 72

해설 남자 3명을 일렬로 세우는 방법의 수는

$$3!=3\times2\times1=6$$

남자 3명 사이사이와 양 끝 2개의 자리를 포함한 4개의 자리에 여자 2명을 일렬로 세우는 방법의 수는

√	남	√	남	√	남	√

$$_4P_2=4\times3=12$$

따라서 구하는 방법의 수는

$$3!\times{_4P_2}=6\times12=72$$

별해 남자 3명과 여자 2명을 일렬로 세우는 모든 방법의

수는

$$5!=5\times4\times3\times2\times1=120$$

여자 2명을 한 묶음으로 생각하면 사람은 모두 4명이고, 4명을 일렬로 세우는 방법의 수는

$$4!=4\times3\times2\times1=24$$

여자 2명의 자리를 바꾸는 방법의 수는

$$2!=2\times1=2$$

∴ (여자끼리 서로 이웃하지 않는 방법의 수)

= (모든 방법의 수)

  − (여자끼리 서로 이웃하는 방법의 수)

$$=5!-4!\times2!$$

$$=120-24\times2$$

$$=72$$

022 _{정답} 1440

해설 4개의 문자 D, E, F, G를 일렬로 나열하는 방법의 수는

$$4!=4\times3\times2\times1=24$$

4개의 문자 D, E, F, G 사이사이와 양 끝 2개의 자리를 포함한 5개의 자리에 3개의 문자 A, B, C를 일렬로 나열하는 방법의 수는

√	Ⓓ	√	Ⓔ	√	Ⓕ	√	Ⓖ	√

$$_5P_3=5\times4\times3=60$$

따라서 구하는 방법의 수는

$$4!\times{_5P_3}=24\times60=1440$$

023 _{정답} 48

해설 2개의 모음 U, E를 양 끝에 일렬로 나열하는 방법의 수는

$$2!=2\times1=2$$

4개의 자음 B, N, K, R를 일렬로 나열하는 방법의 수는

$$4!=4\times3\times2\times1=24$$

따라서 구하는 방법의 수는

$$2!\times4!=2\times24=48$$

024 _{정답} 720

해설 남자 3명을 양 끝에 일렬로 세우는 방법의 수는

$$_3P_2=3\times2=6$$

양 끝의 남자 2명을 제외한 나머지 5명을 일렬로 세우는 방법의 수는

$$5!=5\times4\times3\times2\times1=120$$

따라서 구하는 방법의 수는

$$_3P_2\times5!=6\times120=720$$

025 _{정답} 84

해설 M, U, S, I, C에서 자음은 M, S, C이고 모음은 U, I이다.

(i) 5개의 문자 M, U, S, I, C를 일렬로 나열하는 방법의 수는

$5!=5\times4\times3\times2\times1=120$

(ii) 양 끝에 모두 자음이 오도록 나열하는 방법의 수는

ⓐ 자음 3개에서 양 끝에 오는 자음 2개를 택하여 일렬로 나열하는 방법의 수는

$_3P_2=3\times2=6$

ⓑ 양 끝에 오는 자음 2개를 제외한 나머지 3개의 문자를 일렬로 나열하는 방법의 수는

$3!=3\times2\times1=6$

(i), (ii)에서 구하는 방법의 수는

$5!-_3P_2\times3!$

$=120-6\times6$

$=84$

026 정답 108

해설 a, b, c 중에서 적어도 2개가 이웃하는 경우의 여사건은 a, b, c 중에서 어느 것도 이웃하지 않는 경우이다.

(i) 5개의 문자 a, b, c, d, e를 일렬로 나열하는 방법의 수는

$5!=5\times4\times3\times2\times1=120$

(ii) 3개의 문자 a, b, c 중에서 어느 것도 이웃하지 않도록 나열하는 방법의 수는

ⓐ 2개의 문자 d, e를 일렬로 나열하는 방법의 수는

$2!=2\times1=2$

ⓑ d와 e 사이와 양 끝에 3개의 문자 a, b, c를 나열하는 방법의 수는

$3!=3\times2\times1=6$

(i), (ii)에서 구하는 방법의 수는

$5!-2!\times3!=120-2\times6=108$

027 정답 144

해설 남자 3명과 여자 4명을 교대로 일렬로 세우려면 남자 3명을 일렬로 세우고, 그 사이사이와 양 끝에 여자 4명을 일렬로 세우면 된다.

여	남	여	남	여	남	여

남자 3명을 일렬로 세우는 방법의 수는

$3!=3\times2\times1=6$

남자 3명의 사이사이와 양 끝의 4개의 자리에 여자 4명을 일렬로 세우는 방법의 수는

$4!=4\times3\times2\times1=24$

따라서 구하는 방법의 수는

$3!\times4!=6\times24=144$

028 정답 72

해설 남자 3명과 여자 3명을 교대로 일렬로 세우는 방법은 다음과 같이 2가지가 있다.

여	남	여	남	여	남
남	여	남	여	남	여

남자 3명을 일렬로 세우는 방법의 수는

$3!=3\times2\times1=6$

여자 3명을 일렬로 세우는 방법의 수는

$3!=3\times2\times1=6$

따라서 구하는 방법의 수는

$2\times(3!\times3!)=2\times6\times6=72$

029 정답 12

해설 3개의 문자 a, b, c를 일렬로 나열하고 그 사이사이에 2개의 숫자 1, 2를 나열하면 된다.

ⓐ	√	ⓑ	√	ⓒ

3개의 문자 a, b, c를 일렬로 나열하는 방법의 수는

$3!=3\times2\times1=6$

2개의 숫자 1, 2를 일렬로 나열하는 방법의 수는

$2!=2\times1=2$

따라서 구하는 방법의 수는

$3!\times2!=6\times2=12$

030 정답 96

해설 천의 자리에는 0이 올 수 없으므로 천의 자리에 올 수 있는 숫자는 1, 2, 3, 4의 4개이다.

백의 자리, 십의 자리, 일의 자리에는 천의 자리에 온 숫자를 제외한 나머지 4개의 숫자 중에서 3개를 택하여 일렬로 나열하면 되므로 그 방법의 수는

$_4P_3=4\times3\times2=24$

따라서 구하는 네 자리의 자연수의 개수는

$4\times_4P_3=4\times24=96$

별해 (i) 5개의 숫자 0, 1, 2, 3, 4 중에서 서로 다른 4개의 숫자를 뽑아 만들 수 있는 수의 개수는

$_5P_4=5\times4\times3\times2=120$

(ii) 0□□□ 꼴인 경우

0을 제외한 4개의 숫자 1, 2, 3, 4 중에서 서로 다른 3개의 숫자를 뽑아 만들 수 있는 수의 개수는

$_4P_3=4\times3\times2=24$

(i), (ii)에서 구하는 네 자리의 자연수의 개수는

$_5P_4-_4P_3=120-24=96$

031 정답 60

해설 네 자리의 자연수 중에서 짝수인 경우는 다음과 같이 2가지 경우로 나눌 수 있다.

(i) □□□0 꼴인 경우

천의 자리, 백의 자리, 십의 자리에는 숫자 0을 제외한 나머지 4개의 숫자 중에서 3개를 택하여 일렬로 나열하면 되므로 그 방법의 수는

$_4P_3=4\times3\times2=24$

(ii) □□□2, □□□4 꼴인 경우

천의 자리에는 0이 올 수 없으므로 천의 자리에 올 수 있는 숫자는 0과 일의 자리에 온 숫자를 제외한 나머지 3개이다.

백의 자리, 십의 자리에는 천의 자리에 온 숫자와 일의 자리에 온 숫자를 제외한 나머지 3개의 숫자 중에서 2개를 택하여 일렬로 나열하면 되므로 그 방법의 수는

$_3P_2=3\times2\times1=6$

$\therefore 2\times(3\times_3P_2)=2\times(3\times6)=36$

(i), (ii)에 의해 구하는 짝수의 개수는

$24+36=60$

032 정답 36

해설 5개의 숫자 0, 1, 2, 3, 4 중에서 서로 다른 4개의 숫자를 뽑았을 때, 그 합이 3의 배수가 되는 경우는 다음과 같다.

0, 1, 2, 3 또는 0, 2, 3, 4

(i) 0, 1, 2, 3으로 만들 수 있는 네 자리의 자연수의 개수는

천의 자리에는 0이 올 수 없으므로 천의 자리에 올 수 있는 숫자는 1, 2, 3의 3개이다.

백의 자리, 십의 자리, 일의 자리에는 천의 자리에 온 숫자를 제외한 나머지 3개의 숫자를 일렬로 나열하면 되므로 그 방법의 수는

$3!=3\times2\times1=6$

$\therefore 3\times3!=3\times6=18$

(ii) 0, 2, 3, 4로 만들 수 있는 네 자리의 자연수의 개수는 (i)과 같은 방법으로

$3\times3!=3\times6=18$

따라서 구하는 3의 배수의 개수는

$18+18=36$

033 정답 66

해설 (i) 천의 자리가 2인 경우

21□□ 꼴인 경우

3개의 숫자 0, 3, 4 중에서 2개를 택하여 일렬로 나열하면 되므로 그 방법의 수는

$_3P_2=3\times2=6$

23□□ 꼴인 경우

3개의 숫자 0, 1, 4 중에서 2개를 택하여 일렬로 나열하면 되므로 그 방법의 수는

$_3P_2=3\times2=6$

24□□ 꼴인 경우

3개의 숫자 0, 1, 3 중에서 2개를 택하여 일렬로 나열하면 되므로 그 방법의 수는

$_3P_2=3\times2=6$

$\therefore 3\times_3P_2=3\times6=18$

(ii) 천의 자리가 3인, 3□□□ 꼴인 경우

4개의 숫자 0, 1, 2, 4 중에서 3개를 택하여 일렬로 나열하면 되므로 그 방법의 수는

$_4P_3=4\times3\times2=24$

(iii) 천의 자리가 4인, 4□□□ 꼴인 경우

4개의 숫자 0, 1, 2, 3 중에서 3개를 택하여 일렬로 나

열하는 되므로 그 방법의 수는

$_4P_3=4\times3\times2=24$

(i), (ii), (iii)에서 2100보다 큰 자연수의 개수는

$18+24+24=66$

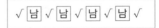

필수유형 CHECK 본문 P. 133

001 ②	**002** ③	**003** ④	**004** ⑤
005 ②	**006** ③	**007** ④	**008** ②

001 정답 ②

해설 $_5P_r\times3!=360$에서

$_5P_r\times(3\times2\times1)=360$

$_5P_r=60=5\times4\times3$

$\therefore r=3$

002 정답 ③

해설 소설책 3권을 한 묶음으로 생각하면 책은 모두 3권이고, 3권의 책을 책장에 일렬로 꽂는 방법의 수는

$3!=3\times2\times1=6$

소설책 3권의 자리를 바꾸는 방법의 수는

$3!=3\times2\times1=6$

따라서 구하는 방법의 수는

$3!\times3!=6\times6=36$

003 정답 ④

해설 남자 4명을 일렬로 세우는 방법의 수는

$4!=4\times3\times2\times1=24$

남자 4명 사이사이와 양 끝 2개의 자리를 포함한 5개의 자리에 여자 3명을 일렬로 세우는 방법의 수는

√ 남 √ 남 √ 남 √ 남 √

$_5P_3=5\times4\times3=60$

따라서 구하는 방법의 수는

$4!\times_5P_3=24\times60=1440$

004 정답 ⑤

해설 남학생 3명을 양 끝에 세우는 방법의 수는

$_3P_2=3\times2=6$

양 끝의 남학생 2명을 제외한 나머지 3명을 일렬로 세우는 방법의 수는

$3!=3\times2\times1=6$

따라서 구하는 방법의 수는

$_3P_2\times3!=6\times6=36$

005 정답 ②

해설 c, a, p, t, u, r, e에서 자음은 c, p, t, r이고 모음은 a, u, e이다.

(i) 7개의 문자 c, a, p, t, u, r, e를 일렬로 나열하는 방법

의 수는

$7! = 7 \times 6 \times 5 \times 4 \times 3 \times 2 \times 1 = 5040$

(ii) 양 끝에 모두 자음이 오도록 나열하는 방법의 수

ⓐ 자음 4개 중에서 양 끝에 오는 자음 2개를 택하여 일렬로 나열하는 방법의 수

$_4P_2 = 4 \times 3 = 12$

ⓑ 양 끝에 오는 자음 2개를 제외한 나머지 5개의 문자를 일렬로 나열하는 방법의 수

$5! = 5 \times 4 \times 3 \times 2 \times 1 = 120$

(i), (ii)에서 구하는 방법의 수는

$7! - _4P_2 \times 5!$

$= 5040 - 12 \times 120$

$= 3600$

006 정답 ③

해설 (i) o□□r를 한 묶음으로 생각하면 문자는 모두 3개이고, 3개의 문자를 일렬로 나열하는 방법의 수는

$3! = 3 \times 2 \times 1 = 6$

(ii) o와 r 사이에 4개의 문자 f, l, w, e 중에서 2개를 택하여 일렬로 나열하는 방법의 수는

$_4P_2 = 4 \times 3 = 12$

(iii) o와 r의 자리를 바꾸는 방법의 수는

$2! = 2 \times 1 = 2$

따라서 구하는 방법의 수는

$3! \times _4P_2 \times 2! = 6 \times 12 \times 2 = 144$

007 정답 ④

해설 (i) 1□□□□ 꼴인 경우

4개의 숫자 2, 3, 4, 5 중에서 4개를 택하여 일렬로 나열하면 되므로 그 방법의 수는

$4! = 4 \times 3 \times 2 \times 1 = 24$

(ii) 2□□□□ 꼴인 경우

4개의 숫자 1, 3, 4, 5 중에서 4개를 택하여 일렬로 나열하면 되므로 그 방법의 수는

$4! = 4 \times 3 \times 2 \times 1 = 24$

(iii) 31□□□ 꼴인 경우

3개의 숫자 2, 4, 5 중에서 3개를 택하여 일렬로 나열하면 되므로 그 방법의 수는

$3! = 3 \times 2 \times 1 = 6$

(i), (ii), (iii)에서 32000보다 작은 수의 개수는

$4! + 4! + 3! = 24 + 24 + 6 = 54$

008 정답 ②

해설 $f(1) \neq a$이므로 $f(1)$의 값이 될 수 있는 것은 b, c, d의 3개이다.

즉, b, c, d 중에서 1개를 선택하여 $1 \rightarrow$ □의 □ 안에 넣는다.

그 각각에 대하여 일대일함수의 개수는 $_3P_2$이다.

즉, 집합 Y의 원소 a, b, c, d 중에서 $f(1)$의 값을 제외한 나머지 3개에서 2개를 선택하여 $2 \rightarrow$ □, $3 \rightarrow$ □의 □

안에 늘어놓는 방법의 수와 같다.

따라서 구하는 함수 f의 개수는

$3 \times _3P_2 = 3 \times (3 \times 2) = 18$

별해 일대일함수의 개수는 $_4P_3$이다.

이때 $f(1) = a$인 일대일함수의 개수는 $_3P_2$이다.

따라서 구하는 함수의 개수는

$_4P_3 - _3P_2 = (4 \times 3 \times 2) - (3 \times 2)$

$= 24 - 6 = 18$

024 조합

교과서문제 CHECK 본문 P. 135

001 정답 15

해설 $_6C_2 = \dfrac{6!}{2!(6-2)!}$

$= \dfrac{6 \times 5}{2 \times 1} = 15$

002 정답 5

해설 $_5C_4 = \dfrac{5!}{4!(5-4)!}$

$= \dfrac{5 \times 4 \times 3 \times 2}{4 \times 3 \times 2 \times 1}$

$= 5$

003 정답 21

해설 $_7C_5 = \dfrac{7!}{5!(7-5)!}$

$= \dfrac{7 \times 6 \times 5 \times 4 \times 3}{5 \times 4 \times 3 \times 2 \times 1}$

$= 21$

별해 $_nC_r = _nC_{n-r}$이므로

$_7C_5 = _7C_{7-5} = _7C_2$

$= \dfrac{7!}{2!(7-2)!}$

$= \dfrac{7 \times 6}{2 \times 1} = 21$

004 정답 21

해설 $_7C_2 = \dfrac{7!}{2!(7-2)!}$

$= \dfrac{7 \times 6}{2 \times 1} = 21$

참고 $_nC_r = _nC_{n-r}$이므로

$_7C_2 = _7C_{7-2} = _7C_5$

005 정답 1

해설 $_8C_8 = \dfrac{8!}{8!(8-8)!}$

$$= \frac{8!}{8!0!} = \frac{8!}{8!} \ (\because 0! = 1)$$
$$= 1$$

별해 $_nC_n = 1$이므로 $_8C_8 = 1$이다.

006 정답 1

해설 $_6C_0 = \frac{6!}{0!(6-0)!}$
$$= \frac{6!}{6!} \ (\because 0! = 1)$$
$$= 1$$

별해 $_nC_0 = 1$이므로 $_6C_0 = 1$이다.

007 정답 $n = 6$

해설 $_nC_3 = \frac{_nP_3}{3!} = \frac{n(n-1)(n-2)}{3 \times 2 \times 1} = 20$이므로

$n(n-1)(n-2) = 120 = 6 \times 5 \times 4$

$\therefore n = 6$

008 정답 $r = 4$ 또는 $r = 6$

해설 $_{10}C_4 = _{10}C_r$에서

$r = 4$

$_{10}C_4 = _{10}C_{10-4} = _{10}C_6 = _{10}C_r$에서

$r = 6$

009 정답 $n = 7$

해설 $_nC_3 = _nC_{n-3} = _7C_4$에서

$n = 7$

010 정답 $r = 2$

해설 $_6C_r = _6C_{r+2}$에서

$_6C_r = _6C_{6-r} = _6C_{r+2}$이므로

$6 - r = r + 2,\ 2r = 4$

$\therefore r = 2$

011 정답 $n = 14$

해설 $_nC_3$에서 $n \geq 3$, $_nP_2$에서 $n \geq 2$이므로

$n \geq 3$

$_nC_3 = 2 \times _nP_2$에서

$\frac{_nP_3}{3!} = 2 \times _nP_2$

$\frac{n(n-1)(n-2)}{3 \times 2 \times 1} = 2 \times n(n-1)$

$n(n-1)(n-2) = 12n(n-1)$

이때 $n \geq 3$이므로 양변을 $n(n-1)$로 나누면

$n - 2 = 12 \quad \therefore n = 14$

012 정답 $n = 5$

해설 $_8C_3 \times n! = _8P_5$에서

$_8C_3 = \frac{8!}{3!(8-3)!} = \frac{8!}{3!5!}$

$_8P_5 = \frac{8!}{(8-5)!} = \frac{8!}{3!}$이므로

$\frac{8!}{3!5!} \times n! = \frac{8!}{3!},\ n! = 5!$

$\therefore n = 5$

별해 $_8C_3 = _8C_{8-3} = _8C_5$이므로

$_8C_3 \times n! = _8P_5$에서

$_8C_5 \times n! = _8P_5$

이때 $_8C_5 = \frac{_8P_5}{n!}$이므로 $n = 5$이다.

013 정답 36

해설 책 9권 중에서 2권을 선택하는 방법의 수는

$_9C_2 = \frac{9!}{2!(9-2)!}$
$$= \frac{9 \times 8}{2 \times 1} = 36$$

014 정답 126

해설 서로 다른 도넛 9개 중에서 서로 다른 도넛 4개를 선택하는 방법의 수는

$_9C_4 = \frac{9!}{4!(9-4)!}$
$$= \frac{9 \times 8 \times 7 \times 6}{4 \times 3 \times 2 \times 1} = 126$$

015 정답 56

해설 여학생 8명 중에서 5명의 단체 줄넘기 선수를 뽑는 방법의 수는

$_8C_5 = \frac{8!}{5!(8-5)!}$
$$= \frac{8 \times 7 \times 6 \times 5 \times 4}{5 \times 4 \times 3 \times 2 \times 1} = 56$$

별해 $_8C_5 = _8C_{8-5} = _8C_3$
$$= \frac{8!}{3!(8-3)!}$$
$$= \frac{8 \times 7 \times 6}{3 \times 2 \times 1} = 56$$

016 정답 120

해설 학생 10명 중에서 대표 3명을 뽑는 방법의 수는

$_{10}C_3 = \frac{10!}{3!(10-3)!}$
$$= \frac{10 \times 9 \times 8}{3 \times 2 \times 1}$$
$$= 120$$

017 정답 60

해설 남학생 6명 중에서 2명을 뽑고, 여학생 4명 중에서 1명을 뽑는 방법의 수는

$_6C_2 \times _4C_1 = \frac{6!}{2!(6-2)!} \times \frac{4!}{1!(4-1)!}$
$$= \frac{6 \times 5}{2 \times 1} \times \frac{4}{1} = 60$$

018 정답 8

해설 특정한 2명을 제외한 나머지 8명 중에서 1명을 뽑는

방법의 수와 같으므로

$$_8C_1=\frac{8!}{1!(8-1)!}=8$$

참고 특정한 2명은 미리 뽑아 놓았다고 생각한다.

019 정답 100

해설 학생 10명 중에서 대표 3명을 뽑는 방법의 수는

$$_{10}C_3=\frac{10!}{3!(10-3)!}=\frac{10\times9\times8}{3\times2\times1}=120$$

남학생 6명 중에서 대표 3명을 뽑는 방법의 수는

$$_6C_3=\frac{6!}{3!(6-3)!}=\frac{6\times5\times4}{3\times2\times1}=20$$

따라서 대표 3명을 뽑을 때, 여학생이 적어도 1명 포함되는 방법의 수는

$$_{10}C_3-_6C_3=120-20=100$$

참고 여사건을 이용한다.

020 정답 96

해설 학생 10명 중에서 대표 3명을 뽑는 방법의 수는

$$_{10}C_3=\frac{10!}{3!(10-3)!}=\frac{10\times9\times8}{3\times2\times1}=120$$

남학생 6명 중에서 대표 3명을 뽑는 방법의 수는

$$_6C_3=\frac{10!}{3!(6-3)!}=\frac{6\times5\times4}{3\times2\times1}=20$$

여학생 4명 중에서 대표 3명을 뽑는 방법의 수는

$$_4C_3=\frac{4!}{3!(4-3)!}=\frac{4\times3\times2}{3\times2\times1}=4$$

따라서 대표 3명을 뽑을 때, 남학생과 여학생이 적어도 1명씩 포함되는 방법의 수는

$$_{10}C_3-(_6C_3+_4C_3)$$
$$=120-(20+4)$$
$$=96$$

참고 여사건을 이용한다.

021 정답 2160

해설 남학생 6명 중에서 2명, 여학생 4명 중에서 2명을 뽑는 방법의 수는

$$_6C_2\times_4C_2=\frac{6!}{2!(6-2)!}\times\frac{4!}{2!(4-2)!}$$
$$=\frac{6\times5}{2\times1}\times\frac{4\times3}{2\times1}$$
$$=15\times6=90$$

뽑힌 4명을 일렬로 세우는 방법의 수는

$$4!=4\times3\times2\times1=24$$

따라서 구하는 방법의 수는

$$(_6C_2\times_4C_2)\times4!=90\times24=2160$$

022 정답 4320

해설 남학생 6명에서 3명, 여학생 4명 중에서 2명을 뽑는 방법의 수는

$$_6C_3\times_4C_2=\frac{6!}{3!(6-3)!}\times\frac{4!}{2!(4-2)!}$$

$$=\frac{6\times5\times4}{3\times2\times1}\times\frac{4\times3}{2\times1}$$
$$=20\times6=120$$

남학생 3명이 서로 이웃하도록 세우는 방법의 수는

(ⅰ) 남학생 3명을 한 묶음으로 생각하면 모두 3명이고, 3명을 일렬로 세우는 방법의 수는

$$3!=3\times2\times1=6$$

(ⅱ) 남학생 3명의 자리를 바꾸는 방법의 수는

$$3!=3\times2\times1=6$$

따라서 구하는 방법의 수는

$$(_6C_3\times_4C_2)\times(3!\times3!)$$
$$=120\times36$$
$$=4320$$

023 정답 36

해설 서로 다른 두 점을 연결하여 만들 수 있는 선분의 개수는 9개의 점에서 2개의 점을 선택하는 방법의 수와 같으므로

$$_9C_2=\frac{9!}{2!(9-2)!}=\frac{9\times8}{2\times1}=36$$

024 정답 21

해설 9개의 점에서 2개의 점을 선택하는 방법의 수는

$$_9C_2=\frac{9!}{2!(9-2)!}=\frac{9\times8}{2\times1}=36$$

삼각형의 한 변(일직선) 위에 있는 4개의 점 중에서 2개의 점을 선택하는 방법의 수는

$$_4C_2=\frac{4!}{2!(4-2)!}=\frac{4\times3}{2\times1}=6$$

즉, 삼각형의 한 변(일직선) 위에 있는 4개의 점 중에서 2개의 점을 선택하여 만들 수 있는 직선은 모두 6개이다. 그런데 이 직선들은 모두 일치하므로 실제로 만들 수 있는 직선은 1개이다.

결국 ($_4C_2-1$)개는 중복된다.

또한 4개의 점이 놓여 있는 삼각형의 변은 모두 3개이다. 그러므로 중복되는 직선의 개수는 $3\times(_4C_2-1)$이다.

따라서 구하는 직선의 개수는

$$_9C_2-3\times(_4C_2-1)=36-3\times(6-1)=21$$

참고 일직선 위에 있는 4개의 점으로 만들 수 있는 직선은 오직 1개 뿐이다.

025 정답 72

해설 9개의 점에서 3개의 점을 선택하는 방법의 수는

$$_9C_3=\frac{9!}{3!(9-3)!}=\frac{9\times8\times7}{3\times2\times1}=84$$

삼각형의 한 변(일직선) 위에 있는 4개의 점 중에서 3개의 점을 선택하는 방법의 수는

$$_4C_3=\frac{4!}{3!(4-3)!}=\frac{4\times3\times2}{3\times2\times1}=4$$

이때 4개의 점이 놓여 있는 삼각형의 변은 모두 3개이므로 3개의 점을 선택하여 삼각형을 만들 수 없는 방법의 수는

$3 \times {}_4C_3 = 3 \times 4 = 12$

따라서 구하는 삼각형의 개수는

${}_9C_3 - 3 \times {}_4C_3 = 84 - 12 = 72$

참고 일직선 위에 있는 4개의 점으로는 삼각형을 하나도 만들 수 없다.

026 정답 60

해설 가로로 나열된 5개의 평행선 중에서 2개, 세로로 나열된 4의 평행선 중에서 2개를 선택하는 방법의 수와 같다.

따라서 구하는 직사각형의 개수는

$$\begin{aligned}
{}_5C_2 \times {}_4C_2 &= \frac{5!}{2!(5-2)!} \times \frac{4!}{2!(4-2)!} \\
&= \frac{5 \times 4}{2 \times 1} \times \frac{4 \times 3}{2 \times 1} \\
&= 10 \times 6 = 60
\end{aligned}$$

027 정답 20

해설 (i) 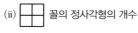 꼴의 정사각형의 개수

$3 \times 4 = 12$

(ii) 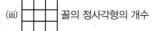 꼴의 정사각형의 개수

$2 \times 3 = 6$

(iii) 꼴의 정사각형의 개수

$1 \times 2 = 2$

따라서 구하는 정사각형의 개수는

$12 + 6 + 2 = 20$

028 정답 40

해설 정사각형이 아닌 직사각형의 개수는

(직사각형의 개수) − (정사각형의 개수)

$= 60 - 20$

$= 40$

필수유형 CHECK
본문 P. 137

| **001** ③ | **002** ④ | **003** ② | **004** ③ |
| **005** ④ | **006** ② | **007** ③ | **008** ④ |

001 정답 ③

해설 ${}_nC_r = {}_nC_{n-r}$이므로

${}_nC_4 = {}_nC_{n-4} = {}_nC_5$에서

$n - 4 = 5$ ∴ $n = 9$

002 정답 ④

해설 회원 10명 중에서 대표 1명을 뽑는 방법의 수는

${}_{10}C_1 = \frac{10!}{1!(10-1)!} = \frac{10}{1} = 10$

나머지 회원 9명 중에서 부대표 2명을 뽑는 방법의 수는

${}_9C_2 = \frac{9!}{2!(9-2)!} = \frac{9 \times 8}{2 \times 1} = 36$

따라서 구하는 방법의 수는

${}_{10}C_1 \times {}_9C_2 = 10 \times 36 = 360$

003 정답 ②

해설 (i) 철수는 포함하고 영희는 포함하지 않는 경우의 수
철수와 영희를 모두 제외한 8명 중에서 2명을 뽑는 경우의 수와 같다.

∴ ${}_8C_2 = \frac{8!}{2!(8-2)!} = \frac{8 \times 7}{2 \times 1} = 28$

(ii) 영희는 포함되고 철수는 포함되지 않는 경우의 수
(i)의 방법과 같으므로 28가지이다.

(i), (ii)에서 구하는 경우의 수는

$28 \times 2 = 56$

004 정답 ③

해설 2장의 카드에 적힌 숫자의 곱이 짝수가 되는 경우는 두 수가 모두 짝수이거나 두 수 중 1개는 홀수, 1개는 짝수일 때이다.

따라서 구하는 경우의 수는 9장의 카드에서 2장의 카드를 뽑는 전체 경우의 수에서 2장의 카드가 모두 홀수인 경우의 수를 뺀 것과 같다.

∴ (두 수의 곱이 짝수인 경우의 수)

= (전체 경우의 수) − (두 수의 곱이 홀수인 경우의 수)

$= {}_9C_2 - {}_5C_2$

$= \frac{9!}{2!(9-2)!} - \frac{5!}{2!(5-2)!}$

$= \frac{9 \times 8}{2 \times 1} - \frac{5 \times 4}{2 \times 1}$

$= 36 - 10$

$= 26$

005 정답 ④

해설 (i) 삼각형의 개수

9개의 점 중에서 3개의 점을 택하는 방법의 수는

${}_9C_3 = \frac{9!}{3!(9-3)!} = \frac{9 \times 8 \times 7}{3 \times 2 \times 1} = 84$

일직선 위에 있는 3개의 점 중에서 3개의 점을 택하는 방법의 수는

${}_3C_3 = \frac{3!}{3!(3-3)!} = 1 \,(\because 0! = 1)$

이때 3개의 점이 놓여 있는 일직선은 가로선 3개, 세로선 3개, 대각선 2개의 8개이므로 3개의 점을 택하여 삼각형을 만들 수 없는 방법의 수는

$8 \times {}_3C_3 = 8 \times 1 = 8$

따라서 구하는 삼각형의 개수는

${}_9C_3 - 8 \times {}_3C_3 = 84 - 8 = 76$

(ii) 직선의 개수

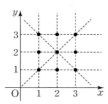

9개의 점 중에서 2개의 점을 택하는 방법의 수는

$$_9C_2 = \frac{9!}{2!(9-2)!} = \frac{9 \times 8}{2 \times 1} = 36$$

일직선 위에 있는 3개의 점 중에서 2개의 점을 택하는 방법의 수는

$$_3C_2 = \frac{3!}{2!(3-2)!} = \frac{3 \times 2}{2 \times 1} = 3$$

즉, 일직선 위에 있는 3개의 점 중에서 2개의 점을 선택하여 만들 수 있는 직선은 모두 3개이다.

그런데 이 직선들은 모두 일치하므로 실제로 만들 수 있는 직선은 1개이다.

결국 ($_3C_2-1$)개는 중복된다.

또한 3개의 점이 놓여 있는 일직선은 가로선 3개, 세로선 3개, 대각선 2개의 8개이다.

그러므로 중복되는 직선의 개수는 $8 \times (_3C_2-1)$이다.

따라서 구하는 직선의 개수는

$$_9C_2 - 8 \times (_3C_2-1)$$
$$= 36 - 8 \times (3-1)$$
$$= 36 - 16 = 20$$

(i), (ii)에서 $a=76$, $b=20$이므로

$a-b=76-20=56$

---

006 <u>정답</u> ②

<u>해설</u> 정의역의 세 원소 1, 2, 3에 각각 대응하는 세 함숫값 $f(1)$, $f(2)$, $f(3)$의 순서가 $f(1)<f(2)<f(3)$으로 이미 결정되었으므로 세 함숫값 $f(1)$, $f(2)$, $f(3)$의 순서를 생각하지 않아도 된다.

예컨대 공역의 원소 중에서 2, 3, 5를 택하면 $f(1)=2$, $f(2)=3$, $f(3)=5$일 수밖에 없다는 뜻이다.

즉, 세 수의 순서를 고려하지 않고 세 수를 택하기만 하는 조합을 이용한다.

그러므로 $f(1)<f(2)<f(3)$을 만족하는 함수 f의 개수는 정의역의 원소 3개에 대응하는 공역의 원소 5개 중에서 3개를 선택하는 조합의 수와 같다.

따라서 구하는 함수의 개수는

$$_5C_3 = \frac{5!}{3!(5-3)!} = \frac{5 \times 4 \times 3}{3 \times 2 \times 1} = 10$$

---

007 <u>정답</u> ③

<u>해설</u> 세 수 a, b, c의 순서가 $a>b>c$와 $a<b<c$로 이미 결정되어 있으므로 세 수의 순서를 생각하지 않아도 된다.

즉, 세 수의 순서를 고려하지 않고 세 수를 선택하기만 하는 조합을 이용한다.

(i) $a>b>c$인 경우의 수

0부터 9까지의 10개의 수 중에서 3개의 수를 선택하는 조합의 수 $_{10}C_3$과 같다.

예컨대 세 수 2, 0, 5를 선택하면 세 자리의 자연수는 5200이 된다.

따라서 구하는 경우의 수는

$$_{10}C_3 = \frac{10!}{3!(10-3)!} = \frac{10 \times 9 \times 8}{3 \times 2 \times 1} = 120$$

(ii) $a<b<c$인 경우의 수

1부터 9까지의 9개의 수 중에서 3개의 수를 선택하는 조합의 수 $_9C_3$과 같다.

이때 0을 제외한 이유는 3개의 수를 선택할 때 0을 포함시키면 0이 가장 작은 수이므로 백의 자리에 오게 되어 세 자리의 자연수가 만들어지지 않기 때문이다.

따라서 구하는 경우의 수는

$$_9C_3 = \frac{9!}{3!(9-3)!} = \frac{9 \times 8 \times 7}{3 \times 2 \times 1} = 84$$

(i), (ii)에서 $a=120$, $b=84$이므로

$a-b=120-84=36$

---

008 <u>정답</u> ④

<u>해설</u> (i) 직사각형의 개수

5개의 가로줄 중에서 2개, 5개의 세로줄 중에서 2개를 택하면 하나의 직사각형이 결정되므로 직사각형의 총 개수는

$$_5C_2 \times _5C_2 = \frac{5!}{2!(5-2)!} \times \frac{5!}{2!(5-2)!}$$
$$= \frac{5 \times 4}{2 \times 1} \times \frac{5 \times 4}{2 \times 1}$$
$$= 10 \times 10 = 100$$

(ii) 정사각형의 개수

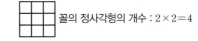 꼴의 정사각형의 개수 : $4 \times 4 = 16$

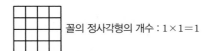 꼴의 정사각형의 개수 : $3 \times 3 = 9$

꼴의 정사각형의 개수 : $2 \times 2 = 4$

꼴의 정사각형의 개수 : $1 \times 1 = 1$

따라서 정사각형의 총 개수는

$16+9+4+1=30$

(i), (ii)에서 정사각형이 아닌 직사각형의 개수는

$100-30=70$

교과서문제 CHECK 본문 P. 139

001 정답 $A=(0 \ 1 \ 2)$

해설 $a_{ij}=i-j \ (i=1, 2, 3, \ j=1)$이므로
$a_{11}=1-1=0, \ a_{21}=2-1=1, \ a_{31}=3-1=2$
$\therefore A=(0 \ 1 \ 2)$

002 정답 $A=\begin{pmatrix} 1 & 2 \\ 4 & 5 \end{pmatrix}$

해설 $a_{ij}=i^2+j-1 \ (i=1, 2, \ j=1, 2)$이므로
$a_{11}=1^2+1-1=1, \ a_{12}=1^2+2-1=2$
$a_{21}=2^2+1-1=4, \ a_{22}=2^2+2-1=5$
$\therefore A=\begin{pmatrix} 1 & 2 \\ 4 & 5 \end{pmatrix}$

003 정답 $A=\begin{pmatrix} 1 & 1 & 1 \\ -1 & 2 & 1 \end{pmatrix}$

해설 $a_{ij}=\begin{cases} i & (i \leq j) \\ -j & (i>j) \end{cases} (i=1, 2, \ j=1, 2, 3)$
$a_{11}=1, \ a_{12}=1, \ a_{13}=1$
$a_{21}=-1, \ a_{22}=2, \ a_{23}=1$
$\therefore A=\begin{pmatrix} 1 & 1 & 1 \\ -1 & 2 & 1 \end{pmatrix}$

004 정답 $a=2, b=1$

해설 $\begin{pmatrix} 2a & 0 \\ 1 & a+b \end{pmatrix}=\begin{pmatrix} 4 & 0 \\ 1 & 3 \end{pmatrix}$이므로
$2a=4, \ a+b=3$ $\therefore a=2, b=1$

005 정답 $a=3, b=2$

해설 $\begin{pmatrix} 1 & a+1 \\ 5 & 2 \end{pmatrix}=\begin{pmatrix} 1 & b+2 \\ a+b & 2 \end{pmatrix}$이므로
$a+1=b+2$에서 $a-b=1$ ...... ㉠
$a+b=5$ ...... ㉡
㉠+㉡을 하면 $2a=6$ $\therefore a=3$
$a=3$을 ㉡에 대입하면 $3+b=5$ $\therefore b=2$

006 정답 $a=1, b=2$

해설 $\begin{pmatrix} 3a & 0 \\ 2 & a+b \end{pmatrix}=\begin{pmatrix} b+1 & 0 \\ 2 & 3 \end{pmatrix}$이므로
$3a=b+1$에서 $b=3a-1$
$b=3a-1$을 $a+b=3$에 대입하면
$a+(3a-1)=3, 4a=4$ $\therefore a=1$
$a=1$을 $b=3a-1$에 대입하면 $b=2$

007 정답 $a=-3, b=-1$

해설 $\begin{pmatrix} a^2-6 & 3 \\ 8 & a+2 \end{pmatrix}=\begin{pmatrix} -a & 3 \\ a^2-1 & b \end{pmatrix}$이므로
$a^2-6=-a$에서 $a^2+a-6=0$

$(a+3)(a-2)=0$
$\therefore a=-3$ 또는 $a=2$ ...... ㉠
$8=a^2-1$에서 $a^2-9=0$
$(a+3)(a-3)=0$ $\therefore a=\pm 3$ ...... ㉡
㉠, ㉡에서 $a=-3$
$a+2=b$에서 $a=-3$이므로 $b=-1$

008 정답 $\begin{pmatrix} 2 & 2 \\ 4 & 2 \end{pmatrix}$

해설 $A+B=\begin{pmatrix} 3 & 2 \\ 1 & 4 \end{pmatrix}+\begin{pmatrix} -1 & 0 \\ 3 & -2 \end{pmatrix}=\begin{pmatrix} 2 & 2 \\ 4 & 2 \end{pmatrix}$

009 정답 $\begin{pmatrix} 5 & 2 \\ -5 & 8 \end{pmatrix}$

해설 $A-2B=\begin{pmatrix} 3 & 2 \\ 1 & 4 \end{pmatrix}-2\begin{pmatrix} -1 & 0 \\ 3 & -2 \end{pmatrix}$
$=\begin{pmatrix} 3 & 2 \\ 1 & 4 \end{pmatrix}-\begin{pmatrix} -2 & 0 \\ 6 & -4 \end{pmatrix}=\begin{pmatrix} 5 & 2 \\ -5 & 8 \end{pmatrix}$

010 정답 $\begin{pmatrix} 0 & -2 \\ -10 & 2 \end{pmatrix}$

해설 $2A-3(A+B)=2A-3A-3B$
$=-(A+3B)$
$=-\left\{\begin{pmatrix} 3 & 2 \\ 1 & 4 \end{pmatrix}+3\begin{pmatrix} -1 & 0 \\ 3 & -2 \end{pmatrix}\right\}$
$=-\left\{\begin{pmatrix} 3 & 2 \\ 1 & 4 \end{pmatrix}+\begin{pmatrix} -3 & 0 \\ 9 & -6 \end{pmatrix}\right\}$
$=-\begin{pmatrix} 0 & 2 \\ 10 & -2 \end{pmatrix}=\begin{pmatrix} 0 & -2 \\ -10 & 2 \end{pmatrix}$

011 정답 $\begin{pmatrix} -8 & -4 \\ 4 & -12 \end{pmatrix}$

해설 $-2(A+B)+4B=-2A-2B+4B$
$=-2A+2B$
$=-2\begin{pmatrix} 3 & 2 \\ 1 & 4 \end{pmatrix}+2\begin{pmatrix} -1 & 0 \\ 3 & -2 \end{pmatrix}$
$=\begin{pmatrix} -6 & -4 \\ -2 & -8 \end{pmatrix}+\begin{pmatrix} -2 & 0 \\ 6 & -4 \end{pmatrix}$
$=\begin{pmatrix} -8 & -4 \\ 4 & -12 \end{pmatrix}$

012 정답 0

해설 $A+B=\begin{pmatrix} 1 & -2 \\ 4 & -3 \end{pmatrix}, A-B=\begin{pmatrix} -3 & 4 \\ -2 & 1 \end{pmatrix}$을 변끼리

더하면

$2A=\begin{pmatrix} 1 & -2 \\ 4 & -3 \end{pmatrix}+\begin{pmatrix} -3 & 4 \\ -2 & 1 \end{pmatrix}=\begin{pmatrix} -2 & 2 \\ 2 & -2 \end{pmatrix}$

$\therefore A=\begin{pmatrix} -1 & 1 \\ 1 & -1 \end{pmatrix}$

따라서 행렬 A의 모든 성분의 합은 0이다.

013 정답 5

해설 $2A-B=\begin{pmatrix} 0 & 5 \\ -2 & 4 \end{pmatrix}$, $A+B=\begin{pmatrix} 6 & -2 \\ -1 & 5 \end{pmatrix}$를 변끼리 더하면

$3A=\begin{pmatrix} 0 & 5 \\ -2 & 4 \end{pmatrix}+\begin{pmatrix} 6 & -2 \\ -1 & 5 \end{pmatrix}=\begin{pmatrix} 6 & 3 \\ -3 & 9 \end{pmatrix}$

$\therefore A=\begin{pmatrix} 2 & 1 \\ -1 & 3 \end{pmatrix}$

따라서 행렬 A의 모든 성분의 합은 5이다.

014 정답 3

해설 $A+2B=\begin{pmatrix} 3 & -1 \\ 0 & 5 \end{pmatrix}$ ...... ㉠

$2A-B=\begin{pmatrix} 1 & 3 \\ -5 & 5 \end{pmatrix}$의 양변에 2를 곱하면

$4A-2B=\begin{pmatrix} 2 & 6 \\ -10 & 10 \end{pmatrix}$ ...... ㉡

㉠+㉡을 하면

$5A=\begin{pmatrix} 3 & -1 \\ 0 & 5 \end{pmatrix}+\begin{pmatrix} 2 & 6 \\ -10 & 10 \end{pmatrix}=\begin{pmatrix} 5 & 5 \\ -10 & 15 \end{pmatrix}$

$\therefore A=\begin{pmatrix} 1 & 1 \\ -2 & 3 \end{pmatrix}$

따라서 행렬 A의 모든 성분의 합은 3이다.

015 정답 (-9)

해설 1행 3열인 행렬과 3행 1열의 행렬을 곱하면 1행 1열의 행렬이 된다.

$(-1 \ \ 2 \ \ -3)\begin{pmatrix} 2 \\ 1 \\ 3 \end{pmatrix}=((-1)\times 2+2\times 1+(-3)\times 3)$

$=(-9)$

016 정답 $\begin{pmatrix} 1 \\ -1 \end{pmatrix}$

해설 2행 2열인 행렬과 2행 1열의 행렬을 곱하면 2행 1열의 행렬이 된다.

$\begin{pmatrix} 1 & -1 \\ -2 & 3 \end{pmatrix}\begin{pmatrix} 2 \\ 1 \end{pmatrix}=\begin{pmatrix} 1\times 2+(-1)\times 1 \\ (-2)\times 2+3\times 1 \end{pmatrix}$

$=\begin{pmatrix} 1 \\ -1 \end{pmatrix}$

017 정답 $\begin{pmatrix} 3 & 0 \\ -5 & 4 \end{pmatrix}$

해설 $\begin{pmatrix} 3 & 0 \\ 1 & -2 \end{pmatrix}\begin{pmatrix} 1 & 0 \\ 3 & -2 \end{pmatrix}$

$=\begin{pmatrix} 3\times 1+0\times 3 & 3\times 0+0\times(-2) \\ 1\times 1+(-2)\times 3 & 1\times 0+(-2)\times(-2) \end{pmatrix}$

$=\begin{pmatrix} 3 & 0 \\ -5 & 4 \end{pmatrix}$

018 정답 $\begin{pmatrix} -2 & 4 \\ 3 & -2 \end{pmatrix}$

해설 2행 2열인 행렬과 2행 2열의 행렬을 곱하면 2행 2열의 행렬이 된다.

$\begin{pmatrix} 2 & 0 \\ -1 & 1 \end{pmatrix}\begin{pmatrix} -1 & 2 \\ 2 & 0 \end{pmatrix}$

$=\begin{pmatrix} 2\times(-1)+0\times 2 & 2\times 2+0\times 0 \\ (-1)\times(-1)+1\times 2 & (-1)\times 2+1\times 0 \end{pmatrix}$

$=\begin{pmatrix} -2 & 4 \\ 3 & -2 \end{pmatrix}$

019 정답 $\begin{pmatrix} -3 & 5 \\ 5 & -6 \end{pmatrix}$

해설 $\begin{pmatrix} 1 & 2 \\ 3 & -1 \end{pmatrix}\begin{pmatrix} 1 & -1 \\ -2 & 3 \end{pmatrix}$

$=\begin{pmatrix} 1\times 1+2\times(-2) & 1\times(-1)+2\times 3 \\ 3\times 1+(-1)\times(-2) & 3\times(-1)+(-1)\times 3 \end{pmatrix}$

$=\begin{pmatrix} -3 & 5 \\ 5 & -6 \end{pmatrix}$

020 정답 $\begin{pmatrix} 4 & -5 \\ -5 & -6 \end{pmatrix}$

해설 $\begin{pmatrix} -1 & 2 \\ 3 & 1 \end{pmatrix}\begin{pmatrix} -2 & -1 \\ 1 & -3 \end{pmatrix}$

$=\begin{pmatrix} (-1)\times(-2)+2\times 1 & (-1)\times(-1)+2\times(-3) \\ 3\times(-2)+1\times 1 & 3\times(-1)+1\times(-3) \end{pmatrix}$

$=\begin{pmatrix} 4 & -5 \\ -5 & -6 \end{pmatrix}$

필수유형 CHECK 본문 P. 141

001 ⑤	**002** ③	**003** ②	**004** ⑤
005 ①	**006** ③	**007** ④	**008** ①

---

001 정답 ⑤

해설 $a_{ij}=i^2+j^2-1 \ (i=1, 2, j=1, 2)$이므로

$a_{11}=1^2+1^2-1=1$, $a_{12}=1^2+2^2-1=4$,

$a_{21}=2^2+1^2-1=4$, $a_{22}=2^2+2^2-1=7$이다.

$\therefore A=\begin{pmatrix} 1 & 4 \\ 4 & 7 \end{pmatrix}$

따라서 행렬 A의 모든 성분의 합은 16이다.

002 정답 ③

해설 두 행렬이 서로 같을 조건에 의해

$x-3y=a$, $x-y=1$, $2x+y=5$, $x+y=b$

이다.

$x-y=1$, $2x+y=5$의 양변을 더하면

$3x=6$ $\therefore x=2$

$x=2$를 $x-y=1$에 대입하면 $2-y=1$ $\therefore y=1$

$\therefore x-3y=-1=a$, $x+y=3=b$

$\therefore ax+by=(-1)\cdot 2+3\cdot 1=1$

003 정답 ②

해설 행렬의 방정식 $3X-A=X-2B$를 실수의 방정식처럼 푼 다음 A와 B의 성분을 대입한다.

$3X-A=X-2B$에서

$3X-X=A-2B$, $2X=A-2B$

$\therefore X=\dfrac{1}{2}(A-2B)$

$\quad =\dfrac{1}{2}\left\{\begin{pmatrix} 2 & 4 \\ 4 & -2 \end{pmatrix}-2\begin{pmatrix} -3 & 2 \\ 1 & 4 \end{pmatrix}\right\}$

$\quad =\dfrac{1}{2}\left\{\begin{pmatrix} 2 & 4 \\ 4 & -2 \end{pmatrix}-\begin{pmatrix} -6 & 4 \\ 2 & 8 \end{pmatrix}\right\}$

$\quad =\dfrac{1}{2}\left\{\begin{pmatrix} 2-(-6) & 4-4 \\ 4-2 & -2-8 \end{pmatrix}\right\}$

$\quad =\dfrac{1}{2}\begin{pmatrix} 8 & 0 \\ 2 & -10 \end{pmatrix}=\begin{pmatrix} 4 & 0 \\ 1 & -5 \end{pmatrix}$

따라서 모든 성분의 합은 $4+1+(-5)=0$이다.

004 정답 ⑤

해설 이차방정식 $x^2-3x-2=0$의 두 근이 α, β이므로 이차방정식의 근과 계수의 관계에 의해

$\alpha+\beta=3$, $\alpha\beta=-2$이다.

$\begin{pmatrix} -\alpha & 0 \\ \beta & \alpha \end{pmatrix}\begin{pmatrix} \beta & 0 \\ \alpha & -\beta \end{pmatrix}=\begin{pmatrix} -\alpha\beta & 0 \\ \alpha^2+\beta^2 & -\alpha\beta \end{pmatrix}$

이때 구하는 모든 성분의 합은

$-\alpha\beta+0+(\alpha^2+\beta^2)+(-\alpha\beta)=\alpha^2-2\alpha\beta+\beta^2$

$\qquad\qquad\qquad\qquad =(\alpha+\beta)^2-4\alpha\beta$

$\qquad\qquad\qquad\qquad =3^2-4\cdot(-2)$

$\qquad\qquad\qquad\qquad =17$

005 정답 ①

해설 $F=(x\ \ y)\begin{pmatrix} 1 & 2 \\ -1 & 1 \end{pmatrix}\begin{pmatrix} x \\ y \end{pmatrix}$

$\quad =(x-y\ \ 2x+y)\begin{pmatrix} x \\ y \end{pmatrix}$

$\quad =(x-y)\cdot x+(2x+y)\cdot y$

$\quad =x^2+xy+y^2=x^2+x(2-x)+(2-x)^2$

◀ $x+y=2 \rightarrow y=2-x$

$\quad =x^2-2x+4=(x^2-2x+1)+3$

$\quad =(x-1)^2+3$

따라서 F의 최솟값은 3이다.

참고 $F=(x\ \ y)\begin{pmatrix} 1 & 2 \\ -1 & 1 \end{pmatrix}\begin{pmatrix} x \\ y \end{pmatrix}=(x\ \ y)\begin{pmatrix} x+2y \\ -x+y \end{pmatrix}$

$\quad =x\cdot(x+2y)+y\cdot(-x+y)$

로 계산할 수도 있다.

006 정답 ③

해설 $(A+B)(A-B)=A^2-AB+BA-B^2$이다.

이때 일반적으로 $AB\neq BA$이므로

$(A+B)(A-B)\neq A^2-B^2$이다.

$A+B=\begin{pmatrix} 2 & a \\ a & 2 \end{pmatrix}$ ...... ㉠

$A-B=\begin{pmatrix} 0 & a \\ -a & 0 \end{pmatrix}$ ...... ㉡

㉠+㉡을 하면 $2A=\begin{pmatrix} 2 & 2a \\ 0 & 2 \end{pmatrix}$, $A=\begin{pmatrix} 1 & a \\ 0 & 1 \end{pmatrix}$

$\therefore A^2=\begin{pmatrix} 1 & a \\ 0 & 1 \end{pmatrix}\begin{pmatrix} 1 & a \\ 0 & 1 \end{pmatrix}=\begin{pmatrix} 1 & 2a \\ 0 & 1 \end{pmatrix}$

㉠-㉡을 하면 $2B=\begin{pmatrix} 2 & 0 \\ 2a & 2 \end{pmatrix}$, $B=\begin{pmatrix} 1 & 0 \\ a & 1 \end{pmatrix}$

$\therefore B^2=\begin{pmatrix} 1 & 0 \\ a & 1 \end{pmatrix}\begin{pmatrix} 1 & 0 \\ a & 1 \end{pmatrix}=\begin{pmatrix} 1 & 0 \\ 2a & 1 \end{pmatrix}$

$\therefore A^2-B^2=\begin{pmatrix} 0 & 2a \\ -2a & 0 \end{pmatrix}$

따라서 A^2-B^2의 모든 성분의 합은 0이다.

007 정답 ④

해설 $AB=\begin{pmatrix} 3 & 1 \\ 2 & 4 \end{pmatrix}\begin{pmatrix} -2 & -1 \\ -2 & -3 \end{pmatrix}=\begin{pmatrix} -8 & -6 \\ -12 & -14 \end{pmatrix}$,

$BA=\begin{pmatrix} -2 & -1 \\ -2 & -3 \end{pmatrix}\begin{pmatrix} 3 & 1 \\ 2 & 4 \end{pmatrix}=\begin{pmatrix} -8 & -6 \\ -12 & -14 \end{pmatrix}$이므로

$AB=BA$이다.

$\therefore AB-BA=O$

$\therefore (A^2-B^2)+(AB-BA)=A^2-B^2$

$\qquad\qquad\qquad\qquad\qquad =(A+B)(A-B)$

$\qquad\qquad\qquad\qquad\qquad =\begin{pmatrix} 1 & 0 \\ 0 & 1 \end{pmatrix}\begin{pmatrix} 5 & 2 \\ 4 & 7 \end{pmatrix}$

$\qquad\qquad\qquad\qquad\qquad =\begin{pmatrix} 5 & 2 \\ 4 & 7 \end{pmatrix}$

따라서 모든 성분의 합은 18이다.

참고 $AB=BA$이므로 $A^2-B^2=(A+B)(A-B)$이다.

008 정답 ①

해설 $(A+B)^2=(A+B)(A+B)$

$\qquad\qquad =A^2+AB+BA+B^2$

$\qquad\qquad =A^2+2AB+B^2$

이 성립하려면 $AB=BA$이어야 한다.

$AB=\begin{pmatrix} x^2 & 1 \\ 1 & 2x \end{pmatrix}\begin{pmatrix} 3 & 1 \\ 1 & y^2 \end{pmatrix}=\begin{pmatrix} 3x^2+1 & x^2+y^2 \\ 3+2x & 1+2xy^2 \end{pmatrix}$

$BA=\begin{pmatrix} 3 & 1 \\ 1 & y^2 \end{pmatrix}\begin{pmatrix} x^2 & 1 \\ 1 & 2x \end{pmatrix}=\begin{pmatrix} 3x^2+1 & 3+2x \\ x^2+y^2 & 1+2xy^2 \end{pmatrix}$

이므로 $x^2+y^2=3+2x$ $\therefore (x-1)^2+y^2=2^2$

따라서 점 (x, y)가 나타내는 도형은 중심이 점 $(1, 0)$이고 반지름의 길이가 2인 원이므로 그 넓이는 $\pi\cdot 2^2=4\pi$이다.

026 행렬 연산의 성질

교과서문제 CHECK　　　　본문 P. 143

001 정답 $\begin{pmatrix} 1 & 20 \\ 0 & 1 \end{pmatrix}$

해설 $A^2 = AA = \begin{pmatrix} 1 & 2 \\ 0 & 1 \end{pmatrix}\begin{pmatrix} 1 & 2 \\ 0 & 1 \end{pmatrix} = \begin{pmatrix} 1 & 4 \\ 0 & 1 \end{pmatrix}$

$A^3 = A^2 A = \begin{pmatrix} 1 & 4 \\ 0 & 1 \end{pmatrix}\begin{pmatrix} 1 & 2 \\ 0 & 1 \end{pmatrix} = \begin{pmatrix} 1 & 6 \\ 0 & 1 \end{pmatrix}$

$A^4 = A^3 A = \begin{pmatrix} 1 & 6 \\ 0 & 1 \end{pmatrix}\begin{pmatrix} 1 & 2 \\ 0 & 1 \end{pmatrix} = \begin{pmatrix} 1 & 8 \\ 0 & 1 \end{pmatrix}, \cdots$

따라서 $A^n = \begin{pmatrix} 1 & 2n \\ 0 & 1 \end{pmatrix}$이므로 $A^{10} = \begin{pmatrix} 1 & 20 \\ 0 & 1 \end{pmatrix}$이다.

002 정답 $\begin{pmatrix} 1 & 0 \\ -30 & 1 \end{pmatrix}$

해설 $A^2 = AA = \begin{pmatrix} 1 & 0 \\ -3 & 1 \end{pmatrix}\begin{pmatrix} 1 & 0 \\ -3 & 1 \end{pmatrix} = \begin{pmatrix} 1 & 0 \\ -6 & 1 \end{pmatrix}$

$A^3 = A^2 A = \begin{pmatrix} 1 & 0 \\ -6 & 1 \end{pmatrix}\begin{pmatrix} 1 & 0 \\ -3 & 1 \end{pmatrix} = \begin{pmatrix} 1 & 0 \\ -9 & 1 \end{pmatrix}$

$A^4 = A^3 A = \begin{pmatrix} 1 & 0 \\ -9 & 1 \end{pmatrix}\begin{pmatrix} 1 & 0 \\ -3 & 1 \end{pmatrix} = \begin{pmatrix} 1 & 0 \\ -12 & 1 \end{pmatrix}, \cdots$

따라서 $A^n = \begin{pmatrix} 1 & 0 \\ -3n & 1 \end{pmatrix}$이므로 $A^{10} = \begin{pmatrix} 1 & 0 \\ -30 & 1 \end{pmatrix}$이다.

003 정답 $\begin{pmatrix} 2^{10} & 0 \\ 0 & 1 \end{pmatrix}$

해설 $A^2 = AA = \begin{pmatrix} 2 & 0 \\ 0 & 1 \end{pmatrix}\begin{pmatrix} 2 & 0 \\ 0 & 1 \end{pmatrix} = \begin{pmatrix} 4 & 0 \\ 0 & 1 \end{pmatrix}$

$A^3 = A^2 A = \begin{pmatrix} 4 & 0 \\ 0 & 1 \end{pmatrix}\begin{pmatrix} 2 & 0 \\ 0 & 1 \end{pmatrix} = \begin{pmatrix} 8 & 0 \\ 0 & 1 \end{pmatrix}$

$A^4 = A^3 A = \begin{pmatrix} 8 & 0 \\ 0 & 1 \end{pmatrix}\begin{pmatrix} 2 & 0 \\ 0 & 1 \end{pmatrix} = \begin{pmatrix} 16 & 0 \\ 0 & 1 \end{pmatrix}, \cdots$

따라서 $A^n = \begin{pmatrix} 2^n & 0 \\ 0 & 1 \end{pmatrix}$이므로 $A^{10} = \begin{pmatrix} 2^{10} & 0 \\ 0 & 1 \end{pmatrix}$이다.

004 정답 $\begin{pmatrix} 1 & 0 \\ 0 & 3^{10} \end{pmatrix}$

해설 $A^2 = AA = \begin{pmatrix} 1 & 0 \\ 0 & -3 \end{pmatrix}\begin{pmatrix} 1 & 0 \\ 0 & -3 \end{pmatrix} = \begin{pmatrix} 1 & 0 \\ 0 & 9 \end{pmatrix}$

$A^3 = A^2 A = \begin{pmatrix} 1 & 0 \\ 0 & 9 \end{pmatrix}\begin{pmatrix} 1 & 0 \\ 0 & -3 \end{pmatrix} = \begin{pmatrix} 1 & 0 \\ 0 & -27 \end{pmatrix}$

$A^4 = A^3 A = \begin{pmatrix} 1 & 0 \\ 0 & -27 \end{pmatrix}\begin{pmatrix} 1 & 0 \\ 0 & -3 \end{pmatrix} = \begin{pmatrix} 1 & 0 \\ 0 & 81 \end{pmatrix}, \cdots$

따라서 $A^n = \begin{pmatrix} 1 & 0 \\ 0 & (-3)^n \end{pmatrix}$이므로 $A^{10} = \begin{pmatrix} 1 & 0 \\ 0 & 3^{10} \end{pmatrix}$이다.

005 정답 $\begin{pmatrix} 2^{10} & 0 \\ 0 & 3^{10} \end{pmatrix}$

해설 $A^2 = AA = \begin{pmatrix} 2 & 0 \\ 0 & -3 \end{pmatrix}\begin{pmatrix} 2 & 0 \\ 0 & -3 \end{pmatrix} = \begin{pmatrix} 4 & 0 \\ 0 & 9 \end{pmatrix}$

$A^3 = A^2 A = \begin{pmatrix} 4 & 0 \\ 0 & 9 \end{pmatrix}\begin{pmatrix} 2 & 0 \\ 0 & -3 \end{pmatrix} = \begin{pmatrix} 8 & 0 \\ 0 & -27 \end{pmatrix}$

$A^4 = A^3 A = \begin{pmatrix} 8 & 0 \\ 0 & -27 \end{pmatrix}\begin{pmatrix} 2 & 0 \\ 0 & -3 \end{pmatrix} = \begin{pmatrix} 16 & 0 \\ 0 & 81 \end{pmatrix}, \cdots$

따라서 $A^n = \begin{pmatrix} 2^n & 0 \\ 0 & (-3)^n \end{pmatrix}$이므로 $A^{10} = \begin{pmatrix} 2^{10} & 0 \\ 0 & 3^{10} \end{pmatrix}$이다.

006 정답 $\begin{pmatrix} -1 & 1 \\ -1 & 0 \end{pmatrix}$

해설 $A^2 = AA = \begin{pmatrix} 0 & 1 \\ -1 & 1 \end{pmatrix}\begin{pmatrix} 0 & 1 \\ -1 & 1 \end{pmatrix} = \begin{pmatrix} -1 & 1 \\ -1 & 0 \end{pmatrix}$

007 정답 $-E$

해설 $A^3 = A^2 A = \begin{pmatrix} -1 & 1 \\ -1 & 0 \end{pmatrix}\begin{pmatrix} 0 & 1 \\ -1 & 1 \end{pmatrix}$

$\quad = \begin{pmatrix} -1 & 0 \\ 0 & -1 \end{pmatrix} = -E$

008 정답 E

해설 $A^6 = (A^3)^2 = (-E)^2 = (-1)^2 E^2 = E^2 = E$

009 정답 $\begin{pmatrix} 1 & -1 \\ 1 & 0 \end{pmatrix}$

해설 $A^{101} = A^{96} A^5 = (A^6)^{16} A^5 = E^{16} A^5 = A^5$

$\quad = A^3 A^2 = (-E)A^2 = -A^2$

$\quad = -\begin{pmatrix} -1 & 1 \\ -1 & 0 \end{pmatrix} = \begin{pmatrix} 1 & -1 \\ 1 & 0 \end{pmatrix}$

010 정답 $\begin{pmatrix} 3 & 0 \\ 0 & 3 \end{pmatrix}$

해설 $3E = 3\begin{pmatrix} 1 & 0 \\ 0 & 1 \end{pmatrix} = \begin{pmatrix} 3 & 0 \\ 0 & 3 \end{pmatrix}$

011 정답 E

해설 $E^9 = E = \begin{pmatrix} 1 & 0 \\ 0 & 1 \end{pmatrix}$

012 정답 E

해설 $(-E)^{12} = (-1)^{12} E^{12} = E^{12} = E$

013 정답 O

해설 $E^{100} + (-E)^{99} = E + (-1)^{99} E^{99}$

$\qquad\qquad = E - E = O$

014 정답 $\times$

해설 행렬의 곱셈에서는 일반적으로 $AB \neq BA$이므로

$A^2(AB)^3 = A^2 ABABAB = A^3 BABAB$

$\therefore A^2(AB)^3 \neq A^5 B^3$

참고 $AB = BA$이면

$A^2(AB)^3 = A^2 ABABAB = A^3 BABAB$

$\qquad\qquad = A^3 ABBAB = A^4 BABB$

$\qquad\qquad = A^4 ABBB = A^5 B^3$

015 정답 $\times$

해설 행렬의 곱셈에서는 일반적으로 $AB \neq BA$이므로
$$(A+2B)^2 = (A+2B)(A+2B)$$
$$= A^2 + 2AB + 2BA + 4B^2$$
$$\therefore (A+2B)^2 \neq A^2 + 4AB + 4B^2$$
참고 $AB = BA$이면
$$(A+2B)^2 = (A+2B)(A+2B)$$
$$= A^2 + 2AB + 2BA + 4B^2$$
$$= A^2 + 4AB + B^2$$

016 정답 $\times$

해설 행렬의 곱셈에서는 일반적으로 $AB \neq BA$이므로
$$(A+2B)(A-B) = A^2 - AB + 2BA - 2B^2$$
$$\therefore (A+2B)(A-B) \neq A^2 + AB - 2B^2$$
참고 $AB = BA$이면
$$(A+2B)(A-B) = A^2 - AB + 2BA - 2B^2$$
$$= A^2 + AB - 2B^2$$

017 정답 $\bigcirc$

해설 $AE = EA = A$이므로
$$(A+2E)^2 = (A+2E)(A+2E)$$
$$= A^2 + 2AE + 2EA + 4E^2$$
$$= A^2 + 2A + 2A + 4E$$
$$= A^2 + 4A + 4E$$

018 정답 $\bigcirc$

해설 $AE = EA = A$이므로
$$(2A-3E)^2 = (2A-3E)(2A-3E)$$
$$= 4A^2 - 6AE - 6EA + 9E^2$$
$$= 4A^2 - 6A - 6A + 9E$$
$$= 4A^2 - 12A + 9E$$

필수유형 CHECK 본문 P. 145

001 ②	002 ④	003 ①	004 ②
005 ⑤	006 ①	007 ④	008 ③

---

001 정답 ②

해설 $A^2 = \begin{pmatrix} 1 & 2 \\ 0 & 1 \end{pmatrix}\begin{pmatrix} 1 & 2 \\ 0 & 1 \end{pmatrix} = \begin{pmatrix} 1 & 4 \\ 0 & 1 \end{pmatrix}$

$A^3 = \begin{pmatrix} 1 & 2 \\ 0 & 1 \end{pmatrix}\begin{pmatrix} 1 & 4 \\ 0 & 1 \end{pmatrix} = \begin{pmatrix} 1 & 6 \\ 0 & 1 \end{pmatrix}$

$A^4 = \begin{pmatrix} 1 & 2 \\ 0 & 1 \end{pmatrix}\begin{pmatrix} 1 & 6 \\ 0 & 1 \end{pmatrix} = \begin{pmatrix} 1 & 8 \\ 0 & 1 \end{pmatrix}, \cdots$

$\therefore A^n = \begin{pmatrix} 1 & 2n \\ 0 & 1 \end{pmatrix} = \begin{pmatrix} 1 & 64 \\ 0 & 1 \end{pmatrix}$

따라서 $2n = 64$이므로 $n = 32$이다.

002 정답 ④

해설 $A^2 = \begin{pmatrix} 0 & 1 \\ 1 & 0 \end{pmatrix}\begin{pmatrix} 0 & 1 \\ 1 & 0 \end{pmatrix} = \begin{pmatrix} 1 & 0 \\ 0 & 1 \end{pmatrix} = E$이므로

$A^3 = A$, $A^4 = E$, $A^5 = A$, $\cdots$이다.
즉, $A^{2n-1} = A$, $A^{2n} = E$ (n은 자연수)이다.
$$\therefore A + A^2 + A^3 + \cdots + A^{100}$$
$$= A + E + A + \cdots + E$$
$$= 50A + 50E$$

003 정답 ①

해설 $A^2 + AB - BA - B^2 = A(A+B) - B(A+B)$
$$= (A-B)(A+B)$$
$$= \begin{pmatrix} 2 & -4 \\ -3 & 1 \end{pmatrix}\begin{pmatrix} 0 & 4 \\ 3 & -3 \end{pmatrix}$$
$$= \begin{pmatrix} -12 & 20 \\ 3 & -15 \end{pmatrix}$$

따라서 구하는 모든 성분의 합은 -4이다.

004 정답 ②

해설 $(A+E)(A^2 - A + E) = A^3 + E$이다.

$A^2 = \begin{pmatrix} -2 & 1 \\ -1 & 1 \end{pmatrix}\begin{pmatrix} -2 & 1 \\ -1 & 1 \end{pmatrix} = \begin{pmatrix} 3 & -1 \\ 1 & 0 \end{pmatrix}$

$A^3 = A^2 A = \begin{pmatrix} 3 & -1 \\ 1 & 0 \end{pmatrix}\begin{pmatrix} -2 & 1 \\ -1 & 1 \end{pmatrix} = \begin{pmatrix} -5 & 2 \\ -2 & 1 \end{pmatrix}$

$\therefore A^3 + E = \begin{pmatrix} -5 & 2 \\ -2 & 1 \end{pmatrix} + \begin{pmatrix} 1 & 0 \\ 0 & 1 \end{pmatrix} = \begin{pmatrix} -4 & 2 \\ -2 & 2 \end{pmatrix}$

따라서 모든 성분의 합은 -2이다.

005 정답 ⑤

해설 $(A+B)^2 = A^2 + AB + BA + B^2$이므로
$A^2 + B^2 = (A+B)^2 - (AB+BA)$

$= \begin{pmatrix} 2 & 3 \\ 0 & -1 \end{pmatrix}\begin{pmatrix} 2 & 3 \\ 0 & -1 \end{pmatrix} - \begin{pmatrix} 0 & 2 \\ -2 & 1 \end{pmatrix}$

$= \begin{pmatrix} 4 & 3 \\ 0 & 1 \end{pmatrix} - \begin{pmatrix} 0 & 2 \\ -2 & 1 \end{pmatrix}$

$= \begin{pmatrix} 4 & 1 \\ 2 & 0 \end{pmatrix}$

따라서 모든 성분의 합은 7이다.

006 정답 ①

해설 $A^2 + 2A + 4E = O$의 양변에 $A - 2E$를 곱하면
$(A-2E)(A^2 + 2A + 4E) = O$
$A^3 - 8E = O$, $A^3 = 8E$
따라서 $A^9 = (A^3)^3 = (8E)^3 = 8^3 E$이므로
행렬 A^9의 $(1, 1)$의 성분은 8^3이다.

007 정답 ④

해설 ② $(A+E)(A-2E) = A^2 + EA - 2AE - 2E^2$
$$= A^2 + A - 2A - 2E$$
$$= A^2 - A - 2E$$

③ $A = \begin{pmatrix} 0 & -1 \\ 1 & 0 \end{pmatrix}$이면 $A^2 = -E$이다.

④ (반례) $A = \begin{pmatrix} 1 & 1 \\ 0 & 0 \end{pmatrix}$일 때 $\begin{pmatrix} 1 & 1 \\ 0 & 0 \end{pmatrix}^2 = \begin{pmatrix} 1 & 1 \\ 0 & 0 \end{pmatrix}$이므로
$A^2 = A$이지만 $A \neq O$, $A \neq E$이다.

008 정답 ③

해설 A^2, A^3을 직접 계산하여 구하는 것보다 케일리 해밀턴 정리를 이용하는 것이 좋다.

케일리 해밀턴 정리에 의해

$A^2-(1+1)A+(1\cdot1-1\cdot2)E=O$가 성립한다.

$\therefore A^2-2A-E=O$

$\therefore A^3-A^2+A-E=(A^2-2A-E)(A+E)+4A$
$\qquad\qquad\qquad =4A$

$$
\begin{array}{r}
A+E \\
A^2-2A-E\overline{)A^3-\ A^2+\ A-E} \\
\underline{A^3-2A^2-\ A} \\
A^2+2A-E \\
\underline{A^2-2A-E} \\
4A
\end{array}
$$

027 두 점 사이의 거리

 교과서문제 CHECK   본문 P. 151

001 정답 1

해설 $\overline{AB}=|1-0|=|1|=1$
또는 $\overline{AB}=|0-1|=|-1|=1$

002 정답 2

해설 $\overline{AB}=|0-(-2)|=|2|=2$
또는 $\overline{AB}=|(-2)-0|=|-2|=2$

003 정답 3

해설 $\overline{AB}=|4-1|=|3|=3$
또는 $\overline{AB}=|1-4|=|-3|=3$

004 정답 4

해설 $\overline{AB}=|1-(-3)|=|4|=4$
또는 $\overline{AB}=|(-3)-1|=|-4|=4$

005 정답 5

해설 $\overline{AB}=|4-(-1)|=|5|=5$
또는 $\overline{AB}=|-1-4|=|-5|=5$

006 정답 2

해설 $\overline{AB}=|(-3)-(-5)|=|2|=2$
또는 $\overline{AB}=|(-5)-(-3)|=|-2|=2$

007 정답 2

해설 두 점 A$(4, 1)$, B$(2, 1)$ 사이의 거리는
$\overline{AB}=\sqrt{(2-4)^2+(1-1)^2}=\sqrt{4}=2$
또는 $\overline{AB}=\sqrt{(4-2)^2+(1-1)^2}=2$

008 정답 3

해설 두 점 A$(-2, 3)$, B$(1, 3)$ 사이의 거리는
$\overline{AB}=\sqrt{\{1-(-2)\}^2+(3-3)^2}=\sqrt{9}=3$
또는 $\overline{AB}=\sqrt{(-2-1)^2+(3-3)^2}=3$

009 정답 $\sqrt{5}$

해설 두 점 A$(1, 3)$, B$(3, 2)$ 사이의 거리는
$\overline{AB}=\sqrt{(3-1)^2+(2-3)^2}$
$\qquad =\sqrt{4+1}=\sqrt{5}$
또는 $\overline{AB}=\sqrt{(1-3)^2+(3-2)^2}=\sqrt{5}$

010 정답 $2\sqrt{10}$

해설 두 점 A$(-4, -1)$, B$(2, -3)$ 사이의 거리는
$\overline{AB}=\sqrt{\{2-(-4)\}^2+\{-3-(-1)\}^2}$
$\qquad =\sqrt{36+4}=\sqrt{40}=2\sqrt{10}$
또는 $\overline{AB}=\sqrt{(-4-2)^2+\{-1-(-3)\}^2}=2\sqrt{10}$

011 정답 5

해설 두 점 A$(0, 0)$, B$(-3, 4)$ 사이의 거리는
$\overline{AB}=\sqrt{(-3-0)^2+(4-0)^2}$
$\qquad =\sqrt{9+16}=\sqrt{25}=5$
또는 $\overline{AB}=\sqrt{\{0-(-3)\}^2+(0-4)^2}=5$

012 정답 $2-\sqrt{2}$

해설 두 점 A$(2, \sqrt{2})$, B$(1+\sqrt{2}, 1)$ 사이의 거리는
$\overline{AB}=\sqrt{\{(1+\sqrt{2})-2\}^2+(1-\sqrt{2})^2}$
$\qquad =\sqrt{(-1+\sqrt{2})^2+(1-\sqrt{2})^2}$
$\qquad =\sqrt{(\sqrt{2}-1)^2+(\sqrt{2}-1)^2}$
$\qquad =\sqrt{2(\sqrt{2}-1)^2}$
$\qquad =\sqrt{2}(\sqrt{2}-1)\ (\because \sqrt{2}-1>0)$
$\qquad =2-\sqrt{2}$

별해 $a>b>0$일 때
$\sqrt{(a+b)-2\sqrt{ab}}=\sqrt{(\sqrt{a})^2-2\sqrt{a}\sqrt{b}+(\sqrt{b})^2}$
$\qquad\qquad\qquad =\sqrt{(\sqrt{a}-\sqrt{b})^2}$
$\qquad\qquad\qquad =\sqrt{a}-\sqrt{b}$

를 이용한다.
$\overline{AB}=\sqrt{\{(1+\sqrt{2})-2\}^2+(1-\sqrt{2})^2}$
$\qquad =\sqrt{(-1+\sqrt{2})^2+(1-\sqrt{2})^2}$
$\qquad =\sqrt{(1-2\sqrt{2}+2)+(1-2\sqrt{2}+2)}$
$\qquad =\sqrt{6-4\sqrt{2}}$
$\qquad =\sqrt{6-2\sqrt{8}}$
$\qquad =\sqrt{(4+2)-2\sqrt{4\times2}}$
$\qquad =\sqrt{4}-\sqrt{2}$
$\qquad =2-\sqrt{2}$

013 정답 5

해설 두 점 $A(a, b)$, $B(a+3, b+4)$ 사이의 거리는

$$\overline{AB}=\sqrt{\{(a+3)-a\}^2+\{(b+4)-b\}^2}$$
$$=\sqrt{9+16}=\sqrt{25}=5$$

014 정답 $\sqrt{13}$

해설 두 점 $A(a+1, b-2)$, $B(a-1, b+1)$ 사이의 거리는

$$\overline{AB}=\sqrt{\{(a-1)-(a+1)\}^2+\{(b+1)-(b-2)\}^2}$$
$$=\sqrt{4+9}=\sqrt{13}$$

015 정답 $x=5$ 또는 $x=1$

해설 두 점 $A(3)$, $B(x)$ 사이의 거리가 2이므로

$\overline{AB}=|x-3|=2$

$x-3=\pm2$

$x-3=2$ 또는 $x-3=-2$

$\therefore x=5$ 또는 $x=1$

016 정답 $x=2$ 또는 $x=-4$

해설 두 점 $A(2x-1)$, $B(3x)$ 사이의 거리가 3이므로

$\overline{AB}=|3x-(2x-1)|=|x+1|=3$

$x+1=\pm3$

$x+1=3$ 또는 $x+1=-3$

$\therefore x=2$ 또는 $x=-4$

017 정답 $x=4$

해설 두 점 $A(-3, 4)$, $B(2, x)$ 사이의 거리가 5이므로

$\overline{AB}=\sqrt{\{2-(-3)\}^2+(x-4)^2}=5$

이 식의 양변을 제곱하면

$25+(x-4)^2=25$

$(x-4)^2=0$

$\therefore x=4$

018 정답 $x=1$ 또는 $x=3$

해설 두 점 $A(x, 1)$, $B(2, x-1)$ 사이의 거리가 $\sqrt{2}$이므로

$\overline{AB}=\sqrt{\{(2-x)^2+\{(x-1)-1\}^2}=\sqrt{2}$

이 식의 양변을 제곱하면

$2(2-x)^2=2$

$(2-x)^2=1$, $2-x=\pm1$

$2-x=1$ 또는 $2-x=-1$

$\therefore x=1$ 또는 $x=3$

019 정답 $\overline{AB}=\overline{BC}$인 이등변삼각형

해설 $A(2, -2)$, $B(3, 1)$, $C(6, 2)$이므로

$\overline{AB}=\sqrt{(3-2)^2+\{1-(-2)\}^2}=\sqrt{10}$

$\overline{BC}=\sqrt{(6-3)^2+(2-1)^2}=\sqrt{10}$

$\overline{CA}=\sqrt{(2-6)^2+(-2-2)^2}=\sqrt{32}$

따라서 삼각형 ABC는 $\overline{AB}=\overline{BC}$인 이등변삼각형이다.

020 정답 $\angle A=90°$인 직각삼각형

해설 $A(2, 3)$, $B(-2, -1)$, $C(4, 1)$이므로

$\overline{AB}=\sqrt{(-2-2)^2+(-1-3)^2}=\sqrt{32}$

$\overline{BC}=\sqrt{\{4-(-2)\}^2+\{1-(-1)\}^2}=\sqrt{40}$

$\overline{CA}=\sqrt{(2-4)^2+(3-1)^2}=\sqrt{8}$

이때 $\overline{AB}^2+\overline{CA}^2=\overline{BC}^2$이므로 피타고라스 정리를 만족한다. 즉, 삼각형 ABC는 직각삼각형이다.

또한 길이가 가장 긴 변은 $\overline{BC}$이고 이 변은 직각삼각형의 빗변이므로 빗변의 대각인 $\angle A$가 직각이다.

따라서 삼각형 ABC는 $\angle A=90°$인 직각삼각형이다.

021 정답 $\overline{AB}=\overline{CA}$이고 $\angle A=90°$인 직각이등변삼각형

해설 $A(1, 1)$, $B(2, -2)$, $C(4, 2)$이므로

$\overline{AB}=\sqrt{(2-1)^2+(-2-1)^2}=\sqrt{10}$

$\overline{BC}=\sqrt{(4-2)^2+\{2-(-2)\}^2}=\sqrt{20}$

$\overline{CA}=\sqrt{(1-4)^2+(1-2)^2}=\sqrt{10}$

(i) $\overline{AB}=\overline{CA}$이므로 이등변삼각형이다.

(ii) $\overline{AB}^2+\overline{CA}^2=\overline{BC}^2$이므로 피타고라스 정리를 만족한다. 즉, 삼각형 ABC는 직각삼각형이다.

또한 길이가 가장 긴 변은 $\overline{BC}$이고 이 변은 직각삼각형의 빗변이므로 빗변의 대각인 $\angle A$가 직각이다.

따라서 삼각형 ABC는 $\overline{AB}=\overline{CA}$이고 $\angle A=90°$인 직각이등변삼각형이다.

022 정답 정삼각형

해설 $A(2, 0)$, $B(-1, \sqrt{3})$, $C(-1, -\sqrt{3})$이므로

$\overline{AB}=\sqrt{(-1-2)^2+(\sqrt{3}-0)^2}=\sqrt{12}$

$\overline{BC}=\sqrt{\{-1-(-1)\}^2+(-\sqrt{3}-\sqrt{3})^2}=\sqrt{12}$

$\overline{CA}=\sqrt{\{2-(-1)\}^2+\{0-(-\sqrt{3})\}^2}=\sqrt{12}$

따라서 세 변의 길이가 모두 같으므로 삼각형 ABC는 정삼각형이다.

023 정답 $P(3, 0)$

해설 두 점 $A(2, 4)$, $B(-1, 1)$로부터 같은 거리에 있는 x축 위의 점을 $P(x, 0)$이라 하면

$\overline{AP}=\overline{BP}$이므로 $\overline{AP}^2=\overline{BP}^2$

$(x-2)^2+(0-4)^2=\{x-(-1)\}^2+(0-1)^2$

$(x^2-4x+4)+16=(x^2+2x+1)+1$

$6x=18$ $\therefore x=3$

따라서 구하는 점 P의 좌표는 $P(3, 0)$이다.

024 정답 $P(0, -2)$

해설 두 점 $A(1, 2)$, $B(4, -1)$로부터 같은 거리에 있는 y축 위의 점을 $P(0, y)$라 하면

$\overline{AP}=\overline{BP}$이므로 $\overline{AP}^2=\overline{BP}^2$

$(0-1)^2+(y-2)^2=(0-4)^2+\{y-(-1)\}^2$

$1+(y^2-4y+4)=16+(y^2+2y+1)$

$6y=-12$ $\therefore y=-2$

따라서 구하는 점 P의 좌표는 $P(0, -2)$이다.

025 정답 $\mathrm{P}(-1,\ -1)$

해설 두 점 $\mathrm{A}(2,\ -5)$, $\mathrm{B}(-1,\ 4)$로부터 같은 거리에 있는 직선 $y=x$ 위의 점을 $\mathrm{P}(x,\ x)$라 하면
$\overline{\mathrm{AP}}=\overline{\mathrm{BP}}$이므로 $\overline{\mathrm{AP}}^2=\overline{\mathrm{BP}}^2$
$(x-2)^2+\{x-(-5)\}^2=\{x-(-1)\}^2+(x-4)^2$
$(x^2-4x+4)+(x^2+10x+25)$
$\quad=(x^2+2x+1)+(x^2-8x+16)$
$12x=-12$ $\therefore x=-1$
따라서 구하는 점 P의 좌표는 $\mathrm{P}(-1,\ -1)$이다.

026 정답 $\sqrt{10}$

해설 중선정리 $\overline{\mathrm{AB}}^2+\overline{\mathrm{AC}}^2=2(\overline{\mathrm{AM}}^2+\overline{\mathrm{BM}}^2)$에 의해
$6^2+4^2=2(\overline{\mathrm{AM}}^2+4^2)$
$\overline{\mathrm{AM}}^2=10$
$\therefore \overline{\mathrm{AM}}=\sqrt{10}\ (\because \overline{\mathrm{AM}}>0)$

027 정답 $\sqrt{58}$

해설 중선정리 $\overline{\mathrm{AB}}^2+\overline{\mathrm{AC}}^2=2(\overline{\mathrm{AM}}^2+\overline{\mathrm{BM}}^2)$에 의해
$10^2+12^2=2(\overline{\mathrm{AM}}^2+8^2)$
$\overline{\mathrm{AM}}^2=58$
$\therefore \overline{\mathrm{AM}}=\sqrt{58}\ (\because \overline{\mathrm{AM}}>0)$

028 정답 5

해설 피타고라스 정리에 의해
$\overline{\mathrm{BC}}^2=\overline{\mathrm{AB}}^2+\overline{\mathrm{AC}}^2=8^2+6^2$
$\therefore \overline{\mathrm{BC}}=10\ (\because \overline{\mathrm{BC}}>0)$
중선정리 $\overline{\mathrm{AB}}^2+\overline{\mathrm{AC}}^2=2(\overline{\mathrm{AM}}^2+\overline{\mathrm{BM}}^2)$에 의해
$6^2+8^2=2(\overline{\mathrm{AM}}^2+5^2)$
$\overline{\mathrm{AM}}^2=25$
$\therefore \overline{\mathrm{AM}}=5\ (\because \overline{\mathrm{AM}}>0)$

필수유형 CHECK 본문 P. 153

001 ②	002 ①	003 ①	004 ④
005 ④	006 ④	007 ②	008 ④

001 정답 ②

해설 두 점 $\mathrm{A}(2,\ \sqrt{2})$, $\mathrm{B}(1-\sqrt{2},\ 1)$ 사이의 거리 $\overline{\mathrm{AB}}$는
$\overline{\mathrm{AB}}=\sqrt{(1-\sqrt{2}-2)^2+(1-\sqrt{2})^2}$
$\quad=\sqrt{(-1-\sqrt{2})^2+(1-\sqrt{2})^2}$
$\quad=\sqrt{(1+\sqrt{2})^2+(1-\sqrt{2})^2}$
$\quad=\sqrt{(1+2\sqrt{2}+2)+(1-2\sqrt{2}+2)}$
$\quad=\sqrt{6}$

002 정답 ①

해설 두 점 $\mathrm{A}(1,\ 2)$, $\mathrm{B}(-2,\ a)$ 사이의 거리가 $3\sqrt{2}$이므로 $\overline{\mathrm{AB}}=3\sqrt{2}$에서 $\overline{\mathrm{AB}}^2=18$
$(-2-1)^2+(a-2)^2=18$

$9+(a^2-4a+4)=18$
$a^2-4a-5=0$
$(a+1)(a-5)=0$
$\therefore a=-1$ 또는 $a=5$
따라서 모든 실수 a의 값의 합은 $(-1)+5=4$이다.

참고 이차방정식 $a^2-4a-5=0$에서 모든 실수 a의 값의 합은 이차방정식의 근과 계수의 관계에 의해
(두 근의 합)$=-\dfrac{-4}{1}=4$이다.

003 정답 ①

해설 세 점 $\mathrm{A}(1,\ 0)$, $\mathrm{B}(3,\ 4)$, $\mathrm{C}(x,\ 5)$에 대하여
$\overline{\mathrm{AC}}=\overline{\mathrm{BC}}$이므로 $\overline{\mathrm{AC}}^2=\overline{\mathrm{BC}}^2$
$(x-1)^2+(5-0)^2=(x-3)^2+(5-4)^2$
$(x^2-2x+1)+25=(x^2-6x+9)+1$
$4x=-16$ $\therefore x=-4$

004 정답 ④

해설 x축 위에 있는 점 P의 좌표를 $\mathrm{P}(a,\ 0)$이라 하면
두 점 $\mathrm{A}(-1,\ 1)$, $\mathrm{B}(3,\ 5)$로부터 같은 거리에 있으므로
$\overline{\mathrm{AP}}=\overline{\mathrm{BP}}$에서 $\overline{\mathrm{AP}}^2=\overline{\mathrm{BP}}^2$
$\{a-(-1)\}^2+(0-1)^2=(a-3)^2+(0-5)^2$
$(a^2+2a+1)+1=(a^2-6a+9)+25$
$8a=32$ $\therefore a=4$
따라서 구하는 점 P의 좌표는 $\mathrm{P}(4,\ 0)$이다.

005 정답 ④

해설 점 P의 좌표를 $\mathrm{P}(x,\ y)$라 하면
$\overline{\mathrm{PA}}^2+\overline{\mathrm{PB}}^2$
$=\{(x-1)^2+(y-2)^2\}+\{(x-3)^2+(y-4)^2\}$
$=(x^2-2x+1)+(y^2-4y+4)$
$\quad+(x^2-6x+9)+(y^2-8y+16)$
$=(2x^2-8x)+(2y^2-12y)+30$
$=2(x^2-4x+4-4)+2(y^2-6y+9-9)+30$
$=2(x^2-4x+4)+2(y^2-6y+9)-8-18+30$
$=2(x-2)^2+2(y-3)^2+4$
이므로 $x=2$, $y=3$일 때, $\overline{\mathrm{PA}}^2+\overline{\mathrm{PB}}^2$의 값은 최소가 된다.
따라서 구하는 점 P의 좌표는 $\mathrm{P}(2,\ 3)$이다.

006 정답 ④

해설 점 $\mathrm{P}(a,\ b)$가 직선 $y=x+1$ 위의 점이므로
$b=a+1$
점 $\mathrm{P}(a,\ a+1)$이 두 점 $\mathrm{A}(1,\ 1)$, $\mathrm{B}(4,\ 2)$로부터 같은 거리에 있으므로 $\overline{\mathrm{AP}}=\overline{\mathrm{BP}}$에서 $\overline{\mathrm{AP}}^2=\overline{\mathrm{BP}}^2$
$(a-1)^2+(a+1-1)^2=(a-4)^2+(a+1-2)^2$
$(a^2-2a+1)+a^2=(a^2-8a+16)+(a^2-2a+1)$
$8a=16$ $\therefore a=2$
$a=2$를 $b=a+1$에 대입하면 $b=3$
$\therefore a+b=2+3=5$

007 정답 ②

해설 $A(1, -1)$, $B(6, -2)$, $C(3, -4)$이므로

$\overline{AB} = \sqrt{(6-1)^2 + \{-2-(-1)\}^2} = \sqrt{26}$

$\overline{BC} = \sqrt{(3-6)^2 + \{-4-(-2)\}^2} = \sqrt{13}$

$\overline{CA} = \sqrt{(1-3)^2 + \{-1-(-4)\}^2} = \sqrt{13}$

(i) $\overline{BC} = \overline{CA}$이므로 이등변삼각형이다.

(ii) $\overline{BC}^2 + \overline{CA}^2 = \overline{AB}^2$이므로 피타고라스 정리를 만족한다. 즉, 삼각형 ABC는 직각삼각형이다.

또한 길이가 가장 긴 변은 $\overline{AB}$이고 이 변은 직각삼각형의 빗변이므로 빗변의 대각인 ∠C가 직각이다.

따라서 삼각형 ABC는 $\overline{BC} = \overline{CA}$이고 ∠C=90°인 직각이등변삼각형이므로 ∠ABC=45°이다.

008 정답 ④

해설 세 점 $A(-1, 2)$, $B(0, 3)$, $C(2, -1)$을 꼭짓점으로 하는 △ABC의 외심의 좌표를 $O(a, b)$라 하면 외심 O에서 세 꼭짓점까지의 거리가 모두 같으므로

$\overline{AO} = \overline{BO} = \overline{CO}$

(i) $\overline{AO} = \overline{BO}$에서 $\overline{AO}^2 = \overline{BO}^2$이므로

$\{a-(-1)\}^2 + (b-2)^2 = (a-0)^2 + (b-3)^2$

$(a^2 + 2a + 1) + (b^2 - 4b + 4) = a^2 + (b^2 - 6b + 9)$

$2a + 2b = 4$

$\therefore a + b = 2$ ····· ㉠

(ii) $\overline{AO} = \overline{CO}$에서 $\overline{AO}^2 = \overline{CO}^2$이므로

$\{a-(-1)\}^2 + (b-2)^2 = (a-2)^2 + \{b-(-1)\}^2$

$(a^2 + 2a + 1) + (b^2 - 4b + 4)$

$= (a^2 - 4a + 4) + (b^2 + 2b + 1)$

$6a - 6b = 0$ $\therefore a = b$

$a = b$를 ㉠에 대입하면

$b + b = 2$ $\therefore b = 1, a = 1$

(i), (ii)에서 $ab = 1 \times 1 = 1$

028 선분의 내분

 교과서문제 CHECK 본문 P. 155

001 정답 4

해설 두 점 $A(2)$, $B(6)$을 이은 선분 AB를 $1:1$로 내분하는 점은

$\dfrac{1 \cdot 6 + 1 \cdot 2}{1 + 1} = \dfrac{8}{2} = 4$

002 정답 $\dfrac{10}{3}$

해설 두 점 $A(2)$, $B(6)$을 이은 선분 AB를 $1:2$로 내분하는 점은

$\dfrac{1 \cdot 6 + 2 \cdot 2}{1 + 2} = \dfrac{10}{3}$

003 정답 3

해설 두 점 $A(2)$, $B(6)$을 이은 선분 AB를 $1:3$으로 내분하는 점은

$\dfrac{1 \cdot 6 + 3 \cdot 2}{1 + 3} = \dfrac{12}{4} = 3$

004 정답 5

해설 두 점 $A(2)$, $B(6)$을 이은 선분 AB를 $3:1$로 내분하는 점은

$\dfrac{3 \cdot 6 + 1 \cdot 2}{3 + 1} = \dfrac{20}{4} = 5$

005 정답 $(-1, 4)$

해설 두 점 $A(1, 2)$, $B(-2, 5)$를 이은 선분 AB를 $2:1$로 내분하는 점은

$\left(\dfrac{2 \cdot (-2) + 1 \cdot 1}{2 + 1}, \dfrac{2 \cdot 5 + 1 \cdot 2}{2 + 1} \right)$

$= \left(\dfrac{-3}{3}, \dfrac{12}{3} \right) = (-1, 4)$

006 정답 $(0, 3)$

해설 두 점 $A(1, 2)$, $B(-2, 5)$를 이은 선분 AB를 $1:2$로 내분하는 점은

$\left(\dfrac{1 \cdot (-2) + 2 \cdot 1}{1 + 2}, \dfrac{1 \cdot 5 + 2 \cdot 2}{1 + 2} \right)$

$= \left(\dfrac{0}{3}, \dfrac{9}{3} \right) = (0, 3)$

007 정답 $\left(-\dfrac{1}{2}, \dfrac{7}{2} \right)$

해설 두 점 $A(1, 2)$, $B(-2, 5)$를 이은 선분 AB를 $1:1$로 내분하는 점은

$\left(\dfrac{1 \cdot (-2) + 1 \cdot 1}{1 + 1}, \dfrac{1 \cdot 5 + 1 \cdot 2}{1 + 1} \right)$

$= \left(-\dfrac{1}{2}, \dfrac{7}{2} \right)$

008 정답 $\left(-\dfrac{5}{4}, \dfrac{17}{4} \right)$

해설 두 점 $A(1, 2)$, $B(-2, 5)$를 이은 선분 AB를 $3:1$로 내분하는 점은

$\left(\dfrac{3 \cdot (-2) + 1 \cdot 1}{3 + 1}, \dfrac{3 \cdot 5 + 1 \cdot 2}{3 + 1} \right) = \left(-\dfrac{5}{4}, \dfrac{17}{4} \right)$

009 정답 $(-1, 4)$

해설 두 점 $A(2, 7)$, $B(-3, 2)$를 이은 선분 AB를 $3:2$로 내분하는 점은

$\left(\dfrac{3 \cdot (-3) + 2 \cdot 2}{3 + 2}, \dfrac{3 \cdot 2 + 2 \cdot 7}{3 + 2} \right)$

$$=\left(\frac{-5}{5},\frac{20}{5}\right)=(-1,\,4)$$

010 정답 $(1,\,3)$

해설 두 점 $A(-3,\,1)$, $B(3,\,4)$를 이은 선분 AB를 $2:1$로 내분하는 점은

$$\left(\frac{2\cdot 3+1\cdot(-3)}{2+1},\,\frac{2\cdot 4+1\cdot 1}{2+1}\right)=\left(\frac{3}{3},\,\frac{9}{3}\right)=(1,\,3)$$

011 정답 $(2,\,3)$

해설 두 점 $A(3,\,4)$, $B(-2,\,-1)$을 이은 선분 AB를 $1:4$로 내분하는 점은

$$\left(\frac{1\cdot(-2)+4\cdot 3}{1+4},\,\frac{1\cdot(-1)+4\cdot 4}{1+4}\right)$$
$$=\left(\frac{10}{5},\,\frac{15}{5}\right)=(2,\,3)$$

012 정답 $(-1,\,0)$

해설 두 점 $A(-2,\,1)$, $B(2,\,-3)$을 이은 선분 AB를 $1:3$으로 내분하는 점은

$$\left(\frac{1\cdot 2+3\cdot(-2)}{1+3},\,\frac{1\cdot(-3)+3\cdot 1}{1+3}\right)$$
$$=\left(-\frac{4}{4},\,\frac{0}{4}\right)=(-1,\,0)$$

013 정답 $(3,\,-3)$

해설 두 점 $A(1,\,-2)$, $B(5,\,-4)$를 이은 선분 AB의 중점은

$$\left(\frac{1+5}{2},\,\frac{(-2)+(-4)}{2}\right)=(3,\,-3)$$

014 정답 $D\left(\frac{5}{2},\,2\right)$

해설 두 점 $B(2,\,5)$, $C(3,\,-1)$을 이은 선분 BC의 중점 D는

$$D\left(\frac{2+3}{2},\,\frac{5+(-1)}{2}\right)=D\left(\frac{5}{2},\,\frac{4}{2}\right)=D\left(\frac{5}{2},\,2\right)$$

015 정답 $G_1(1,\,2)$

해설 두 점 $A(-2,\,2)$, $D\left(\frac{5}{2},\,2\right)$를 이은 선분 AD를 $2:1$로 내분하는 점 G_1은

$$G_1\left(\frac{2\cdot\frac{5}{2}+1\cdot(-2)}{2+1},\,\frac{2\cdot 2+1\cdot 2}{2+1}\right)$$
$$=G_1\left(\frac{3}{3},\,\frac{6}{3}\right)=G_1(1,\,2)$$

016 정답 $E\left(\frac{1}{2},\,\frac{1}{2}\right)$

해설 두 점 $A(-2,\,2)$, $C(3,\,-1)$을 이은 선분 AC의 중점 E는

$$E\left(\frac{(-2)+3}{2},\,\frac{2+(-1)}{2}\right)=E\left(\frac{1}{2},\,\frac{1}{2}\right)$$

017 정답 $G_2(1,\,2)$

해설 두 점 $B(2,\,5)$, $E\left(\frac{1}{2},\,\frac{1}{2}\right)$을 이은 선분 BE를 $2:1$로 내분하는 점 G_2는

$$G_2\left(\frac{2\cdot\frac{1}{2}+1\cdot 2}{2+1},\,\frac{2\cdot\frac{1}{2}+1\cdot 5}{2+1}\right)$$
$$=G_2\left(\frac{3}{3},\,\frac{6}{3}\right)=G_2(1,\,2)$$

018 정답 $G(1,\,2)$

해설 세 점 $A(-2,\,2)$, $B(2,\,5)$, $C(3,\,-1)$을 꼭짓점으로 하는 삼각형 ABC의 무게중심 G는

$$G\left(\frac{(-2)+2+3}{3},\,\frac{2+5+(-1)}{3}\right)$$
$$=G\left(\frac{3}{3},\,\frac{6}{3}\right)=G(1,\,2)$$

참고 $G_1=G_2=G$이다.

019 정답 $x=3,\,y=4$

해설 세 점 $A(1,\,2)$, $B(x,\,3)$, $C(-1,\,y)$를 꼭짓점으로 하는 삼각형 ABC의 무게중심이 $G(1,\,3)$이므로

$$G\left(\frac{1+x+(-1)}{3},\,\frac{2+3+y}{3}\right)=G(1,\,3)$$

$\frac{1+x+(-1)}{3}=1$이므로 $x=3$

$\frac{2+3+y}{3}=3$이므로 $y=4$

020 정답 $x=-8,\,y=3$

해설 세 점 $A(4,\,-5)$, $B(-5,\,2)$, $C(x,\,y)$를 꼭짓점으로 하는 삼각형 ABC의 무게중심이 $G(-3,\,0)$이므로

$$G\left(\frac{4+(-5)+x}{3},\,\frac{(-5)+2+y}{3}\right)=G(-3,\,0)$$

$\frac{4+(-5)+x}{3}=-3$이므로

$-1+x=-9$ $\therefore x=-8$

$\frac{(-5)+2+y}{3}=0$이므로

$-3+y=0$ $\therefore y=3$

021 정답 $(2,\,0)$

해설 세 점 $A(2,\,2)$, $B(-2,\,4)$, $C(6,\,-6)$을 꼭짓점으로 하는 삼각형 ABC의 무게중심을 G_1이라 하면

$$G_1\left(\frac{2+(-2)+6}{3},\,\frac{2+4+(-6)}{3}\right)$$
$$=G_1\left(\frac{6}{3},\,\frac{0}{3}\right)=G_1(2,\,0)$$

022 정답 $(2,\,0)$

해설 삼각형 ABC의 세 변 AB, BC, CA를 $m:n\,(m>0,\,n>0)$으로 내분하는 점을 각각 D, E, F 라 할 때, 삼각형 ABC와 삼각형 DEF의 무게중심은 일치한다.

따라서 삼각형 ABC의 각 변의 중점을 꼭짓점으로 하는 삼각형의 무게중심은 삼각형 ABC의 무게중심과 같으므로 $(2, 0)$이다.

별해 $A(2, 2)$, $B(-2, 4)$, $C(6, -6)$에 대하여
선분 AB의 중점 D는
$$D\left(\frac{2+(-2)}{2}, \frac{2+4}{2}\right)=D(0, 3)$$
선분 BC의 중점 E는
$$E\left(\frac{(-2)+6}{2}, \frac{4+(-6)}{2}\right)=E(2, -1)$$
선분 CA의 중점 F는
$$F\left(\frac{6+2}{2}, \frac{(-6)+2}{2}\right)=F(4, -2)$$
따라서 삼각형 DEF의 무게중심을 G_2이라 하면
$$G_2\left(\frac{0+2+4}{3}, \frac{3+(-1)+(-2)}{3}\right)=G_2(2, 0)$$
참고 $G_1=G_2$이다.

 필수유형 CHECK 본문 P. 157

001 ④	002 ②	003 ①	004 ②
005 ④	006 ①	007 ③	008 ⑤

---

001 정답 ④

해설 선분 AB를 $1:3$으로 내분하는 점의 x좌표가 0이므로
$$\frac{1\cdot(-3)+3\cdot a}{1+3}=0$$
$$3a-3=0 \qquad a=1$$

002 정답 ②

해설 두 점 $A(-1, 3)$, $B(4, -2)$를 이은 선분 AB를 $2:3$으로 내분하는 점의 좌표는
$$\left(\frac{2\cdot4+3\cdot(-1)}{2+3}, \frac{2\cdot(-2)+3\cdot3}{2+3}\right)$$
$$=\left(\frac{5}{5}, \frac{5}{5}\right)=(1, 1)$$
이 점 $(1, 1)$이 직선 $y=2x+k$ 위에 있으므로
$y=2x+k$에 $x=1$, $y=1$을 대입하면
$$1=2+k \qquad \therefore k=-1$$

003 정답 ①

해설 $\overline{AB}=3\overline{BP}$이므로 $\overline{AB}:\overline{BP}=3:1$
이것을 그림으로 나타내면 다음과 같다.

P(x, y)라 하면 점 B는 선분 AP를 $3:1$로 내분하는 점이다. 즉,
$$B\left(\frac{3\cdot x+1\cdot3}{3+1}, \frac{3\cdot y+1\cdot(-2)}{3+1}\right)=B(0, 1)$$
$$\frac{3x+3}{4}=0, \frac{3y-2}{4}=1$$
따라서 $x=-1$, $y=2$이므로

$P(-1, 2)$

004 정답 ②

해설 점 A의 좌표를 $A(a, b)$라 하면 삼각형 ABC의 무게중심 G는 두 점 $A(a, b)$, $M(3, 1)$을 이은 중선 AM을 $2:1$로 내분하는 점이므로

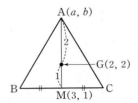

$$G\left(\frac{2\cdot3+1\cdot a}{2+1}, \frac{2\cdot1+1\cdot b}{2+1}\right)=G(2, 2)$$
$$\frac{6+a}{3}=2, \frac{2+b}{3}=2$$
$$6+a=6, 2+b=6 \qquad \therefore a=0, b=4$$
따라서 점 A의 좌표는 $A(0, 4)$이다.

005 정답 ④

해설 $A(0, 0)$, $B(1, 0)$, $C(2, 3)$이고 $P(a, b)$라 하면
$$\overline{PA}^2+\overline{PB}^2+\overline{PC}^2$$
$$=\{(a-0)^2+(b-0)^2\}+\{(a-1)^2+(b-0)^2\}$$
$$\quad+\{(a-2)^2+(b-3)^2\}$$
$$=a^2+b^2+(a^2-2a+1)+b^2+(a^2-4a+4)$$
$$\quad+(b^2-6b+9)$$
$$=(3a^2-6a)+(3b^2-6b)+14$$
$$=3(a^2-2a+1-1)+3(b^2-2b+1-1)+14$$
$$=3(a^2-2a+1)+3(b^2-2b+1)-3-3+14$$
$$=3(a-1)^2+3(b-1)^2+8$$
이때 $\overline{PA}^2+\overline{PB}^2+\overline{PC}^2$의 값은 $a=1$, $b=1$일 때, 최소가 된다.
따라서 구하는 점 P의 좌표는 $P(1, 1)$이므로
$$a+b=1+1=2$$

별해 삼각형 ABC에서 $\overline{PA}^2+\overline{PB}^2+\overline{PC}^2$의 값이 최소가 되는 점 P는 삼각형 ABC의 무게중심이므로 이 문제는 삼각형 ABC의 무게중심의 좌표를 구하면 된다.
$$\therefore P\left(\frac{0+1+2}{3}, \frac{0+0+3}{3}\right)=P(1, 1)$$

참고 사각형 ABCD에서 $\overline{PA}+\overline{PB}+\overline{PC}+\overline{PD}$의 값이 최소가 되는 점 P는 두 대각선의 교점이다.

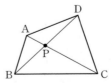

왜냐하면 $\overline{PA}+\overline{PC}$의 값이 최소가 되려면 점 P는 선분 AC 위에 있어야 하고, $\overline{PB}+\overline{PD}$의 값이 최소가 되려면 점 P는 선분 BD 위에 있어야 하기 때문이다.

006 정답 ①

해설 삼각형 ABC와 삼각형 DEF의 무게중심의 좌표가 일치하므로 삼각형 ABC의 무게중심의 좌표는

$$\left(\frac{1+0+2}{3},\ \frac{0+4+2}{3}\right)=\left(\frac{3}{3},\ \frac{6}{3}\right)=(1,\ 2)$$

007 정답 ③

해설 평행사변형의 두 대각선은 서로 다른 것을 이등분하므로 선분 AC의 중점과 선분 BD의 중점이 같아야 한다.

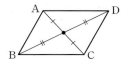

(선분 AC의 중점)$=\left(\dfrac{5+1}{2},\ \dfrac{a+5}{2}\right)$

(선분 BD의 중점)$=\left(\dfrac{b+1}{2},\ \dfrac{3+2}{2}\right)$

이므로

$$\left(\frac{5+1}{2},\ \frac{a+5}{2}\right)=\left(\frac{b+1}{2},\ \frac{3+2}{2}\right)$$

$5+1=b+1$, $a+5=3+2$

$\therefore a=0$, $b=5$

$\therefore a+b=0+5=5$

008 정답 ⑤

해설 세 점 $\mathrm{O}(0,\ 0)$, $\mathrm{A}(8,\ 0)$, $\mathrm{B}(8,\ 6)$을 꼭짓점으로 하는 삼각형 OAB에서

$\overline{\mathrm{OA}}=8$, $\overline{\mathrm{OB}}=\sqrt{8^2+6^2}=10$, $\overline{\mathrm{AB}}=6$

이때 $\overline{\mathrm{OA}}^2+\overline{\mathrm{AB}}^2=\overline{\mathrm{OB}}^2$, 즉 $8^2+6^2=10^2$이므로 피타고라스 정리에 의해 삼각형 OAB는 $\angle\mathrm{A}=90°$인 직각삼각형이다.

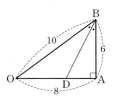

선분 BD는 ∠B의 이등분선이므로

각의 이등분선의 성질에 의해

$\overline{\mathrm{BO}}:\overline{\mathrm{BA}}=\overline{\mathrm{OD}}:\overline{\mathrm{AD}}$

이때 $\overline{\mathrm{OD}}=x$, 즉 점 D의 좌표를 $\mathrm{D}(x,\ 0)$이라 하면

$10:6=x:(8-x)$

$6x=10(8-x)$

$6x=80-10x$

$16x=80$　$\therefore x=5$

따라서 점 D의 좌표는 $\mathrm{D}(5,\ 0)$이다.

별해 $\overline{\mathrm{OB}}=\sqrt{8^2+6^2}=10$, $\overline{\mathrm{AB}}=6$

선분 BD는 ∠A의 이등분선이므로

각의 이등분선의 성질에 의해

$\overline{\mathrm{BO}}:\overline{\mathrm{BA}}=\overline{\mathrm{OD}}:\overline{\mathrm{AD}}=10:6=5:3$

따라서 점 D는 두 점 $\mathrm{O}(0,\ 0)$, $\mathrm{A}(8,\ 0)$을 이은 선분 OA를 $5:3$으로 내분하는 점이므로

$$\mathrm{D}\left(\frac{5\cdot8+3\cdot0}{5+3},\ \frac{5\cdot0+3\cdot0}{5+3}\right)=\mathrm{D}\left(\frac{40}{8},\ \frac{0}{8}\right)=\mathrm{D}(5,\ 0)$$

교과서문제 CHECK　　　　본문 P. 159

001 정답 3

해설 두 점 $\mathrm{A}(0,\ 0)$, $\mathrm{B}(1,\ 3)$을 지나는 직선의 기울기는

$$\frac{3-0}{1-0}=3 \text{ 또는 } \frac{0-3}{0-1}=3$$

002 정답 2

해설 두 점 $\mathrm{A}(1,\ 3)$, $\mathrm{B}(2,\ 5)$를 지나는 직선의 기울기는

$$\frac{5-3}{2-1}=2 \text{ 또는 } \frac{3-5}{1-2}=\frac{-2}{-1}=2$$

003 정답 -3

해설 두 점 $\mathrm{A}(-1,\ 4)$, $\mathrm{B}(1,\ -2)$를 지나는 직선의 기울기는

$$\frac{-2-4}{1-(-1)}=\frac{-6}{2}=-3$$

또는 $\dfrac{4-(-2)}{-1-1}=\dfrac{6}{-2}=-3$

004 정답 -1

해설 두 점 $\mathrm{A}(-2,\ 1)$, $\mathrm{B}(2,\ -3)$을 지나는 직선의 기울기는

$$\frac{-3-1}{2-(-2)}=\frac{-4}{4}=-1$$

또는 $\dfrac{1-(-3)}{-2-2}=\dfrac{4}{-4}=-1$

005 정답 0

해설 두 점 $\mathrm{A}(-2,\ 1)$, $\mathrm{B}(3,\ 1)$을 지나는 직선의 기울기는

$$\frac{1-1}{3-(-2)}=\frac{0}{5}=0$$

또는 $\dfrac{1-1}{-2-3}=\dfrac{0}{-5}=0$

006 정답 기울기가 존재하지 않는다.

해설 두 점 $\mathrm{A}(2,\ -1)$, $\mathrm{B}(2,\ 3)$을 지나는 직선의 기울기는 $\dfrac{3-(-1)}{2-2}=\dfrac{4}{0}$이므로 기울기가 존재하지 않는다.

참고 x축과 수직인 직선의 기울기는 존재하지 않는다.

007 정답 -1

해설 두 점 $A(2, 0)$, $B(0, 2)$를 지나는 직선의 기울기는
$$\frac{2-0}{0-2}=-1 \text{ 또는 } \frac{0-2}{2-0}=-1$$

008 정답 $-\dfrac{1}{2}$

해설 두 점 $A(-4, 0)$, $B(0, -2)$를 지나는 직선의 기울기는
$$\frac{-2-0}{0-(-4)}=\frac{-2}{4}=-\frac{1}{2}$$
또는 $\dfrac{0-(-2)}{-4-0}=\dfrac{2}{-4}=-\dfrac{1}{2}$

009 정답 2 / -2 4

해설 직선 $y=2x+4$의 기울기는 x의 계수 2이고 y절편은 상수항인 4이다.

$y=2x+4$에 $y=0$을 대입하면

$0=2x+4$　　∴ $x=-2$

따라서 x절편은 -2이다.

010 정답 -2 / 3 / 6

해설 $2x+y-6=0$은 $y=-2x+6$이므로 기울기는 x의 계수 -2이고 y절편은 상수항인 6이다.

$2x+y-6=0$에 $y=0$을 대입하면

$2x-6=0$　　∴ $x=3$

따라서 x절편은 3이다.

011 정답 $-\dfrac{3}{2}$ / 2 / 3

해설 $\dfrac{x}{2}+\dfrac{y}{3}=1$의 양변에 분모 2, 3의 최소공배수 6을 곱하면 $3x+2y=6$

$2y=-3x+6$　　∴ $y=-\dfrac{3}{2}x+3$

즉, 기울기는 x의 계수 $-\dfrac{3}{2}$이고 y절편은 상수항인 3이다.

$\dfrac{x}{2}+\dfrac{y}{3}=1$에 $y=0$을 대입하면

$\dfrac{x}{2}=1$　　∴ $x=2$

따라서 x절편은 2이다.

별해 직선 $\dfrac{x}{a}+\dfrac{y}{b}=1$의 x절편은 a, y절편은 b이다.

따라서 직선 $\dfrac{x}{2}+\dfrac{y}{3}=1$의 x절편은 2, y절편은 3이다.

012 정답 $y=2$

해설 점 $(1, 2)$를 지나고 x축에 평행한 직선의 방정식은 $y=2$

별해 x축에 평행하다는 것은 기울기가 0이라는 것을 의미한다.

점 $(1, 2)$를 지나고 기울기가 0인 직선의 방정식은

$y-2=0 \cdot (x-1)$　　∴ $y=2$

013 정답 $x=-2$

해설 점 $(-2, 1)$을 지나고 y축에 평행한 직선의 방정식은 $x=-2$

014 정답 $x=2$

해설 점 $(2, -3)$을 지나고 x축에 수직인 직선의 방정식은 $x=2$

015 정답 $y=1$

해설 점 $(-3, 1)$을 지나고 기울기가 0인 직선의 방정식은

$y-1=0 \cdot \{x-(-3)\}$　　∴ $y=1$

별해 기울기가 0인 직선은 x축에 평행한 직선이다.

따라서 점 $(-3, 1)$을 지나고 x축에 평행한 직선의 방정식은 $y=1$

016 정답 $y=2x+3$

해설 기울기가 2이고 y절편이 3인 직선의 방정식은

$y=2x+3$

017 정답 $y=-x+2$

해설 기울기가 -1이고 점 $(0, 2)$를 지나는 직선의 방정식은

$y-2=(-1) \cdot (x-0)$　　∴ $y=-x+2$

별해 점 $(0, 2)$를 지난다는 것은 y절편이 2라는 것을 의미한다.

따라서 기울기가 -1이고 y절편이 2인 직선의 방정식은

$y=-x+2$

018 정답 $y=3x-3$

해설 x절편이 1이라는 것은 점 $(1, 0)$을 지난다는 의미이다.

따라서 기울기가 3이고 x절편이 1인 직선의 방정식은

$y-0=3(x-1)$

∴ $y=3x-3$

019 정답 $y=-2x-2$

해설 직선 $y=x+1$과 x축 위에서 만난다는 것은 x절편 -1, 즉 점 $(-1, 0)$을 지난다는 의미이다.

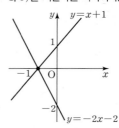

따라서 기울기가 -2이고 점 $(-1, 0)$을 지나는 직선의 방정식은

$y-0=(-2) \cdot \{x-(-1)\}$

∴ $y=-2x-2$

020 정답 $y=2x-1$

해설 기울기가 2이고 점 $(2, 3)$을 지나는 직선의 방정식은

$y-3=2(x-2)$

$\therefore y=2x-1$

021 정답 $y=x+1$

해설 x축의 양의 방향과 이루는 각의 크기가 $45°$이므로

직선의 기울기는 $\tan 45°=\dfrac{1}{1}=1$이다.

따라서 기울기가 1이고 점 $(1, 2)$를 지나는 직선의 방정식은

$y-2=1 \cdot (x-1)$

$\therefore y=x+1$

022 정답 $y=2x+4$

해설 직선 $y=2x+1$의 기울기는 x의 계수 2이다.

따라서 기울기가 2이고 점 $(-1, 2)$를 지나는 직선의 방정식은

$y-2=2 \cdot \{x-(-1)\}$

$\therefore y=2x+4$

023 정답 $y=-2x+3$

해설 x가 1만큼 증가할 때, y가 2만큼 감소하는 직선의

기울기는 $\dfrac{-2}{+1}=-2$이다.

따라서 기울기가 -2이고 점 $(2, -1)$을 지나는 직선의 방정식은

$y-(-1)=(-2) \cdot (x-2)$

$\therefore y=-2x+3$

024 정답 $y=-x+5$

해설 두 점 $A(1, 4)$, $B(3, 2)$를 지나는 직선의 방정식은

$y-4=\dfrac{2-4}{3-1}(x-1) \qquad \therefore y=-x+5$

이 식은 점 $A(1, 4)$의 좌표를 대입한 것이다.

별해 $y-2=\dfrac{2-4}{3-1}(x-3) \qquad \therefore y=-x+5$

이 식은 점 $B(3, 2)$의 좌표를 대입한 것이다.

025 정답 $y=2x-3$

해설 두 점 $A(1, -1)$, $B(3, 3)$을 지나는 직선의 방정식은

$y-(-1)=\dfrac{3-(-1)}{3-1}(x-1) \qquad \therefore y=2x-3$

이 식은 점 $A(1, -1)$의 좌표를 대입한 것이다.

별해 $y-3=\dfrac{3-(-1)}{3-1}(x-3) \qquad \therefore y=2x-3$

이 식은 점 $B(3, 3)$의 좌표를 대입한 것이다.

026 정답 $y=-2x+2$

해설 두 점 $A(1, 0)$, $B(2, -2)$를 지나는 직선의 방정식은

$y-0=\dfrac{-2-0}{2-1}(x-1) \qquad \therefore y=-2x+2$

이 식은 점 $A(1, 0)$의 좌표를 대입한 것이다.

별해 $y-(-2)=\dfrac{-2-0}{2-1}(x-2)$

$\therefore y=-2x+2$

이 식은 점 $B(2, -2)$의 좌표를 대입한 것이다.

027 정답 $y=3x+2$

해설 두 점 $A(-2, -4)$, $B(1, 5)$를 지나는 직선의 방정식은

$y-5=\dfrac{5-(-4)}{1-(-2)}(x-1) \qquad \therefore y=3x+2$

이 식은 점 $B(1, 5)$의 좌표를 대입한 것이다.

별해 $y-(-4)=\dfrac{5-(-4)}{1-(-2)}\{x-(-2)\}$

$\therefore y=3x+2$

이 식은 점 $A(-2, -4)$의 좌표를 대입한 것이다.

028 정답 $x=-2$

해설 두 점 $A(-2, 0)$, $B(-2, 3)$을 지나는 직선의 방정식은 두 점의 x좌표가 같으므로

$x=-2$

029 정답 $y=1$

해설 두 점 $A(-3, 1)$, $B(4, 1)$을 지나는 직선의 방정식은 두 점의 y좌표가 같으므로

$y=1$

030 정답 $y=-2x+4$

해설 x절편이 2이고 y절편이 4인 직선의 방정식은

$\dfrac{x}{2}+\dfrac{y}{4}=1$

이 식의 양변에 분모 2, 4의 최소공배수 4를 곱하면

$2x+y=4 \qquad \therefore y=-2x+4$

별해 x절편이 2이므로 이 직선은 점 $(2, 0)$을 지난다.

또한 y절편이 4이므로 이 직선은 점 $(0, 4)$를 지난다.

따라서 두 점 $(2, 0)$, $(0, 4)$를 지나는 직선의 방정식은

$y-0=\dfrac{4-0}{0-2}(x-2) \qquad \therefore y=-2x+4$

031 정답 $y=\dfrac{1}{2}x+1$

해설 x절편이 -2이고 y절편이 1인 직선의 방정식은

$\dfrac{x}{-2}+\dfrac{y}{1}=1 \qquad \therefore y=\dfrac{1}{2}x+1$

별해 x절편이 -2이므로 이 직선은 점 $(-2, 0)$을 지난다.

또한 y절편이 1이므로 이 직선은 점 $(0, 1)$을 지난다.

따라서 두 점 $(-2, 0)$, $(0, 1)$을 지나는 직선의 방정식은

$$y - 0 = \frac{1-0}{0-(-2)}\{x-(-2)\}$$

$$\therefore y = \frac{1}{2}x + 1$$

032 정답 $y = -\frac{2}{3}x - 2$

해설 x절편이 -3이고 y절편이 -2인 직선의 방정식은

$$\frac{x}{-3} + \frac{y}{-2} = 1 \quad \therefore \frac{x}{3} + \frac{y}{2} = -1$$

이 식의 양변에 분모 3, 2의 최소공배수 6을 곱하면

$$2x + 3y = -6 \quad \therefore y = -\frac{2}{3}x - 2$$

별해 x절편이 -3이므로 이 직선은 점 $(-3, 0)$을 지난다.

y절편이 -2이므로 이 직선은 점 $(0, -2)$를 지난다.

따라서 두 점 $(-3, 0)$, $(0, -2)$를 지나는 직선의 방정식은

$$y - 0 = \frac{-2-0}{0-(-3)}\{x-(-3)\}$$

$$\therefore y = -\frac{2}{3}x - 2$$

필수유형 CHECK 본문 P. 161

001 ③   **002** ⑤   **003** ⑤   **004** ②
005 ③   **006** ④   **007** ③   **008** ④

---

001 정답 ③

해설 두 점 $(-1, 2)$, $(3, 4)$를 이은 선분의 중점은

$$\left(\frac{-1+3}{2}, \frac{2+4}{2}\right) = (1, 3)$$

따라서 기울기가 2이고 점 $(1, 3)$을 지나는 직선의 방정식은

$$y - 3 = 2(x-1) \quad \therefore y = 2x + 1$$

$$\therefore a = 2, b = 1$$

$$\therefore a - b = 2 - 1 = 1$$

002 정답 ⑤

해설 점 $(\sqrt{3}, 1)$을 지나고 기울기가 $\tan 60° = \frac{\sqrt{3}}{1} = \sqrt{3}$

인 직선의 방정식은

$$y - 1 = \sqrt{3}(x - \sqrt{3})$$

$$\therefore y = \sqrt{3}x - 2$$

이 직선이 점 $(a, 4)$를 지나므로

$$4 = \sqrt{3}a - 2, \ \sqrt{3}a = 6$$

$$\therefore a = \frac{6}{\sqrt{3}} = \frac{6\sqrt{3}}{\sqrt{3}\sqrt{3}} = 2\sqrt{3}$$

003 정답 ⑤

해설 점 $(2, 2)$를 지나고 기울기가 -2인 직선의 방정식은

$$y - 2 = -2(x - 2)$$

$$\therefore y = -2x + 6$$

이 직선의 y절편은 $y = 6$

이 직선의 x절편은 $0 = -2x + 6$에서 $x = 3$

직선 $y = -2x + 6$과 x축, y축으로 둘러싸인 삼각형은 세 점 $(0, 0)$, $(3, 0)$, $(0, 6)$을 꼭짓점으로 하는 삼각형이므로 그 넓이 S는

$$S = \frac{1}{2} \cdot 3 \cdot 6 = 9$$

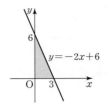

004 정답 ②

해설 x절편이 4이고 y절편이 6인 직선의 방정식은

$$\frac{x}{4} + \frac{y}{6} = 1$$

이때 이 직선이 점 $(2k, 2-k)$를 지나므로

$$\frac{2k}{4} + \frac{2-k}{6} = 1$$

이 식의 양변에 6을 곱하면

$$3k + (2-k) = 6$$

$$2k = 4 \quad \therefore k = 2$$

005 정답 ③

해설 $(k+1)x + (1-k)y + k - 3 = 0$을 k에 대하여 정리하면

$$(x - y + 1)k + (x + y - 3) = 0$$

이 식이 k의 값에 관계없이 항상 성립해야 하므로, 즉 k에 대한 항등식이 되어야 하므로

$$x - y + 1 = 0, \ x + y - 3 = 0$$

두 식을 변끼리 더하면

$$2x - 2 = 0 \quad \therefore x = 1$$

$x = 1$을 $x - y + 1 = 0$에 대입하면

$$1 - y + 1 = 0 \quad \therefore y = 2$$

따라서 주어진 직선은 실수 k의 값에 관계없이 항상 점 $(1, 2)$를 지난다.

$$\therefore a = 1, b = 2$$

$$\therefore a^2 + b^2 = 1 + 4 = 5$$

별해 $(k+1)x + (1-k)y + k - 3 = 0$ ······ ㉠

이 실수 k의 값에 관계없이 항상 성립하는 항등식이므로

㉠에 $k = 1$을 대입하면

$$2x - 2 = 0 \quad \therefore x = 1$$

㉠에 $k = -1$을 대입하면

$$2y - 4 = 0 \quad \therefore y = 2$$

따라서 직선 ㉠은 실수 k의 값에 관계없이 항상 점 $(1, 2)$를 지난다.

$$\therefore a=1, b=2$$
$$\therefore a^2+b^2=1+4=5$$

006 정답 ④

해설 삼각형에서 한 꼭짓점과 그 대변의 중점을 지나는 직선은 삼각형의 넓이를 이등분한다.

즉, 꼭짓점 A를 지나면서 삼각형 ABC의 넓이를 이등분하는 직선은 변 BC의 중점을 지나야 한다.

이때 변 BC의 중점은 $\left(\dfrac{-2+4}{2}, \dfrac{2+0}{2}\right)$, 즉 $(1, 1)$이다.

따라서 두 점 $A(2, 3)$, $(1, 1)$을 지나는 직선의 방정식은

$$y-1=\dfrac{1-3}{1-2}(x-1) \qquad \therefore y=2x-1$$

007 정답 ③

해설 두 직사각형의 넓이를 동시에 이등분하는 직선은 각각의 직사각형의 대각선의 교점을 동시에 지나야 한다.

(i) 제1사분면에 있는 직사각형의 두 대각선의 교점은 두 점 $(1, 1)$, $(3, 5)$의 중점이다.
$$\left(\dfrac{1+3}{2}, \dfrac{1+5}{2}\right)=(2, 3)$$

(ii) 제3사분면에 있는 직사각형의 두 대각선의 교점은 두 점 $(-1, -1)$, $(-3, -3)$의 중점이다.
$$\left(\dfrac{-1-3}{2}, \dfrac{-1-3}{2}\right)=(-2, -2)$$

따라서 구하는 직선의 기울기는 두 점 $(2, 3)$, $(-2, -2)$를 지나는 직선의 기울기이므로

$$\dfrac{-2-3}{-2-2}=\dfrac{5}{4}$$

$$\therefore a=5, b=4$$

$$\therefore a+b=5+4=9$$

참고 사각형의 넓이를 이등분하는 직선의 방정식을 구할 때, 다음 개념을 이용한다.

(1) 직사각형의 넓이를 이등분하는 직선은 두 대각선의 교점을 지난다.

(2) 평행사변형의 넓이를 이등분하는 직선은 두 대각선의 교점을 지난다.

(3) 두 직사각형의 넓이를 동시에 이등분하는 직선은 각각의 직사각형의 대각선의 교점을 동시에 지난다.

008 정답 ④

해설 두 점 $(1, a)$, $(a, 7)$을 지나는 직선의 기울기와 두 점 $(a, 7)$, $(5, 11)$을 지나는 직선의 기울기가 서로 같아야 하므로

$$\dfrac{7-a}{a-1}=\dfrac{11-7}{5-a}$$

$$(7-a)(5-a)=4(a-1)$$
$$35-12a+a^2=4a-4$$
$$a^2-16a+39=0$$
$$(a-3)(a-13)=0$$
$$\therefore a=3 \text{ 또는 } a=13$$

따라서 구하는 모든 실수 a의 값의 합은

$$3+13=16$$

참고 이차방정식 $a^2-16a+39=0$에서 모든 실수 a의 값의 합은 이차방정식의 근과 계수의 관계에 의해

$$(\text{두 근의 합})=-\dfrac{-16}{1}=16 \text{이다.}$$

030 두 직선의 위치 관계

교과서문제 CHECK
본문 P. 163

001 정답 $k=0$

해설 두 직선 $y=mx+n$, $y=m'x+n'$이 서로 평행하려면 $m=m'$이고 $n\neq n'$이어야 한다.

두 직선 $y=x+2$, $y=(k+1)x+3$이 서로 평행하므로

$$k+1=1 \qquad \therefore k=0$$

002 정답 $k=-2$

해설 두 직선 $y=(-2k-1)x+3$, $y=(-k+1)x+2$가 서로 평행하므로

$$-2k-1=-k+1$$

$$\therefore k=-2$$

003 정답 $k=-4$

해설 두 직선 $ax+by+c=0$, $a'x+b'y+c'=0$이 서로 평행하려면 $\dfrac{a}{a'}=\dfrac{b}{b'}\neq\dfrac{c}{c'}$이어야 한다.

두 직선 $2x-y+1=0$, $kx+2y+3=0$이 서로 평행하므로

$$\dfrac{2}{k}=\dfrac{-1}{2}\neq\dfrac{1}{3}$$

(i) $\dfrac{2}{k}=\dfrac{-1}{2}$에서 $k=-4$

(ii) $\dfrac{2}{k}\neq\dfrac{1}{3}$에서 $k\neq6$

(i), (ii)에서 $k=-4$

별해 $2x-y+1=0$에서 $y=2x+1$

$kx+2y+3=0$에서 $y=-\dfrac{k}{2}x-\dfrac{3}{2}$

두 직선 $y=2x+1$, $y=-\dfrac{k}{2}x-\dfrac{3}{2}$이 서로 평행하므로

$$2=-\dfrac{k}{2} \qquad \therefore k=-4$$

004 정답 $k=2$

해설 두 직선 $kx-2y-2=0$, $x+(1-k)y+2=0$이
서로 평행하므로

$$\frac{k}{1}=\frac{-2}{1-k}\neq\frac{-2}{2}$$

(i) $\dfrac{k}{1}=\dfrac{-2}{1-k}$에서 $k(1-k)=-2$

　　$k^2-k-2=0$, $(k+1)(k-2)=0$

　　$\therefore k=-1$ 또는 $k=2$

(ii) $\dfrac{k}{1}\neq\dfrac{-2}{2}$에서 $2k\neq-2$

　　$\therefore k\neq-1$

(i), (ii)에서 $k=2$

별해 $kx-2y-2=0$에서 $y=\dfrac{k}{2}x-1$

$x+(1-k)y+2=0$에서 $y=\dfrac{1}{k-1}x+\dfrac{2}{k-1}$

두 직선 $y=\dfrac{k}{2}x-1$, $y=\dfrac{1}{k-1}x+\dfrac{2}{k-1}$가 서로 평행하

므로

(i) $\dfrac{k}{2}=\dfrac{1}{k-1}$에서

　　$k(k-1)=2$, $k^2-k-2=0$

　　$(k+1)(k-2)=0$　　$\therefore k=-1$ 또는 $k=2$

(ii) $-1\neq\dfrac{2}{k-1}$에서

　　$k-1\neq-2$　　$\therefore k\neq-1$

(i), (ii)에서 $k=2$

005 정답 $k=-2$

해설 두 직선 $y=mx+n$, $y=m'x+n'$이 서로 수직이
려면 $mm'=-1$이어야 한다.

두 직선 $y=x+3$, $y=(k+1)x+2$가 서로 수직이므로

$1\cdot(k+1)=-1$

$\therefore k=-2$

006 정답 $k=-1$ 또는 $k=2$

해설 두 직선 $y=\dfrac{k}{2}x-1$, $y=(1-k)x+1$이 서로 수직

이므로

$$\frac{k}{2}\cdot(1-k)=-1$$

$k-k^2=-2$, $k^2-k-2=0$

$(k+1)(k-2)=0$

$\therefore k=-1$ 또는 $k=2$

007 정답 $k=6$

해설 두 직선 $ax+by+c=0$, $a'x+b'y+c'=0$이 서로
수직이려면 $aa'+bb'=0$이어야 한다.

두 직선 $x-2y+3=0$, $kx+3y+1=0$이 서로 수직이므
로

$1\cdot k+(-2)\cdot 3=0$

$\therefore k=6$

별해 $x-2y+3=0$에서 $y=\dfrac{1}{2}x+\dfrac{3}{2}$

$kx+3y+1=0$에서 $y=-\dfrac{k}{3}x-\dfrac{1}{3}$

두 직선 $y=\dfrac{1}{2}x+\dfrac{3}{2}$, $y=-\dfrac{k}{3}x-\dfrac{1}{3}$이 서로 수직이므로

$$\frac{1}{2}\cdot\left(-\frac{k}{3}\right)=-1　　\therefore k=6$$

008 정답 $k=1$

해설 두 직선 $kx+y+1=0$, $(k-2)x+y-3=0$이 서
로 수직이므로

$k\cdot(k-2)+1\cdot 1=0$

$k^2-2k+1=0$

$(k-1)^2=0$　　$\therefore k=1$

별해 $kx+y+1=0$에서 $y=-kx-1$

$(k-2)x+y-3=0$에서 $y=(2-k)x+3$

두 직선 $y=-kx-1$, $y=(2-k)x+3$이 서로 수직이
므로

$(-k)\cdot(2-k)=-1$

$k^2-2k+1=0$

$(k-1)^2=0$　　$\therefore k=1$

009 정답 $y=2x-5$

해설 직선 $y=2x+3$에 평행한 직선의 기울기는 2이다.

이 직선이 점 $(3, 1)$을 지나므로 구하는 직선의 방정식은

$y-1=2(x-3)$

$\therefore y=2x-5$

010 정답 $y=-2x+7$

해설 직선 $2x+y-1=0$, 즉 $y=-2x+1$에 평행한 직
선의 기울기는 -2이다.

이 직선이 점 $(3, 1)$을 지나므로 구하는 직선의 방정식은

$y-1=-2(x-3)$

$\therefore y=-2x+7$

011 정답 $x=3$

해설 직선 $x=1$은 y축에 평행한 직선이다.

따라서 y축에 평행하고 점 $(3, 1)$을 지나는 직선의 방정
식은

$x=3$

012 정답 $y=1$

해설 직선 $y=-2$는 x축에 평행한 직선이다.

따라서 x축에 평행하고 점 $(3, 1)$을 지나는 직선의 방정
식은

$y=1$

013 정답 $y=\dfrac{1}{2}x-4$

해설 직선 $y=-2x+1$에 수직인 직선의 기울기는 $\dfrac{1}{2}$이다.

이 직선이 점 $(2, -3)$을 지나므로 구하는 직선의 방정식은
$$y-(-3)=\frac{1}{2}(x-2)$$
$$\therefore y=\frac{1}{2}x-4$$

014 정답 $y=-2x+1$

해설 직선 $x-2y+4=0$, 즉 $y=\frac{1}{2}x+2$에 수직인 직선의 기울기는 -2이다.

이 직선이 점 $(2, -3)$을 지나므로 구하는 직선의 방정식은
$$y-(-3)=-2(x-2)$$
$$\therefore y=-2x+1$$

015 정답 $y=-3$

해설 직선 $x=-1$은 y축에 평행한 직선이므로 이 직선과 수직인 직선은 x축에 평행한 직선이다.

따라서 x축에 평행하고 점 $(2, -3)$을 지나는 직선의 방정식은
$$y=-3$$

016 정답 $x=2$

해설 직선 $y=4$는 x축에 평행한 직선이므로 이 직선과 수직인 직선은 y축에 평행한 직선이다.

따라서 y축에 평행하고 점 $(2, -3)$을 지나는 직선의 방정식은
$$x=2$$

017 정답 $y=-x+7$

해설 두 점 $A(2, 3)$, $B(4, 5)$를 이은 선분 AB의 수직이등분선은

(i) 선분 AB의 기울기가 $\frac{5-3}{4-2}=1$이므로 수직이등분선의 기울기는 -1이다.

(ii) 선분 AB의 중점은 $\left(\frac{2+4}{2}, \frac{3+5}{2}\right)$, 즉 $(3, 4)$이다.

따라서 기울기가 -1이고 점 $(3, 4)$를 지나는 직선의 방정식은
$$y-4=(-1)\cdot(x-3)\qquad\therefore y=-x+7$$

018 정답 $y=x-3$

해설 두 점 $A(1, 0)$, $B(3, -2)$를 이은 선분 AB의 수직이등분선은

(i) 선분 AB의 기울기가 $\frac{-2-0}{3-1}=-1$이므로 수직이등분선의 기울기는 1이다.

(ii) 선분 AB의 중점은 $\left(\frac{1+3}{2}, \frac{0+(-2)}{2}\right)$, 즉 $(2, -1)$이다.

따라서 기울기가 1이고 점 $(2, -1)$을 지나는 직선의 방정식은

$$y-(-1)=1\cdot(x-2)\qquad\therefore y=x-3$$

019 정답 $y=3x+1$

해설 두 점 $A(-2, 5)$, $B(4, 3)$을 이은 선분 AB의 수직이등분선은

(i) 선분 AB의 기울기가 $\frac{3-5}{4-(-2)}=-\frac{1}{3}$이므로 수직이등분선의 기울기는 3이다.

(ii) 선분 AB의 중점은 $\left(\frac{(-2)+4}{2}, \frac{5+3}{2}\right)$, 즉 $(1, 4)$이다.

따라서 기울기가 3이고 점 $(1, 4)$를 지나는 직선의 방정식은
$$y-4=3(x-1)\qquad\therefore y=3x+1$$

020 정답 -2

해설 세 직선이 삼각형을 이루지 않을 때는 적어도 두 직선이 서로 평행하거나 세 직선이 한 점에서 만날 때이다. 여기서 적어도 두 직선이 서로 평행하다는 것은 어느 두 직선이 서로 평행하거나 세 직선 모두 평행한 경우를 말한다. 그러나 두 직선 $y=-x$, $y=x-2$의 기울기 -1, 1이 서로 다르므로 두 직선은 서로 평행하지 않고 한 점에서 만난다.

따라서 세 직선이 모두 평행한 경우는 없으므로 두 직선이 서로 평행한 경우와 세 직선이 한 점에서 만나는 경우만 생각하면 된다.

(i) 두 직선이 서로 평행한 경우

ⓐ 두 직선 $y=-x$, $y=kx+1$이 평행할 때
$$k=-1$$

ⓑ 두 직선 $y=x-2$, $y=kx+1$이 평행할 때
$$k=1$$

(ii) 세 직선이 한 점에서 만나는 경우

세 직선이 한 점에서 만난다는 것은 직선 $y=kx+1$이 두 직선 $y=-x$, $y=x-2$의 교점을 지나는 경우를 말한다.

두 직선 $y=-x$, $y=x-2$의 교점은
$$-x=x-2, 2x=2\qquad\therefore x=1$$
$x=1$을 $y=-x$에 대입하면 $y=-1$

따라서 두 직선 $y=-x$, $y=x-2$의 교점은 $(1, -1)$이다.

결국 직선 $y=kx+1$이 교점 $(1, -1)$을 지나므로
$$-1=k+1\qquad\therefore k=-2$$

(i), (ii)에서 모든 실수 k의 값의 합은
$$(-1)+1+(-2)=-2$$

021 정답 $\frac{3}{2}$

해설 세 직선이 삼각형을 이루지 않을 때는 적어도 두 직선이 서로 평행하거나 세 직선이 한 점에서 만날 때이다. 여기서 적어도 두 직선이 서로 평행하다는 것은 어느 두 직선이 서로 평행하거나 세 직선 모두 평행한 경우를 말한

다. 그러나 두 직선 $x+2y=0$, $x-y+3=0$,

즉 $y=-\dfrac{1}{2}x$, $y=x+3$의 기울기 $-\dfrac{1}{2}$, 1이 서로 다르므로 두 직선은 서로 평행하지 않고 한 점에서 만난다.

따라서 세 직선이 모두 평행한 경우는 없으므로 두 직선이 서로 평행한 경우와 세 직선이 한 점에서 만나는 경우만 생각하면 된다.

(i) 두 직선이 서로 평행한 경우

　ⓐ 두 직선 $x+2y=0$, $kx+y+k+1=0$이 평행할 때

　　$\dfrac{1}{k}=\dfrac{2}{1}$　　$\therefore k=\dfrac{1}{2}$

　ⓑ 두 직선 $x-y+3=0$, $kx+y+k+1=0$이 평행할 때

　　$\dfrac{1}{k}=\dfrac{-1}{1}$　　$\therefore k=-1$

(ii) 세 직선이 한 점에서 만나는 경우

　세 직선이 한 점에서 만난다는 것은 직선 $kx+y+k+1=0$이 두 직선 $x+2y=0$, $x-y+3=0$의 교점을 지나는 경우를 말한다.

　두 직선

　$x+2y=0$　　…… ㉠, $x-y+3=0$　　…… ㉡

　의 교점은 ㉠-㉡을 하면

　$3y-3=0$　　$\therefore y=1$

　$y=1$을 ㉠에 대입하면 $x+2=0$　　$\therefore x=-2$

　따라서 두 직선 $x+2y=0$, $x-y+3=0$의 교점은 $(-2, 1)$이다.

　결국 직선 $kx+y+k+1=0$이 교점 $(-2, 1)$을 지나므로

　$-2k+1+k+1=0$　　$\therefore k=2$

(i), (ii)에서 모든 실수 k의 값의 합은

$\dfrac{1}{2}+(-1)+2=\dfrac{3}{2}$

022 정답 $P(2, -1)$

해설 $(x-2)k+(y+1)=0$이 실수 k의 값에 관계없이 항상 성립하므로 이 식은 k에 대한 항등식이다.

$(x-2)k+(y+1)=0$이 k에 대한 항등식이 되려면

$x-2=0$, $y+1=0$　　$\therefore x=2, y=-1$

두 직선 $x=2, y=-1$이 만나는 점은 $(2, -1)$이다.

따라서 직선 $(x-2)k+(y+1)=0$이 실수 k의 값에 관계없이 항상 지나는 점 P의 좌표는 $P(2, -1)$이다.

023 정답 $P(2, 3)$

해설 $(x-2)k+(-x+y-1)=0$이 실수 k의 값에 관계없이 항상 성립하므로 이 식은 k에 대한 항등식이다.

$(x-2)k+(-x+y-1)=0$이 k에 대한 항등식이 되려면

$x-2=0$, $-x+y-1=0$

$x-2=0$에서 $x=2$

$x=2$를 $-x+y-1=0$에 대입하면

$-2+y-1=0$　　$\therefore y=3$

두 직선 $x=2, y=3$이 만나는 점은 $(2, 3)$이다.

따라서 직선 $(x-2)k+(-x+y-1)=0$이 실수 k의 값에 관계없이 항상 지나는 점 P의 좌표는 $P(2, 3)$이다.

024 정답 $P(-2, 3)$

해설 $kx+y+2k-3=0$이 실수 k의 값에 관계없이 항상 성립하므로 이 식은 k에 대한 항등식이다.

이 식을 k에 대하여 정리하면

$(x+2)k+(y-3)=0$

이 식이 k에 대한 항등식이 되려면

$x+2=0$, $y-3=0$　　$\therefore x=-2, y=3$

두 직선 $x=-2, y=3$이 만나는 점은 $(-2, 3)$이다.

따라서 직선 $kx+y+2k-3=0$이 실수 k의 값에 관계없이 항상 지나는 점 P의 좌표는 $P(-2, 3)$이다.

025 정답 $P(1, 2)$

해설 $(k+1)x+(1-k)y+k-3=0$이 실수 k의 값에 관계없이 항상 성립하므로 이 식은 k에 대한 항등식이다.

이 식을 k에 대하여 정리하면

$(x-y+1)k+(x+y-3)=0$

이 식이 k에 대한 항등식이 되려면

$x-y+1=0$, $x+y-3=0$

이 두 식을 변끼리 더하면

$2x-2=0$　　$\therefore x=1$

$x=1$을 $x-y+1=0$에 대입하면

$1-y+1=0$　　$\therefore y=2$

두 직선 $x=1, y=2$가 만나는 점은 $(1, 2)$이다.

따라서 $(k+1)x+(1-k)y+k-3=0$이 실수 k의 값에 관계없이 항상 지나는 점 P의 좌표는 $P(1, 2)$이다.

026 정답 $3x-y=0$

해설 두 직선 $x+y-2=0$, $x-y+1=0$의 교점을 지나는 직선의 방정식은

$(x+y-2)+k(x-y+1)=0$ (단, k는 실수)

이 직선이 점 $P(0, 0)$을 지나므로 $x=0, y=0$을 대입하면

$-2+k=0$　　$\therefore k=2$

$k=2$를 $(x+y-2)+k(x-y+1)=0$에 대입하면

$(x+y-2)+(2x-2y+2)=0$

$\therefore 3x-y=0$

별해 두 직선 $x+y-2=0$, $x-y+1=0$의

교점 $\left(\dfrac{1}{2}, \dfrac{3}{2}\right)$과 점 $P(0, 0)$을 지나는 직선의 방정식은

$y-0=\dfrac{\dfrac{3}{2}-0}{\dfrac{1}{2}-0}(x-0)$　　$\therefore y=3x$

$\therefore 3x-y=0$

027 정답 $-x+2y+1=0$ 또는 $x-2y-1=0$

해설 두 직선 $x+y+1=0$, $-2x+y=0$의 교점을 지나는 직선의 방정식은

$(x+y+1)+k(-2x+y)=0$ (단, k는 실수)

이 직선이 점 $P(1, 0)$을 지나므로 $x=1$, $y=0$을 대입하면
$2-2k=0$ $\therefore k=1$
$k=1$을 $(x+y+1)+k(-2x+y)=0$에 대입하면
$(x+y+1)+(-2x+y)=0$
$\therefore -x+2y+1=0$

참고 두 직선 $x+y+1=0$, $-2x+y=0$의 교점을 지나는 직선의 방정식을 $k(x+y+1)+(-2x+y)=0$으로 놓아도 똑같은 결과를 얻는다.

028 정답 $x-3y+4=0$

해설 두 직선 $x+2y-3=0$, $2x-y+1=0$의 교점을 지나는 직선의 방정식은
$(x+2y-3)+k(2x-y+1)=0$ (단, k는 실수)
이 직선이 점 $P(-1, 1)$을 지나므로 $x=-1$, $y=1$을 대입하면
$-2-2k=0$ $\therefore k=-1$
$k=-1$을 $(x+2y-3)+k(2x-y+1)=0$에 대입하면
$(x+2y-3)-(2x-y+1)=0$
$-x+3y-4=0$ $\therefore x-3y+4=0$

참고 두 직선 $x+2y-3=0$, $2x-y+1=0$의 교점을 지나는 직선의 방정식을 $k(x+2y-3)+(2x-y+1)=0$으로 놓아도 똑같은 결과를 얻는다.

필수유형 CHECK
본문 P. 165

001 ②	**002** ③	**003** ②	**004** ③
005 ①	**006** ①	**007** ②	**008** ③

001 정답 ②

해설 두 직선 $x+ay-1=0$, $(a+1)x+2y-2=0$이 한 점에서 만나려면 기울기가 서로 달라야 하므로
$\frac{1}{a+1} \neq \frac{a}{2}$, $a(a+1) \neq 2$, $a^2+a-2 \neq 0$
$(a+2)(a-1) \neq 0$ $\therefore a \neq -2$이고 $a \neq 1$
따라서 $\alpha=-2$, $\beta=1$ 또는 $\alpha=1$, $\beta=-2$이므로
$\alpha+\beta=(-2)+1=-1$

002 정답 ③

해설 (i) 두 직선 $x+ay+2=0$, $3x-by+4=0$이 서로 수직이므로
$1 \cdot 3 + a \cdot (-b) = 0$ $\therefore ab=3$ ...... ㉠
(ii) 두 직선 $x+ay+2=0$, $x-(b-3)y-2=0$이 서로 평행하므로
$\frac{1}{1} = \frac{a}{-(b-3)} \neq \frac{2}{-2}$, 즉 $\frac{1}{1} = \frac{a}{3-b} \neq \frac{2}{-2}$
$\frac{1}{1} = \frac{a}{3-b}$에서 $a=3-b$ $\therefore a+b=3$ ...... ㉡
㉠, ㉡에서 $a^2+b^2=(a+b)^2-2ab=3^2-2 \cdot 3=3$

참고 $\frac{a}{3-b} \neq \frac{2}{-2}$에서 $-2a \neq 6-2b$ $\therefore a-b \neq -3$

003 정답 ②

해설 점 $A(3, 2)$에서 직선 $y=x+1$에 내린 수선의 발은 점 $A(3, 2)$를 지나고 직선 $y=x+1$과 수직인 직선이 직선 $y=x+1$과 만나는 점이다.

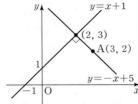

직선 $y=x+1$과 수직인 직선의 기울기는 -1이다.
기울기가 -1이고 점 $A(3, 2)$를 지나는 직선의 방정식은
$y-2=(-1) \cdot (x-3)$ $\therefore y=-x+5$
두 직선 $y=x+1$, $y=-x+5$가 만나는 점을 구하면
$x+1=-x+5$ $\therefore x=2$
$x=2$를 $y=x+1$에 대입하면 $y=3$
따라서 구하는 수선의 발의 좌표는 $(2, 3)$이다.

별해 수선의 발의 좌표를 $H(a, b)$라 하면
(i) 점 $H(a, b)$는 직선 $y=x+1$ 위의 점이므로
$b=a+1$ ...... ㉠
(ii) 직선 $\overleftrightarrow{AH}$와 직선 $y=x+1$이 서로 수직이므로
$\frac{b-2}{a-3} \times 1 = -1$
$b-2=-(a-3)$ $\therefore a+b=5$ ...... ㉡
㉠, ㉡을 연립하여 풀면 $a=2$, $b=3$
$\therefore H(2, 3)$

004 정답 ③

해설 두 점 $A(1, 3)$, $B(-3, 7)$을 이은 선분 AB를 $3:1$로 내분하는 점 C의 좌표는
$\left(\frac{3 \cdot (-3)+1 \cdot 1}{3+1}, \frac{3 \cdot 7+1 \cdot 3}{3+1} \right) = (-2, 6)$
직선 AB의 기울기는 $\frac{7-3}{-3-1} = -1$이므로 직선 AB와 수직인 직선의 기울기는 1이다.
따라서 점 $(-2, 6)$을 지나고 기울기가 1인 직선의 방정식은
$y-6=1 \cdot \{x-(-2)\}$ $\therefore y=x+8$
이 식과 $y=ax+b$가 일치하므로
$a=1$, $b=8$ $\therefore a+b=1+8=9$

005 정답 ①

해설 두 점 $A(-4, 3)$, $B(2, -1)$을 이은 선분 AB의 수직이등분선은
(i) 선분 AB의 기울기가 $\frac{-1-3}{2-(-4)} = -\frac{2}{3}$이므로 수직이등분선의 기울기는 $\frac{3}{2}$이다.
(ii) 선분 AB의 중점은 $\left(\frac{(-4)+2}{2}, \frac{3+(-1)}{2} \right)$, 즉 $(-1, 1)$이다.

따라서 기울기가 $\dfrac{3}{2}$이고 점 $(-1, 1)$을 지나는 직선의 방정식은

$y-1=\dfrac{3}{2}\{x-(-1)\}$, $y-1=\dfrac{3}{2}(x+1)$

$2y-2=3(x+1)$ $\qquad \therefore 3x-2y+5=0$

이 식과 $ax+by+5=0$이 일치하므로

$a=3$, $b=-2$ $\qquad \therefore a+b=3+(-2)=1$

006 정답 ①

해설 $y=-3x+5$에서 $3x+y-5=0$

$y=x+1$에서 $x-y+1=0$

두 직선 $3x+y-5=0$, $x-y+1=0$의 교점을 지나는 직선의 방정식은

$(3x+y-5)+k(x-y+1)=0$ (단, k는 실수)

이 직선이 점 $(1, 1)$을 지나므로 $x=1$, $y=1$을 대입하면

$-1+k=0$ $\qquad \therefore k=1$

$k=1$을 $(3x+y-5)+k(x-y+1)=0$에 대입하면

$(3x+y-5)+(x-y+1)=0$

$4x-4=0$ $\qquad \therefore x=1$

이 식과 $ax+by=1$이 일치하므로

$a=1$, $b=0$ $\qquad \therefore a+b=1+0=1$

007 정답 ②

해설 세 직선이 삼각형을 이루지 않을 때는 적어도 두 직선이 서로 평행하거나 세 직선이 한 점에서 만날 때이다. 여기서 적어도 두 직선이 서로 평행하다는 것은 어느 두 직선이 서로 평행하거나 세 직선 모두 평행한 경우를 말한다. 그러나 두 직선 $x+2y-5=0$,

$2x-3y+4=0$의 기울기 $-\dfrac{1}{2}$, $\dfrac{2}{3}$가 서로 다르므로 두 직선은 서로 평행하지 않고 한 점에서 만난다.

따라서 세 직선이 모두 평행한 경우는 없으므로 두 직선이 서로 평행한 경우와 세 직선이 한 점에서 만나는 경우만 생각하면 된다.

(i) 두 직선이 서로 평행한 경우

ⓐ 두 직선 $x+2y-5=0$, $ax+y=0$이 평행할 때

$\dfrac{1}{a}=\dfrac{2}{1}$, $2a=1$ $\qquad \therefore a=\dfrac{1}{2}$

ⓑ 두 직선 $2x-3y+4=0$, $ax+y=0$이 평행할 때

$\dfrac{2}{a}=\dfrac{-3}{1}$, $-3a=2$ $\qquad \therefore a=-\dfrac{2}{3}$

(ii) 세 직선이 한 점에서 만나는 경우

세 직선이 한 점에서 만난다는 것은 직선 $ax+y=0$이 두 직선 $x+2y-5=0$, $2x-3y+4=0$의 교점을 지나는 경우를 말한다.

두 직선

$x+2y-5=0$ $\cdots\cdots$ ㉠, $2x-3y+4=0$ $\cdots\cdots$ ㉡

의 교점은

㉠$\times 2-$㉡을 하면 $7y-14=0$ $\qquad \therefore y=2$

$y=2$를 ㉠에 대입하면 $x+4-5=0$ $\qquad \therefore x=1$

따라서 두 직선 $x+2y-5=0$, $2x-3y+4=0$의 교

점은 $(1, 2)$이다.

결국 직선 $ax+y=0$이 교점 $(1, 2)$를 지나야 하므로

$a+2=0$ $\qquad \therefore a=-2$

(i), (ii)에서 모든 실수 a의 값의 곱은

$\dfrac{1}{2}\cdot\left(-\dfrac{2}{3}\right)\cdot(-2)=\dfrac{2}{3}$

008 정답 ③

해설 삼각형 ABC를 좌표평면 위에 나타내면 다음 그림과 같다.

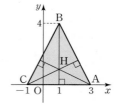

(i) 점 B에서 변 CA에 내린 수선의 방정식

점 B$(1, 4)$를 지나고 선분 CA에 수직인 직선의 방정식이다.

$\therefore x=1$ $\qquad\qquad \cdots\cdots$ ㉠

(ii) 점 C에서 변 AB에 내린 수선의 방정식

선분 AB의 기울기가 $\dfrac{4-0}{1-3}=-2$이므로 수선의 기울기는 $\dfrac{1}{2}$이다.

따라서 점 C$(-1, 0)$을 지나고 기울기가 $\dfrac{1}{2}$인 수선의 방정식은

$y-0=\dfrac{1}{2}\{x-(-1)\}$

$\therefore y=\dfrac{1}{2}x+\dfrac{1}{2}$ $\qquad\qquad \cdots\cdots$ ㉡

이때 삼각형 ABC의 수심 H는 두 직선 ㉠, ㉡의 교점이므로 ㉠을 ㉡에 대입하면 $y=1$

따라서 구하는 삼각형 ABC의 수심 H의 좌표는 H$(1, 1)$

031 점과 직선 사이의 거리

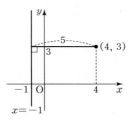

001 정답 $\sqrt{2}$

해설 점 $(0, 0)$과 직선 $x-y+2=0$ 사이의 거리는

$$\frac{|0-0+2|}{\sqrt{1^2+(-1)^2}}=\frac{2}{\sqrt{2}}=\frac{2\sqrt{2}}{\sqrt{2}\sqrt{2}}=\sqrt{2}$$

002 정답 $2\sqrt{5}$

해설 점 $(4, 5)$와 직선 $2x+y-3=0$ 사이의 거리는

$$\frac{|2\cdot4+5-3|}{\sqrt{2^2+1^2}}=\frac{10}{\sqrt{5}}=\frac{10\sqrt{5}}{\sqrt{5}\sqrt{5}}=2\sqrt{5}$$

003 정답 3

해설 점 $(2, -3)$과 직선 $4x-3y-2=0$ 사이의 거리는

$$\frac{|4\cdot2-3\cdot(-3)-2|}{\sqrt{4^2+(-3)^2}}=\frac{15}{5}=3$$

003 정답 1

해설 점 $(-2, 3)$과 직선 $5x+12y-13=0$ 사이의 거리는

$$\frac{|5\cdot(-2)+12\cdot3-13|}{\sqrt{5^2+12^2}}=\frac{13}{13}=1$$

005 정답 $2\sqrt{5}$

해설 점 $(3, -1)$과 직선 $y=2x+3$, 즉 $2x-y+3=0$ 사이의 거리는

$$\frac{|2\cdot3-(-1)+3|}{\sqrt{2^2+(-1)^2}}=\frac{10}{\sqrt{5}}=\frac{10\sqrt{5}}{\sqrt{5}\sqrt{5}}=2\sqrt{5}$$

별해 직선 $y=2x+3$을 $-2x+y-3=0$으로 바꾸어 계산해도 똑같은 결과를 얻는다.

즉, 점 $(3, -1)$과 직선 $-2x+y-3=0$ 사이의 거리는

$$\frac{|(-2)\cdot3-1-3|}{\sqrt{(-2)^2+1^2}}=\frac{10}{\sqrt{5}}=\frac{10\sqrt{5}}{\sqrt{5}\sqrt{5}}=2\sqrt{5}$$

006 정답 1

해설 점 $(3, 2)$와 직선 $y=\frac{3}{4}x+1$, 즉 $3x-4y+4=0$ 사이의 거리는

$$\frac{|3\cdot3-4\cdot2+4|}{\sqrt{3^2+(-4)^2}}=\frac{5}{5}=1$$

별해 직선 $y=\frac{3}{4}x+1$을 $-3x+4y-4=0$으로 바꾸어 계산해도 똑같은 결과를 얻는다.

즉, 점 $(3, 2)$와 직선 $-3x+4y-4=0$ 사이의 거리는

$$\frac{|(-3)\cdot3+4\cdot2-4|}{\sqrt{(-3)^2+4^2}}=\frac{5}{5}=1$$

007 정답 5

해설 점 $(4, 3)$과 직선 $x=-1$, 즉 $x+1=0$ 사이의 거리는

$$\frac{|4+1|}{\sqrt{1^2+0^2}}=\frac{5}{1}=5$$

별해 점 $(4, 3)$과 직선 $x=-1$ 사이의 거리는

$$|4-(-1)|=5 \text{ 또는 } |-1-4|=5$$

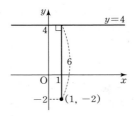

008 정답 6

해설 점 $(1, -2)$와 $y=4$, 즉 $y-4=0$ 사이의 거리는

$$\frac{|-2-4|}{\sqrt{0^2+1^2}}=\frac{6}{1}=6$$

별해 점 $(1, -2)$와 $y=4$ 사이의 거리는

$$|4-(-2)|=6 \text{ 또는 } |-2-4|=6$$

009 정답 $\sqrt{5}$

해설 평행한 두 직선 $ax+by+c=0$, $ax+by+c'=0$ 사이의 거리는 $\frac{|c-c'|}{\sqrt{a^2+b^2}}$이다.

따라서 두 직선 $x+2y+6=0$, $x+2y+1=0$ 사이의 거리는

$$\frac{|6-1|}{\sqrt{1^2+2^2}}=\frac{5}{\sqrt{5}}=\frac{5\sqrt{5}}{\sqrt{5}\sqrt{5}}=\sqrt{5}$$

별해 직선 $x+2y+6=0$ 위의 점 $(0, -3)$과 직선 $x+2y+1=0$ 사이의 거리는

$$\frac{|0+2\cdot(-3)+1|}{\sqrt{1^2+2^2}}=\frac{5}{\sqrt{5}}=\frac{5\sqrt{5}}{\sqrt{5}\sqrt{5}}=\sqrt{5}$$

또한 직선 $x+2y+1=0$ 위의 점 $(-1, 0)$과 직선 $x+2y+6=0$ 사이의 거리는

$$\frac{|-1+0+6|}{\sqrt{1^2+2^2}}=\frac{5}{\sqrt{5}}=\frac{5\sqrt{5}}{\sqrt{5}\sqrt{5}}=\sqrt{5}$$

010 정답 $\frac{3}{5}$

해설 평행한 두 직선 $3x-4y+2=0$, $3x-4y-1=0$ 사이의 거리는

$$\frac{|2-(-1)|}{\sqrt{3^2+(-4)^2}}=\frac{3}{5}$$

별해 직선 $3x-4y+2=0$ 위의 점 $(2, 2)$와 직선 $3x-4y-1=0$ 사이의 거리는

$$\frac{|3\cdot2-4\cdot2-1|}{\sqrt{3^2+(-4)^2}}=\frac{3}{5}$$

또한 직선 $3x-4y-1=0$ 위의 점 $(-1, -1)$과 직선
$3x-4y+2=0$ 사이의 거리는
$$\frac{|3\cdot(-1)-4\cdot(-1)+2|}{\sqrt{3^2+(-4)^2}}=\frac{3}{5}$$

011 정답 $\dfrac{\sqrt{5}}{2}$

해설 $x-2y=0$에서 $2x-4y=0$
평행한 두 직선 $2x-4y=0$, $2x-4y-5=0$ 사이의 거리는
$$\frac{|0-(-5)|}{\sqrt{2^2+(-4)^2}}=\frac{5}{\sqrt{20}}=\frac{5}{2\sqrt{5}}=\frac{5\sqrt{5}}{2\sqrt{5}\sqrt{5}}=\frac{\sqrt{5}}{2}$$
해설 직선 $2x-4y=0$ 위의 점 $(0, 0)$과 직선
$2x-4y-5=0$ 사이의 거리는
$$\frac{|0-0-5|}{\sqrt{2^2+(-4)^2}}=\frac{5}{\sqrt{20}}=\frac{5}{2\sqrt{5}}=\frac{5\sqrt{5}}{2\sqrt{5}\sqrt{5}}=\frac{\sqrt{5}}{2}$$

012 정답 $3\sqrt{2}$

해설 $y=x-2$에서 $x-y-2=0$
$y=x+4$에서 $x-y+4=0$
평행한 두 직선 $x-y-2=0$, $x-y+4=0$ 사이의 거리는
$$\frac{|-2-4|}{\sqrt{1^2+(-1)^2}}=\frac{6}{\sqrt{2}}=\frac{6\sqrt{2}}{2\sqrt{2}}=3\sqrt{2}$$
별해 직선 $x-y-2=0$ 위의 점 $(2, 0)$과 직선
$x-y+4=0$ 사이의 거리는
$$\frac{|2-0+4|}{\sqrt{1^2+(-1)^2}}=\frac{6}{\sqrt{2}}=\frac{6\sqrt{2}}{2\sqrt{2}}=3\sqrt{2}$$
또한 직선 $x-y+4=0$ 위의 점 $(0, 4)$와 직선
$x-y-2=0$ 사이의 거리는
$$\frac{|0-4-2|}{\sqrt{1^2+(-1)^2}}=\frac{6}{\sqrt{2}}=\frac{6\sqrt{2}}{2\sqrt{2}}=3\sqrt{2}$$

013 정답 $\dfrac{8}{5}$

해설 $y=\dfrac{3}{4}x+1$에서 $3x-4y+4=0$
평행한 두 직선 $3x-4y+4=0$, $3x-4y-4=0$ 사이의 거리는
$$\frac{|4-(-4)|}{\sqrt{3^2+(-4)^2}}=\frac{8}{5}$$
별해 직선 $3x-4y+4=0$ 위의 점 $(0, 1)$과 직선
$3x-4y-4=0$ 사이의 거리는
$$\frac{|0-4\cdot1-4|}{\sqrt{3^2+(-4)^2}}=\frac{8}{5}$$
또한 직선 $3x-4y-4=0$ 위의 점 $(0, -1)$과 직선
$3x-4y+4=0$ 사이의 거리는
$$\frac{|0-4\cdot(-1)+4|}{\sqrt{3^2+(-4)^2}}=\frac{8}{5}$$

014 정답 1

해설 $y=\dfrac{5}{12}x-1$에서 $5x-12y-12=0$
평행한 두 직선 $5x-12y-12=0$, $5x-12y+1=0$

사이의 거리는
$$\frac{|-12-1|}{\sqrt{5^2+(-12)^2}}=\frac{13}{13}=1$$
별해 직선 $5x-12y-12=0$ 위의 점 $(0, -1)$과 직선
$5x-12y+1=0$ 사이의 거리는
$$\frac{|0-12\cdot(-1)+1|}{\sqrt{5^2+(-12)^2}}=\frac{13}{13}=1$$

015 정답 $3x+4y+5=0$ 또는 $3x+4y-5=0$

해설 직선 $3x+4y+2=0$에 평행한 직선의 방정식을
$3x+4y+c=0(c\neq2)$로 놓는다.
원점 $(0, 0)$과 직선 $3x+4y+c=0$ 사이의 거리가 1이므로
$$\frac{|0+0+c|}{\sqrt{3^2+4^2}}=1$$
$$\frac{|c|}{5}=1, |c|=5 \quad \therefore c=\pm5$$
따라서 구하는 직선의 방정식은
$3x+4y+5=0$, $3x+4y-5=0$

016 정답 $x-y-1=0$ 또는 $x-y-5=0$

해설 직선 $x-y+1=0$에 평행한 직선의 방정식을
$x-y+c=0(c\neq1)$로 놓는다.
점 $(1, -2)$와 직선 $x-y+c=0$ 사이의 거리가 $\sqrt{2}$이므로
$$\frac{|1-(-2)+c|}{\sqrt{1^2+(-1)^2}}=\sqrt{2}$$
$$\frac{|3+c|}{\sqrt{2}}=\sqrt{2}, |3+c|=2$$
$3+c=2$ 또는 $3+c=-2$
$\therefore c=-1$ 또는 $c=-5$
따라서 구하는 직선의 방정식은
$x-y-1=0$ 또는 $x-y-5=0$

017 정답 $x-2y+5=0$ 또는 $x-2y-5=0$

해설 직선 $2x+y+1=0$에 수직인 직선의 방정식을
$x-2y+c=0$으로 놓는다.
원점 $(0, 0)$과 직선 $x-2y+c=0$ 사이의 거리가 $\sqrt{5}$이므로
$$\frac{|0+0+c|}{\sqrt{1^2+(-2)^2}}=\sqrt{5}$$
$$\frac{|c|}{\sqrt{5}}=\sqrt{5}, |c|=5 \quad \therefore c=\pm5$$
따라서 구하는 직선의 방정식은
$x-2y+5=0$, $x-2y-5=0$
참고 두 직선 $ax+by+c=0$, $a'x+b'y+c'=0$이 서로
수직이면 $aa'+bb'=0$이다.

018 정답 $y=0$ 또는 $y=\dfrac{4}{3}x$

해설 원점을 지나는 직선의 방정식을 $y=ax$로 놓는다.
점 $(2, 1)$과 직선 $y=ax$, 즉 $ax-y=0$ 사이의 거리가 1
이므로

$$\frac{|2a-1|}{\sqrt{a^2+(-1)^2}}=1, \frac{|2a-1|}{\sqrt{a^2+1}}=1, |2a-1|=\sqrt{a^2+1}$$

이 식의 양변을 제곱하면

$$(2a-1)^2=a^2+1$$
$$4a^2-4a+1=a^2+1$$
$$3a^2-4a=0, a(3a-4)=0$$
$$\therefore a=0 \text{ 또는 } a=\frac{4}{3}$$

따라서 구하는 직선의 방정식은

$$y=0 \text{ 또는 } y=\frac{4}{3}x$$

019 정답 $x+y-2=0$

해설 점 $(1, 1)$을 지나는 직선의 방정식을
$y-1=a(x-1)$, 즉 $ax-y+1-a=0$으로 놓는다.
원점 $(0, 0)$과 직선 $ax-y+1-a=0$ 사이의 거리가 $\sqrt{2}$
이므로

$$\frac{|0-0+1-a|}{\sqrt{a^2+(-1)^2}}=\sqrt{2}$$

$$\frac{|1-a|}{\sqrt{a^2+1}}=\sqrt{2}$$

$$|1-a|=\sqrt{2}\sqrt{a^2+1}$$

이 식의 양변을 제곱하면

$$(1-a)^2=2(a^2+1)$$
$$a^2-2a+1=2a^2+2$$
$$a^2+2a+1=0$$
$$(a+1)^2=0 \qquad \therefore a=-1$$

따라서 구하는 직선의 방정식은

$$-x-y+2=0$$
$$\therefore x+y-2=0$$

020 정답 $3\sqrt{2} \,/\, y=-x+6 \,/\, 3\sqrt{2} \,/\, 9$

해설 (i) 두 점 $B(2, 4)$, $C(5, 1)$ 사이의 거리 $\overline{BC}$는
$$\overline{BC}=\sqrt{(5-2)^2+(1-4)^2}=\sqrt{18}=3\sqrt{2}$$
이것은 삼각형 ABC의 밑변의 길이를 $\overline{BC}$로 하겠다
는 의미이다.

(ii) 두 점 $B(2, 4)$, $C(5, 1)$을 지나는 직선의 방정식은
$$y-4=\frac{1-4}{5-2}(x-2)$$
$$\therefore y=-x+6$$
이 식은 $B(2, 4)$를 대입한 것이다.

별해 $y-1=\frac{1-4}{5-2}(x-5)$

$$\therefore y=-x+6$$

이 식은 $C(5, 1)$을 대입한 것이다.

(iii) 점 $A(0, 0)$과 직선 $y=-x+6$, 즉 $x+y-6=0$ 사
이의 거리는
$$\frac{|0+0-6|}{\sqrt{1^2+1^2}}=\frac{6}{\sqrt{2}}=\frac{6\sqrt{2}}{2\sqrt{2}}=3\sqrt{2}$$
이것은 점 A에서 그 대변 BC에 내린 수선의 길이, 다
시 말해 삼각형의 높이를 의미한다.

(iv) 삼각형 ABC의 넓이는

$$\frac{1}{2} \times (\text{밑변의 길이}) \times (\text{높이})$$

$$=\frac{1}{2}\times\overline{BC}\times(\text{점 A와 직선 BC 사이의 거리})$$

$$=\frac{1}{2}\cdot 3\sqrt{2}\cdot 3\sqrt{2}$$

$$=9$$

021 정답 $2\sqrt{10} \,/\, y=3x-9 \,/\, \dfrac{8\sqrt{10}}{5} \,/\, 16$

해설 (i) 두 점 $C(2, -3)$, $A(4, 3)$ 사이의 거리 $\overline{CA}$는
$$\overline{CA}=\sqrt{(4-2)^2+\{3-(-3)\}^2}=\sqrt{40}=2\sqrt{10}$$
이것은 삼각형 ABC의 밑변의 길이를 $\overline{CA}$로 하겠다
는 의미이다.

(ii) 두 점 $C(2, -3)$, $A(4, 3)$을 지나는 직선의 방정식은
$$y-3=\frac{3-(-3)}{4-2}(x-4) \qquad \therefore y=3x-9$$
이 식은 $A(4, 3)$을 대입한 것이다.

별해 $y-(-3)=\frac{3-(-3)}{4-2}(x-2) \quad \therefore y=3x-9$

이 식은 $C(2, -3)$을 대입한 것이다.

(iii) 점 $B(-2, 1)$과 직선 $y=3x-9$, 즉 $3x-y-9=0$
사이의 거리는
$$\frac{|3\cdot(-2)-1-9|}{\sqrt{3^2+(-1)^2}}=\frac{16}{\sqrt{10}}=\frac{16\sqrt{10}}{\sqrt{10}\sqrt{10}}=\frac{8\sqrt{10}}{5}$$
이것은 점 B에서 그 대변 CA에 내린 수선의 길이, 다
시 말해 삼각형의 높이를 의미한다.

(iv) 삼각형 ABC의 넓이는

$$\frac{1}{2} \times (\text{밑변의 길이}) \times (\text{높이})$$

$$=\frac{1}{2}\times\overline{CA}\times(\text{점 B와 직선 CA 사이의 거리})$$

$$=\frac{1}{2}\cdot 2\sqrt{10}\cdot\frac{8\sqrt{10}}{5}$$

$$=16$$

🚜 **필수유형 CHECK** 본문 P. 169

001 ③	**002** ④	**003** ①	**004** ①
005 ②	**006** ③	**007** ②	**008** ③

---

001 정답 ③

해설 점 $A(-3, 2)$에서 직선 $3x-4y+2=0$에 내린 수
선의 발을 H라 할 때, 선분 AH의 길이는
$$\frac{|3\cdot(-3)-4\cdot2+2|}{\sqrt{3^2+(-4)^2}}=\frac{15}{5}=3$$

002 정답 ④

해설 직선 $y=3x+2$ 위의 한 점 $(0, 2)$와 직선
$y=3x+k$, 즉 $3x-y+k=0$ 사이의 거리가 $\sqrt{10}$이므로
$$\frac{|0-2+k|}{\sqrt{3^2+(-1)^2}}=\sqrt{10}$$
$$\frac{|k-2|}{\sqrt{10}}=\sqrt{10}, |k-2|=10\text{이므로 } k-2=\pm10$$

즉, $k-2=10$ 또는 $k-2=-10$

$\therefore k=12$ 또는 $k=-8$

따라서 구하는 모든 상수 k의 값의 합은

$12+(-8)=4$

별해 두 직선 $y=3x+2$, $y=3x+k$는 기울기가 3으로 같으므로 서로 평행하거나 일치한다.

이때 두 직선 사이의 거리가 $\sqrt{10}$이므로 두 직선은 서로 평행하다.

따라서 두 직선 $y=3x+2$, $y=3x+k$,

즉 $3x-y+2=0$, $3x-y+k=0$ 사이의 거리가 $\sqrt{10}$이므로

$\dfrac{|2-k|}{\sqrt{3^2+(-1)^2}}=\sqrt{10}$

$\dfrac{|2-k|}{\sqrt{10}}=\sqrt{10}$, $|2-k|=10$이므로 $2-k=\pm10$

즉, $2-k=10$ 또는 $2-k=-10$

$\therefore k=-8$ 또는 $k=12$

따라서 구하는 모든 상수 k의 값의 합은

$(-8)+12=4$

참고 평행한 두 직선 $ax+by+c=0$, $ax+by+c'=0$

사이의 거리는 $\dfrac{|c-c'|}{\sqrt{a^2+b^2}}$이다.

003 **정답** ①

해설 두 직선 $mx-2y+1=0$, $x+(1-m)y-1=0$이 서로 평행하므로

$\dfrac{m}{1}=\dfrac{-2}{1-m}\neq\dfrac{1}{-1}$

(i) $\dfrac{m}{1}=\dfrac{-2}{1-m}$에서

$m(1-m)=-2$, $m^2-m-2=0$

$(m+1)(m-2)=0$

$\therefore m=-1$ 또는 $m=2$

(ii) $\dfrac{m}{1}\neq\dfrac{1}{-1}$에서 $m\neq-1$

(i), (ii)에서 $m=-1$이면 두 직선 $mx-2y+1=0$,

$x+(1-m)y-1=0$은 모두 $x+2y-1=0$이 되어 서로 일치한다.

$\therefore m=2$

따라서 $mx-2y+1=0$, $x+(1-m)y-1=0$에 $m=2$를 대입하면

$2x-2y+1=0$, $x-y-1=0$

따라서 평행한 두 직선 $2x-2y+1=0$, $2x-2y-2=0$ 사이의 거리는

$\dfrac{|1-(-2)|}{\sqrt{2^2+(-2)^2}}=\dfrac{3}{\sqrt{8}}=\dfrac{3}{2\sqrt{2}}=\dfrac{3\sqrt{2}}{2\sqrt{2}\sqrt{2}}=\dfrac{3\sqrt{2}}{4}$

참고 평행한 두 직선 $ax+by+c=0$, $ax+by+c'=0$

사이의 거리는 $\dfrac{|c-c'|}{\sqrt{a^2+b^2}}$이다.

별해 직선 $2x-2y-2=0$ 위의 점 $(0, -1)$과 직선

$2x-2y+1=0$ 사이의 거리는

$\dfrac{|0-2\cdot(-1)+1|}{\sqrt{2^2+(-2)^2}}=\dfrac{3}{\sqrt{8}}=\dfrac{3}{2\sqrt{2}}=\dfrac{3\sqrt{2}}{2\sqrt{2}\sqrt{2}}=\dfrac{3\sqrt{2}}{4}$

004 **정답** ①

해설 직선 $4x-3y+2=0$에 수직인 직선의 방정식을 $3x+4y+c=0$으로 놓는다.

점 $(1, -1)$과 직선 $3x+4y+c=0$ 사이의 거리가 1이므로

$\dfrac{|3\cdot1+4\cdot(-1)+c|}{\sqrt{3^2+4^2}}=1$

$\dfrac{|-1+c|}{5}=1$, $|c-1|=5$이므로 $c-1=\pm5$

즉, $c-1=5$ 또는 $c-1=-5$

$\therefore c=6$ 또는 $c=-4$

따라서 구하는 직선의 방정식은

$3x+4y+6=0$, $3x+4y-4=0$

이때 y절편이 양수인 직선은 $3x+4y-4=0$이고 그 y절편은 1이다.

참고 두 직선 $ax+by+c=0$, $a'x+b'y+c'=0$이 서로 수직이면 $aa'+bb'=0$이다.

005 **정답** ②

해설 원점 $(0, 0)$과 직선 $(k+1)x+(1-k)y-2=0$ 사이의 거리를 $f(k)$라 하면

$f(k)=\dfrac{|0+0-2|}{\sqrt{(k+1)^2+(1-k)^2}}$

$=\dfrac{2}{\sqrt{(k^2+2k+1)+(k^2-2k+1)}}$

$=\dfrac{2}{\sqrt{2k^2+2}}$

여기서 모든 실수 k에 대하여 $2k^2+2\geq2$가 성립한다. 즉, $2k^2+2$의 값은 항상 2보다 크거나 같다.

이때 분모가 가장 작을 때, $f(k)$가 최댓값을 가지므로 $k=0$일 때, $f(k)$는 최대가 된다.

따라서 구하는 최댓값은

$f(0)=\dfrac{2}{\sqrt{2}}=\dfrac{2\sqrt{2}}{\sqrt{2}\sqrt{2}}=\sqrt{2}$

006 **정답** ③

해설 삼각형 ABC의 넓이를 밑변을 변 AB, 높이를 점 C에서 변 AB에 내린 수선의 길이로 하여 구한다. 이때, 점 C에서 변 AB에 내린 수선의 길이는 점과 직선 사이의 거리 공식을 이용한다.

(i) 두 점 $A(2, 7)$, $B(-2, -1)$ 사이의 거리 $\overline{AB}$는

$\overline{AB}=\sqrt{(-2-2)^2+(-1-7)^2}$

$=\sqrt{80}=4\sqrt{5}$

(ii) 직선 AB의 방정식은

$y-7=\dfrac{-1-7}{-2-2}(x-2)$

$\therefore y=2x+3$

(iii) 점 $C(4, -3)$과 직선 $y=2x+3$, 즉 $2x-y+3=0$ 사이의 거리는

$$\frac{|2\cdot4-(-3)+3|}{\sqrt{2^2+(-1)^2}}=\frac{14}{\sqrt5}=\frac{14\sqrt5}{\sqrt5\sqrt5}$$
$$=\frac{14\sqrt5}{5}$$

(iv) 삼각형 ABC의 넓이는

$$\frac12\times(\text{밑변의 길이})\times(\text{높이})$$
$$=\frac12\times\overline{\text{AB}}\times(\text{점 C와 직선 AB 사이의 거리})$$
$$=\frac12\cdot4\sqrt5\cdot\frac{14\sqrt5}{5}$$
$$=28$$

별해 세 점 A$(2,7)$, B$(-2,-1)$, C$(4,-3)$을 좌표평면 위에 나타내면 다음 그림과 같다.

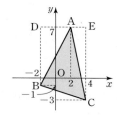

$$\triangle\text{ABC}$$
$$=\square\text{DBCE}-(\triangle\text{ACE}+\triangle\text{ADB})$$
$$=\frac12(10+8)\cdot6-\left(\frac12\cdot2\cdot10+\frac12\cdot4\cdot8\right)$$
$$=54-(10+16)$$
$$=28$$

참고 (사다리꼴의 넓이)
$$=\frac12\times\{(\text{아랫변의 길이})+(\text{윗변의 길이})\}\times(\text{높이})$$

007 정답 ②

해설 삼각형 ABC의 넓이를 밑변을 변 AB, 높이를 점 C에서 변 AB에 내린 수선의 길이로 하여 구한다. 이때, 점 C에서 변 AB에 내린 수선의 길이는 점과 직선 사이의 거리 공식을 이용한다.

(i) 두 점 A$(4,0)$, B$(0,-3)$ 사이의 거리 $\overline{\text{AB}}$는
$$\overline{\text{AB}}=\sqrt{(0-4)^2+(-3-0)^2}=5$$

(ii) A$(4,0)$, B$(0,-3)$에서 x절편이 4, y절편이 -3이라는 것을 알 수 있으므로 직선 AB의 방정식은
$$\frac{x}{4}+\frac{y}{-3}=1 \qquad\therefore\frac{x}{4}-\frac{y}{3}=1$$
이 식의 양변에 분모 4, 3의 최소공배수 12를 곱하면
$$3x-4y=12 \qquad\therefore 3x-4y-12=0$$

(iii) 점 C$(a,a-2)$와 직선 $3x-4y-12=0$ 사이의 거리는
$$\frac{|3a-4(a-2)-12|}{\sqrt{3^2+(-4)^2}}=\frac{|-a-4|}{5}=\frac{|a+4|}{5}$$

(iv) 삼각형 ABC의 넓이가 3이므로
$$\frac12\times(\text{밑변의 길이})\times(\text{높이})$$

$$=\frac12\times\overline{\text{AB}}\times(\text{점 C와 직선 AB 사이의 거리})$$
$$=\frac12\cdot5\cdot\frac{|a+4|}{5}=3$$
이므로 $|a+4|=6$
즉, $a+4=6$ 또는 $a+4=-6$
$$\therefore a=2 \text{ 또는 } a=-10$$
따라서 구하는 양수 a의 값은 $a=2$이다.

008 정답 ③

해설 각의 이등분선 위의 임의의 한 점을 P(x,y)라 하면 점 P에서 두 직선 $x+3y-2=0$, $3x+y+2=0$ 사이의 거리가 같으므로

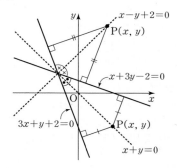

$$\frac{|x+3y-2|}{\sqrt{1^2+3^2}}=\frac{|3x+y+2|}{\sqrt{3^2+1^2}}$$
$$|x+3y-2|=|3x+y+2|$$
$$x+3y-2=\pm(3x+y+2)$$
(i) $x+3y-2=3x+y+2$일 때
$$2x-2y+4=0$$
$$\therefore x-y+2=0$$
(ii) $x+3y-2=-(3x+y+2)$일 때
$$4x+4y=0$$
$$\therefore x+y=0$$
따라서 기울기가 양수인 직선의 방정식은 $x-y+2=0$이다.

032 원의 방정식

🚜 교과서문제 CHECK 본문 P. 171

001 정답 $(0,0)$ / 2
해설 $x^2+y^2=2^2$에서
$$(x-0)^2+(y-0)^2=2^2$$
따라서 중심의 좌표는 $(0,0)$, 반지름의 길이는 2이다.

002 정답 $(0,0)$ / $\sqrt5$
해설 $x^2+y^2=5$에서

$$(x-0)^2+(y-0)^2=(\sqrt{5})^2$$
따라서 중심의 좌표는 $(0, 0)$, 반지름의 길이는 $\sqrt{5}$이다.

003 정답 $(1, 2)$ / 3
해설 $(x-1)^2+(y-2)^2=3^2$
따라서 중심의 좌표는 $(1, 2)$ 반지름의 길이는 3이다.

004 정답 $(2, -3)$ / $2\sqrt{3}$
해설 $(x-2)^2+(y+3)^2=12$에서
$(x-2)^2+\{y-(-3)\}^2=(2\sqrt{3})^2$
따라서 중심의 좌표는 $(2, -3)$, 반지름의 길이는 $2\sqrt{3}$이다.

005 정답 $(-2, 0)$ / 5
해설 $(x+2)^2+y^2=5^2$에서
$\{x-(-2)\}^2+(y-0)^2=5^2$
따라서 중심의 좌표는 $(-2, 0)$, 반지름의 길이는 5이다.

006 정답 $(0, 1)$ / 11
해설 $x^2+(y-1)^2=121$에서
$(x-0)^2+(y-1)^2=11^2$
따라서 중심의 좌표는 $(0, 1)$, 반지름의 길이는 11이다.

007 정답 $x^2+y^2=1$
해설 중심이 점 $(0, 0)$, 반지름의 길이가 1인 원의 방정식은
$(x-0)^2+(y-0)^2=1^2$
$\therefore x^2+y^2=1$

008 정답 $(x-2)^2+(y+3)^2=5$
해설 중심이 점 $(2, -3)$, 반지름의 길이가 $\sqrt{5}$인 원의 방정식은
$(x-2)^2+\{x-(-3)\}^2=(\sqrt{5})^2$
$\therefore (x-2)^2+(y+3)^2=5$

009 정답 $x^2+y^2=25$
해설 중심이 원점인 원의 방정식을 $x^2+y^2=r^2$이라 하면
이 원이 점 $(3, -4)$를 지나므로 $x=3, y=-4$를 대입하면
$r^2=3^2+(-4)^2=25$
$\therefore x^2+y^2=25$

010 정답 $(x-3)^2+y^2=5$
해설 중심이 점 $(3, 0)$인 원의 방정식을
$(x-3)^2+y^2=r^2$이라 하면
이 원이 점 $(1, 1)$을 지나므로 $x=1, y=1$을 대입하면
$r^2=(1-3)^2+1^2=5$
$\therefore (x-3)^2+y^2=5$

011 정답 $(1, 0)$ / 2
해설 $x^2+y^2-2x-3=0$에서
$(x^2-2x)+y^2-3=0$

$(x^2-2x+1-1)+y^2-3=0$
$(x^2-2x+1)+y^2-1-3=0$
$\therefore (x-1)^2+y^2=2^2$

012 정답 $(0, -3)$ / $\sqrt{2}$
해설 $x^2+y^2+6y+7=0$에서
$x^2+(y^2+6y)+7=0$
$x^2+(y^2+6y+9-9)+7=0$
$x^2+(y^2+6y+9)-9+7=0$
$\therefore x^2+(y+3)^2=(\sqrt{2})^2$

013 정답 $(-1, 2)$ / 3
해설 $x^2+y^2+2x-4y-4=0$에서
$(x^2+2x)+(y^2-4y)-4=0$
$(x^2+2x+1-1)+(y^2-4y+4-4)-4=0$
$(x^2+2x+1)+(y^2-4y+4)-1-4-4=0$
$\therefore (x+1)^2+(y-2)^2=3^2$

014 정답 $k<5$
해설 $x^2+y^2-4x+2y+k=0$에서
$(x^2-4x)+(y^2+2y)+k=0$
$(x^2-4x+4-4)+(y^2+2y+1-1)+k=0$
$(x^2-4x+4)+(y^2+2y+1)-4-1+k=0$
$(x-2)^2+(y+1)^2=5-k$
이 방정식이 나타내는 도형이 원이 되려면 $5-k>0$이어야 한다.
$\therefore k<5$

015 정답 $k<-2$ 또는 $k>3$
해설 $x^2+y^2+2kx-4y+k+10=0$에서
$(x^2+2kx)+(y^2-4y)+k+10=0$
$(x^2+2kx+k^2-k^2)+(y^2-4y+4-4)+k+10=0$
$(x^2+2kx+k^2)+(y^2-4y+4)-k^2-4+k+10=0$
$(x+k)^2+(y-2)^2=k^2-k-6$
이 방정식이 나타내는 도형이 원이 되려면 $k^2-k-6>0$이어야 한다.
즉, $(k+2)(k-3)>0$
$\therefore k<-2$ 또는 $k>3$

016 정답 $(x-2)^2+(y-3)^2=2$
해설 원의 중심은 두 점 $A(1, 2)$, $B(3, 4)$의 중점이므로
$\overline{AB}$의 중점을 M이라 하면
$$M\left(\frac{1+3}{2}, \frac{2+4}{2}\right)=M(2, 3)$$
원의 반지름의 길이는 두 점 $A(1, 2)$, $M(2, 3)$을 이은 선분 AM의 길이이므로
$$\overline{AM}=\sqrt{(2-1)^2+(3-2)^2}=\sqrt{2}$$
따라서 중심이 점 $M(2, 3)$이고 반지름의 길이가 $\sqrt{2}$인 원의 방정식은
$(x-2)^2+(y-3)^2=(\sqrt{2})^2$
$\therefore (x-2)^2+(y-3)^2=2$

017 정답 $x^2+(y-1)^2=8$

해설 원의 중심은 두 점 $A(2, -1)$, $B(-2, 3)$의 중점이므로 $\overline{AB}$의 중점을 M이라 하면

$M\left(\dfrac{2+(-2)}{2}, \dfrac{(-1)+3}{2}\right)=M(0, 1)$

원의 반지름의 길이는 두 점 $A(2, -1)$, $M(0, 1)$을 이은 선분 AM의 길이이므로

$\overline{AM}=\sqrt{(0-2)^2+\{1-(-1)\}^2}=2\sqrt{2}$

따라서 중심이 점 $M(0, 1)$이고 반지름의 길이가 $2\sqrt{2}$인 원의 방정식은

$(x-0)^2+(y-1)^2=(2\sqrt{2})^2$

$\therefore x^2+(y-1)^2=8$

018 정답 $x^2+y^2-2y=0$

해설 $x^2+y^2+Ax+By+C=0$ ...... ㉠

에 세 점 $(0, 0)$, $(1, 1)$, $(0, 2)$의 좌표를 차례로 대입하면

$C=0, 2+A+B+C=0, 4+2B+C=0$

$4+2B+C=0$에 $C=0$을 대입하면

$4+2B=0$ $\therefore B=-2$

$C=0, B=-2$를 $2+A+B+C=0$에 대입하면

$2+A+(-2)=0$ $\therefore A=0$

㉠에 $A=0, B=-2, C=0$을 대입하면

$x^2+y^2-2y=0$

019 정답 $x^2+y^2-2x-2y+1=0$

해설 $x^2+y^2+Ax+By+C=0$ ...... ㉠

에 세 점 $(0, 1)$, $(1, 0)$, $(2, 1)$의 좌표를 차례로 대입하면

$1+B+C=0$ ...... ㉡

$1+A+C=0$ ...... ㉢

$5+2A+B+C=0$ ...... ㉣

㉡에서 $B=-C-1$

㉢에서 $A=-C-1$

$B=-C-1$과 $A=-C-1$을 ㉣에 대입하면

$5+2(-C-1)+(-C-1)+C=0$

$2-2C=0$ $\therefore C=1, A=-2, B=-2$

㉠에 $A=-2, B=-2, C=1$을 대입하면

$x^2+y^2-2x-2y+1=0$

020 정답 $x^2+y^2-5x-5y+10=0$ 해설

$x^2+y^2+Ax+By+C=0$ ...... ㉠

에 세 점 $(1, 2)$, $(2, 1)$, $(3, 1)$의 좌표를 차례로 대입하면

$5+A+2B+C=0$

$5+2A+B+C=0$

$10+3A+B+C=0$

세 식을 연립하여 풀면

$A=-5, B=-5, C=10$

이것을 ㉠에 대입하면

$x^2+y^2-5x-5y+10=0$

참고 $5+A+2B+C=0$ ...... ㉡

$5+2A+B+C=0$ ...... ㉢

$10+3A+B+C=0$ ...... ㉣

㉣-㉢을 하면

$5+A=0$ $\therefore A=-5$

$A=-5$를 ㉡에 대입하면

$2B+C=0$ ...... ㉤

$A=-5$를 ㉢에 대입하면

$-5+B+C=0$ ...... ㉥

㉤-㉥을 하면

$5+B=0$ $\therefore B=-5$

$A=-5, B=-5$를 ㉡에 대입하면

$-10+C=0$ $\therefore C=10$

$A=-5, B=-5, C=10$을 ㉠에 대입하면

$x^2+y^2-5x-5y+10=0$

021 정답 $(x-1)^2+(y-2)^2=4$

해설 중심이 점 $(1, 2)$이고 x축에 접하는 원은 반지름의 길이가 $|2|=2$이므로

$(x-1)^2+(y-2)^2=4$

022 정답 $(x-2)^2+(y+3)^2=9$

해설 중심이 점 $(2, -3)$이고 x축에 접하는 원은 반지름의 길이가 $|-3|=3$이므로

$(x-2)^2+(y+3)^2=9$

023 정답 $(x+3)^2+(y-2)^2=9$

해설 중심이 점 $(-3, 2)$이고 y축에 접하는 원은 반지름의 길이가 $|-3|=3$이므로

$(x+3)^2+(y-2)^2=9$

024 정답 $(x+2)^2+(y+1)^2=4$

해설 중심이 점 $(-2, -1)$이고 y축에 접하는 원은 반지름의 길이가 $|-2|=2$이므로

$(x+2)^2+(y+1)^2=4$

025 정답 $(x-1)^2+(y-1)^2=1$

해설 중심이 점 $(1, 1)$이고 x축과 y축에 동시에 접하는 원은 반지름의 길이가 $|1|=1$이므로

$(x-1)^2+(y-1)^2=1$

026 정답 $(x+2)^2+(y-2)^2=4$

해설 중심이 점 $(-2, 2)$이고 x축과 y축에 동시에 접하는 원은 반지름의 길이가 $|-2|=|2|=2$이므로

$(x+2)^2+(y-2)^2=4$

027 정답 $(x+3)^2+(y+3)^2=9$

해설 중심이 점 $(-3, -3)$이고 x축과 y축에 동시에 접하는 원은 반지름의 길이가 $|-3|=3$이므로

$(x+3)^2+(y+3)^2=9$

028 정답 $(x-4)^2+(y+4)^2=16$

해설 중심이 점 $(4, -4)$이고 x축과 y축에 동시에 접하

는 원은 반지름의 길이가 $|4|=|-4|=4$이므로
$(x-4)^2+(y+4)^2=16$

![필수유형 CHECK] 본문 P. 173

001 ④　　**002** ④　　**003** ①　　**004** ⑤
005 ④　　**006** ⑤　　**007** ④　　**008** ④

001 정답 ④

해설 $x^2+y^2+4x-6y+k+9=0$에서
$(x^2+4x)+(y^2-6y+9)+k=0$
$(x^2+4x+4-4)+(y^2-6y+9)+k=0$
$(x^2+4x+4)+(y^2-6y+9)-4+k=0$
$(x+2)^2+(y-3)^2=4-k$
이 방정식이 원을 나타내려면 $4-k>0$이어야 한다.
$\therefore k<4$
따라서 이 부등식을 만족하는 정수는 $\cdots$, 1, 2, 3이므로 그
최댓값은 3이다.

002 정답 ④

해설 원의 중심은 두 점 $A(-3, 2)$, $B(5, -4)$의 중점
이므로 $\overline{AB}$의 중점을 M이라 하면
$M\left(\dfrac{(-3)+5}{2}, \dfrac{2+(-4)}{2}\right)=M(1, -1)$
원의 반지름의 길이는 두 점 $A(-3, 2)$, $M(1, -1)$을
이은 선분 AM의 길이이므로
$\overline{AM}=\sqrt{\{1-(-3)\}^2+(-1-2)^2}$
$\quad\quad=\sqrt{25}=5$
따라서 중심이 $M(1, -1)$이고 반지름의 길이가 5인 원
의 방정식은
$(x-1)^2+(y+1)^2=25$
이 식이 $(x-a)^2+(y-b)^2=c^2$과 일치하므로
$a=1, b=-1, c=5 (\because c>0)$
$\therefore a+b+c=1+(-1)+5=5$

003 정답 ①

해설 구하는 원의 방정식을 $x^2+y^2+Ax+By+C=0$
이라 하면
점 $(0, 1)$을 지나므로 $1+B+C=0$
점 $(2, 1)$을 지나므로 $5+2A+B+C=0$
점 $(3, 0)$을 지나므로 $9+3A+C=0$
세 식을 연립하여 풀면
$A=-2, B=2, C=-3$
$\therefore x^2+y^2-2x+2y-3=0$
$(x^2-2x)+(y^2+2y)-3=0$
$(x^2-2x+1-1)+(y^2+2y+1-1)-3=0$
$(x^2-2x+1)+(y^2+2y+1)-1-1-3=0$
$\therefore (x-1)^2+(y+1)^2=5$
따라서 이 원의 중심의 좌표는 $(1, -1)$이다.

참고 $1+B+C=0$　　　$\cdots\cdots$ ㉠
$5+2A+B+C=0$　　$\cdots\cdots$ ㉡
$9+3A+C=0$　　　$\cdots\cdots$ ㉢
㉡－㉠을 하면 $4+2A=0$　　$\therefore A=-2$
$A=-2$를 ㉢에 대입하면
$9-6+C=0$　　$\therefore C=-3$
$C=-3$을 ㉠에 대입하면
$1+B-3=0$　　$\therefore B=2$

004 정답 ⑤

해설 $x^2+y^2+2ax+2y-4=0$에서
$(x^2+2ax)+(y^2+2y)-4=0$
$(x^2+2ax+a^2-a^2)+(y^2+2y+1-1)-4=0$
$(x^2+2ax+a^2)+(y^2+2y+1)-a^2-1-4=0$
$(x+a)^2+(y+1)^2=a^2+5$
이 원의 중심의 좌표가 $(2, b)$이므로
$-a=2, -1=b$
$\therefore a=-2, b=-1$
이때 $r=\sqrt{a^2+5}=\sqrt{(-2)^2+5}=3$이므로
$abr=(-2)\cdot(-1)\cdot3=6$

005 정답 ④

해설 직선 $y=-3x+k$가 원 $x^2+y^2-2x+4y-10=0$
의 넓이를 이등분하려면 직선이 원의 중심을 지나야 한다.
$x^2+y^2-2x+4y-10=0$에서
$(x^2-2x)+(y^2+4y)-10=0$
$(x^2-2x+1-1)+(y^2+4y+4-4)-10=0$
$(x^2-2x+1)+(y^2+4y+4)-1-4-10=0$
$(x-1)^2+(y+2)^2=15$
이 원의 중심 $(1, -2)$를 직선 $y=-3x+k$가 지나야 하
므로 $x=1, y=-2$를 $y=-3x+k$에 대입하면
$-2=-3+k$　　$\therefore k=1$

006 정답 ⑤

해설 중심이 직선 $y=x+1$ 위에 있으므로 원의 중심의
좌표를 $(a, a+1)$이라 하자.
또한 반지름의 길이를 r라 하면 원의 방정식은
$(x-a)^2+(y-a-1)^2=r^2$
(i) 이 원이 점 $(0, -1)$을 지나므로
$(-a)^2+(-a-2)^2=r^2$
$a^2+(a^2+4a+4)=r^2$　　$\cdots\cdots$ ㉠
(ii) 이 원이 점 $(4, 1)$을 지나므로
$(4-a)^2+(-a)^2=r^2$
$(a^2-8a+16)+a^2=r^2$　　$\cdots\cdots$ ㉡
㉠－㉡을 하면 $12a-12=0$　　$\therefore a=1$
$a=1$을 ㉠에 대입하면
$r^2=10$　　$\therefore r=\sqrt{10}$

007 정답 ④

해설 제1사분면에서 x축과 y축에 동시에 접하는 원의 방

정식은

$(x-r)^2+(y-r)^2=r^2 \ (r>0)$

이 원의 중심 (r, r)가 직선 $2x-3y+3=0$ 위에 있으므로

$2r-3r+3=0$

$\therefore r=3$

[별해] 제1사분면에서 x축과 y축에 동시에 접하는 원의 중심은 직선 $y=x$ 위에 있다.

결국 이 원의 중심은 두 직선 $y=x$, $2x-3y+3=0$ 위에 있으므로 두 직선의 교점의 좌표를 구하면 된다.

$2x-3y+3=0$에 $y=x$를 대입하면

$2x-3x+3=0$ $\therefore x=3, y=3$

따라서 두 직선의 교점 $(3, 3)$은 원의 중심이 된다.

결국 원의 중심이 $(3, 3)$이고 x축과 y축에 동시에 접하므로 원의 반지름의 길이는 3이다.

008 [정답] ④

[해설] 점 P의 좌표를 $P(x, y)$라 하면

$\overline{AP} : \overline{BP}=1 : 2$에서 $2\overline{AP}=\overline{BP}$

이 식의 양변을 제곱하면

$4\overline{AP}^2=\overline{BP}^2$

$4\{(x-1)^2+(y-0)^2\}=(x-4)^2+(y-0)^2$

$(4x^2-8x+4)+4y^2=(x^2-8x+16)+y^2$

$3x^2+3y^2=12$

$\therefore x^2+y^2=4$

따라서 점 P가 그리는 도형은 반지름의 길이가 2인 원이므로 구하는 넓이는 $\pi \cdot 2^2=4\pi$이다.

[별해] 점 P의 자취는 선분 AB를 $1 : 2$로 내분하는 점과 외분하는 점을 지름의 양 끝점으로 하는 아폴로니오스의 원이다.

내분점 : $S\left(\dfrac{1 \cdot 4+2 \cdot 1}{1+2}, \dfrac{1 \cdot 0+2 \cdot 0}{1+2}\right)=S(2, 0)$

외분점 : $T\left(\dfrac{1 \cdot 4-2 \cdot 1}{1-2}, \dfrac{1 \cdot 0-2 \cdot 0}{1-2}\right)=T(-2, 0)$

원의 중심은 두 점 $S(2, 0)$, $T(-2, 0)$의 중점이므로 $\overline{ST}$의 중점을 M이라 하면

$M\left(\dfrac{2+(-2)}{2}, \dfrac{0+0}{2}\right)=M(0, 0)$

원의 반지름의 길이는 두 점 $S(2, 0)$, $M(0, 0)$을 이은 선분 SM의 길이이므로

$\overline{SM}=\sqrt{(0-2)^2+(0-0)^2}=2$

따라서 중심이 $M(0, 0)$이고 반지름의 길이가 2인 원의 방정식은

$x^2+y^2=4$

따라서 점 P가 그리는 도형은 반지름의 길이가 2인 원이므로 구하는 넓이는 $\pi \cdot 2^2=4\pi$이다.

---

033 두 원의 위치 관계

교과서문제 CHECK　　　　　　　　　　　　본문 P. 175

001 [정답] $d>8$

[해설] 두 원의 반지름의 길이가 각각 R, $r(R>r)$이고 두 원의 중심 사이의 거리가 d일 때, 한 원이 다른 원의 외부에 있으려면 $R+r<d$이어야 한다.

즉, $5+3<d$

$\therefore d>8$

002 [정답] $d=8$

[해설] 두 원의 반지름의 길이가 각각 R, $r(R>r)$이고 두 원의 중심 사이의 거리가 d일 때, 두 원이 외접하려면 $R+r=d$이어야 한다.

즉, $5+3=d$

$\therefore d=8$

003 [정답] $2<d<8$

[해설] 두 원의 반지름의 길이가 각각 R, $r(R>r)$이고 두 원의 중심 사이의 거리가 d일 때, 두 원이 서로 다른 두 점에서 만나려면 $R-r<d<R+r$이어야 한다.

즉, $5-3<d<5+3$

$\therefore 2<d<8$

004 [정답] $d=2$

[해설] 두 원의 반지름의 길이가 각각 R, $r(R>r)$이고 두 원의 중심 사이의 거리가 d일 때, 두 원이 내접하려면 $R-r=d$이어야 한다.

즉, $5-3=d$

$\therefore d=2$

005 [정답] $0 \leq d<2$

[해설] 한 원이 다른 원의 내부에 있는 경우는 다음 두 가지이다.

(i) 두 원의 중심이 서로 같은 경우(동심원인 경우)

　이것은 두 원의 중심 사이의 거리가 0인 경우이다.

　$\therefore d=0$　　　　　　……　㉠

　즉, 두 원의 반지름의 길이가 5, 3과 같이 서로 다르고 두 원의 중심이 서로 같으면 작은 원이 큰 원의 내부에 있게 된다.

(ii) 두 원의 중심이 서로 같지 않은 경우

　두 원의 반지름의 길이가 각각 R, $r(R>r)$이고 두 원의 중심 사이의 거리가 d일 때, 작은 원이 큰 원의 내부에 있으려면 $R-r>d$이어야 한다.

　$5-3>d$　　$\therefore d<2$　　……　㉡

이때, 두 원의 중심 사이의 거리는 항상 0보다 크거나 같아야 한다.

$\therefore d \geq 0$　　　　　　……　㉢

⊙, ⓒ, ⓔ에서 공통 부분을 구하면
$0 \le d < 2$

006 정답 $d=0$
해설 두 원의 중심이 같으려면 두 원의 중심 사이의 거리 d가 0이어야 한다.
즉, 두 원의 반지름의 길이가 5, 3과 같이 서로 다르고 두 원의 중심이 서로 같으면 작은 원이 큰 원의 내부에 있게 된다. 이때 두 원을 중심이 서로 같다는 의미에서 동심원이라 한다.

007 정답 $0<a<\sqrt{5}-2$
해설 두 원 $x^2+y^2=4$, $(x-1)^2+(y-2)^2=a^2$의 반지름의 길이는 각각 $R=2$, $r=a$이다.
또한 두 원의 중심 $(0, 0)$, $(1, 2)$ 사이의 거리 d는
$d=\sqrt{(1-0)^2+(2-0)^2}=\sqrt{5}$
이때 한 원이 다른 원의 외부에 있으므로 $R+r<d$이어야 한다.
즉, $2+a<\sqrt{5}$ ∴ $a<\sqrt{5}-2$
그런데 a는 원의 반지름의 길이이므로 $a>0$
∴ $0<a<\sqrt{5}-2$

008 정답 $0<a<3$
해설 두 원 $(x-1)^2+y^2=4$, $(x-4)^2+(y-4)^2=a^2$의 반지름의 길이는 각각 $R=2$, $r=a$이다.
또한 두 원의 중심 $(1, 0)$, $(4, 4)$ 사이의 거리 d는
$d=\sqrt{(4-1)^2+(4-0)^2}=5$
이때 한 원이 다른 원의 외부에 있으므로 $R+r<d$이어야 한다.
즉, $2+a<5$ ∴ $a<3$
그런데 a는 원의 반지름의 길이이므로 $a>0$
∴ $0<a<3$

009 정답 $2<a<4$
해설 두 원 $(x-3)^2+y^2=a^2$, $x^2+y^2=1$의 반지름의 길이는 각각 $R=a$, $r=1(a>1)$이다.
또한 두 원의 중심 $(3, 0)$, $(0, 0)$ 사이의 거리 d는
$d=\sqrt{(0-3)^2+(0-0)^2}=3$
이때 두 원이 서로 다른 두 점에서 만나므로
$R-r<d<R+r(R>r)$이어야 한다.
즉, $a-1<3<a+1$
(ⅰ) $a-1<3$에서 $a<4$
(ⅱ) $3<a+1$에서 $a>2$
(ⅰ), (ⅱ)에서 공통 부분을 구하면 $2<a<4$

010 정답 $-\sqrt{5}<a<\sqrt{5}$
해설 두 원 $x^2+(y-2)^2=4$, $(x-a)^2+y^2=1$의 반지름의 길이는 각각 $R=2$, $r=1$이다.
두 원의 중심 $(0, 2)$, $(a, 0)$ 사이의 거리 d는
$d=\sqrt{(a-0)^2+(0-2)^2}=\sqrt{a^2+4}$

이때 두 원이 서로 다른 두 점에서 만나므로
$R-r<d<R+r(R>r)$이어야 한다.
즉, $2-1<\sqrt{a^2+4}<2+1$
∴ $1<\sqrt{a^2+4}<3$
이 식의 양변을 제곱하면
$1<a^2+4<9$
$0 \le a^2<5$ (∵ $a^2 \ge 0$)
∴ $-\sqrt{5}<a<\sqrt{5}$

011 정답 한 원이 다른 원의 외부에 있다.
해설 두 원 $x^2+y^2=2$, $(x-2)^2+(y-2)^2=1$의 반지름의 길이는 각각 $R=\sqrt{2}$, $r=1$이다.
또한 두 원의 중심 $(0, 0)$, $(2, 2)$ 사이의 거리 d는
$d=\sqrt{(2-0)^2+(2-0)^2}=2\sqrt{2}$
따라서 $\sqrt{2}+1<2\sqrt{2}$, 즉 $R+r<d$이므로 한 원이 다른 원의 외부에 있다.

012 정답 두 원은 외접한다.
해설 두 원 $x^2+(y+1)^2=2$, $(x-3)^2+(y-2)^2=8$의 반지름의 길이는 각각 $R=\sqrt{2}$, $r=2\sqrt{2}$이다.
또한 두 원의 중심 $(0, -1)$, $(3, 2)$ 사이의 거리 d는
$d=\sqrt{(3-0)^2+\{2-(-1)\}^2}=3\sqrt{2}$
따라서 $\sqrt{2}+2\sqrt{2}=3\sqrt{2}$, 즉 $R+r=d$이므로 두 원은 외접한다.

013 정답 두 원은 서로 다른 두 점에서 만난다.
해설 두 원 $x^2+(y-2)^2=4$, $(x-1)^2+y^2=4$의 반지름의 길이는 각각 $R=2$, $r=2$이다.
또한 두 원의 중심 $(0, 2)$, $(1, 0)$ 사이의 거리 d는
$d=\sqrt{(1-0)^2+(0-2)^2}=\sqrt{5}$
따라서 $2-2<\sqrt{5}<2+2$, 즉 $R-r<d<R+r$이므로 두 원은 서로 다른 두 점에서 만난다.

014 정답 두 원은 내접한다.
해설 두 원 $x^2+y^2=20$, $(x-1)^2+(y+2)^2=5$의 반지름의 길이는 각각 $R=2\sqrt{5}$, $r=\sqrt{5}$이다.
또한 두 원의 중심 $(0, 0)$, $(1, -2)$ 사이의 거리 d는
$d=\sqrt{(1-0)^2+(-2-0)^2}=\sqrt{5}$
따라서 $2\sqrt{5}-\sqrt{5}=\sqrt{5}$, 즉 $R-r=d$이므로 두 원은 내접한다.

015 정답 한 원이 다른 원의 내부에 있다.
해설 두 원 $x^2+y^2=16$, $(x-1)^2+(y+1)^2=1$의 반지름의 길이는 각각 $R=4$, $r=1$이다.
또한 두 원의 중심 $(0, 0)$, $(1, -1)$ 사이의 거리 d는
$d=\sqrt{(1-0)^2+(-1-0)^2}=\sqrt{2}$
따라서 $4-1>\sqrt{2}$, 즉 $R-r>d$이므로 한 원이 다른 원의 내부에 있다.

016 정답 $x^2+y^2-x=0$
해설 두 원 $x^2+y^2-1=0$, $x^2+y^2-2x+1=0$의 교점을

지나는 원의 방정식은

$(x^2+y^2-1)+k(x^2+y^2-2x+1)=0$ (단, $k\neq-1$)

...... ㉠

이 원이 점 $P(0, 0)$을 지나므로 $x=0$, $y=0$을 대입하면

$-1+k=0$ ∴ $k=1$

$k=1$을 ㉠에 대입하면

$(x^2+y^2-1)+(x^2+y^2-2x+1)=0$

$2x^2+2y^2-2x=0$

∴ $x^2+y^2-x=0$

참고 두 원 $x^2+y^2-1=0$, $x^2+y^2-2x+1=0$의 교점을 지나는 원의 방정식은

$k(x^2+y^2-1)+(x^2+y^2-2x+1)=0$으로 놓아도 똑같은 결과를 얻는다.

017 정답 $x^2+y^2+2y-2=0$

해설 $x^2+y^2=1$에서 $x^2+y^2-1=0$

두 원 $x^2+y^2-1=0$, $x^2+y^2-2y=0$의 교점을 지나는 원의 방정식은

$(x^2+y^2-1)+k(x^2+y^2-2y)=0$ (단, $k\neq-1$)

...... ㉠

이 원이 점 $P(\sqrt{2}, 0)$을 지나므로 $x=\sqrt{2}$, $y=0$을 대입하면

$1+2k=0$ ∴ $k=-\dfrac{1}{2}$

$k=-\dfrac{1}{2}$을 ㉠에 대입허면

$(x^2+y^2-1)-\dfrac{1}{2}(x^2+y^2-2y)=0$

$(2x^2+2y^2-2)+(-x^2-y^2+2y)=0$

∴ $x^2+y^2+2y-2=0$

참고 두 원 $x^2+y^2-1=0$, $x^2+y^2-2y=0$의 교점을 지나는 원의 방정식은 $k(x^2+y^2-1)+(x^2+y^2-2y)=0$으로 놓아도 똑같은 결과를 얻는다.

018 정답 $x^2+y^2-x-y=0$

해설 $x^2+y^2=1$에서 $x^2+y^2-1=0$

$(x-1)^2+(y-1)^2=1$에서 $x^2+y^2-2x-2y+1=0$

두 원 $x^2+y^2-1=0$, $x^2+y^2-2x-2y+1=0$의 교점을 지나는 원의 방정식은

$(x^2+y^2-1)+k(x^2+y^2-2x-2y+1)=0$

(단, $k\neq-1$)   ...... ㉠

이 원이 점 $P(1, 1)$을 지나므로 $x=1$, $y=1$을 대입하면

$1-k=0$ ∴ $k=1$

$k=1$을 ㉠에 대입하면

$(x^2+y^2-1)+(x^2+y^2-2x-2y+1)=0$

$2x^2+2y^2-2x-2y=0$

∴ $x^2+y^2-x-y=0$

참고 두 원 $x^2+y^2-1=0$, $x^2+y^2-2x-2y+1=0$의 교점을 지나는 원의 방정식은

$k(x^2+y^2-1)+(x^2+y^2-2x-2y+1)=0$으로 놓아도

똑같은 결과를 얻는다.

019 정답 $y=3x$

해설 두 원 $x^2+y^2+x=0$, $x^2+y^2-2x+y=0$의 교점을 지나는 직선의 방정식은

$(x^2+y^2+x)-(x^2+y^2-2x+y)=0$

$x+2x-y=0$ ∴ $y=3x$

참고 두 원 $x^2+y^2+x=0$, $x^2+y^2-2x+y=0$의 교점을 지나는 직선의 방정식은

$-(x^2+y^2+x)+(x^2+y^2-2x+y)=0$으로 계산하여도 똑같은 결과를 얻는다.

020 정답 $y=-x+1$

해설 $x^2+y^2=1$에서 $x^2+y^2-1=0$

$(x-1)^2+(y-1)^2=1$에서 $x^2+y^2-2x-2y+1=0$

두 원 $x^2+y^2-1=0$, $x^2+y^2-2x-2y+1=0$의 교점을 지나는 직선의 방정식은

$(x^2+y^2-1)-(x^2+y^2-2x-2y+1)=0$

$2x+2y-2=0$

∴ $y=-x+1$

참고 두 원 $x^2+y^2-1=0$, $x^2+y^2-2x-2y+1=0$의 교점을 지나는 직선의 방정식은

$-(x^2+y^2-1)+(x^2+y^2-2x-2y+1)=0$으로 계산하여도 똑같은 결과를 얻는다.

021 정답 $y=x-2$

해설 두 원 $x^2+y^2-2x=0$, $x^2+y^2-4x+2y+4=0$의 교점을 지나는 직선의 방정식은

$(x^2+y^2-2x)-(x^2+y^2-4x+2y+4)=0$

$2x-2y-4=0$

∴ $y=x-2$

참고 두 원 $x^2+y^2-2x=0$, $x^2+y^2-4x+2y+4=0$의 교점을 지나는 직선의 방정식은

$-(x^2+y^2-2x)+(x^2+y^2-4x+2y+4)=0$으로 계산하여도 똑같은 결과를 얻는다.

🚂 **필수유형 CHECK** 본문 P. 177

001 ②	**002** ①	**003** ④	**004** ④
005 ②	**006** ④	**007** ⑤	**008** ③

---

001 정답 ②

해설 두 원 $x^2+(y-3)^2=4$, $(x-4)^2+y^2=a^2$의 반지름의 길이는 각각 $R=2$, $r=a$이다.

두 원의 중심 $(0, 3)$, $(4, 0)$ 사이의 거리 d는

$d=\sqrt{(4-0)^2+(0-3)^2}=5$

이때 한 원이 다른 원의 외부에 있으려면 $R+r<d$이어야 한다.

즉, $2+a<5$ ∴ $a<3$

따라서 양의 정수 a는 1, 2로 2개이다.

002 <u>정답</u> ①

<u>해설</u> 두 원 $(x-a)^2+(y-1)^2=9$, $x^2+(y-a)^2=4$의
반지름의 길이는 각각 $R=3$, $r=2$이다.
두 원의 중심 $(a, 1)$, $(0, a)$ 사이의 거리 d는
$$d=\sqrt{(0-a)^2+(a-1)^2}=\sqrt{2a^2-2a+1}$$
이때 두 원이 외접하려면 $R+r=d$이어야 한다.
즉, $3+2=\sqrt{2a^2-2a+1}$
$$\therefore \sqrt{2a^2-2a+1}=5$$
이 식의 양변을 제곱하면
$$2a^2-2a+1=25$$
$$a^2-a-12=0, (a+3)(a-4)=0$$
$$\therefore a=-3 \text{ 또는 } a=4$$
따라서 모든 상수 a의 값의 합은
$$(-3)+4=1$$
<u>참고</u> 이차방정식 $a^2-a-12=0$에서 모든 상수 a의 값의
합은 이차방정식의 근과 계수의 관계에 의해
(두 근의 합) $=-\dfrac{-1}{1}=1$이다.

003 <u>정답</u> ④

<u>해설</u> 두 원 $x^2+y^2+2x+4y-1=0$,
$x^2+y^2+2x+2y-2=0$의 교점을 지나는 원의 방정식은
$$(x^2+y^2+2x+4y-1)+k(x^2+y^2+2x+2y-2)=0$$
(단, $k\neq-1$)　　　…… ㉠
이 원이 점 $(1, 0)$을 지나므로 $x=1$, $y=0$을 대입하면
$$2+k=0 \quad \therefore k=-2$$
$k=-2$를 ㉠에 대입하면
$$(x^2+y^2+2x+4y-1)-2(x^2+y^2+2x+2y-2)=0$$
$$x^2+y^2+2x-3=0$$
$$(x^2+2x)+y^2-3=0$$
$$(x^2+2x+1-1)+y^2-3=0$$
$$(x^2+2x+1)+y^2-1-3=0$$
$$\therefore (x+1)^2+y^2=4$$
따라서 반지름의 길이가 2이므로 이 원의 넓이는
$\pi\cdot2^2=4\pi$이다.

004 <u>정답</u> ④

<u>해설</u> $(x+1)^2+(y+1)^2=5$에서
$$x^2+y^2+2x+2y-3=0$$
$(x-1)^2+(y+2)^2=2$에서
$$x^2+y^2-2x+4y+3=0$$
따라서 두 원 $x^2+y^2+2x+2y-3=0$,
$x^2+y^2-2x+4y+3=0$의 교점을 지나는 직선, 즉 공통
현의 방정식은
$$(x^2+y^2+2x+2y-3)-(x^2+y^2-2x+4y+3)=0$$
$$4x-2y-6=0$$
$$\therefore 2x-y-3=0$$
이 식과 $ax+by-3=0$이 일치하므로

$$\therefore a=2, b=-1$$
$$\therefore a+b=2+(-1)=1$$

005 <u>정답</u> ②

<u>해설</u> $x^2+y^2=8$에서 $x^2+y^2-8=0$
두 원 $x^2+y^2-8=0$, $x^2+y^2+3x+4y+2=0$의 교점을
지나는 직선, 즉 공통현의 방정식은
$$(x^2+y^2-8)-(x^2+y^2+3x+4y+2)=0$$
$$\therefore 3x+4y+10=0$$
따라서 원점 $(0, 0)$과 공통현 $3x+4y+10=0$ 사이의 거
리는
$$\frac{|0+0+10|}{\sqrt{3^2+4^2}}=\frac{10}{5}=2$$

006 <u>정답</u> ④

<u>해설</u>

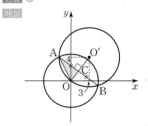

위의 그림과 같이 두 원 $x^2+y^2=20$,
$(x-3)^2+(y-4)^2=25$의 중심을 각각 O, O′이라 하고
두 원의 교점을 A, B, $\overline{OO'}$과 $\overline{AB}$의 교점을 C라 하면
$$\overline{AB}\perp\overline{OO'}, \overline{AC}=\overline{BC}$$
$x^2+y^2=20$에서 $x^2+y^2-20=0$
$(x-3)^2+(y-4)^2=25$에서
$$x^2+y^2-6x-8y=0$$
두 원 $x^2+y^2-20=0$, $x^2+y^2-6x-8y=0$의 교점을 지
나는 직선, 즉 공통현의 방정식은
$$(x^2+y^2-20)-(x^2+y^2-6x-8y)=0$$
$$\therefore 3x+4y-10=0$$
원 $x^2+y^2-20=0$의 중심 O$(0, 0)$과 공통현
$3x+4y-10=0$ 사이의 거리 OC는
$$\therefore \overline{OC}=\frac{|0+0-10|}{\sqrt{3^2+4^2}}=\frac{10}{5}=2$$
직각삼각형 OAC에서
$$\overline{AC}=\sqrt{\overline{OA}^2-\overline{OC}^2}=\sqrt{(\sqrt{20})^2-2^2}=4$$
따라서 공통현의 길이는 $\overline{AB}=2\overline{AC}=2\cdot4=8$

007 <u>정답</u> ⑤

<u>해설</u> 세 점 A, B, P를 지나는 원은 점 $(1, 0)$에서 x축에
접하므로 중심의 좌표를 $(1, t)$, 반지름의 길이를 t로 놓
을 수 있다. 즉, 이 원의 방정식은 $(x-1)^2+(y-t)^2=t^2$
꼴이다.
그런데 이 원은 원 $x^2+y^2=9$와 합동이므로 반지름의 길
이는 3이다.
$$\therefore t=3$$
$$\therefore (x-1)^2+(y-3)^2=9$$

이 식을 원의 일반형으로 고치면
$x^2+y^2-2x-6y+1=0$
이때 직선 AB의 방정식은 두 원 $x^2+y^2-9=0$,
$x^2+y^2-2x-6y+1=0$의 교점을 지나는 직선, 즉 공통
현의 방정식이므로
$(x^2+y^2-9)-(x^2+y^2-2x-6y+1)=0$
$2x+6y-10=0$
$\therefore x+3y-5=0$
이 식과 $ax+by-5=0$이 일치하므로
$a=1, b=3$
$\therefore a+b=1+3=4$

008 정답 ③
해설 원 $x^2+y^2=4$가 원 $x^2+y^2-2x+2y+a=0$의 둘
레를 이등분하려면 두 원의 교점을 지나는 직선이
$x^2+y^2-2x+2y+a=0$의 중심을 지나야 한다.
$x^2+y^2-2x+2y+a=0$에서
$(x^2-2x)+(y^2+2y)+a=0$
$(x^2-2x+1-1)+(y^2+2y+1-1)+a=0$
$(x^2-2x+1)+(y^2+2y+1)-1-1+a=0$
$\therefore (x-1)^2+(y+1)^2=2-a$
두 원 $x^2+y^2-4=0$, $x^2+y^2-2x+2y+a=0$의 교점을
지나는 직선의 방정식은
$(x^2+y^2-4)-(x^2+y^2-2x+2y+a)=0$
$\therefore 2x-2y-a-4=0$
따라서 이 직선이 원 $(x-1)^2+(y+1)^2=2-a$의 중심
$(1, -1)$을 지나야 하므로
$x=1, y=-1$을 직선 $2x-2y-a-4=0$에 대입하면
$2+2-a-4=0$ $\therefore a=0$

034 원과 직선의 위치 관계

 교과서문제 CHECK 본문 P. 179

001 정답 서로 다른 두 점에서 만난다.
해설 $y=x-1$을 $x^2+y^2=2$에 대입하면
$x^2+(x-1)^2=2$
$\therefore 2x^2-2x-1=0$
이 이차방정식의 판별식을 D라 하면
$D=(-2)^2-4\cdot2\cdot(-1)=12>0$
따라서 원과 직선은 서로 다른 두 점에서 만난다.

002 정답 한 점에서 만난다. (접한다.)
해설 $y=-x+2$를 $x^2+y^2=2$에 대입하면
$x^2+(-x+2)^2=2$
$\therefore 2x^2-4x+2=0$

이 이차방정식의 판별식을 D라 하면
$D=(-4)^2-4\cdot2\cdot2=0$
따라서 원과 직선은 한 점에서 만난다. (접한다.)

003 정답 만나지 않는다.
해설 $y=x+3$을 $x^2+y^2=2$에 대입하면
$x^2+(x+3)^2=2$
$\therefore 2x^2+6x+7=0$
이 이차방정식의 판별식을 D라 하면
$D=6^2-4\cdot2\cdot7=-20<0$
따라서 원과 직선은 만나지 않는다.

004 정답 2
해설 원 $(x-3)^2+y^2=9$의 중심 $(3, 0)$과 직선
$2x-y-1=0$ 사이의 거리 d는
$d=\dfrac{|2\cdot3-0-1|}{\sqrt{2^2+(-1)^2}}=\dfrac{5}{\sqrt5}=\dfrac{5\sqrt5}{\sqrt5\sqrt5}=\sqrt5$
원 $(x-3)^2+y^2=9$의 반지름의 길이 r는
$r=3$
따라서 $\sqrt5<3$, 즉 $d<r$이므로 원과 직선은 서로 다른 두
점에서 만난다.

005 정답 1
해설 $x^2+y^2+4y-1=0$에서
$x^2+(y^2+4y)-1=0$
$x^2+(y^2+4y+4-4)-1=0$
$x^2+(y^2+4y+4)-4-1=0$
$\therefore x^2+(y+2)^2=5$
원 $x^2+(y+2)^2=5$의 중심 $(0, -2)$와 직선
$2x+y-3=0$ 사이의 거리 d는
$d=\dfrac{|0-2-3|}{\sqrt{2^2+1^2}}=\dfrac{5}{\sqrt5}=\dfrac{5\sqrt5}{\sqrt5\sqrt5}=\sqrt5$
원 $x^2+(y+2)^2=5$의 반지름의 길이 r는
$r=\sqrt5$
따라서 $\sqrt5=\sqrt5$, 즉 $d=r$이므로 원과 직선은 한 점에서
만난다. (접한다.)

006 정답 0
해설 $x^2+y^2-4x+2y+1=0$에서
$(x^2-4x)+(y^2+2y)+1=0$
$(x^2-4x+4-4)+(y^2+2y+1-1)+1=0$
$(x^2-4x+4)+(y^2+2y+1)-4-1+1=0$
$\therefore (x-2)^2+(y+1)^2=4$
원 $(x-2)^2+(y+1)^2=4$의 중심 $(2, -1)$과 직선
$y=2x$, 즉 $2x-y=0$ 사이의 거리 d는
$d=\dfrac{|2\cdot2-(-1)|}{\sqrt{2^2+(-1)^2}}=\dfrac{5}{\sqrt5}=\dfrac{5\sqrt5}{\sqrt5\sqrt5}=\sqrt5$
원 $(x-2)^2+(y+1)^2=4$의 반지름의 길이 r는
$r=2$
따라서 $\sqrt5>2$, 즉 $d>r$이므로 원과 직선은 만나지 않는
다.

007 정답 $-2<k<2$

해설 (이차방정식의 판별식)>0임을 이용한다.

$y=x+k$를 $x^2+y^2=2$에 대입하면

$x^2+(x+k)^2=2$

$\therefore 2x^2+2kx+(k^2-2)=0$ …… ㉠

이 원과 직선이 서로 다른 두 점에서 만나려면 이차방정식 ㉠의 판별식 D가 $D>0$이어야 한다.

$D=(2k)^2-4\cdot2\cdot(k^2-2)$
$\quad=-4k^2+16>0$

$k^2-4<0$, $(k+2)(k-2)<0$

$\therefore -2<k<2$

별해 (원의 중심과 직선 사이의 거리)<(원의 반지름의 길이)임을 이용한다.

원 $x^2+y^2=2$의 중심 O$(0,0)$과 직선 $y=x+k$, 즉 $x-y+k=0$ 사이의 거리 d는

$d=\dfrac{|0-0+k|}{\sqrt{1^2+(-1)^2}}=\dfrac{|k|}{\sqrt{2}}$

원 $x^2+y^2=2$의 반지름의 길이 r는

$r=\sqrt{2}$

이 원과 직선이 서로 다른 두 점에서 만나려면 $d<r$이어야 한다.

$\dfrac{|k|}{\sqrt{2}}<\sqrt{2}$

$|k|<2$ $\therefore -2<k<2$

008 정답 $k=\pm\sqrt{6}$

해설 (이차방정식의 판별식)=0임을 이용한다.

$y=-x+k$를 $x^2+y^2=3$에 대입하면

$x^2+(-x+k)^2=3$

$\therefore 2x^2-2kx+(k^2-3)=0$ …… ㉠

이 원과 직선이 한 점에서 만나려면 이차방정식 ㉠의 판별식 D가 $D=0$이어야 한다.

$D=(-2k)^2-4\cdot2\cdot(k^2-3)$
$\quad=-4k^2+24=0$

$k^2-6=0$ $\therefore k=\pm\sqrt{6}$

별해 (원의 중심과 직선 사이의 거리)=(원의 반지름의 길이)임을 이용한다.

원 $x^2+y^2=3$의 중심 O$(0,0)$과 직선 $y=-x+k$, 즉 $x+y-k=0$ 사이의 거리 d는

$d=\dfrac{|0+0-k|}{\sqrt{1^2+1^2}}=\dfrac{|k|}{\sqrt{2}}$

원 $x^2+y^2=3$의 반지름의 길이 r는

$r=\sqrt{3}$

이 원과 직선이 한 점에서 만나려면 $d=r$이어야 한다.

$\dfrac{|k|}{\sqrt{2}}=\sqrt{3}$

$|k|=\sqrt{6}$ $\therefore k=\pm\sqrt{6}$

009 정답 $k<-5$ 또는 $k>5$

해설 (이차방정식의 판별식)<0임을 이용한다.

$y=2x+k$를 $x^2+y^2=5$에 대입하면

$x^2+(2x+k)^2=5$

$\therefore 5x^2+4kx+(k^2-5)=0$ …… ㉠

이 원과 직선이 만나지 않으려면 이차방정식 ㉠의 판별식 D가 $D<0$이어야 한다.

$D=(4k)^2-4\cdot5\cdot(k^2-5)$
$\quad=-4k^2+100<0$

$k^2-25>0$, $(k+5)(k-5)>0$

$\therefore k<-5$ 또는 $k>5$

별해 (원의 중심과 직선 사이의 거리)>(원의 반지름의 길이)임을 이용한다.

원 $x^2+y^2=5$의 중심 O$(0,0)$과 직선 $y=2x+k$, 즉 $2x-y+k=0$ 사이의 거리 d는

$d=\dfrac{|0-0+k|}{\sqrt{2^2+(-1)^2}}=\dfrac{|k|}{\sqrt{5}}$

원 $x^2+y^2=5$의 반지름의 길이 r는

$r=\sqrt{5}$

이때 원과 직선이 만나지 않으려면 $d>r$이어야 한다.

$\dfrac{|k|}{\sqrt{5}}>\sqrt{5}$

$|k|>5$ $\therefore k<-5$ 또는 $k>5$

010 정답 $2\sqrt{3}$

해설 다음 그림과 같이 원 $x^2+y^2=4$와 직선 $x-y+\sqrt{2}=0$이 만나는 두 교점을 A, B라 하고 원의 중심 O$(0,0)$에서 직선 AB에 내린 수선의 발을 H라 하면 $\overline{AB}\perp\overline{OH}$, $\overline{AH}=\overline{BH}$이다.

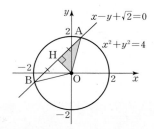

원의 반지름의 길이가 2이므로 $\overline{OA}=2$

원 $x^2+y^2=4$의 중심 O$(0,0)$과 직선 $x-y+\sqrt{2}=0$ 사이의 거리 $\overline{OH}$는

$\overline{OH}=\dfrac{|0-0+\sqrt{2}|}{\sqrt{1^2+(-1)^2}}=1$

따라서 직각삼각형 OAH에서 피타고라스 정리에 의해

$\overline{OA}^2=\overline{AH}^2+\overline{OH}^2$이므로

$\overline{AH}=\sqrt{\overline{OA}^2-\overline{OH}^2}$
$\quad=\sqrt{2^2-1^2}=\sqrt{3}$

따라서 구하는 현의 길이 $\overline{AB}$는

$\overline{AB}=2\overline{AH}=2\cdot\sqrt{3}=2\sqrt{3}$

011 정답 $2\sqrt{2}$

해설 다음 그림과 같이 원 $(x-1)^2+(y-1)^2=4$와 직선 $x-y+2=0$이 만나는 두 교점을 A, B라 하고 원의

중심 C(1, 1)에서 직선 AB에 내린 수선의 발을 H라 하면 $\overline{AB}\perp\overline{CH}$, $\overline{AH}=\overline{BH}$이다.

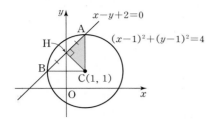

원의 반지름의 길이가 2이므로 $\overline{CA}=2$
원 $(x-1)^2+(y-1)^2=4$의 중심 C(1, 1)과 직선 $x-y+2=0$ 사이의 거리 $\overline{CH}$는
$$\overline{CH}=\frac{|1-1+2|}{\sqrt{1^2+(-1)^2}}=\frac{2}{\sqrt{2}}=\frac{2\sqrt{2}}{\sqrt{2}\sqrt{2}}=\sqrt{2}$$
따라서 직각삼각형 CAH에서 피타고라스 정리에 의해
$\overline{CA}^2=\overline{AH}^2+\overline{CH}^2$이므로
$$\overline{AH}=\sqrt{\overline{CA}^2-\overline{CH}^2}$$
$$=\sqrt{2^2-(\sqrt{2})^2}=\sqrt{2}$$
따라서 구하는 현의 길이 $\overline{AB}$는
$$\overline{AB}=2\overline{AH}=2\cdot\sqrt{2}=2\sqrt{2}$$

012 정답 $y=2x\pm5$
해설 원 $x^2+y^2=r^2$에 접하고 기울기가 r인 접선의 방정식은 $y=mx\pm r\sqrt{m^2+1}$임을 이용한다.
따라서 원 $x^2+y^2=5$에 접하고 기울기가 2인 접선의 방정식은
$$y=2x\pm\sqrt{5}\sqrt{2^2+1}$$
$$\therefore y=2x\pm5$$
별해 (원의 중심과 접선 사이의 거리)=(원의 반지름의 길이)임을 이용한다.
기울기가 2인 접선의 방정식을 $y=2x+n$으로 놓자.
원 $x^2+y^2=5$의 중심 O(0, 0)과 직선 $y=2x+n$, 즉 $2x-y+n=0$ 사이의 거리 d는
$$d=\frac{|0-0+n|}{\sqrt{2^2+(-1)^2}}=\frac{|n|}{\sqrt{5}}$$
원 $x^2+y^2=5$의 반지름의 길이 r는
$$r=\sqrt{5}$$
이 원과 직선이 한 점에서 만나려면 $d=r$이어야 한다.
$$\frac{|n|}{\sqrt{5}}=\sqrt{5}$$
$$|n|=5 \quad \therefore n=\pm5$$
따라서 구하는 접선의 방정식은
$$y=2x\pm5$$
별해 (이차방정식의 판별식)=0임을 이용한다.
기울기가 2인 접선의 방정식을 $y=2x+n$으로 놓자.
$y=2x+n$을 $x^2+y^2=5$에 대입하면
$$x^2+(2x+n)^2=5$$
$$\therefore 5x^2+4nx+(n^2-5)=0 \quad\cdots\cdots \text{㉠}$$
이 원과 직선이 한 점에서 만나려면 이차방정식 ㉠의 판별식 D가 $D=0$이어야 한다.

$$D=(4n)^2-4\cdot5\cdot(n^2-5)$$
$$=-4n^2+100=0$$
$$n^2-25=0 \quad \therefore n=\pm5$$
따라서 구하는 접선의 방정식은
$$y=2x\pm5$$

013 정답 $y=-x\pm2$
해설 원 $x^2+y^2=r^2$에 접하고 기울기가 r인 접선의 방정식은 $y=mx\pm r\sqrt{m^2+1}$임을 이용한다.
직선 $y=-x+2$에 평행한 접선의 기울기는 -1이다.
따라서 원 $x^2+y^2=2$에 접하고 기울기가 -1인 접선의 방정식은
$$y=-x\pm\sqrt{2}\sqrt{(-1)^2+1}$$
$$\therefore y=-x\pm2$$
별해 (원의 중심과 접선 사이의 거리)=(원의 반지름의 길이)임을 이용한다.
직선 $y=-x+2$에 평행한 접선의 기울기는 -1이므로 접선의 방정식을 $y=-x+n$으로 놓자.
원 $x^2+y^2=2$의 중심 O(0, 0)과 직선 $y=-x+n$, 즉 $x+y-n=0$ 사이의 거리 d는
$$d=\frac{|0+0-n|}{\sqrt{1^2+1^2}}=\frac{|n|}{\sqrt{2}}$$
원 $x^2+y^2=2$의 반지름의 길이 r는
$$r=\sqrt{2}$$
이때 원과 직선이 한 점에서 만나려면 $d=r$이어야 한다.
$$\frac{|n|}{\sqrt{2}}=\sqrt{2}$$
$$|n|=2 \quad \therefore n=\pm2$$
따라서 구하는 접선의 방정식은
$$y=-x\pm2$$
별해 (이차방정식의 판별식)=0임을 이용한다.
직선 $y=-x+2$에 평행한 접선의 기울기는 -1이므로 접선의 방정식을 $y=-x+n$으로 놓자.
$y=-x+n$을 $x^2+y^2=2$에 대입하면
$$x^2+(-x+n)^2=2$$
$$\therefore 2x^2-2nx+(n^2-2)=0 \quad\cdots\cdots \text{㉠}$$
이 원과 직선이 한 점에서 만나려면 이차방정식 ㉠의 판별식 D가 $D=0$이어야 한다.
$$D=(-2n)^2-4\cdot2\cdot(n^2-2)$$
$$=-4n^2+16=0$$
$$n^2-4=0 \quad \therefore n=\pm2$$
따라서 구하는 접선의 방정식은
$$y=-x\pm2$$

014 정답 $y=2x\pm2\sqrt{5}$
해설 원 $x^2+y^2=r^2$에 접하고 기울기가 r인 접선의 방정식은 $y=mx\pm r\sqrt{m^2+1}$임을 이용한다.
직선 $x+2y-4=0$, 즉 $y=-\frac{1}{2}x+2$에 수직인 접선의 기울기는 2이다.

따라서 원 $x^2+y^2=4$에 접하고 기울기가 2인 접선의 방정식은

$$y=2x\pm\sqrt{2^2+1}$$
$$\therefore y=2x\pm2\sqrt{5}$$

별해 (원의 중심과 접선 사이의 거리)=(원의 반지름의 길이)임을 이용한다.

직선 $x+2y-4=0$, 즉 $y=-\dfrac{1}{2}x+2$에 수직인 접선의 기울기는 2이므로 접선의 방정식을 $y=2x+n$으로 놓자.

원 $x^2+y^2=4$의 중심 $O(0, 0)$과 직선 $y=2x+n$, 즉 $2x-y+n=0$ 사이의 거리 d는

$$d=\frac{|0-0+n|}{\sqrt{2^2+(-1)^2}}=\frac{|n|}{\sqrt{5}}$$

원 $x^2+y^2=4$의 반지름의 길이 r는

$$r=2$$

이 원과 직선이 한 점에서 만나려면 $d=r$이어야 한다.

$$\frac{|n|}{\sqrt{5}}=2$$
$$|n|=2\sqrt{5} \qquad \therefore n=\pm2\sqrt{5}$$

따라서 구하는 접선의 방정식은

$$y=2x\pm2\sqrt{5}$$

별해 (이차방정식의 판별식)=0임을 이용한다.

직선 $x+2y-4=0$, 즉 $y=-\dfrac{1}{2}x+2$에 수직인 접선의 기울기는 2이므로 접선의 방정식을 $y=2x+n$으로 놓자.

$y=2x+n$을 $x^2+y^2=4$에 대입하면

$$x^2+(2x+n)^2=4$$
$$\therefore 5x^2+4nx+(n^2-4)=0 \quad \cdots\cdots \text{㉠}$$

이 원과 직선이 한 점에서 만나려면 이차방정식 ㉠의 판별식 D가 $D=0$이어야 한다.

$$D=(4n)^2-4\cdot5\cdot(n^2-4)$$
$$=-4n^2+80=0$$
$$n^2-20=0 \qquad \therefore n=\pm2\sqrt{5}$$

따라서 구하는 접선의 방정식은

$$y=2x\pm2\sqrt{5}$$

015 **정답** $4x-3y=25$

해설 원 $x^2+y^2=r^2$ 위의 점 (x_1, y_1)에서의 접선의 방정식은 $x_1x+y_1y=r^2$임을 이용한다.

따라서 원 $x^2+y^2=25$ 위의 점 $(4, -3)$에서의 접선의 방정식은

$$4\cdot x+(-3)\cdot y=25$$
$$\therefore 4x-3y=25$$

별해 (원의 중심과 접선 사이의 거리)=(원의 반지름의 길이)임을 이용한다.

점 $(4, -3)$을 지나고 기울기가 m인 접선의 방정식은

$$y-(-3)=m(x-4)$$
$$\therefore mx-y-4m-3=0 \quad \cdots\cdots \text{㉠}$$

원 $x^2+y^2=25$의 중심 $O(0, 0)$과 직선 $mx-y-4m-3=0$ 사이의 거리 d는

$$d=\frac{|0-0-4m-3|}{\sqrt{m^2+(-1)^2}}=\frac{|4m+3|}{\sqrt{m^2+1}}$$

원 $x^2+y^2=25$의 반지름의 길이 r는

$$r=5$$

이 원과 직선이 한 점에서 만나려면 $d=r$이어야 한다.

$$\frac{|4m+3|}{\sqrt{m^2+1}}=5$$
$$|4m+3|=5\sqrt{m^2+1}$$

이 식의 양변을 제곱하면

$$(4m+3)^2=25(m^2+1)$$
$$9m^2-24m+16=0$$
$$(3m-4)^2=0 \qquad \therefore m=\frac{4}{3}$$

$m=\dfrac{4}{3}$를 ㉠에 대입하면

$$4x-3y=25$$

별해 (원의 중심과 접점을 지나는 직선의 기울기)⊥(접선의 기울기)임을 이용한다.

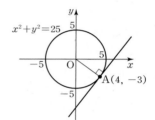

직선 $\overrightarrow{OA}$의 기울기가 $\dfrac{-3-0}{4-0}=-\dfrac{3}{4}$이므로 접선의 기울기는 $\dfrac{4}{3}$이다.

따라서 기울기가 $\dfrac{4}{3}$이고 점 $A(4, -3)$을 지나는 접선의 방정식은

$$y-(-3)=\frac{4}{3}(x-4)$$
$$3y+9=4x-16$$
$$\therefore 4x-3y-25=0$$

016 **정답** $x=2$

해설 원 $x^2+y^2=r^2$ 위의 점 (x_1, y_1)에서의 접선의 방정식은 $x_1x+y_1y=r^2$임을 이용한다.

따라서 원 $x^2+y^2=4$ 위의 점 $(2, 0)$에서의 접선의 방정식은

$$2\cdot x+0\cdot y=4$$
$$\therefore x=2$$

017 **정답** $y=3$

해설 원 $x^2+y^2=r^2$ 위의 점 (x_1, y_1)에서의 접선의 방정식은 $x_1x+y_1y=r^2$임을 이용한다.

따라서 원 $x^2+y^2=9$ 위의 점 $(0, 3)$에서의 접선의 방정식은

$$0\cdot x+3\cdot y=9$$

$$\therefore y=3$$

018 정답 $x+y=2,\ x-y=2$

해설 원 $x^2+y^2=r^2$ 위의 점 $(x_1,\ y_1)$에서의 접선의 방정식은 $x_1x+y_1y=r^2$임을 이용한다.

원 $x^2+y^2=2$ 위의 접점 $(a,\ b)$에서의 접선의 방정식은

$ax+by=2$ ······ ㉠

(i) 접점 $(a,\ b)$는 원 $x^2+y^2=2$ 위의 점이므로

$a^2+b^2=2$ ······ ㉡

(ii) 접선 ㉠이 점 $(2,\ 0)$을 지나므로

$2a=2$ $\therefore a=1$ ······ ㉢

㉢을 ㉡에 대입하면

$1+b^2=2$ $\therefore b=\pm1$

따라서 $\begin{cases}a=1\\b=1\end{cases}\begin{cases}a=1\\b=-1\end{cases}$을 ㉠에 대입하면

$x+y=2,\ x-y=2$

별해 (원의 중심과 접선 사이의 거리)=(원의 반지름의 길이)임을 이용한다.

점 $(2,\ 0)$을 지나고 기울기가 m인 접선의 방정식은

$y-0=m(x-2)$

$\therefore mx-y-2m=0$ ······ ㉠

원 $x^2+y^2=2$의 중심 O$(0,\ 0)$과 직선 $mx-y-2m=0$ 사이의 거리 d는

$$d=\frac{|0-0-2m|}{\sqrt{m^2+(-1)^2}}=\frac{|2m|}{\sqrt{m^2+1}}$$

원 $x^2+y^2=2$의 반지름의 길이 r는

$r=\sqrt{2}$

이 원과 직선이 한 점에서 만나려면 $d=r$이어야 한다.

$$\frac{|2m|}{\sqrt{m^2+1}}=\sqrt{2}$$

$$|2m|=\sqrt{2}\sqrt{m^2+1}$$

이 식의 양변을 제곱하면

$4m^2=2(m^2+1)$

$2m^2=2$ $\therefore m=\pm1$

㉠에 $m=\pm1$을 대입하면

$x-y-2=0,\ x+y-2=0$

019 정답 $x+2y=5,\ 2x-y=5$

해설 원 $x^2+y^2=r^2$ 위의 점 $(x_1,\ y_1)$에서의 접선의 방정식은 $x_1x+y_1y=r^2$임을 이용한다.

원 $x^2+y^2=5$ 위의 접점 $(a,\ b)$에서의 접선의 방정식은

$ax+by=5$ ······ ㉠

(i) 접점 $(a,\ b)$는 원 $x^2+y^2=5$ 위의 점이므로

$a^2+b^2=5$ ······ ㉡

(ii) 접선 ㉠이 점 $(3,\ 1)$을 지나므로

$3a+b=5$ $\therefore b=5-3a$ ······ ㉢

㉢을 ㉡에 대입하면

$a^2+(5-3a)^2=5$

$10a^2-30a+20=0,\ a^2-3a+2=0$

$(a-1)(a-2)=0$ $\therefore a=1$ 또는 $a=2$

$a=1$ 또는 $a=2$를 ㉢에 대입하면

$b=2$ 또는 $b=-1$

따라서 $\begin{cases}a=1\\b=2\end{cases}\begin{cases}a=2\\b=-1\end{cases}$을 ㉠에 대입하면

$x+2y=5,\ 2x-y=5$

020 정답 $x=2,\ y=2$

해설 원 $x^2+y^2=r^2$ 위의 점 $(x_1,\ y_1)$에서의 접선의 방정식은 $x_1x+y_1y=r^2$임을 이용한다.

원 $x^2+y^2=4$ 위의 접점 $(a,\ b)$에서의 접선의 방정식은

$ax+by=4$ ······ ㉠

(i) 접점 $(a,\ b)$는 원 $x^2+y^2=4$ 위의 점이므로

$a^2+b^2=4$ ······ ㉡

(ii) 접선 ㉠이 점 $(2,\ 2)$를 지나므로

$2a+2b=4$ $\therefore b=2-a$ ······ ㉢

㉢을 ㉡에 대입하면

$a^2+(2-a)^2=4$

$2a^2-4a=0,\ a(a-2)=0$

$\therefore a=0$ 또는 $a=2$

$a=0$ 또는 $a=2$를 ㉢에 대입하면

$b=2$ 또는 $b=0$

따라서 $\begin{cases}a=0\\b=2\end{cases}\begin{cases}a=2\\b=0\end{cases}$을 ㉠에 대입하면

$y=2,\ x=2$

별해 그림을 그려보면 접선의 방정식을 쉽게 구할 수 있다.

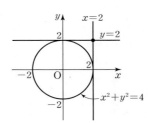

필수유형 CHECK 본문 P. 181

| 001 ③ | 002 ③ | 003 ③ | 004 ② |
| 005 ⑤ | 006 ① | 007 ③ | 008 ④ |

001 정답 ③

해설 $x^2+y^2-2x-1=0$에서

$(x^2-2x)+y^2-1=0$

$(x^2-2x+1-1)+y^2-1=0$

$(x^2-2x+1)+y^2-1-1=0$

$(x-1)^2+y^2=2$

원 $(x-1)^2+y^2=2$의 중심 $(1,\ 0)$과 직선 $y=x+k$, 즉 $x-y+k=0$ 사이의 거리 d는

$$d=\frac{|1-0+k|}{\sqrt{1^2+(-1)^2}}=\frac{|1+k|}{\sqrt{2}}$$

원 $(x-1)^2+y^2=2$의 반지름의 길이 r는
$r=\sqrt{2}$
이 원과 직선이 서로 다른 두 점에서 만나려면 $d<r$이어
야 한다.
$\dfrac{|1+k|}{\sqrt{2}}<\sqrt{2}$
$|1+k|<2,\ -2<1+k<2$
$\therefore\ -3<k<1$
이 부등식을 만족하는 정수는 $-2,\ -1,\ 0$으로 3개이다.

별해 $y=x+k$를 $x^2+y^2-2x-1=0$에 대입하면
$x^2+(x+k)^2-2x-1=0$
$2x^2+(2k-2)x+(k^2-1)=0$ ...... ㉠
이 원과 직선이 서로 다른 두 점에서 만나려면 이차방정식
㉠의 판별식 D가 $D>0$이어야 한다.
$D=(2k-2)^2-4\cdot2\cdot(k^2-1)$
$\quad=(4k^2-8k+4)-(8k^2-8)$
$\quad=-4k^2-8k+12>0$
$k^2+2k-3<0,\ (k+3)(k-1)<0$
$\therefore\ -3<k<1$
이 부등식을 만족하는 정수는 $-2,\ -1,\ 0$으로 3개이다.

002 정답 ③
해설 $y=x+k$를 $x^2+y^2=2$에 대입하면
$x^2+(x+k)^2=2$
$2x^2+2kx+(k^2-2)=0$ ...... ㉠
이 원과 직선이 한 점에서 만나려면 ㉠의 판별식 D가
$D=0$이어야 한다.
$D=(2k)^2-4\cdot2\cdot(k^2-2)$
$\quad=-4k^2+16=0$
$k^2-4=0,\ (k+2)(k-2)=0$
$\therefore\ k=-2$ 또는 $k=2$
따라서 모든 상수 k의 값의 합은
$(-2)+2=0$

별해 (원의 중심과 접선 사이의 거리)=(원의 반지름의
길이)임을 이용한다.
원 $x^2+y^2=2$의 중심 $O(0,0)$과 직선 $y=x+k$, 즉
$x-y+k=0$ 사이의 거리 d는
$d=\dfrac{|0-0+k|}{\sqrt{1^2+(-1)^2}}=\dfrac{|k|}{\sqrt{2}}$
원 $x^2+y^2=2$의 반지름의 길이 r는
$r=\sqrt{2}$
이 원과 직선이 한 점에서 만나려면 $d=r$이어야 한다.
$\dfrac{|k|}{\sqrt{2}}=\sqrt{2}$
$|k|=2$ $\therefore\ k=-2$ 또는 $k=2$
따라서 모든 상수 k의 값의 합은
$(-2)+2=0$

003 정답 ③
해설 다음 그림과 같이 원 $(x-1)^2+(y-3)^2=6$과 직

선 $x-y+m=0$이 만나는 두 교점을 A, B라 하고 원의
중심 $C(1,\ 3)$에서 직선에 내린 수선의 발을 H라 하면
$\overline{AB}=4,\ \overline{AB}\perp\overline{CH},\ \overline{AH}=\overline{BH}$이다.

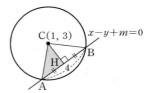

$\therefore\ \overline{AH}=\dfrac{1}{2}\overline{AB}=\dfrac{1}{2}\cdot4=2$
원의 반지름의 길이가 $\sqrt{6}$이므로 $\overline{CA}=\sqrt{6}$
원 $(x-1)^2+(y-3)^2=6$의 중심 $C(1,3)$과 직선
$x-y+m=0$ 사이의 거리 $\overline{CH}$는
$\overline{CH}=\dfrac{|1-3+m|}{\sqrt{1^2+(-1)^2}}=\dfrac{|-2+m|}{\sqrt{2}}$
따라서 직각삼각형 CAH에서 피타고라스 정리에 의해
$\overline{CA}^2=\overline{AH}^2+\overline{CH}^2$이므로
$(\sqrt{6})^2=2^2+\left(\dfrac{|-2+m|}{\sqrt{2}}\right)^2$
$6=4+\dfrac{(m-2)^2}{2},\ 4=(m-2)^2$
$4=m^2-4m+4$
$m^2-4m=0,\ m(m-4)=0$
$\therefore\ m=0$ 또는 $m=4$
따라서 구하는 모든 상수 m의 값의 합은
$0+4=4$

004 정답 ②
해설 (원의 중심과 접선 사이의 거리)=(원의 반지름의
길이)임을 이용한다.
직선 $x+2y+3=0$, 즉 $y=-\dfrac{1}{2}x-\dfrac{3}{2}$과 수직인 직선의
기울기는 2이다.
기울기가 2인 접선의 방정식을 $y=2x+k$로 놓자.
원 $x^2+y^2=5$의 중심 $O(0,\ 0)$과 직선 $y=2x+k$, 즉
$2x-y+k=0$ 사이의 거리 d는
$d=\dfrac{|0-0+k|}{\sqrt{2^2+(-1)^2}}=\dfrac{|k|}{\sqrt{5}}$
원 $x^2+y^2=5$의 반지름의 길이 r는
$r=\sqrt{5}$
이 원과 직선이 한 점에서 만나려면 $d=r$이어야 한다.
$\dfrac{|k|}{\sqrt{5}}=\sqrt{5}$
$|k|=5$ $\therefore\ k=\pm5$
$\therefore\ y=2x\pm5$
이 식과 $y=mx\pm n$이 일치하므로
$m=2,\ n=5\ (\because\ n>0)$
$\therefore\ m+n=2+5=7$
별해 (이차방정식의 판별식)=0임을 이용한다.
직선 $x+2y+3=0$, 즉 $y=-\dfrac{1}{2}x-\dfrac{3}{2}$과 수직인 직선의

기울기는 2이다.

기울기가 2인 접선의 방정식을 $y=2x+k$로 놓자.

$y=2x+k$를 $x^2+y^2=5$에 대입하면

$x^2+(2x+k)^2=5$

$5x^2+4kx+(k^2-5)=0$ ...... ㉠

이 원과 직선이 한 점에서 만나려면 이차방정식 ㉠의 판별식 D가 $D=0$이어야 한다.

$D=(4k)^2-4\cdot5\cdot(k^2-5)$

$\quad=-4k^2+100=0$

$k^2-25=0$ $\quad\therefore k=\pm5$

$\therefore y=2x\pm5$

이 식과 $y=mx\pm n$이 일치하므로

$m=2, n=5\ (\because n>0)$

$\therefore m+n=2+5=7$

별해 원 $x^2+y^2=r^2$에 접하고 기울기가 m인 접선의 방정식은 $y=mx\pm r\sqrt{m^2+1}$임을 이용한다.

직선 $x+2y+3=0$, 즉 $y=-\dfrac{1}{2}x-\dfrac{3}{2}$과 수직인 직선의 기울기는 2이다.

따라서 원 $x^2+y^2=5$에 접하고 기울기가 2인 접선의 방정식은

$y=2x\pm\sqrt{5}\sqrt{2^2+1}$

$\therefore y=2x\pm5$

이 식과 $y=mx\pm n$이 일치하므로

$m=2, n=5\ (\because n>0)$

$\therefore m+n=2+5=7$

005 정답 ⑤

해설 (원의 중심과 접점을 이은 반지름)⊥(접선)임을 이용한다.

원 $x^2+(y-2)^2=5$의 중심 $(0, 2)$와 접점 $(2, 3)$을 지나는 직선의 기울기는 $\dfrac{3-2}{2-0}=\dfrac{1}{2}$이다.

접선은 원의 중심과 접점을 이은 선분과 수직이다.

접선의 기울기를 m이라 하면

$\dfrac{1}{2}\cdot m=-1$ $\quad\therefore m=-2$

따라서 기울기가 -2이고 접점 $(2, 3)$을 지나는 접선의 방정식은

$y-3=-2(x-2)$

$\therefore 2x+y-7=0$

별해 원 $x^2+(y-a)^2=r^2$ 위의 점 (x_1, y_1)에서의 접선의 방정식은 $x_1x+(y_1-a)(y-a)=r^2$임을 이용한다.

원 $x^2+(y-2)^2=5$ 위의 점 $(2, 3)$에서의 접선의 방정식은

$2\cdot x+(3-2)(y-2)=5$

$\therefore 2x+y-7=0$

006 정답 ①

해설 접선의 기울기를 m이라 하면 이 접선이 점 $(a, 0)$

을 지나므로 접선의 방정식을 $y-0=m(x-a)$, 즉 $y=mx-am$으로 놓을 수 있다.

원 $x^2+y^2=2$의 중심 $(0, 0)$과 직선 $y=mx-am$, 즉 $mx-y-am=0$ 사이의 거리 d는

$d=\dfrac{|0-0-am|}{\sqrt{m^2+(-1)^2}}=\dfrac{|-am|}{\sqrt{m^2+1}}$

원 $x^2+y^2=2$의 반지름의 길이 r는

$r=\sqrt{2}$

이 원과 직선이 한 점에서 만나려면 $d=r$이어야 한다.

$\dfrac{|-am|}{\sqrt{m^2+1}}=\sqrt{2}$

$|-am|=\sqrt{2}\sqrt{m^2+1}$

이 식의 양변을 제곱하면

$a^2m^2=2(m^2+1)$

$\therefore (a^2-2)m^2-2=0$ ...... ㉠

이때 점 P에서 원에 그은 두 접선이 서로 수직이므로 m에 대한 이차방정식 ㉠의 두 근의 곱이 -1이어야 한다.

이차방정식의 근과 계수의 관계에 의해

(두 근의 곱)$=\dfrac{-2}{a^2-2}=-1$

$a^2-2=2$ $\quad\therefore a^2=4$

007 정답 ③

해설 두 원 $x^2+y^2=1$, $x^2+(y-2)^2=4$의 중심을 O$(0, 0)$, O$'(0, 2)$라 하면

$\overline{OO'}=2$

다음 그림과 같이 공통외접선의 두 접점을 A, B, 점 O에서 선분 O$'$B에 내린 수선의 발을 H라 하면

$\overline{O'H}=2-1=1$

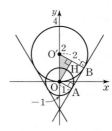

직각삼각형 OHO$'$에서 피타고라스 정리에 의해

$\overline{OO'}^2=\overline{OH}^2+\overline{O'H}^2$

$\therefore \overline{AB}=\overline{OH}=\sqrt{\overline{OO'}^2-\overline{O'H}^2}$

$\qquad\qquad\qquad=\sqrt{2^2-1^2}=\sqrt{3}$

008 정답 ④

해설 원 $(x+1)^2+(y-3)^2=4$의 중심 $(-1, 3)$과 직선 $x+y+2=0$ 사이의 거리 d는

$d=\dfrac{|(-1)+3+2|}{\sqrt{1^2+1^2}}=\dfrac{4}{\sqrt{2}}=\dfrac{4\sqrt{2}}{\sqrt{2}\sqrt{2}}=2\sqrt{2}$

원 $(x+1)^2+(y-3)^2=4$의 반지름의 길이 r는

$r=2$

이때 선분 PH의 길이의 최댓값은 $d+r=2\sqrt{2}+2$, 최솟값은 $d-r=2\sqrt{2}-2$이다.

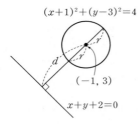

$$(x+1)^2+(y-3)^2=4$$
$$(-1,\ 3)$$
$$x+y+2=0$$

따라서 구하는 선분 PH의 길이의 최댓값과 최솟값의 곱은
$$(2\sqrt{2}+2)(2\sqrt{2}-2)=8-4=4$$

035 평행이동과 대칭이동

 교과서문제 CHECK 본문 P. 183

001 정답 $(2,\ -3)$
해설 $(x,\ y)\longrightarrow(x+2,\ y-3)$은 점 $(x,\ y)$를 x축의 방향으로 2만큼, y축의 방향으로 -3만큼 평행이동하는 것을 의미한다.
$$(0,\ 0)\longrightarrow(0+2,\ 0-3)$$
$$\therefore\ (2,\ -3)$$

002 정답 $(5,\ -2)$
해설 $(3,\ 1)\longrightarrow(3+2,\ 1-3)$
$$\therefore\ (5,\ -2)$$

003 정답 $(1,\ 1)$
해설 $(-1,\ 4)\longrightarrow(-1+2,\ 4-3)$
$$\therefore\ (1,\ 1)$$

004 정답 $(4,\ -5)$
해설 $(2,\ -2)\longrightarrow(2+2,\ -2-3)$
$$\therefore\ (4,\ -5)$$

005 정답 $2x-3y+8=0$
해설 x 대신에 $x-1$을, y 대신에 $y-2$를 대입한다.
$$2x-3y+4=0\longrightarrow2(x-1)-3(y-2)+4=0$$
$$\therefore\ 2x-3y+8=0$$

006 정답 $y=x-3$
해설 x 대신에 $x-3$을, y 대신에 $y-(-2)$, 즉 $y+2$를 대입한다.
$$y=x+2\longrightarrow y+2=(x-3)+2$$
$$\therefore\ y=x-3$$

007 정답 $y=x^2+3x+4$
해설 x 대신에 $x-(-1)$, 즉 $x+1$을, y 대신에 $y-1$을 대입한다.

$$y=x^2+x+1\longrightarrow y-1=(x+1)^2+(x+1)+1$$
$$\therefore\ y=x^2+3x+4$$

008 정답 $(x+2)^2+(y+3)^2=1$
해설 x 대신에 $x-(-2)$, 즉 $x+2$를, y 대신에 $y-(-3)$, 즉 $y+3$을 대입한다.
$$x^2+y^2=1\longrightarrow(x+2)^2+(y+3)^2=1$$

009 정답 $(x-3)^2+(y+3)^2=4$
해설 x 대신에 $x-2$를, y 대신에 $y-(-1)$, 즉 $y+1$을 대입한다.
$$(x-1)^2+(y+2)^2=4$$
$$\longrightarrow\{(x-2)-1\}^2+\{(y+1)+2\}^2=4$$
$$\therefore\ (x-3)^2+(y+3)^2=4$$

010 정답 $(3,\ -4)$
해설 x축에 대하여 대칭이동할 때는 y좌표의 부호를 바꾼다.
$$(3,\ 4)\longrightarrow(3,\ -4)$$

011 정답 $(-3,\ 4)$
해설 y축에 대하여 대칭이동할 때는 x좌표의 부호를 바꾼다.
$$(3,\ 4)\longrightarrow(-3,\ 4)$$

012 정답 $(-3,\ -4)$
해설 원점에 대하여 대칭이동할 때는 x좌표와 y좌표의 부호를 모두 바꾼다.
$$(3,\ 4)\longrightarrow(-3,\ -4)$$

013 정답 $(4,\ 3)$
해설 직선 $y=x$에 대하여 대칭이동할 때는 x좌표와 y좌표를 서로 바꾼다.
$$(3,\ 4)\longrightarrow(4,\ 3)$$

014 정답 $(-4,\ -3)$
해설 직선 $y=-x$에 대하여 대칭이동할 때는 x좌표와 y좌표를 서로 바꾸고, 부호도 바꾼다.
$$(3,\ 4)\longrightarrow(-4,\ -3)$$
참고 $y=-x$이므로 y좌표는 x좌표의 부호를 바꾼 것이다. 또한 $x=-y$이므로 x좌표는 y좌표의 부호를 바꾼 것이다.

015 정답 $(1,\ 4)$
해설 점 $(x,\ y)$를 직선 $x=a$에 대하여 대칭이동하면 점 $(2a-x,\ y)$가 된다.
따라서 점 $(3,\ 4)$를 직선 $x=2$에 대하여 대칭이동하면
$$(3,\ 4)\longrightarrow(2\cdot2-3,\ 4)$$
$$\therefore\ (1,\ 4)$$

016 정답 $(3,\ 2)$
해설 점 $(x,\ y)$를 직선 $y=b$에 대하여 대칭이동하면

점 $(x, 2b-y)$가 된다.
따라서 점 $(3, 4)$를 직선 $y=3$에 대하여 대칭이동하면
$(3, 4) \longrightarrow (3, 2\cdot3-4)$
$\therefore (3, 2)$

017 정답 $(1, 2)$
해설 점 (x, y)를 점 (a, b)에 대하여 대칭이동하면
점 $(2a-x, 2b-y)$가 된다.
따라서 점 $(3, 4)$를 점 $(2, 3)$에 대하여 대칭이동하면
$(3, 4) \longrightarrow (2\cdot2-3, 2\cdot3-4)$
$\therefore (1, 2)$
참고 점 $(2, 3)$에 대한 대칭이동은 직선 $x=2$에 대한 대칭이동과 직선 $y=3$에 대한 대칭이동을 모두 한 것과 같다.

018 정답 $x+2y+3=0$
해설 x축에 대하여 대칭이동할 때는 y 대신에 $-y$를 대입한다.
$x-2y+3=0 \longrightarrow x-2\cdot(-y)+3=0$
$\therefore x+2y+3=0$

019 정답 $x+2y-3=0$
해설 y축에 대하여 대칭이동할 때는 x 대신에 $-x$를 대입한다.
$x-2y+3=0 \longrightarrow (-x)-2y+3=0$
$\therefore x+2y-3=0$

020 정답 $x-2y-3=0$
해설 원점에 대하여 대칭이동할 때는 x 대신에 $-x$를, y 대신에 $-y$를 대입한다.
$x-2y+3=0 \longrightarrow (-x)-2\cdot(-y)+3=0$
$\therefore x-2y-3=0$

021 정답 $2x-y-3=0$
해설 직선 $y=x$에 대하여 대칭이동할 때는 x 대신에 y를, y 대신에 x를 대입한다.
$x-2y+3=0 \longrightarrow y-2x+3=0$
$\therefore 2x-y-3=0$

022 정답 $2x-y+3=0$
해설 직선 $y=-x$에 대하여 대칭이동할 때는 x 대신에 $-y$를, y 대신에 $-x$를 대입한다.
$x-2y+3=0 \longrightarrow (-y)-2\cdot(-x)+3=0$
$\therefore 2x-y+3=0$

023 정답 $x+2y-7=0$
해설 도형 $f(x, y)=0$을 직선 $x=a$에 대하여 대칭이동한 도형의 식은 $f(2a-x, y)=0$이다.
즉, x 대신에 $2a-x$를 대입한다.
따라서 직선 $x-2y+3=0$을 직선 $x=2$에 대하여 대칭이동할 때는 x 대신에 $2\cdot2-x$를 대입한다.

$x-2y+3=0 \longrightarrow (2\cdot2-x)-2y+3=0$
$\therefore x+2y-7=0$

024 정답 $x+2y-9=0$
해설 도형 $f(x, y)=0$을 직선 $y=b$에 대하여 대칭이동한 도형의 식은 $f(x, 2b-y)=0$이다.
즉, y 대신에 $2b-y$를 대입한다.
따라서 직선 $x-2y+3=0$을 직선 $y=3$에 대하여 대칭이동할 때는 y 대신에 $2\cdot3-y$를 대입한다.
$x-2y+3=0 \longrightarrow x-2(2\cdot3-y)+3=0$
$\therefore x+2y-9=0$

025 정답 $x-2y+5=0$
해설 도형 $f(x, y)=0$을 점 (a, b)에 대하여 대칭이동한 도형의 식은 $f(2a-x, 2b-y)=0$이다.
즉, x 대신에 $2a-x$를, y 대신에 $2b-y$를 대입한다.
따라서 직선 $x-2y+3=0$을 점 $(2, 3)$에 대하여 대칭이동할 때는 x 대신에 $2\cdot2-x$를, y 대신에 $2\cdot3-y$를 대입한다.
$x-2y+3=0 \longrightarrow (2\cdot2-x)-2(2\cdot3-y)+3=0$
$\therefore x-2y+5=0$
참고 점 $(2, 3)$에 대한 대칭이동은 직선 $x=2$에 대한 대칭이동과 직선 $y=3$에 대한 대칭이동을 모두 한 것과 같다.

026 정답 $(x-1)^2+(y-2)^2=4$
해설 x축에 대하여 대칭이동할 때는 y 대신에 $-y$를 대입한다.
$(x-1)^2+(y+2)^2=4 \longrightarrow (x-1)^2+(-y+2)^2=4$
$\therefore (x-1)^2+(y-2)^2=4$

027 정답 $(x+1)^2+(y+2)^2=4$
해설 y축에 대하여 대칭이동할 때는 x 대신에 $-x$를 대입한다.
$(x-1)^2+(y+2)^2=4 \longrightarrow (-x-1)^2+(y+2)^2=4$
$\therefore (x+1)^2+(y+2)^2=4$

028 정답 $(x+1)^2+(y-2)^2=4$
해설 원점에 대하여 대칭이동할 때는 x 대신에 $-x$를, y 대신에 $-y$를 대입한다.
$(x-1)^2+(y+2)^2=4$
$\longrightarrow (-x-1)^2+(-y+2)^2=4$
$\therefore (x+1)^2+(y-2)^2=4$

029 정답 $(x+2)^2+(y-1)^2=4$
해설 직선 $y=x$에 대하여 대칭이동할 때는 x 대신에 y를, y 대신에 x를 대입한다.
$(x-1)^2+(y+2)^2=4 \longrightarrow (y-1)^2+(x+2)^2=4$
$\therefore (x+2)^2+(y-1)^2=4$

030 정답 $(x-2)^2+(y+1)^2=4$

해설 직선 $y=-x$에 대하여 대칭이동할 때는 x 대신에 $-y$를, y 대신에 $-x$를 대입한다.

$(x-1)^2+(y+2)^2=4$

$\longrightarrow (-y-1)^2+(-x+2)^2=4$

$\therefore (x-2)^2+(y+1)^2=4$

031 정답 $y=-(x-3)^2+4$

해설 포물선을 점대칭하면 위로 볼록, 아래로 볼록의 방향이 바뀐다.

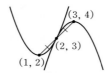

이 이유로 구하는 포물선의 방정식의 이차항의 계수는 -1이 된다.

포물선 $y=(x-1)^2+2$의 꼭짓점 $(1, 2)$를 점 $(2, 3)$에 대하여 대칭이동한 점을 (a, b)라 하면

두 점 $(1, 2)$, (a, b)를 이은 선분의 중점이 $(2, 3)$이므로

$\left(\dfrac{1+a}{2}, \dfrac{2+b}{2}\right)=(2, 3)$

$\dfrac{1+a}{2}=2, \dfrac{2+b}{2}=3 \quad \therefore a=3, b=4$

따라서 대칭이동한 포물선의 꼭짓점이 $(3, 4)$이므로

$y=-(x-3)^2+4$

032 정답 $y=-2(x-5)^2+5$

해설 포물선을 점대칭하면 위로 볼록, 아래로 볼록의 방향이 바뀐다.

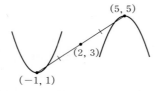

이 이유로 구하는 포물선의 방정식의 이차항의 계수는 -2가 된다.

$y=2x^2+4x+3$에서

$y=2(x^2+2x)+3$

$\quad =2(x^2+2x+1-1)+3$

$\quad =2(x^2+2x+1)-2+3$

$\quad =2(x+1)^2+1$

포물선 $y=2(x+1)^2+1$의 꼭짓점 $(-1, 1)$을 점 $(2, 3)$에 대하여 대칭이동한 점을 (a, b)라 하면

두 점 $(-1, 1)$, (a, b)를 이은 선분의 중점이 $(2, 3)$이므로

$\left(\dfrac{-1+a}{2}, \dfrac{1+b}{2}\right)=(2, 3)$

$\dfrac{-1+a}{2}=2, \dfrac{1+b}{2}=3 \quad \therefore a=5, b=5$

따라서 대칭이동한 포물선의 꼭짓점이 $(5, 5)$이므로

$y=-2(x-5)^2+5$

033 정답 $(x-3)^2+(y-4)^2=9$

해설 원을 평행이동하거나 대칭이동하여도 원의 반지름의 길이는 변하지 않는다.

따라서 원의 평행이동과 대칭이동은 원의 중심의 이동만 주목하면 된다.

원 $(x-1)^2+(y-2)^2=9$의 중심 $(1, 2)$를 점 $(2, 3)$에 대하여 대칭이동한 점을 (a, b)라 하면

두 점 $(1, 2)$, (a, b)를 이은 선분의 중점이 $(2, 3)$이므로

$\left(\dfrac{1+a}{2}, \dfrac{2+b}{2}\right)=(2, 3)$

$\dfrac{1+a}{2}=2, \dfrac{2+b}{2}=3 \quad \therefore a=3, b=4$

따라서 대칭이동한 원의 중심이 $(3, 4)$이고 반지름의 길이가 3이므로

$(x-3)^2+(y-4)^2=9$

034 정답 $(x-2)^2+(y-7)^2=3$

해설 원을 평행이동하거나 대칭이동하여도 원의 반지름의 길이는 변하지 않는다.

따라서 원의 평행이동과 대칭이동은 원의 중심의 이동만 주목하면 된다.

$x^2+y^2-4x+2y+2=0$에서

$(x^2-4x)+(y^2+2y)+2=0$

$(x^2-4x+4-4)+(y^2+2y+1-1)+2=0$

$(x^2-4x+4)+(y^2+2y+1)-4-1+2=0$

$(x-2)^2+(y+1)^2=3$

원 $(x-2)^2+(y+1)^2=3$의 중심 $(2, -1)$을 점 $(2, 3)$에 대하여 대칭이동한 점을 (a, b)라 하면

두 점 $(2, -1)$, (a, b)를 이은 선분의 중점이 $(2, 3)$이므로

$\left(\dfrac{2+a}{2}, \dfrac{-1+b}{2}\right)=(2, 3)$

$\dfrac{2+a}{2}=2, \dfrac{-1+b}{2}=3 \quad \therefore a=2, b=7$

따라서 대칭이동한 원의 중심이 $(2, 7)$이고 반지름의 길이가 $\sqrt{3}$이므로

$(x-2)^2+(y-7)^2=3$

🚂 **필수유형 CHECK**   본문 P. 185

001 ⑤   **002** ②   **003** ⑤   **004** ③

005 ①   **006** ②   **007** ⑤   **008** ③

---

001 정답 ⑤

해설 평행이동 $f:(x, y) \longrightarrow (x+a, y+b)$에 의하여 점 $(1, 2)$가 점 $(-2, 4)$로 옮겨지므로

$(1+a, 2+b)=(-2, 4)$

$1+a=-2, 2+b=4$

$\therefore a=-3,\ b=2$

평행이동 $f:(x,\ y)\longrightarrow(x-3,\ y+2)$에 의하여 원점으로 옮겨지는 점을 $(p,\ q)$라 하면

$(p-3,\ q+2)=(0,\ 0)$

$p-3=0,\ q+2=0$

$\therefore p=3,\ q=-2$

따라서 구하는 점의 좌표는 $(3,\ -2)$이다.

002 정답 ②

해설 직선 $x-y+2=0$을 x축의 방향으로 a만큼, y축의 방향으로 $1-a$만큼 평행이동하면

$(x-a)-\{y-(1-a)\}+2=0$

$\therefore x-y+3-2a=0 \quad \cdots\cdots \ \text{㉠}$

이 직선이 원 $(x-1)^2+(y+2)^2=4$의 넓이를 이등분하려면 원의 중심 $(1,\ -2)$를 지나야 한다.

직선 ㉠에 $x=1,\ y=-2$를 대입하면

$1+2+3-2a=0 \qquad \therefore a=3$

003 정답 ⑤

해설 원을 평행이동하거나 대칭이동하여도 원의 반지름의 길이는 변하지 않는다.

따라서 원의 평행이동과 대칭이동은 원의 중심의 이동만 주목하면 된다.

원 $(x+2)^2+(y-5)^2=4$의 중심 $(-2,\ 5)$를 점 $(1,\ 2)$에 대하여 대칭이동한 점을 $(a,\ b)$라 하면 두 점 $(-2,\ 5),\ (a,\ b)$를 이은 선분의 중점이 $(1,\ 2)$이므로

$\left(\dfrac{-2+a}{2},\ \dfrac{5+b}{2}\right)=(1,\ 2)$

$\dfrac{-2+a}{2}=1,\ \dfrac{5+b}{2}=2 \qquad \therefore a=4,\ b=-1$

따라서 대칭이동한 원의 중심은 $(4,\ -1)$이고 반지름의 길이가 2이므로

$(x-4)^2+(y+1)^2=4$

004 정답 ③

해설 원을 평행이동하거나 대칭이동하여도 원의 반지름의 길이는 변하지 않는다.

따라서 원의 평행이동과 대칭이동은 원의 중심의 이동만 주목하면 된다.

두 원 $(x+2)^2+(y-1)^2=1,\ (x-2)^2+(y-5)^2=1$의 중심 $(-2,\ 1),\ (2,\ 5)$가 직선 $y=ax+b$에 대하여 서로 대칭이므로 직선 $y=ax+b$는 두 원의 중심을 이은 선분의 수직이등분선이다.

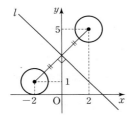

(ⅰ) 중점 조건 :

두 원의 중심 $(-2,\ 1),\ (2,\ 5)$를 이은 선분의 중점 $\left(\dfrac{-2+2}{2},\ \dfrac{1+5}{2}\right)$, 즉 $(0,\ 3)$이 직선 $y=ax+b$ 위에 있으므로 $x=0,\ y=3$을 $y=ax+b$에 대입하면

$b=3$

(ⅱ) 수직 조건 :

두 원의 중심 $(-2,\ 1),\ (2,\ 5)$를 지나는 직선의 기울기와 직선 $y=ax+b$가 서로 수직이므로

$\dfrac{5-1}{2-(-2)}\times a=-1 \qquad \therefore a=-1$

(ⅰ), (ⅱ)에서 $a+b=(-1)+3=2$

005 정답 ①

해설 포물선을 평행이동하여도 포물선의 폭은 변하지 않는다.

따라서 포물선의 평행이동은 포물선의 꼭짓점의 이동만 주목하면 된다.

포물선 $y=x^2+b$의 꼭짓점 $(0,\ b)$를 x축의 방향으로 2만큼, y축의 방향으로 3만큼 평행이동하면

$(0+2,\ b+3) \qquad \therefore (2,\ b+3)$

이 꼭짓점을 x축에 대하여 대칭이동하면

$(2,\ -b-3)$

이 점이 포물선 $y=-x^2+4x-3$, 즉 $y=-(x-2)^2+1$의 꼭짓점 $(2,\ 1)$과 일치하므로

$-b-3=1 \qquad \therefore b=-4$

참고 $y=-x^2+4x-3$

$\quad =-(x^2-4x)-3$

$\quad =-(x^2-4x+4-4)-3$

$\quad =-(x^2-4x+4)+4-3$

$\quad =-(x-2)^2+1$

006 정답 ②

해설 원 $x^2+y^2=4$를 y축의 방향으로 a만큼 평행이동하면

$x^2+(y-a)^2=4$

이 원을 직선 $y=x$에 대하여 대칭이동하면

$y^2+(x-a)^2=4$

$\therefore (x-a)^2+y^2=4$

이 원과 직선 $4x+3y+2=0$이 접하므로 원 $(x-a)^2+y^2=4$의 중심 $(a,\ 0)$과 직선 $4x+3y+2=0$ 사이의 거리가 원의 반지름의 길이 2와 같아야 한다. 즉,

$\dfrac{|4a+0+2|}{\sqrt{4^2+3^2}}=2$

$|4a+2|=10,\ 4a+2=\pm10$

$4a+2=10$ 또는 $4a+2=-10$

$\therefore a=2$ 또는 $a=-3$

따라서 모든 실수 a의 값의 합은

$2+(-3)=-1$

007 정답 ⑤

해설 직선 $y=x$ 위쪽에 두 점 A, B가 모두 있을 때, 직선 $y=x$ 위를 움직이는 점 P에 대하여 $\overline{AP}+\overline{BP}$의 최솟값은 두 점 중 어느 하나를 직선 $y=x$에 대하여 대칭이동한다. 예컨대 점 A를 직선 $y=x$에 대하여 대칭이동한 점을 A′이라 하면 $\overline{AP}+\overline{BP}$의 최솟값은 선분 A′B의 길이이다. 이때 점 P는 선분 A′B와 직선 $y=x$의 교점이다.

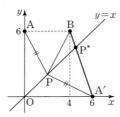

점 A$(0, 6)$을 직선 $y=x$에 대하여 대칭이동한 점을 A′이라 하면 A′$(6, 0)$이다.
$\overline{AP}+\overline{BP}=\overline{A'P}+\overline{BP}\geq\overline{A'B}$
(점 P가 P* 위치에 있을 때 $\overline{AP}+\overline{BP}$의 값이 최소가 된다.)
따라서 $\overline{AP}+\overline{BP}$의 최솟값은 $\overline{A'B}$이다.
이때 A′$(6, 0)$, B$(4, 6)$이므로
$\overline{A'B}=\sqrt{(4-6)^2+(6-0)^2}=2\sqrt{10}$

008 정답 ③

해설 도형 $f(x, y)=0$을 직선 $y=x$에 대하여 대칭이동하면 다음 그림과 같은 도형 $f(y, x)=0$이 된다.

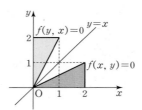

또한 도형 $f(y, x)=0$을 y축의 방향으로 -1만큼 평행이동하면 다음 그림과 같은 도형 $f(y-(-1), x)=0$, 즉 $f(y+1, x)=0$이 된다.

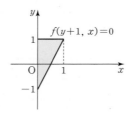

교과서문제 CHECK　　　　　　　본문 P. 189

001 정답 X

해설 '맛있는 과일의 모임'은 '맛있다'의 기준이 명확하지 않아 그 대상을 분명하게 알 수 없으므로 집합이 아니다.

002 정답 ○

해설 '우리 반에서 3월에 태어난 학생의 모임'은 그 대상이 분명하므로 집합이다.

003 정답 X

해설 '아름다운 꽃의 모임'은 '아름답다'의 기준이 명확하지 않아 그 대상을 분명하게 알 수 없으므로 집합이 아니다.

004 정답 X

해설 '우리 반에서 인기가 많은 친구의 모임'은 '인기가 많다'의 기준이 명확하지 않아 그 대상을 분명하게 알 수 없으므로 집합이 아니다.

005 정답 ○

해설 '1보다 작은 자연수의 모임'은 그 대상이 분명하므로 집합이고, 이 집합의 원소는 없다.
그러나 공집합도 집합이다.

006 정답 X

해설 '큰 실수의 모임'은 '크다'의 기준이 명확하지 않아 그 대상을 분명하게 알 수 없으므로 집합이 아니다.

007 정답 ○

해설 '7보다 작은 자연수의 모임'은 그 대상이 분명하므로 집합이고, 이 집합의 원소는 1, 2, 3, …, 6이다.

008 정답 ○

해설 '7보다 큰 실수의 모임'은 그 대상이 분명하므로 집합이고, 이 집합의 원소는 7보다 큰 실수이다.
참고 이 집합은 원소가 무수히 많으므로 셀 수 없는 무한집합이다.

009 정답 ○

해설 '$\sqrt{2}$에 가장 가까운 정수의 모임'은 그 대상이 분명하므로 집합이고, $\sqrt{2}=1.414\cdots$이므로 이 집합의 원소는 1이다.

010 정답 X

해설 '$\sqrt{2}$에 가장 가까운 실수의 모임'은 기준이 명확하지 않아 그 대상을 분명하게 알 수 없으므로 집합이 아니다.

011 정답 $\in$

6의 양의 약수의 집합 A는 $A=\{1,\,2,\,3,\,6\}$이다.
따라서 1은 집합 A의 원소이므로 $1\in A$이다.

012 정답 $\not\in$
해설 4는 집합 A의 원소가 아니므로 $4\not\in A$이다.

013 정답 $\not\in$
해설 5는 집합 A의 원소가 아니므로 $5\not\in A$이다.

014 정답 $\in$
해설 6은 집합 A의 원소이므로 $6\in A$이다.

015 정답 $\in$
해설 -1은 유리수이므로 집합 Q의 원소이다.
$\therefore -1\in Q$

016 정답 $\in$
해설 $\dfrac{2}{3}$는 유리수이므로 집합 Q의 원소이다.
$\therefore \dfrac{2}{3}\in Q$

017 정답 $\not\in$
해설 $\sqrt{5}$는 유리수가 아닌 무리수이므로 집합 Q의 원소가
아니다.
$\therefore \sqrt{5}\not\in Q$

018 정답 $\not\in$
해설 π는 유리수가 아닌 무리수이므로 집합 Q의 원소가
아니다.
$\therefore \pi\not\in Q$

019 정답 $\{1,\,2,\,4,\,8\}$
해설 8의 양의 약수는 1, 2, 4, 8이다.
$\therefore \{1,\,2,\,4,\,8\}$

020 정답 $\{2,\,3,\,5,\,7\}$
해설 10 이하의 자연수 중에서 소수는 2, 3, 5, 7이다.
$\therefore \{2,\,3,\,5,\,7\}$

021 정답 $\{1,\,2\}$
해설 $x^2-3x+2=0$에서
$(x-1)(x-2)=0$
$\therefore x=1$ 또는 $x=2$
따라서 이차방정식 $x^2-3x+2=0$의 해의 집합은 $\{1,\,2\}$
이다.

022 정답 $\{-1,\,3\}$
해설 $|x-1|=2$에서
$x-1=\pm 2$이므로
$x-1=2$ 또는 $x-1=-2$
$\therefore x=3$ 또는 $x=-1$
따라서 방정식 $|x-1|=2$의 해의 집합은 $\{-1,\,3\}$이다.

참고 집합 $\{-1,\,3\}$은 원소의 순서를 바꾼 $\{3,\,-1\}$로
나타내어도 된다.

023 정답 X
해설 집합 $\{2,\,5,\,8,\,\cdots\}$은 원소가 무수히 많으므로 셀 수
없는 무한집합이다.

024 정답 ○
해설 집합 $\{1,\,3,\,5,\,\cdots,\,99\}$는 원소가 50개이므로 셀 수
있는 유한집합이다.

025 정답 X
해설 $x^2-1<0$에서
$(x+1)(x-1)<0$
$\therefore -1<x<1$
따라서 이차부등식 $x^2-1<0$을 만족하는 실수해는 무수
히 많으므로 셀 수 없는 무한집합이다.
참고 이차부등식 $x^2-1<0$을 만족하는 정수해는 0으로 1
개이다.
따라서 x가 정수이면 이 집합은 셀 수 있는 유한집합이 된
다.

026 정답 ○
해설 삼차방정식 $(x^2+1)(x+1)=0$을 만족하는 실수
해는 $x=-1$로 1개이다.
따라서 이 집합은 셀 수 있는 유한집합이다.

027 정답 ○
해설 1과 2 사이의 정수는 존재하지 않는다.
따라서 이 집합은 원소가 0개이므로 셀 수 있는 유한집합
이다.
참고 공집합은 유한집합이다.

028 정답 X
해설 1과 2 사이의 무리수는 무수히 많으므로 이 집합은
셀 수 없는 무한집합이다.
참고 1과 2 사이에는 무수히 많은 유리수, 무리수, 실수가
존재한다.
따라서 1과 2 사이의 유리수, 무리수, 실수로 이루어진 집
합은 모두 셀 수 없는 무한집합이다.

029 정답 2
해설 집합 A의 원소가 2개이므로 $n(A)=2$이다.

030 정답 3
해설 집합 A의 원소가 3개이므로 $n(A)=3$이다.

031 정답 0
해설 공집합인 집합 A의 원소가 0개이므로 $n(A)=0$이
다.

032 정답 2

해설 집합 A의 원소는 0, $\{0\}$의 2개이므로 $n(A)=2$이다.

033 정답 2

해설 집합 A의 원소는 $\varnothing$, $\{0\}$의 2개이므로 $n(A)=2$이다.

034 정답 3

해설 집합 A의 원소는 0, $\varnothing$, $\{\varnothing\}$의 3개이므로 $n(A)=3$이다.

035 정답 6

해설 집합 A의 원소는 3, 6, 9, 12, 15, 18로 6개이므로 $n(A)=6$이다.

036 정답 0

해설 $2<x<3$을 만족하는 자연수 x는 존재하지 않는다.
따라서 집합 A의 원소는 0개이므로 $n(A)=0$이다.

037 정답 1

해설 짝수인 소수는 2 하나뿐이다.
따라서 집합 A의 원소는 1개이므로 $n(A)=1$이다.

038 정답 1

해설 $x^2-2x+1=0$에서
$(x-1)^2=0$ ∴ $x=1$
따라서 집합 A의 원소는 1개이므로 $n(A)=1$이다.

039 정답 5

해설 $|x|<3$에서
$-3<x<3$
이 부등식을 만족하는 정수는 -2, -1, 0, 1, 2이다.
따라서 집합 A의 원소는 5개이므로 $n(A)=5$이다.

040 정답 0

해설 $x^2+1=0$, 즉 $x^2=-1$을 만족하는 실수는 존재하지 않는다.
따라서 집합 A의 원소는 0개이므로 $n(A)=0$이다.

필수유형 CHECK 본문 P. 191

| 001 ⑤ | 002 ③ | 003 ② | 004 ① |
| 005 ⑤ | 006 ③ | 007 ③ | 008 ④ |

001 정답 ⑤

해설 ①, ②, ③, ④ '사랑한다', '좋아한다', '싫어한다', '잘한다'의 기준이 명확하지 않아 그 대상을 분명하게 알 수 없으므로 집합이 아니다.

002 정답 ③

해설 ①, ②, ④, ⑤ $\{2, 3, 5, 7\}$

③ $\{y \mid y \leq 8, y$는 홀수$\}$는 $\{1, 3, 5, 7\}$이다.

003 정답 ②

해설 ① $\{3, 5, 9, 13, \cdots\}$이므로 무한집합이다.
② $\{1\}$이므로 유한집합이다.
③ 부등식 $x^2<2$를 만족하는 무리수 x는 $\cdots$, $-\dfrac{1}{\sqrt{3}}$, $-\dfrac{1}{\sqrt{2}+1}$, $\dfrac{1}{\sqrt{2}}$, $\dfrac{1}{\sqrt{3}-1}$, $\cdots$과 같이 무수히 많으므로 무한집합이다.
④ $\{5, 15, 25, \cdots\}$이므로 무한집합이다.
⑤ $\{x+y \mid 0<x+y<2, x, y$는 실수$\}$이므로 무한집합이다.
따라서 유한집합인 것은 ②이다.

004 정답 ①

해설 ① $\{\varnothing\}$는 공집합이 아니라 $\varnothing$라는 원소를 가진 집합이다.
② 1보다 작은 자연수는 존재하지 않으므로 공집합이다.
③ $0 \times x<0$을 만족하는 실수는 존재하지 않으므로 공집합이다.
④ 제곱한 값이 0보다 작게 되는 실수는 존재하지 않으므로 공집합이다.
⑤ 이차방정식 $x^2+x+1=0$의 판별식을 D라 하면 $D=1^2-4 \cdot 1 \cdot 1=-3<0$이므로 이 이차방정식은 서로 다른 두 허근을 갖는다.
따라서 이 집합은 공집합이다.
따라서 공집합이 아닌 것은 ①이다.

005 정답 ⑤

해설 $n(A)=3$이 된다는 것은 $A=\{2, 3, 5\}$라는 의미이다.
이때 k의 값은 6, 7이므로 모든 정수 k의 값의 합은 $6+7=13$이다.

006 정답 ③

해설 ① 공집합의 원소는 0개이므로 $n(\varnothing)=0$이다.
② $n(\{1\})=1$, $n(\{2\})=1$이므로 $n(\{1\})=n(\{2\})$이다.
③ $n(\{0, \varnothing, \{\varnothing\}\})-n(\{\varnothing, \{\varnothing\}\})=3-2=1$
④ 집합 $A=\{\varnothing\}$는 $\varnothing$라는 원소 1개를 가지고 있으므로 $n(A)=1$이다.
⑤ $n(A)=n(B)$는 두 집합 A, B의 원소의 개수가 같다는 의미이지 $A=B$라는 의미는 아니다.
예를 들어, $A=\{1, 2\}$, $B=\{3, 4\}$이면 $n(A)=n(B)$이지만 $A \neq B$이다.
따라서 옳은 것은 ③이다.

007 정답 ③

해설 $B=\{2, 3\}$이므로 $x \in A$, $y \in B$인 x, y에 대하여 $x+y$의 값을 구하면 다음 표와 같다.

y \\ x	1	2	3
2	3	4	5
3	4	5	6

따라서 $C=\{3, 4, 5, 6\}$이므로 $n(C)=4$이다.

008 정답 ④

해설 $a^2+b^2=5$를 만족하는 두 정수 a, b는 다음 2가지 경우이다.

(i) $a^2=1$, $b^2=4$

　이 조건을 만족하는 두 정수 a, b의 순서쌍 (a, b)는
　$(1, 2)$, $(1, -2)$, $(-1, 2)$, $(-1, -2)$

(ii) $a^2=4$, $b^2=1$

　이 조건을 만족하는 두 정수 a, b의 순서쌍 (a, b)는
　$(2, 1)$, $(2, -1)$, $(-2, 1)$, $(-2, -1)$

(i), (ii)에서 집합 B의 원소는 모두 8개이므로 $n(B)=8$ 이다.

037 부분집합

교과서문제 CHECK
본문 P. 193

001 정답 ⊂

해설 집합 $\{1, 2\}$의 원소 1, 2가 집합 $\{1, 2, 3\}$에 속하므로 $\{1, 2\}\subset\{1, 2, 3\}$이다.

002 정답 ⊃

해설 2의 배수의 집합은 $\{2, 4, 6, 8, 10, 12, \cdots\}$이고 4의 배수의 집합은 $\{4, 8, 12, \cdots\}$이므로
$\{2, 4, 6, 8, 10, 12, \cdots\}\supset\{4, 8, 12, \cdots\}$이다.

003 정답 ⊂

해설 8의 양의 약수의 집합은 $\{1, 2, 4, 8\}$이고 24의 양의 약수의 집합은 $\{1, 2, 3, 4, 6, 8, 12, 24\}$이므로
$\{1, 2, 4, 8\}\subset\{1, 2, 3, 4, 6, 8, 12, 24\}$이다.

004 정답 ⊃

해설 부등식 $|x|<2$의 정수해는 $-1, 0, 1$이다.
방정식 $|x|=1$의 해는 $x=-1$ 또는 $x=1$이다.
$\therefore \{-1, 0, 1\}\supset\{-1, 1\}$

005 정답 ⊃

해설 4의 제곱근은 제곱하여 4가 되는 수이므로 4의 제곱근을 x라 하면 $x^2=4$를 만족한다.
$\therefore x=-2$ 또는 $x=2$
제곱근 4는 $\sqrt{4}$, 즉 2이다.
$\therefore \{-2, 2\}\supset\{2\}$

006 정답 ⊃

해설 마름모에서 한 내각이 직각이거나 두 대각선의 길이가 같으면 정사각형이 된다.
$\therefore \{x\,|\,x$는 마름모$\}\supset\{x\,|\,x$는 정사각형$\}$

007 정답 =

해설 7 미만의 소수의 집합은 $\{2, 3, 5\}$이다.

008 정답 ≠

해설 이차방정식 $x^2-2=0$의 해는
$(x+\sqrt{2})(x-\sqrt{2})=0$이므로
$x=-\sqrt{2}$ 또는 $x=\sqrt{2}$

009 정답 =

해설 삼차방정식 $x^3-x=0$의 해는
$x(x^2-1)=0$, $x(x+1)(x-1)=0$이므로
$x=0$ 또는 $x=-1$ 또는 $x=1$

010 정답 ≠

해설 이차방정식 $x^2+1=0$, $x^2=-1$을 만족하는 실수는 존재하지 않는다.

참고 두 허수 $-i$, i는 이차방정식 $x^2=-1$을 만족하는 허수이다.

011 정답 $a=3$, $b=4$

해설 $A=B$이면 두 집합 A, B의 원소가 서로 같아야 한다.
$\{2, a, 4\}=\{a-1, 3, b\}$이므로 $a=3$이어야 한다.
이때 $a-1=2$이므로 $b=4$이어야 한다.

012 정답 $a=2$

해설 $4=a^2$일 때 $a=2$ 또는 $a=-2$이다.

(i) $a=2$이면
　$A=\{1, 4, 2\}$, $B=\{1, 4, 2\}$이므로 $A=B$이다.

(ii) $a=-2$이면
　$A=\{1, 4, -2\}$, $B=\{1, 4, -6\}$이므로 $A\neq B$이다.

따라서 구하는 a의 값은 2이다.

참고 $4=2a-2$일 때 $a=3$이다.
$A=\{1, 4, 3\}$, $B=\{1, 9, 4\}$이므로 $A\neq B$이다.

013 정답 $a=2$

해설 (i) $a^2-1=3$일 때
　$a^2-4=0$, $(a+2)(a-2)=0$
　$\therefore a=-2$ 또는 $a=2$

(ii) $a^2-a=2$일 때
　$a^2-a-2=0$, $(a+1)(a-2)=0$
　$\therefore a=-1$ 또는 $a=2$

따라서 구하는 a의 값은 2이다.

참고 $a=2$일 때, $A=\{2, 3\}$, $B=\{3, 2\}$이므로 $A=B$ 이다.

014 정답 $\{1, 2\}$, $\{1, 4\}$, $\{1, 8\}$, $\{2, 4\}$, $\{2, 8\}$, $\{4, 8\}$

015 정답 $\{1, 2, 4\}$, $\{1, 2, 8\}$, $\{1, 4, 8\}$, $\{2, 4, 8\}$

016 정답 $\varnothing$, $\{2\}$, $\{4\}$, $\{8\}$, $\{2, 4\}$, $\{2, 8\}$, $\{4, 8\}$, $\{2, 4, 8\}$
해설 집합 $A = \{1, 2, 4, 8\}$에서 원소 1을 제외한 집합 $\{2, 4, 8\}$의 부분집합을 구하면 된다.

017 정답 $\{4\}$, $\{1, 4\}$, $\{2, 4\}$, $\{4, 8\}$, $\{1, 2, 4\}$, $\{1, 4, 8\}$, $\{2, 4, 8\}$, $\{1, 2, 4, 8\}$
해설 (i) 집합 $A = \{1, 2, 4, 8\}$의 원소 중에서 4를 제외한 집합 $\{1, 2, 8\}$의 부분집합을 모두 구한다.
$\varnothing$, $\{1\}$, $\{2\}$, $\{8\}$, $\{1, 2\}$, $\{1, 8\}$, $\{2, 8\}$, $\{1, 2, 8\}$
(ii) (i)에서 구한 부분집합에 원소 4를 포함시킨다.
$\{4\}$, $\{1, 4\}$, $\{2, 4\}$, $\{4, 8\}$, $\{1, 2, 4\}$, $\{1, 4, 8\}$, $\{2, 4, 8\}$, $\{1, 2, 4, 8\}$

018 정답 $\{1\}$, $\{1, 2\}$, $\{1, 8\}$, $\{1, 2, 8\}$
해설 (i) 집합 $A = \{1, 2, 4, 8\}$의 원소 중에서 두 원소 1, 4를 제외한 집합 $\{2, 8\}$의 부분집합을 모두 구한다.
$\varnothing$, $\{2\}$, $\{8\}$, $\{2, 8\}$
(ii) (i)에서 구한 부분집합에 원소 1을 포함시킨다.
$\{1\}$, $\{1, 2\}$, $\{1, 8\}$, $\{1, 2, 8\}$

019 정답 32
해설 집합 $S = \{a, b, c, d, e\}$의 원소의 개수가 5이므로 집합 S의 부분집합의 개수는 $2^5 = 32$이다.

020 정답 31
해설 $A \subset S$이고 $A \neq S$인 집합 A는 집합 S의 진부분집합이다.
집합 S의 진부분집합은 집합 S의 부분집합 중에서 집합 S 자신을 제외한 것이다.
$\therefore$ (집합 S의 진부분집합의 개수)
= (집합 S의 부분집합의 개수) $- 1$
= $2^5 - 1 = 31$

021 정답 8
해설 집합 A는 집합 $S = \{a, b, c, d, e\}$의 원소 중에서 두 원소 d, e를 제외한 집합 $\{a, b, c\}$의 부분집합이다.
따라서 구하는 집합 A의 개수는
$2^{5-2} = 2^3 = 8$
실제로 집합 A를 구해보면
$\varnothing$, $\{a\}$, $\{b\}$, $\{c\}$, $\{a, b\}$, $\{a, c\}$, $\{b, c\}$, $\{a, b, c\}$
로 모두 8개이다.

022 정답 4
해설 집합 A의 개수는 집합 $S = \{a, b, c, d, e\}$의 부분집합 중에서 세 원소 c, d, e를 제외한 집합 $\{a, b\}$의 부분집합의 개수와 같다.
따라서 구하는 집합 A의 개수는
$2^{5-3} = 2^2 = 4$
별해 (i) 집합 $S = \{a, b, c, d, e\}$의 원소 중에서 세 원소

c, d, e를 제외한 집합 $\{a, b\}$의 부분집합을 모두 구한다.
$\varnothing$, $\{a\}$, $\{b\}$, $\{a, b\}$: 4개
(ii) (i)에서 구한 부분집합에 세 원소 c, d, e를 포함시킨다.
$\{c, d, e\}$, $\{c, d, e, a\}$, $\{c, d, e, b\}$, $\{c, d, e, a, b\}$: 4개

023 정답 4
해설 집합 A의 개수는 집합 $S = \{a, b, c, d, e\}$의 부분집합 중에서 두 원소 c, d와 한 원소 e를 제외한 집합 $\{a, b\}$의 부분집합의 개수와 같다.
따라서 구하는 집합 A의 개수는
$2^{5-2-1} = 2^2 = 4$
별해 (i) 집합 $S = \{a, b, c, d, e\}$의 원소 중에서 두 원소 c, d와 한 원소 e를 제외한 집합 $\{a, b\}$의 부분집합을 모두 구한다.
$\varnothing$, $\{a\}$, $\{b\}$, $\{a, b\}$: 4개
(ii) (i)에서 구한 부분집합에 두 원소 c, d를 포함시킨다.
$\{c, d\}$, $\{c, d, a\}$, $\{c, d, b\}$, $\{c, d, a, b\}$: 4개

024 정답 X
해설 $\varnothing$는 집합 A의 원소이므로 $\varnothing \in A$, $\{\varnothing\} \subset A$이다.
또한 공집합은 모든 집합의 부분집합이므로 $\varnothing \subset A$이다.

025 정답 ○
해설 0은 집합 A의 원소이므로 $0 \in A$, $\{0\} \subset A$이다.
또한 $\{0\}$은 집합 A의 원소이므로 $\{0\} \in A$이다.

026 정답 ○
해설 0, 1은 집합 A의 원소이므로 $\{0, 1\} \subset A$이다.
또한 $\{0, 1\}$은 집합 A의 원소이므로 $\{0, 1\} \in A$이다.

027 정답 ○
해설 $\varnothing$, 0, 1은 집합 A의 원소이므로 $\{\varnothing, 0, 1\} \subset A$이다.

🚂 **필수유형 CHECK**　　　　　　　　　　본문 P. 195

001 ③	**002** ④	**003** ③	**004** ④
005 ⑤	**006** ⑤	**007** ④	**008** ④

---

001 정답 ③
해설 ① $\varnothing$는 집합 A의 원소이므로 $\varnothing \in A$이다. (참)
② 공집합은 모든 집합의 부분집합이므로 $\varnothing \subset A$이다.
　　　　　　　　　　　　　　　　　　　　　　(참)
③ $1 \in A$이므로 $\{1\} \subset A$이다. (거짓)
④ $1 \in A$이므로 $\{1\} \subset A$이다. (참)
⑤ 2와 $\{2\}$는 집합 A의 원소이므로 $2 \in A$, $\{2\} \in A$이다.
또한 $2 \in A$이므로 $\{2\} \subset A$이다. (참)

따라서 옳지 않은 것은 ③이다.

참고 이런 유형의 문제는 원소 기호 $\in$부터 푼다. 즉, 집합 A의 원소가 $\varnothing$, 1, 2, {2}의 4개이므로 원소 기호를 사용할 수 있는 경우는 다음 4가지이다.

$\varnothing \in A$, $1 \in A$, $2 \in A$, $\{2\} \in A$

002 정답 ④

해설 $x^2 - x - 2 = 0$에서
$(x+1)(x-2) = 0$
$\therefore x = -1$ 또는 $x = 2$
$\therefore A = \{-1, 2\}$
이때 $A \subset B$가 성립하려면 정수 k는 3, 4, 5, …이어야 한다.
따라서 구하는 정수 k의 최솟값은 3이다.

003 정답 ③

해설 두 집합 $A = \{a^2 - a, -2, 5\}$, $B = \{2a+1, -a, 2\}$
에 대하여 $A = B$이면 두 집합 A, B의 원소가 서로 같아야 하므로
$a^2 - a = 2$
$a^2 - a - 2 = 0$, $(a+1)(a-2) = 0$
$\therefore a = -1$ 또는 $a = 2$
(i) $a = -1$일 때
$\quad A = \{2, -2, 5\}$, $B = \{-1, 1, 2\}$이므로
$\quad A \neq B$
(ii) $a = 2$일 때
$\quad B = \{2, -2, 5\}$, $A = \{5, -2, 2\}$이므로
$\quad A = B$
(i), (ii)에서 $a = 2$

004 정답 ④

해설 집합 X의 개수는 집합 $A = \{x \mid x$는 10 이하의 자연수$\}$
의 부분집합 중에서 세 원소 1, 2, 3을 제외한 집합
$\{4, 5, 6, 7, 8, 9, 10\}$의 부분집합의 개수와 같다.
따라서 구하는 집합 X의 개수는
$2^{10-3} = 2^7$

별해 (i) 집합 $A = \{x \mid x$는 10 이하의 자연수$\}$의 원소 중
에서 세 원소 1, 2, 3을 제외한 집합
$\{4, 5, 6, 7, 8, 9, 10\}$의 부분집합을 모두 구한다.
원소가 7개인 집합 $\{4, 5, 6, 7, 8, 9, 10\}$의 부분집합
의 개수는 2^7이다.
(ii) (i)에서 구한 부분집합 2^7개에 세 원소 1, 2, 3을 포함
시킨다.
(i), (ii)에서 구하는 집합 X의 개수는 2^7이다.

005 정답 ⑤

해설 원소가 5개인 집합 $A = \{1, 2, 3, 4, 5\}$의 부분집합
의 개수는 2^5이다.
이 부분집합 중에서 공집합과 홀수만을 원소로 가지는 부
분집합을 제외한다.

이때 세 홀수 1, 3, 5로 이루어진 집합 $\{1, 3, 5\}$의 부분집
합의 개수는 2^3이다.
따라서 집합 A의 부분집합 중에서 적어도 한 개의 짝수를
포함하는 부분집합의 개수는
$2^5 - 2^3 = 32 - 8 = 24$

006 정답 ⑤

해설 (i) 홀수인 원소가 1개일 때
$\quad$ 3은 반드시 원소로 갖고 5, 7은 원소로 갖지 않는 부분
$\quad$ 집합의 개수는
$\quad 2^{6-1-2} = 2^3 = 8$
$\quad$ 마찬가지로 5는 반드시 원소로 갖고 3, 7은 원소로 갖
$\quad$ 지 않는 부분집합과 7은 반드시 원소로 갖고 3, 5는 원
$\quad$ 소로 갖지 않는 부분집합의 개수도 모두 8개이므로
$\quad a_1 = 3 \cdot 8 = 24$
(ii) 홀수인 원소가 2개일 때
$\quad$ 3, 5는 반드시 원소로 갖고 7은 원소로 갖지 않는 부분
$\quad$ 집합의 개수는
$\quad 2^{6-2-1} = 2^3 = 8$
$\quad$ 마찬가지로 3, 7은 반드시 원소로 갖고 5는 원소로 갖
$\quad$ 지 않는 부분집합과 5, 7은 반드시 원소로 갖고 3은 원
$\quad$ 소로 갖지 않는 부분집합의 개수도 모두 8개이므로
$\quad a_2 = 3 \cdot 8 = 24$
(iii) 홀수인 원소가 3개일 때
$\quad$ 3, 5, 7을 반드시 원소로 갖는 부분집합의 개수는
$\quad a_3 = 2^{6-3} = 2^3 = 8$
(i), (ii), (iii)에서
$a_1 + a_2 + a_3 = 24 + 24 + 8 = 56$

별해 $a_1 + a_2 + a_3$의 값은 전체 부분집합의 개수에서 짝수
2, 4, 6만으로 이루어진 집합의 개수를 빼는 방법으로 구
할 수 있다. 즉, $2^6 - 2^3 = 64 - 8 = 56$

007 정답 ④

해설 '$x \in A$이면 $6 - x \in A$'를 만족하는 집합 A의 원소
가 자연수이므로 x와 $6-x$는 모두 자연수이다.
$x \geq 1$, $6 - x \geq 1$ $\quad \therefore 1 \leq x \leq 5$
따라서 집합 A의 원소가 될 수 있는 것은 1, 2, 3, 4, 5이
다.
(i) $x = 1$일 때
$\quad 1 \in A$이면 $6 - 1 = 5 \in A$이므로 1과 5는 집합 A에
$\quad$ 동시에 존재한다.
$\quad$ 즉, 어느 하나가 A의 원소이면 나머지 하나도 반드시
$\quad$ 집합 A의 원소이다.
(ii) $x = 2$일 때
$\quad 2 \in A$이면 $6 - 2 = 4 \in A$이므로 2와 4는 집합 A에
$\quad$ 동시에 존재한다.
(iii) $x = 3$일 때
$\quad 3 \in A$이면 $6 - 3 = 3 \in A$이므로 3은 집합 A의 원소
$\quad$ 이다.

따라서 조건을 만족시키는 집합 A는 '1과 5', '2와 4', 3의 원소 3개로 이루어진 집합의 부분집합 중에서 공집합을 제외하면 된다.

$\therefore 2^3-1=7$

실제로 조건을 만족하는 집합 A를 구하면 다음과 같다.

$\{3\}$, $\{1, 5\}$, $\{2, 4\}$, $\{1, 3, 5\}$, $\{2, 3, 4\}$, $\{1, 2, 4, 5\}$, $\{1, 2, 3, 4, 5\}$

008 정답 ④

해설 $P(A)$는 집합 A의 부분집합을 원소로 갖는 집합이므로

$P(A)$

$=\{\varnothing, \{2\}, \{3\}, \{5\}, \{2, 3\}, \{2, 5\}, \{3, 5\}, \{2, 3, 5\}\}$

따라서 원소가 8개인 집합 $P(A)$의 부분집합의 개수는 2^8이다.

별해 집합 A의 원소가 3개이므로 A의 부분집합의 개수는 $2^3=8$이다. 즉, $P(A)$의 원소가 8개이므로 $P(A)$의 부분집합의 개수는 2^8이다.

---

038 집합의 연산

 교과서문제 CHECK 본문 P. 197

001 정답 $\{1, 2, 3, 4, 6, 8\}$

해설 전체집합 U와 두 집합 A, B를 벤 다이어그램으로 나타내면 다음 그림과 같다.

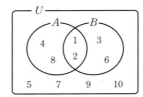

$\therefore A\cup B=\{1, 2, 3, 4, 6, 8\}$

002 정답 $\{1, 2\}$

003 정답 $\{4, 8\}$

해설 $A\cap B^C=A-B=\{4, 8\}$

004 정답 $\{3, 6\}$

005 정답 $\{3, 5, 6, 7, 9, 10\}$

006 정답 $\{4, 5, 7, 8, 9, 10\}$

해설 $U-B=B^C=\{4, 5, 7, 8, 9, 10\}$

007 정답 $\{5, 7, 9, 10\}$

008 정답 $\{3, 4, 5, 6, 7, 8, 9, 10\}$

009 정답 U

010 정답 $\varnothing$

011 정답 U

012 정답 A

013 정답 A

014 정답 $\varnothing$

015 정답 $\varnothing$

016 정답 A

017 정답 $\{2, 3, 4\}$

해설 두 집합 A, B를 벤 다이어그램으로 나타내면 다음 그림과 같다.

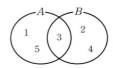

$\therefore B=\{2, 3, 4\}$

018 정답 $\{2, 3, 5\}$

해설 $A\cap B^C=A-B=\{1, 4\}$이므로

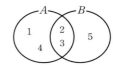

$\therefore B=\{2, 3, 5\}$

019 정답 $\{3, 4, 5\}$

해설

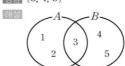

$\therefore B=\{3, 4, 5\}$

020 정답 $\{1, 4, 5\}$

해설 전체집합 U와 두 집합 A, B를 벤 다이어그램으로 나타내면 다음 그림과 같다.

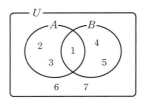

$\therefore B=\{1, 4, 5\}$

021 정답 $\{2, 3, 4, 6\}$

해설 전체집합 U와 두 집합 A, B를 벤 다이어그램으로 나타내면 다음 그림과 같다.

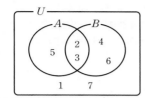

$\therefore B = \{2, 3, 4, 6\}$

022 정답 $B = \{2, 4, 5, 6\}$

해설 전체집합 U와 두 집합 A, B를 벤 다이어그램으로 나타내면 다음과 같다.

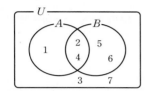

$\therefore B = \{2, 4, 5, 6\}$

023 정답 ○

해설 두 집합의 교집합이 공집합이므로 두 집합은 서로소이다.

024 정답 ○

해설 4의 양의 약수는 1, 2, 4이고 3의 배수는 3, 6, 9, ⋯ 이므로 두 집합의 교집합은 공집합이다.
따라서 두 집합은 서로소이다.

025 정답 X

해설 5 이하의 짝수는 2, 4이고 5 이하의 소수는 2, 3, 5 이다.
두 집합의 교집합은 공집합이 아닌 $\{2\}$이므로 두 집합은 서로소가 아니다.
참고 2는 짝수이면서 소수이다.

026 정답 ○

해설 무리수와 유리수의 교집합은 공집합이므로 두 집합은 서로소이다.

027 정답 X

해설 두 변의 길이가 같은 직각이등변삼각형은 이등변삼각형이다.
따라서 두 집합은 서로소가 아니다.

028 정답 $A \cap B^C$

해설 $A - B = A \cap B^C$

029 정답 $B \cap A$

해설 $B - A^C = B \cap (A^C)^C = B \cap A$

030 정답 $A^C \cap B^C$

해설 $A^C - B = A^C \cap B^C$

031 정답 $A^C \cap B$

해설 $A^C - B^C = A^C \cap (B^C)^C = A^C \cap B$

032 정답 ○

해설 $A \cup B = B$이면 항상 $A \subset B$이다.

033 정답 X

해설 $A \cup B = B$이면 $A \subset B$이다.
그러나 $A \subset B$이면 항상 $A^C \subset B^C$인 것은 아니다.
참고 $A \subset B$이면 항상 $A^C \supset B^C$이다.

034 정답 ○

해설 $A \cup B = B$이면 $A \subset B$이다.
$A \subset B$이면 항상 $A \cap B = A$이다.

035 정답 X

해설 $A \cup B = B$이면 $A \subset B$이다.
그러나 $A \subset B$이면 항상 $B - A = \varnothing$인 것은 아니다.
참고 $A \subset B$이면 항상 $A - B = \varnothing$이다.

필수유형 CHECK

본문 P. 199

001 ④	**002** ④	**003** ③	**004** ⑤
005 ⑤	**006** ④	**007** ⑤	**008** ②

---

001 정답 ④

해설 $A \cap B^C = A - B = \{a, c\} - \{c, d, e\} = \{a\}$

002 정답 ④

해설 주어진 조건을 벤 다이어그램으로 나타내면 다음 그림과 같다.

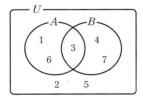

$\therefore B = \{3, 4, 7\}$

003 정답 ③

해설 ① $A - B^C = A \cap (B^C)^C = A \cap B$
② $B - A^C = B \cap (A^C)^C = B \cap A$
③ $A \cap (B \cup B^C) = A \cap U = A$
④ $U - B^C = U \cap (B^C)^C = U \cap B = B$이므로
　$A \cap (U - B^C) = A \cap B$

⑤ $(A \cap B) \cup (A \cap A^C) = (A \cap B) \cup \varnothing = A \cap B$
따라서 다른 하나는 ③이다.

004 정답 ⑤
해설 집합 $A = \{1, 2, 3, 4, 5\}$의 부분집합 중에서 $\{1, 2\}$와 서로소인 집합은 집합 A에서 두 원소 1, 2를 제외한 집합 $\{3, 4, 5\}$의 부분집합이다.
따라서 원소가 3개인 집합 $\{3, 4, 5\}$의 부분집합의 개수는 $2^3 = 8$
실제로 집합 $\{1, 2\}$와 서로소인 집합을 구해보면 다음과 같다.
$\varnothing, \{3\}, \{4\}, \{5\}, \{3, 4\}, \{3, 5\}, \{4, 5\}, \{3, 4, 5\}$
이 부분집합과 집합 $\{1, 2\}$의 공통 원소가 하나도 없으므로 이 부분집합은 집합 $\{1, 2\}$와 서로소이다.

005 정답 ⑤
해설 $A \subset B$이므로 벤 다이어그램으로 나타내면 다음과 같다.

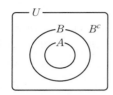

⑤ $A \cup B^C \neq U$
따라서 옳지 않은 것은 ⑤이다.

006 정답 ④
해설 $A \cap B = \{0, 3\}$이므로 $3 \in A$이다.
따라서 $a^2 - 2a = 3$이므로 $a^2 - 2a - 3 = 0$
$(a + 1)(a - 3) = 0$ ∴ $a = -1$ 또는 $a = 3$
(i) $a = -1$일 때
$A = \{0, 1, 3\}, B = \{-4, -1, 1\}$이므로
$A \cap B = \{1\}$
이것은 문제의 조건을 만족시키지 못한다.
(ii) $a = 3$일 때
$A = \{0, 1, 3\}, B = \{0, 3, 5\}$이므로
$A \cap B = \{0, 3\}$
이것은 문제의 조건을 만족시킨다.
∴ $A \cup B = \{0, 1, 3, 5\}$

007 정답 ⑤
해설 집합 $A \cap (B \cup C)$는 10 이하의 자연수 중에서 5의 배수이거나 소수인 집합이므로 $\{2, 3, 5, 7, 10\}$이다.
따라서 집합 X는 원소가 5개인 집합 $\{2, 3, 5, 7, 10\}$의 부분집합이므로 그 개수는 2^5이다.

008 정답 ②
해설 $A = \{1, 5\}, B = \{1, 2, 5, 10\}$이다.
$A \cap X = \varnothing$는 두 집합 A, X가 서로소임을 의미하고,

$B \cup X = B$는 $X \subset B$임을 의미한다.
따라서 집합 X는 집합 B의 부분집합 중에서 집합 A와 서로소인 집합, 즉 집합 A의 두 원소 1, 5를 제외한 집합 $\{2, 10\}$의 부분집합과 같다.
따라서 조건을 만족시키는 집합 X는 $\varnothing, \{2\}, \{10\}, \{2, 10\}$이고 그 개수는 4이다.

039 집합의 연산법칙

교과서문제 CHECK 본문 P. 201

001 정답 교
해설 두 집합의 위치를 서로 바꾸었으므로 교환법칙이다.

002 정답 교

003 정답 결
해설 두 집합의 위치는 그대로 두고 괄호의 위치를 바꾸었으므로 결합법칙이다.

004 정답 결

005 정답 $(A \cap B) \cup (A \cap C)$

006 정답 $(A \cup B) \cap (A \cup C)$

007 정답 $(A \cap A^C) \cup (A \cap B)$
해설 $A \cap (A^C \cup B) = (A \cap A^C) \cup (A \cap B)$
참고 $(A \cap A^C) \cup (A \cap B) = \varnothing \cup (A \cap B) = A \cap B$

008 정답 $(A \cup B) \cap (A \cup A^C)$
해설 $A \cup (B \cap A^C) = (A \cup B) \cap (A \cup A^C)$
참고 $(A \cup B) \cap (A \cup A^C) = (A \cup B) \cap U = A \cup B$

009 정답 $A \cap (B \cup B^C)$
해설 $(A \cap B) \cup (A \cap B^C) = A \cap (B \cup B^C)$
참고 $A \cap (B \cup B^C) = A \cap U = A$

010 정답 $A^C \cup (B \cap B^C)$
해설 $(A^C \cup B) \cap (A^C \cup B^C) = A^C \cup (B \cap B^C)$
참고 $A^C \cup (B \cap B^C) = A^C \cup \varnothing = A^C$

011 정답 $B^C \cap (A \cup A^C)$
해설 $(B^C \cap A) \cup (A^C \cap B^C) = (B^C \cap A) \cup (B^C \cap A^C)$
$\qquad = B^C \cap (A \cup A^C)$
참고 $B^C \cap (A \cup A^C) = B^C \cap U = B^C$

012 정답 $(A^C \cap A) \cup B$
해설 $(A^C \cup B) \cap (B \cup A) = (A^C \cup B) \cap (A \cup B)$
$\qquad = (A^C \cap A) \cup B$

별해 $(A^C \cup B) \cap (B \cup A) = (B \cup A^C) \cap (B \cup A)$
$$= B \cup (A^C \cap A)$$
참고 $(A^C \cap A) \cup B = \varnothing \cup B = B$
$$B \cup (A^C \cap A) = B \cup \varnothing = B$$

013 정답 A
해설 □는 항상 □∪○에 포함된다.
즉, 교집합은 두 집합 중에서 작은 집합을 선택한다.

014 정답 $A \cap B$
해설 □∩○는 항상 □∪○에 포함된다.
즉, $(A \cap B) \subset (A \cup B)$이므로
$(A \cup B) \cap (A \cap B) = A \cap B$이다.

015 정답 A
해설 □는 항상 □−○를 포함한다.
즉, 합집합은 두 집합 중에서 큰 집합을 선택한다.

016 정답 A^C
해설 □는 항상 □∩○를 포함한다.
즉, $A^C \supset (A^C \cap B)$이므로 $A^C \cup (A^C \cap B) = A^C$이다.

017 정답 $A^C \cup B^C$

018 정답 $A^C \cap B$
해설 $(A \cup B^C)^C = A^C \cap (B^C)^C = A^C \cap B$

019 정답 $A \cup B$
해설 $(A^C \cap B^C)^C = (A^C)^C \cup (B^C)^C = A \cup B$

020 정답 $A^C \cup B$
해설 $(A-B)^C = (A \cap B^C)^C = A^C \cup (B^C)^C = A^C \cup B$

021 정답 A
해설 $(A-B) \cup (A \cap B)$
$$= (A \cap B^C) \cup (A \cap B)$$
$$= A \cap (B^C \cup B) \text{ (분배법칙)}$$
$$= A \cap U$$
$$= A$$

022 정답 B
해설 $(A \cap B^C)^C \cap (A \cup B)$
$$= \{A^C \cup (B^C)^C\} \cap (A \cup B)$$
$$= (A^C \cup B) \cap (A \cup B) \text{ (드모르간의 법칙)}$$
$$= (A^C \cap A) \cup B \text{ (분배법칙)}$$
$$= \varnothing \cup B$$
$$= B$$

023 정답 B
해설 $\{A \cap (A \cup B)^C\} \cup \{B \cup (A \cap B)\}$
$$= \{A \cap (A^C \cap B^C)\} \cup \{(B \cup A) \cap (B \cup B)\}$$
(드모르간의 법칙, 분배법칙)
$$= \{(A \cap A^C) \cap B^C\} \cup \{(A \cup B) \cap B\} \text{ (결합법칙)}$$

$$= (\varnothing \cap B^C) \cup B \ (\because B \subset (A \cup B))$$
$$= \varnothing \cup B$$
$$= B$$

024 정답 U
해설 $\{(A \cap B) \cup (A \cap B^C)\} \cup \{(A^C \cup B) \cap (A^C \cup B^C)\}$
$$= \{A \cap (B \cup B^C)\} \cup \{A^C \cup (B \cap B^C)\} \text{ (분배법칙)}$$
$$= (A \cap U) \cup (A^C \cup \varnothing)$$
$$= A \cup A^C$$
$$= U$$

025 정답 U
해설 $\{(A \cup B) \cap (A \cup B^C)\} \cup \{(A^C \cap B^C) \cup (B-A)\}$
$$= \{A \cup (B \cap B^C)\} \cup \{(A^C \cap B^C) \cup (A^C \cap B)\}$$
(분배법칙)
$$= (A \cup \varnothing) \cup \{A^C \cap (B^C \cup B)\} \text{ (분배법칙)}$$
$$= A \cup (A^C \cap U)$$
$$= A \cup A^C$$
$$= U$$

026 정답 A_6
해설 2와 3의 최소공배수가 6이므로
$A_2 \cap A_3 = A_6$
별해 $A_2 = \{2, 4, 6, 8, 10, 12, \cdots\}$,
$A_3 = \{3, 6, 9, 12, \cdots\}$이므로
$A_2 \cap A_3 = \{6, 12, 18, \cdots\} = A_6$

027 정답 A_4
해설 2와 4의 최소공배수가 4이므로
$A_2 \cap A_4 = A_4$
별해 4가 2의 배수이므로 $A_4 \subset A_2$이다.
$\therefore A_2 \cap A_4 = A_4$

028 정답 A_6
해설 6이 3의 배수이므로 $A_6 \subset A_3$이다.
$\therefore A_6 \cap A_3 = A_6$

029 정답 A_3
해설 6이 3의 배수이므로 $A_6 \subset A_3$이다.
$\therefore A_6 \cup A_3 = A_3$

030 정답 A_6
해설 $A_3 \cap (A_4 \cup A_6)$
$$= (A_3 \cap A_4) \cup (A_3 \cap A_6)$$
(3과 4의 최소공배수가 12이므로)
(6이 3의 배수이므로 $A_6 \subset A_3$)
$$= A_{12} \cup A_6$$
(12가 6의 배수이므로 $A_{12} \subset A_6$)
$$= A_6$$

031 정답 A_{12}
해설 $(A_4 \cup A_8) \cap (A_3 \cup A_{12})$

(8이 4의 배수이므로 $A_8 \subset A_4$)

(12가 3의 배수이므로 $A_{12} \subset A_3$)

$= A_4 \cap A_3$

(3과 4의 최소공배수가 120|므로)

$= A_{12}$

032 정답 B_2

해설 4와 6의 최대공약수가 2이므로

$B_4 \cap B_6 = B_2$

별해 $B_4 = \{1, 2, 4\}$, $B_6 = \{1, 2, 3, 6\}$이므로

$B_4 \cap B_6 = \{1, 2\} = B_2$

033 정답 B_3

해설 3과 6의 최대공약수가 3이므로

$B_3 \cap B_6 = B_3$

별해 3이 6의 약수이므로 $B_3 \subset B_6$이다.

$\therefore B_3 \cap B_6 = B_3$

034 정답 B_4

해설 4가 8의 약수이므로 $B_4 \subset B_8$이다.

$\therefore B_4 \cap B_8 = B_4$

035 정답 B_8

해설 4가 8의 약수이므로 $B_4 \subset B_8$이다.

$\therefore B_4 \cup B_8 = B_8$

036 정답 B_6

해설 $B_6 \cap (B_9 \cup B_{12})$

$= (B_6 \cap B_9) \cup (B_6 \cap B_{12})$

(6과 9의 최대공약수가 3이므로)

(6이 12의 약수이므로 $B_6 \subset B_{12}$)

$= B_3 \cup B_6$

(3이 6의 약수이므로 $B_3 \subset B_6$)

$= B_6$

037 정답 B_4

해설 $(B_4 \cup B_8) \cap (B_6 \cup B_{12})$

(4가 8의 약수이므로 $B_4 \subset B_8$)

(6이 12의 약수이므로 $B_6 \subset B_{12}$)

$= B_8 \cap B_{12}$

(8과 12의 최대공약수가 4이므로)

$= B_4$

필수유형 CHECK 본문 P. 203

001 ④	**002** ④	**003** ⑤	**004** ④
005 ③	**006** ④	**007** ⑤	**008** ④

001 정답 ④

해설 $(A \cup B) \cup (A^C \cup B^C)^C$

$= (A \cup B) \cup \{(A^C)^C \cap (B^C)^C\}$ (드모르간의 법칙)

$= (A \cup B) \cup (A \cap B)$

$= A \cup B$ ($\because (A \cap B) \subset (A \cup B)$)

$= \{2, 3, 4, 5, 6, 8\}$

따라서 구하는 집합의 원소의 개수는 6이다.

002 정답 ④

해설 ① 합집합과 교집합은 교환법칙이 성립한다.

$\therefore A \cap B = B \cap A$ (참)

② $A \subset (A \cup B)$이므로

$A \cap (A \cup B) = A$ (참)

③ $(A \cap B) \cup (A \cap B^C)$

$= A \cap (B \cup B^C)$ (분배법칙)

$= A \cap U = A$ (참)

④ $A \cup (B \cap C) = (A \cup B) \cap (A \cup C)$ (거짓)

⑤ $(A - B)^C = (A \cap B^C)^C$

$= A^C \cup (B^C)^C$ (드모르간의 법칙)

$= A^C \cup B$

$= B \cup A^C$ (참)

따라서 옳지 않은 것은 ④이다.

003 정답 ⑤

해설 $(A \cup B^C) \cap (A^C \cup B)^C$

$= (A \cup B^C) \cap \{(A^C)^C \cap B^C\}$ (드모르간의 법칙)

$= (A \cup B^C) \cap (A \cap B^C)$

$= A \cap B^C$ ($\because (A \cap B^C) \subset (A \cup B^C)$)

$= A - B$

004 정답 ④

해설 $(A - B) \cup (A - C)$

$= (A \cap B^C) \cup (A \cap C^C)$

$= A \cap (B^C \cup C^C)$ (분배법칙)

$= A \cap (B \cap C)^C$ (드모르간의 법칙)

$= A - (B \cap C)$

005 정답 ③

해설 $\{(A \cup B) \cap (A \cup B^C)\} \cap B$

$= \{A \cup (B \cap B^C)\} \cap B$ (분배법칙)

$= (A \cup \varnothing) \cap B$

$= A \cap B$

따라서 $A \cap B = A$이므로 $A \subset B$이다.

① $A - B = \varnothing$ (참)

② $B^C \subset A^C$ (참)

③ $A \cup B = B$ (거짓)

④ $A \subset B$이므로 $A \cup B = B$, $A \cap B = A$이다.

$\therefore A \cap (A \cup B) = A \cap B = A$ (참)

⑤ $A \subset B$이므로 $A \cap B = A$이다.

$\therefore A \cap (A^C \cup B^C)$

$= A \cap (A \cap B)^C$ (드모르간의 법칙)

$= A - (A \cap B)$

$= A - A = \varnothing$ (참)

따라서 옳지 않은 것은 ③이다.

006 정답 ④

해설 12와 18의 최대공약수가 6이므로 $A_{12} \cap A_{18} = A_6$ 이다.

이때 $A_k \subset A_6$을 만족하는 자연수 k의 값은 6의 양의 약수 1, 2, 3, 6이므로 k의 최댓값은 6이다.

별해 $A_{12} = \{1, 2, 3, 4, 6, 12\}$,

$A_{18} = \{1, 2, 3, 6, 9, 18\}$이므로

$A_{12} \cap A_{18} = \{1, 2, 3, 6\} = A_6$

이때 $A_1 = \{1\} \subset A_6$, $A_2 = \{1, 2\} \subset A_6$,

$A_3 = \{1, 3\} \subset A_6$, $A_6 \subset A_6$이므로 $A_k \subset A_6$을 만족하는 자연수 k의 값은 1, 2, 3, 6이므로 k의 최댓값은 6이다.

007 정답 ⑤

해설 $A_6 \cap (A_8 \cup A_{12})$

$= (A_6 \cap A_8) \cup (A_6 \cap A_{12})$

   (6과 8의 최소공배수가 24이므로)

   (12가 6의 배수이므로 $A_{12} \subset A_6$)

$= A_{24} \cup A_{12}$

   (24가 12의 배수이므로 $A_{24} \subset A_{12}$)

$= A_{12}$

따라서 $100 = 12 \times 8 + 4$이므로 집합 A_{12}의 원소의 개수는 8이다.

008 정답 ④

해설 ① $U \triangle \varnothing = (U - \varnothing) \cup (\varnothing - U)$

        $= U \cup \varnothing = U$ (참)

② $U \triangle A = (U - A) \cup (A - U)$

        $= A^C \cup \varnothing = A^C$ (참)

③ $\varnothing \triangle A = (\varnothing - A) \cup (A - \varnothing)$

        $= \varnothing \cup A = A$ (참)

④ $A \triangle A = (A - A) \cup (A - A)$

        $= \varnothing \cup \varnothing = \varnothing$ (거짓)

⑤ $A \triangle B = (A - B) \cup (B - A)$

        $= (B - A) \cup (A - B)$

        $= B \triangle A$ (참)

따라서 옳지 않은 것은 ④이다.

040 유한집합의 원소의 개수

🚜 교과서문제 CHECK   본문 P. 205

001 정답 8

해설 $n(A^C) = n(U) - n(A) = 20 - 12 = 8$

002 정답 10

해설 $n(B^C) = n(U) - n(B) = 20 - 10 = 10$

003 정답 17

해설 $n(A \cup B) = n(A) + n(B) - n(A \cap B)$

             $= 12 + 10 - 5 = 17$

004 정답 7

해설 $n(A - B) = n(A) - n(A \cap B)$

             $= 12 - 5 = 7$

별해 $n(A - B) = n(A \cup B) - n(B)$

             $= 17 - 10 = 7$

005 정답 5

해설 $n(B - A) = n(B) - n(A \cap B)$

             $= 10 - 5 = 5$

별해 $n(B - A) = n(A \cup B) - n(A)$

             $= 17 - 12 = 5$

006 정답 3

해설 $A^C \cap B^C = (A \cup B)^C$이고

$(A \cup B)^C = U - (A \cup B)$이므로

$n(A^C \cap B^C) = n((A \cup B)^C)$

              $= n(U) - n(A \cup B)$

              $= 20 - 17 = 3$

007 정답 15

해설 $A^C \cup B^C = (A \cap B)^C$이고

$(A \cap B)^C = U - (A \cap B)$이므로

$n(A^C \cup B^C) = n((A \cap B)^C)$

              $= n(U) - n(A \cap B)$

              $= 20 - 5 = 15$

008 정답 12

해설 $n(A^C) = n(U) - n(A) = 20 - 8 = 12$

009 정답 13

해설 $n(B^C) = n(U) - n(B) = 20 - 7 = 13$

010 정답 0

해설 두 집합 A, B가 서로소일 때, $A \cap B = \varnothing$이다.

$\therefore n(A \cap B) = 0$

011 정답 15

해설 두 집합 A, B가 서로소일 때, $A \cap B = \varnothing$이다.

즉, $n(A \cap B) = 0$이므로

$n(A \cup B) = n(A) + n(B) - n(A \cap B)$

             $= 8 + 7 - 0 = 15$

012 정답 8

해설 $n(A - B) = n(A) - n(A \cap B)$

             $= 8 - 0 = 8$

별해 $n(A - B) = n(A \cup B) - n(B)$

             $= 15 - 7 = 8$

013 정답 7

해설 $n(B - A) = n(B) - n(A \cap B)$

             $= 7 - 0 = 7$

별해 $n(B-A)=n(A\cup B)-n(A)$
$\qquad\qquad\quad =15-8=7$

014 정답 5

해설 $A^C\cap B^C=(A\cup B)^C$이고
$(A\cup B)^C=U-(A\cup B)$이므로
$n(A^C\cap B^C)=n((A\cup B)^C)$
$\qquad\qquad\qquad =n(U)-n(A\cup B)$
$\qquad\qquad\qquad =20-15=5$

015 정답 25

해설 $n(A)=20$, $n(B)=10$, $n(A-B)=15$이므로
다음과 같은 벤 다이어그램을 얻을 수 있다.

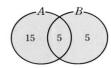

$\therefore n(A\cup B)=15+5+5=25$

016 정답 12

해설 $n(A\cap B^C)=8$, $n(A\cap B)=5$, $n(A\cup B)=25$
이고 $A\cap B^C=A-B$이므로 다음과 같은 벤 다이어그램
을 얻을 수 있다.

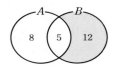

$\therefore n(B-A)=12$

017 정답 10

해설 $n(U)=35$, $n(A)=20$, $n(B)=10$,
$n(A-B)=15$이므로 다음과 같은 벤 다이어그램을 얻
을 수 있다.

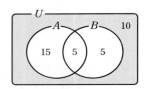

$\therefore n((A\cup B)^C)=10$

018 정답 20

해설 $n(U)=30$, $n(A)=15$, $n(A\cap B)=10$,
$n(A^C\cap B^C)=5$이고 $A^C\cap B^C=(A\cup B)^C$이므로 이므
로 다음과 같은 벤 다이어그램을 얻을 수 있다.

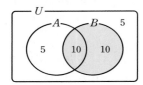

$\therefore n(B)=10+10=20$

019 정답 10

해설 $n(A^C\cap B^C)=5$이고 $A^C\cap B^C=(A\cup B)^C$이므로
다음과 같은 벤다이어그램을 얻을 수 있다.

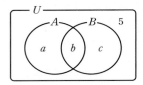

$n(U)=30$, $n(A)=20$, $n(B)=15$이고
$n(A\cup B)=n(A)+n(B)-n(A\cap B)$이므로
$30-5=20+15-b$ $\qquad\therefore b=10$
따라서 다음과 같은 벤 다이어그램을 얻을 수 있다.

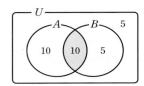

$\therefore n(A\cap B)=10$

020 정답 6

해설 우리 반 학생 전체의 집합을 U, 사과, 딸기를 좋아하
는 학생의 집합을 각각 A, B라 하면
$n(U)=20$, $n(A)=14$, $n(B)=11$, $n(A\cap B)=7$
이때 사과를 좋아하지 않는 학생 수는 $n(A^C)$이므로
$n(A^C)=n(U)-n(A)$
$\qquad\qquad =20-14=6$

021 정답 18

해설 사과 또는 딸기를 좋아하는 학생 수는 $n(A\cup B)$이
므로
$n(A\cup B)=n(A)+n(B)-n(A\cap B)$
$\qquad\qquad\quad =14+11-7$
$\qquad\qquad\quad =18$

022 정답 18

해설 사과와 딸기 중에서 적어도 하나를 좋아하는 학생
수는 $n(A\cup B)$이다.
$\therefore n(A\cup B)=18$

023 정답 2

해설 사과와 딸기를 모두 좋아하지 않는 학생 수는
$n(A^C\cap B^C)$이고 $A^C\cap B^C=(A\cup B)^C$,
$(A\cup B)^C=U-(A\cup B)$이므로
$n(A^C\cap B^C)=n((A\cup B)^C)$
$\qquad\qquad\qquad =n(U)-n(A\cup B)$
$\qquad\qquad\qquad =20-18=2$

024 정답 7

해설 사과와 딸기 중에서 사과만 좋아하는 학생 수는
$n(A-B)$이므로
$$n(A-B)=n(A)-n(A\cap B)$$
$$=14-7=7$$
별해 $n(A-B)=n(A\cup B)-n(B)$
$$=18-11=7$$

025 정답 11

해설 문제의 조건을 벤 다이어그램으로 그리면 다음과 같다.

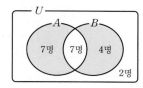

$$\therefore n\{(A-B)\cup(B-A)\}=7+4=11$$
별해 사과와 딸기 중에서 하나만 좋아하는 학생의 집합은
$(A-B)\cup(B-A)$이다.
이때 두 집합 $A-B$, $B-A$는 서로소이므로
$$n\{(A-B)\cap(B-A)\}=0$$
$$\therefore n\{(A-B)\cup(B-A)\}$$
$$=n(A-B)+n(B-A)-n\{(A-B)\cap(B-A)\}$$
$$=\{n(A)-n(A\cap B)\}+\{n(B)-n(A\cap B)\}-0$$
$$=(14-7)+(11-7)$$
$$=7+4$$
$$=11$$
별해 $n\{(A-B)\cup(B-A)\}$
$$=n(A-B)+n(B-A)-n\{(A-B)\cap(B-A)\}$$
$$=\{n(A\cup B)-n(B)\}+\{n(A\cup B)-n(A)\}-0$$
$$=(18-11)+(18-14)$$
$$=7+4$$
$$=11$$

026 정답 $a+b+g+f+c+d$

해설 $n(A\cup B)$
$$=n(A)+n(B)-n(A\cap B)$$
$$=(a+b+g+f)+(c+d+g+b)-(b+g)$$
$$=a+b+g+f+c+d$$

027 정답 $a+f$

해설 $n(A-B)$
$$=n(A)-n(A\cap B)$$
$$=(a+b+g+f)-(b+g)$$
$$=a+f$$
별해 $n(A-B)$
$$=n(A\cup B)-n(B)$$
$$=(a+b+g+f+c+d)-(b+c+d+g)$$
$$=a+f$$

028 정답 a

해설 $n(A-(B\cup C))$
$$=n(A)-n(A\cap(B\cup C))$$
$$=(a+b+g+f)-(b+g+f)$$
$$=a$$

029 정답 $a+b+c+d+e+f+g$

해설 $n(A\cup B\cup C)$
$$=n(A)+n(B)+n(C)$$
$$\quad-n(A\cap B)-n(B\cap C)-n(C\cap A)$$
$$\quad+n(A\cap B\cap C)$$
$$=(a+b+g+f)+(c+d+g+b)+(e+f+g+d)$$
$$\quad-(b+g)-(d+g)-(f+g)+g$$
$$=a+b+c+d+e+f+g$$

030 정답 6명

해설 전체 학생의 집합을 U, 문제 A, B, C를 맞힌 학생의 집합을 각각 A, B, C라 하면 다음 벤 다이어그램에서 $a=6$, $c=8$, $e+f+g+d=10$이다.
이때, 세 문제를 모두 틀린 학생이 없으므로
$A\cup B\cup C=U$, 즉 $(A\cup B\cup C)^C=\varnothing$
따라서 벤 다이어그램을 그릴 때 전체집합 U가 필요하지 않다.
$$n((A\cup B\cup C)^C)=0 \qquad \therefore n(A\cup B\cup C)=30$$

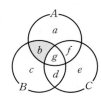

이때 A문제와 B문제는 맞히고 C문제는 틀린 학생 수 b는
$$b=n(A\cup B\cup C)-\{a+c+(e+f+g+d)\}$$
$$=30-(6+8+10)$$
$$=6$$

필수유형 CHECK   본문 P. 207

| 001 ③ | 002 ① | 003 ② | 004 ④ |
| 005 ⑤ | 006 ③ | 007 ④ | 008 ② |

001 정답 ③

해설 $n(A\cup B)=n(A)+n(B)-n(A\cap B)$
$$=13+9-7=15$$

002 정답 ①

해설 $A\cup B=U-(A\cup B)^C$이므로
$$n(A\cup B)=n(U)-n((A\cup B)^C)$$
$$=n(U)-n(A^C\cap B^C)$$

을 선택한 학생의 집합을 각각 A, B, C라 하면
$$n(U)=40, n(A)=28, n(B)=23, n(C)=15,$$
$$n(A\cap B\cap C)=5$$
이때 영규네 반 학생 모두가 세 과목 중에서 적어도 한 과목을 반드시 선택했으므로
$A\cup B\cup C=U$, 즉 $(A\cup B\cup C)^C=\varnothing$
따라서 벤 다이어그램을 그릴 때 전체집합 U가 필요하지 않다.
$$n((A\cup B\cup C)^C)=0 \quad \therefore n(A\cup B\cup C)=40$$

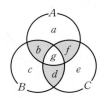

여기서 두 과목만 선택한 학생 수는 $b+d+f$이다.
$$n(A\cup B\cup C)$$
$$=n(A)+n(B)+n(C)$$
$$\quad -n(A\cap B)-n(B\cap C)-n(C\cap A)$$
$$\quad +n(A\cap B\cap C)$$
이므로
$$40=28+23+15-(b+g)-(d+g)-(f+g)+g$$
$$=28+23+15-(b+5)-(d+5)-(f+5)+5$$
$$=28+23+5-(b+d+f)$$
$$=56-(b+d+f)$$
$$\therefore b+d+f=16$$

별해 영규네 반 학생 전체의 집합을 U, 물리, 화학, 생물을 선택한 학생의 집합을 각각 A, B, C라 하면
$$n(U)=40, n(A)=28, n(B)=23, n(C)=15,$$
$$n(A\cap B\cap C)=5$$
이때 영규네 반 학생 모두가 세 과목 중에서 적어도 한 과목을 반드시 선택했으므로
$A\cup B\cup C=U$, 즉 $(A\cup B\cup C)^C=\varnothing$
따라서 벤 다이어그램을 그릴 때 전체집합 U가 필요하지 않다.
$$n((A\cup B\cup C)^C)=0 \quad \therefore n(A\cup B\cup C)=40$$

여기서 두 과목만 선택한 학생 수는 $b+d+f$이다.
$$n(A\cup B\cup C)$$
$$=n(A)+n(B)+n(C)$$
$$\quad -n(A\cap B)-n(B\cap C)-n(C\cap A)$$
$$\quad +n(A\cap B\cap C)$$
이므로
$$40=28+23+15$$

$$=30-10=20$$
이때 $n(A\cup B)=n(A)+n(B)-n(A\cap B)$이므로
$$20=13+12-n(A\cap B)$$
$$\therefore n(A\cap B)=5$$

003 정답 ②
해설 $B-A=(A\cup B)-A$이므로
$$n(B-A)=n(A\cup B)-n(A)=27-18=9$$
별해 $n(A\cup B)=n(A)+n(B)-n(A\cap B)$에서
$$27=18+n(B)-6 \quad \therefore n(B)=15$$
그런데 $B-A=B-(A\cap B)$이므로
$$n(B-A)=n(B)-n(A\cap B)=15-6=9$$

004 정답 ④
해설 두 집합 B, C가 서로소이므로
$$n(B\cap C)=0, n(A\cap B\cap C)=0$$
$$\therefore n(A\cup B\cup C)$$
$$=n(A)+n(B)+n(C)$$
$$\quad -n(A\cap B)-n(B\cap C)-n(C\cap A)$$
$$\quad +n(A\cap B\cap C)$$
$$=11+9+7-4-0-3+0$$
$$=20$$
별해 다음과 같은 벤 다이어그램을 얻을 수 있다.

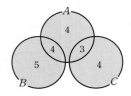

$$\therefore n(A\cup B\cup C)=4+4+3+5+4=20$$

005 정답 ⑤
해설 필성이네 반 학생 전체의 집합을 U, 혈액형이 A형인 학생의 집합을 A, 안경을 쓴 학생의 집합을 B라 하면
$$n(U)=40, n(A)=12, n(B)=23$$
이때 혈액형이 A형이 아니면서 안경을 쓰지 않은 학생의 집합은 $A^C\cap B^C$이므로
$$n(A^C\cap B^C)=10$$
$A\cup B=U-(A\cup B)^C$이므로
$$n(A\cup B)=n(U)-n((A\cup B)^C)$$
$$=n(U)-n(A^C\cap B^C)$$
$$=40-10=30$$
따라서 혈액형이 A형이면서 안경을 쓴 학생의 집합은 $A\cap B$이므로
$$n(A\cup B)=n(A)+n(B)-n(A\cap B)$$에서
$$30=12+23-n(A\cap B)$$
$$\therefore n(A\cap B)=5$$

006 정답 ③
해설 영규네 반 학생 전체의 집합을 U, 물리, 화학, 생물

$$-n(A\cap B)-n(B\cap C)-n(C\cap A)+5$$
$$\therefore n(A\cap B)+n(B\cap C)+n(C\cap A)=31$$
이때 $(b+g)+(d+g)+(f+g)=31$이므로
$$(b+d+f)+3g=31$$
$$\therefore b+d+f=31-3g=31-3\cdot5=16\,(\because g=5)$$

007 정답 ④

해설 어느 반 학생 전체의 집합을 U, 체육, 봉사, 예술 동아리에 가입한 학생의 집합을 각각 A, B, C라 하면
$n(U)=40$, $n(A)=24$, $n(B)=21$, $n(C)=20$,
$n(A\cap B\cap C)=5$
이때 이 반의 모든 학생은 체육, 봉사, 예술 동아리 중에서 적어도 한 동아리에 모두 가입했으므로
$A\cup B\cup C=U$, 즉 $(A\cup B\cup C)^C=\varnothing$
따라서 벤 다이어그램을 그릴 때 전체집합 U가 필요하지 않다.
$$n((A\cup B\cup C)^C)=0 \qquad \therefore n(A\cup B\cup C)=40$$

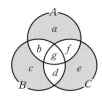

여기서 하나의 동아리에만 가입한 학생 수는 $a+c+e$이다.
$$n(A\cup B\cup C)$$
$$=n(A)+n(B)+n(C)$$
$$\quad-n(A\cap B)-n(B\cap C)-n(C\cap A)$$
$$\quad+n(A\cap B\cap C)$$
이므로
$$40=24+21+20-(b+g)-(d+g)-(f+g)+g$$
$$=24+21+20-(b+5)-(d+5)-(f+5)+5$$
$$=24+21+10-(b+d+f)$$
$$=55-(b+d+f)$$
$$\therefore b+d+f=15$$
그런데
$$a=24-(b+f+g)$$
$$c=21-(b+d+g)$$
$$e=20-(d+f+g)$$
$$\therefore a+c+e$$
$$=24+21+20-2(b+d+f)-3g$$
$$=65-2\cdot15-3\cdot5$$
$$=20$$

008 정답 ②

해설 $n(A\cup B)=n(A)+n(B)-n(A\cap B)$이므로
$$n(A\cap B)=n(A)+n(B)-n(A\cup B)$$
$$=25+12-n(A\cup B)$$
$$=37-n(A\cup B) \quad\cdots\cdots ㉠$$

이때 $n(A\cup B)$가 최소일 때 $n(A\cap B)$는 최대가 되고 $n(A\cup B)$가 최대일 때 $n(A\cap B)$는 최소가 된다.
(ⅰ) $n(A\cup B)$가 최소일 때는 $A\cup B=A$일 때이다.

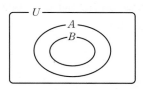

따라서 $n(A\cap B)$의 최댓값 M은 ㉠에서
$$M=37-25=12$$
(ⅱ) $n(A\cup B)$가 최대일 때는 $A\cup B=U$일 때이다.

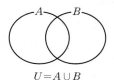

따라서 $n(A\cap B)$의 최솟값 m은 ㉠에서
$$m=37-35=2$$
(ⅰ), (ⅱ)에서 $M+m=12+2=14$

041 명제와 조건

교과서문제 CHECK　　본문 P. 209

001 정답 ○

002 정답 △

해설 $3^4=81$, $4^3=64$이므로 $3^4>4^3$이다.
따라서 거짓인 명제이다.

003 정답 ○

004 정답 △

해설 순환소수는 유리수이고 순환하지 않는 소수가 무리수이다.
예컨대 순환하는 무한소수 $0.\dot{3}=0.333333\cdots=\dfrac{1}{3}$은 유리수이고 순환하지 않는 무한소수 $\pi=3.141592\cdots$는 무리수이다.
따라서 거짓인 명제이다.

005 정답 X

해설 $x=1$일 때는 등호가 성립하지만 $x\neq1$일 때는 등호가 성립하지 않는다.
즉, 미지수 x의 값에 따라 참, 거짓이 바뀌므로 명제가 아니다.

006 정답 X

해설 $x<2$일 때는 부등호가 성립하지만, $x \geq 2$일 때는 부등호가 성립하지 않는다.

즉, 미지수 x의 값에 따라 참, 거짓이 바뀌므로 명제가 아니다.

007 정답 △

008 정답 ○

009 정답 X

해설 '가깝다'는 참, 거짓의 기준이 분명하지 않으므로 명제가 아니다.

010 정답 X

해설 '길다'는 참, 거짓의 기준이 분명하지 않으므로 명제가 아니다.

011 정답 $\{1, 3\}$

012 정답 $\{2\}$

해설 짝수인 소수는 2 하나뿐이다.

013 정답 $\{-1, 2\}$

해설 $x^2-x-2=0$을 인수분해하면

$(x+1)(x-2)=0$

$\therefore x=-1$ 또는 $x=2$

따라서 조건 $x^2-x-2=0$의 진리집합은 $\{-1, 2\}$이다.

014 정답 $\{-2, -1, 0, 1\}$

해설 $(x+2)(x-1) \leq 0$의 해는

$-2 \leq x \leq 1$

따라서 조건 $(x+2)(x-1) \leq 0$의 진리집합은

$\{-2, -1, 0, 1\}$이다.

015 정답 $\{0\}$

해설 $|x|<1$에서 $-1<x<1$

따라서 조건 $|x|<1$의 진리집합은 $\{0\}$이다.

참고 $|x|<a\,(a>0) \Longleftrightarrow -a<x<a$

016 정답 $\{-2, 2, 3\}$

해설 $|x| \geq 2$에서

$x \leq -2$ 또는 $x \geq 2$

따라서 조건 $|x| \geq 2$의 진리집합은 $\{-2, 2, 3\}$이다.

참고 $|x| \geq a\,(a>0) \Longleftrightarrow x \leq -a$ 또는 $x \geq a$

017 정답 $x \leq 1$

018 정답 $x < 2$

019 정답 $x<-1$ 또는 $x \geq 2$

해설 '$-1 \leq x<2$'는 '$-1 \leq x$이고 $x<2$'이다.

따라서 '$-1 \leq x<2$'의 부정은 '$x<-1$ 또는 $x \geq 2$'이다.

020 정답 $1 \leq x < 3$

해설 '$x<1$ 또는 $x \geq 3$'의 부정은 '$x \geq 1$이고 $x<3$'이다.

따라서 '$x<1$ 또는 $x \geq 3$'의 부정은 '$1 \leq x<3$'이다.

021 정답 $\{1, 2\}$

해설 $p : (x-1)(x-2)=0$에서

$x=1$ 또는 $x=2$

따라서 조건 p의 진리집합을 P라 하면 $P=\{1, 2\}$이다.

022 정답 $\{2, 3, 4\}$

해설 $q : (x-2)(x-4) \leq 0$에서

$2 \leq x \leq 4$

따라서 조건 q의 진리집합을 Q라 하면 $Q=\{2, 3, 4\}$이다.

023 정답 $\{3, 4, 5\}$

해설 조건 $\sim p$의 진리집합은 P^C이므로

$P^C = U-P$

$\quad = \{1, 2, 3, 4, 5\} - \{1, 2\}$

$\quad = \{3, 4, 5\}$

024 정답 $\{2\}$

해설 조건 p이고 q의 진리집합은 $P \cap Q$이므로

$P \cap Q = \{1, 2\} \cap \{2, 3, 4\}$

$\quad = \{2\}$

025 정답 $\{1, 2, 3, 4\}$

해설 조건 p 또는 q의 진리집합은 $P \cup Q$이므로

$P \cup Q = \{1, 2\} \cup \{2, 3, 4\}$

$\quad = \{1, 2, 3, 4\}$

026 정답 $\{1\}$

해설 조건 p이고 $\sim q$의 진리집합은 $P \cap Q^C$이므로

$P \cap Q^C = P-Q$

$\quad = \{1, 2\} - \{2, 3, 4\}$

$\quad = \{1\}$

027 정답 $2+3 \geq 4$ (참)

해설 명제 '$2+3<4$'가 거짓이므로 이 명제의 부정 '$2+3 \geq 4$'는 참이다.

028 정답 1은 소수가 아니다. (참)

해설 명제 '1은 소수이다.'가 거짓이므로 이 명제의 부정 '1은 소수가 아니다.'는 참이다.

029 정답 $\sqrt{2}$는 무리수가 아니다. (거짓)

해설 명제 '$\sqrt{2}$는 무리수이다.'가 참이므로 이 명제의 부정 '$\sqrt{2}$는 무리수가 아니다.'는 거짓이다.

030 정답 6은 12의 약수가 아니다. (거짓)

해설 명제 '6은 12의 약수이다.'가 참이므로 이 명제의 부정 '6은 12의 약수가 아니다.'는 거짓이다.

031 정답 ○

해설 두 조건 $x=1$, $x^2=1$의 진리집합을 각각 P, Q라 하면

$P=\{1\}$, $Q=\{-1, 1\}$

이때 $P \subset Q$이므로 이 명제는 참이다.

032 정답 ✕

해설 두 조건 $(x-1)(x+2)=0$, $x=1$의 진리집합을 각각 P, Q라 하면

$P=\{-2, 1\}$, $Q=\{1\}$

이때 $P \not\subset Q$이므로 이 명제는 거짓이다.

별해 (반례) $x=-2$는 $(x-1)(x+2)=0$을 만족하지만 $x=1$을 만족하지 못한다.

033 정답 ✕

해설 두 조건 $x>1$, $x>2$의 진리집합을 각각 P, Q라 하면

$P=\{x|x>1\}$, $Q=\{x|x>2\}$

이때 $P \not\subset Q$이므로 이 명제는 거짓이다.

별해 $x=1.5$는 $x>1$을 만족하지만 $x>2$를 만족하지 못한다.

034 정답 ○

해설 두 조건 $x^2 \leq 1$, $x \leq 1$의 진리집합을 각각 P, Q라 하면

$P=\{x|-1 \leq x \leq 1\}$, $Q=\{x|x \leq 1\}$

이때 $P \subset Q$이므로 이 명제는 참이다.

035 정답 ○

해설 두 조건 $|x|<1$, $x^2<1$의 진리집합을 각각 P, Q라 하면

$P=\{x|-1<x<1\}$, $Q=\{x|-1<x<1\}$

이때 $P=Q$, 즉 $P \subset Q$이므로 이 명제는 참이다.

036 정답 ✕

해설 소수의 진리집합을 P, 홀수의 진리집합을 Q라 하면

$P=\{2, 3, 5, 7, \cdots\}$, $Q=\{1, 3, 5, 7, \cdots\}$

이때 $P \not\subset Q$이므로 이 명제는 거짓이다.

별해 (반례) $x=2$는 소수이지만 홀수가 아니다.

037 정답 ○

해설 6의 양의 약수의 집합을 P, 12의 양의 약수의 집합을 Q라 하면

$P=\{1, 2, 3, 6\}$, $Q=\{1, 2, 3, 4, 6, 12\}$

이때 $P \subset Q$이므로 이 명제는 참이다.

038 정답 ✕

해설 2의 배수의 집합을 P, 4의 배수의 집합을 Q라 하면

$P=\{2, 4, 6, \cdots\}$, $Q=\{4, 8, 12, \cdots\}$

이때 $P \not\subset Q$이므로 이 명제는 거짓이다.

별해 (반례) 2는 2의 배수이지만 4의 배수가 아니다.

039 정답 ✕

해설 (반례) $x=3$, $y=2$, $z=-1$이면 $x>y$이지만 $xz<yz$이다.

040 정답 ✕

해설 (반례) $x=1$, $y=2$, $z=0$이면 $xz=yz$이지만 $x \neq y$이다.

041 정답 ✕

해설 (반례) $x=\sqrt{2}$, $y=-\sqrt{2}$이면 $x+y$와 xy는 정수이지만 x, y는 모두 정수가 아니다.

필수유형 CHECK 본문 P. 211

001 ①, ③	002 ⑤	003 ⑤	004 ④
005 ③	006 ⑤	007 ②	008 ①

001 정답 ①, ③

해설 ① $x+3>5$에서 $x>2$이다.

$x>2$일 때는 부등호가 성립하지만, $x \leq 2$일 때는 부등호가 성립하지 않는다.

따라서 미지수 x의 값에 따라 참, 거짓이 바뀌므로 명제가 아니다.

② $x=x+2$에서 $0=2$이다.

따라서 거짓인 명제이다.

③ $x+1=1-x$에서 $2x=0$이므로 $x=0$이다.

즉, $x=0$일 때는 등호가 성립하지만, $x \neq 0$일 때는 등호가 성립하지 않는다.

따라서 미지수 x의 값에 따라 참, 거짓이 바뀌므로 명제가 아니다.

④ x에 어떤 값을 대입하더라도 등호가 항상 성립하는 항등식이므로 참인 명제이다.

⑤ 모든 실수 x에 대하여 $x^2 \geq 0$은 항상 성립하므로 참인 명제이다.

따라서 명제가 아닌 것은 ①, ③이다.

002 정답 ⑤

해설 ① $1+1 \neq 0$이므로 거짓인 명제이다.

② $\sqrt{x^2}=x$는 $x \geq 0$인 경우에 등호가 성립하고, $x<0$인 경우에는 등호가 성립하지 않는다.

예컨대 $x=-2$이면

(좌변)$=\sqrt{x^2}=\sqrt{(-2)^2}=\sqrt{4}=2$이지만

(우변)$=-2$이다.

따라서 거짓인 명제이다.

만약 $\sqrt{x^2}=|x|$로 바뀌면 참인 명제가 된다.

③ 1은 소수가 아니므로 거짓인 명제이다.

④ 날지 못하는 새가 있으므로 거짓인 명제이다.

(반례) 타조는 날지 못하는 새이다.

⑤ 4의 배수는 4, 8, 12, $\cdots$이고 2의 배수는 2, 4, 6, $\cdots$이다.

따라서 4의 배수는 2의 배수이므로 참인 명제이다.
따라서 참인 명제는 ⑤이다.

003 정답 ⑤

해설 'p 또는 $\sim q$'의 부정은 '$\sim p$이고 q'이다.
이때 $p: -2 < x \le 1 \Longleftrightarrow (x > -2$이고 $x \le 1)$이므로
$\sim p: \sim(x > -2$이고 $x \le 1)$
$\Longleftrightarrow \sim(x > -2)$ 또는 $\sim(x \le 1)$
$\Longleftrightarrow x \le -2$ 또는 $x > 1$
따라서 '$\sim p$이고 q'를 만족하는 구간은 다음 그림처럼
$\sim p$의 진리집합과 q의 진리집합의 교집합이다.

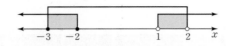

$\therefore -3 \le x \le -2$ 또는 $1 < x < 2$

004 정답 ④

해설 명제 $p \longrightarrow \sim q$가 참이므로 $P \subset Q^C$이어야 한다.
$Q^C = U - Q$
$= \{1, 2, 3, 4, 5, 6\} - \{1, 3, 5\}$
$= \{2, 4, 6\}$
따라서 $P \subset \{2, 4, 6\}$을 만족하는 집합 P는 집합
$\{2, 4, 6\}$의 부분집합이므로 그 개수는 $2^3 = 8$이다.

005 정답 ③

해설 두 조건 p, q의 진리집합을 P, Q라 하면
$P = \{1, 2\}$, $Q = \{1, 2, 4\}$
이때 $P \subset Q$이므로 명제 $p \longrightarrow q$는 참이다.
따라서 $P \subset Q$이면 $Q^C \subset P^C$이므로 명제 $\sim q \longrightarrow \sim p$도
참이다.

006 정답 ⑤

해설 ① (반례) $x = -1$이면 $x^2 = 1$이지만 $x \ne 1$이다.
② (반례) $x = -1$, $y = -1$이면 $xy > 0$이지만 $x < 0$이
고 $y < 0$이다.
③ (반례) $x = 1$, $y = 0$이면 $xy = 0$이지만 $x^2 + y^2 \ne 0$이다.
④ (반례) $m = 1$, $n = 3$이면 $m + n$은 짝수이지만 m, n
은 모두 홀수이다.
⑤ x와 y 둘 중 하나가 0이면 $xy = 0$이다.
따라서 참인 명제는 ⑤이다.

별해 ① 두 조건 $x^2 = 1$, $x = 1$의 진리집합을 각각 P, Q라
하면
$P = \{-1, 1\}$, $Q = \{1\}$
이때 $P \not\subset Q$이므로 이 명제는 거짓이다.
② $xy > 0$인 경우는 x, y가 모두 양수이거나 모두 음수인
경우이다.
즉, '$x > 0$이고 $y > 0$' 또는 '$x < 0$이고 $y < 0$'인 경우이
다.
이때 '$x < 0$이고 $y < 0$'이면 $xy > 0$을 만족하지만
'$x > 0$이고 $y > 0$'을 만족하지 않는다.

따라서 이 명제는 거짓이다.
③ 두 조건 $xy = 0$, $x^2 + y^2 = 0$의 진리집합을 각각 P, Q
라 하면
$P = \{(x, y) \mid x = 0$ 또는 $y = 0\}$,
$Q = \{(x, y) \mid x = 0$이고 $y = 0\}$
이때 $P \not\subset Q$이므로 이 명제는 거짓이다.

참조 '$xy = 0$'과 '$x = 0$ 또는 $y = 0$'은 동치이다.
또한 '$x = 0$ 또는 $y = 0$'은 다음 3가지 경우를 모두 포
함한다.
(ⅰ) $x \ne 0$이고 $y = 0$
(ⅱ) $x = 0$이고 $y \ne 0$
(ⅲ) $x = 0$이고 $y = 0$
$\therefore \{(x, y) \mid x = 0$이고 $y = 0\}$
$\subset \{(x, y) \mid x = 0$ 또는 $y = 0\}$
④ $m + n$이 짝수인 경우는 다음 2가지 경우가 있다.
(ⅰ) m은 짝수, n은 짝수
(ⅱ) m은 홀수, n은 홀수

007 정답 ②

해설 명제 '$a - 1 \le x < a + 3$이면 $-2 < x < 4$이다.'가 참
이 되려면 $\{x \mid a - 1 \le x < a + 3\} \subset \{x \mid -2 < x < 4\}$이
어야 한다.
이때 두 집합을 수직선 위에 나타내면 다음 그림과 같다.

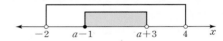

$-2 < a - 1$에서 $a > -1$ $\cdots\cdots$ ㉠
$a + 3 \le 4$에서 $a \le 1$ $\cdots\cdots$ ㉡
따라서 ㉠, ㉡을 동시에 만족하는 실수 a의 값의 범위는
$-1 < a \le 1$

008 정답 ①

해설 명제 $\sim q \longrightarrow p$는 'x가 홀수이면 x는 소수이다.'가
된다.
이 명제가 거짓임을 보이는 반례는 홀수 중에서 소수가 아
닌 수이므로 1, 9이다.
따라서 구하는 반례의 개수는 2이다.

별해 두 조건 $p: x$는 소수, $q: x$는 짝수의 진리집합을 각
각 P, Q라 하면
$P = \{2, 3, 5, 7\}$, $Q = \{2, 4, 6, 8, 10\}$
이때 명제 $\sim q \longrightarrow p$가 거짓임을 보이는 반례는 가정
$\sim q$를 만족하지만 결론 p를 만족하지 않는 원소이다.
즉, 이 반례는 $\sim q$의 진리집합 Q^C에는 포함되지만 p의 진
리집합 P에는 포함되지 않는 원소이다.

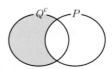

따라서 구하는 반례의 집합은 $Q^C - P$, 즉 $Q^C \cap P^C$이다.

$$\therefore Q^C \cap P^C = (Q \cup P)^C$$
$$= U - (Q \cup P)$$
$$= U - \{2, 3, 4, 5, 6, 7, 8, 10\}$$
$$= \{1, 9\}$$
따라서 구하는 반례의 개수는 2이다.

042 명제의 역과 대우, 귀류법

 교과서문제 CHECK 본문 P. 213

001 정답 ◯
해설 조건 $x^2 \geq 0$의 진리집합을 P라 하면
$P = \{-2, -1, 0, 1, 2\}$
이때 $P = U$이므로 이 명제는 참이다.

002 정답 X
해설 $|x| \leq 1$에서 $-1 \leq x \leq 1$
조건 $|x| \leq 1$의 진리집합을 P라 하면
$P = \{-1, 0, 1\}$
이때 $P \neq U$이므로 이 명제는 거짓이다.

003 정답 ◯
해설 $x^2 - 2x - 3 = 0$에서 $(x+1)(x-3) = 0$
$\therefore x = -1$ 또는 $x = 3$
조건 $x^2 - 2x - 3 = 0$의 진리집합을 P라 하면
$P = \{-1\}$
이때 $P \neq \varnothing$이므로 이 명제는 참이다.

004 정답 X
해설 $x^2 - 4 > 0$에서 $(x-2)(x+2) > 0$
$\therefore x < -2$ 또는 $x > 2$
조건 $x^2 - 4 > 0$의 진리집합을 P라 하면
$P = \varnothing$
이때 $P = \varnothing$이므로 이 명제는 거짓이다.

005 정답 어떤 사람은 죽지 않는다. (거짓)
해설 명제 '모든 사람은 죽는다.'가 참이므로 이 명제의 부정 '어떤 사람은 죽지 않는다.'는 거짓이다.

006 정답 모든 정사각형은 직사각형이다. (참)
해설 명제 '어떤 정사각형은 직사각형이 아니다.'가 거짓이므로 이 명제의 부정 '모든 정사각형은 직사각형이다.'는 참이다.

007 정답 어떤 실수 x에 대하여 $|x| < 0$이다. (거짓)
해설 명제 '모든 실수 x에 대하여 $|x| \geq 0$이다.'의 부정은 '어떤 실수 x에 대하여 $|x| < 0$이다.'이다.
그러나 $|x| < 0$을 만족하는 실수 x는 존재하지 않는다.

따라서 이 명제는 거짓이다.
별해 명제 '모든 실수 x에 대하여 $|x| \geq 0$이다.'가 참이므로 이 명제의 부정은 거짓이다.

008 정답 모든 실수 x에 대하여 $x^2 - 2x + 1 \geq 0$이다. (참)
해설 명제 '어떤 실수 x에 대하여 $x^2 - 2x + 1 < 0$이다.'의 부정은 '모든 실수 x에 대하여 $x^2 - 2x + 1 \geq 0$이다.'이다.
이때 $x^2 - 2x + 1 = (x-1)^2 \geq 0$이므로
모든 실수 x에 대하여 $x^2 - 2x + 1 \geq 0$이다.
따라서 이 명제는 참이다.
별해 명제 '어떤 실수 x에 대하여 $x^2 - 2x + 1 < 0$이다.'가 거짓이므로 이 명제의 부정은 참이다.

009 정답 $x = -2$이면 $x^2 = 4$이다. (참)
해설 주어진 명제의 역은 '$x = -2$이면 $x^2 = 4$이다.'이다.
두 조건 $x = -2$, $x^2 = 4$의 진리집합을 각각 P, Q라 하면
$P = \{-2\}$, $Q = \{-2, 2\}$
이때 $P \subset Q$이므로 이 명제는 참이다.
참고 주어진 명제 '$x^2 = 4$이면 $x = -2$이다.'는 거짓이다.
(반례) $x = 2$이면 $x^2 = 4$이지만 $x \neq -2$이다.

010 정답 $|x| = 1$이면 $x^2 = 1$이다. (참)
해설 주어진 명제의 역은 '$|x| = 1$이면 $x^2 = 1$이다.'이다.
두 조건 $|x| = 1$, $x^2 = 1$의 진리집합을 각각 P, Q라 하면
$P = \{-1, 1\}$, $Q = \{-1, 1\}$
이때 $P = Q$, 즉 $P \subset Q$이므로 이 명제는 참이다.
참고 주어진 명제 '$x^2 = 1$이면 $|x| = 1$이다.'도 참이다.

011 정답 $x > 5$이면 $x > 10$이다. (거짓)
해설 주어진 명제의 역은 '$x > 5$이면 $x > 10$이다.'이다.
두 조건 $x > 5$, $x > 10$의 진리집합을 각각 P, Q라 하면
$P = \{x \mid x > 5\}$, $Q = \{x \mid x > 10\}$
이때 $P \not\subset Q$이므로 이 명제는 거짓이다.
별해 (반례) $x = 6$이면 $x > 5$이지만 $x < 10$이다.
참고 주어진 명제 '$x > 10$이면 $x > 5$이다.'에서
두 조건 $x > 10$, $x > 5$의 진리집합을 각각 P, Q라 하면
$P = \{x \mid x > 10\}$, $Q = \{x \mid x > 5\}$
이때 $P \subset Q$이므로 이 명제는 참이다.

012 정답 8의 양의 약수는 4의 양의 약수이다. (거짓)
해설 주어진 명제의 역은 '8의 양의 약수는 4의 양의 약수이다.'이다.
8의 양의 약수의 집합을 P, 4의 양의 약수의 집합을 Q라 하면
$P = \{1, 2, 4, 8\}$, $Q = \{1, 2, 4\}$
이때 $P \not\subset Q$이므로 이 명제는 거짓이다.
별해 (반례) $x = 8$이면 8의 양의 약수이지만 4의 양의 약수는 아니다.
참고 주어진 명제 '4의 양의 약수는 8의 양의 약수이다.'에서 4의 양의 약수의 집합을 P, 8의 양의 약수의 집합을 Q

라 하면

$P=\{1, 2, 4\}$, $Q=\{1, 2, 4, 8\}$

이때 $P \subset Q$이므로 이 명제는 참이다.

013 정답 $x^2=y^2$이면 $x=y$이다. (거짓)

해설 주어진 명제의 역은 '$x^2=y^2$이면 $x=y$이다.'이다.

(반례) $x=1$, $y=-1$이면 $x^2=y^2$이지만 $x \neq y$이다.

따라서 이 명제는 거짓이다.

별해 주어진 명제의 역은 '$x^2=y^2$이면 $x=y$이다.'이다.

두 조건 $x^2=y^2$, $x=y$의 진리집합을 각각 P, Q라 하면

$P=\{(x, y) | x=y$ 또는 $x=-y\}$, $Q=\{(x, y) | x=y\}$

이때 $P \not\subset Q$이므로 이 명제는 거짓이다.

참고 주어진 명제 '$x=y$이면 $x^2=y^2$이다.'는 참이다.

014 정답 $x+y=0$이면 $x=0$이고 $y=0$이다. (거짓)

해설 주어진 명제의 역은 '$x+y=0$이면 $x=0$이고 $y=0$이다.'이다.

(반례) $x=-1$, $y=1$이면 $x+y=0$이지만 $x \neq 0$이고 $y \neq 0$이다.

따라서 이 명제는 거짓이다.

참고 주어진 명제 '$x=0$이고 $y=0$이면 $x+y=0$이다.'는 참이다.

015 정답 $xy=0$이면 $x=0$이고 $y=0$이다. (거짓)

해설 주어진 명제의 역은 '$xy=0$이면 $x=0$이고 $y=0$이다.'이다.

(반례) $x=1$, $y=0$이면 $xy=0$이지만 $x \neq 0$이고 $y=0$이다.

따라서 이 명제는 거짓이다.

별해 주어진 명제의 역은 '$xy=0$이면 $x=0$이고 $y=0$이다.'

두 조건 $xy=0$, '$x=0$이고 $y=0$'의 진리집합을 각각 P, Q라 하면

$P=\{(x, y) | x=0$ 또는 $y=0\}$

$Q=\{(x, y) | x=0$이고 $y=0\}$

이때 $P \not\subset Q$이므로 이 명제는 거짓이다.

참고 $xy=0$과 '$x=0$ 또는 $y=0$'은 동치이다.

또한 '$x=0$ 또는 $y=0$'은 다음 3가지 경우를 모두 포함한다.

(ⅰ) $x \neq 0$이고 $y=0$

(ⅱ) $x=0$이고 $y \neq 0$

(ⅲ) $x=0$이고 $y=0$

$\therefore \{(x, y) | x=0$이고 $y=0\}$

$\subset \{(x, y) | x=0$ 또는 $y=0\}$

016 정답 x, y가 모두 유리수이면 xy도 유리수이다. (참)

해설 주어진 명제의 역은 'x, y가 모두 유리수이면 xy도 유리수이다.'이다.

이 명제는 참이다.

참고 주어진 명제 'xy가 유리수이면 x, y도 모두 유리수

이다.'는 거짓이다.

(반례) $x=\sqrt{2}$, $y=\sqrt{2}$이면 xy는 유리수이지만 x, y는 모두 무리수이다.

017 정답 $x=1$이면 $x^2-3x+2=0$이다. (참)

해설 주어진 명제의 대우는 '$x=1$이면 $x^2-3x+2=0$이다.'이다.

이때 $x^2-3x+2=0$에서

$(x-1)(x-2)=0$ $\therefore x=1$ 또는 $x=2$

두 조건 $x=1$, $x^2-3x+2=0$의 진리집합을 각각 P, Q라 하면

$P=\{1\}$, $Q=\{1, 2\}$

이때 $P \subset Q$이므로 이 명제는 참이다.

참고 주어진 명제 '$x^2-3x+2 \neq 0$이면 $x \neq 1$이다.'는 참이다.

$x^2-3x+2 \neq 0$에서

$(x-1)(x-2) \neq 0$ $\therefore x \neq 1$이고 $x \neq 2$

두 조건 $x^2-3x+2 \neq 0$, $x \neq 1$의 진리집합을 각각 P, Q라 하면

$P=\{x | x \neq 1$이고 $x \neq 2\}$, $Q=\{x | x \neq 1\}$

이때 $P \subset Q$이므로 이 명제는 참이다.

018 정답 $|x| \geq 1$이면 $x \geq 1$이다. (거짓)

해설 주어진 명제의 대우는 '$|x| \geq 1$이면 $x \geq 1$이다.'이다.

두 조건 $|x| \geq 1$, $x \geq 1$의 진리집합을 각각 P, Q라 하면

$P=\{x | x \leq -1$ 또는 $x \geq 1\}$, $Q=\{x | x \geq 1\}$

이때 $P \not\subset Q$이므로 이 명제는 거짓이다.

참고 주어진 명제의 두 조건 $x<1$, $|x|<1$의 진리집합을 각각 P, Q라 하면

$P=\{x | x<1\}$, $Q=\{x | -1<x<1\}$

이때 $P \not\subset Q$이므로 이 명제는 거짓이다.

019 정답 $x<-1$이면 $x^2>1$이다. (참)

해설 주어진 명제의 대우는 '$x<-1$이면 $x^2>1$이다.'이다.

$x^2>1$에서 $x^2-1>0$, $(x+1)(x-1)>0$

$\therefore x<-1$ 또는 $x>1$

두 조건 $x<-1$, $x^2>1$의 진리집합을 각각 P, Q라 하면

$P=\{x | x<-1\}$, $Q=\{x | x<-1$ 또는 $x>1\}$

이때 $P \subset Q$이므로 이 명제는 참이다.

020 정답 $x+\sqrt{2}$가 유리수이면 x도 유리수이다. (거짓)

해설 주어진 명제의 대우는 '$x+\sqrt{2}$가 유리수이면 x도 유리수이다.'이다.

(반례) $x=-\sqrt{2}$이면 $x+\sqrt{2}$는 유리수이지만 x는 무리수이다.

021 정답 $x \leq 1$이고 $y \leq 1$이면 $x+y \leq 2$이다. (참)

해설 주어진 명제의 대우는 '$x \leq 1$이고 $y \leq 1$이면

$x+y \leq 2$이다.'이다.

이 명제는 참이다.

참고 주어진 명제 '$x+y>2$이면 $x>1$ 또는 $y>1$이다.' 처럼 참, 거짓을 판별하기 어려울 때는 대우를 이용하여 참, 거짓을 판별하는 것이 좋다. 왜냐하면 어떤 명제와 그 대우의 참, 거짓은 항상 일치하기 때문이다.

022 정답 x, y가 모두 0 또는 양수이면 $x+y \geq 0$이다. (참)

해설 주어진 명제의 대우는 'x, y가 모두 0 또는 양수이면 $x+y \geq 0$이다.'이다.

(ⅰ) x, y가 모두 0이면 $x+y=0$이다.

(ⅱ) x, y가 모두 양수이면 $x+y>0$이다.

(ⅰ), (ⅱ)에서 $x+y \geq 0$이다.

따라서 이 명제는 참이다.

023 정답 두 자연수 m, n에 대하여 m, n이 모두 홀수이면 mn도 홀수이다. (참)

해설 주어진 명제의 대우는 '두 자연수 m, n에 대하여 m, n이 모두 홀수이면 mn도 홀수이다.'이다.

따라서 두 홀수를 곱하면 홀수가 되므로 이 명제는 참이다.

이것을 다음과 같이 증명할 수 있다.

m, n이 모두 홀수이므로

$m=2a-1$, $n=2b-1$ (a, b는 자연수)라 하면

$mn=(2a-1)(2b-1)$

$\qquad =4ab-2a-2b+1$

$\qquad =2(2ab-a-b)+1$

이므로 mn은 홀수이다.

따라서 이 명제는 참이다.

024 정답 ○

해설 어떤 명제와 그 대우의 참, 거짓은 항상 일치한다.

명제 $p \longrightarrow \sim q$가 참이면 그 대우도 참이므로 명제 $q \longrightarrow \sim p$도 참이다.

025 정답 ✕

해설 어떤 명제와 그 대우의 참, 거짓은 항상 일치한다.

명제 $\sim r \longrightarrow q$가 참이면 그 대우도 참이므로 명제 $\sim q \longrightarrow r$도 참이다.

두 명제 $p \longrightarrow \sim q$, $\sim q \longrightarrow r$가 모두 참이므로 삼단논법에 의해 $p \longrightarrow r$도 참이다.

따라서 참인 두 명제 $p \longrightarrow \sim q$, $\sim r \longrightarrow q$만으로 명제 $p \longrightarrow \sim r$가 참인지, 거짓인지 판단할 수 없다.

026 정답 ○

해설 어떤 명제와 그 대우의 참, 거짓은 항상 일치한다.

명제 $\sim r \longrightarrow q$가 참이면 그 대우도 참이므로 명제 $\sim q \longrightarrow r$도 참이다.

027 정답 ○

해설 어떤 명제와 그 대우의 참, 거짓은 항상 일치한다.

명제 $\sim r \longrightarrow q$가 참이면 그 대우도 참이므로 명제 $\sim q \longrightarrow r$도 참이다.

두 명제 $p \longrightarrow \sim q$, $\sim q \longrightarrow r$가 모두 참이므로 삼단논법에 의해 $p \longrightarrow r$도 참이다.

명제 $p \longrightarrow r$가 참이면 그 대우도 참이므로 명제 $\sim r \longrightarrow \sim p$도 참이다.

필수유형 CHECK
본문 P. 215

001 ⑤	**002** ④	**003** ⑤	**004** ④
005 ②	**006** ④	**007** ④	**008** ⑤

001 정답 ⑤

해설 명제 '모든 x에 대하여 p이다.'에서 p를 만족시키지 않는 것이 단 하나만 존재해도 거짓이 된다.

또한 명제 '어떤 x에 대하여 p이다.'에서 p를 만족시키는 것이 단 하나라도 존재해도 참이 된다.

① (반례) 죽지 않는 사람은 없다.

② (반례) 소수 2는 짝수이다.

③ (반례) 순환하는 무한소수 $\frac{1}{3}$은 무리수가 아니다.

참고 무한소수는 순환하는 무한소수와 순환하지 않는 무한소수로 이루어져 있다.

④ (반례) 실수 $x=-2$에 대하여 $x^3<0$이다.

⑤ $x^2-4x+4=(x-2)^2 \leq 0$

이때 이 부등식을 만족하는 $x=2$가 존재하므로 참이다.

따라서 참인 것은 ⑤이다.

002 정답 ④

해설 명제 '어떤 x에 대하여 p이다.'에서 p를 만족시키는 것이 단 하나만 존재해도 참이 된다.

두 조건 $k-2 \leq x \leq k+2$, $0 \leq x \leq 2$의 진리집합을 각각 P, Q라 하면

$P \cap Q \neq \varnothing$일 때, 즉 두 진리집합의 교집합의 원소가 하나라도 존재할 때 주어진 명제는 참이 된다.

(ⅰ) $0 \leq k+2$일 때 $k \geq -2$

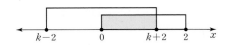

(ⅱ) $k-2 \leq 2$일 때 $k \leq 4$

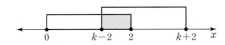

(ⅰ), (ⅱ)에서 $-2 \leq k \leq 4$

따라서 $-2 \leq k \leq 4$를 만족하는 정수 k는 -2, -1, 0, 1, 2, 3, 4로 모두 7개이다.

003 정답 ⑤

해설 ① 주어진 명제의 역은 '$x=1$이면 $x^2=1$이다.'이다.
두 조건 $x=1$, $x^2=1$의 진리집합을 각각 P, Q라 하면
$P=\{1\}$, $Q=\{-1, 1\}$
이때 $P \subset Q$이므로 이 명제는 참이다.
② 주어진 명제의 역은 $x>1$이면 $x>0$이다.'이다.
두 조건 $x>1$, $x>0$의 진리집합을 각각 P, Q라 하면
$P=\{x|x>1\}$, $Q=\{x|x>0\}$
이때 $P \subset Q$이므로 이 명제는 참이다.
③ 주어진 명제의 역은 'x가 양수이면 $|x|=x$이다.'이다.
이 명제는 참이다.
참고 $|x| = \begin{cases} x \ (x \geq 0) \\ -x \ (x<0) \end{cases}$
④ 주어진 명제의 역은 '$x=0$이고 $y=0$이면 $xy=0$이다.'
이다.
이 명제는 참이다.
참고 $xy=0$과 '$x=0$ 또는 $y=0$'은 동치이다.
또한 '$x=0$ 또는 $y=0$'은 다음 3가지 경우를 모두 포
함한다.
(i) $x \neq 0$이고 $y=0$
(ii) $x=0$이고 $y \neq 0$
(iii) $x=0$이고 $y=0$
∴ $\{(x, y)|x=0$이고 $y=0\}$
$\subset \{(x, y)|x=0$ 또는 $y=0\}$
⑤ 주어진 명제의 역은 'x^2이 유리수이면 x는 무리수이다.'
이다.
(반례) $x=2$이면 x^2이 유리수이지만 x는 유리수이다.
따라서 그 역이 거짓인 것은 ⑤이다.

004 정답 ④
해설 ① 역 : $x=y$이면 $x^2=y^2$이다. (참)
대우 : $x \neq y$이면 $x^2 \neq y^2$이다. (거짓)
(반례) $x=1$, $y=-1$이면 $x \neq y$이지만 $x^2=y^2$이다.
② 역 : $x^2 \geq 1$이면 $x \geq 1$이다. (거짓)
(반례) $x=-2$이면 $x^2 \geq 1$이지만 $x<1$이다.
대우 : $x^2<1$이면 $x<1$이다. (참)
$x^2<1$에서 $x^2-1<0$, $(x+1)(x-1)<0$
∴ $-1<x<1$
두 조건 $x^2<1$, $x<1$의 진리집합을 각각 P, Q라 하면
$P=\{x|-1<x<1\}$, $Q=\{x|x<1\}$
이때 $P \subset Q$이므로 이 명제는 참이다.
③ 주어진 명제에서 $x^2+y^2=0$이면 $x=y=0$이므로
$x+y=0$이다.
대우 : $x+y \neq 0$이면 $x^2+y^2 \neq 0$이다. (참)
주어진 명제가 참이므로 그 대우도 참이다.
역 : $x+y=0$이면 $x^2+y^2=0$이다. (거짓)
(반례) $x=1$, $y=-1$이면 $x+y=0$이지만
$x^2+y^2 \neq 0$이다.
④ 역 : $x=0$ 또는 $y=0$이면 $xy=0$이다. (참)
대우 : $x \neq 0$이고 $y \neq 0$이면 $xy \neq 0$이다. (참)

⑤ 역 : xy가 짝수이면 x, y도 모두 짝수이다. (거짓)
(반례) $x=1$, $y=2$이면 xy가 짝수이지만 x는 홀수,
y는 짝수이다.
대우 : xy가 홀수이면 x, y 중 적어도 하나는 홀수이다.
(참)
주어진 명제가 참이므로 그 대우도 참이다.
따라서 역과 대우가 모두 참인 것은 ④이다.
별해 명제 $p \longrightarrow q$의 역과 대우가 모두 참이라는 것은 조
건 p의 진리집합과 조건 q의 진리집합이 서로 같다는 뜻이
다. 다시 말해, 두 조건 p, q가 동치라는 뜻이다.
④의 경우 $xy=0$과 '$x=0$ 또는 $y=0$'은 동치이다.

005 정답 ②
해설 어떤 명제와 그 대우의 참, 거짓은 항상 일치하므로
어떤 명제가 참임을 증명하기가 쉽지 않을 때는 그 명제의
대우를 이용하여 증명하는 것이 좋다.
특히 명제에 '$\neq$' 기호가 있을 때는 대우를 이용하여 그 명
제가 참임을 증명하는 것이 좋다.
명제 '$x^2-ax+2 \neq 0$이면 $x \neq 1$이다.'의 대우는 '$x=1$이
면 $x^2-ax+2=0$이다.'이다.
이때 두 조건 $x=1$, $x^2-ax+2=0$의 진리집합을 각각
P, Q라 하면 $P \subset Q$이어야 한다.
즉, 집합 P의 원소 1이 집합 Q에 포함되어야 하므로
$x=1$을 $x^2-ax+2=0$에 대입하면
$3-a=0$ ∴ $a=3$

006 정답 ④
해설 어떤 명제와 그 대우의 참, 거짓은 항상 일치한다.
명제 $q \longrightarrow p$가 참이 되려면 그 대우 $\sim p \longrightarrow \sim q$가 참
이 되어야 한다.
$\sim p$: $|x-1|<2$에서
$-2<x-1<2$ ∴ $-1<x<3$
$\sim q$: $|x-a|<3$에서
$-3<x-a<3$ ∴ $a-3<x<a+3$
두 조건 $\sim p$, $\sim q$의 진리집합을 각각 P, Q라 하면
$P=\{x|-1<x<3\}$, $Q=\{x|a-3<x<a+3\}$
이때 명제 $\sim p \longrightarrow \sim q$가 참이 되려면 $P \subset Q$이어야 하
므로 다음 그림에서

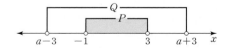

$a-3 \leq -1$에서 $a \leq 2$
$a+3 \geq 3$에서 $a \geq 0$
∴ $0 \leq a \leq 2$
따라서 $0 \leq a \leq 2$를 만족하는 정수는 0, 1, 2이므로 그 합
은 3이다.

007 정답 ④
해설 어떤 명제와 그 대우의 참, 거짓은 항상 일치한다.

① 명제 $p \longrightarrow \sim q$가 참이면 그 대우도 참이므로 명제
$q \longrightarrow \sim p$도 참이다.

② 명제 $r \longrightarrow q$가 참이면 그 대우도 참이므로 명제
$\sim q \longrightarrow \sim r$도 참이다.

③ 두 명제 $r \longrightarrow q$, $q \longrightarrow \sim p$가 모두 참이므로 삼단논법에 의해 $r \longrightarrow \sim p$도 참이다.

④ 참인 두 명제 $p \longrightarrow \sim q$, $r \longrightarrow q$만으로 명제 $\sim p \longrightarrow r$가 참인지, 거짓인지 판단할 수 없다.

⑤ 두 명제 $p \longrightarrow \sim q$, $\sim q \longrightarrow \sim r$가 모두 참이므로 삼단논법에 의해 $p \longrightarrow \sim r$도 참이다.

따라서 반드시 참이라고 할 수 없는 것은 ④이다.

008 정답 ⑤

해설 세 조건 p, q, r를

p : 물리를 좋아한다, q : 수학을 좋아한다, r : 화학을 좋아한다.

로 놓으면 (가) $p \longrightarrow q$, (나) $\sim p \longrightarrow \sim r$가 된다.

어떤 명제와 그 대우의 참, 거짓은 항상 일치한다.

따라서 명제 $p \longrightarrow q$가 참이면 그 대우도 참이므로 명제 $\sim q \longrightarrow \sim p$도 참이다.

두 명제 $\sim q \longrightarrow \sim p$, $\sim p \longrightarrow \sim r$가 모두 참이므로 삼단논법에 의해 $\sim q \longrightarrow \sim r$도 참이다.

따라서 항상 참인 명제는 ⑤ '수학을 좋아하지 않으면 화학도 좋아하지 않는다.'이다.

043 필요조건과 충분조건

 교과서문제 CHECK 본문 P. 221

001 정답 충

해설 $q : x^2 - 3x + 2 = 0$에서 $(x-1)(x-2) = 0$

$\therefore x = 1$ 또는 $x = 2$

두 조건 p, q의 진리집합을 각각 P, Q라 하면

$P = \{1\}$, $Q = \{1, 2\}$이므로 $P \subset Q$이고 $P \neq Q$이다.

따라서 $p \Longrightarrow q$이므로 p는 q이기 위한 충분조건이다.

002 정답 필

해설 $p : x^3 = x$에서 $x^3 - x = 0$, $x(x^2 - 1) = 0$

$x(x+1)(x-1) = 0$

$\therefore x = -1$ 또는 $x = 0$ 또는 $x = 1$

$q : x^2 = x$에서 $x^2 - x = 0$, $x(x-1) = 0$

$\therefore x = 0$ 또는 $x = 1$

두 조건 p, q의 진리집합을 각각 P, Q라 하면

$P = \{-1, 0, 1\}$, $Q = \{0, 1\}$이므로 $Q \subset P$, $Q \neq P$이다.

따라서 $q \Longrightarrow p$이므로 p는 q이기 위한 필요조건이다.

003 정답 필충

해설 두 조건 p, q의 진리집합을 각각 P, Q라 하면

$P = \{-1, 1\}$, $Q = \{-1, 1\}$이므로 $P = Q$이다.

따라서 $p \Longleftrightarrow q$이므로 p는 q이기 위한 필요충분조건이다.

004 정답 필충

해설 $x^3 = 1$에서 $x^3 - 1 = 0$

$(x-1)(x^2 + x + 1) = 0$이므로

$x - 1 = 0$ 또는 $x^2 + x + 1 = 0$

$\therefore x = 1$ ($\because x$는 실수)

두 조건 p, q의 진리집합을 각각 P, Q라 하면

$P = \{1\}$, $Q = \{1\}$이므로 $P = Q$이다.

따라서 $p \Longleftrightarrow q$이므로 p는 q이기 위한 필요충분조건이다.

005 정답 필

해설 두 조건 p, q의 진리집합을 각각 P, Q라 하면

$P = \{x \,|\, x > 0\}$, $Q = \{x \,|\, 1 < x < 2\}$이므로 $Q \subset P$이고 $Q \neq P$이다.

따라서 $q \Longrightarrow p$이므로 p는 q이기 위한 필요조건이다.

006 정답 충

해설 $p : |x| < 1$에서 $-1 < x < 1$

$q : x^2 - x - 2 < 0$에서 $(x+1)(x-2) < 0$

$\therefore -1 < x < 2$

두 조건 p, q의 진리집합을 각각 P, Q라 하면

$P = \{x \,|\, -1 < x < 1\}$, $Q = \{x \,|\, -1 < x < 2\}$이므로

$P \subset Q$이고 $P \neq Q$이다.

따라서 $p \Longrightarrow q$이므로 p는 q이기 위한 충분조건이다.

007 정답 필충

해설 $p : x^2 \leq 4$에서 $x^2 - 4 \leq 0$

$(x+2)(x-2) \leq 0$ $\therefore -2 \leq x \leq 2$

$q : |x| \leq 2$에서 $-2 \leq x \leq 2$

두 조건 p, q의 진리집합을 각각 P, Q라 하면 $P = Q$이다.

따라서 $p \Longleftrightarrow q$이므로 p는 q이기 위한 필요충분조건이다.

008 정답 필

해설 두 조건 p, q의 진리집합을 각각 P, Q라 하면

$P = \{2, 4, 6, \cdots\}$, $Q = \{4, 8, 12, \cdots\}$이므로 $Q \subset P$이고 $Q \neq P$이다.

따라서 $q \Longrightarrow p$이므로 p는 q이기 위한 필요조건이다.

009 정답 충

해설 두 조건 p, q의 진리집합을 각각 P, Q라 하면

$P = \{1, 2, 4\}$, $Q = \{1, 2, 3, 4, 6, 12\}$이므로 $P \subset Q$이고 $P \neq Q$이다.

따라서 $p \Longrightarrow q$이므로 p는 q이기 위한 충분조건이다.

010 정답 필

해설 두 조건 p, q의 진리집합을 각각 P, Q라 하면

$Q \subset P$이고 $Q \neq P$이다.

따라서 $q \Longrightarrow p$이므로 p는 q이기 위한 필요조건이다.

011 정답 충

해설 두 조건 p, q의 진리집합을 각각 P, Q라 하면
$P \subset Q$이고 $P \neq Q$이다.
따라서 $p \Longrightarrow q$이므로 p는 q이기 위한 충분조건이다.

012 정답 충

해설 $p \longrightarrow q : x = y$이면 $xz = yz$이다. (참)
$q \longrightarrow p : xz = yz$이면 $x = y$이다. (거짓)
(반례) $x = 1$, $y = 2$, $z = 0$이면 $xz = yz$이지만 $x \neq y$이다.
따라서 $p \Longrightarrow q$이므로 p는 q이기 위한 충분조건이다.

013 정답 충

해설 $p \longrightarrow q : x = y$이면 $x^2 = y^2$이다. (참)
$q \longrightarrow p : x^2 = y^2$이면 $x = y$이다. (거짓)
(반례) $x = 1$, $y = -1$이면 $x^2 = y^2$이지만 $x \neq y$이다.
따라서 $p \Longrightarrow q$이므로 p는 q이기 위한 충분조건이다.

별해 $q \longrightarrow p : x^2 = y^2$이면 $x = y$이다. (거짓)
두 조건 $x^2 = y^2$, $x = y$의 진리집합을 각각 P, Q라 하면
$P = \{(x, y) \mid x = y$ 또는 $x = -y\}$, $Q = \{(x, y) \mid x = y\}$
그런데 $P \not\subset Q$이므로 이 명제는 거짓이다.

014 정답 필

해설 $p \longrightarrow q : xy > 0$이면 $x > 0$이고 $y > 0$이다. (거짓)
(반례) $x = -1$, $y = -2$이면 $xy > 0$이지만 $x < 0$이고
$y < 0$이다.
$q \longrightarrow p : x > 0$이고 $y > 0$이면 $xy > 0$이다. (참)
따라서 $q \Longrightarrow p$이므로 p는 q이기 위한 필요조건이다.

참고 $xy > 0$인 경우는 $x > 0$, $y > 0$과 $x < 0$, $y < 0$인 2가
지가 있다.

015 정답 필

해설 $p \longrightarrow q : xy < 0$이면 $x > 0$이고 $y < 0$이다. (거짓)
(반례) $x = -1$, $y = 2$이면 $xy < 0$이지만 $x < 0$, $y > 0$이
다.
$q \longrightarrow p : x > 0$이고 $y < 0$이면 $xy < 0$이다.
따라서 $q \Longrightarrow p$이므로 p는 q이기 위한 필요조건이다.

참고 $xy < 0$인 경우는 $x > 0$, $y < 0$과 $x < 0$, $y > 0$인 2가
지가 있다.

016 정답 필

해설 $p \longrightarrow q : xy = 0$이면 $x = 0$이고 $y = 0$이다. (거짓)
(반례) $x = 1$, $y = 0$이면 $xy = 0$이지만 $x \neq 0$이고 $y = 0$
이다.
$q \longrightarrow p : x = 0$이고 $y = 0$이면 $xy = 0$이다. (참)
따라서 $q \Longrightarrow p$이므로 p는 q이기 위한 필요조건이다.

참고 $xy = 0$과 '$x = 0$ 또는 $y = 0$'은 동치이다.
또한 '$x = 0$ 또는 $y = 0$'은 다음 3가지 경우를 모두 포함한
다.
(i) $x \neq 0$이고 $y = 0$
(ii) $x = 0$이고 $y \neq 0$

(iii) $x = 0$이고 $y = 0$
$\therefore \{(x, y) \mid x = 0$이고 $y = 0\}$
$\subset \{(x, y) \mid x = 0$ 또는 $y = 0\}$

017 정답 필

해설 $p \longrightarrow q : xy = |xy|$이면 $x > 0$이고 $y > 0$이다.
(거짓)
(반례) $x = 1$, $y = 0$이면 $xy = |xy|$이지만 $x > 0$이고
$y = 0$이다.
$q \longrightarrow p : x > 0$이고 $y > 0$이면 $xy = |xy|$이다. (참)
따라서 $q \Longrightarrow p$이므로 p는 q이기 위한 필요조건이다.

018 정답 충

해설 $p \longrightarrow q : x + y > 0$이면 $x > 0$ 또는 $y > 0$이다. (참)
(증명) 두 수의 합이 양수이면 두 수 중 적어도 하나는 양
수이다.
$q \longrightarrow p : x > 0$ 또는 $y > 0$이면 $x + y > 0$이다. (거짓)
(반례) $x = 1$, $y = -2$이면 $x > 0$ 또는 $y > 0$이지만
$x + y < 0$이다.
따라서 $p \Longrightarrow q$이므로 p는 q이기 위한 충분조건이다.

019 정답 필

해설 $p \longrightarrow q : x + y = 0$이면 $x = 0$이고 $y = 0$이다.
(거짓)
(반례) $x = 1$, $y = -1$이면 $x + y = 0$이지만 $x \neq 0$이고
$y \neq 0$이다.
$q \longrightarrow p : x = 0$이고 $y = 0$이면 $x + y = 0$이다. (참)
따라서 $q \Longrightarrow p$이므로 p는 q이기 위한 필요조건이다.

020 정답 필

해설 $p \longrightarrow q : x - y > 0$이면 $x > 0$이고 $y < 0$이다.
(거짓)
(반례) $x = 2$, $y = 1$이면 $x - y > 0$이지만 $x > 0$이고
$y > 0$이다. 즉, x가 y보다 크다고 해서 반드시 x가 양수, y
가 음수인 것은 아니다.
$q \longrightarrow p : x > 0$이고 $y < 0$이면 $x - y > 0$이다. (참)
따라서 $q \Longrightarrow p$이므로 p는 q이기 위한 필요조건이다.

021 정답 필

해설 $p \longrightarrow q : (x - y)^2 = 0$이면 $x = 0$이고 $y = 0$이다.
(거짓)
(반례) $x = 1$, $y = 1$이면 $(x - y)^2 = 0$이지만 $x \neq 0$이고
$y \neq 0$이다.
$q \longrightarrow p : x = 0$이고 $y = 0$이면 $(x - y)^2 = 0$이다. (참)
따라서 $q \Longrightarrow p$이므로 p는 q이기 위한 필요조건이다.

022 정답 충

해설 $p \longrightarrow q : x$, y가 홀수이면 xy도 홀수이다. (참)
$q \longrightarrow p : xy$가 홀수이면 x, y도 홀수이다. (거짓)
(반례) $x = \sqrt{3}$, $y = \sqrt{3}$이면 xy가 홀수이지만 x, y는 홀
수가 아니다.

따라서 $p \Longrightarrow q$이므로 p는 q이기 위한 충분조건이다.

참고 x, y가 자연수라는 조건이 있으면 p는 q이기 위한 필요충분조건이다.

023 정답 충

해설 $p \longrightarrow q : x$, y가 유리수이면 $x+y$도 유리수이다.
(참)

$q \longrightarrow p : x+y$가 유리수이면 x, y도 유리수이다. (거짓)
(반례) $x=\sqrt{2}$, $y=-\sqrt{2}$이면 $x+y$가 유리수이지만 x, y는 유리수가 아니다.

따라서 $p \Longrightarrow q$이므로 p는 q이기 위한 충분조건이다.

024 정답 ○

해설 $q : |x|=x$는 $x \geq 0$일 때만 성립한다.

따라서 p와 q는 동치이므로 p는 q이기 위한 필요충분조건이다.

025 정답 ○

해설 $p \longrightarrow q : xy=0$이면 $x=0$ 또는 $y=0$이다. (참)
(증명) 두 수의 곱이 0이면 두 수 중 적어도 하나는 0이다.
$q \longrightarrow p : x=0$ 또는 $y=0$이면 $xy=0$이다. (참)
(증명) 두 수 중 적어도 하나가 0이면 두 수의 곱은 0이다.

따라서 $p \Longleftrightarrow q$이므로 p는 q이기 위한 필요충분조건이다.

참고 $xy=0$과 '$x=0$ 또는 $y=0$'은 동치이다.
또한 '$x=0$ 또는 $y=0$'은 다음 3가지 경우를 모두 포함한다.
(i) $x \neq 0$이고 $y=0$
(ii) $x=0$이고 $y \neq 0$
(iii) $x=0$이고 $y=0$
∴ $\{(x, y)|x=0$이고 $y=0\}$
$\subset \{(x, y)|x=0$ 또는 $y=0\}$

026 정답 ○

해설 $p : |x|+|y|=0$과 $q : x^2+y^2=0$은 모두 $x=0$이고 $y=0$일 때 성립한다.

따라서 p와 q는 동치이므로 p는 q이기 위한 필요충분조건이다.

별해 두 조건 p, q의 진리집합을 각각 P, Q라 하면
$P=\{(x, y)|x=0$이고 $y=0\}$,
$Q=\{(x, y)|x=0$이고 $y=0\}$이므로 $P=Q$이다.

따라서 $p \Longleftrightarrow q$이므로 p는 q이기 위한 필요충분조건이다.

027 정답 ○

해설 a, b가 유리수이면 $a+b\sqrt{2}=0$은 $a=0$, $b=0$일 때 성립한다.

따라서 p와 q는 동치이므로 p는 q이기 위한 필요충분조건이다.

028 정답 ○

해설 $A \cap B=\varnothing$와 $A-B=A$는 동치이다.

따라서 p는 q이기 위한 필요충분조건이다.

029 정답 ○

해설 $A \cap B=A$와 $A-B=\varnothing$는 동치이다.
따라서 p는 q이기 위한 필요충분조건이다.

필수유형 CHECK 본문 P. 223

001 ②	002 ②	003 ③	004 ①
005 ②	006 ②	007 ③	008 ⑤

001 정답 ②

해설 ① 두 조건 p, q의 진리집합을 각각 P, Q라 하면
$P=\{x|$직사각형$\}$, $Q=\{x|$정사각형$\}$이므로 $Q \subset P$이고 $Q \neq P$이다.
따라서 $q \Longrightarrow p$이므로 p는 q이기 위한 필요조건이다.

② 두 조건 p, q의 진리집합을 각각 P, Q라 하면
$P=\{x|1<x \leq 2\}$, $Q=\{x|1 \leq x<3\}$이므로 $P \subset Q$이고 $P \neq Q$이다.
따라서 $p \Longrightarrow q$이므로 p는 q이기 위한 충분조건이다.

③ $p : x^2-3x+2=0$에서 $(x-1)(x-2)=0$
∴ $x=1$ 또는 $x=2$
$q : x^2-2x+1=0$에서 $(x-1)^2=0$
∴ $x=1$
두 조건 p, q의 진리집합을 각각 P, Q라 하면
$P=\{1, 2\}$, $Q=\{1\}$이므로 $Q \subset P$이고 $Q \neq P$이다.
따라서 $q \Longrightarrow p$이므로 p는 q이기 위한 필요조건이다.

④ $\sqrt{x}+\sqrt{y}=0 \Longleftrightarrow x=y=0 \Longleftrightarrow |x|+|y|=0$이므로
$p \longrightarrow q : \sqrt{x}+\sqrt{y}=0$이면 $|x|+|y|=0$이다. (참)
$q \longrightarrow p : |x|+|y|=0$이면 $\sqrt{x}+\sqrt{y}=0$이다. (참)
따라서 $p \Longleftrightarrow q$이므로 p는 q이기 위한 필요충분조건이다.

⑤ $p \longrightarrow q : x+y$가 짝수이면 x, y는 홀수이다. (거짓)
(반례) $x=2$, $y=4$이면 $x+y$가 짝수이지만 x, y는 짝수이다.
$q \longrightarrow p : x$, y가 홀수이면 $x+y$는 짝수이다. (참)
따라서 $q \Longrightarrow p$이므로 p는 q이기 위한 필요조건이다.

따라서 p가 q이기 위한 충분조건이지만 필요조건이 아닌 것은 ②이다.

002 정답 ②

해설 p가 q이기 위한 필요조건이지만 충분조건이 아니려면 명제 $p \longrightarrow q$는 거짓이고 명제 $q \longrightarrow p$는 참이어야 한다.

① $p \longrightarrow q : x>y$이면 $x^2>y^2$이다. (거짓)
(반례) $x=1$, $y=-2$이면 $x>y$이지만 $x^2<y^2$이다.
$q \longrightarrow p : x^2>y^2$이면 $x>y$이다. (거짓)
(반례) $x=-2$, $y=-1$이면 $x^2>y^2$이지만 $x<y$이다.

따라서 p는 q이기 위한 아무 조건도 아니다.

② $p \longrightarrow q : x^2=x$이면 $x=0$이다. (거짓)

(반례) $x=1$이면 $x^2=x$이지만 $x \neq 0$이다.

$q \longrightarrow p : x=0$이면 $x^2=x$이다. (참)

따라서 $q \Longrightarrow p$이므로 p는 q이기 위한 필요조건이다.

[별해] 두 조건 $x^2=x$, $x=0$의 진리집합을 각각 P, Q라 하면 $P=\{0, 1\}$, $Q=\{0\}$이므로 $Q \subset P$이고 $Q \neq P$이다.

따라서 $q \Longrightarrow p$이므로 p는 q이기 위한 필요조건이다.

③ $p : |x|<1$에서 $-1<x<1$

$q : x^2<1$에서 $x^2-1<0$, $(x+1)(x-1)<0$

$\therefore -1<x<1$

따라서 p와 q는 동치이므로 p는 q이기 위한 필요충분조건이다.

④ $p \longrightarrow q : x+y$가 유리수이면 xy도 유리수이다.
(거짓)

(반례) $x=\sqrt{2}$, $y=-1-\sqrt{2}$이면 $x+y$가 유리수이지만 xy는 유리수가 아니다.

$q \longrightarrow p : xy$가 유리수이면 $x+y$도 유리수이다.
(거짓)

(반례) $x=\sqrt{2}$, $y=0$이면 xy가 유리수이지만 $x+y$는 유리수가 아니다.

따라서 p는 q이기 위한 아무 조건도 아니다.

⑤ $p \longrightarrow q : x^2+y^2=0$이면 $xy=0$이다. (참)

(증명) 임의의 실수 x, y에 대하여 $x^2 \geq 0$, $y^2 \geq 0$이므로 $x^2+y^2=0$이면 $x^2=0$, $y^2=0$이므로 $x=0$, $y=0$이다. 따라서 $xy=0$이다.

$q \longrightarrow p : xy=0$이면 $x^2+y^2=0$이다. (거짓)

(반례) $x=1$, $y=0$이면 $xy=0$이지만 $x^2+y^2 \neq 0$이다.

따라서 $p \Longrightarrow q$이므로 p는 q이기 위한 충분조건이다.

[참고] $x^2+y^2=0$과 '$x=0$이고 $y=0$'은 동치이고 $xy=0$과 '$x=0$ 또는 $y=0$'은 동치이다.

또한 '$x=0$ 또는 $y=0$'은 다음 3가지 경우를 모두 포함한다.

(ⅰ) $x \neq 0$이고 $y=0$

(ⅱ) $x=0$이고 $y \neq 0$

(ⅲ) $x=0$이고 $y=0$

$\therefore \{(x, y) | x=0$이고 $y=0\}$
$\subset \{(x, y) | x=0$ 또는 $y=0\}$

따라서 p가 q이기 위한 필요조건이지만 충분조건이 아닌 것은 ②이다.

003 [정답] ③

[해설] ① $p \longrightarrow q : x^2 \leq 0$이면 $x=0$이다. (참)

(증명) 임의의 실수 x에 대하여 $x^2 \geq 0$이므로 $x^2 \leq 0$이면 $x=0$이다.

$q \longrightarrow p : x=0$이면 $x^2 \leq 0$이다. (참)

따라서 $p \Longleftrightarrow q$이므로 p는 q이기 위한 필요충분조건

이다.

② $p \longrightarrow q : x^2=y^2$이면 $|x|=|y|$이다. (참)

(증명) $x^2=y^2$이면 $x=\pm y$이므로 $|x|=|y|$이다.

$q \longrightarrow p : |x|=|y|$이면 $x^2=y^2$이다. (참)

따라서 $p \Longleftrightarrow q$이므로 p는 q이기 위한 필요충분조건
이다.

③ $p \longrightarrow q : xy=|xy|$이면 $xy>0$이다. (거짓)

(반례) $x=0$, $y=1$이면 $xy=|xy|$이지만 $xy=0$이다.

$q \longrightarrow p : xy>0$이면 $xy=|xy|$이다. (참)

따라서 $q \Longrightarrow p$이므로 p는 q이기 위한 필요조건이다.

④ $p \longrightarrow q : |x|+|y|=0$이면 $x=0$이고 $y=0$이다.
(참)

(증명) 임의의 실수 x, y에 대하여 $|x| \geq 0$, $|y| \geq 0$이므로 $|x|+|y|=0$이면 $x=0$이고 $y=0$이다.

$q \longrightarrow p : x=0$이고 $y=0$이면 $|x|+|y|=0$이다.
(참)

따라서 $p \Longleftrightarrow q$이므로 p는 q이기 위한 필요충분조건
이다.

⑤ $p \longrightarrow q : xyz \neq 0$이면 x, y, z는 모두 0이 아니다.
(참)

(증명) $xyz \neq 0$이면 $x \neq 0$이고 $y \neq 0$이고 $z \neq 0$이므로 x, y, z는 모두 0이 아니다.

$q \longrightarrow p : x$, y, z가 모두 0이 아니면 $xyz \neq 0$이다.
(참)

따라서 $p \Longleftrightarrow q$이므로 p는 q이기 위한 필요충분조건
이다.

따라서 필요충분조건이 아닌 것은 ③이다.

004 [정답] ①

[해설] p가 q이기 위한 충분조건이므로 명제 $p \longrightarrow q$는 참
이다.

어떤 명제와 그 대우의 참, 거짓은 항상 일치하므로 명제 $p \longrightarrow q$의 대우 $\sim q \longrightarrow \sim p$도 참이다.

$\sim q \longrightarrow \sim p : x=2a$이면 $x^2-4x+1=0$이다.

이 명제가 참이 되려면

$\{x | x=2a\} \subset \{x | x^2-4x+1=0\}$이어야 한다.

따라서 $x=2a$를 $x^2-4x+1=0$에 대입하면 성립해야 한
다.

$4a^2-8a+1=0$

이차방정식의 근과 계수의 관계에 의해 모든 상수 a의 값
의 합은

$$-\frac{-8}{4}=2$$

[참고] 이차방정식 $ax^2+bx+c=0$의 두 근을 α, β라 할
때, 이차방정식의 근과 계수의 관계의 의해

(두 근의 합) $=\alpha+\beta=-\dfrac{b}{a}$

(두 근의 곱) $=\alpha\beta=\dfrac{c}{a}$

005 정답 ②

해설 $(A \cup B) \cap (B-A)^c = (A \cup B) \cap (B \cap A^c)^c$
$= (A \cup B) \cap (B^c \cup A)$
$= (A \cup B) \cap (A \cup B^c)$
$= A \cup (B \cap B^c)$
$= A \cup \varnothing$
$= A$

이때 $A = A \cup B$가 성립하기 위한 필요충분조건은 $B \subset A$이다.

006 정답 ②

해설 p가 q이기 위한 필요조건이므로 명제 $q \longrightarrow p$는 참이다.

이 명제가 참이 되려면 $\{x | a \leq x < b\} \subset \{x | 1 < x \leq 5\}$ 이어야 한다.

$\therefore 1 < a$이고 $b \leq 5$

그런데 $b-a$가 최댓값을 가질 때는 b가 최댓값, a가 최솟값을 가질 때이다.

따라서 정수 a의 최솟값은 2이고 정수 b의 최댓값은 5이므로 $b-a$의 최댓값은 $5-2=3$이다.

007 정답 ③

해설 $P \cup (Q-P)$
$= P \cup (Q \cap P^c)$
$= (P \cup Q) \cap (P \cup P^c)$
$= (P \cup Q) \cap U$
$= P \cup Q$

이때 $P \cup Q = Q$이므로 $P \subset Q$이다.

따라서 p는 q이기 위한 충분조건이고 q는 p이기 위한 필요조건이다.

008 정답 ⑤

해설 p가 r이기 위한 필요조건이므로 명제 $r \longrightarrow p$가 참이다.

$\sim q$가 $\sim r$이기 위한 충분조건이므로 명제 $\sim q \longrightarrow \sim r$와 그 대우 $r \longrightarrow q$가 모두 참이다.

r가 s이기 위한 필요조건이므로 $s \longrightarrow r$가 참이다.

$s \longrightarrow r$, $r \longrightarrow p$가 모두 참이므로 삼단논법에 의해 $s \longrightarrow p$와 그 대우 $\sim p \longrightarrow \sim s$가 모두 참이다.

$s \longrightarrow r$, $r \longrightarrow q$가 모두 참이므로 삼단논법에 의해 $s \longrightarrow q$와 그 대우 $\sim q \longrightarrow \sim s$가 모두 참이다.

따라서 $\sim q \longrightarrow \sim s$가 참이므로 $Q^c \subset S^c$는 항상 참이다.

044 절대부등식

본문 P. 227

교과서문제 CHECK

001 정답 X

해설 $x-1>0$은 $x>1$일 때만 성립하고, $x \leq 1$일 때는 성립하지 않는다.

따라서 $x-1>0$은 절대부등식이 아니다.

002 정답 ○

해설 $x+1$은 항상 x보다 크다.

따라서 $x+1>x$는 절대부등식이다.

별해 $x+1>x$에서 $1>0$이다.

즉, x에 어떤 값을 대입하더라도 부등식은 항상 성립한다.

003 정답 X

해설 $x=0$일 때 부등식이 성립하지 않으므로 $x^2>0$은 절대부등식이 아니다.

참고 모든 실수 x에 대하여 $x^2 \geq 0$이다.

따라서 $x^2 \geq 0$은 절대부등식이다.

004 정답 ○

해설 어떤 실수를 제곱하면 항상 0보다 크거나 같다.

따라서 $(x-1)^2 \geq 0$은 절대부등식이다.

005 정답 X

해설 $x^2-x \leq 0$의 해를 구하면

$x(x-1) \leq 0$ $\therefore 0 \leq x \leq 1$

따라서 $x^2-x \leq 0$은 $0 \leq x \leq 1$일 때만 성립하므로 절대부등식이 아니다.

006 정답 ○

해설 $-x^2+2x-3<0$의 양변에 -1을 곱하면

$x^2-2x+3>0$

$x^2-2x+3 = (x^2-2x+1)+2$
$\qquad\qquad\qquad = (x-1)^2+2$

이때 모든 실수 x에 대하여 $(x-1)^2 \geq 0$이므로

$(x-1)^2+2 \geq 2 > 0$이다.

따라서 모든 실수 x에 대하여 $-x^2+2x-3<0$이므로 이 부등식은 절대부등식이다.

007 정답 X

해설 $x^2+x+1 = \left(x^2+x+\dfrac{1}{4}-\dfrac{1}{4}\right)+1$
$\qquad\qquad\qquad = \left(x^2+x+\dfrac{1}{4}\right)-\dfrac{1}{4}+1$
$\qquad\qquad\qquad = \left(x+\dfrac{1}{2}\right)^2+\dfrac{3}{4}$

이때 모든 실수 x에 대하여 $\left(x+\dfrac{1}{2}\right)^2 \geq 0$이므로

$\left(x+\dfrac{1}{2}\right)^2+\dfrac{3}{4} \geq \dfrac{3}{4} > 0$이다.

따라서 $x^2+x+1<0$을 만족하는 해가 존재하지 않으므로 이 부등식은 절대부등식이 아니다.

008 정답 ○

해설 모든 실수 x에 대하여 $|x|\geq0$이므로
$|x|+1\geq1>0$이다.
따라서 모든 실수 x에 대하여 $|x|+1>0$이므로 이 부등식은 절대부등식이다.

009 정답 해설 참조

해설 $(a+b)^2-4ab$
$=(a^2+2ab+b^2)-4ab$
$=a^2-2ab+b^2$
$=(a-b)^2\geq0$
$\therefore (a+b)^2\geq4ab$
여기서 등호는 $(a-b)^2=0$, 즉 $a=b$일 때 성립한다.

010 정답 해설 참조

해설 $a^2-4ab+5b^2$
$=(a^2-4ab+4b^2)+b^2$
$=(a-2b)^2+b^2$
그런데 $(a-2b)^2\geq0$, $b^2\geq0$이므로
$a^2-4ab+5b^2\geq0$
여기서 등호는 $(a-2b)^2=0$, $b^2=0$, 즉 $a=2b$, $b=0$일 때 성립한다.
따라서 등호는 $a=0$, $b=0$일 때 성립한다.

011 정답 해설 참조

해설 $a^2+ab+b^2=\left(a^2+ab+\dfrac{1}{4}b^2\right)+\dfrac{3}{4}b^2$
$\qquad\qquad\qquad=\left(a+\dfrac{1}{2}b\right)^2+\dfrac{3}{4}b^2$
그런데 $\left(a+\dfrac{1}{2}b\right)^2\geq0$, $\dfrac{3}{4}b^2\geq0$이므로
$a^2+ab+b^2\geq0$
여기서 등호는 $\left(a+\dfrac{1}{2}b\right)^2=0$, $\dfrac{3}{4}b^2=0$, 즉 $a=-\dfrac{1}{2}b$, $b=0$일 때 성립한다.
따라서 등호는 $a=0$, $b=0$일 때 성립한다.

012 정답 해설 참조

해설 $a^2+b^2+c^2-ab-bc-ca$
$=\dfrac{1}{2}(2a^2+2b^2+2c^2-2ab-2bc-2ca)$
$=\dfrac{1}{2}\{(a-b)^2+(b-c)^2+(c-a)^2\}$
그런데 $(a-b)^2\geq0$, $(b-c)^2\geq0$, $(c-a)^2\geq0$이므로
$a^2+b^2+c^2-ab-bc-ca\geq0$
$\therefore a^2+b^2+c^2\geq ab+bc+ca$
여기서 등호는 $(a-b)^2=0$, $(b-c)^2=0$, $(c-a)^2=0$, 즉 $a=b$, $b=c$, $c=a$일 때 성립한다.
따라서 등호는 $a=b=c$일 때 성립한다.

013 정답 해설 참조

해설 $a>0$, $b>0$이므로 $\sqrt{ab}=\sqrt{a}\sqrt{b}$이다.
$\dfrac{a+b}{2}-\sqrt{ab}$
$=\dfrac{(\sqrt{a})^2-2\sqrt{a}\sqrt{b}+(\sqrt{b})^2}{2}$
$=\dfrac{(\sqrt{a}-\sqrt{b})^2}{2}\geq0$
$\therefore \dfrac{a+b}{2}\geq\sqrt{ab}$
여기서 등호는 $\dfrac{(\sqrt{a}-\sqrt{b})^2}{2}=0$, 즉 $\sqrt{a}-\sqrt{b}=0$일 때 성립한다.
따라서 등호는 $a=b$일 때 성립한다.

별해 $A>0$, $B>0$일 때, $A\geq B\Longleftrightarrow A^2\geq B^2$, 즉 $A^2-B^2\geq0$임을 이용한다.
$a>0$, $b>0$이므로 $\dfrac{a+b}{2}>0$, $\sqrt{ab}>0$이다.
따라서 $\left(\dfrac{a+b}{2}\right)^2-(\sqrt{ab})^2\geq0$이 성립함을 증명하면 된다.
$\left(\dfrac{a+b}{2}\right)^2-(\sqrt{ab})^2=\dfrac{a^2+2ab+b^2}{4}-ab$
$\qquad\qquad\qquad\qquad=\dfrac{a^2+2ab+b^2-4ab}{4}$
$\qquad\qquad\qquad\qquad=\dfrac{a^2-2ab+b^2}{4}=\dfrac{(a-b)^2}{4}\geq0$
$\therefore \left(\dfrac{a+b}{2}\right)^2-(\sqrt{ab})^2\geq0$
$\therefore \dfrac{a+b}{2}\geq\sqrt{ab}$
여기서 등호는 $\dfrac{(a-b)^2}{4}=0$, 즉 $a-b=0$일 때 성립한다.
따라서 등호는 $a=b$일 때 성립한다.

별해 $A>0$, $B>0$일 때 $A\geq B\Longleftrightarrow A^2\geq B^2$임을 이용한다.
$\dfrac{a+b}{2}\geq\sqrt{ab}$에서 $a+b\geq2\sqrt{ab}$
$a>0$, $b>0$이므로 $a+b>0$, $2\sqrt{ab}>0$이다.
따라서 $(a+b)^2\geq(2\sqrt{ab})^2$이 성립함을 증명하면 된다.
$(a+b)^2\geq(2\sqrt{ab})^2$에서
$a^2+2ab+b^2\geq4ab$
$a^2-2ab+b^2\geq0$
$\therefore (a-b)^2\geq0$
$\therefore \dfrac{a+b}{2}\geq\sqrt{ab}$
여기서 등호는 $a-b=0$, 즉 $a=b$일 때 성립한다.

014 정답 해설 참조

해설 $a>0$이므로 $\dfrac{1}{a}>0$이다.
산술평균과 기하평균의 대소 관계에 의해
$a+\dfrac{1}{a}\geq2\sqrt{a\cdot\dfrac{1}{a}}=2\cdot1=2$

여기서 등호는 $a=\dfrac{1}{a}$일 때 성립하므로

$a^2=1$ ∴ $a=\pm1$

그런데 $a>0$이므로 등호는 $a=1$일 때 성립한다.

015 <u>정답</u> 해설 참조

<u>해설</u> $a>0$, $b>0$이므로 $\dfrac{a}{b}>0$, $\dfrac{b}{a}>0$이다.

산술평균과 기하평균의 대소 관계에 의해

$\dfrac{a}{b}+\dfrac{b}{a}\geq2\sqrt{\dfrac{a}{b}\cdot\dfrac{b}{a}}=2\cdot1=2$

여기서 등호는 $\dfrac{a}{b}=\dfrac{b}{a}$일 때 성립하므로

$a^2=b^2$ ∴ $a=b$ 또는 $a=-b$

그런데 $a>0$, $b>0$이므로 등호는 $a=b$일 때 성립한다.

016 <u>정답</u> 16

<u>해설</u> $a>0$, $b>0$이므로 산술평균과 기하평균의 대소 관계에 의해

$\dfrac{a+b}{2}\geq\sqrt{ab}$ (단, 등호는 $a=b$일 때 성립한다.)

이때 $a+b\geq2\sqrt{ab}$이고 $a+b=80$이므로

$8\geq2\sqrt{ab}$, $\sqrt{ab}\leq4$

∴ $ab\leq16$

따라서 ab의 최댓값은 16이다.

017 <u>정답</u> 12

<u>해설</u> $a>0$이므로 $4a>0$이다.

$4a>0$, $b>0$이므로 산술평균과 기하평균의 대소 관계에 의해

$\dfrac{4a+b}{2}\geq\sqrt{4a\cdot b}$ (단, 등호는 $4a=b$일 때 성립한다.)

이때 $4a+b\geq2\sqrt{4ab}$이고 $ab=9$이므로

$4a+b\geq2\sqrt{4\cdot9}=2\cdot6=12$

따라서 $4a+b$의 최솟값은 12이다.

018 <u>정답</u> 2

<u>해설</u> $x>0$이므로 $\dfrac{1}{x}>0$이다.

산술평균과 기하평균의 대소 관계에 의해

$x+\dfrac{1}{x}\geq2\sqrt{x\cdot\dfrac{1}{x}}=2$

여기서 등호는 $x=\dfrac{1}{x}$일 때 성립하므로

$x^2=1$ ∴ $x=\pm1$

그런데 $x>0$이므로 등호는 $x=1$일 때 성립한다.

따라서 $x=1$일 때 최솟값 2를 갖는다.

019 <u>정답</u> 12

<u>해설</u> $x>0$이므로 $9x>0$, $\dfrac{4}{x}>0$이다.

산술평균과 기하평균의 대소 관계에 의해

$9x+\dfrac{4}{x}\geq2\sqrt{9x\cdot\dfrac{4}{x}}=2\cdot6=12$

여기서 등호는 $9x=\dfrac{4}{x}$일 때 성립하므로

$9x^2=4$, $x^2=\dfrac{4}{9}$ ∴ $x=\pm\dfrac{2}{3}$

그런데 $x>0$이므로 등호는 $x=\dfrac{2}{3}$일 때 성립한다.

따라서 $x=\dfrac{2}{3}$일 때 최솟값 12를 갖는다.

020 <u>정답</u> 4

<u>해설</u> $x>1$이므로 $x-1>0$, $\dfrac{4}{x-1}>0$이다.

산술평균과 기하평균의 대소 관계에 의해

$x-1+\dfrac{4}{x-1}\geq2\sqrt{(x-1)\cdot\dfrac{4}{x-1}}=2\cdot2=4$

여기서 등호는 $x-1=\dfrac{4}{x-1}$일 때 성립하므로

$(x-1)^2=4$, $x-1=\pm2$ ∴ $x=3$ 또는 $x=-1$

그런데 $x>1$이므로 등호는 $x=3$일 때 성립한다.

따라서 $x=3$일 때 최솟값 4를 갖는다.

021 <u>정답</u> 10

<u>해설</u> $x>4$이므로 $x-4>0$이다.

산술평균과 기하평균의 대소 관계에 의해

$x+\dfrac{9}{x-4}=(x-4)+\dfrac{9}{x-4}+4$

$\geq2\sqrt{(x-4)\cdot\dfrac{9}{x-4}}+4$

$=2\cdot3+4=10$

여기서 등호는 $x-4=\dfrac{9}{x-4}$일 때 성립하므로

$(x-4)^2=9$, $x-4=\pm3$ ∴ $x=7$ 또는 $x=1$

그런데 $x>4$이므로 등호는 $x=7$일 때 성립한다.

따라서 $x=7$일 때 최솟값은 10을 갖는다.

022 <u>정답</u> 16

<u>해설</u> $x>1$이므로 $x-1>0$이다.

산술평균과 기하평균의 대소 관계에 의해

$8x+\dfrac{2}{x-1}=8(x-1)+\dfrac{2}{x-1}+8$

$\geq2\sqrt{8(x-1)\cdot\dfrac{2}{x-1}}+8$

$=2\cdot4+8=16$

여기서 등호는 $8(x-1)=\dfrac{2}{x-1}$일 때 성립하므로

$8(x-1)^2=2$, $(x-1)^2=\dfrac{1}{4}$

$x-1=\pm\dfrac{1}{2}$ ∴ $x=\dfrac{3}{2}$ 또는 $x=\dfrac{1}{2}$

그런데 $x>1$이므로 등호는 $x=\dfrac{3}{2}$일 때 성립한다.

따라서 $x=\dfrac{3}{2}$일 때 최솟값 16을 갖는다.

023 <u>정답</u> 6

해설 $x>3$이므로 $x-3>0$이다.

산술평균과 기하평균의 대소 관계에 의해

$$\frac{x^2-4x+7}{x-3}=\frac{(x-3)(x-1)+4}{x-3}$$
$$=x-1+\frac{4}{x-3}$$
$$=(x-3)+\frac{4}{x-3}+2$$
$$\geq 2\sqrt{(x-3)\cdot\frac{4}{x-3}}+2$$
$$=2\cdot 2+2=6$$

여기서 등호는 $x-3=\dfrac{4}{x-3}$일 때 성립하므로

$(x-3)^2=4$, $x-3=\pm 2$ $\quad\therefore x=5$ 또는 $x=1$

그런데 $x>3$이므로 등호는 $x=5$일 때 성립한다.

따라서 $x=5$일 때 최솟값 6을 갖는다.

024 정답 6

해설 (i) $x>0$이므로 산술평균과 기하평균의 대소 관계에 의해

$$2x+\frac{1}{2x}\geq 2\sqrt{2x\cdot\frac{1}{2x}}=2\cdot 1=2$$

여기서 등호는 $2x=\dfrac{1}{2x}$일 때 성립하므로

$4x^2=1$, $x^2=\dfrac{1}{4}$ $\quad\therefore x=\dfrac{1}{2}$ 또는 $x=-\dfrac{1}{2}$

그런데 $x>0$이므로 등호는 $x=\dfrac{1}{2}$일 때 성립한다.

(ii) $y>0$이므로 산술평균과 기하평균의 대소 관계에 의해

$$y+\frac{4}{y}\geq 2\sqrt{y\cdot\frac{4}{y}}=2\cdot 2=4$$

여기서 등호는 $y=\dfrac{4}{y}$일 때 성립하므로

$y^2=4$ $\quad\therefore y=2$ 또는 $y=-2$

그런데 $y>0$이므로 등호는 $y=2$일 때 성립한다.

(i), (ii)에서

$$2x+y+\frac{1}{2x}+\frac{4}{y}=\left(2x+\frac{1}{2x}\right)+\left(y+\frac{4}{y}\right)$$
$$\geq 2+4=6$$

따라서 $x=\dfrac{1}{2}$, $y=2$일 때 최솟값 6을 갖는다.

025 정답 4

해설 $(x+y)\left(\dfrac{1}{x}+\dfrac{1}{y}\right)=1+\dfrac{x}{y}+\dfrac{y}{x}+1$

$$=\frac{x}{y}+\frac{y}{x}+2$$
$$\geq 2\sqrt{\frac{x}{y}\cdot\frac{y}{x}}+2$$
$$=2\cdot 1+2=4$$

여기서 등호는 $\dfrac{x}{y}=\dfrac{y}{x}$일 때 성립하므로

$x^2=y^2$ $\quad\therefore x=y$ 또는 $x=-y$

그런데 $x>0$, $y>0$이므로 등호는 $x=y$일 때 성립한다.

따라서 $x=y$일 때 최솟값 4를 갖는다.

026 정답 4 / -4

해설 x, y가 실수이므로 코시–슈바르츠의 부등식에 의해

$$(a^2+b^2)(x^2+y^2)\geq (ax+by)^2$$

(단, 등호는 $\dfrac{x}{a}=\dfrac{y}{b}$일 때 성립한다.)

이때 $a^2+b^2=2$, $x^2+y^2=8$이므로

$2\cdot 8\geq (ax+by)^2$

$(ax+by)^2\leq 16$

$\therefore -4\leq ax+by\leq 4$

따라서 $ax+by$의 최댓값은 4, 최솟값은 -4이다.

027 정답 10 / -10

해설 x, y가 실수이므로 코시–슈바르츠의 부등식에 의해

$$(3^2+4^2)(x^2+y^2)\geq (3x+4y)^2$$

(단, 등호는 $\dfrac{x}{3}=\dfrac{y}{4}$일 때 성립한다.)

이때 $x^2+y^2=4$이므로

$25\cdot 4\geq (3x+4y)^2$

$(3x+4y)^2\leq 100$

$\therefore -10\leq 3x+4y\leq 10$

따라서 $3x+4y$의 최댓값은 10, 최솟값은 -10이다.

028 정답 13

해설 x, y가 실수이므로 코시–슈바르츠의 부등식에 의해

$$(2^2+3^2)(x^2+y^2)\geq (2x+3y)^2$$

(단, 등호는 $\dfrac{x}{2}=\dfrac{y}{3}$일 때 성립한다.)

이때 $2x+3y=13$이므로

$13(x^2+y^2)\geq 13^2$ $\quad\therefore x^2+y^2\geq 13$

따라서 x^2+y^2의 최솟값은 13이다.

029 정답 해설 참조

해설 $A>0$, $B>0$일 때, $A\geq B \Longleftrightarrow A^2\geq B^2$임을 이용한다.

$|a|+|b|\geq 0$, $|a+b|\geq 0$이므로

$|a|+|b|\geq |a+b|$의 양변을 제곱한

$(|a|+|b|)^2\geq |a+b|^2$이 성립함을 증명하면 된다.

$(|a|+|b|)^2-|a+b|^2$
$=|a|^2+2|a||b|+|b|^2-(a+b)^2$
$=a^2+2|ab|+b^2-(a^2+2ab+b^2)$
$=2(|ab|-ab)$

이때 $|ab|\geq ab$이므로 $2(|ab|-ab)\geq 0$이다.

따라서 $(|a|+|b|)^2\geq |a+b|^2$이므로

$|a|+|b|\geq |a+b|$이다.

여기서 등호는 $|ab|=ab$, 즉 $ab\geq 0$일 때 성립한다.

030 정답 해설 참조

해설 $A>0$, $B>0$일 때, $A\geq B \Longleftrightarrow A^2\geq B^2$임을 이용한다.

$|a|+|b|\geq 0$, $|a-b|\geq 0$이므로

$|a|+|b|\geq |a-b|$의 양변을 제곱한

$(|a|+|b|)^2 \geq |a-b|^2$이 성립함을 증명하면 된다.

$(|a|+|b|)^2-|a-b|^2$

$=|a|^2+2|a||b|+|b|^2-(a-b)^2$

$=a^2+2|ab|+b^2-(a^2-2ab+b^2)$

$=2(|ab|+ab)$

이때 $|ab| \geq -ab$이므로 $2(|ab|+ab) \geq 0$이다.

따라서 $(|a|+|b|)^2 \geq |a-b|^2$이므로

$|a|+|b| \geq |a-b|$이다.

여기서 등호는 $|ab|=-ab$, 즉 $ab \leq 0$일 때 성립한다.

필수유형 CHECK 본문 P. 229

001 ② 002 ③ 003 ⑤ 004 ⑤
005 ② 006 ⑤ 007 ① 008 ④

001 정답 ②

해설 x에 어떤 값을 대입하더라도 항상 성립하는 부등식을 찾으면 된다.

① (반례) $x=0$일 때 $x^2=0$이다.

따라서 절대부등식이 되려면 $x^2 \geq 0$이어야 한다.

② $x^2-x+1=\left(x^2-x+\dfrac{1}{4}\right)+\dfrac{3}{4}$

$=\left(x-\dfrac{1}{2}\right)^2+\dfrac{3}{4}>0$

따라서 x에 어떤 값을 대입하더라도 항상 성립하므로 이 부등식은 절대부등식이다.

③ (반례) $x=-2$일 때 $x^2+4x+4=0$이다.

$x^2+4x+4 \geq 0 \Longleftrightarrow (x+2)^2 \geq 0$

(단, 등호는 $x=-2$일 때 성립한다.)

따라서 절대부등식이 되려면 $x^2+4x+4 \geq 0$이어야 한다.

④ $x^2+2x+3=(x^2+2x+1)+2$

$=(x+1)^2+2>0$

따라서 절대부등식이 되려면 $x^2+2x+3>0$이어야 한다.

⑤ $x^2-6x+9=(x-3)^2 \geq 0$

(단, 등호는 $x=3$일 때 성립한다.)

따라서 절대부등식이 되려면 $x^2-6x+9 \geq 0$이어야 한다.

따라서 절대부등식인 것은 ②이다.

002 정답 ③

해설 $(a^2+b^2+c^2+k)-2(a+b+c)$

$=a^2+b^2+c^2-2a-2b-2c+k$

$=(a^2-2a+1)+(b^2-2b+1)+(c^2-2c+1)+k-3$

$=(a-1)^2+(b-1)^2+(c-1)^2+k-3$

≥ 0

그런데 a, b, c가 실수이므로

$(a-1)^2 \geq 0$, $(b-1)^2 \geq 0$, $(c-1)^2 \geq 0$

이때 주어진 부등식이 항상 성립하려면 $k-3 \geq 0$이어야 한다.

$\therefore k \geq 3$

따라서 실수 k의 최솟값은 3이다.

003 정답 ⑤

해설 $x>1$이므로 $x-1>0$이다.

즉, $x-1>0$, $\dfrac{4}{x-1}>0$이므로

산술평균과 기하평균의 대소 관계에 의해

$x+\dfrac{4}{x-1}=x-1+\dfrac{4}{x-1}+1$

$\geq 2\sqrt{(x-1) \cdot \dfrac{4}{x-1}}+1$

$=2 \cdot 2+1=5$

여기서 등호는 $x-1=\dfrac{4}{x-1}$일 때 성립한다.

$x-1=\dfrac{4}{x-1}$에서 $(x-1)^2=4$

$x-1=\pm 2$ $\therefore x=3$ 또는 $x=-1$

그런데 $x>1$이므로 $x=3$이다.

따라서 $x+\dfrac{4}{x-1}$는 $x=3$에서 최솟값 5를 갖는다.

$\therefore a+m=3+5=8$

004 정답 ⑤

해설 $a>0$, $b>0$이므로 산술평균과 기하평균의 대소 관계에 의해

$(2a+b)\left(\dfrac{1}{a}+\dfrac{2}{b}\right)$

$=2+\dfrac{4a}{b}+\dfrac{b}{a}+2=\dfrac{4a}{b}+\dfrac{b}{a}+4$

$\geq 2\sqrt{\dfrac{4a}{b} \cdot \dfrac{b}{a}}+4$

$=2 \cdot 2+4=8$

여기서 등호는 $\dfrac{4a}{b}=\dfrac{b}{a}$일 때 성립하므로

$4a^2=b^2$, $4a^2-b^2=0$

$(2a+b)(2a-b)=0$ $\therefore 2a=-b$ 또는 $2a=b$

그런데 $a>0$, $b>0$이므로 등호는 $2a=b$일 때 성립한다.

따라서 $(2a+b)\left(\dfrac{1}{a}+\dfrac{2}{b}\right)$는 $2a=b$일 때 최솟값 8을 갖는다.

005 정답 ②

해설 $a>0$, $b>0$, $c>0$이므로

산술평균과 기하평균의 대소 관계에 의해

$\dfrac{b+c}{a}+\dfrac{c+a}{b}+\dfrac{a+b}{c}$

$=\dfrac{b}{a}+\dfrac{c}{a}+\dfrac{c}{b}+\dfrac{a}{b}+\dfrac{a}{c}+\dfrac{b}{c}$

$=\left(\dfrac{b}{a}+\dfrac{a}{b}\right)+\left(\dfrac{c}{b}+\dfrac{b}{c}\right)+\left(\dfrac{a}{c}+\dfrac{c}{a}\right)$

$\geq 2\sqrt{\dfrac{b}{a} \cdot \dfrac{a}{b}}+2\sqrt{\dfrac{c}{b} \cdot \dfrac{b}{c}}+2\sqrt{\dfrac{a}{c} \cdot \dfrac{c}{a}}$

$=2+2+2$

$=6$

(단, 등호는 $a=b=c$일 때 성립한다.)

006 정답 ⑤

해설

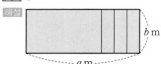

위의 그림과 같이 직사각형 모양의 울타리의 가로, 세로의 길이를 각각 a m, b m라 하면 철망의 길이의 합이 60 m 이므로

$2a+5b=60$

이때 $a>0$, $b>0$이므로 $2a>0$, $5b>0$이다.

산술평균과 기하평균의 대소 관계에 의해

$60=2a+5b \geq 2\sqrt{2a \cdot 5b}$

이 식의 양변을 제곱하면

$40ab \leq 60^2$ ∴ $ab \leq 90$

(단, 등호는 $2a=5b$, 즉 $a=15$, $b=6$일 때 성립한다.)

한편 울타리 안의 넓이는 $S=ab$이므로

$S=ab \leq 90$

따라서 울타리 안의 넓이의 최댓값은 $90(\text{m}^2)$이다.

007 정답 ①

해설 x, y가 실수이므로

코시-슈바르츠의 부등식에 의해

$(3^2+4^2)(x^2+y^2) \geq (3x+4y)^2$

이때 $3x+4y=5$이므로

$25(x^2+y^2) \geq 25$

∴ $x^2+y^2 \geq 1$ (단, 등호는 $\dfrac{x}{3}=\dfrac{y}{4}$일 때 성립한다.)

따라서 x^2+y^2의 최솟값은 1이다.

008 정답 ④

해설 x, y가 양수이므로 $\sqrt{x}$, $\sqrt{y}$도 양수인 실수이다.

코시-슈바르츠의 부등식에 의해

$(3^2+4^2)\{(\sqrt{x})^2+(\sqrt{y})^2\} \geq (3\sqrt{x}+4\sqrt{y})^2$

$25(x+y) \geq (3\sqrt{x}+4\sqrt{y})^2$

이때 $x+y=1$이므로

$(3\sqrt{x}+4\sqrt{y})^2 \leq 25$

∴ $-5 \leq 3\sqrt{x}+4\sqrt{y} \leq 5$

따라서 $3\sqrt{x}+4\sqrt{y}$의 최댓값은 5이다.

별해 $\sqrt{x}=a$, $\sqrt{y}=b$로 치환하면 주어진 문제는 '두 양수 a, b에 대하여 $a^2+b^2=1$일 때, $3a+4b$의 최댓값은?'으로 바뀐다.

a, b가 양수이므로 코시-슈바르츠의 부등식에 의해

$(3^2+4^2)(a^2+b^2) \geq (3a+4b)^2$

$25(a^2+b^2) \geq (3a+4b)^2$

이때 $a^2+b^2=1$이므로

$(3a+4b)^2 \leq 25$

∴ $-5 \leq 3a+4b \leq 5$

따라서 $3a+4b$의 최댓값은 5이다.

---

045 함수

교과서문제 CHECK 본문 P. 231

001 정답 ○

해설 X의 각 원소에 Y의 원소가 오직 하나씩 대응하므로 함수이다.

002 정답 ○

해설 X의 각 원소에 Y의 원소가 오직 하나씩 대응하므로 함수이다.

003 정답 X

해설 X의 원소 2에 대응하는 Y의 원소가 2, 3의 2개이므로 함수가 아니다.

004 정답 X

해설 X의 원소 3에 대응하는 Y의 원소가 없으므로 함수가 아니다.

005 정답 $\{0, 1, 2, 3\}$

해설 $f(-1)=0$, $f(0)=1$, $f(1)=2$, $f(2)=3$

따라서 함수 $f(x)$의 치역은 $\{0, 1, 2, 3\}$이다.

006 정답 $\{-1, 0, 3\}$

해설 $f(-1)=0$, $f(0)=-1$, $f(1)=0$, $f(2)=3$

따라서 함수 $f(x)$의 치역은 $\{-1, 0, 3\}$이다.

007 정답 $\{1, 3\}$

해설 $f(-1)=3$, $f(0)=1$, $f(1)=1$, $f(2)=3$

따라서 함수 $f(x)$의 치역은 $\{1, 3\}$이다.

008 정답 $\{-2, 1, 2\}$

해설 $f(-1)=1$, $f(0)=2$, $f(1)=1$, $f(2)=-2$

따라서 함수 $f(x)$의 치역은 $\{-2, 1, 2\}$이다.

009 정답 $\{x|x$는 실수$\}$ / $\{y|y$는 실수$\}$

해설 정의역은 $\{x|x$는 실수$\}$, 치역은 $\{y|y$는 실수$\}$이다.

010 정답 $\{x|x$는 실수$\}$ / $\{y|y \leq 1$인 실수$\}$

해설 정의역은 $\{x|x$는 실수$\}$이다.

$-x^2 \leq 0$이므로 $-x^2+1 \leq 1$이다.

따라서 치역은 $\{y|y \leq 1$인 실수$\}$이다.

011 정답 $\{x|x$는 실수$\}$ / $\{y|y \geq 2$인 실수$\}$

해설 정의역은 $\{x|x$는 실수$\}$이다.

$|x|\geq 0$이므로 $|x|+2\geq 2$이다.

따라서 치역은 $\{y|y\geq 2$인 실수$\}$이다.

참고 함수 $y=|x|+2$의 그래프는 다음 그림과 같다.

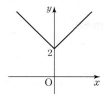

012 정답 $\{x|x\neq 0$인 실수$\}$ / $\{y|y\neq 0$인 실수$\}$

해설 정의역은 $\{x|x\neq 0$인 실수$\}$,

치역은 $\{y|y\neq 0$인 실수$\}$이다.

참고 함수 $y=-\dfrac{3}{x}$의 그래프는 다음 그림과 같다.

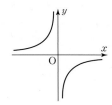

013 정답 $\{1\}$

해설 $f(x)=g(x)$에서 $x+1=-x+3$이므로

$2x=2$ $\therefore x=1$

즉, $f(1)=g(1)=2$이므로 정의역이 $\{1\}$이면 두 함수 $f(x), g(x)$는 서로 같은 함수가 된다.

014 정답 $\{-1\}$, $\{3\}$, $\{-1, 3\}$

해설 $f(x)=g(x)$에서 $x^2-x-1=x+2$이므로

$x^2-2x-3=0$, $(x+1)(x-3)=0$

$\therefore x=-1$ 또는 $x=3$

즉, $f(-1)=g(-1)=1$, $f(3)=g(3)=5$이므로 정의역이 $\{-1\}$, $\{3\}$, $\{-1, 3\}$이면 두 함수 $f(x), g(x)$는 서로 같은 함수가 된다.

참고 이때 정답을 $\{-1, 3\}$ 하나만 쓰지 않도록 주의해야 한다.

015 정답 $\{-1\}$, $\{1\}$, $\{-1, 1\}$

해설 $f(x)=g(x)$에서 $2|x|=x^2+1$

(i) $x\geq 0$일 때, $|x|=x$이므로

  $2x=x^2+1$, $x^2-2x+1=0$

  $(x-1)^2=0$ $\therefore x=1$

(ii) $x<0$일 때, $|x|=-x$이므로

  $-2x=x^2+1$, $x^2+2x+1=0$

  $(x+1)^2=0$ $\therefore x=-1$

(i), (ii)에서 $f(1)=g(1)=2$, $f(-1)=g(-1)=2$이므로 정의역이 $\{-1\}$, $\{1\}$, $\{-1, 1\}$이면 두 함수 $f(x)$,

$g(x)$는 서로 같은 함수가 된다.

참고 이때 정답을 $\{-1, 1\}$ 하나만 쓰지 않도록 주의해야 한다.

016 정답 ◯

해설 임의의 두 실수 x_1, x_2에 대하여 $x_1\neq x_2$이면

$$f(x_1)-f(x_2)=(2x_1+3)-(2x_2+3)$$
$$=2(x_1-x_2)\neq 0$$

이므로 $f(x_1)\neq f(x_2)$이다.

따라서 $f(x)$는 일대일 함수이다.

또한 함수 $f(x)$의 치역과 공역이 실수 전체의 집합으로 서로 같다.

따라서 $f(x)=2x+3$은 일대일대응이다.

017 정답 X

해설 일대일대응은 일대일 함수 중에서 치역과 공역이 같은 함수를 말한다.

따라서 일대일대응이 되려면 일대일 함수가 되는 조건을 만족해야 한다.

함수 $f:X\longrightarrow Y$에서 정의역 X의 임의의 두 원소 x_1, x_2에 대하여 $x_1\neq x_2$이면 $f(x_1)\neq f(x_2)$일 때, 함수 f를 일대일 함수라 한다.

$x_1=2$, $x_2=-2$일 때, $x_1\neq x_2$이다.

그러나 $f(x_1)=f(2)=2^2-1=3$,

$f(x_2)=f(-2)=(-2)^2-1=3$

이므로 $f(x_1)=f(x_2)$이다.

따라서 함수 $f(x)=x^2-1$은 일대일 함수가 아니므로 일대일대응이 아니다.

별해 함수 $f(x)=x^2-1$의 그래프는 다음과 같다.

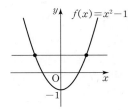

이때 x축에 평행한 직선(수평선)을 그었을 때, 서로 다른 두 점에서 만나므로 일대일 함수가 아니다.

따라서 함수 $f(x)=x^2-1$은 일대일대응이 아니다.

018 정답 X

해설 $x_1=1$, $x_2=-1$일 때, $x_1\neq x_2$이다.

그러나 $f(x_1)=f(1)=|1|+1=2$,

$f(x_2)=f(-1)=|-1|+1=2$이므로

$f(x_1)=f(x_2)$이다.

따라서 함수 $f(x)=|x|+1$은 일대일 함수가 아니므로 일대일대응이 아니다.

별해 함수 $f(x)=|x|+1$의 그래프는 다음과 같다.

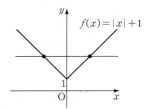

$$f(x) = |x| + 1$$

이때 x축에 평행한 직선(수평선)을 그었을 때, 서로 다른 두 점에서 만나므로 일대일 함수가 아니다.

따라서 함수 $f(x) = |x| + 1$은 일대일대응이 아니다.

019 정답 ○

해설 함수 $f(x) = \begin{cases} x^2 & (x \geq 0) \\ -x^2 & (x < 0) \end{cases}$의 그래프를 그리면 다음과 같다.

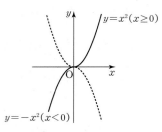

이때 x축에 평행한 직선(수평선)을 그었을 때, 한 점에서만 만나므로 $f(x)$는 일대일 함수이다.

또한 함수 $f(x)$의 공역과 치역이 실수 전체의 집합으로 서로 같다.

따라서 $f(x) = \begin{cases} x^2 & (x \geq 0) \\ -x^2 & (x < 0) \end{cases}$은 일대일대응이다.

020 정답 64

해설 $f(1)$, $f(2)$, $f(3)$의 값이 될 수 있는 것은 집합 Y의 원소 1, 2, 3, 4 중 하나이므로 각각 4개씩 존재한다.

따라서 구하는 함수의 개수는
$$4 \times 4 \times 4 = 4^3 = 64$$

021 정답 60

해설 함수 $f : X \longrightarrow Z$에서 정의역 X의 임의의 두 원소 x_1, x_2에 대하여 $x_1 \neq x_2$이면 $f(x_1) \neq f(x_2)$일 때, 함수 f를 일대일 함수라 한다.

$f(1)$의 값이 될 수 있는 것은 집합 Z의 원소 1, 2, 3, 4, 5 중 하나이므로 5개이다.

$f(2)$의 값이 될 수 있는 것은 집합 Z의 원소 중 $f(1)$의 값을 제외한 4개이다.

$f(3)$의 값이 될 수 있는 것은 집합 Z의 원소 중 $f(1)$, $f(2)$의 값을 제외한 3개이다.

따라서 구하는 일대일 함수의 개수는
$$5 \times 4 \times 3 = 60$$

022 정답 24

해설 일대일대응은 일대일 함수 중에서 치역과 공역이 같은 함수를 말한다.

$f(1)$의 값이 될 수 있는 것은 집합 Y의 원소 1, 2, 3, 4 중 하나이므로 4개이다.

$f(2)$의 값이 될 수 있는 것은 집합 Y의 원소 중 $f(1)$의 값을 제외한 3개이다.

$f(3)$의 값이 될 수 있는 것은 집합 Y의 원소 중 $f(1)$, $f(2)$의 값을 제외한 2개이다.

$f(4)$의 값이 될 수 있는 것은 집합 Y의 원소 중 $f(1)$, $f(2)$, $f(3)$의 값을 제외한 1개이다.

따라서 일대일대응의 개수는
$$4 \times 3 \times 2 \times 1 = 24$$

023 정답 5

해설 $f(1)$, $f(2)$, $f(3)$, $f(4)$의 값이 될 수 있는 것은 집합 Z의 원소 1, 2, 3, 4, 5 중 하나이므로 5개이다.

즉, 상수함수의 개수는 공역의 원소의 개수와 같으므로 5이다.

024 정답 $a > 0$

해설 함수 f가 일대일대응이 되려면

$f(x) = \begin{cases} x+1 & (x \geq 0) \\ ax+1 & (x < 0) \end{cases}$의 그래프가 다음 그림과 같아야 한다.

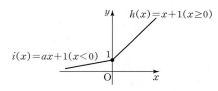

(ⅰ) 두 직선 $h(x) = x+1$, $i(x) = ax+1$이 $x=0$에서 만나야 한다.

확인해보면 $h(0) = 1$, $i(0) = 1$이므로 $h(0) = i(0)$인 것을 알 수 있다.

(ⅱ) 두 직선 $h(x) = x+1$, $i(x) = ax+1$의 기울기의 부호가 서로 같아야 한다.

즉, 직선 $h(x) = x+1$의 기울기 1의 부호가 양수이므로 직선 $i(x) = ax+1$의 기울기 a의 부호도 양수이어야 한다.

$\therefore a > 0$

주의 이때 두 직선 $y = x+1$, $y = ax+1$의 기울기가 서로 같아야 할 필요는 없다.

025 정답 $a < 1$

해설 함수 f가 일대일대응이 되려면

$f(x) = \begin{cases} -x & (x \geq 0) \\ (a-1)x & (x < 0) \end{cases}$의 그래프가 다음 그림과 같아야 한다.

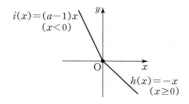

$i(x)=(a-1)x$
$(x<0)$

$h(x)=-x$
$(x\geq0)$

(i) 두 직선 $h(x)=-x$, $i(x)=(a-1)x$가 $x=0$에서 만나야 한다.

확인해보면 $h(0)=0$, $i(0)=0$이므로 $h(0)=i(0)$인 것을 알 수 있다.

(ii) 두 직선 $h(x)=-x$, $i(x)=(a-1)x$의 기울기의 부호가 서로 같아야 한다.

즉, 직선 $h(x)=-x$의 기울기 -1의 부호가 음수이므로 직선 $i(x)=(a-1)x$의 기울기 $a-1$의 부호도 음수이어야 한다.

$a-1<0$ $\therefore a<1$

필수유형 CHECK

본문 P. 233

001 ③	002 ②	003 ①	004 ④
005 ①	006 ④	007 ⑤	008 ①

---

001 정답 ③

해설 ① $f(-1)=f(1)=1\in Y$, $f(0)=0\in Y$이므로 f는 함수이다.

② $f(-1)=0\in Y$, $f(0)=1\in Y$, $f(1)=2\in Y$이므로 f는 함수이다.

③ $f(-1)=f(1)=3\notin Y$, $f(0)=2\in Y$이므로 f는 함수가 아니다.

④ $f(-1)=0\in Y$, $f(0)=1\in Y$, $f(1)=2\in Y$이므로 f는 함수이다.

⑤ $f(-1)=f(0)=1\in Y$, $f(1)=2\in Y$이므로 f는 함수이다.

따라서 함수가 아닌 것은 ③이다.

002 정답 ②

해설 $\sqrt{2}$가 무리수이므로 $f(\sqrt{2})=(\sqrt{2})^2=2$

9가 유리수이므로 $f(9)=\sqrt{9}=\sqrt{3^2}=3$

$\therefore f(\sqrt{2})+f(9)=2+3=5$

003 정답 ①

해설 $f(-1)=g(-1)$에서 $-a+b=-6$ ...... ㉠

$f(1)=g(1)$에서 $a+b=-2$ ...... ㉡

㉠+㉡을 하면 $2b=-8$ $\therefore b=-4$

$b=-4$를 ㉡에 대입하면 $a-4=-2$ $\therefore a=2$

$\therefore ab=2\cdot(-4)=-8$

004 정답 ④

해설 (i) 함수는 정의역의 각 원소에 공역의 원소가 오직

하나씩 대응하는 것이므로 x축에 수직인 직선(수직선)을 임의로 그었을 때, 오직 한 점에서만 만나야 한다.

따라서 오직 한 점에서만 만나는 것은 ㄱ, ㄴ, ㄷ, ㄹ의 4개이다.

$\therefore a=4$

(ii) 일대일 함수는 함수이면서 함숫값이 중복되지 않고 유일해야 하므로 ㄱ, ㄴ, ㄷ, ㄹ 중에서 x축에 평행한 직선(수평선)을 임의로 그었을 때, 오직 한 점에서만 만나야 한다.

따라서 오직 한 점에서만 만나는 것은 ㄴ, ㄹ의 2개이다.

$\therefore b=2$

(iii) 일대일대응은 일대일 함수이면서 치역과 공역이 같은 것이므로 ㄴ, ㄹ의 2개이다.

$\therefore c=2$

$\therefore a+b+c=4+2+2=8$

005 정답 ①

해설 정의역 $X=\{x\,|\,0\leq x\leq2\}$와

공역 $Y=\{y\,|\,2\leq y\leq6\}$에서 함수 $f(x)=ax+b$가 일대일대응이 되려면 정의역과 공역의 모든 원소가 일대일로 대응되어야 한다.

이때 직선 $f(x)=ax+b$의 기울기 a가 양수이므로 직선 $f(x)=ax+b$는 다음 그림과 같아야 한다.

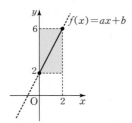

$f(0)=b=2$

$f(2)=2a+b=6$ $\therefore a=2(\because b=2)$

$\therefore a+b=2+2=4$

006 정답 ④

해설 집합 Y의 원소의 개수를 n이라 하면

$f(a)$의 값이 될 수 있는 것 : n개

$f(b)$의 값이 될 수 있는 것 : $(n-1)$개

$f(c)$의 값이 될 수 있는 것 : $(n-2)$개

즉, 집합 X에서 집합 Y로의 일대일 함수의 개수는

$n(n-1)(n-2)$이므로

$n(n-1)(n-2)=60=5\cdot4\cdot3$

$\therefore n=5$

따라서 집합 Y의 원소의 개수는 5이다.

007 정답 ⑤

해설 $f(1)+f(2)+f(3)=6$을 만족하려면 치역은

$\{1,2,3\}$ 또는 $\{2\}$이어야 한다.

(i) 치역이 {1, 2, 3}인 경우
　함수 f는 일대일 대응이므로 그 개수는
　$3 \cdot 2 \cdot 1 = 6$(개)
(ii) 치역이 {2}인 경우
　함수 f는 상수함수이므로 그 개수는
　1개
따라서 조건을 만족하는 함수 f의 개수는
$6 + 1 = 7$(개)

008 정답 ①
해설 함수 f가 일대일대응이 되려면

$$f(x) = \begin{cases} x + 2 \, (x \geq 1) \\ ax + b \, (x < 1) \end{cases}$$ 의 그래프가 다음 그림과 같아야

한다.

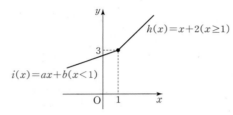

(i) 두 직선 $h(x) = x + 2$, $i(x) = ax + b$가 $x = 1$에서 만
　나야 한다.
　즉, $h(1) = i(1)$이어야 한다.
　따라서 $h(1) = 1 + 2 = 3$, $i(1) = a + b$이므로
　$a + b = 3$ ∴ $a = 3 - b$ ······ ㉠
(ii) 두 직선 $h(x) = x + 2$, $i(x) = ax + b$의 기울기의 부
　호가 서로 같아야 한다.
　즉, 직선 $h(x) = x + 2$의 기울기 1의 부호가 양수이므
　로 직선 $i(x) = ax + b$의 기울기 a의 부호도 양수이어
　야 한다.
　∴ $a > 0$ ······ ㉡
㉡에 ㉠을 대입하면
$3 - b > 0$ ∴ $b < 3$
따라서 부등식 $b < 3$을 만족하는 정수 b는 ⋯, 0, 1, 2이므
로 최댓값은 2이다.

046 합성함수

교과서문제 CHECK　　　　　　　　　本문 P. 237

001 정답 3
해설 $(g \circ f)(1) = g(f(1)) = g(2) = 3$
별해 합성함수 $(g \circ f)(x)$는 다음 그림과 같다.

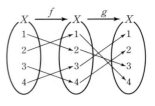

∴ $(g \circ f)(1) = 3$

002 정답 4
해설 $(g \circ f)(2) = g(f(2)) = g(1) = 4$

003 정답 2
해설 $(f \circ g)(3) = f(g(3)) = f(1) = 2$
별해 합성함수 $(f \circ g)(x)$는 다음 그림과 같다.

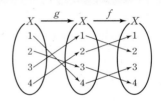

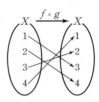

∴ $(f \circ g)(3) = 2$

004 정답 1
해설 $(f \circ g)(4) = f(g(4)) = f(2) = 1$

005 정답 1
해설 $(f \circ f)(1) = f(f(1)) = f(2) = 1$
별해 합성함수 $(f \circ f)(x)$는 다음 그림과 같다.

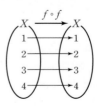

∴ $(f \circ f)(1) = 1$

006 정답 2
해설 $(f \circ f)(2) = f(f(2)) = f(1) = 2$

007 정답 4

해설 $(g \circ g)(3) = g(g(3)) = g(1) = 4$

별해 합성함수 $(g \circ g)(x)$는 다음 그림과 같다.

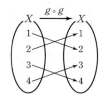

$\therefore (g \circ g)(3) = 4$

008 정답 3

해설 $(g \circ g)(4) = g(g(4)) = g(2) = 3$

009 정답 2

해설 $(g \circ f)(1) = g(f(1)) = g(1) = 2$

010 정답 5

해설 $(g \circ f)(2) = g(f(2)) = g(4) = 5$

011 정답 16

해설 $(f \circ g)(3) = f(g(3)) = f(4) = 16$

012 정답 25

해설 $(f \circ g)(4) = f(g(4)) = f(5) = 25$

013 정답 1

해설 $(f \circ f)(1) = f(f(1)) = f(1) = 1$

014 정답 16

해설 $(f \circ f)(2) = f(f(2)) = f(4) = 16$

015 정답 5

해설 $(g \circ g)(3) = g(g(3)) = g(4) = 5$

016 정답 6

해설 $(g \circ g)(4) = g(g(4)) = g(5) = 6$

017 정답 -2

해설 $f(0) = 2 \cdot 0 - 2 = -2$

$\therefore (g \circ f)(0) = g(f(0)) = g(-2)$
$= -(-2)^2 + 2 = -2$

018 정답 1

해설 $f(2) = -2 + 1 = -1$

$\therefore (g \circ f)(2) = g(f(2)) = g(-1)$
$= -(-1)^2 + 2 = 1$

019 정답 0

해설 $g(-1) = -(-1)^2 + 2 = 1$

$\therefore (f \circ g)(-1) = f(g(-1)) = f(1)$
$= -1 + 1 = 0$

020 정답 -6

해설 $g(2) = -2^2 + 2 = -2$

$\therefore (f \circ g)(2) = f(g(2)) = f(-2)$
$= 2 \cdot (-2) - 2 = -6$

021 정답 -10

해설 $f(-1) = 2 \cdot (-1) - 2 = -4$

$\therefore (f \circ f)(-1) = f(f(-1)) = f(-4)$
$= 2 \cdot (-4) - 2 = -10$

022 정답 -6

해설 $f(3) = -3 + 1 = -2$

$\therefore (f \circ f)(3) = f(f(3)) = f(-2)$
$= 2 \cdot (-2) - 2 = -6$

023 정답 $(g \circ f)(x) = 2x + 1$, $(f \circ g)(x) = 2x + 2$

해설 $(g \circ f)(x) = g(f(x))$
$= f(x) + 1 = 2x + 1$

$(f \circ g)(x) = f(g(x))$
$= 2g(x) = 2(x + 1) = 2x + 2$

참고 두 함수 f, g에 대하여 $g \circ f \neq f \circ g$이다.

024 정답 $(g \circ f)(x) = 6x - 3$, $(f \circ g)(x) = 6x - 1$

해설 $(g \circ f)(x) = g(f(x))$
$= 3f(x) = 3(2x - 1) = 6x - 3$

$(f \circ g)(x) = f(g(x))$
$= 2g(x) - 1 = 2 \cdot 3x - 1$
$= 6x - 1$

025 정답 $(g \circ f)(x) = -x^2 + 1$, $(f \circ g)(x) = x^2 - 4x + 5$

해설 $(g \circ f)(x) = g(f(x))$
$= -f(x) + 2 = -(x^2 + 1) + 2$
$= -x^2 + 1$

$(f \circ g)(x) = f(g(x))$
$= \{g(x)\}^2 + 1 = (-x + 2)^2 + 1$
$= x^2 - 4x + 5$

026 정답 $(g \circ f)(x) = 3x^2 - 6x + 3$,
$(f \circ g)(x) = 9x^2 - 6x + 1$

해설 $(g \circ f)(x) = g(f(x))$
$= 3f(x) = 3(x - 1)^2$
$= 3x^2 - 6x + 3$

$(f \circ g)(x) = f(g(x))$
$= \{g(x) - 1\}^2 = (3x - 1)^2$
$= 9x^2 - 6x + 1$

027 정답 $a = 1$

해설 $(g \circ f)(x) = g(f(x)) = g(ax) = ax + 1$

$(f \circ g)(x) = f(g(x)) = f(x + 1) = a(x + 1)$

이므로 $ax + 1 = ax + a$ $\therefore a = 1$

028 정답 $a=0$

해설 $(g \circ f)(x) = g(f(x)) = g(x+a)$
$$= -(x+a)+2 = -x-a+2$$
$(f \circ g)(x) = f(g(x)) = f(-x+2) = -x+2+a$
이므로 $-x-a+2 = -x+2+a$ $\therefore a=0$

029 정답 $a=2$

해설 $(g \circ f)(x) = g(f(x)) = g(2x+1)$
$$= 3(2x+1)+a = 6x+3+a$$
$(f \circ g)(x) = f(g(x)) = f(3x+a)$
$$= 2(3x+a)+1 = 6x+2a+1$$
이므로 $6x+3+a = 6x+2a+1$
$3+a = 2a+1$ $\therefore a=2$

🚂 **필수유형 CHECK**　　　　　　本文 P. 239

001 ④	**002** ③	**003** ②	**004** ④
005 ④	**006** ⑤	**007** ③	**008** ②

---

001 정답 ④

해설 $2\sqrt{2}$는 무리수이므로
$f(2\sqrt{2}) = (2\sqrt{2})^2 = 8$
8은 유리수이므로
$f(8) = \sqrt{2 \cdot 8} = \sqrt{16} = 4$
$\therefore (f \circ f)(2\sqrt{2}) = f(f(2\sqrt{2}))$
$$= f(8) = 4$$

002 정답 ③

해설 $f(x) = \begin{cases} x+2 \ (x \geq 3) \\ 2x-1 \ (x < 3) \end{cases}$, $g(x) = x^2-2$에서
$(f \circ g)(3) = f(g(3))$
$$= f(7) \ (\because g(3) = 3^2 - 2 = 7)$$
$$= 7+2 = 9$$
$(g \circ f)(2) = g(f(2))$
$$= g(3) \ (\because f(2) = 2 \cdot 2 - 1 = 3)$$
$$= 3^2 - 2 = 7$$
$\therefore (f \circ g)(3) + (g \circ f)(2) = 9+7 = 16$

003 정답 ②

해설 $f(x) = 2x+1$, $g(x) = ax-2$에서
$(f \circ g)(x) = f(g(x))$
$$= f(ax-2)$$
$$= 2(ax-2)+1$$
$$= 2ax-3$$
$(g \circ f)(x) = g(f(x))$
$$= g(2x+1)$$
$$= a(2x+1)-2$$
$$= 2ax+a-2$$
이때 $f \circ g = g \circ f$이므로

$2ax-3 = 2ax+a-2$
$-3 = a-2$ $\therefore a=-1$

004 정답 ④

해설 $(f \circ f)(x) = f(f(x)) = f(ax+b)$
$$= a(ax+b)+b$$
$$= a^2x+ab+b$$
즉, $a^2x+ab+b = 4x+6$이므로
$a^2 = 4$, $ab+b = 6$
$\therefore a=2$, $b=2 \ (\because a>0)$
따라서 $f(x) = 2x+2$이므로
$f(1) = 2+2 = 4$

005 정답 ④

해설 $(h \circ g)(x) = f(x)$, 즉 $h(g(x)) = f(x)$이므로
$h(-x+1) = 2x$
이때 $-x+1 = t$로 치환하면 $x = 1-t$이므로
$h(t) = 2(1-t) = -2t+2$
$\therefore h(x) = -2x+2$

006 정답 ⑤

해설 (i) $f(1) = 1$일 때
　　$(f \circ f)(1) = f(f(1)) = f(1) = 1$
　　이것은 문제의 조건 $(f \circ f)(1) = 3$과 모순이 된다.
　　$\therefore f(1) \neq 1$
(ii) $f(1) = 3$일 때
　　$(f \circ f)(1) = f(f(1)) = f(3) = 3$
　　즉, $f(1) = 3$이고 $f(3) = 3$이므로 f가 일대일 함수
　　라는 문제의 조건과 모순이 된다.
　　$\therefore f(1) \neq 3$
(i), (ii)에서 $f(1) = 2$이다.
또한 문제의 조건 $(f \circ f)(1) = 3$에서
$(f \circ f)(1) = f(f(1)) = f(2) = 3$이므로 $f(2) = 3$이
다.
또한 함수 f가 일대일 함수이므로 $f(3) = 1$이다.
$\therefore 3f(2) - 4f(3) = 3 \cdot 3 - 4 \cdot 1 = 5$

참고 함수 $f : X \longrightarrow Y$에서 정의역 X의 임의의 두 원소
x_1, x_2에 대하여 $x_1 \neq x_2$이면 $f(x_1) \neq f(x_2)$일 때, 함수
f를 일대일 함수라 한다.

007 정답 ③

해설 (i) $f(3)$은 3^3, 즉 27을 5로 나누었을 때의 나머지
　　이므로 2이다.
　　$\therefore f(3) = 2$
(ii) $f^2(3) = (f \circ f)(3) = f(f(3)) = f(2)$이므로
　　$f^2(3)$은 2^3, 즉 8을 5로 나누었을 때의 나머지이므로
　　3이다.
　　$\therefore f^2(3) = 3$
(iii) $f^3(3) = (f \circ f^2)(3) = f(f^2(3)) = f(3)$이므로
　　$f^3(3)$은 3^3, 즉 27을 5로 나누었을 때의 나머지이므

로 2이다.

∴ $f^3(3)=2$

(iv) $f^4(3)=(f \circ f^3)(3)=f(f^3(3))=f(2)$이므로 $f^4(3)$은 2^3, 즉 8을 5로 나누었을 때의 나머지이므로 3이다.

∴ $f^4(3)=3$

⋮

∴ $f^1(3)=f^3(3)=f^5(3)=\cdots=2$

　$f^2(3)=f^4(3)=f^6(3)=\cdots=3$

즉, $f^n(3)$에서 n이 홀수이면 $f^n(3)=2$, 짝수이면 $f^n(3)=3$이다.

따라서 $f^{99}(3)$에서 99가 홀수이므로 $f^{99}(3)=2$이다.

참고

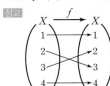

008 정답 ②

해설 다음 그림에서

$(f \circ f \circ f)(e)=f(f(f(e)))$

$=f(f(d))$

$=f(c)$

$=b$

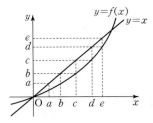

---

047 역함수

교과서문제 CHECK　　　　　　　　본문 P. 243

001 정답 4

해설 함수 f^{-1}는 다음과 같다.

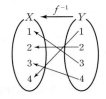

∴ $f^{-1}(1)=4$

002 정답 2

해설 $f^{-1}(2)=2$

003 정답 3

해설 $(f \circ f^{-1})(x)=x$이므로

$(f \circ f^{-1})(3)=3$

별해 $(f \circ f^{-1})(3)=f(f^{-1}(3))$

$=f(1)\,(\because f^{-1}(3)=1)$

$=3$

004 정답 4

해설 $(f^{-1} \circ f)(x)=x$이므로

$(f^{-1} \circ f)(4)=4$

별해 $(f^{-1} \circ f)(4)=f^{-1}(f(4))$

$=f^{-1}(1)\,(\because f(4)=1)$

$=4$

005 정답 3

해설 $(f^{-1})^{-1}(x)=f(x)$이므로

$(f^{-1})^{-1}(1)=f(1)=3$

006 정답 4

해설 $(f^{-1})^{-1}(x)=f(x)$이므로

$(f^{-1})^{-1}(3)=f(3)=4$

007 정답 1

해설 $f(a)=b \Longleftrightarrow f^{-1}(b)=a$이므로

$f(1)=2$일 때 $f^{-1}(2)=1$이다.

008 정답 2

해설 $f(a)=b \Longleftrightarrow f^{-1}(b)=a$이므로

$f(2)=3$일 때 $f^{-1}(3)=2$이다.

009 정답 3

해설 $f^{-1}(a)=b \Longleftrightarrow f(b)=a$이므로

$f^{-1}(3)=2$일 때 $f(2)=3$이다.

010 정답 1

해설 $f^{-1}(a)=b \Longleftrightarrow f(b)=a$이므로

$f^{-1}(1)=2$일 때 $f(2)=1$이다.

011 정답 $y=x$

해설 (i) 함수 $y=x$는 일대일대응이므로 역함수가 존재한다.

(ii) x와 y를 서로 바꾸면 $x=y$

따라서 구하는 역함수는 $y=x$이다.

012 정답 $y=x-2$

해설 (i) 함수 $y=x+2$는 일대일대응이므로 역함수가 존재한다.

(ii) $y=x+2$를 x에 대하여 정리하면 $x=y-2$

(iii) x와 y를 서로 바꾸면 $y=x-2$

따라서 구하는 역함수는 $y=x-2$이다.

별해 x와 y를 먼저 바꾸는 방법도 있다.

(i) 함수 $y=x+2$는 일대일대응이므로 역함수가 존재한다.

(ii) x와 y를 서로 바꾸면 $x=y+2$

(iii) $x=y+2$를 y에 대하여 정리하면 $y=x-2$

따라서 구하는 역함수는 $y=x-2$이다.

013 정답 $y=\dfrac{1}{2}x-\dfrac{1}{2}$

해설 (i) 함수 $y=2x+1$은 일대일대응이므로 역함수가 존재한다.

(ii) $y=2x+1$을 x에 대하여 정리하면

$$2x=y-1 \qquad \therefore x=\frac{1}{2}y-\frac{1}{2}$$

(iii) x와 y를 서로 바꾸면 $y=\dfrac{1}{2}x-\dfrac{1}{2}$

따라서 구하는 역함수는 $y=\dfrac{1}{2}x-\dfrac{1}{2}$이다.

014 정답 $y=-2x+6$

해설 (i) 함수 $y=-\dfrac{1}{2}x+3$은 일대일대응이므로 역함수가 존재한다.

(ii) $y=-\dfrac{1}{2}x+3$을 x에 대하여 정리하면

$$\frac{1}{2}x=-y+3 \qquad \therefore x=-2y+6$$

(iii) x와 y를 서로 바꾸면 $y=-2x+6$

따라서 구하는 역함수는 $y=-2x+6$이다.

015 정답 $y=-\dfrac{1}{2}x+2$, 정의역 : $\{x\,|\,x\leq2\}$

해설 $y=-2x+4$에서 $x\geq1$이므로 $y\leq2$이다.

(i) 함수 $y=-2x+4\,(x\geq1,\,y\leq2)$는 일대일대응이므로 역함수가 존재한다.

(ii) $y=-2x+4$를 x에 대하여 정리하면

$$2x=-y+4 \qquad \therefore x=-\frac{1}{2}y+2\,(y\leq2,\,x\geq1)$$

(iii) x와 y를 서로 바꾸면 $y=-\dfrac{1}{2}x+2\,(x\leq2,\,y\geq1)$

따라서 구하는 역함수는 $y=-\dfrac{1}{2}x+2\,(x\leq2)$이다.

016 정답 $y=\sqrt{x}$, 정의역 : $\{x\,|\,x\geq0\}$

해설 $y=x^2$에서 $x\geq0$이므로 $y\geq0$이다.

(i) 함수 $y=x^2\,(x\geq0,\,y\geq0)$은 일대일대응이므로 역함수가 존재한다.

(ii) $y=x^2$을 x에 대하여 정리하면

$$x=\pm\sqrt{y}$$

그런데 $x\geq0$이므로

$$x=\sqrt{y}\,(y\geq0,\,x\geq0)$$

(iii) x와 y를 서로 바꾸면 $y=\sqrt{x}\,(x\geq0,\,y\geq0)$

따라서 구하는 역함수는 $y=\sqrt{x}\,(x\geq0)$이다.

017 정답 $f^{-1}\circ g^{-1}$

해설 $(g\circ f)^{-1}=f^{-1}\circ g^{-1}$

주의 이때 $(g\circ f)^{-1}=g^{-1}\circ f^{-1}$로 착각해서는 안 된다.

018 정답 $f\circ g^{-1}$

해설 $(g\circ f^{-1})^{-1}=(f^{-1})^{-1}\circ g^{-1}$
$$=f\circ g^{-1}$$

019 정답 $g^{-1}\circ f$

해설 $(f^{-1}\circ g)^{-1}=g^{-1}\circ(f^{-1})^{-1}$
$$=g^{-1}\circ f$$

020 정답 $g\circ f$

해설 $(f^{-1}\circ g^{-1})^{-1}=(g^{-1})^{-1}\circ(f^{-1})^{-1}$
$$=g\circ f$$

021 정답 g

해설 $f\circ(f^{-1}\circ g)=(f\circ f^{-1})\circ g$
$$=I\circ g\,(I\text{는 항등함수})$$
$$=g$$

022 정답 f^{-1}

해설 $g\circ(f\circ g)^{-1}=g\circ g^{-1}\circ f^{-1}$
$$=(g\circ g^{-1})\circ f^{-1}$$
$$=I\circ f^{-1}\,(I\text{는 항등함수})$$
$$=f^{-1}$$

023 정답 $g^{-1}\circ f$

해설 $f\circ(g\circ f)^{-1}\circ f$
$$=f\circ f^{-1}\circ g^{-1}\circ f$$
$$=(f\circ f^{-1})\circ(g^{-1}\circ f)$$
$$=I\circ(g^{-1}\circ f)\,(I\text{는 항등함수})$$
$$=g^{-1}\circ f$$

024 정답 $f\circ g$

해설 $g\circ(f^{-1}\circ g)^{-1}\circ g$
$$=g\circ g^{-1}\circ(f^{-1})^{-1}\circ g$$
$$=(g\circ g^{-1})\circ(f\circ g)$$
$$=I\circ(f\circ g)\,(I\text{는 항등함수})$$
$$=f\circ g$$

025 정답 1

해설 $f(x)=x+1$에서

$f^{-1}(2)=k$라 하면 역함수의 정의에 의해

$f(k)=2$이므로

$f(k)=k+1=2 \qquad \therefore k=1$

026 정답 -1

해설 $g(x)=-2x$에서

$g^{-1}(2)=k$라 하면 역함수의 정의에 의해

$g(k)=2$이므로

$g(k)=-2k=2$　　$\therefore k=-1$

027 　정답 -1

　해설 $f(x)=x+1,\ g(x)=-2x$에서

$(g\circ f)^{-1}(0)=k$라 하면 역함수의 정의에 의해

$(g\circ f)(k)=0$이므로

$$\begin{aligned}(g\circ f)(k)&=g(f(k))=g(k+1)\\&=-2(k+1)\\&=0\end{aligned}$$

$\therefore k=-1$

　별해 $f(x)=x+1,\ g(x)=-2x$에서

$$\begin{aligned}(g\circ f)(x)&=g(f(x))=g(x+1)\\&=-2(x+1)\\&=-2x-2\end{aligned}$$

이때 $y=-2x-2$의 역함수를 구하면

$2x=-y-2$　　$\therefore x=-\dfrac{1}{2}y-1$

x와 y의 자리를 바꾸면 $y=-\dfrac{1}{2}x-2$

$\therefore (g\circ f)^{-1}(x)=-\dfrac{1}{2}x-1$

$\therefore (g\circ f)^{-1}(0)=-1$

028 　정답 1

　해설 $f(x)=x+1,\ g(x)=-2x$에서

$(f\circ g)^{-1}(-1)=k$라 하면 역함수의 정의에 의해

$(f\circ g)(k)=-1$이므로

$$\begin{aligned}(f\circ g)(k)&=f(g(k))\\&=f(-2k)\\&=-2k+1\\&=-1\end{aligned}$$

$\therefore k=1$

　별해 $f(x)=x+1,\ g(x)=-2x$에서

$$\begin{aligned}(f\circ g)(x)&=f(g(x))=f(-2x)\\&=-2x+1\end{aligned}$$

이때 $y=-2x+1$의 역함수를 구하면

$2x=-y+1$　　$\therefore x=-\dfrac{1}{2}y+\dfrac{1}{2}$

x와 y의 자리를 바꾸면 $y=-\dfrac{1}{2}x+\dfrac{1}{2}$

$\therefore (f\circ g)^{-1}(x)=-\dfrac{1}{2}x+\dfrac{1}{2}$

$\therefore (f\circ g)^{-1}(-1)=1$

029 　정답 2

　해설 $f(x)=x+1,\ g(x)=-2x$에서

$$\begin{aligned}g\circ(f\circ g)^{-1}&=g\circ g^{-1}\circ f^{-1}\\&=(g\circ g^{-1})\circ f^{-1}\\&=I\circ f^{-1}\ (I\text{는 항등함수})\\&=f^{-1}\end{aligned}$$

$(g\circ(f\circ g)^{-1})(3)=k$, 즉 $f^{-1}(3)=k$라 하면

역함수의 정의에 의해 $f(k)=3$이므로

$f(k)=k+1=3$　　$\therefore k=2$

030 　정답 -1

　해설 $f(x)=x+1,\ g(x)=-2x$에서

$$\begin{aligned}(f\circ g)^{-1}\circ f&=g^{-1}\circ f^{-1}\circ f\\&=g^{-1}\circ(f^{-1}\circ f)\\&=g^{-1}\circ I\ (I\text{는 항등함수})\\&=g^{-1}\end{aligned}$$

$((f\circ g)^{-1}\circ f)(2)=k$, 즉 $g^{-1}(2)=k$라 하면

역함수의 정의에 의해 $g(k)=2$이므로

$g(k)=-2k=2$　　$\therefore k=-1$

031 　정답 2

　해설 $f(x)=ax+3$에서 $f^{-1}(1)=2$이므로 역함수의 정의에 의해 $f(2)=1$이다.

$f(2)=2a+3=1$　　$\therefore a=-1$

$\therefore f(x)=-x+3$

$\therefore f(1)=(-1)+3=2$

032 　정답 3

　해설 $f(x)=ax+b$에서

$f(1)=1$이므로 $a+b=1$ 　$\cdots\cdots$ ㉠

$f^{-1}(5)=3$이므로 역함수의 정의에 의해 $f(3)=5$이다.

$f(3)=3a+b=5$ 　　$\cdots\cdots$ ㉡

㉠, ㉡을 연립하여 풀면

$a=2,\ b=-1$

$\therefore f(x)=2x-1$

$\therefore f(2)=4-1=3$

033 　정답 3

　해설 $f(x)=ax+b$에서

$f^{-1}(-1)=1,\ f^{-1}(1)=2$이므로 역함수의 정의에 의해 $f(1)=-1,\ f(2)=1$이다.

$f(1)=a+b=-1$ 　$\cdots\cdots$ ㉠

$f(2)=2a+b=1$ 　$\cdots\cdots$ ㉡

㉠, ㉡을 연립하여 풀면

$a=2,\ b=-3$

$\therefore f(x)=2x-3$

$\therefore f(3)=6-3=3$

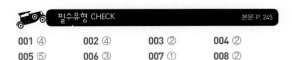
필수유형 CHECK　　　　　　本문 P. 245

001 ④	002 ④	003 ②	004 ②
005 ⑤	006 ③	007 ①	008 ②

001 　정답 ④

　해설 ① $f(x)=2$라 하면 $f(-1)=f(1)=2$이므로 일대일대응이 아니다.

즉, $-1\neq 1$이지만 $f(-1)=f(1)$이기 때문이다.

② $f(x)=x^2$이라 하면 $f(-1)=f(1)=1$이므로 일대
일대응이 아니다.

즉, $-1\neq1$이지만 $f(-1)=f(1)$이기 때문이다.

③ $f(x)=|x|+2$이라 하면 $f(-1)=f(1)=3$이므로
일대일대응이 아니다.

즉, $-1\neq1$이지만 $f(-1)=f(1)$이기 때문이다.

④ 모든 일차함수는 일대일대응이다.

⑤ $x^2+y^2=1$은 원의 방정식이며 함수가 아니다.

따라서 역함수가 존재하는 것은 ④이다.

002 정답 ④

해설 함수 $f(x)=2x+3$의 역함수가 존재하려면 $f(x)$
는 일대일대응이어야 한다.

즉, 함수 $f(x)=2x+3$의 기울기가 양수이므로

$f(-2)=a$, $f(1)=b$이어야 한다. 즉,

$f(-2)=(-4)+3=-1=a$

$f(1)=2+3=5=b$

$\therefore a+b=(-1)+5=4$

003 정답 ②

해설 모든 일차함수는 일대일대응이므로 역함수가 존재한
다.

$f(x)=ax+b$에서 $f^{-1}(3)=1$, $f^{-1}(5)=2$이므로 역함
수의 정의에 의해 $f(1)=3$, $f(2)=5$이다.

$f(1)=a+b=3$ ······ ㉠

$f(2)=2a+b=5$ ······ ㉡

㉠, ㉡을 연립하여 풀면 $a=2$, $b=1$

$\therefore ab=2\cdot1=2$

004 정답 ②

해설 모든 일차함수는 일대일대응이므로 역함수가 존재한
다.

$y=ax+b$와 $y=x+3$은 서로 역함수이다.

$y=x+3$의 x와 y를 바꾸면 $x=y+3$이고

$y=\square$ 꼴로 정리하면 $y=x-3$

이 식이 $y=ax+b$와 일치해야 하므로

$a=1$, $b=-3$

$\therefore a+b=1+(-3)=-2$

별해 $(f\circ f^{-1})(x)=x$이므로

$(f\circ f^{-1})(x)=f(f^{-1}(x))$

$\qquad\qquad\quad=f(x+3)$

$\qquad\qquad\quad=a(x+3)+b$

$\qquad\qquad\quad=ax+3a+b$

$\qquad\qquad\quad=x$

$a=1$, $3a+b=0$이므로

$b=-3$

$\therefore a+b=1+(-3)=-2$

참고 $(f^{-1}\circ f)(x)=x$를 이용하여 풀어도 똑같은 결과
를 얻는다.

005 정답 ⑤

해설 $f(-2x+1)=x+2$에서 역함수의 정의에 의해

$f^{-1}(x+2)=-2x+1$

이 식의 양변에 $x=-2$를 대입하면

$f^{-1}(0)=4+1=5$

별해 $f^{-1}(0)=k$라 하면 역함수의 정의에 의해

$f(k)=0$ ······ ㉠

또한 $f(-2x+1)=x+2$에 $x=-2$를 대입하면

$f(5)=0$ ······ ㉡

㉠, ㉡에서 $k=5$

별해 $f(-2x+1)=x+2$에서 $-2x+1=t$로 치환하면

$x=-\dfrac{1}{2}t+\dfrac{1}{2}$이므로

$f(t)=\left(-\dfrac{1}{2}t+\dfrac{1}{2}\right)+2$

$\qquad=-\dfrac{1}{2}t+\dfrac{5}{2}$

이때 $f^{-1}(0)=k$라 하면 $f(k)=0$이므로

$-\dfrac{1}{2}k+\dfrac{5}{2}=0$ $\therefore k=5$

006 정답 ③

해설 $f(x)=2x-3$, $g(x)=1-4x$에서

$f\circ(g\circ f)^{-1}\circ f$

$=f\circ f^{-1}\circ g^{-1}\circ f$

$=(f\circ f^{-1})\circ(g^{-1}\circ f)$

$=I\circ(g^{-1}\circ f)$ (I는 항등함수)

$=g^{-1}\circ f$

$\therefore (f\circ(g\circ f)^{-1}\circ f)(4)$

$=(g^{-1}\circ f)(4)$

$=g^{-1}(f(4))$

$=g^{-1}(5)$ ($\because f(4)=2\cdot4-3=5$)

이때 $g^{-1}(5)=k$라 하면 역함수의 성질에 의해

$g(k)=5$이다.

즉, $g(k)=1-4k=5$ $\therefore k=-1$

$\therefore (f\circ(g\circ f)^{-1}\circ f)(4)=g^{-1}(5)=-1$

007 정답 ①

해설 일차함수 $f(x)=ax+b$의 그래프가 점 $(2, -1)$
을 지나므로

$f(2)=2a+b=-1$ ······ ㉠

또한 그 역함수 $y=f^{-1}(x)$의 그래프도 점 $(2, -1)$을
지나므로

$f^{-1}(2)=-1\Longleftrightarrow f(-1)=2$에서

$f(-1)=-a+b=2$ ······ ㉡

㉠, ㉡을 연립하여 풀면 $a=-1$, $b=1$

$\therefore a^2+b^2=(-1)^2+1^2=2$

008 정답 ②

해설 함수 $y=f(x)$와 그 역함수 $y=g(x)$의 그래프의
두 교점은 함수 $y=f(x)$의 그래프와 직선 $y=x$의 두 교

점과 같다.

$x^2-2x+2=x$, $x^2-3x+2=0$

$(x-1)(x-2)=0$

$\therefore x=1$ 또는 $x=2$

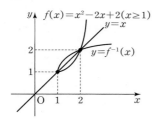

따라서 두 함수 $y=f(x)$, $y=g(x)$의 그래프의 두 교점은 $(1, 1)$, $(2, 2)$이므로 두 교점 사이의 거리는

$\sqrt{(2-1)^2+(2-1)^2}=\sqrt{2}$

참고 두 점 $A(x_1, y_1)$, $B(x_2, y_2)$ 사이의 거리 $\overline{AB}$는

$\overline{AB}=\sqrt{(x_2-x_1)^2+(y_2-y_1)^2}$

048 유리식과 번분수식

🚂 교과서문제 CHECK   본문 P.247

001 정답 ○

002 정답 X

해설 $\dfrac{x^2-2}{3}=\dfrac{1}{3}x^2-\dfrac{2}{3}$이므로 유리식이 아니라 다항식이다.

003 정답 ○

004 정답 ○

해설 $x-\dfrac{1}{x}=\dfrac{x^2-1}{x}$이므로 유리식이다.

005 정답 $\dfrac{1}{x+1}$

해설 $\dfrac{x}{x^2+x}=\dfrac{x}{x(x+1)}=\dfrac{1}{x+1}$

006 정답 $\dfrac{x-2}{x^2+x+1}$

해설 $\dfrac{x^2-3x+2}{x^3-1}=\dfrac{(x-1)(x-2)}{(x-1)(x^2+x+1)}=\dfrac{x-2}{x^2+x+1}$

참고 $a^3-b^3=(a-b)(a^2+ab+b^2)$

007 정답 $\dfrac{1}{(x-1)(x-2)}$

해설 x^4-5x^2+4에서 $x^2=t$로 치환하면

$x^4-5x^2+4=(x^2)^2-5x^2+4$

$=t^2-5t+4$

$=(t-1)(t-4)$

$=(x^2-1)(x^2-4)$

$=(x+1)(x-1)(x+2)(x-2)$

$\therefore \dfrac{x^2+3x+2}{x^4-5x^2+4}=\dfrac{(x+1)(x+2)}{(x+1)(x-1)(x+2)(x-2)}$

$=\dfrac{1}{(x-1)(x-2)}$

008 정답 $\dfrac{1}{x-1}$

해설 x^3-2x^2-x+2

$=x^2(x-2)-(x-2)$

$=(x^2-1)(x-2)$

$=(x-1)(x+1)(x-2)$

$\therefore \dfrac{x^2-x-2}{x^3-2x^2-x+2}=\dfrac{(x+1)(x-2)}{(x-1)(x+1)(x-2)}$

$=\dfrac{1}{x-1}$

별해 $f(x)=x^3-2x^2-x+2$라 하면

$f(1)=1-2-1+2=0$

따라서 다항식 $f(x)$는 $x-1$을 인수로 가지므로 조립제법을 이용하면

1	1	-2	-1	2
		1	-1	-2
	1	-1	-2	0

$\therefore f(x)=x^3-2x^2-x+2$

$=(x-1)(x^2-x-2)$

$\therefore \dfrac{x^2-x-2}{x^3-2x^2-x+2}=\dfrac{x^2-x-2}{(x-1)(x^2-x-2)}$

$=\dfrac{1}{x-1}$

009 정답 $\dfrac{3x-1}{x-1}$

해설 $\dfrac{2}{x-1}+3=\dfrac{2}{x-1}+\dfrac{3(x-1)}{x-1}$

$=\dfrac{2+3x-3}{x-1}$

$=\dfrac{3x-1}{x-1}$

010 정답 $\dfrac{3(x-1)}{(x-2)(x+1)}$

해설 $\dfrac{1}{x-2}+\dfrac{2}{x+1}$

$=\dfrac{x+1}{(x-2)(x+1)}+\dfrac{2(x-2)}{(x-2)(x+1)}$

$=\dfrac{x+1+2x-4}{(x-2)(x+1)}$

$=\dfrac{3(x-1)}{(x-2)(x+1)}$

011 정답 $\dfrac{3}{(x-1)(x+2)}$

해설 $\dfrac{1}{x^2+3x+2}+\dfrac{2}{x^2-1}$

$=\dfrac{1}{(x+1)(x+2)}+\dfrac{2}{(x+1)(x-1)}$

$=\dfrac{x-1}{(x+1)(x-1)(x+2)}+\dfrac{2(x+2)}{(x+1)(x-1)(x+2)}$

$=\dfrac{x-1+2(x+2)}{(x+1)(x-1)(x+2)}$

$=\dfrac{3(x+1)}{(x+1)(x-1)(x+2)}$

$=\dfrac{3}{(x-1)(x+2)}$

012 정답 $\dfrac{-x+3}{(x-1)(x^2+x+1)}$

해설 $\dfrac{x+1}{x^3-1}-\dfrac{2}{x^2+x+1}$

$=\dfrac{x+1}{(x-1)(x^2+x+1)}-\dfrac{2}{x^2+x+1}$

$=\dfrac{x+1}{(x-1)(x^2+x+1)}-\dfrac{2(x-1)}{(x-1)(x^2+x+1)}$

$=\dfrac{x+1-2(x-1)}{(x-1)(x^2+x+1)}$

$=\dfrac{-x+3}{(x-1)(x^2+x+1)}$

013 정답 $\dfrac{x-2}{(x-1)^2}$

해설 $\dfrac{x^2-x-2}{x^2+2x-3}\times\dfrac{x+3}{x^2-1}$

$=\dfrac{(x+1)(x-2)}{(x+3)(x-1)}\times\dfrac{x+3}{(x+1)(x-1)}$

$=\dfrac{x-2}{(x-1)^2}$

014 정답 $(x+1)^2$

해설 $\dfrac{x^2-3x-4}{x-1}\div\dfrac{x-4}{x^2-1}$

$=\dfrac{x^2-3x-4}{x-1}\times\dfrac{x^2-1}{x-4}$

$=\dfrac{(x+1)(x-4)}{x-1}\times\dfrac{(x+1)(x-1)}{x-4}$

$=(x+1)^2$

015 정답 $\dfrac{2}{x-1}$

해설 $\dfrac{2x^2+x}{x^3-1}-\dfrac{x+1}{x^2+x+1}+\dfrac{1}{x-1}$

$=\dfrac{2x^2+x}{(x-1)(x^2+x+1)}-\dfrac{(x-1)(x+1)}{(x-1)(x^2+x+1)}$

$\quad+\dfrac{x^2+x+1}{(x-1)(x^2+x+1)}$

$=\dfrac{2x^2+x-(x^2-1)+x^2+x+1}{(x-1)(x^2+x+1)}$

$=\dfrac{2x^2+2x+2}{(x-1)(x^2+x+1)}$

$=\dfrac{2(x^2+x+1)}{(x-1)(x^2+x+1)}$

$=\dfrac{2}{x-1}$

016 정답 x

해설 $\dfrac{x^2+x-6}{x+3}\div\dfrac{x^2+5x+6}{x^2+2x}\times\dfrac{x^2+4x+3}{x^2-x-2}$

$=\dfrac{x^2+x-6}{x+3}\times\dfrac{x^2+2x}{x^2+5x+6}\times\dfrac{x^2+4x+3}{x^2-x-2}$

$=\dfrac{(x+3)(x-2)}{x+3}\times\dfrac{x(x+2)}{(x+2)(x+3)}$

$\quad\times\dfrac{(x+1)(x+3)}{(x+1)(x-2)}$

$=x$

017 정답 $\dfrac{8}{x^8-1}$

해설 $\dfrac{1}{x-1}-\dfrac{1}{x+1}-\dfrac{2}{x^2+1}-\dfrac{4}{x^4+1}$

$=\dfrac{(x+1)-(x-1)}{(x-1)(x+1)}-\dfrac{2}{x^2+1}-\dfrac{4}{x^4+1}$

$=\dfrac{2}{x^2-1}-\dfrac{2}{x^2+1}-\dfrac{4}{x^4+1}$

$=\dfrac{2(x^2+1)-2(x^2-1)}{(x^2-1)(x^2+1)}-\dfrac{4}{x^4+1}$

$=\dfrac{4}{x^4-1}-\dfrac{4}{x^4+1}$

$=\dfrac{4(x^4+1)-4(x^4-1)}{(x^4-1)(x^4+1)}$

$=\dfrac{8}{x^8-1}$

018 정답 $\dfrac{-8x+4}{x(x+1)(x-1)(x-2)}$

해설 $\dfrac{x+2}{x}-\dfrac{x+3}{x+1}-\dfrac{x-3}{x-1}+\dfrac{x-4}{x-2}$

$=\left(1+\dfrac{2}{x}\right)-\left(1+\dfrac{2}{x+1}\right)-\left(1-\dfrac{2}{x-1}\right)$

$\quad+\left(1-\dfrac{2}{x-2}\right)$

$=\dfrac{2}{x}-\dfrac{2}{x+1}+\dfrac{2}{x-1}-\dfrac{2}{x-2}$

$=\dfrac{2(x+1)-2x}{x(x+1)}+\dfrac{2(x-2)-2(x-1)}{(x-1)(x-2)}$

$=\dfrac{2}{x(x+1)}-\dfrac{2}{(x-1)(x-2)}$

$=\dfrac{2(x-1)(x-2)-2x(x+1)}{x(x+1)(x-1)(x-2)}$

$=\dfrac{2x^2-6x+4-(2x^2+2x)}{x(x+1)(x-1)(x-2)}$

$=\dfrac{-8x+4}{x(x+1)(x-1)(x-2)}$

참고 분모와 분자의 차가 모두 2이다.

019 정답 0

해설

$\dfrac{x}{(x-y)(x-z)}+\dfrac{y}{(y-z)(y-x)}+\dfrac{z}{(z-x)(z-y)}$

$=\dfrac{2(x^2+x+1)}{(x-1)(x^2+x+1)}$

$=\dfrac{2}{x-1}$

$$=\frac{-x}{(x-y)(z-x)}+\frac{-y}{(y-z)(x-y)}$$
$$+\frac{-z}{(z-x)(y-z)}$$
$$=\frac{-x}{(x-y)(z-x)}+\frac{-y}{(x-y)(y-z)}$$
$$+\frac{-z}{(y-z)(z-x)}$$
$$=\frac{-x(y-z)-y(z-x)-z(x-y)}{(x-y)(y-z)(z-x)}$$
$$=\frac{-xy+xz-yz+yx-zx+zy}{(x-y)(y-z)(z-x)}$$
$$=0$$

020 정답 $2x$

해설 $\dfrac{2}{\dfrac{1}{x}}=\dfrac{\dfrac{2}{1}}{\dfrac{1}{x}}=\dfrac{2\cdot x}{1\cdot 1}=\dfrac{2x}{1}=2x$

별해 $\dfrac{2}{\dfrac{1}{x}}=2\div\dfrac{1}{x}$

$$=2\times x$$
$$=2x$$

021 정답 $\dfrac{x^2}{x^2-1}$

해설 $\dfrac{x}{x-\dfrac{1}{x}}=\dfrac{x}{\dfrac{x^2-1}{x}}=\dfrac{x\cdot x}{1\cdot(x^2-1)}=\dfrac{x^2}{x^2-1}$

022 정답 $\dfrac{x+1}{2x+1}$

해설 $\dfrac{1}{1+\dfrac{1}{1+\dfrac{1}{x}}}=\dfrac{1}{1+\dfrac{1}{\dfrac{x+1}{x}}}=\dfrac{1}{1+\dfrac{1}{\dfrac{x+1}{x}}}$

$$=\dfrac{1}{1+\dfrac{1\cdot x}{1\cdot(x+1)}}=\dfrac{1}{1+\dfrac{x}{x+1}}$$

$$=\dfrac{1}{\dfrac{x+1+x}{x+1}}=\dfrac{1}{\dfrac{2x+1}{x+1}}=\dfrac{1}{\dfrac{2x+1}{x+1}}$$

$$=\dfrac{1\cdot(x+1)}{1\cdot(2x+1)}=\dfrac{x+1}{2x+1}$$

023 정답 x^2+x

해설 $\dfrac{x}{1-\dfrac{1}{1+\dfrac{1}{x}}}=\dfrac{x}{1-\dfrac{1}{\dfrac{x+1}{x}}}=\dfrac{x}{1-\dfrac{1}{\dfrac{x+1}{x}}}$

$$=\dfrac{x}{1-\dfrac{1\cdot x}{1\cdot(x+1)}}=\dfrac{x}{1-\dfrac{x}{x+1}}$$

$$=\dfrac{x}{\dfrac{x+1-x}{x+1}}=\dfrac{x}{\dfrac{1}{x+1}}=\dfrac{x}{\dfrac{1}{x+1}}$$

$$=\frac{x(x+1)}{1\cdot 1}=x^2+x$$

필수유형 CHECK 본문 P. 249

001 ① **002** ② **003** ③ **004** ④
005 ② **006** ⑤ **007** ② **008** ②

001 정답 ①

해설 $\dfrac{2x+3}{x+2}-\dfrac{2x+1}{x+1}$

$$=\dfrac{(x+1)(2x+3)}{(x+1)(x+2)}-\dfrac{(2x+1)(x+2)}{(x+1)(x+2)}$$

$$=\dfrac{2x^2+5x+3-(2x^2+5x+2)}{(x+1)(x+2)}$$

$$=\dfrac{1}{(x+1)(x+2)}$$

따라서 구하는 상수 a의 값은 1이다.

별해 $\dfrac{2x+3}{x+2}-\dfrac{2x+1}{x+1}$

$$=\dfrac{2(x+2)-1}{x+2}-\dfrac{2(x+1)-1}{x+1}$$

$$=\left(2-\dfrac{1}{x+2}\right)-\left(2-\dfrac{1}{x+1}\right)$$

$$=-\dfrac{1}{x+2}+\dfrac{1}{x+1}$$

$$=\dfrac{1}{x+1}-\dfrac{1}{x+2}$$

$$=\dfrac{x+2}{(x+1)(x+2)}-\dfrac{x+1}{(x+1)(x+2)}$$

$$=\dfrac{(x+2)-(x+1)}{(x+1)(x+2)}$$

$$=\dfrac{1}{(x+1)(x+2)}$$

따라서 구하는 상수 a의 값은 1이다.

002 정답 ②

해설 $\dfrac{x^2+x}{x^2+2x+1}\times\dfrac{x^3-1}{x^2+1}\div\dfrac{x^3-2x^2+x}{x^4-1}$

$$=\dfrac{x^2+x}{x^2+2x+1}\times\dfrac{x^3-1}{x^2+1}\times\dfrac{x^4-1}{x^3-2x^2+x}$$

$$=\dfrac{x(x+1)}{(x+1)^2}\times\dfrac{(x-1)(x^2+x+1)}{x^2+1}$$

$$\times\dfrac{(x^2+1)(x^2-1)}{x(x^2-2x+1)}$$

$$=\dfrac{x(x+1)}{(x+1)^2}\times\dfrac{(x-1)(x^2+x+1)}{x^2+1}$$

$$\times\dfrac{(x^2+1)(x+1)(x-1)}{x(x-1)^2}$$

$$=x^2+x+1$$

따라서 $a=1,\ b=1,\ c=1$이므로

$$a+b+c=1+1+1=3$$

003 정답 ③

해설 $\dfrac{a+b}{a-b}-\dfrac{a-b}{a+b}$

$$= \frac{(a+b)^2}{(a-b)(a+b)} - \frac{(a-b)^2}{(a-b)(a+b)}$$

$$= \frac{a^2+2ab+b^2-(a^2-2ab+b^2)}{(a-b)(a+b)}$$

$$= \frac{4ab}{(a-b)(a+b)}$$

이때 $(a-b)^2=(a+b)^2-4ab=5^2-4\cdot\frac{9}{4}=16$이므로

$$a-b=\pm4$$

그런데 $a>b$이므로 $a-b=4$이다.

$$\therefore \frac{a+b}{a-b} - \frac{a-b}{a+b} = \frac{4ab}{(a-b)(a+b)}$$

$$= \frac{4\cdot\frac{9}{4}}{4\cdot5} = \frac{9}{20}$$

별해 $\dfrac{a+b}{a-b}$와 $\dfrac{a-b}{a+b}$는 서로 역수 관계에 있으므로

$\dfrac{a+b}{a-b}$만 구해도 된다.

위의 해설에서 $a-b=4$이므로 $\dfrac{a+b}{a-b}=\dfrac{5}{4}$

$$\therefore \frac{a+b}{a-b} - \frac{a-b}{a+b} = \frac{5}{4} - \frac{4}{5}$$

$$= \frac{25-16}{20}$$

$$= \frac{9}{20}$$

004 정답 ④

해설 $\dfrac{1}{x(x+1)^2}=\dfrac{a}{x}+\dfrac{b}{x+1}+\dfrac{c}{(x+1)^2}$의 양변에

$x(x+1)^2$을 곱하면

$$1=a(x+1)^2+bx(x+1)+cx$$

$$1=a(x^2+2x+1)+b(x^2+x)+cx$$

$$\therefore 1=(a+b)x^2+(2a+b+c)x+a$$

이 식은 모든 실수 x에 대하여 성립하므로 x에 대한 항등식이다.

$$\therefore a+b=0,\ 2a+b+c=0,\ a=1$$

세 식을 연립하여 풀면

$$a=1,\ b=-1,\ c=-1$$

$$\therefore abc=1\cdot(-1)\cdot(-1)=1$$

005 정답 ②

해설 $\dfrac{3}{x^3+1}=\dfrac{a}{x+1}+\dfrac{bx+c}{x^2-x+1}$에서

$$\frac{3}{(x+1)(x^2-x+1)}=\frac{a}{x+1}+\frac{bx+c}{x^2-x+1}$$

이 식의 양변에 $(x+1)(x^2-x+1)$을 곱하면

$$3=a(x^2-x+1)+(bx+c)(x+1)$$

$$3=ax^2-ax+a+bx^2+(b+c)x+c$$

$$\therefore 3=(a+b)x^2+(-a+b+c)x+(a+c)$$

이 식은 모든 실수 x에 대하여 성립하므로 x에 대한 항등식이다.

$$\therefore a+b=0 \qquad \cdots\cdots \ \text{㉠}$$

$$-a+b+c=0 \qquad \cdots\cdots \ \text{㉡}$$

$$a+c=3 \qquad \cdots\cdots \ \text{㉢}$$

㉠에서 $a=-b$를 ㉡, ㉢에 대입하면

$$2b+c=0,\ -b+c=3$$

두 식을 연립하여 풀면

$$b=-1,\ c=2 \qquad \therefore a=1$$

$$\therefore abc=1\cdot(-1)\cdot2=-2$$

006 정답 ⑤

해설

$$1+\cfrac{1}{1+\cfrac{1}{1+\cfrac{1}{x}}}=1+\cfrac{1}{1+\cfrac{1}{\frac{x+1}{x}}}=1+\cfrac{1}{1+\cfrac{x}{x+1}}$$

$$=1+\cfrac{1}{\frac{x+1+x}{x+1}}=1+\cfrac{1}{\frac{2x+1}{x+1}}$$

$$=1+\frac{x+1}{2x+1}$$

$$=\frac{2x+1+x+1}{2x+1}$$

$$=\frac{3x+2}{2x+1}$$

이때 $a=3k,\ b=2k,\ c=2k,\ d=k\ (k$는 자연수)이므로

$$a+b+c+d=3k+2k+2k+k=8k$$

따라서 $a+b+c+d$의 최솟값은 $k=1$일 때이므로 8이다.

007 정답 ②

해설 $\dfrac{43}{30}=1+\dfrac{13}{30}=1+\cfrac{1}{\frac{30}{13}}$

$$=1+\cfrac{1}{2+\frac{4}{13}}$$

$$=1+\cfrac{1}{2+\cfrac{1}{\frac{13}{4}}}$$

$$=1+\cfrac{1}{2+\cfrac{1}{3+\frac{1}{4}}}$$

따라서 $a=1,\ b=2,\ c=3,\ d=4$이므로

$$a+b+c+d=1+2+3+4=10$$

008 정답 ②

해설 $x^2-2x+1=0$의 좌변에 $x=0$을 대입하면

$0^2-2\cdot0+1=1\neq0$이므로 $x\neq0$이다.

$x^2-2x+1=0$에서 $x\neq0$이므로 양변을 x로 나누면

$$x-2+\frac{1}{x}=0 \qquad \therefore x+\frac{1}{x}=2$$

$$\therefore x^2+x^3+\frac{1}{x^2}+\frac{1}{x^3}$$

$$=\left(x^2+\frac{1}{x^2}\right)+\left(x^3+\frac{1}{x^3}\right)$$

$$=\left\{\left(x+\frac{1}{x}\right)^2-2\right\}+\left\{\left(x+\frac{1}{x}\right)^3-3\left(x+\frac{1}{x}\right)\right\}$$

$$=(2^2-2)+(2^3-3\cdot2)$$
$$=2+2$$
$$=4$$

참고 $a^2+b^2=(a+b)^2-2ab$이므로
$$x^2+\frac{1}{x^2}=\left(x+\frac{1}{x}\right)^2-2\cdot x\cdot\frac{1}{x}$$
$$=\left(x+\frac{1}{x}\right)^2-2$$

$a^3+b^3=(a+b)^3-3ab(a+b)$이므로
$$x^3+\frac{1}{x^3}=\left(x+\frac{1}{x}\right)^3-3\cdot x\cdot\frac{1}{x}\left(x+\frac{1}{x}\right)$$
$$=\left(x+\frac{1}{x}\right)^3-3\left(x+\frac{1}{x}\right)$$

049 부분분수와 가비의 리

교과서문제 CHECK

본문 P. 251

001 정답 $1-\dfrac{1}{2}$

해설 $\dfrac{1}{1\times2}=\dfrac{1}{2-1}\left(\dfrac{1}{1}-\dfrac{1}{2}\right)=1-\dfrac{1}{2}$

002 정답 $\dfrac{1}{4}-\dfrac{1}{8}$

해설 $\dfrac{1}{2\times4}=\dfrac{1}{4-2}\left(\dfrac{1}{2}-\dfrac{1}{4}\right)=\dfrac{1}{4}-\dfrac{1}{8}$

003 정답 $\dfrac{1}{x}-\dfrac{1}{x+1}$

해설 $\dfrac{1}{x(x+1)}=\dfrac{1}{(x+1)-x}\left(\dfrac{1}{x}-\dfrac{1}{x+1}\right)$
$$=\dfrac{1}{x}-\dfrac{1}{x+1}$$

004 정답 $\dfrac{1}{x}-\dfrac{1}{x+2}$

해설 $\dfrac{2}{x(x+2)}=\dfrac{2}{(x+2)-x}\left(\dfrac{1}{x}-\dfrac{1}{x+2}\right)$
$$=\dfrac{1}{x}-\dfrac{1}{x+2}$$

005 정답 $\dfrac{1}{12}-\dfrac{1}{24}$

해설 $\dfrac{1}{2\times3\times4}=\dfrac{1}{4-2}\left(\dfrac{1}{2\cdot3}-\dfrac{1}{3\cdot4}\right)$
$$=\dfrac{1}{2}\left(\dfrac{1}{6}-\dfrac{1}{12}\right)$$
$$=\dfrac{1}{12}-\dfrac{1}{24}$$

006 정답 $\dfrac{1}{x(x+1)}-\dfrac{1}{(x+1)(x+2)}$

해설 $\dfrac{2}{x(x+1)(x+2)}$
$$=\dfrac{2}{(x+2)-x}\left\{\dfrac{1}{x(x+1)}-\dfrac{1}{(x+1)(x+2)}\right\}$$
$$=\dfrac{1}{x(x+1)}-\dfrac{1}{(x+1)(x+2)}$$

007 정답 $\dfrac{9}{10}$

해설 $\dfrac{1}{1\times2}+\dfrac{1}{2\times3}+\dfrac{1}{3\times4}+\cdots+\dfrac{1}{9\times10}$
$$=\dfrac{1}{2-1}\left(\dfrac{1}{1}-\dfrac{1}{2}\right)+\dfrac{1}{3-2}\left(\dfrac{1}{2}-\dfrac{1}{3}\right)+\dfrac{1}{4-3}\left(\dfrac{1}{3}-\dfrac{1}{4}\right)$$
$$+\cdots+\dfrac{1}{10-9}\left(\dfrac{1}{9}-\dfrac{1}{10}\right)$$
$$=\dfrac{1}{1}-\dfrac{1}{\cancel{2}}+\dfrac{1}{\cancel{2}}-\dfrac{1}{\cancel{3}}+\dfrac{1}{\cancel{3}}-\dfrac{1}{\cancel{4}}+\cdots+\dfrac{1}{\cancel{9}}-\dfrac{1}{10}$$
$$=1-\dfrac{1}{10}=\dfrac{9}{10}$$

008 정답 $\dfrac{10}{21}$

해설 $\dfrac{1}{1\times3}+\dfrac{1}{3\times5}+\dfrac{1}{5\times7}+\cdots+\dfrac{1}{19\times21}$
$$=\dfrac{1}{3-1}\left(\dfrac{1}{1}-\dfrac{1}{3}\right)+\dfrac{1}{5-3}\left(\dfrac{1}{3}-\dfrac{1}{5}\right)+\dfrac{1}{7-5}\left(\dfrac{1}{5}-\dfrac{1}{7}\right)$$
$$+\cdots+\dfrac{1}{21-19}\left(\dfrac{1}{19}-\dfrac{1}{21}\right)$$
$$=\dfrac{1}{2}\left(\dfrac{1}{1}-\dfrac{1}{\cancel{3}}+\dfrac{1}{\cancel{3}}-\dfrac{1}{\cancel{5}}+\dfrac{1}{\cancel{5}}-\dfrac{1}{\cancel{7}}+\cdots+\dfrac{1}{\cancel{19}}-\dfrac{1}{21}\right)$$
$$=\dfrac{1}{2}\left(1-\dfrac{1}{21}\right)=\dfrac{10}{21}$$

009 정답 $\dfrac{58}{45}$

해설 $\dfrac{2}{1\times3}+\dfrac{2}{2\times4}+\dfrac{2}{3\times5}+\cdots+\dfrac{2}{7\times9}+\dfrac{2}{8\times10}$
$$=\dfrac{2}{3-1}\left(\dfrac{1}{1}-\dfrac{1}{3}\right)+\dfrac{2}{4-2}\left(\dfrac{1}{2}-\dfrac{1}{4}\right)+\dfrac{2}{5-3}\left(\dfrac{1}{3}-\dfrac{1}{5}\right)$$
$$+\cdots+\dfrac{2}{9-7}\left(\dfrac{1}{7}-\dfrac{1}{9}\right)+\dfrac{2}{10-8}\left(\dfrac{1}{8}-\dfrac{1}{10}\right)$$
$$=\dfrac{1}{1}-\dfrac{1}{3}+\dfrac{1}{2}-\dfrac{1}{4}+\dfrac{1}{3}-\dfrac{1}{5}+\cdots+\dfrac{1}{7}-\dfrac{1}{9}+\dfrac{1}{8}$$
$$-\dfrac{1}{10}$$
$$=\left(\dfrac{1}{1}+\dfrac{1}{2}+\dfrac{1}{\cancel{3}}+\cdots+\dfrac{1}{\cancel{7}}+\dfrac{1}{\cancel{8}}\right)$$
$$-\left(\dfrac{1}{\cancel{3}}+\dfrac{1}{\cancel{4}}+\dfrac{1}{\cancel{5}}+\cdots+\dfrac{1}{\cancel{8}}+\dfrac{1}{9}+\dfrac{1}{10}\right)$$
$$=1+\dfrac{1}{2}-\dfrac{1}{9}-\dfrac{1}{10}$$
$$=\dfrac{116}{90}=\dfrac{58}{45}$$

010 정답 $\dfrac{3}{x(x+3)}$

해설 $\dfrac{1}{x(x+1)}+\dfrac{1}{(x+1)(x+2)}+\dfrac{1}{(x+2)(x+3)}$

$$= \frac{1}{(x+1)-x}\left(\frac{1}{x}-\frac{1}{x+1}\right)$$
$$+ \frac{1}{(x+2)-(x+1)}\left(\frac{1}{x+1}-\frac{1}{x+2}\right)$$
$$+ \frac{1}{(x+3)-(x+2)}\left(\frac{1}{x+2}-\frac{1}{x+3}\right)$$
$$= \frac{1}{x}-\frac{1}{x+1}+\frac{1}{x+1}-\frac{1}{x+2}+\frac{1}{x+2}-\frac{1}{x+3}$$
$$= \frac{1}{x}-\frac{1}{x+3}$$
$$= \frac{x+3-x}{x(x+3)}$$
$$= \frac{3}{x(x+3)}$$

011 정답 $\dfrac{9}{x(x+9)}$

해설 $\dfrac{2}{x(x+2)}+\dfrac{3}{(x+2)(x+5)}+\dfrac{4}{(x+5)(x+9)}$
$$= \frac{2}{(x+2)-x}\left(\frac{1}{x}-\frac{1}{x+2}\right)$$
$$+ \frac{3}{(x+5)-(x+2)}\left(\frac{1}{x+2}-\frac{1}{x+5}\right)$$
$$+ \frac{4}{(x+9)-(x+5)}\left(\frac{1}{x+5}-\frac{1}{x+9}\right)$$
$$= \frac{1}{x}-\frac{1}{x+2}+\frac{1}{x+2}-\frac{1}{x+5}+\frac{1}{x+5}-\frac{1}{x+9}$$
$$= \frac{1}{x}-\frac{1}{x+9}$$
$$= \frac{x+9-x}{x(x+9)}$$
$$= \frac{9}{x(x+9)}$$

012 정답 8

해설 $x:y=2:3$이므로
$x=2k,\ y=3k(k\neq0)$으로 놓으면
$$\frac{x+2y}{2x-y}=\frac{2k+2\cdot3k}{2\cdot2k-3k}=\frac{8k}{k}=8$$

013 정답 $\dfrac{11}{14}$

해설 $x:y:z=1:2:3$이므로
$x=k,\ y=2k,\ y=3k(k\neq0)$으로 놓으면
$$\frac{xy+yz+zx}{x^2+y^2+z^2}=\frac{k\cdot2k+2k\cdot3k+3k\cdot k}{k^2+(2k)^2+(3k)^2}$$
$$=\frac{2k^2+6k^2+3k^2}{k^2+4k^2+9k^2}$$
$$=\frac{11k^2}{14k^2}=\frac{11}{14}$$

014 정답 $\dfrac{11}{13}$

해설 $\dfrac{x+y}{3}=\dfrac{y+z}{4}=\dfrac{z+x}{5}=k(k\neq0)$으로 놓으면

$x+y=3k$ ……㉠
$y+z=4k$ ……㉡

$z+x=5k$ ……㉢
이 세 식을 변변끼리 더하면
$2(x+y+z)=12k$ $\therefore\ x+y+z=6k$ ……㉣
㉣-㉡, ㉣-㉢, ㉣-㉠을 하면
$x=2k,\ y=k,\ z=3k$
$$\therefore\ \frac{3x+2y+z}{x+2y+3z}=\frac{3\cdot2k+2\cdot k+3k}{2k+2\cdot k+3\cdot3k}$$
$$=\frac{11k}{13k}=\frac{11}{13}$$

참고 $\dfrac{x+y}{3}=\dfrac{y+z}{4}=\dfrac{z+x}{5}$는
$(x+y):(y+z):(z+x)=3:4:5$와 같은 의미이다.

015 정답 $\dfrac{3}{2}$

해설 $y=3z$이므로 $2y=6z$
$x=2y,\ 2y=6z$이므로
$x=2y=6z$에서 $\dfrac{x}{6}=\dfrac{y}{3}=z$ $\therefore\ x:y:z=6:3:1$
이때 $x=6k,\ y=3k,\ z=k(k\neq0)$으로 놓으면
$$\frac{x+2y+3z}{x+y+z}=\frac{6k+2\cdot3k+3\cdot k}{6k+3k+k}$$
$$=\frac{6k+6k+3k}{10k}$$
$$=\frac{15k}{10k}=\frac{3}{2}$$

주의 $x=2y=6z$가 $x:y:z=1:2:6$이 아니라는 것에
주의해야 한다.

016 정답 $k=5$

해설 $\dfrac{x}{2}=\dfrac{y}{3}=\dfrac{x+y}{2+3}$
$$=\frac{x+y}{5}$$
$$\therefore\ k=5$$

017 정답 $k=9$

해설 $\dfrac{x}{2}=\dfrac{y}{3}=\dfrac{z}{4}=\dfrac{x+y+z}{2+3+4}$
$$=\frac{x+y+z}{9}$$
$$\therefore\ k=9$$

018 정답 $k=13$

해설 $\dfrac{x}{2}=\dfrac{y}{3}=\dfrac{2x}{2\cdot2}=\dfrac{3y}{3\cdot3}$
$$=\frac{2x}{4}=\frac{3y}{9}$$
$$=\frac{2x+3y}{4+9}=\frac{2x+3y}{13}$$
$$\therefore\ k=13$$

019 정답 $k=26$

해설 $\dfrac{x}{3}=\dfrac{y}{4}=\dfrac{z}{5}=\dfrac{x}{3}=\dfrac{2y}{2\cdot4}=\dfrac{3z}{3\cdot5}$

$\qquad\qquad =\dfrac{x}{3}=\dfrac{2y}{8}=\dfrac{3z}{15}$

$\qquad\qquad =\dfrac{x+2y+3z}{3+8+15}$

$\qquad\qquad =\dfrac{x+2y+3z}{26}$

$\therefore k=26$

020 정답 $k=2$ 또는 $k=0$

해설 (ⅰ) $a+b\ne0$일 때, 가비의 리에 의해

$\dfrac{a+b}{a}=\dfrac{b+a}{b}$

$\qquad =\dfrac{(a+b)+(b+a)}{a+b}$

$\qquad =\dfrac{2(a+b)}{a+b}=2$

$\therefore k=2$

(ⅱ) $a+b=0$일 때

가비의 리를 사용하지 못하므로 직접 대입한다.

$\dfrac{a+b}{a}=\dfrac{b+a}{b}=0$

$\therefore k=0$

(ⅰ), (ⅱ)에서 $k=2$ 또는 $k=0$

별해 $\dfrac{a+b}{a}=\dfrac{b+a}{b}=k$이므로

$a+b=ak$ …… ㉠

$b+a=bk$ …… ㉡

㉠+㉡을 하면

$2(a+b)=k(a+b)$

(ⅰ) $a+b\ne0$일 때

$k=2$

(ⅱ) $a+b=0$일 때

$\dfrac{a+b}{a}=\dfrac{b+a}{b}=0$

$\therefore k=0$

(ⅰ), (ⅱ)에서 $k=2$ 또는 $k=0$

021 정답 $k=2$ 또는 $k=-1$

해설 (ⅰ) $a+b+c\ne0$일 때, 가비의 리에 의해

$\dfrac{b+c}{a}=\dfrac{c+a}{b}=\dfrac{a+b}{c}$

$\qquad =\dfrac{(b+c)+(c+a)+(a+b)}{a+b+c}$

$\qquad =\dfrac{2(a+b+c)}{a+b+c}=2$

$\therefore k=2$

(ⅱ) $a+b+c=0$일 때

가비의 리를 사용하지 못하므로 직접 대입한다.

$\dfrac{b+c}{a}=\dfrac{-a}{a}=-1$

$\dfrac{c+a}{b}=\dfrac{-b}{b}=-1$

$\dfrac{a+b}{c}=\dfrac{-c}{c}=-1$

$\therefore k=-1$

(ⅰ), (ⅱ)에서 $k=2$ 또는 $k=-1$

별해 $\dfrac{b+c}{a}=\dfrac{c+a}{b}=\dfrac{a+b}{c}=k$이므로

$b+c=ak$ …… ㉠

$c+a=bk$ …… ㉡

$a+b=ck$ …… ㉢

㉠+㉡+㉢을 하면

$2(a+b+c)=k(a+b+c)$

(ⅰ) $a+b+c\ne0$일 때

$k=2$

(ⅱ) $a+b+c=0$일 때

$b+c=-a,\ c+a=-b,\ a+b=-c$

이 식을 ㉠, ㉡, ㉢에 대입하면

$-a=ak,\ -b=bk,\ -c=ck$

$\therefore k=-1$

(ⅰ), (ⅱ)에서 $k=2$ 또는 $k=-1$

필수유형 CHECK　　　　本문 P. 253

| 001 ⑤ | 002 ① | 003 ① | 004 ② |
| 005 ③ | 006 ② | 007 ③ | 008 ① |

001 정답 ⑤

해설 $\dfrac{1}{x(x+1)}+\dfrac{2}{(x+1)(x+3)}+\dfrac{3}{(x+3)(x+6)}$

$=\dfrac{1}{(x+1)-x}\left(\dfrac{1}{x}-\dfrac{1}{x+1}\right)$

$\quad+\dfrac{2}{(x+3)-(x+1)}\left(\dfrac{1}{x+1}-\dfrac{1}{x+3}\right)$

$\quad+\dfrac{3}{(x+6)-(x+3)}\left(\dfrac{1}{x+3}-\dfrac{1}{x+6}\right)$

$=\dfrac{1}{x}-\dfrac{1}{x+1}+\dfrac{1}{x+1}-\dfrac{1}{x+3}+\dfrac{1}{x+3}-\dfrac{1}{x+6}$

$=\dfrac{1}{x}-\dfrac{1}{x+6}$

$=\dfrac{x+6-x}{x(x+6)}=\dfrac{6}{x(x+6)}$

$\therefore k=6$

002 정답 ①

해설 $\dfrac{1}{2}+\dfrac{1}{6}+\dfrac{1}{12}+\cdots+\dfrac{1}{90}$

$=\dfrac{1}{1\cdot2}+\dfrac{1}{2\cdot3}+\dfrac{1}{3\cdot4}+\cdots+\dfrac{1}{9\cdot10}$

$=\dfrac{1}{2-1}\left(\dfrac{1}{1}-\dfrac{1}{2}\right)+\dfrac{1}{3-2}\left(\dfrac{1}{2}-\dfrac{1}{3}\right)+\dfrac{1}{4-3}\left(\dfrac{1}{3}-\dfrac{1}{4}\right)$

$\quad+\cdots+\dfrac{1}{10-9}\left(\dfrac{1}{9}-\dfrac{1}{10}\right)$

$=\dfrac{1}{1}-\dfrac{1}{2}+\dfrac{1}{2}-\dfrac{1}{3}+\dfrac{1}{3}-\dfrac{1}{4}+\cdots+\dfrac{1}{9}-\dfrac{1}{10}$

$$=1-\frac{1}{10}=\frac{9}{10}$$

따라서 $a=9$, $b=10$이므로 $b-a=10-9=1$

003 정답 ①

해설 $f(x)=4x^2-1=(2x-1)(2x+1)$이므로

$$\frac{1}{f(x)}=\frac{1}{(2x-1)(2x+1)}$$
$$=\frac{1}{(2x+1)-(2x-1)}\left(\frac{1}{2x-1}-\frac{1}{2x+1}\right)$$
$$=\frac{1}{2}\left(\frac{1}{2x-1}-\frac{1}{2x+1}\right)$$

$$\therefore \frac{1}{f(1)}+\frac{1}{f(2)}+\frac{1}{f(3)}+\cdots+\frac{1}{f(19)}$$
$$=\frac{1}{2}\left\{\left(\frac{1}{1}-\frac{1}{3}\right)+\left(\frac{1}{3}-\frac{1}{5}\right)+\left(\frac{1}{5}-\frac{1}{7}\right)\right.$$
$$\left.+\cdots+\left(\frac{1}{37}-\frac{1}{39}\right)\right\}$$
$$=\frac{1}{2}\left(1-\frac{1}{39}\right)=\frac{1}{2}\cdot\frac{38}{39}=\frac{19}{39}$$

따라서 $a=19$, $b=39$이므로
$b-2a=39-2\cdot19=1$

004 정답 ②

해설 $f(x)=x(x+1)(x+2)$이므로

$$\frac{1}{f(x)}=\frac{1}{x(x+1)(x+2)}$$
$$=\frac{1}{(x+2)-x}\left\{\frac{1}{x(x+1)}-\frac{1}{(x+1)(x+2)}\right\}$$
$$=\frac{1}{2}\left\{\frac{1}{x(x+1)}-\frac{1}{(x+1)(x+2)}\right\}$$

$$\therefore \frac{1}{f(1)}+\frac{1}{f(2)}+\frac{1}{f(3)}+\cdots+\frac{1}{f(8)}$$
$$=\frac{1}{2}\left\{\left(\frac{1}{1\cdot2}-\frac{1}{2\cdot3}\right)+\left(\frac{1}{2\cdot3}-\frac{1}{3\cdot4}\right)\right.$$
$$\left.+\left(\frac{1}{3\cdot4}-\frac{1}{4\cdot5}\right)+\cdots+\left(\frac{1}{8\cdot9}-\frac{1}{9\cdot10}\right)\right\}$$
$$=\frac{1}{2}\left(\frac{1}{1\cdot2}-\frac{1}{9\cdot10}\right)=\frac{1}{2}\cdot\frac{44}{90}=\frac{11}{45}$$

005 정답 ③

해설 $x:y=1:2=3:6$, $y:z=3:4=6:8$
$\therefore x:y:z=3:6:8$
이때 $x=3k$, $y=6k$, $z=8k$ $(k\neq0)$으로 놓으면
$$\frac{x+y-z}{3x-2y+z}=\frac{3k+6k-8k}{3\cdot3k-2\cdot6k+8k}$$
$$=\frac{k}{5k}=\frac{1}{5}$$

006 정답 ②

해설 $\frac{x}{2}=\frac{y-z}{3}=\frac{z+x}{4}$에서 가비의 리에 의해

$$\frac{x}{2}=\frac{2(y-z)}{2\cdot3}=\frac{z+x}{4}$$
$$=\frac{x+2(y-z)+(z+x)}{2+6+4}$$

$$=\frac{2x+2y-z}{12}$$

$\therefore k=12$

참고 $\frac{x}{2}=\frac{y-z}{3}=\frac{z+x}{4}$에서 y를 포함한 식은 $\frac{y-z}{3}$
밖에 없으므로 y의 계수를 맞춰주면 된다.

007 정답 ③

해설 (i) $a+2b+3c\neq0$일 때, 가비의 리에 의해

$$\frac{2b+3c}{a}=\frac{3c+a}{2b}=\frac{a+2b}{3c}$$
$$=\frac{(2b+3c)+(3c+a)+(a+2b)}{a+2b+3c}$$
$$=\frac{2a+4b+6c}{a+2b+3c}$$
$$=\frac{2(a+2b+3c)}{a+2b+3c}=2$$

$\therefore k=2$

(ii) $a+2b+3c=0$일 때

$$\frac{2b+3c}{a}=\frac{-a}{a}=-1$$
$$\frac{3c+a}{2b}=\frac{-2b}{2b}=-1$$
$$\frac{a+2b}{3c}=\frac{-3c}{3c}=-1$$

$\therefore k=-1$

(i), (ii)에서 $k=2$ 또는 $k=-1$
따라서 모든 k의 값의 합은
$2+(-1)=1$

008 정답 ①

해설 A, B 두 학교의 합격자의 수를 각각 a, $2a$ $(a\neq0)$
으로 놓고, 불합격자의 수를 각각 $4b$, $5b$ $(b\neq0)$으로 놓
으면 지원자 수는 각각 $a+4b$, $2a+5b$이다.

	A학교	B학교
합격자 수	a	$2a$
불합격자 수	$4b$	$5b$
지원자 수	$a+4b$	$2a+5b$

이때 지원자 수의 비가 $3:4$이므로
$(a+4b):(2a+5b)=3:4$
$3(2a+5b)=4(a+4b)$
$6a+15b=4a+16b$
$\therefore b=2a$

	A학교	B학교
합격자 수	a	$2a$
불합격자 수	$8a$	$10a$
지원자 수	$9a$	$12a$

따라서 B학교의 합격률은
$$\frac{2a}{12a}=\frac{1}{6}$$

교과서문제 CHECK 　　　　　　본문 P. 255

001 정답 $\{x \,|\, x \neq 0$인 실수$\}$

해설 일반적으로 다항함수가 아닌 유리함수에서 정의역이 특별히 주어지지 않을 때는 실수 전체의 집합에서 분모가 0이 되는 x의 값을 제외한 집합을 정의역으로 한다.

따라서 유리함수 $y = \dfrac{2}{x}$의 정의역은 $\{x \,|\, x \neq 0$인 실수$\}$이다.

참고 다항함수의 정의역은 실수 전체의 집합이다.

002 정답 $\{x \,|\, x \neq 1$인 실수$\}$

해설 정의역은 분모 $x - 1 = 0$이 되는 $x = 1$을 제외한 집합이므로 $\{x \,|\, x \neq 1$인 실수$\}$이다.

003 정답 $\{x \,|\, x \neq -1$인 실수$\}$

해설 정의역은 분모 $x + 1 = 0$이 되는 $x = -1$을 제외한 집합이므로 $\{x \,|\, x \neq -1$인 실수$\}$이다.

004 정답 $\{x \,|\, x \neq 2$인 실수$\}$

해설 정의역은 분모 $2x - 4 = 0$이 되는 $x = 2$를 제외한 집합이므로 $\{x \,|\, x \neq 2$인 실수$\}$이다.

005 정답 $x = 0,\ y = 0$

해설 곡선 $y = \dfrac{1}{x}$의 점근선은 $x = 0,\ y = 0$이다.

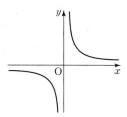

006 정답 $x = 1,\ y = 0$

해설 $y = -\dfrac{2}{x-1}$의 그래프는 $y = -\dfrac{2}{x}$의 그래프를 x축의 방향으로 1만큼 평행이동한 것이므로 다음 그림과 같다.

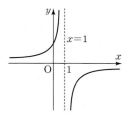

이때 정의역은 $\{x \,|\, x \neq 1$인 실수$\}$,

치역은 $\{y \,|\, y \neq 0$인 실수$\}$이다.

또한 곡선 $y = -\dfrac{2}{x-1}$의 점근선은 곡선 $y = -\dfrac{2}{x}$의 점근선 $x = 0,\ y = 0$을 x축의 방향으로 1만큼 평행이동한 것이므로 $x = 1,\ y = 0$이다.

007 정답 $x = 1,\ y = 2$

해설 $y = \dfrac{3}{x-1} + 2$의 그래프는 $y = \dfrac{3}{x}$의 그래프를 x축의 방향으로 1만큼, y축의 방향으로 2만큼 평행이동한 것이므로 다음 그림과 같다.

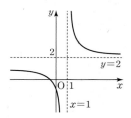

이때 정의역은 $\{x \,|\, x \neq 1$인 실수$\}$,

치역은 $\{y \,|\, y \neq 2$인 실수$\}$이다.

또한 곡선 $y = \dfrac{3}{x-1} + 2$의 점근선은 곡선 $y = \dfrac{3}{x}$의 점근선 $x = 0,\ y = 0$을 x축의 방향으로 1만큼, y축의 방향으로 2만큼 평행이동한 것이므로 $x = 1,\ y = 2$이다.

008 정답 $x = -2,\ y = -1$

해설 $y = -\dfrac{3}{x+2} - 1$, 즉 $y = -\dfrac{3}{x-(-2)} - 1$의 그래프는 $y = -\dfrac{3}{x}$의 그래프를 x축의 방향으로 -2만큼, y축의 방향으로 -1만큼 평행이동한 것이므로 다음 그림과 같다.

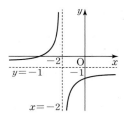

이때 정의역은 $\{x \,|\, x \neq -2$인 실수$\}$,

치역은 $\{y \,|\, y \neq -1$인 실수$\}$이다.

또한 곡선 $y = -\dfrac{3}{x+2} - 1$의 점근선은 곡선 $y = -\dfrac{3}{x}$의 점근선 $x = 0,\ y = 0$을 x축의 방향으로 -2만큼, y축의 방향으로 -1만큼 평행이동한 것이므로 $x = -2,\ y = -1$이다.

009 정답 $y = \dfrac{1}{x} + 1$

해설 $y = \dfrac{x+1}{x} = \dfrac{x}{x} + \dfrac{1}{x} = \dfrac{1}{x} + 1$

010 정답 $y=\dfrac{2}{x+3}-1$

해설 $y=\dfrac{-x-1}{x+3}=\dfrac{-(x+3)+2}{x+3}$

$\qquad =\dfrac{-(x+3)}{x+3}+\dfrac{2}{x+3}$

$\qquad =\dfrac{2}{x+3}-1$

011 정답 $y=\dfrac{2}{x+1}+3$

해설 $y=\dfrac{3x+5}{x+1}=\dfrac{3(x+1)+2}{x+1}$

$\qquad =\dfrac{3(x+1)}{x+1}+\dfrac{2}{x+1}$

$\qquad =\dfrac{2}{x+1}+3$

012 정답 $y=-\dfrac{3}{x-2}-1$

해설 $y=\dfrac{-x-1}{x-2}=\dfrac{-(x-2)-3}{x-2}$

$\qquad =\dfrac{-(x-2)}{x-2}-\dfrac{3}{x-2}$

$\qquad =-\dfrac{3}{x-2}-1$

013 정답 $y=\dfrac{3}{x-1}+2$

해설 $y=\dfrac{2x+1}{x-1}=\dfrac{2(x-1)+3}{x-1}$

$\qquad =\dfrac{2(x-1)}{x-1}+\dfrac{3}{x-1}$

$\qquad =\dfrac{3}{x-1}+2$

014 정답 $y=-\dfrac{3}{x+2}-2$

해설 $y=\dfrac{-2x-7}{x+2}=\dfrac{-2(x+2)-3}{x+2}$

$\qquad =\dfrac{-2(x+2)}{x+2}-\dfrac{3}{x+2}$

$\qquad =-\dfrac{3}{x+2}-2$

015 정답 $x=2,\ y=1$

해설 $y=\dfrac{x+1}{x-2}=\dfrac{(x-2)+3}{x-2}$

$\qquad =\dfrac{x-2}{x-2}+\dfrac{3}{x-2}$

$\qquad =\dfrac{3}{x-2}+1$

즉, $y=\dfrac{x+1}{x-2}$의 그래프는 $y=\dfrac{3}{x}$의 그래프를 x축의 방향

으로 2만큼, y축의 방향으로 1만큼 평행이동한 것이다.

따라서 구하는 그래프는 다음 그림과 같고, 점근선은 두

직선 $x=2,\ y=1$이다.

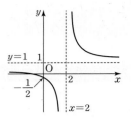

참고 $y=\dfrac{x+1}{x-2}$에 $x=0$을 대입하면 $y=-\dfrac{1}{2}$이므로 y절

편은 $-\dfrac{1}{2}$이다.

016 정답 $x=-1,\ y=-3$

해설 $y=\dfrac{-3x-5}{x+1}=\dfrac{-3(x+1)-2}{x+1}$

$\qquad =\dfrac{-3(x+1)}{x+1}-\dfrac{2}{x+1}$

$\qquad =-\dfrac{2}{x+1}-3$

즉, $y=\dfrac{-3x-5}{x+1}$의 그래프는 $y=-\dfrac{2}{x}$의 그래프를 x축

의 방향으로 -1만큼, y축의 방향으로 -3만큼 평행이동

한 것이다.

따라서 구하는 그래프는 다음 그림과 같고, 점근선은 두

직선 $x=-1,\ y=-3$이다.

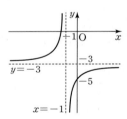

참고 $y=\dfrac{-3x-5}{x+1}$에 $x=0$을 대입하면 $y=-5$이므로

y절편은 -5이다.

017 정답 $x=-1,\ y=2$

해설 $y=\dfrac{2x+1}{x+1}=\dfrac{2(x+1)-1}{x+1}$

$\qquad =\dfrac{2(x+1)}{x+1}-\dfrac{1}{x+1}$

$\qquad =-\dfrac{1}{x+1}+2$

즉, $y=\dfrac{2x+1}{x+1}$의 그래프는 $y=-\dfrac{1}{x}$의 그래프를 x축의

방향으로 -1만큼, y축의 방향으로 2만큼 평행이동한 것이

다.

따라서 구하는 그래프는 다음 그림과 같고, 점근선은 두

직선 $x=-1,\ y=2$이다.

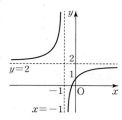

참고 $y=\dfrac{2x+1}{x+1}$에 $x=0$을 대입하면 $y=1$이므로 y절편은 1이다.

018 정답 $x=2,\ y=-2$

해설 $y=\dfrac{-2x+5}{x-2}=\dfrac{-2(x-2)+1}{x-2}$

$\qquad =\dfrac{-2(x-2)}{x-2}+\dfrac{1}{x-2}$

$\qquad =\dfrac{1}{x-2}-2$

즉, $y=\dfrac{-2x+5}{x-2}$의 그래프는 $y=\dfrac{1}{x}$의 그래프를 x축의 방향으로 2만큼, y축의 방향으로 -2만큼 평행이동한 것이다.

따라서 구하는 그래프는 다음 그림과 같고, 점근선은 두 직선 $x=2,\ y=-2$이다.

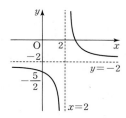

참고 $y=\dfrac{-2x+5}{x-2}$에 $x=0$을 대입하면 $y=-\dfrac{5}{2}$이므로 y절편은 $-\dfrac{5}{2}$이다.

019 정답 0

해설 점근선이 두 직선 $x=1,\ y=2$이므로

$y=\dfrac{k}{x-1}+2$

이때 그래프가 점 $(0,\ 1)$을 지나므로 $x=0,\ y=1$을 대입하면

$1=\dfrac{k}{0-1}+2$ $\qquad\therefore k=1$

$\therefore y=\dfrac{1}{x-1}+2=\dfrac{2(x-1)+1}{x-1}$

$\qquad =\dfrac{2x-1}{x-1}$

$\therefore a=2,\ b=-1,\ c=-1$

$\therefore a+b+c=2+(-1)+(-1)=0$

020 정답 0

해설 점근선이 두 직선 $x=2,\ y=-1$이므로

$y=\dfrac{k}{x-2}-1$

이때 그래프가 점 $(3,\ 0)$을 지나므로 $x=3,\ y=0$을 대입하면

$0=\dfrac{k}{3-2}-1$ $\qquad\therefore k=1$

$\therefore y=\dfrac{1}{x-2}-1=\dfrac{-(x-2)+1}{x-2}$

$\qquad =\dfrac{-x+3}{x-2}$

$\therefore a=-1,\ b=3,\ c=-2$

$\therefore a+b+c=(-1)+3+(-2)=0$

021 정답 -2

해설 점근선이 두 직선 $x=1,\ y=1$이므로

$y=\dfrac{k}{x-1}+1$

이때 그래프가 점 $(0,\ 2)$를 지나므로 $x=0,\ y=2$를 대입하면

$2=\dfrac{k}{0-1}+1$ $\qquad\therefore k=-1$

$\therefore y=-\dfrac{1}{x-1}+1=\dfrac{x-1-1}{x-1}$

$\qquad =\dfrac{x-2}{x-1}$

$\therefore a=1,\ b=-2,\ c=-1$이므로

$\therefore a+b+c=1+(-2)+(-1)=-2$

022 정답 7

해설 $y=\dfrac{2}{x-3}+4$의 점근선은 두 직선 $x=3,\ y=4$이다.

따라서 곡선은 두 점근선의 교점 $(3,\ 4)$에 대하여 대칭이다.

$\therefore a=3,\ b=4$

$\therefore a+b=7$

023 정답 3

해설 $y=-\dfrac{3}{x-a}+b$의 점근선은 두 직선 $x=a,\ y=b$이다.

따라서 곡선은 두 점근선의 교점 $(a,\ b)$를 지나고 기울기가 ±1인 두 직선 $y=\pm(x-a)+b$에 대하여 대칭이다.

이때 두 직선이 $y=(x-1)+2,\ y=-(x-1)+2$이므로

$a=1,\ b=2$

$\therefore a+b=1+2=3$

024 정답 5

해설 $y=\dfrac{-3x-5}{x+2}=\dfrac{-3(x+2)+1}{x+2}$

$\qquad =\dfrac{-3(x+2)}{x+2}+\dfrac{1}{x+2}$

$\qquad =\dfrac{1}{x+2}-3$

이므로 곡선 $y=\dfrac{-3x-5}{x+2}$ 를 x축의 방향으로 2만큼, y축의 방향으로 3만큼 평행이동하면 곡선 $y=\dfrac{1}{x-2+2}$ $-3+3$, 즉 $y=\dfrac{1}{x}$ 과 겹쳐진다.

$\therefore a=2,\ b=3$

$\therefore a+b=2+3=5$

필수유형 CHECK 본문 P. 257

001 ④	002 ②	003 ④	004 ③
005 ④	006 ④	007 ①	008 ③

001 정답 ④

해설 함수식을 $y=\dfrac{k}{x-\alpha}+\beta$ 꼴로 바꾸었을 때, k의 값이 같으면 평행이동하여 서로 겹칠 수 있다.

① $y=\dfrac{2x}{x-1}=\dfrac{2(x-1)+2}{x-1}=\dfrac{2}{x-1}+2$

② $y=\dfrac{-x+1}{x+1}=\dfrac{-(x+1)+2}{x+1}=\dfrac{2}{x+1}-1$

③ $y=\dfrac{3x+5}{x+1}=\dfrac{3(x+1)+2}{x+1}=\dfrac{2}{x+1}+3$

④ $y=\dfrac{2x+1}{2x-1}=\dfrac{(2x-1)+2}{2x-1}=\dfrac{2}{2x-1}+1$

$\quad=\dfrac{1}{x-\frac{1}{2}}+1$

⑤ $y=\dfrac{2x+3}{2x-1}=\dfrac{(2x-1)+4}{2x-1}=\dfrac{4}{2x-1}+1$

$\quad=\dfrac{2}{x-\frac{1}{2}}+1$

따라서 ①, ②, ③, ⑤의 그래프는 모두 함수 $y=\dfrac{2}{x}$ 의 그래프를 평행이동하여 서로 겹칠 수 있지만 ④의 그래프는 겹칠 수 없다.

002 정답 ②

해설 함수 $y=\dfrac{3}{x}$ 의 그래프를 x축의 방향으로 1만큼, y축의 방향으로 -2만큼 평행이동하면

$y=\dfrac{3}{x-1}-2=\dfrac{-2(x-1)+3}{x-1}=\dfrac{-2x+5}{x-1}$

이 식이 $y=\dfrac{bx+c}{x+a}$ 와 일치하므로

$a=-1,\ b=-2,\ c=5$

$\therefore a+b+c=(-1)+(-2)+5=2$

003 정답 ④

해설 점근선이 $x=-2,\ y=1$ 이므로 주어진 함수를 $y=\dfrac{k}{x+2}+1$로 놓을 수 있다.

이 함수의 그래프가 점 $(0, 2)$를 지나므로

$2=\dfrac{k}{0+2}+1$ $\therefore k=2$

따라서 $y=\dfrac{2}{x+2}+1$이므로

$y=\dfrac{x+2+2}{x+2}=\dfrac{x+4}{x+2}$

$\therefore a=1,\ b=4,\ c=2$

$\therefore a+b+c=1+4+2=7$

004 정답 ③

해설 $f(x)=\dfrac{x+4}{x+2}=\dfrac{(x+2)+2}{x+2}$

$\quad=\dfrac{2}{x+2}+1$

함수 $f(x)=\dfrac{x+4}{x+2}$의 그래프는 함수 $y=\dfrac{2}{x}$의 그래프를 x축의 방향으로 -2만큼, y축의 방향으로 1만큼 평행이동한 것이다. 즉, 점근선은 두 직선 $x=-2,\ y=1$이다.

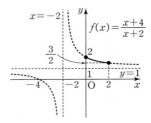

따라서 $0\le x\le2$에서 함수 $f(x)=\dfrac{x+4}{x+2}$의 그래프가 위의 그림과 같으므로 $x=0$일 때 최댓값을 갖고, $x=2$일 때 최솟값을 갖는다.

$\therefore M=f(0)=\dfrac{0+4}{0+2}=2,\ m=f(2)=\dfrac{2+4}{2+2}=\dfrac{3}{2}$

$\therefore Mm=2\cdot\dfrac{3}{2}=3$

005 정답 ④

해설 $y=\dfrac{2x+1}{x-1}=\dfrac{2(x-1)+3}{x-1}$

$\quad=\dfrac{2(x-1)}{x-1}+\dfrac{3}{x-1}$

$\quad=\dfrac{3}{x-1}+2$

따라서 이 그래프는 두 점근선 $x=1,\ y=2$의 교점 $(1, 2)$를 지나고 기울기가 1이거나 -1인 직선에 대하여 대칭이다. 즉, 두 직선

$y=1\cdot(x-1)+2,\ y=(-1)\cdot(x-1)+2$

에 대하여 대칭이다.

$\therefore y=x+1,\ y=-x+3$

따라서 $a=1,\ b=1,\ c=-1,\ d=3$이므로

$a+b+c+d=1+1+(-1)+3=4$

006 정답 ④

해설 $f(x)=\dfrac{x-1}{x}$에서

$$f^1(3)=f(3)=\frac{3-1}{3}=\frac{2}{3}$$

$$f^2(3)=(f\circ f^1)(3)=(f\circ f)(3)=f(f(3))$$

$$=f\left(\frac{2}{3}\right)=\frac{\frac{2}{3}-1}{\frac{2}{3}}=\frac{-\frac{1}{3}}{\frac{2}{3}}$$

$$=-\frac{1}{2}$$

$$f^3(3)=(f\circ f^2)(3)=f(f^2(3))$$

$$=f\left(-\frac{1}{2}\right)=\frac{-\frac{1}{2}-1}{-\frac{1}{2}}=\frac{-\frac{3}{2}}{-\frac{1}{2}}$$

$$=3$$

따라서 $f^1(3)=\frac{2}{3}$, $f^2(3)=-\frac{1}{2}$, $f^3(3)=3$,

$f^4(3)=\frac{2}{3}$, $\cdots$와 같이 $\frac{2}{3}$, $-\frac{1}{2}$, 3이 이 순서대로 반복

된다.

$$\therefore f^{100}(3)=f^{3\times33+1}(3)=f^1(3)=\frac{2}{3}$$

별해 $f(x)=\frac{x-1}{x}$에서

$$f^2(x)=(f\circ f^1)(x)=(f\circ f)(x)=f(f(x))$$

$$=\frac{\frac{x-1}{x}-1}{\frac{x-1}{x}}=\frac{\frac{x-1-x}{x}}{\frac{x-1}{x}}$$

$$=\frac{-1}{x-1}$$

$$f^3(x)=(f\circ f^2)(x)=f(f^2(x))$$

$$=\frac{\frac{-1}{x-1}-1}{\frac{-1}{x-1}}=\frac{\frac{-1-x+1}{x-1}}{\frac{-1}{x-1}}$$

$$=x$$

따라서 함수 $f^3(x)=f^6(x)=f^9(x)=\cdots=f^{3n}(x)$ (n

은 자연수)는 항등함수이므로

$$f^{100}(x)=f^{3\times33+1}(x)=f^1(x)=f(x)$$

$$\therefore f^{100}(3)=f(3)=\frac{3-1}{3}=\frac{2}{3}$$

007 정답 ①

해설 함수 $f(x)=\frac{ax+b}{x+1}$와 그 역함수 $f^{-1}(x)$의 그래

프가 모두 점 $(1, 2)$를 지나므로

$$f(1)=2, f^{-1}(1)=2$$

이때 $f^{-1}(1)=2$이므로 역함수의 성질에 의해 $f(2)=1$

이다.

(i) $f(1)=2$일 때

$$\frac{a+b}{2}=2 \qquad \therefore a+b=4 \qquad \cdots\cdots \text{㉠}$$

(ii) $f(2)=1$일 때

$$\frac{2a+b}{3}=1 \qquad \therefore 2a+b=3 \qquad \cdots\cdots \text{㉡}$$

㉠, ㉡을 연립하여 풀면

$$a=-1, b=5$$

$$\therefore ab=(-1)\cdot5=-5$$

008 정답 ③

해설 제1사분면 위의 점 $P(a, b)$ $(a>1, b>2)$가 함수

$y=\frac{2}{x-1}+2$의 그래프 위의 점이므로

$$b=\frac{2}{a-1}+2 \qquad \therefore b-2=\frac{2}{a-1}$$

직사각형 PRSQ의 둘레의 길이는

$$2(\overline{PR}+\overline{PQ})$$

$$=2\{(a-1)+(b-2)\}$$

이때 산술평균과 기하평균의 대소 관계에 의해

$$2\{(a-1)+(b-2)\}$$

$$=2\left\{(a-1)+\frac{2}{a-1}\right\}$$

$$\geq4\sqrt{(a-1)\cdot\frac{2}{a-1}}$$

$$\left(\text{단, 등호는 } a-1=\frac{2}{a-1}\text{일 때 성립한다.}\right)$$

$$=4\sqrt{2}$$

따라서 직사각형 PRSQ의 둘레의 길이의 최솟값은 $4\sqrt{2}$

이다.

참고 (1) $P(a, b)$ $(a>1, b>2)$에서 $a>1$, $b>2$인 이

유는 점근선이 $x=1$, $y=2$이기 때문이다.

(2) $a>1$에서 $a-1>0$, $\frac{2}{a-1}>0$이므로 산술평균과

기하평균의 대소 관계를 적용할 수 있다.

(3) 산술평균과 기하평균의 대소 관계에서 등호는

$$a-1=\frac{2}{a-1}\text{일 때 성립한다.}$$

$$(a-1)^2=2, a-1=\pm\sqrt{2}$$

$$\therefore a=1+\sqrt{2} \ (\because a>1)$$

따라서 등호는 $a=1+\sqrt{2}$일 때 성립한다.

별해 함수 $y=\frac{2}{x-1}+2$의 그래프를 x축의 방향으로

-1만큼, y축의 방향으로 -2만큼 평행이동하면

$$y=\frac{2}{\{x-(-1)\}-1}+2-2=\frac{2}{x}$$

의 그래프가 된다.

이 그래프 위의 한 점 $P'(a, b)$에서 이 함수의 그래프의

두 점근선 $y=0$, $x=0$에 내린 수선의 발을 Q', R'이라 하

고, 두 점근선 $y=0$, $x=0$의 교점을 S'이라 하면

□PRSQ와 □P'R'S'Q'은 합동이다.

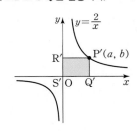

직사각형 P'R'S'Q'의 둘레의 길이는

$2(\overline{P'R'}+\overline{P'Q'})=2(a+b)$

제1사분면 위의 점 $P'(a, b)(a>0, b>0)$가 함수 $y=\dfrac{2}{x}$

의 그래프 위의 점이므로 $b=\dfrac{2}{a}$

이때 산술평균과 기하평균의 대소 관계에 의해

$2(a+b)=2\left(a+\dfrac{2}{a}\right)$

$\qquad\geq 4\sqrt{a\cdot\dfrac{2}{a}}$ (단, 등호는 $a=\dfrac{2}{a}$일 때 성립한다.)

$\qquad=4\sqrt{2}$

따라서 직사각형 P'R'S'Q'의 둘레의 길이의 최솟값은 $4\sqrt{2}$이다.

참고 (1) $P'(a, b)(a>0, b>0)$에서 $a>0$, $b>0$인 이유는 점근선이 $x=0$, $y=0$이기 때문이다.

(2) $a>0$에서 $\dfrac{2}{a}>0$이므로 산술평균과 기하평균의 대소 관계를 적용할 수 있다.

051 무리함수

🚂 교과서문제 CHECK

001 정답 $x\geq 1$

해설 무리식의 값이 실수이려면 (근호 안의 식의 값)≥ 0

이어야 한다.

즉, $\sqrt{x-1}$에서 $x-1\geq 0$이어야 한다.

$\therefore x\geq 1$

002 정답 $-1\leq x\leq 2$

해설 $\sqrt{x+1}$에서 $x+1\geq 0$이어야 한다.

$\therefore x\geq -1$ $\qquad$ ……㉠

$\sqrt{2-x}$에서 $2-x\geq 0$이어야 한다.

$\therefore x\leq 2$ $\qquad$ ……㉡

㉠, ㉡의 공통 범위를 구하면

$-1\leq x\leq 2$

003 정답 $x>-2$

해설 무리식의 값이 실수이려면 (근호 안의 식의 값)≥ 0, (분모의 값)$\neq 0$이어야 한다.

즉, $\dfrac{1}{\sqrt{x+2}}$에서 $x+2>0$이어야 한다.

$\therefore x>-2$

004 정답 $0\leq x<2$

해설 $\dfrac{\sqrt{x}+1}{2-x}$의 분자 $\sqrt{x}$에서 $x\geq 0$ ……㉠

이어야 한다.

또한 분모 $\sqrt{2-x}$에서 $2-x>0$이어야 한다.

$\therefore x<2$ $\qquad$ ……㉡

㉠, ㉡의 공통범위를 구하면

$0\leq x<2$

005 정답 $x-1$

해설 $(\sqrt{x}-1)(\sqrt{x}+1)$

$=(\sqrt{x})^2-1^2$

$=x-1$

참고 $(a-b)(a+b)=a^2-b^2$

006 정답 2

해설 $(\sqrt{x+2}+\sqrt{x})(\sqrt{x+2}-\sqrt{x})$

$=(\sqrt{x+2})^2-(\sqrt{x})^2$

$=(x+2)-x$

$=2$

007 정답 $\dfrac{\sqrt{x}+1}{x-1}$

해설 $\dfrac{1}{\sqrt{x}-1}$의 분모와 분자에 $\sqrt{x}+1$을 곱하면

$\dfrac{1}{\sqrt{x}-1}=\dfrac{\sqrt{x}+1}{(\sqrt{x}-1)(\sqrt{x}+1)}$

$=\dfrac{\sqrt{x}+1}{(\sqrt{x})^2-1^2}$

$=\dfrac{\sqrt{x}+1}{x-1}$

008 정답 $\sqrt{x}-2$

해설 $\dfrac{x-4}{\sqrt{x}+2}$의 분모와 분자에 $\sqrt{x}-2$를 곱하면

$\dfrac{x-4}{\sqrt{x}+2}=\dfrac{(x-4)(\sqrt{x}-2)}{(\sqrt{x}+2)(\sqrt{x}-2)}$

$=\dfrac{(x-4)(\sqrt{x}-2)}{(\sqrt{x})^2-2^2}$

$=\dfrac{(x-4)(\sqrt{x}-2)}{x-4}$

$=\sqrt{x}-2$

009 정답 $\sqrt{x+1}+\sqrt{x}$

해설 $\dfrac{1}{\sqrt{x+1}-\sqrt{x}}$의 분모와 분자에 $\sqrt{x+1}+\sqrt{x}$를 곱하면

$\dfrac{1}{\sqrt{x+1}-\sqrt{x}}=\dfrac{\sqrt{x+1}+\sqrt{x}}{(\sqrt{x+1}-\sqrt{x})(\sqrt{x+1}+\sqrt{x})}$

$=\dfrac{\sqrt{x+1}+\sqrt{x}}{(\sqrt{x+1})^2-(\sqrt{x})^2}$

$=\dfrac{\sqrt{x+1}+\sqrt{x}}{(x+1)-x}$

$=\sqrt{x+1}+\sqrt{x}$

010 정답 $x+\sqrt{x^2-1}$

해설 $\dfrac{\sqrt{x+1}+\sqrt{x-1}}{\sqrt{x+1}-\sqrt{x-1}}$의 분모와 분자에

$\sqrt{x+1}+\sqrt{x-1}$을 곱하면

051 무리함수

$$\frac{\sqrt{x+1}+\sqrt{x-1}}{\sqrt{x+1}-\sqrt{x-1}}$$

$$=\frac{(\sqrt{x+1}+\sqrt{x-1})^2}{(\sqrt{x+1}-\sqrt{x-1})(\sqrt{x+1}+\sqrt{x-1})}$$

$$=\frac{(\sqrt{x+1})^2+2\sqrt{x+1}\sqrt{x-1}+(\sqrt{x-1})^2}{(\sqrt{x+1})^2-(\sqrt{x-1})^2}$$

$$=\frac{(x+1)+2\sqrt{(x+1)(x-1)}+(x-1)}{(x+1)-(x-1)}$$

$$=\frac{2x+2\sqrt{x^2-1}}{2}$$

$$=x+\sqrt{x^2-1}$$

011 정답 $\dfrac{2}{1-x}$

해설 $\dfrac{1}{1+\sqrt{x}}+\dfrac{1}{1-\sqrt{x}}$ 의 분모를 $(1+\sqrt{x})(1-\sqrt{x})$ 로

통분하면

$$\frac{1}{1+\sqrt{x}}+\frac{1}{1-\sqrt{x}}$$

$$=\frac{1-\sqrt{x}}{(1+\sqrt{x})(1-\sqrt{x})}+\frac{1+\sqrt{x}}{(1-\sqrt{x})(1+\sqrt{x})}$$

$$=\frac{1-\sqrt{x}}{1^2-(\sqrt{x})^2}+\frac{1+\sqrt{x}}{1^2-(\sqrt{x})^2}$$

$$=\frac{1-\sqrt{x}}{1-x}+\frac{1+\sqrt{x}}{1-x}$$

$$=\frac{(1-\sqrt{x})+(1+\sqrt{x})}{1-x}$$

$$=\frac{2}{1-x}$$

012 정답 $\dfrac{2(x+4)}{x-4}$

해설 $\dfrac{\sqrt{x}-2}{\sqrt{x}+2}+\dfrac{\sqrt{x}+2}{\sqrt{x}-2}$ 의 분모를 $(\sqrt{x}+2)(\sqrt{x}-2)$ 로

통분하면

$$\frac{\sqrt{x}-2}{\sqrt{x}+2}+\frac{\sqrt{x}+2}{\sqrt{x}-2}$$

$$=\frac{(\sqrt{x}-2)^2}{(\sqrt{x}+2)(\sqrt{x}-2)}+\frac{(\sqrt{x}+2)^2}{(\sqrt{x}-2)(\sqrt{x}+2)}$$

$$=\frac{(\sqrt{x})^2-4\sqrt{x}+2^2}{(\sqrt{x})^2-2^2}+\frac{(\sqrt{x})^2+4\sqrt{x}+2^2}{(\sqrt{x})^2-2^2}$$

$$=\frac{x-4\sqrt{x}+4}{x-4}+\frac{x+4\sqrt{x}+4}{x-4}$$

$$=\frac{(x-4\sqrt{x}+4)+(x+4\sqrt{x}+4)}{x-4}$$

$$=\frac{2(x+4)}{x-4}$$

013 정답 $\{x\,|\,x\geq0\}$ / $\{y\,|\,y\geq0\}$

해설 $y=\sqrt{x}$ 에서 $x\geq0$ 이므로 정의역은 $\{x\,|\,x\geq0\}$ 이고
치역은 $\{y\,|\,y\geq0\}$ 이다.

따라서 구하는 그래프는 다음 그림과 같다.

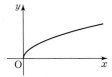

014 정답 $\{x\,|\,x\geq0\}$ / $\{y\,|\,y\leq0\}$

해설 $y=-\sqrt{x}$ 에서 $x\geq0$ 이므로 정의역은 $\{x\,|\,x\geq0\}$ 이
고 치역은 $\{y\,|\,y\leq0\}$ 이다.

따라서 구하는 그래프는 다음 그림과 같다.

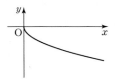

참고 $y=-\sqrt{x}$ 의 그래프는 $y=\sqrt{x}$ 의 그래프를 x 축에 대
하여 대칭이동한 것이다.

015 정답 $\{x\,|\,x\leq0\}$ / $\{y\,|\,y\geq0\}$

$y=\sqrt{-x}$ 에서 $-x\geq0$ 이므로 정의역은 $\{x\,|\,x\leq0\}$ 이고
치역은 $\{y\,|\,y\geq0\}$ 이다.

따라서 구하는 그래프는 다음 그림과 같다.

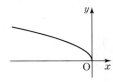

참고 함수 $y=\sqrt{-x}$ 의 그래프는 함수 $y=\sqrt{x}$ 의 그래프를
y 축에 대하여 대칭이동한 것이다.

016 정답 $\{x\,|\,x\leq0\}$ / $\{y\,|\,y\leq0\}$

해설 $y=-\sqrt{-x}$ 에서 $-x\geq0$ 이므로 정의역은
$\{x\,|\,x\leq0\}$ 이고 치역은 $\{y\,|\,y\leq0\}$ 이다.

따라서 구하는 그래프는 다음 그림과 같다.

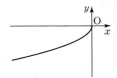

참고 $y=-\sqrt{-x}$ 의 그래프는 $y=\sqrt{x}$ 의 그래르를 원점에
대하여 대칭이동한 것이다.

017 정답 $\{x\,|\,x\geq1\}$ / $\{y\,|\,y\geq2\}$

해설 $y=\sqrt{x-1}+2$ 의 그래프는 $y=\sqrt{x}$ 의 그래프를 x 축
의 방향으로 1 만큼, y 축의 방향으로 2 만큼 평행이동한 것
이다.

따라서 그래프는 다음 그림과 같고, 정의역은 $\{x\,|\,x\geq1\}$,
치역은 $\{y\,|\,y\geq2\}$ 이다.

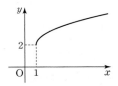

018 <u>정답</u> $\{x|x\geq2\}$ / $\{y|y\leq1\}$

<u>해설</u> $y=-\sqrt{2x-4}+1$, 즉 $y=-\sqrt{2(x-2)}+1$의 그래프는 $y=-\sqrt{2x}$의 그래프를 x축의 방향으로 2만큼, y축의 방향으로 1만큼 평행이동한 것이다.

따라서 그래프는 다음 그림과 같고, 정의역은 $\{x|x\geq2\}$, 치역은 $\{y|y\leq1\}$이다.

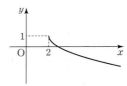

019 <u>정답</u> $\{x|x\leq3\}$ / $\{y|y\geq2\}$

<u>해설</u> $y=\sqrt{-x+3}+2$, 즉 $y=\sqrt{-(x-3)}+2$의 그래프는 $y=\sqrt{-x}$의 그래프를 x축의 방향으로 3만큼, y축의 방향으로 2만큼 평행이동한 것이다.

따라서 그래프는 다음 그림과 같고, 정의역은 $\{x|x\leq3\}$, 치역은 $\{y|y\geq2\}$이다.

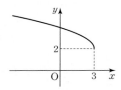

020 <u>정답</u> $\{x|x\leq1\}$ / $\{y|y\leq1\}$

<u>해설</u> $y=-\sqrt{2-2x}+1$, 즉 $y=-\sqrt{-2(x-1)}+1$의 그래프는 $y=-\sqrt{-2x}$의 그래프를 x축의 방향으로 1만큼, y축의 방향으로 1만큼 평행이동한 것이다.

따라서 그래프는 다음 그림과 같고, 정의역은 $\{x|x\leq1\}$, 치역은 $\{y|y\leq1\}$이다.

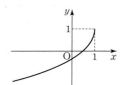

021 <u>정답</u> 4

<u>해설</u> 주어진 함수의 그래프는 $y=\sqrt{ax}\,(a>0)$의 그래프를 x축의 방향으로 -1만큼, y축의 방향으로 2만큼 평행이동한 것이므로 함수의 식은
$$y=\sqrt{a\{x-(-1)\}}+2\,(a>0)$$
$$\therefore y=\sqrt{a(x+1)}+2\,(a>0) \quad\cdots\cdots\ \bigcirc$$
이때 그래프가 점 $(0,3)$을 지나므로 $x=0$, $y=3$을 대입하면
$$3=\sqrt{a}+2 \quad\therefore a=1$$
$a=1$을 $\bigcirc$에 대입하면
$$y=\sqrt{x+1}+2$$
따라서 $a=1$, $b=1$, $c=2$이므로

$$a+b+c=1+1+2=4$$

022 <u>정답</u> 4

<u>해설</u> 주어진 함수의 그래프는 $y=\sqrt{ax}\,(a<0)$를 x축의 방향으로 3만큼, y축의 방향으로 -2만큼 평행이동한 것이므로 함수의 식은
$$y=\sqrt{a(x-3)}-2\,(a<0) \quad\cdots\cdots\ \bigcirc$$
이때 그래프가 점 $(0,1)$을 지나므로 $x=0$, $y=1$을 대입하면
$$1=\sqrt{-3a}-2$$
$$\sqrt{-3a}=3 \quad\therefore a=-3$$
$a=-3$을 $\bigcirc$에 대입하면
$$y=\sqrt{-3(x-3)}-2$$
$$=\sqrt{-3x+9}-2$$
따라서 $a=-3$, $b=9$, $c=-2$이므로
$$a+b+c=(-3)+9+(-2)=4$$

023 <u>정답</u> 1

<u>해설</u> 주어진 함수의 그래프는 $y=-\sqrt{ax}\,(a<0)$의 그래프를 x축의 방향으로 1만큼, y축의 방향으로 1만큼 평행이동한 것이므로 함수의 식은
$$y=-\sqrt{a(x-1)}+1\,(a<0) \quad\cdots\cdots\ \bigcirc$$
이때 그래프가 점 $(0,-1)$을 지나므로 $x=0$, $y=-1$을 대입하면
$$-1=-\sqrt{-a}+1$$
$$\sqrt{-a}=2 \quad\therefore a=-4$$
$a=-4$를 $\bigcirc$에 대입하면
$$y=-\sqrt{-4(x-1)}+1$$
$$=-\sqrt{-4x+4}+1$$
따라서 $a=-4$, $b=4$, $c=1$이므로
$$a+b+c=(-4)+4+1=1$$

024 <u>정답</u> $k=\dfrac{1}{4}$ 또는 $k<0$

<u>해설</u> 함수 $y=\sqrt{x}$의 그래프와 직선 $y=x+k$의 위치 관계는 다음 그림의 두 직선 (i), (ii)를 기준으로 나누어 생각할 수 있다. 이때, k는 직선 $y=x+k$의 y절편이다.

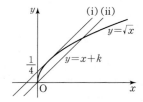

직선 $y=x+k$가 직선 (i)이거나 직선 (ii)의 오른쪽 (또는 아래쪽)에 있을 때 한 점에서 만난다.

(i) 직선 $y=x+k$가 함수 $y=\sqrt{x}$의 그래프에 접할 때
$x+k=\sqrt{x}$의 양변을 제곱하면
$$x^2+2kx+k^2=x$$
$$\therefore x^2+(2k-1)x+k^2=0$$

이 이차방정식의 판별식을 D라 할 때, 직선 $y=x+k$가 함수 $y=\sqrt{x}$의 그래프에서 접하려면 $D=0$이어야 한다. 즉,

$$\begin{aligned} D &= (2k-1)^2-4\cdot 1\cdot k^2 \\ &= (4k^2-4k+1)-4k^2 \\ &= -4k+1 \\ &= 0 \end{aligned}$$

$$\therefore\ k=\frac{1}{4}$$

(ii) 직선 $y=x+k$가 점 $(0,0)$을 지날 때

$$0=0+k \qquad \therefore\ k=0$$

(i), (ii)에서 함수 $y=\sqrt{x}$의 그래프와 직선 $y=x+k$가 한 점에서 만나려면 직선 $y=x+k$의 y절편인 k의 값이 $k=\frac{1}{4}$ 또는 $k<0$이어야 한다.

025 정답 $0 \leq k < \frac{1}{4}$

해설 직선 $y=x+k$가 직선 (ii)이거나, 직선 (i)과 직선 (ii) 사이에 있을 때 서로 다른 두 점에서 만난다.

따라서 함수 $y=\sqrt{x}$의 그래프와 직선 $y=x+k$가 서로 다른 두 점에서 만나려면 직선 $y=x+k$의 y절편인 k의 값이 $0 \leq k < \frac{1}{4}$이어야 한다.

026 정답 $k > \frac{1}{4}$

해설 직선 $y=x+k$가 직선 (i)의 왼쪽 (또는 위쪽)에 있을 때 만나지 않는다.

따라서 함수 $y=\sqrt{x}$의 그래프와 직선 $y=x+k$가 만나지 않으려면 직선 $y=x+k$의 y절편인 k의 값이 $k > \frac{1}{4}$이어야 한다.

027 정답 $f^{-1}(x)=x^2-1$ / $\{x \mid x \leq 0\}$

해설 함수 $f(x)$의 치역이 $\{y \mid y \leq 0\}$이므로 역함수 $f^{-1}(x)$의 정의역은 $\{x \mid x \leq 0\}$이다.

$y=-\sqrt{x+1}$로 놓고 이 식의 양변을 제곱하면 $y^2=x+1$

x에 대하여 정리하면 $x=y^2-1$

x와 y를 서로 바꾸면

$y=x^2-1\ (x \leq 0)$

따라서 $f^{-1}(x)=x^2-1$이고 정의역은 $\{x \mid x \leq 0\}$이다.

028 정답 $f^{-1}(x)=x^2-4x+5$ / $\{x \mid x \geq 2\}$

해설 함수 $f(x)$의 치역이 $\{y \mid y \geq 2\}$이므로 역함수 $f^{-1}(x)$의 정의역은 $\{x \mid x \geq 2\}$이다.

$y=\sqrt{x-1}+2$로 놓으면

$y-2=\sqrt{x-1}$

이 식의 양변을 제곱하면 $(y-2)^2=x-1$

x에 대하여 정리하면

$x=(y-2)^2+1$

$\therefore\ x=y^2-4y+5$

x와 y를 서로 바꾸면

$y=x^2-4x+5\ (x \geq 2)$

따라서 $f^{-1}(x)=x^2-4x+5$이고 정의역은 $\{x \mid x \geq 2\}$이다.

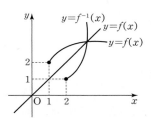

필수유형 CHECK　　　　　　　本문 P. 261

001 ④　　**002** ①　　**003** ④　　**004** ③
005 ⑤　　**006** ④　　**007** ④　　**008** ②

001 정답 ④

해설 $x=\dfrac{1}{\sqrt{2}-1}=\dfrac{\sqrt{2}+1}{(\sqrt{2}-1)(\sqrt{2}+1)}$

$\qquad =\dfrac{\sqrt{2}+1}{(\sqrt{2})^2-1^2}$

$\qquad =\sqrt{2}+1$

$\therefore\ \dfrac{\sqrt{x}+1}{\sqrt{x}-1}+\dfrac{\sqrt{x}-1}{\sqrt{x}+1}$

$=\dfrac{(\sqrt{x}+1)^2}{(\sqrt{x}-1)(\sqrt{x}+1)}+\dfrac{(\sqrt{x}-1)^2}{(\sqrt{x}+1)(\sqrt{x}-1)}$

$=\dfrac{(\sqrt{x})^2+2\sqrt{x}+1}{(\sqrt{x})^2-1^2}+\dfrac{(\sqrt{x})^2-2\sqrt{x}+1}{(\sqrt{x})^2-1^2}$

$=\dfrac{(x+2\sqrt{x}+1)+(x-2\sqrt{x}+1)}{x-1}$

$=\dfrac{2x+2}{x-1}$

$=\dfrac{2(\sqrt{2}+1)+2}{(\sqrt{2}+1)-1}$

$=\dfrac{4+2\sqrt{2}}{\sqrt{2}}$

$=\dfrac{(4+2\sqrt{2})\sqrt{2}}{(\sqrt{2})^2}$

$=\dfrac{4+4\sqrt{2}}{2}$

$=2+2\sqrt{2}$

002 정답 ①

해설 $f(n)=\dfrac{1}{\sqrt{n}+\sqrt{n+1}}$

$\qquad =\dfrac{\sqrt{n}-\sqrt{n+1}}{(\sqrt{n}+\sqrt{n+1})(\sqrt{n}-\sqrt{n+1})}$

$\qquad =\dfrac{\sqrt{n}-\sqrt{n+1}}{(\sqrt{n})^2-(\sqrt{n+1})^2}$

$\qquad =\dfrac{\sqrt{n}-\sqrt{n+1}}{n-(n+1)}$

$\qquad =-(\sqrt{n}-\sqrt{n+1})$

$$\therefore f(1)+f(2)+f(3)+\cdots+f(48)$$
$$=-\{(\sqrt{1}-\sqrt{2})+(\sqrt{2}-\sqrt{3})+(\sqrt{3}-\sqrt{4})$$
$$\qquad+\cdots+(\sqrt{48}-\sqrt{49})\}$$
$$=-(1-\sqrt{49})$$
$$=-1+\sqrt{49}$$
$$=-1+7$$
$$=6$$

003 정답 ④

해설 $y=\sqrt{2x-4}+a=\sqrt{2(x-2)}+a\,(2\leq x\leq4)$의 그래프는 $y=\sqrt{2x}$의 그래프를 x축의 방향으로 2만큼, y축의 방향으로 a만큼 평행이동한 것이다.

따라서 x의 값이 커질수록 y의 값도 커진다는 것을 알 수 있다.

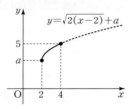

즉, $x=2$일 때 최솟값 3을 갖고, $x=4$일 때 최댓값을 갖는다.

$x=2$일 때 최솟값 3을 가지므로

$$3=\sqrt{2\cdot2-4}+a\qquad\therefore a=3$$
$$\therefore y=\sqrt{2x-4}+3$$

또한 $x=4$일 때 최댓값을 가지므로 그 최댓값은

$$y=\sqrt{2\cdot4-4}+3=2+3=5$$

004 정답 ③

해설 함수 $y=\sqrt{ax}$의 그래프를 x축의 방향으로 -1만큼, y축의 방향으로 2만큼 평행이동하면

$$y=\sqrt{a\{x-(-1)\}}+2$$
$$\therefore y=\sqrt{a(x+1)}+2$$

다시 이것을 x축에 대하여 대칭이동하면

$$-y=\sqrt{a(x+1)}+2$$
$$\therefore y=-\sqrt{a(x+1)}-2$$

이 식이 $y=-2\sqrt{x+b}+c$, 즉 $y=-\sqrt{4(x+b)}+c$와 일치하므로

$$a=4,\ b=1,\ c=-2$$
$$\therefore a+b+c=4+1+(-2)=3$$

참고 함수 $y=f(x)$의 그래프를 x축에 대하여 대칭이동하면 함수 $-y=f(x)$, 즉 $y=-f(x)$의 그래프가 된다.

005 정답 ⑤

해설 함수 $y=\sqrt{x+1}$의 그래프와 직선 $y=x+k$가 서로 다른 두 점에서 만나려면 직선 $y=x+k$가 다음 그림과 같이 직선 (i)이거나, 직선 (i)과 직선 (ii) 사이에 있어야 한다.

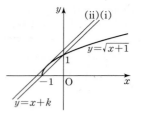

(i) 직선 $y=x+k$가 점 $(-1,0)$을 지날 때

$$0=-1+k\qquad\therefore k=1$$

(ii) 직선 $y=x+k$가 함수 $y=\sqrt{x+1}$의 그래프에 접할 때

$x+k=\sqrt{x+1}$의 양변을 제곱하면

$$(x+k)^2=x+1,\ x^2+2kx+k^2=x+1$$
$$\therefore x^2+(2k-1)x+k^2-1=0$$

이 이차방정식의 판별식을 D라 할 때, 직선 $y=x+k$가 함수 $y=\sqrt{x+1}$의 그래프에 접하려면 $D=0$이어야 한다. 즉,

$$D=(2k-1)^2-4\cdot1\cdot(k^2-1)$$
$$=4k^2-4k+1-4k^2+4$$
$$=-4k+5$$
$$=0$$
$$\therefore k=\frac{5}{4}$$

(i), (ii)에서 함수 $y=\sqrt{x+1}$의 그래프와 직선 $y=x+k$가 서로 다른 두 점에서 만나려면 직선 $y=x+k$의 y절편인 k의 값이 $1\leq k<\dfrac{5}{4}$이어야 한다.

즉, $\alpha=1,\ \beta=\dfrac{5}{4}\qquad\therefore 4\alpha\beta=4\cdot1\cdot\dfrac{5}{4}=5$

006 정답 ④

해설 함수 $f(x)$의 치역이 $\{y|y\geq1\}$이므로 역함수 $f^{-1}(x)$의 정의역은 $\{x|x\geq1\}$이다.

$y=\sqrt{x-2}+1$로 놓으면

$$y-1=\sqrt{x-2}$$

이 식의 양변을 제곱하여 x에 대하여 정리하면

$$(y-1)^2=x-2,\ x=(y-1)^2+2$$
$$\therefore x=y^2-2y+3$$

x와 y를 서로 바꾸면

$$y=x^2-2x+3\,(x\geq1)$$

따라서 $f^{-1}(x)=x^2-2x+3$이고 정의역이 $\{x|x\geq1\}$이므로

$$a=-2,\ b=3,\ c=1$$
$$\therefore a+b+c=(-2)+3+1=2$$

007 정답 ④

해설 함수 $f(x)$의 치역이 $\{y|y\geq0\}$이므로 역함수 $y=f^{-1}(x)$의 정의역은 $\{x|x\geq0\}$이다.

또한 함수 $f(x)=\sqrt{x+2}$와 그 역함수 $y=f^{-1}(x)$의 그래프의 교점은 함수 $f(x)=\sqrt{x+2}$의 그래프와 직선

$y=x$의 교점과 같다.

이때 함수 $f(x)=\sqrt{x+2}$의 그래프와 직선 $y=x$의 교점의 x좌표는 방정식 $\sqrt{x+2}=x$의 근이다.

$\sqrt{x+2}=x$의 양변을 제곱하면 $x+2=x^2$

$x^2-x-2=0$, $(x+1)(x-2)=0$

$\therefore x=-1$ 또는 $x=2$

그런데 역함수 $y=f^{-1}(x)$의 정의역이 $\{x|x\geq0\}$이므로 구하는 교점의 x좌표는 2이다.

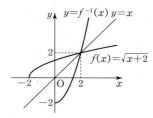

참고 위에서 $x=-1$이 구해지는 이유는 $\sqrt{x+2}=x$의 양변을 제곱했기 때문이다.

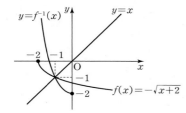

008 정답 ②

해설 함수 $y=f(x)$와 그 역함수 $y=f^{-1}(x)$의 그래프의 교점은 함수 $y=f(x)$의 그래프와 직선 $y=x$의 교점과 같다.

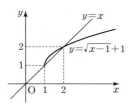

$y=\sqrt{x-1}+1$과 $y=x$를 연립하면

$\sqrt{x-1}+1=x$

$\sqrt{x-1}=x-1$

이 식의 양변을 제곱하면

$x-1=(x-1)^2$

$x-1=x^2-2x+1$, $x^2-3x+2=0$

$(x-1)(x-2)=0$ $\qquad \therefore x=1$ 또는 $x=2$

따라서 두 교점의 좌표는 $(1, 1)$, $(2, 2)$이므로 두 교점 사이의 거리는

$\sqrt{(2-1)^2+(2-1)^2}=\sqrt{2}$

별해 함수 $y=\sqrt{x-1}+1$의 치역이 $\{y|y\geq1\}$이므로 역함수의 정의역은 $\{x|x\geq1\}$이다.

$y=\sqrt{x-1}+1$에서 $y-1=\sqrt{x-1}$

이 식의 양변을 제곱하면 $(y-1)^2=x-1$

$x=(y-1)^2+1$

x와 y를 바꾸면 역함수는

$y=(x-1)^2+1(x\geq1)$

따라서 두 함수 $y=\sqrt{x-1}+1$, $y=(x-1)^2+1(x\geq1)$의 그래프는 직선 $y=x$에 대하여 대칭이고, 두 함수의 그래프의 교점은 직선 $y=x$ 위에 있다.

$y=(x-1)^2+1$과 $y=x$를 연립하면

$(x-1)^2+1=x$, $x^2-2x+1+1=x$

$x^2-3x+2=0$, $(x-1)(x-2)=0$

$\therefore x=1$ 또는 $x=2$

따라서 두 교점의 좌표는 $(1, 1)$, $(2, 2)$이므로 두 교점 사이의 거리는

$\sqrt{(2-1)^2+(2-1)^2}=\sqrt{2}$

참고 두 점 $A(x_1, y_1)$, $B(x_2, y_2)$ 사이의 거리 $\overline{AB}$는

$\overline{AB}=\sqrt{(x_2-x_1)^2+(y_2-y_1)^2}$

Memo